国家科学技术学术著作出版基金资助出版

中国科学院中国动物志编辑委员会主编

中国动物志

无脊椎动物　第六十三卷

甲壳动物亚门

端　足　目

钩虾亚目（三）

侯仲娥　李枢强　郑亚咪　著

国家自然科学基金重大项目
中国科学院重点部署项目
(国家自然科学基金委员会　中国科学院　科技部　资助)

科 学 出 版 社
北　京

内 容 简 介

《中国动物志》端足目钩虾亚目共 4 卷，前两卷为海洋钩虾，后两卷分别为淡水钩虾和陆生钩虾。本卷为第三卷，主要介绍中国淡水钩虾的物种和分布特征，分为总论和各论两部分。总论包括淡水钩虾的研究简史、形态特征、分类系统、生态学与生物学、动物地理学、资源状况、材料与方法等内容。各论对中国淡水钩虾物种进行了详细记载和描述，共 4 科 10 属 100 种，其中包括 1 新种、2 新组合。本卷提供了各个分类阶元的鉴别特征和检索表，每种均有中名、学名、引证、形态描述、观察标本、生态习性、地理分布和分类讨论等，并附有形态特征图。本卷包括插图 493 幅，文末附有参考文献、英文摘要、中名索引和学名索引。

本卷可为动物分类学、生态学、水产养殖学、动物地理学和生物多样性研究人员，以及高等院校有关专业师生提供参考。

图书在版编目(CIP)数据

中国动物志. 无脊椎动物. 第六十三卷，甲壳动物亚门. 端足目. 钩虾亚目. 三 / 侯仲娥，李枢强，郑亚咪著. --北京：科学出版社，2024. 11. --ISBN 978-7-03-080343-6

I. Q958. 52

中国国家版本馆 CIP 数据核字第 2024FV4400 号

责任编辑：刘新新 /责任校对：杨　赛

责任印制：肖　兴 /封面设计：刘新新

科学出版社 出版

北京东黄城根北街 16 号

邮政编码：100717

http://www.sciencep.com

北京建宏印刷有限公司 印刷

科学出版社发行　各地新华书店经销

*

2024 年 11 月第　一　版　开本：787 × 1092　1/16

2024 年 11 月第一次印刷　印张：43 3/4

字数：1 060 000

定价：428.00 元

(如有印装质量问题，我社负责调换)

Supported by the National Fund for Academic Publication in Science and Technology

Editorial Committee of Fauna Sinica, Chinese Academy of Sciences

FAUNA SINICA

INVERTEBRATA Vol. 63

Crustacea

Amphipoda

Gammaridea (Ⅲ)

By

Hou Zhonge, Li Shuqiang and Zheng Yami

A Major Project of the National Natural Science Foundation of China

The Key Research Program of the Chinese Academy of Sciences

(Supported by the National Natural Science Foundation of China,
the Chinese Academy of Sciences, and the Ministry of Science and Technology of China)

Science Press

Beijing, China

中国科学院中国动物志编辑委员会

前　言

端足目 Amphipoda 钩虾亚目 Gammaridea 隶属于甲壳动物亚门软甲纲囊虾总目，在海洋、地表和地下淡水及陆地都有分布。《中国动物志》已经出版 2 卷相关研究专著：《中国动物志 无脊椎动物 第四十一卷 甲壳动物亚门 端足目 钩虾亚目（一）》（任先秋，2006）和《中国动物志 无脊椎动物 第四十三卷 甲壳动物亚门 端足目 钩虾亚目（二）》（任先秋，2012），共报道中国海洋钩虾 38 科 129 属 373 种。本卷为“钩虾亚目（三）”，主要论述中国淡水钩虾种类。中国陆生钩虾的种类将在“钩虾亚目（四）”论述。

淡水钩虾是泉水、溪流、湖泊和地下水中常见的小型甲壳动物，是重要的环境指示生物，在海拔 4000m 以上的青藏高原湖泊中是优势类群。钩虾有抱卵行为，缺少自由生活的幼体阶段，迁移能力弱，是动物地理研究的理想材料。

淡水钩虾的分类研究始于 Stebbing（1888）和 Sars（1895）。在 20 世纪问世的区域性论著包括：Barnard（1958）和 Holsinger（1977）对美国淡水钩虾的研究，Karaman（1974）对欧洲地表和地下水钩虾的分类研究，Bousfield（1958）对加拿大淡水钩虾的研究，Morino（1985）对日本淡水钩虾的系统分类等。Barnard 和 Barnard（1983a, 1983b）对世界范围内钩虾的演化、分类与分布等方面进行了全面的调查研究，为近代淡水钩虾分类学奠定了坚实的基础。

我国地域辽阔、地形复杂、河流湖泊众多，淡水钩虾种类丰富。2000 年以前，中国淡水钩虾记载有 19 种，分别由 Tattersall（1922, 1924）、Uéno（1934, 1940）、沈嘉瑞（1954, 1955）、巴纳德和戴爱云（1988）、Sket（2000）等报道。2000 年以后，本卷作者对中国淡水钩虾进行了系统研究，发表了 60 余篇中国淡水钩虾的分类论文，发现 78 新种，使我国淡水钩虾达到 100 余种。这些资料丰富了中国淡水钩虾区系，为本卷的编著和其他相关学科的研究积累了资料。

本卷分为总论和各论两部分。总论包括淡水钩虾的研究简史、形态特征、分类系统、生态学与生物学、动物地理学、资源状况、材料与方法等内容。各论对中国淡水钩虾物种进行了描述，共 4 科 10 属 100 种，其中包括 1 新种、2 新组合。新种的模式标本保存在中国科学院动物研究所。本卷采用了 Martin-Davis 分类系统，分类阶元包括科、属、种，各级阶元以字母为序进行排列。并提供了各个分类阶元的鉴别特征和检索表，每种均有中名、学名、引证、形态描述、观察标本、生态习性、地理分布和分类讨论等，附生境照片和形态特征图 493 幅。

本卷研究材料主要来源于中国科学院动物研究所的馆藏标本（1920–2018 年），包括沈嘉瑞研究员、刘瑞玉院士、戴爱云研究员、陈国孝高级工程师收集的标本。研究标本覆盖了中国全部地区，反映了中国淡水钩虾的种类组成、区系特点和地理分布。

本卷在编研过程中得到了中国科学院中国动物志编辑委员会的大力支持，编委会主任陈宜瑜院士对动物分类学的奉献精神一直是我们学习的榜样，宋微波副主任、黄大卫副主任对动物志编研高标准、严要求，是我们努力工作的动力。本卷的编写还得到中国科学院海洋研究所刘瑞玉院士的热情鼓励，任先秋研究员、李新正研究员对绘图和描述提供了指导。中国科学院水生生物研究所陈毅锋研究员、何德奎博士，中国科学院成都生物研究所王跃招研究员、郑渝池博士，四川大学林玉成博士，吉首大学刘志霄教授等提供了研究标本；中国科学院动物研究所动物进化与系统学院重点实验室的同事们也经常协助采集。本卷文稿整理得到李俊波、赵双燕等研究生的帮助。

特别感谢 *Zootaxa*、*Zoological Systematics* 等刊物在版权方面提供的便利，相关文章已在参考文献中列出，不再一一赘述。

本卷难免有疏漏和不足，欢迎批评指正。中国淡水钩虾种类丰富，也会有一些物种有待发现，有必要进一步采集和研究。

侯仲娥 李枢强

2023 年夏于北京

目　　录

前言
总论 1
一、研究简史 1
二、形态特征 2
（一）外部形态 2
（二）内部结构 10
三、分类系统 14
（一）Barnard 分类系统 14
（二）Bousfield 分类系统 15
（三）Bowman-Abele 分类系统 15
（四）Martin-Davis 分类系统 15
四、生态学与生物学 19
（一）地表水中的钩虾 19
（二）地下水中的钩虾 19
（三）钩虾对水体含盐量的适应 21
（四）钩虾对海拔的生态适应 22
（五）运动行为 22
（六）摄食和食性 22
（七）繁殖 22
五、动物地理学 26
（一）淡水钩虾的起源与历史变迁 26
（二）世界淡水钩虾分布格局 27
（三）中国淡水钩虾分布格局 28
六、资源状况 28
（一）脊椎动物天然饵料 28
（二）环境指示生物 29
（三）甲壳素 30
七、材料与方法 30
（一）研究标本 30
（二）标本采集 30
（三）标本处理与保存 32
（四）物种鉴定与描述 32

各论······37
一、异钩虾科 Anisogammaridae Bousfield, 1977······37
1. 原钩虾属 *Eogammarus* Birstein, 1933······38
(1) 锦州原钩虾 *Eogammarus ryotoensis* (Uéno, 1940)······39
(2) 胖掌原钩虾 *Eogammarus turgimanus* (Shen, 1955)······39
2. 抚仙钩虾属 *Fuxiana* Sket, 2000······43
(3) 杨氏抚仙钩虾 *Fuxiana yangi* Sket, 2000······43
3. 汲钩虾属 *Jesogammarus* Bousfield, 1979······46
(4) 泉汲钩虾 *Jesogammarus fontanus* Hou & Li, 2004······47
(5) 河北汲钩虾 *Jesogammarus hebeiensis* Hou & Li, 2004······52
4. 安氏钩虾属 *Annanogammarus* Bousfield, 1979······58
(6) 安氏钩虾 *Annanogammarus annandalei* (Tattersall, 1922)······58
(7) 柔弱安氏钩虾 *Annanogammarus debilis* (Hou & Li, 2005)······61
5. 宽肢钩虾属 *Eurypodogammarus* Hou, Morino & Li, 2005······69
(8) 沼泽宽肢钩虾 *Eurypodogammarus helobius* Hou, Morino & Li, 2005······69
6. 复兴钩虾属 *Fuxigammarus* Sket & Fišer, 2009······77
(9) 前刺复兴钩虾 *Fuxigammarus antespinosus* Sket & Fišer, 2009······77
(10) 须毛复兴钩虾 *Fuxigammarus barbatus* Sket & Fišer, 2009······82
(11) 背刺复兴钩虾 *Fuxigammarus cornutus* Sket & Fišer, 2009······86
二、少鳃钩虾科 Bogidiellidae Hertzog, 1936······89
7. 少鳃钩虾属 *Bogidiella* Hertzog, 1933······90
(12) 萍乡少鳃钩虾 *Bogidiella pingxiangensis* Hou & Li, 2018······90
(13) 华少鳃钩虾 *Bogidiella sinica* Karaman & Sket, 1990······97
三、钩虾科 Gammaridae Leach, 1814······102
8. 钩虾属 *Gammarus* Fabricius, 1775······102
(14) 聚毛钩虾 *Gammarus accretus* Hou & Li, 2002······107
(15) 高原钩虾 *Gammarus altus* Hou & Li, 2018······113
(16) 盲刺钩虾 *Gammarus aoculus* Hou & Li, 2003······119
(17) 暗钩虾 *Gammarus abstrusus* Hou, Platvoet & Li, 2006······125
(18) 可爱钩虾 *Gammarus amabilis* Hou, Li & Li, 2013······132
(19) 和善钩虾 *Gammarus benignus* Hou, Li & Li, 2014······139
(20) 碧塔海钩虾 *Gammarus bitaensis* Shu, Yang & Chen, 2012······146
(21) 短肢钩虾 *Gammarus brevipodus* Hou, Li & Platvoet, 2004······152
(22) 无眼钩虾 *Gammarus caecigenus* Hou & Li, 2018······158
(23) 快捷钩虾 *Gammarus citatus* Hou, Li & Li, 2013······165
(24) 清亮钩虾 *Gammarus clarus* Hou & Li, 2010······173
(25) 稠毛钩虾 *Gammarus comosus* Hou, Li & Gao, 2005······179
(26) 缘毛钩虾 *Gammarus craspedotrichus* Hou & Li, 2002······185

(27) 卷毛钩虾 *Gammarus curvativus* Hou & Li, 2003 ······ 190
(28) 华美钩虾 *Gammarus decorosus* Meng, Hou & Li, 2003 ······ 197
(29) 细齿钩虾 *Gammarus denticulatus* Hou, Li & Morino, 2002 ······ 203
(30) 多刺钩虾 *Gammarus echinatus* Hou, Li & Li, 2013 ······ 209
(31) 美丽钩虾 *Gammarus egregius* Hou, Li & Li, 2013 ······ 216
(32) 琥珀钩虾 *Gammarus electrus* Hou & Li, 2003 ······ 223
(33) 隆钩虾 *Gammarus elevatus* Hou, Li & Morino, 2002 ······ 229
(34) 清泉钩虾 *Gammarus eliquatus* Hou, Li & Li, 2013 ······ 235
(35) 峨眉钩虾 *Gammarus emeiensis* Hou, Li & Koenemann, 2002 ······ 242
(36) 寒冷钩虾 *Gammarus frigidus* Hou & Li, 2004 ······ 247
(37) 疏毛钩虾 *Gammarus glaber* Hou, 2017 ······ 253
(38) 光秃钩虾 *Gammarus glabratus* Hou & Li, 2003 ······ 260
(39) 贡嘎钩虾 *Gammarus gonggaensis* Hou & Li, 2018 ······ 266
(40) 格氏钩虾 *Gammarus gregoryi* Tattersall, 1924 ······ 272
(41) 多毛钩虾 *Gammarus hirtellus* Hou, Li & Li, 2013 ······ 275
(42) 红原钩虾 *Gammarus hongyuanensis* Barnard & Dai, 1988 ······ 282
(43) 石生钩虾 *Gammarus hypolithicus* Hou & Li, 2010 ······ 285
(44) 灿烂钩虾 *Gammarus illustris* Hou & Li, 2010 ······ 291
(45) 自由钩虾 *Gammarus incoercitus* Hou, Li & Li, 2014 ······ 297
(46) 碧玉钩虾 *Gammarus jaspidus* Hou & Li, 2004 ······ 304
(47) 极度探险钩虾 *Gammarus jidutanxian* Hou & Li, 2018 ······ 311
(48) 康定钩虾 *Gammarus kangdingensis* Hou & Li, 2018 ······ 318
(49) 朝鲜钩虾 *Gammarus koreanus* Uéno, 1940 ······ 324
(50) 湖泊钩虾 *Gammarus lacustris* Sars, 1863 ······ 328
(51) 拉萨钩虾 *Gammarus lasaensis* Barnard & Dai, 1988 ······ 333
(52) 利川钩虾 *Gammarus lichuanensis* Hou & Li, 2002 ······ 337
(53) 淤泥钩虾 *Gammarus limosus* Hou & Li, 2018 ······ 341
(54) 龙洞钩虾 *Gammarus longdong* Hou & Li, 2018 ······ 348
(55) 簇刺钩虾 *Gammarus lophacanthus* Hou & Li, 2002 ······ 355
(56) 潮湿钩虾 *Gammarus madidus* Hou & Li, 2005 ······ 361
(57) 边毛钩虾 *Gammarus margcomosus* Hou, Li & Li, 2013 ······ 369
(58) 马氏钩虾 *Gammarus martensi* Hou & Li, 2004 ······ 376
(59) 高山钩虾 *Gammarus monticellus* Hou, Li & Li, 2014 ······ 382
(60) 摩梭钩虾 *Gammarus mosuo* Hou & Li, 2018 ······ 389
(61) 壁流钩虾 *Gammarus murarius* Hou & Li, 2004 ······ 397
(62) 雾灵钩虾 *Gammarus nekkensis* Uchida, 1935 ······ 404
(63) 宁蒗钩虾 *Gammarus ninglangensis* Hou & Li, 2003 ······ 410
(64) 小眼钩虾 *Gammarus parvioculus* Hou & Li, 2010 ······ 416

(65) 少刺钩虾 *Gammarus paucispinus* Hou & Li, 2002 ······417
(66) 浓毛钩虾 *Gammarus pexus* Hou & Li, 2005 ······429
(67) 精巧钩虾 *Gammarus pisinnus* Hou, Li & Li, 2014 ······435
(68) 普氏钩虾 *Gammarus platvoeti* Hou & Li, 2003 ······442
(69) 奇异钩虾 *Gammarus praecipuus* Li, Hou & An, 2013 ······447
(70) 宝贵钩虾 *Gammarus preciosus* Wang, Hou & Li, 2009 ······454
(71) 钱氏钩虾 *Gammarus qiani* Hou & Li, 2002 ······460
(72) 秦岭钩虾 *Gammarus qinling* Hou & Li, 2018 ······466
(73) 溪水钩虾 *Gammarus riparius* Hou & Li, 2002 ······473
(74) 溪流钩虾 *Gammarus rivalis* Hou, Li & Li, 2013 ······479
(75) 山西钩虾 *Gammarus shanxiensis* Barnard & Dai, 1988 ······487
(76) 神木钩虾 *Gammarus shenmuensis* Hou & Li, 2004 ······491
(77) 四川钩虾 *Gammarus sichuanensis* Hou, Li & Zheng, 2002 ······497
(78) 隐秘钩虾 *Gammarus silendus* Hou, Li & Li, 2013 ······504
(79) 简毛钩虾 *Gammarus simplex* Hou, 2017 ······512
(80) 细弯钩虾 *Gammarus sinuolatus* Hou & Li, 2004 ······519
(81) 刺掌钩虾 *Gammarus spinipalmus* (Chen, 1939) ······526
(82) 池钩虾 *Gammarus stagnarius* Hou, Li & Morino, 2002 ······529
(83) 石笋钩虾 *Gammarus stalagmiticus* Hou & Li, 2005 ······535
(84) 绥芬钩虾 *Gammarus suifunensis* Martynov, 1925 ······540
(85) 特克斯钩虾 *Gammarus takesensis* Hou, Li & Platvoet, 2004 ······545
(86) 大理钩虾 *Gammarus taliensis* Shen, 1954 ······551
(87) 天山钩虾 *Gammarus tianshan* Zhao, Meng & Hou, 2017 ······554
(88) 静水钩虾 *Gammarus tranquillus* Hou, Li & Li, 2013 ······560
(89) 透明钩虾 *Gammarus translucidus* Hou, Li & Li, 2004 ······567
(90) 河谷钩虾 *Gammarus vallecula* Hou & Li, 2018 ······572
(91) 咸丰钩虾 *Gammarus xianfengensis* Hou & Li, 2002 ······580
(92) 志冈钩虾 *Gammarus zhigangi* Hou & Li, 2018 ······584
(93) 塔斯提钩虾，新种 *Gammarus tastiensis* Hou, sp. nov. ······593
(94) 川虎钩虾，新组合 *Gammarus chuanhui* (Hou & Li, 2002) comb. nov. ······599
(95) 洞穴钩虾，新组合 *Gammarus troglodytes* (Karaman & Ruffo, 1995) comb. nov. ······605
四、假褐钩虾科 Pseudocrangonyctidae Holsinger, 1989 ······609
9. 拟褐钩虾属 *Procrangonyx* Schellenberg, 1934 ······609
(96) 透明拟褐钩虾 *Procrangonyx limpidus* Hou & Li, 2003 ······610
10. 假褐钩虾属 *Pseudocrangonyx* Akatsuka & Komai, 1922 ······616
(97) 亚洲假褐钩虾 *Pseudocrangonyx asiaticus* Uéno, 1934 ······616
(98) 东北假褐钩虾 *Pseudocrangonyx manchuricus* Oguro, 1938 ······618
(99) 洞穴假褐钩虾 *Pseudocrangonyx cavernarius* Hou & Li, 2003 ······620

(100) 优雅假褐钩虾 *Pseudocrangonyx elegantulus* Hou, 2017……625
参考文献……634
英文摘要……646
中名索引……657
学名索引……660
《中国动物志》已出版书目……664

总　论

一、研 究 简 史

钩虾是端足目的俗称，得名于静止时身体弯曲呈拱形，运动时弓“腰”侧行。林奈（Carl von Linnaeus）1758 年记述了蚤状钩虾 *Gammarus pulex* (Linnaeus, 1758)，当时使用的学名为 *Cancer pulex*。蚤状钩虾最初记录为生活在海水中，但后来证实蚤状钩虾生活在淡水中。接下来发现的蟋蟀钩虾 *Gammarus locusta* (*Cancer locusta*) 形态与蚤状钩虾极为相似，只生活在海水中，若放入淡水很快死亡。1816 年，Latreille 建立了端足目，并将蚤状钩虾和蟋蟀钩虾纳入该目。1852 年，Dana 在端足目下建立了 3 个亚目，包括钩虾亚目 Gammaridea、蛾亚目 Hyperiidea 和麦秆虫亚目 Caprellidea。1903 年，Hansen 建立了英高虫亚目 Ingolfiellidea。此后，端足目长时间应用了 4 亚目分类系统，即钩虾亚目、蛾亚目、麦秆虫亚目和英高虫亚目（Martin & Davis, 2001）。Lowry 和 Myers（2013, 2017）根据第 1、2 尾肢末端具壮刺建立了 1 个新亚目——棘尾钩虾亚目 Senticaudata，包括了之前在钩虾亚目中的 95 个科，囊括了本卷 4 个科的物种（表 1）。由于端足目分类系统有争议，本卷采用传统的钩虾亚目分类系统。

表 1　端足目分类系统

Table 1　Classification of the Order Amphipoda

节肢动物门 Arthropoda
　甲壳动物亚门 Crustacea
　　软甲纲 Malacostraca
　　　囊虾总目 Peracarida
　　　　端足目 Amphipoda
　　　　　钩虾亚目 Gammaridea
　　　　　（棘尾钩虾亚目 Senticaudata）

早期淡水钩虾分类研究包括 Sars（1895）和 Stebbing（1888, 1899, 1906）等。20 世纪上半叶，Sowinsky（1915）、Dybowsky（1927）和 Bazikalova（1945）开展了贝加尔湖钩虾的研究，Birstein（1933）开展了高加索地区钩虾的研究，Chevreux（1935）开展了摩纳哥钩虾的研究，Derzhavin（1923, 1925, 1927a, 1927b, 1930）开展了俄罗斯钩虾的研究，Karaman（1931a）开展了巴尔干半岛洞穴钩虾的研究，Martynov（1925a, 1925b）和 Schellenberg（1942）开展了对欧洲钩虾的研究等一系列工作。20 世纪下半叶，随着淡水钩虾分类学研究的深入，形成了美国史密森研究院 Barnard 博士、南斯拉夫 Karaman 教授、美国 Old Dominion 大学 Holsinger 教授、加拿大 Bousfield 博士、日本茨城大学

Morino 教授等几个研究中心。Barnard 和 Barnard（1983a, 1983b）编著了 *Freshwater Amphipoda of the World* 一书，对世界范围内钩虾的演化、分类与分布等方面进行了较全面的调查和研究，为近代淡水钩虾的研究奠定了坚实的基础。

中国淡水钩虾研究有 90 多年的历史。英国学者 Tattersall（1922, 1924）描述了采自云南的 4 个种，包括安氏钩虾 *Gammarus annandalei*、江湖独眼钩虾 *Monoculodes limnophilus*、太湖大螯蜚 *Grandidierella taihuensis* 和格氏钩虾 *Gammarus gregoryi*。苏联学者 Martynov（1925b）和日本学者 Uéno（1934）分别记述了东北的 2 种钩虾：绥芬钩虾 *Gammarus suifunensis* 与亚洲假褐钩虾 *Pseudocrangonyx asiaticus*。Uchida（1935）和 Chen（1939）分别描述了北京附近的 2 个种：雾灵钩虾 *Gammarus nekkensis* 和刺掌钩虾 *Gammarus spinipalmus*。Oguro（1938）发表了东北假褐钩虾 *Pseudocrangonyx manchuricus*。Uéno（1940）在关于中国东北淡水钩虾区系的论文中记述了锦州原钩虾 *Anisogammarus (Eogammarus) ryotoensis* 和山崎褐钩虾 *Crangonyx shimizui*。

1949 年后，中国科学院动物研究所等单位陆续开展了中国淡水钩虾的研究。前辈沈嘉瑞研究员在 1954 年和 1955 年相继报道了安氏钩虾 *Anisogammarus (Eogammarus) annandalei*、胖掌原钩虾 *Anisogammarus (Eogammarus) turgimanus* 和大理钩虾 *Gammarus taliensis*。戴爱云研究员（Barnard & Dai, 1988）记述了湖泊钩虾 *Gammarus lacustris*、山西钩虾 *Gammarus shanxiensis*、红原钩虾 *Gammarus hongyuanensis* 和拉萨钩虾 *Gammarus lasaensis*，并提供了中国已知钩虾属种类的检索表。此外，Karaman（1984, 1989）重新描述了雾灵钩虾 *Gammarus nekkensis*；Karaman 和 Sket（1990）发表了分布在广西洞穴中的华少鳃钩虾 *Bogidiella sinica*；Karaman 和 Ruffo（1995）报道了分布在四川洞穴中的洞穴华钩虾 *Sinogammarus troglodytes*。

2000 年后，本卷作者开始对中国淡水钩虾进行系统分类研究，先后报道了采自北京及其周边地区的钩虾 3 科 8 种（Hou & Li, 2003a, 2005a, 2005b），太行山和吕梁山 4 种（Hou *et al*., 2014a），云贵高原 10 种（Hou *et al*., 2013），青藏高原 7 种（Hou & Li, 2004c, 2018b），秦岭 7 种（Hou *et al*., 2018），以及西南洞穴钩虾等，合计 4 科 78 种。此外，斯洛文尼亚 Sket 教授也报道了中国云南抚仙湖 4 种钩虾（Sket, 2000; Sket & Fišer, 2009）。这些资料丰富了中国淡水钩虾的动物区系，为本卷的编著奠定了基础。

二、形 态 特 征

（一）外 部 形 态

钩虾躯体左右侧扁。头部与第 1 胸节愈合。胸部 7 节。腹部发达，包括 6 腹节与 1 尾节；有些种类末 3 或 2 腹节愈合。各体节对应有不同的附肢（图 1）。体长 2–50mm。

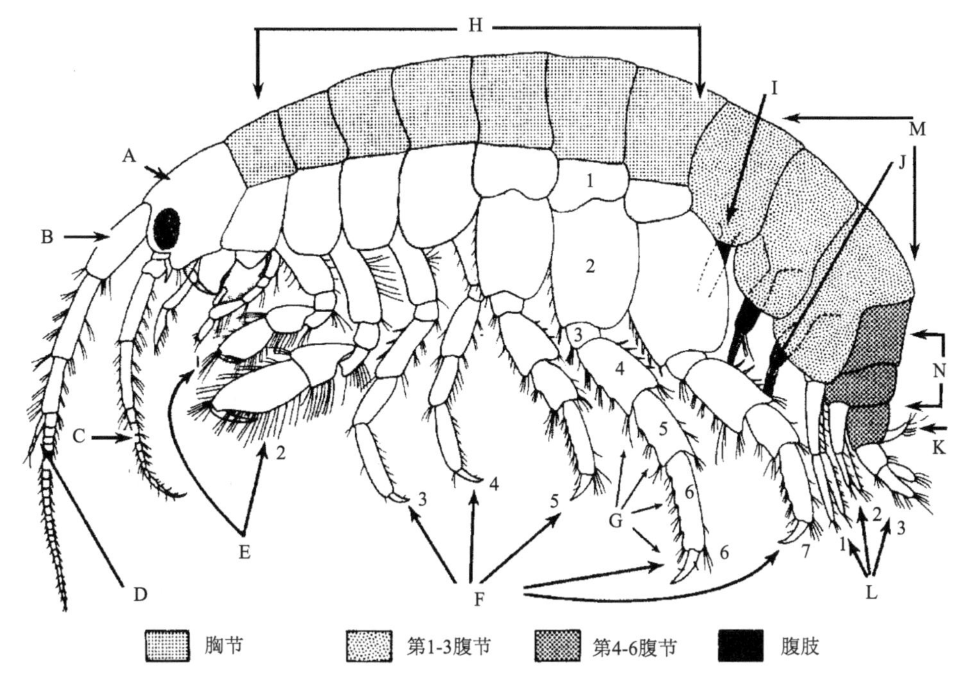

图 1　端足目钩虾的形态特征（仿 Barnard & Barnard, 1983a）

Fig. 1　Characters of gammaridean Amphipoda (from Barnard & Barnard, 1983a)

A. 头部（head）; B. 第 1 触角（antenna 1）; C. 第 2 触角（antenna 2）; D. 副鞭（accessory flagellum）; E. 腮足（gnathopod）; F. 步足（pereopod）; G. 步足各节（articles of pereopod）; H. 胸节（pereonite）; I. 腹侧板（epimeral plate）; J. 腹肢（pleopod）; K. 尾节（telson）; L. 尾肢（uropod）; M. 第 1-3 腹节（1-3 pleonite）; N. 第 4-6 腹节（4-6 pleonite=urosomite 1-3）

1. 头部（head）

头部覆盖着光滑而薄的外骨骼甲壳。头部由 5 个头部体节和 1 胸部体节愈合而成。除第 1 体节以外，其他各体节均有对应的附肢，分别是第 1 触角（antenna 1）、大颚（mandible）、2 对小颚（maxilla 1, maxilla 2），另外，还有胸部第 1 体节的附肢——颚足（maxilliped）。从胚胎发生过程可以看到第 2 触角（antenna 2）是由原始的后口起源的。口的背面向前突出形成上唇（labrum 或 upper lip），口后腹面褶皱部分称为下唇（lower lip）。头部第 1 体节两侧有复眼 1 或 2 对，但少数种类复眼左右愈合而位于背侧，有些种类无复眼，如绝大部分穴居钩虾。

2. 胸部（pereon）

第 1 胸节与头部愈合并特化成颚足，从第 2 胸节开始由 7 个活动的胸节（pereonite）构成，每个胸部体节对应 1 对单肢型（uniramous）步足（pereopod）。胸部两侧有侧板，为扩大了的底节板（coxal plate）。胸部底节板夹住钩虾的身体并在腹面形成半开放的室，鳃（gill）和雌性的抱卵板（brood plate 或 oostegite）位于其中。

3. 腹部（pleon 或 abdomen）

腹部由 6 腹节（pleonite）组成。前 3 腹节具腹侧板（epimeral plate），对应的附肢称为腹肢（pleopod）；第 4–6 腹节（4–6 pleonite）无侧板，对应的附肢为尾肢（uropod）。

腹肢与尾肢都是双肢型（biramous），但尾肢比腹肢硬。另外，钩虾属 *Gammarus* 部分物种第 4–6 腹节背面中央隆起并具有向后延伸的刺。

在第 6 腹节的背面贴附着尾节（telson）。这一结构在各科之间存在变异，在分类上有重要意义，如钩虾科 Gammaridae 和异钩虾科 Anisogammaridae 为深裂双肢结构，而少鳃钩虾科 Bogidiellidae 和假褐钩虾科 Pseudocrangonyctidae 则为完整的扇形结构或顶端具浅缺刻。

4. 附肢（appendage）

(1) 头部附肢

复眼（compound eye）：栖息在地表的钩虾头部两侧具无柄的黑色复眼，而栖息于地下水系统的钩虾类群，复眼缺失或退化。

第 1 触角或小触角（antenna 1 或 antennule，图 2）：第 1 触角是头部最前端的附肢，呈鞭状，由柄节和鞭节组成。柄部（peduncle）分 3 节；鞭节（flagellum）多节，具感觉毛（aesthetasc）；通常第 3 柄节的末梢还会有副鞭（accessory flagellum），一般 1–7 节。

第 2 触角（antenna 2，图 2）：由 5 个不等的柄节和末端分多节的鞭节组成。柄节两侧具刚毛，刚毛的长短因种而异。鞭节雌雄异型，钩虾属中雄性个体常具鞋状感觉器（calceolus），而雌性个体常缺失。第 1、2 触角的相对长度常作为分类的依据，如钩虾科第 1 触角长于第 2 触角，跳钩虾科第 1 触角短于第 2 触角。

口器（mouthparts，图 3、图 4）：口器由上唇、下唇、1 对大颚、1 对第 1 小颚、1 对第 2 小颚及 1 对颚足构成。位于头部的腹面，大部分结构细小，需要借助解剖镜观察。

上唇（upper lip）：由口前的体壁皱褶或突起形成，游离缘完整而呈弧形。

下唇（lower lip）：为后口的体壁皱褶，通常分裂为 1 对外叶和 1 对内叶。左、右外叶各具向外的大颚突。内叶较小，部分或全部左右愈合。内外叶末端圆钝，具短毛。

大颚（mandible）：单肢型，分大颚体与大颚须 2 部分。大颚体坚硬，内侧有切齿（incisor）、活动齿（lacinia mobilis，也叫动颚片）和臼齿（molar）；在活动齿和臼齿之间具刚毛和鬃毛，叫刺排（spine row）；触须（palp）3 节，第 1 节无刚毛，第 2–3 节具 ABCDE-刚毛（Cole, 1970, 1980; Watling, 1993）。

第 1 小颚（maxilla 1）：内叶侧缘具毛，外叶顶端具锯齿状刺，触须 2 节。

第 2 小颚（maxilla 2）：内叶具 1 排毛，外叶顶端具毛。

颚足（maxilliped）：为第 1 对步足演化而来，由内叶、外叶和触须组成。内叶和外叶上有齿、刺和刚毛，触须 4 节，第 4 节爪状。

(2) 胸部附肢

步足 8 对（图 5），包括 2 对腮足（gnathopod）、5 对步足（pereopod）及位于头部的 1 对颚足。通常把颚足放在口器中，步足专指 2 对腮足与 5 对步足，这 7 对步足分为 2 组，前 4 对朝向前方，而指节尖端向后弯曲；后 3 对朝向后方，而指节尖端向前弯曲。完整的步足具 7 节：底节板（coxal plate）、基节（basis）、座节（ischium）、长节（merus）、腕节（carpus）、掌节（propodus）和指节（dactylus）。

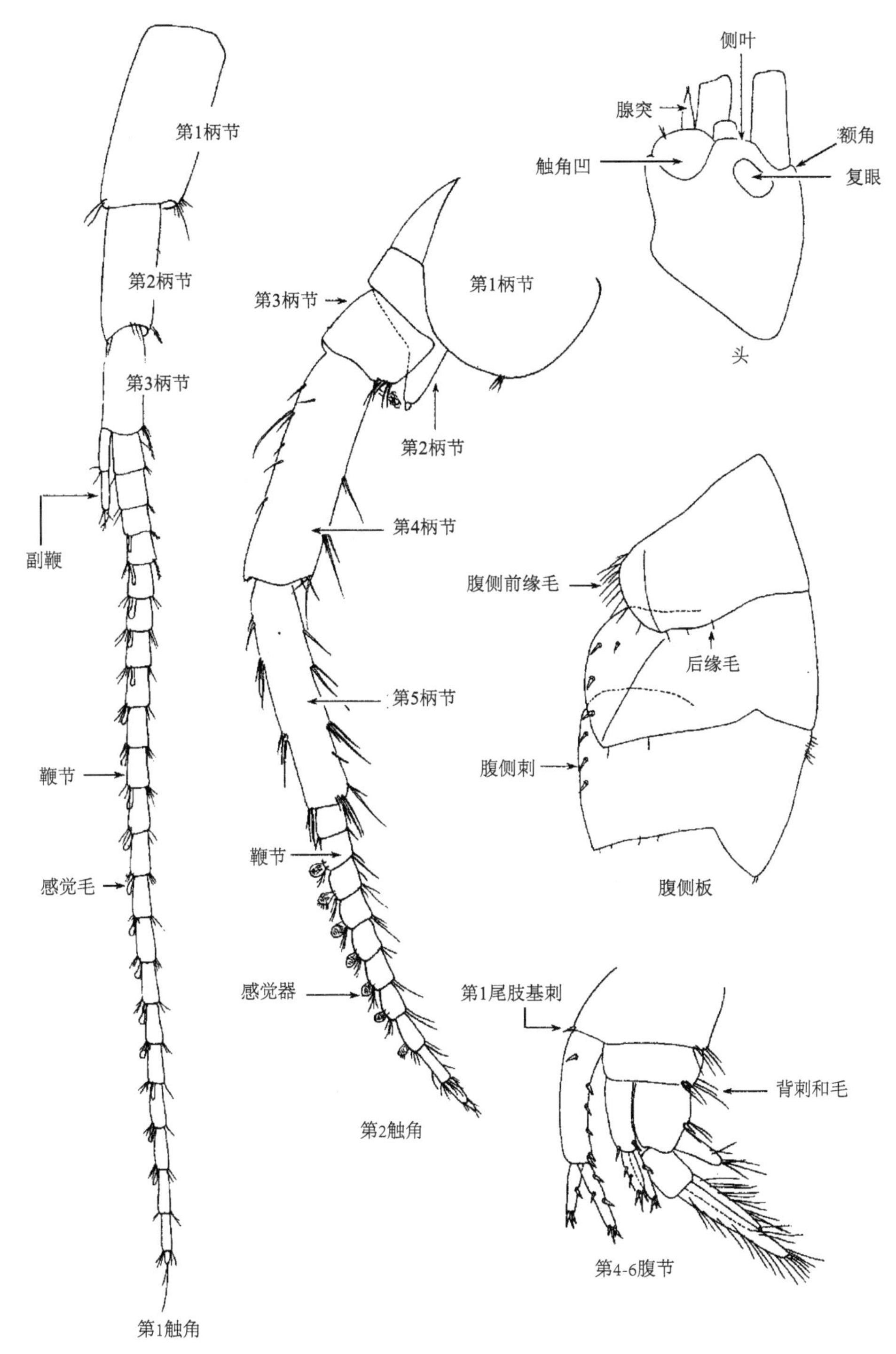

图 2 淡水钩虾外部形态（头，第 1 触角，第 2 触角，腹侧板，第 4-6 腹节）

Fig. 2 Morphology of freshwater Gammaridea (head, antenna 1, antenna 2, epimeral plate, 4-6 pleonite)

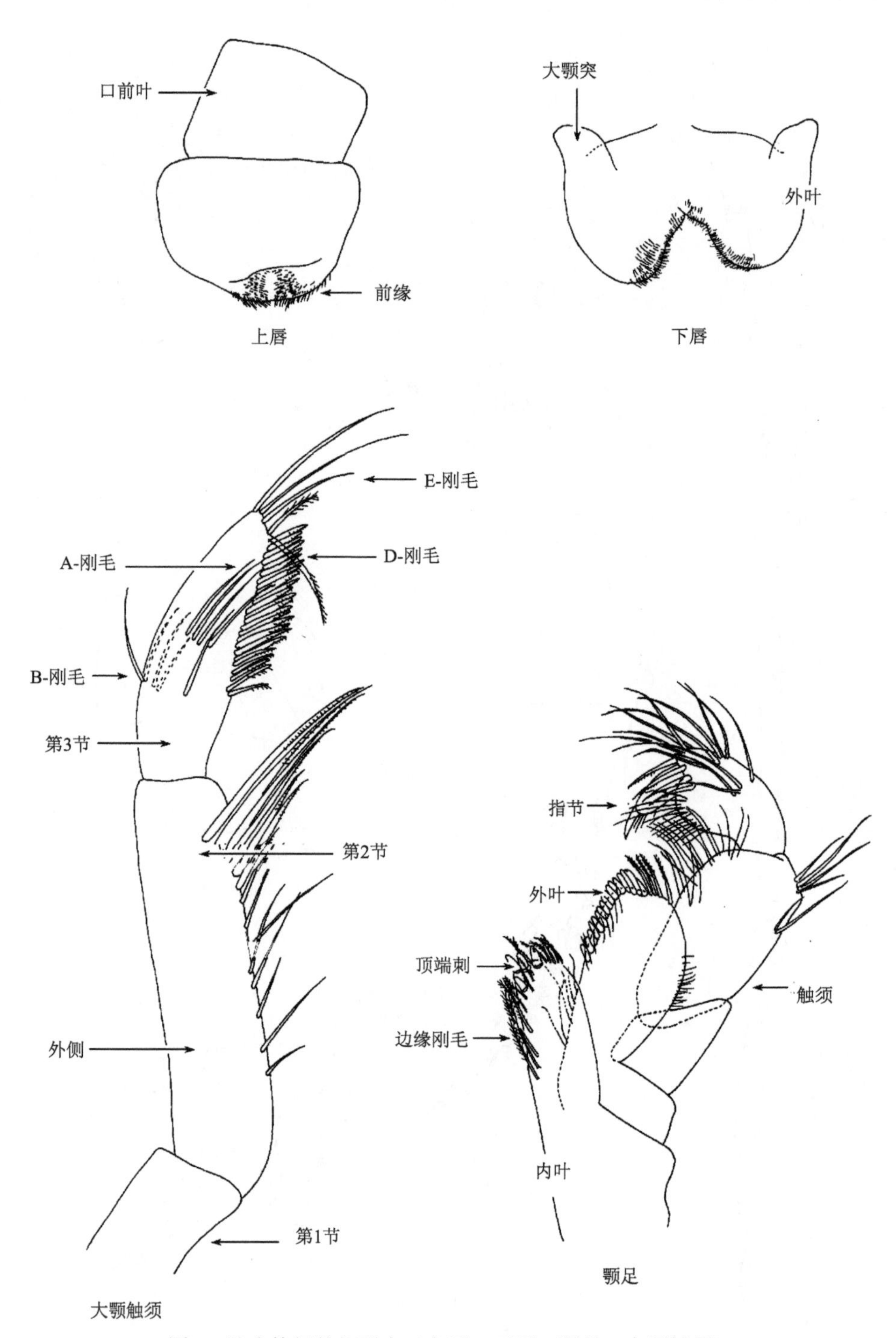

图 3 淡水钩虾外部形态（上唇，下唇，颚足，大颚触须）

Fig. 3 Morphology of freshwater Gammaridea (upper lip, lower lip, maxilliped, palp of mandible)

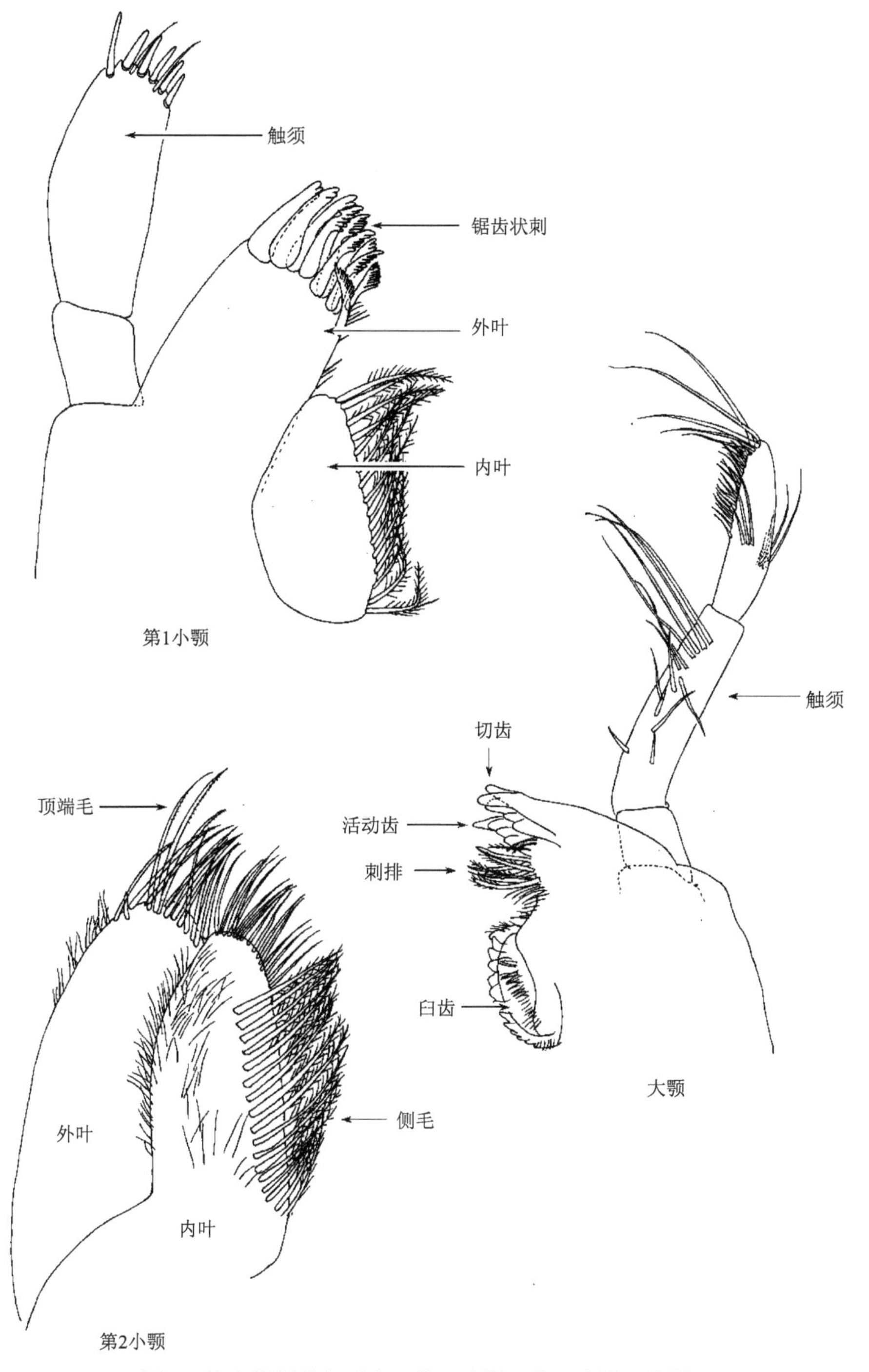

图4　淡水钩虾外部形态（第1小颚，第2小颚，大颚）

Fig. 4　Morphology of freshwater Gammaridea (maxilla 1, maxilla 2, mandible)

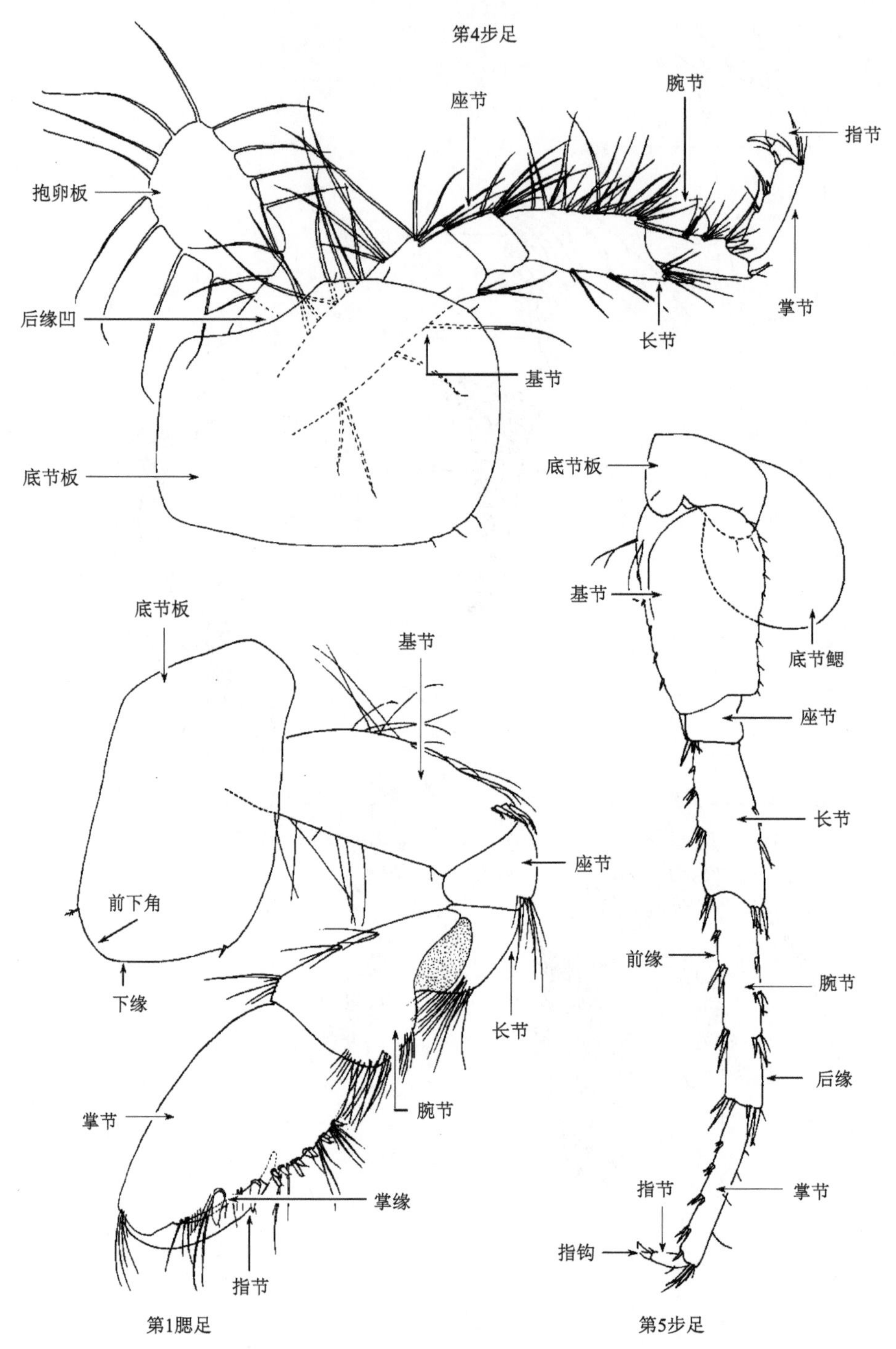

图5 淡水钩虾外部形态（第1腮足，第4步足，第5步足）

Fig. 5 Morphology of freshwater Gammaridea (gnathopod 1, pereopod 4, pereopod 5)

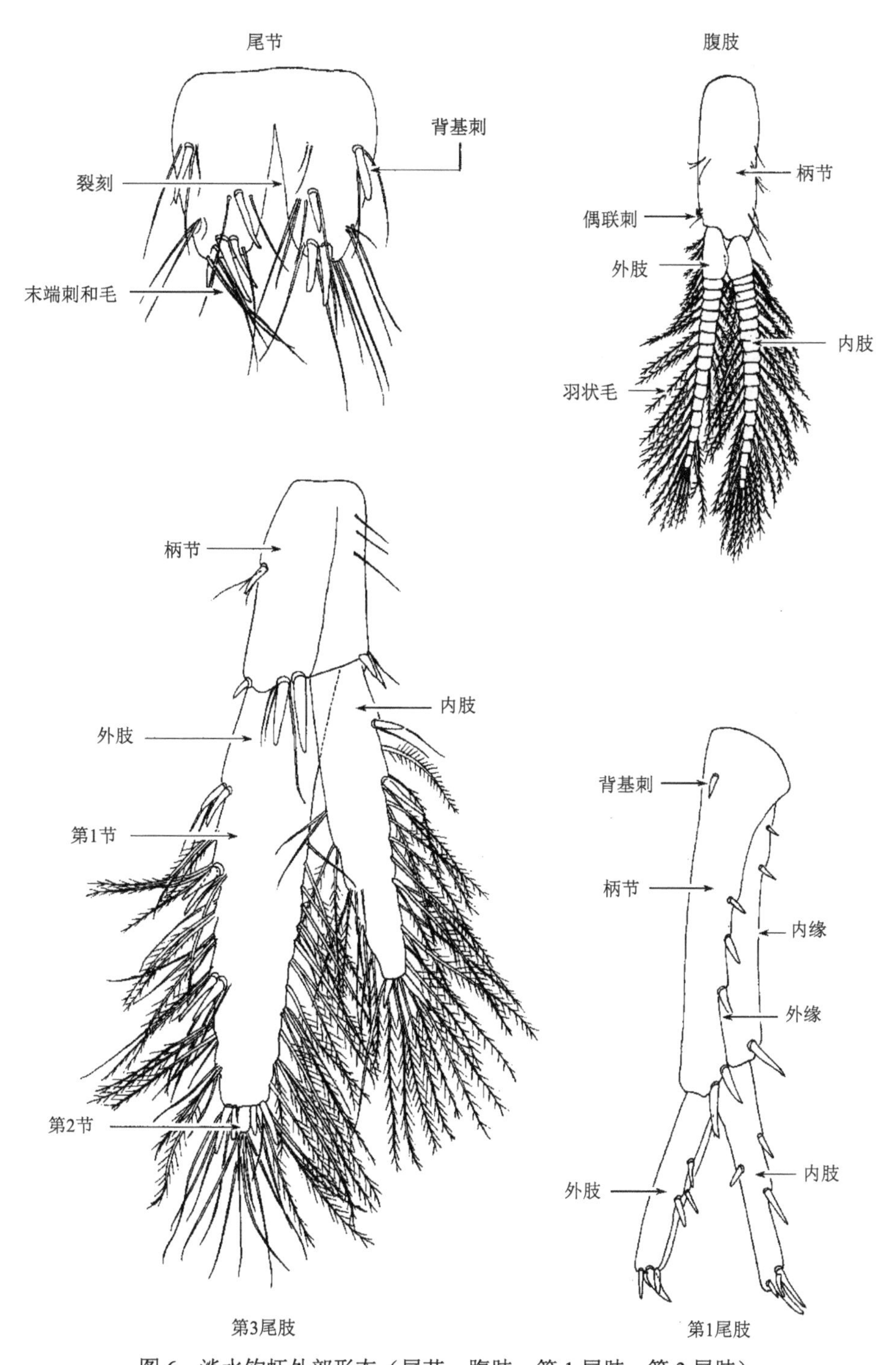

图6　淡水钩虾外部形态（尾节，腹肢，第1尾肢，第3尾肢）

Fig. 6　Morphology of freshwater Gammaridea (telson, pleopod, uropod 1, uropod 3)

鳃足：2 对。第 2 鳃足一般比第 1 鳃足大。鳃足底节板宽扁，掌节异螯化，宽大、后缘斜而有齿、刺、突起和刚毛，掌节常呈镰刀形，捉握时向后弯曲并紧靠掌节后缘的指节构成半钳。鳃足是防卫与进攻的武器，同时也用在碎化食物和在水草上攀爬。雄性的鳃足通常比较大，交配时可用来抱握雌性。

步足：5 对。第 3、4 步足相似，底节板宽，基节长。第 5–7 步足结构相似，基节膨大。

底节鳃（coxal gill）：底节鳃为平扁、椭圆和似卵圆形的结构，粘附在底节板内。在第 2–6 步足上出现，有时也见于第 7 步足。

副鳃（sternal gill）：副鳃通常位于第 2–7 步足，为 1–3 个单独的、纤细的指状结构。副鳃常见于异钩虾科 Anisogammaridae 和假褐钩虾科 Pseudocrangonyctidae，而钩虾科 Gammaridae 和少鳃钩虾科 Bogidiellidae 无副鳃。

抱卵板（brood plate 或 oostegite）：雌性第 2–5 步足的底节板基部着生 4 对薄片壳层、半透明的结构，为抱卵板。鳃和抱卵板都着生在步足底节板的内侧，抱卵板位于鳃的内上方。抱卵板由步足的外肢演变而成，为长或圆而内面凹的匙状瓣片，周缘具长刚毛。在孵卵时，这些刚毛膨胀并且互锁形成抱卵囊（brood pouch），抱卵囊前后各有 1 孔，以备水流通过，使胚胎能不断与新鲜的水接触而获得足够的氧气。腹肢有节律的拍打在鳃和抱卵囊之间，引起水的流动使呼吸得以发生。

(3) 腹部附肢

腹肢（pleopod，图 6）：共 3 对，为游泳足。双肢型结构，原肢（protopodite）1 节，即柄部（peduncle），内、外肢多节（6–30 节），两侧具有大量的羽状刚毛，内侧末端常具钩刺。这种足用来游泳，同时还用来激起呼吸水流，不断地洗刷鳃，使其能够获得足够的氧气。由于腹肢没有底节板，因此不是完整的附肢。取代底节板的是腹侧板（epimera 或 epimeral plate），由腹节体侧的外骨骼延伸到腹面两侧而形成，腹侧板的外形有分类价值。

尾肢（uropod，图 6）：尾肢为跳跃足，是第 4–6 腹节上 3 对双肢型附肢，向后延伸。原肢 1 节，即柄节，第 1、2 尾肢内、外肢通常各 1 节；第 3 尾肢内肢 1 节、外肢 2 节，末节小，有些种类内肢退化，以至完全消失。第 1 尾肢比第 2 尾肢长。第 3 尾肢在分类上具有重要意义。如钩虾科 Gammaridae 第 3 尾肢具双肢型结构，而假褐钩虾科 Pseudocrangonyctidae 第 3 尾肢内肢退化。

（二）内部结构

钩虾的内部结构包括骨骼系统（skeletal system）、消化系统（digestive system）、呼吸系统（respiratory system）、循环系统（circulatory system）、排泄系统（excretory system）、生殖系统（reproductive system）、神经系统（nervous system）和感觉器官（sense organ）（图 7）。

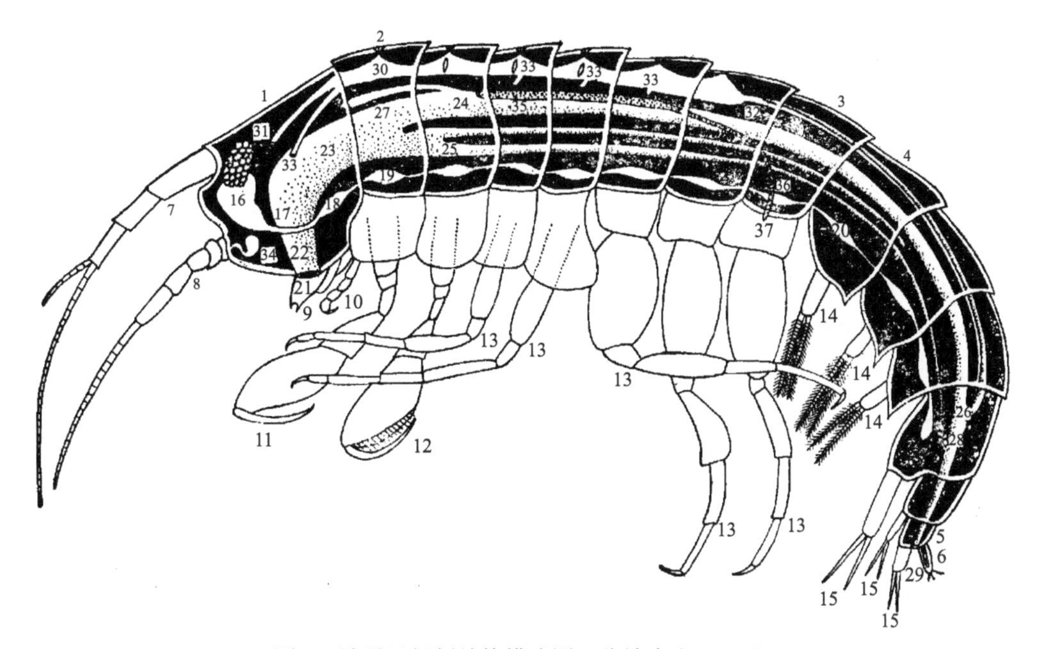

图 7　端足目解剖结构模式图（仿堵南山, 1993）

Fig. 7　Anatomical structure of Amphipoda (from Du, 1993)

1. 头胸部（cephalothorax）; 2. 第 2 胸节（pereonite 2）; 3. 第 8 胸节（pereonite 8）; 4. 第 1 腹节（pleonite 1）; 5. 第 6 腹节(pleonite 6); 6. 尾节(telson); 7. 第 1 触角(antenna 1); 8. 第 2 触角(antenna 2); 9. 大颚(mandible); 10. 颚足(maxilliped); 11. 第 1 腮足（gnathopod 1）; 12. 第 2 腮足（gnathopod 2）; 13. 步足（pereopod）; 14. 腹肢（pleopod）; 15. 尾肢（uropod）; 16. 食道上神经节（supraoesophageal ganglion）; 17. 食道神经（esophageal ganglion）; 18. 食道下神经节（suboesophageal ganglion）; 19. 第 1 胸神经节（thoracic ganglion 1）; 20. 第 1 腹神经节（abdominal ganglion 1）; 21. 口（mouth）; 22. 食道（esophagus）; 23. 胃（stomach）; 24. 中肠（midgut）; 25. 前盲肠（anterior caecum）; 26. 后盲肠（posterior caecum）; 27. 盲囊（caecum）; 28. 后肠（hindgut）; 29. 肛门（anus）; 30. 心脏（heart）; 31. 前大动脉（anterior artery）; 32. 后大动脉(posterior artery); 33. 侧动脉(ventral artery); 34. 触角腺(antennal gland); 35. 精巢(testis); 36. 输精管(spermaductus); 37. 阴茎突（penis）

1. 骨骼系统

钩虾整个身体被有甲壳；体节间关节处的甲壳较薄。甲壳由几丁质形成，并沉积大量的碳酸钙结晶体；可分内、外两层，外层色泽暗，而内层较淡。甲壳之下为一层扁平上皮细胞，几丁质和碳酸钙即由这层细胞形成。细胞内还有色素。肌肉以腹部最为发达，多束肌肉着生在甲壳内面。

2. 消化系统

端足目的消化系统与一般甲壳动物的模式一致，有 1 完善的食物管道。分前、中、后肠，且有盲肠。端足目具有壳质的研磨胃，类似于等足类和十足类。

肠为 1 长管；前端的口位于头胸部腹面的上下唇之间，大颚即在口的左右两旁，2 对小颚紧靠在口的后方，颚足则依托在这 3 对口肢之后。食物先通过大颚的咀嚼，再经其他口肢的共同配合，进一步碎化，然后由口进入食道。食道短，与胃相连。胃位于头部与第 2 胸节之间，后端连接中肠。中肠长，其长度因种类不同而异，钩虾亚目中肠后端达到第 4 腹节。中肠腹侧左右有 1、2 对盲肠。盲肠呈管状，前端开口于胃，末端封闭。中肠下连后肠；后肠末端的肛门位于尾节基部的腹面。

3. 呼吸系统

大多数气体交换发生在鳃的薄壁上。气体交换效率低和组织抗缺氧能力弱影响了淡水钩虾的分布，大多数类群仅分布于氧气充足的水体中，如泉水。

鳃与心脏同位，都位于胸部，着生在步足底节板的内侧，通常 5 对，第 2–6 步足各 1 对。钩虾科种类在第 7 步足上还有 1 对鳃。鳃是步足基部侧甲的突出物，扁平、圆形或卵形，通常简单，少数种类具皱褶或片状附属物，形成副鳃。鳃表面为一层角质膜，其下为一层上皮细胞；内腔因部分上皮细胞的移入而分割成多数腔窦。鳃也和步足一样，有输入管和输出管。输入管连接腹血窦，血液经输入管入鳃以后，在鳃的腔窦内流动，进行气体交换，然后经输出管与围心管入围心窦，最后回到心脏。

4. 循环系统

钩虾的循环系统属开放型。心脏呈长管状，从第 2 胸节前缘开始，向后延伸到第 7 胸节。心脏左右两侧共有 3 对心孔，分别位于第 3–5 胸节。心脏前后端分别发出前大动脉和后大动脉。前大动脉到达头部后，分为 2 支，包围在脑的两侧。后大动脉向后到第 2 或第 3 腹节内，分为 2 短支。第 4–6 胸节内从心脏左右两侧共发出 3 对侧动脉，侧动脉伸到胃及中肠、盲肠而分支。此外，从前大动脉基部还发出 1 对动脉，一般视它为 1 对侧动脉。

心脏周围是围心窦，围心窦左右两侧的部分围心膜突起，伸入后 7 对步足内，将每只步足的血腔分割成相互平行而又靠近的 2 条足血腔管（podo-pericardial canal）；一条与纵贯身体腹侧的宽大腹血窦相连，称为输入管（ductus afferens），另一条与围心管（pericardial vessel）相连，称为输出管（ductus efferens）。前 4 对输入管靠近步足后缘；后 3 对靠近步足前缘。围心管也称体节管（segmental canal），按节排列，每个游离胸节均有 1 对围心管，它联络围心窦与输出管。

心脏能收缩，每分钟 100–200 次。心跳的频率常因种类和环境条件的不同而异，水温和盐度骤变会引起心跳频率的变化。心脏与翼肌相互协调，当翼肌收缩、围心窦缩小时，心脏舒张，血液由围心窦经心孔流回心脏。反之，当翼肌伸张、围心窦复原时，心脏收缩，血液就被压流入前后大动脉及侧动脉内，再经这些动脉分支流到身体各部的血腔中，最后汇入腹血窦。腹血窦内的血液通过输入管和输出管，流经步足与鳃而入围心管，再到围心窦，最后经心孔回归心脏。因此在身体各部分内流动的血液全是混合血，血液内的氧气不断消耗，流过鳃时，方才得到补充。

5. 排泄系统

钩虾触角腺具排泄和渗透调节功能，是主要的排泄器官，位于第 2 触角基部近处的体内，分末端囊和排泄囊两部分。淡水种类的排泄管比海洋种类的长，盘旋多回，因此整个腺体显得较大。排泄管与末端囊相连接的前端部分扩大而呈坛状；在末端囊与排泄管间有 1 漏斗器。漏斗器由伸入坛状扩大部分内 3 个上下的大型细胞构成；漏斗器的底部周围有环走肌纤维，这种肌纤维由单个细胞形成。排泄管的管壁为一层来源于中胚层的上皮细胞，细胞内有多数垂直于管壁表面的密集纤维。管壁外面有一层腺细胞，也是源于中胚层，称为泡状层。泡状层的排列疏松，其间的腔隙就是血液的通道。排泄管的末端伸入第2触角柄部第2节腹侧的突起内，并开口于突起顶端。这部分排泄管的管壁起源于外胚层。除触角腺外，原肾细胞也有排泄功能。这些细胞主要出现在第2–7胸节成对的基节腺及前4个腹节内。血液回归围心窦时，流经原肾细胞。

6. 生殖系统

钩虾亚目雌雄异体，雌虫生殖孔位于第6胸节腹面，雄虫生殖孔位于第7胸节腹面。雌体胸部有抱卵板4对，着生在步足底节板的内侧，鳃的内上方。雄体腮足比较强壮，第1触角嗅毛较多，第2触角鞭节较长，通常有鞋状感觉器，复眼较大。两性分化与激素有关，雌体抱卵板及其周缘刚毛的形成受制于卵巢激素，雄性的分化也受输精管外雄性腺的控制，若将雄性腺植入雌体内，雌体生殖腺和第二性征就向雄体转化。

两性生殖器官成对，左右分开，位于胸部内。雄性生殖器官包括精巢、输精管与射精管。精巢成圆管状或纺锤状，位于中肠近背面的左右两侧，钩虾亚目是从第3胸节开始，延长到第6胸节。精巢后连输精管，在第7胸节内，多数种类的输精管末端扩大形成储精囊。输精管连接射精管，射精管由外胚层发育而来，肌肉质，短而曲向第7胸节腹面中央。

雌性生殖器官包括卵巢、输卵管与子宫。卵巢呈管状，位于中肠左右两侧，从第2–4胸节开始，向后延伸到第4–7胸节前缘之间。输卵管是顺着卵巢纵轴延长的部分。钩虾亚目卵巢较长，输卵管由卵巢末端外侧发出，开孔于抱卵囊内第6胸节的腹面。

7. 神经系统

钩虾亚目的中枢神经系统由脑和腹神经链构成。脑也就是食道上神经节，分为左右两部分，由1对眼神经节与1对触角神经节愈合形成，而1对第2触角神经节并不愈合于脑内，却后移到脑的后侧方。食道下神经节位于已与头部愈合的胸节内，由1对大颚神经节、2对小颚神经节和1对颚足神经节愈合而成；有时第1腮足神经节也愈合其中。腹神经链上有7或6个胸神经节和4个腹神经节，末1腹神经节位于第4腹节内，由后3个腹神经节愈合而成。从胸神经节以及3个腹神经节各发出1对神经伸入相应附肢内，而末1腹神经节则发出3对神经，分别伸入3对尾肢内。

8. 感觉器官

广义的感觉器官对3大类刺激发生反应，即化学刺激、光刺激和机械刺激，因此有化学感受器、光感受器和机械感受器，即味觉及嗅觉器官、视觉器官、触觉器官。

钩虾身体各部分都有触毛，主要位于2对触角上。第1触角的柄节与鞭节还有嗅毛，雄体较多。第2触角鞭节具鞋状感觉器，形小似坛，基部厚实，上部薄而呈卵形或球形。钩虾亚目头胸部近背侧处有1对平衡囊，囊内具有1–5粒平衡石，平衡囊受脑的控制。

复眼通常1对，无眼柄，直接着生于头部左右两侧。复眼由小眼组成，每个小眼含有2个晶体细胞、3或4个色素细胞及5个视觉细胞。此外，小眼之间还有填充细胞，这种细胞由上皮细胞下沉而来。钩虾亚目的复眼为镶嵌式眼，不仅能形成物像，而且能对动物定位。

三、分类系统

钩虾亚目的分类系统主要有 4 个，本卷采用 Martin-Davis 分类系统。

（一）Barnard 分类系统

最早的钩虾亚目分类系统综合了 Sars（1895）和 Stebbing（1906）的有关结论，将钩虾亚目分为 42 科。这一分类系统直到 20 世纪 50 年代早期还得到广泛应用。为使 Stebbing 系统适应不断发现的新种，Bulyčeva（1957）把跳钩虾超科 Talitroidea 变为包含 3 个自然相关的科：玻璃钩虾科 Hyalidae、淡水绿钩虾科 Hyalellidae 和跳钩虾科 Talitridae。Barnard 通过清除同名和扩展过渡种群，对钩虾亚目进行了调整，建立了 Barnard（1958）的 56 科系统（表 2）。这个分类系统是以钩虾属原始类型为基础的分类关系，表现出当时已知钩虾类群之间的关系。

表 2 Barnard（1958）钩虾亚目的分类系统

Table 2 Classification of the suborder Gammaridea by Barnard (1958)

1. 光洁钩虾科 Lysianassidae	22. 群氓钩虾科 Ochlesidae
2. 隐首钩虾科 Stegocephalidae	23. 掠钩虾科 Laphystiopsidae
3. 双眼钩虾科 Ampeliscidae	24. 寄鱼钩虾科 Laphystiidae
4. 懒钩虾科 Argissidae	25. 壮体钩虾科 Acanthonotozomatidae
5. 尖头钩虾科 Phoxocephalidae	= Iphimediidae
6. 平额钩虾科 Haustoriidae	26. 合尾钩虾科 Pagetinidae
= Pontoporeiidae	27. 里海钩虾科 Caspiellidae
7. 多棘钩虾科 Dogielinotidae	28. 豹钩虾科 Pardaliscidae
8. 矛钩虾科 Amphilochidae	29. 利尔钩虾科 Liljeborgiidae
9. 宽节钩虾科 Cressidae	30. 合眼钩虾科 Oedicerotidae
10. 板钩虾科 Stenothoidae	31. 辛诺钩虾科 Tironidae
11. 白钩虾科 Leucothoidae	= Synopiidae
12. 油脂钩虾科 Sebidae	32. 弱钳钩虾科 Astyridae
13. 棒肢钩虾科 Stilipedidae	33. 仙女钩虾科 Calliopiidae
14. 越南钩虾科 Anamixidae	34. 肋钩虾科 Pleustidae
15. 异尾钩虾科 Thaumatelsonidae	35. 多突钩虾科 Paramphithoidae
16. 扁钩虾科 Phliantidae	= Amathillopsidae = Epimeriidae
17. 原扁钩虾科 Prophliantidae	36. 长脊钩虾科 Lepechinellidae
18. 始扁钩虾科 Eophliantidae	= Dorbanellidae
19. 脊椎钩虾科 Temnophliidae	37. 鼻钩虾科 Atylidae
20. 库里钩虾科 Kuriidae	38. 维贾钩虾科 Vitjazianidae
21. 科洛钩虾科 Colomastigidae	39. 少鳃钩虾科 Bogidiellidae

续表

40. 黑氏钩虾科 Hadziidae	49. 赖钩虾科 Aoridae
41. 颚肢钩虾科 Melphidippidae	50. 亮钩虾科 Photidae
42. 贝氏钩虾科 Bateidae	51. 疾走钩虾科 Isaeidae
43. 美钩虾科 Eusiridae = Pontogeneiidae	52. 壮角钩虾科 Jassidae = Ischyroceridae
44. 钩虾科 Gammaridae	53. 蜾蠃蜚科 Corophiidae
45. 长足钩虾科 Dexaminidae	54. 蛀木钩虾科 Cheluridae
46. 跳钩虾科 Orchestiidae = Talitridae	55. 地钩虾科 Podoceridae = Dulichiidae
47. 玻璃钩虾科 Hyalidae	56. 拟贼钩虾科 Hyperiopsidae
48. 淡水绿钩虾科 Hyalellidae	

（二）Bousfield 分类系统

Barnard（1958）分类系统在 20 世纪 70 年代逐渐受到一些学者的批评，Barnard 和 Karaman（1975）对其进行了重新修订。Bousfield（1973, 1977）开始尝试把多系的钩虾亚目拆分为超科或科水平的单元。Bousfield（1977）在超科阶元内进行重新合并，包括一些旧科名的合并及新科名的建立，建立起新的超科和科。但由于缺乏有意义的化石记录，某些种类不得不聚集在一个大类群中，该方法造成的混乱与复杂性使 Bousfield 对科和超科的命名不可行。随着这项工作的深入，Bousfield（1979, 1982）在钩虾亚目的系统分类工作方面取得了进一步的成果。Bousfield（2001）重新修正了钩虾亚目的系统发育关系（图 8），其结构与 Sars（1895）和 Stebbing（1906）系统发育基本类似。

（三）Bowman-Abele 分类系统

随着支序分类方法的广泛应用，以及计算机的迅猛发展，甲壳动物的分类也进一步深入。Bowman 和 Abele（1982）在总结前人成果的基础上，列出了所有甲壳类的分类系统，其中钩虾亚目有 69 科（表 3）。

（四）Martin-Davis 分类系统

Martin 和 Davis（2001）在 Bowman 和 Abele（1982）的分类系统基础上，再一次总结所有甲壳动物的关系，加入 20 世纪 80 年代以来新建立的科，其中钩虾亚目增至 124 科（表 4）。

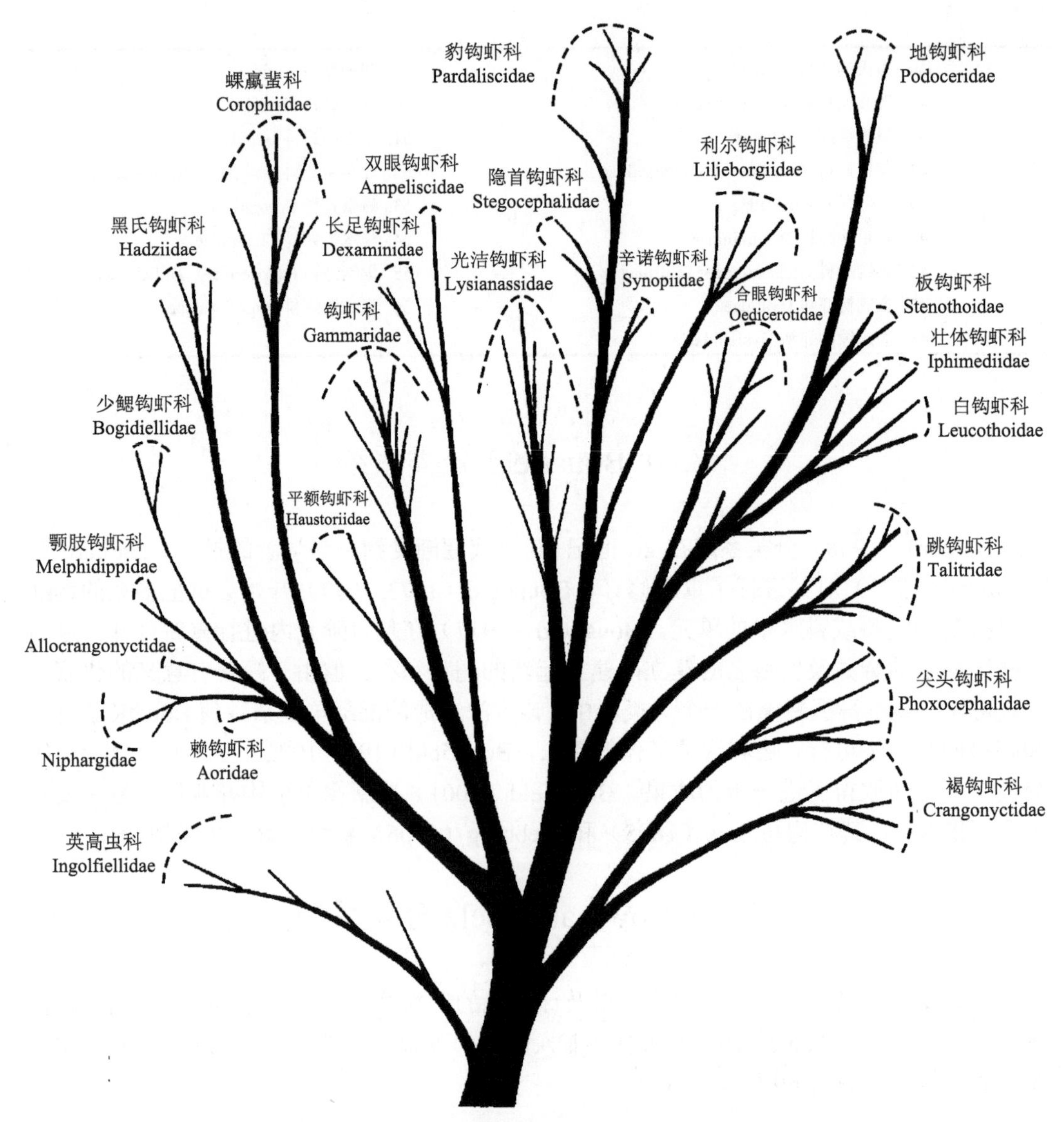

图 8　Bousfield（2001）的端足目系统发育树（仿 Bousfield, 2001）

Fig. 8　Phylogenetic tree of suborders and superfamilies of the Amphipoda (from Bousfield, 2001)

表 3　钩虾亚目 Bowman 和 Abele（1982）分类系统

Table 3　Classification of the suborder Gammaridea by Bowman & Abele (1982)

1. 双眼钩虾科 Ampeliscidae	8. 贝氏钩虾科 Bateidae
2. 矛钩虾科 Amphilochidae	9. 肠形钩虾科 Biancolinidae
3. 藻钩虾科 Ampithoidae	10. 少鳃钩虾科 Bogidiellidae
4. 越南钩虾科 Anamixidae	11. 仙女钩虾科 Calliopiidae
5. 异钩虾科 Anisogammaridae	12. Carangoliopsidae
6. 懒钩虾科 Argissidae	13. Caspicolidae
7. Artesiidae	14. 海带钩虾科 Ceinidae

续表

15. 蛀木钩虾科 Cheluridae	43. 马尔他钩虾科 Melitidae
16. 科洛钩虾科 Colomastigidae	44. 颚肢钩虾科 Melphidippidae
17. 蜾蠃蜚科 Corophiidae	45. Mesogammaridae
18. 褐钩虾科 Crangonyctidae	46. Metaingolfiellidae
19. 宽节钩虾科 Cressidae	47. Najnidae
20. 长足钩虾科 Dexaminidae	48. Nihotungidae
21. 多棘钩虾科 Dogielinotidae	49. Ochlesidae
22. 杜利钩虾科 Dulichiidae	50. 合眼钩虾科 Oedicerotidae
23. 始扁钩虾科 Eophliantidae	51. 合尾钩虾科 Pagetinidae
24. 多突钩虾科 Epimeriidae	52. 豹钩虾科 Pardaliscidae
25. 美钩虾科 Eusiridae	53. 扁钩虾科 Phliantidae
26. 钩虾科 Gammaridae	54. 尖头钩虾科 Phoxocephalidae
27. 黑氏钩虾科 Hadziidae	55. 锥头钩虾科 Platyischnopidae
28. 淡水绿钩虾科 Hyalellidae	56. 肋钩虾科 Pleustidae
29. 玻璃钩虾科 Hyalidae	57. Plioplateidae
30. 拟贼钩虾科 Hyperiopsidae	58. 挖掘钩虾科 Pontoporeiidae
31. 英高虫科 Ingolfiellidae	59. Pseudamphilochidae
32. 壮体钩虾科 Iphimediidae	60. Salentinellidae
33. 壮角钩虾科 Ischyroceridae	61. 油脂钩虾科 Sebidae
34. 库里钩虾科 Kuriidae	62. 隐首钩虾科 Stegocephalidae
35. 寄鱼钩虾科 Laphystiidae	63. 板钩虾科 Stenothoidae
36. 掠钩虾科 Laphystiopsidae	64. 棒肢钩虾科 Stilipedidae
37. 长脊钩虾科 Lepechinellidae	65. 辛诺钩虾科 Synopiidae
38. 白钩虾科 Leucothoidae	66. 跳钩虾科 Talitridae
39. 利尔钩虾科 Liljeborgiidae	67. Temnophliantidae
40. 光洁钩虾科 Lysianassidae	68. 尾钩虾科 Urothoidae
41. Macrohectopidae	69. 维贾钩虾科 Vitjazianidae
42. 颚足钩虾科 Maxillipiidae	

表 4　Martin 和 Davis（2001）钩虾亚目分类系统

Table 4　Classification of the suborder Gammaridea by Martin & Davis (2001)

1. Acanthogammaridae	12. Aristiidae
2. Acanthonotozomellidae	13. Artesiidae
3. Allocrangonyctidae	14. Bateidae
4. 多突钩虾科 Amathillopsidae	15. 肠形钩虾科 Biancolinidae
5. 双眼钩虾科 Ampeliscidae	16. 少鳃钩虾科 Bogidiellidae
6. 矛钩虾科 Amphilochidae	17. Bolttsiidae
7. 藻钩虾科 Ampithoidae	18. 仙女钩虾科 Calliopiidae
8. 越南钩虾科 Anamixidae	19. Carangoliopsidae
9. 异钩虾科 Anisogammaridae	20. Cardenioidae
10. 赖钩虾科 Aoridae	21. Caspicolidae
11. Argissidae	22. 海带钩虾科 Ceinidae

续表

23. Cheidae
24. 蛀木钩虾科 Cheluridae
25. Clarenciidae
26. 科洛钩虾科 Colomastigidae
27. Condukiidae
28. 蜾蠃蜚科 Corophiidae
29. 褐钩虾科 Crangonyctidae
30. 宽节钩虾科 Cressidae
31. Cyphocarididae
32. Cyproideidae
33. 长足钩虾科 Dexaminidae
34. Didymocheliidae
35. Dikwidae
36. 多棘钩虾科 Dogielinotidae
37. 杜利钩虾科 Dulichiidae
38. Endevouridae
39. 始扁钩虾科 Eophliantidae
40. 多突钩虾科 Epimeriidae
41. 美钩虾科 Eusiridae
42. Exoedicerotidae
43. Gammaracanthidae
44. Gammarellidae
45. 钩虾科 Gammaridae
46. Gammaroporeiidae
47. 黑氏钩虾科 Hadziidae
48. 平额钩虾科 Haustoriidae
49. 淡水绿钩虾科 Hyalellidae
50. 玻璃钩虾科 Hyalidae
51. 拟贼钩虾科 Hyperiopsidae
52. Iciliidae
53. Ipanemidae
54. 壮体钩虾科 Iphimediidae
55. Isaeidae
56. 壮角钩虾科 Ischyroceridae
57. 库里钩虾科 Kuriidae
58. 寄鱼钩虾科 Laphystiidae
59. 掠钩虾科 Laphystiopsidae
60. 长脊钩虾科 Lepechinellidae
61. 白钩虾科 Leucothoidae
62. 利尔钩虾科 Liljeborgiidae
63. 光洁钩虾科 Lysianassidae
64. Macrohectopidae
65. 颚足钩虾科 Maxillipiidae
66. Megaluropidae
67. 马尔他钩虾科 Melitidae
68. 颚肢钩虾科 Melphidippidae
69. Mesogammaridae
70. Metacrangonyctidae
71. Micruropodidae
72. Najnidae
73. Neomegamphopidae
74. Neoniphargidae
75. Nihotungidae
76. Niphargidae
77. 群氓钩虾科 Ochlesidae
78. Odiidae
79. 合眼钩虾科 Oedicerotidae
80. Opisidae
81. Pachyschesidae
82. 合尾钩虾科 Pagetinidae
83. 仿美钩虾科 Paracalliopiidae
84. Paracrangonyctidae
85. Paraleptamphopidae
86. Paramelitidae
87. 豹钩虾科 Pardaliscidae
88. Perthiidae
89. 扁钩虾科 Phliantidae
90. 尖头钩虾科 Phoxocephalidae
91. Phoxocephalopsidae
92. Phreatogammaridae
93. 锥头钩虾科 Platyischnopidae
94. 肋钩虾科 Pleustidae
95. Plioplateidae
96. 地钩虾科 Podoceridae
97. Podoprionidae
98. Pontogammaridae
99. 挖掘钩虾科 Pontoporeiidae
100. Priscomilitaridae
101. Pseudamphilochidae
102. 假褐钩虾科 Pseudocrangonyctidae
103. Salentinellidae
104. Scopelocheiridae
105. 油脂钩虾科 Sebidae
106. 华尾钩虾科 Sinurothoidae
107. 隐首钩虾科 Stegocephalidae
108. 板钩虾科 Stenothoidae
109. Sternophysingidae
110. 棒肢钩虾科 Stilipedidae

续表

111. 辛诺钩虾科 Synopiidae	118. Urohaustoriidae
112. 跳钩虾科 Talitridae	119. 尾钩虾科 Urothoidae
113. Temnophliantidae	120. Valettidae
114. Trischizostomatidae	121. Vicmusiidae
115. Tulearidae	122. 维贾钩虾科 Vitjazianidae
116. Typhlogammaridae	123. Wandinidae
117. 棘爪钩虾科 Uristidae	124. Zobrachoidae

四、生态学与生物学

（一）地表水中的钩虾

地表水中的钩虾以钩虾科和异钩虾科为主。大部分地表水钩虾在小水体中繁衍生息，完成整个生活史；少部分种类栖息在大河或开放流水的大湖。它们具有冷狭温性、避光性和趋触性。栖息环境中有一定量的腐殖质且温度较低。地表淡水系统中泉眼、小溪、沼泽、沟渠、池塘、排水沟、渗渠是钩虾的主要栖息地（图 9）。

淡水钩虾一般生活在沙砾层、枯叶、草和其他种类的残留物下面。某些淡水种常常会在单位面积上聚集相当多的个体，可以超过 1000 只/m^2。

（二）地下水中的钩虾

钩虾也生活在地下淡水系统，包括洞穴溪流、井水及地下水等。但它们与地表水系统并非完全隔离，因为某些种类可以通过水系间的联系扩散到排水沟、泉水和溪流中。例如 *Gammarus minus* 在洞穴中发现的同时在泉水中也很常见，并且从一个生境到另一个生境显示出很小的形态差异（Holsinger, 1977）。Malard 等（1996）把在洞穴居住的生物分为 3 种生态类型：典型洞穴生物（stygobite）、非典型洞穴生物（stygophile）和偶入洞穴生物（stygoxene）。典型洞穴生物在地下水中终生生活，并且眼和色素特征缺失或严重退化，它经常伴随着身体及其附属物变薄（尤其是触角和最后 2 对步足）；非典型洞穴生物主要生活在地下水，但也可能生活在地表水中，形态变异有时不明显；偶入洞穴生物是地表生物，当它在地下水中发现时发育不是很好。

地下水中的淡水钩虾在进化、系统发育、地理分布及物种形成等多个研究领域有重要意义（Barr & Holsinger, 1985）。地下水中钩虾的物种多样性、有限的扩散能力、明显的地理隔离和淡水蓄水层的限制，使许多分类单元可能表现出较为原始的系统发育谱系，因此无论是系统发育还是分布，它们都是真正的孑遗种（Holsinger, 1977, 1993）。全球已知 923 种洞穴钩虾（表 5）。

图 9 淡水钩虾生活在山间溪水中的水草下（上左：新疆大东沟）或湖泊中（上右：新疆乌伦古湖）；在大型河流两岸，有时也生活于较大泉水（下左：四川德格马尼干戈镇）或较小的泉水（下右：拒马河旁的小泉眼）中

Fig. 9 Habitat of freshwater gammarids (upper left: a brook from Dadonggou, Xinjiang; upper right: Ulungur Lake, Xinjiang; lower left: a spring from Maniganggo, Sichuan; lower right: a spring along the River Juma)

表 5 地下水中的钩虾类群

Table 5 Subterranean gammarids of the world

科 Families/Family Groups	地下种类 Stygobiont species	属 Genera
Allocrangonyctidae	2	1
赖钩虾科 Aoridae	1	1
少鳃钩虾科 Bogidiellidae	105	33
仙女钩虾科 Calliopiidae	3	3
褐钩虾科 Crangonyctidae	226	6
钩虾科 Gammaridae	37	17
黑氏钩虾科 Hadziidae	78	约 26
淡水绿钩虾科 Hyalellidae (includes Ceinidae)	2	2
玻璃钩虾科 Hyalidae	3	1
英高虫科 Ingolfiellidae	37	3

续表

科 Families/Family Groups	地下种类 Stygobiont species	属 Genera
利尔钩虾科 Liljeborgiidae	1	1
光洁钩虾科 Lysianassidae	1	1
马尔他钩虾科 Melitidae	约 54	约 23
Metacrangonyctidae	14	2
Metaingolfiellidae	1	1
Neoniphargidae	1	1
Niphargidae	221	8
Paracrangonyctidae	3	2
Paramelitidae	10	9
豹钩虾科 Pardaliscidae	3	2
Perthiidae	1	1
Phreatogammaridae	2	2
肋钩虾科 Pleustidae	3	2
假褐钩虾科 Pseudocrangonyctidae	11	2
Salentinellidae	14	2
油脂钩虾科 Sebidae	2	1
Sternophysingidae	8	1
跳钩虾科 Talitridae (terrestrial)	3	3
分类地位有争议的类群	地下种类 Stygobiont species	属 Genera
Austroniphargus/Sandro	3	2
Crangoweckelia/Pintaweckelia	3	2
Eoniphargus/Indoniphargus	3	2
Osornodella group	2	2
Pseudoniphargus group	62	2
Sensonator group	1	1
Uronyctus group	1	1
Cottarellia group	1	1

（三）钩虾对水体含盐量的适应

淡水钩虾的某些种类能够适应含有一定盐分的水体，是广盐性种类。广盐性种类对外界渗透压有很强的调节能力，可以生活在淡水、咸水甚至海水中。例如蟋蟀钩虾 *Gammarus locusta* 等既能栖息在盐度为 35‰的大西洋欧洲沿海，也可以出现在盐度为 10‰–18‰的波罗的海。迪氏钩虾 *Gammarus duebeni* 属于栖息于半咸水中的种类，能忍受各种不同的盐度，在水温 4–16℃下，盐度变幅为 1‰–45‰的水中，不仅能存活，还能繁殖（堵南山, 1993）。

（四）钩虾对海拔的生态适应

钩虾广泛分布在青藏高原湖泊中，如班公错、羊卓雍错、色林错、鄂陵湖、青海湖等，最高记录为海拔 5020m 的望军湖。作者还发现钩虾在青藏高原湖泊中的多样性非常高（Hou *et al.*, 2007），推测是由于第四纪高原湖泊的形成为钩虾的分化提供了新的生境，促进了钩虾在青藏高原湖泊中的适应性演化。

（五）运 动 行 为

淡水钩虾利用向外翻的腹肢攀在附着物上，然后利用尾肢的反弹力产生向前的冲力进行移动，同时尾肢不断摆动起到划水和加快水流的作用。在急速运动时，钩虾有时可以竖立着跑动。钩虾尾部弹起的动作是一个迅速逃跑的反应，即把尾肢压入地下以后借腹部迅捷伸曲的弹力产生强有力的推力，做跳跃运动，以避敌害。

游泳时的钩虾用前 3 对腹肢自前向后，顺序拨动。腹肢向后拨动时，其周缘密布的羽状刚毛向外伸展，扩大拨动面，从而增强了推动力。当腹肢接着移向前方时，周缘的刚毛重新恢复原状，折向内侧。腹肢拨动得愈快，游泳速度也就愈快。绝大多数种类身体腹面朝上游泳，但钩虾属种类多是身体一侧贴着水面游泳。

爬行时的钩虾主要利用步足，腹肢等也参与作用。钩虾属的一些种侧着身体躺在水底的基质上，用躺依在基底一侧的后 3 对步足将身体推向前方；尾肢也协助参与推动。但绝大多数种类爬行时身体背面朝上。有时第 2 对触角也起很大作用，这对触角先伸入基质内，随即弯曲，将身体向前牵引。

（六）摄食和食性

淡水钩虾属于杂食性动物。以地表水钩虾为例，它们不仅摄食水生显花植物的叶子，也取食落在水中的陆生显花植物。作者曾在室内饲养淡水钩虾的水族箱内放置一定数量的杨树落叶，在数周后明显可见树叶被吞食的痕迹（图 10）。

淡水钩虾同时舔食或滤食微细食物。舔食是指以附着在砂粒表面的单细胞生物和有机腐屑为食；滤食是指利用第 2 步足的长刚毛在呼吸沟内滤取由水流带入的硅藻及其他藻类的碎屑。淡水钩虾同时摄食鱼类及其他动物的尸体。

（七）繁　　殖

钩虾的两性异型现象比较明显，雌体有抱卵板，而雄体腮足比较强壮，第 1 触角嗅毛较多，第 2 触角鞭节较长，复眼较大。雌雄大小通常不同。雌性钩虾经历脱皮后进入第 8 个中间形态时，短暂的交配才发生（雄性在第 9 个中间形态开始交配），雌雄个体经常抱对（图 11），并且持续几天。雄性钩虾在雌性抱卵囊附近释放精子，雌性用步足把精子扫入抱卵囊，卵就在抱卵囊内与精子结合、发育、孵化，渐渐形成 1 个构造与母体完全或大体相同的新个体，没有显著的变态现象。孵化时间从 1 到 3 周变化不等。幼体离开抱卵囊后，一些种的双亲有照顾子代的现象。

1. 繁殖策略

钩虾亚目交配行为和性两型的意义由 Conlan（1991）及 Bousfield 和 Shih（1994）进行了总结。为保证繁殖期内雄性个体与处于排卵蜕皮期的雌性个体在空间上最接近，钩虾采取 2 种生殖策略（Bousfield, 2001）：①配偶守护（mate-guarding），雄性作为前抱合行为（pre-amplexus behavior）的执行者具有变异的腮足，用于抵挡前来竞争的雄性。②非配偶守护（non-mate-guarding），雄性仅仅是寻找可能处在排卵期的雌性，腮足极少或没有性两型，并且都无前抱合行为。以上两种策略均由雌性的排卵期决定，因为雌性只有在蜕皮后的很短时期内，表皮膜才易于变形，形成抱卵囊，卵和精子就排放在这里并形成受精卵。

钩虾繁殖次数和生育力因种而异。配偶守护的雌性趋向于迭代繁殖，即一个生活周期有几次孵化；而非配偶守护趋向于单代繁殖，既一个生活周期仅有 1 次孵化（Bousfield, 2001）。例如，许多占据池塘、沼泽、泥沼和沟渠水表面的种，特别是钩虾属的种，生活周期约为一年，产生大量的小个体卵，并且有季节性繁殖高峰；与之相反，生活在地下水系和冷水泉的种有较长的生活周期，产生极少和个体大的卵，孵化持续在一个渐进速率而没有季节生殖高峰期（Holsinger, 1977）。

2. 繁殖条件

钩虾对繁殖的外在条件有严格的限制。例如，一种生长在英国的钩虾可以在 0–25℃存活，但是仅能在 3–18℃产卵，并且在 15℃的繁殖率最高。雌雄性比因温度、季节的变化而不同，如迪氏钩虾 *Gammarus duebeni* 在繁殖期，盐度如果维持在 10‰，则 5℃以下的水温促使雄体的形成，而 6℃以上的水温却促使雌体的产生。因此每年一、二月份内，只见雄体，春季才见雌体。性的决定在卵子成熟的末期，大约在排卵前 6–11 天。

3. 繁殖行为

钩虾在交配时，雄体先借其发达的感觉器官探寻雌体，随即用 2 对腮足将其抓住，并像骑马那样，跨在雌体背上，第 1 腮足的半钳固着在雌体第 1 游离胸节前缘背面，而第 2 腮足的半钳则固着在第 5 游离胸节后缘背面（图 11）。雌雄体这样接合在一起，可在水中成对游泳几天，例如，蚤状钩虾 *Gammarus pulex* 夏季雌雄体接合在一起长达 5–7 天。接着，雌体就进行一次临产脱壳。雌体的抱卵板是随着生长与脱壳而逐渐形成，蚤状钩虾体长达到 4.5mm 时，才出现第 1 对抱卵板，随后陆续产生其余 3 对；并且脱壳一次，抱卵板增大一次。同时抱卵囊内第 6 胸节腹面平常堵塞的雌生殖孔也在临产脱壳之后由于上皮细胞层的裂开而出现，但排卵以后，生殖孔处的上皮细胞再生，又形成新的角质膜，生殖孔因此重新封闭。

图 10 钩虾取食的树叶

Fig. 10 Leaves eaten by amphipods

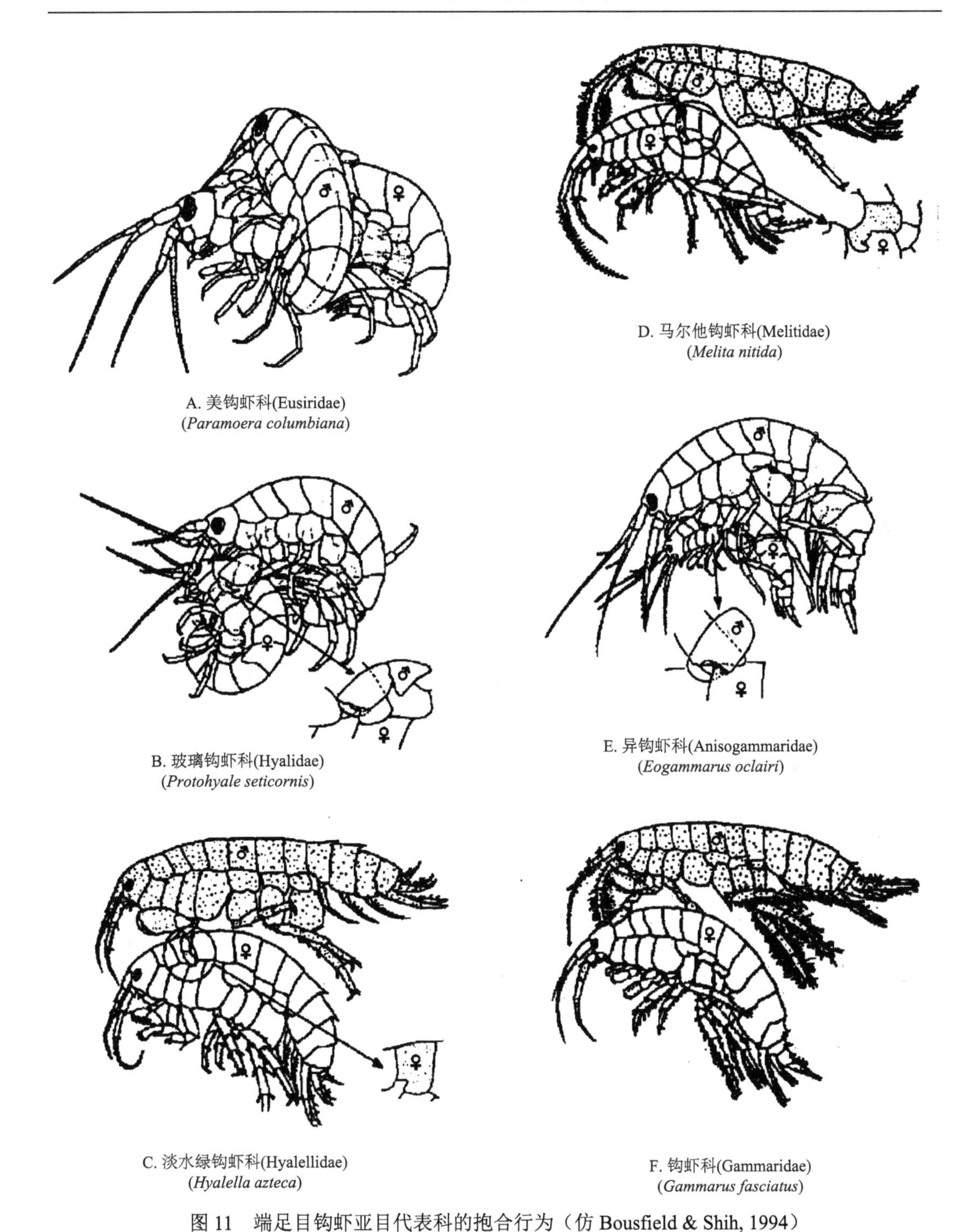

A. 美钩虾科(Eusiridae)
(*Paramoera columbiana*)

B. 玻璃钩虾科(Hyalidae)
(*Protohyale seticornis*)

C. 淡水绿钩虾科(Hyalellidae)
(*Hyalella azteca*)

D. 马尔他钩虾科(Melitidae)
(*Melita nitida*)

E. 异钩虾科(Anisogammaridae)
(*Eogammarus oclairi*)

F. 钩虾科(Gammaridae)
(*Gammarus fasciatus*)

图 11　端足目钩虾亚目代表科的抱合行为（仿 Bousfield & Shih, 1994）

Fig. 11　Precopula in representative families of gammaridean Amphipoda (from Bousfield & Shih, 1994)

临产脱壳以后，接合在一起的雄体开始转动雌体的身体，使其腹面向上，同时雄体自身腹部向前弯曲，并将前 3 对腹肢，从雌体末 1 对抱卵板之间插入抱卵囊内。雄体排出的精子形成精荚以后，即插入抱卵囊内的前 3 对腹肢，将精荚附着在雌生殖孔近处的腹甲上。不久雌体就开始排卵。排卵的多少与雌体的大小有关，较大的雌体排卵较多。

4. 发育

精子长形，分头和尾 2 部分，大多不能活动。卵在雌体子宫内时，由于相互挤压而形状多样，通过雌生殖孔排入抱卵囊以后，方才变成圆形。受精就在抱卵囊内进行。受精卵先行完全卵裂，随后就改行表面不等卵裂，形成中央为卵黄而周围为一层原始胚层细胞的囊胚。不久胚胎腹面出现胚带。胚带先与胚胎本身的长轴正交，随后逐渐旋转，随着长轴延伸。内胚层细胞由原始胚层细胞移入形成；中胚层细胞大概就由胚带的外胚层发生。夏季受精卵在雌体排卵后 12–14 天就开始孵化。从卵中孵出的幼体已与成体无多大区别，只是触角的鞭节和其他附肢的节数都较少，体表的刺、刚毛等突出物较不发达。幼体滞留在母体抱卵囊内一段时间，但抱卵囊并不分泌任何营养液，以供幼体发育之用，幼体在抱卵囊内可能借抱卵囊内的水流所带入的微小生物为食。

母体在幼体离开以后，脱壳一次，抱卵板随着完全消失，一直要等到下一次生殖时，再重新逐渐形成。雌体一生可以排卵 1 次或多次，如蚤状钩虾雌体一生可产 6–9 次。幼体发育和生长都很快，脱壳约 10 次，经过 3、4 个月就达到性成熟。幼体发育的快慢受水温影响：水温高时，每隔 3、4 天脱壳一次；水温低时，相隔 18–20 天脱壳一次。多数种类寿命为 1 年。

五、动物地理学

（一）淡水钩虾的起源与历史变迁

钩虾科目前记载 200 余种，其中 160 余种栖息在淡水中，约 40 种栖息在海水中。淡水钩虾广泛分布在欧亚大陆，海洋种类分布在大西洋东岸及地中海、黑海和里海。Barnard 和 Barnard（1983a）认为淡水钩虾为湖沼起源，是从淡水到海洋的演化过程。本卷作者（Hou *et al*., 2011; Hou *et al*., 2014b）基于北半球淡水和海洋中分布的 115 种钩虾为研究对象，通过基因序列构建系统发育树，提出淡水钩虾起源于特提斯海，并在 4300 万年前（始新世）发生从海洋到淡水的生境转变（图 12）。原来在海水中生活的钩虾物种分化缓慢，进入淡水环境后快速分化并占据了欧亚大陆淡水生境。钩虾从海洋到淡水的演化是由古地质变化引起的，欧亚板块与印度板块的碰撞导致青藏高原的隆升，切断了特提斯海与太平洋、印度洋的联系；同时欧亚板块与非洲板块的碰撞导致欧洲西部陆地面积增大。随着特提斯海的萎缩和欧亚板块陆地面积的增加，欧亚大陆淡水表面积相应增加，为钩虾迁移至淡水提供了前所未有的生态机遇。钩虾科钩虾起源于特提斯海，从海洋到淡水的演化理论逐渐得到了认可。

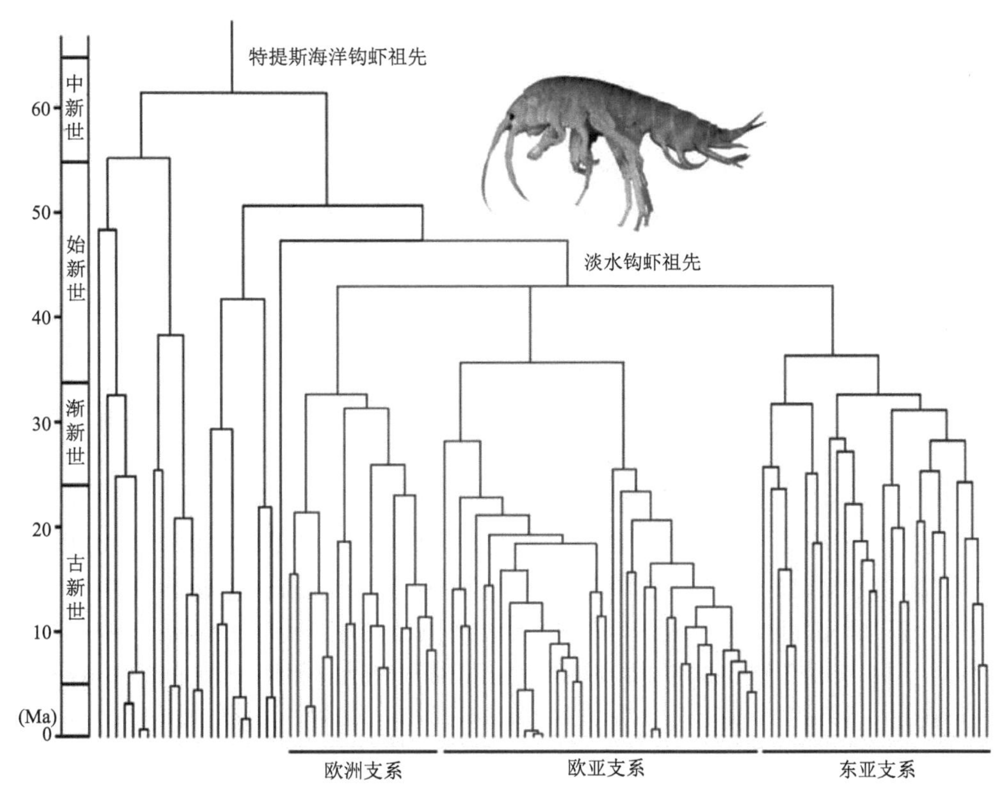

图 12　淡水钩虾的起源演化（仿 Hou & Li, 2018a）

Fig. 12　The origin and evolutionary history of freshwater amphipods (from Hou & Li, 2018a)

地下钩虾的起源，一般有 3 种看法：①古老的淡水分布（old freshwater distribution），指内陆地下水的类群，是淡水祖先通过地表面水侵入起源的；②海洋孑遗种分布（marine relict distribution），多为栖息于大陆或岛屿的类群，由于它们的海洋祖先随着海退通过搁浅而起源的；③海洋-咸水分布（marine-brackish water distribution），指栖息于沿海、岛屿中裂缝和咸水性的地下类群，它们的海洋祖先是通过侵入狭窄的地表水而起源。另外，地下类群也可能在地下水中独立进化形成物种。地下的环境为当地种群的地理隔离提供了很多机会，促进新种的形成。

（二）世界淡水钩虾分布格局

淡水钩虾主要生活在冷水性水域中，热带和温暖的淡水中很少有钩虾存在。在古北界和新北界，尤其是在贝加尔湖、黑海—里海—埃文海盆地、欧洲和美洲流动的水域及地下水系统中，淡水钩虾较为丰富。在非洲热带雨林、南美热带草原的大峡谷湖中，以及亚洲的雨林中，虽然也有适宜于钩虾生存的近寒冷环境，但几乎没有钩虾存在。印度、孟加拉国、东南亚和印度尼西亚等地分布有极少的种类，且大都表现出地下类群的特征。大洋洲大陆的大多数钩虾分布在凉爽的南方，且大部分种类栖息在海拔较高的地方或地下水环境中，几乎没有物种分布在炎热的北方。

欧亚大陆是淡水钩虾种类最为丰富的地区，主要有钩虾属 *Gammarus* 和 *Echinogammarus*。东亚有 4 个特有淡水属，分别为：假褐钩虾属 *Pseudocrangonyx*、拟褐钩虾属 *Procrangonyx*、汲钩虾属 *Jesogammarus* 和安氏钩虾属 *Annanogammarus*。中国特有属包括宽肢钩虾属 *Eurypodogammarus*、复兴钩虾属 *Fuxigammarus* 和抚仙钩虾属 *Fuxiana*，主要分布在云南抚仙湖。

（三）中国淡水钩虾分布格局

中国目前已知的淡水钩虾分布在北京、河北、山西、辽宁、黑龙江、上海、江苏、广西、四川、云南、贵州、西藏、新疆等地，包括 4 科 10 属共 100 种，其中 78 种是本卷作者发表的物种。

中国的淡水钩虾以钩虾科钩虾属为广布属，包括 82 种。主要栖息在山溪水温较低的地方（巴家文等, 2011），其中 2 种为广布种：湖泊钩虾 *Gammarus lacustris* 广布于中国南北，云南、西藏、新疆、内蒙古、北京等地均有发现；而雾灵钩虾 *Gammarus nekkensis* 为华北、东北常见种，河北、山西、北京、辽宁都有分布。异钩虾科 Anisogammaridae 主要生活在开放流水的湖泊中，如汲钩虾属分布在河北白洋淀、北京房山长沟镇北甘池胜泉；抚仙钩虾属分布于云南抚仙湖湖底；宽肢钩虾属分布于云南阳宗海、滇池等地。

中国的淡水钩虾还有相当一部分生活在地下淡水系统（Hou *et al.*, 2009），包括洞穴溪流、井水等。目前报道有 15 种钩虾属物种分布在湖南、湖北、四川、云南、贵州的洞穴中。假褐钩虾属和拟褐钩虾属为东亚地区特有的地下类群，在辽宁、北京、安徽与河南的洞穴或地下水中有分布，共报道 5 种。少鳃钩虾属 *Bogidiella* 分布在广西、江西的个别洞穴中，共报道 2 种。

六、资 源 状 况

（一）脊椎动物天然饵料

淡水钩虾是某些鱼类、鸟类、两栖爬行动物和部分兽类的天然食物来源。根据白鲟幼鱼的消化道内容物分析发现，钩虾的出现率仅次于匙指虾类，达到 35.65%（张征, 1999）。钩虾作为青海湖裸鲤、虹鳟鱼和中华鲟的食物，文献中也有报道。另据傅金钟等证实，在四川宝兴，钩虾还是小鲵类动物的天然饵料。此外，如将钩虾搅碎，也可饲养家禽，或可直接饲喂鱼、虾、蟹等，或干制后替代鱼粉作为人工饵料（侯仲娥等, 2005）。

钩虾由于同时是一些寄生虫的中间寄主，某些脊椎动物食用钩虾后致病的报道也有记载。如鸭长颈棘头虫与小多型棘头虫寄生在鸭与鹅等小肠内所引起的寄生虫病，往往使家禽大批死亡（Nie, 1994）。棘头虫卵随鸭、鹅的粪便排出体外，落入水中被中间宿主蚤状钩虾 *Gammarus pulex* 所吞食，发育成棘头蚴。棘头蚴又随这个中间宿主侵入鸭、鹅等体内，发育为成虫。

食用钩虾致病的报道还有：杨廷宝和廖翔华（2000）研究表明，青海湖裸鲤因捕食钩虾而感染湟鱼棘头虫 *Echinorhynchus gymnocyprii*。Rohde（1994）报道，*Amphilina foliacea* 通过淡水钩虾寄生到鲟鱼身上。《南方周末》（2000 年 3 月 3 日）报道，麝鼠或野鸭捕食钩虾可感染马尾虫。钩虾是马尾虫的中间寄主。马尾虫在钩虾体内发育成熟，并在下一个宿主（如麝鼠）的体内产下后代。为达到这种目的，马尾虫产生某些目前还未知的化学物质劫持宿主的脑，促使钩虾的神经系统发生紊乱，混淆了交配中的拥抱和逃逸行为，出现各种异常的行为。受感染后的钩虾从外观到行为都将逐步变得异常，如慢慢浮出水面，优雅的姿势像是水中芭蕾，浮上水面的钩虾会被麝鼠或野鸭捕食。马尾虫通过这种方法达到转换宿主，完成繁殖的目的。

（二）环境指示生物

淡水钩虾是一类重要的环境指示生物。如前所述，钩虾靠鳃瓣呼吸（图 13），对水体中含氧量要求较高，对环境变化非常敏感。一旦水质有所变化，将很快导致钩虾死亡。戴友芝等（2000）利用包括钩虾在内的底栖动物说明了洞庭湖地区的污染状况，他们的结果与理化指标评价的结果一致。在美国五大湖地区，钩虾已经被作为重要的水污染指示剂（Major *et al.*, 2013）。

在生态毒理学研究中，钩虾也可作为检测对象。有些学者利用淡水钩虾检测水中铜、砷和铬的毒性，并以此为依据推断水质的好坏，并利用钩虾来检测土壤中农药残留物的分解情况（张艳红等, 2008）。Driscoll 等（1997a, 1997b）则利用钩虾是分解者的特性，监测毒素在淡水系统中聚集量的变化。

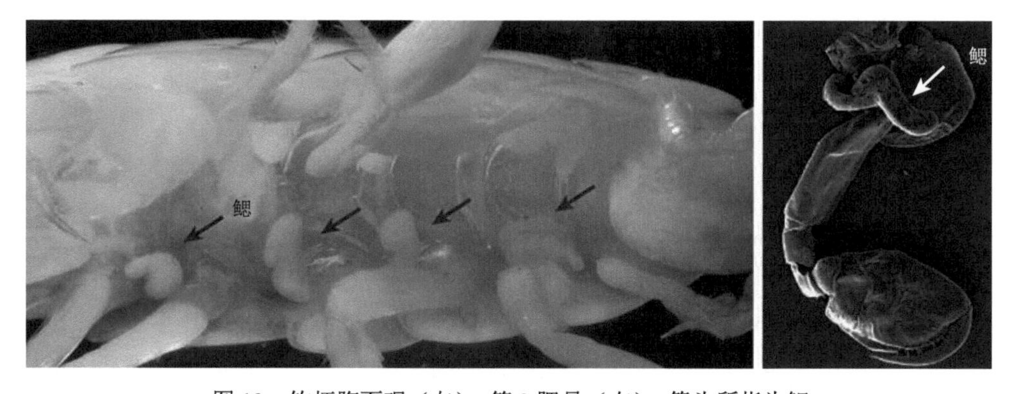

图 13　钩虾腹面观（左），第 2 腮足（右），箭头所指为鳃
Fig. 13　Ventral view of amphipod (left) and gnathopod 2 (right). Arrows refer to gills

（三）甲 壳 素

钩虾的壳中含有甲壳素。提取钩虾中的甲壳素可用于医药、工业、农业及环境保护等方面。在医药卫生上，甲壳素可用作抗癌物质、手术缝线、隐形眼镜片及人造皮肤。在工业上甲壳素是纺织染料的上浆剂、固色剂及处理剂，使织物有更好的染色性、耐洗性和抗皱性；又由于它不怕水，制成的纸可用于绘制海图及航海记录本。在环境保护方面，甲壳素可净化污染的水质，特别是用来滤除重金属离子，如汞、镉和银等，效果显著；还可用来滤除含蛋白质的废水，使蛋白质附着后不经任何处理即能用作动物饲料。此外，如将甲壳素与有机肥混合撒在患黄叶病的甘蓝田里，持续 4 年即可根除这种病害。因此甲壳素资源如能充分利用，将带来巨大的经济价值。

七、材料与方法

（一）研 究 标 本

本项研究所用标本主要来源于中国科学院动物研究所的馆藏标本。这些标本的来源包括俞兆琦先生 20 世纪 30 年代收集的标本，沈嘉瑞研究员 20 世纪 50 年代到 70 年代收集的标本，戴爱云研究员 1970–1988 年间收集的标本。馆藏标本中同时包括陈国孝高级工程师 1983–1987 年间在横断山地区采集的标本，以及彭贤锦教授 2001 年在西藏东部采集的标本，刘志霄教授、阿依恒、孟凯巴依尔 2000 年在新疆采集的标本。本项工作进行中，作者也数十次外出采集，包括云南、贵州、西藏、山西、陕西、河南、山东、广西等地，基本覆盖了钩虾整个分布区。

本项研究中借阅了北京自然博物馆杨思谅馆员数十年来收集的淡水钩虾标本，同时借阅了美国史密森研究院保藏的钩虾属 30 种 577 号标本。

（二）标 本 采 集

1. 采集地的选择

根据钩虾的生活习性，采集者应尽量寻找冷水性的小水体生境进行采集，如泉水、山溪等。钩虾一般营底栖生活，在水草之间、落叶或其他物体底下，以及水体底部的砂石或淤泥中，都可见淡水钩虾的分布。水质较好的大型水体（如水库、河流）中也能采集到钩虾，但一般较为困难。

钩虾主要通过生长在体外的鳃瓣呼吸，因此要求水体中氧含量较高。这可能是钩虾生存环境局限的主要原因。

2. 采集方法

采集生活在地表水中的淡水钩虾，可利用化纤或尼龙做的细眼纱网直接捕捞。采集到的钩虾可能会与水生植物、淤泥或其他杂物混合。一般可将这些混合物摊撒在地上，待钩虾自己爬出后再置于酒精中。收集标本时应注意不要把活体钩虾连带着泥沙一起放到酒精中，否则钩虾受到酒精的刺激后肢体中常裹挟一些泥沙，而完全清洁这样的标本十分困难。

除此以外，本项研究中还使用了 Bou-Rouch 方法采集生活在地下的钩虾。这种方法最初由 Bou 和 Rouch（1967）记载，故称作 Bou-Rouch 取样器。Bou-Rouch 取样器有 1 个标定刻度的管，称为输水管。输水管大约 1.5m 长，直径 2.5cm。在输水管底部用 1 个钢质圆锥体封底，它的外形有助于楔入沉积层。在离钢质实心底以上 10cm 处，有 1 节打了孔的钢管，约 15cm 长，每个孔的直径 5mm，在管的上部没有孔（约在顶部以下 20cm），顶部安装 1 个简易泵。当压简易泵时，所有动物和沉积物可以从这段钢管上的孔进入输水管。

操作时，先用重锤把管砸入地下沉积层。为了保护铁管的顶部不被砸坏，操作者需要在上面盖 1 个金属帽，然后再向下砸管。只有当所有的孔浸入沉积层或沉积层以下时，这个装置才能正常工作。当从溪流的沉积层采集样品时，为了减少非地层生物被收集，在插入管之前可以先挖一个与水面齐深的洞（Ward, 1987）。输水管插入地下以后去除保护盖，在管的顶部固定 1 个普通的手压机械泵，开始泵水。地下水中的生物和沉积物通过滤网片段注入输水管，它们在输出管中转移，最后通过一个 1mm 网眼的筛和丝绸捕获浮游生物。

除上述 2 种方法外，国外学者在研究地下钩虾时还广泛使用了冷冻岩心法和替代岩心法等技术。虽然本项研究中并没有使用这些方法，但为了便于国内其他学者开展这方面的工作需要，现将这些方法也一并汇总于此，仅供参考。

冷冻岩心法（freezing core）：冷冻岩心法（Stocker & Willians, 1972）利用一个与 Bou-Rouch 法相类似的输水管，只是前者的滤网片段有 60cm 长。采集者猛击固定在铁管上的套管，把输水管插入沉积层，然后去掉套管，把液氮注入输水管，这个过程要持续 15 分钟。液氮通过了管上的所有的孔，冷冻了 30cm 长、10cm 半径的管内所有东西。然后，采集者用 1 个绞盘把输水管从沉积层中拽出。冰冻方法的应用可以将这个采集核心保存几个星期。为了方便研究，采集者可以把输水管分为 10 段，然后用小刀把采集核心分离放置。这些片段随后的处理包括融化、干燥和过滤。这种方法对动物和沉积层的就地保存最有效，它也保存了地层 30cm 以下的垂直分布状态。但是相对于其他方法，它获得的动物数量较少。这是因为有活动能力的动物在冷冻前由于低温的驱使会逃离收集管。针对这个问题许多研究者对这种方法进行了改进性实验，包括在注入液氮前对采集核心通电，使生命体瘫痪，通过排除生物逃逸的机会而增加捕获率。

替代岩心法（colonization core）：Fraser 等（1996）发展了一种替代岩心法，它是一个动物区系取样器和水生生物取样器的联合体。它允许地层生物拓殖到人工地层。同样，采集者对深海底的生物样品收集时，人工地层也具有广泛的应用价值。人工地层替代法包括 1 个内部的聚丙烯管，长 160cm，直径 3.2cm，内有一个人工地层。典型的人工地层带有一个垂直的颗粒分布沉积物，它的成分应该与溪流河床上的沉积物相一致。这个管分为 5 个片段，每个片段相距 20cm，并且有 100 个直径 5mm 的孔。此管固定在外直径为 4.2cm 的钢管中。外部的钢管与插入内部的聚丙烯管具有相同的打孔结构。因此，生物通过孔进入空心的管内，然后拓殖到聚丙烯管中的人工地层。起保护作用的钢帽封住这个装置的底部和顶部。采集器需要被放置在一个地方 9 周以上，这样可以确保动物种群和生物个体渗入到与自然环境相匹配的层次。

（三）标本处理与保存

野外采集的淡水钩虾标本一般先用 95%的分析乙醇杀死。放置标本的容器内要尽量充满乙醇，以减轻标本在搬运过程中由于振荡而引起损伤。标本采集后 24 小时内应更换 1–3 次乙醇，随后长期保存。

钩虾的外皮色素是由多种类胡萝卜素合成，在乙醇中浸泡一段时间后含有色素的标本有可能失去颜色，因此有必要记录活体标本的颜色。

（四）物种鉴定与描述

1. 镜检标本

室内研究标本时，首先在体式显微镜下观察整体，并根据需要决定是否绘制整体图；此后可解剖附肢，并根据需要制成临时或永久切片。临时切片采用乙醇和甘油的混合液，永久切片使用何氏液（Hoyer's solution）。何氏液的配方是：蒸馏水 50ml，阿拉伯树胶 30g，水合氯醛 200g，化学纯净甘油 20g。

2. 特征图绘制

特征图绘制分别采用 Olympus SZ 体式显微镜和 Olympus BX 系统显微镜两种设备。钩虾鉴别特征的选择主要参照了南斯拉夫学者 Karaman、美国学者 Barnard 和荷兰学者 Pinkster 的工作，如表 6 所示。Karaman（1989）在描述 1 个物种时，使用了将近 50 个形态特征。而美国学者 Barnard（1969）和荷兰学者 Pinkster（1972）则分别描述了 25 个和 18 个特征。作者主要参照了南斯拉夫学者 Karaman（1989）的工作，同时参照其他淡水钩虾分类学者的模式作了适当修改，形成了本卷中淡水钩虾的特征图绘制模式。

3. 鉴别特征

与大多数节肢动物的分类学研究不同，钩虾的生殖器官还没有发现有分类学价值。如雄性钩虾的生殖器官为柔软的指状突起，在光学显微镜下尚未发现种间差异。

此外，淡水钩虾分类学研究中的困难还包括：①长度分类和持续中间体的多变性；②某些种的同一性别有两种形态；③部分种类成熟个体的量度与分类等重要特征的比例是多变的；④部分种类的生态位和地理分布叠加。

表 6 分类学性状特征

Table 6 Characters used for classification

	性状	Karaman	Barnard	Pinkster
雄性	第 1 触角，第 1 触角副鞭	+	+	+
	第 2 触角	+	+	+
	头	+	+	+
	左大颚	+	+	
	左大颚切齿与动颚片	+	+	
	右大颚臼齿	+	+	
	右大颚切齿与动颚片	+	+	
	大颚触须	+	+	+
	左第 1 小颚及触须	+	+	
	右第 1 小颚及触须	+	+	
	第 2 小颚	+	+	
	颚足	+		
	上唇	+	+	
	下唇	+		
	第 1 鳃足	+	+	+
	第 1 鳃足掌节	+		
	第 1 鳃足掌节刺	+		
	第 2 鳃足	+	+	+
	第 2 鳃足掌节	+	+	+
	第 2 鳃足掌节刺	+		
	第 3 步足	+	+	+
	第 3 指钩	+		
	第 4 步足	+	+	+
	第 5 步足	+	+	+
	第 6 步足	+	+	+
	第 7 步足	+	+	+
	第 7 指钩	+		
	第 1-3 腹侧板	+	+	+
	第 4-6 腹节背面观	+	+	
	第 4-6 腹节侧面观	+	+	+
	第 1 腹肢	+		
	第 2 腹肢	+		
	第 3 腹肢	+		
	第 1 尾肢	+		
	第 2 尾肢	+		

续表

	性状	Karaman	Barnard	Pinkster
雄性	第 3 尾肢	+		
	尾节	+		
	钩刺	+		
雌性	第 2 触角			+
	第 1 腮足掌节及刺	+	+	
	第 2 腮足掌节及刺列	+	+	
	第 3 步足	+		
	第 4 步足	+		
	第 5 步足	+		
	第 6 步足	+		
	第 7 步足	+		+
	第 1-3 腹侧板	+		+
	第 4-6 腹节背面观	+		+

基于上述情况，钩虾的分类常采用“全形态”分类，即综合评估每个外部特征的分类学价值，并组合应用这些特征作为鉴定种的依据。也有学者运用形态学特征来研究系统发育关系，探讨特征演化。作者整理了淡水钩虾 57 个形态特征及其不同特征状态（0、1、2、3、4），为开展形态系统发育研究提供原始数据矩阵。

1. 头侧叶：直(0)；斜(1)
2. 下触角窝下叶：正常(0)；尖(1)
3. 眼：正常大小(0)；眼极小(1)；无眼(2)
4. 第 1 触角：长于体长的 1/2 (0)；不达体长的 1/2 (1)
5. 第 1 触角柄节：具刚毛簇(0)；无刚毛簇(1)
6. 第 1 触角副鞭：4–6 节(0)；少于 4 节(1)
7. 第 2 触角柄部 4–5 节：具长刚毛(0)；具短刚毛(1)
8. 第 2 触角鞭节鞋状感觉器：有(0)；无(1)
9. 第 2 触角鞭节刚毛：具刷状刚毛(0)；刚毛简单(1)
10. 大颚触须第 3 节 A 刚毛：2 簇(0)；1 簇(1)
11. 大颚触须第 3 节 B 刚毛：2 簇(0)；1 簇(1)
12. 第 1 小颚内叶刚毛：浓密(>15) (0)；正常(1)
13. 第 2 小颚内叶刚毛：浓密(0)；稀疏(1)
14. 第 1–2 腮足：第 2 腮足比第 1 腮足强壮(0)；1–2 腮足同样强壮(1)
15. 雌雄第 1 腮足：相似(0)；不同(1)
16. 第 1 腮足腕节：明显短于掌节(0)；几乎与掌节等长(1)
17. 第 1 腮足掌节掌缘：稍倾斜(0)；极度倾斜(1)

18. 第 1 腮足掌节掌缘中央刺：多于 2 个(0)；2 个(1)；1 个(2)；无(3)
19. 第 2 腮足腕节：卵形(0)；近长方形(1)
20. 第 2 腮足掌节：卵形(0)；近长方形(1)
21. 第 2 腮足掌节掌缘：斜(0)；平截(1)
22. 第 2 腮足掌节掌缘中央刺：多于 2 个(0)；2 个(1)；1 个(2)；无(3)
23. 第 2 腮足基节板：正常(0)；末端趋窄(1)
24. 第 2 腮足腕节与掌节背面刚毛：长而卷(0)；直(1)
25. 第 1 腮足掌节后缘：具长而卷的刚毛(0)；具直刚毛(1)
26. 第 3 步足基节板：正常(0)；末端趋窄(1)；后下角突出(2)
27. 第 3 步足长节至掌节后缘：密布长而卷的刚毛(0)；具直长刚毛(1)；具稀疏的短刚毛(2)
28. 第 4 步足长节至掌节后缘：具直长刚毛(0)；具短刚毛(1)
29. 第 1–4 基节板下缘前后角刚毛：多(0)；正常(1)
30. 第 5–7 步足：粗壮(0)；细长(1)
31. 第 5–7 步足前缘：具长刚毛(0)；具刺与短刚毛(1)；仅具刺，无刚毛(2)
32. 第 6 步足基节：膨大，无明显的后腹叶(0)；后腹叶尖(1)；细长(2)
33. 第 7 步足基节：膨大，无明显的后腹叶(0)；后腹叶尖(1)；细长(2)
34. 第 7 步足基节内面：具 1 刺(0)；无刺(1)
35. 第 3–7 步足趾节：正常(0)；细长(1)
36. 第 1 尾肢柄节背基刺：1 个(0)；无(1)
37. 第 1–2 尾肢内外肢：具侧刺(0)；极少侧刺(1)
38. 第 3 尾肢内外肢的比例：约等于 1 (0)；大于 2/5，小于 3/4 (1)；小于 2/5 (2)
39. 第 3 尾肢外肢节数：2 节(0)；1 节(1)
40. 第 3 尾肢外肢末节：相对较长(0)；正常(1)；短于邻近的刺(2)
41. 第 3 尾肢：内外肢两缘具长刚毛(0)；外肢外侧刚毛少(1)；内外肢刚毛少(2)
42. 第 3 尾肢刚毛：羽状(0)；羽状或简单(1)；简单(2)
43. 尾节形状：长大于宽(0)；长几乎等于宽(1)；宽大于长(2)
44. 尾节背侧刺：1 个(0)；无(1)
45. 尾节刚毛：多(0)；少(1)
46. 尾节刚毛长短：长(0)；短(1)
47. 第 1–3 腹节背部附属物：少(0)；多(1)
48. 第 1–3 腹节附属物类型：无(0)；具刚毛(1)；具刺(2)
49. 第 1–3 腹节：不隆起(0)；隆起(1)
50. 第 4–6 腹节：背部扁平(0)；背部隆起(1)
51. 第 4–5 腹节背部附属物：3–4 簇刺与刚毛(0)；2 簇刺与刚毛(1)；1 簇刺(2)；1 簇刚毛(3)；无刺与毛(4)
52. 第 4–5 腹节背部附属物：相似(0)；不相似(1)
53. 第 2–3 腹侧板后下角：近垂直(0)；稍尖(1)；非常尖(2)

54. 第 2–3 腹侧板腹缘：具刺与长刚毛(0)；仅具刺，毛少(1)
55. 雌性第 2 触角鞭节：具鞋状感觉器(0)；无鞋状感觉器(1)
56. 第 5–7 步足基节后缘刚毛长短：长(0)；短(1)
57. 第 5–7 步足基节后缘刚毛多少：多(0)；正常(1)；少(2)

4. 分子鉴定

线粒体 COI 基因片段通常被用于甲壳动物分子鉴定（Hou *et al*., 2009），辅助形态学分类。扩增引物为 LCO1490（5'-GGTCAACAAATCATAAAGATATTGG-3'）和 HCO2198（5'-TAAACTTCAGGGTGACCAAAAAATCA-3'）（Folmer *et al*., 1994）。分子生物学实验中 DNA 提取、PCR 扩增和测序参见文献（Hou *et al*., 2007），遗传距离计算应用 MEGA 软件（Kumar *et al*., 2016）。

本卷共收集到 4 科 64 种钩虾的 COI 基因分子序列，GenBank 序列号见表 8。科级阶元间的遗传距离大于 25%（表 7），异钩虾科内平均遗传距离为 20.3%，钩虾科内平均遗传距离为 22.3%，少鳃钩虾科和假褐钩虾科只有 1 条序列无法计算科内遗传距离。两两物种间的遗传距离见表 8。

表 7 科级阶元遗传距离

Table 7 Genetic distance between families

遗传距离 Genetic distance	异钩虾科 Anisogammaridae	少鳃钩虾科 Bogidiellidae	钩虾科 Gammaridae
异钩虾科 Anisogammaridae			
少鳃钩虾科 Bogidiellidae	0.270		
钩虾科 Gammaridae	0.254	0.253	
假褐钩虾科 Pseudocrangonyctidae	0.273	0.263	0.261

表 8 GenBank 序列号与 COI 遗传距离

Table 8. GenBank accession numbers and uncorrected pairwise distance of the COI partial sequences

4	5	6	7	8	9	10	11	12	13	14	15	16	17	18	19	20	21	22	23	24	25	26	27	28	29	30	31	32	33	34	35	36	37	38	39	40	41	42	43	44	45	46	47	48	49	50	51	52	53	54	55	56	57	58	59	60	61	62	63
0.239
0.235	0.201
0.253	0.255	0.253
0.223	0.179	0.201	0.258
0.219	0.221	0.216	0.263	0.208
0.211	0.190	0.203	0.250	0.193	0.211
0.262	0.259	0.281	0.273	0.247	0.250	0.269
0.233	0.193	0.220	0.235	0.187	0.220	0.197	0.265
0.240	0.199	0.199	0.272	0.206	0.227	0.197	0.269	0.215
0.210	0.188	0.212	0.245	0.185	0.225	0.187	0.235	0.187	0.135
0.219	0.201	0.185	0.258	0.187	0.227	0.192	0.247	0.198	0.131	0.116
0.230	0.197	0.238	0.245	0.193	0.224	0.231	0.235	0.201	0.227	0.201	0.212
0.204	0.201	0.199	0.230	0.190	0.194	0.195	0.238	0.199	0.215	0.204	0.207	0.212
0.218	0.177	0.182	0.268	0.116	0.192	0.189	0.244	0.185	0.214	0.187	0.191	0.179	0.192
0.251	0.221	0.221	0.255	0.213	0.243	0.216	0.241	0.217	0.217	0.232	0.227	0.237	0.228	0.199
0.226	0.216	0.185	0.253	0.188	0.214	0.216	0.259	0.210	0.210	0.201	0.207	0.212	0.193	0.180	0.224
0.259	0.208	0.229	0.288	0.220	0.232	0.211	0.278	0.227	0.236	0.232	0.220	0.225	0.206	0.220	0.229	0.230
0.231	0.213	0.228	0.235	0.219	0.243	0.216	0.275	0.231	0.204	0.209	0.231	0.243	0.244	0.214	0.164	0.228	0.230
0.208	0.178	0.176	0.260	0.114	0.188	0.182	0.222	0.161	0.202	0.173	0.184	0.186	0.184	0.111	0.203	0.172	0.206	0.210
0.238	0.213	0.208	0.233	0.190	0.228	0.195	0.269	0.211	0.216	0.200	0.201	0.219	0.190	0.200	0.222	0.219	0.248	0.228	0.195
0.235	0.194	0.227	0.248	0.223	0.227	0.217	0.256	0.221	0.231	0.215	0.228	0.235	0.228	0.209	0.227	0.228	0.227	0.227	0.221	0.221
0.224	0.183	0.199	0.263	0.199	0.221	0.189	0.256	0.189	0.205	0.192	0.205	0.205	0.218	0.170	0.250	0.196	0.240	0.256	0.160	0.215	0.237
0.223	0.207	0.189	0.265	0.187	0.215	0.226	0.241	0.216	0.216	0.200	0.205	0.219	0.205	0.189	0.216	0.179	0.220	0.226	0.174	0.227	0.211	0.205
0.267	0.252	0.262	0.275	0.242	0.259	0.237	0.272	0.259	0.262	0.240	0.249	0.242	0.237	0.244	0.279	0.257	0.264	0.276	0.252	0.252	0.271	0.260	0.249
0.230	0.207	0.208	0.240	0.205	0.217	0.234	0.247	0.209	0.220	0.212	0.213	0.212	0.210	0.197	0.232	0.179	0.220	0.222	0.199	0.217	0.228	0.208	0.192	0.237
0.265	0.251	0.248	0.255	0.240	0.238	0.262	0.238	0.242	0.225	0.235	0.227	0.246	0.234	0.224	0.246	0.229	0.246	0.247	0.234	0.235	0.234	0.228	0.253	0.264	0.249
0.235	0.202	0.197	0.270	0.199	0.230	0.197	0.256	0.214	0.016	0.139	0.135	0.218	0.215	0.216	0.205	0.204	0.232	0.211	0.200	0.206	0.228	0.212	0.211	0.249	0.224	0.226
0.274	0.240	0.248	0.288	0.245	0.241	0.230	0.283	0.247	0.230	0.237	0.240	0.240	0.234	0.230	0.256	0.237	0.257	0.259	0.248	0.255	0.264	0.192	0.260	0.263	0.269	0.275	0.222
0.235	0.228	0.226	0.264	0.214	0.223	0.235	0.279	0.266	0.244	0.248	0.251	0.257	0.196	0.208	0.275	0.183	0.266	0.281	0.217	0.260	0.245	0.206	0.205	0.241	0.193	0.235	0.266	0.236
0.222	0.201	0.231	0.288	0.203	0.204	0.236	0.265	0.216	0.232	0.228	0.220	0.228	0.217	0.193	0.254	0.219	0.216	0.252	0.195	0.255	0.228	0.224	0.207	0.254	0.235	0.261	0.230	0.261	0.232
0.213	0.204	0.243	0.258	0.191	0.192	0.207	0.250	0.209	0.225	0.213	0.207	0.224	0.203	0.187	0.221	0.212	0.203	0.236	0.189	0.227	0.239	0.202	0.221	0.267	0.196	0.252	0.224	0.250	0.205	0.204
0.238	0.235	0.257	0.258	0.218	0.235	0.234	0.250	0.203	0.235	0.216	0.221	0.243	0.196	0.201	0.212	0.221	0.220	0.243	0.200	0.214	0.239	0.231	0.235	0.267	0.226	0.238	0.240	0.259	0.254	0.241	0.177
0.237	0.193	0.182	0.275	0.212	0.213	0.244	0.265	0.222	0.219	0.213	0.213	0.210	0.212	0.190	0.221	0.202	0.219	0.230	0.202	0.233	0.247	0.224	0.211	0.259	0.196	0.252	0.224	0.272	0.242	0.216	0.215	0.234
0.219	0.198	0.211	0.256	0.188	0.148	0.200	0.262	0.207	0.211	0.206	0.221	0.224	0.203	0.185	0.224	0.218	0.227	0.222	0.185	0.210	0.218	0.210	0.211	0.264	0.195	0.229	0.213	0.239	0.218	0.216	0.218	0.234	0.221
0.213	0.215	0.224	0.255	0.190	0.224	0.220	0.225	0.212	0.214	0.193	0.204	0.207	0.207	0.197	0.219	0.202	0.206	0.222	0.189	0.236	0.230	0.205	0.210	0.244	0.204	0.254	0.208	0.251	0.214	0.227	0.205	0.213	0.216	0.221
0.222	0.182	0.201	0.263	0.193	0.178	0.206	0.253	0.203	0.220	0.188	0.209	0.215	0.209	0.180	0.242	0.203	0.248	0.236	0.184	0.217	0.232	0.205	0.215	0.232	0.234	0.248	0.215	0.245	0.211	0.229	0.228	0.228	0.205	0.193	0.211
0.226	0.226	0.223	0.274	0.201	0.207	0.184	0.259	0.223	0.178	0.195	0.195	0.217	0.207	0.195	0.223	0.189	0.223	0.241	0.183	0.211	0.204	0.181	0.238	0.256	0.241	0.248	0.170	0.206	0.228	0.225	0.214	0.226	0.238	0.203	0.183	0.201
0.227	0.212	0.209	0.236	0.218	0.218	0.193	0.200	0.231	0.140	0.184	0.190	0.231	0.212	0.215	0.206	0.212	0.235	0.212	0.199	0.228	0.217	0.160	0.217	0.264	0.240	0.106	0.137	0.249	0.125	0.231	0.196	0.218	0.212	0.206	0.240	0.215	0.118
0.221	0.210	0.206	0.283	0.205	0.108	0.215	0.262	0.233	0.214	0.216	0.224	0.243	0.210	0.206	0.256	0.232	0.230	0.219	0.208	0.241	0.227	0.231	0.216	0.247	0.213	0.246	0.224	0.248	0.239	0.215	0.211	0.241	0.213	0.161	0.233	0.197	0.238	0.221
0.232	0.213	0.205	0.263	0.180	0.219	0.220	0.272	0.210	0.243	0.234	0.230	0.213	0.223	0.194	0.221	0.204	0.243	0.243	0.186	0.228	0.242	0.212	0.216	0.274	0.185	0.271	0.241	0.272	0.245	0.244	0.221	0.223	0.207	0.213	0.221	0.228	0.214	0.274	0.237
0.215	0.233	0.199	0.292	0.245	0.248	0.241	0.265	0.230	0.244	0.242	0.245	0.245	0.227	0.221	0.260	0.218	0.269	0.242	0.196	0.275	0.269	0.212	0.230	0.281	0.230	0.257	0.254	0.271	0.245	0.207	0.233	0.230	0.205	0.239	0.239	0.227	0.232	0.080	0.257	0.221
0.205	0.207	0.199	0.273	0.190	0.197	0.202	0.272	0.223	0.215	0.215	0.212	0.208	0.198	0.185	0.219	0.174	0.222	0.222	0.192	0.227	0.216	0.215	0.144	0.269	0.180	0.255	0.218	0.264	0.205	0.201	0.202	0.238	0.210	0.196	0.208	0.211	0.198	0.215	0.219	0.201	0.218
0.278	0.265	0.293	0.255	0.272	0.265	0.267	0.160	0.293	0.269	0.278	0.306	0.287	0.284	0.284	0.272	0.293	0.283	0.275	0.254	0.306	0.268	0.120	0.264	0.227	0.281	0.330	0.262	0.244	0.083	0.275	0.265	0.287	0.281	0.290	0.265	0.232	0.118	0.283	0.269	0.290	0.080	0.312
0.224	0.215	0.229	0.280	0.202	0.195	0.200	0.256	0.223	0.217	0.218	0.210	0.234	0.217	0.207	0.224	0.224	0.216	0.236	0.189	0.224	0.237	0.208	0.213	0.252	0.218	0.251	0.213	0.246	0.226	0.235	0.163	0.190	0.230	0.214	0.213	0.224	0.235	0.206	0.224	0.227	0.242	0.215	0.278
0.249	0.210	0.135	0.260	0.221	0.242	0.217	0.278	0.206	0.203	0.203	0.214	0.242	0.203	0.221	0.253	0.174	0.246	0.270	0.196	0.249	0.235	0.174	0.185	0.260	0.203	0.235	0.206	0.235	0.185	0.246	0.235	0.260	0.192	0.214	0.189	0.192	0.206	0.273	0.253	0.181	0.199	0.199	0.273	0.242
0.225	0.193	0.183	0.248	0.183	0.199	0.193	0.241	0.188	0.219	0.215	0.219	0.230	0.190	0.185	0.230	0.183	0.225	0.231	0.175	0.230	0.206	0.176	0.184	0.244	0.191	0.244	0.222	0.246	0.191	0.221	0.212	0.219	0.198	0.216	0.223	0.190	0.208	0.206	0.213	0.175	0.212	0.198	0.278	0.222	0.199
0.208	0.196	0.193	0.265	0.193	0.198	0.131	0.253	0.212	0.212	0.193	0.201	0.216	0.176	0.168	0.223	0.210	0.194	0.222	0.181	0.192	0.213	0.189	0.206	0.237	0.216	0.241	0.212	0.219	0.235	0.203	0.205	0.223	0.218	0.209	0.208	0.195	0.195	0.199	0.206	0.227	0.227	0.197	0.284	0.221	0.235	0.193
0.243	0.205	0.212	0.253	0.191	0.208	0.198	0.293	0.199	0.209	0.207	0.196	0.232	0.228	0.194	0.248	0.218	0.237	0.247	0.181	0.214	0.232	0.183	0.223	0.254	0.213	0.251	0.210	0.243	0.254	0.230	0.199	0.213	0.226	0.211	0.219	0.207	0.211	0.202	0.221	0.241	0.242	0.223	0.296	0.218	0.238	0.212	0.201
0.219	0.192	0.199	0.240	0.196	0.227	0.203	0.225	0.214	0.214	0.202	0.204	0.229	0.174	0.194	0.214	0.201	0.214	0.214	0.181	0.220	0.221	0.189	0.197	0.247	0.188	0.255	0.209	0.235	0.205	0.223	0.207	0.230	0.214	0.224	0.217	0.224	0.214	0.199	0.224	0.232	0.211	0.237	0.275	0.201	0.221	0.204	0.194	0.215
0.227	0.202	0.239	0.299	0.215	0.215	0.208	0.233	0.239	0.231	0.224	0.227	0.221	0.230	0.202	0.251	0.236	0.236	0.257	0.205	0.227	0.224	0.199	0.227	0.254	0.254	0.230	0.221	0.241	0.218	0.239	0.211	0.257	0.233	0.201	0.205	0.190	0.166	0.235	0.227	0.227	0.245	0.227	0.176	0.236	0.217	0.227	0.205	0.248	0.224
0.217	0.231	0.248	0.294	0.220	0.206	0.206	0.276	0.234	0.224	0.241	0.220	0.259	0.241	0.206	0.255	0.241	0.269	0.287	0.199	0.248	0.220	0.196	0.273	0.283	0.266	0.241	0.220	0.245	0.224	0.241	0.210	0.273	0.273	0.220	0.248	0.266	0.201	0.150	0.245	0.241	0.213	0.245	0.150	0.241	0.227	0.220	0.220	0.224	0.248	0.227
0.235	0.192	0.201	0.236	0.175	0.231	0.192	0.238	0.195	0.117	0.146	0.126	0.203	0.216	0.195	0.212	0.223	0.216	0.176	0.179	0.205	0.228	0.238	0.208	0.291	0.221	0.244	0.129	0.275	0.366	0.221	0.221	0.206	0.201	0.215	0.229	0.201	0.294	0.199	0.223	0.215	0.214	0.218	0.284	0.232	0.429	0.219	0.201	0.232	0.216	0.314	0.378
0.225	0.213	0.213	0.259	0.238	0.216	0.197	0.244	0.238	0.210	0.206	0.210	0.257	0.206	0.235	0.244	0.232	0.244	0.244	0.232	0.235	0.225	0.206	0.232	0.248	0.210	0.229	0.210	0.205	0.213	0.244	0.229	0.260	0.251	0.218	0.225	0.238	0.214	0.130	0.219	0.254	0.263	0.235	0.130	0.232	0.217	0.235	0.229	0.225	0.187	0.225	0.224	0.325
0.282	0.259	0.282	0.268	0.280	0.275	0.262	0.276	0.279	0.283	0.270	0.284	0.289	0.287	0.257	0.308	0.287	0.286	0.280	0.264	0.275	0.276	0.196	0.279	0.283	0.279	0.303	0.287	0.297	0.231	0.249	0.284	0.302	0.275	0.283	0.282	0.236	0.229	0.323	0.287	0.290	0.236	0.285	0.335	0.279	0.246	0.275	0.257	0.290	0.274	0.221	0.238	0.339	0.235
0.212	0.207	0.201	0.270	0.205	0.195	0.197	0.262	0.210	0.215	0.190	0.207	0.216	0.199	0.204	0.227	0.202	0.220	0.241	0.205	0.198	0.232	0.218	0.198	0.257	0.207	0.257	0.210	0.233	0.275	0.214	0.215	0.235	0.230	0.211	0.204	0.203	0.238	0.206	0.216	0.215	0.257	0.210	0.253	0.207	0.217	0.203	0.179	0.213	0.214	0.242	0.245	0.198	0.254	0.241
0.228	0.190	0.181	0.263	0.163	0.194	0.208	0.241	0.211	0.212	0.219	0.203	0.212	0.192	0.173	0.230	0.185	0.208	0.228	0.185	0.212	0.193	0.196	0.189	0.252	0.182	0.257	0.209	0.280	0.183	0.216	0.203	0.230	0.177	0.211	0.216	0.204	0.190	0.221	0.212	0.171	0.241	0.177	0.272	0.212	0.174	0.170	0.197	0.211	0.191	0.193	0.227	0.195	0.235	0.274	0.208
0.237	0.218	0.223	0.275	0.205	0.239	0.230	0.244	0.234	0.238	0.229	0.221	0.221	0.217	0.216	0.241	0.212	0.243	0.247	0.200	0.248	0.230	0.224	0.177	0.244	0.201	0.245	0.232	0.274	0.251	0.239	0.232	0.240	0.219	0.234	0.227	0.236	0.254	0.231	0.227	0.229	0.269	0.213	0.296	0.229	0.224	0.199	0.234	0.226	0.230	0.281	0.248	0.229	0.232	0.307	0.210	0.209
0.217	0.196	0.208	0.289	0.171	0.202	0.191	0.247	0.196	0.224	0.196	0.199	0.220	0.208	0.180	0.245	0.217	0.248	0.269	0.162	0.220	0.232	0.170	0.223	0.231	0.217	0.217	0.211	0.197	0.224	0.201	0.202	0.232	0.226	0.210	0.220	0.229	0.191	0.080	0.229	0.229	0.232	0.242	0.040	0.211	0.192	0.193	0.211	0.196	0.187	0.202	0.140	0.310	0.194	0.227	0.196	0.219	0.226
0.232	0.205	0.187	0.248	0.203	0.207	0.170	0.252	0.207	0.227	0.217	0.216	0.225	0.198	0.179	0.232	0.217	0.243	0.231	0.190	0.190	0.235	0.208	0.212	0.238	0.217	0.262	0.233	0.266	0.230	0.229	0.217	0.206	0.224	0.214	0.216	0.204	0.193	0.227	0.210	0.217	0.261	0.221	0.299	0.237	0.206	0.216	0.171	0.213	0.222	0.211	0.227	0.195	0.212	0.271	0.179	0.217	0.219	0.197
0.263	0.265	0.258	0.272	0.250	0.242	0.247	0.269	0.254	0.254	0.241	0.233	0.248	0.252	0.241	0.255	0.263	0.245	0.253	0.241	0.243	0.263	0.262	0.270	0.270	0.243	0.275	0.255	0.278	0.274	0.251	0.255	0.263	0.273	0.255	0.260	0.237	0.295	0.271	0.250	0.280	0.276	0.253	0.346	0.275	0.301	0.252	0.236	0.243	0.258	0.275	0.295	0.244	0.257	0.298	0.241	0.253	0.272	0.283	0.246

各　论

钩虾亚目 Gammaridea Dana, 1852

Gammaridea Dana, 1852: 308; 1853: 806; Sars, 1895: 21; Stebbing, 1906: 5; Chevreux & Fage, 1925: 25; Gurjanova, 1951: 5; Barnard, 1969: 1; Lincoln, 1979: 4; Ledoyer, 1982: 7; Barnard & Barnard, 1983a: 4; Barnard & Karaman, 1991: 1.

体躯侧扁。头部具复眼 1 对，触角 2 对。口器包括上唇、大颚 1 对、下唇、第 1 小颚 1 对、第 2 小颚 1 对、颚足。胸 7 节，具 7 对步足，第 1、2 步足掌节膨大，3、4 步足长节至掌节前、后缘具刺和毛，5–7 步足基节后缘膨大。具腹肢 3 对。第 4–6 腹节背缘具刺和毛，具 3 对尾肢。尾节深裂或具小缺刻。胸节具鳃 3–6 对，副鳃有或无。雌体具 4 对抱卵板。底栖或浮游，淡水钩虾多栖息于溪流、湖泊和地下水系中，可分布在海拔 5000m 以上。

本文主要描述中国淡水钩虾，共计 4 科。

科 检 索 表

1. 无眼，鳃 3 对或 5 对，多数栖息在地下水系中……………………………………………………………2
   具眼，个别属眼缺失或变小，鳃 6 对，多数栖息在地表水中………………………………………………3
2. 下唇内叶完整，第 4–6 步足具鳃（3 对），无副鳃，腹肢内肢退化，第 3 尾肢内、外肢等长，尾节完整……………………………………………………………………**少鳃钩虾科 Bogidiellidae**
   下唇内叶退化，第 2 腮足和第 3–6 步足具鳃（5 对），副鳃有或无，腹肢正常，第 3 尾肢内肢退化，尾节末端具缺刻…………………………………………………**假褐钩虾科 Pseudocrangonyctidae**
3. 下唇内叶小，腮足掌节具灯泡状刺，第 2 腮足、第 3–7 步足具副鳃，第 3 尾肢内肢短于外肢的 1/3 ……………………………………………………………………… **异钩虾科 Anisogammaridae**
   下唇无内叶，腮足掌节具简单刺，无副鳃，多数物种第 3 尾肢内肢长于外肢的 1/3 …………………
   ………………………………………………………………………………………**钩虾科 Gammaridae**

一、异钩虾科 Anisogammaridae Bousfield, 1977

Anisogammaridae Bousfield, 1977: 295.
Type genus: *Anisogammarus* Derzhavin, 1927.

眼肾形，第 4–6 腹节具背刺和刚毛。第 1–4 底节板较深，第 5–7 底节板分前叶和后叶。触角强壮，第 1 触角具副鞭，雄性第 2 触角常具鞋状感觉器。下唇内叶小，第 1 小颚外叶具顶端刺。腮足强壮，亚螯状，第 1 腮足比第 2 腮足强壮，腕节短，掌节具灯泡状刺。第 3 尾肢内肢短于或等于外肢，具刺或刚毛，外肢 2 节。第 2–7 胸节具副鳃，副鳃 1 个或多个。尾节深裂。

本科种类可栖息在海洋和淡水中，在北太平洋地区较为常见。其中 Morino（1985）将汲钩虾属 *Jesogammarus* 和安氏钩虾属 *Annanogammarus* 作为汲钩虾属 *Jesogammarus* 的 2 个亚属。而根据分子系统学和形态检视，本文将汲钩虾属 *Jesogammarus* 和安氏钩虾属 *Annanogammarus* 作为独立的属描述。

我国共包括 6 属，属检索表如下。

属检索表

1. 第 4 胸节侧面突出呈脊状，第 3 尾肢外肢 1 节，内肢短小，呈鱼鳞状……………**抚仙钩虾属 *Fuxiana***
   第 4 胸节无突出，第 3 尾肢外肢 2 节，内肢短小，约为外肢长的 1/3……………2
2. 第 2 腮足和第 3–7 步足底节鳃具 1 副鳃……………3
   第 2 腮足和第 3–7 步足底节鳃具 1–3 个副鳃……………4
3. 第 3 尾肢超过第 1、2 尾肢末端……………**复兴钩虾属 *Fuxigammarus***
   第 3 尾肢不超过第 1、2 尾肢末端……………**宽肢钩虾属 *Eurypodogammarus***
4. 第 6 步足底节鳃具 3 副鳃……………**原钩虾属 *Eogammarus***
   第 6 步足底节鳃具 1 副鳃……………5
5. 第 2 腮足和第 3–4 步足底节鳃 2 副鳃等长……………**汲钩虾属 *Jesogammarus***
   第 2 腮足和第 3–4 步足底节鳃 2 副鳃不等长……………**安氏钩虾属 *Annanogammarus***

1. 原钩虾属 *Eogammarus* Birstein, 1933

Eogammarus Birstein, 1933: 149; Bousfield, 1977: 292; 1979: 312; Ren, 1992: 235; Tomikawa *et al.*, 2006: 1084.

Type species: *Gammarus kygi* Derzhavin, 1923.

副鞭多于 3 节，下唇内叶小，第 1 小颚触须具 3–6 侧毛。第 1 腮足大于第 2 腮足，掌节具灯泡状刺。第 4–6 腹节常具背刺组。第 3 尾肢超过第 1 尾肢，外肢长，2 节，内肢很短。尾节深裂。第 2–5 底节鳃具 2 副鳃，第 6 底节鳃具 3 副鳃，第 7 底节鳃具 1 副鳃。

本属分布于太平洋北部，栖息在海洋或淡水中，潮间带种类居多。全球已知 11 种，中国记载 2 种。

种检索表

第 3 尾肢内外肢两侧具羽状毛，第 7 基节后缘圆形膨大……………**锦州原钩虾 *E. ryotoensis***

第 3 尾肢内外肢缘毛简单，第 7 基节后缘底角微凹……………**胖掌原钩虾 *E. turgimanus***

(1) 锦州原钩虾 *Eogammarus ryotoensis* (Uéno, 1940)（图 14–15）

Anisogammarus (*Eogammarus*) *ryotoensis* Uéno, 1940: 70, figs. 31–48.
Eogammarus ryotoensis: Barnard & Dai, 1988: 90.

形态描述：雄性 11mm，眼中等大小。第 1 触角略短于体长的 1/2，鞭 29 节，副鞭 5 节。第 2 触角长为第 1 触角的 2/3，鞭 15 节。第 1 小颚内叶具 16 羽状毛，外叶具 9、10 锯齿状刺，触须宽，第 2 节具 5、6 末端刺。第 2 小颚内叶具羽状毛。第 1 腮足大于第 2 腮足，掌节宽。第 3 步足短而粗，具缘刺，无长毛。第 5–7 步足基节膨大，第 7 基节后缘膨大为圆形。第 2、3 腹侧板后下角尖，腹缘具 3 或 4 刺，后缘具 2 短毛。第 3 尾肢内肢长为外肢的 1/3，具刺和毛；外肢 2 节，第 2 节长为第 1 节的 1/6，内、外缘具刺和羽状毛。尾节长大于宽，末端具刺和毛，背侧具 1 刺。第 1–3 腹节背部无刺，第 4–6 腹节背部分别具刺式 4-4、3-3-3-3 和 1-3-3-1。胸节具指状副鳃。

观察标本：无，形态描述和特征图引自 Uéno（1940）。

生态习性：本种栖息在冷水泉形成的池塘、小河中。

地理分布：辽宁（锦州）；朝鲜。

分类讨论：本种区别于安氏钩虾 *Annanogammarus annandalei* (Tattersall) 在于第 1–5 步足短而宽，第 3 尾肢外肢内、外缘具羽状毛。

(2) 胖掌原钩虾 *Eogammarus turgimanus* (Shen, 1955)（图 16）

Anisogammarus (*Eogammarus*) *turgimanus* Shen, 1955: 82, pl. IV.
Eogammarus turgimanus: Barnard & Dai, 1988: 90.

形态描述：雄性眼长卵形。第 1 触角长于第 2 触角，柄节第 1 节长，第 2 节长为第 1 节的 2/3，第 3 节长为第 2 节的 1/3，鞭 16 节，副鞭 3 节。第 2 触角鞭 9 节。大颚触须第 2 节长为第 1 节的 4 倍，第 3 节刀片状。下唇左右两叶具短毛。

第 1 腮足短于第 2 腮足，腕节腹缘突出，掌节腹缘具 5 刺。第 2 腮足掌节长方形，掌缘具刺。第 3、4 步足相似，基节长，腕节长为掌节的 1/2。第 5–7 步足基节膨大，第 7 步足基节最为膨大，后缘具 8、9 短毛。第 2–7 步足具鳃，具副鳃 1 对。

第 1 腹侧板前下缘具 4、5 刚毛；第 2 腹侧板后下角尖，具 1 刺；第 3 腹侧板的后下角较第 2 腹侧板大，前下角具 3 刺。第 4–6 腹节背缘具刺。第 3 尾肢内肢长为外肢的 1/4，外肢 2 节，第 2 节长为第 1 节的 1/4。

观察标本：无，形态描述和特征图引自沈嘉瑞（1955）。

生态习性：本种栖息于港口附近水中。

地理分布：江苏。

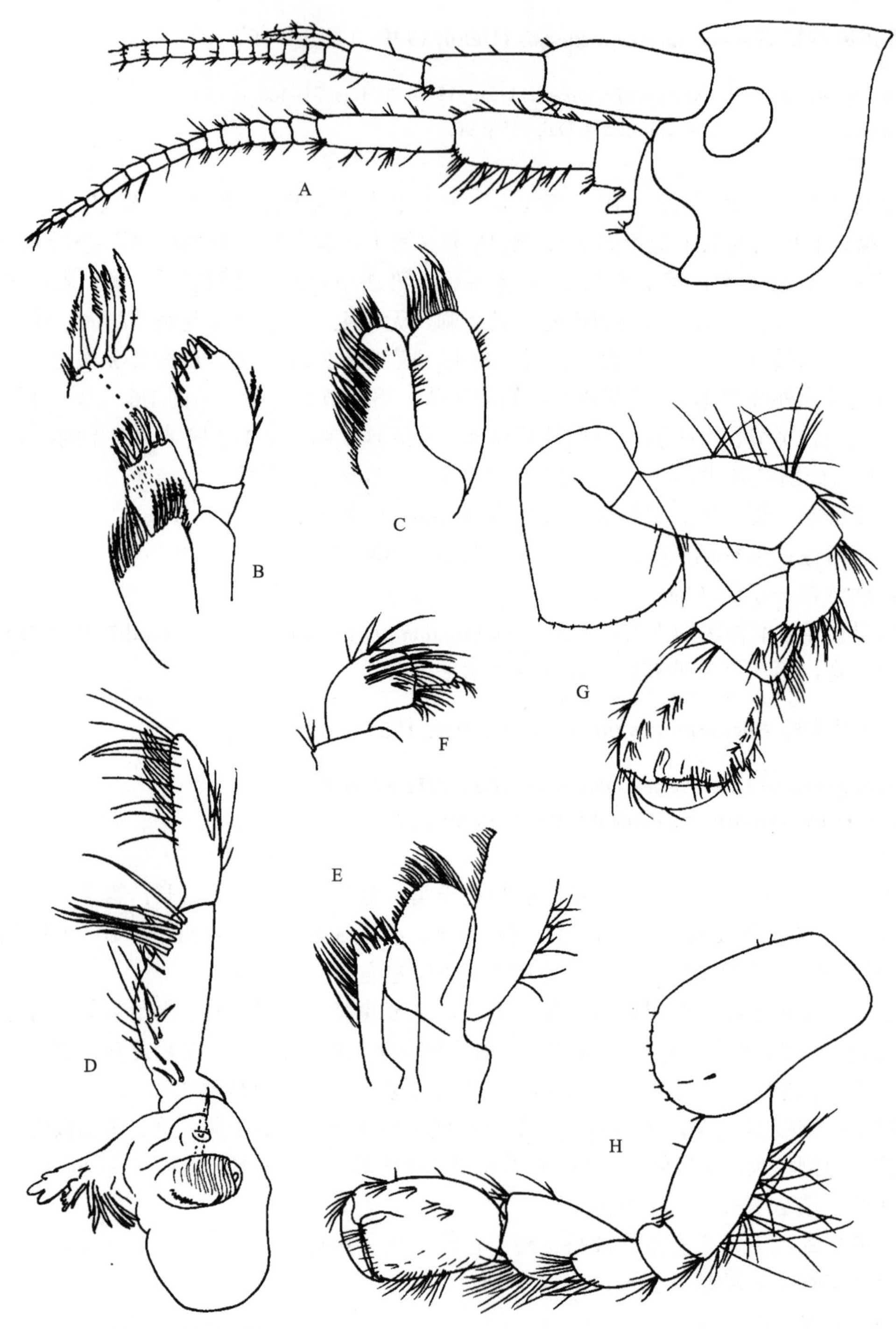

图 14　锦州原钩虾 *Eogammarus ryotoensis* (Uéno)（一）（仿 Uéno, 1940）

♂。A. 头; B. 第 1 小颚; C. 第 2 小颚; D. 大颚; E. 颚足; F. 颚足触须第 4 节; G. 第 1 腮足; H. 第 2 腮足

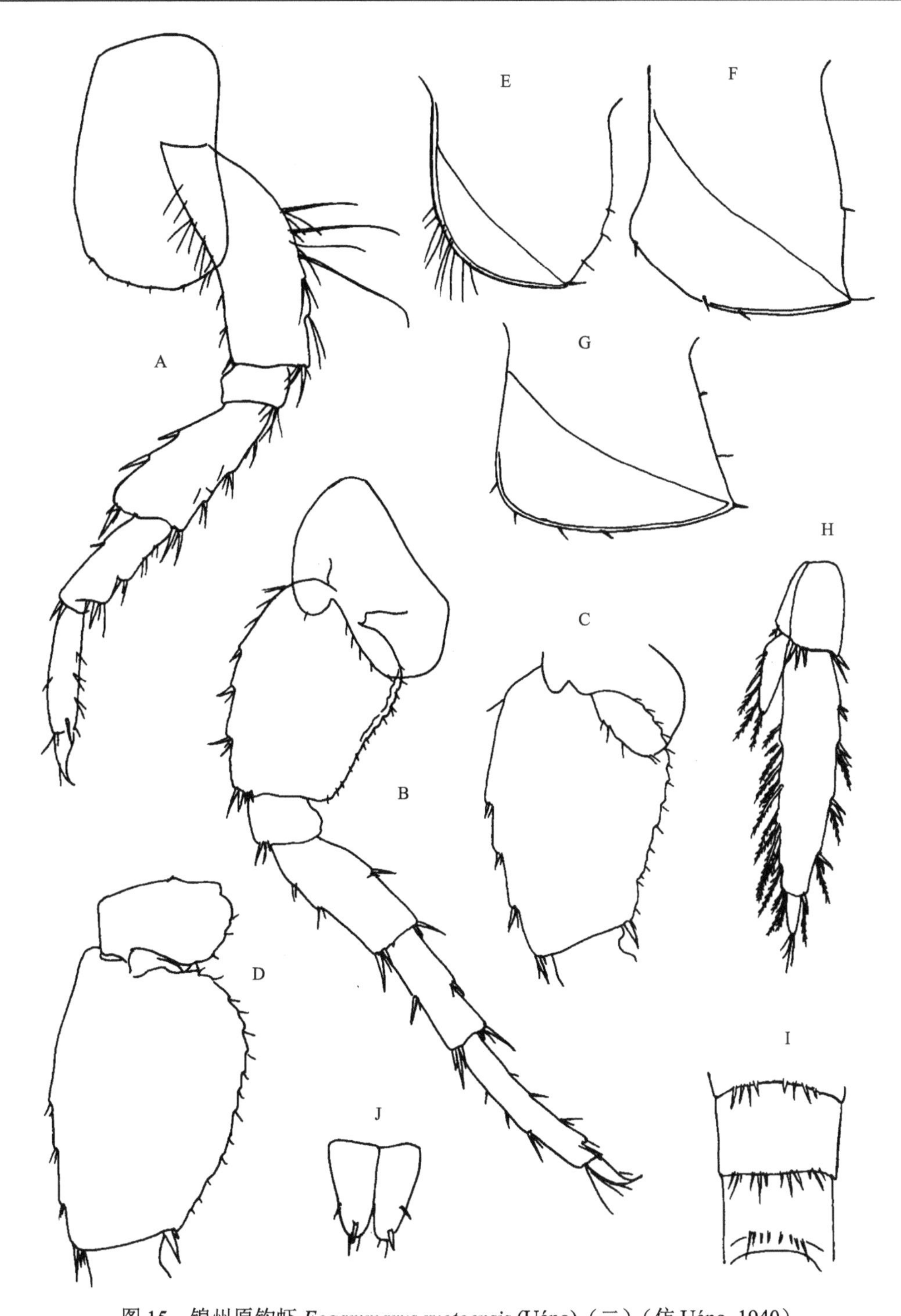

图 15　锦州原钩虾 *Eogammarus ryotoensis* (Uéno)（二）（仿 Uéno, 1940）

♂。A. 第 3 步足; B. 第 5 步足; C. 第 6 步足基节; D. 第 7 步足基节; E-G. 第 1-3 腹侧板; H. 第 3 尾肢; I. 第 4-6 腹节（背面观）; J. 尾节

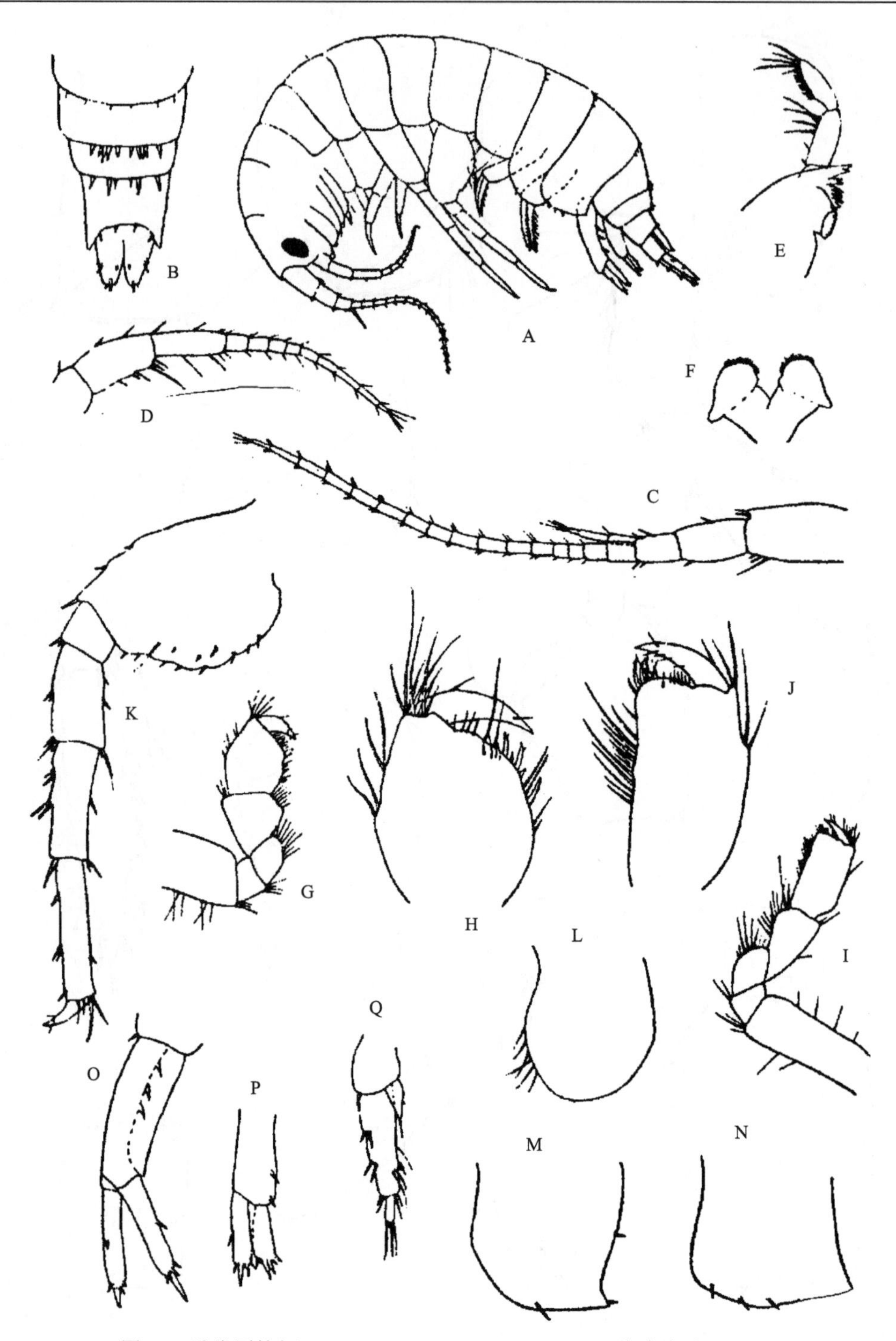

图 16 胖掌原钩虾 *Eogammarus turgimanus* (Shen)（仿沈嘉瑞, 1955）

♂。A. 整体（侧面观）; B. 第 4-6 腹节（背面观）; C. 第 1 触角; D. 第 2 触角; E. 大颚; F. 下唇; G. 第 1 腮足; H. 第 1 腮足掌节; I. 第 2 腮足; J. 第 2 腮足掌节; K. 第 7 步足; L-N. 第 1-3 腹侧板; O. 第 1 尾肢; P. 第 2 尾肢; Q. 第 3 尾肢

2. 抚仙钩虾属 *Fuxiana* Sket, 2000

Fuxiana Sket, 2000: 242.

Type species: *Fuxiana yangi* Sket, 2000.

眼圆形。头侧叶宽，覆盖了第 2 触角基部。下唇内叶发达。腹节背部无刺。腹侧板后下角明显，具长毛。尾节深裂，仅在末端具刺。

第 1 触角柄节第 1 节长是第 2 节的 2 倍，第 2 节与第 3 节等长，鞭节具感觉毛，副鞭退化。第 2 触角长达第 1 触角的 1/2，第 2 小颚内叶缘毛稀少。腮足变化较大，雌雄异型。第 1 腮足掌节宽大，并长于第 2 腮足掌节，后缘少毛，掌缘倾斜面大于雌性。第 2 腮足掌节狭长，掌缘平截。步足具刺，第 2–6 底节鳃肠状，副鳃无或偶尔在第 5 步足存在。第 3 尾肢内肢小，鱼鳞状，外肢 1 节，仅在末端具刚毛。雌体抱卵板大，卵形，具长毛。

本属目前仅知分布在中国云南，记录 1 种。

(3) 杨氏抚仙钩虾 *Fuxiana yangi* Sket, 2000（图 17–19）

Fuxiana yangi Sket, 2000: 243, figs. 1–34.

形态描述：雄性个体小（1–5mm）。第 4 胸节侧面隆起成脊状。眼圆，直径与第 1 触角基节等宽，包含 15 个小眼。腹侧板腹缘圆，后下角钝，后缘具 3 短毛。第 4 腹节背部后缘具 3 刚毛，第 5、6 腹节背部两侧各具 1 刺。尾节长为宽的 5/6，裂缝约 1/2，左右叶末端各具 1 刺。

第 1 触角长于体长的 1/2，柄节第 1 节中部膨大，具 4 短毛；鞭 8 节，末 4 节具感觉毛；副鞭 2 节，最后 1 节短。第 2 触角长为体长的 1/4，鞭 4 节，刚毛少。大颚切齿 4 齿，刺排具 5 刚毛；触须第 2 节具 2 长毛，第 3 节具 1 B-刚毛、4 E-刚毛和 6 D-刚毛。

第 1 腮足基节和掌节等长，腕节长为掌节的 1/2；掌节梨形，掌缘斜，后下角内侧具 1 短刺和 1 长刺，外侧具 3 长刺；指节外缘具 1 毛。第 2 腮足掌节掌缘平截，后下角内侧具 2 短刺，外侧具 3 长刺。第 3、4 步足长节至掌节刚毛少，指节长为掌节的 3/4。第 6 步足长于第 5 和第 7 步足，基节膨大；长节至掌节具长刺，无刚毛。

第 1–3 腹肢内外肢 5–7 节，具羽状毛。第 1 尾肢内、外肢等长，末端具 2、3 短刺和 1 长刺。第 2 尾肢内、外肢等长，末端具长刺。第 3 尾肢外肢 1 节，末端具 3 长刺；内肢鱼鳞形。

第 2–4 底节鳃简单，肠形；第 5、6 底节鳃卵状，第 1 和第 7 底节板无鳃。无副鳃。

观察标本：无，形态描述和特征图引自 Sket（2000）。

生态习性：本种栖息在抚仙湖 90m 深的湖底。湖底温度 13℃以下，相当于浅水层冬天的温度。

地理分布：云南（抚仙湖）。

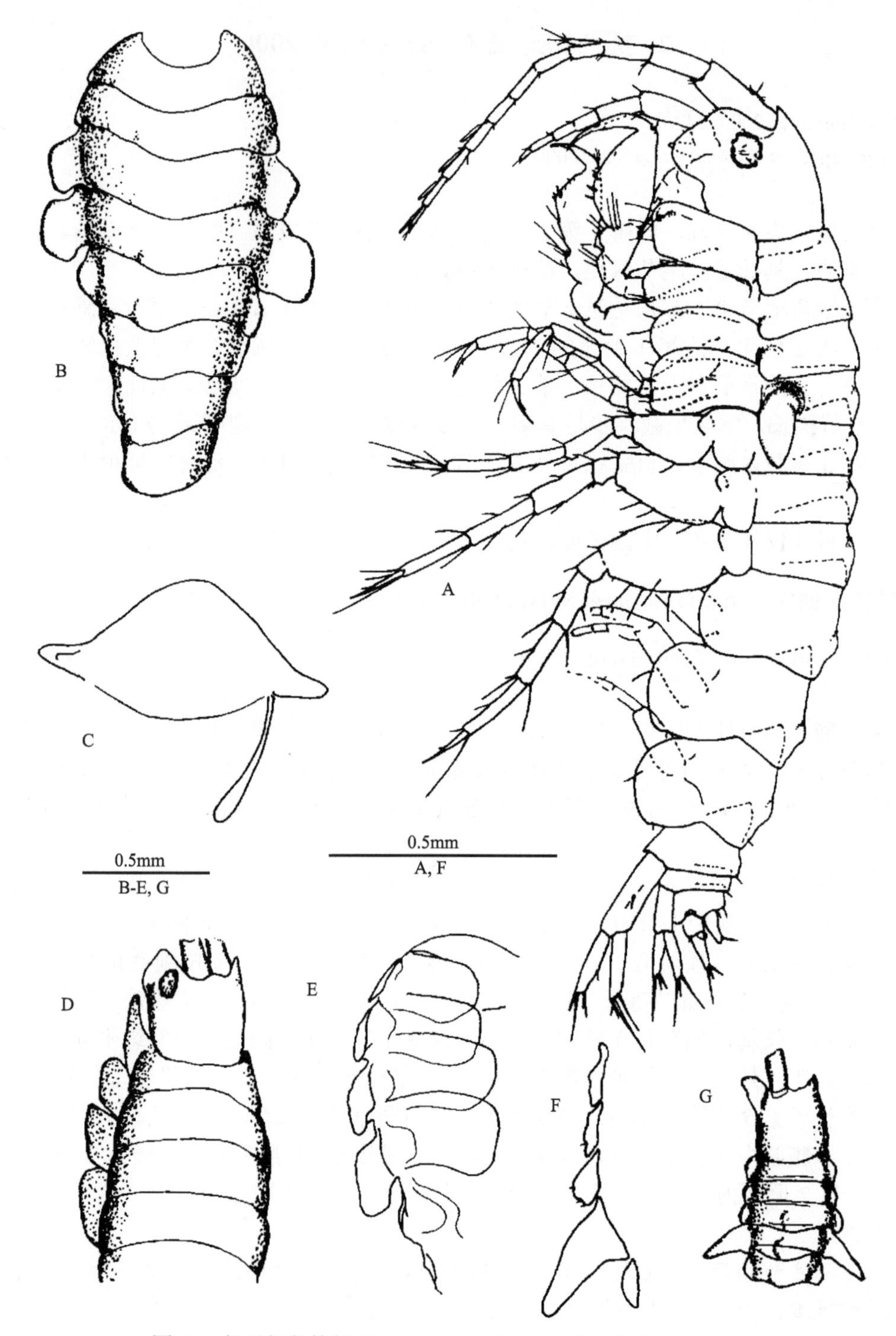

图 17 杨氏抚仙钩虾 *Fuxiana yangi* Sket（一）（仿 Sket, 2000）

♂, A, F, G; ♀, B-E。A. 整体（侧面观）; B. 胸节与第 1 腹节（背面观）; C. 胸节突出; D. 躯体前部（侧面观）; E. 胸节（背面观）; F. 胸节（侧面观）; G. 躯体前部（背面观）

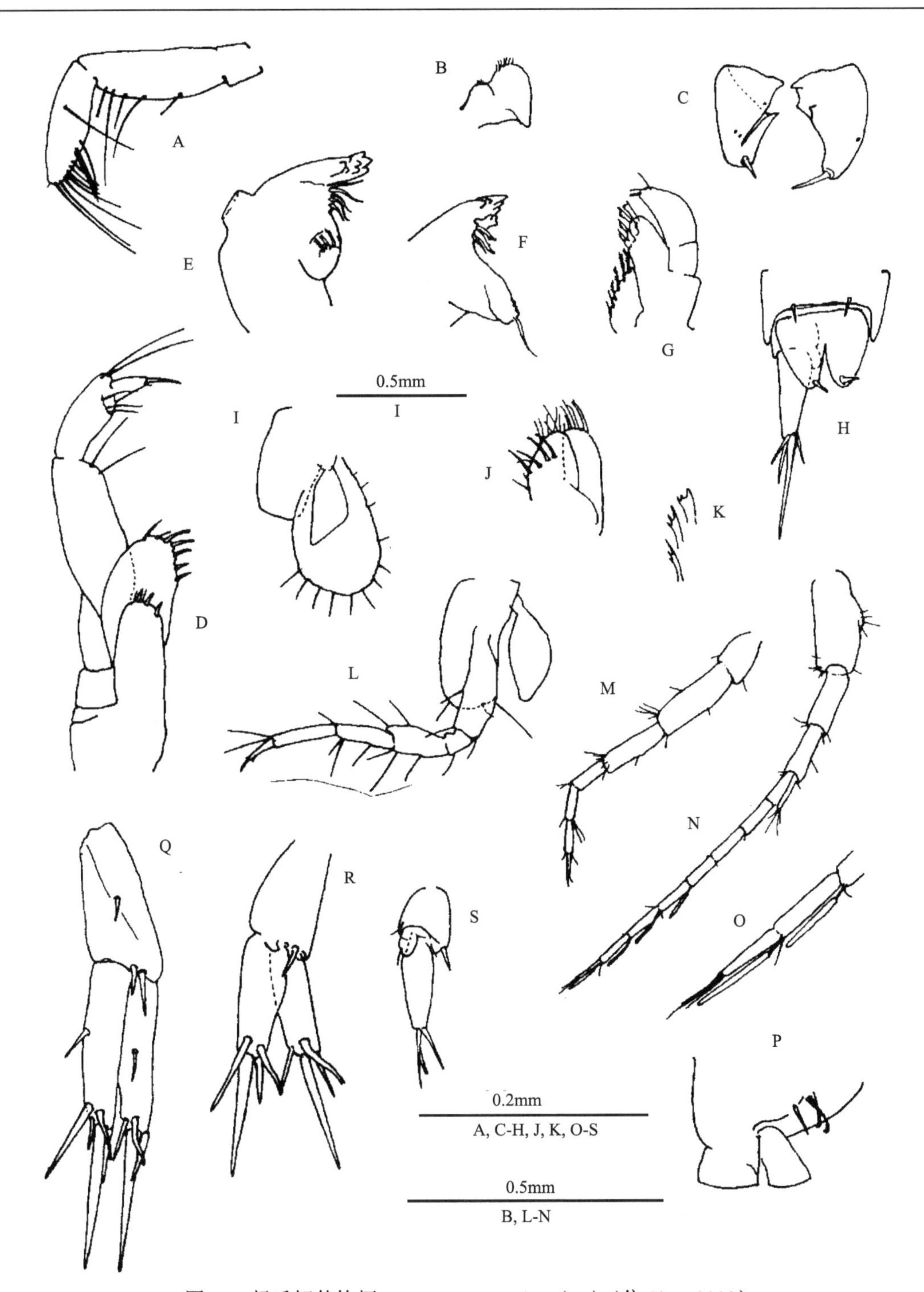

图 18　杨氏抚仙钩虾 *Fuxiana yangi* Sket（二）（仿 Sket, 2000）

♂, H, L, N, O, Q-S; ♀, A-G, I-K, M, P。 A. 大颚触须; B. 下唇; C. 尾节; D. 颚足; E. 左大颚; F. 右大颚; G. 第 1 小颚; H. 尾节; I. 第 3 步足底节鳃与抱卵板; J. 第 2 小颚; K. 刺; L. 第 3 步足; M. 第 2 触角; N. 第 1 触角; O. 第 1 触角鞭节; P. 腹肢柄节末端偶联刺; Q. 第 1 尾肢; R. 第 2 尾肢; S. 第 3 尾肢

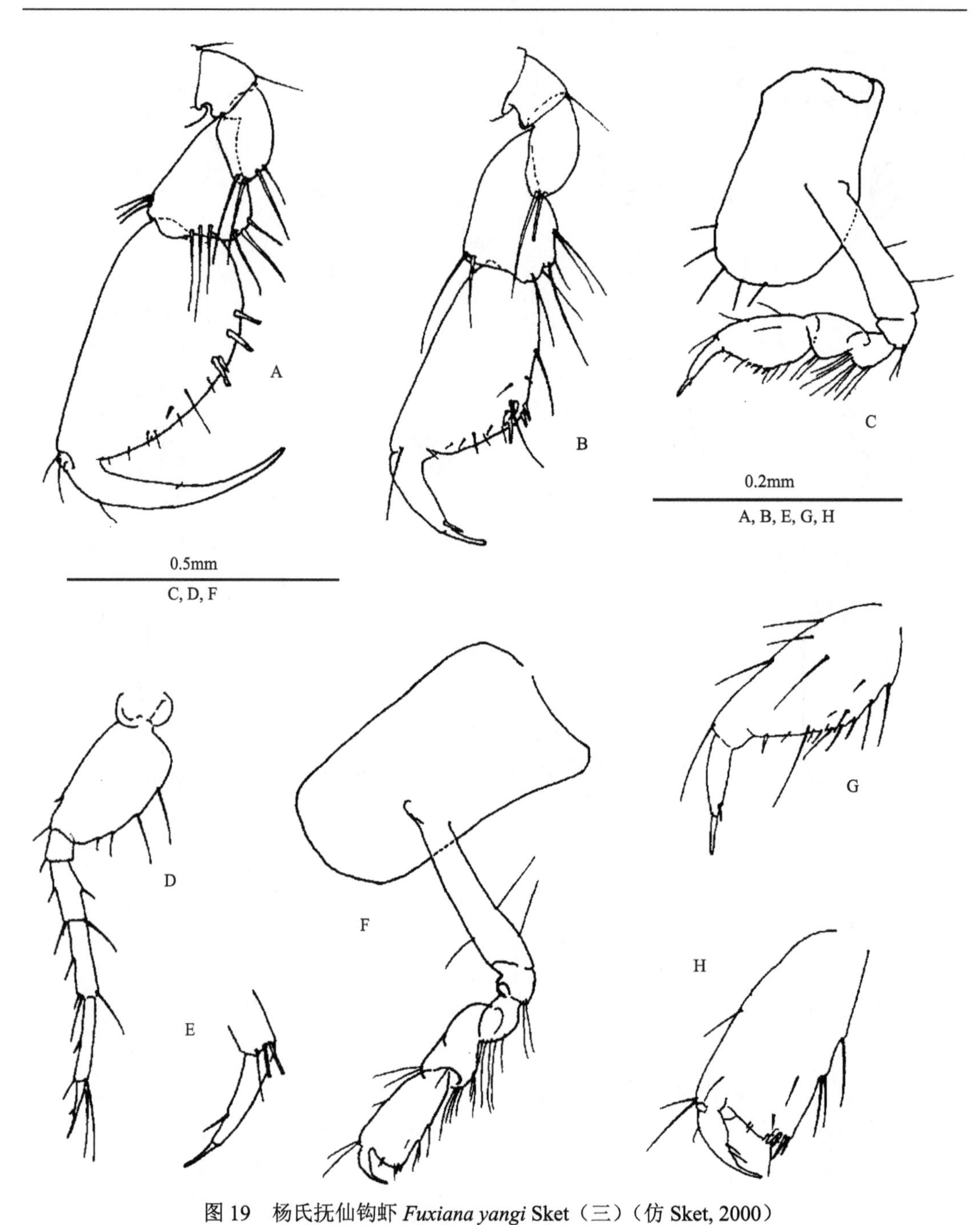

图 19 杨氏抚仙钩虾 *Fuxiana yangi* Sket（三）（仿 Sket, 2000）

♂, A, B, D; ♀, C, E-H。A. 第 1 腮足掌节; B. 第 2 腮足掌节; C. 第 1 腮足; D. 第 7 步足; E. 第 7 步足指节; F. 第 2 腮足; G. 第 1 腮足掌节; H. 第 2 腮足掌节

3. 汲钩虾属 *Jesogammarus* Bousfield, 1979

Jesogammarus Bousfield, 1979: 335.

Jesogammarus (*Jesogammarus*) Morino, 1985: 11.

Type species: *Jesogammarus jesoensis* (Schellenberg, 1937).

第 1 触角柄节第 1 节具末端刺。大颚触须 3 节，第 1 节具刺。第 1 小颚内叶具 17–25 羽状毛。第 2 小颚内叶具 15–26 羽状毛。

眼圆形。头侧叶宽，覆盖了第 2 触角基部。下唇内叶有或无。腹节背部无刺。腹侧板后下角明显，具长毛。尾节深裂，仅在末端具刺。底节板深。雄性第 2 腮足掌节卵圆形，雌性第 2 腮足掌节具栉状刺。第 2–5 底节鳃具副鳃 1 对，前、后副鳃基本等长。第 2 尾肢外肢具缘刺。第 3 尾肢外肢具羽状毛多于 5 根。尾节宽大于长。

本属主要分布在西北太平洋沿岸，栖息在咸水和淡水中。全世界已知 11 种（Morino, 1993, 1994a, 1994b; Tomikawa *et al.*, 2007），中国记载 2 种。

种检索表

下唇内叶无，第 3 尾肢扁叶形……………………………………………………… **泉汲钩虾 *J. fontanus***

下唇内叶明显，第 3 尾肢披针形………………………………………………… **河北汲钩虾 *J. hebeiensis***

(4) 泉汲钩虾 *Jesogammarus fontanus* Hou & Li, 2004（图 20–23）

Jesogammarus (*Jesogammarus*) *fontanus* Hou & Li, 2004a: 455, figs. 1–4.

形态描述：雄性 9.3mm。眼中等大小，近肾形。第 1 触角长于第 2 触角，第 1–3 柄节长度比 1.0∶0.71∶0.45，后缘具刚毛；鞭 28 节，具感觉毛；副鞭 5 节。第 2 触角柄节第 4 节与第 5 节等长，前、后缘具短毛；鞭 13 节，前端 8 节具鞋状感觉器。左大颚切齿 5 齿；动颚片 5 齿；臼齿具 1 刚毛；触须第 1 节末缘具 3 刺，触须第 2 节具 12 缘毛、9 近缘毛和 1 对刺，第 3 节长是第 2 节的 5/6，具 4 组 A-刚毛和 1 组 B-刚毛；右大颚切齿 4 齿，动颚片分叉。下唇内叶缺失。第 1 小颚内叶具 17 羽状毛；外叶具 11 锯齿状刺；左触须第 2 节具 5 顶刺和 4 刚毛，外缘具 3 刚毛；右触须第 2 节顶端具 6 壮刺和 6 刚毛，外缘具 5 刚毛。第 2 小颚内叶具 17 侧缘毛。颚足内叶具 3 顶端壮刺；外叶内缘具 1 排细长刺和 7 顶端梳状毛。

第 1 腮足底节板下缘稍膨大；基节前、后缘具长刚毛；掌节宽大，掌缘倾斜，内、外缘分别具 13 和 10 灯泡状刺；指节外缘具 1 刚毛。第 2 腮足底节板近长方形；基节后缘比第 1 腮足具较长刚毛；掌节比第 1 腮足更细长，掌缘内、外缘分别具 8 和 7 灯泡状刺。第 3、4 步足相似，基节前缘具短毛，后缘具长毛；长节到掌节后缘具细长刺和短毛；指节外缘具 1 羽状毛，趾钩接合处具 1 或 2 刚毛。第 6、7 步足长于第 5 步足，第 5、6 底节板前叶具 1 刚毛，后叶具 4 刚毛，第 7 底节板后缘具 3 刚毛；基节前缘具 6–8 刺，第 5、6 步足后缘微凹陷，第 7 步足膨大，具 1 排硬刚毛，第 6、7 步足后下角具 1 刺；长节和腕节前、后缘具 2、3 组刺；掌节前缘具 3、4 组刺；指节外缘具 1 羽状毛，趾钩接合处具 1 刚毛。第 2–5 底节鳃具 2 副鳃，第 2–4 副鳃等长，第 5 副鳃后叶鳃长于前叶鳃；第 6、7 底节鳃具 1 副鳃。

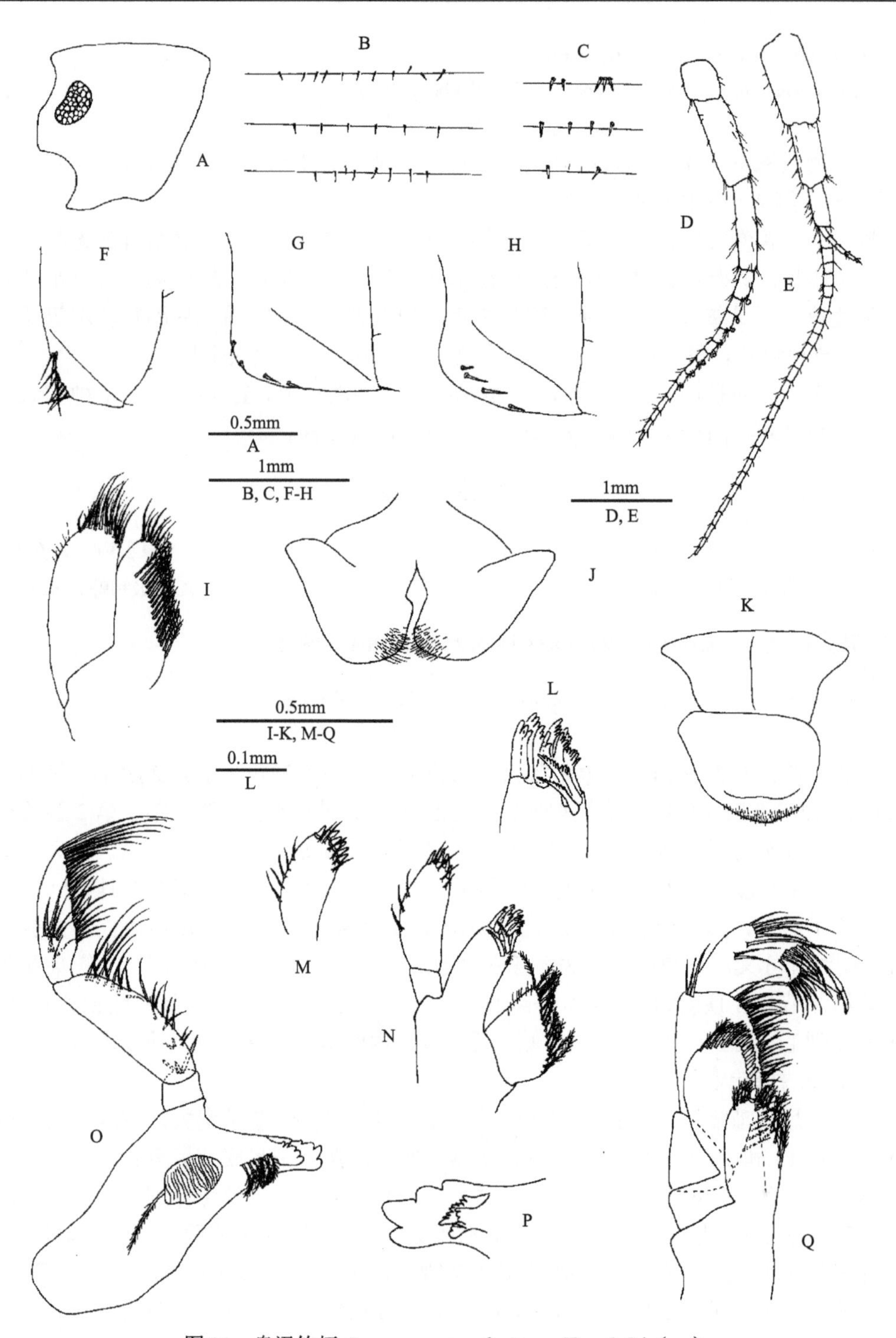

图 20 泉汲钩虾 *Jesogammarus fontanus* Hou & Li（一）

♂。A. 头; B. 第 1-3 腹节; C. 第 4-6 腹节; D. 第 2 触角; E. 第 1 触角; F. 第 1 腹侧板; G. 第 2 腹侧板; H. 第 3 腹侧板; I. 第 2 小颚; J. 下唇; K. 上唇; L. 第 1 小颚外叶; M. 第 1 小颚右触须; N. 左第 1 小颚; O. 左大颚; P. 右大颚; Q. 颚足

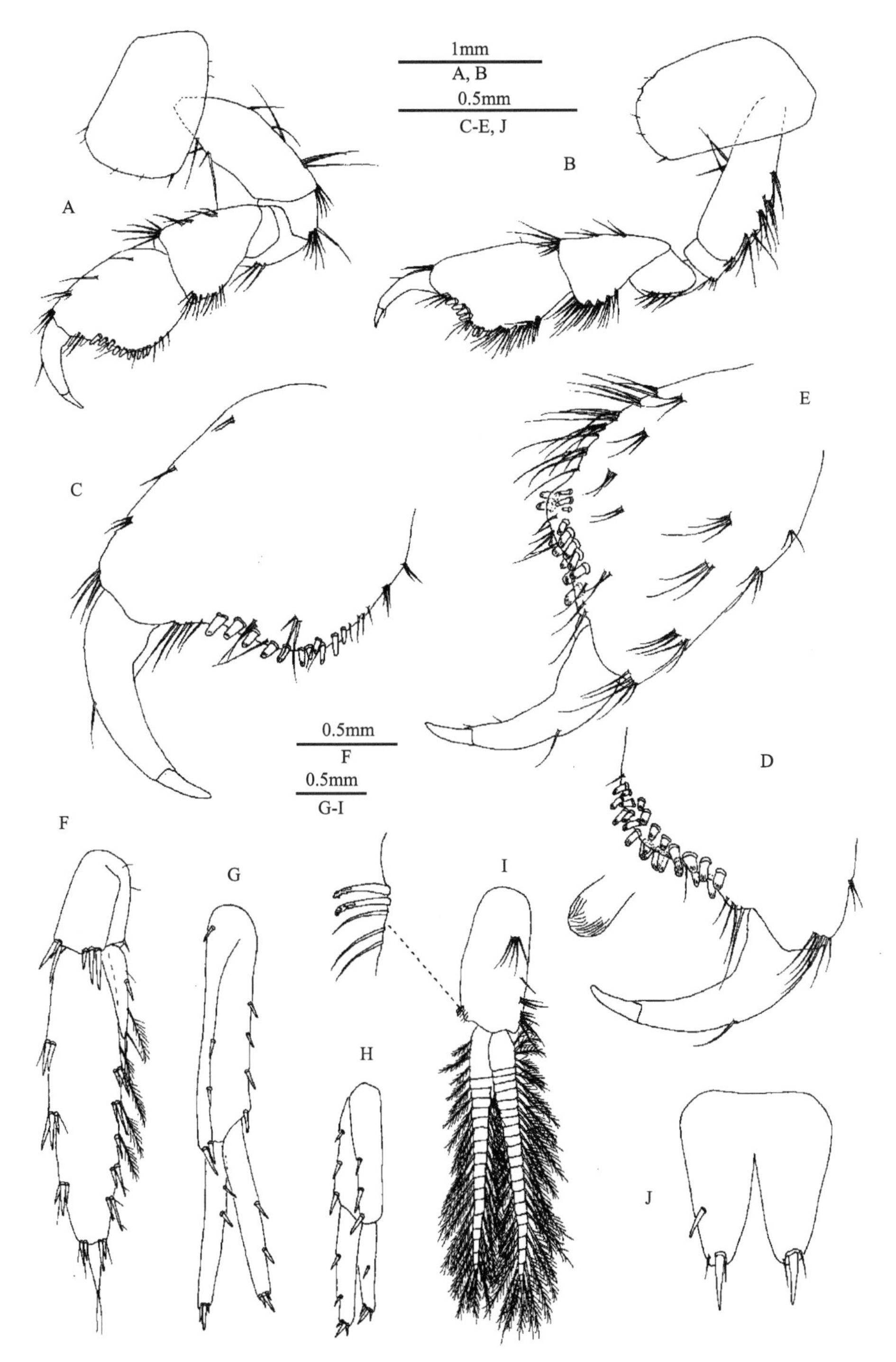

图 21　泉汲钩虾 *Jesogammarus fontanus* Hou & Li（二）

♂。A. 第 1 腮足; B. 第 2 腮足; C. 第 1 腮足掌节（背面观）; D. 第 1 腮足掌节（腹面观）; E. 第 2 腮足掌节; F. 第 3 尾肢; G. 第 1 尾肢; H. 第 2 尾肢; I. 第 1 腹肢; J. 尾节

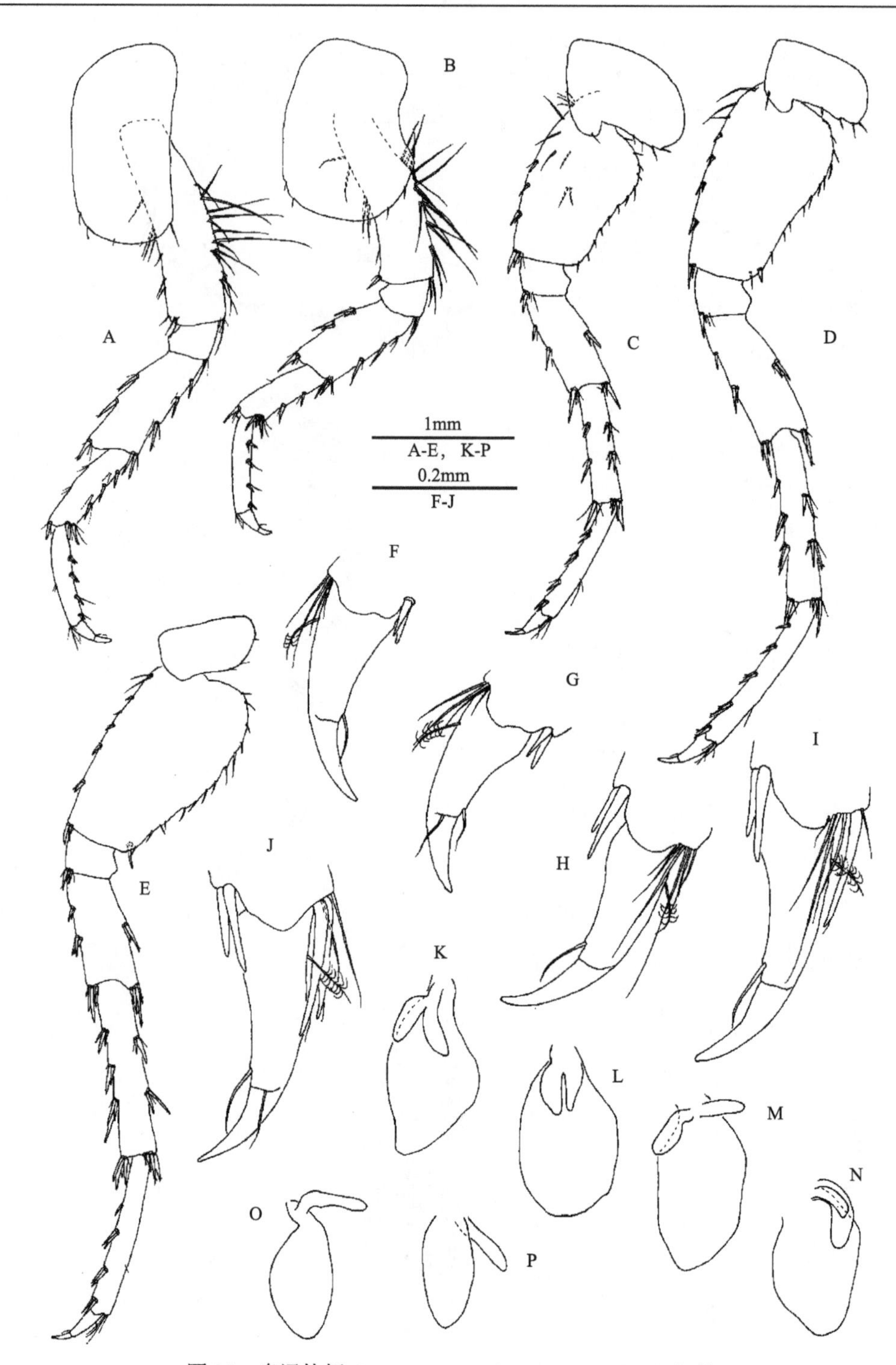

图 22 泉汲钩虾 *Jesogammarus fontanus* Hou & Li（三）

♂。A. 第 3 步足; B. 第 4 步足; C. 第 5 步足; D. 第 6 步足; E. 第 7 步足; F. 第 3 步足指节; G. 第 4 步足指节; H. 第 5 步足指节; I. 第 6 步足指节; J. 第 7 步足指节; K. 第 2 腮足底节鳃; L. 第 3 步足底节鳃; M. 第 4 步足底节鳃; N. 第 5 步足底节鳃; O. 第 6 步足底节鳃; P. 第 7 步足底节鳃

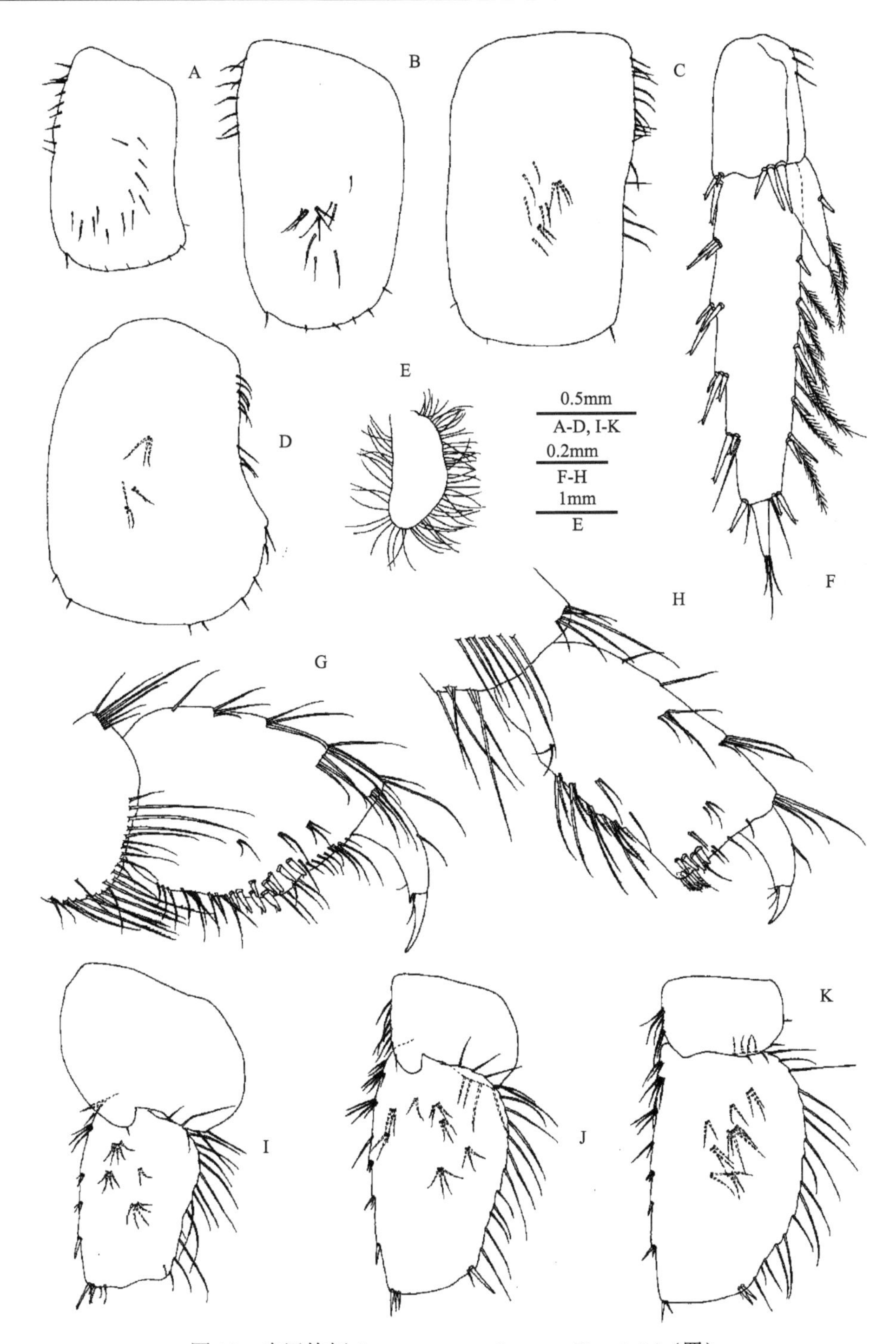

图 23 泉汲钩虾 *Jesogammarus fontanus* Hou & Li（四）

♀。A. 第 1 底节板; B. 第 2 底节板; C. 第 3 底节板; D. 第 4 底节板; E. 第 2 腮足抱卵板; F. 第 3 尾肢; G. 第 1 腮足掌节; H. 第 2 腮足掌节; I. 第 5 步足基节; J. 第 6 步足基节; K. 第 7 步足基节

第 1–3 腹节背缘分别具 11、6 和 8 毛；第 1 腹侧板前角具 12 刚毛，后下角微尖，后缘具 3 短毛；第 2 腹侧板腹缘具 4 刺，后缘具 2 短毛；第 3 腹侧板腹缘具 4 刺，后缘具 2 短毛。第 1–3 腹肢等长，柄节具背毛和缘毛，前下角具 2 钩刺和 3 刚毛；内肢稍长于外肢，内、外肢均具羽状毛。第 4–6 腹节扁平，第 4 腹节背缘具 2 组刺，第 5 腹节具 4 均匀分布的刺，第 6 腹节两侧各具 1 刺，中央具 2 短毛。

第 1 尾肢柄节长于肢节，具 1 背基刺，内、外缘分别具 3 和 2 刺；内、外肢内缘各具 2 刺。第 2 尾肢柄节内、外缘各具 3 刺，外肢外缘具 1 刺，内肢外缘具 2 刺。第 3 尾肢柄节具 7 末端刺；外肢叶状，外缘具 3 组刺，内缘具 5 组刺和 4 羽状毛，第 2 节长是第 1 节的 1/6；内肢长是外肢的 1/4，外缘具 1 刺和 1 羽状毛。尾节深裂，左、右叶各具 1 末端刺。

雌性 9.6mm。第 1–4 底节板后缘具 1 排刚毛，内面具长刚毛；第 5–7 底节板下缘具 3–5 长刚毛。第 1 腮足掌节卵形，掌面倾斜，后下角具 9 单刺。第 2 腮足掌节近长方形，内缘具 4 简单刺，外缘具 3 梳状刺。第 5–7 步足基节后缘具 1 排长毛，内面具几组长毛，第 6 步足后下角具 1 细长刺，第 7 步足后下角具 2 刺。第 2–5 抱卵板宽大，具缘毛。

观察标本：1♂（正模，IZCAS-I-A0085），1♀，山西临汾（111.31°E, 36.05°N），1985.II.28。

生态习性：本种栖息于临汾一口饮水井中，饮用井水温度全年在 4–7°C。

地理分布：山西（临汾）。

分类讨论：本种主要鉴别特征是第 1 触角柄节第 1 节末端无刺，颚足触须第 1 节具 3 末端刺；第 1–3 腹节无背缘刺；第 3 尾肢叶状，内肢长是外肢的 1/4；尾节长大于宽。

本种与 *J. spinopalpus* Morino 的相似特征包括：第 1 触角第 1 柄节无刺，大颚触须第 1 节具 3 末端刺，第 2 尾肢外肢具 1 缘刺，尾节长。主要区别在于本种眼中等大小，第 4 腹节背缘具 2 组刺，第 3 尾肢扁叶状；而后者眼小，第 4 腹节背后缘具 4 单刺，第 3 尾肢细长。

本种与 *J. hinumensis* Morino 在第 2 触角具短毛，大颚触须第 1 节具刺，腹节具刚毛等方面相似。主要区别在于本种眼中等大小，第 1 触角柄节第 1 节末端无刺，第 1–3 腹节具 8–12 毛，第 3 尾肢扁叶状，雌性步足仅基节具刚毛；而后者眼大，第 1 触角柄节第 1 节具 1 刺，第 1–3 腹节具 1、2 毛，第 3 尾肢细长，雌性步足基节到腕节具刚毛。

(5) 河北汲钩虾 *Jesogammarus hebeiensis* Hou & Li, 2004（图 24–28）

Jesogammarus (*Jesogammarus*) *hebeiensis* Hou & Li, 2004a: 461, figs. 5–8; 2005d: 639, fig. 1.

形态描述：雄性 13.2mm。眼中等大小。第 1 触角第 1–3 柄节长度比 1.0∶0.82∶0.53，具短刚毛；第 1 柄节末端无或具 1 刺；鞭 29 节，具感觉毛；副鞭 5 节。第 2 触角第 4、5 柄节等长，具短刚毛；鞭 16 节，具鞋状感觉器。左大颚切齿 5 齿；动颚片 4 齿；臼齿具 1 刚毛；触须第 1 节末端具 2 或 3 刺，触须第 2 节具 9 缘毛、12 近缘毛和 5 刺，第 3 节长是第 2 节的 5/6，具 4 组 A-刚毛；右大颚切齿 4 齿，动颚片分叉。下唇内叶清晰。第 1 小颚左右不对称，内叶具 20 羽状毛；外叶具 11 锯齿状刺；左触须第 2 节具 7 细长刺和 5 硬刚毛；右触须第 2 节具 6 末端刺和 5 刚毛，外缘具 3 刚毛。第 2 小颚内叶具 18

羽状毛。颚足内叶具 1 近顶刺和 3 顶端刺；外叶具 1 排刺和几根梳状刚毛。

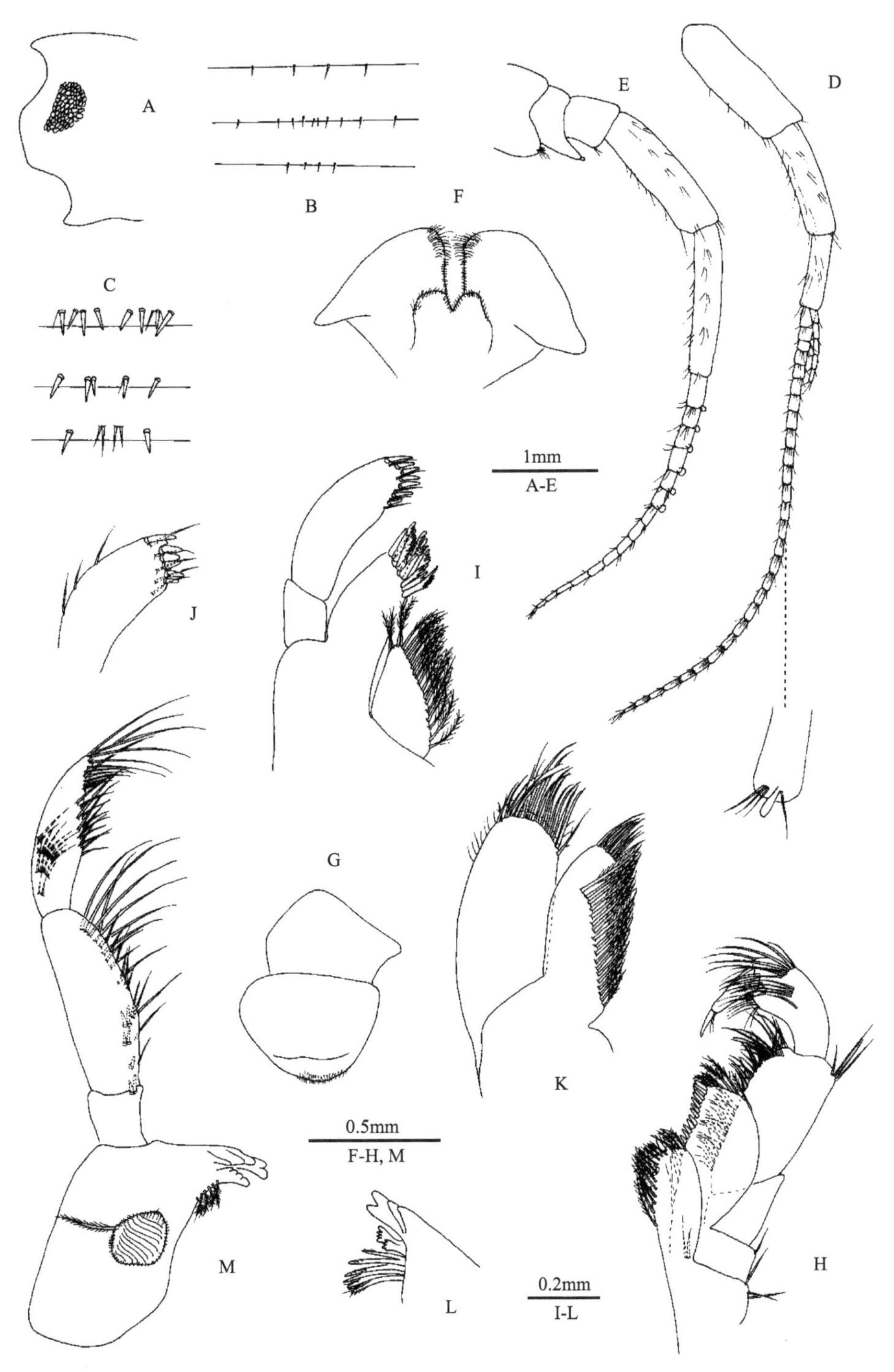

图 24　河北汲钩虾 *Jesogammarus hebeiensis* Hou & Li（一）

♂。A. 头; B. 第 1-3 腹节（背面观）; C. 第 4-6 腹节; D. 第 1 触角; E. 第 2 触角; F. 下唇; G. 上唇; H. 颚足; I. 左第 1 小颚; J. 右第 1 小颚触须; K. 第 2 小颚; L. 右大颚切齿; M. 左大颚

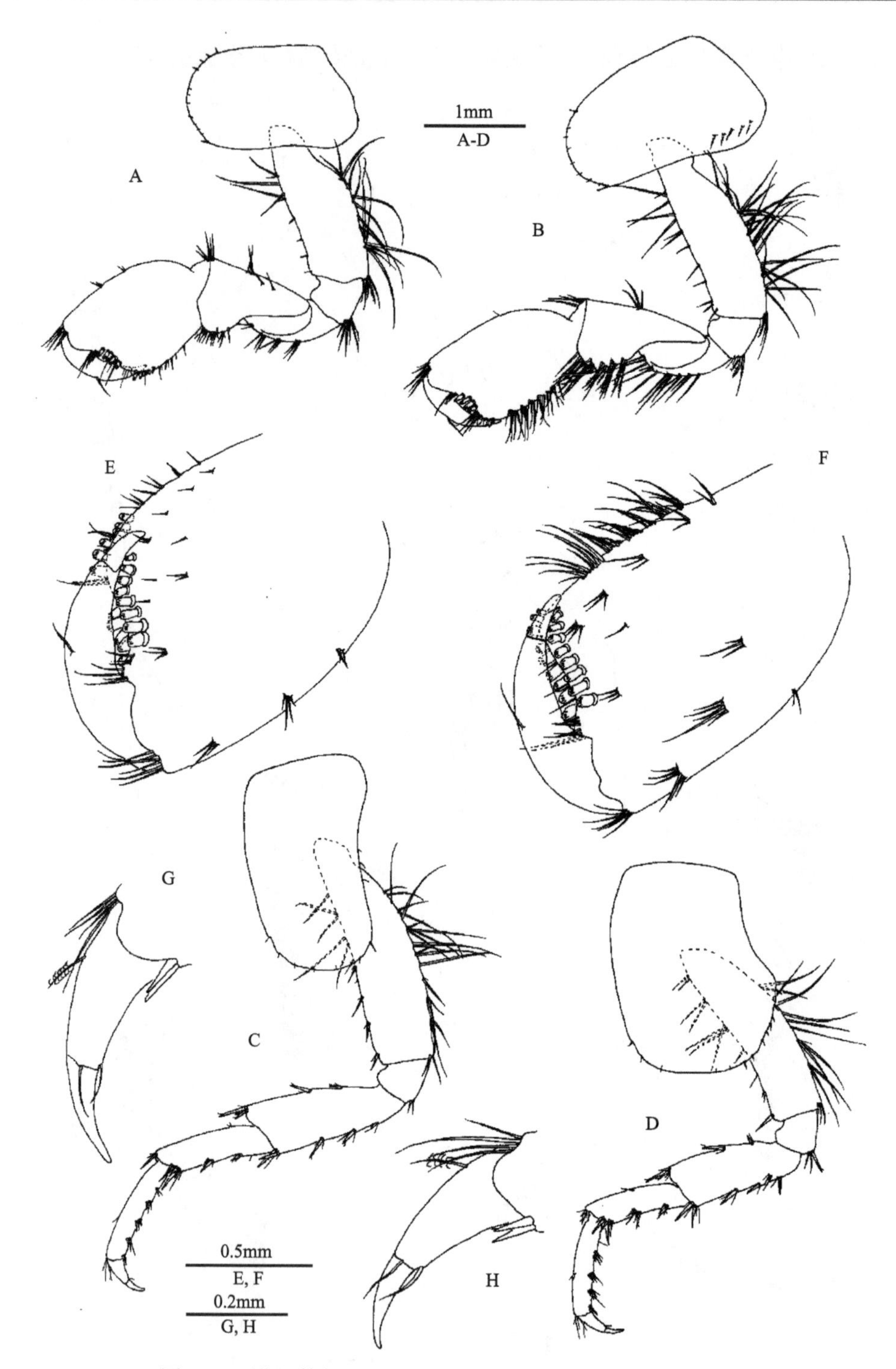

图 25 河北汲钩虾 *Jesogammarus hebeiensis* Hou & Li（二）

♂。A. 第 1 腮足; B. 第 2 腮足; C. 第 3 步足; D. 第 4 步足; E. 第 1 腮足掌节; F. 第 2 腮足掌节; G. 第 3 步足指节; H. 第 4 步足指节

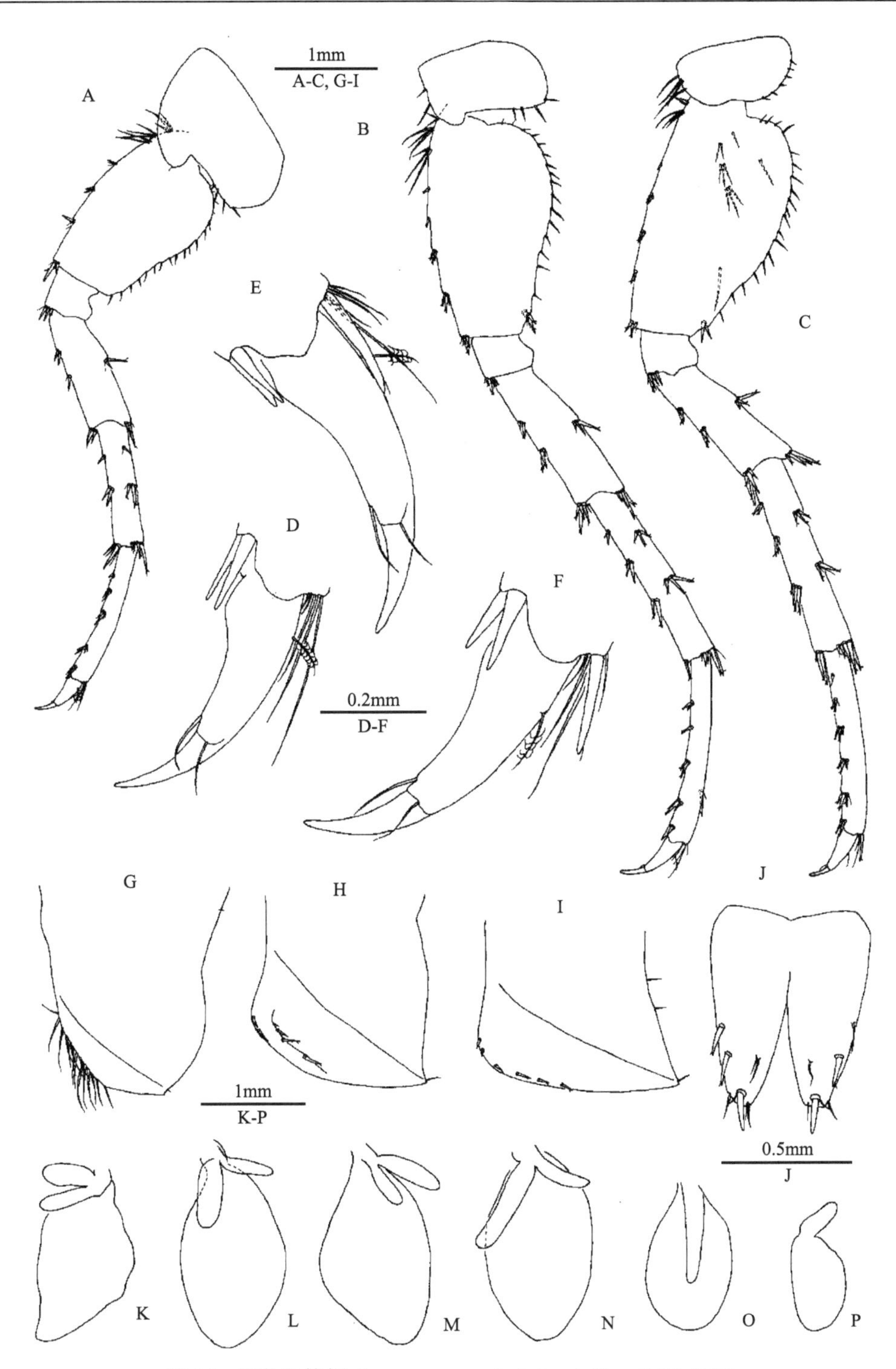

图 26　河北汲钩虾 *Jesogammarus hebeiensis* Hou & Li（三）

♂。A. 第 5 步足; B. 第 6 步足; C. 第 7 步足; D. 第 5 步足指节; E. 第 6 步足指节; F. 第 7 步足指节; G. 第 1 腹侧板; H. 第 2 腹侧板; I. 第 3 腹侧板; J. 尾节; K. 第 2 腮足底节鳃; L. 第 3 步足底节鳃; M. 第 4 步足底节鳃; N. 第 5 步足底节鳃; O. 第 6 步足底节鳃; P. 第 7 步足底节鳃

图 27 河北汲钩虾 *Jesogammarus hebeiensis* Hou & Li（四）

♀。A. 第 1 腮足底节板; B. 第 2 腮足底节板; C. 第 3 步足底节板; D. 第 4 步足底节板; E. 第 5 步足底节板和基节; F. 第 6 步足底节板和基节; G. 第 7 步足底节板和基节; H. 第 4-6 腹节（背面观）; I. 第 2 腮足掌节; J. 第 1 腮足掌节

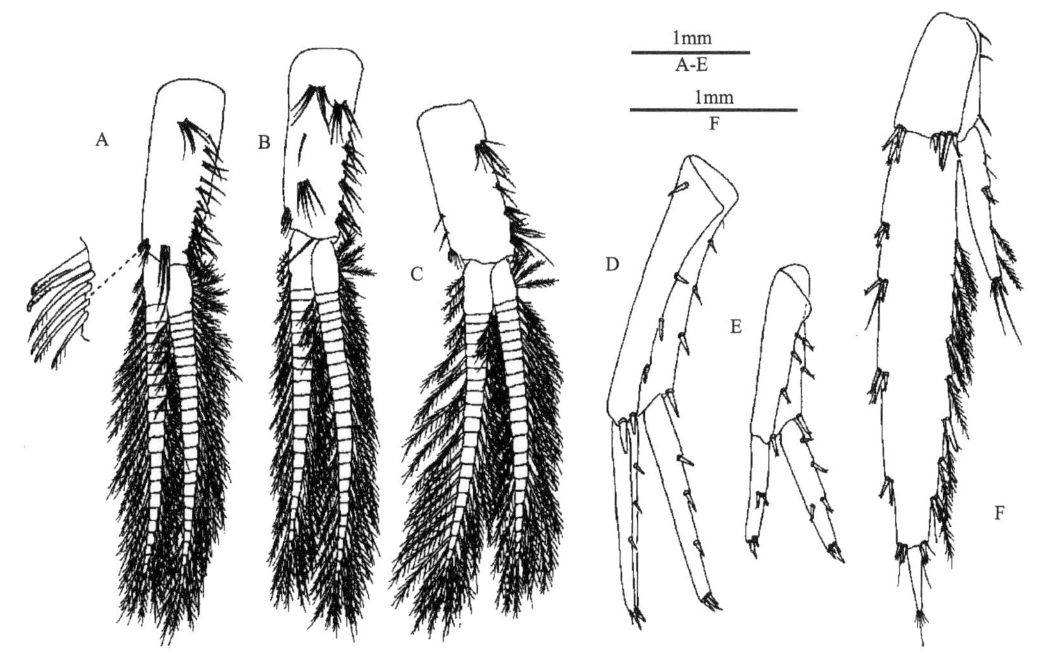

图 28　河北汲钩虾 *Jesogammarus hebeiensis* Hou & Li（五）
♂。A. 第 1 腹肢; B. 第 2 腹肢; C. 第 3 腹肢; D. 第 1 尾肢; E. 第 2 尾肢; F. 第 3 尾肢

第 1 腮足底节板近长方形，下缘具短刚毛；基节前、后缘具长刚毛；掌节内、外缘分别具 8 和 11 灯泡状刺；指节外缘具 1 刚毛。第 2 腮足底节板后缘具 3–5 刚毛；基节与第 1 腮足相似；掌节内、外缘分别具 8 和 9 灯泡状刺。第 3 步足基节后缘具长刚毛；长节至掌节后缘具几组刺；指节外缘具 1 羽状毛，趾钩接合处具 2 刚毛。第 4 步足底节板后缘凹陷，前角具 2 刚毛，后缘具 8 刚毛；基节至指节与第 3 步足相似。第 6 步足长于第 5 和第 7 步足。第 5 底节板前叶具 1 刚毛，后叶下缘具 4 硬刚毛；第 6 底节板前缘具 2 刚毛，后下角具 4 硬刚毛；第 7 底节板前缘具 4 长刚毛，后缘具 6 短刚毛。第 5 步足基节后缘窄；第 7 步足基节膨大，具 18 短毛；第 6、7 步足基节内面具 2 后下刺；长节到掌节前缘具几簇刺；指节细长，外缘具 1 羽状毛。第 2–4 底节鳃具 2 副鳃，前、后副鳃近等长；第 5 底节鳃前鳃长于后鳃；第 6、7 底节鳃具 1 副鳃。

第 1–3 腹节背缘分别具 4、10 和 4 毛。腹侧板后下角钝，第 1 腹侧板腹前缘具 16 刚毛；第 2 腹侧板腹缘具 2 刺，表面具 4 刺；第 3 腹侧板腹前缘具 6 刺。第 1–3 腹肢等长，柄节外缘具大量刚毛，内、外肢均具羽状毛。第 4 腹节背缘具 2 簇 8 刺；第 5 腹节具 1-2-1-1 刺；第 6 腹节具 1 对侧刺和 2 对中央刚毛。

第 1 尾肢柄节具 1 背基刺，内、外缘各具 3 刺；内肢内缘具 3 刺；外肢内、外缘分别具 2 和 1 刺。第 2 尾肢柄节内、外缘分别具 3 和 4 刺；内肢内、外缘分别具 3 和 1 刺；外肢短于内肢，内、外缘各具 1 刺。第 3 尾肢柄节具 8 末端刺；内肢短于外肢的 1/3，具 2 内缘刺和 1 末端刺；外肢披针形，外缘具 4 组刺，内缘具 5 刺和一些羽状毛；第 2 节长是第 1 节的 1/6。尾节深裂，长大于宽，具末端刺和侧刺。

观察标本：1♂（正模，IZCAS-I-A0087），19♂2♀，河北白洋淀（115.55°E, 38.5°N），1998.III.19。

生态习性：本种栖息在距北京约 100km 的白洋淀。

地理分布：河北（白洋淀）。

分类讨论：本种 21%第 1 触角柄节第 1 节末端具 1 刺，79%具毛。42%大颚触须第 1 节具 2 末端刺，58%具 3 末端刺。

本种主要鉴别特征是大颚触须第 1 节末端具 2 刺，第 1–3 腹节无背缘刺，下唇内叶清晰，第 3 尾肢披针形，内肢长是外肢的 1/3，尾节长大于宽。

本种与泉汲钩虾 *J. fontanus* Hou & Li 相似特征包括：第 1 触角柄节第 1 节无末端刺，大颚触须第 1 节具刺，第 2 尾肢外肢具缘刺。主要区别在于本种下唇内叶清晰；第 5–7 步足基节后缘具较多刚毛；第 3 尾肢内肢长是外肢的 1/3，外肢针叶形，外肢内缘具 4–6 羽状毛；而后者第 3 尾肢内肢长是外肢的 1/4，外肢扁叶状，外肢内缘具 10 羽状毛。

本种与 *J. fujinoi* Tomikawa & Morino 的相似之处在于下唇内叶清晰，第 1–3 腹节无背刺。主要区别在于本种第 1 触角柄节第 1 节无末端刺，大颚触须第 1 节具 2、3 末端刺，第 2 尾肢外肢具缘刺，尾节长大于宽；而后者第 1 触角柄节第 1 节具 1 刺，大颚触须第 1 节无末端刺，第 2 尾肢外肢边缘无刺，尾节长短于宽。

4. 安氏钩虾属 *Annanogammarus* Bousfield, 1979

Annanogammarus Bousfield, 1979: 336.

Jesogammarus (*Annanogammarus*) Morino, 1985: 34.

Type species: *Gammarus annandalei* Tattersall, 1922.

第 1 触角柄节第 1 节无末端刺。大颚触须具刚毛，无刺。第 1 小颚内叶具 12–16 羽状毛，触须第 2 节外侧缘具 0–2 毛。第 2 小颚具 12–14 羽状毛。底节板较浅。雄性第 2 腮足掌节长，雌性第 2 腮足掌节具简单刺。第 2–5 底节鳃具 2 副鳃，前、后副鳃差异较大，第 6、7 底节鳃具 1 副鳃。第 4、5 腹节背部具 4 单刺，第 6 腹节背缘两侧各具 1 对刺。第 2 尾肢外肢无缘刺。第 3 尾肢外肢具 3 根羽状刚毛，内肢短于外肢的 1/3。尾节长大于宽。

本属分布在西北太平洋地区；栖息在湖泊中。全球记录 5 种，中国记录 2 种。

种 检 索 表

第 6、7 步足基节具长毛 ……………………………………………… **安氏钩虾 *A. annandalei***

第 6、7 步足基节无长毛 ……………………………………………… **柔弱安氏钩虾 *A. debilis***

(6) 安氏钩虾 *Annanogammarus annandalei* (Tattersall, 1922)（图 29–30）

Gammarus annandalei Tattersall, 1922: 445, pl. XX, figs. 1–18; Chen, 1939: 41, fig. 1.

Anisogammarus (*Eogammarus*) *annandalei*: Schellenberg, 1937b: 274; Shen, 1954: 17, pls. III–IV.

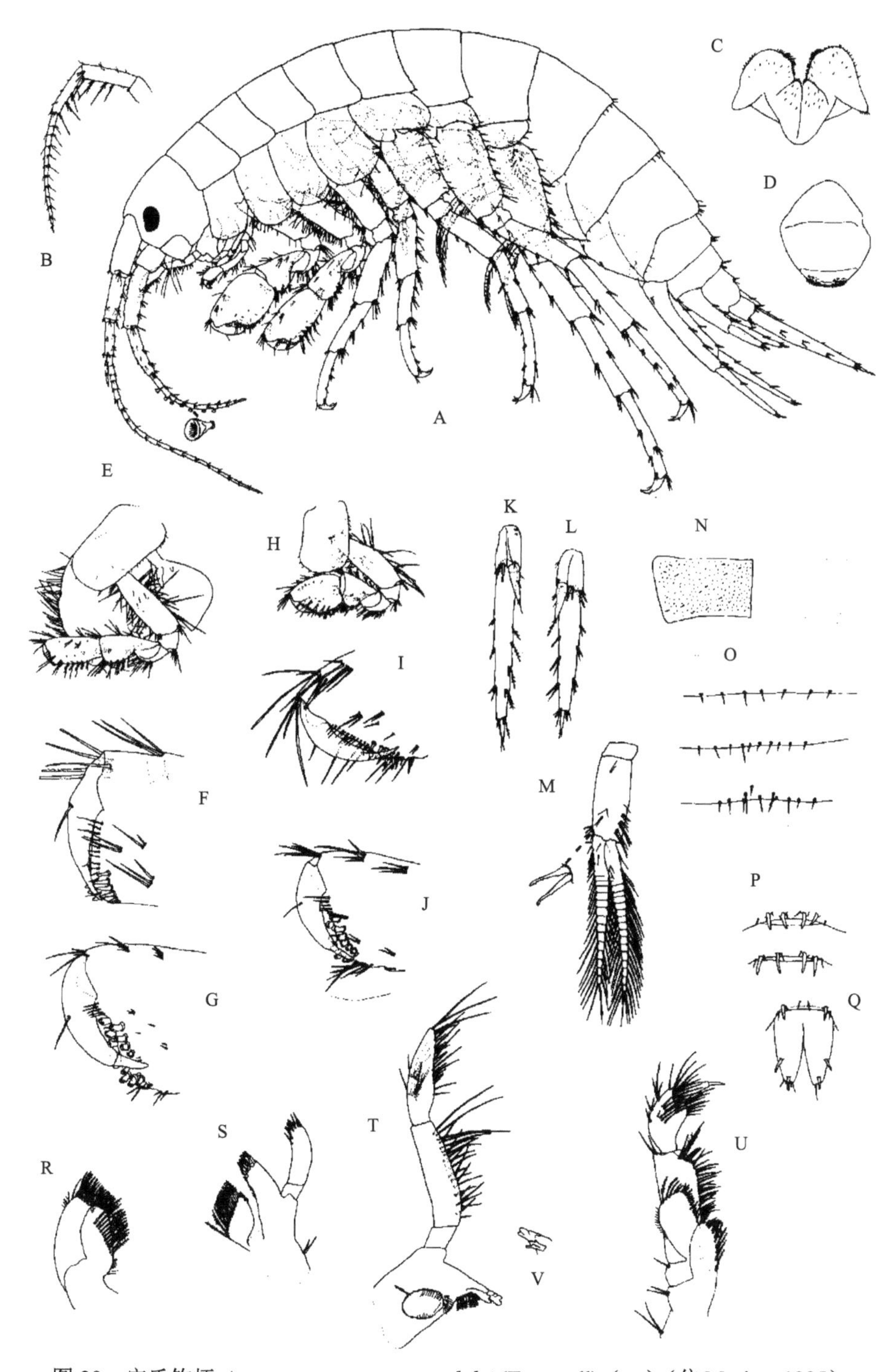

图 29　安氏钩虾 *Annanogammarus annandalei* (Tattersall)（一）（仿 Morino, 1985）

♂, A, C, D, G, J, K, M-U; ♀, B, E, F, H, I, L。A. 整体（侧面观）; B. 第 2 触角; C. 下唇; D. 上唇; E. 第 2 腮足; F. 第 2 腮足掌节; G. 第 2 腮足掌节; H. 第 1 腮足; I. 第 1 腮足掌节; J. 第 1 腮足掌节; K. 第 3 尾肢; L. 第 3 尾肢; M. 第 1 腹肢; N. 第 1 胸节; O. 第 1-3 腹节（背面观）; P. 第 4、5 腹节（背面观）; Q. 尾节; R. 第 2 小颚; S. 第 1 小颚; T. 左大颚; U. 颚足; V. 右大颚切齿

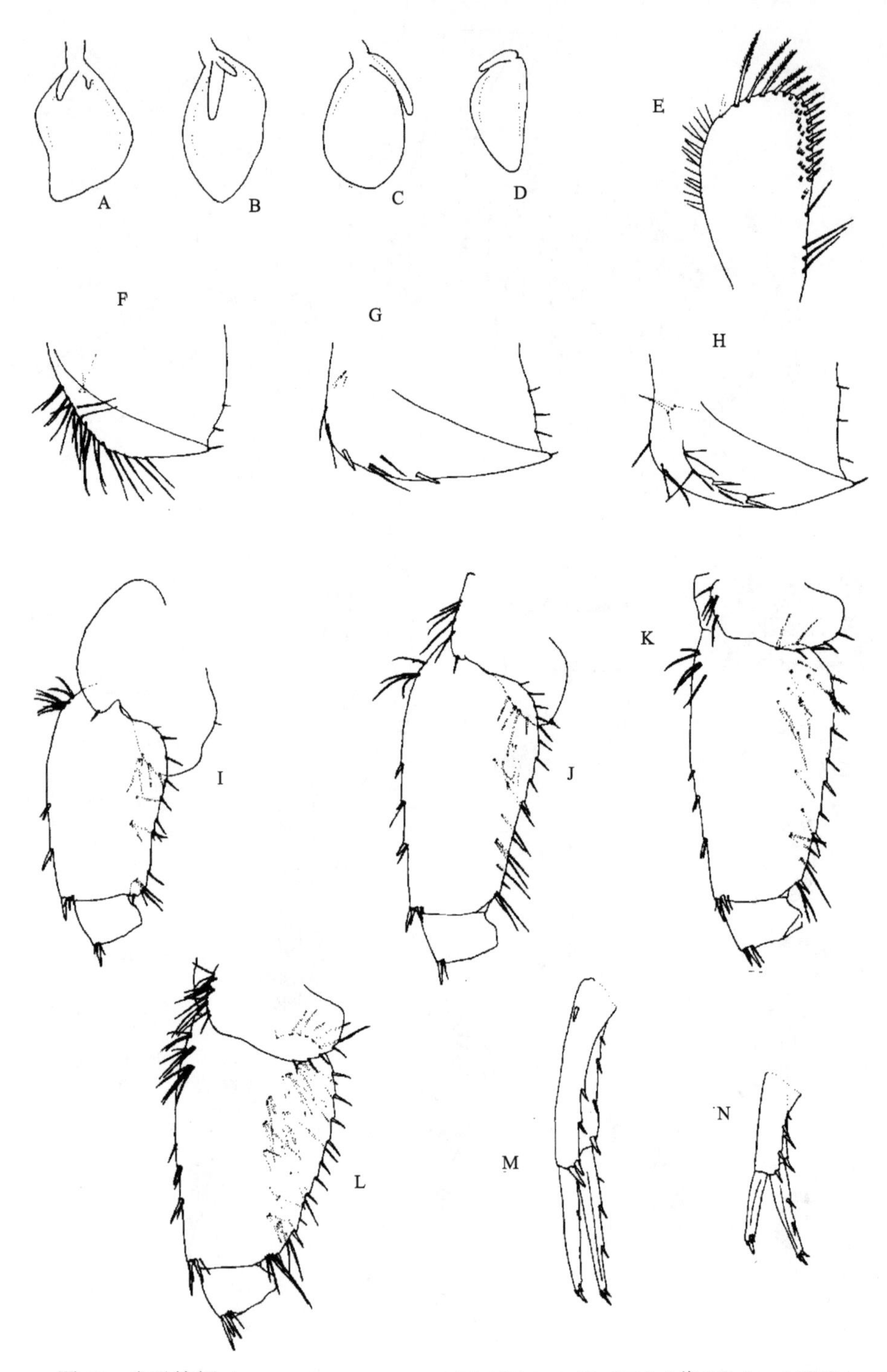

图 30 安氏钩虾 *Annanogammarus annandalei* (Tattersall)（二）（仿 Morino, 1985）

♂, A-K, M, N; ♀, L。 A. 第 2 腮足底节鳃; B-D. 第 5-7 步足底节鳃; E. 颚足外叶; F-H. 第 1-3 腹侧板; I-K. 第 5-7 步足基节; L. 第 7 步足基节; M. 第 1 尾肢; N. 第 2 尾肢

Anisogammarus (*Spinulogammarus*) *annandalei*: Tzvetkova, 1975: 152, fig. 61.

Eogmmarus annandalei: Karaman, 1979: 28, figs. 3–4.

Annanogammarus annandalei: Bousfield, 1979: 337; Barnard & Dai, 1988: 90.

Jesogammarus (*Annanogammarus*) *annandalei*: Morino, 1985: 35, figs. 10–11.

形态描述：第 4 腹侧板腹缘具 15 毛，第 5、6 腹侧板腹缘具 3–5 短刺和刚毛。第 1–3 腹节背缘具短毛，第 4–6 腹节背缘具刺和短毛。

第 1 触角第 3 柄节长为第 2 柄节的 2/3，鞭 23 节，副鞭 4 节。第 2 触角第 4、5 柄节后缘具 2、3 簇毛，鞭节具鞋状感觉器。第 1 小颚内叶具 12–14 羽状毛，触须无侧毛。颚足内叶顶端具 2 钝刺，外叶边缘刺较少。

第 1 腮足比第 2 腮足强壮，底节板后缘无刚毛；掌节宽，掌缘倾斜，内、外侧分别具 4 和 11 灯泡状刺。第 2 腮足底节板后缘角具 1 小刺，掌节长，掌缘内、外侧分别具 8 和 6 灯泡状刺。第 5–7 步足基节后缘具长毛。第 1 尾肢柄节长于内、外肢，内缘具 3 刺；外肢内缘具 3 刺，外缘无刺；内肢内缘具 1 刺，外缘无刺。第 2 尾肢柄节长于内、外肢，具缘刺；内肢内缘具 2 刺，外缘无刺；外肢无缘刺。第 3 尾肢柄节长为外肢的 1/4；外肢 2 节，内肢短。

雄性第 2–5 底节鳃和基节几乎等长，副鳃 1 对，前鳃大于后鳃；第 6 底节鳃长约为基节的 1/2，副鳃长约为底节鳃的 1/2；第 7 底节鳃小于基节的 1/2，副鳃长为底节鳃的 1/5。

雌性第 1 触角柄节后缘刚毛较雄性长，第 2 触角无鞋状感觉器。第 1 腮足掌节较雄体倾斜，掌缘具 2 刺；第 2 腮足掌节平截，具 5 刺。第 7 步足基节后缘稍膨大。第 2–5 抱卵板边缘具很多毛。

观察标本：5♀5♂，江苏太湖，1910.XII.15。2♀3♂，上海郊区的沟渠和小池塘，1917.IX.15。

生态习性：本种栖息于淡水湖、沟渠中。

地理分布：北京（什刹海、琉璃河、房山）、上海、江苏（太湖）、云南（洱海、滇池）；日本。

分类讨论：本种的主要鉴别特征是第 2 腮足和第 3 步足基节具刚毛多，第 5–7 步足基节后缘具长毛。

(7) 柔弱安氏钩虾 *Annanogammarus debilis* (Hou & Li, 2005)（图 31–36）

Jesogammarus (*Annanogammarus*) *debilis* Hou & Li, 2005a: 3262, figs. 1–6.

形态描述：雄性 10.5mm。眼中等大小，近肾形。第 1 触角第 1–3 柄节长度比 1.0∶0.77∶0.53，第 1 柄末端无刺，具末端毛，第 2 节后缘具刚毛；鞭 26 节，具感觉毛；副鞭 5 节。第 2 触角柄节第 4、5 节等长，前、后缘具 2–4 组短毛；鞭 14 节，具鞋状感觉器。左大颚切齿 5 齿；动颚片 4 齿；触须第 1 节无刺，第 2 节具 16 缘毛，第 3 节长为第 2 节的 9/10，具 2 簇 A-刚毛和 1 B-刚毛；右大颚切齿 4 齿，动颚片分叉。下唇内叶无。

第 1 小颚内叶具 16 羽状毛；外叶顶端具 11 锯齿状刺，外缘具小刚毛；左触须第 2 节顶端具 6 刺和 4 毛；右触须第 2 节顶端具 6 刺和 5 毛。第 2 小颚内叶具 15 羽状毛。颚足内叶具 1 近顶刺和 3 顶刺；外叶具 13 刺，顶端具 3 梳状刚毛。

第 1 腮足底节板前下缘具刚毛，后下角具 1 硬刚毛；基节前、后缘具刚毛；掌节掌缘内、外分别具 7 和 9 灯泡状刺；指节外缘具 1 刚毛，内缘具 2 刚毛。第 2 腮足掌节比第 1 腮足细长，掌缘内、外各具 8 灯泡状刺。第 3 步足底节板长方形，前下缘具 2 刚毛，后下缘具 2 刚毛；基节前、后缘具长毛；长节后缘具 3 组长毛；腕节后缘具刺和刚毛；掌节后缘具 4 组刺和毛；指节外缘具 1 羽状毛，趾钩接合处具 2 刚毛。第 4 步足底节板后缘凹陷；长节后缘具 3 组刚毛；腕节具 1 刺和刚毛；掌节具刺和刚毛；指节与第 3 步足相似。第 5 步足底节板前叶具 1 毛，后叶后下角具 1 刺；基节后缘近直，具短毛；长节到掌节具缘刺；指节外缘具 1 羽状毛，趾钩接合处具 1 刚毛。第 6 步足长于第 5 步足，长节至掌节具缘刺。第 7 步足底节板前缘具 1 组长刚毛，后缘具 3 短刚毛；基节后缘膨大，具短刺和刚毛，内面后下角具 1 刺和 1 刚毛；长节至掌节具缘刺。

第 2 腮足和第 3、4 步足底节鳃具 2 副鳃，前副鳃大于后副鳃，约为底节鳃长度的 1/4。第 5 步足底节鳃前副鳃大于后副鳃，是底节鳃长度的 1/3。第 6 步足底节鳃短于基节，副鳃长是底节鳃的 1/2。第 7 步足底节鳃稍长于基节的 1/2，副鳃稍短于底节鳃的 1/4。

第 7 胸节背后缘具 6 刚毛。第 1–3 腹节背后缘分别具 11、16 和 17 缘毛；第 1 腹侧板前缘具 10 长刚毛，后缘具 6 短毛；第 2 腹侧板腹缘具 5 刺，后缘具 7 短毛；第 3 腹侧板腹缘具 3 刺，后缘具 6 短毛。第 1–3 腹肢等长，柄节外缘具长刚毛，前下角具 2 钩刺和 3 或 4 羽状毛；外肢稍短于内肢，内、外肢均具羽状毛。第 4、5 腹节具 1 对背缘刺和刚毛；第 6 腹节具 1 对背缘侧刺和 2 中央刺。

第 1 尾肢柄节背基刺有或无，外缘和内缘分别具 2 或 3 刺；外肢内缘具 3 刺；内肢内缘具 2 刺。第 2 尾肢柄节内、外缘各具 2 刺；外肢两缘无刺；内肢内、外缘分别具 2 和 1 刺。第 3 尾肢柄节内缘具短毛；外肢 2 节，第 1 节外缘具 1-2-2 刺，内缘具 7 羽状毛和 1 对刺；第 2 节长是第 1 节的 1/5，长于邻近刺；内肢短于外肢的 1/3，内缘具 1 刺和 2 羽状毛，末端具 1 刺和 1 羽状毛。尾节深裂约 3/4，具顶刺和末侧刺。

雌性 8.2mm。第 1 腮足底节板下缘和后缘具刚毛；基节前、后缘具大量长刚毛；掌节卵形，后下角具 4 刺。第 2 腮足底节板后缘具 15 刚毛；掌节掌缘平截，内缘具 5 单刺，外缘具 3 单刺和 2 梳状硬刺。第 3、4 步足底节板后缘刚毛多于雄体。第 7 步足基节内面具大量长刚毛，内面后下角具 1 刺。第 2–5 底节鳃具 2 副鳃，前叶大于后叶；第 6、7 底节鳃具 1 副鳃。第 2–5 胸节抱卵板逐渐减小，具大量缘毛。

第 1 尾肢柄节背基刺有或无，具缘刺。第 2 尾肢外肢无缘刺。第 3 尾肢内肢长为外肢的 1/3。

观察标本：1♂（正模，IZCAS-I-A0115），10♂12♀，北京房山河北镇，2001.IX.15。1♂，北京房山河北镇辛庄村，2001.IX.15。1♀，北京房山九道河村，2001.IX.15。3♂1♀，北京房山长沟镇北甘池村，2001.IX.5。8♂7♀，北京怀柔花木村花木泉，2001.VI.2。

生态习性：本种栖息于湖泊、泉眼处。

地理分布：北京。

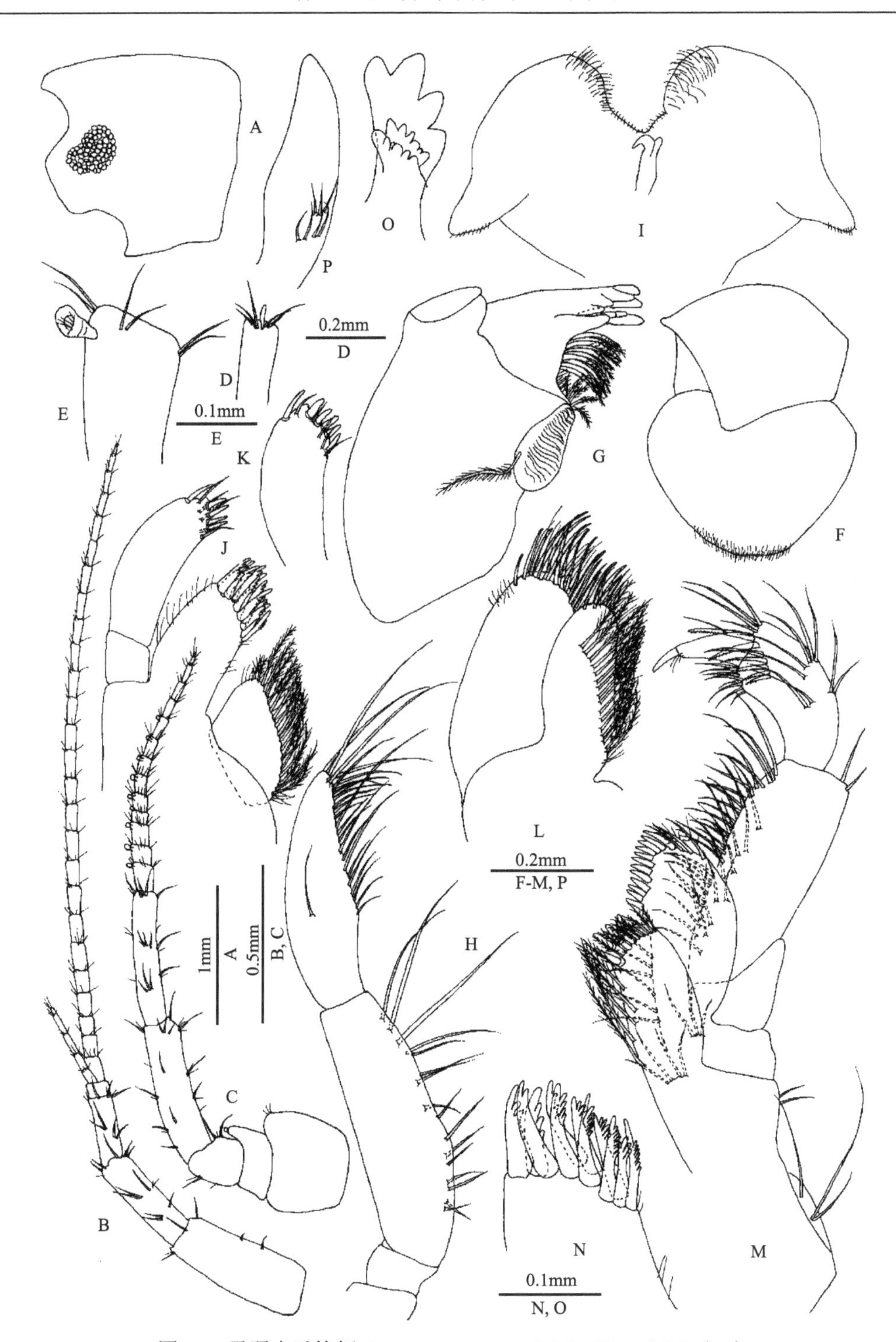

图 31　柔弱安氏钩虾 *Annanogammarus debilis* (Hou & Li)（一）

♂。A. 头; B. 第 1 触角; C. 第 2 触角; D. 第 1 触角鞭节; E. 第 2 触角鞭节; F. 上唇; G. 左大颚切齿; H. 左大颚触须（背面观）; I. 下唇; J. 左第 1 小颚; K. 右第 1 小颚触须; L. 第 2 小颚; M. 颚足; N. 第 1 小颚外叶; O. 右大颚切齿; P. 左大颚触须（腹面观）

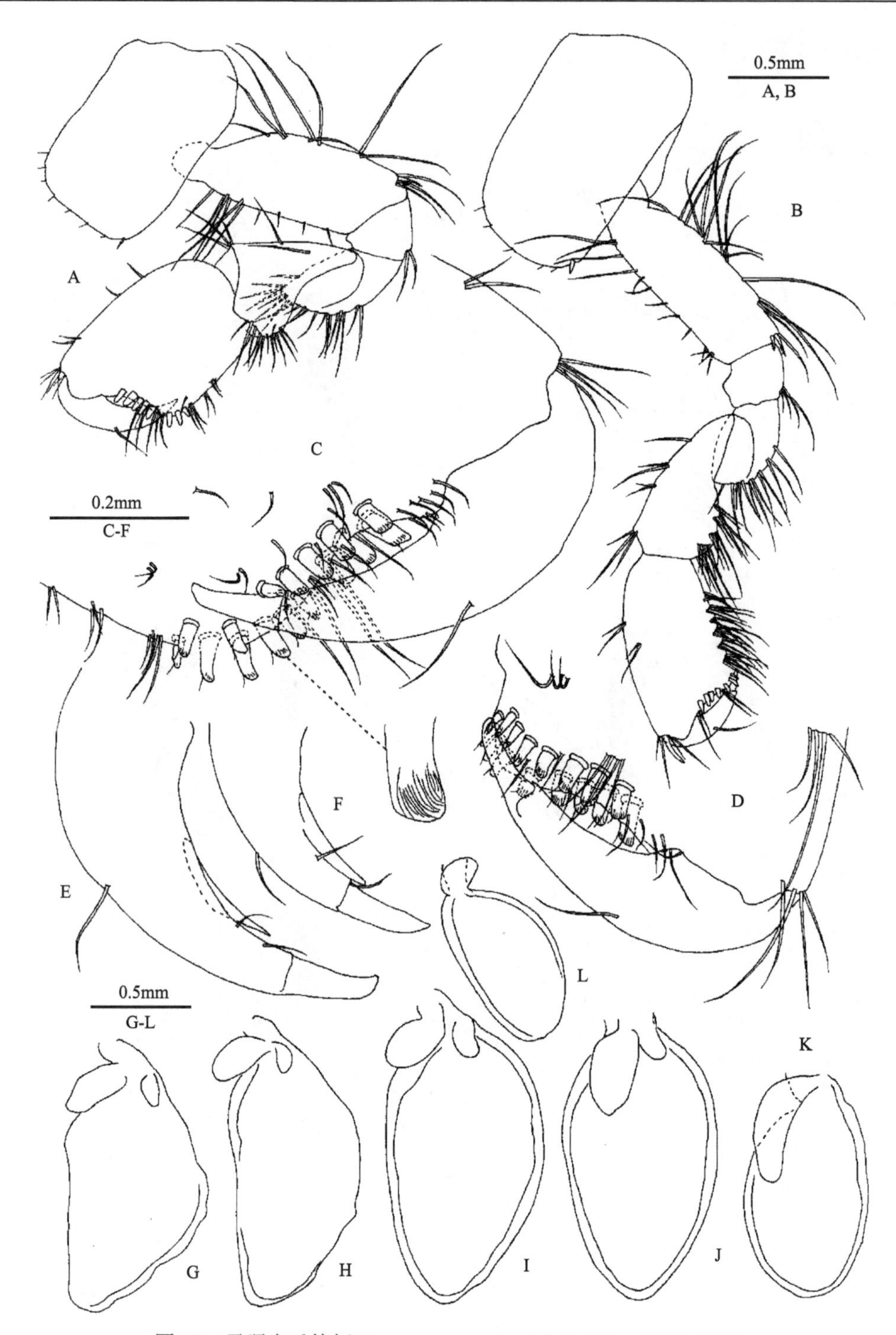

图 32 柔弱安氏钩虾 *Annanogammarus debilis* (Hou & Li)（二）

♂。A. 第 1 腮足; B. 第 2 腮足; C. 第 1 腮足掌节; D. 第 2 腮足掌节; E. 第 1 腮足指节; F. 第 2 腮足指节; G-L. 第 2 腮足和第 3-7 步足底节鳃和副鳃

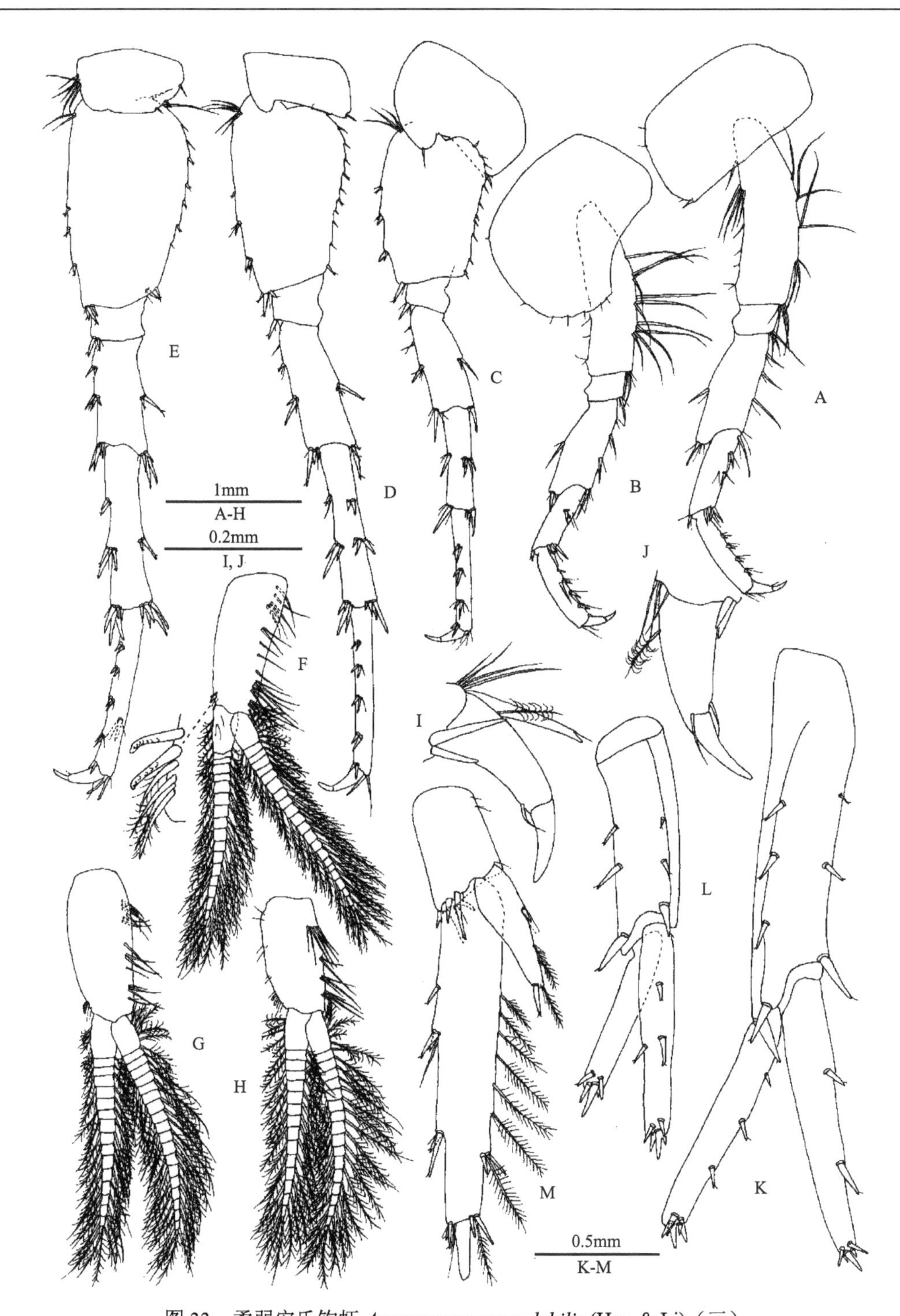

图 33　柔弱安氏钩虾 *Annanogammarus debilis* (Hou & Li)（三）

♂。A. 第 3 步足; B. 第 4 步足; C. 第 5 步足; D. 第 6 步足; E. 第 7 步足; F. 第 1 腹肢; G. 第 2 腹肢; H. 第 3 腹肢; I. 第 5 步足指节; J. 第 3 步足指节; K. 第 1 尾肢; L. 第 2 尾肢; M. 第 3 尾肢

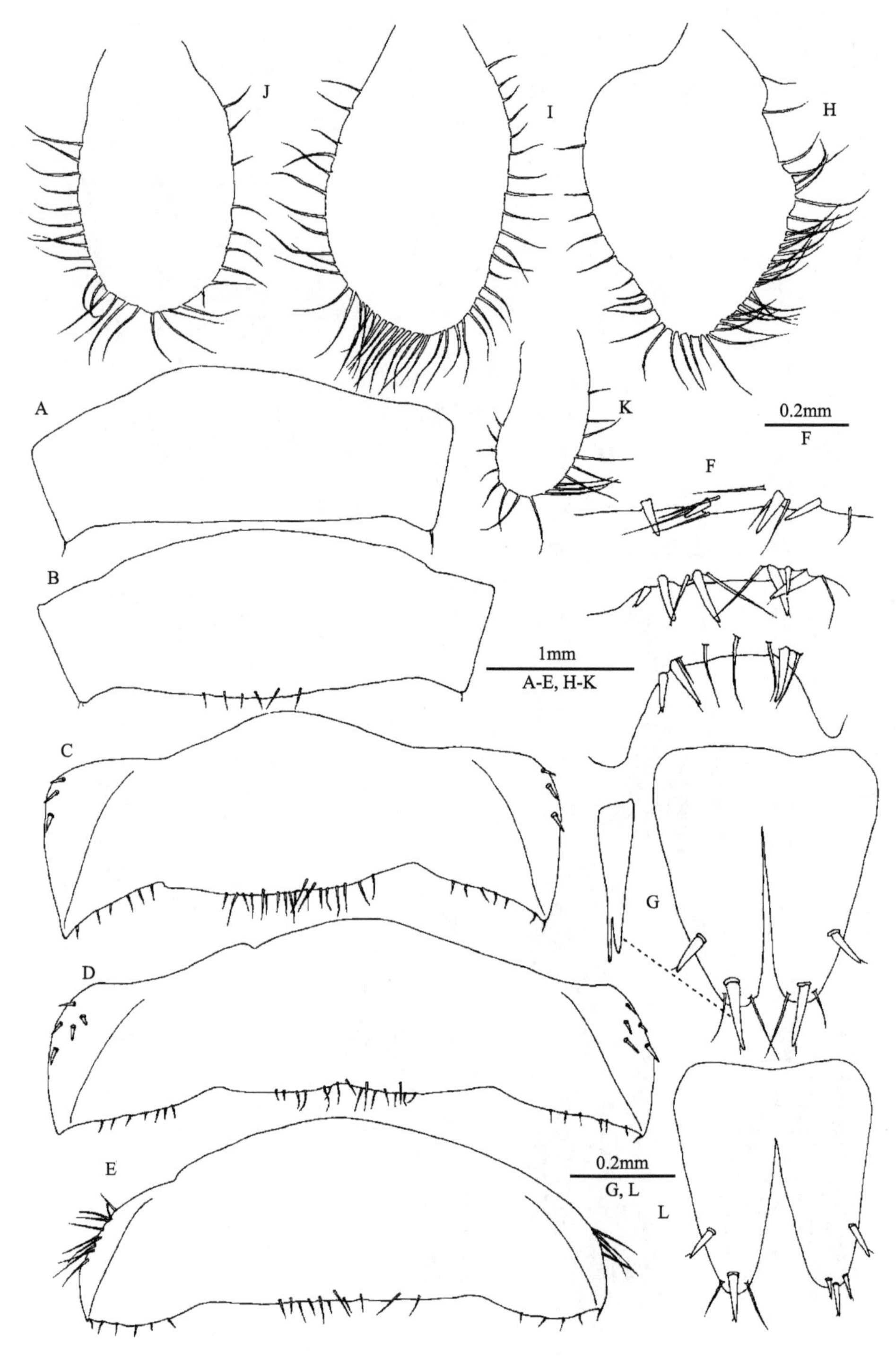

图 34 柔弱安氏钩虾 *Annanogammarus debilis* (Hou & Li)（四）

♂, A-G; ♀, H-L。A. 第 6 胸节; B. 第 7 胸节; C. 第 3 腹节; D. 第 2 腹节; E. 第 1 腹节; F. 第 4-6 腹节; G. 尾节; H. 第 2 抱卵板; I. 第 3 抱卵板; J. 第 4 抱卵板; K. 第 5 抱卵板; L. 尾节

图 35　柔弱安氏钩虾 *Annanogammarus debilis* (Hou & Li)（五）

♀。A. 第 1 腮足; B. 第 2 腮足; C. 第 1 腮足掌节; D. 第 2 腮足掌节; E. 第 1 腮足指节; F. 第 2 腮足指节; G. 第 1 腮足基节; H. 第 1 腮足底节板; I. 第 2 腮足底节板; J. 第 3 步足底节板

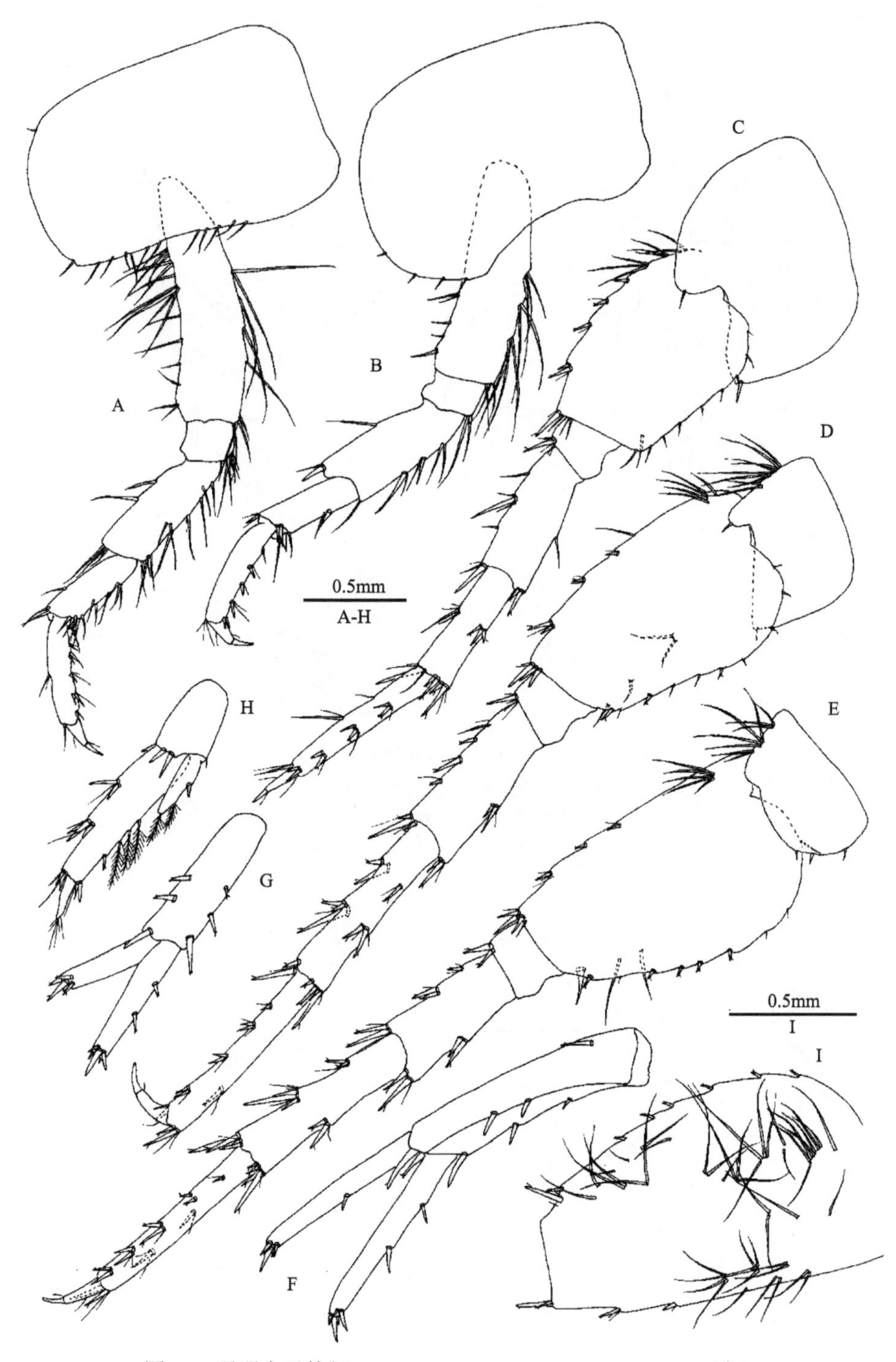

图 36 柔弱安氏钩虾 *Annanogammarus debilis* (Hou & Li)（六）

♀。A. 第 3 步足; B. 第 4 步足; C. 第 5 步足; D. 第 6 步足; E. 第 7 步足; F. 第 1 尾肢; G. 第 2 尾肢; H. 第 3 尾肢; I. 第 7 步足基节（腹面观）

分类讨论：本种主要鉴别特征是第 1 触角柄节第 1 节无末端刺；大颚触须具刚毛；雄性第 2 腮足掌节细长；雌性第 2 腮足掌节掌缘具梳状硬刚毛；第 2 尾肢外肢无缘刺；尾节长大于宽。

本种与安氏钩虾 *A. annandalei* 相似之处在于第 1 触角柄节第 1 节末端无刺，腹节具大量短毛，第 2 触角具短刚毛。主要区别在于本种第 6、7 步足基节具短刺和刚毛，第 3 尾肢内肢细长，内、外肢羽状毛多。

本种与 *Jesogammarus* (*A.*) *koreaensis* 和 *Jesogammarus* (*A.*) *fluvialis* 的区别在于第 1 触角柄节第 1 节末端无刺，雌性第 2 腮足掌节掌缘具梳状硬刚毛。本种与 *Jesogammarus* (*A.*) *naritai*, *Jesogammarus* (*A.*) *suwaensis* 区别在于第 1–3 腹节背缘无刺。

5. 宽肢钩虾属 *Eurypodogammarus* Hou, Morino & Li, 2005

Eurypodogammarus Hou, Morino & Li, 2005: 737.

Type species: *Eurypodogammarus helobius* Hou, Morino & Li, 2005.

躯体壮，眼大。第 1、2 触角柄节后缘具长刚毛；雄性第 2 触角具鞋状感觉器。第 1 小颚触须无侧毛；下唇内叶缺失。腮足雌雄异型，雄性第 1、2 腮足掌面具灯泡状刺，指节凹，副叶短，位于指节内缘中间；雌性第 1 腮足掌节末端具简单刺，第 2 腮足掌节具栉状刺。第 3、4 步足长节宽，腕节短。第 7 步足基节后缘具长刚毛。第 2–7 胸节底节鳃具 1 副鳃。第 1–3 腹节背部具刚毛，第 2、3 腹侧板后下角尖，第 4–6 腹节具背刺。第 3 尾肢壮，内肢短于外肢的 1/3，内缘具 1 排羽状毛；外肢扁叶状，第 2 节长。尾节深裂，具侧刺。

本属分布在云南，栖息在湖泊中。目前记载 1 种。

(8) 沼泽宽肢钩虾 *Eurypodogammarus helobius* Hou, Morino & Li, 2005（图 37–42）

Eurypodogammarus helobius Hou, Morino & Li, 2005: 738, figs. 1–8.

形态描述：雄性 9.2mm，躯体壮。眼大，长大于宽；下触角窝浅。第 1 触角第 1–3 柄节逐渐变短，第 1 柄节末端具长毛，第 2 节后缘具 3、4 组长毛，第 3 节后缘具 2 组长毛；鞭 18 节，具感觉毛；副鞭 4 节。第 2 触角稍短于第 1 触角；柄节第 4、5 节前缘具短毛，后缘具长毛，第 5 柄节长是第 4 节的 4/5；鞭 9 节，第 4 节具鞋状感觉器。左大颚切齿 5 齿；动颚片 4 齿；刺排具 7 对羽状毛；臼齿具 1 羽状毛；触须第 2 节具 7 短毛、1 排 7 长毛和 11 缘毛，第 3 节长是第 2 节的 4/5，具 7 A-刚毛、6 C-刚毛、13 D-刚毛和 9 E-刚毛。右大颚切齿 4 齿，动颚片分叉。第 1 小颚左右不对称，内叶具 16 羽状毛；外叶具 11 锯齿状刺，每刺具小齿，排列为 2-2-2-5-5-6-5-9-5-6-7；左触须第 2 节具 5 细长顶刺、1 栉状刺和 1 刚毛，内面具 3 刚毛；右触须宽，第 2 节具 5 壮刺、1 栉状刺和 2 毛。第 2 小颚内叶具 17 羽状毛。颚足内叶具 3 顶刺、2 近顶刺和 4 栉状刺；外叶具 10 钝齿，顶端具 7 梳状刺；触须第 4 节呈爪状，外缘具 1 毛，趾钩接合处具 1 组刚毛。

第 1 腮足底节板前下角略膨大，腹缘具刚毛，内面具 4 毛；基节前、后缘具长毛；长节短；掌节宽，掌面内、外缘分别具 9 和 6 灯泡状刺；指节内缘在副叶之前有 1 凹陷，副叶短，内、外缘各具 1 刚毛。第 2 腮足底节板长方形，腹缘具刚毛；基节后缘具长刚毛；掌节内、外缘分别具 10 和 8 灯泡状刺；指节在副叶之前具 1 凹陷，副叶短，内、外缘分别具 2 和 1 刚毛，趾钩接合处具 2 刚毛。第 3 步足底节板长方形，腹缘具刚毛；基节后缘具长刚毛；长节粗，宽是长的 3/5，前缘具 1 刺和 2 毛，后缘具硬刚毛；腕节短，是长节的 3/4；掌节后缘具 3 组刺；指节外缘具 1 羽状毛，趾钩接合处具 2 刚毛。第 4 步足底节板凹陷，后缘具刚毛；长节粗，宽是长的 3/5；腕节短，是长节的 4/5，后缘具刺；掌节后缘具 3 组刺。第 5 步足底节板前叶腹缘具 1 毛，后叶腹缘具 3 硬毛；基节后缘略凹，前缘具 2 组毛和 2 刺，后缘具 8 刚毛；长节宽是长的 7/10；腕节稍短于长节，前、后缘具刺；掌节前缘具 3 组刺；指节外缘具 1 羽状毛，趾钩接合处具 2 刚毛。第 6 步足底节板前缘具 1 组长毛，前叶腹缘具 1 硬毛，后叶腹后角具 4 毛；基节后缘凹，后缘具 9 刚毛，后下角具 2 刺；长节宽是长的 1/2，前缘具 2 组刺，后缘具 1 对刺；掌节前缘具 4 组刺，后缘具 2 组刺。第 7 步足底节板前缘具 1 组长毛，后下角具 5 硬毛；基节后缘略膨大，内面具几组毛；长节宽是长的 3/5；腕节前、后缘各具 2 组刺；掌节前缘具 4 组刺，内面具 2 组刺。

第 2–7 底节鳃具 1 副鳃。第 2 腮足副鳃长是底节鳃的 1/2；第 3、4 步足副鳃长是底节鳃的 1/3；第 5 步足副鳃长是底节鳃的 1/2；第 6 步足副鳃长于底节鳃的 1/2；第 7 步足副鳃短于底节鳃的 1/2。

第 1 腹侧板腹侧圆，前角具 12 毛，后缘具 2 短毛；第 2 腹侧板后下角尖，腹缘具 4 刺；第 3 腹侧板后下角尖，腹缘具 6 刺。第 1–3 腹节背缘具短毛，第 1 腹节背缘刚毛少，第 2、3 腹节背缘具较多小刚毛。第 1、2 腹肢稍长于第 3 腹肢；柄节表面具长毛，前下角具 2 钩刺和 3、4 羽状毛；外肢稍短于内肢，具羽状毛。第 4、5 腹节具 4 组刺，第 6 腹节具 2 组刺。

第 1 尾肢几乎达到第 3 尾肢末端；柄节长于肢节，具 1 背基刺，内、外缘分别具 2 和 3 刺；外肢内缘具 1 刺；内肢长于外肢，内缘具 1 刺。第 2 尾肢柄节内、外缘分别具 1 和 2 刺；内、外肢粗，外肢边缘无刺；内肢内缘具 1 刺。第 3 尾肢相对短，柄节具末端刺；内肢短于外肢的 1/3，内缘具 1 刺和 1 末端羽状毛；外肢扁叶状，第 1 节外缘具 2 组刺，内缘具羽状毛，第 2 节长于邻近刺，长是第 1 节的 1/4。尾节深裂，每叶具 1 末端刺、1 侧基刺和 1 背基刺。

雌性 8.5mm。第 1 腮足底节板前角大，具腹缘毛和腹后缘毛；基节表面和边缘具大量长毛；长节短；掌节掌缘内、外侧分别具 4 和 3 刺；指节长于掌面边缘，与雄性不同，无凹陷，副叶长，外缘具 1 刚毛，趾钩接合处具 4 刚毛。第 2 腮足掌节长方形，掌缘具 5 刺，包括 3 粗刺和 2 栉状刺，内面具 6 刺；指节副叶长，外缘具 1 刚毛，内缘具 2 刚毛，趾钩接合处具 2 刚毛。第 3、4 步足与雄性相似，长节宽，腕节短。第 7 步足比雄性基节内面具更多刚毛。

第 2 步足的抱卵板膨大，具短缘毛；第 3、4 步足的抱卵板宽，具缘毛；第 5 步足的抱卵板最小，具较少缘毛。

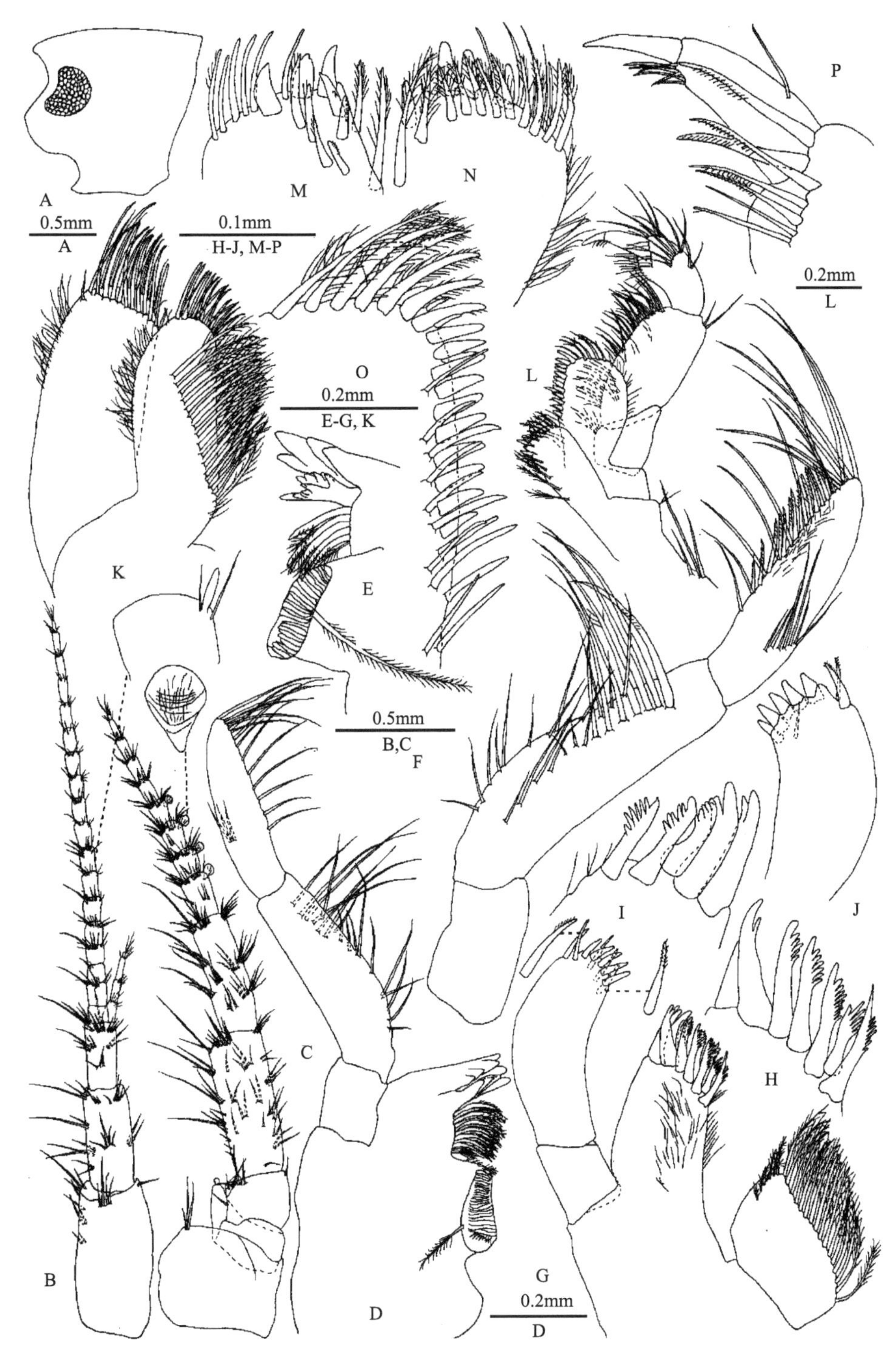

图 37　沼泽宽肢钩虾 *Eurypodogammarus helobius* Hou, Morino & Li（一）

♂。A. 头; B. 第 1 触角; C. 第 2 触角; D. 左大颚; E. 右大颚切齿; F. 右大颚触须; G. 左第 1 小颚; H. 左第 1 小颚外叶（背面观）; I. 左第 1 小颚外叶（腹面观）; J. 右第 1 小颚触须; K. 第 2 小颚; L. 颚足; M. 颚足右内叶; N. 颚足左内叶; O. 颚足外叶; P. 颚足触须

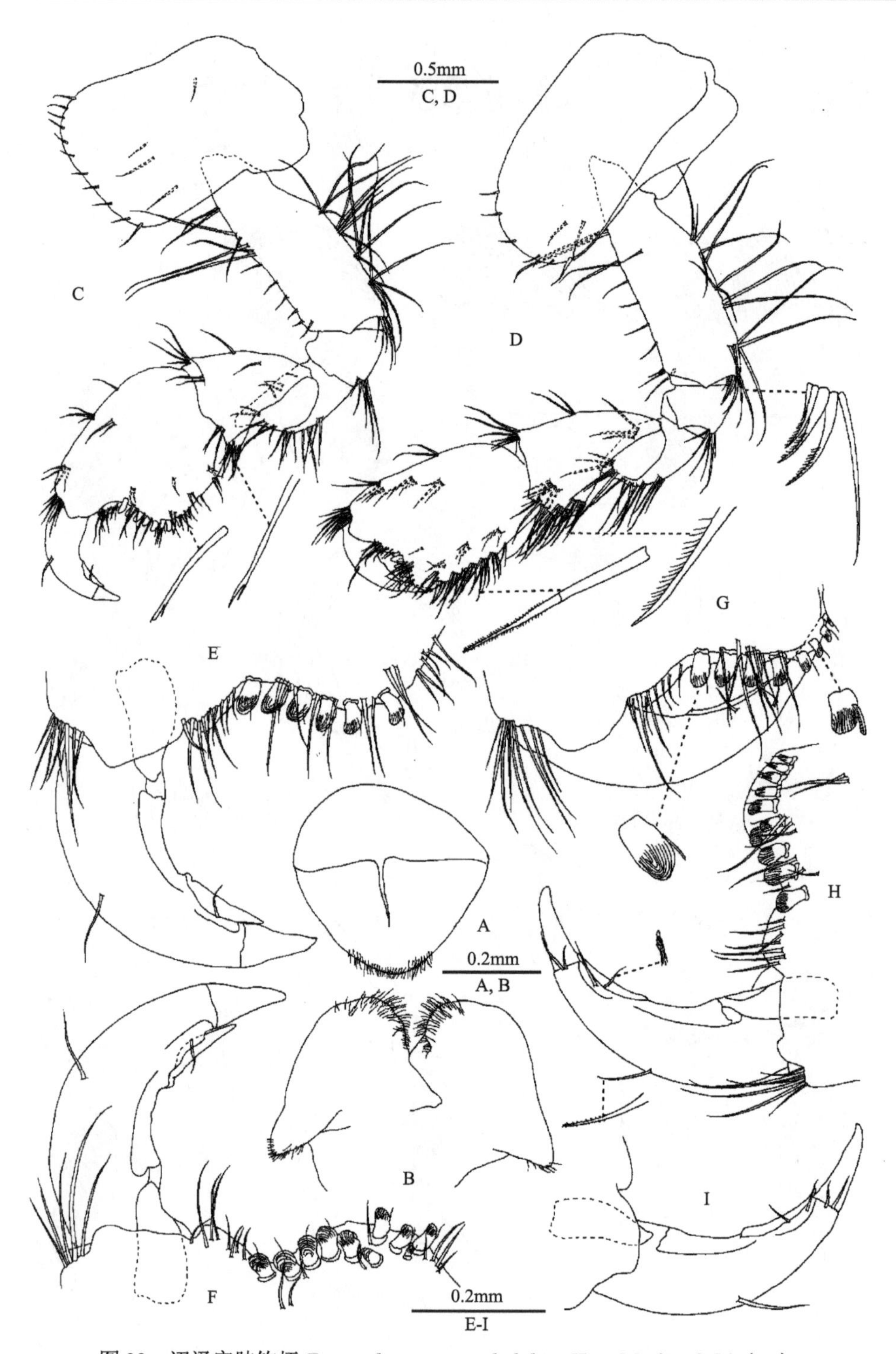

图 38　沼泽宽肢钩虾 *Eurypodogammarus helobius* Hou, Morino & Li（二）

♂。A. 上唇; B. 下唇; C. 第 1 腮足; D. 第 2 腮足; E. 第 1 腮足掌节（背面观）; F. 第 1 腮足掌节（腹面观）; G. 第 2 腮足掌节（背面观）; H. 第 2 腮足掌节（腹面观）; I. 第 2 腮足指节

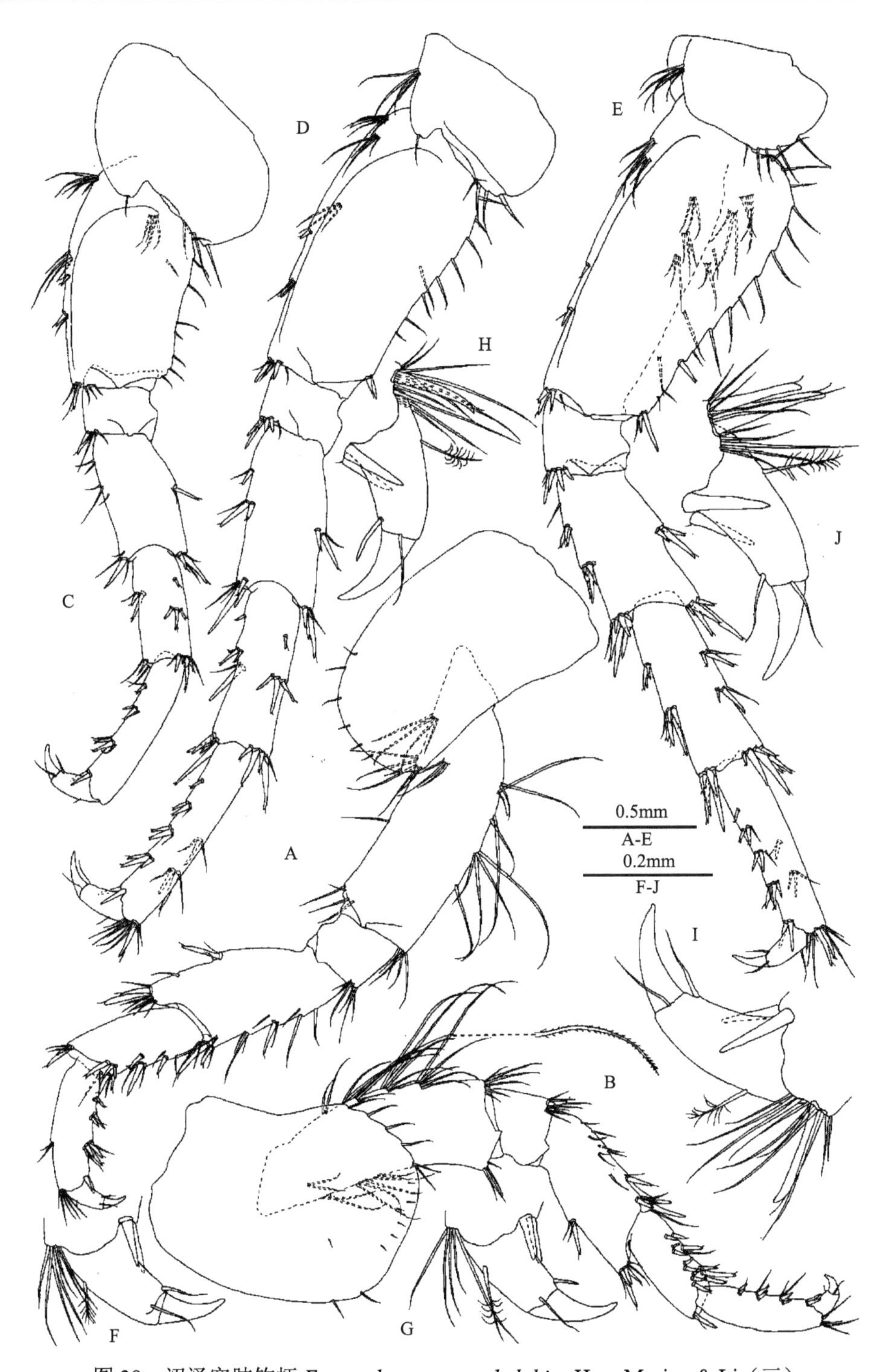

图 39　沼泽宽肢钩虾 *Eurypodogammarus helobius* Hou, Morino & Li（三）

♂。A. 第 3 步足; B. 第 4 步足; C. 第 5 步足; D. 第 6 步足; E. 第 7 步足; F. 第 3 步足指节; G. 第 4 步足指节; H. 第 5 步足指节; I. 第 6 步足指节; J. 第 7 步足指节

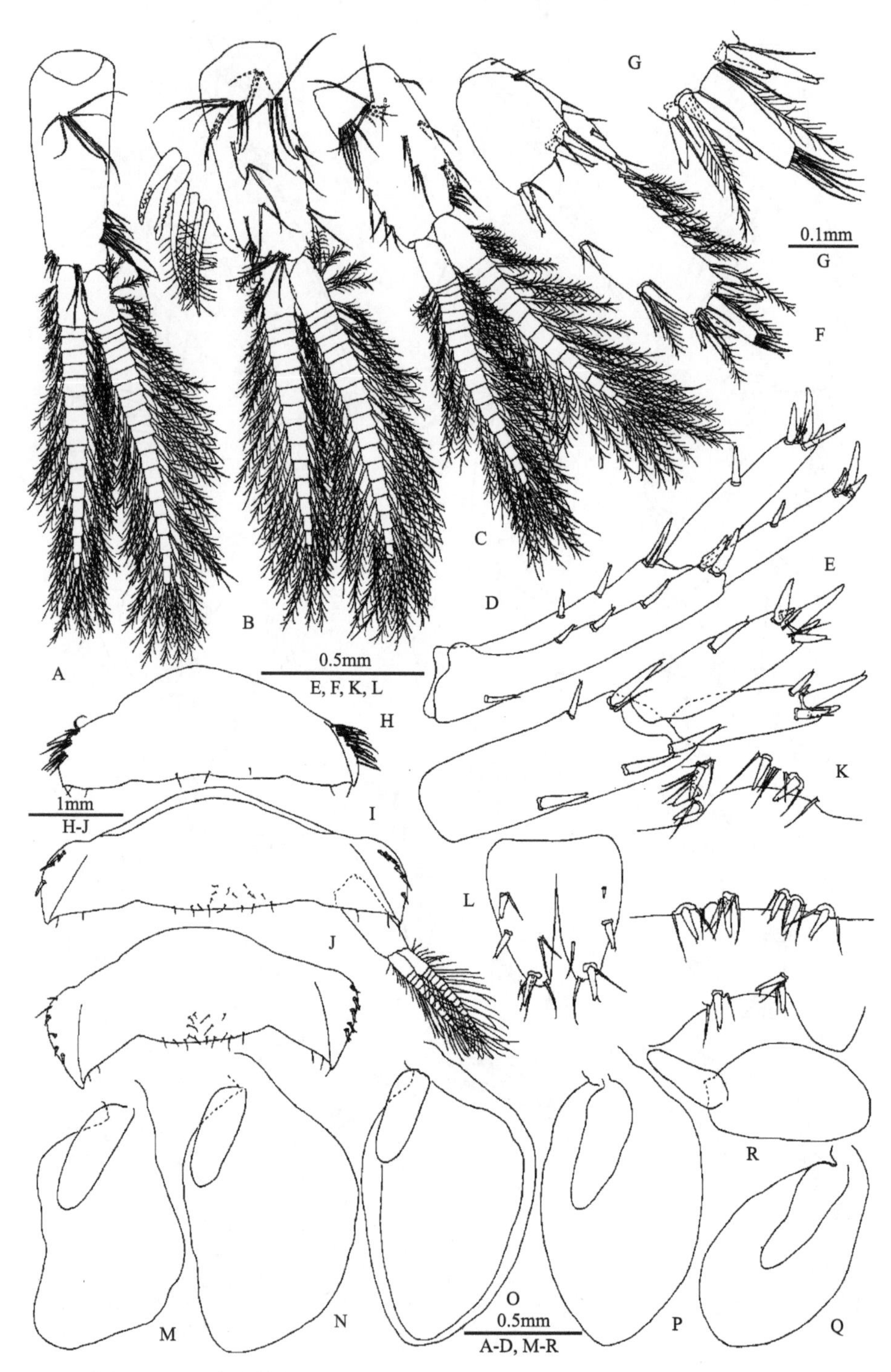

图 40 沼泽宽肢钩虾 *Eurypodogammarus helobius* Hou, Morino & Li（四）

♂。A. 第 1 腹肢; B. 第 2 腹肢; C. 第 3 腹肢; D. 第 1 尾肢; E. 第 2 尾肢; F. 第 3 尾肢; G. 第 3 尾肢第 2 节; H. 第 1 腹节; I. 第 2 腹节; J. 第 3 腹节; K. 第 4-6 腹节; L. 尾节; M. 第 2 腮足底节鳃; N. 第 3 步足底节鳃; O. 第 4 步足底节鳃; P. 第 5 步足底节鳃; Q. 第 6 步足底节鳃; R. 第 7 步足底节鳃

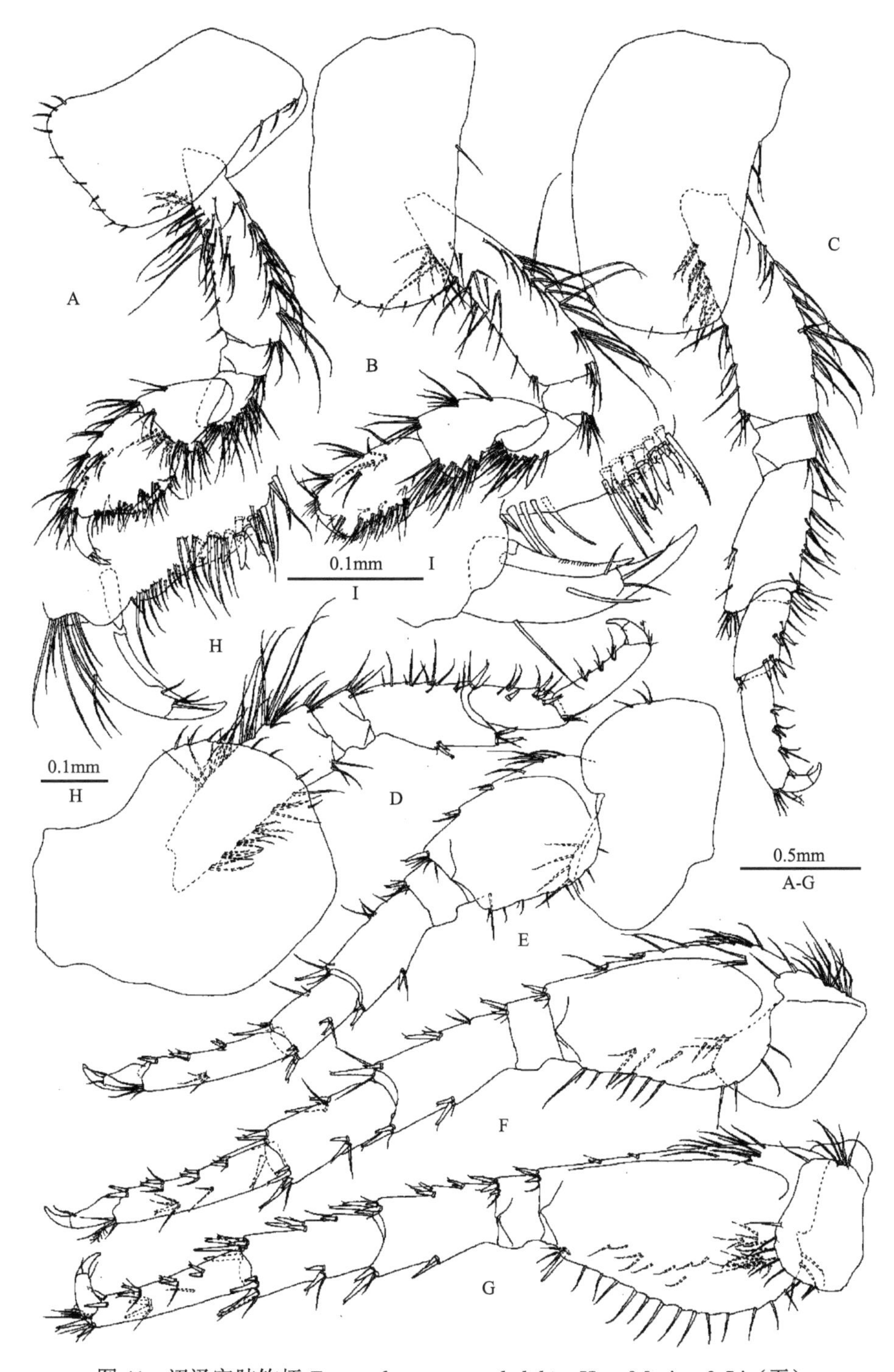

图 41 沼泽宽肢钩虾 *Eurypodogammarus helobius* Hou, Morino & Li（五）

♀。A. 第 1 腮足; B. 第 2 腮足; C. 第 3 步足; D. 第 4 步足; E. 第 5 步足; F. 第 6 步足; G. 第 7 步足; H. 第 1 腮足掌节; I. 第 2 腮足掌节和指节

图 42 沼泽宽肢钩虾 *Eurypodogammarus helobius* Hou, Morino & Li（六）

♀。A. 右第 1 腮足底节板; B. 第 7 步足基节; C. 第 1 尾肢; D. 第 2 尾肢; E. 第 3 尾肢; F. 尾节; G. 第 1 腹侧板; H. 第 2 腹侧板; I. 第 3 腹侧板; J. 第 2 腮足底节鳃; K. 第 3 步足底节鳃; L. 第 4 步足底节鳃; M. 第 5 步足底节鳃; N. 第 6 步足底节鳃; O. 第 7 步足底节鳃; P. 第 2 抱卵板; Q. 第 3 抱卵板; R. 第 4 抱卵板; S. 第 5 抱卵板; T. 第 4-6 腹节

第 1 腹侧板腹前角具大量长毛；第 2、3 腹侧板后下角尖，腹缘具 4 刺，后缘具 4、5 刚毛。第 2 尾肢外肢无缘刺。第 3 尾肢内肢短于外肢的 1/3；外肢宽，内缘具羽状毛。

观察标本： 1♂（正模，IZCAS-I-A0119），88♂65♀，云南宜良汤池镇阳宗海（102.98°E, 24.87°N），海拔 1777m，2003.VI.17。

生态习性： 本种栖息在湖泊岸边水草下。

地理分布： 云南。

分类讨论： 本种的主要鉴别特征是第 1–7 步足壮，腕节短；第 2–7 底节鳃具 1 副鳃；第 1–6 腹节无隆脊。

6. 复兴钩虾属 *Fuxigammarus* Sket & Fišer, 2009

Fuxigammarus Sket & Fišer, 2009: 117.

Type species: *Fuxigammarus antespinosus* Sket & Fišer, 2009.

体长小于 10mm，躯体和附肢细长。第 1–3 腹节背部平，第 4–6 腹节背部平或驼峰状。第 1–6 腹节背缘具毛和刺。腹侧板后下角尖。第 2–7 胸节底节鳃椭圆形，具 1 副鳃。第 1 触角长于第 2 触角，柄节后缘具长刚毛；无鞋状感觉器。第 1 小颚触须无缘毛，外叶具 9 锯齿状刺。步足具较少短刚毛，第 1–4 底节板长大于宽。雄性第 1、2 腮足相似，掌节具灯泡状刺；雌性第 2 腮足掌节狭长，掌缘具 1、2 栉状刺。第 1、2 尾肢达第 3 尾肢柄节。第 3 尾肢外肢细，长为宽的 5 倍，无长羽状毛。

本属主要分布在云南抚仙湖，共记载 3 种。

种 检 索 表

1. 第 1、2 腹节背缘无刺，第 4 腹节背缘隆脊具刺 ·································· **背刺复兴钩虾 *F. cornutus***
   第 1、2 腹节背缘具刺，第 4 腹节背部无隆脊 ···2
2. 第 2、3 腹节背刺着生在具背缘 1/4–1/3 处 ································· **前刺复兴钩虾 *F. antespinosus***
   第 2、3 腹节背缘具刺 ·· **须毛复兴钩虾 *F. barbatus***

(9) 前刺复兴钩虾 *Fuxigammarus antespinosus* Sket & Fišer, 2009（图 43–46）

Fuxigammarus antespinosus Sket & Fišer, 2009: 118, figs. 1a, S3a–S13a.

形态描述： 雄性 8.5mm。眼稍长于第 1 触角第 1 节直径。第 1 触角长于体长的 1/2；柄节长为鞭节的 1/2，柄节第 2 节具 3 组刚毛，第 3 节具 1–3 短毛；鞭 20 节，具感觉毛；副鞭 5 节。第 2 触角长是第 1 触角的 7/10；柄节第 4、5 节具 4、5 组刚毛；鞭 11 节，具短刚毛，无鞋状感觉器。大颚切齿 5 齿；动颚片 4 齿；刺排具 7 对羽状毛；臼齿圆柱形；触须第 2 节具 25 毛，第 3 节比第 2 节稍短，具 2 A-刚毛、4 B-刚毛、16 D-刚毛和 5 E-刚毛。左第 1 小颚触须第 2 节外缘无刚毛；顶端具 4 栉状刺和 3 毛；外叶具 9 锯齿状刺；内叶具 13 羽状毛。右触须第 2 节末端具 4 壮刺。第 2 小颚内叶具 13 羽状毛。颚足内叶具3顶端刺；外叶具9钝齿，末端具6羽状毛。

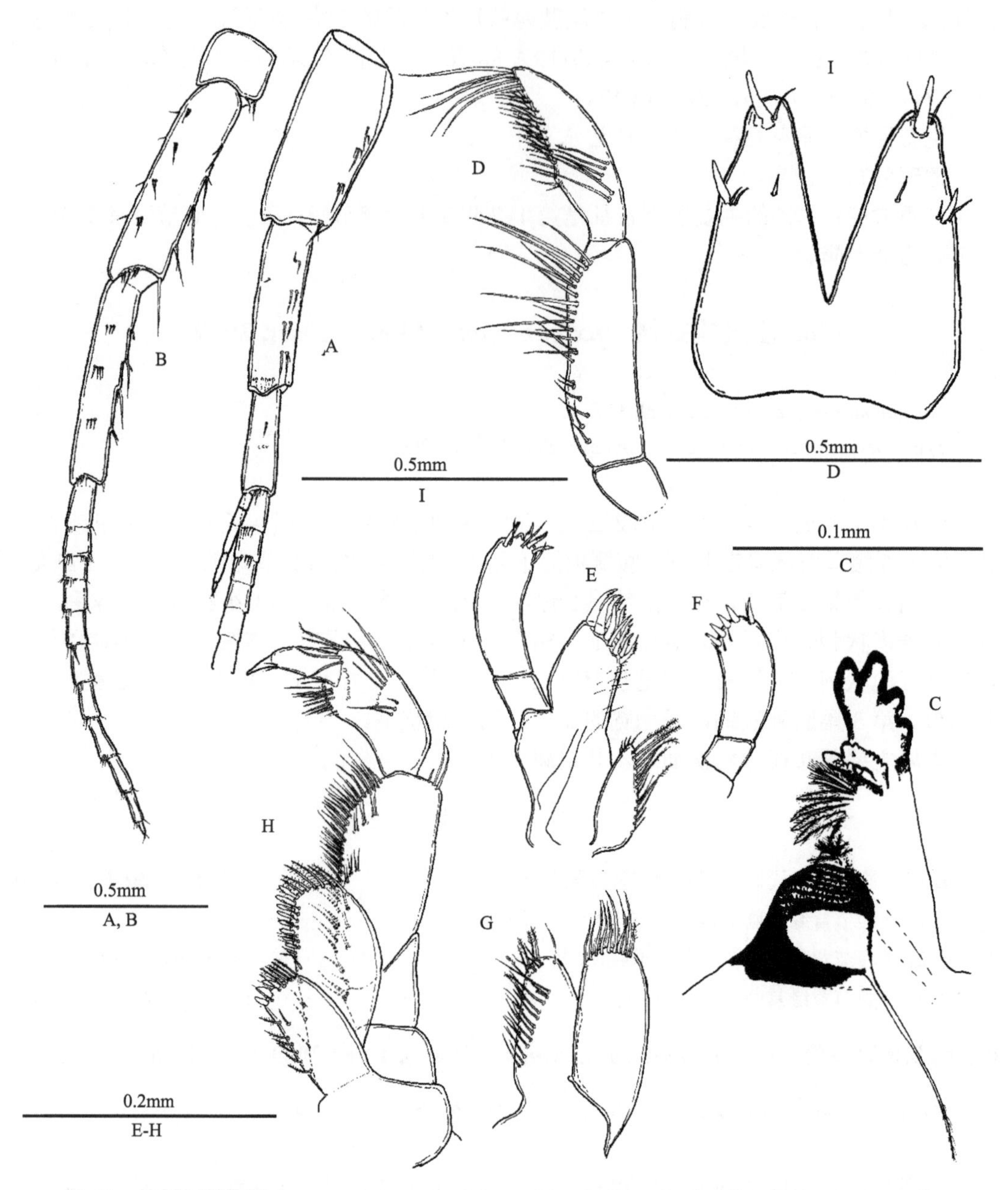

图43　前刺复兴钩虾 *Fuxigammarus antespinosus* Sket & Fišer（一）（仿 Sket & Fišer, 2009）
♂。A. 第1触角；B. 第2触角；C. 大颚；D. 大颚触须；E. 左第1小颚；F. 右第1小颚触须；G. 第2小颚；H. 颚足；I. 尾节

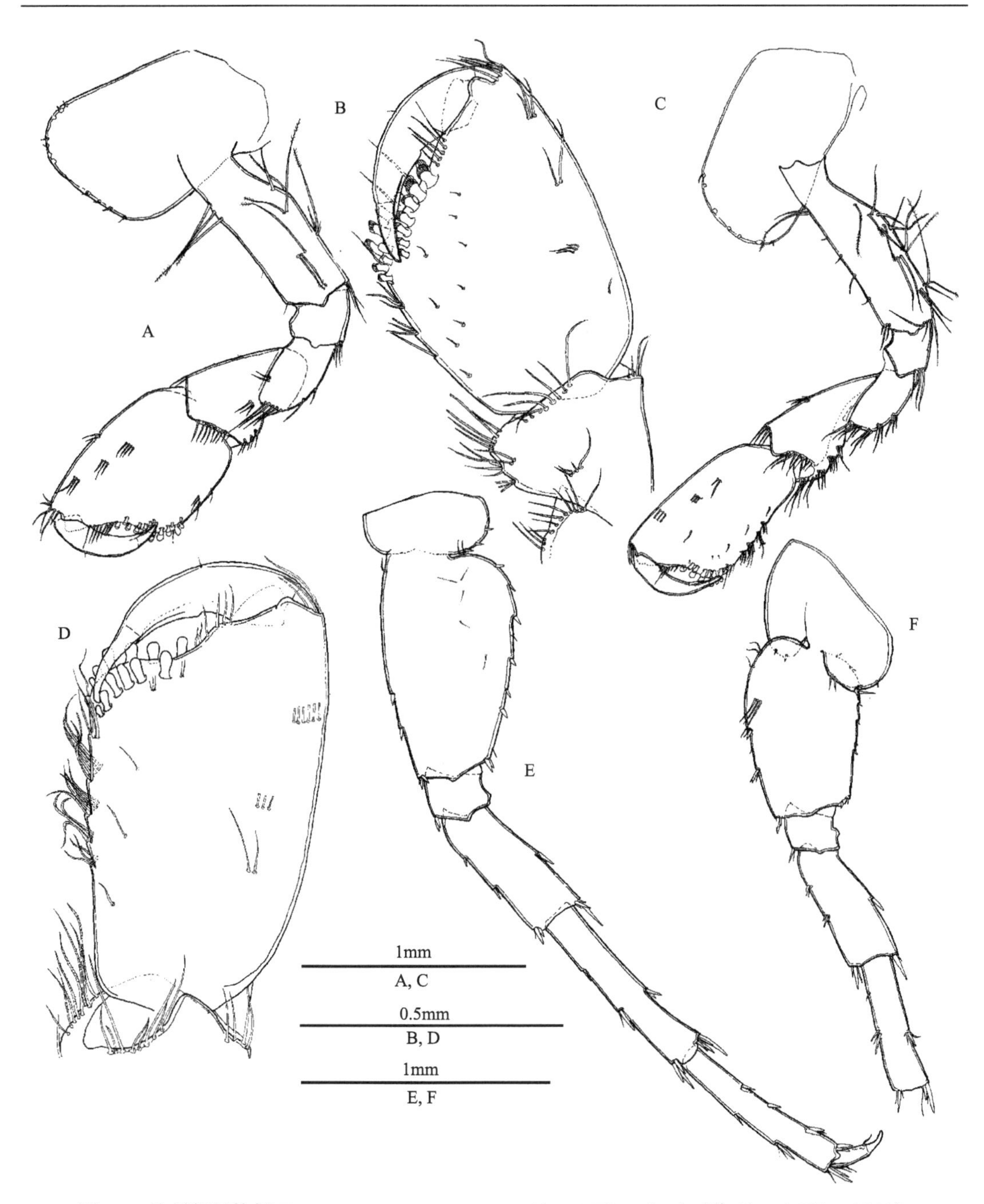

图 44　前刺复兴钩虾 *Fuxigammarus antespinosus* Sket & Fišer（二）（仿 Sket & Fišer, 2009）

♂。A. 第 1 腮足; B. 第 1 腮足掌节; C. 第 2 腮足; D. 第 2 腮足掌节; E. 第 7 步足; F. 第 5 步足

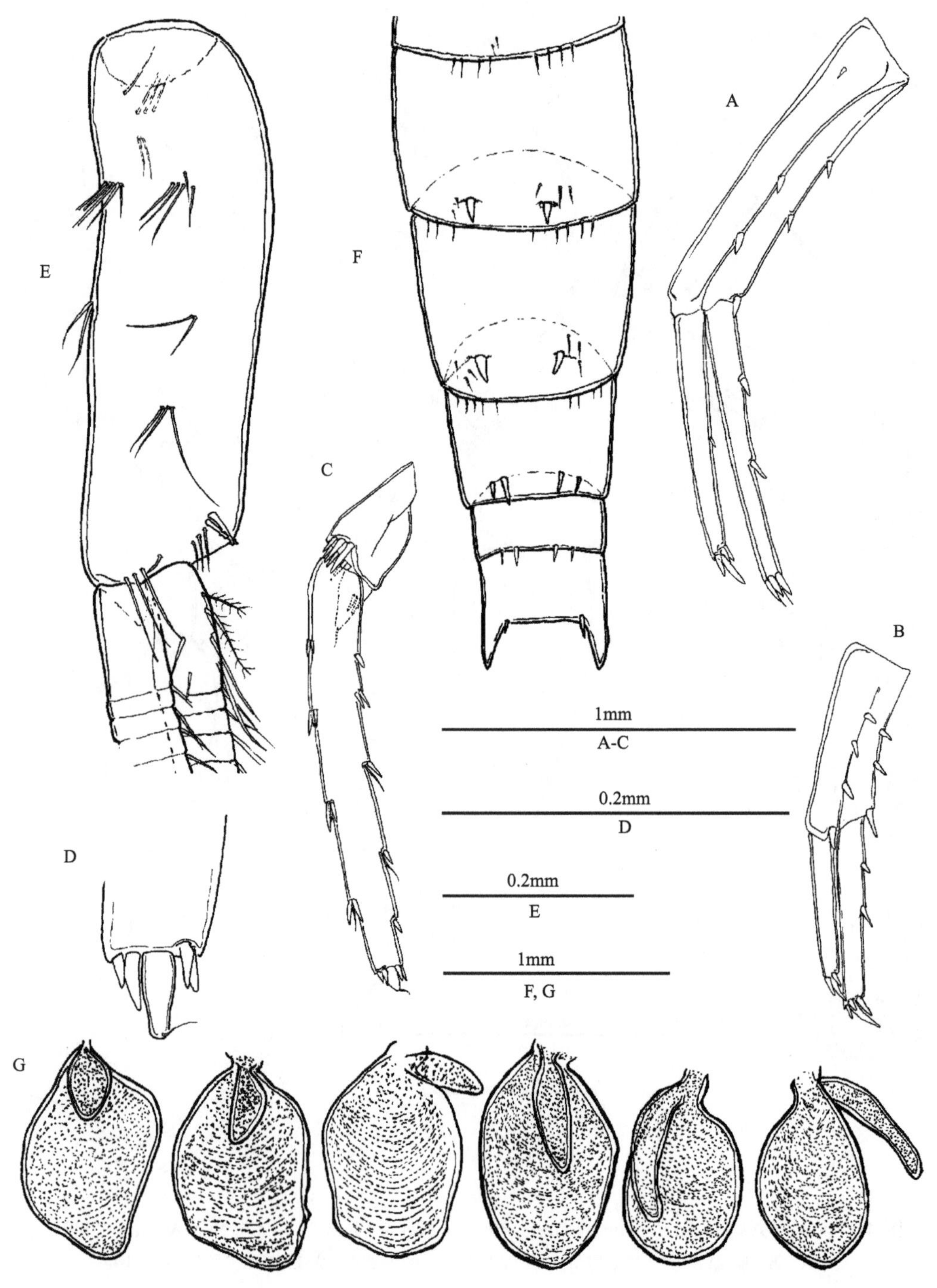

图 45 前刺复兴钩虾 *Fuxigammarus antespinosus* Sket & Fišer（三）（仿 Sket & Fišer, 2009）

♂。A. 第 1 尾肢; B. 第 2 尾肢; C. 第 3 尾肢; D. 第 3 尾肢末端; E. 第 2 腹肢; F. 第 1-6 腹节背部; G. 第 2-7 底节鳃

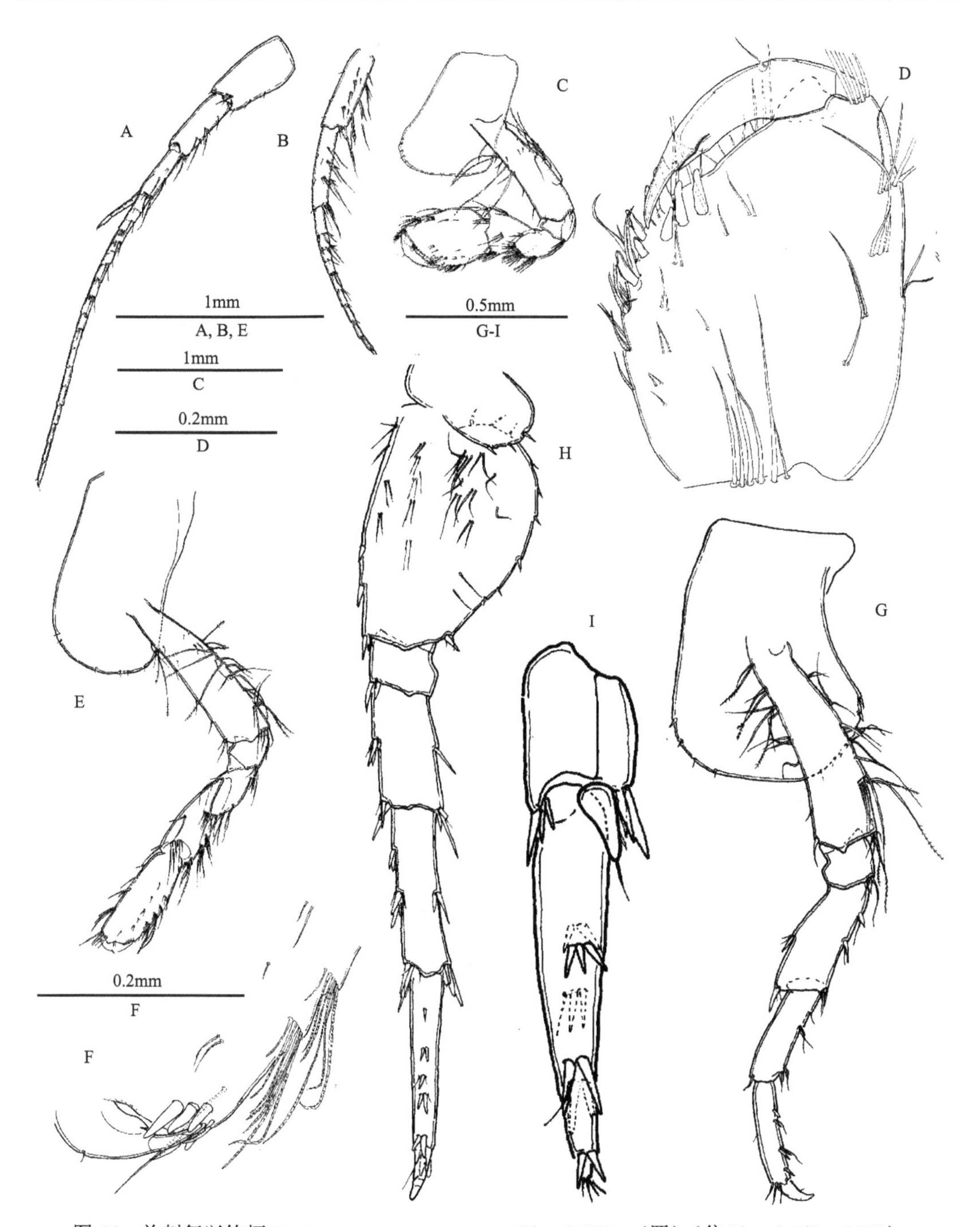

图 46　前刺复兴钩虾 *Fuxigammarus antespinosus* Sket & Fišer（四）（仿 Sket & Fišer, 2009）
♀。A. 第 1 触角; B. 第 2 触角; C. 第 1 腮足; D. 第 1 腮足掌节; E. 第 2 腮足; F. 第 2 腮足掌节; G. 第 4 步足; H. 第 7 步足; I. 第 3 尾肢

第 1 腮足掌节卵形，掌面倾斜，掌缘凹，具 20 灯泡状刺。第 2 腮足掌节长，掌面较倾斜，比第 1 腮足具较少灯泡状刺，后缘具 5 组刚毛。第 3、4 步足细长，长节至掌节前

缘具 0–2 刺，后缘具短刚毛，掌节后缘具 3 组刺，指节短且粗。第 5–7 步足长度比 4∶5∶5，底节板后叶具较少毛；基节前、后缘分别具 3 组刺和 9 短毛；长节至掌节细长，前、后缘具刺，刚毛少；指节趾钩接合处具 1 刚毛。第 2–7 底节鳃宽，具 1 副鳃；第 2–4 副鳃长达底节鳃的 3/10，第 5–7 副鳃长于底节鳃的 1/2。

第 1 腹节背缘具 1 排短毛；第 2、3 腹节后缘微膨大，中央具 2 独立背刺，背刺着生在距背缘 1/4–1/3 处。腹侧板后缘具较少短毛，渐尖；第 2、3 腹侧板腹缘具 2 刺。第 4、5 腹节背部两侧各具 2 刺，第 6 腹节两侧具 1 刺或毛。第 1–3 腹肢柄节具 2 钩刺和 3 毛。

第 1 尾肢柄节具 1 背基刺，两缘具刺；内肢与柄节等长，外肢稍短。第 2 尾肢与第 1 尾肢柄节等长，柄节内、外缘分别具 2 和 3 刺；内肢稍长于外肢，内缘具 2 刺；外肢无缘刺。第 3 尾肢是体长的 1/5，柄节具末端刺；内肢鳞片状；外肢内、外缘各具 4、5 组刺，无羽状毛，第 2 节略长于邻近刺，具末端毛。尾节长大于宽，具 1 末端刺和 1 背侧刺。

雌性 7.8mm。第 1 触角比雄性具更多长毛。第 1 腮足掌节具简单刺。第 2 腮足掌节狭长，掌面平截，具简单刺。第 3 尾肢比雄性短。

观察标本：2♂2♀，云南抚仙湖沿岸，2004.II.13。

生态习性：本种栖息在抚仙湖岸边。

地理分布：云南。

分类讨论：本种的主要鉴别特征是第 2、3 腹节具 2 单独的背刺，着生在离背缘 1/4–1/3 处；第 4–6 腹节背面具成对刺；触角具较少刚毛；第 7 步足基节后缘凸。

(10) 须毛复兴钩虾 *Fuxigammarus barbatus* Sket & Fišer, 2009（图 47–49）

Fuxigammarus barbatus Sket & Fišer, 2009: 118, figs. 1b, S3b–S13b.

形态描述：雄性 7.0mm。眼稍长于第 1 触角第 1 节直径。第 1 触角长为体长的 1/2；柄节第 1 节具 10 组毛，每组具 1–5 刚毛，末端无刺；第 2 节腹缘具 17 组毛，每组具 2–5 毛；第 3 节腹缘具 11 组 2–4 刚毛；鞭 18 节；副鞭 5 节。第 2 触角长是第 1 触角的 3/4；第 4、5 柄节腹缘分别具 17 组和 14 组长毛；鞭 10 节，无鞋状感觉器。大颚切齿 5 齿；动颚片 4 齿；触须密布刚毛，第 2 节具 35 长毛，第 3 节与第 2 节等长，具 2 组 A-刚毛和 6 组 B-刚毛，C-E 刚毛融合成浓密长毛。左第 1 小颚触须第 2 节具 5 刺；外叶具 7 锯齿状刺；内叶具 12 羽状毛。右第 1 小颚触须末端具 3 壮刺、1 细刺和 4 毛。第 2 小颚内叶具 11 毛。颚足内叶顶端具 3 壮刺和 1 近顶端刺，内缘具 5 羽状毛。

第 1 腮足掌节卵形，掌面倾斜且凹，具灯泡状刺，比前刺复兴钩虾 *F. antespinosus* 具较多表面毛，后缘具 3 组毛。第 2 腮足狭长，掌节基部窄，掌缘倾斜，比第 1 腮足具较少灯泡状刺，后缘具 6 组毛，前缘具 7 组长毛。第 3、4 步足长节至掌节前缘具刺，后缘具刺和短毛。第 5 步足底节板后叶具较少毛，基节前缘具 4 刺和短毛，后缘具短刚毛，后下角近直。第 6 步足达体长的 1/2，底节板后缘具 1 刺和 1 短毛；基节宽为长的 3/5，后缘凹，具 4 刺，前缘具 2 刺。第 7 步足长节至掌节细长，前缘具 1-2-2 刺，长节和腕节后缘中央具 1 刺，掌节后缘具 2 组刺；指节趾钩接合处具 1 毛。第 2–6 副鳃达底节鳃长的 1/4，第 7 副鳃小。

第 1–3 腹节背后缘微膨大，每侧具 1 背侧刺，第 2、3 腹节每侧具 1 刚毛。第 1–3 腹侧板尖，第 3 腹侧板后缘具短软毛；第 2、3 腹侧板腹缘具 2 和 1 刺。第 4、5 腹节两侧各具 1 钩状刺，第 6 腹节两侧具 1 直刺。第 1–3 腹肢柄节具 2 钩刺和 2、3 毛。

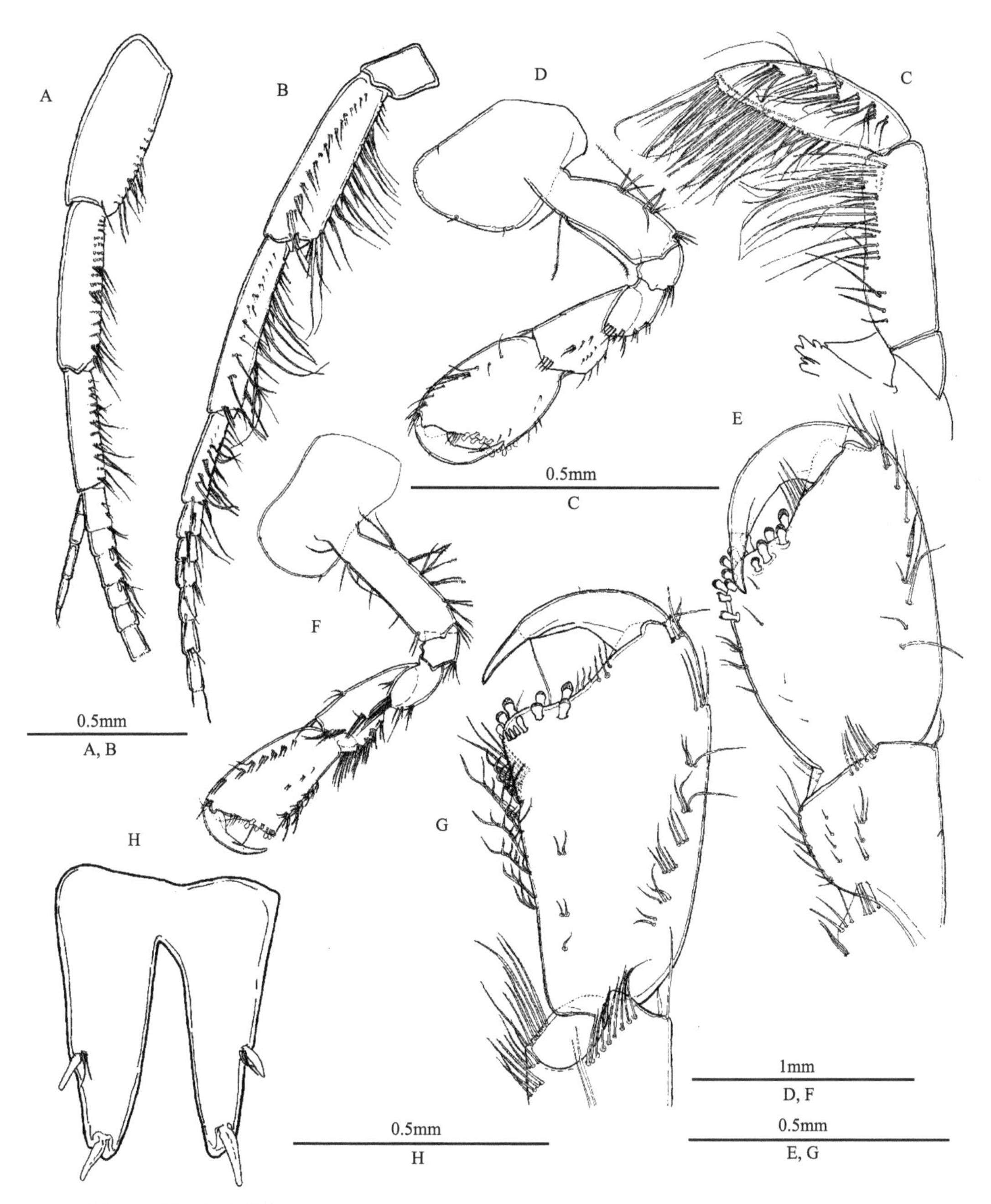

图 47　须毛复兴钩虾 *Fuxigammarus barbatus* Sket & Fišer（一）（仿 Sket & Fišer, 2009）

♂。A. 第 1 触角; B. 第 2 触角; C. 大颚触须; D. 第 1 腮足; E. 第 1 腮足掌节; F. 第 2 腮足; G. 第 2 腮足掌节; H. 尾节

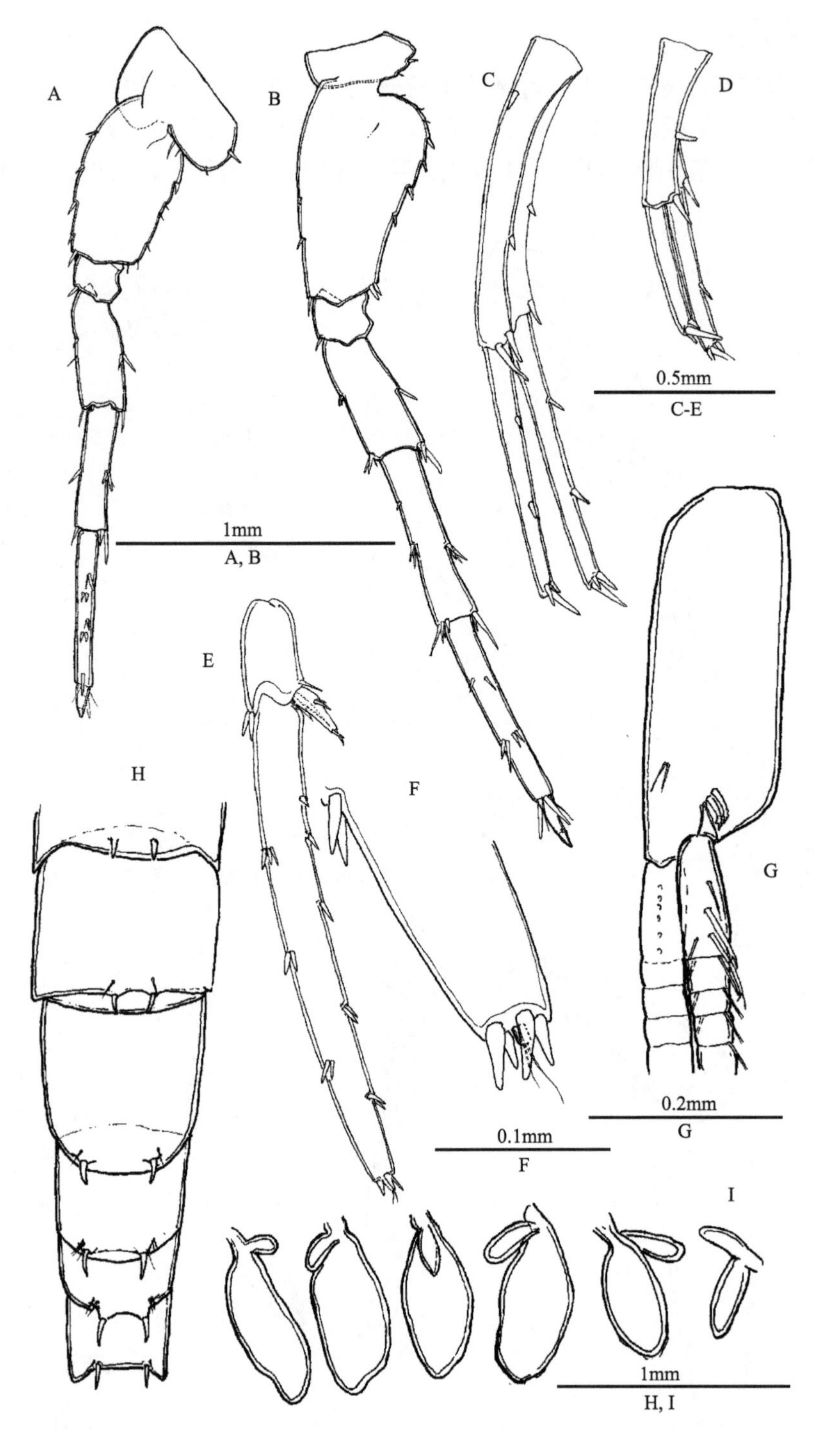

图 48 须毛复兴钩虾 *Fuxigammarus barbatus* Sket & Fišer（二）（仿 Sket & Fišer, 2009）

♂。A. 第 5 步足; B. 第 7 步足; C. 第 1 尾肢; D. 第 2 尾肢; E. 第 3 尾肢; F. 第 3 尾肢末端; G. 第 2 腹肢; H. 第 1-6 腹节背部; I. 第 2-7 底节鳃

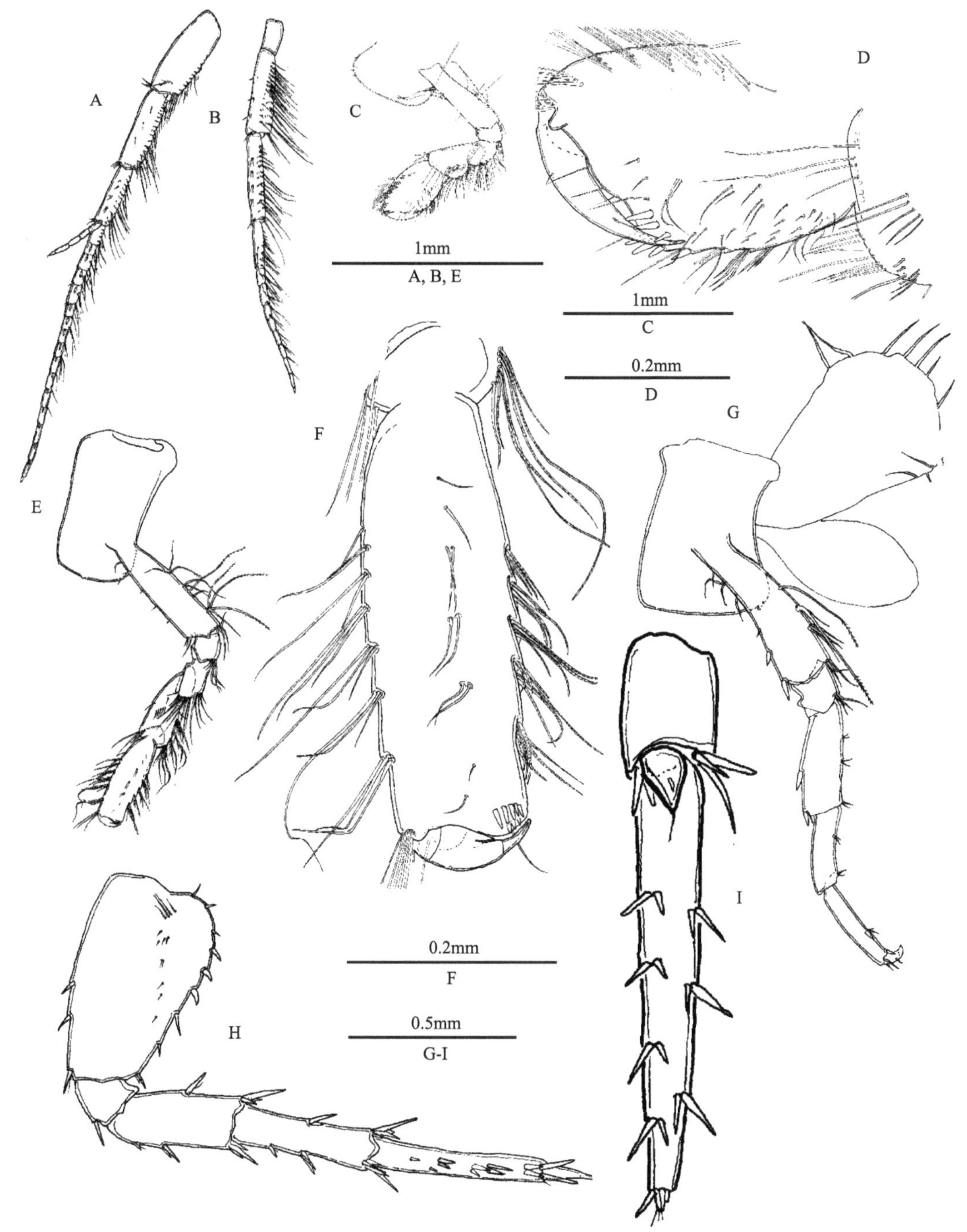

图 49　须毛复兴钩虾 *Fuxigammarus barbatus* Sket & Fišer（三）（仿 Sket & Fišer, 2009）

♀。A. 第 1 触角; B. 第 2 触角; C. 第 1 腮足; D. 第 1 腮足掌节; E. 第 2 腮足; F. 第 2 腮足掌节. G. 第 4 步足; H. 第 7 步足; I. 第 3 尾肢

第 1 尾肢柄节具 1 背基刺，内外缘各具 1 刺；内肢内缘具 2 刺；外肢内缘具 2 刺。第 2 尾肢柄节外缘具 1 刺；内肢内缘具 1 刺；外肢无缘刺。第 3 尾肢达体长的 1/3，外

肢稍卷，内、外缘具 3–5 组刺和毛，无羽状毛，第 2 节短于邻近刺；内肢长约为外肢的 1/10，内缘具 1 刺，末端具毛。尾节长大于宽，深裂 3/4，每叶具 1 背侧刺和 1 末端刺。

雌性 6.4mm。第 1 触角与雄性相似，柄节腹缘毛更多更长；鞭 17 节，副鞭 5 节。第 2 触角柄节第 4、5 节具长毛。第 1 腮足掌节与雄性相似，但较小，掌后下角具 8 简单刺。第 2 腮足狭长，掌节前、后缘平行，掌缘后下角具 8 刺。第 7 步足比雄性短且粗；基节后缘膨大。第 3 尾肢比雄性短，内肢鳞片状；外肢宽大，内、外缘各具 3、4 对刺。

观察标本：3♂2♀，云南抚仙湖沿岸，2004.II.13。

生态习性：本种栖息在抚仙湖岸边水草下。

地理分布：云南。

分类讨论：本种的主要鉴别特征是第 1–3 腹节后缘两侧具单一粗壮背刺，第 4–6 腹节微隆，两侧具独立刺。第 1、2 触角具较多刚毛，柄节具超过 15 组长刚毛。大颚触须具较多刚毛。第 2 触角第 1 节鞭节延长。第 7 步足基节后缘膨大。本种与前刺复兴钩虾 *F. antespinosus* Sket & Fišer 的区别在于第 1 腹节背缘具 2 刺。

(11) 背刺复兴钩虾 *Fuxigammarus cornutus* Sket & Fišer, 2009（图 50–52）

Fuxigammarus cornutus Sket & Fišer, 2009: 118, figs. 1c, S3c–S13c.

形态描述：雄性 6.2mm。眼长于第 1 触角直径。第 1 触角长为体长的 3/5；柄节第 1 节末端具 3 组毛，每组具 1、2 刚毛；第 2 节腹缘具 5 组毛，每组具 2–4 毛；第 3 节内缘具 3 组 3、4 毛；鞭 16 节；副鞭 5 节。第 2 触角长是第 1 触角的 3/5；柄节第 4、5 节腹缘分别具 7 和 6 组毛；鞭 10 节，无鞋状感觉器。大颚切齿 5 齿；动颚片 4 齿；触须第 2 节具 10 毛；第 2、3 节等长；无 A-刚毛，具 3 组 B-刚毛、1 排 D-刚毛和 5 E-刚毛。左第 1 小颚触须第 2 节具 5 刺和 2 毛；外叶具 9 锯齿状刺；内叶具 12 羽状毛；右触须末端具 4 壮刺、1 细长刺和 1 毛。第 2 小颚内叶具 9 羽状毛。颚足内叶具 3 顶端刺；外叶具钝齿。

第 1 腮足掌节卵形，掌面斜，具灯泡状刺。第 2 腮足掌节狭长，前后缘平行，掌缘平截，具灯泡状刺。第 3、4 步足长节至掌节与前刺复兴钩虾 *F. antespinosus* 相似，前、后缘具刺，无长毛。第 5 步足底节板后叶具较少毛；基节前缘具 4 刺和短毛，后缘具短毛。第 6 步足略长于体长的 1/2，底节板后缘仅具 1 刺；基节宽为长的 1/2，后缘凹，具 5 刺和 3 毛。第 7 步足长节至掌节细长，前缘具 2 组刺，长节和腕节后缘中央具 1 刺，掌节后缘具 3 组刺；指节趾钩接合处具 1 毛。第 2–7 底节鳃长椭圆形，第 2–5 副鳃和第 7 副鳃长约为底节鳃的 1/4，第 6 副鳃长为底节鳃的 3/5。

第 1–3 腹节背缘平，后缘具 1 排短毛。第 2、3 腹侧板尖，具 2 刺。第 4 腹节背缘具隆脊，具刺和毛；第 5、6 腹节两侧各具 1 刺。第 1–3 腹肢柄节具长毛，前下角具 2 钩刺。

第 1 尾肢柄节具 1 背基刺，内、外缘各具 1 刺；内肢内缘具 1 刺；外肢无缘刺。第 2 尾肢柄节无缘刺，内、外肢无缘刺。第 3 尾肢长是体长的 1/5，内肢鳞片状，长约为外肢的 1/7；外肢稍弯，内、外缘具 3、4 组刺，无羽状毛，第 2 节稍长于邻近刺。尾节长、宽相等，深裂 3/4，每叶具 1、2 末端刺和 3 背侧毛。

雌性 5.2mm。第 1 触角柄节刚毛少，鞭 17 节，副鞭 5 节。第 2 触角柄节具 4、5 组长毛，鞭 9 节。第 1 腮足掌节卵圆形，掌缘具 7 刺。第 2 腮足狭长，宽是长的 9/20，掌缘平截；背、腹缘分别具 3 和 5 组毛，掌缘后下角具 5 刺。第 7 步足比雄性短且粗；基节后缘膨大，具 7 表面毛。第 3 尾肢比雄性短，内肢长是外肢的 1/5；外肢宽大，外缘具 2 对刺，内缘具 4 毛，第 2 节长于邻近刺，具末端刺。

观察标本：2♂3♀，云南抚仙湖中沿岸，2004.II.13。

生态习性：本种栖息在抚仙湖岸边水草下。

地理分布：云南。

分类讨论：本种的主要鉴别特征是第 1–3 腹节背缘无刺，仅第 4 腹节隆脊具刺。尾节具末端刚毛。触角具刚毛。第 4 底节板无明显后叶。第 7 步足基节后缘膨大。

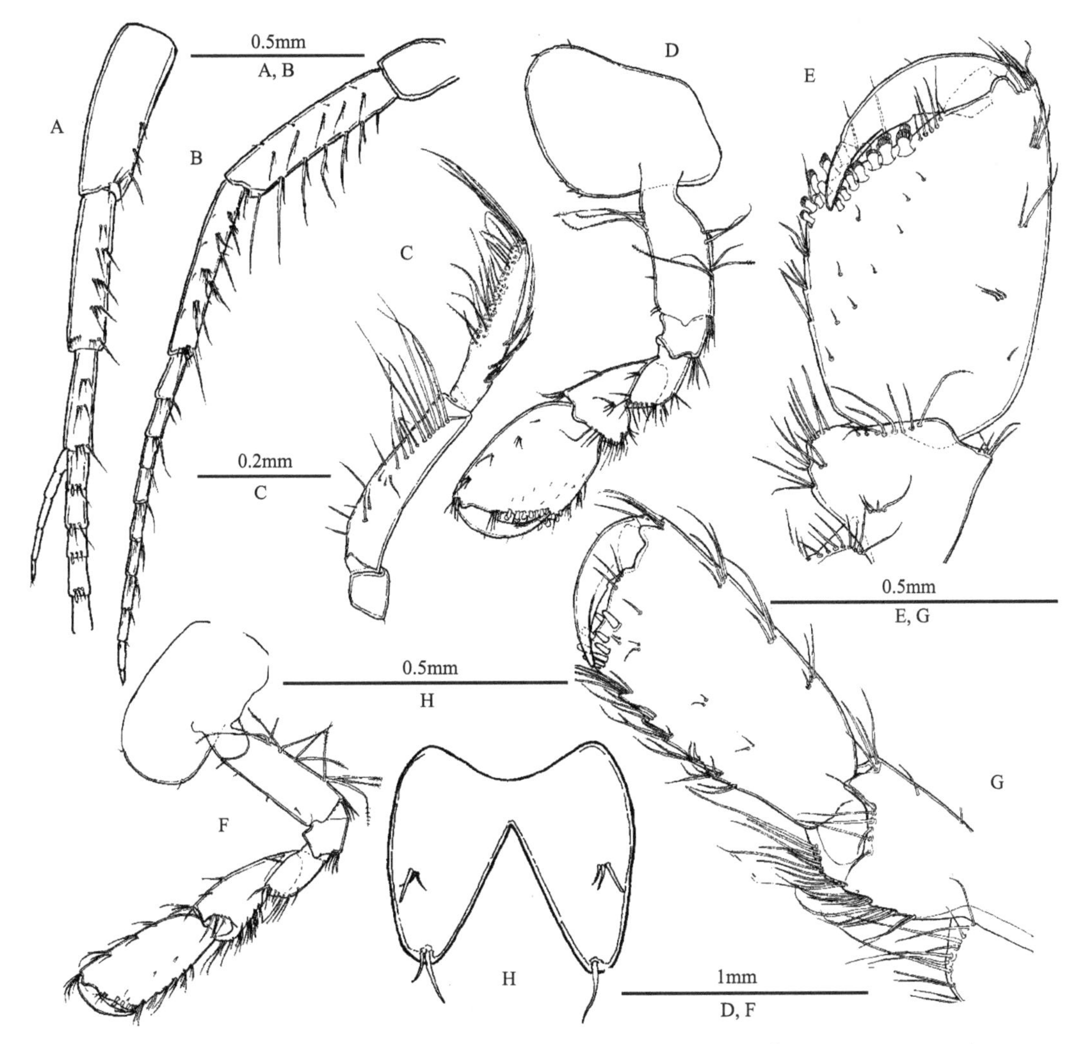

图 50　背刺复兴钩虾 *Fuxigammarus cornutus* Sket & Fišer（一）（仿 Sket & Fišer, 2009）

♂。A. 第 1 触角; B. 第 2 触角; C. 大颚触须; D. 第 1 腮足; E. 第 1 腮足掌节; F. 第 2 腮足; G. 第 2 腮足掌节; H. 尾节

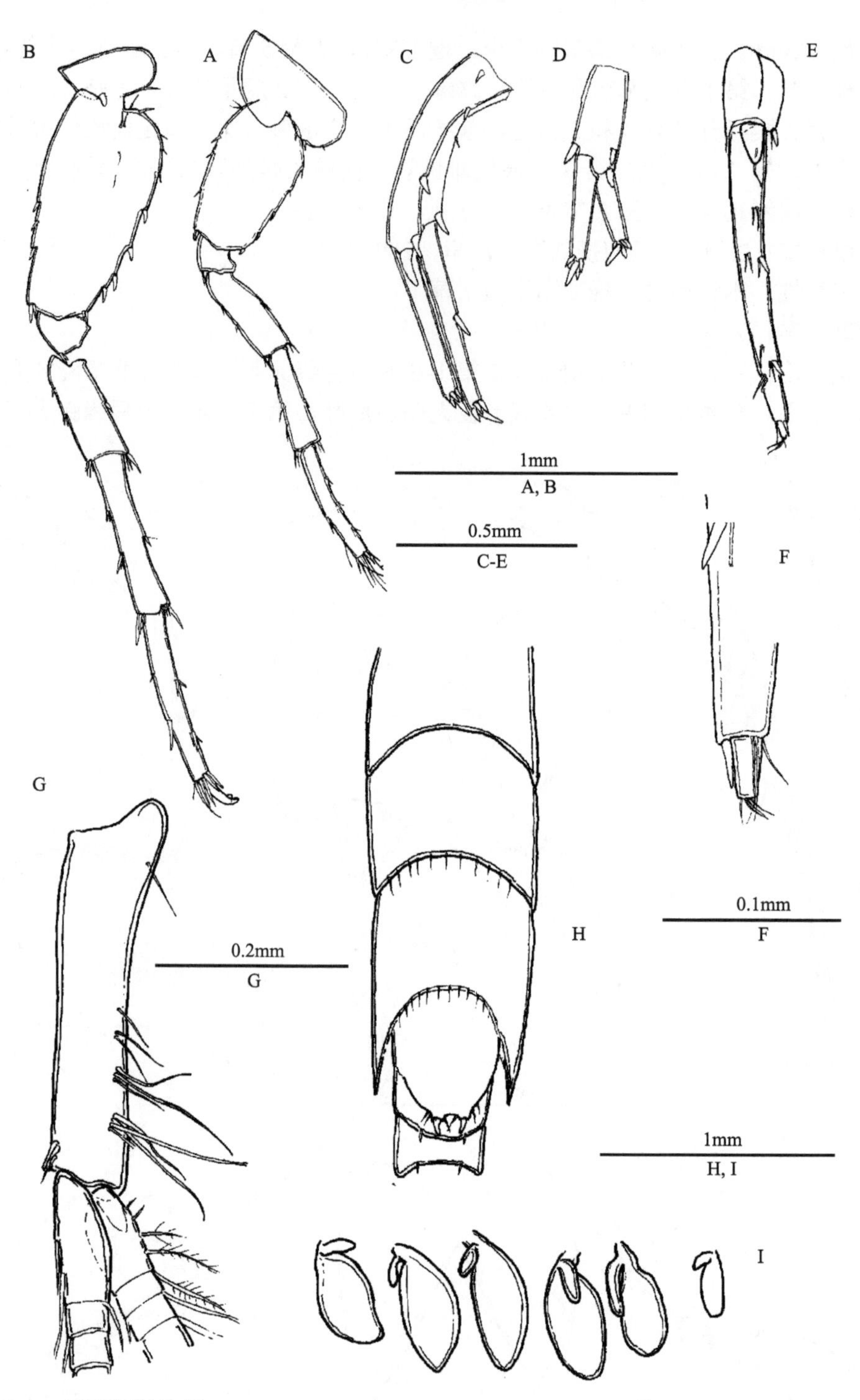

图 51　背刺复兴钩虾 *Fuxigammarus cornutus* Sket & Fišer（二）（仿 Sket & Fišer, 2009）

♂。A. 第 5 步足; B. 第 7 步足; C. 第 1 尾肢; D. 第 2 尾肢; E. 第 3 尾肢; F. 第 3 尾肢末端; G. 第 2 腹肢; H. 第 1-6 腹节背部; I. 第 2-7 底节鳃

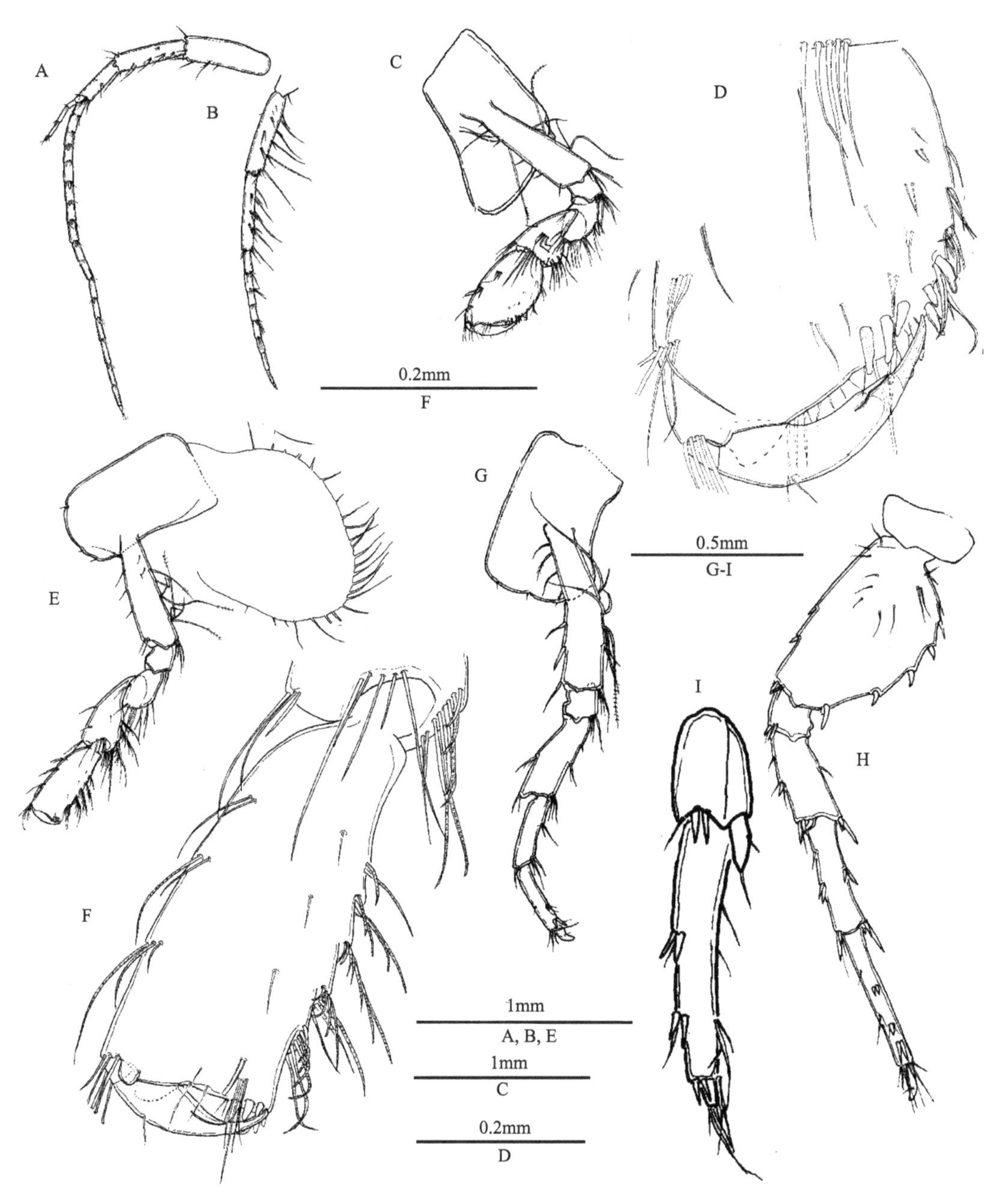

图 52　背刺复兴钩虾 *Fuxigammarus cornutus* Sket & Fišer（三）（仿 Sket & Fišer, 2009）

♀。A. 第 1 触角; B. 第 2 触角; C. 第 1 腮足; D. 第 1 腮足掌节; E. 第 2 腮足; F. 第 2 腮足掌节; G. 第 4 步足; H. 第 7 步足; I. 第 3 尾肢

二、少鳃钩虾科 Bogidiellidae Hertzog, 1936

Bogidiellidae Hertzog, 1936: 356–372.

Type genus: *Bogidiella* Hertzog, 1933.

无眼。第 1、2 触角无感觉器，第 1 触角长于第 2 触角，柄节第 2 节长于第 3 节，副鞭短或退化。第 2 小颚内叶表面无羽状毛。下唇内叶完整。底节鳃减少为 3 对（一般在第 4–6 步足），无副鳃。第 1 腮足腕节后缘突出。第 1–3 尾肢内、外肢均为 1 节，并且内、外肢几乎等长。腹肢内、外肢退化。尾节完整。

本科种类多生活在地下水中，有些种可栖息在冷水性的山溪，偶尔在温泉中也有发现。目前全世界约 36 属。我国分布 1 属。

7. 少鳃钩虾属 *Bogidiella* Hertzog, 1933

Bogidiella Hertzog, 1933: 226.

Type species: *Bogidiella albertimagni* Hertzog, 1933.

个体较小。底节板不相互连接，腮足和步足没有雌雄变化。大颚臼齿小，颚足内、外叶不大。第 1 腮足腕节强烈突起。底节鳃 3 对，腹肢内肢非常小或退化。第 3 尾肢内、外肢几乎等长，1 节。尾节末端具微小缺刻。

本属是少鳃钩虾科最大的 1 个属，多栖息于地下水中，除大洋洲外，美洲、欧洲和亚洲均有分布。目前全球已知 57 种，我国分布 2 种。

种检索表

尾节长大于宽……………………………………………………………… **萍乡少鳃钩虾 *B. pingxiangensis***

尾节宽大于长……………………………………………………………………… **华少鳃钩虾 *B. sinica***

(12) 萍乡少鳃钩虾 *Bogidiella pingxiangensis* Hou & Li, 2018（图 53–58）

Bogidiella pingxiangensis Hou & Li, in: Zheng, Hou & Li, 2018: 65, figs. 1–7.

形态描述：雄性 5.0mm。无眼。第 1 触角长于第 2 触角，第 1–3 柄节长度比 1.0∶0.7∶0.4，具末端刺；鞭 17 节，副鞭 2 节，主、副鞭具短末端毛。第 2 触角第 3–5 柄节长度比 1.0: 2.6: 2.4，第 3 柄节具 2 末端刺，第 4、5 柄节近乎相等，第 4 柄节具 3 侧刺，第 5 柄节前、后缘具刚毛；鞭节 6 节，每节具末端毛，鞋状感觉器缺失。上唇腹缘凸。左大颚切齿 5 齿；动颚片小；触须 3 节，第 2 节具 1 末端毛，第 3 节具 2 末端毛。右大颚切齿 4 齿，动颚片分叉，具小齿。第 1 小颚内叶具 2 刚毛；外叶具 7 顶刺，每刺具小齿；触须 2 节，第 2 节具 2 顶刺。第 2 小颚内叶具 5 侧毛、6 顶毛和 2 刺；外叶具 9 刚毛。颚足内叶具 7 顶毛；外叶具 5 刚毛；触须 4 节，第 2 节内缘具 3 刺，外缘具 1 刚毛，顶缘具 2 刚毛，第 3 节顶端具 2 刺，末端节钩状，趾钩小。

第 1 腮足基节扩大，前、后缘分别具 2 和 4 刺；长节具短柔毛，后缘具 1 长刺；腕节具短柔毛，腹侧叶锥形；掌节长是宽的 2 倍，表面具短柔毛，掌缘具 9 短刺，后缘具 1 排刺；指节达掌节长度的 3/5。第 2 腮足比第 1 腮足细长；基节长于第 1 腮足，前、后缘分别具 3 短刺和 2 长刺；长节短，无短柔毛；腕节后缘具短柔毛，前、后缘具刺；掌节长是宽的 1.7 倍，长卵形，内面具细柔毛，掌缘具 1 排短刺，后缘具 5 长刺；指节达掌角，后缘具 2 刺。

第 3、4 步足相似，基节膨大，无刺和刚毛。第 3 步足基节宽于第 4–7 步足；长节到掌节前、后缘具刺；指节趾钩接合处具 1 刚毛。第 5–7 步足相似。第 5 步足基节略膨大，前、后缘分别具 2 和 5 刺；长节到掌节细长，前、后缘具刺；指节趾钩接合处具 1 刚毛。第 6 步足长于第 5 步足，基节宽于第 5 步足，前、后缘分别具 4 和 7 刺；长节前缘无刺，后缘具 2 刺；腕节短于长节和掌节，前、后缘分别具 2 和 1 刺；掌节前缘具 3 对刺；指节趾钩接合处具 1 刚毛。第 7 步足长是第 5、6 步足的 2 倍，前缘具 2 短刺，后缘具 4 刺，腕节长于长节，前缘具 1 对刺；掌节前、后缘分别具 4 刺和 2 对刺；指节细长，趾钩接合处具 1 刚毛。第 1–7 底节板小，大多数长大于宽，无刺和刚毛。第 4–6 步足具基节腮。

第 1 腹侧板近圆形，后缘具 2 刚毛；第 2 腹侧板后下角尖；第 3 腹侧板后下角钝。第 1–3 腹肢相似，内肢短，具 1 长羽状末端毛；外肢 3 节，每节具 2 长羽状刚毛。

第 1 尾肢柄节长于肢节，内缘具 1 背基刺，外缘具 4 刺；内肢稍长于外肢，内缘具 1 刺；外肢外缘具 1 刺，内、外肢均具 3 末端刺。第 2 尾肢柄节长于外肢，但短于内肢，内、外缘分别具 1 和 2 刺；内肢内缘具 1 刺；外肢内缘具 1 刺，内、外肢均具 3 末端刺。第 3 尾肢长于第 1、2 尾肢，柄节长为肢节的 1/3，末缘具 2 刺；内、外肢棒状，均具 4、5 缘刺和 4 末端刺。尾节长约是宽的 1.42 倍，顶缘“U”形凹陷，每叶具 1 顶刺和 2 侧粗刺。

图 53　萍乡少鳃钩虾 *Bogidiella pingxiangensis* Hou & Li（一）♂

雌性 4.0mm。第 1 触角柄节具末端刺，鞭节 16 节，副鞭 2 节。第 2 触角第 4、5 柄节前、后缘各具 3、4 刺；鞭节 5 节，第 1 节长约为第 2 节的 2 倍。大颚切齿 5 齿；动颚片小；触须 3 节，第 2 节扩大，具 2 刚毛，第 3 节具 3 末端毛。第 1 小颚内叶具 3 末端毛；外叶具 7 锯齿状刺；触须第 2 节具 2 顶毛。第 2 小颚内、外叶具刚毛。颚足内叶具 4 刚毛；外叶具 3 刺；触须第 2 节扩大，具 8 缘毛，第 3 节短，第 4 节爪状。第 1 腮足与雄性相似，基节膨大，腕节锥形；掌节长是第 2 腮足的 2.7 倍，掌缘具 1 排 13 刺。第 2 腮足细长，长节和腕节无柔毛；掌节长约为宽的 2 倍，前缘具 1 排细柔毛；后缘具 7 刺。第 3–7 步足基节膨大。第 4–6 胸节具基节腮，具突起。第 2–5 胸节具抱卵板。第 1、2 腹侧板后缘各具 3 刚毛，第 3 腹侧板后缘具 2 刚毛。第 1–3 腹肢内肢短。第 1 尾肢柄节无背基刺；内、外肢具 3、4 末端刺。第 2 尾肢外肢明显短于内肢。

观察标本：1♂（正模，IZCAS-I-A1316），江西萍乡上栗福田镇（113.76°E, 27.91°N），2013.V.9。

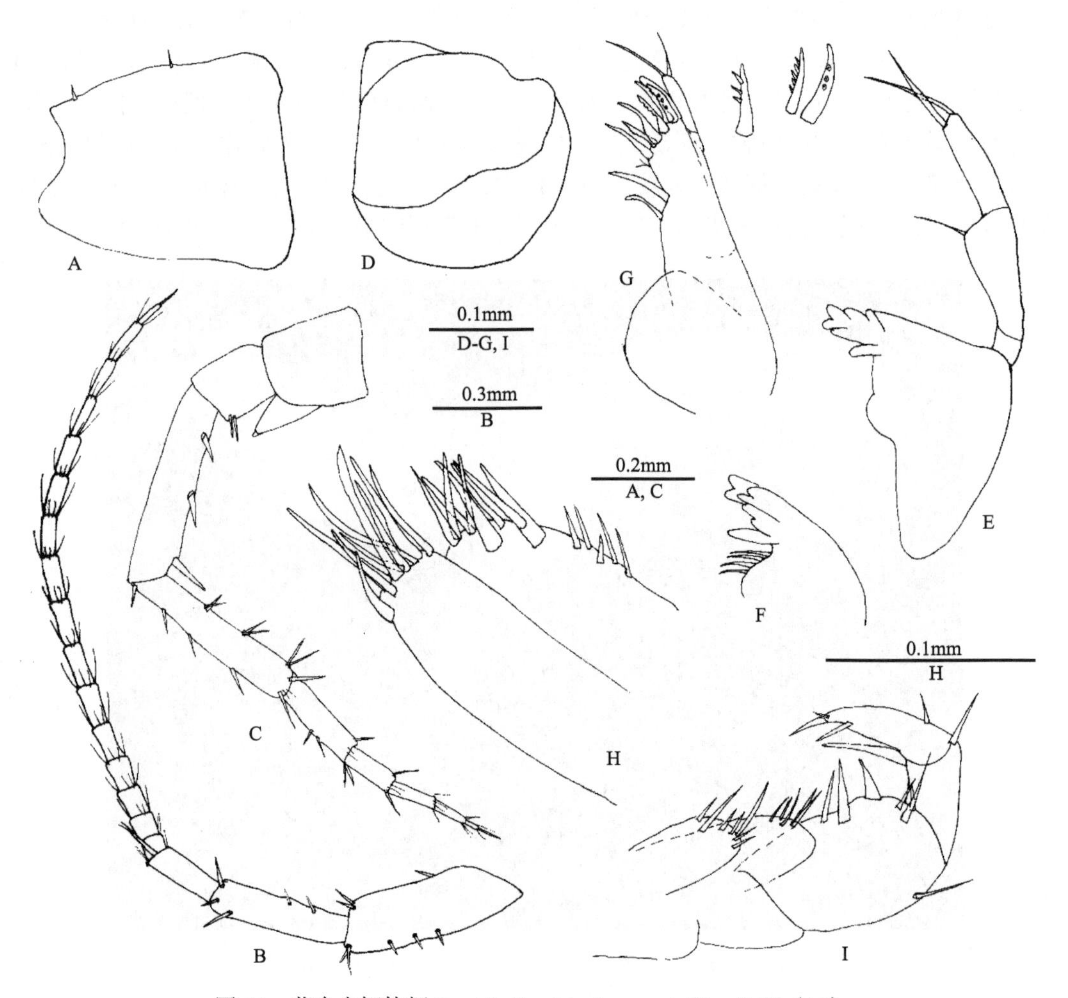

图 54 萍乡少鳃钩虾 *Bogidiella pingxiangensis* Hou & Li（二）

♂。A. 头部; B. 第 1 触角; C. 第 2 触角; D. 上唇; E. 左大颚; F. 右大颚切齿; G. 第 1 小颚; H. 第 2 小颚; I. 颚足

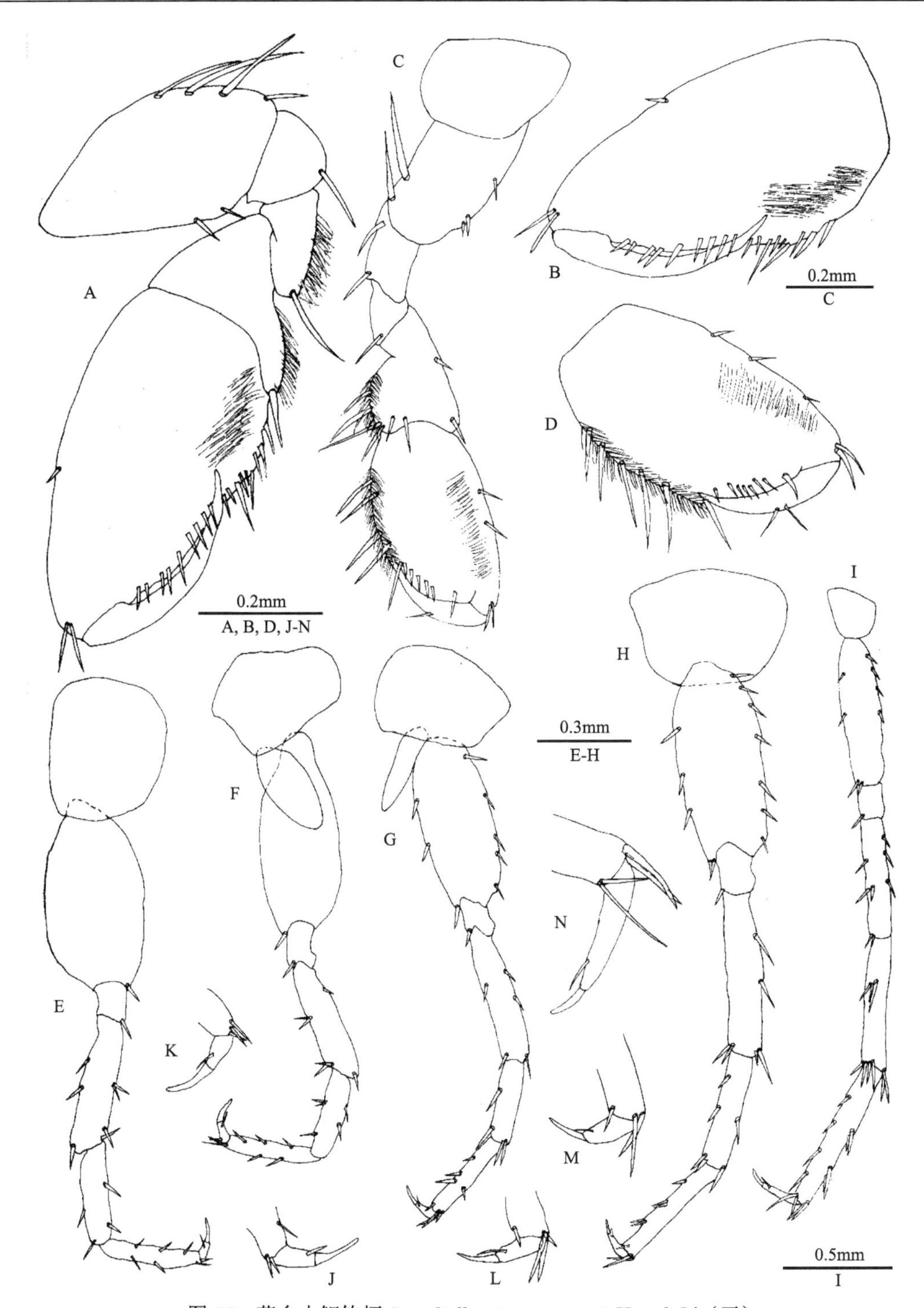

图 55　萍乡少鳃钩虾 *Bogidiella pingxiangensis* Hou & Li（三）

♂。A. 第 1 腮足; B. 第 1 腮足掌节; C. 第 2 腮足; D. 第 2 腮足掌节; E. 第 3 步足; F. 第 4 步足; G. 第 5 步足; H. 第 6 步足; I. 第 7 步足; J. 第 3 步足指节; K. 第 4 步足指节; L. 第 5 步足指节; M. 第 6 步足指节; N. 第 7 步足指节

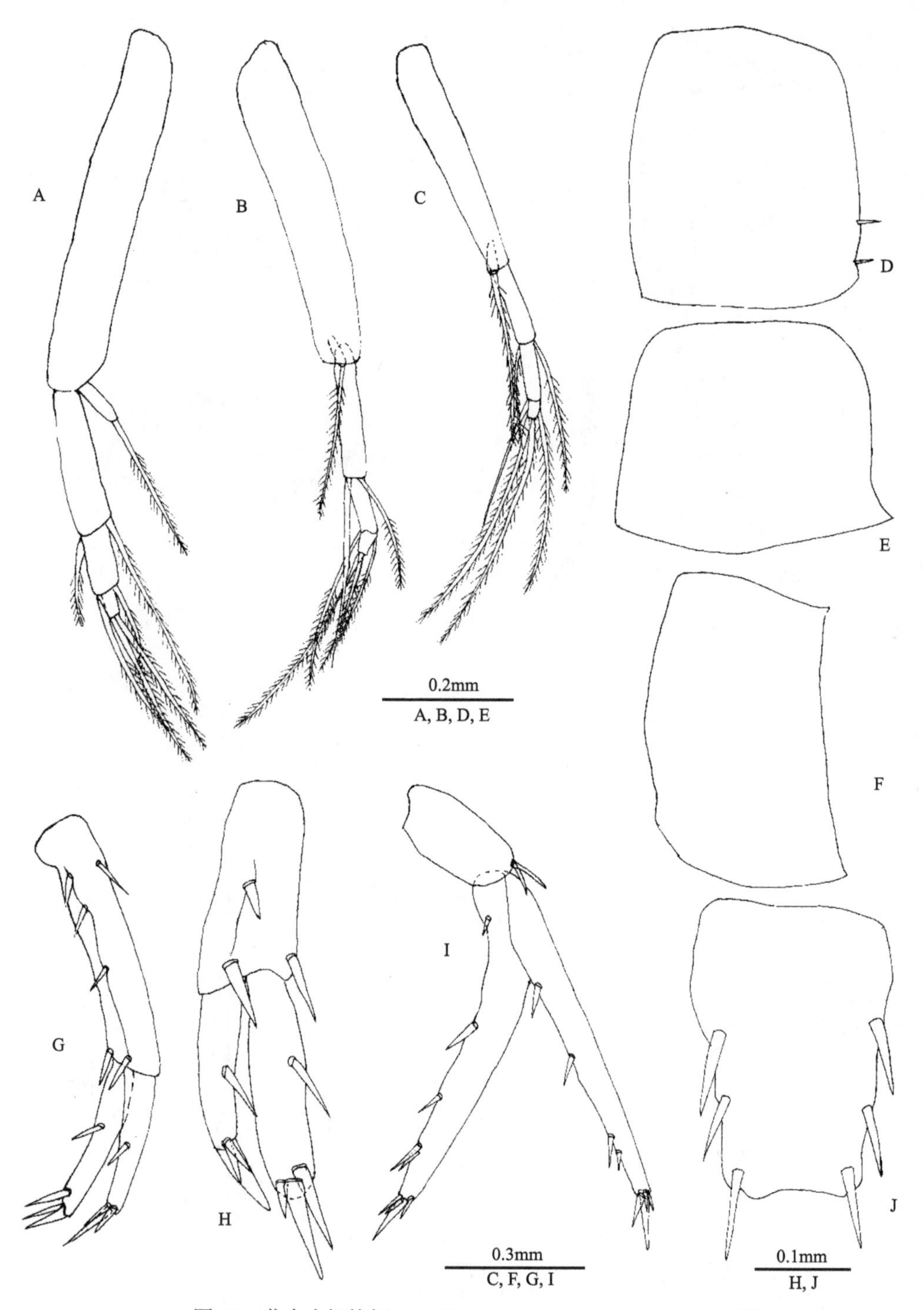

图 56 萍乡少鳃钩虾 *Bogidiella pingxiangensis* Hou & Li（四）

♂。A. 第 1 腹肢; B. 第 2 腹肢; C. 第 3 腹肢; D. 第 1 腹侧板; E. 第 2 腹侧板; F. 第 3 腹侧板; G. 第 1 尾肢; H. 第 2 尾肢; I. 第 3 尾肢; J. 尾节

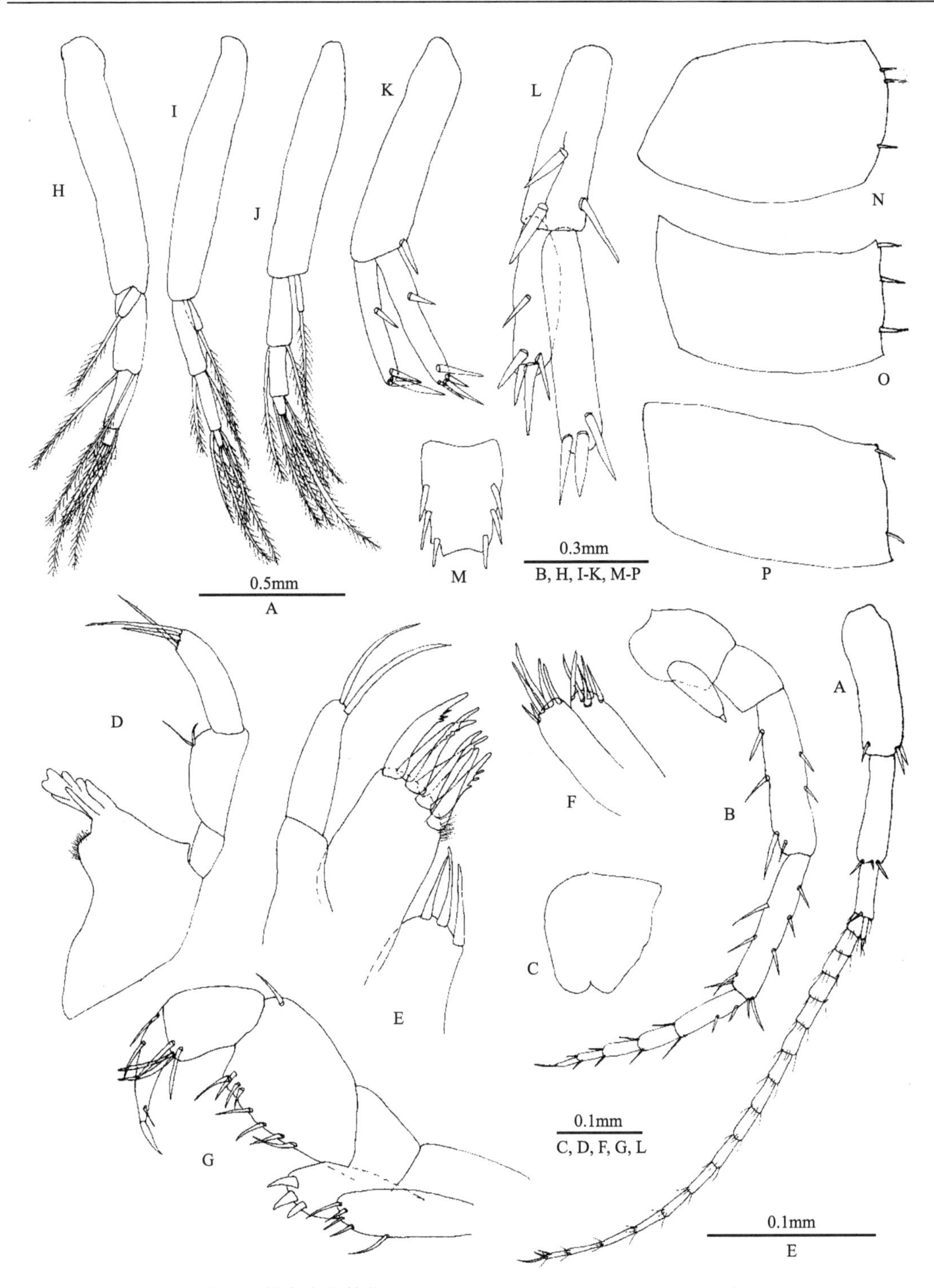

图 57　萍乡少鳃钩虾 *Bogidiella pingxiangensis* Hou & Li（五）

♀。A. 第 1 触角; B. 第 2 触角; C. 上唇; D. 左大颚; E. 第 1 小颚; F. 第 2 小颚; G. 颚足; H. 第 1 腹肢; I. 第 2 腹肢; J. 第 3 腹肢; K. 第 1 尾肢; L. 第 2 尾肢; M. 尾节; N. 第 1 腹侧板; O. 第 2 腹侧板; P. 第 3 腹侧板

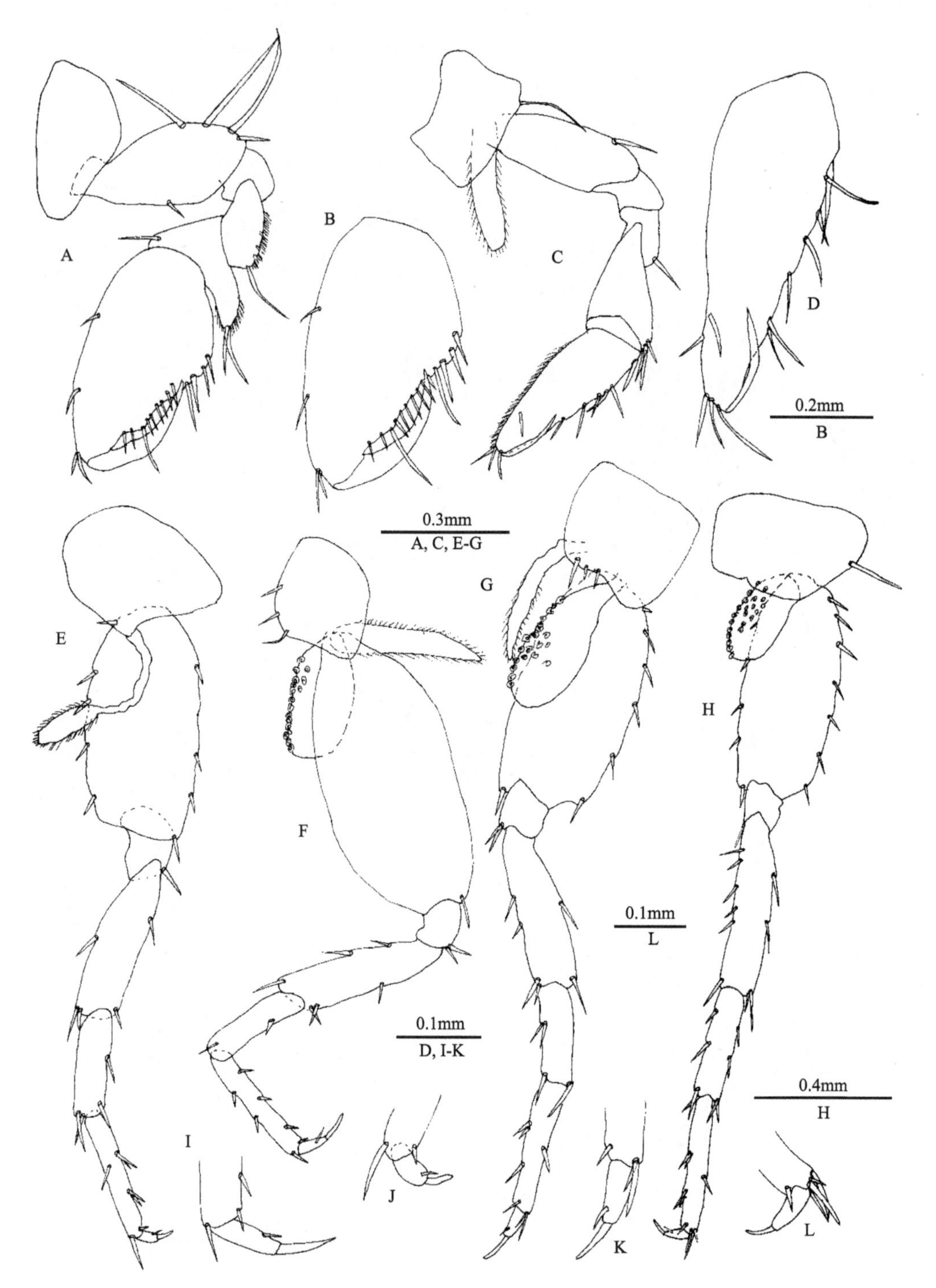

图 58 萍乡少鳃钩虾 *Bogidiella pingxiangensis* Hou & Li（六）

♀。A. 第 1 腮足; B. 第 1 腮足掌节; C. 第 2 腮足; D. 第 2 腮足掌节; E. 第 3 步足; F. 第 4 步足; G. 第 5 步足; H. 第 6 步足; I. 第 3 步足指节; J. 第 4 步足指节; K. 第 5 步足指节; L. 第 6 步足指节

生态习性：本种栖息在洞穴。

地理分布：江西（萍乡）。

分类讨论：本种第 1 触角长于第 2 触角；第 1 小颚触须具 2 顶毛；第 1 腮足基节膨大；第 3–4 步足基节膨大，无刺和刚毛；第 4–7 胸节具基节腮；腹肢内肢 1 节，退化；第 2 尾肢外肢短于内肢；尾节长是宽的 1.42 倍，顶缘“U”形凹陷，每叶具 1 顶刺和 2 近顶粗刺。

本种与华少鳃钩虾 *B. sinica* Karaman & Sket 具有相似特征，包括第 1 触角长于第 2 触角；第 2 腮足明显长于第 1 腮足；第 1–3 腹肢内肢短。区别在于本种第 1 腮足基节膨大，长方形；第 3、4 步足基节膨大；尾节长约为宽的 1.42 倍，顶缘呈“U”形凹陷，每叶具 1 顶刺和 2 侧粗刺。而华少鳃钩虾第 1 腮足略膨大；第 3、4 步足基节狭长；尾节宽大于长，末缘具 2 刺，刺长于尾节，每叶具 3 短羽状毛。

本种与 *B. veneris* Leijs, Bloechl & Koenemann 具有相似特征，包括第 1 触角长于第 2 触角；第 1 小颚触须第 2 节具 2 顶毛；第 1、2 腮足掌节长卵形。区别在于本种颚足触须第 3、4 节无柔毛；第 3–7 步足基节膨大；第 7 步足掌节具短刺；第 1–3 腹肢内肢短；尾节长约为宽的 1.42 倍，顶缘呈“U”形凹陷，每叶具 1 顶刺和 2 侧粗刺。而 *B. veneris* 颚足 3、4 节具柔毛；第 3–7 步足基节狭长；第 7 步足掌节后下角具 1 簇长刚毛；第 1–3 腹肢内肢退化；尾节小，长与宽相等，末缘具 2 刺。

(13) 华少鳃钩虾 *Bogidiella sinica* Karaman & Sket, 1990（图 59–62）

Bogidiella sinica Karaman & Sket, 1990: 36, figs. I–VII.

形态描述：雄性 2.4mm。第 1 触角长于体长的 7/10，柄节第 1–3 节逐渐变短，第 1 柄节腹缘具 1 刺；鞭 12 节，具感觉毛；副鞭 2 节，短于第 3 柄节。第 2 触角长约为第 1 触角的 1/2，第 3 柄节短，具 1 背刺，第 4、5 柄节等长；鞭略长于第 5 柄节。下唇内叶发达。大颚臼齿具 1 长毛；触须第 2 节膨大，具 1 毛，第 3 节短于第 2 节，具 2 末端毛；左动颚片具 5 齿，刺排具 6 毛；右动颚片具多齿，刺排具 4 毛。第 1 小颚内叶具 3、4 羽状顶端毛；外叶具 7 锯齿状刺；左右触须相似，短，第 2 节末端具 3 毛。第 2 小颚外叶具 8 顶端毛，内叶具 6 简单毛。颚足内叶顶端具 2 叉刺；外叶短，达触须第 1 节末端，顶端具 2 壮刺和 1 长刺；触须第 4 节爪状。

第 1–7 底节板宽大于长，第 5 底节板大于第 4 底节板，第 5–7 底节板后缘具 1 刺。第 1 腮足基节短而粗，后缘具 2、3 长毛；座节至腕节短，腕节后缘突出，具 2 毛；掌节梨形，长大于宽，掌缘斜，具刺；指节内缘具 2 毛，外缘具 1 毛。第 2 腮足基节窄；腕节窄，无突出，与掌节等长，后缘具 4 毛；掌节狭长，前后平行，后缘具 2 长毛，掌缘平截，具 2、3 刺。第 3、4 步足相似，基节长；座节至掌节细；指节长约掌节的 1/2，内缘具 1 毛。第 5–7 步足细长。第 5 步足基节长卵形，前、后缘各具 3、4 毛；指节长约掌节的 1/2。第 6 步足长于第 5 步足，基节后缘具 2 毛，指节长于掌节的 1/2。第 7 步足基节宽，后缘具 2 壮刺，长节至掌节两缘具长刺，掌节内缘具 3 长毛。第 4–6 胸节具底节鳃，卵圆形。

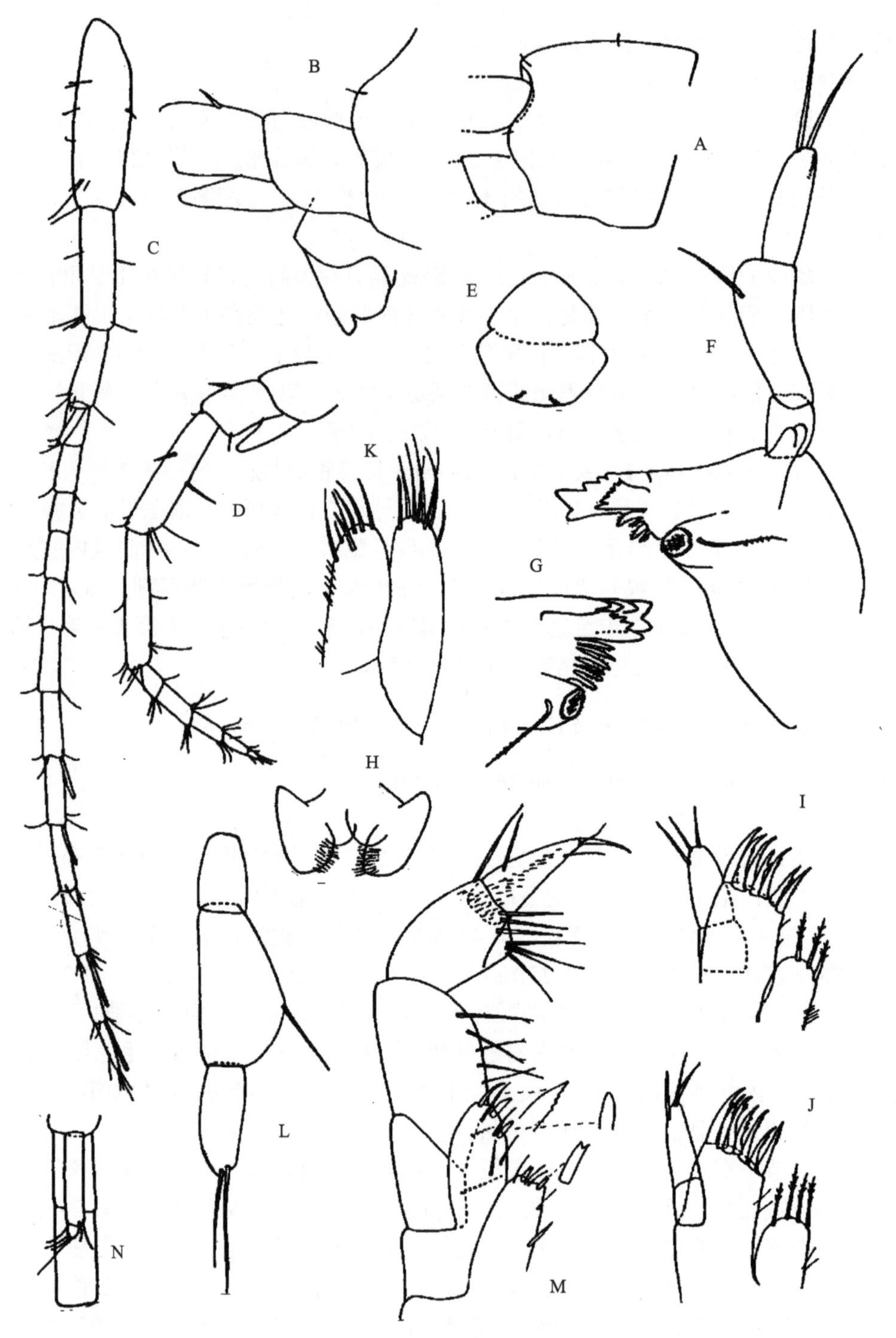

图 59　华少鳃钩虾 *Bogidiella sinica* Karaman & Sket（一）（仿 Karaman 和 Sket, 1990）

♂。A. 头; B. 上唇（侧面观）; C. 第 1 触角; D. 第 2 触角; E. 上唇; F. 右大颚; G. 左大颚切齿; H. 下唇; I. 左第 1 小颚; J. 右第 1 小颚; K. 第 2 小颚; L. 左大颚触须; M. 颚足; N. 第 1 触角副鞭

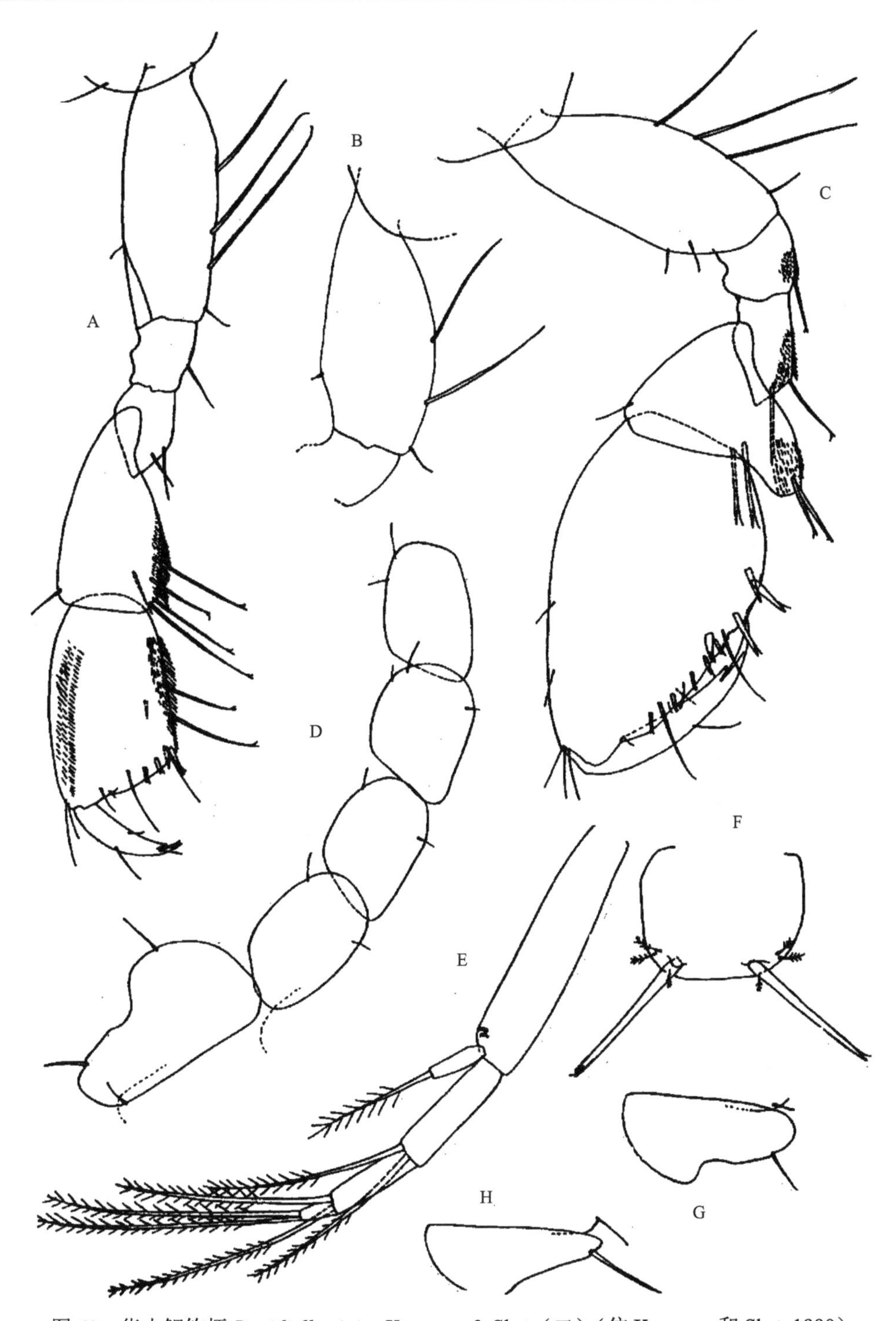

图 60　华少鳃钩虾 *Bogidiella sinica* Karaman & Sket（二）（仿 Karaman 和 Sket, 1990）

♂。A. 右第 1 腮足; B. 左第 1 腮足基节; C. 第 2 腮足; D. 第 1-5 底节板; E. 第 3 腹肢; F. 尾节; G. 第 6 底节板; H. 第 7 底节板

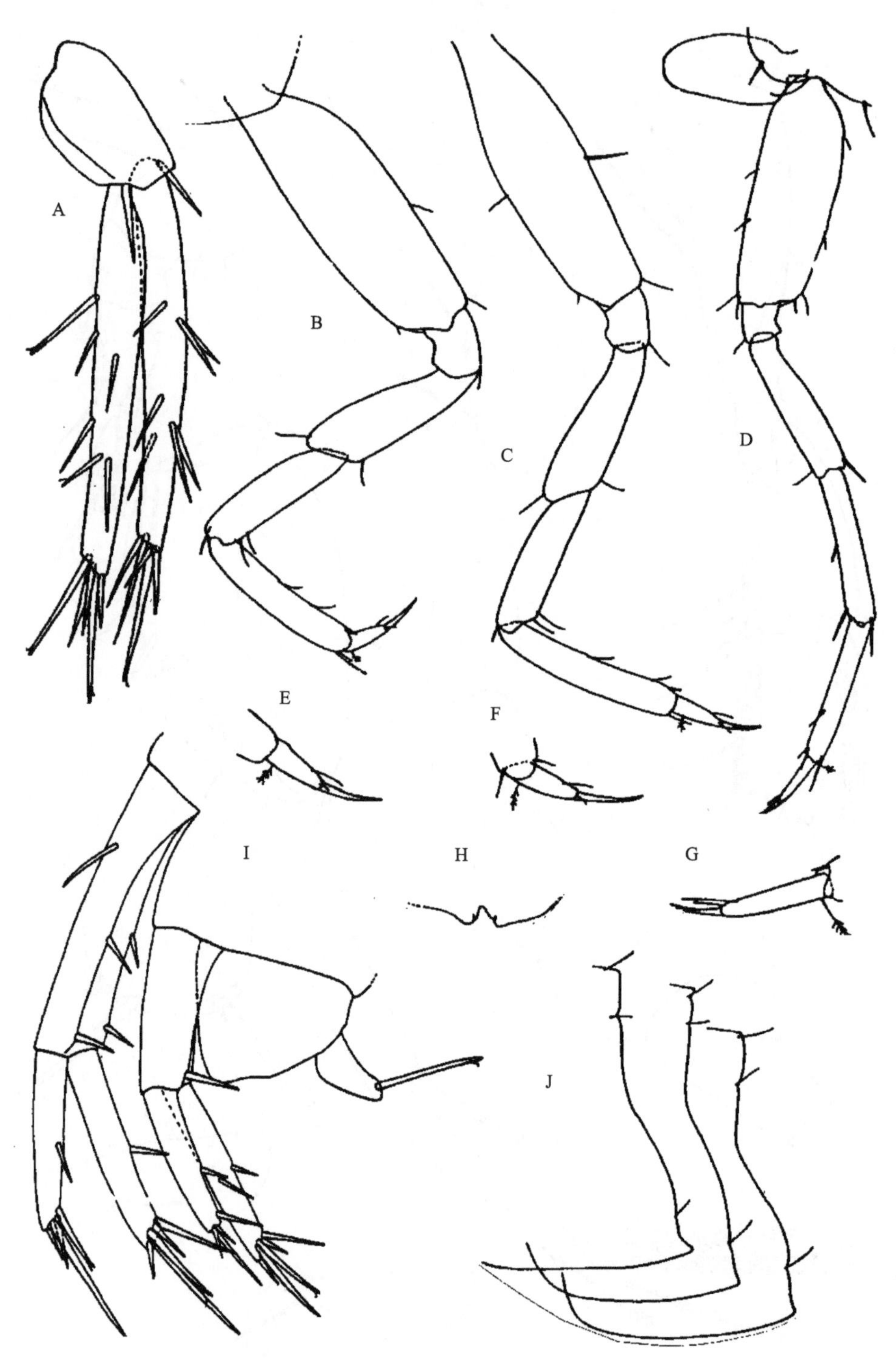

图 61　华少鳃钩虾 *Bogidiella sinica* Karaman & Sket（三）（仿 Karaman 和 Sket, 1990）

♂。A. 第 3 尾肢; B. 第 3 步足; C. 第 4 步足; D. 第 5 步足; E. 第 3 步足指节; F. 第 4 步足指节; G. 第 5 步足指节; H. 腹节（腹面观）; I. 第 4-6 腹节（侧面观）; J. 第 1-3 腹侧板

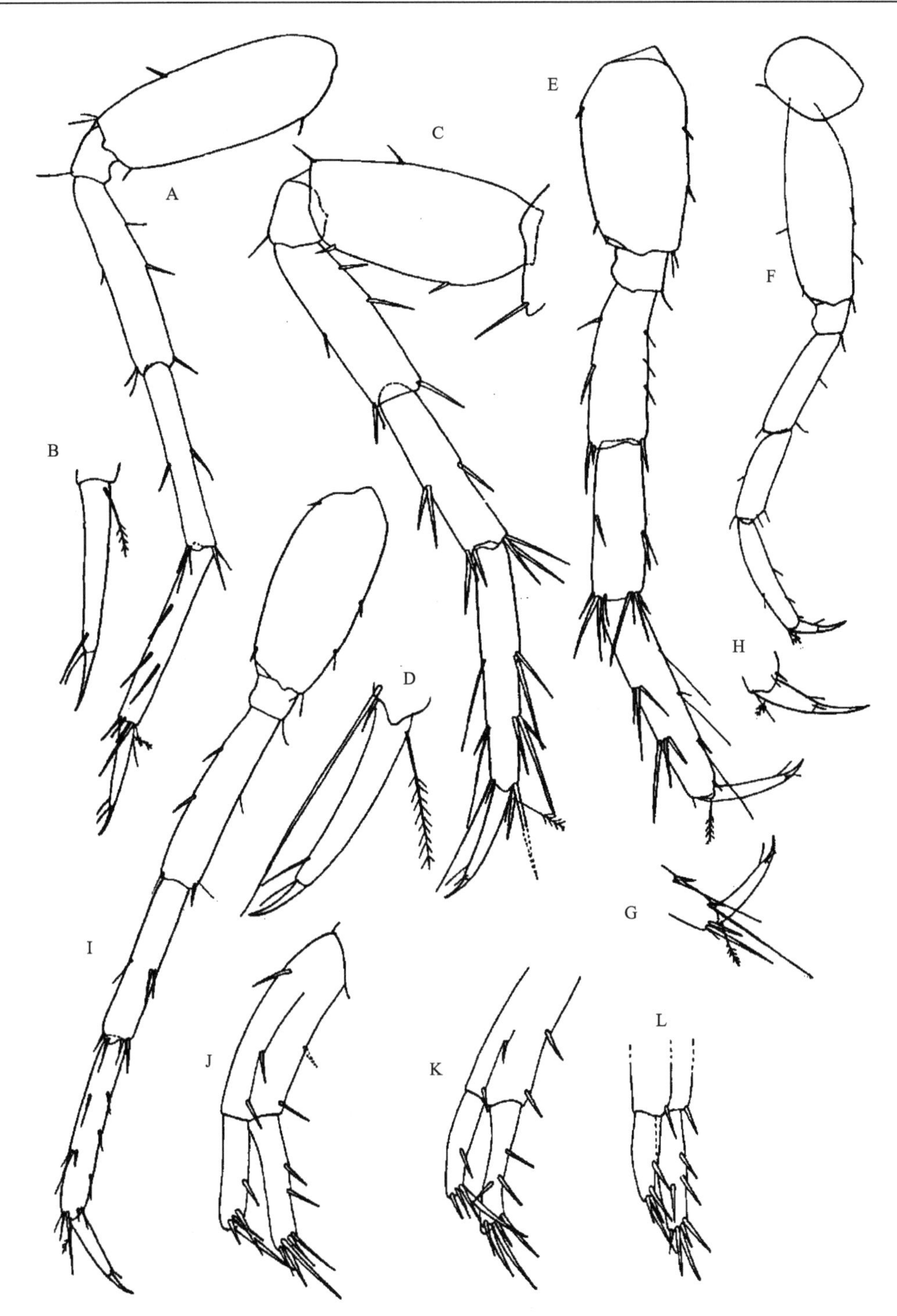

图 62　华少鳃钩虾 *Bogidiella sinica* Karaman & Sket（四）（仿 Karaman 和 Sket, 1990）

♂, A-D, F, H, J, K; ♀, E, G, I, L。A. 第 6 步足; B. 第 6 步足指节; C. 第 7 步足; D. 第 7 步足指节; E. 第 7 步足; F. 第 3 步足; G. 第 7 步足指节; H. 第 3 步足指节; I. 第 6 步足; J. 第 1 尾肢; K. 第 2 尾肢; L. 第 2 尾肢

第 1–3 腹侧板后下角稍尖。第 1–3 腹肢相似，柄节具 2 钩刺；内肢短，具 1 长羽状毛；外肢 3 节，每节具 2 长羽状毛。第 1 尾肢柄节具 1 背基刺，内、外缘各具 2 刺；外肢短于内肢，内、外肢内缘各具 1 刺，末端刺长。第 2 尾肢外肢短于内肢。第 3 尾肢长，柄节末端具 2 刺；内、外肢等长，具长缘刺和末端刺。尾节无缺刻，宽大于长，具 2 末端刺，刺长于尾节。

观察标本：无，形态描述和特征图引自 Karaman 和 Sket（1990）。

生态习性：本种栖息在广西桂林七星岩洞穴底层。此洞是一个活动的水源通道，雨季时水漫山丘，11 月份干季时，一条小溪从洞中流出。洞深处小溪中生活着有色的鱼和虾。钩虾栖息在洞最深处一个独立的小池中，与它共生的还有无眼的剑水蚤和洞穴匙指虾和哲水蚤。该洞可能与地表水是相连的。

地理分布：广西（桂林）。

分类讨论：本种区别于该属其他种在于：第 1 触角长，多节；颚足触须第 2 节膨大；第 1 腮足掌节长是第 2 腮足掌节的 2 倍；第 2 腮足掌缘平截；第 1、2 尾肢内、外肢中央具刺。

三、钩虾科 Gammaridae Leach, 1814

Gammaridae Leach, 1814: 402; Bousfied, 1977: 288.

Type genus: *Gammarus* Fabricius, 1775.

体侧扁，第 5、6 腹节部分种类愈合。第 1 触角副鞭发达，不超过 4、5 节，少数种类副鞭退化。上唇无内叶。下唇内叶与外叶愈合，外叶有发达的大颚突起。大颚臼齿发达，呈圆柱形，有磨面，动颚片左右大颚不同，触须 3 节。第 1 小颚触须 2 节，内叶有羽状刚毛，外叶顶端具锯齿状齿。第 2 小颚内叶内缘具 1 排羽状刚毛，外叶顶端具长刚毛。颚足内、外叶发达，触须 4 节。2 对腮足都有发达的半钳，但两性异型。第 3–7 步足顺次增长，第 4 底节板后缘上部有凹陷，第 5 底节板前叶伸入第 4 底节板凹陷内，第 5–7 步足底节板浅。腹肢双肢型，内、外肢具羽状毛。第 1 尾肢柄节具背基刺。第 3 尾肢内肢长短变化不一。尾节深裂达到尾节基部。第 2–7 胸节具鳃，雌性第 2–5 胸节具抱卵板。

本科主要分布在北半球，共计 37 属，中国发现 1 属。Karaman 和 Ruffo（1995）基于中国四川华蓥市洞穴钩虾标本提出华钩虾属 *Sinogammarus*，但通过分子和形态研究发现华钩虾属应为钩虾属的次异名（Hou *et al.*, 2011）。本文将华钩虾属物种纳入钩虾属中描述。

8. 钩虾属 *Gammarus* Fabricius, 1775

Gammarus Fabricius, 1775: 418; Stebbing, 1906: 460; Karaman & Pinkster, 1977: 1; Barnard & Barnard, 1983b: 463, figs. 2A, 6D, 10B, 16C, 17A, 43B.

Pephredo Rafinesque, 1814; Tzvetkova, 1975: 36.

Lepleurus Rafinesque, 1820: 7.

Rivulogammarus Karaman, 1931: 60.

Fluviogammarus Dorogostaisky, 1917: 302.

Mucrogammarus Barnard & Gray, 1968: 220.

Lagunogammarus Sket, 1971: 6; Tzvetkova, 1975: 45.

Sinogammarus Karaman & Ruffo, 1995: 158. syn. nov.

Type species: *Gammarus pulex* (Linnaeus, 1758).

躯体背部光滑或腹节后缘有隆起，第4–6腹节背部具刺。第1触角长于第2触角，第1–3柄节长度比为1.0∶0.75∶0.5，鞭节长于柄节，副鞭通常4节。第2触角鞭节具鞋状感觉器。大颚触须3节，第3节镰刀形，具ABCDE-刚毛。下唇无内叶。第1小颚内叶卵形，边缘具羽状毛，外叶顶端具11锯齿状刺，左触须具简单刺，右触须具壮刺。第2小颚内叶具1斜排羽状刚毛。第4底节板后缘凹陷，第5底节板比第4底节板小。腮足掌节长于腕节，雄体第1腮足掌节狭，掌缘倾斜，中间具1壮刺；第2腮足掌节掌缘平截，中间具1壮刺。雌体腮足较小。第5–7步足基节后缘膨大，具刚毛。第1尾肢柄节背基刺有或无。第3尾肢内肢长于外肢的2/5，外肢2节。尾节深裂。第2–7胸节具底节鳃。雌性第2–5胸节具抱卵板。

本属多分布在古北界，全球近200种(Karaman, 1975, 1985, 1986; Karaman & Pinkster, 1977a, 1977b, 1987)，中国发现82种。

种检索表

1. 第3、4步足后缘刚毛少；分布在新疆伊犁河流域 ……………… 2
　第3、4步足后缘刚毛多 ……………… 4
2. 第3尾肢内肢短于外肢的1/3，刚毛少，无羽状毛 ……………… **短肢钩虾 *G. brevipodus***
　第3尾肢内肢长于外肢的1/3，具羽状毛 ……………… 3
3. 第3尾肢长叶状，羽状毛短于外肢宽 ……………… **特克斯钩虾 *G. takesensis***
　第3尾肢短宽，羽状毛长于外肢宽 ……………… **塔斯提钩虾，新种 *G. tastiensis* sp. nov.**
4. 第3尾肢密布羽状刚毛；主要分布在湖泊等静水 ……………… 5
　第3尾肢具简单或羽状毛；主要分布在流水中 ……………… 21
5. 第3尾肢外肢第2节长于邻近刺；主要分布在海拔4000m的青藏高原 ……………… 6
　第3尾肢外肢第2节等于邻近刺；主要分布在海拔4000m以下的云南 ……………… 10
6. 第2、3腹侧板后下角尖 ……………… 7
　第2、3腹侧板后下角钝 ……………… 8
7. 第2腮足掌节具3中央刺 ……………… **拉萨钩虾 *G. lasaensis***
　第2腮足掌节具1中央刺 ……………… **湖泊钩虾 *G. lacustris***
8. 第4–6腹节背部隆起 ……………… **碧玉钩虾 *G. jaspidus***
　第4–6腹节背部平 ……………… 9

9. 第 3 尾肢内肢长为外肢的 4/5 ……………………………………………… **寒冷钩虾 *G. frigidus***
   第 3 尾肢内肢长为外肢的 1/2 ……………………………………… **红原钩虾 *G. hongyuanensis***
10. 第 1–3 腹节背部具刺 …………………………………………………………………………… 11
   第 1–3 腹节背部无刺 …………………………………………………………………………… 12
11. 第 1–3 腹节背缘具 1 排刺 ……………………………………………… **细齿钩虾 *G. denticulatus***
   第 1–3 腹节背部和背缘都具刺 ………………………………………………… **多刺钩虾 *G. echinatus***
12. 第 7 胸节和第 1–3 腹节背部隆起 …………………………………………………… **隆钩虾 *G. elevatus***
   第 7 胸节和第 1–3 腹节背部扁平 ……………………………………………………………… 13
13. 第 3 尾肢外肢 1 节，或外肢第 2 节退化 ………………………………… **宁蒗钩虾 *G. ninglangensis***
   第 3 尾肢外肢 2 节 ………………………………………………………………………………… 14
14. 第 3 尾肢密布羽状毛 ……………………………………………………………………………… 15
   第 3 尾肢外肢外缘具简单毛或羽状毛 ……………………………………………………………… 17
15. 第 2 触角具感觉器，第 3 尾肢内肢长为外肢的 9/10 ………………………… **碧塔海钩虾 *G. bitaensis***
   第 2 触角感觉器无，第 3 尾肢内肢长为外肢的 2/3 ………………………………………………… 16
16. 第 2 触角柄节具长毛 …………………………………………………………… **大理钩虾 *G. taliensis***
   第 2 触角柄节无长毛 …………………………………………………………… **池钩虾 *G. stagnarius***
17. 第 3 尾肢外肢第 2 节长为第 1 节的 1/3 ………………………………… **神木钩虾 *G. shenmuensis***
   第 3 尾肢外肢第 2 节短于第 1 节的 1/3 ……………………………………………………………… 18
18. 第 3 步足后缘具长卷毛，第 3 尾肢具羽状毛 ……………………………………………………… 19
   第 3 步足后缘具长直毛，第 3 尾肢具简单毛 ……………………………………………………… 20
19. 第 2 触角感觉器无，尾节具长毛 …………………………………………… **华美钩虾 *G. decorosus***
   第 2 触角具感觉器，尾节具短毛 ………………………………………… **石笋钩虾 *G. stalagmiticus***
20. 第 4 腹节背缘具短毛，无刺 ……………………………………………………… **简毛钩虾 *G. simplex***
   第 4 腹节背缘具刺 …………………………………………………………………… **天山钩虾 *G. tianshan***
21. 第 3 步足具长直或卷毛；主要分布在太行山及太行山以东地区 ……………………………………… 22
   第 3 步足具短毛或长毛；主要分布在太行山以西地区 ……………………………………………… 33
22. 眼退化 ………………………………………………………………………… **小眼钩虾 *G. parvioculus***
   眼正常 ………………………………………………………………………………………………… 23
23. 第 3 尾肢内肢长约为外肢的 1/3，具简单毛 ……………………………………………………… 24
   第 3 尾肢内肢长等于或大于外肢的 1/2，具羽状毛 ………………………………………………… 26
24. 第 2 腮足腕节和掌节具长卷毛 ………………………………………………… **琥珀钩虾 *G. electrus***
   第 2 腮足腕节和掌节无长卷毛 ……………………………………………………………………… 25
25. 第 2 触角柄节具长毛 …………………………………………………………… **潮湿钩虾 *G. madidus***
   第 2 触角柄节具短毛 …………………………………………………………… **绥芬钩虾 *G. suifunensis***
26. 第 3 尾肢外肢外缘具简单毛 ………………………………………………………………………… 27
   第 3 尾肢外肢外缘具羽状毛 ………………………………………………………………………… 29
27. 第 2 触角柄节具长毛，鞋状感觉器无 ……………………………………………………………… 28
   第 2 触角柄节具短毛，具鞋状感觉器 …………………………………………… **雾灵钩虾 *G. nekkensis***

28. 第 3 尾肢内肢长为外肢的 1/2 ……………………………………………… 朝鲜钩虾 ***G. koreanus***
第 3 尾肢内肢长为外肢的 3/4 ………………………………………………浓毛钩虾 ***G. pexus***
29. 第 3 步足后缘具长直毛 ……………………………………………………………………… 30
第 3 步足后缘具长卷毛 ………………………………………………高山钩虾 ***G. monticellus***
30. 第 4、5 腹节背部稍隆 ………………………………………………………… 清亮钩虾 ***G. clarus***
第 4、5 腹节背部平 ………………………………………………………………………………… 31
31. 第 2、3 腹侧板钝 ……………………………………………………石生钩虾 ***G. hypolithicus***
第 2、3 腹侧板尖 ……………………………………………………………………………………… 32
32. 尾节具长毛，第 3 尾肢外肢第 2 节长 ………………………………… 精巧钩虾 ***G. pisinnus***
尾节具短毛，第 3 尾肢外肢第 2 节短 ……………………………… 刺掌钩虾 ***G. spinipalmus***
33. 第 3 尾肢内肢具羽状毛；主要分布在秦岭以北黄河以西 ……………………………………… 34
第 3 尾肢内肢具简单毛或羽状毛；主要分布在云贵高原和青藏高原东部边缘 ………………… 45
34. 第 3 尾肢外肢外缘无羽状长毛，内肢短于外肢的 1/2 ……………………………………… 35
第 3 尾肢外肢外缘具羽状长毛，内肢长于外肢的 1/2 ……………………………………… 36
35. 第 3 尾肢内肢长为外肢的 1/3，外肢内缘具数根短羽状毛 ……………… 疏毛钩虾 ***G. glaber***
第 3 尾肢内肢长为外肢的 2/5，外肢内缘具 1 排长羽状毛 ……………… 宝贵钩虾 ***G. preciosus***
36. 无眼，第 3 尾肢内肢长为外肢的 1/2 ………………………………… 奇异钩虾 ***G. praecipuus***
具眼，第 3 尾肢内肢长大于外肢的 1/2 ………………………………………………………… 37
37. 第 2 触角鞭节具刷状毛 ………………………………………………… 马氏钩虾 ***G. martensi***
第 2 触角鞭节无刷状毛 ……………………………………………………………………………… 38
38. 第 3 尾肢外肢外缘具简单毛 ………………………………………………………………………… 39
第 3 尾肢外肢外缘具羽状毛 ………………………………………………………………………… 40
39. 第 2 触角具鞋状感觉器 ………………………………………………… 志冈钩虾 ***G. zhigangi***
第 2 触角无鞋状感觉器 ………………………………………………… 河谷钩虾 ***G. vallecula***
40. 第 3 步足后缘具短毛 ……………………………………………………………………………… 41
第 3 步足后缘具长毛 ………………………………………………………………………………… 42
41. 第 2 腮足掌缘具 2 中央刺，第 2、3 腹侧板尖 ……………………… 山西钩虾 ***G. shanxiensis***
第 2 腮足掌缘具 1 中央刺，第 2、3 腹侧板钝 ……………………………… 秦岭钩虾 ***G. qinling***
42. 第 3 步足后缘具长直毛 ………………………………………………… 四川钩虾 ***G. sichuanensis***
第 3 步足后缘具长卷毛 ……………………………………………………………………………… 43
43. 第 2、3 腹侧板尖 ……………………………………………………… 自由钩虾 ***G. incoercitus***
第 2、3 腹侧板钝 …………………………………………………………………………………… 44
44. 第 3 尾肢内肢长约为外肢的 1/2 ………………………………………… 和善钩虾 ***G. benignus***
第 3 尾肢内肢长约为外肢的 2/3 ………………………………………… 壁流钩虾 ***G. murarius***
45. 第 3 尾肢外肢第 2 节短或退化；主要分布在云贵高原 …………………………………………… 46
第 3 尾肢外肢第 2 节明显；主要分布在青藏高原东部边缘 ……………………………………… 67
46. 第 1、2 腮足相似，掌缘椭圆形，均匀分布 4、5 刺 ……………………………………………… 47
第 1、2 腮足异型，掌节卵圆形或长方形，具 1 中央刺 …………………………………………… 50

47. 眼退化为 1 小眼……………………………………………………………………川虎钩虾 *G. chuanhui*
无眼……………………………………………………………………………………………………48
48. 第 6、7 步足基节长，后缘凹 ……………………………………………洞穴钩虾 *G. troglodytes*
第 6、7 步足基节膨大，第 7 步足基节后缘圆 ……………………………………………………49
49. 第 3 尾肢外肢第 2 节退化……………………………………………………利川钩虾 *G. lichuanensis*
第 3 尾肢外肢第 2 节短，但明显存在……………………………………咸丰钩虾 *G. xianfengensis*
50. 无眼，第 2 触角鞋状感觉器有或无…………………………………………………………………51
具眼，第 2 触角鞋状感觉器无………………………………………………………………………57
51. 第 5–7 步足前缘具刺和长毛…………………………………………………………………………52
第 5–7 步足前缘具刺和短毛…………………………………………………………………………54
52. 第 2 尾肢柄节无长毛…………………………………………………………………………………53
第 2 尾肢柄节具 1 簇长毛……………………………………………………透明钩虾 *G. translucidus*
53. 第 2 触角柄节具长毛，第 3 尾肢内肢长为外肢的 3/5 ………………………稠毛钩虾 *G. comosus*
第 2 触角柄节具短毛，第 3 尾肢内肢长为外肢的 4/5 ………………………多毛钩虾 *G. hirtellus*
54. 第 3 步足后缘具长毛…………………………………………………………………………………55
第 3 步足后缘具短毛…………………………………………………………………………………56
55. 第 2 触角鞋状感觉器无，第 1、2 尾肢两缘均匀分布 4–5 刺列 ……………无眼钩虾 *G. caecigenus*
第 2 触角具鞋状感觉器，第 1、2 尾肢两缘具 0–3 刺 ……………………静水钩虾 *G. tranquillus*
56. 第 3 尾肢内肢长达外肢的 9/10，第 4 腹节背缘具 2 组刺和毛……………………隐秘钩虾 *G. silendus*
第 3 尾肢内肢长达外肢的 2/3，第 4 腹节背缘具 1-1-1-1 刺式……………………可爱钩虾 *G. amabilis*
57. 第 3 尾肢外肢 1 节…………………………………………………………………簇刺钩虾 *G. lophacanthus*
第 3 尾肢外肢 2 节……………………………………………………………………………………58
58. 第 3 尾肢内外肢近等长………………………………………………………………………………59
第 3 尾肢内肢明显短于外肢…………………………………………………………………………64
59. 尾节表面具长毛，第 4 腹节背缘具 1 簇毛……………………………………聚毛钩虾 *G. accretus*
尾节表面具短毛或无毛，第 4 腹节背缘具多簇刺或无刺……………………………………………60
60. 第 4、5 腹节背缘无刺和毛 …………………………………………………………………………61
第 4、5 腹节具刺和毛 ………………………………………………………………………………62
61. 第 1 尾肢具 1 背基刺…………………………………………………………………溪水钩虾 *G. riparius*
第 1 尾肢无背基刺………………………………………………………………………光秃钩虾 *G. glabratus*
62. 第 4、5 腹节背缘具 4 簇刺和毛 …………………………………………………龙洞钩虾 *G. longdong*
第 4、5 腹节背缘刺减少或退化 ……………………………………………………………………63
63. 第 4、5 腹节背缘仅具 2 细毛 ……………………………………………………溪流钩虾 *G. rivalis*
第 4、5 腹节背缘具 2 簇刺和毛 ……………………………………………缘毛钩虾 *G. craspedotrichus*
64. 第 3 步足后缘具短毛…………………………………………………………………………………65
第 3 步足后缘具长毛…………………………………………………………………………………66
65. 第 3 尾肢第 2 节长于邻近刺，第 4 腹节无刺和毛……………………………边毛钩虾 *G. margcomosus*
第 3 尾肢第 2 节短于邻近刺，第 4 腹节中央具 2 毛…………………………………普氏钩虾 *G. platvoeti*

66. 第5–7步足前缘具长毛……………………………………………………………………钱氏钩虾 *G. qiani*
　　第5–7步足前缘具短毛……………………………………………………极度探险钩虾 *G. jidutanxian*
67. 第3尾肢内肢长约为外肢的1/3，内外肢密布简单长刚毛……………………………………………68
　　第3尾肢内肢长等于或大于外肢的1/3，内外肢具羽状毛或简单毛…………………………………76
68. 第5–7步足前缘具长毛……………………………………………………………………摩梭钩虾 *G. mosuo*
　　第5–7步足前缘具短毛……………………………………………………………………………………69
69. 无眼…………………………………………………………………………………………盲刺钩虾 *G. aoculus*
　　具眼……70
70. 第4腹节背缘无刺和毛，第5腹节背缘具2刺…………………………………美丽钩虾 *G. egregius*
　　第4、5腹节背缘具刺和毛…………………………………………………………………………………71
71. 第4腹节背缘具4簇长毛……………………………………………………………………………………72
　　第4腹节背缘无长毛…………………………………………………………………………………………73
72. 第4腹节背缘具4簇长毛而无刺，第2触角无鞋状感觉器……………………灿烂钩虾 *G. illustris*
　　第4腹节背缘具4簇长毛和刺，第2触角具鞋状感觉器……………………细弯钩虾 *G. sinuolatus*
73. 第2腮足腕节和掌节具长卷毛………………………………………………………卷毛钩虾 *G. curvativus*
　　第2腮足腕节和掌节具直毛…………………………………………………………………………………74
74. 第4腹节背缘具4簇短毛……………………………………………………………快捷钩虾 *G. citatus*
　　第4腹节背缘刺和毛退化……………………………………………………………………………………75
75. 第2触角鞋状感觉器无…………………………………………………………少刺钩虾 *G. paucispinus*
　　第2触角具鞋状感觉器………………………………………………………………格氏钩虾 *G. gregoryi*
76. 无眼，第3步足后缘密布长卷毛…………………………………………………暗钩虾 *G. abstrusus*
　　具眼，第3步足后缘具直毛…………………………………………………………………………………77
77. 第3、4步足长节和腕节后缘具长毛………………………………………………………………………78
　　第3、4步足长节和腕节后缘具少量短毛…………………………………………………………………81
78. 第2触角柄节具长毛，无鞋状感觉器………………………………………………………………………79
　　第2触角柄节具短毛，具鞋状感觉器……………………………………康定钩虾 *G. kangdingensis*
79. 第3尾肢内肢长为外肢的2/5………………………………………………贡嘎钩虾 *G. gonggaensis*
　　第3尾肢内肢长等于或大于外肢的2/3……………………………………………………………………80
80. 第3尾肢外肢外缘具简单长毛……………………………………………………清泉钩虾 *G. eliquatus*
　　第3尾肢外肢外缘刚毛少…………………………………………………………峨眉钩虾 *G. emeiensis*
81. 第3尾肢内肢长于外肢的1/2………………………………………………………淤泥钩虾 *G. limosus*
　　第3尾肢内肢长为外肢的1/3…………………………………………………………高原钩虾 *G. altus*

(14) 聚毛钩虾 *Gammarus accretus* Hou & Li, 2002（图63–66）

Gammarus accretus Hou & Li, 2002a: 413, figs. 5–8.

形态描述：雄性9.6mm。眼卵形。第1、2触角长度比1.00∶0.62。第1触角第1–3柄节长度比1.0∶0.7∶0.4，具末端毛，鞭28节，具感觉毛，副鞭5节。第2触角第1–3

柄节长度比 1.00∶2.05∶2.10，第 4、5 柄节背、腹缘各具 5、6 组长刚毛，鞭 13 节，无鞋状感觉器。上唇具微毛。左大颚切齿 5 齿，动颚片 4 齿，触须第 2 节内缘具 19 刚毛，第 3 节具 4 A-刚毛、5 B-刚毛、22 D-刚毛和 5 E-刚毛。右大颚切齿 4 齿，动颚片分叉，具小齿。下唇具刚毛。第 1 小颚左右不对称，内叶具 14 羽状刚毛，外叶具 11 锯齿状刺；左触须第 2 节具 7 刺和 4 刚毛；右触须第 2 节具 6 粗刺和 1 刚毛。第 2 小颚内叶内缘倾斜排列 11 刚毛。颚足内叶具 3 顶刺和 1 小近顶刺。

第 1 腮足底节板长方形，腹缘前、后角分别具 2、3 刚毛和 1 刚毛，腹缘具小刚毛；腕节稍短于掌节，掌缘斜，具 1 中央壮刺，后缘具 2 对刺，内侧具 3 对刺；指节外缘具 1 刚毛。第 2 腮足腕节两缘平行，掌节掌缘平截，具 1 中央壮刺，后缘具 4 根刺。

第 3 步足基节长，长节至掌节后缘具 4、5 组长直毛。第 4 步足底节板后缘凹陷，腹前角具 3 刚毛，后缘具 7 刚毛；长节至掌节后缘具短刚毛；指节外缘具 1 刚毛，趾钩接合处具 2 刚毛。第 6 步足长于第 7 步足。第 5–7 步足底节板后缘各具 1–3 刚毛；基节宽卵圆形，前缘具 6 短刺，第 5 步足基节后缘近直，第 6、7 步足基节后角具 2、3 刚毛；长节至掌节两侧具簇刺，无长刚毛。第 2–7 胸节具底节鳃，囊状。

第 1–3 腹侧板后下角钝，后缘具 1、2 短刚毛。第 2、3 腹侧板腹缘具 1、2 刺。第 4、5 腹节背部后缘仅在中线具 1 簇刚毛，第 6 腹节具 2 簇刚毛在中线的两侧。

第 1 尾肢柄节无背基刺，外缘和内缘具刺；内肢外缘具 2 刺；外肢两侧各具 1 刺。第 2 尾肢柄节内、外缘分别具 1 刺和 2 刺；内肢外缘具 2 刺；外肢两侧各具 1 刺。第 3 尾肢内、外肢几乎等长，外肢第 2 节短，外肢外侧无羽状刚毛，内肢内、外侧与外肢内侧具羽状刚毛。尾节深裂，具末端刺，背面具刚毛。

雌性 6.2mm。第 1 腮足比第 2 腮足小，腕节三角形，掌节掌面倾斜，后下角具 5 刺。第 2 腮足基节细长，掌节后下角具 2 刺。第 2–5 胸节具抱卵板，抱卵板具缘毛。

观察标本：1♂（正模，IZCAS-I-A0028），13♂9♀，贵州赤水葫市镇小溪边水草丛下，水清，四周为田土，水温 16℃，pH 6.5，海拔 800m，1991.VIII.30。22♀27♂，贵州赤水葫市镇高竹村溪边水草丛下，水清，四周为森林，海拔 800m，水温 16℃，pH 6.0，1991.VIII.31。17♀40♂，贵州赤水，1988.XI。19♀35♂，贵州赤水复兴镇小溪源头水草丛下，水清，四周是茂密的森林，水温 18℃，1991.IX.5。3♀2♂，贵州赤水，1988.XI。

生态习性：本种栖息在溪水源头、泉水出口处或水草及小石下。在某些地方本种与缘毛钩虾 *G. craspedotrichus* 同时存在。

地理分布：贵州（赤水）。

分类讨论：本种与缘毛钩虾 *G. craspedotrichus* Hou & Li 具有相似特征，包括第 2 触角柄节具长刚毛排，第 1 尾肢柄节无背基刺，第 3 尾肢内、外肢几乎等长。主要区别在于本种第 4、5 腹节背部仅在中线具 1 簇刚毛，第 6 腹节背部具 2 簇刺，第 3 尾肢外肢第 2 节退化，尾节表面刚毛多。

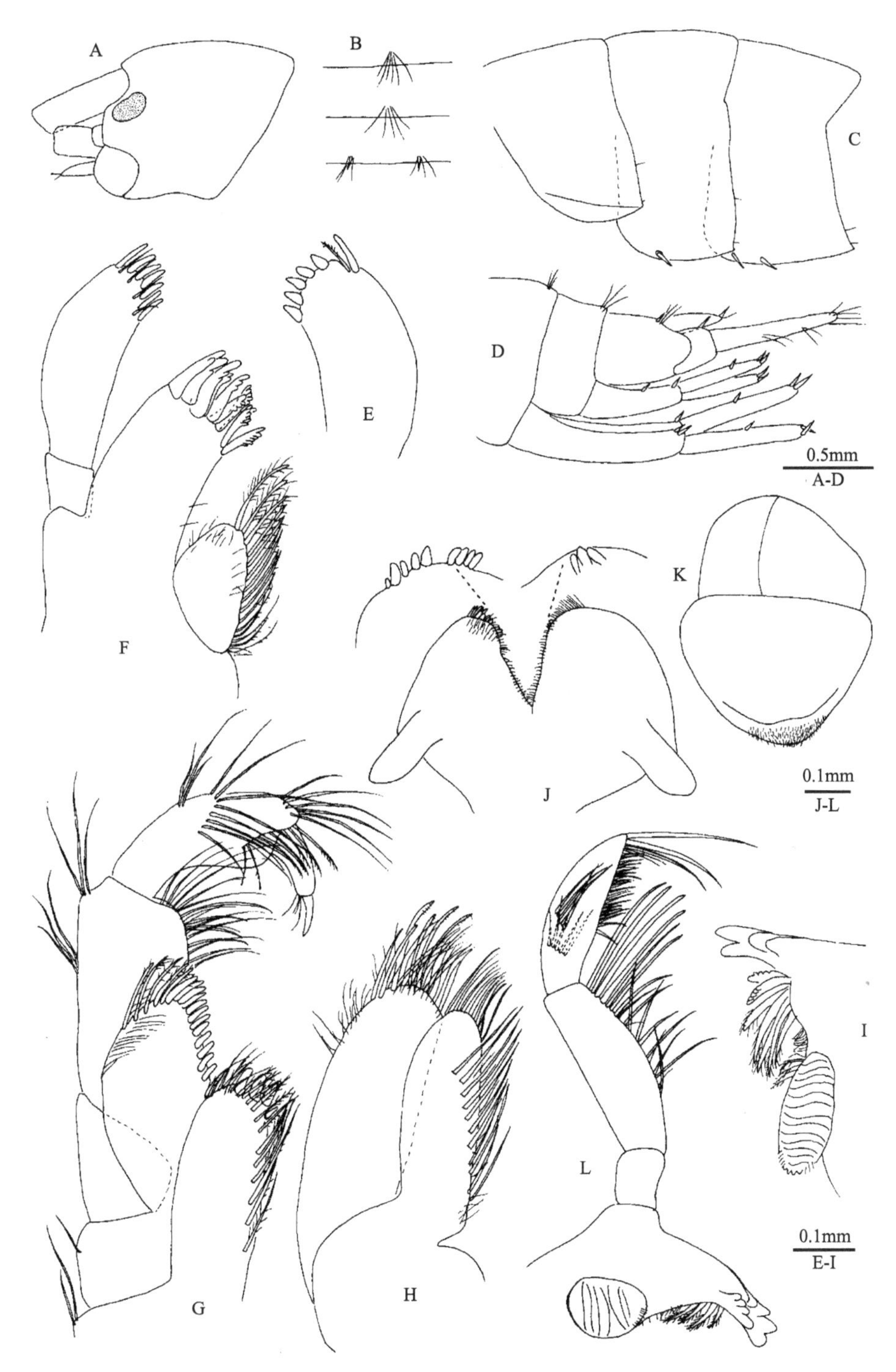

图 63　聚毛钩虾 *Gammarus accretus* Hou & Li（一）

♂。A. 头; B. 第 4-6 腹节（背面观）; C. 腹侧板; D. 第 4-6 腹节（侧面观）; E. 右第 1 小颚触须; F. 左第 1 小颚; G. 颚足; H. 第 2 小颚; I. 右大颚; J. 下唇; K. 上唇; L. 左大颚

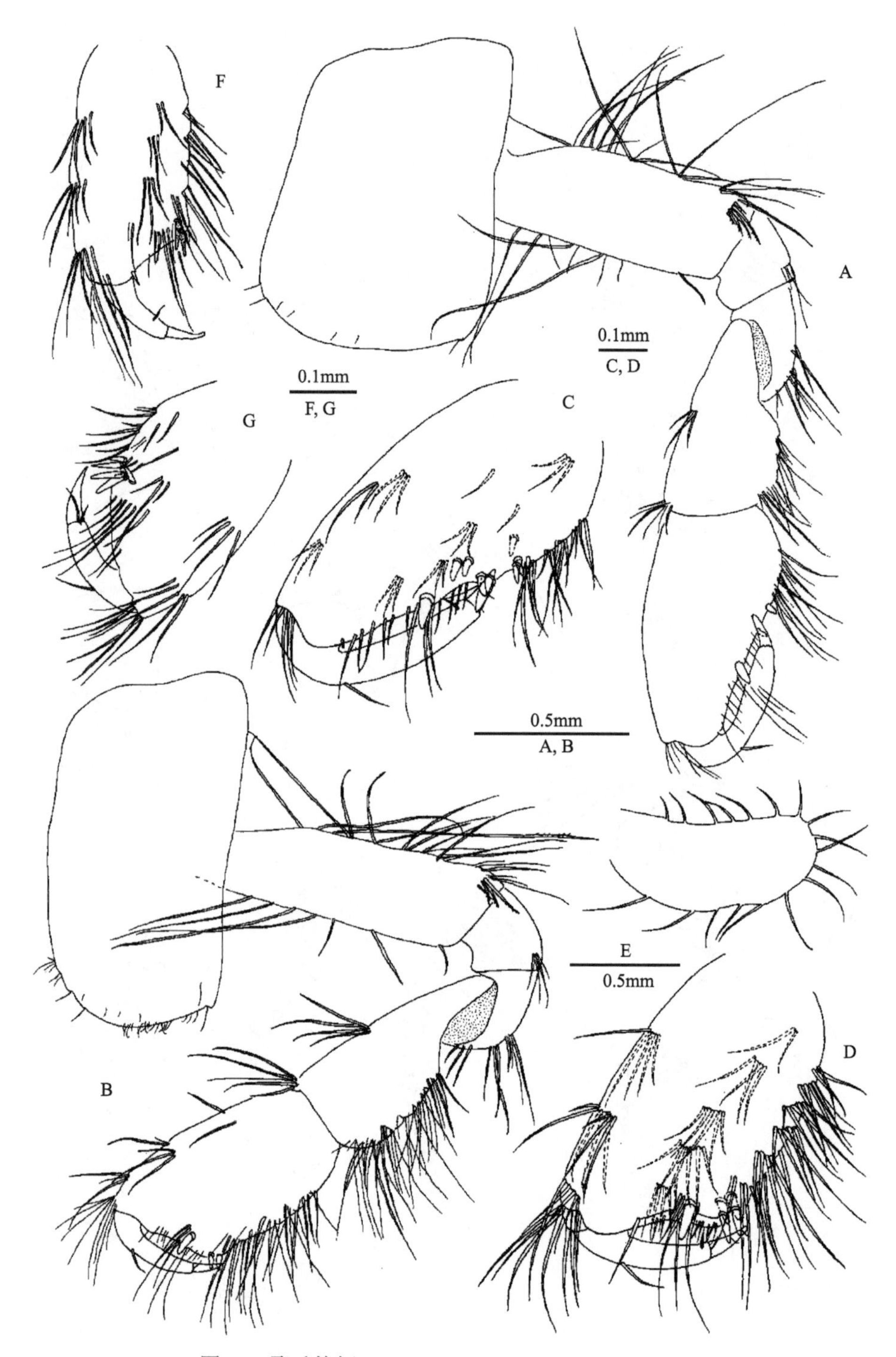

图 64 聚毛钩虾 *Gammarus accretus* Hou & Li（二）

♂, A-D; ♀, E-G。A. 第 1 腮足; B. 第 2 腮足; C. 第 1 腮足掌节; D. 第 2 腮足掌节; E. 第 2 抱卵板; F. 第 2 腮足掌节; G. 第 1 腮足掌节

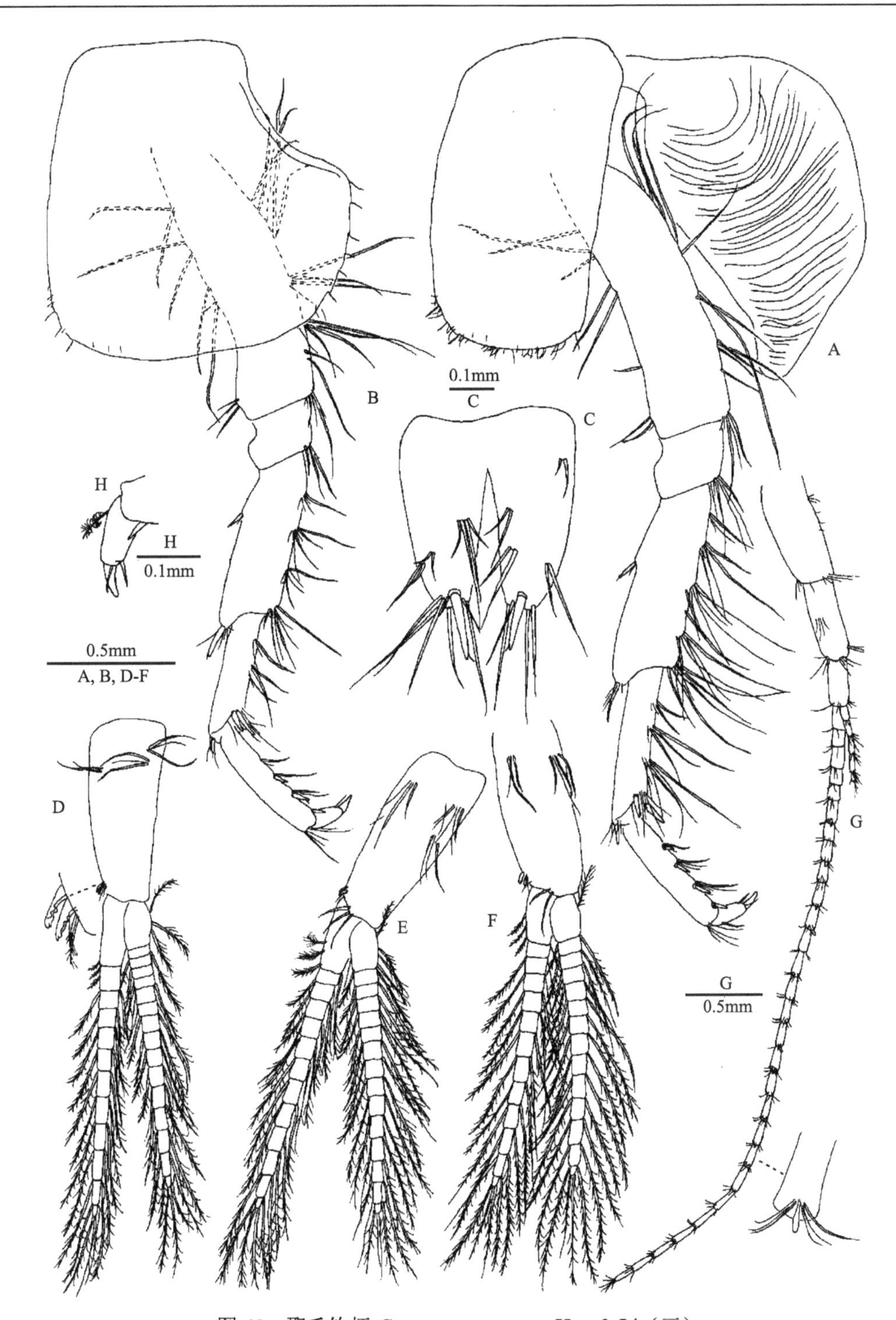

图 65　聚毛钩虾 *Gammarus accretus* Hou & Li（三）

♂。A. 第 3 步足; B. 第 4 步足; C. 尾节; D. 第 1 腹肢; E. 第 2 腹肢; F. 第 3 腹肢; G. 第 1 触角; H. 第 4 步足指节

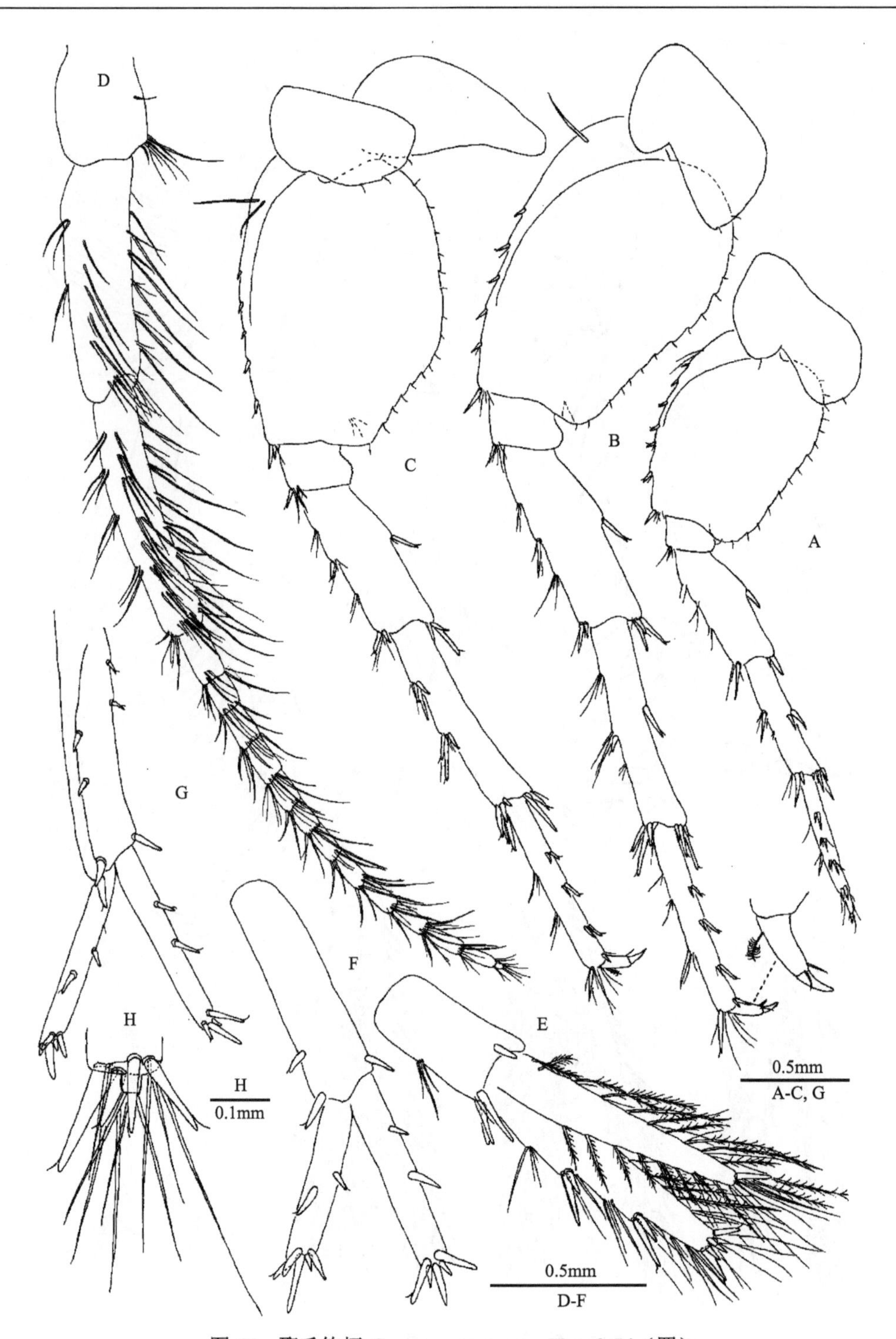

图 66 聚毛钩虾 *Gammarus accretus* Hou & Li（四）

♂。A. 第 5 步足; B. 第 6 步足; C. 第 7 步足; D. 第 2 触角; E. 第 3 尾肢; F. 第 2 尾肢; G. 第 1 尾肢; H. 第 3 尾肢第 2 节

(15) 高原钩虾 *Gammarus altus* Hou & Li, 2018（图 67–71）

Gammarus altus Hou & Li, 2018b: 3, figs. 2–6.

形态描述：雄性 11.6mm。眼卵形。第 1 触角第 1–3 柄节长之比为 1.00∶0.70∶0.43，后缘具刚毛；鞭 28 节，具感觉毛，副鞭 3 节。第 2 触角第 4 柄节短于第 5 柄节，两缘具长刚毛，鞭 10 节，具感觉器。左大颚切齿 5 齿，动颚片 4 齿，刺排具 6 羽状毛；触须第 2 节具 15 缘毛，第 3 节具 6 A-刚毛、2 组 B-刚毛、17 D-刚毛和 4 E-刚毛。右大颚切齿 4 齿，动颚片分叉，具小齿。下唇内叶缺失，外叶具细刚毛。第 1 小颚左右不对称，内叶具 18 羽状刚毛，外叶具 11 锯齿状顶刺；左触须第 2 节具 7 细长刺和 2 硬刚毛；右触须第 2 节具 5 钝刺和 1 硬刚毛。第 2 小颚内叶具 16 羽状刚毛，内、外叶顶端具长刚毛。颚足内叶具 3 顶刺和 12 羽状缘毛；外叶内缘具 14 钝刺，顶端具 4 羽状毛；触须第 3 节具长刚毛，趾钩接合处具 1 组刚毛。

第 1 腮足底节板腹缘前、后角各具 1 刚毛；基节前缘和内缘具长刚毛；腕节三角形，长为掌节的 2/3；掌节梨形，掌缘斜，具 1 中央壮刺，后缘具 7 刺，内侧具 6 刺；指节外侧具 1 刚毛。第 2 腮足底节板腹前角具 2 刚毛，腹后角具 1 刚毛；基节前、后缘具刚毛；腕节与掌节几乎等长，掌节长方形，掌缘平截，具 1 中央壮刺，后缘具 4 刺；指节外缘具 1 刚毛。

第 3 步足底节板腹前、后缘分别具 2 和 1 刚毛；基节前、后缘具刚毛；长节至掌节后缘具长刚毛；指节粗，前缘具 1 羽状毛，趾钩接合处具 1 刚毛。第 4 步足底节板凹陷，腹前角具 2 刚毛，腹后角具 6 刚毛；长节至掌节后缘刚毛短而少；指节前缘具 1 羽状毛，趾钩接合处具 2 刚毛。第 5 步足底节板前叶具 1 刚毛，后缘具 4 刚毛；基节后缘近直，前缘具 4 刺，前下角具 1 刺，后缘具 1 排 13 刚毛；长节至掌节两缘具刺；指节趾钩接合处具 2 刚毛。第 6 步足长于第 5 步足，底节板腹前、后缘分别具 1 和 3 刚毛；基节延长，前缘具 1 长刚毛和 4 刺，前下角具 1 刺和刚毛；后缘具 14 细毛。第 7 步足底节板腹后缘具 5 刚毛；基节扩大，前缘具 2 长刚毛和 4 刺，前下角具 2 刺伴刚毛，后缘具 1 排 15 刚毛，内面具 1 刺；指节后缘具 1 羽状毛。第 2–7 胸节具底节鳃，囊状。

第 1–3 腹侧板后下角钝，后缘具 2 短刚毛。第 1 腹侧板腹缘前角具 9 刚毛，第 2、3 腹侧板腹缘具 1、2 刺。第 1–3 腹肢等长，柄节具缘毛，腹前角具 2 钩刺和 2 刚毛；内、外肢 20 节，具羽状毛。第 4–6 腹节背部扁平，具 4 簇刺。

第 1 尾肢柄节长于肢节，具 1 背基刺，内、外肢边缘具刺；内肢内缘具 1 刺，外肢内、外缘各具 1 刺，内、外肢均具 5 末端刺。第 2 尾肢柄节外缘具 1 刺，后下角具 1 刺；内肢内缘具 1 刺；外肢外缘具 1 刺；内、外肢具 5 末端刺。第 3 尾肢内肢长约为外肢的 1/3，外肢第 1 节外侧具 4 簇刺，内侧具 5 刺，第 2 节长，内、外肢刚毛少。尾节深裂，每叶末端具 3 刺与 1 基侧刺。

雌性 10.1mm。第 1 腮足掌节卵形，后角具 7 刺；指节外缘具 1 刚毛。第 2 腮足掌节长方形，后角具 2 刺。第 3 尾肢内肢短于外肢的 1/3，内肢具 2 刺和 1 末端刺；外肢内外缘具 4、5 组刺和刚毛；内外肢具缘毛。第 2–5 胸节具抱卵板。

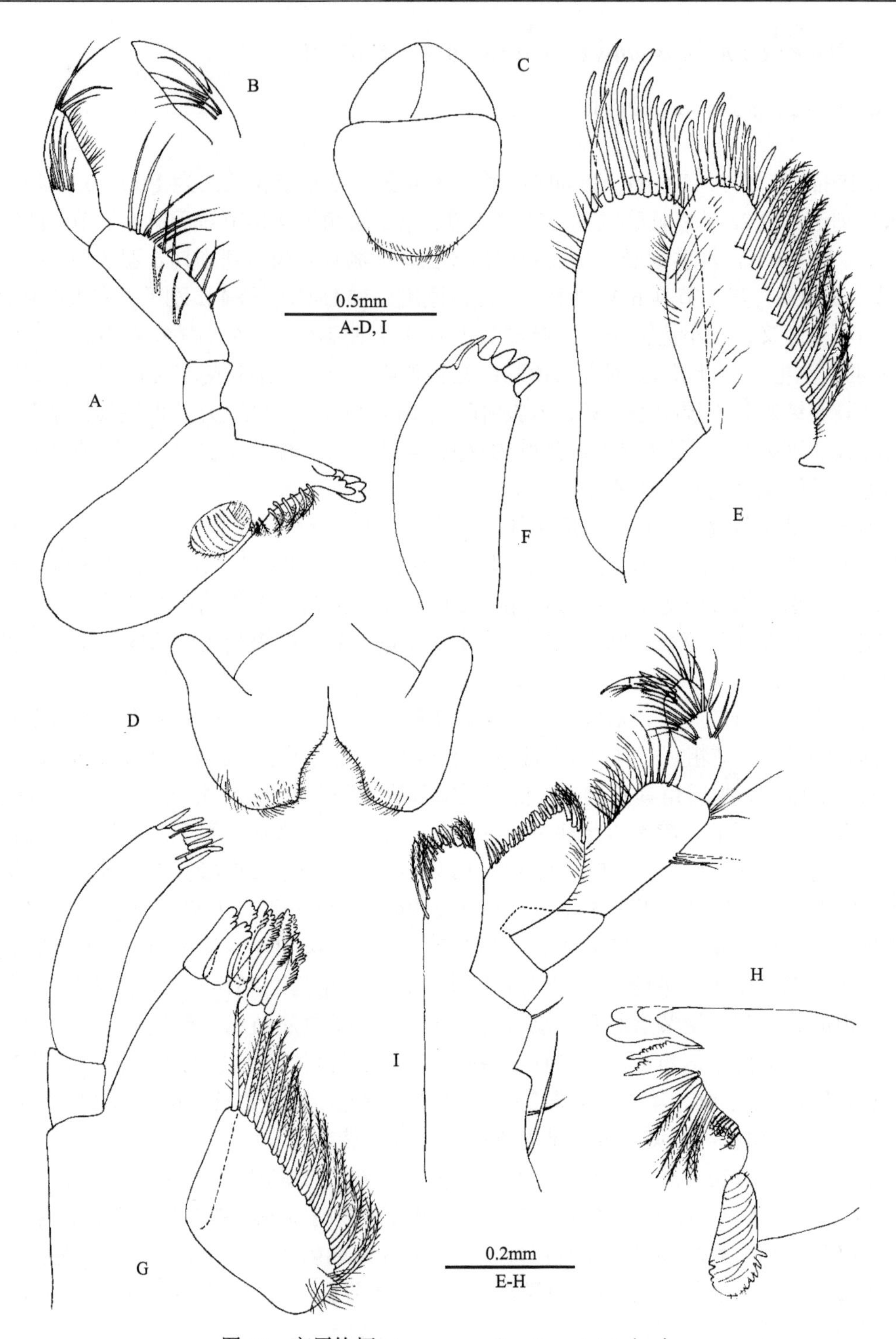

图 67　高原钩虾 *Gammarus altus* Hou & Li（一）

♂。A. 左大颚; B. 左大颚触须第 3 节; C. 上唇; D. 下唇; E. 第 2 小颚; F. 右第 1 小颚触须; G. 左第 1 小颚; H. 右大颚; I. 颚足

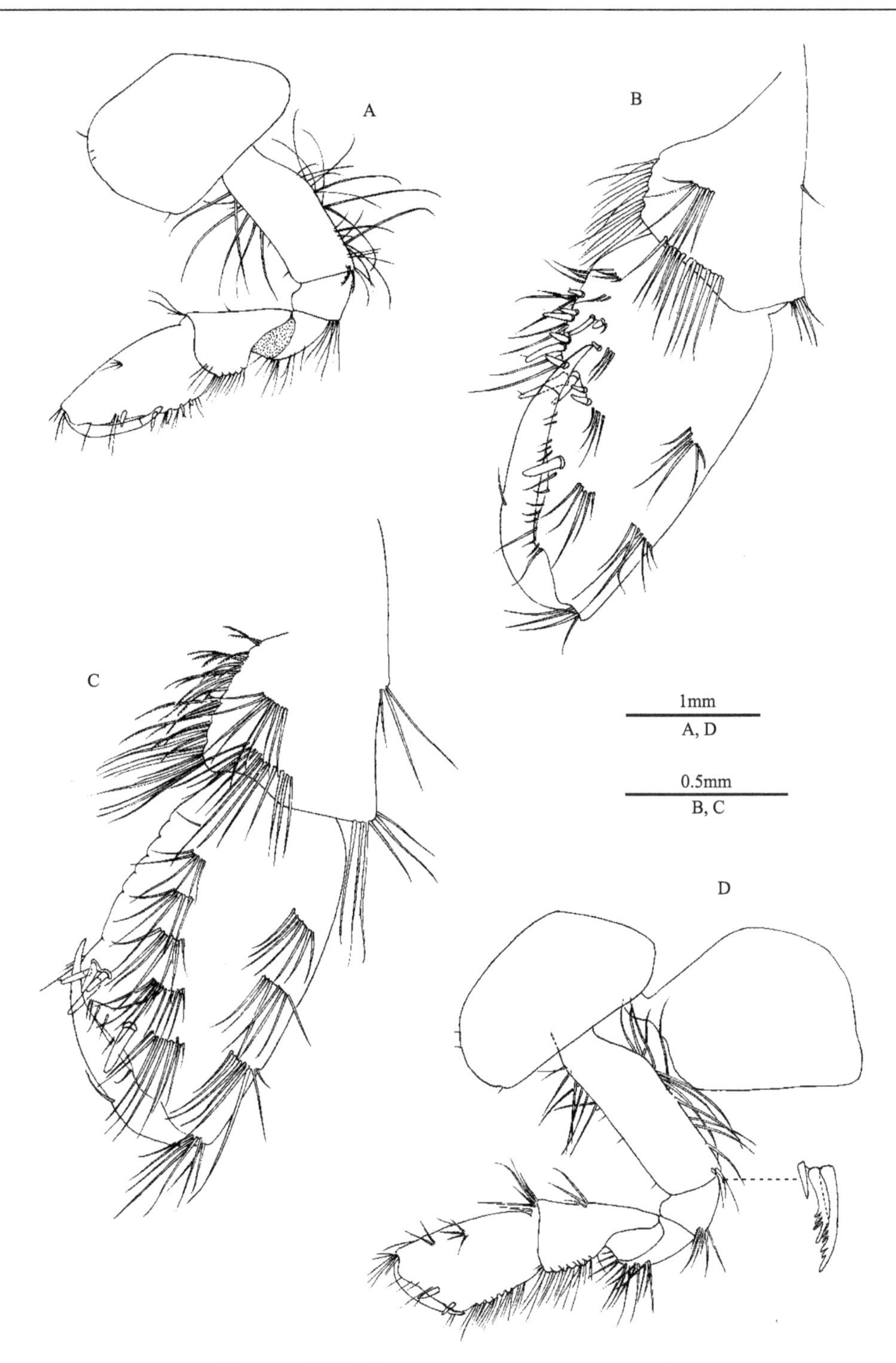

图 68　高原钩虾 *Gammarus altus* Hou & Li（二）

♂。A. 第 1 腮足; B. 第 1 腮足掌节; C. 第 2 腮足掌节; D. 第 2 腮足

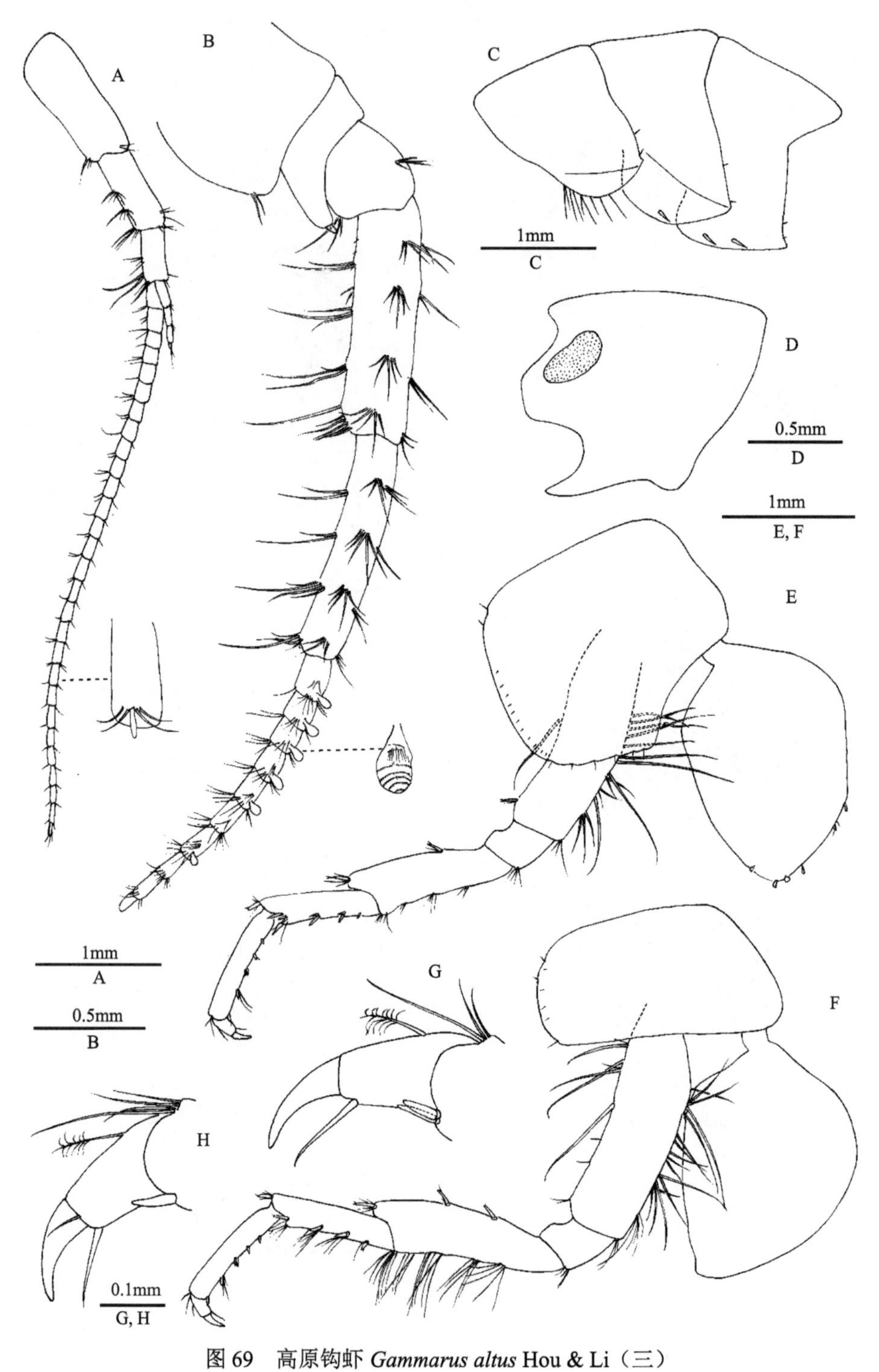

图 69 高原钩虾 *Gammarus altus* Hou & Li（三）

♂。A. 第 1 触角; B. 第 2 触角; C. 第 1-3 腹侧板; D. 头; E. 第 4 步足; F. 第 3 步足; G, H. 第 3、4 步足指节

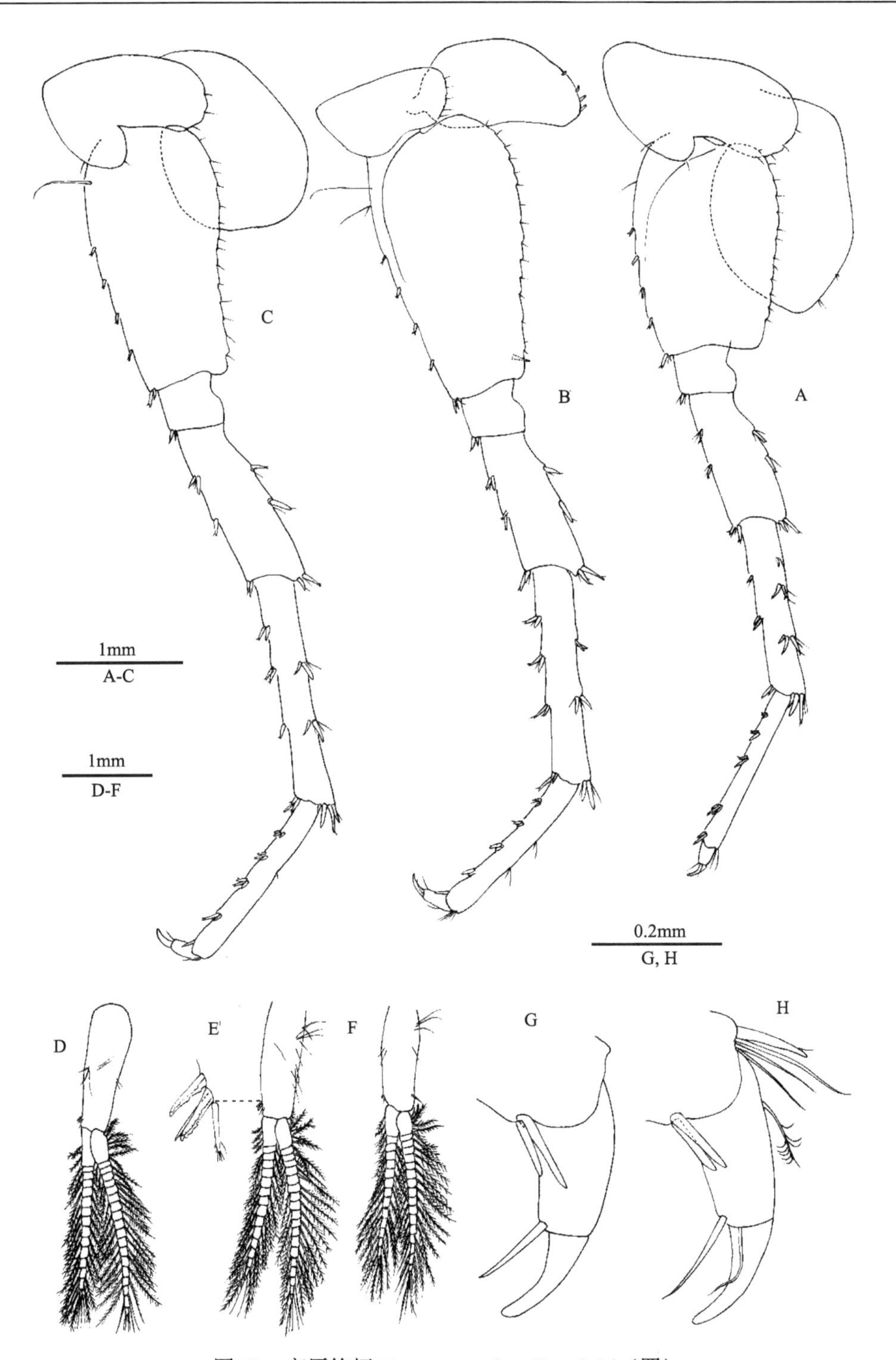

图 70　高原钩虾 *Gammarus altus* Hou & Li（四）

♂。A. 第 5 步足; B. 第 7 步足; C. 第 6 步足; D. 第 1 腹肢; E. 第 2 腹肢; F. 第 3 腹肢; G. 第 6 步足指节; H. 第 7 步足指节

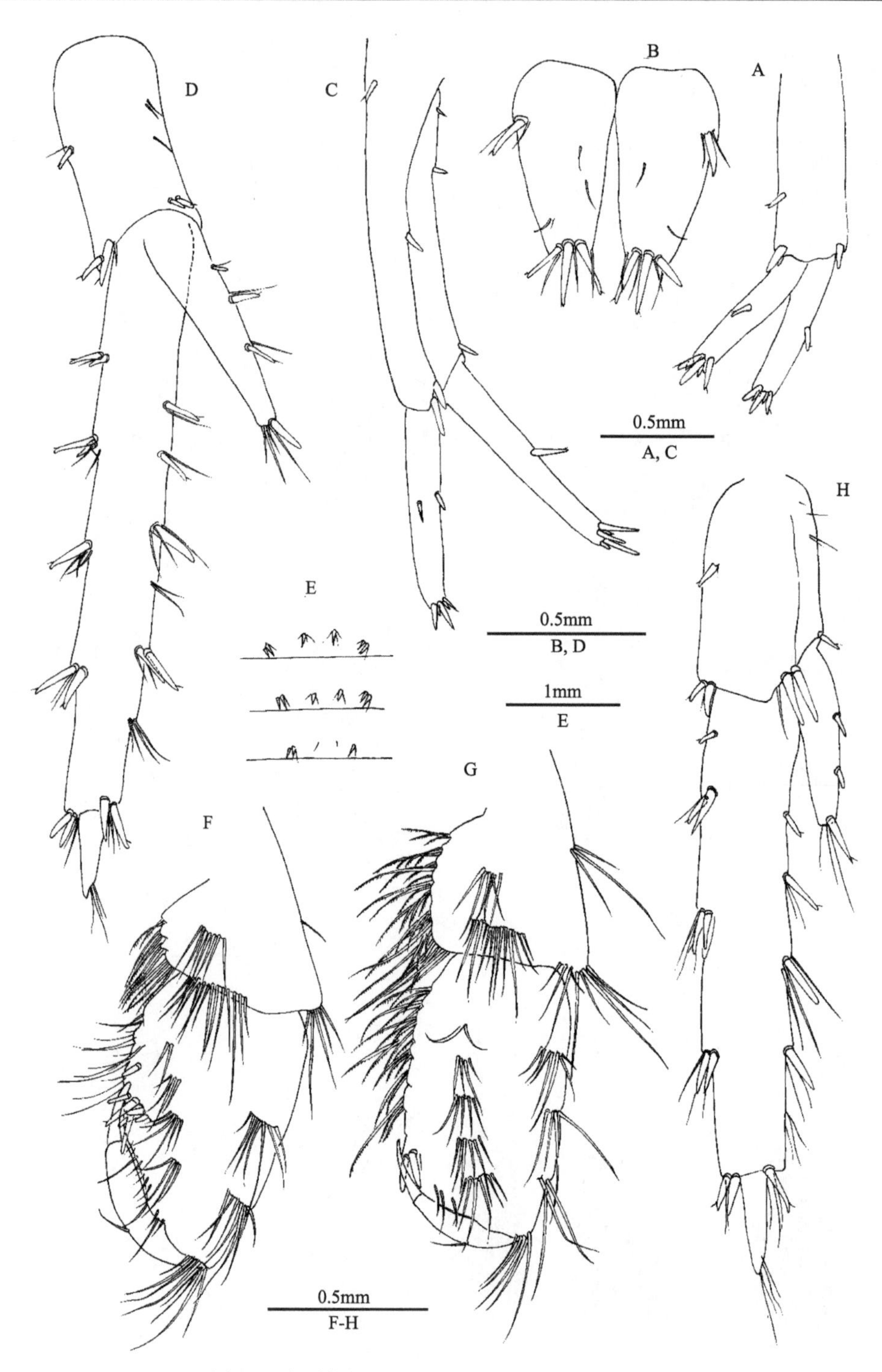

图 71 高原钩虾 *Gammarus altus* Hou & Li（五）

♂, A-E; ♀, F-H。A. 第 2 尾肢; B. 尾节; C. 第 1 尾肢; D. 第 3 尾肢; E. 第 4-6 腹节（背面观）; F. 第 1 腮足掌节; G. 第 2 腮足掌节; H. 第 3 尾肢

观察标本：1♂（正模，IZCAS-I-A0061），25♂20♀，四川德格马尼干戈镇（31.9°N, 99.2°E），海拔 4000m，2001.VIII.12，采集者彭贤锦。

生态习性：本种栖息在山间小溪，水清澈。

地理分布：四川（德格）。

分类讨论：本种主要鉴别特征为第 3、4 步足后缘具刚毛；第 5–7 步足基节延长，腕节和掌节前缘具刺，少刚毛；腹侧板后下角钝；第 3 尾肢内肢长为外肢的 1/3，内、外肢具缘刺，少刚毛。本种与淤泥钩虾 *G. limosus* Hou & Li 的区别是大颚第 2 节内面具 4 毛，第 3 节内面具 2 簇 B-刚毛；第 3 尾肢内肢长为外肢的 1/3；尾节具 1 侧刺。

(16) 盲刺钩虾 *Gammarus aoculus* Hou & Li, 2003（图 72–76）

Gammarus aoculus Hou & Li, 2003e: 448, figs. 1–5.

形态描述：雄性 10.7mm。无眼。第 1 触角长为第 2 触角的 2 倍，鞭 26 节，具缘毛，副鞭 5 节。第 2 触角第 4、5 柄节等长，具短刚毛，鞭 11 节，具鞋状感觉器。左大颚切齿 5 齿；动颚片 4 齿；触须第 2 节长于第 3 节，具 15 缘毛，第 3 节具 4 A-刚毛、22 D-刚毛和 3 E-刚毛。右大颚切齿 4 齿，臼齿具 1 长刚毛。第 1 小颚内叶具 14 羽状刚毛，外叶具 11 锯齿状刺，触须第 2 节具 9 顶刺。第 2 小颚内叶具 13 羽状毛。颚足内叶具 1 近顶刺和 3 壮顶刺，外叶具 1 排细刺。

第 1 腮足底节板长方形，腹缘前、后角分别具 3 和 1 刚毛；腕节短于掌节，掌节掌缘斜，具 1 中央壮刺，后缘具 3 刺，内面具 6 小刺。第 2 腮足腕节与掌节具长毛，掌节两缘平行，掌缘稍斜，具 1 中央壮刺与 5 后缘刺。第 3、4 步足相似，长节和腕节后缘具长毛，掌节后缘具 1-1-1-1-2 根刺。第 5 步足基节扩大，前缘具 1-1-1-1-1-1-2 刺；长节至掌节两缘具刺。第 6、7 步足基节延长，具前刺和后刚毛，基节内面具 1 刺。

第 1–3 腹节背部光滑。第 1–3 腹侧板渐尖，第 1 腹侧板腹缘前角具 11 刚毛，第 2、3 腹侧板腹缘具 3、4 刺。第 4–6 腹节背部具刺和刚毛。

第 1 尾肢柄节长于内肢，具 1 或 2 刺，外缘具 1-1-1-1-2 刺，内缘具 1-1-1-1 刺；内肢内缘具 3 刺；外肢内、外缘分别具 3 刺和 1 刺。第 2 尾肢柄节内、外缘分别具 3 和 4 刺；内肢内缘具 2 刺；外肢内、外缘各具 1 刺。第 3 尾肢内肢约为外肢的 1/3，外肢第 2 节明显短于周围刺，内、外肢两侧密布简单长刚毛。尾节深裂，每叶末端具 3 刺，表面具长毛。

雌性 10.5mm，抱卵。第 1 腮足掌节后缘具 5 刺。第 2 腮足掌节具 4 末端刺。第 3、4 步足长节比雄性具较少长刚毛。第 1 尾肢柄节具 1 背基刺；内肢内缘具 1 刺；外肢内、外缘各具 1 刺。第 3 尾肢内肢长为外肢长的 1/3，外肢第 2 节短。第 2–5 胸节具抱卵板。

观察标本：1♂（正模，IZCAS-I-A0037），5♂5♀，采集地不详。

生态习性：不详。

地理分布：不详。

分类讨论：本种主要鉴别特征是无眼，第 2 触角具鞋状感觉器，第 3、4 步足具长毛，第 3 尾肢内肢短，尾节具长刚毛。本种与 *G. vignai* Pinkster & Karaman 的区别在于本种具鞋状感觉器，第 3 尾肢内肢长为外肢的 1/3，内、外肢均具简单长毛。

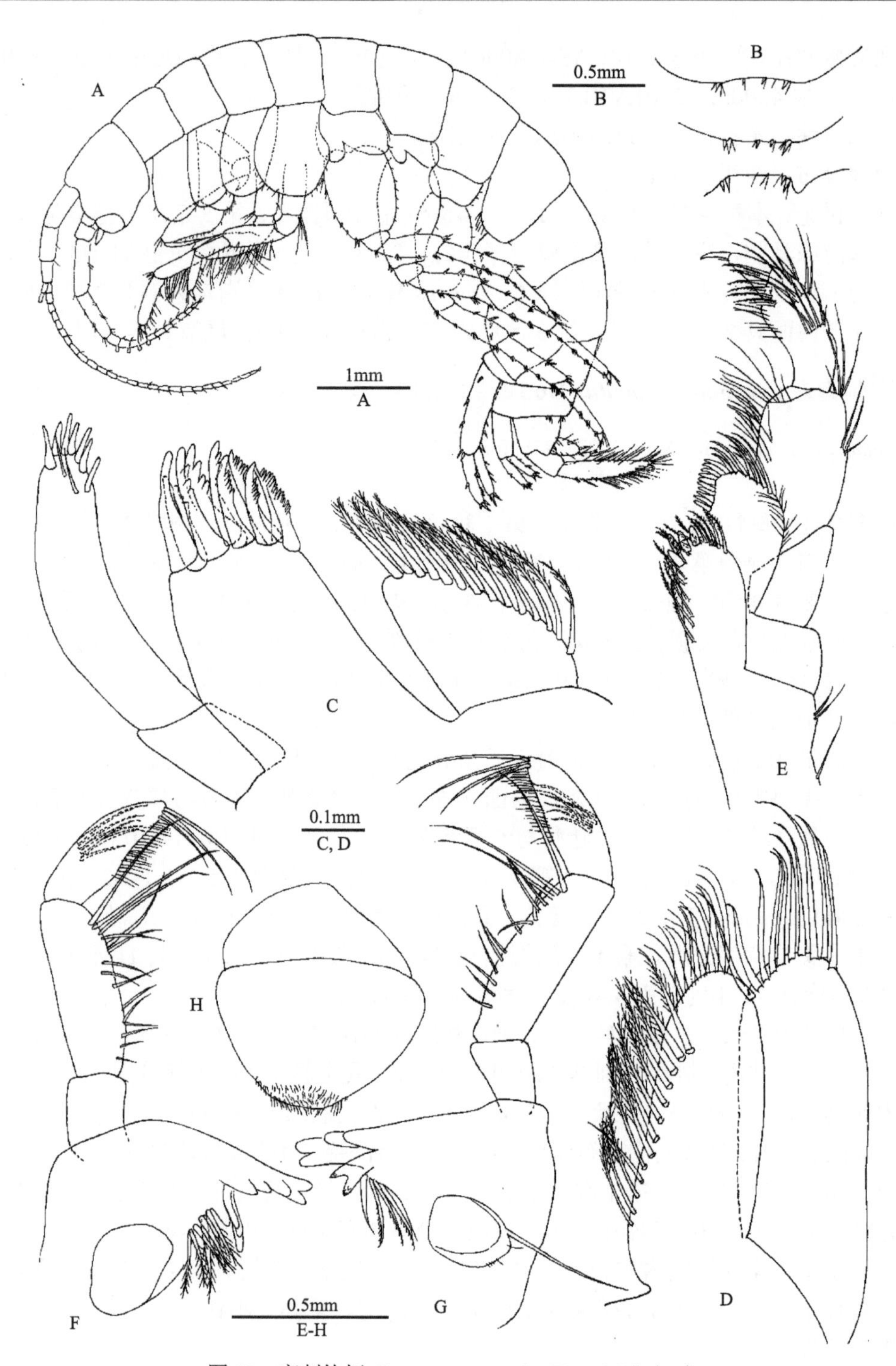

图 72 盲刺钩虾 *Gammarus aoculus* Hou & Li（一）

♂。A. 整体（侧面观）; B. 第 4-6 腹节（背面观）; C. 第 1 小颚; D. 第 2 小颚; E. 颚足; F. 左大颚; G. 右大颚; H. 上唇

图 73　盲刺钩虾 *Gammarus aoculus* Hou & Li（二）

♂。A. 第 1 腮足; B. 第 2 腮足; C. 第 1 腮足掌节; D. 第 2 腮足腕节; E. 第 2 腮足掌节

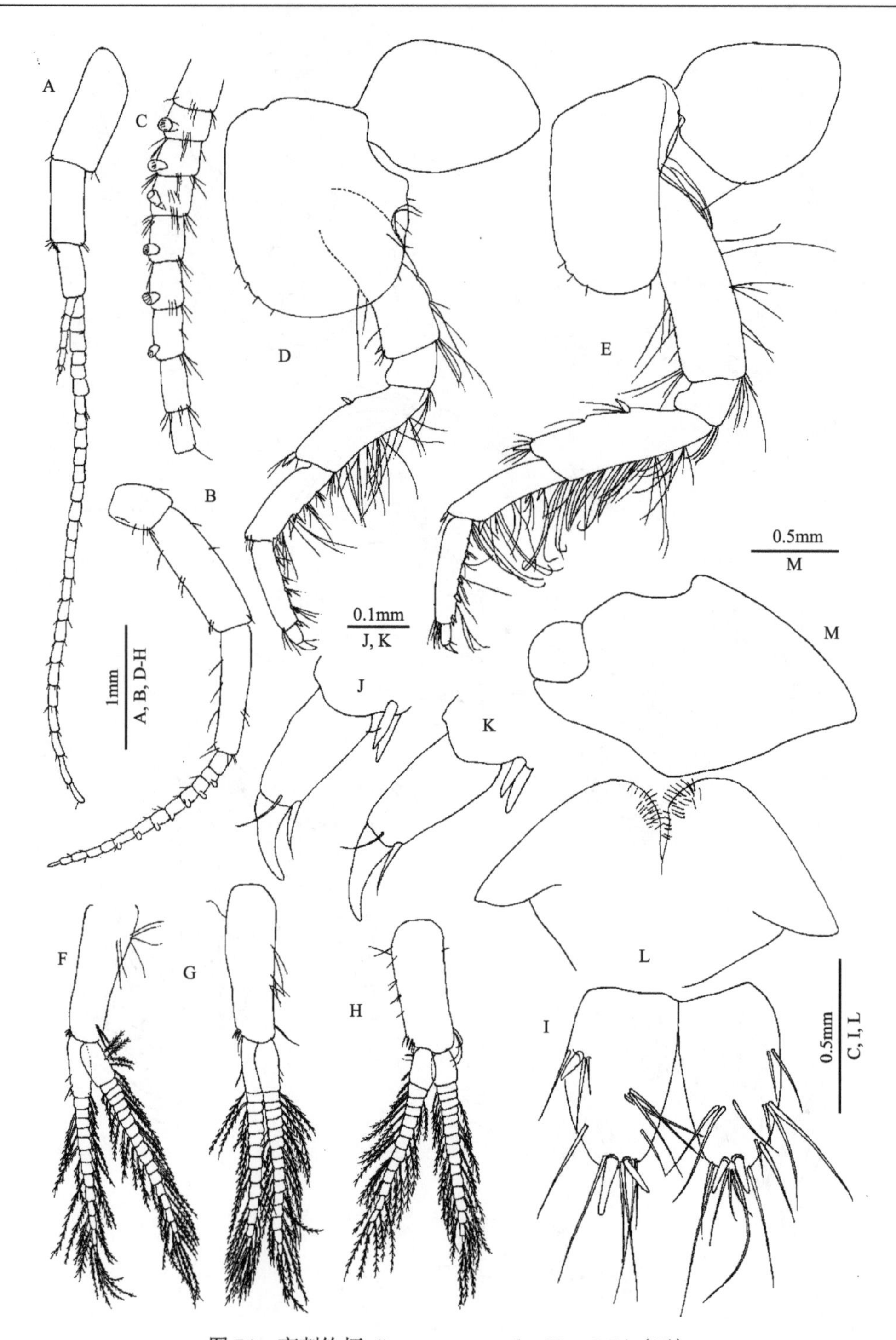

图 74 盲刺钩虾 *Gammarus aoculus* Hou & Li（三）

♂。A. 第 1 触角; B. 第 2 触角; C. 第 2 触角鞭节; D. 第 4 步足; E. 第 3 步足; F. 第 1 腹肢; G. 第 2 腹肢; H. 第 3 腹肢; I. 尾节; J. 第 4 步足指节; K. 第 3 步足指节; L. 下唇; M. 头

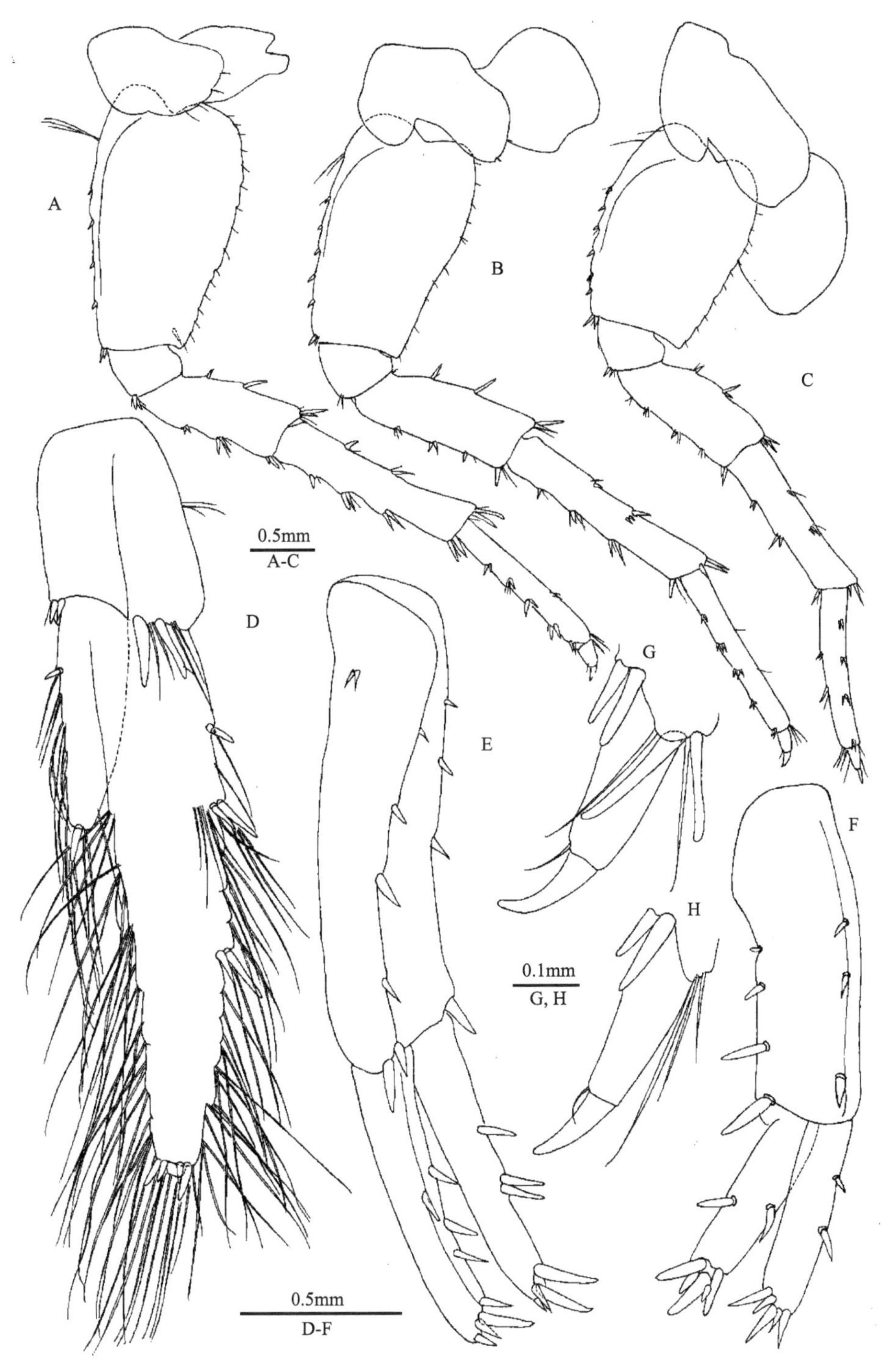

图 75　盲刺钩虾 *Gammarus aoculus* Hou & Li（四）

♂。A. 第 7 步足; B. 第 6 步足; C. 第 5 步足; D. 第 3 尾肢; E. 第 1 尾肢; F. 第 2 尾肢; G. 第 7 步足指节; H. 第 6 步足指节

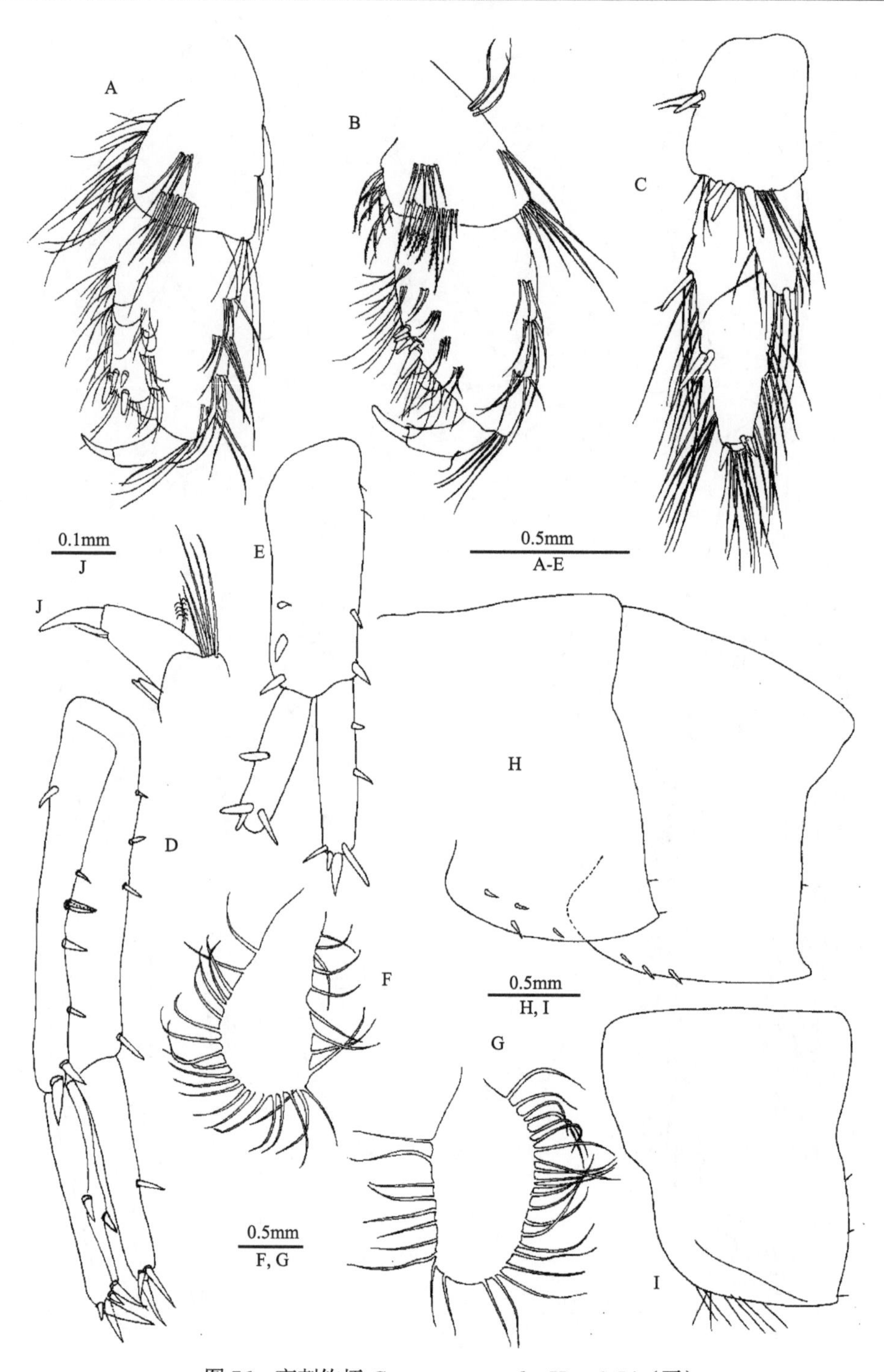

图 76 盲刺钩虾 *Gammarus aoculus* Hou & Li（五）

♂, H-J; ♀, A-G。A. 第 2 腮足掌节; B. 第 1 腮足掌节; C. 第 3 尾肢; D. 第 1 尾肢; E. 第 2 尾肢; F. 第 3 抱卵板; G. 第 2 抱卵板; H. 第 2、3 腹侧板; I. 第 1 腹侧板; J. 第 3 步足指节

(17) 暗钩虾 *Gammarus abstrusus* Hou, Platvoet & Li, 2006（图 77–82）

Gammarus abstrusus Hou, Platvoet & Li, 2006: 1211, figs. 2–7.

形态描述：雄性 14.5mm。无眼。第 1 触角第 1–3 柄节长度比 1.0∶0.8∶0.4，具末端毛；鞭 31 节，大多数具感觉毛；副鞭 5 节。第 2 触角柄节背、腹缘均具长刚毛，内面具 3、4 组长刚毛；鞭 14 节，具长刚毛和鞋状感觉器。左大颚切齿 5 齿；动颚片 4 齿，刺排具 8 对刚毛；臼齿具 1 羽状刚毛；触须第 2 节具 19 刚毛，第 3 节长约为第 2 节的 3/4，分别具 7 A-刚毛，2 组 B-刚毛，1 排 D-刚毛，和 5 E-刚毛。右大颚切齿 4 齿，动颚片分叉，具小齿。第 1 小颚左右不对称，内叶具 16 羽状刚毛；外叶具 11 锯齿状顶刺，每刺具小齿，排列方式 2-2-3-3-3-5-4-5-8-6-9；左触须第 2 节内面具 7 细长刺和 3 硬刚毛；右触须宽，第 2 节具 4 粗壮刺、1 梳状刺和 1 刚毛。第 2 小颚内叶内面具 15 羽状刚毛，外叶侧缘具刺和小刚毛。颚足内叶具 3 壮刺；外叶具 9 钝刺；触须第 4 节爪状，趾钩接合处具 1 组刚毛。

第 1 腮足底节板近长方形，腹缘前、后分别具 4 和 1 刚毛；基节前、后缘具长刚毛；腕节短；掌节卵形，掌面倾斜，掌后缘具 12 刺，内面具 5 刺；指节外缘具 1 刚毛，趾钩接合处具 3 短刚毛。第 2 腮足底节板腹缘前、后角分别具 4 和 1 刚毛；基节近前缘和后缘具长刚毛；腕节具平行边缘；掌节长方形，掌缘平截，后下角具 6 刺；指节外缘具 1 刚毛，趾钩接合处具 1 刚毛。

第 3 步足底节板腹缘前、后角分别具 4 和 1 刚毛，腹缘具小刚毛；基节后缘具长刚毛；长节至掌节后缘密布长卷刚毛；指节后缘具 1 羽状刚毛，趾钩接合处具 1 硬刚毛。第 4 步足底节板腹缘前角具 4 刚毛，后缘具 9 刚毛；基节后缘具几组长刚毛；长节至掌节后缘具直刚毛；指节后缘具 1 羽状刚毛，趾钩接合处具 2 硬刚毛。第 5 步足底节板前叶具 1 刚毛，后叶具 3 刚毛；基节前缘具 4 刚毛和 7 刺，后缘具 14 刚毛；长节前缘具 4 组刚毛，后缘具 2 刺；腕节前缘具 3 组刺伴刚毛，后缘具 2 组刺；掌节前缘具 4 组刺，后缘具 3 组刚毛；指节后缘具 1 刚毛，趾钩接合处具 1 硬刚毛。第 6 步足底节板后叶具 2 刚毛；基节延长，后缘变窄，具 21 刚毛，内面具 2 刚毛。第 7 步足底节板前叶具 2 刚毛，后叶具 4 刚毛；基节前缘具长刚毛和 6 刺，后缘宽，具 20 刚毛，内面具 1 刺和 1 刚毛。第 2 腮足底节鳃和 3–5 步足底节鳃比基节稍短；第 6 步足底节鳃长是基节的 1/2；第 7 步足底节鳃短于基节的 1/2。

第 1 腹侧板近圆形，腹前缘具 13 长刚毛，后缘具 4 刚毛；第 2 腹侧板腹前缘具 4 长刚毛，腹缘具 2 刺和 1 毛，后下角钝，后缘具 5 刚毛；第 3 腹侧板腹前缘具 3 长刚毛和 2 对短刚毛，腹缘具 3 刺，后下角尖，后缘具 5 刚毛。第 1–3 腹肢柄节具长毛，前下角具 2 钩刺和 3 刚毛；内肢比外肢稍短，内、外肢均具羽状刚毛。第 4–6 腹节扁平，第 4 腹节背缘具 5 组刚毛；第 5、6 腹节具侧刺但无背刺。

第 1 尾肢柄节具 1 背基刺；外肢短于内肢，内、外缘分别具 2 和 1 刺；内肢内缘具 1 刺，内、外肢均具 5 末端刺。第 2 尾肢柄节内、外缘分别具 1 和 3 刺；外肢内、外缘各具 1 刺；内肢内缘具 2 刺。第 3 尾肢内肢长为外肢的 1/2，内、外缘具羽状刚毛和简单刚毛；外肢第 1 节外缘具 2 刺和 2 对刺，末缘具 2 对刺，密布羽状刚毛和简单刚毛，

第 2 节明显短于周围刺。尾节深裂，每叶具 2 末端刺。

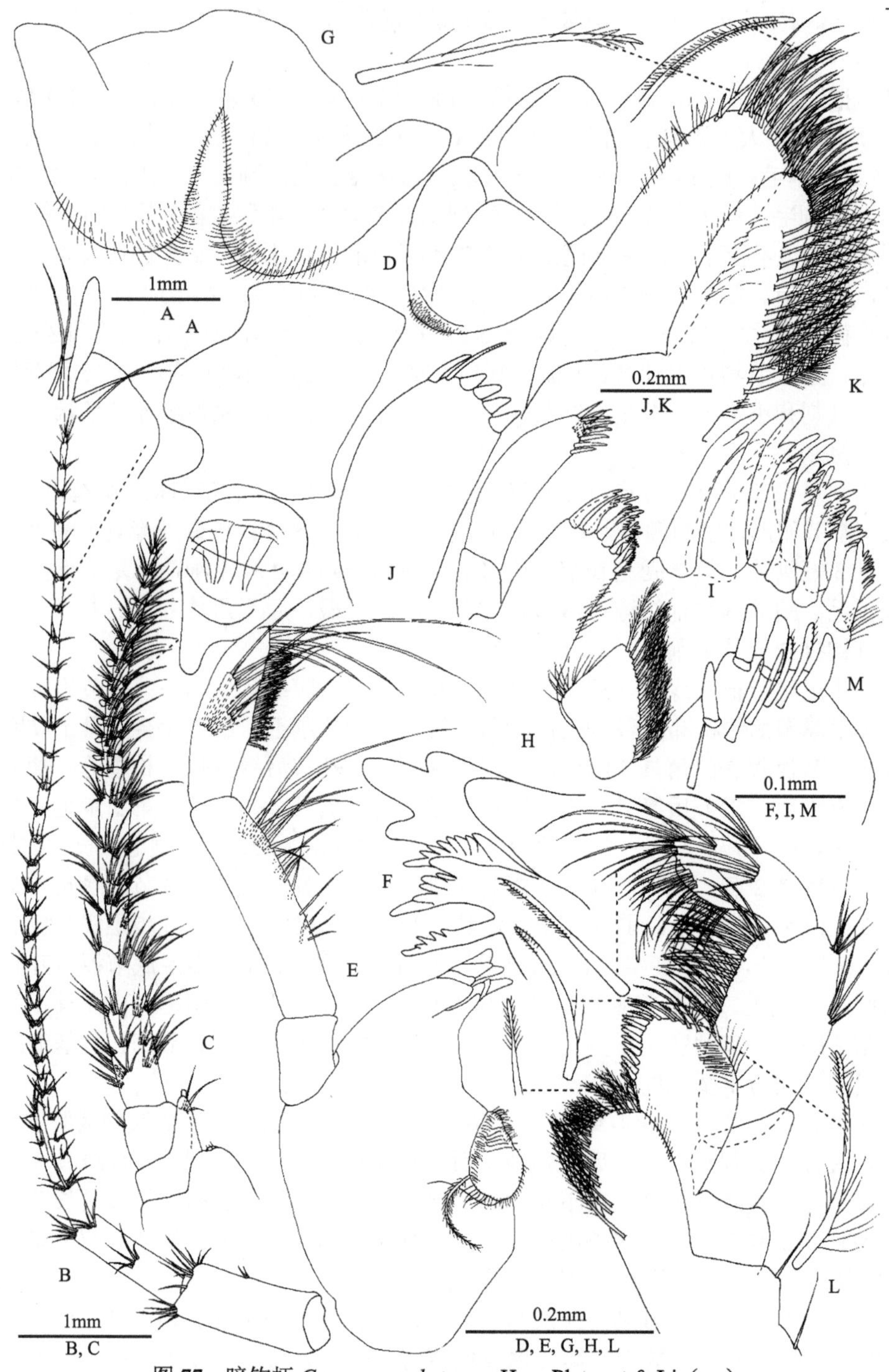

图 77 暗钩虾 *Gammarus abstrusus* Hou, Platvoet & Li（一）

♂。A. 头; B. 第 1 触角; C. 第 2 触角; D. 上唇; E. 左大颚; F. 右大颚切齿; G. 下唇; H. 左第 1 小颚; I. 左第 1 小颚外叶; J. 右第 1 小颚触须; K. 第 2 小颚; L. 颚足; M. 颚足内叶

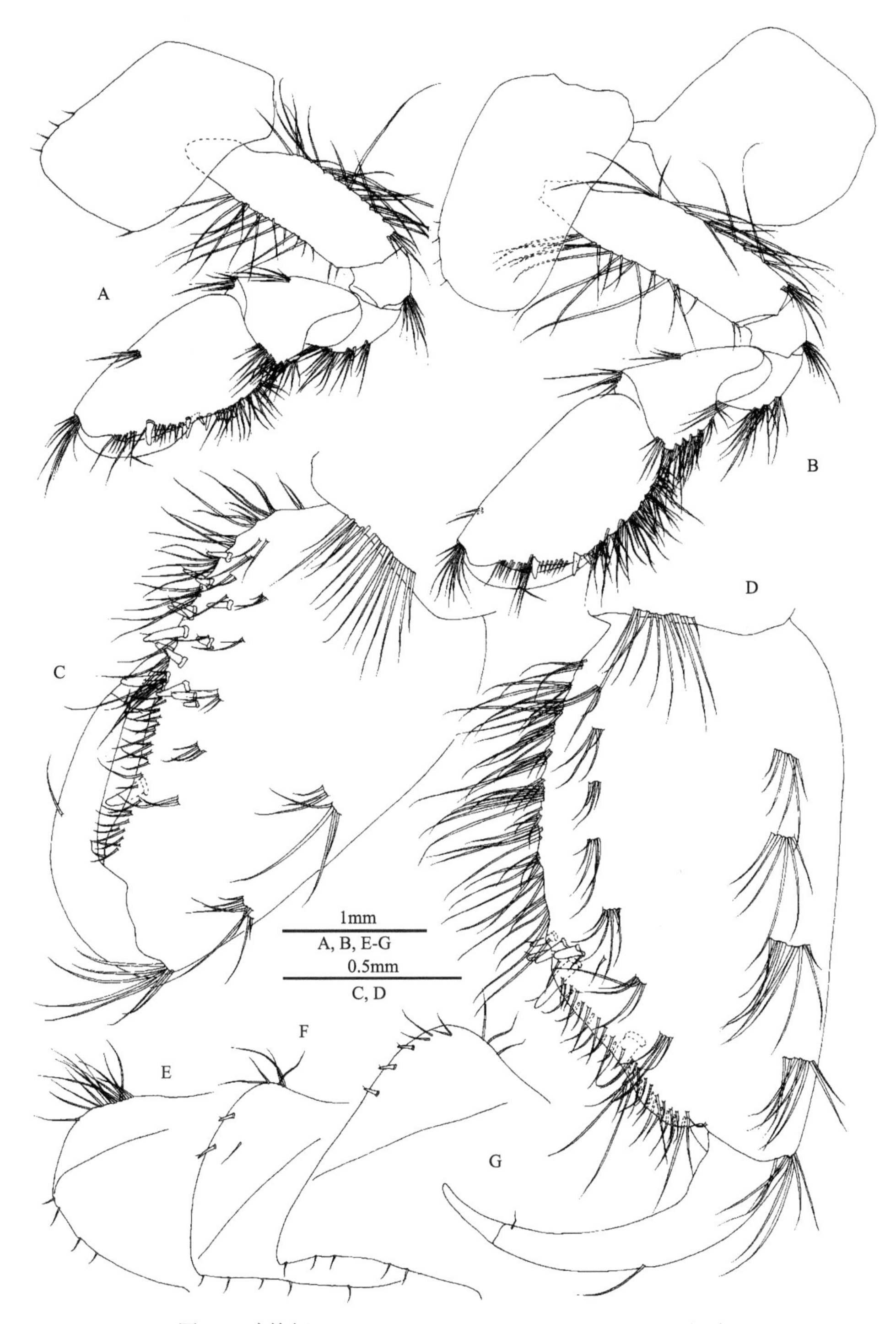

图 78　暗钩虾 *Gammarus abstrusus* Hou, Platvoet & Li（二）

♂。A. 第 1 腮足; B. 第 2 腮足; C. 第 1 腮足掌节; D. 第 2 腮足掌节; E. 第 1 腹侧板; F. 第 2 腹侧板; G. 第 3 腹侧板

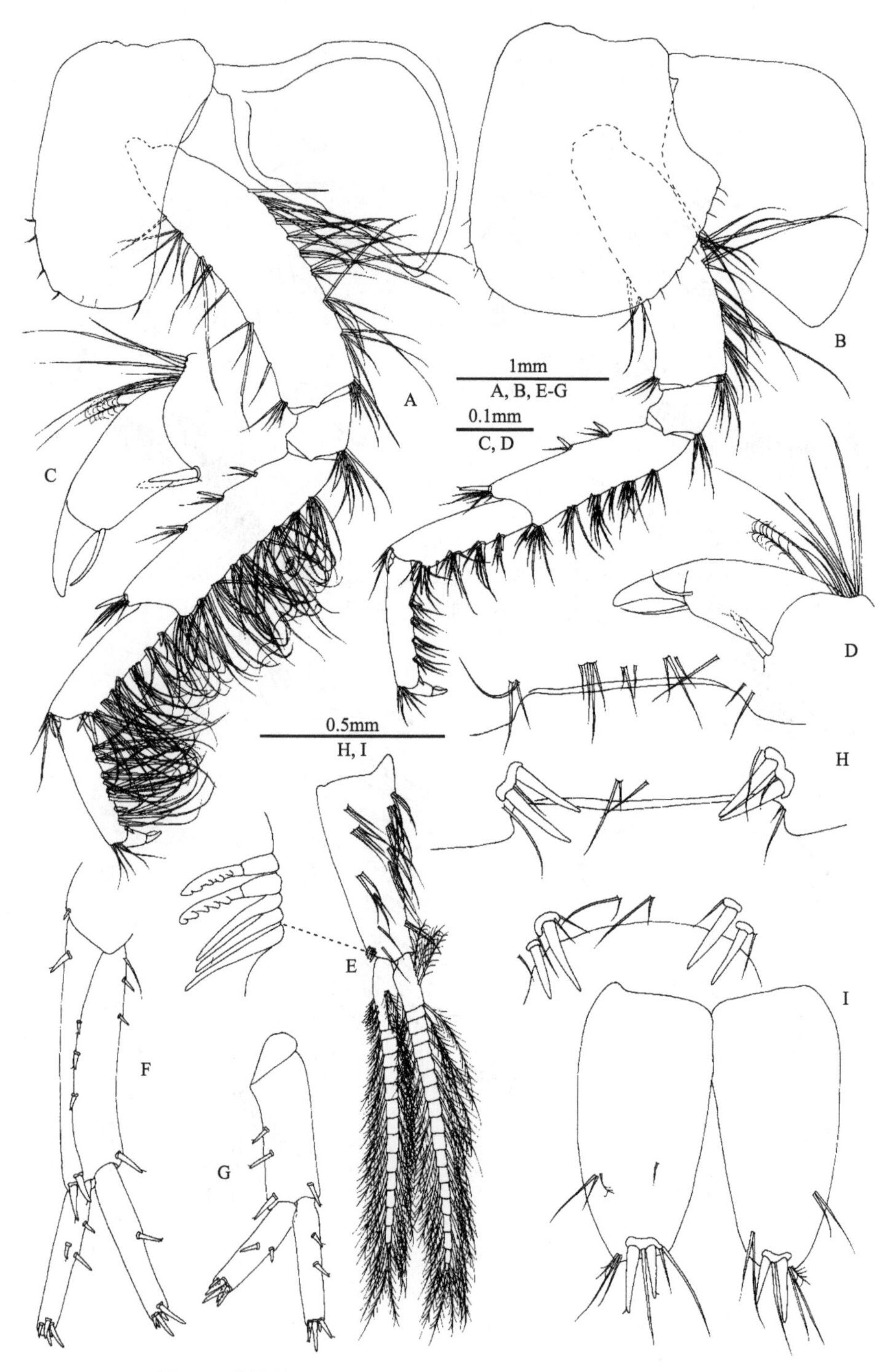

图 79 暗钩虾 *Gammarus abstrusus* Hou, Platvoet & Li（三）

♂。A. 第 3 步足; B. 第 4 步足; C. 第 3 步足指节; D. 第 4 步足指节; E. 第 1 腹肢; F. 第 1 尾肢; G. 第 2 尾肢; H. 第 4-6 腹节; I. 尾节

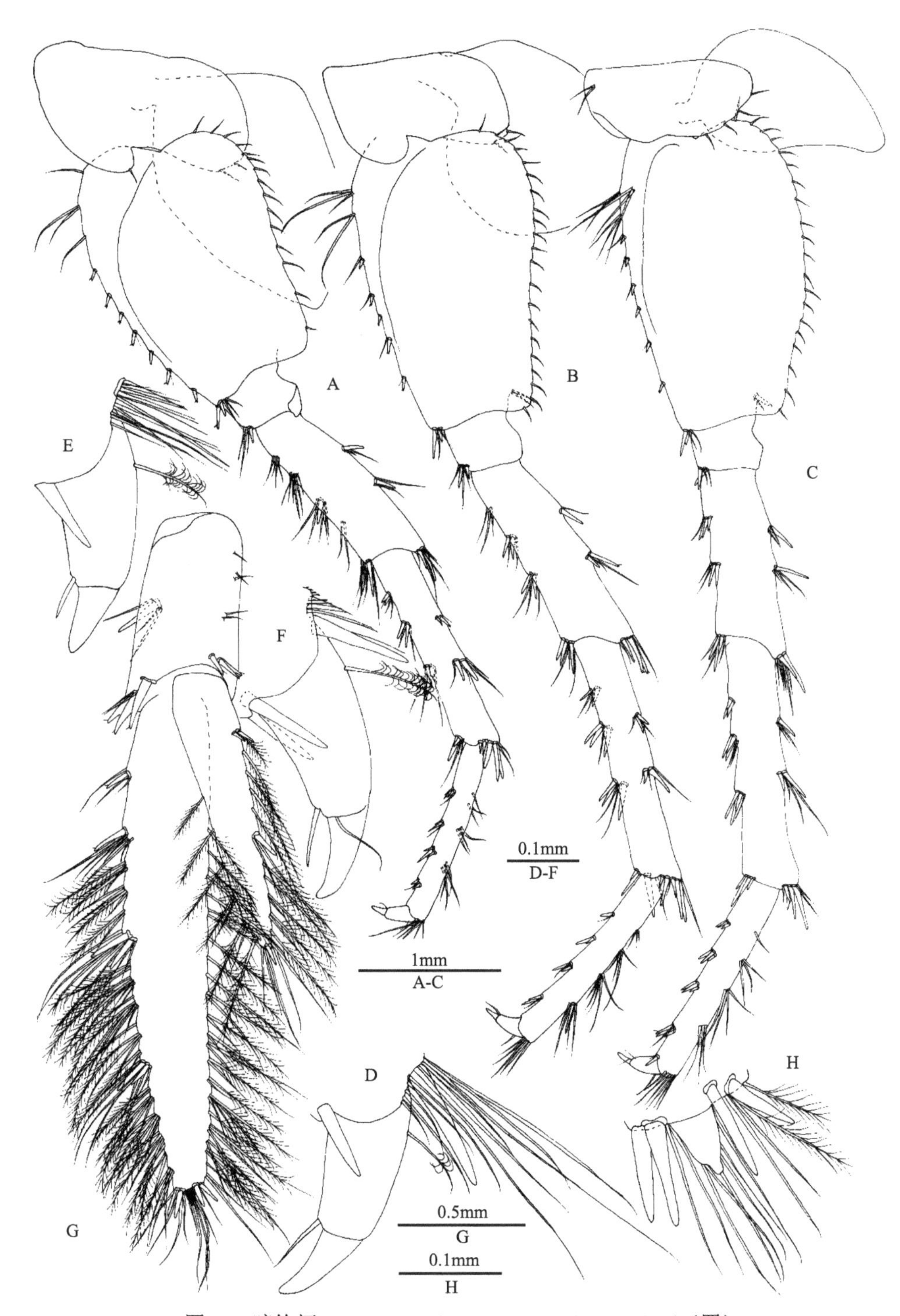

图 80　暗钩虾 *Gammarus abstrusus* Hou, Platvoet & Li（四）

♂。A. 第 5 步足; B. 第 6 步足; C. 第 7 步足; D. 第 5 步足指节; E. 第 6 步足指节; F. 第 7 步足指节; G. 第 3 尾肢; H. 第 3 尾肢末节

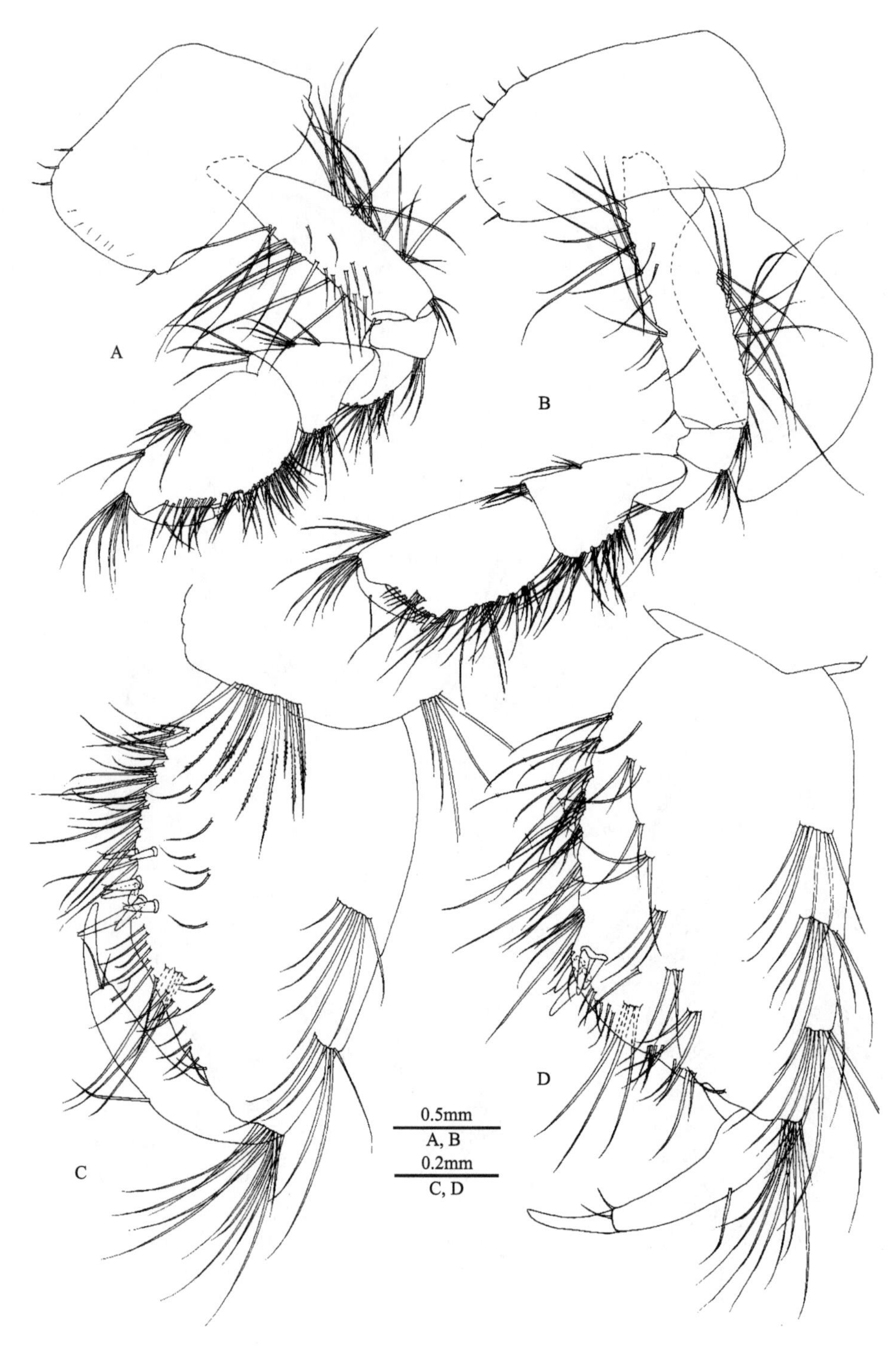

图 81 暗钩虾 *Gammarus abstrusus* Hou, Platvoet & Li（五）

♀。A. 第 1 腮足; B. 第 2 腮足; C. 第 1 腮足掌节; D. 第 2 腮足掌节

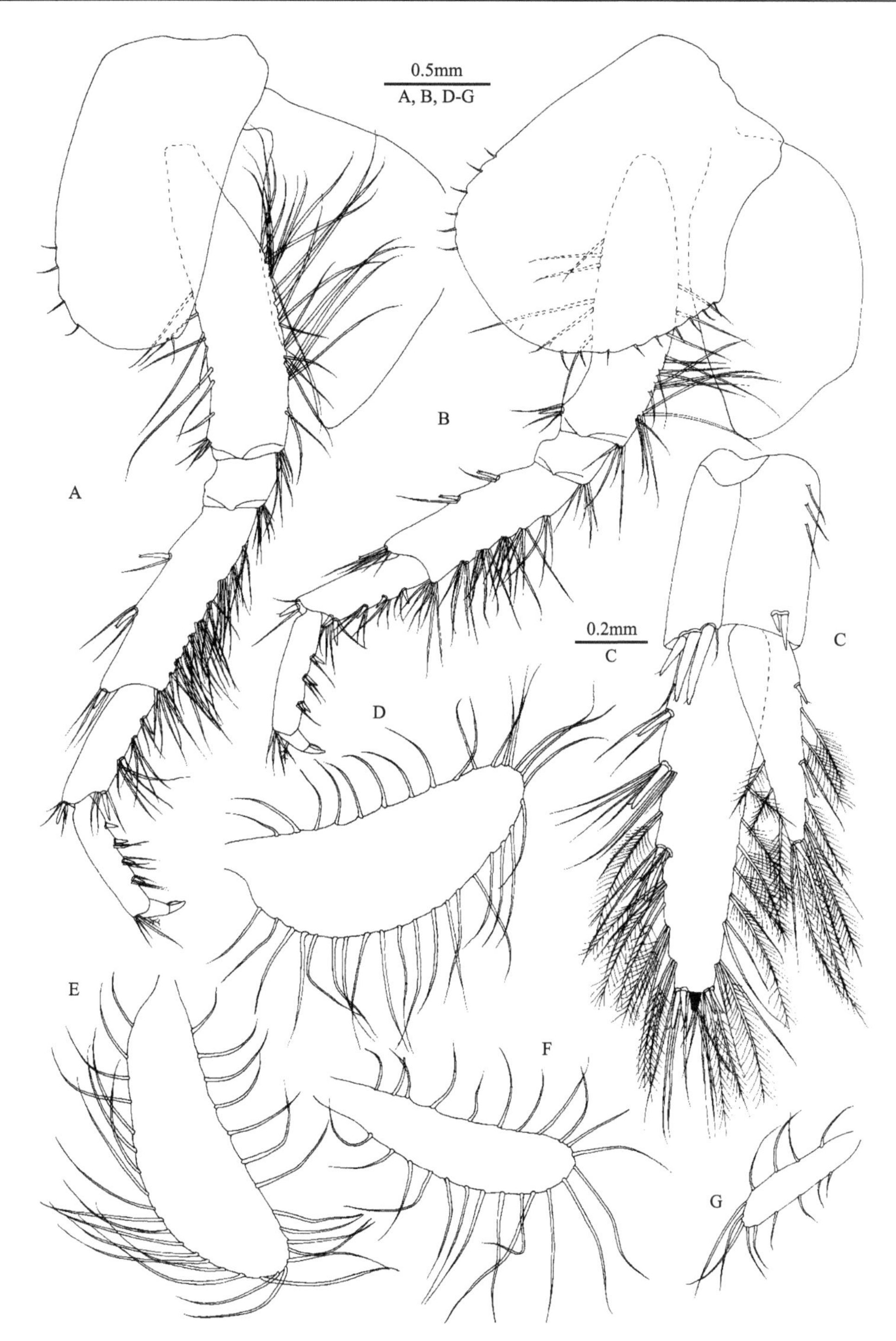

图 82　暗钩虾 *Gammarus abstrusus* Hou, Platvoet & Li（六）

♀。A. 第 3 步足; B. 第 4 步足; C. 第 3 尾肢; D. 第 2 抱卵板; E. 第 3 抱卵板; F. 第 4 抱卵板; G. 第 5 抱卵板

雌性 10.5mm。第 1 腮足底节板腹前角具 3 刚毛，后缘具 1 刚毛，腹缘具小刚毛；

掌节卵形，掌缘不如雄性倾斜，后下角具 7 刺；指节外缘具 1 刚毛，趾钩接合处具 3 刚毛。第 2 腮足掌节近似长方形，掌缘平截，后下角具 2 对刺；指节外缘具 1 刚毛，趾钩接合处具 2 刚毛。第 3、4 步足后缘具直刚毛。第 3 尾肢内肢长为外肢的 1/2，内、外肢具羽状刚毛。第 2 腮足抱卵板宽阔，具很多缘毛，第 3、4 步足抱卵板延长，第 5 步足底节板最小。

观察标本：1♂（正模，IZCAS-I-A0121），7♂10♀，四川芦山龙门洞（103.00°E, 30.16°N），2005.VII.6。1♂，四川芦山龙洞（102.57°E, 30.17°N），2005.X.15。6♂3♀，四川芦山草寇洞（102.58°E, 30.17°N），2005.X.15。

生态习性：本种栖息在芦山县的不同洞穴内。在龙门洞中，标本采集于离洞口 1 公里处，全年有一条清澈的地下河。在龙洞和草寇洞，标本采集于靠近洞口附近的小水池中，这 3 个洞可能在数百万年前相通。

地理分布：四川。

分类讨论：本种具明显的洞穴生物特征，无眼，第 4–6 腹节背部刺退化；第 3 步足后缘密布长卷刚毛；第 4 腹节背缘具刚毛但无刺；第 5、6 腹节具侧刺但无背刺；第 3 尾肢内肢长为外肢的 1/2，内、外肢具羽状刚毛，第 2 节短。

本种与稠毛钩虾 *G. comosus* Hou, Li & Gao 具有相似特征：包括无眼；第 2 触角具长刚毛；第 3 步足后缘具长卷刚毛；第 3 尾肢具羽状刚毛，外肢第 2 节短。区别在于本种第 5–7 步足前缘具较少长刚毛；第 4 腹节背缘具刚毛，无刺；第 5 腹节背缘具刚毛但无刺；第 3 尾肢内肢长为外肢的 1/2。

(18) 可爱钩虾 *Gammarus amabilis* Hou, Li & Li, 2013（图 83–88）

Gammarus amabilis Hou, Li & Li, 2013: 6, figs. 6–11.

形态描述：雄性 11.5mm。无眼。第 1 触角第 1–3 柄节长度比 1.0∶0.7∶0.4，具刚毛；鞭 30 节，第 3–25 节有感觉毛；副鞭 6 节。第 2 触角长为第 1 触角的 3/5，第 3–5 柄节长度比 1.0∶3.0∶2.7；内、外侧具 2、3 簇刚毛；鞭 12 节，腹缘具刚毛，第 1–7 节具鞋状感觉器。左大颚切齿 5 齿；动颚片 4 齿；触须第 2 节具 14 刚毛，第 3 节具 2 簇 A-刚毛和 B-刚毛，25 D-刚毛和 5 E-刚毛；右大颚切齿 4 齿，动颚片分叉，具小齿。下唇无内叶，外叶上具细刚毛。第 1 小颚左右不对称，内叶具 19 羽状毛；外叶顶端具 11 锯齿状刺，刺具小齿；左触须第 2 节顶端具 7 细长刺和 2 顶刺；右触须第 2 节顶端具 4 壮刺、1 硬刚毛和 1 细刺。第 2 小颚内叶具 14 羽状刚毛。颚足内叶具 3 顶端刺和 1 近顶末端刺；外叶具钝齿；触须第 4 节呈钩状，趾钩接合处具有 1 簇刚毛。

第 1 腮足底节板前、后缘分别具 2 和 1 刚毛；腕节长为掌节的 1/2，后缘具短刚毛；掌节卵形，掌缘具 1 中央刺，后缘和掌面共具 14 刺；指节外缘具 1 刚毛。第 2 腮足底节板前、后缘分别具 3 和 1 刚毛；腕节背腹边缘平行，长为掌节的 1/2，腹缘具 6 簇刚毛，背缘具 2 簇刚毛；掌节长方形，掌缘具 2 内刺，后下缘角具 5 刺；指节外缘具 1 刚毛。第 3 步足底节板前、后缘分别具 4 和 1 短毛；长节、腕节后缘具刚毛；指节前缘具 1 羽状刚毛，趾钩接合处具 2 刚毛。第 4 步足底节板后缘凹陷，前缘具 2 刚毛，后缘具 4 刚

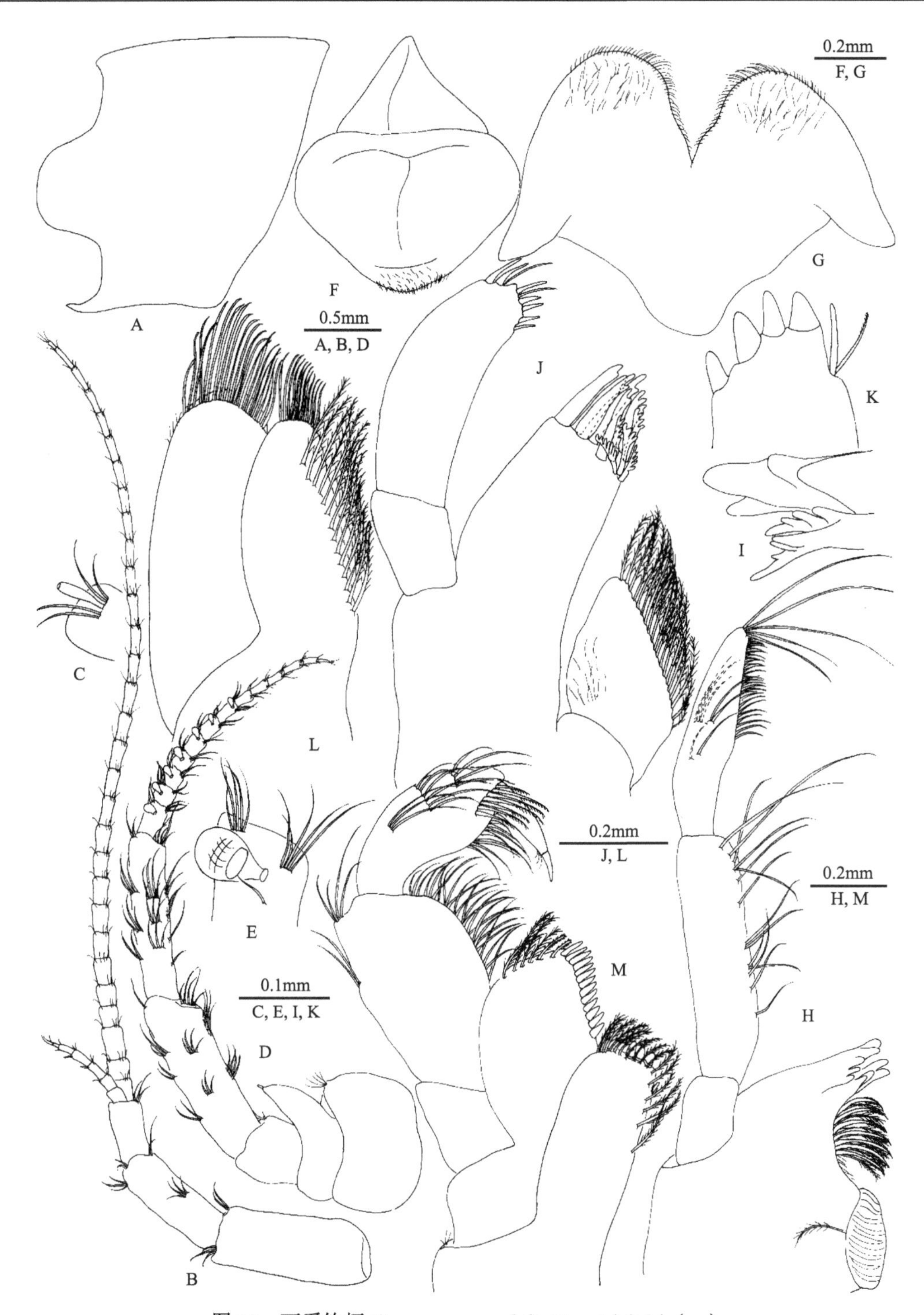

图 83　可爱钩虾 *Gammarus amabilis* Hou, Li & Li（一）

♂。A. 头; B. 第 1 触角; C. 第 1 触角感觉毛; D. 第 2 触角; E. 第 2 触角鞋状感觉器; F. 上唇; G. 下唇; H. 左大颚; I. 右大颚切齿; J. 第 1 小颚; K. 第 1 小颚右触须; L. 第 2 小颚; M. 颚足

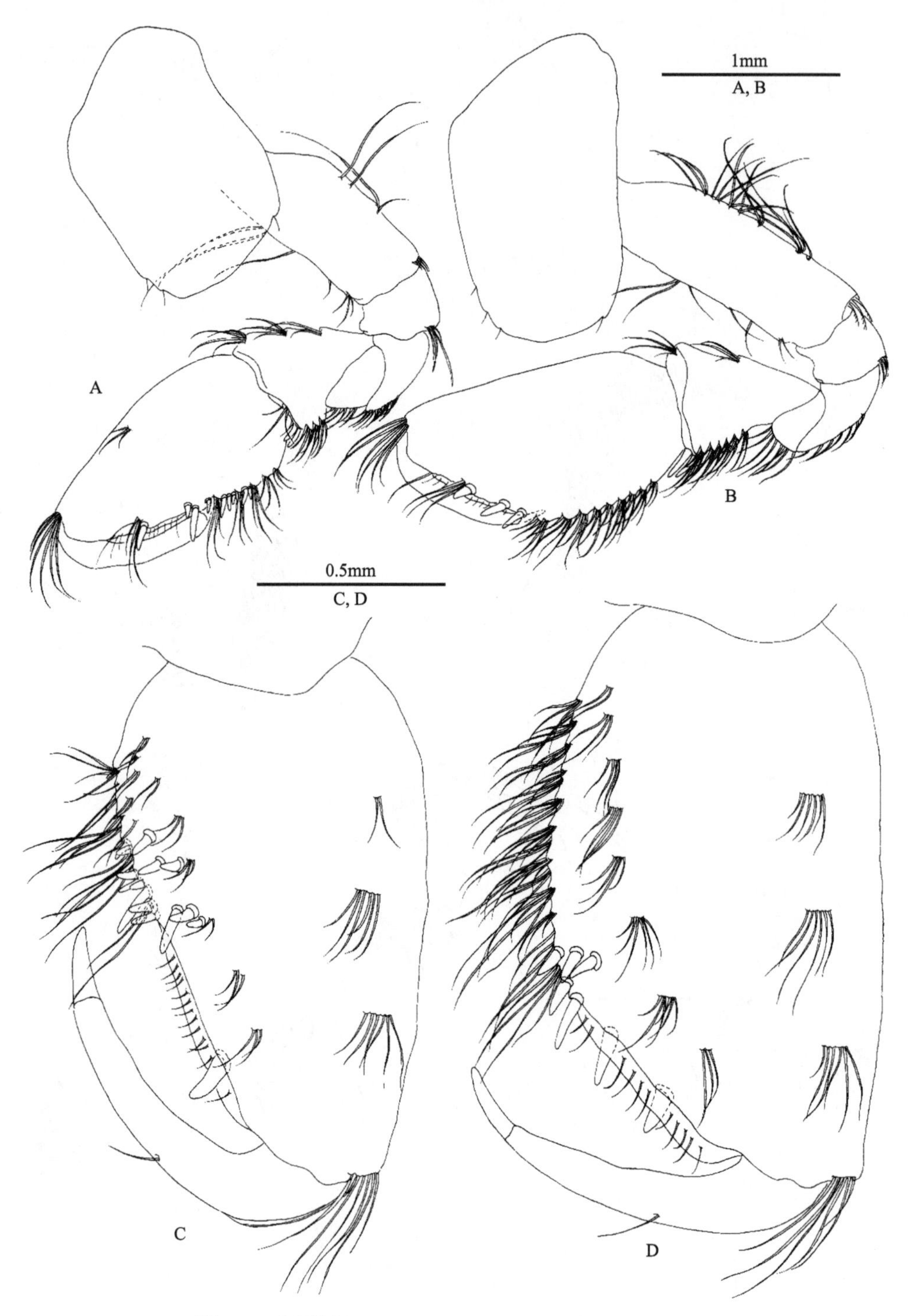

图 84 可爱钩虾 *Gammarus amabilis* Hou, Li & Li（二）

♂。A. 第 1 腮足; B. 第 2 腮足; C. 第 1 腮足掌节; D. 第 2 腮足掌节

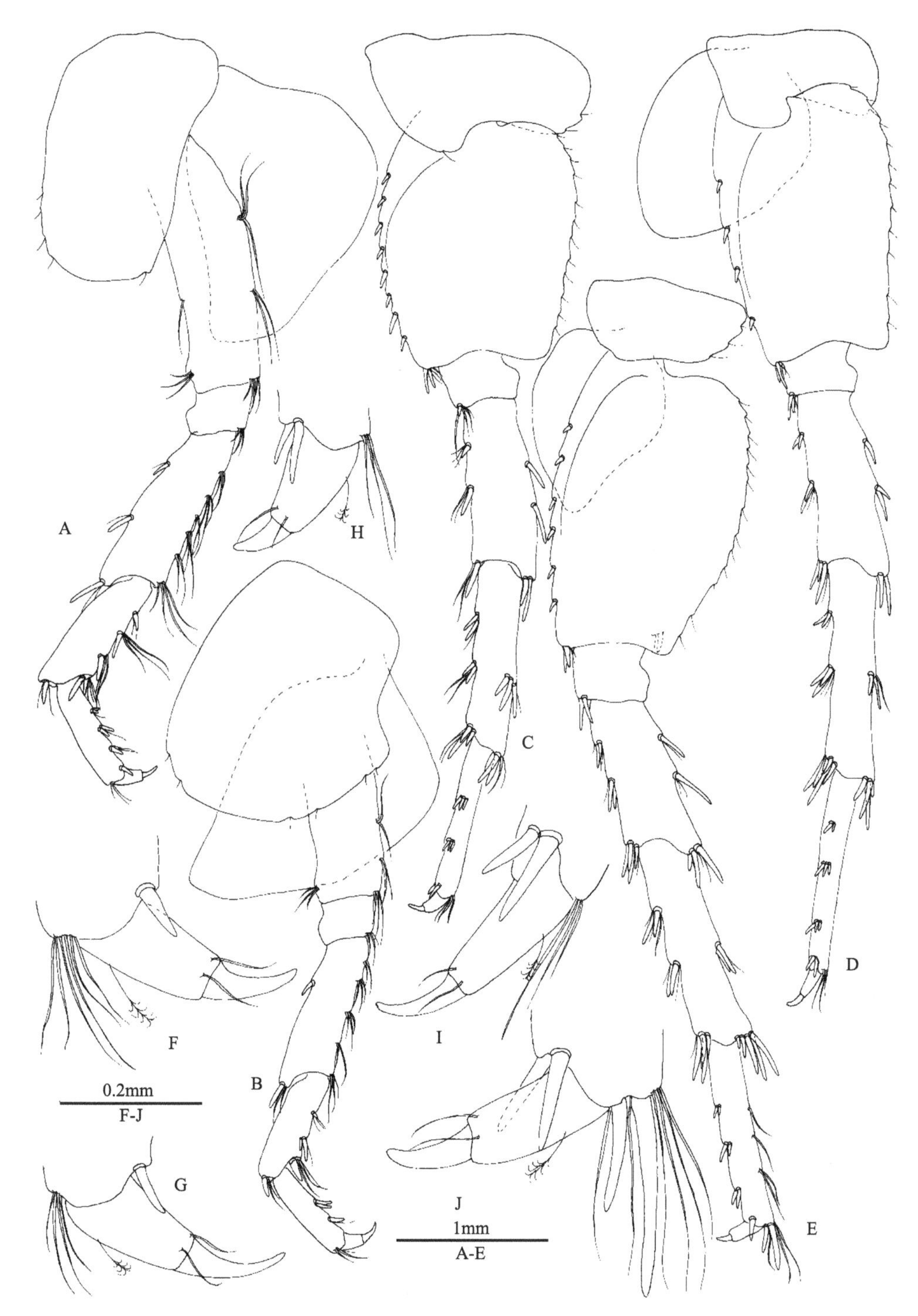

图 85　可爱钩虾 *Gammarus amabilis* Hou, Li & Li（三）

♂。A. 第 3 步足; B. 第 4 步足; C. 第 5 步足; D. 第 6 步足; E. 第 7 步足; F. 第 3 步足指节; G. 第 4 步足指节; H. 第 5 步足指节; I. 第 6 步足指节; J. 第 7 步足指节

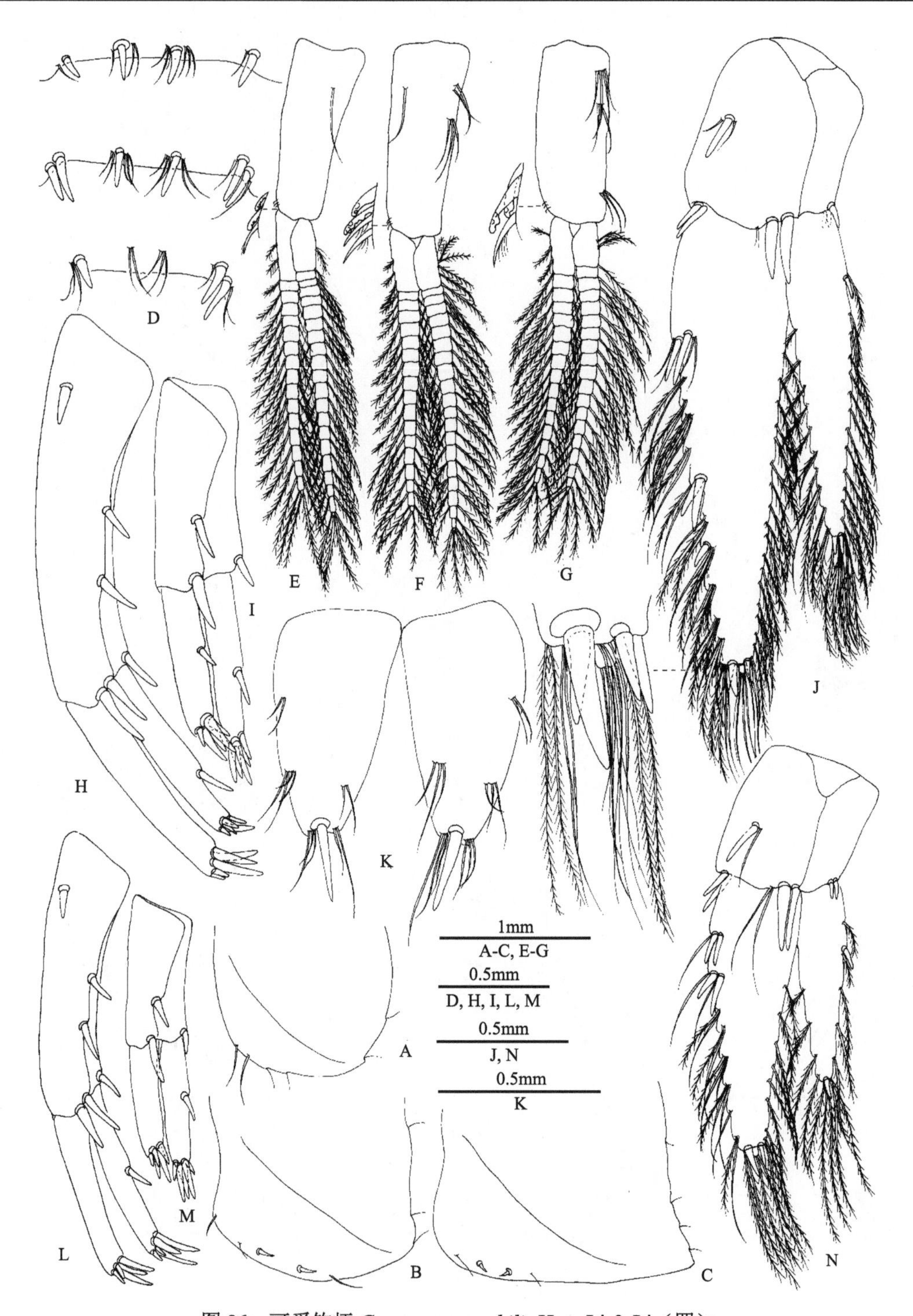

图 86 可爱钩虾 *Gammarus amabilis* Hou, Li & Li（四）

♂, A-K; ♀, L-N。A. 第 1 腹侧板; B. 第 2 腹侧板; C. 第 3 腹侧板; D. 第 4-6 腹节背部; E. 第 1 腹肢; F. 第 2 腹肢; G. 第 3 腹肢; H. 第 1 尾肢; I. 第 2 尾肢; J. 第 3 尾肢; K. 尾节; L. 第 1 尾肢; M. 第 2 尾肢; N. 第 3 尾肢

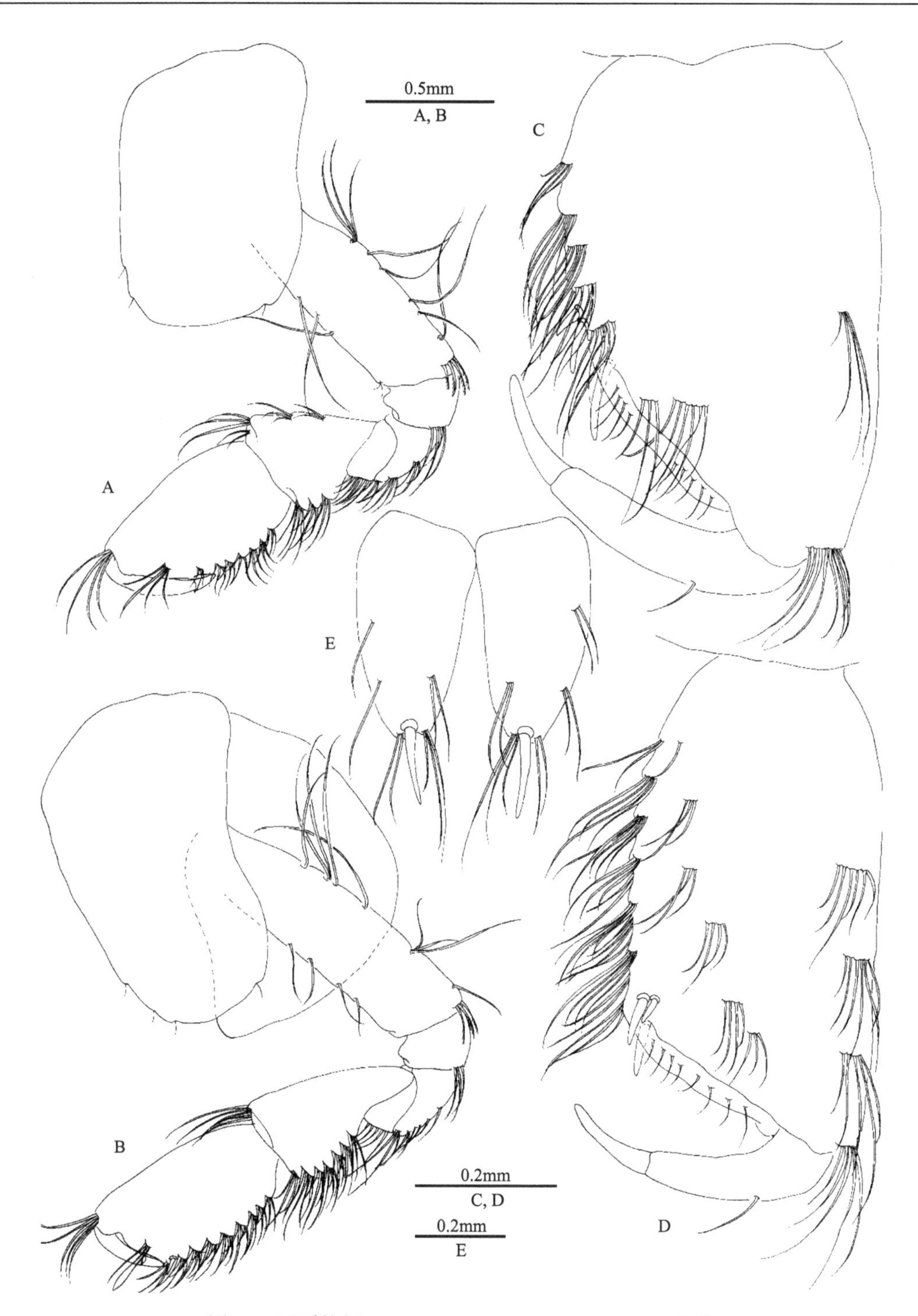

图 87　可爱钩虾 *Gammarus amabilis* Hou, Li & Li（五）

♀。A. 第 1 腮足; B. 第 2 腮足; C. 第 1 腮足掌节; D. 第 2 腮足掌节; E. 尾节

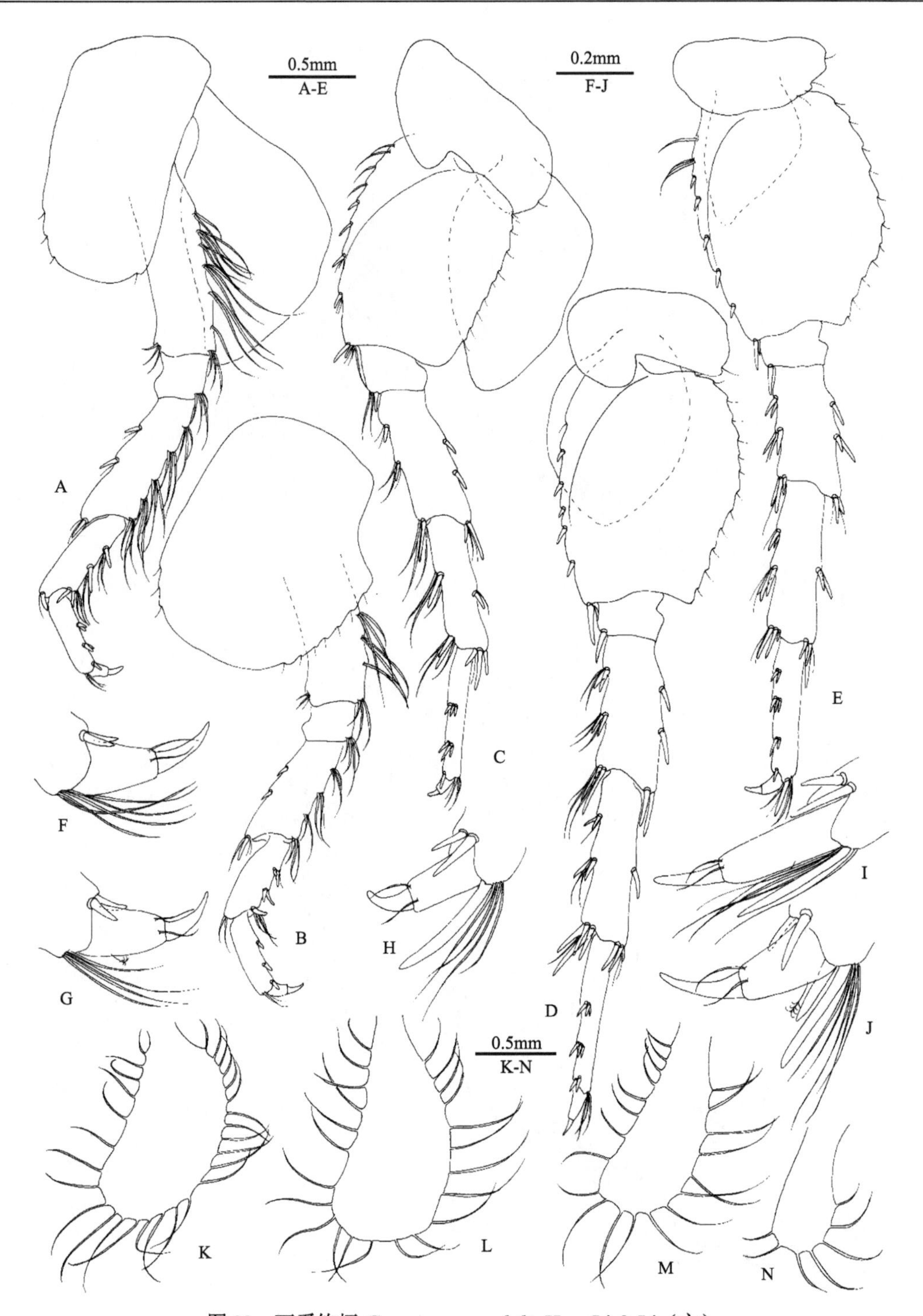

图 88 可爱钩虾 *Gammarus amabilis* Hou, Li & Li（六）

♀。A. 第 3 步足; B. 第 4 步足; C. 第 5 步足; D. 第 6 步足; E. 第 7 步足; F. 第 3 步足指节; G. 第 4 步足指节; H. 第 5 步足指节; I. 第 6 步足指节; J. 第 7 步足指节; K. 第 2 抱卵板; L. 第 3 抱卵板; M. 第 4 抱卵板; N. 第 5 抱卵板

毛；腕节和掌节后缘具刺和短刚毛。第 5 步足底节板前、后缘分别具 1 和 2 刚毛；基节前、后缘分别具 8 刺和 12 毛；长节至掌节前缘具数簇刺；指节后缘具 1 羽状刚毛，趾钩接合处具 2 刚毛。第 6 步足底节板后缘具 1 刚毛；基节长，后缘末端窄，具 11 刚毛；长节至掌节前缘具刺。第 7 步足底节板后缘具 3 刚毛；基节膨大，后缘末端窄；长节至掌节具刺。第 2 腮足、第 3–5 步足底节鳃略短于基节；第 6 步足底节鳃长为基节的 1/2；第 7 步足底节鳃短于基节的 1/2。

第 1 腹侧板腹缘圆形，腹前缘具 4 刚毛，后缘具 2 短毛；第 2 腹侧板腹缘具 2 刺和 3 刚毛，后缘具 3 刚毛，后下角钝；第 3 腹侧板腹缘具 2 刺和 2 刚毛，后缘具 4 刚毛，后下角钝。第 1–3 腹肢柄节具 2 钩刺；外肢比内肢稍短，内、外缘具羽状毛。第 4 腹节背缘具 1-1-1-1 刺；第 5 腹节背缘具刺 2-1-1-2；第 6 腹节背部两侧具 1 刺或 2 刺。

第 1 尾肢柄节具 1 背基刺。第 2 尾肢短，柄节外缘具 1 刺，末端两侧各具 1 刺；内、外肢内缘各具 1 刺。第 3 尾肢柄节具 1 刺；内肢长为外肢的 2/3，内、外肢两缘均具羽状毛，末端具 2 刺。尾节深裂，两叶背侧均具 3 簇刚毛。

雌性 10.3mm。第 1 腮足底节板前、后缘分别具 2 和 1 刚毛；掌节似卵形，掌后缘具 3 刺；指节外缘具 1 刚毛。第 2 腮足底节板前、后缘分别具 3 和 1 刚毛；掌节近长方形，掌缘后下角具 3 刺。第 3、4 步足与雄性相比，具较长刚毛。第 3 尾肢内肢长为外肢的 4/5，外肢第 1 节外侧具 2 对刺，内侧具羽状毛；第 2 节短。第 2 抱卵板宽阔，有缘毛，第 3、4 抱卵板细长，第 5 抱卵板最小。

观察标本：1♂（正模，IZCAS-I-A703-1），贵州道真仡佬族苗族自治县大沙河国家级自然保护区仙女洞（107.59°E, 28.89°N），2007.V.26。

生态习性：本种栖息在大沙河国家级自然保护区仙女洞的地下河中，河水清澈，无污染。

地理分布：贵州（道真）。

分类讨论：本种主要鉴别特征为无眼；第 2 触角具鞋状感觉器；第 3–7 步足具较少刚毛；第 2、3 腹侧板后下角钝；第 3 尾肢内肢达外肢长的 2/3，外肢第 2 节短。本种与咸丰钩虾 *G. xianfengensis* Hou & Li 的主要区别在于第 3 尾肢内肢长达外肢的 2/3；尾节末端具 1 刺；第 2、3 腹侧板前下角具 2 刺，后下角钝。

本种与利川钩虾 *G. lichuanensis* Hou & Li 的主要区别在于第 2 触角具鞋状感觉器；第 2 腮足具 2 中央刺；第 3 尾肢内肢长为外肢的 2/3；腹侧板多刚毛和刺。

(19) 和善钩虾 *Gammarus benignus* Hou, Li & Li, 2014（图 89–94）

Gammarus benignus Hou, Li & Li, 2014: 607, figs. 10–15.

形态描述：雄性 11.2mm。眼中等大小，椭圆形，长宽比 1.0∶0.6。第 1 触角第 1–3 柄节长度比 1.0∶0.8∶0.4，具短刚毛；鞭 35 节；副鞭 5 节。第 2 触角第 3–5 柄节长度比 1.0∶3.8∶3.6；鞭 16 节，具感觉器。左大颚切齿 5 齿，动颚片 4 齿；刺排具 5 对羽状毛；触须第 1–3 节长度比 1.0∶2.5∶1.7；第 2 节具 15 毛；第 3 节具 4 A-刚毛、2 对 B-刚毛、16 D-刚毛和 5 E-刚毛；右大颚切齿 4 齿，动颚片具小齿。左第 1 小颚内叶具 13 羽状毛；

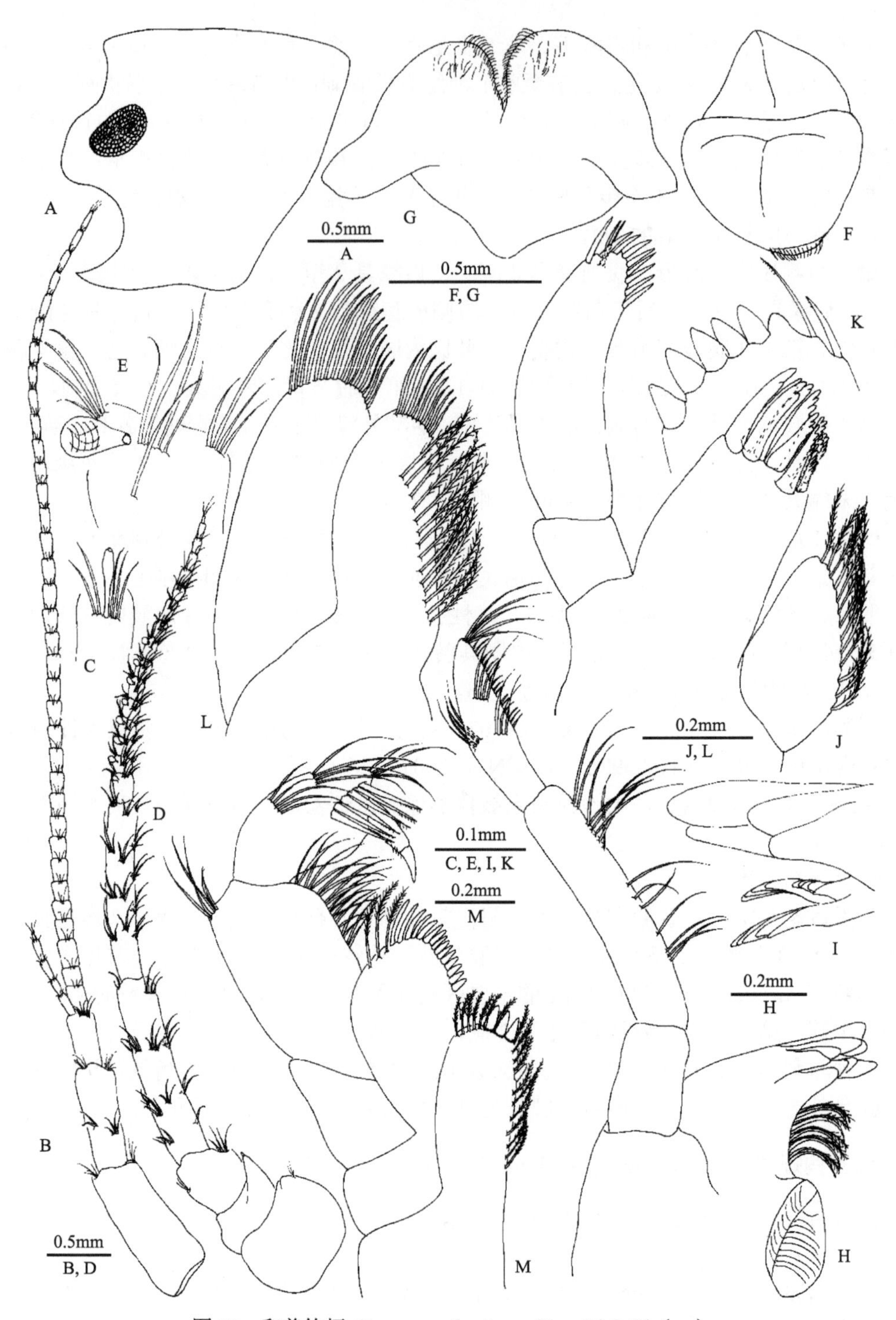

图 89　和善钩虾 *Gammarus benignus* Hou, Li & Li（一）

♂。A. 头; B. 第 1 触角; C. 第 1 触角感觉毛; D. 第 2 触角; E. 第 2 触角感觉器; F. 上唇; G. 下唇; H. 左大颚; I. 右大颚切齿; J. 左第 1 小颚; K. 右第 1 小颚触须; L. 第 2 小颚; M. 颚足

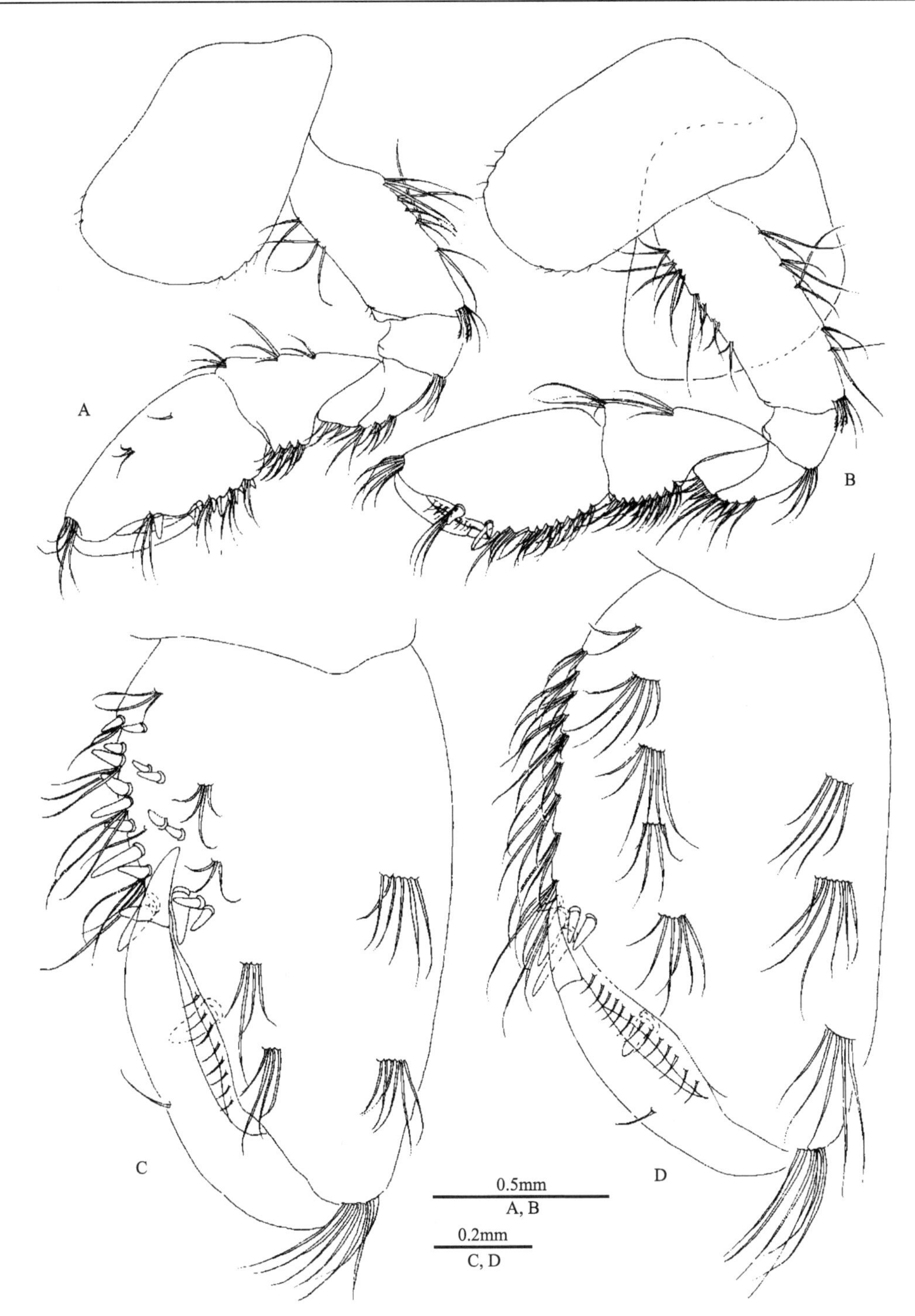

图 90　和善钩虾 *Gammarus benignus* Hou, Li & Li（二）

♂。A. 第 1 腮足; B. 第 2 腮足; C. 第 1 腮足掌节; D. 第 2 腮足掌节

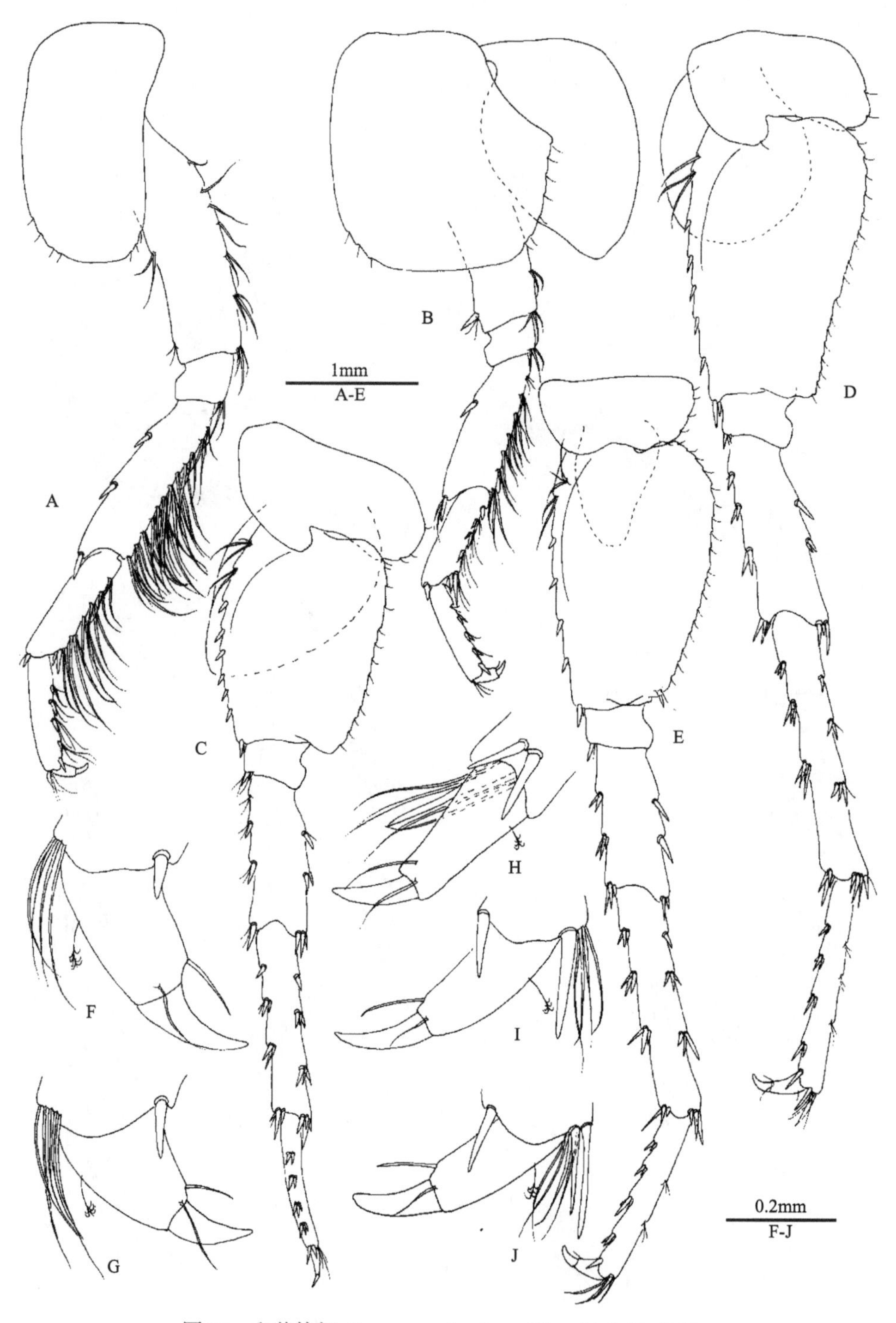

图 91 和善钩虾 *Gammarus benignus* Hou, Li & Li（三）

♂。A. 第 3 步足; B. 第 4 步足; C. 第 5 步足; D. 第 6 步足; E. 第 7 步足; F. 第 3 步足指节; G. 第 4 步足指节; H. 第 5 步足指节; I. 第 6 步足指节; J. 第 7 步足指节

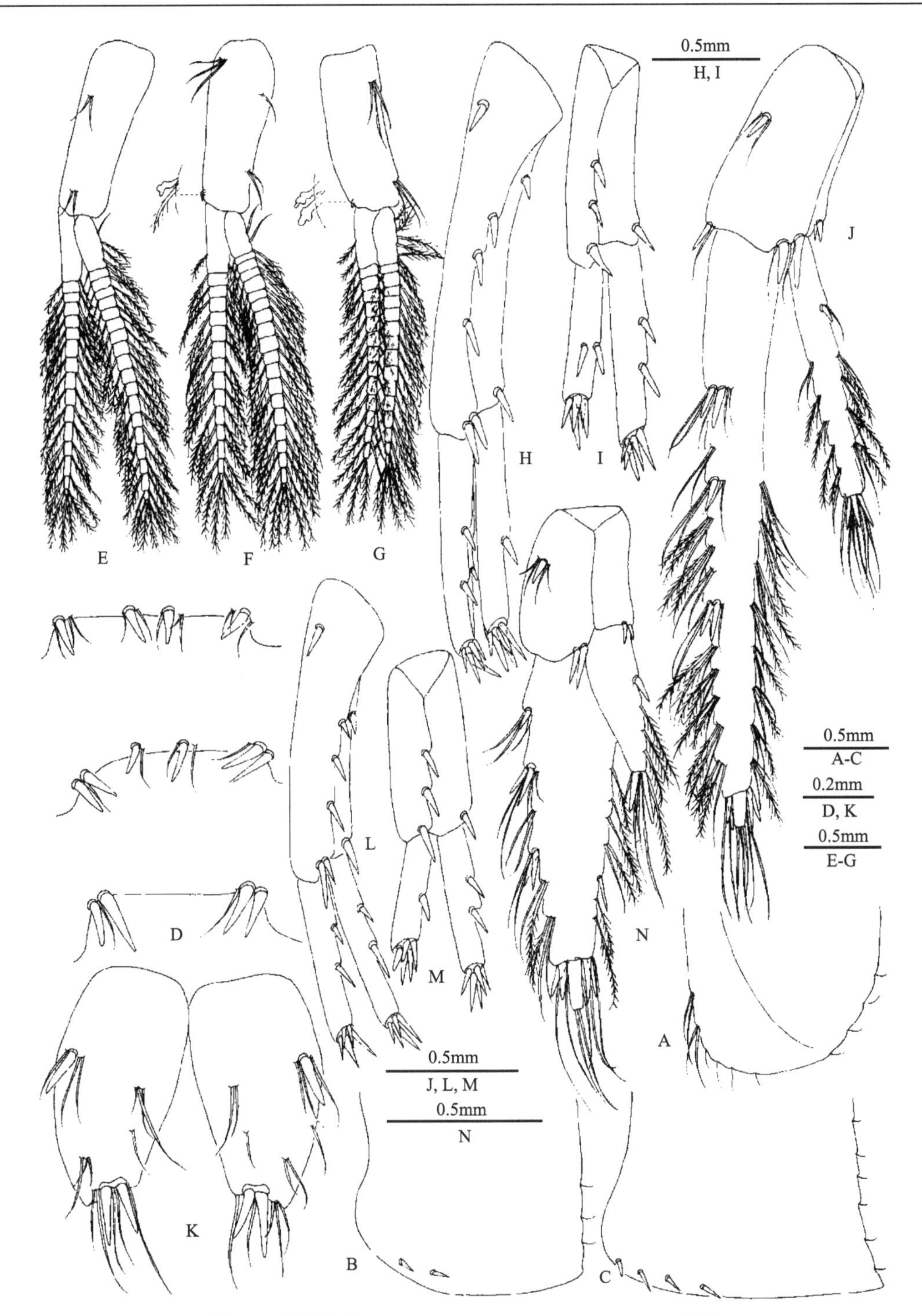

图 92　和善钩虾 *Gammarus benignus* Hou, Li & Li（四）

♂, A-K; ♀, L-N。A. 第 1 腹侧板; B. 第 2 腹侧板; C. 第 3 腹侧板; D. 第 4-6 腹节（背面观）; E. 第 1 腹肢; F. 第 2 腹肢; G. 第 3 腹肢; H. 第 1 尾肢; I. 第 2 尾肢; J. 第 3 尾肢; K. 尾节; L. 第 1 尾肢; M. 第 2 尾肢; N. 第 3 尾肢

图 93　和善钩虾 *Gammarus benignus* Hou, Li & Li（五）
♀。A. 第 1 腮足; B. 第 2 腮足; C. 第 1 腮足掌节; D. 第 2 腮足掌节

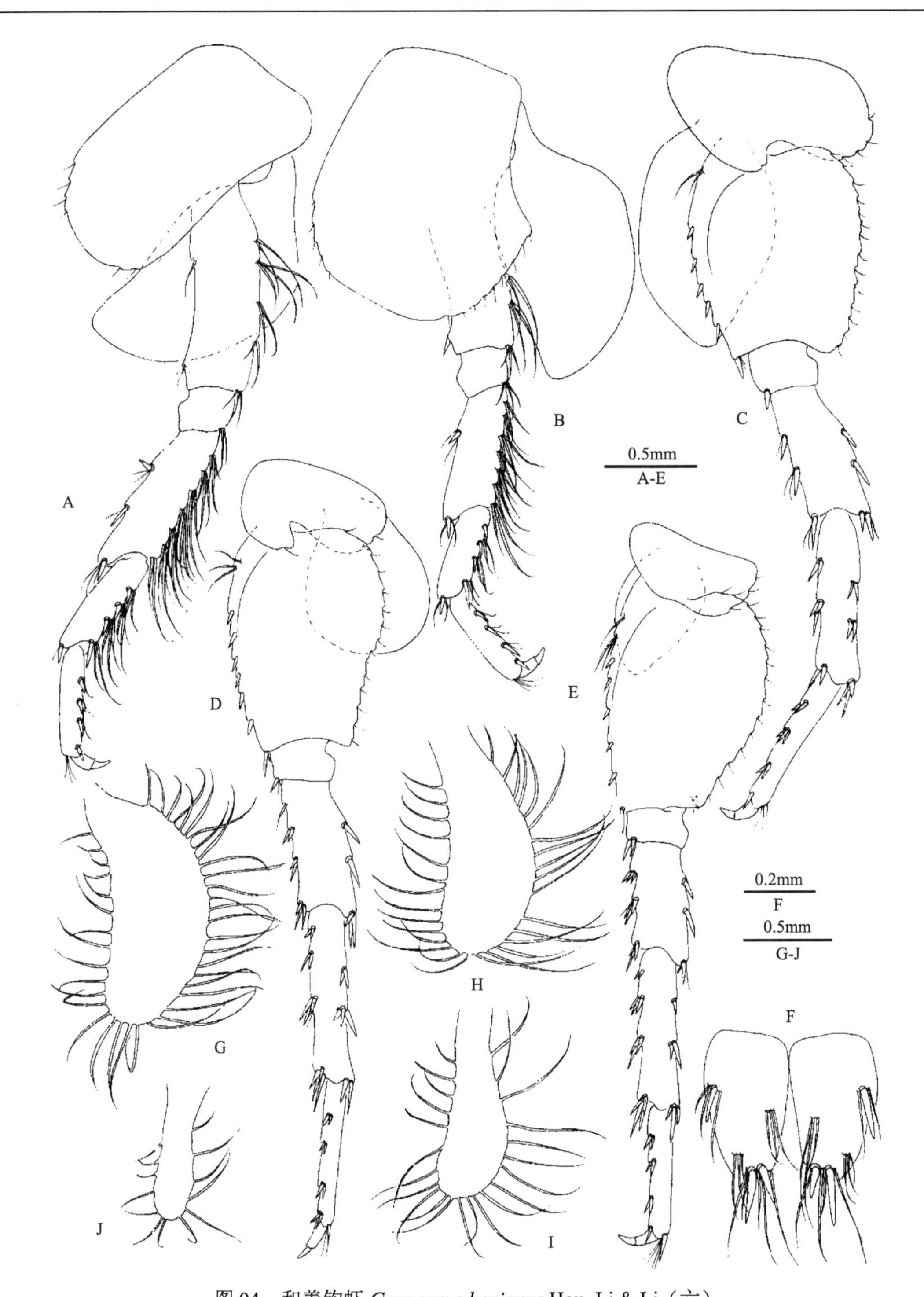

图 94　和善钩虾 *Gammarus benignus* Hou, Li & Li（六）

♀。A. 第 3 步足; B. 第 4 步足; C. 第 5 步足; D. 第 6 步足; E. 第 7 步足; F. 尾节; G. 第 2 抱卵板; H. 第 3 抱卵板; I. 第 4 抱卵板; J. 第 5 抱卵板

外叶顶端具 11 锯齿状刺；触须具 9 细刺和 2 刚毛；右第 1 小颚触须具 5 短刺、1 长刚毛和 1 长刺。第 2 小颚内叶具 14 羽状毛。

第 1 腮足腕节的长宽比 1.0∶0.8，后缘具短刚毛；掌节椭圆形，掌缘具 1 中央刺，后缘具 18 刺；指节边缘有 1 刚毛。第 2 腮足腕节的长宽比 1.0∶0.5，后缘具短刚毛；掌节近方形，掌缘具 1 中央刺；趾钩内外附着 5 刺，指节边缘有 1 刚毛。

第 3 步足基节后缘具几簇短刚毛；长节和腕节后缘具长卷毛；掌节后缘具 5 对刺和刚毛；指节外缘具 1 羽状毛。第 4 步足基节前缘具 1 刺，后缘具短刚毛；长节至掌节后缘具刚毛；指节外缘具 1 羽状毛。第 5 步足底节板后缘具 4 毛；基节前缘具 2 簇刚毛并排列有 6 刺，前下角具 2 刺，后缘具 13 短毛；长节到掌节的前缘具刺和较少的刚毛；指节外缘具 1 羽状毛。第 6 步足基节后缘具 17 毛；长节至掌节的前缘具刺，掌节后缘具 3 簇细毛；指节后缘具 1 羽状毛。第 7 步足基节后缘具 18 毛，后下缘内侧具 1 刺和 1 刚毛；长节至掌节前缘具刺，掌节后缘具 2 簇细毛。第 2 腮足和第 3–5 步足的底节鳃略短于基节；第 6 底节鳃稍大于基节的 1/2；第 7 基节腮小于底节板的 1/2。

第 1 腹侧板腹缘圆，腹前缘具 8 刚毛，后缘有 4 短毛；第 2 腹侧板腹缘具 2 刺，后缘具 3 短毛，后下角钝；第 3 腹侧板腹缘具 4 刺，后缘具 6 短毛，后下角钝。第 1–3 腹肢柄节具 1、2 钩刺；内、外肢具羽状毛。

第 1 尾肢柄节具 1 背基刺；外肢内、外缘分别具 1 和 2 刺，末端具 5 刺。第 2 尾肢柄节外缘具 2 刺；外肢内、外缘各具 1 刺，内肢内缘具 2 刺。第 3 尾肢细长，柄节表面具 1 刺和 1 刚毛，柄节下缘具 5 刺；内肢长是外肢的 1/2，内、外缘具羽状毛和少量简单毛；外肢第 1 节外缘具 2 对刺和 1 刺，内、外缘均具羽状毛和少量简单毛；第 2 节短。尾节长宽近相等，两叶表面均具 1 刺伴有 3 刚毛，末端具 2 刺和刚毛。

雌性 10.5mm。第 1 腮足底节板前、后下缘各具 4 毛；基节后缘具几簇长刚毛；掌节后缘具 7 刺。第 2 腮足掌节后缘具 4 刺。第 3 步足后缘毛短于雄性。第 2 抱卵板稍宽，第 3、4 抱卵板稍长，第 5 步足的抱卵板最小。

观察标本：1♂（正模，IZCAS-I-A1207），10♂10♀，山西永济五老峰自然风景区（34.8°N，110.6°E），2012.VI.29。

生态习性：栖息在源自五老峰的溪流中。

地理分布：山西（永济）。

分类讨论：本种主要鉴别特征是第 3 步足长节和腕节后缘具长卷毛；第 2、3 腹侧板后下角钝；第 3 尾肢细长，内肢长达外肢的 1/2。本种与山西钩虾 *G. shanxiensis* Barnard & Dai 的主要区别是第 3 步足后缘具长直毛，第 3 尾肢细长，内肢长为外肢的 1/2；后者具短直毛，内肢长为外肢的 3/4。

(20) 碧塔海钩虾 *Gammarus bitaensis* Shu, Yang & Chen, 2012（图 95–99）

Gammarus bitaensis Shu, Yang & Chen, 2012: 1194, figs. 1–5.

形态描述：眼中等大小，肾形。第 1 触角明显长于第 2 触角，第 1–3 柄节长度比 1.00∶0.91∶0.50；鞭 20 节，具感觉毛；副鞭 3 或 4 节。第 2 触角第 4、5 柄节具刚毛，鞭 13

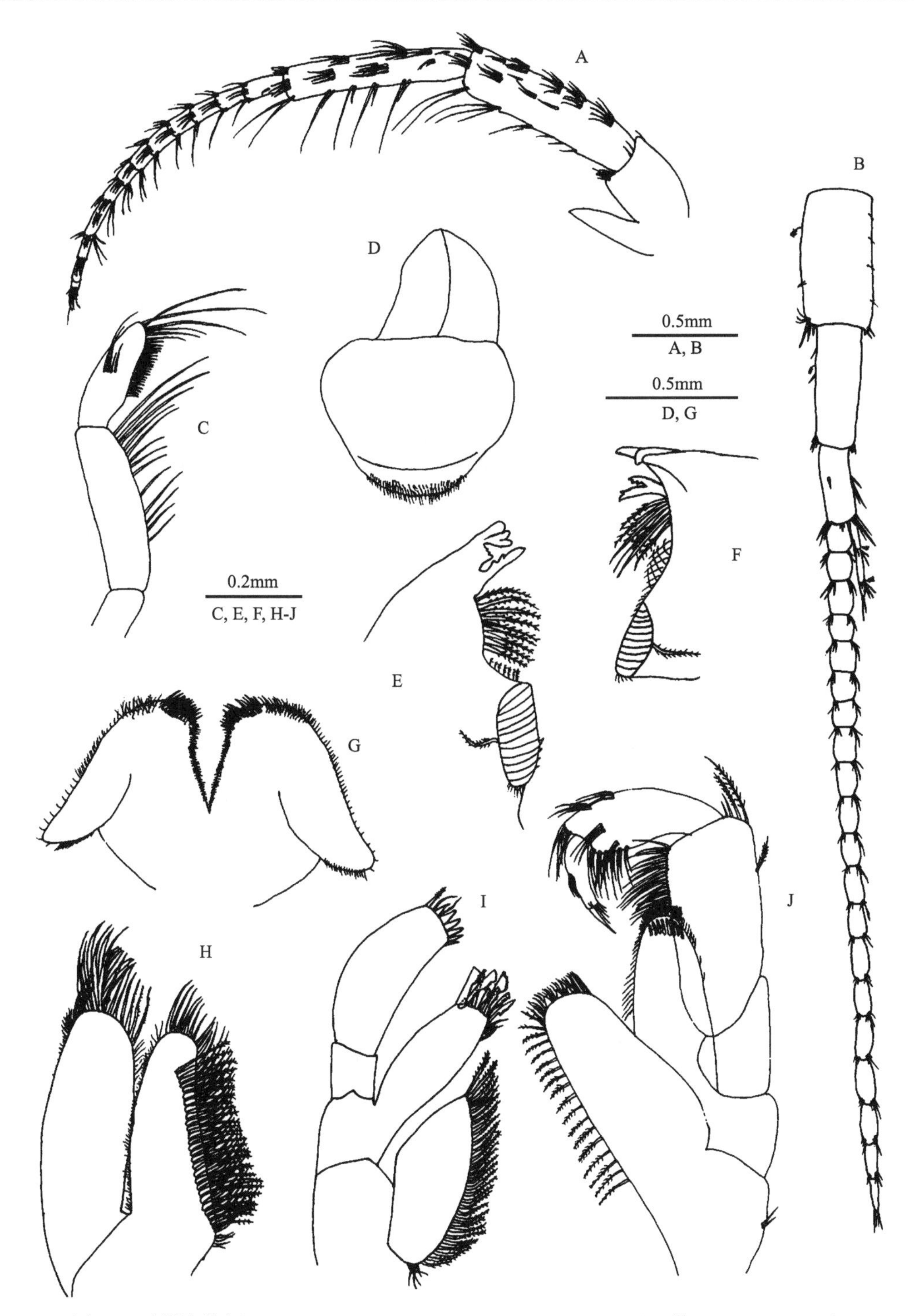

图 95 碧塔海钩虾 *Gammarus bitaensis* Shu, Yang & Chen（一）（仿 Shu *et al.*, 2012）

♂。A. 第 2 触角; B. 第 1 触角; C. 小颚右触须; D. 上唇; E. 左大颚; F. 右大颚; G. 下唇; H. 第 2 小颚; I. 第 1 小颚; J. 颚足

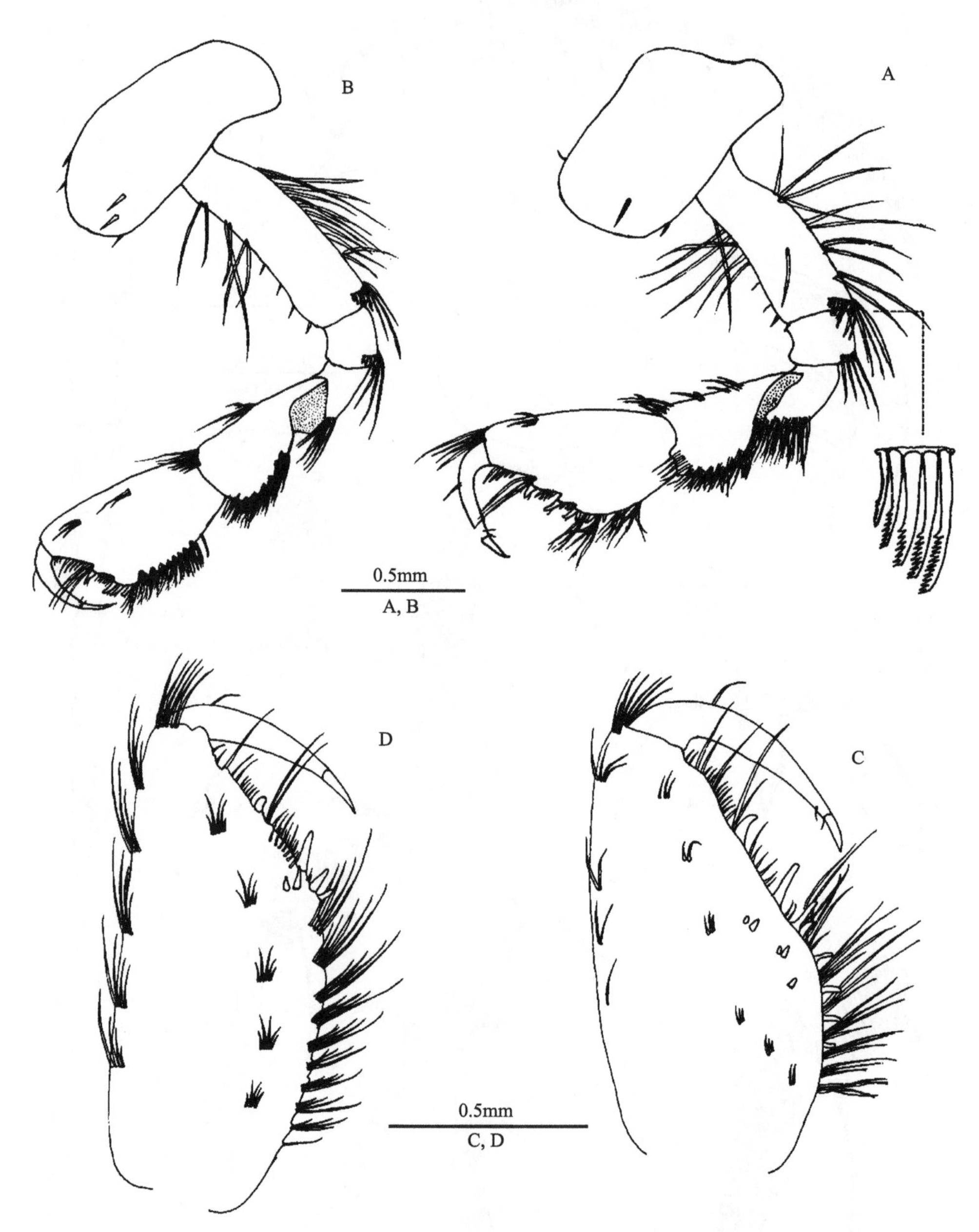

图 96 碧塔海钩虾 *Gammarus bitaensis* Shu, Yang & Chen（二）（仿 Shu *et al*., 2012）

♂。A. 第 2 腮足; B. 第 1 腮足; C. 第 1 腮足掌节; D. 第 2 腮足掌节

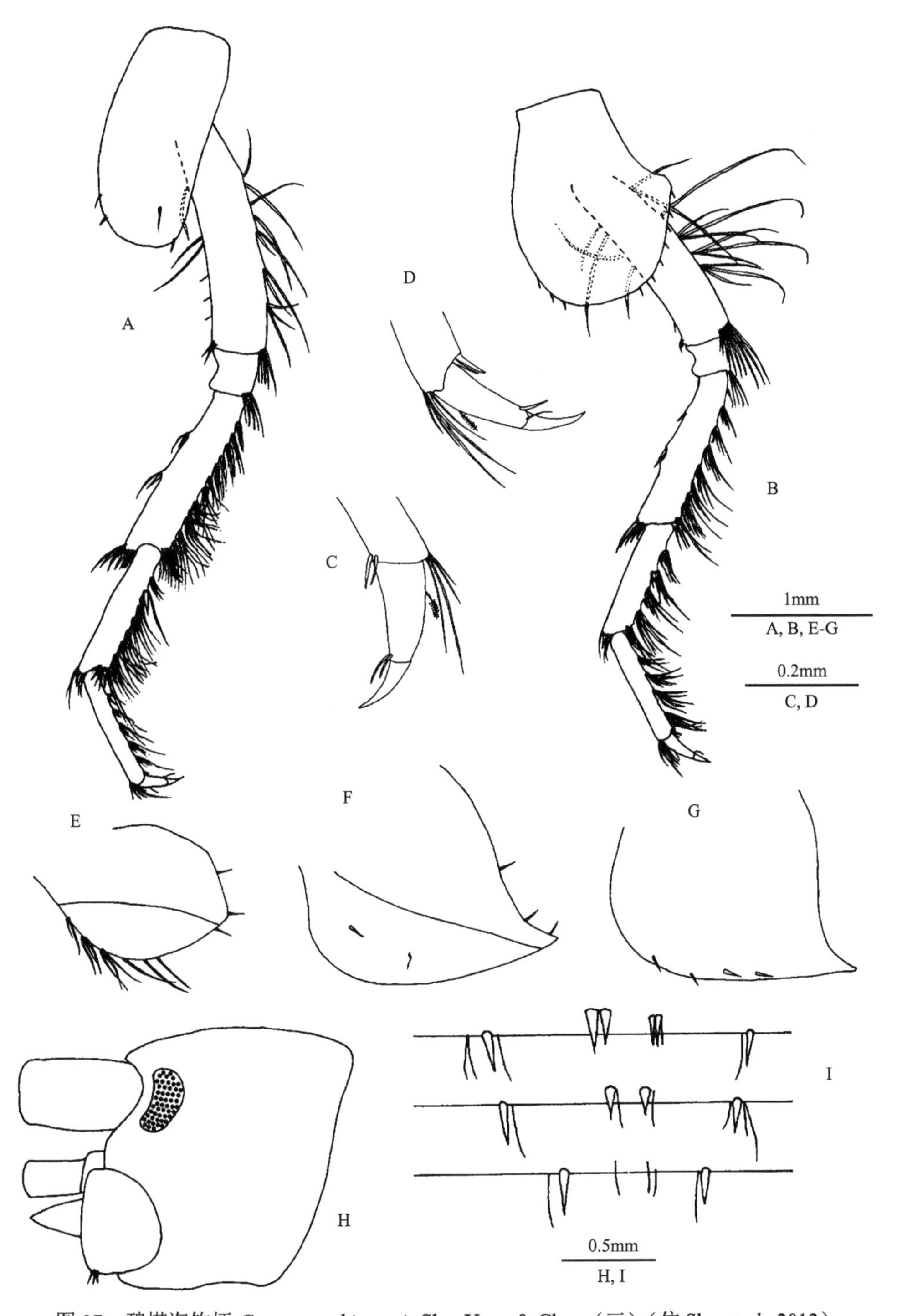

图 97　碧塔海钩虾 *Gammarus bitaensis* Shu, Yang & Chen（三）（仿 Shu *et al*., 2012）

♂。A. 第 3 步足; B. 第 4 步足; C. 第 3 步足指节; D. 第 4 步足指节; E. 第 1 腹侧板; F. 第 2 腹侧板; G. 第 3 腹侧板; H. 头; I. 第 4-6 腹节背部

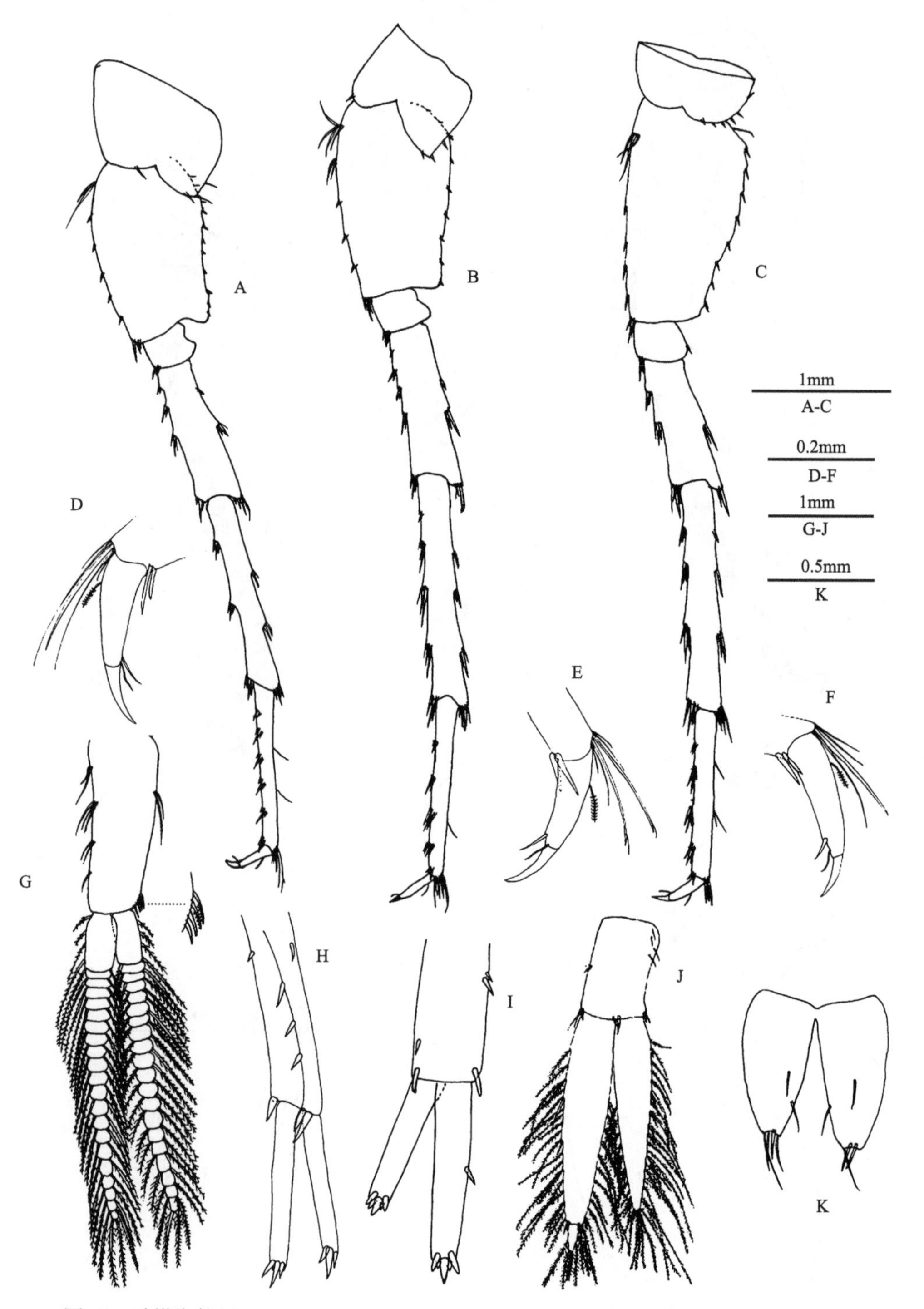

图 98 碧塔海钩虾 *Gammarus bitaensis* Shu, Yang & Chen（四）（仿 Shu *et al*., 2012）

♂。A. 第 5 步足; B. 第 6 步足; C. 第 7 步足; D. 第 5 步足指节; E. 第 6 步足指节; F. 第 7 步足指节; G. 第 1 腹肢; H. 第 1 尾肢; I. 第 2 尾肢; J. 第 3 尾肢; K. 尾节

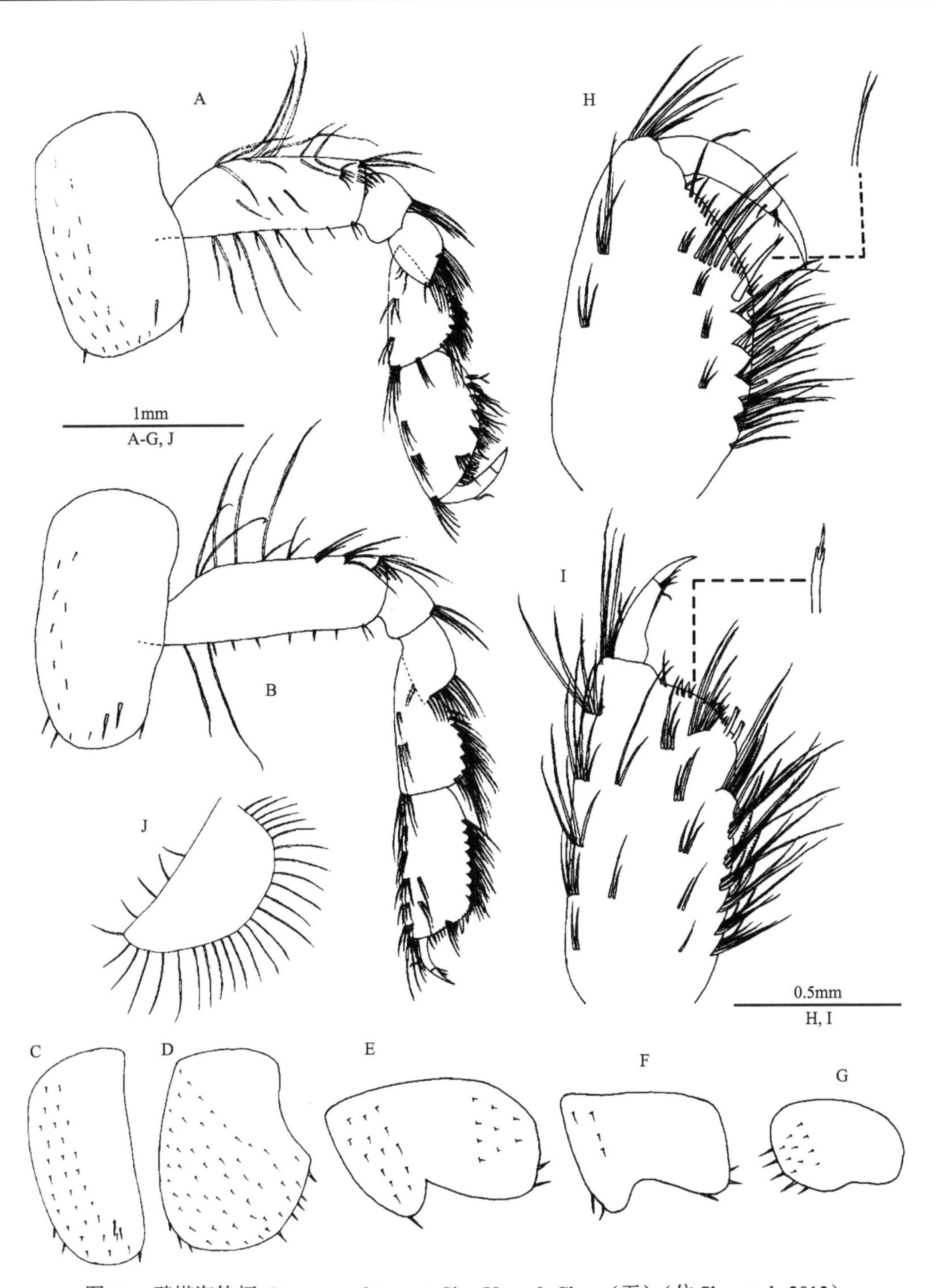

图 99　碧塔海钩虾 *Gammarus bitaensis* Shu, Yang & Chen（五）（仿 Shu *et al.*, 2012）

♀。A. 第 1 腮足; B. 第 2 腮足; C. 第 3 底节板; D. 第 4 底节板; E. 第 5 底节板; F. 第 6 底节板; G. 第 7 底节板; H. 第 1 腮足掌节; I. 第 2 腮足掌节; J. 第 2 腮足抱卵板

节，每节具 1 簇末端毛；第 2–10 节具鞋状感觉器。左大颚切齿 5 齿；动颚片 4 齿；臼齿具 1 羽状毛；触须第 2 节具 13 毛，第 3 节长是第 2 节的 2/3，具 4 A-刚毛、3 B-刚毛、30 D-刚毛和 5 E-刚毛。右大颚切齿 4 齿，动颚片 5 小齿。第 1 小颚内叶具 23 羽状毛；外叶具 9 锯齿状刺和 3 刚毛；左触须第 2 节具 6 顶刺和 3 刚毛；右触须第 2 节具 7 壮刺。第 2 小颚内叶具 27 毛。颚足内叶具 3 壮刺；外叶内缘具 10 细长刺和 6 梳状毛。

第 1 腮足底节板近长方形，基节后缘具长刚毛；腕节长达掌节的 2/3；掌节椭圆形，掌面倾斜，具 1 中央刺和 7 后缘刺；指节长达掌节后缘的 1/2，外缘具 1 刚毛，趾钩接合处具 2 短刚毛。第 2 腮足腕节略短于掌节；掌节长方形，掌面平截，具 1 中央刺和 5 后缘刺；指节几乎与掌面等长，外缘具 1 刚毛，趾钩接合处具 2 刚毛。第 3 步足长节和腕节后缘密布长毛；掌节后缘具细长刺和短刚毛，指节外缘具 1 羽状刚毛，趾钩接合处具 2 刚毛。第 4 步足长节和腕节后缘具长卷毛。第 5 步足基节后缘微凸；长节至掌节前、后缘具刺，少刚毛；指节外缘具 1 刚毛，趾钩接合处具 2 刚毛。第 6 步足基节延长。第 7 步足基节后缘膨大。

第 1 腹侧板腹缘圆形，腹前缘具 11 长刚毛，后缘具 3 短毛；第 2 腹侧板后下角较尖；第 3 腹侧板腹缘具 4 刺，后下角尖。第 4 腹节背缘具 1-2-2-1 刺；第 5 腹节具 1-1-1-1 刺；第 6 腹节具 1-1 刺。

第 1 尾肢柄节具 1 背基刺，内、外肢无刺。第 2 尾肢柄节内、外缘分别具 3 和 2 刺；外肢无侧刺；内肢内缘具 1 刺。第 3 尾肢柄节具末端刺；内肢长为外肢的 9/10，外肢第 2 节长，内、外肢密布羽状毛。

雌性小于雄性。第 2 触角柄节刚毛比雄性密。第 1 腮足掌节椭圆形，掌缘没有雄性倾斜，后缘具 1 刺，后角具 4 刺；指节外缘具 1 刚毛。第 2 腮足掌节长方形，长是宽的 2 倍，掌面短。第 2–5 步足具抱卵板，具长毛。

观察标本：1♂1♀，云南香格里拉碧塔海（99.54°E, 27.46°N），2009.IX.5。

生态习性：本种栖息在碧塔海浅水处，9 月份湖泊的水温为 15.1℃。

地理分布：云南（香格里拉碧塔海）。

分类讨论：本种与寒冷钩虾 *G. frigidus* Hou & Li 相似特征是第 3 尾肢内肢长是外肢的 9/10，第 2 小颚内叶具 27 羽状毛。主要区别在于第 4–6 腹节具短刚毛和刺；雌性第 1–7 底节板内面具一些短刚毛。本种与湖泊钩虾 *G. lacustris* Sars 的区别在于本种第 1 触角 1–3 节柄节长度比 1.00∶0.91∶0.50；第 2 触角柄节具长毛；雌性底节板具小刚毛。

(21) 短肢钩虾 *Gammarus brevipodus* Hou, Li & Platvoet, 2004（图 100–104）

Gammarus brevipodus Hou, Li & Platvoet, 2004: 267, figs. 6–10.

形态描述：雄性 14.5mm。第 1 触角第 1–3 柄节长度比 1.00∶0.70∶0.44，具末端毛；鞭 20 节，具感觉毛，副鞭 4 节。第 2 触角第 4 柄节稍短于第 5 柄节，每节两侧具 4、5 簇长刚毛，鞭 8 节，无鞋状感觉器。左大颚切齿 5 齿，动颚片 4 齿，臼齿具 1 羽状毛；触须第 2 节内缘具 17 长毛，第 3 节具 7 A-刚毛、2 组 B-刚毛、15 D-刚毛和 4 E-刚毛。右大颚切齿 4 齿，动颚片分叉。第 1 小颚内叶具 12 羽状毛，触须 2 节。第 2 小颚内叶具

10 羽状毛。颚足外叶具 13 钝齿和 6 顶端梳状毛；触须 4 节。

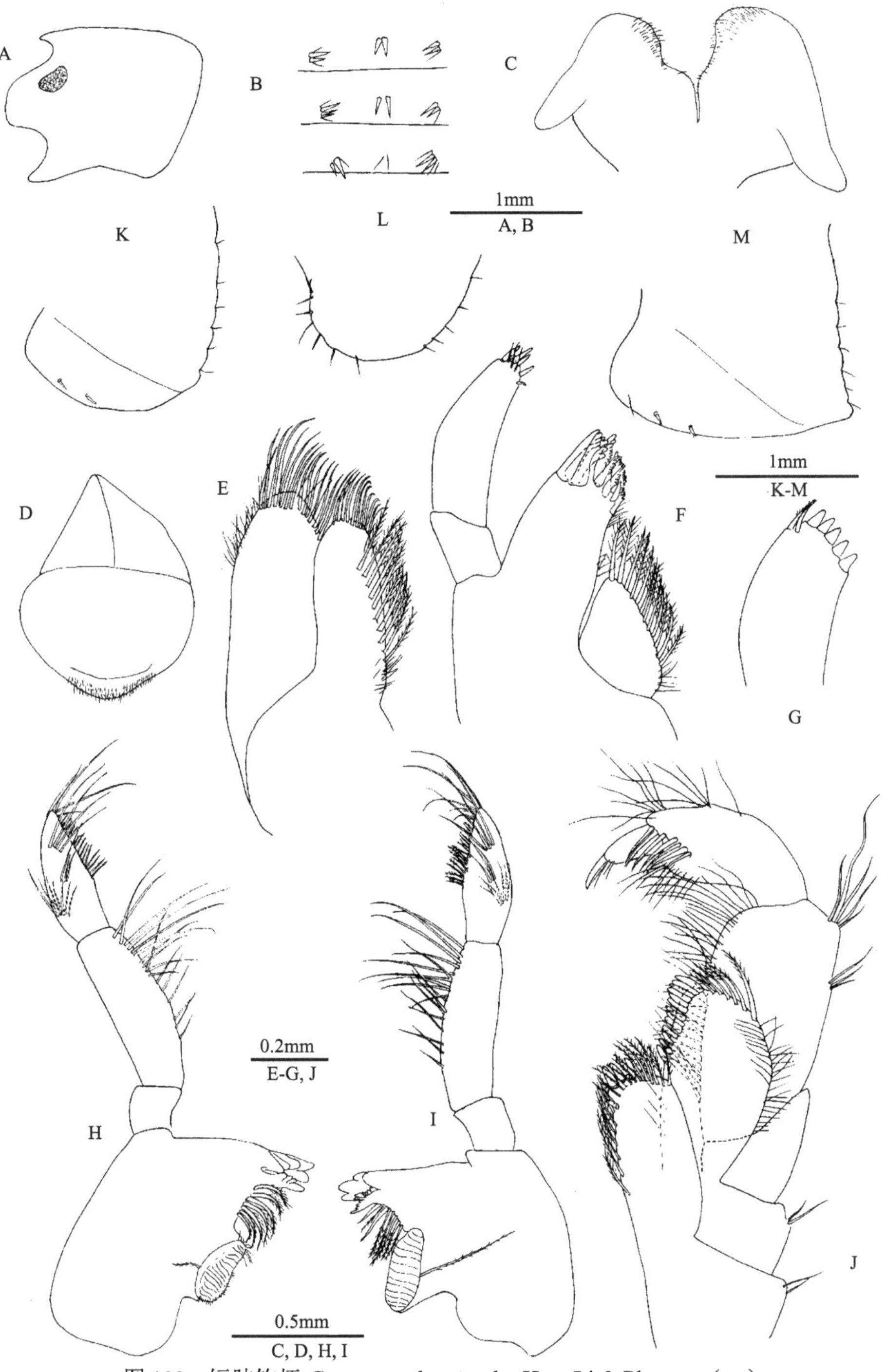

图 100　短肢钩虾 *Gammarus brevipodus* Hou, Li & Platvoet（一）

♂。A. 头; B. 第 4-6 腹节（背面观）; C. 下唇; D. 上唇; E. 第 2 小颚; F. 左第 1 小颚; G. 右第 1 小颚触须; H. 左大颚; I. 右大颚; J. 颚足; K. 第 2 腹侧板; L. 第 1 腹侧板; M. 第 3 腹侧板

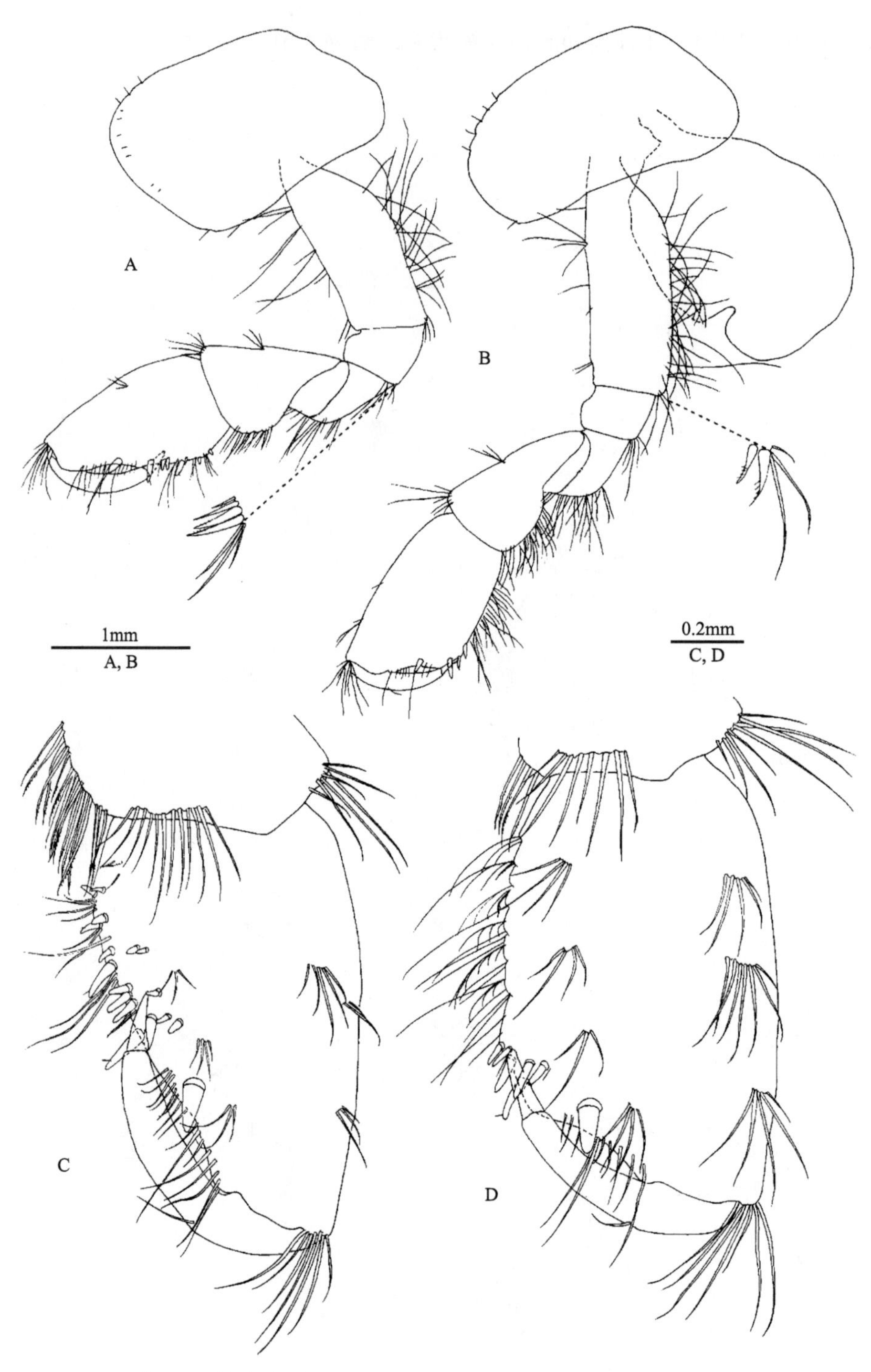

图 101　短肢钩虾 *Gammarus brevipodus* Hou, Li & Platvoet（二）

♂。A. 第 1 腮足; B. 第 2 腮足; C. 第 1 腮足掌节; D. 第 2 腮足掌节

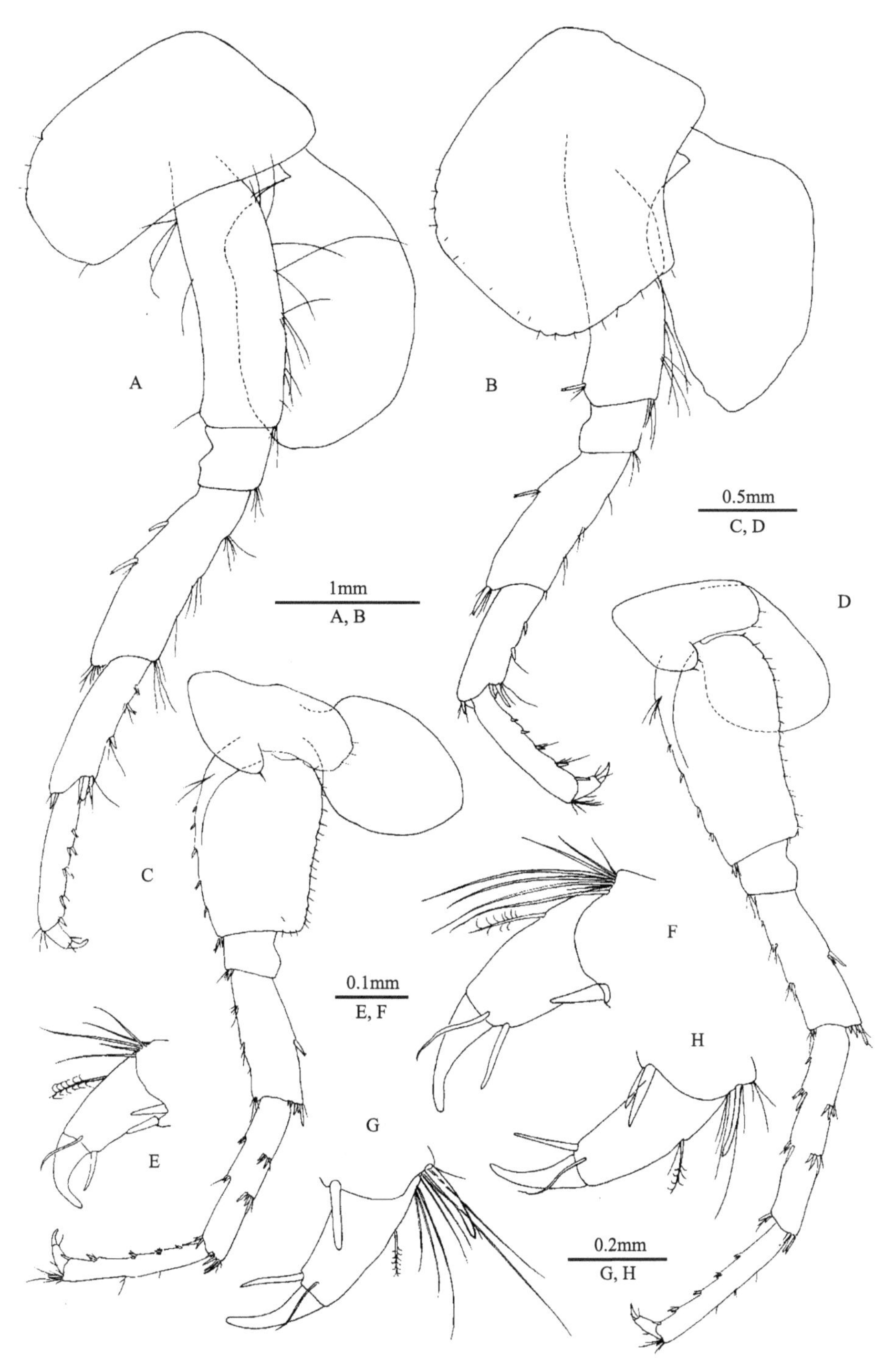

图 102　短肢钩虾 *Gammarus brevipodus* Hou, Li & Platvoet（三）

♂。A. 第 3 步足; B. 第 4 步足; C. 第 5 步足; D. 第 6 步足; E-H. 第 3-6 步足指节

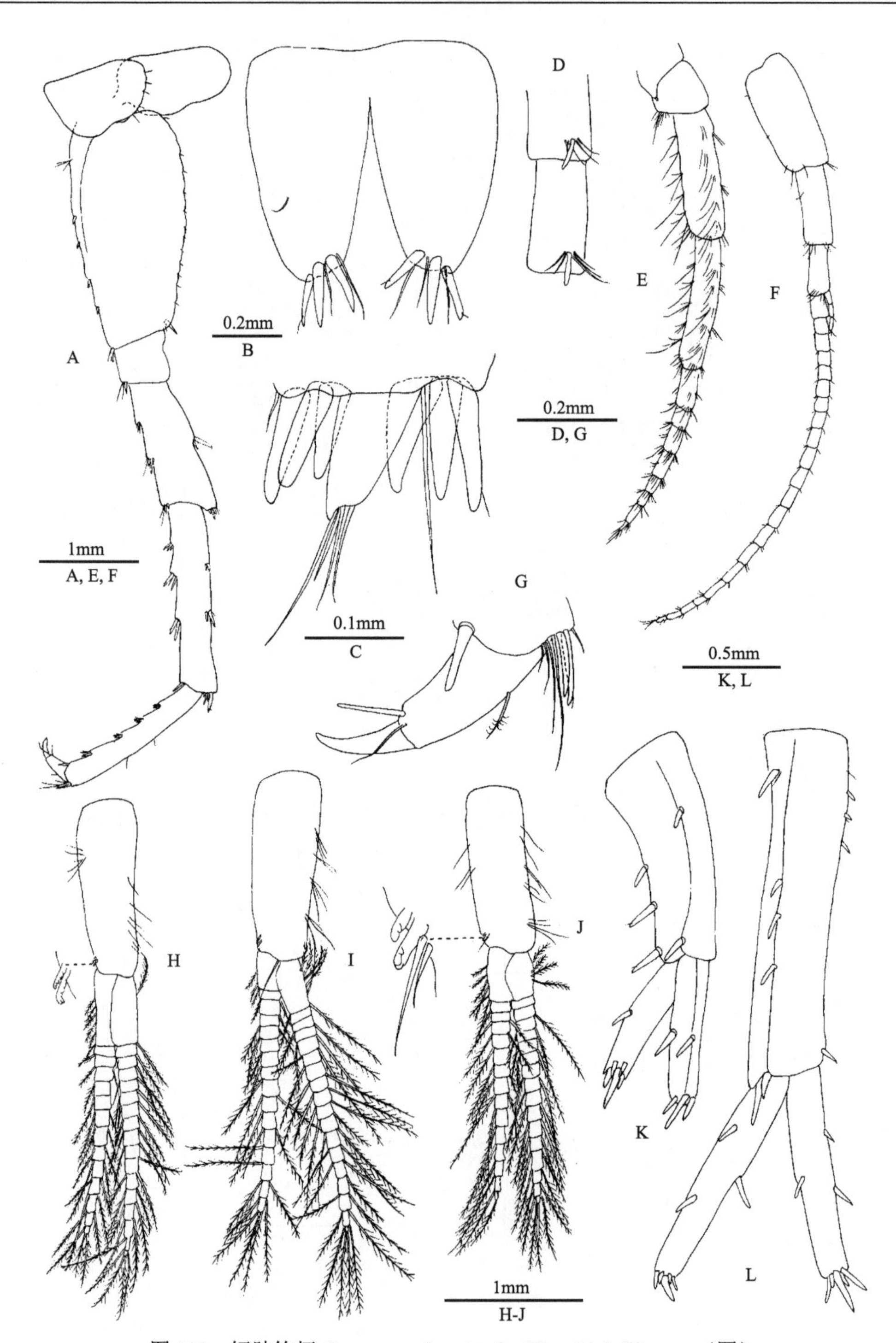

图 103　短肢钩虾 *Gammarus brevipodus* Hou, Li & Platvoet（四）

♂。A. 第 7 步足; B. 尾节; C. 第 3 尾肢第 2 节; D. 第 1 触角鞭节; E. 第 2 触角; F. 第 1 触角; G. 第 7 步足指节; H. 第 1 腹肢; I. 第 2 腹肢; J. 第 3 腹肢; K. 第 2 尾肢; L. 第 1 尾肢

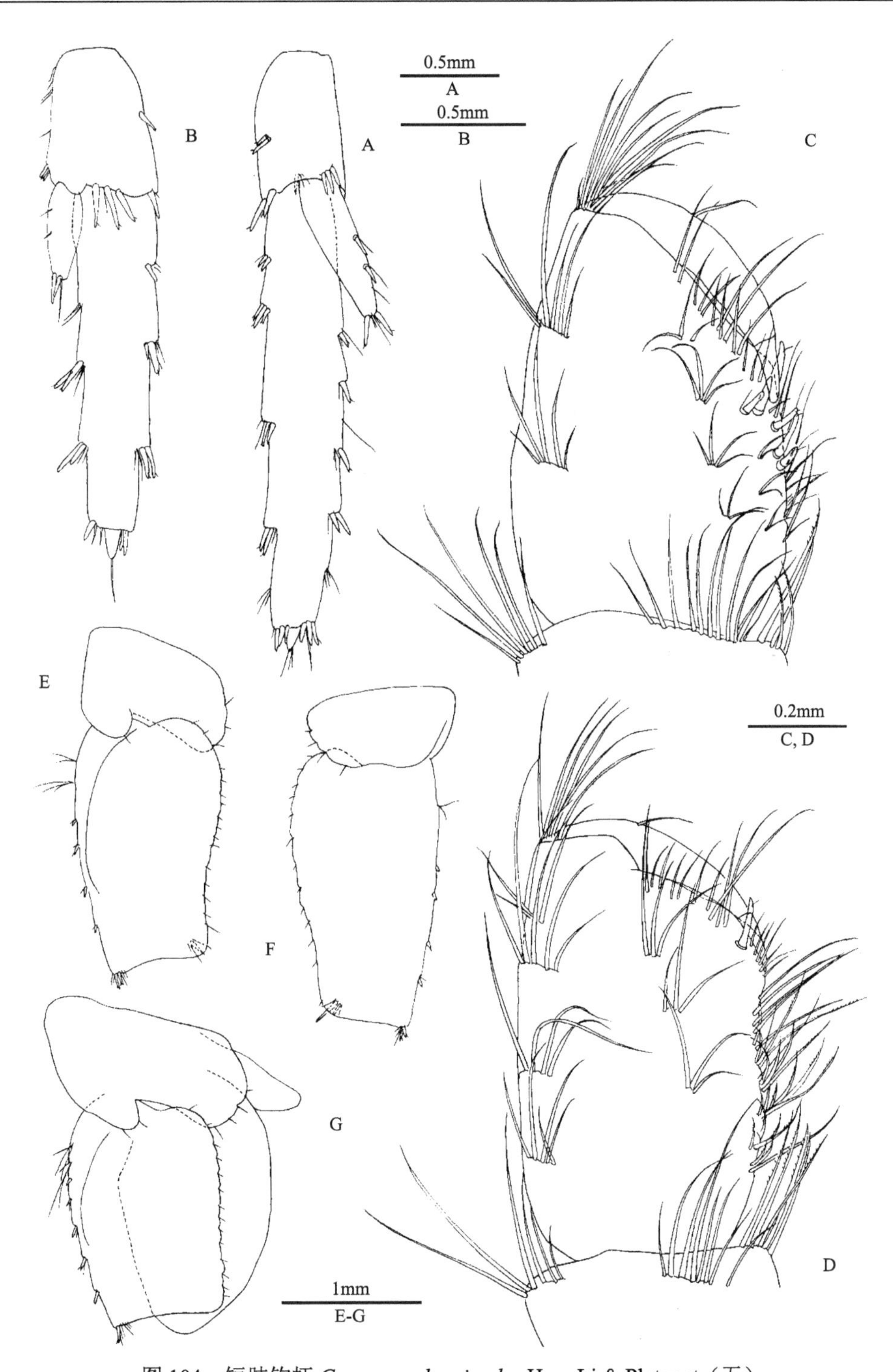

图 104　短肢钩虾 *Gammarus brevipodus* Hou, Li & Platvoet（五）

♂, A; ♀, B-G。A. 第 3 尾肢; B. 第 3 尾肢; C. 第 1 腮足掌节; D. 第 2 腮足掌节; E. 第 6 步足基节; F. 第 7 步足基节; G. 第 5 步足基节

第 1 腮足腕节长达掌节的 3/4；掌节梨形，掌缘斜，具 1 中央壮刺，后缘具 8 刺，内面具 4 对刺；指节外缘具 1 刚毛。第 2 腮足腕节长达掌节的 4/5；掌节近长方形，掌缘具 1 中央壮刺，后缘具 6 刺；指节外缘具 1 刚毛。第 3 步足细长，基节前缘具 4 长刚毛，后缘具 15 刚毛；长节至掌节后缘刚毛少；指节外缘具 1 毛，趾钩接合处具 2 硬刚毛。第 4 步足与第 3 步足相似。第 5 步足基节后缘近直；长节至掌节前、后缘具短刺，刚毛少；指节外缘具 1 羽状毛，趾钩接合处具 2 刚毛。第 6 步足与第 5 步足相似，基节后缘凹陷。第 7 步足基节后缘膨大。

第 1–3 腹侧板后下角钝圆，后缘具 5、6 短毛。第 1 腹侧板腹前缘具 7 刚毛，第 2、3 腹侧板腹缘具 2、3 刺。第 1–3 腹肢等长，柄节前下角具 2 钩刺和 2 刚毛；内、外肢等长，12–18 节，具长羽状毛。第 4–6 腹节背部无隆起，具 3 簇刺和毛。

第 1 尾肢柄节具 1 背基刺；内肢内、外缘分别具 2 和 1 刺；外肢内、外缘分别具 1 和 2 刺。第 2 尾肢柄节外缘具 2 刺，内缘具 1 刺；外肢外缘具 1 刺；内肢内、外缘各具 1 刺。第 3 尾肢内肢长约为外肢的 1/3，外肢第 2 节短于周围刺，内、外肢具刺，几乎没有刚毛。尾节深裂，末端具 3 刺，背面无刚毛。

雌性 13.8mm。第 1 腮足掌节不如雄性倾斜，后角具 6 粗刚毛。第 3 尾肢内肢短于外肢的 1/3。第 2–5 胸节具抱卵板。

观察标本：1♂（正模，IZCAS-I-A0055），20♂15♀，新疆 217/218 国道岔口，新源那拉提（43.3°N, 84.0°E），2001.VIII.16。

生态习性：栖息在路边渠道中。

地理分布：新疆。

分类讨论：本种区别于其他物种在第 2 触角具长刚毛，无鞋状感觉器；第 3 尾肢具较少刚毛，内肢长为外肢的 1/3。

(22) 无眼钩虾 *Gammarus caecigenus* Hou & Li, 2018（图 105–110）

Gammarus caecigenus Hou & Li, in: Hou, Zhao & Li, 2018: 67, figs. 39–44.

形态描述：雄性 10.0mm。无眼。第 1 触角第 1–3 柄节长度比 1.0∶0.8∶0.4，具末端毛；鞭 28 节，具感觉毛；副鞭 4 节。第 2 触角第 3–5 柄节长度比 1.0∶2.1∶2.4，第 4、5 柄节具长毛，鞭 10 节，具长毛，无鞋状感觉器。左大颚切齿 5 齿；动颚片 4 齿；刺排具 7 对羽状毛；触须第 1–3 节长度比 1.0∶3.1∶2.6，触须第 2 节具 12 毛，第 3 节具 5 A-刚毛、2 簇 B-刚毛、12 D-刚毛和 5 E-刚毛；右大颚切齿 4 齿，动颚片分叉，具小齿。第 1 小颚左右不对称，内叶具 18 羽状毛；外叶具 11 壮刺；左触须第 2 节顶端具 7 长刺和 2 简单毛；右触须第 2 节具 5 壮刺、1 长刺和 1 硬毛。第 2 小颚内叶具 14 羽状毛。颚足内叶具 3 壮刺；外叶具 16 钝齿；触须第 4 节呈钩状，趾钩接合处具 2 刚毛。

第 1 腮足底节板腹前、后缘各具 1 刚毛；基节前、后缘均具长刚毛；长节后下角具刚毛；腕节长为掌节的 4/5，腹缘具 4 簇刚毛，背缘具 2 簇刚毛；掌节卵形，掌缘具 1 中央刺，后缘和掌面具 13 刺；指节外缘具 1 刚毛。第 2 腮足掌节长方形，掌缘具 1 中央刺，后下角具 7 刺。第 3 步足长节至掌节后缘具 2 长毛，指节外缘具 1 羽状毛，趾钩接

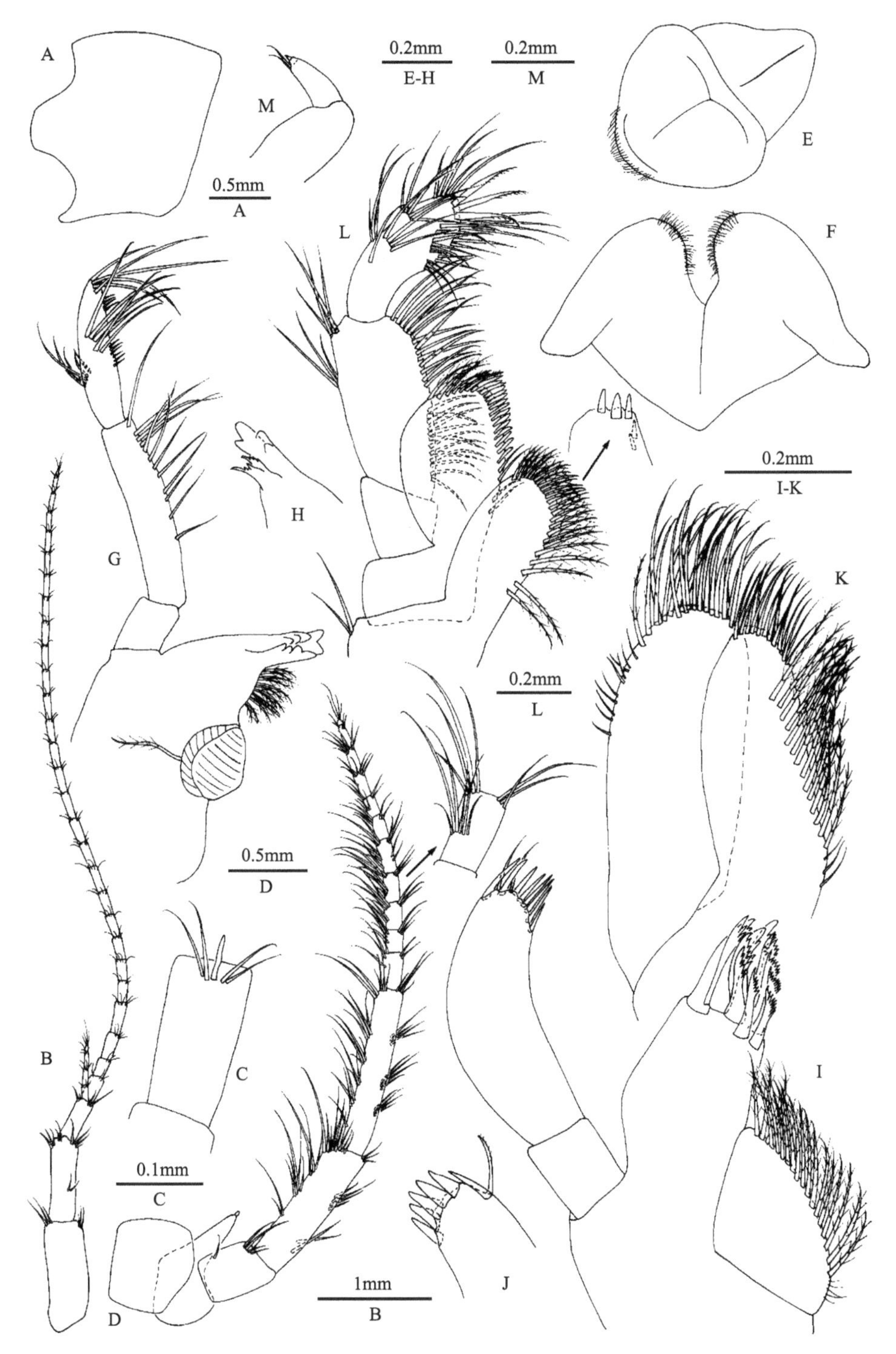

图 105　无眼钩虾 *Gammarus caecigenus* Hou & Li（一）

♂。A. 头; B. 第 1 触角; C. 第 1 触角感觉器; D. 第 2 触角; E. 上唇; F. 下唇; G. 左大颚; H. 左大颚切齿; I. 左第 1 小颚; J. 右第 1 小颚触须; K. 第 2 小颚; L. 颚足; M. 颚足右触须第 4 节

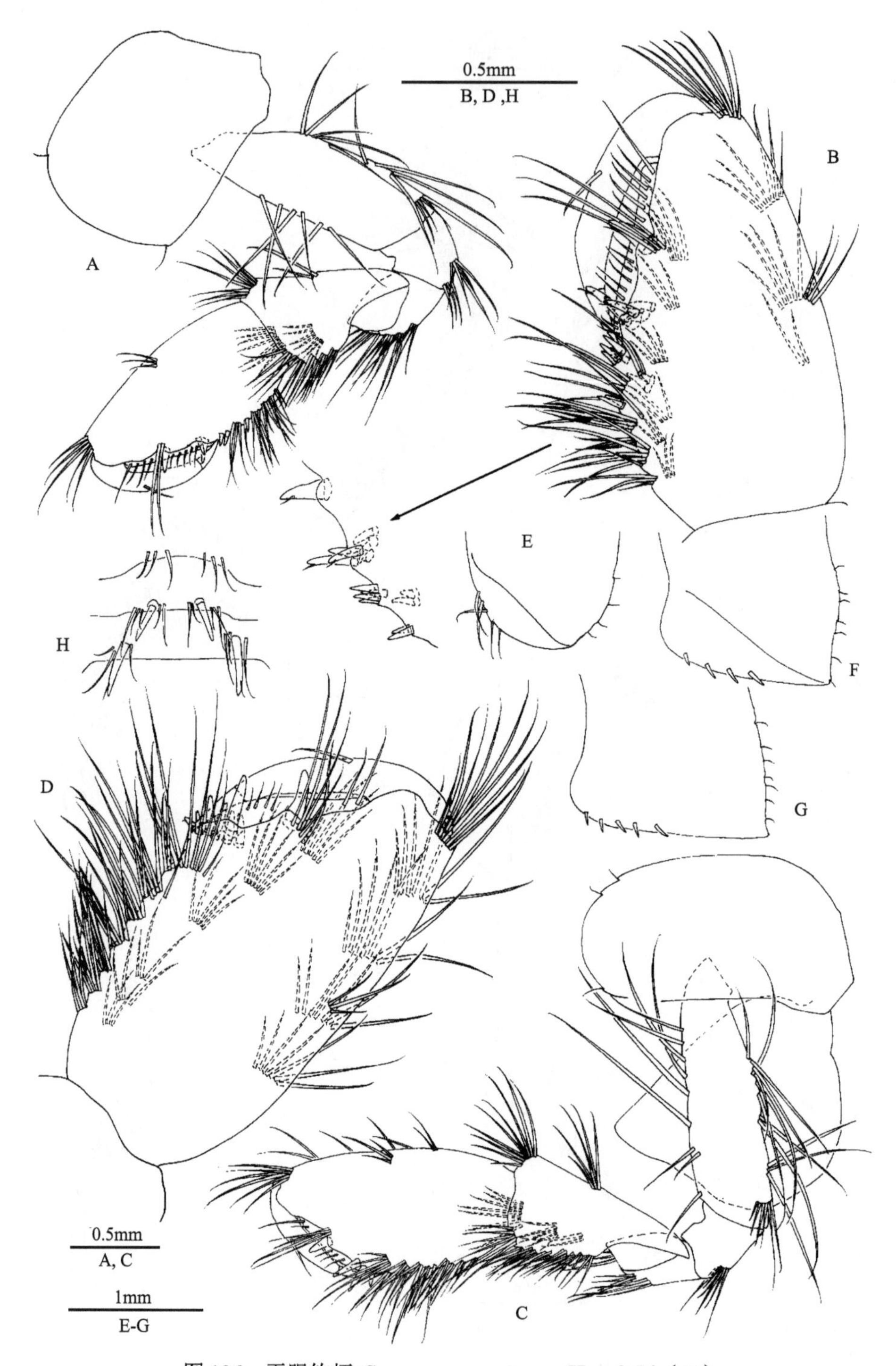

图 106 无眼钩虾 *Gammarus caecigenus* Hou & Li（二）

♂。A. 第 1 腮足; B. 第 1 腮足掌节; C. 第 2 腮足; D. 第 2 腮足掌节; E. 第 1 腹侧板; F. 第 2 腹侧板; G. 第 3 腹侧板; H. 第 4-6 腹节（背面观）

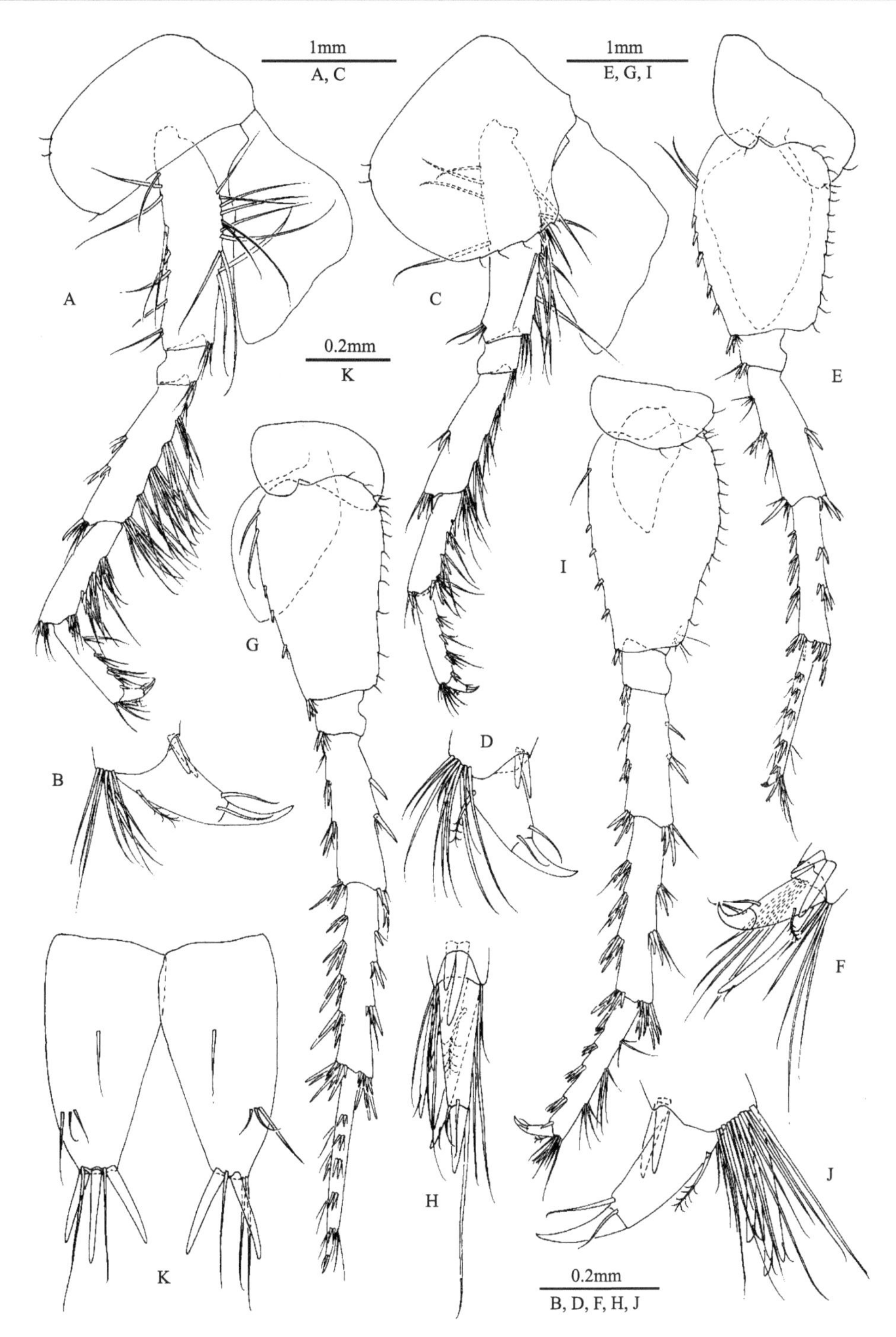

图 107　无眼钩虾 *Gammarus caecigenus* Hou & Li（三）

♂。A. 第 3 步足; B. 第 3 步足指节; C. 第 4 步足; D. 第 4 步足指节; E. 第 5 步足; F. 第 5 步足指节; G. 第 6 步足; H. 第 6 步足指节; I. 第 7 步足; J. 第 7 步足指节; K. 尾节

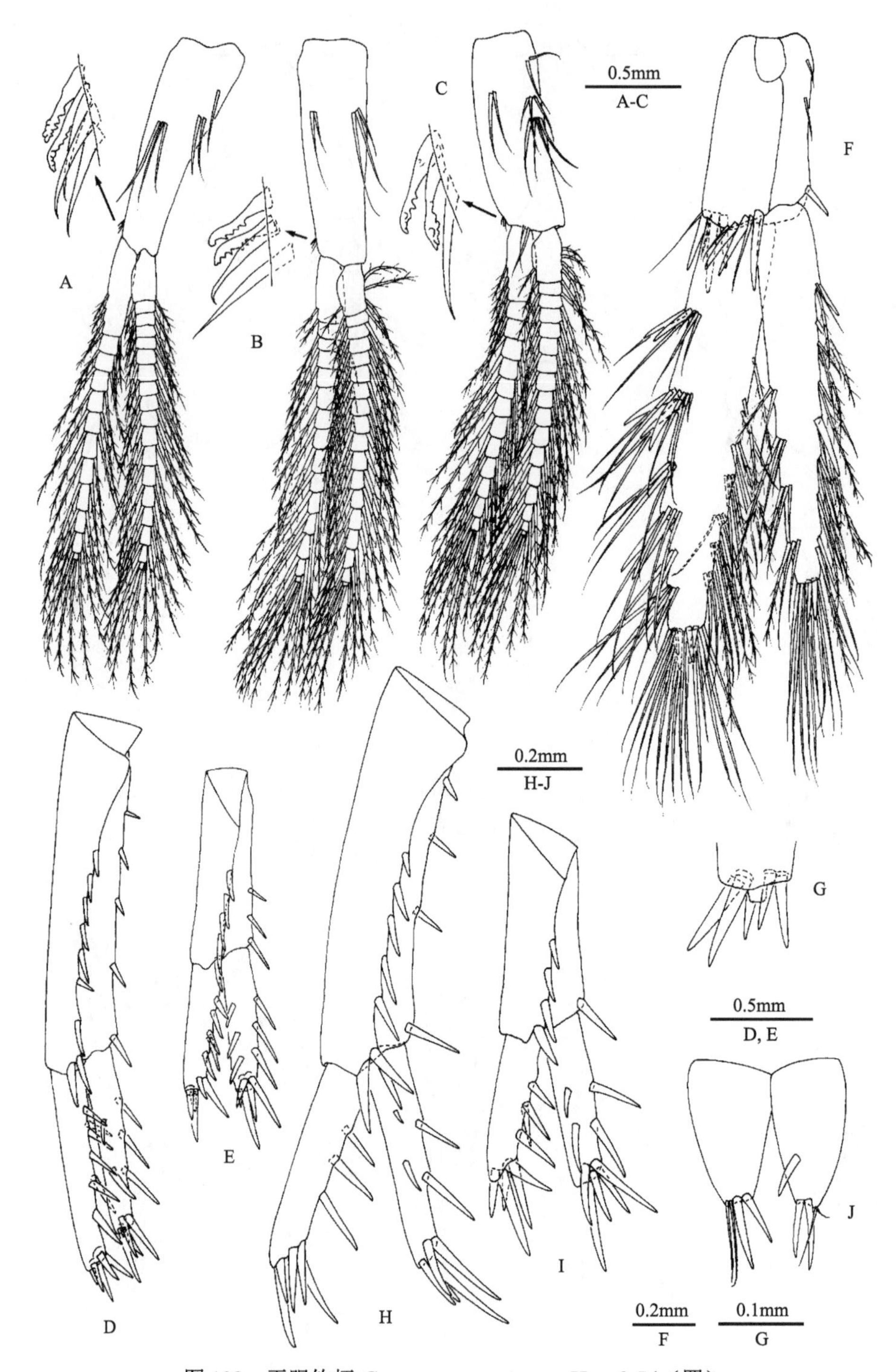

图 108 无眼钩虾 *Gammarus caecigenus* Hou & Li（四）

♂, A-G; ♀, H-J。A. 第 1 腹肢; B. 第 2 腹肢; C. 第 3 腹肢; D. 第 1 尾肢; E. 第 2 尾肢; F. 第 3 尾肢; G. 第 3 尾肢外肢末节; H. 第 1 尾肢; I. 第 2 尾肢; J. 尾节

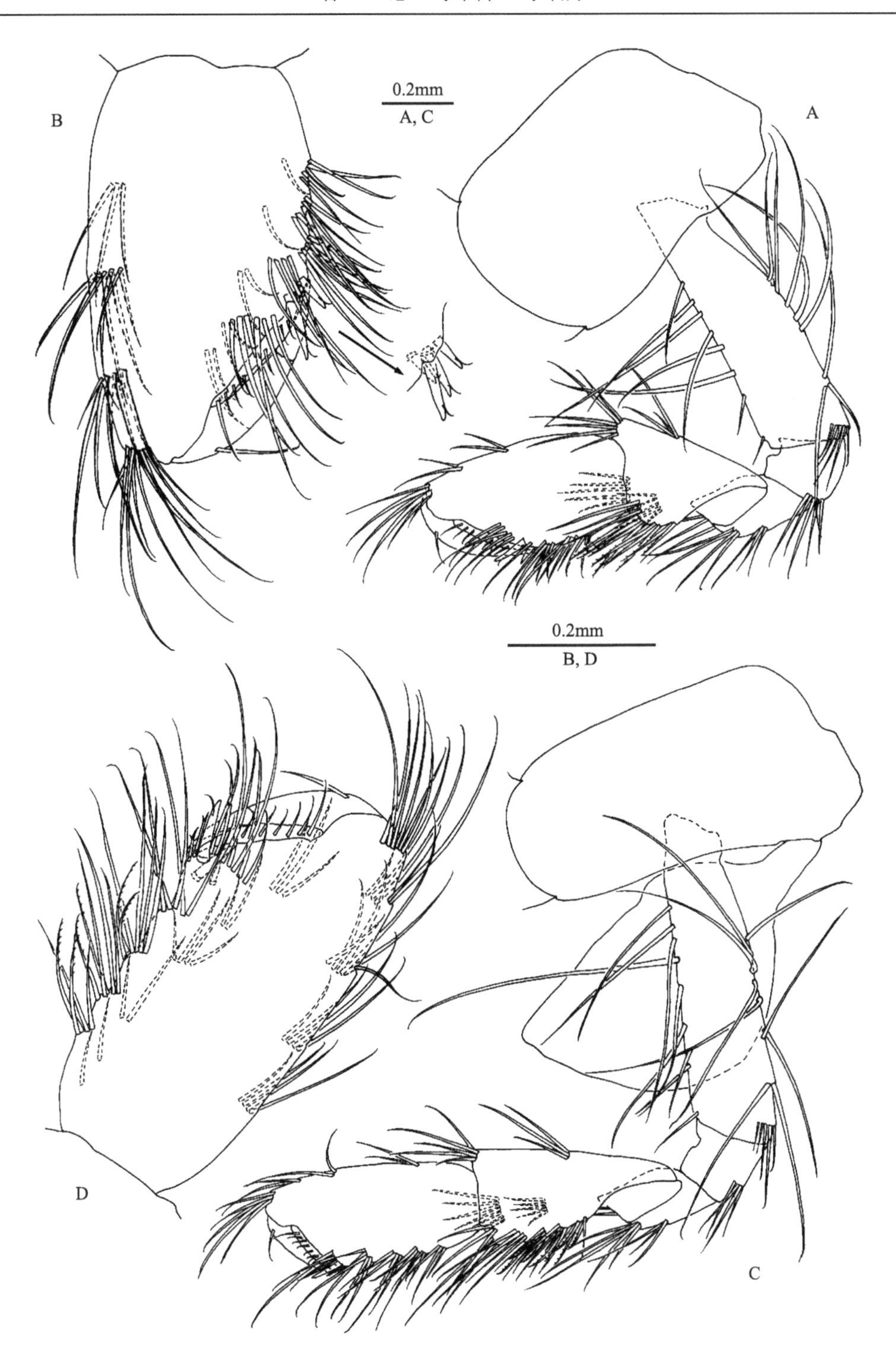

图 109　无眼钩虾 *Gammarus caecigenus* Hou & Li（五）

♀。A. 第 1 腮足; B. 第 1 腮足掌节; C. 第 2 腮足; D. 第 2 腮足掌节

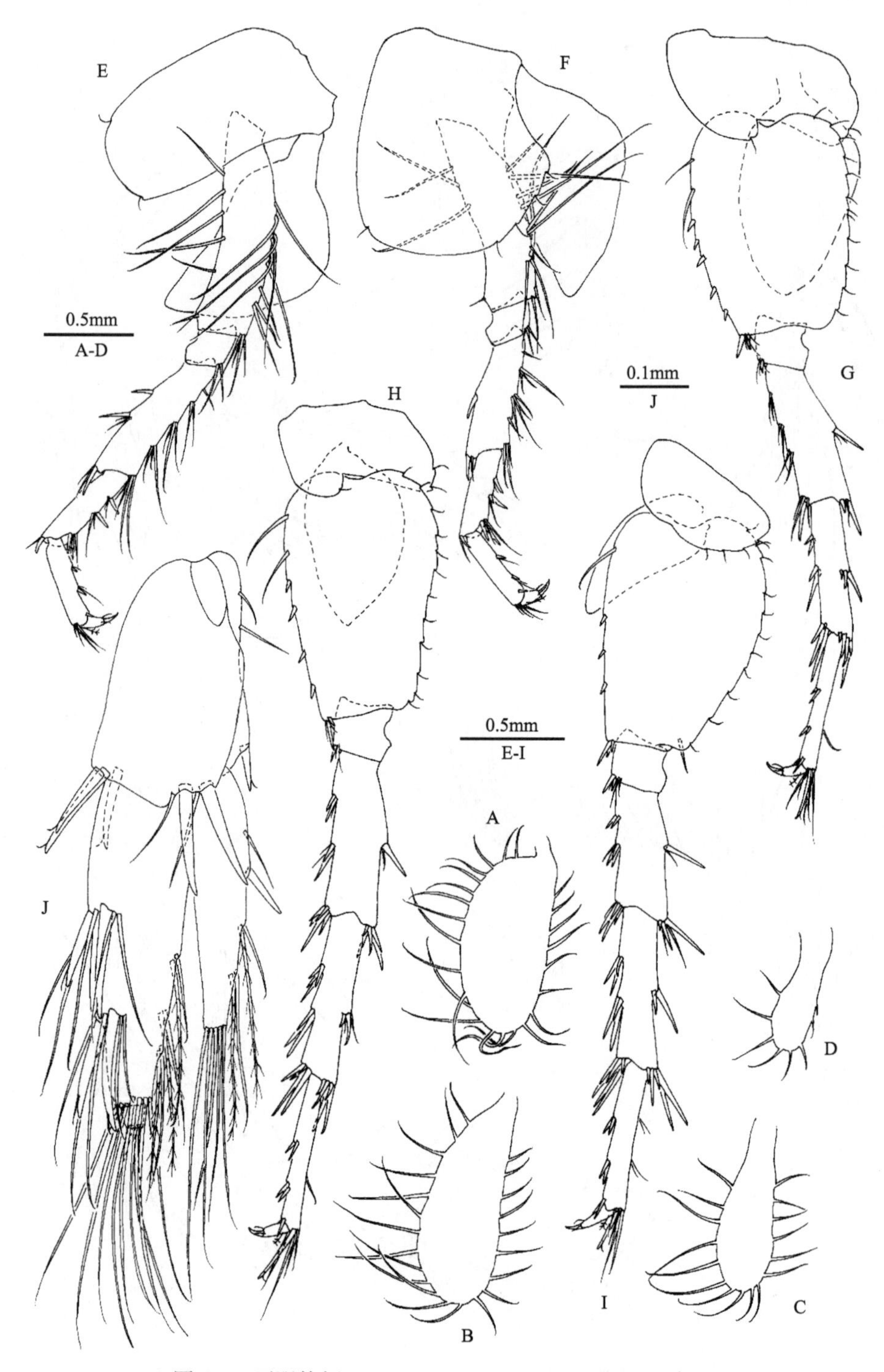

图 110 无眼钩虾 *Gammarus caecigenus* Hou & Li（六）

♀。A. 第 2 腮足抱卵板; B. 第 3 步足抱卵板; C. 第 4 步足抱卵板; D. 第 5 步足抱卵板; E. 第 3 步足; F. 第 4 步足; G. 第 5 步足; H. 第 6 步足; I. 第 7 步足; J. 第 3 尾肢

合处具 2 刚毛。第 4 步足底节板凹陷，腹前、后缘分别具 2 和 5 毛；长节至掌节后缘具长刚毛。第 5 步足基节膨大，前缘具 2 短毛和 5 刺，后缘具 13 短毛；长节至掌节前、后缘各具 3、4 组刺和毛；指节外缘具 1 羽状刚毛，趾钩接合处具 2 刚毛。第 6、7 步足长于第 5 步足，基节后缘窄，长节至掌节具刺和毛。

第 1 腹侧板腹缘圆形，前下角具 5 长毛，后缘具 4 短毛；第 2 腹侧板腹缘具 4 刺，后缘具 7 短毛，后下角钝；第 3 腹侧板腹缘具 5 刺，后缘具 7 短毛，后下角钝。第 4 腹节具 2 簇背毛；第 5 腹节每侧具 1 刺和 5 毛；第 6 腹节每侧具 1 刺和 3 毛。

第 1 尾肢柄节无背基刺，内、外缘分别具 4 和 7 刺；内肢内、外缘分别具 3 和 2 刺；外肢内、外缘分别具 2 和 5 刺。第 2 尾肢短，柄节内、外缘分别具 2 和 4 刺；内肢内、外缘各具 3 刺；外肢内、外缘分别具 1 和 4 刺。第 3 尾肢柄节表面具 2 毛，具 7 末端刺；内肢长达外肢的 9/10，内缘具 2 刺和羽状毛，外缘具 4 羽状毛，末端具 2 刺；外肢第 1 节外缘具 3 组刺和毛，内缘具简单毛和羽状毛，具 4 末端刺，第 2 节退化。尾节深裂；左叶具 3 末端刺伴；右叶具 2 末端刺。

雌性体长 5.9mm。第 1 腮足掌节似卵形，掌后缘具 4 刺，前、后缘均具长刚毛；指节外缘具 1 刚毛。第 2 腮足掌节近似长方形，掌缘后下角具 3 刺，前、后缘均具长毛。第 3、4 步足与雄性相比，长节到腕节后缘具较少刚毛。

观察标本：1♂（正模，IZCAS-I-A1587-1），四川宜宾兴文县（105.12°E, 28.19°N），2014.IV.25。

生态习性：本种栖息在洞穴中。

地理分布：四川（宜宾）。

分类讨论：本种主要鉴别特征是无眼；第 2 触角具长毛，无鞋状感觉器；第 3 步足长节到腕节后缘具长毛；第 4 腹节背缘具刚毛，第 5 腹节具 2 组刺和刚毛；第 1 尾肢柄节无背基刺；第 1、2 尾肢具较多刺；第 3 尾肢内肢长达外肢的 9/10，外肢第 2 节退化。

本种与多毛钩虾 *G. hirtellus* Hou, Li & Li 具有相似特征，包括无眼和第 3 尾肢外肢第 2 节退化。主要区别在于本种第 2 触角无鞋状感觉器；第 3 步足后缘具长直毛；第 5–7 步足前缘具刺，较少刚毛；第 1、2 尾肢柄节和内外肢具较多刺；第 4、5 腹节具 2 组刺和刚毛。

(23) 快捷钩虾 *Gammarus citatus* Hou, Li & Li, 2013（图 111–116）

Gammarus citatus Hou, Li & Li, 2013: 18, figs. 2B, 12–17.

形态描述：雄性 14.2mm。眼卵形。第 1 触角第 1–3 柄节长度比 1.0∶0.9∶0.4，鞭 23 节，第 3–22 节有感觉毛；副鞭 4 节。第 2 触角长是第 1 触角的 2/3，第 4、5 柄节具短毛，鞭 12 节，具鞋状感觉器。左大颚切齿 5 齿；动颚片 4 齿；触须第 2 节具 12 刚毛，第 3 节具 4 A-刚毛、2 B-刚毛、24 D-刚毛和 5 E-刚毛；右大颚切齿 4 齿，动颚片分叉，具小齿。第 1 小颚左右不对称，内叶具 11 羽状毛；外叶具 11 锯齿状齿，刺具小齿；左触须第 2 节顶端具 8 长刺；右触须第 2 节顶端具 5 壮刺和 1 长刺。第 2 小颚内叶具 10 羽状毛。颚足内叶具 3 壮刺，外叶具 1 排钝刺；触须第 4 节呈钩状，趾钩接合处具 1 簇刚毛。

第 1 腮足底节板腹前、后缘分别具 4 和 1 刚毛；腕节长是宽的 2.5 倍，与掌节近乎等长，后缘具短刚毛；掌节卵形，掌缘具 1 中央刺，后缘和掌面共具 19 刺。第 2 腮足腕节长约为掌节的 9/10，腹缘具 7 簇刚毛，背缘具 3 簇刚毛；掌节长方形，掌缘具 1 中央刺，后下角具 5 刺，内表面具 6 簇长刚毛；指节外缘具 1 刚毛。

第 3 步足底节板腹前缘具 3 毛，后缘具 1 毛；基节延长，前、后缘均具刚毛；长节后缘具 6 簇长刚毛；腕节和掌节后缘具数簇刺和刚毛；指节外缘具 1 羽状刚毛，趾钩接合处具 2 刚毛。第 4 步足底节板后缘凹陷；长节至掌节后缘具长刚毛。第 5 步足基节膨大，长节前缘具 3 簇毛，后缘具 2 刺；腕节和掌节前缘具 3 或 4 簇刺和刚毛；指节外缘具 1 羽状刚毛，趾钩接合处具 2 刚毛。第 6 步足基节延长，长节至掌节前缘具刺，刚毛少。第 7 步足基节后缘末端处变窄，具 16 毛；长节至掌节前缘具刺。

第 1 腹侧板腹缘圆形，腹前缘具 5 刚毛，后缘具 4 短毛；第 2 腹侧板腹缘具 3 刺，后缘具 7 短毛，后下角钝；第 3 腹侧板腹缘具 3 刺和 3 简单毛，后缘具 6 短毛，后下角近圆形。第 1–3 腹肢相似，柄节具 2 钩刺；外肢比内肢稍短，具羽状毛。第 4 腹节背缘具 4 簇短毛；第 5 腹节背缘具 3 刺和 6 毛；第 6 腹节背缘具 2 刺和 8 毛。

第 1 尾肢柄节具 1 背基刺，内、外缘分别具 1 和 2 刺；内、外肢内缘各具 1 刺。第 2 尾肢短，柄节外缘具 2 刺，内肢内缘具 1 刺。第 3 尾肢柄节后缘具简单刚毛；内肢长达外肢的 1/3，内缘具长简单毛，具 1 末端刺；外肢第 1 节外侧具 2 对刺和长毛，第 2 节明显，短于周围刺。尾节深裂，左叶具 1 顶刺和 5 刚毛，右叶顶端具 3 刚毛。

雌性 10.1mm。第 1 腮足掌节卵形，掌后缘具 6 刺。第 2 腮足掌节近似长方形，掌缘后下角具 4 刺，前、后缘均具长刚毛。第 3、4 步足与雄性相比，后缘具较少直刚毛。第 5–7 步足与雄性相比，基节后缘具较多刚毛。第 3 尾肢内肢长达外肢的 2/5，内、外肢具简单刚毛。第 2 抱卵板宽阔，有缘毛，第 3、4 步足的抱卵板细长，第 5 步足抱卵板最小。

观察标本：1♂（正模，IZCAS-I-A1069-1），云南怒江兰坪新生桥国家森林公园（99.35°E, 26.47°N），2010.I.7。

生态习性：本种栖息在新生桥国家森林公园的小溪中，该公园位于怒江和澜沧江之间，由于两条大河流的强力切割，使这个公园的地形充满了深谷和陡峭的山脉。

地理分布：云南。

分类讨论：本种主要鉴别特征是第 3 尾肢内肢长达外肢的 1/3，具简单刚毛；尾节具简单长刚毛；第 2、3 腹侧板钝；第 4 腹节背部仅具 4 簇短毛。本种与卷毛钩虾 *G. curvativus* Hou & Li 的主要区别在于本种第 1 触角副鞭 4 节；第 2 腮足掌后缘具 20 刺；第 3 步足长节前缘具多刺；尾节具长刚毛；第 2、3 腹侧板钝；第 4 腹节背缘仅具 4 簇短毛。

本种与少刺钩虾 *G. paucispinus* Hou & Li 的区别在于本种第 2 触角具鞋状感觉器，大颚第 2 节具 12 毛，尾节每叶表面具 3 简单长刚毛，第 4 腹节背缘具 4 簇短毛，第 3 尾肢具简单刚毛。

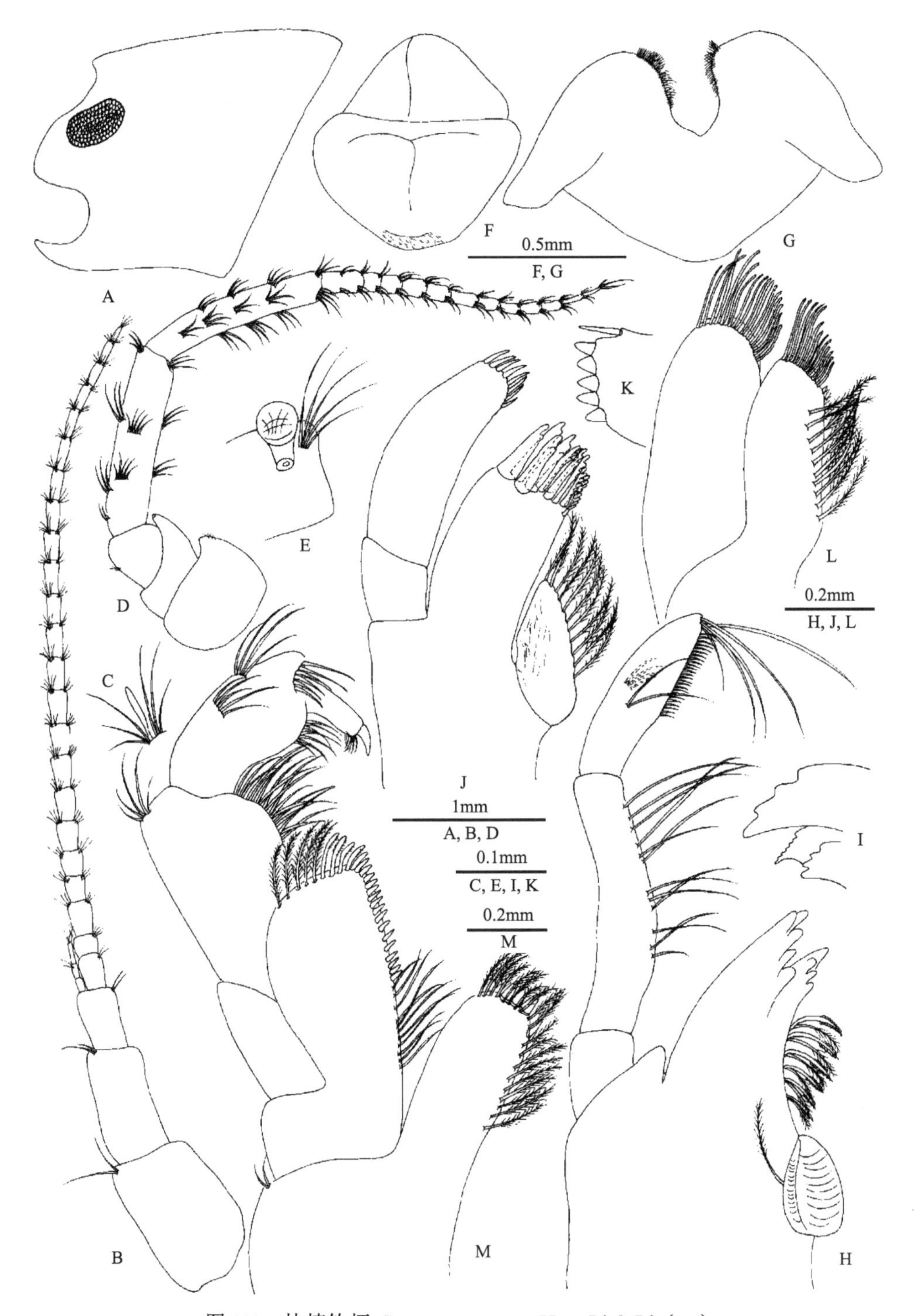

图 111　快捷钩虾 *Gammarus citatus* Hou, Li & Li（一）

♂。A. 头; B. 第 1 触角; C. 第 1 触角感觉毛; D. 第 2 触角; E. 第 2 触角鞋状感觉器; F. 上唇; G. 下唇; H. 左大颚; I. 右大颚切齿和动颚片; J. 第 1 小颚; K. 第 1 小颚右触须; L. 第 2 小颚; M. 颚足

图 112 快捷钩虾 *Gammarus citatus* Hou, Li & Li（二）

♂。A. 第 1 腮足; B. 第 2 腮足; C. 第 1 腮足掌节; D. 第 2 腮足掌节

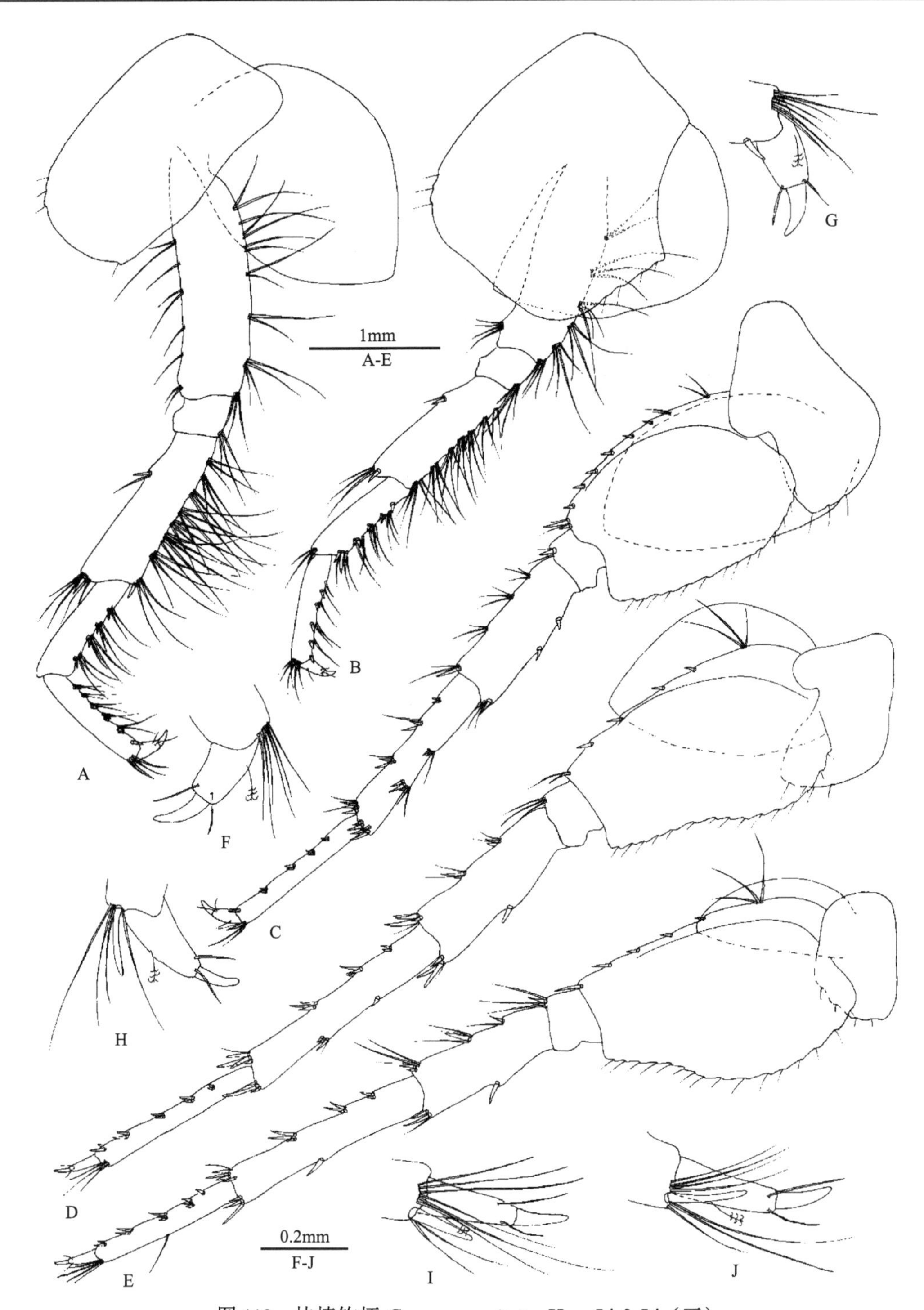

图 113　快捷钩虾 *Gammarus citatus* Hou, Li & Li（三）

♂。A. 第 3 步足; B. 第 4 步足; C. 第 5 步足; D. 第 6 步足; E. 第 7 步足; F. 第 3 步足指节; G. 第 4 步足指节; H. 第 5 步足指节; I. 第 6 步足指节; J. 第 7 步足指节

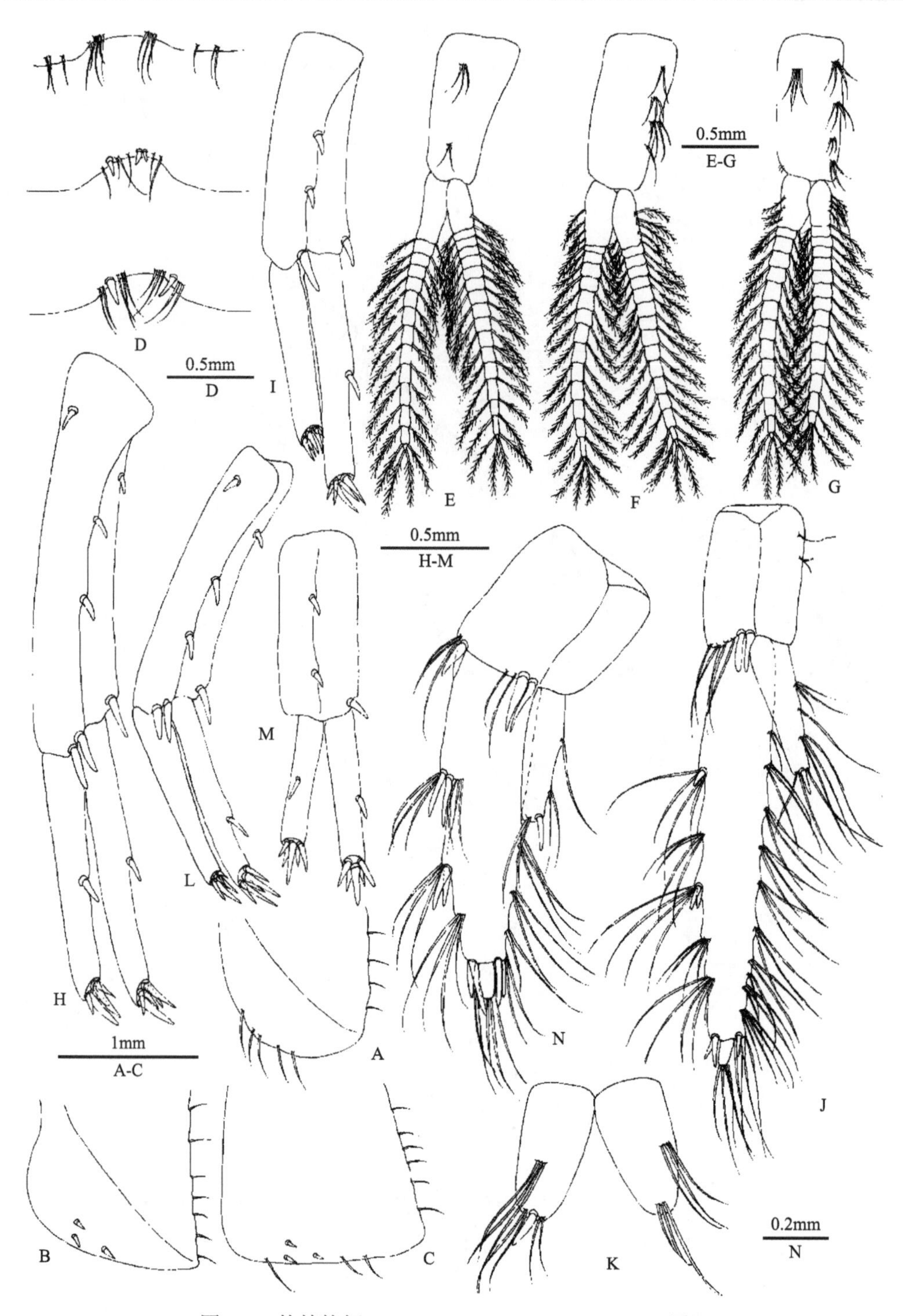

图 114 快捷钩虾 *Gammarus citatus* Hou, Li & Li（四）

♂, A-K; ♀, L-N。A. 第 1 腹侧板; B. 第 2 腹侧板; C. 第 3 腹侧板; D. 第 4-6 腹节背部; E. 第 1 腹肢; F. 第 2 腹肢; G. 第 3 腹肢; H. 第 1 尾肢; I. 第 2 尾肢; J. 第 3 尾肢; K. 尾节; L. 第 1 尾肢; M. 第 2 尾肢; N. 第 3 尾肢

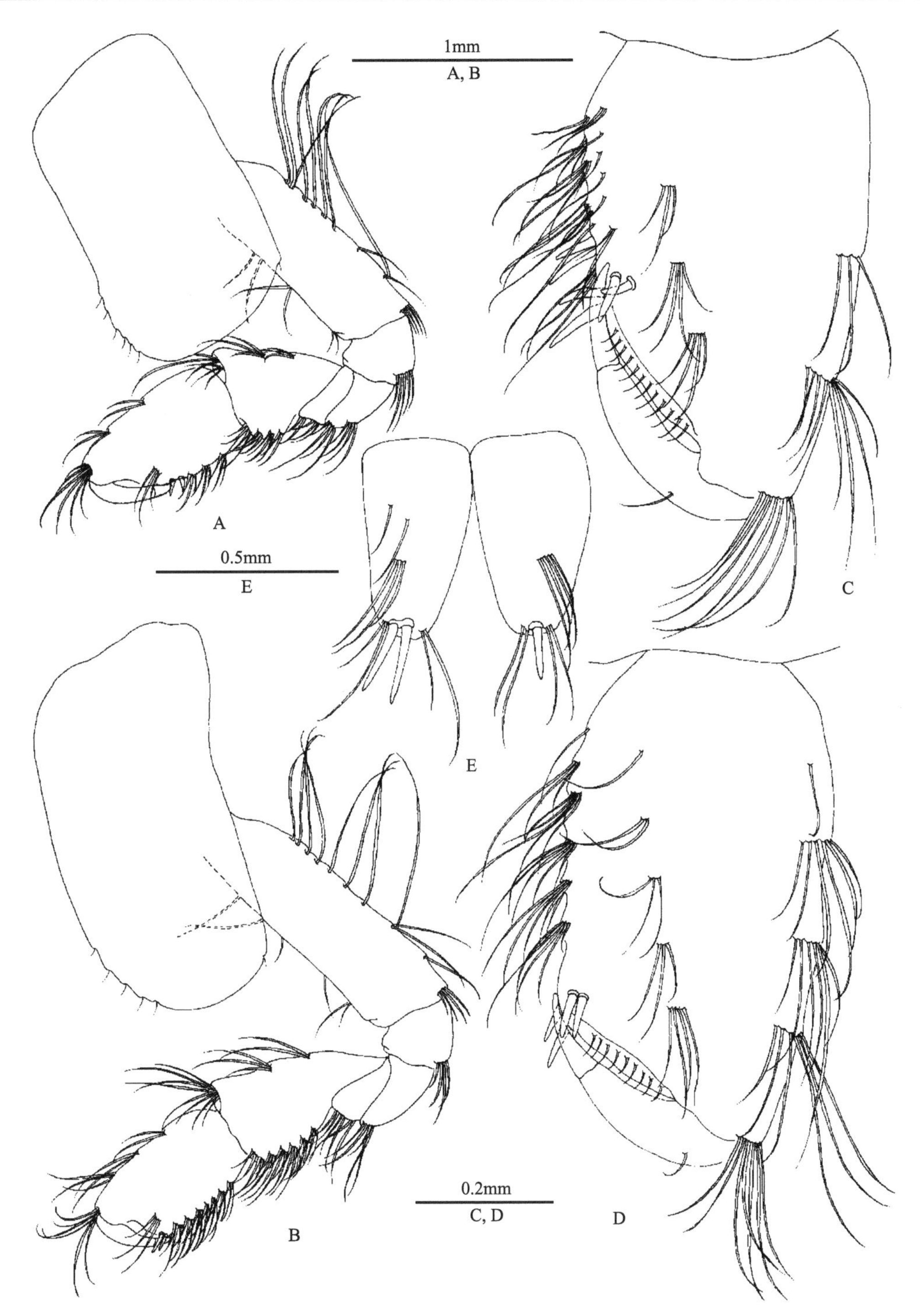

图 115 快捷钩虾 *Gammarus citatus* Hou, Li & Li（五）

♀。A. 第 1 腮足; B. 第 2 腮足; C. 第 1 腮足掌节; D. 第 2 腮足掌节; E. 尾节

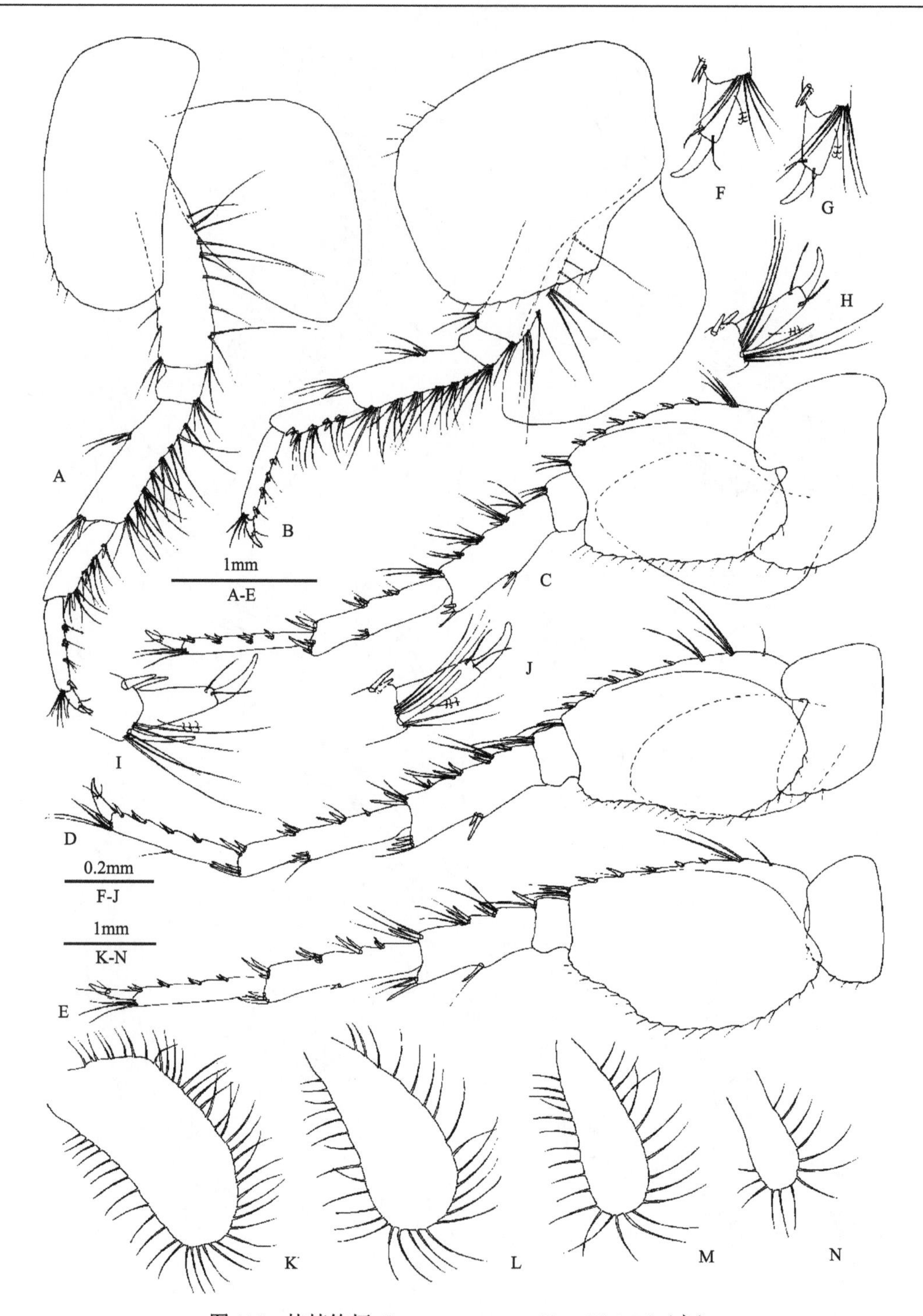

图 116　快捷钩虾 *Gammarus citatus* Hou, Li & Li（六）

♀。A. 第 3 步足；B. 第 4 步足；C. 第 5 步足；D. 第 6 步足；E. 第 7 步足；F. 第 3 步足指节；G. 第 4 步足指节；H. 第 5 步足指节；I. 第 6 步足指节；J. 第 7 步足指节；K. 第 2 抱卵板；L. 第 3 抱卵板；M. 第 4 抱卵板；N. 第 5 抱卵板

(24) 清亮钩虾 *Gammarus clarus* Hou & Li, 2010（图 117–121）

Gammarus clarus Hou & Li, 2010: 230, figs. 9–13.

形态描述：雄性 13.5mm。眼中等大小，肾形。第 1 触角第 1–3 柄节长度比 1.0∶0.8∶0.4，具短毛；鞭 28 节，具感觉毛；副鞭 4 节。第 2 触角第 3–5 柄节长度比 1.0∶3.6∶3.8，具短刚毛；鞭 13 节，具鞋状感觉器。左大颚切齿 5 齿，动颚片 4 齿；刺排具 5 对羽状毛；第 2 节边缘具 12 毛；第 3 节具 5 A-刚毛、2 簇 B-刚毛、21 D-刚毛和 5 E-刚毛；右大颚切齿 4 齿，动颚片具小齿。第 1 小颚内叶具 16 羽状毛；外叶顶端具 11 锯齿状刺；左触须顶端具 7 细刺和 3 刚毛；右触须具 5 短刺、1 长刚毛和 1 长刺。第 2 小颚内叶具 17 羽状毛。颚足内叶具 4 刺，边缘具羽状毛。

第 1 腮足底节板腹前缘具 2 毛，腹后缘具 1 毛；基节前、后缘具刚毛；掌节椭圆形，掌缘具 1 中央刺，后缘具 21 刺；指节外缘具 1 刚毛。第 2 腮足掌节近方形，掌缘具 1 中央刺，后缘具 6 刺；指节外缘具 1 刚毛。第 3 步足底节板腹前、后缘分别具 3 和 1 毛；基节前、后缘具几簇短刚毛；长节和腕节后缘密布长直毛；指节外缘具 1 羽状毛。第 4 步足长节和腕节后缘具长刚毛；指节外缘具 1 羽状毛。第 5 步足底节板腹前、后缘分别具 1 和 3 毛；基节前缘具 2 毛和 4 刺，前下角具 1 刺，后缘具 11 毛；长节至掌节具刺，刚毛少；指节外缘具 1 羽状毛。第 6、7 步足长节至掌节的前缘具刺，刚毛少；指节外缘具 1 羽状毛。

第 1 腹侧板腹缘圆，腹前缘具 5 毛和 2 刺，后缘具 2 毛；第 2 腹侧板腹缘具 5 刺，后缘具 3 短毛，后下角微突；第 3 腹侧板腹前缘具 3 刺和 3 毛，后缘具 3 短毛，后下角尖。第 4–6 腹节背部稍微隆起，第 4 腹节背部具 3 簇刺，第 5、6 腹节背部中央各具 2 刺，两侧具 3 刺。

第 1 尾肢柄节具 1 背基刺。第 2 尾肢短。第 3 尾肢内肢长达外肢的 3/4，两缘具羽状毛；外肢第 1 节外侧具 2 对刺和 1 刺，密布羽状毛；第 2 节长于周围的刺。尾节深裂，表面具短毛。

雌性 8.1mm。第 1 腮足掌节后缘具 14 刺。第 2 腮足掌节后缘具 4 刺。第 3、4 步足后缘具长直毛，但短于雄性。第 5–7 步足前缘毛多于雄性。第 2 抱卵板稍宽；第 3、4 抱卵板稍长；第 5 抱卵板最小。

观察标本：15♂9♀，山西大同广灵壶泉，2012.V.18，李俊波、陈志冈采。8♂5♀，河北涞源拒马河上游，2004.IX.5，侯仲娥、林玲辉采。125♂108♀，北京延庆，2004.IV.7，李枢强、侯仲娥采。15♂12♀，河北阳原，2002.V.12，李枢强采。

生态习性：本种栖息于河流上游、泉眼附近流域。

地理分布：北京、河北、山西。

分类讨论：本种区别于雾灵钩虾 *G. nekkensis* Uchida 在于第 3、4 步足后缘具长直毛；第 3 尾肢内肢长是外肢的 3/4，内、外肢具羽状毛。

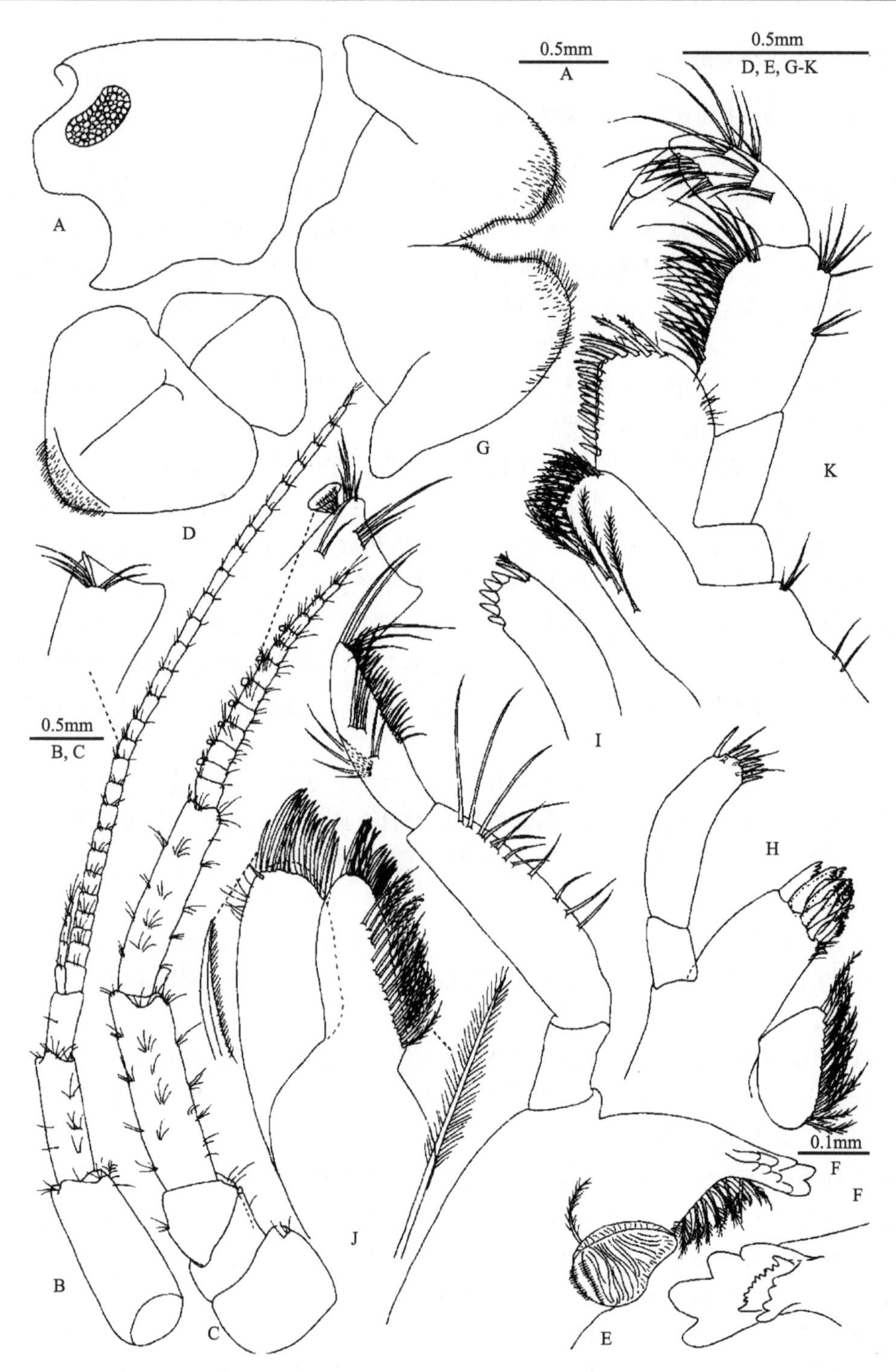

图 117 清亮钩虾 *Gammarus clarus* Hou & Li（一）

♂。A. 头; B. 第 1 触角; C. 第 2 触角; D. 上唇; E. 左大颚; F. 右大颚切齿; G. 下唇; H. 第 1 小额; I. 右第 1 小颚触须; J.第 2 小颚; K. 颚足

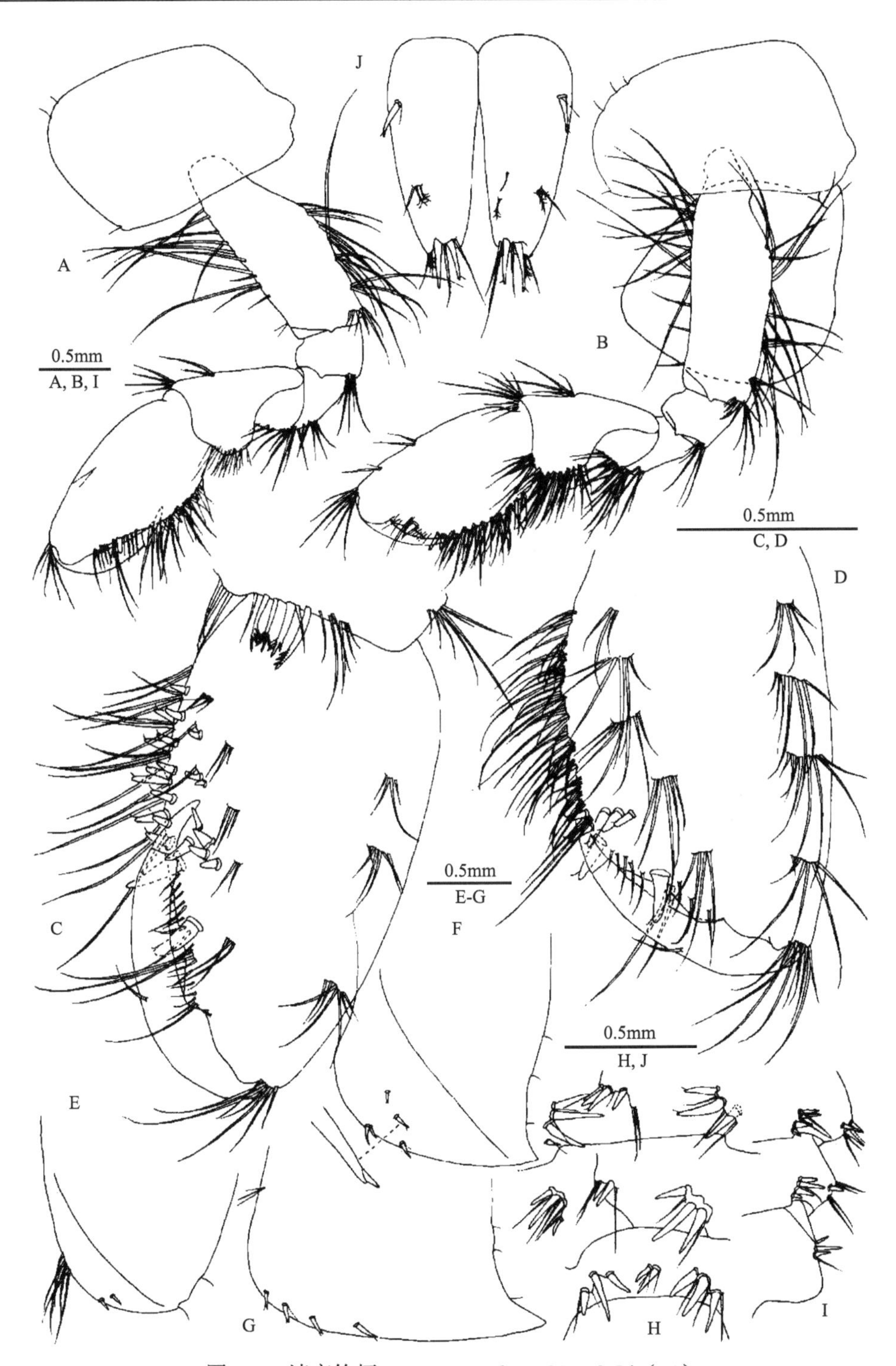

图 118　清亮钩虾 *Gammarus clarus* Hou & Li（二）

♂。A. 第 1 腮足; B. 第 2 腮足; C. 第 1 腮足掌节; D. 第 2 腮足掌节; E. 第 1 腹侧板; F. 第 2 腹侧板; G. 第 3 腹侧板; H. 第 4-6 腹节（背面观）; I. 第 4-6 腹节背部（侧面观）; J. 尾节

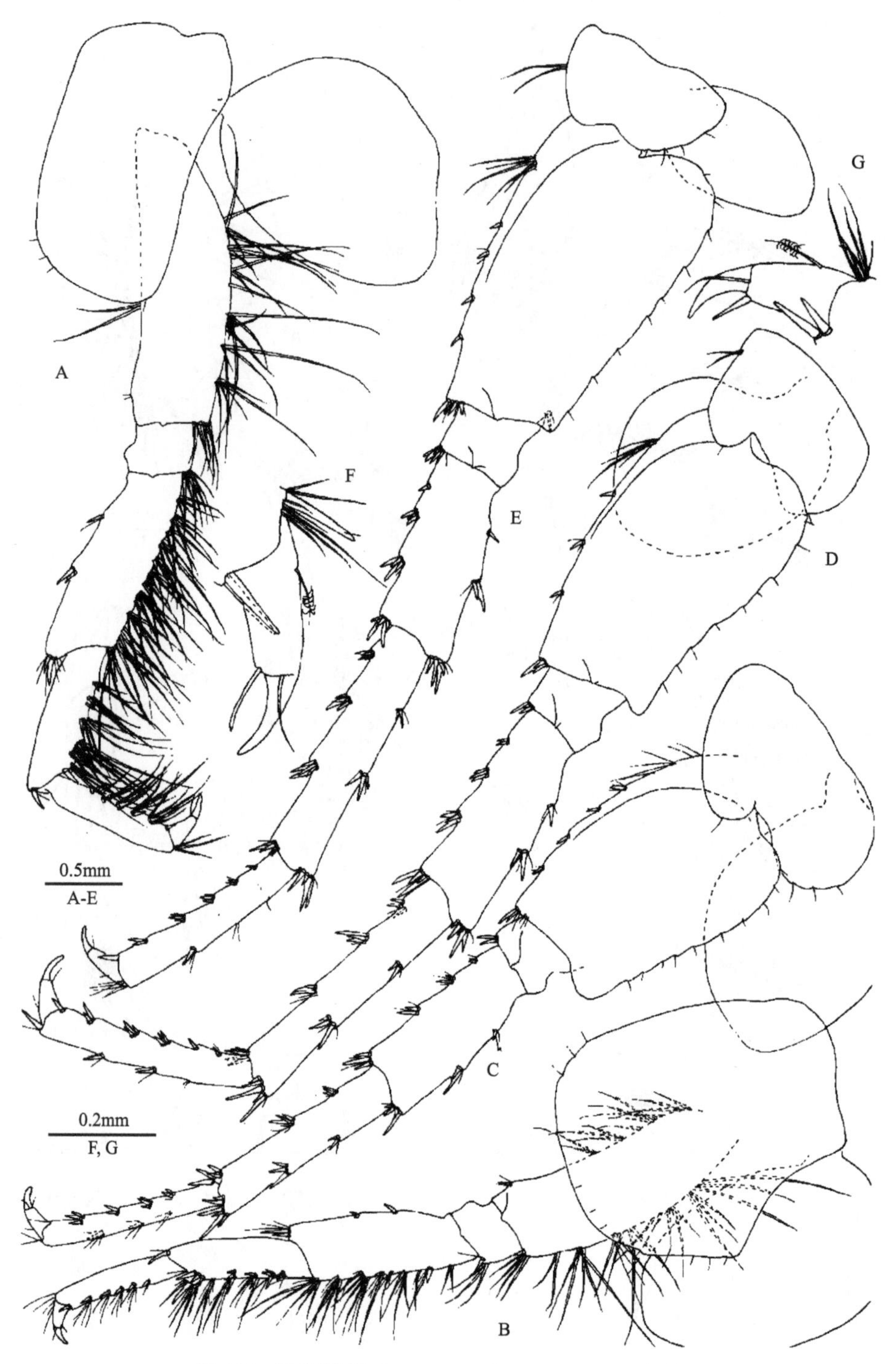

图 119 清亮钩虾 *Gammarus clarus* Hou & Li（三）

♂。A. 第 3 步足; B. 第 4 步足; C. 第 5 步足; D. 第 6 步足; E. 第 7 步足; F. 第 3 步足指节; G. 第 4 步足指节

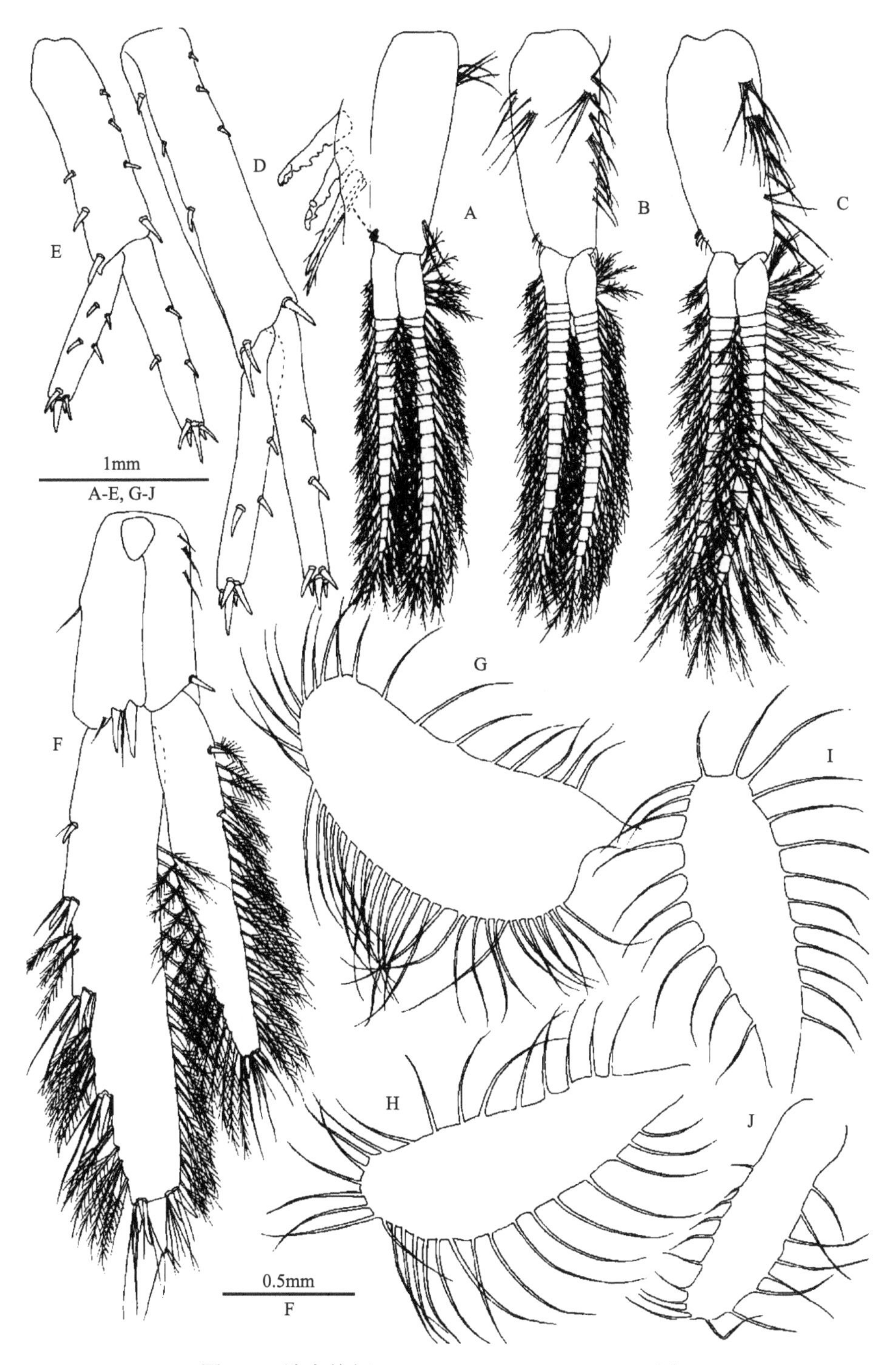

图 120　清亮钩虾 *Gammarus clarus* Hou & Li（四）

♂, A-F; ♀, G-J。A. 第 1 腹肢; B. 第 2 腹肢; C. 第 3 腹肢; D. 第 1 尾肢; E. 第 2 尾肢; F. 第 3 尾肢; G. 第 2 抱卵板; H. 第 3 抱卵板; I. 第 4 抱卵板; J. 第 5 抱卵板

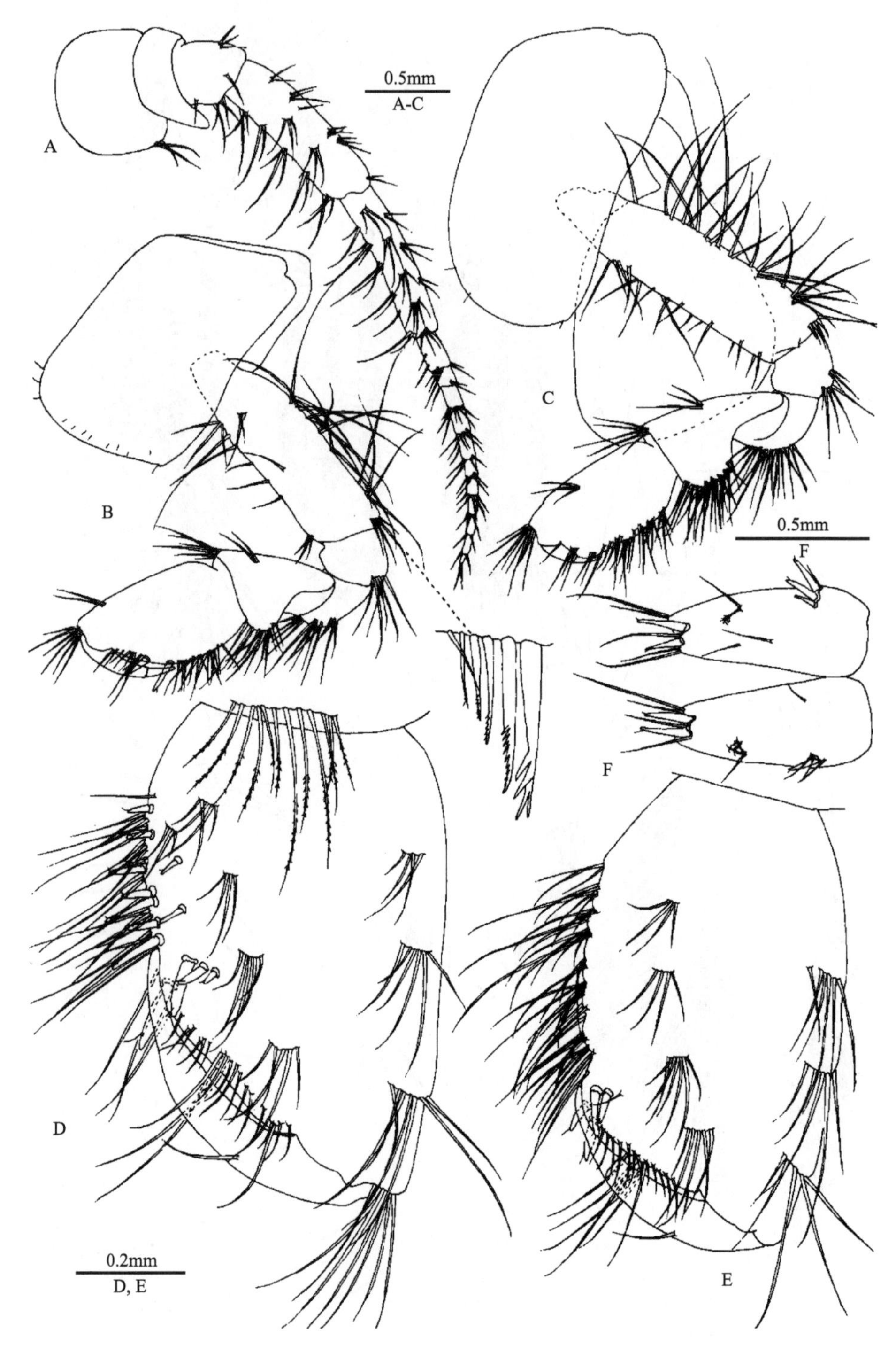

图 121　清亮钩虾 *Gammarus clarus* Hou & Li（五）

♀。A. 第 2 触角; B. 第 1 腮足; C. 第 2 腮足; D. 第 1 腮足掌节; E. 第 2 腮足掌节; F. 尾节

(25) 稠毛钩虾 *Gammarus comosus* Hou, Li & Gao, 2005（图 122–126）

Gammarus comosus Hou, Li & Gao, 2005: 654, figs. 1–5.

形态描述：雄性 12.2mm。无眼。第 1 触角第 1–3 柄节长度比 1.00∶0.68∶0.43，具末端毛；鞭 26 节，具感觉毛；副鞭 2–5 节。第 2 触角第 4、5 柄节具长刚毛；鞭 11 节，具鞋状感觉器。左大颚切齿 5 齿；动颚片 4 齿，臼齿具 1 刚毛；触须第 2 节具 15 毛，第 3 节具 5 A-刚毛、2 组 B-刚毛、1 排 D-刚毛和 6 E-刚毛。右大颚切齿 4 齿，动颚片分叉，具小齿。第 1 小颚左右不对称，内叶具 17 羽状刚毛；外叶具 11 锯齿状刺，左触须第 2 节具 8 长刺和 1 硬刚毛；右触须第 2 节具 5 壮刺和 1 硬毛。第 2 小颚内叶具 16 羽状毛。

第 1 腮足基节前后缘具长毛；掌节卵形，掌面倾斜，具 1 中央刺，后缘具 16 刺；指节外缘具 1 刚毛。第 2 腮足掌节长方形，掌缘平截，具 1 中央刺和 5 后缘刺；指节外缘具 1 刚毛。第 3 步足基节前后缘具长刚毛；长节和腕节后缘密布长卷刚毛；腕节和掌节后缘具刺；指节外缘具 1 羽状刚毛，趾钩接合处具 1 硬刚毛。第 4 步足比第 3 步足短，基节前后缘具长刚毛；长节至掌节后缘具直刚毛，指节与第 3 步足相似。第 5–7 步足基节前缘具短刺；第 5 步足基节后缘近直，第 6 步足基节后缘变窄，第 7 步足基节后缘圆；长节和腕节前缘具长刚毛；腕节和掌节后缘具长刚毛；指节外缘具 1 羽状刚毛，趾钩接合处具 1、2 刚毛。

第 1 腹侧板腹前缘具 5 刚毛，后下角钝；第 2 腹侧板腹缘具 5 刺和 2 毛，后下角钝；第 3 腹侧板腹缘具 4 刺，后下角尖。第 4 腹节背面具 2 组刺；第 5 腹节背面具 2 组刺，两侧具刺和毛；第 6 腹节背面具刚毛，侧缘具刺和毛。

第 1 尾肢柄节具背基刺，外缘具 2 刺；外肢内缘具 1 刺；内肢内缘具 1 刺。第 2 尾肢柄节内缘具 1 刺；外肢内、外缘各具 1 刺；内肢内缘具 1 刺。第 3 尾肢柄节具 1 侧刺和 4 末端刺；内肢长为外肢的 3/5，具 1 侧刺；外肢第 1 节外缘具 2 缘刺和 3 末端刺，第 2 节非常短；内、外肢密布羽状毛和简单毛。尾节深裂，每叶具 2 末端刺伴，背面具长刚毛。

雌性 12.0mm，具 8 颗卵。第 1 腮足掌节掌面无中央刺，后缘具 9 刺；指节外缘具 1 刚毛。第 2 腮足腕节和掌节较长，掌面截形，后下角具 5 刺。第 3 尾肢密布羽状刚毛和简单毛。第 2–5 抱卵板具长毛。

观察标本：1♂（正模，IZCAS-I-A0117），10♂3♀，贵州桐梓九坝镇高岗村（106.8°E, 28.10°N），2004.IV.28。

生态习性：本种栖息在桐梓县的洞穴中。标本在离洞口 30m 处采集，洞口很隐蔽，覆盖藤丛，全年具一条清澈透明的地下河。

地理分布：贵州。

分类讨论：本种的主要鉴别特征是无眼；第 2 触角第 4、5 柄节前后缘具长毛；第 3 步足后缘密布长卷毛；第 5–7 步足长节和腕节前、后缘具长毛；第 4 腹节背刺退化，仅具 2 组刺和刚毛；第 3 尾肢内、外肢密布简单毛和羽状毛。本种无眼和第 2 触角柄节具长毛与采自贵州的透明钩虾 *G. translucidus* Hou, Li & Li 相似。主要区别是：本种第 5–7

步足前、后缘具长毛，第 4 腹节背刺退化，第 3 尾肢内肢长为外肢的 3/5。

图 122 稠毛钩虾 *Gammarus comosus* Hou, Li & Gao（一）

♂。A. 第 1 触角; B. 第 2 触角; C. 第 1 触角鞭节第 8 节; D. 第 2 触角鞭节第 1 节; E. 上唇; F. 下唇; G. 左大颚; H. 右大颚切齿; I. 左第 1 小颚; J. 右第 1 小颚触须; K. 第 2 小颚; L. 颚足; M. 第 2 小颚外叶

图 123　稠毛钩虾 *Gammarus comosus* Hou, Li & Gao（二）

♂。A. 第 1 腮足; B. 第 2 腮足; C. 第 1 腮足掌节和指节; D. 第 2 腮足掌节和指节

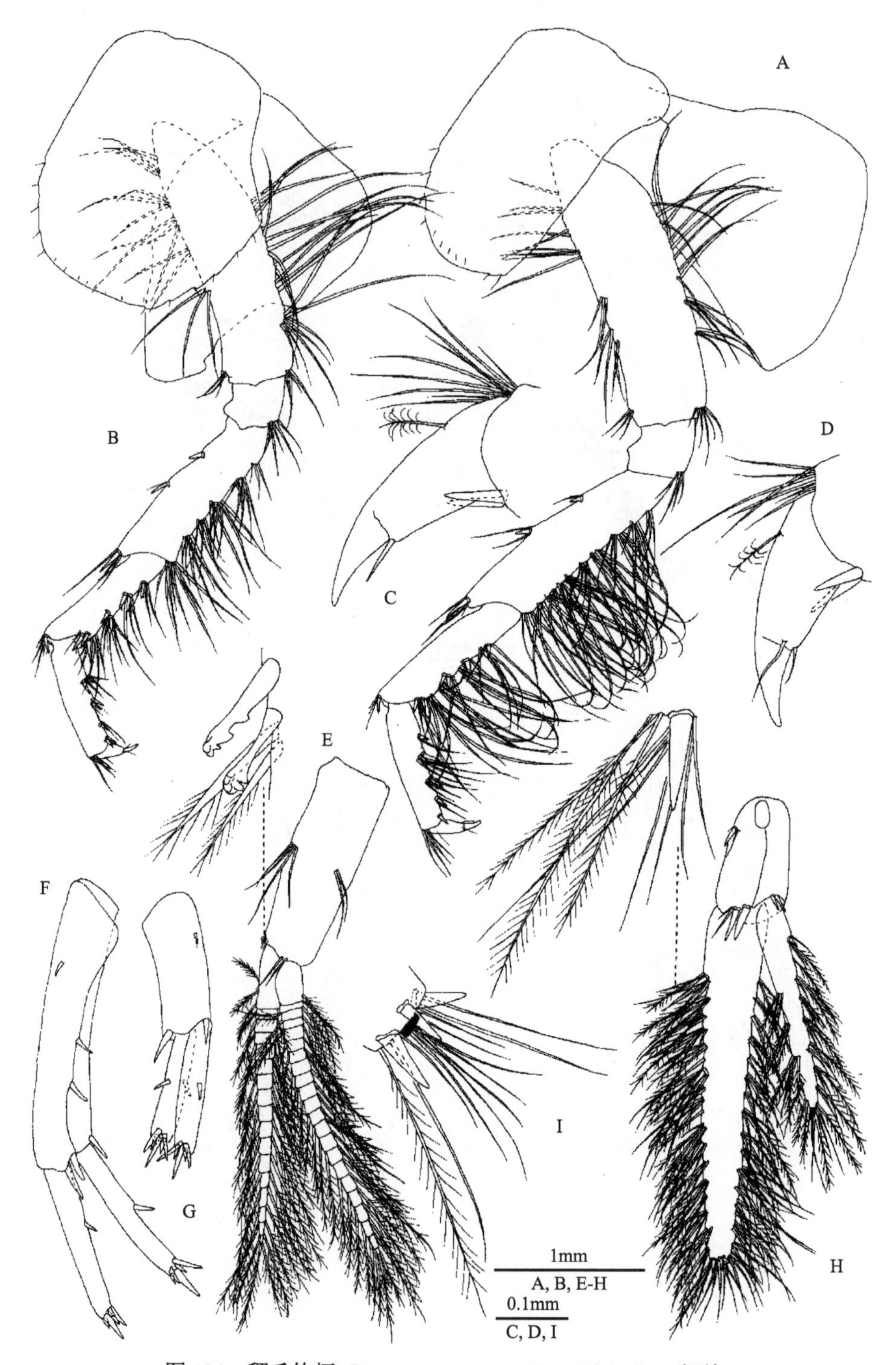

图 124 稠毛钩虾 *Gammarus comosus* Hou, Li & Gao（三）

♂。A. 第 3 步足; B. 第 4 步足; C. 第 3 步足指节; D. 第 4 步足指节; E. 第 1 腹肢; F. 第 1 尾肢; G. 第 2 尾肢; H. 第 3 尾肢; I. 第 3 尾肢末节

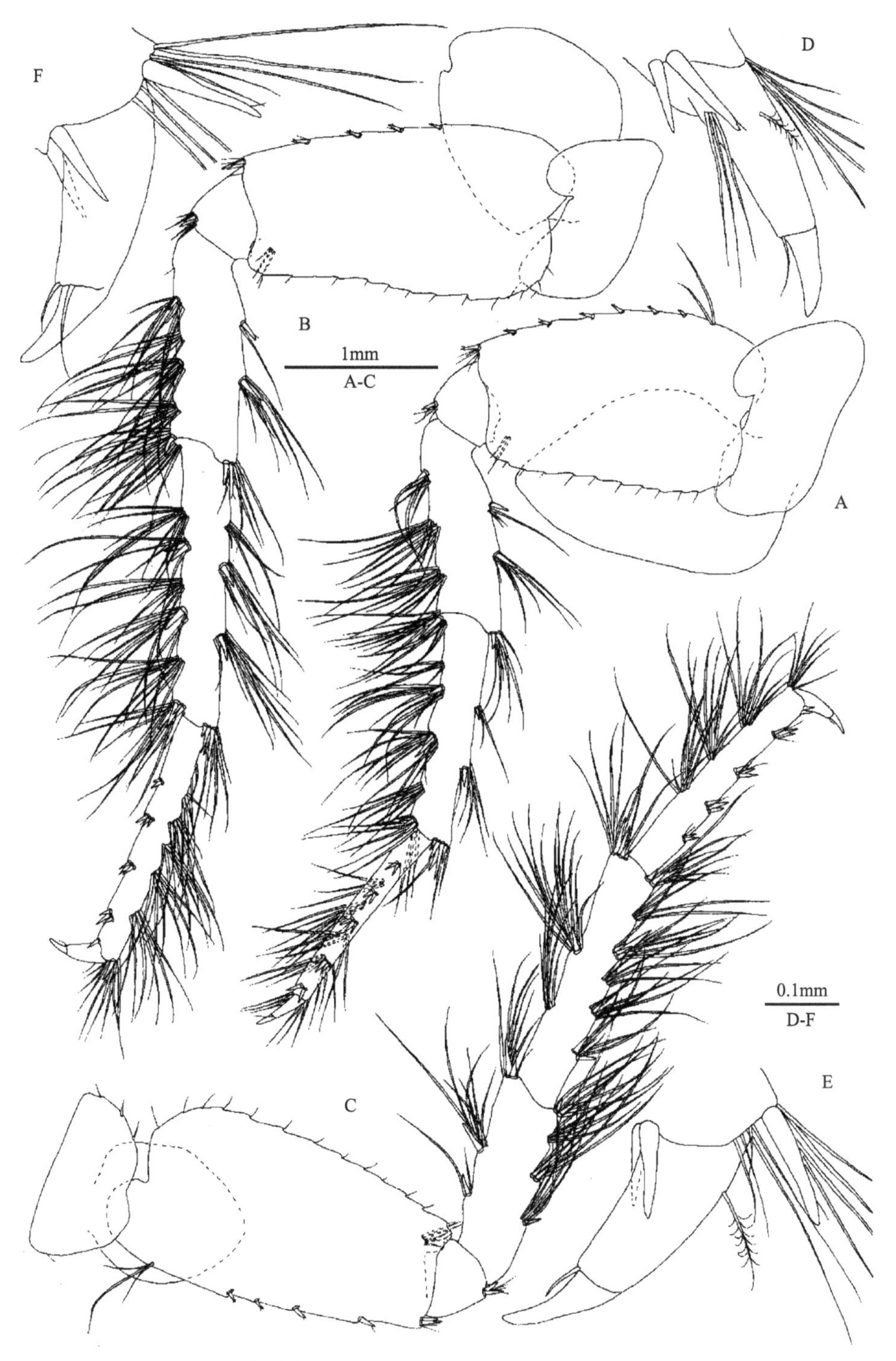

图 125　稠毛钩虾 *Gammarus comosus* Hou, Li & Gao（四）

♂。A. 第 5 步足; B. 第 6 步足; C. 第 7 步足; D. 第 5 步足指节; E. 第 6 步足指节; F. 第 7 步足指节

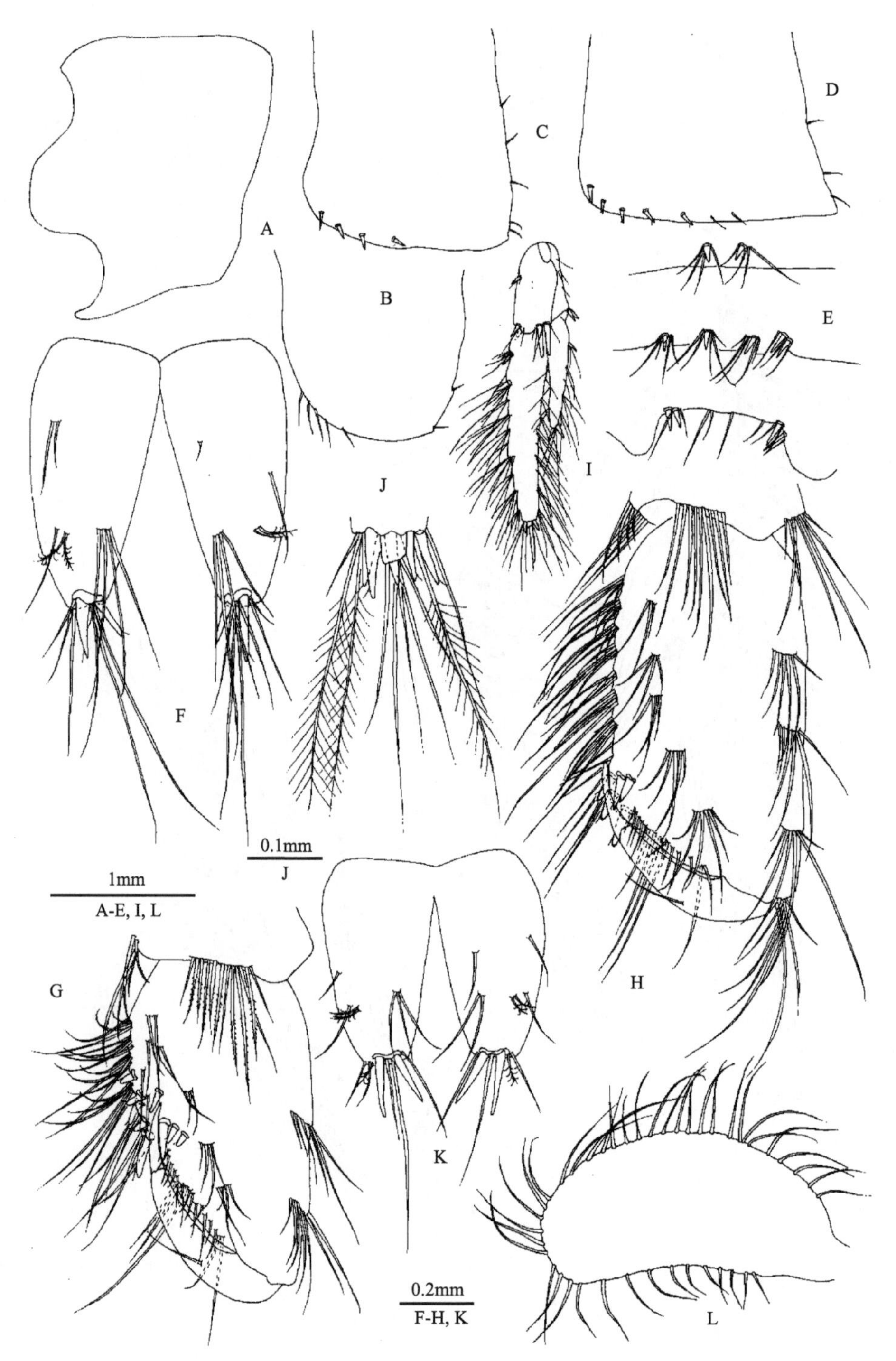

图 126 稠毛钩虾 *Gammarus comosus* Hou, Li & Gao（五）

♂, A-F; ♀, G-L。A. 头; B. 第 1 腹侧板; C. 第 2 腹侧板; D. 第 3 腹侧板; E. 第 4-6 腹节; F. 尾节; G. 第 1 腮足掌节和指节; H. 第 2 腮足掌节和指节; I. 第 3 尾肢; J. 第 3 尾肢末节; K. 尾节; L. 第 2 抱卵板

(26) 缘毛钩虾 *Gammarus craspedotrichus* Hou & Li, 2002（图 127–130）

Gammarus craspedotrichus Hou & Li, 2002a: 408, figs. 1–4.

形态描述：雄性 7.5mm。眼小。第 1、2 触角与体长比 1.00∶0.78∶0.41。第 1 触角第 1–3 柄节长度比 1.00∶0.77∶0.43，具末端毛，鞭 33 节，副鞭 4 节。第 2 触角第 4、5 柄节两缘具长刚毛，鞭 11 节，无鞋状感觉器。左大颚切齿 5 齿，动颚片 4 齿；触须第 2 节具缘毛，第 3 节具 4 A-刚毛、4 B-刚毛、13 D-刚毛和 4 E-刚毛；右大颚切齿 4 齿，动颚片分叉具小齿。第 1 小颚左右不对称，内叶具 13 羽状毛，外叶具 11 锯齿状刺。第 2 小颚内叶具 9 毛。颚足内叶具 3 壮顶刺；外叶具侧刺和 5 顶端毛。

第 1 腮足腕节近三角形，掌节掌缘斜，具 1 中央壮刺，后缘具 5 刺。第 2 腮足腕节与掌节延长，掌缘平截，具 1 中央壮刺，后缘具 4 刺。第 3、4 步足长节和腕节后缘具长直毛，掌节后缘具 3 刺。第 5 步足短于第 6、7 步足，第 6 步足长于第 7 步足；长节至掌节前、后缘具刺和短毛。

第 1–3 腹侧板后下角渐尖，后缘具 1、2 短毛，第 2、3 腹侧板腹缘具 2、3 刺。第 4–6 腹节背部具 2 簇刺和毛。

第 1 尾肢柄节无背基刺，内、外缘各具 5 刺；内肢具 3 刺和 5 末端刺；外肢内、外缘分别具 2 和 1 刺。第 2 尾肢柄节稍长于内、外肢，内、外缘分别具 2 和 3 刺；内肢内、外缘分别具 2 和 1 刺；外肢内、外缘分别具 1 和 2 刺。第 3 尾肢内肢几乎与外肢等长，外肢第 2 节非常小，内肢两侧与外肢内侧具数根羽状毛。尾节深裂。

雌性 6.3mm。第 1 腮足腕节和掌节短，掌面倾斜，具 6 后刺。第 2 腮足腕节和掌节延长，掌节长方形。第 3 尾肢短粗，内肢为外肢的 4/5，两缘刚毛少。

观察标本：1♂（正模，IZCAS-I-A0026），5♀24♂，四川长宁双河镇葡萄井村（28.6°N, 104.9°E），1982.II.24。21♀50♂，贵州赤水市石堡乡兴农村的溪边腐烂的树枝树叶下，水清，砂石底，周围为田土，水温 16℃，pH 6.0，1991.VIII.31。6♀9♂，贵州赤水，1988.XI。37♀41♂，贵州赤水桫椤国家级自然保护区，水草丛下，水清，四周森林茂密，水温 12℃，pH 6.5，1991.VII.17。22♀73♂，贵州赤水大同镇的小溪边水草丛下，水清，四周为田土，少存森林，水温 14℃，pH 6.0，1991.VII.25。20♀25♂，贵州赤水官渡镇的小溪源头水草下，水清，四周森林茂密，水温 15℃，pH 6.5，1991.VIII.30。25♀27♂，贵州赤水大同镇十丈洞旁边小溪，砂底，清澈见底，水温 18℃，pH 6.5，1988.X.19。26♀52♂，贵州赤水白云乡，栖息在腐烂的树叶下，水清，砂底，四周为田土，水温 20℃，pH 6.0，1991.IX.14。7♀26♂，贵州赤水元厚区石灰溪水草丛下，水清，四周为田土，水温 20℃，pH 6.0，1991.VII.18。34♀39♂，贵州赤水两河口镇溪边腐烂树叶下，水清，砂底，森林茂密，18℃，pH 6.0，1991.IX.5。8♀14♂，贵州赤水长沙镇，栖居于水草下，溪水清澈，砂石底，1991.IX。36♀49♂，贵州赤水桫椤国家级自然保护区甘溪沟小溪源头，水草丛下，水清，砂底，四周森林茂密，水温 12℃，pH 6.5，1991.VII.17。13♀44♂，贵州赤水旺隆镇，水混浊，水流缓慢，田间排水沟，砂底，有水草，水温 16℃，pH 7.0，1988.X.27。2♀16♂，贵州赤水旺隆镇小溪源头，多见于水草下，水温 25℃，pH 6.0，1989.VIII.7。

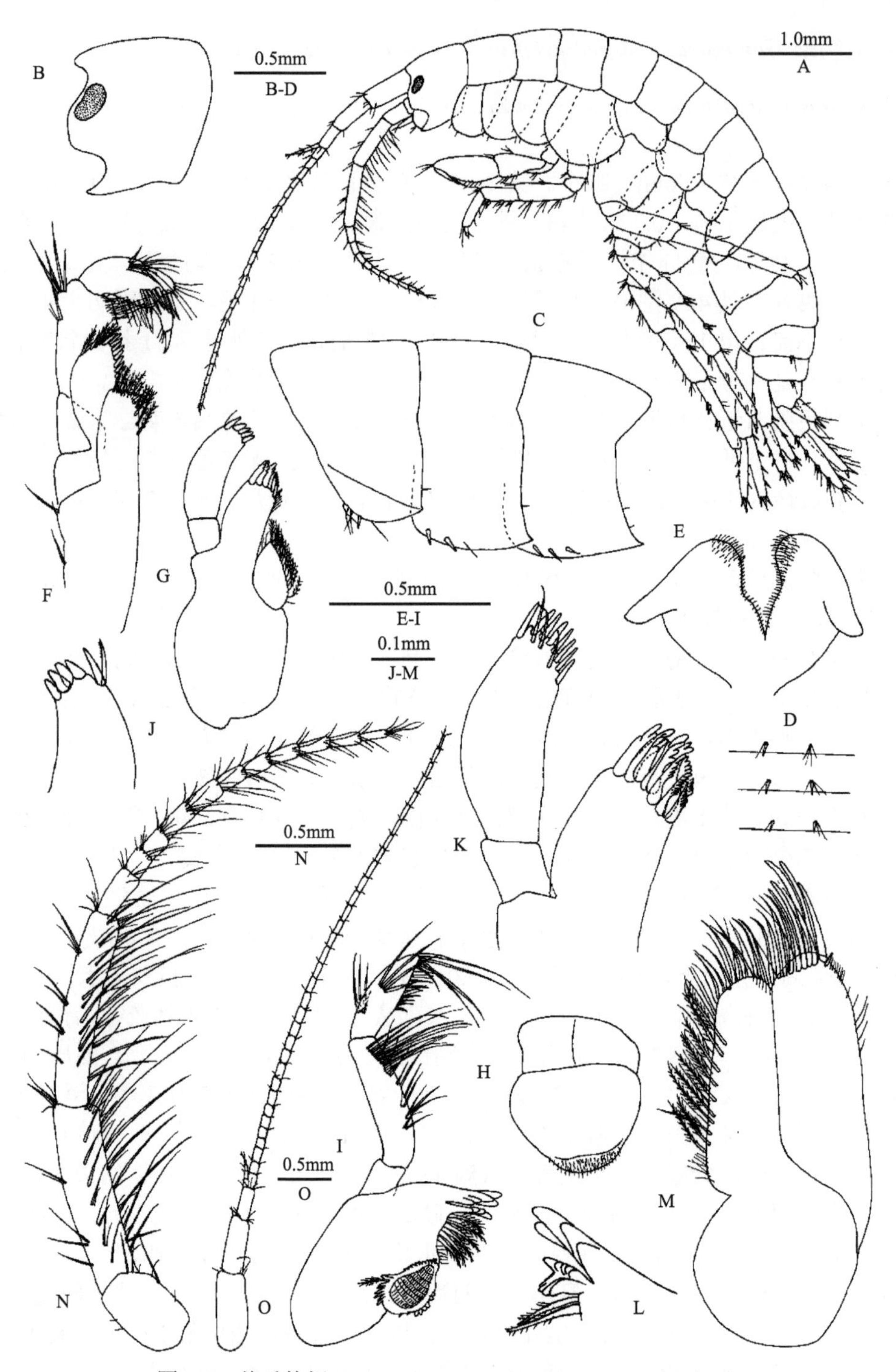

图 127　缘毛钩虾 *Gammarus craspedotrichus* Hou & Li（一）

♂。A. 整体（侧面观）; B. 头; C. 第 1-3 腹侧板; D. 第 4-6 腹节（背面观）; E. 下唇; F. 颚足; G. 右第 1 小颚; H. 上唇; I. 左大颚; J. 右第 1 小颚触须; K. 左第 1 小颚; L. 右大颚切齿; M. 第 2 小颚; N. 第 2 触角; O. 第 1 触角

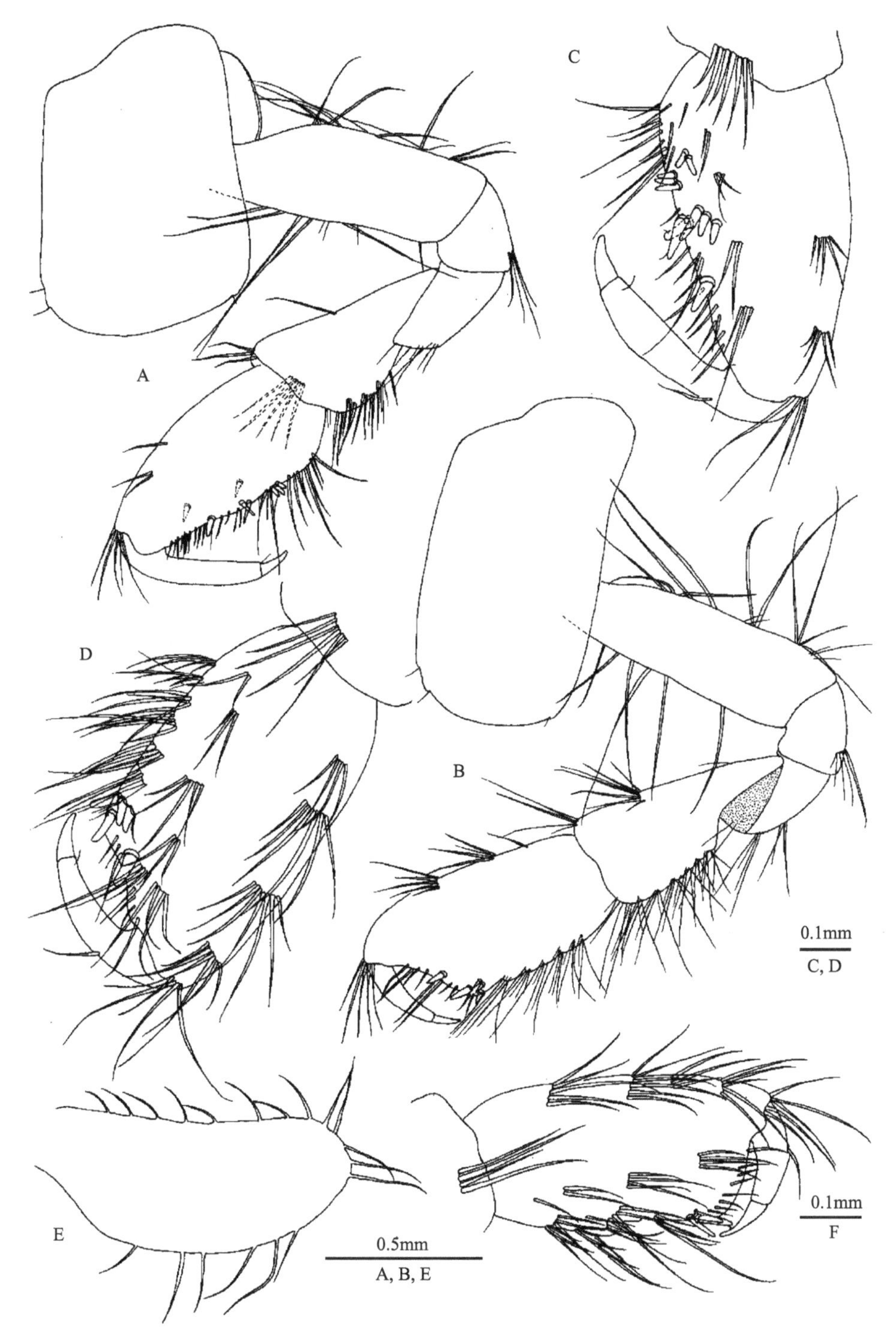

图 128 缘毛钩虾 *Gammarus craspedotrichus* Hou & Li（二）

♂, A-D; ♀, E, F。A. 第 1 腮足; B. 第 2 腮足; C. 第 1 腮足掌节; D. 第 2 腮足掌节; E. 第 2 抱卵板; F. 第 2 腮足掌节

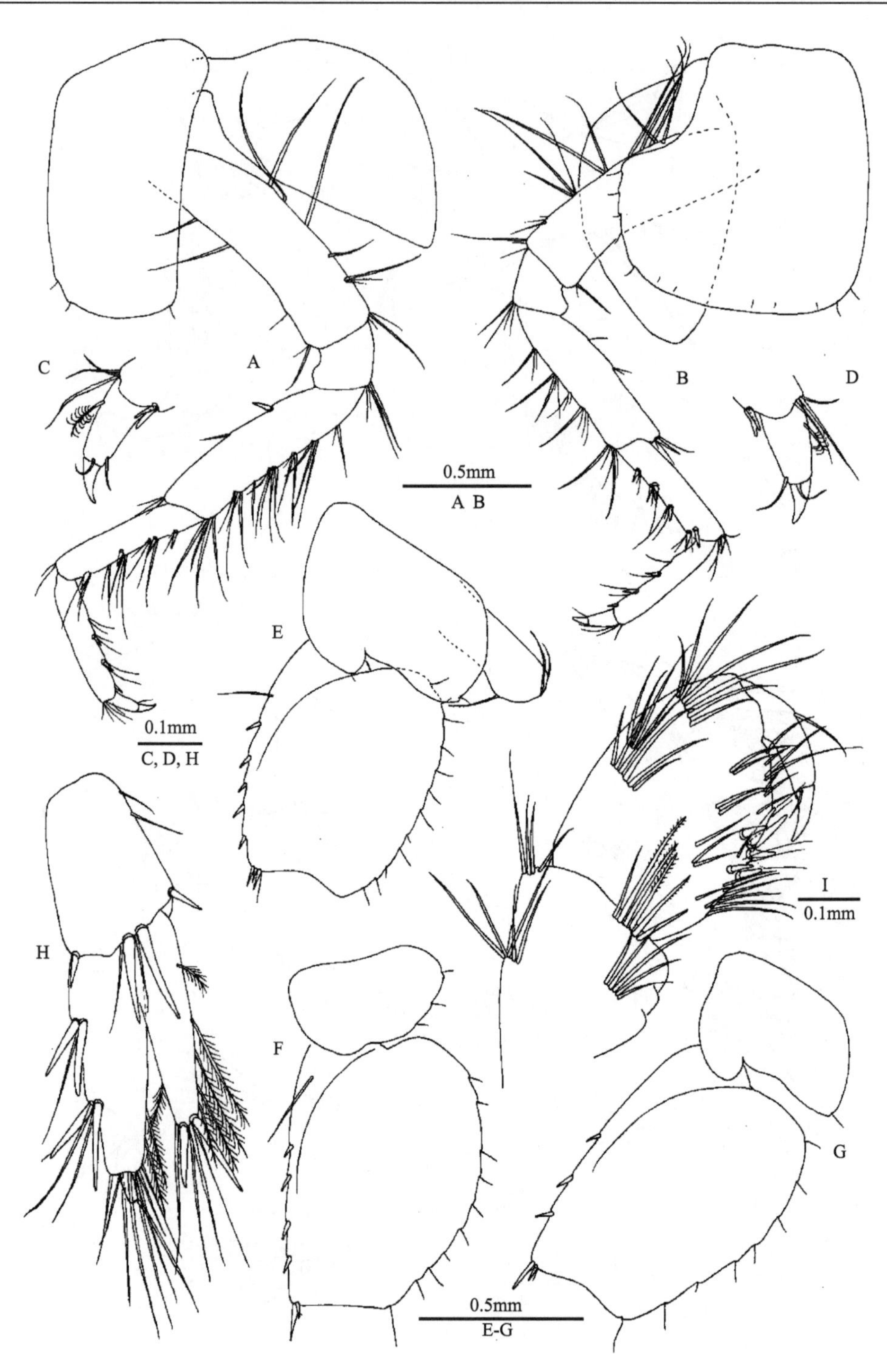

图 129 缘毛钩虾 *Gammarus craspedotrichus* Hou & Li（三）

♂, A-D; ♀, E-I。A. 第 3 步足; B. 第 4 步足; C. 第 3 步足指节; D. 第 4 步足指节; E. 第 5 步足基节; F. 第 7 步足基节; G. 第 6 步足基节; H. 第 3 尾肢; I. 第 1 腮足掌节

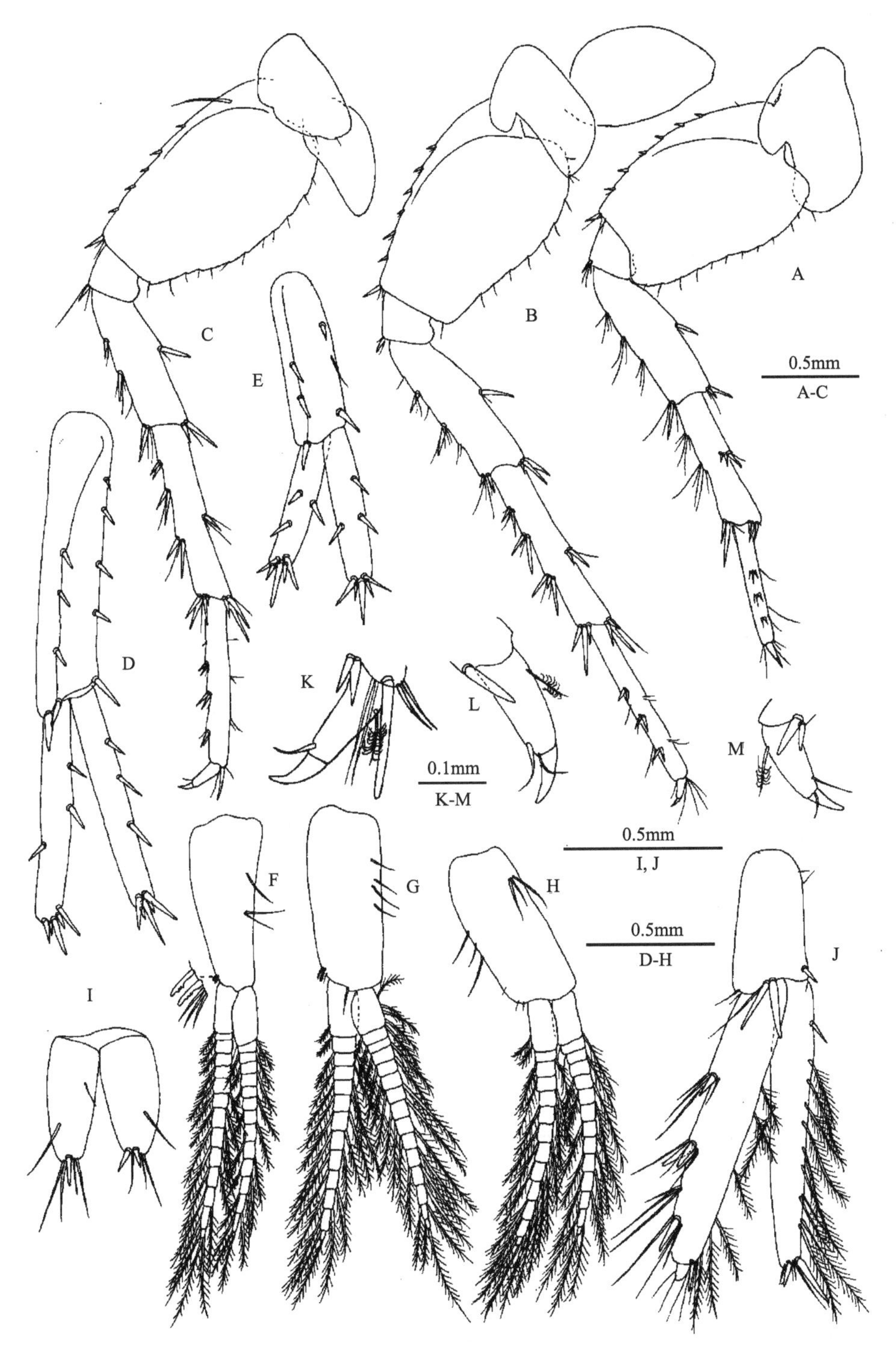

图 130 缘毛钩虾 *Gammarus craspedotrichus* Hou & Li（四）

♂。A. 第 5 步足; B. 第 6 步足; C. 第 7 步足; D. 第 1 尾肢; E. 第 2 尾肢; F. 第 1 腹肢; G. 第 2 腹肢; H. 第 3 腹肢; I. 尾节; J. 第 3 尾肢; K. 第 7 步足指节; L. 第 6 步足指节; M. 第 5 步足指节

14♀12♂，贵州赤水旺隆镇，水清澈，多栖居在水草丛或腐烂的树叶，周围为茂密的森林，温度 15℃，pH 7.0，1989.IV.19。27♀36♂，贵州赤水官渡镇新华村，水流缓慢，砂底，水温 18℃，pH 6.2，1989.VIII.20。18♀38♂，贵州赤水长期镇，水草丛生，水清澈，水温 4℃，pH 7.0，1991.VII.21。21♀80♂，贵州赤水大同镇四洞沟的小溪源头腐烂的树叶丛下，水清，砂底，四周森林茂密，水温 16℃，pH 6.5，1991.VII.21。3♀3♂，贵州赤水，1988.XI。25♀31♂，贵州赤水元厚镇，凉水田，泉水出口处，多见于水草及小石块下，周围多为田土，水温 15℃，pH 7.0，1989.IV.18。

生态习性：本种栖息在赤水地区的 2 条主要河流，赤水河与习水河的两岸。

地理分布：四川（长宁）、贵州（赤水）。

分类讨论：本种主要鉴别特征是第 1 触角长；第 2 触角第 4、5 柄节具长刚毛，鞭节无鞋状感觉器；第 3、4 步足后缘刚毛较少；第 5–7 步足长节至掌节具刺；第 4–6 腹节背刺退化为 2 簇；第 1 尾肢无背基刺；第 3 尾肢内肢几乎与外肢等长，外肢第 2 节小，内、外肢两侧刚毛少。

(27) 卷毛钩虾 *Gammarus curvativus* Hou & Li, 2003（图 131–136）

Gammarus curvativus Hou & Li, 2003c: 548, figs. 1–6.

形态描述：雄性 10.0mm。眼肾形。第 1 触角第 1–3 柄节长度比 1.00∶0.67∶0.47，具末端毛，后缘具刚毛；鞭 19 节，大多数具感觉毛，副鞭 2 节。第 2 触角第 4、5 柄节具 3 簇毛，鞭 11 节，具鞋状感觉器。左大颚切齿 5 齿，动颚片 4 齿；刺排具 9 羽状毛；臼齿具 1 刚毛；触须第 2 节具 15 毛，触须第 3 节具 4 B-刚毛、2 组 A-刚毛和 4 E-刚毛。右大颚切齿 4 齿，动颚片分叉。第 1 小颚内叶具 13 羽状毛；外叶具 11 锯齿状刺；左触须第 2 节具 8 刺和 4 硬毛；右触须具 6 壮刺和 1 毛。第 2 小颚内叶内面具 13 羽状毛；外叶稍长于内叶，具长顶毛。颚足内叶具 3 顶粗刺和 1 近顶刺；外叶宽大，内缘具 11 钝齿，顶端具 3 梳状刚毛；触须第 3 节具 3 组刚毛。

第 1 腮足基节两侧具长毛，末端具 3 羽状毛；腕节稍短于掌节，腕节近三角形，背缘具 3 簇毛；掌节掌缘斜，具 1 中央壮刺；指节外缘具 1 刚毛，趾钩短。第 2 腮足腕节背面具 4 组长卷毛，掌节背面具 4 簇长毛，有些刚毛末端卷，掌缘平截，中央具 1 壮刺，后缘具 5 刺；指节外缘具 1 刚毛，趾钩接合处具 1 刚毛。第 3 步足基节到腕节后缘具长直毛，指节粗。第 5 步足基节后缘近直；第 6 步足基节后缘稍凹；第 7 步足基节膨大，内面具 10 刚毛。第 5–7 步足长节和腕节前缘具 2 组刺和毛；指节细长，外缘具 1 刚毛，趾钩接合处具 1、2 刚毛。

第 1–3 腹侧板后缘具短刚毛，第 1 腹侧板腹前缘具刚毛，第 2、3 腹侧板后下角渐尖，腹缘具刺和短刚毛。第 1 尾肢柄节具 1 背基刺，内、外缘分别具 1-1 和 1-1-2 刺；外肢内、外缘分别具 1 和 2 刺；内肢内缘具 1 刺。第 2 尾肢柄节内、外缘分别具 1 和 3 刺；内、外肢均具 1 缘刺。第 3 尾肢柄节具 3 刺；内肢长约为外肢的 1/3，外肢第 1 节外缘具 2 刺，末端具 4 刺，第 2 节长于周围邻近刺；内、外肢两侧都具简单毛。尾节深裂，末端具 2 刺和长毛，背面具 3、4 长毛。

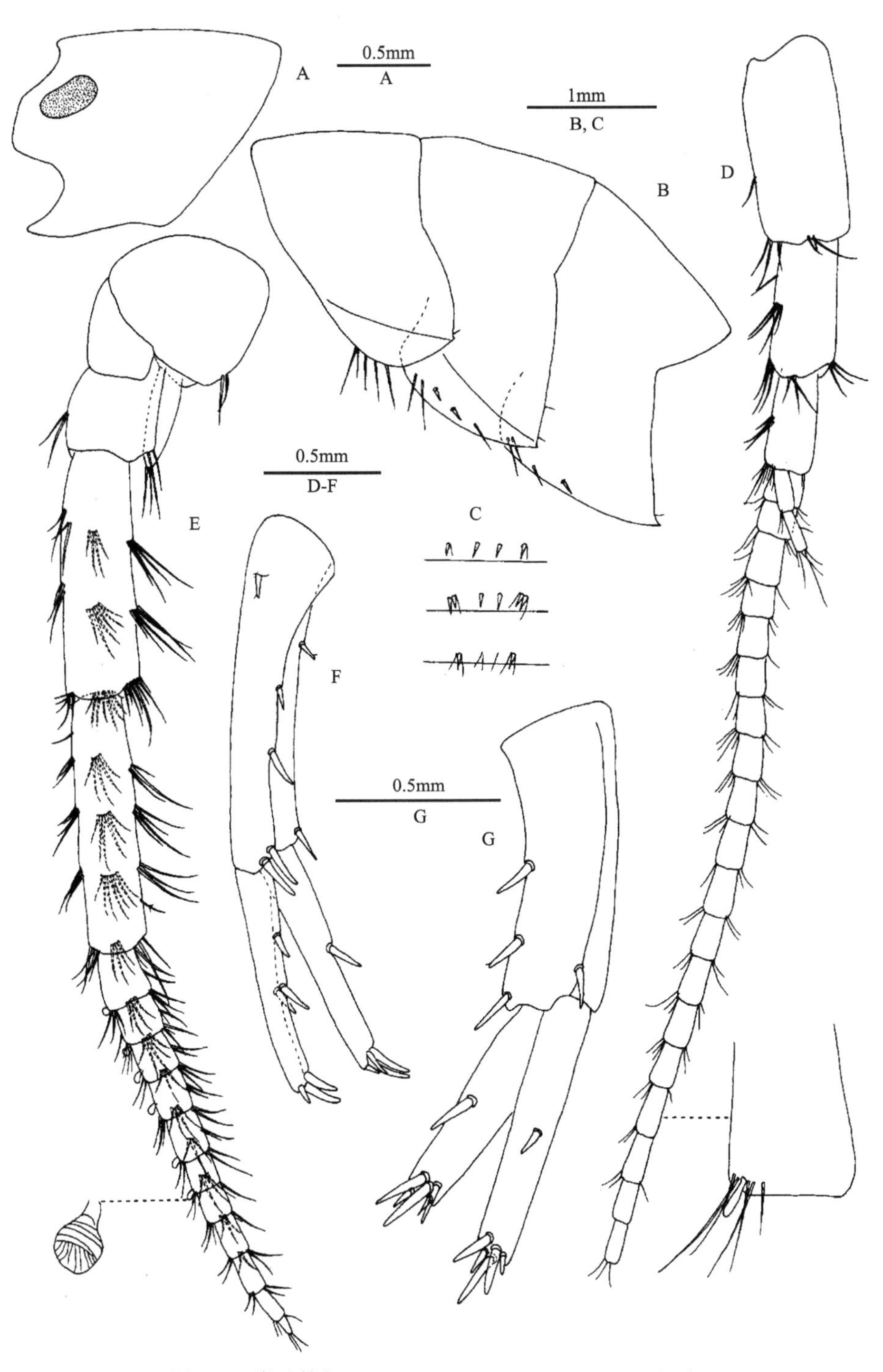

图 131 卷毛钩虾 *Gammarus curvativus* Hou & Li（一）

♂。A. 头; B. 第 1-3 腹侧板; C. 第 4-6 腹节; D. 第 1 触角; E. 第 2 触角; F. 第 1 尾肢; G. 第 2 尾肢

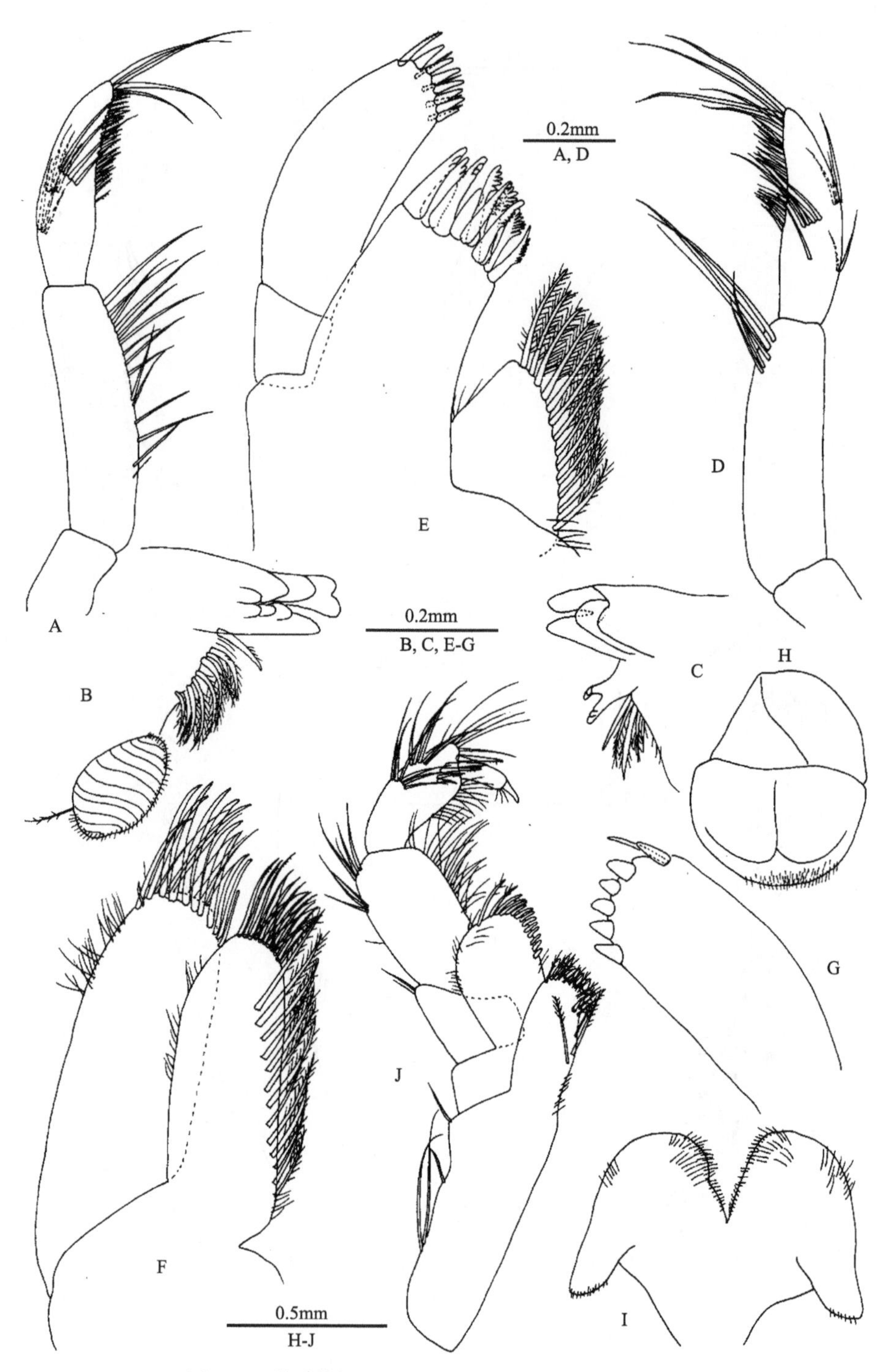

图 132 卷毛钩虾 *Gammarus curvativus* Hou & Li（二）

♂。A. 左大颚触须; B. 左大颚切齿; C. 右大颚切齿; D. 右大颚触须; E. 左第 1 小颚; F. 第 2 小颚; G. 右第 1 小颚触须; H. 上唇; I. 下唇; J. 颚足

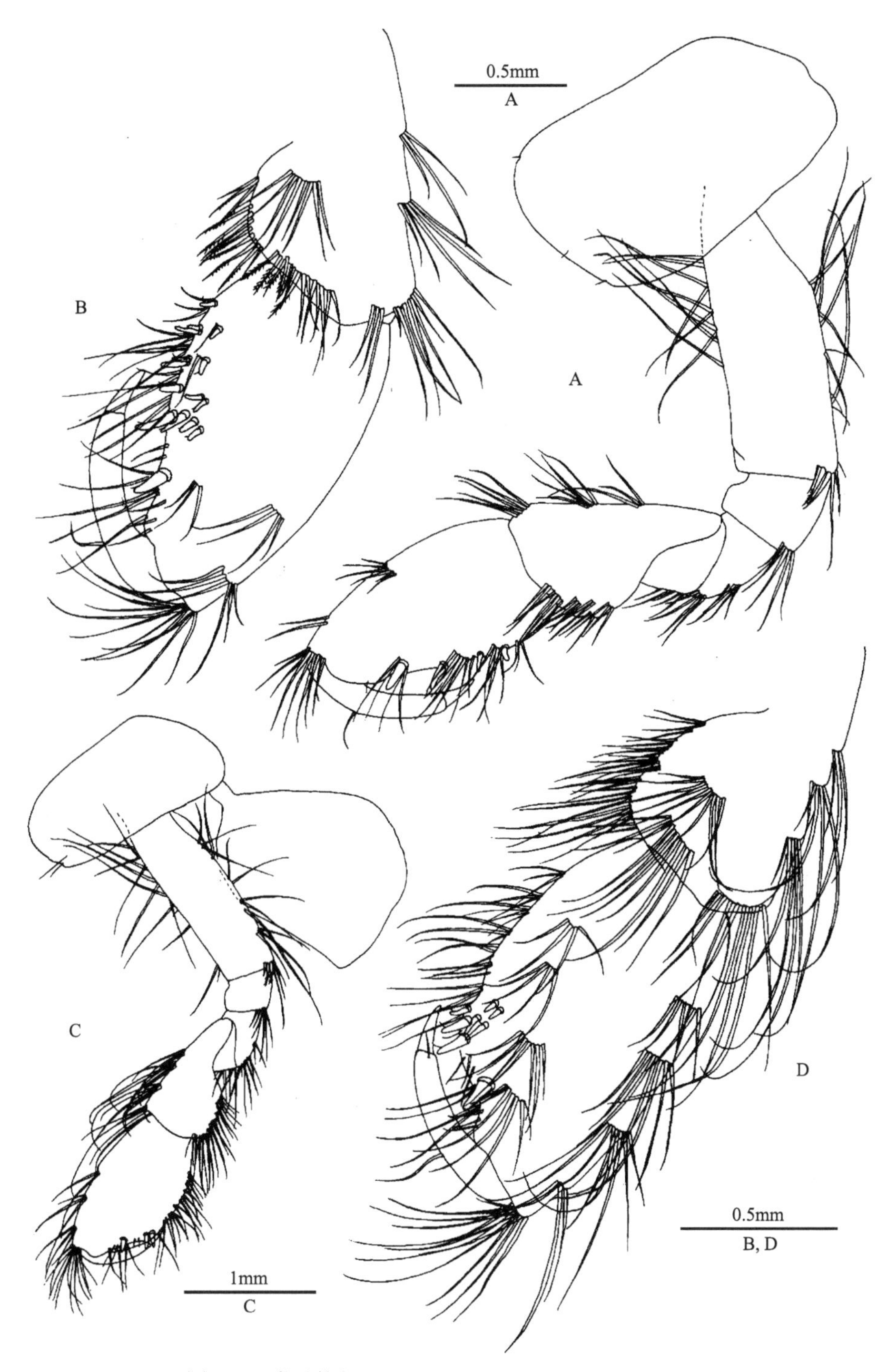

图 133　卷毛钩虾 *Gammarus curvativus* Hou & Li（三）

♂。A. 第 1 腮足; B. 第 1 腮足掌节; C. 第 2 腮足; D. 第 2 腮足掌节

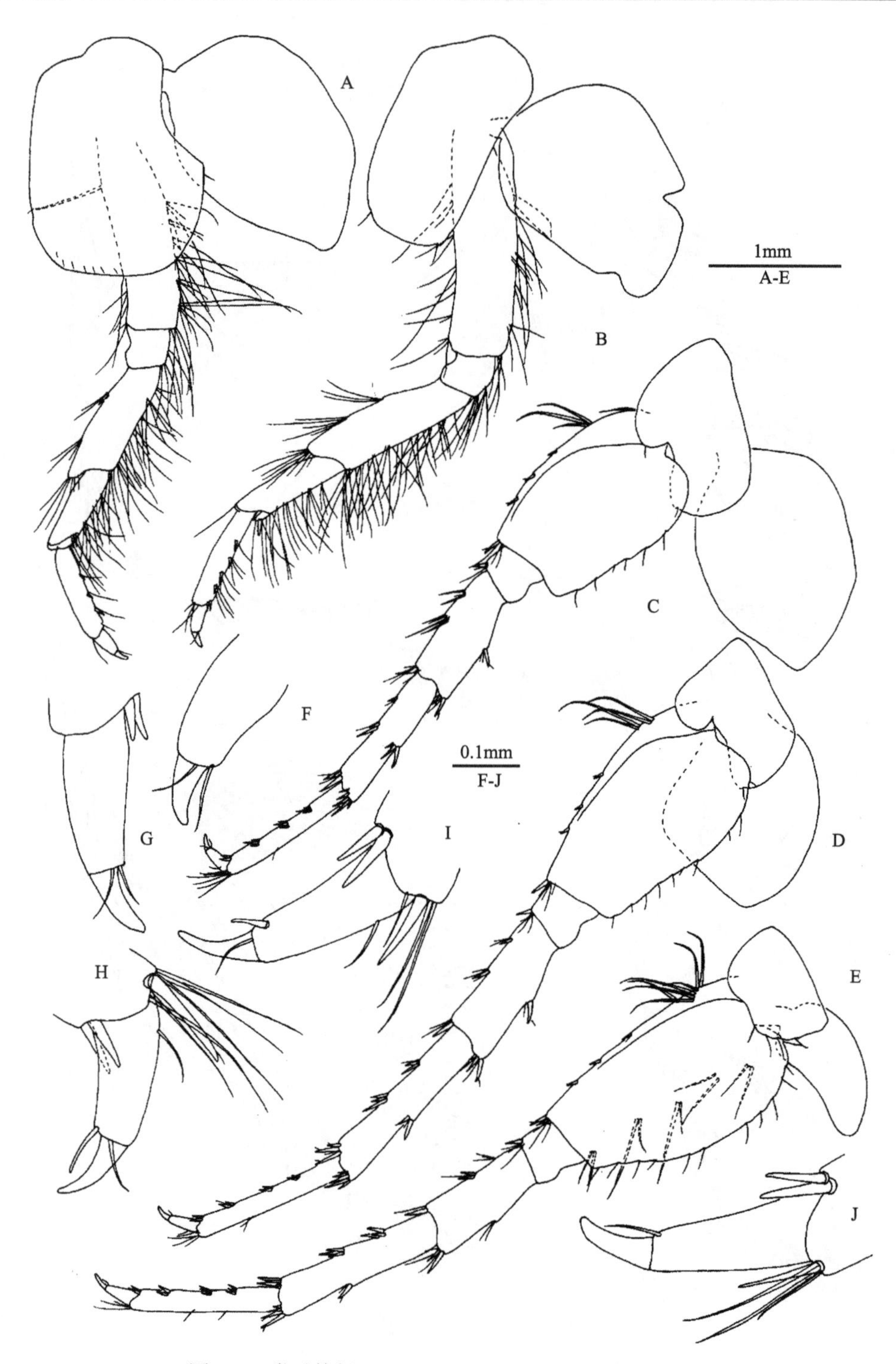

图 134　卷毛钩虾 *Gammarus curvativus* Hou & Li（四）

♂。A. 第 4 步足; B. 第 3 步足; C. 第 5 步足; D. 第 6 步足; E. 第 7 步足; F. 第 4 步足指节; G. 第 3 步足指节; H. 第 5 步足指节; I. 第 6 步足指节; J. 第 7 步足指节

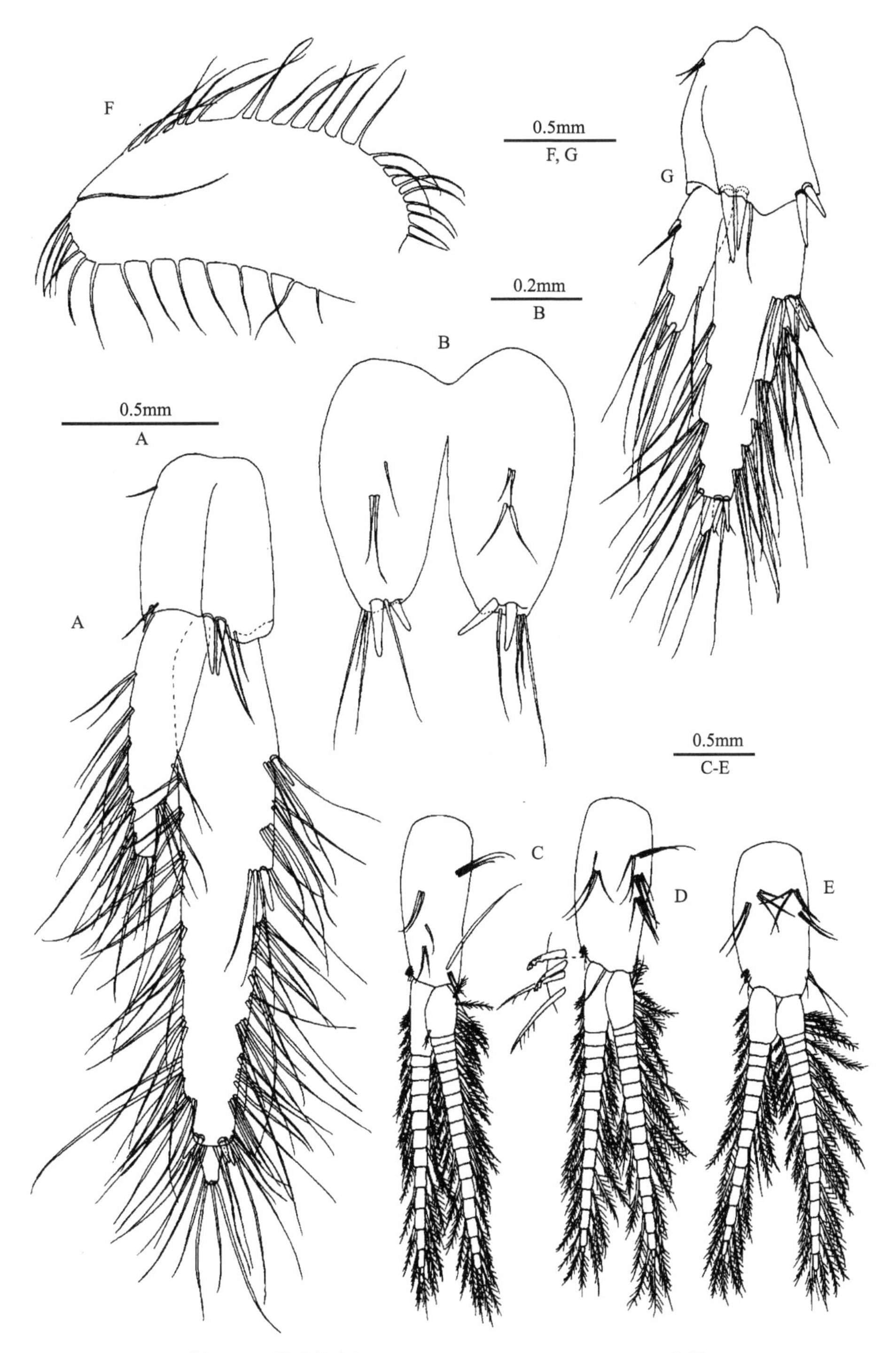

图 135　卷毛钩虾 *Gammarus curvativus* Hou & Li（五）

♂, A-E; ♀, F, G。A. 第 3 尾肢; B. 尾节; C. 第 1 腹肢; D. 第 2 腹肢; E. 第 3 腹肢; F. 第 2 抱卵板; G. 第 3 尾肢

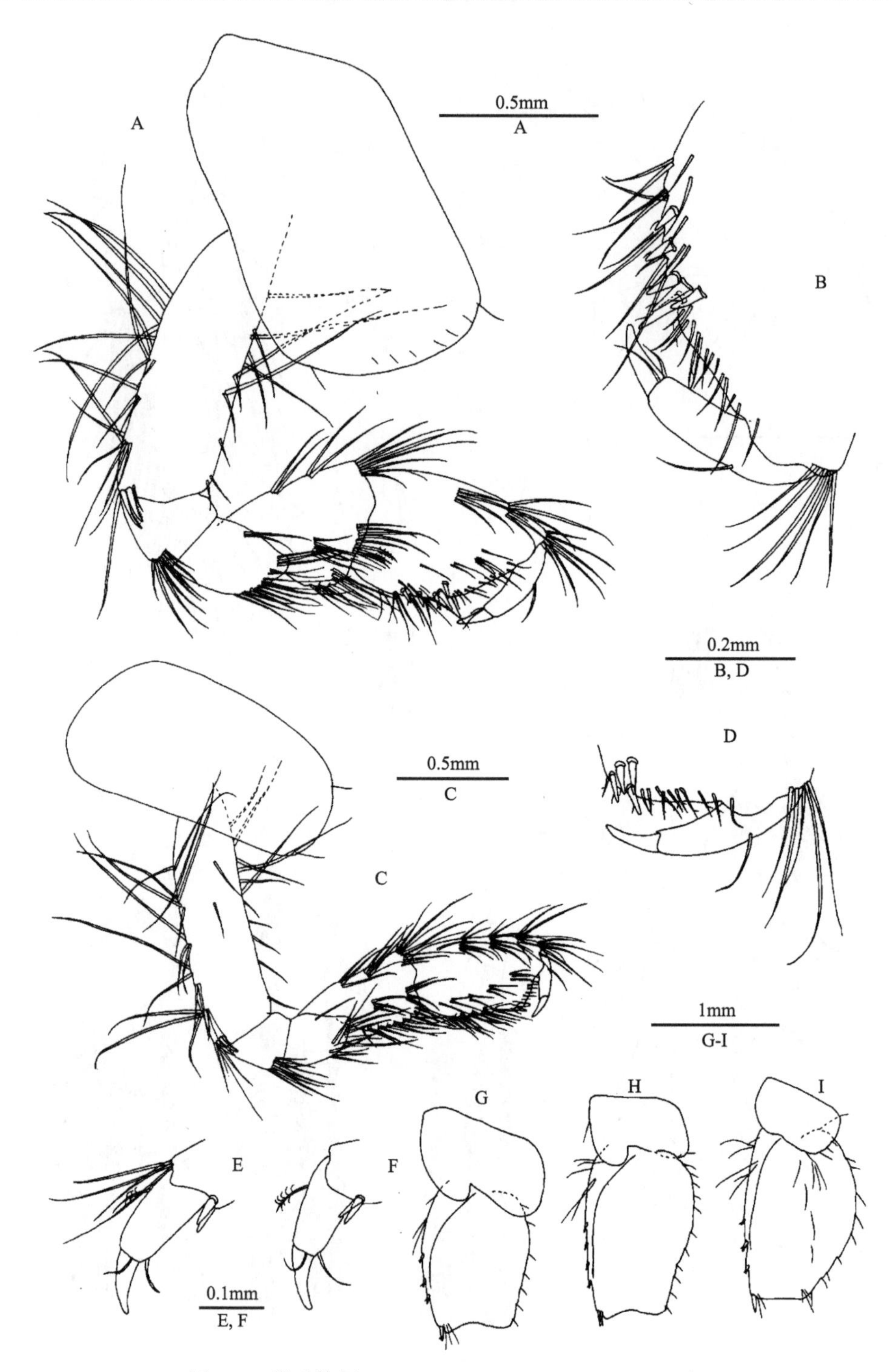

图 136 卷毛钩虾 *Gammarus curvativus* Hou & Li（六）

♀。A. 第 1 腮足; B. 第 1 腮足掌节; C. 第 2 腮足; D. 第 2 腮足掌节; E. 第 3 步足指节; F. 第 4 步足指节; G. 第 5 步足基节; H. 第 6 步足基节; I. 第 7 步足基节

雌性 8.3mm。第 1 腮足掌节卵圆形，后缘具 6 刺。第 2 腮足腕节和掌节比第 1 步足具更多刚毛，掌节长方形，掌面后缘具 4 刺。第 3 尾肢内、外肢具简单长毛。第 2–5 抱卵板逐渐变小，边缘具长毛。

观察标本： 1♂（正模，IZCAS-I-A0032），30♂20♀，云南宁蒗永宁泸沽湖（27.7°N, 100.8°E），海拔 2650m，1981.VIII.12。3♂3♀，云南泸沽湖，1986.IV.12。20♂7♀，云南洛水大队附近的渔场，海拔 2650m，1981.VIII.11。

生态习性： 本种栖息在海拔 2650m 的内陆湖泸沽湖附近。

地理分布： 云南（泸沽湖）。

分类讨论： 本种主要鉴别特征是第 1 触角副鞭 2 节；第 2 腮足腕节背缘具长卷毛，掌节背缘具卷毛；第 3 尾肢内肢长约为外肢的 1/3，具长简单毛。

本种第 3 尾肢内肢长约为外肢的 1/3，与格氏钩虾 *G. gregoryi* Tattersall 相似。主要区别是本种第 2 腮足腕节与掌节背部具卷曲长刚毛，第 4 腹节背部具刺。

(28) 华美钩虾 *Gammarus decorosus* Meng, Hou & Li, 2003（图 137–141）

Gammarus decorosus Meng, Hou & Li, 2003: 621, figs. 1–5.

形态描述： 雄性 13.5mm。第 1 触角第 1–3 柄节长度比 1.00∶0.67∶0.44，具末端短刚毛；鞭 18 节，具感觉毛；副鞭 4 节。第 2 触角第 4、5 柄节前、后缘具 3、4 簇短刚毛；鞭 11 节，无鞋状感觉器。左大颚切齿 5 齿；动颚片 4 齿，刺排具 7 梳状刚毛；触须第 2 节具 10 缘毛，第 3 节具 4 A-刚毛、4 B-刚毛和 5 E-刚毛。右大颚切齿 4 齿，动颚片分叉，具小齿。第 1 小颚内叶具 18 羽状毛；外叶具 11 锯齿状刺，左触须第 2 节具 7 细长刺和 2 毛；右触须第 2 节具 5 壮刺和 2 毛。第 2 小颚内叶内缘具 16 羽状毛。颚足内叶具 3 顶端刺、1 近顶端刺；外叶内缘具 17 钝刺，顶缘具 4 梳状刺，触须第 4 节呈钩状。

第 1 腮足基节具长刚毛；掌节卵形，掌面倾斜，具 1 壮刺，后缘具 12 刺；指节外缘具 1 刚毛。第 2 腮足腕节和掌节延长，腕节具平行边缘；掌节长方形，掌缘平截，具 1 中央壮刺和 4 后缘刺；指节外缘具 1 刚毛。第 3、4 步足长节到腕节后缘具长毛，指节外缘具 1 毛，趾钩接合处具 2 毛。第 5–7 步足相似，基节前缘具 6 刺；第 5、6 步足基节后缘近直；长节到腕节前后缘具刺，少毛；指节细长，外缘具 1 刚毛，趾钩接合处具 2 刚毛。

第 1–3 腹侧板后缘具短毛。第 1 腹侧板腹缘圆，腹前角具 5 毛；第 2 腹侧板后下角钝，腹缘具 6 刺；第 3 腹侧板后下角尖，腹缘具 4 刺。

第 1 尾肢柄节具 1 背基刺，内、外缘分别具 1-1-1 和 1-1-2 刺；内肢内缘具 2 刺；外肢内、外缘各具 2 刺。第 2 尾肢柄节内、外缘各具 3 刺；外肢比内肢稍短，内、外肢均具刺。第 3 尾肢柄节具 1 侧刺和 5 末端刺；内肢长达外肢的 3/5，具 2 侧刺和 2 末端刺；外肢第 1 节外缘具 4 刺和 5 末端刺，第 2 节与邻近刺几乎等长；内、外肢均具羽状刚毛。尾节深裂，每叶具 1 背侧刺和 3 末端刺，背面具 3 簇长毛。

雌性 11.5mm。第 1 腮足掌节卵形，掌面斜，后缘具 9 刺。第 2 腮足掌节长方形，掌面后缘具 5 刺。第 3 尾肢内肢长为外肢的 3/4，具羽状刚毛。

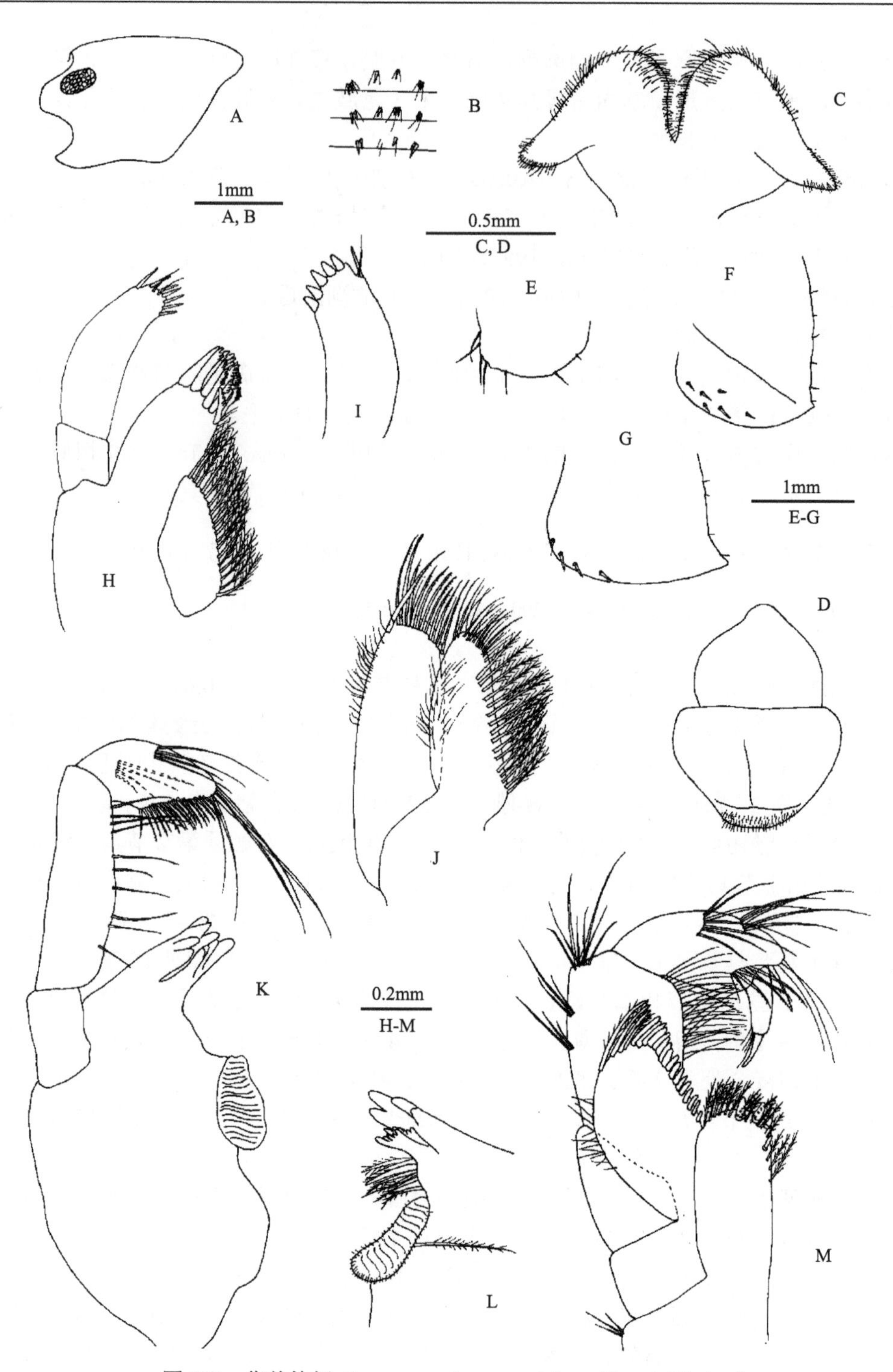

图 137 华美钩虾 *Gammarus decorosus* Meng, Hou & Li（一）

♂。A. 头; B. 第 4-6 腹节（背面观）; C. 下唇; D. 上唇; E. 第 1 腹侧板; F. 第 2 腹侧板; G. 第 3 腹侧板; H. 左第 1 小颚; I. 右第 1 小颚触须; J. 第 2 小颚; K. 左大颚切齿; L. 右大颚; M. 颚足

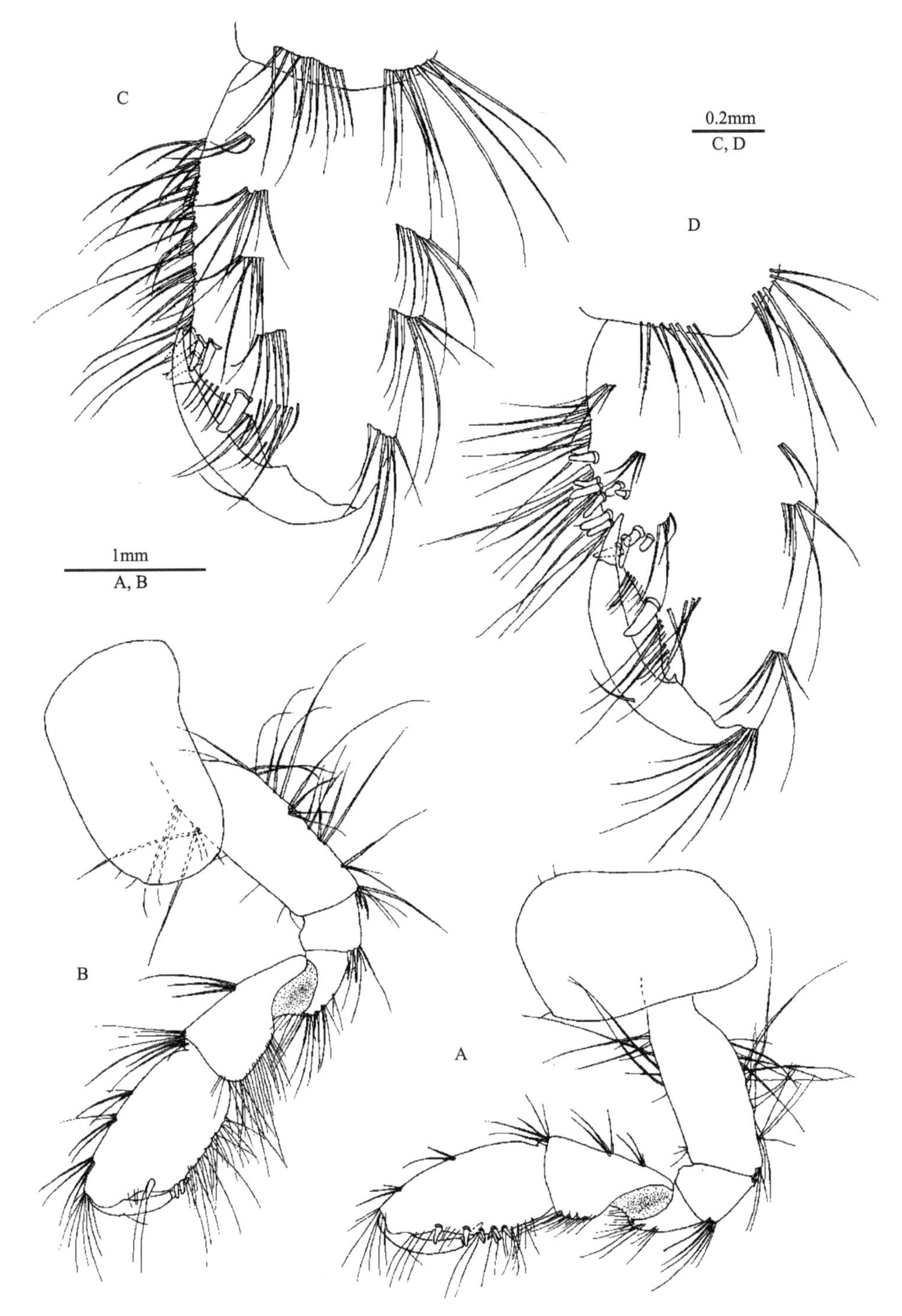

图 138　华美钩虾 *Gammarus decorosus* Meng, Hou & Li（二）

♂。A. 第 1 腮足; B. 第 2 腮足; C. 第 2 腮足掌节; D. 第 1 腮足掌节

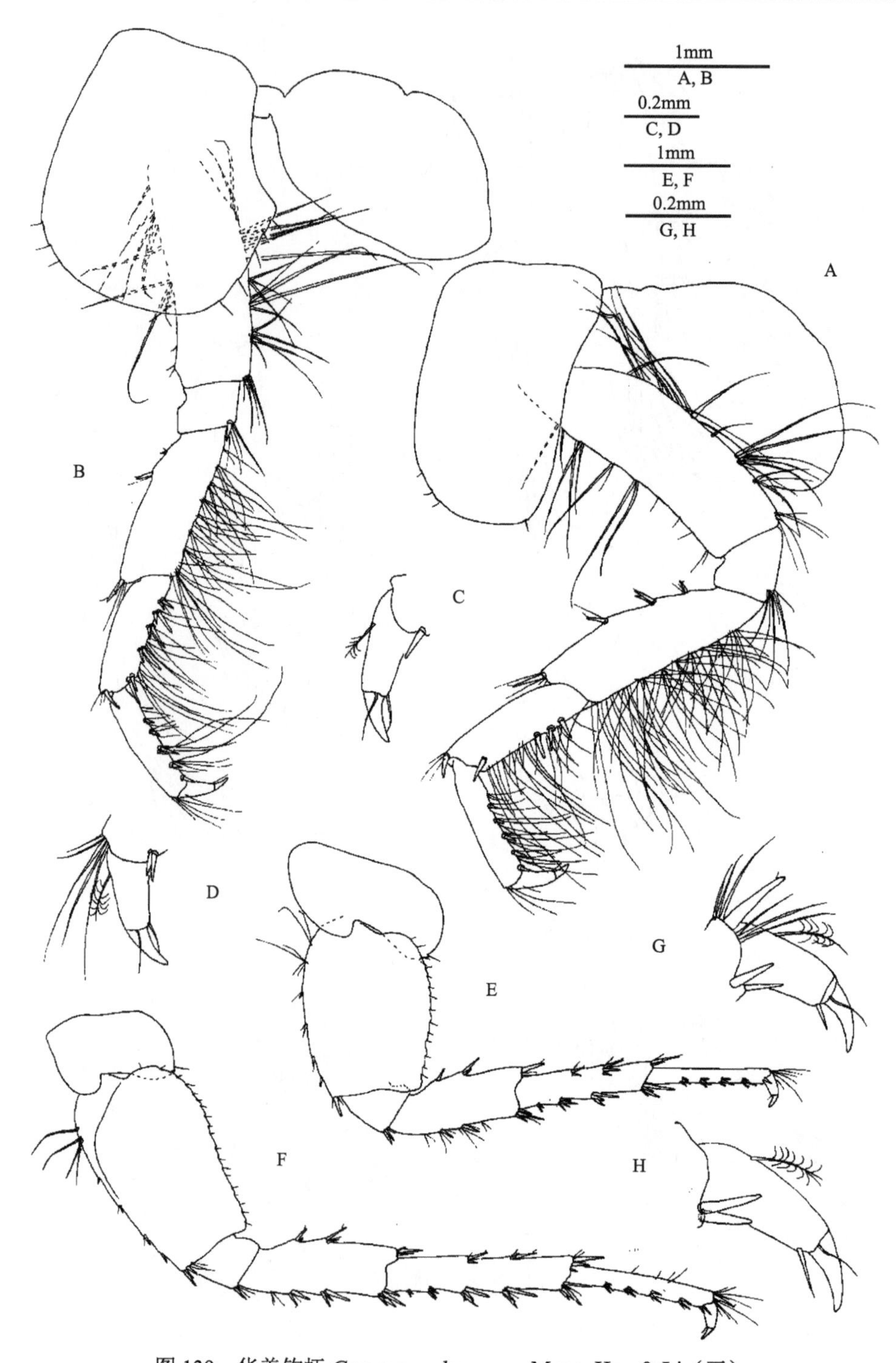

图 139 华美钩虾 *Gammarus decorosus* Meng, Hou & Li（三）

♂。A. 第 3 步足; B. 第 4 步足; C. 第 3 步足指节; D. 第 4 步足指节; E. 第 5 步足; F. 第 6 步足; G. 第 5 步足指节; H. 第 6 步足指节

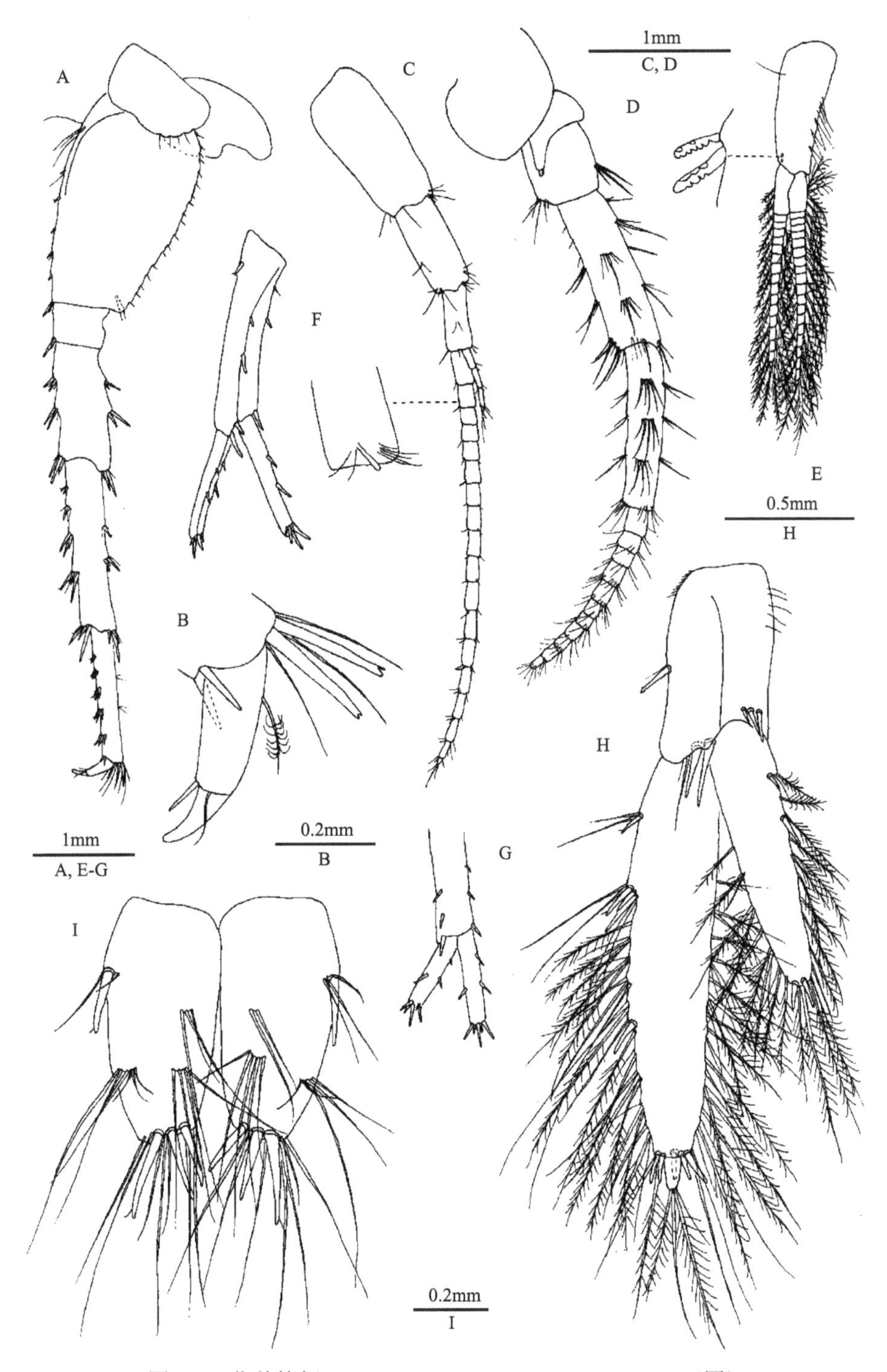

图 140　华美钩虾 *Gammarus decorosus* Meng, Hou & Li（四）

♂。A. 第 7 步足; B. 第 7 步足指节; C. 第 1 触角; D. 第 2 触角; E. 第 1 腹肢; F. 第 1 尾肢; G. 第 2 尾肢; H. 第 3 尾肢; I. 尾节

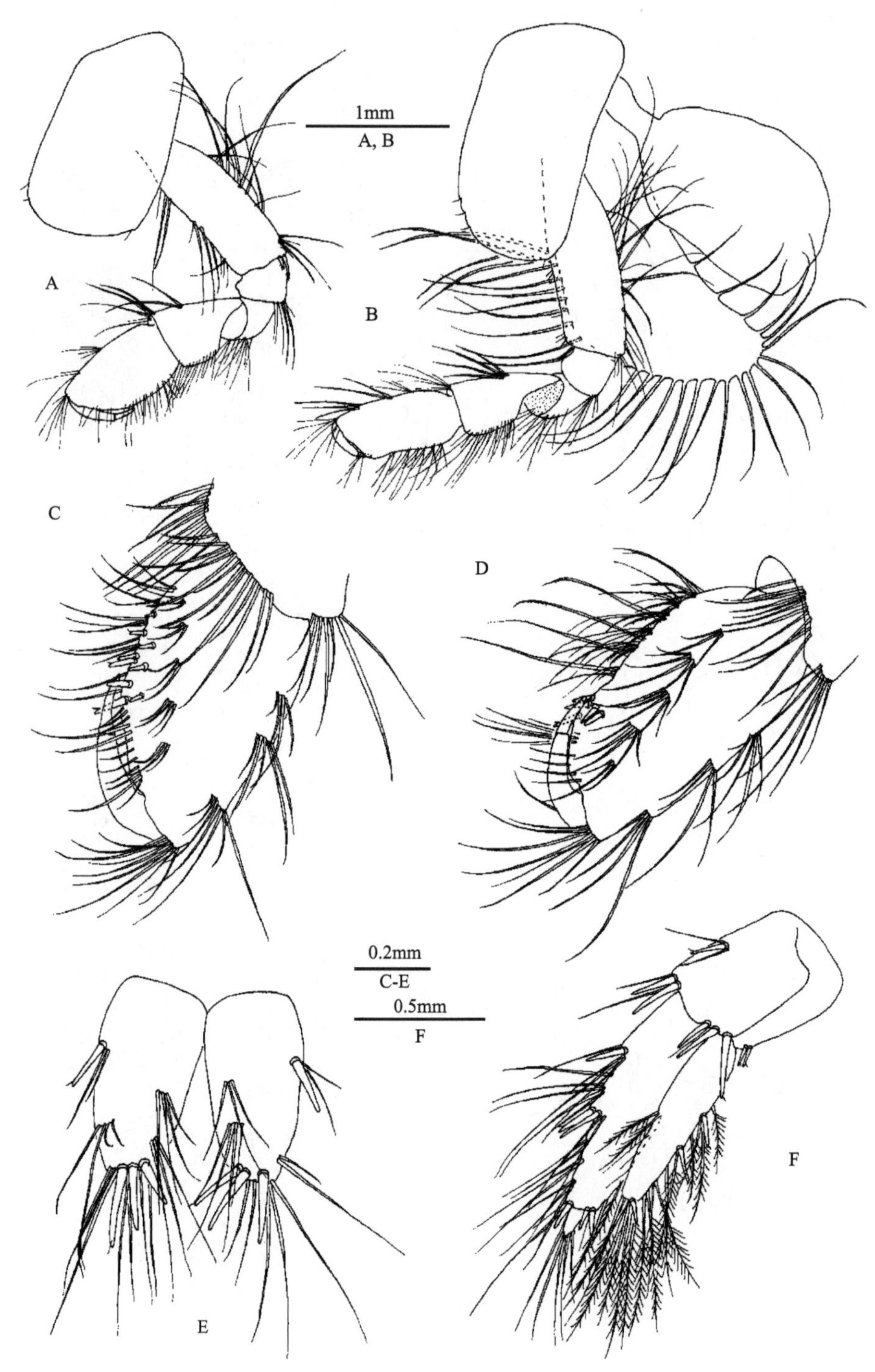

图 141 华美钩虾 *Gammarus decorosus* Meng, Hou & Li（五）

♀。A. 第 1 腮足; B. 第 2 腮足; C. 第 1 腮足掌节; D. 第 2 腮足掌节; E. 尾节; F. 第 3 尾肢

观察标本：1♂（正模，IZCAS-I-A0051），29♂20♀，新疆乌拉泊水库（87.6°E, 43.7°N），

2001.VII.22。30♂13♀，新疆乌鲁木齐米东区铁厂沟镇（87.7°E, 43.9°N），2001.VIII.22。

生态习性：本种栖息在溪流中。

地理分布：新疆。

分类讨论：本种与雾灵钩虾 *G. nekkensis* Uchida 的区别在于触角鞭节无鞋状感觉器，第 3 步足具长直刚毛，第 3 尾肢内肢长为外肢的 3/5。

(29) 细齿钩虾 *Gammarus denticulatus* Hou, Li & Morino, 2002（图 142–147）

Gammarus denticulatus Hou, Li & Morino, 2002: 940, figs. 1–6.

形态描述：雄性 12.5mm。眼卵形。第 1 触角长于第 2 触角，第 1–3 柄节长度比 1.00∶0.72∶0.34，具末端毛；鞭 31 节，副鞭 3 节。第 2 触角第 4、5 柄节前、后缘分别具 4、5 组短毛，鞭 12 节，具鞋状感觉器。左大颚切齿 5 齿，动颚片 4 齿，刺排具 7 刚毛，臼齿具 1 刚毛；触须第 2 节具 21 毛，第 3 节具 2 簇 A-刚毛、4 B-刚毛、30 D-刚毛和 6 E-刚毛。右大颚切齿 4 齿，动颚片分叉。第 1 小颚内叶具 19 羽状刚毛，外叶具 11 锯齿状大刺，左触须第 2 节具 7 刺和 4 硬毛；右触须第 2 节具 7 钝刺和 1 硬毛。第 2 小颚内叶内缘具 22 羽状毛。颚足外叶宽大，具 16 钝刺和 5 梳状毛。

第 1 腮足腕节短于掌节，掌节梨形，掌缘斜，具 1 中央壮刺，后缘具 10 刺，内侧具 7 短刺；指节外缘具 2 刚毛，趾钩短。第 2 腮足掌节掌缘稍斜，具 1 中央壮刺，后缘具 8 刺；指节趾钩短。第 3 步足长，后缘具长直毛，指节短。第 4 步足短于第 3 步足，掌节到长节比第 3 步足具较少刚毛。第 6、7 步足长于第 5 步足。第 5–7 步足基节长，前缘具刚毛和 6 短刺；后缘具 8 短刚毛；腕节和掌节前缘具 3–5 组刺和毛；掌节后缘具 5 组刺。

第 1–3 腹节背面后缘具许多小刺和短刚毛。第 1–3 腹侧板后缘具短毛，第 2、3 腹侧板后下角尖，腹缘具刺。第 4–6 腹节背部无隆起，具 3 簇刺和毛。

第 1 尾肢柄节长于内、外肢，具 1 背基刺，内、外缘分别具 2 和 5 刺；外肢短于内肢，每边具 2 刺；内肢内缘具 3 刺。第 2 尾肢柄节内、外缘分别具 4 和 3 刺，外肢短于内肢。第 3 尾肢柄节具 4 末端刺；内肢长为外肢的 2/3，具 1 侧刺和 1 末端刺；外肢第 2 节与刺等长，内、外肢两侧具羽状刚毛。尾节深裂，背面具短毛。

雌性 10.6mm。第 2 触角具鞋状感觉器。第 1 腮足掌节短于雄性，掌面卵圆形。第 2 腮足掌节长方形，掌面平截，后缘具 5 刺。第 2–5 胸节具抱卵板，边缘具毛。

观察标本：1♂（正模，IZCAS-I-A0005），20♂14♀，云南丽江（26.8°N, 100.2°E）白马龙潭一小溪旁，1981.VIII.24。3♀，云南丽江黑龙潭，1981.VIII.25。

生态习性：本种栖息在高海拔的冷水潭中。

地理分布：云南（丽江）。

分类讨论：本种主要鉴别特征是第 3、4 步足后缘具长直毛；第 1–3 腹节背面具 1 排刺和毛；第 3 尾肢内肢长达外肢的 2/3，具羽状毛；雌性第 2 触角鞭节具鞋状感觉器。本种与 *G. crenulatus* Karaman & Pinkster 的主要区别在于本种腹节背部具小齿和刚毛，而后者腹节背部具长毛。

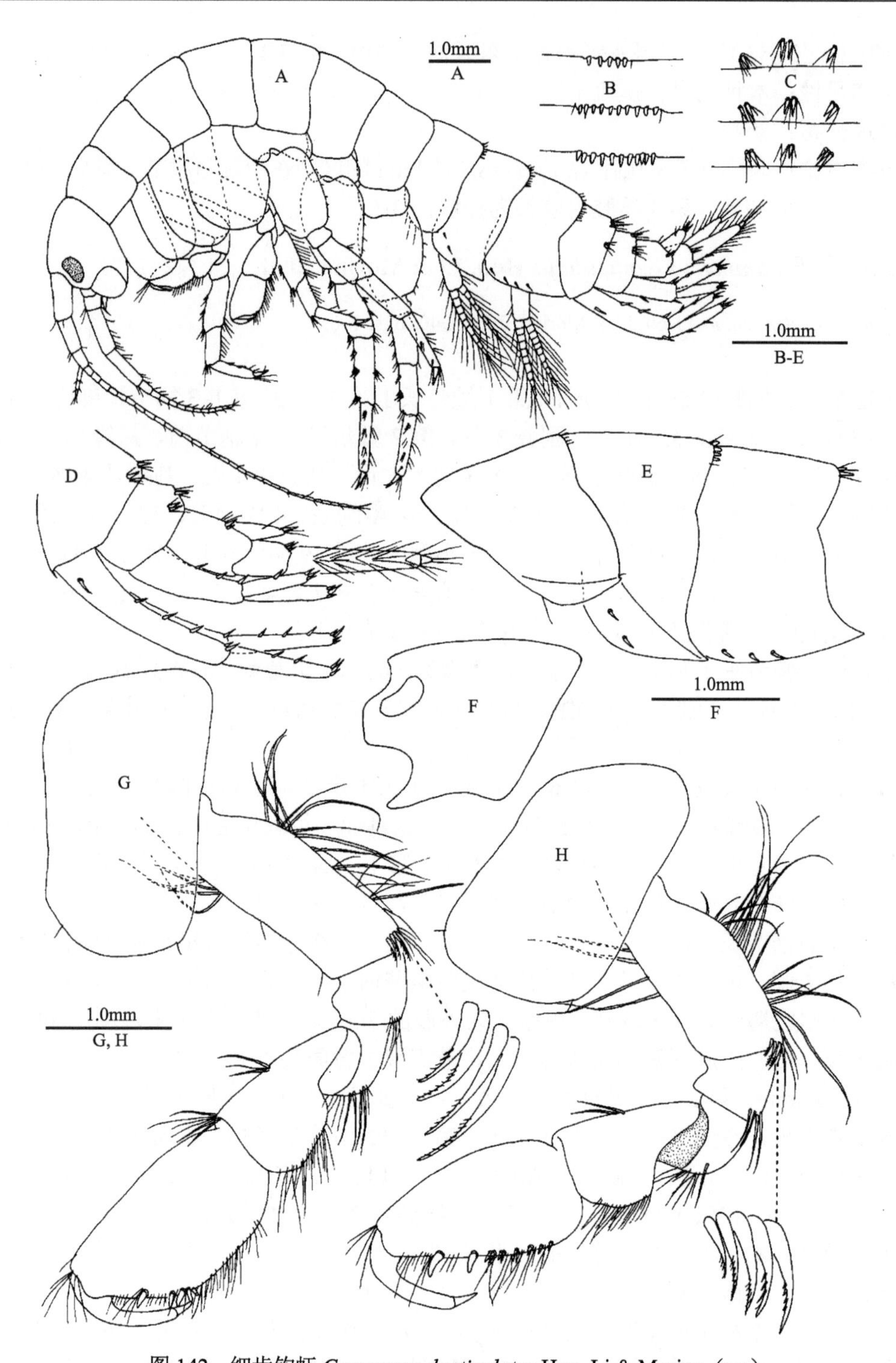

图 142 细齿钩虾 *Gammarus denticulatus* Hou, Li & Morino（一）

♂, B-H; ♀, A。A. 整体; B. 第 1-3 腹节（背面观）; C. 第 4-6 腹节（背面观）; D. 第 4-6 腹节（侧面观）; E. 第 1-3 腹侧板; F. 头; G. 第 2 腮足; H. 第 1 腮-足

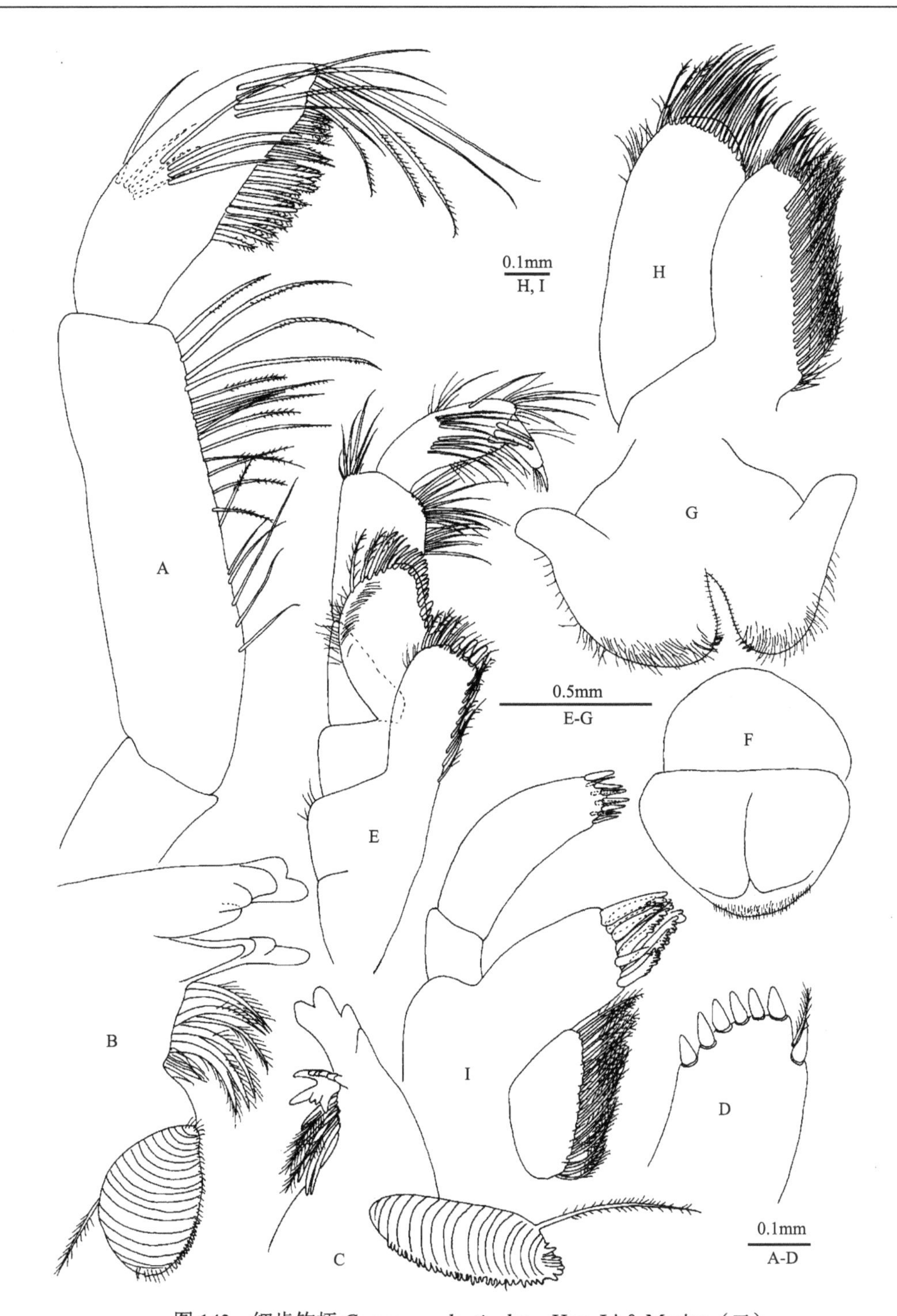

图 143　细齿钩虾 *Gammarus denticulatus* Hou, Li & Morino（二）

♂。A. 左大颚触须; B. 左大颚; C. 右大颚; D. 右第 1 小颚触须; E. 颚足; F. 上唇; G. 下唇; H. 第 2 小颚; I. 左第 1 小颚

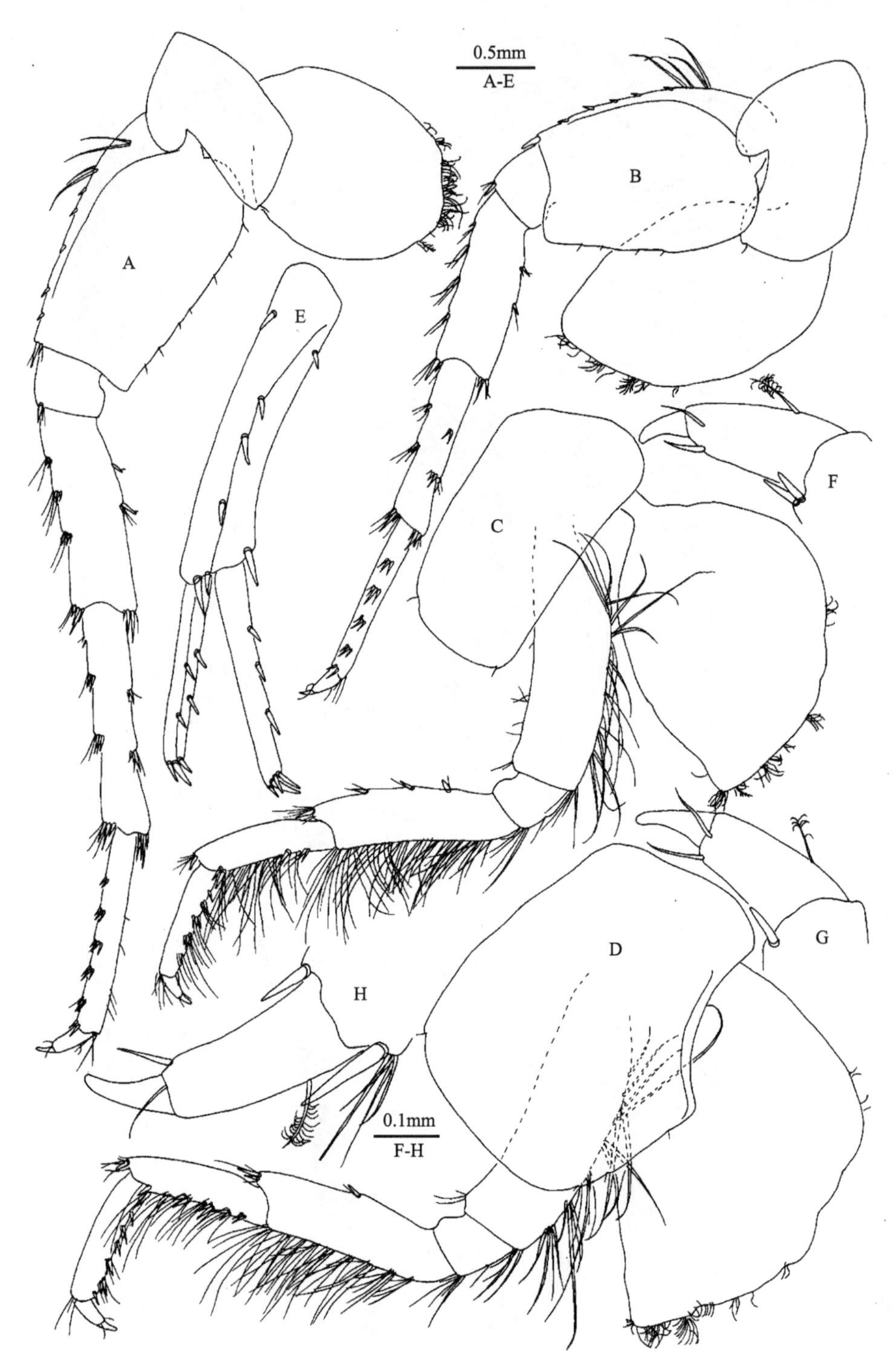

图 144 细齿钩虾 *Gammarus denticulatus* Hou, Li & Morino（三）

♂。A. 第 6 步足; B. 第 5 步足; C. 第 3 步足; D. 第 4 步足; E. 第 1 尾肢; F. 第 3 步足指节; G. 第 4 步足指节; H. 第 6 步足指节

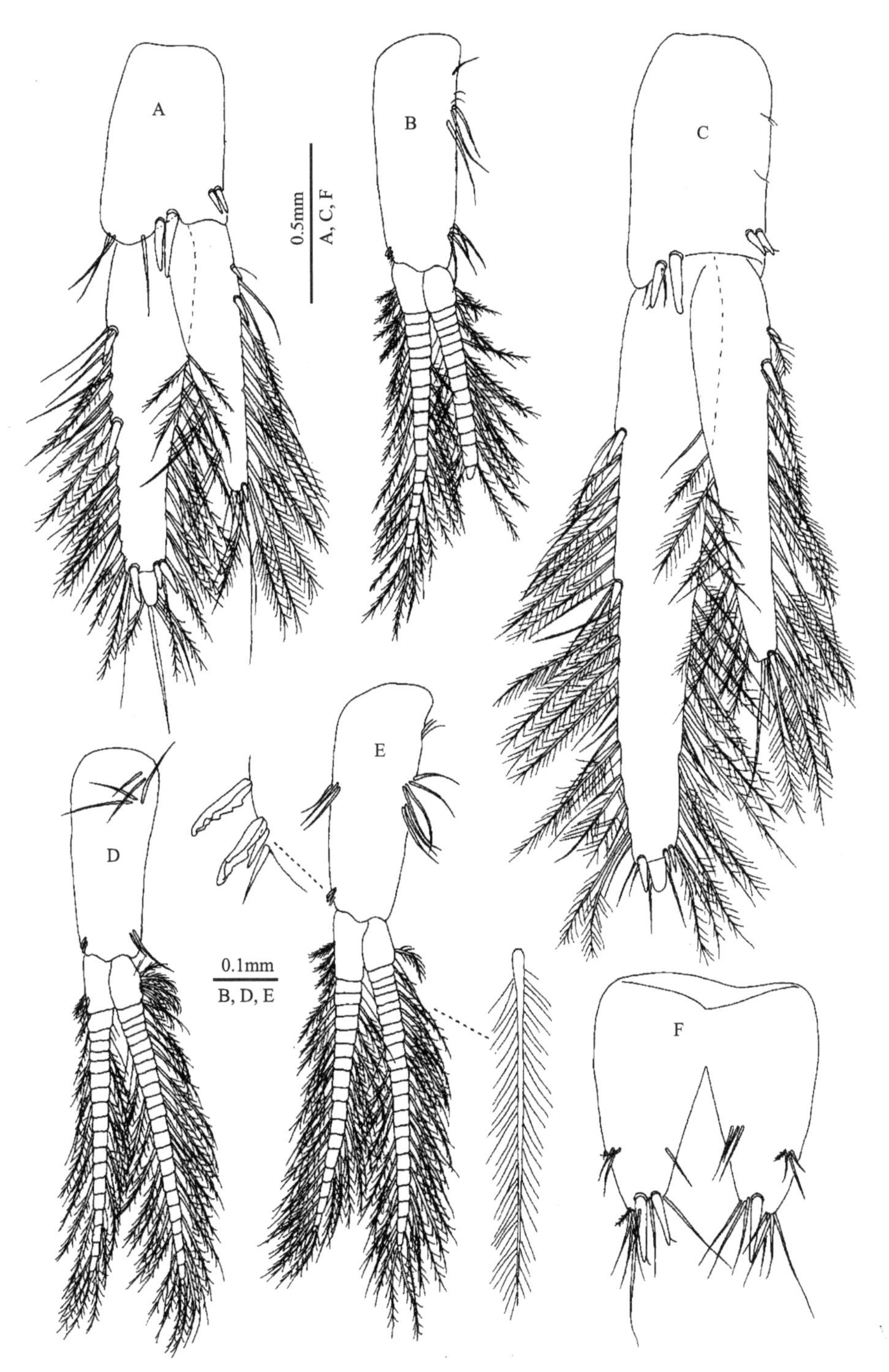

图 145　细齿钩虾 *Gammarus denticulatus* Hou, Li & Morino（四）

♂, B-F; ♀, A。A. 第 3 尾肢; B. 第 3 腹肢; C. 第 3 尾肢; D. 第 1 腹肢; E. 第 2 腹肢; F. 尾节

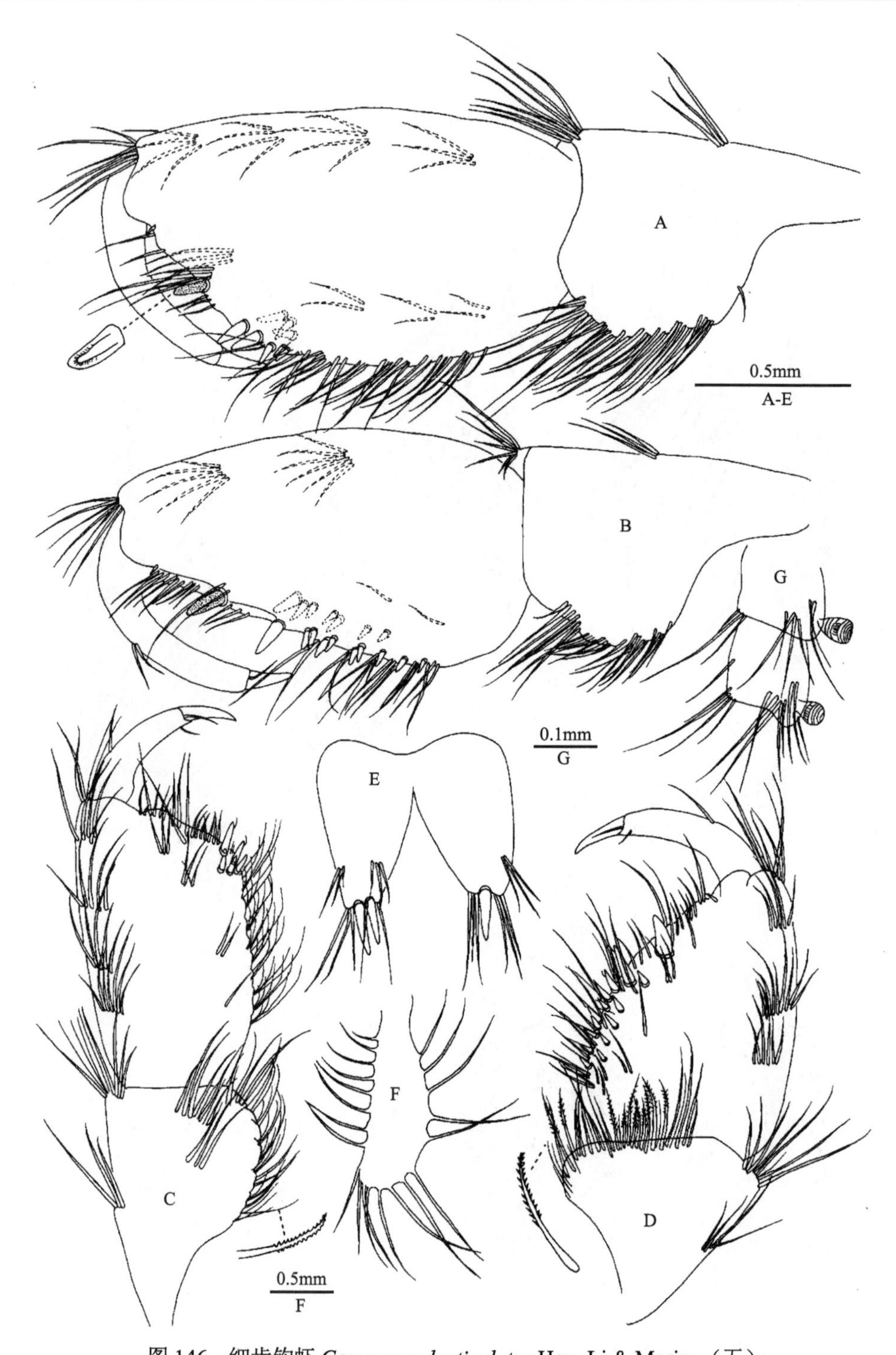

图 146 细齿钩虾 *Gammarus denticulatus* Hou, Li & Morino（五）

♂, A, B; ♀, C-G。A. 第 2 腮足掌节; B. 第 1 腮足掌节; C. 第 2 腮足掌节; D. 第 1 腮足掌节; E. 尾节; F. 第 4 抱卵板; G. 第 2 触角鞭节

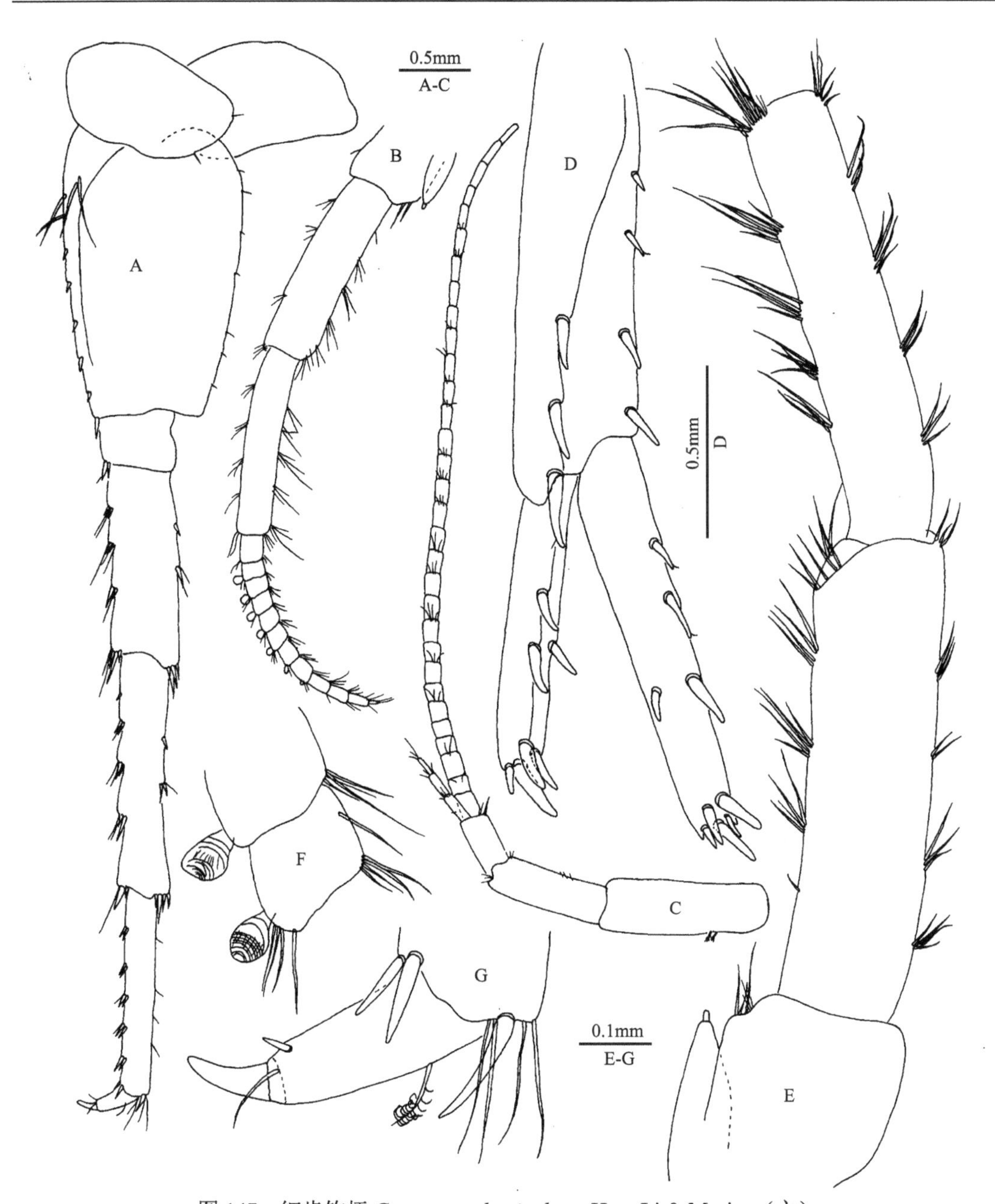

图 147　细齿钩虾 *Gammarus denticulatus* Hou, Li & Morino（六）

♂。A. 第 7 步足; B. 第 2 触角; C. 第 1 触角; D. 第 2 尾肢; E. 第 2 触角柄节; F. 第 2 触角鞭节; G. 第 7 步足指节

(30) 多刺钩虾 *Gammarus echinatus* Hou, Li & Li, 2013（图 148–153）

Gammarus echinatus Hou, Li & Li, 2013: 26, figs. 2C, 18–23.

形态描述： 雄性 10.2mm。眼卵形。第 1 触角第 1–3 柄节长度比 1.0∶0.8∶0.5；鞭 28 节，具感觉毛；副鞭 3 节。第 2 触角柄节具 3–5 簇短毛；鞭 9 节，无鞋状感觉器。第

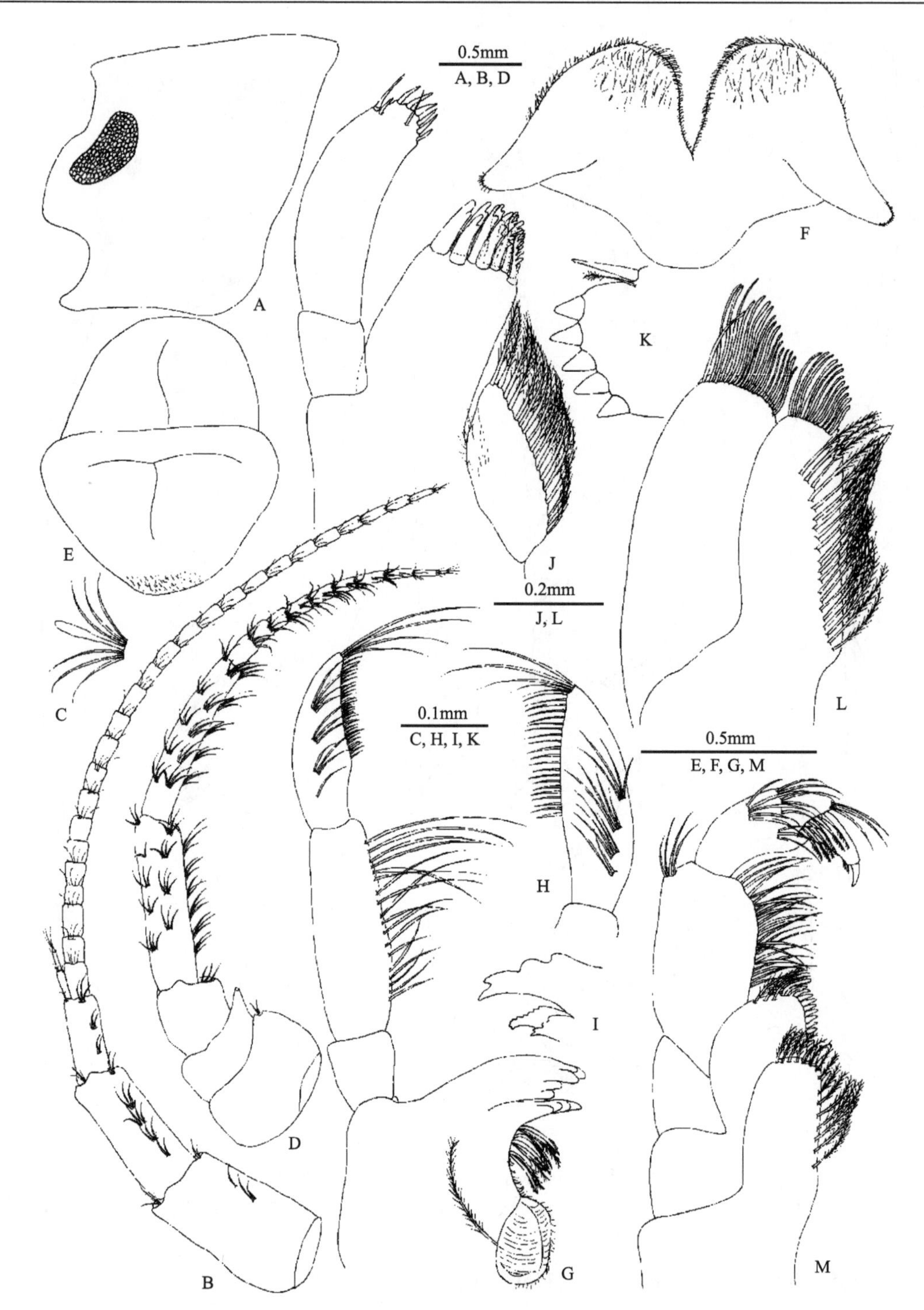

图 148　多刺钩虾 *Gammarus echinatus* Hou, Li & Li（一）

♂。A. 头; B. 第 1 触角; C. 第 1 触角感觉毛; D. 第 2 触角; E. 上唇; F. 下唇; G. 左大颚; H. 左大颚第 3 节; I. 右大颚切齿; J. 左第 1 小颚; K. 第 1 小颚右触须; L. 第 2 小颚; M. 颚足

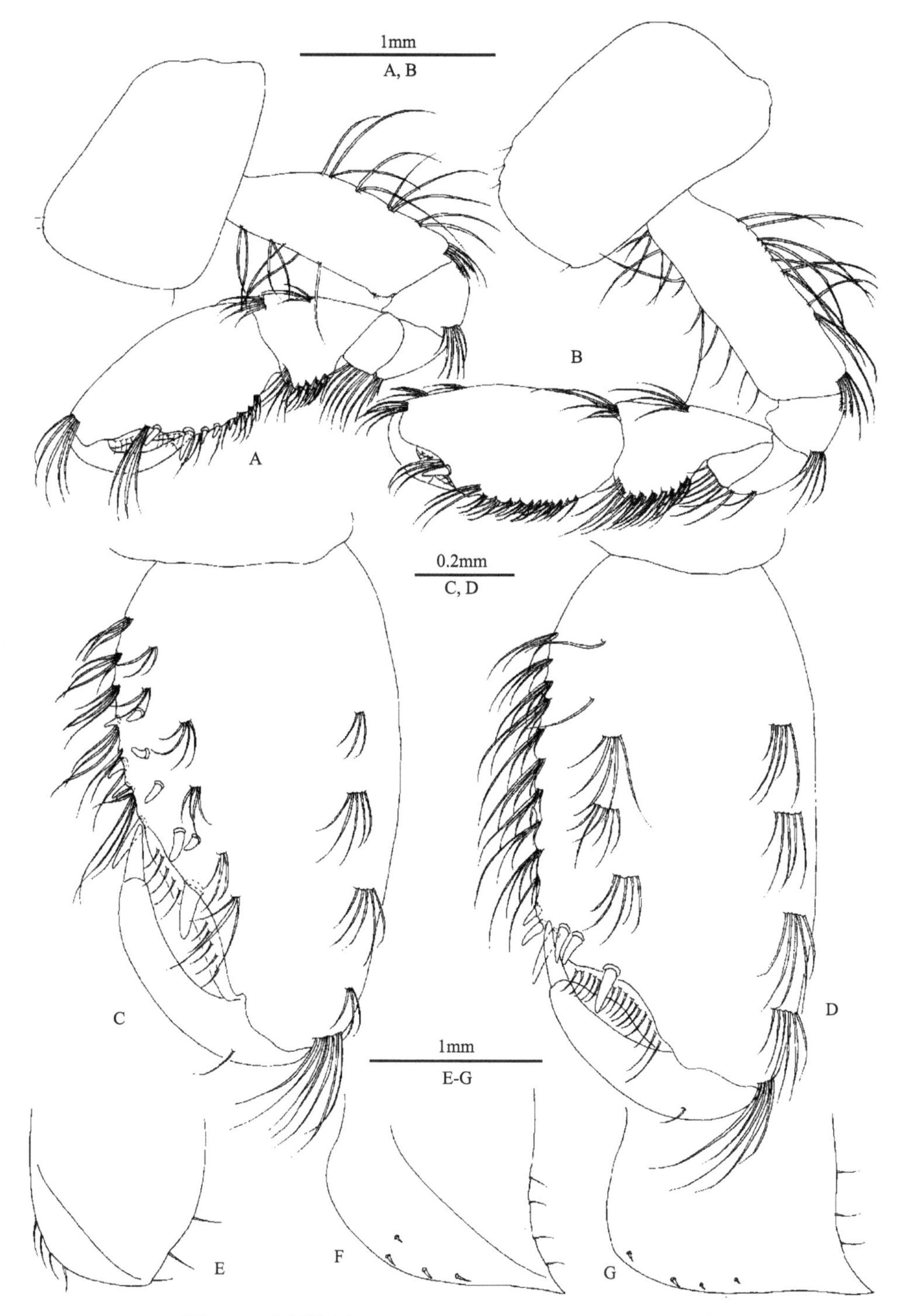

图 149　多刺钩虾 *Gammarus echinatus* Hou, Li & Li（二）

♂。A. 第 1 腮足; B. 第 2 腮足; C. 第 1 腮足掌节; D. 第 2 腮足掌节; E. 第 1 腹侧板; F. 第 2 腹侧板; G. 第 3 腹侧板

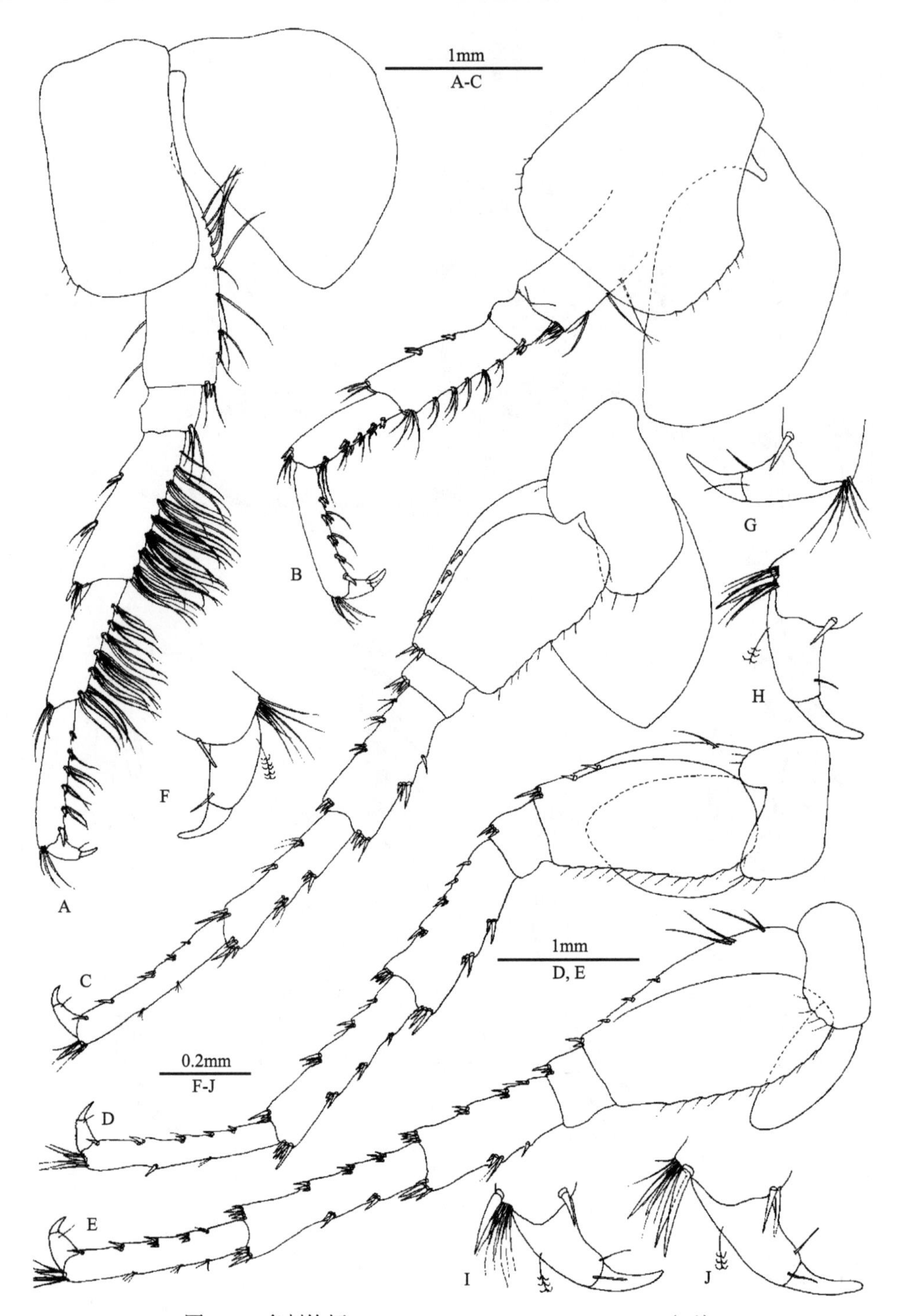

图 150 多刺钩虾 *Gammarus echinatus* Hou, Li & Li（三）

♂。A. 第 3 步足; B. 第 4 步足; C. 第 5 步足; D. 第 6 步足; E. 第 7 步足; F. 第 3 步足指节; G. 第 4 步足指节; H. 第 5 步足指节; I. 第 6 步足指节; J. 第 7 步足指节

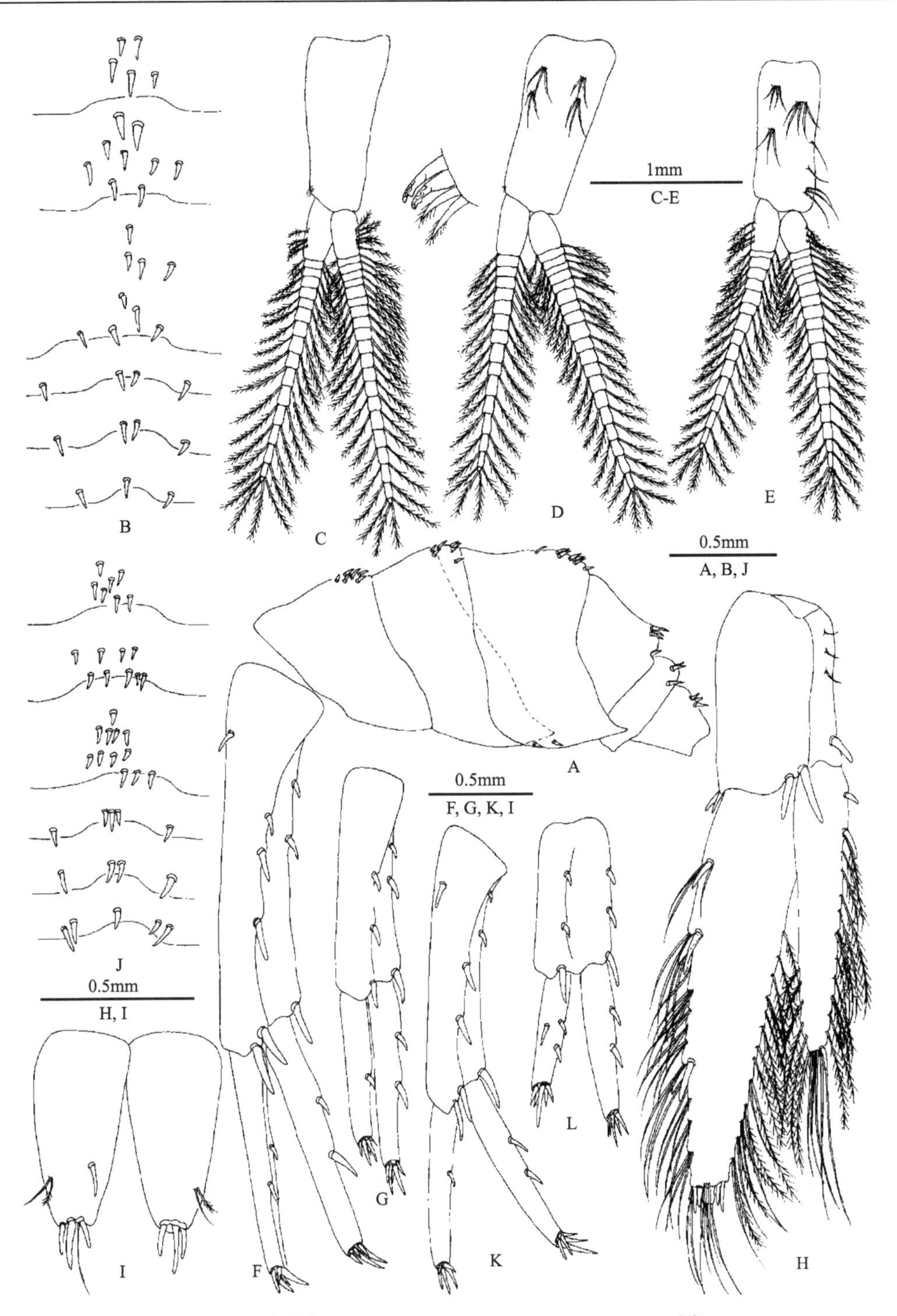

图 151　多刺钩虾 *Gammarus echinatus* Hou, Li & Li（四）

♂, A-I; ♀, J-L。A. 第 1-6 腹节（侧面观）; B. 第 1-6 腹节（背面观）; C. 第 1 腹肢; D. 第 2 腹肢; E. 第 3 腹肢; F. 第 1 尾肢; G. 第 2 尾肢; H. 第 3 尾肢; I. 尾节; J. 第 1-6 腹节（背面观）; K. 第 1 尾肢; L. 第 2 尾肢

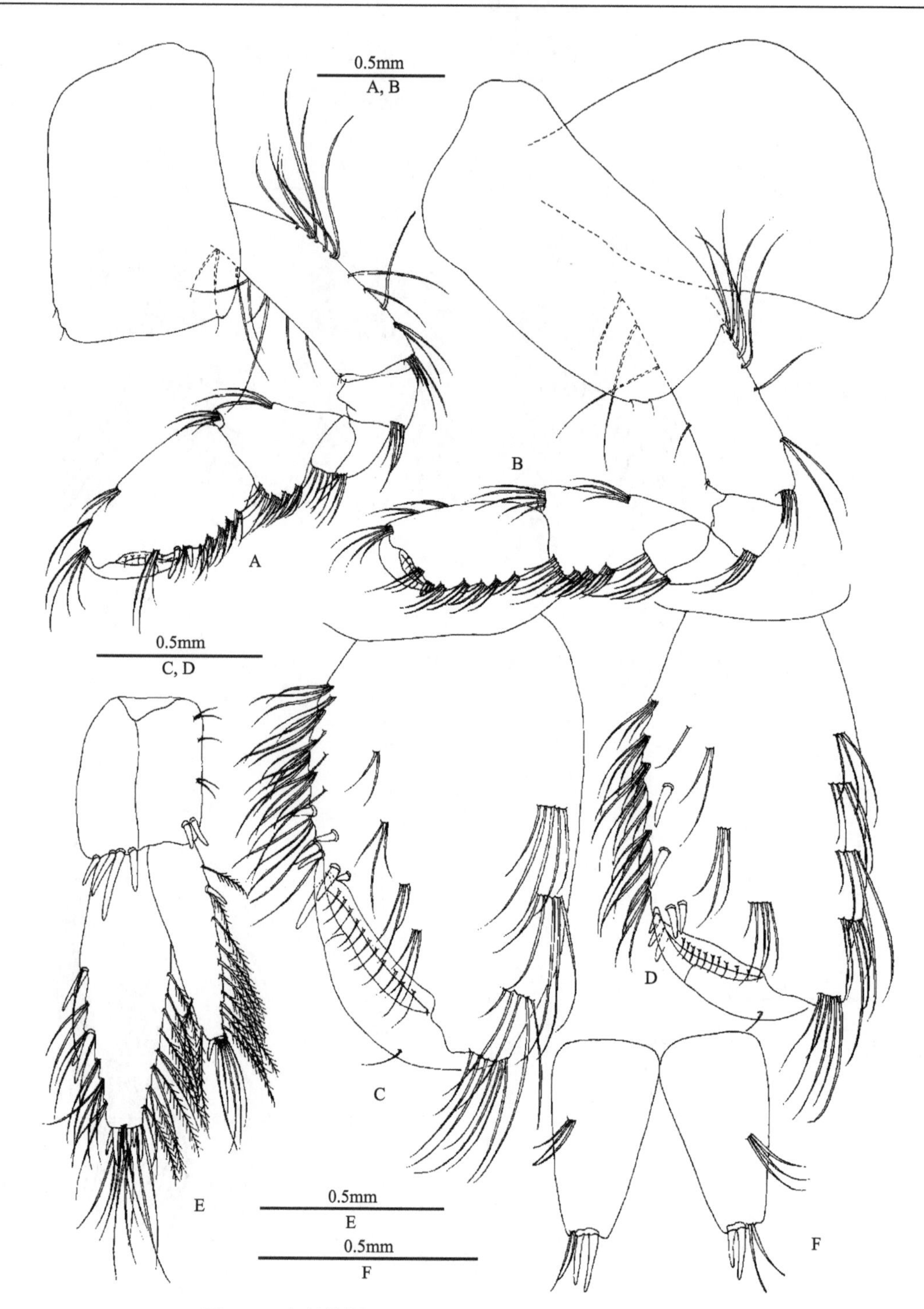

图 152 多刺钩虾 *Gammarus echinatus* Hou, Li & Li（五）

♀。A. 第 1 腮足; B. 第 2 腮足; C. 第 1 腮足掌节; D. 第 2 腮足掌节; E. 第 3 尾肢; F. 尾节

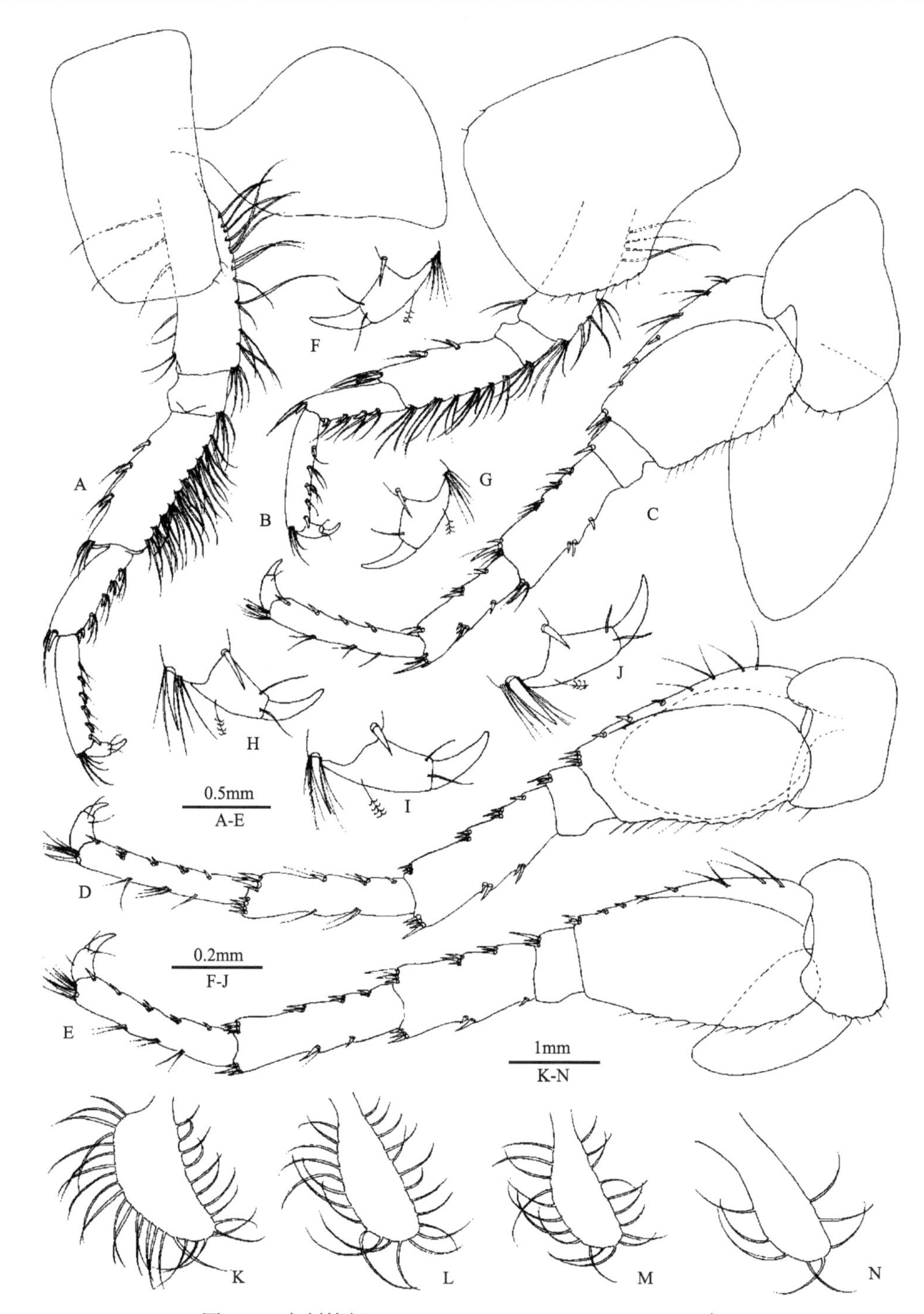

图 153 多刺钩虾 *Gammarus echinatus* Hou, Li & Li（六）

♀。A. 第 3 步足; B. 第 4 步足; C. 第 5 步足; D. 第 6 步足; E. 第 7 步足; F. 第 3 步足指节; G. 第 4 步足指节; H. 第 5 步足指节; I. 第 6 步足指节; J. 第 7 步足指节; K. 第 2 抱卵板; L. 第 3 抱卵板; M. 第 4 抱卵板; N. 第 5 抱卵板

1 小颚左右不对称，内叶具 17 羽状毛；外叶顶端具 11 锯齿状大刺，刺具小齿；左触须第 2 节具 9 细长刺；右触须第 2 节具 5 壮刺，1 栉齿状刺和 1 刚毛。第 2 小颚内叶具 20 羽状毛，外叶顶部具刚毛。

第 1 腮足底节板长形，前、后缘分别具 2 和 1 毛；腕节长达掌节的 4/5；掌节卵形，掌缘具 1 中央刺，后缘具 10 刺。第 2 腮足底节板前、后缘分别具 3 和 1 毛；掌节长形，掌缘具 1 中央刺，后缘具 5 刺。第 3 步足底节板前缘具 3 毛；长节和腕节后缘具长刚毛；掌节后缘具 5 簇刺和毛；指节外缘具 1 羽状毛，趾钩接合处具 1 毛。第 4 步足底节板前、后缘分别具 3 和 7 刚毛，后缘凹陷；长节后缘具 6 簇直刚毛；腕节和掌节后缘具刺和毛。第 5 步足基节后缘直；长节到掌节前、后缘具刺和短毛；指节外缘具 1 羽状毛，趾钩接合处具 1 毛。第 6 步足基节延长。第 7 步足基节后缘膨大。

第 2、3 腹侧板后下角尖。第 1–3 腹节背部呈驼峰状，背缘分别具 5、9 和 9 刺。第 4 腹节背缘具 2 刺，两侧各具 1 刺，无刚毛；第 5 腹节背缘具 2 刺，两侧各具 1 刺；第 6 腹节背缘具 1 刺，两侧各具 1 刺。

第 1 尾肢柄节具 1 背基刺，内、外缘分别具 2 和 3 刺；外肢内、外缘各具 1 刺；内肢内缘具 2 刺。第 2 尾肢柄节内、外缘各具 2 刺；外肢内缘具 1 刺，内肢内缘具 2 刺。第 3 尾肢柄节后缘具 3 短毛；内肢长是外肢的 3/5；外肢第 1 节外缘具 3 对刺，末端具 2 对刺，外缘具简单毛，第 2 节稍短于周围邻近刺；内肢两缘和外肢内缘都具羽状毛。尾节深裂，左叶末端具 3 刺和 1 刚毛，表面具 2 毛和 1 刺；右叶末端具 3 刺。

雌性 9.1mm。第 1 腮足掌节似卵形，后下角具 7 刺，指节外缘具 1 刚毛。第 2 腮足掌节近似长方形，后缘具 7 刺。第 2 抱卵板宽阔，有缘毛；第 3、4 抱卵板细长；第 5 抱卵板最小。第 1–3 腹节背缘分别具 7、9 和 12 刺。第 4 腹节背缘具 3 刺，两侧各具 1 刺；第 5 腹节背缘具 2 刺，两侧各具 1 刺；第 6 腹节背缘具 1 刺，两侧各具 2 刺。

观察标本：1♂（正模，IZCAS-I-A1064-1），云南大理鹤庆新华村附近的一条小溪（100.18°E, 26.63°N），2011.I.26。

生态习性：本种栖息在小溪岸边石头和腐烂的树叶下面。

地理分布：云南（大理）。

分类讨论：本种与细齿钩虾 *G. denticulatus* Hou, Li & Morino 的主要区别是：第 2 触角无鞋状感觉器；第 1 腮足掌节后缘具 10 刺；第 1–3 腹节背部呈较小驼峰状，第 1–3 腹节背缘分别具 5、9 和 9 刺，无刚毛。

(31) 美丽钩虾 *Gammarus egregius* Hou, Li & Li, 2013（图 154–159）

Gammarus egregius Hou, Li & Li, 2013: 35, figs. 3A, 24–29.

形态描述：雄性 9.8mm。眼卵形。第 1 触角第 1–3 柄节长度比 1.0∶0.7∶0.5，鞭 23 节，具感觉毛；副鞭 4 节。第 2 触角长为第 1 触角的 4/5，第 4、5 柄节两侧各具 5、6 簇毛；鞭 7 节，具毛；无鞋状感觉器。左大颚切齿 5 齿；动颚片 4 齿；刺排具 4 对羽状毛；触须第 2 节具 15 毛，第 3 节具 4 A-刚毛、2 簇 B-刚毛、20 D-刚毛和 5 E-刚毛；右大颚切齿 4 齿，动颚片分叉，具小齿。第 1 小颚左右不对称，内叶具 10 羽状毛；外叶顶

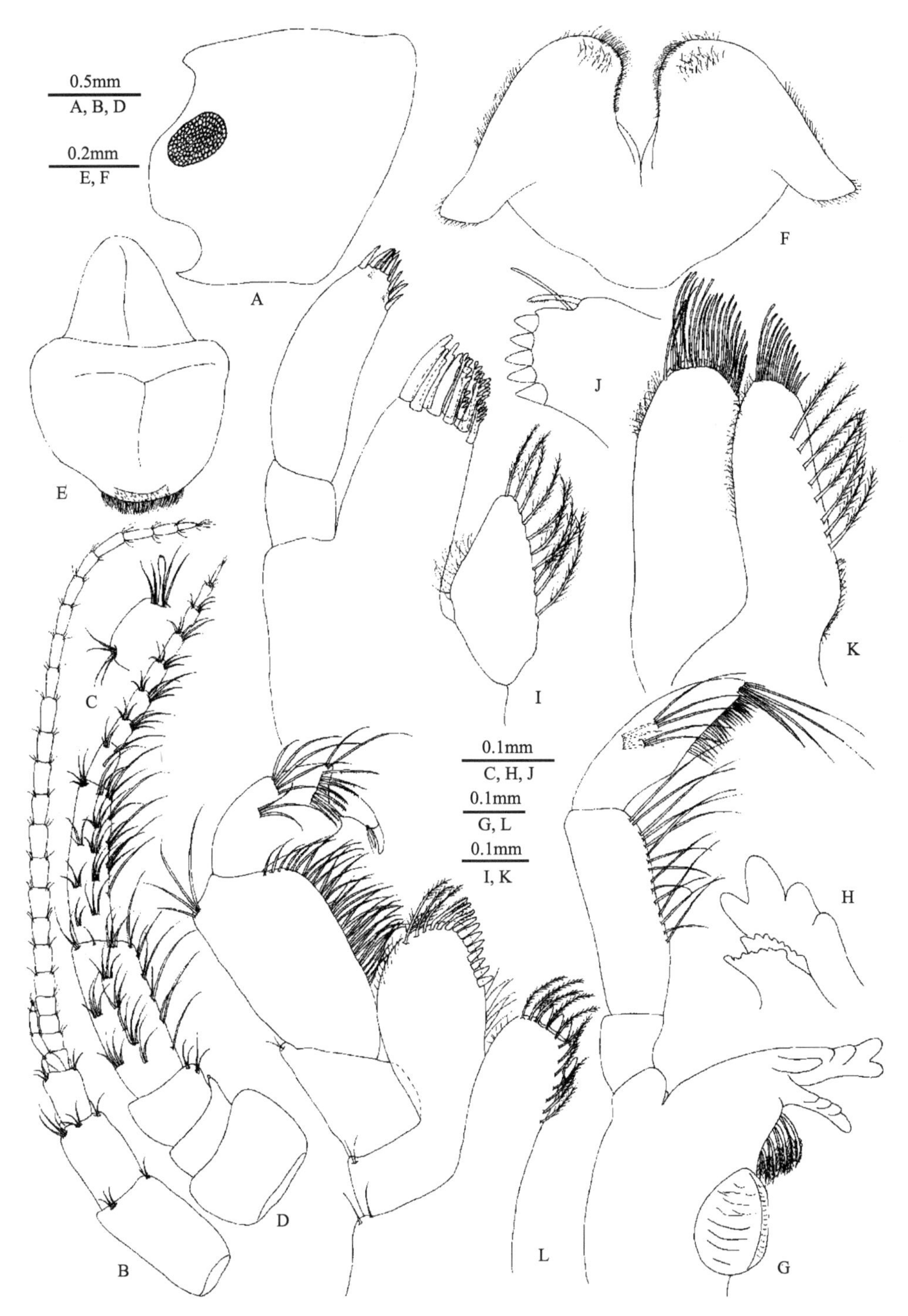

图 154　美丽钩虾 *Gammarus egregius* Hou, Li & Li（一）

♂。A. 头; B. 第 1 触角; C. 第 1 触角感觉毛; D. 第 2 触角; E. 上唇; F. 下唇; G. 左大颚; H. 右大颚切齿; I. 第 1 小颚; J. 第 1 小颚右触须; K. 第 2 小颚; L. 颚足

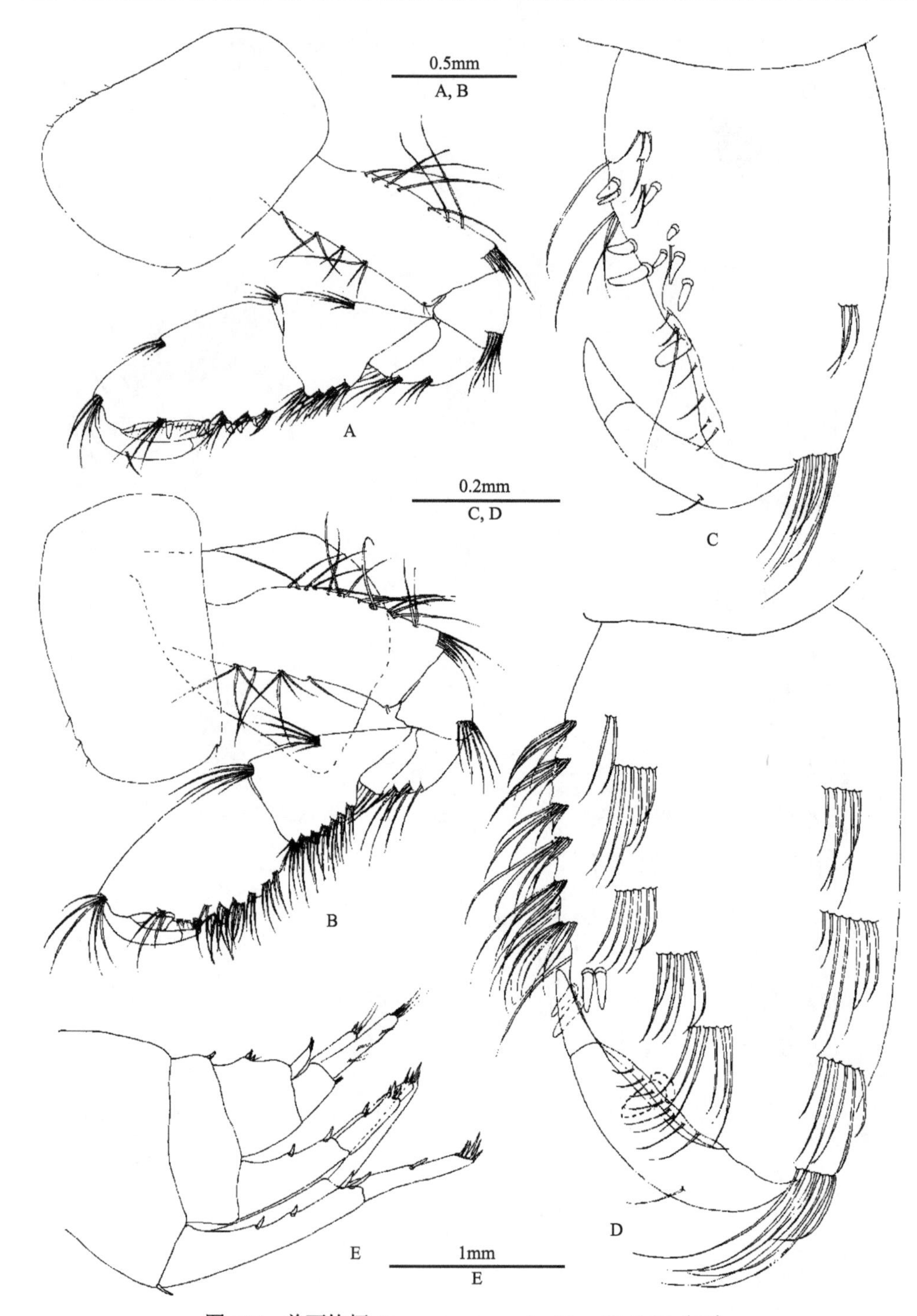

图 155 美丽钩虾 *Gammarus egregius* Hou, Li & Li（二）

♂。A. 第 1 腮足; B. 第 2 腮足; C. 第 1 腮足掌节; D. 第 2 腮足掌节; E. 第 4-6 腹节（侧面观）

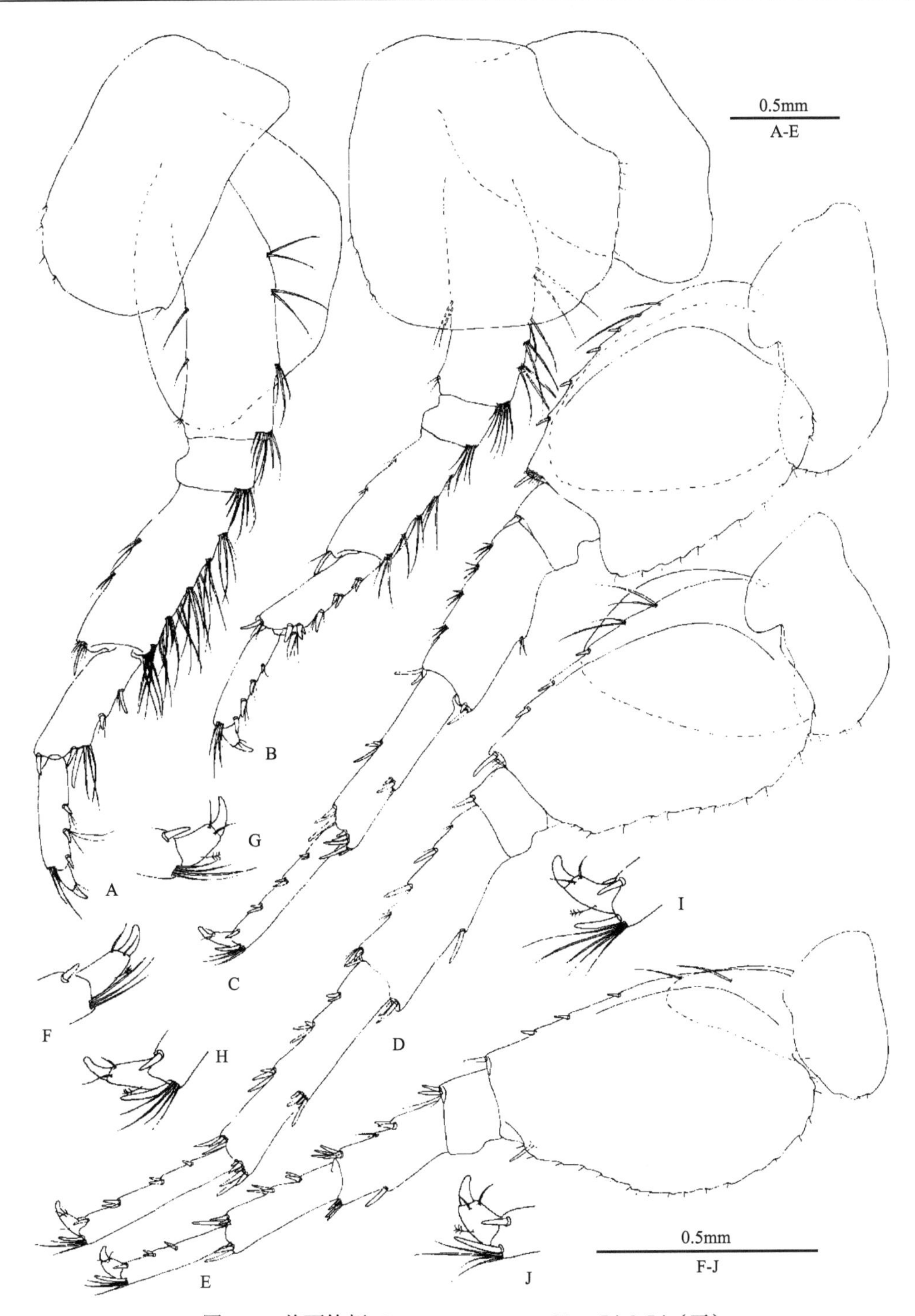

图 156　美丽钩虾 *Gammarus egregius* Hou, Li & Li（三）

♂。A. 第 3 步足; B. 第 4 步足; C. 第 5 步足; D. 第 6 步足; E. 第 7 步足; F. 第 3 步足指节; G. 第 4 步足指节; H. 第 5 步足指节; I. 第 6 步足指节; J. 第 7 步足指节

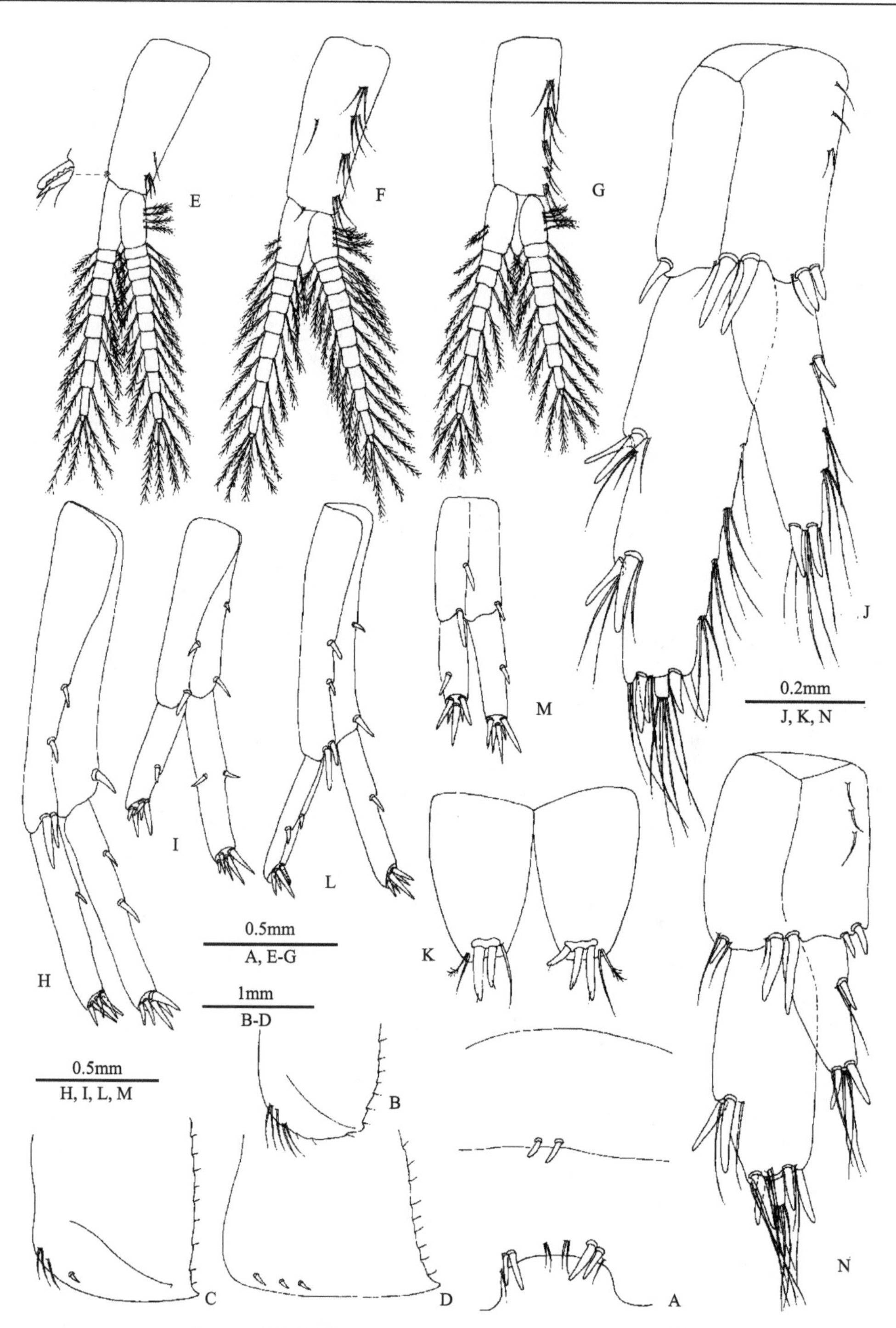

图 157 美丽钩虾 *Gammarus egregius* Hou, Li & Li（四）

♂, A-K; ♀, L-N。A. 第 4-6 腹节（背面观）; B. 第 1 腹侧板; C. 第 2 腹侧板; D. 第 3 腹侧板; E. 第 1 腹肢; F. 第 2 腹肢; G. 第 3 腹肢; H. 第 1 尾肢; I. 第 2 尾肢; J. 第 3 尾肢; K. 尾节; L. 第 1 尾肢; M. 第 2 尾肢; N. 第 3 尾肢

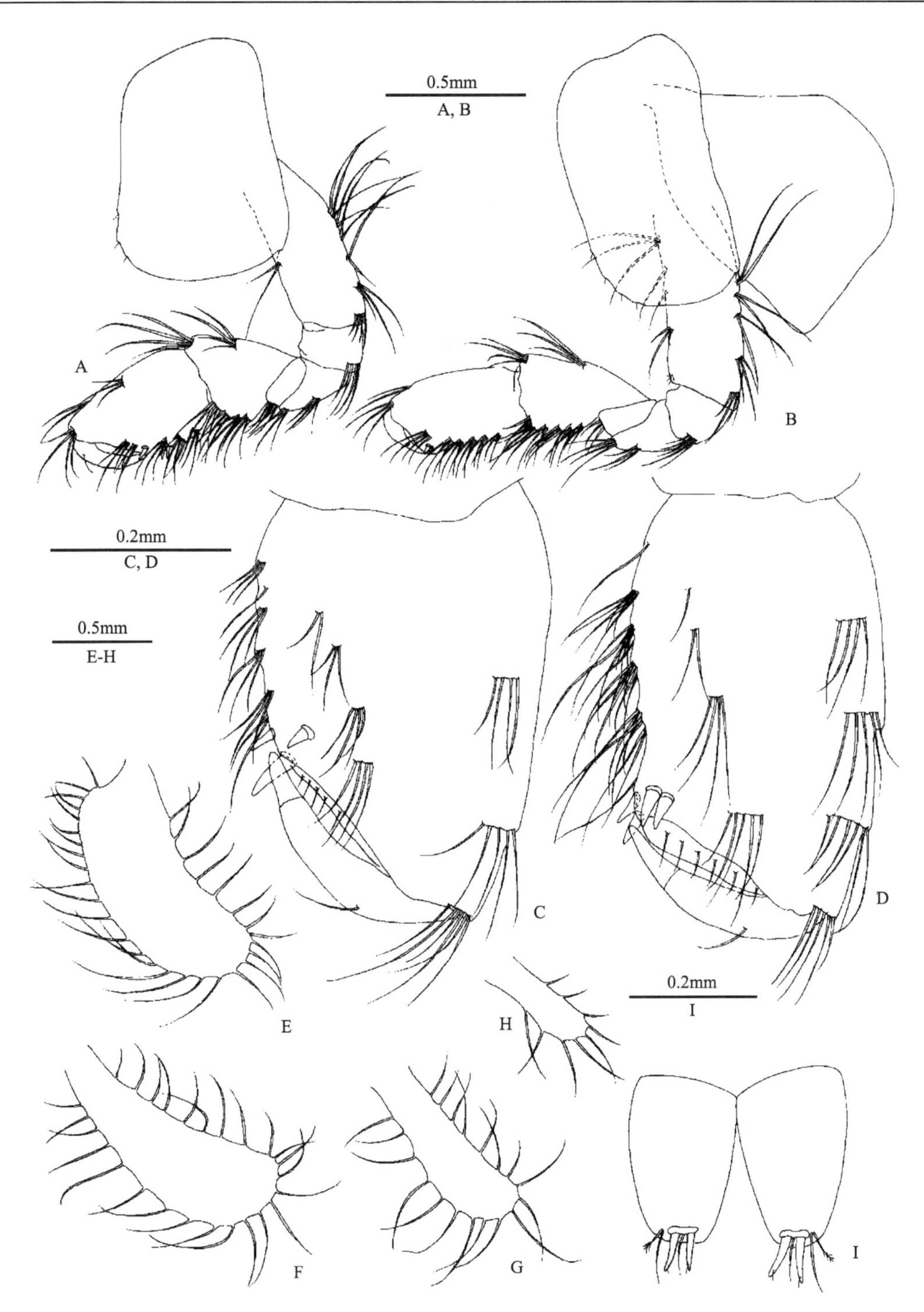

图 158　美丽钩虾 *Gammarus egregius* Hou, Li & Li（五）

♀。A. 第 1 腮足; B. 第 2 腮足; C. 第 1 腮足掌节; D. 第 2 腮足掌节; E. 第 2 腮足抱卵板; F. 第 3 步足抱卵板; G. 第 4 步足抱卵板; H. 第 5 步足抱卵板; I. 尾节

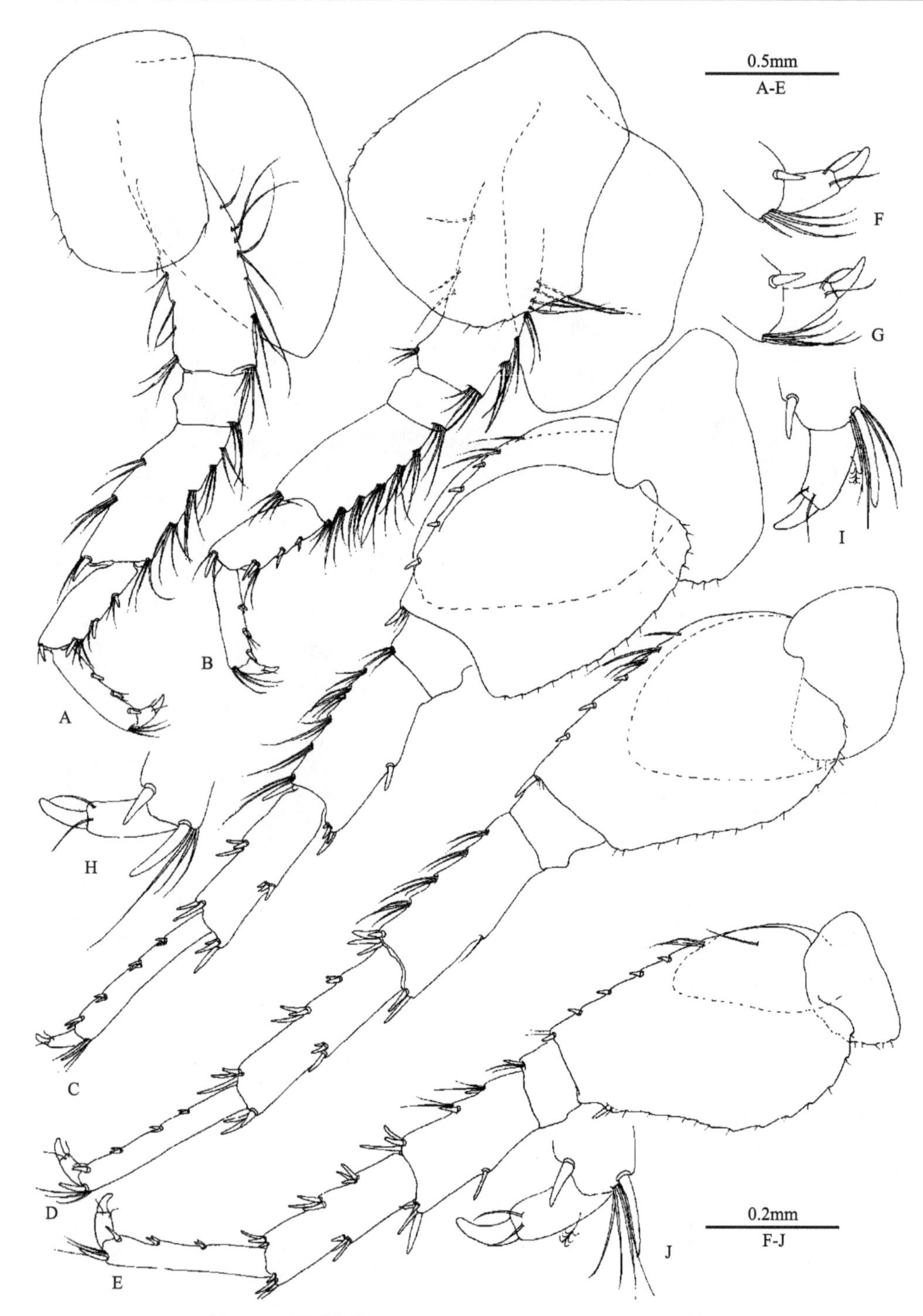

图 159 美丽钩虾 *Gammarus egregius* Hou, Li & Li（六）

♀。A. 第 3 步足; B. 第 4 步足; C. 第 5 步足; D. 第 6 步足; E. 第 7 步足; F. 第 3 步足指节; G. 第 4 步足指节; H. 第 5 步足指节; I. 第 6 步足指节; J. 第 7 步足指节

端具 11 锯齿状大刺，刺具小齿；左触须第 2 节具 9 细长刺和 2 硬毛；右触须第 2 节具 5 壮刺、1 硬毛和 1 长刺。第 2 小颚内叶具 8 羽状毛。颚足内叶具 3 壮刺和 1 近顶末端刺；外叶具 1 排钝齿，顶端具 3 羽状毛；触须第 4 节呈钩状，趾钩接合处具有 1 簇刚毛。

第 1 腮足腕节长达掌节的 4/5，后缘具 4 簇短毛；掌节卵形，掌缘具 1 中央刺，后缘和表面具 9 刺，指节外缘具 1 刚毛。第 2 腮足腕节与掌节等长，背缘具 2 簇毛，腹缘具 7 簇毛；掌节长方形，具 1 中央刺，后缘具 4 刺，指节外缘具 1 刚毛。

第 3 步足长节后缘具长毛；腕节和掌节后缘具 2 组刺和毛；指节外缘具 1 羽状刚毛，趾钩接合处具 2 刚毛。第 4 步足底节板凹陷，前、后缘分别具 4 和 9 刚毛；长节后缘具 2 簇毛。第 5 步足底节板后缘具 4 刚毛；长节前缘具 4 簇细小刚毛，后缘具 1 簇细小刚毛，前下角和后下角分别具 2 刺；腕节和掌节前缘具数簇刺，指节外缘具 1 羽状刚毛，趾钩接合处具 2 刚毛。第 6、7 步足长节至掌节前缘具 2、3 簇刺，刚毛少。

第 1 腹侧板腹缘圆形，腹前缘具 5 长毛和 3 短毛，后缘具 7 短毛；第 2 腹侧板腹缘具 3 毛和 1 刺，后缘具 9 短毛，后下角钝；第 3 腹侧板腹缘具 3 刺，后缘具 9 短毛，后下角钝。第 4 腹节背部无刺和毛，第 5 腹节背缘具 2 刺；第 6 腹节背缘具 2 对毛，两侧各具 2 刺。

第 1 尾肢柄节无背基刺，外缘具 2 刺；外肢内缘具 1 刺；内肢内缘具 2 刺。第 2 尾肢短，柄节内、外缘各具 1 刺；内肢内、外缘各具 1 刺；外肢比内肢稍短，内缘具 1 刺。第 3 尾肢柄节末端具 5 刺；内肢长达外肢的 3/5，外缘具 1 刺和 2 簇简单毛，末端具 2 刺和 5 简单毛；外肢第 1 节外缘具 2 对刺和刚毛，内缘具 4 簇简单毛，第 2 节短于周围邻近刺。尾节深裂。

雌性 9.2mm。第 1 腮足掌节似卵形，掌后缘具 3 刺。第 2 腮足掌节近似长方形，掌后缘具 4 刺。第 3、4 步足与雄性相比，后缘具较少直刚毛。第 5–7 步足与雄性相比，长节前缘具很多刚毛。

观察标本：1♂（正模，IZCAS-I-A1107-1），云南丽江宁蒗比依山风景区（100.77°E, 27.52°N），2010.VII.7。

生态习性：本种栖息于比依山风景区的一条小溪中。

地理分布：云南（丽江）。

分类讨论：本种主要鉴别特征为第 1、2 小颚内板具较少羽状毛；第 4 腹节背部无刺和毛，第 5 腹节背缘具 2 刺；第 3 尾肢内肢长达外肢的 3/5，内、外肢具简单毛。本种与簇刺钩虾 *G. lophacanthus* Hou & Li 的主要区别在于第 4 腹节背部无刺和毛，第 5 腹节背缘具 2 刺，第 1–3 腹侧板后缘具很多短毛；第 3 尾肢具简单毛。

(32) 琥珀钩虾 *Gammarus electrus* Hou & Li, 2003（图 160–164）

Gammarus electrus Hou & Li, 2003f: 241, figs. 1–5.

形态描述：雄性 12.0mm。眼卵形，中等大小。第 1 触角鞭 32 节，副鞭 4、5 节。第 2 触角第 4、5 柄节具短刚毛；鞭 12 节，具鞋状感觉器。左大颚切齿 5 齿，动颚片 4 齿，臼齿具 1 刚毛；触须第 2 节具 6 长毛和 9 短毛，第 3 节具 2 组 A-刚毛、4 B-刚毛、

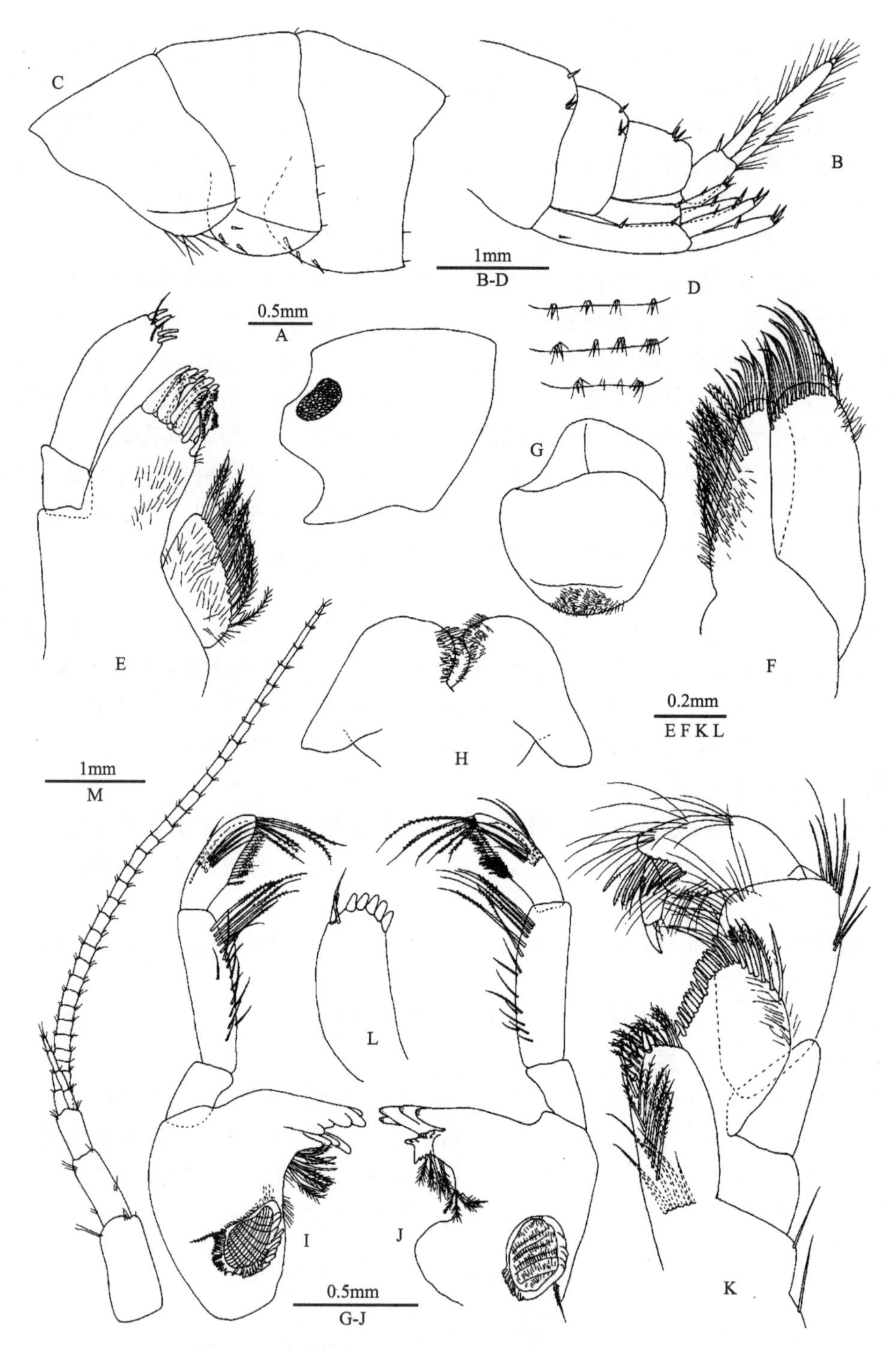

图 160 琥珀钩虾 *Gammarus electrus* Hou & Li（一）

♂。A. 头; B. 第 4-6 腹节（侧面观）; C. 腹侧板; D. 第 4-6 腹节（背面观）; E. 左第 1 小颚; F. 第 2 小颚; G. 上唇; H. 下唇; I. 左大颚; J. 右大颚; K. 颚足; L. 右第 1 小颚触须

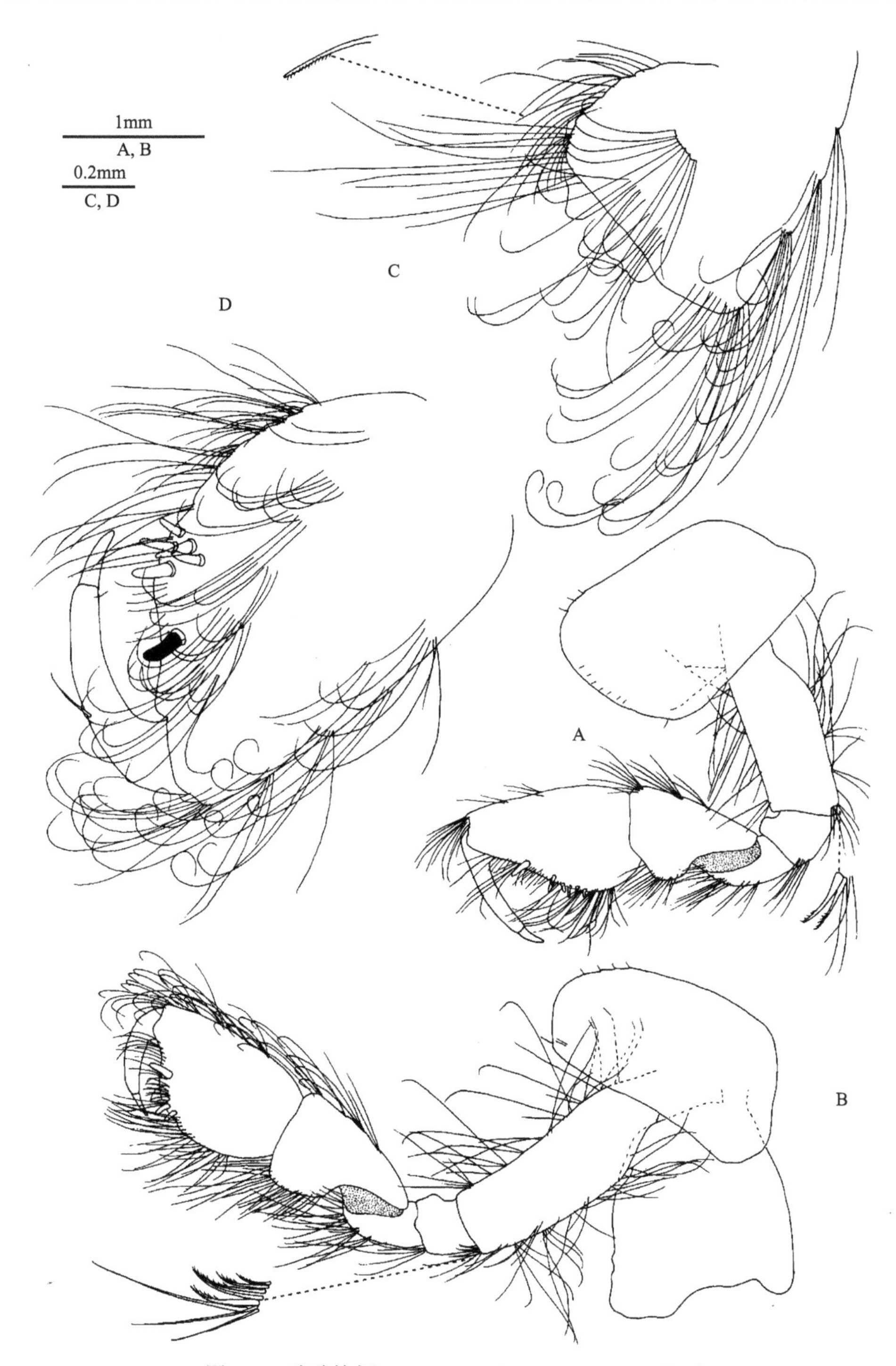

图 161　琥珀钩虾 *Gammarus electrus* Hou & Li（二）

♂。A. 第 1 腮足; B. 第 2 腮足; C. 第 2 腮足腕节; D. 第 2 腮足掌节

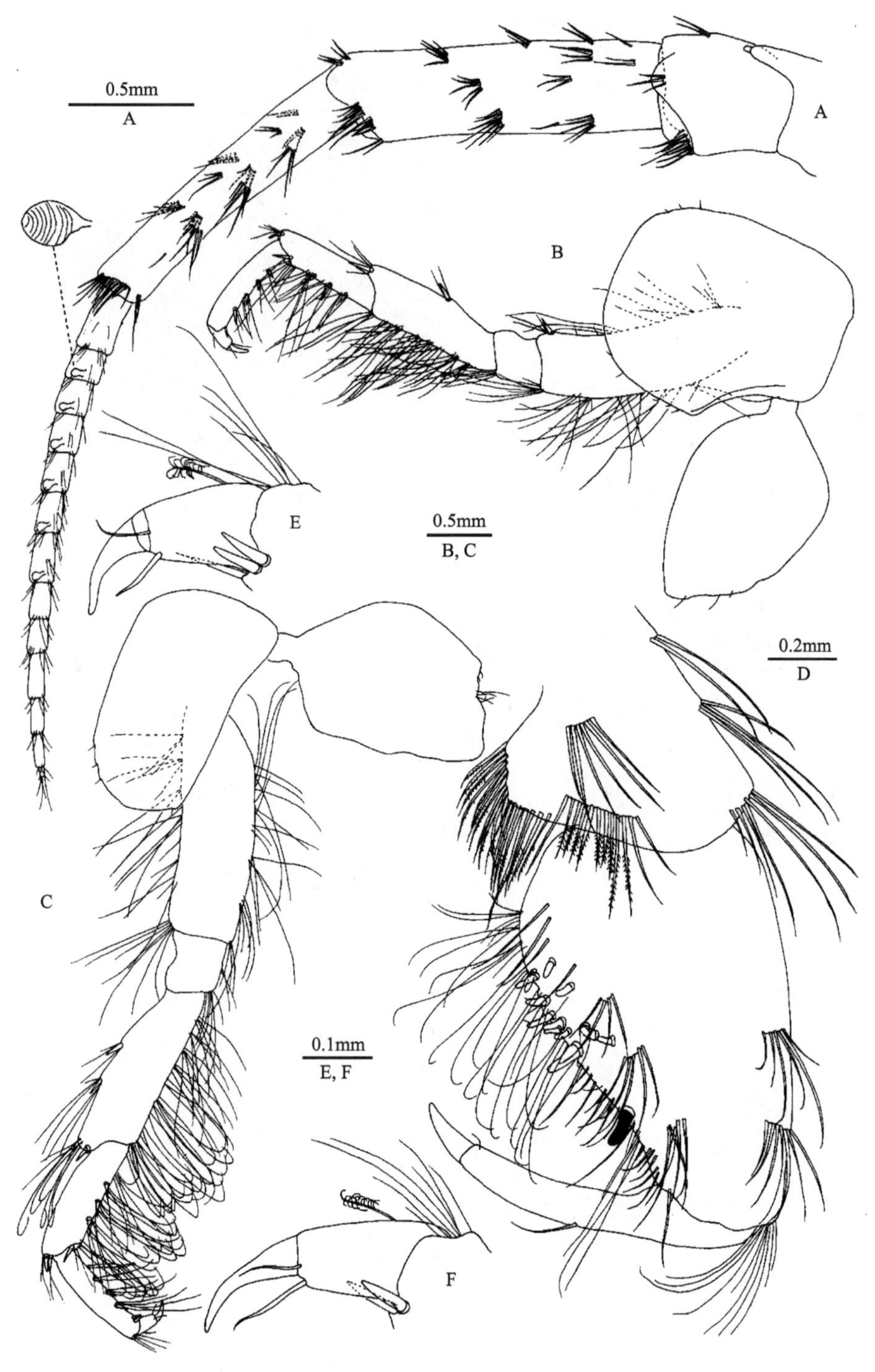

图 162　琥珀钩虾 *Gammarus electrus* Hou & Li（三）

♂。A. 第 2 触角; B. 第 4 步足; C. 第 3 步足; D. 第 1 腮足掌节; E. 第 3 步足指节; F. 第 4 步足指节

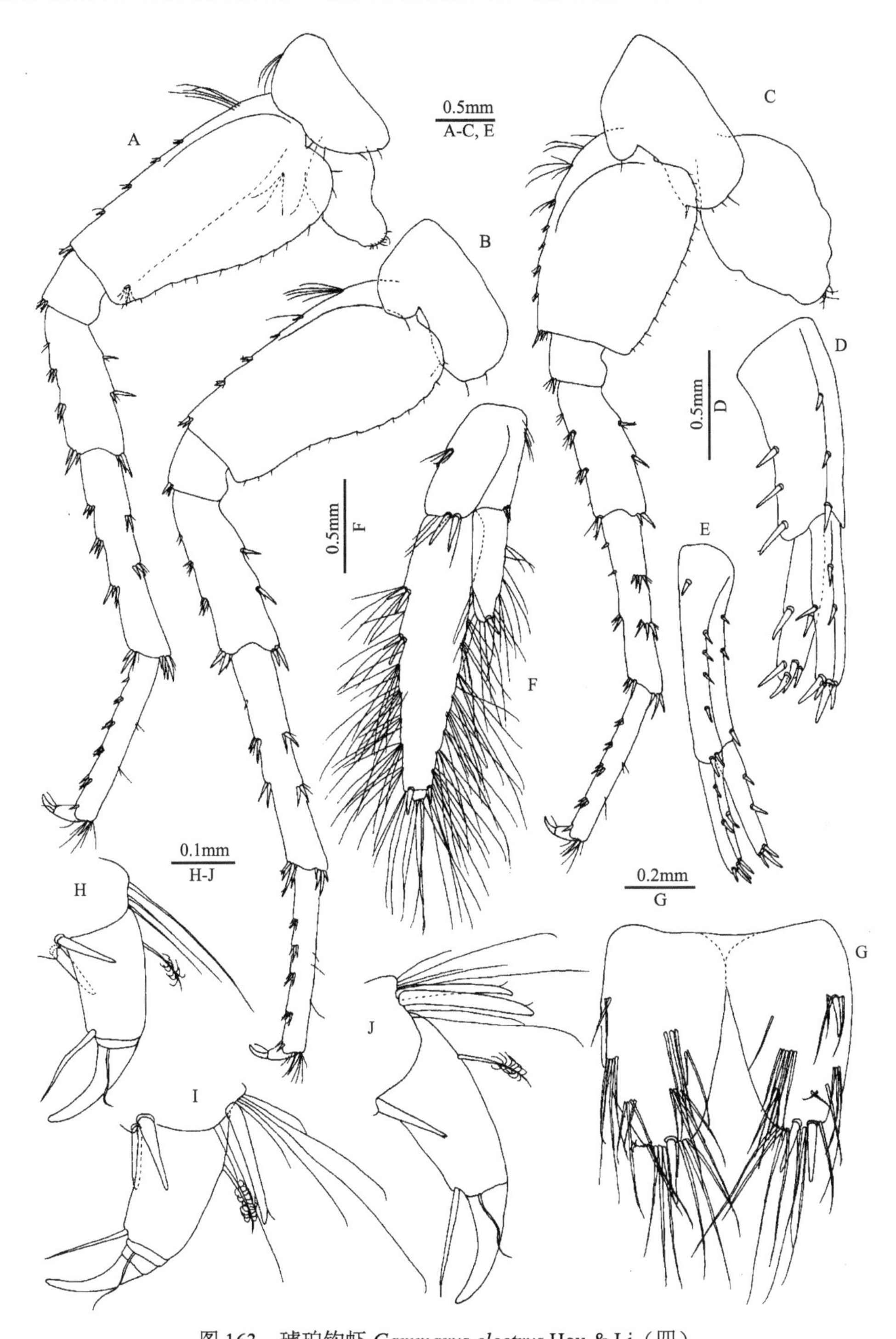

图 163　琥珀钩虾 *Gammarus electrus* Hou & Li（四）

♂。A. 第 7 步足; B. 第 6 步足; C. 第 5 步足; D. 第 2 尾肢; E. 第 1 尾肢; F. 第 3 尾肢; G. 尾节; H-J. 第 5-7 步足指节

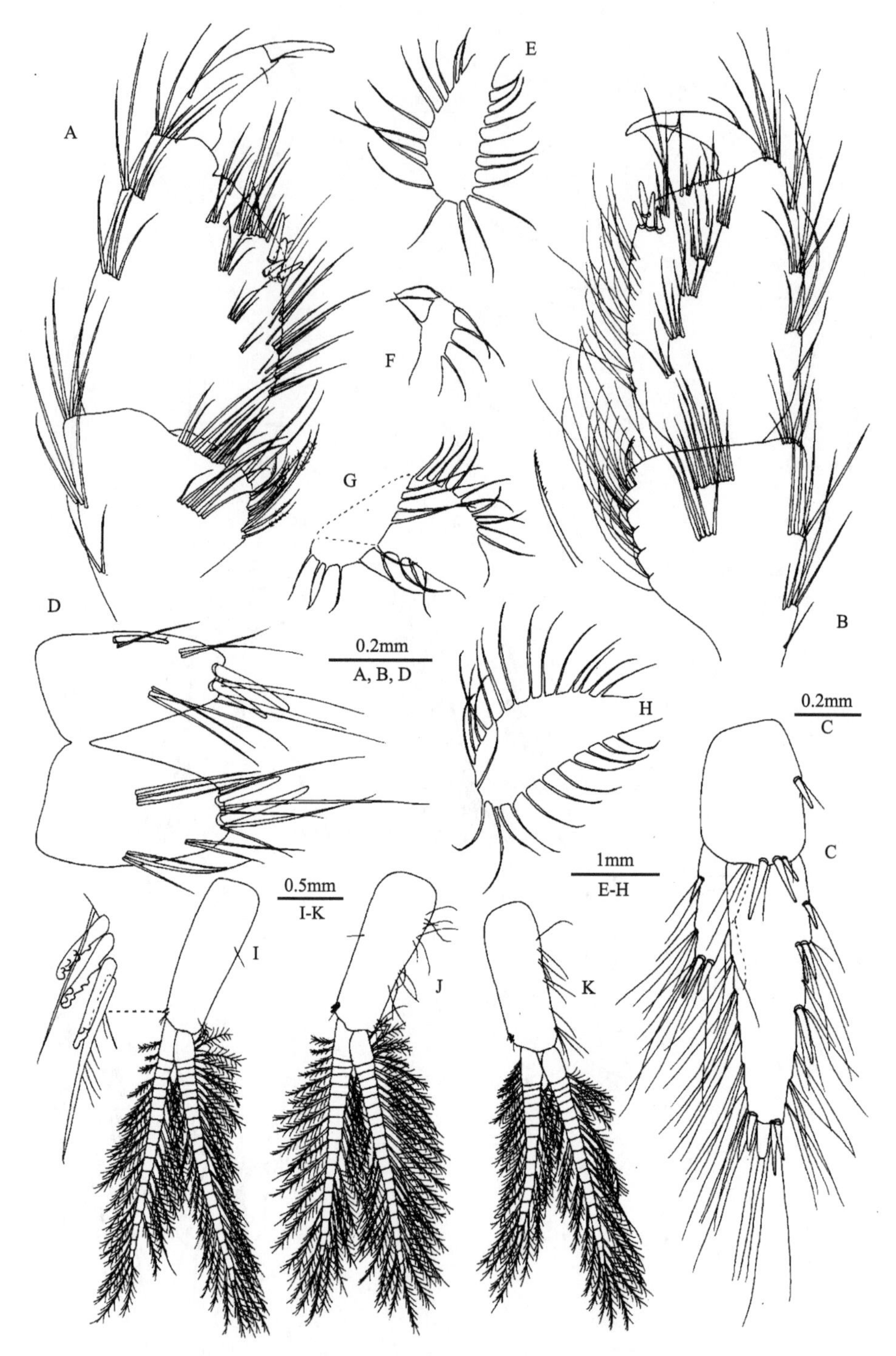

图 164 琥珀钩虾 *Gammarus electrus* Hou & Li（五）

♂, I-K; ♀, A-H。A. 第 1 腮足掌节; B. 第 2 腮足掌节; C. 第 3 尾肢; D. 尾节; E. 第 4 抱卵板; F. 第 5 抱卵板; G. 第 2 抱卵板; H. 第 3 抱卵板; I-K. 第 1-3 腹肢

19 D-刚毛和 5 E-刚毛。右大颚切齿 4 齿，动颚片分叉具小齿。第 1 小颚内叶具 16 羽状毛，外叶具 11 锯齿状刺，左触须具 4 刺和 2 硬毛；右触须具 6 壮刺和 1 硬毛。第 2 小颚内叶具 12 羽状刚毛。

第 1 腮足掌节掌缘斜，末端具长卷毛，具 1 中央刺，后缘具 8 刺，内面具 5 刺，指节外缘具 1 刚毛，趾钩接合处具 1 刚毛。第 2 腮足腕节与掌节长度比 1.00∶1.16，背部具卷曲长刚毛，掌缘平截，具 1 中央刺，后缘具 5 刺。第 3 步足长节和腕节后缘具长卷毛。第 4 步足后缘刚毛直，腕节与掌节后缘具刺。第 5 步足基节前缘具 4 组长毛和 6 短刺，后缘近直，具 16 短毛；长节至掌节前、后缘具 3、4 组刺；指节外缘具 1 毛，趾钩结合处具 2 刚毛。第 6 步足基节前缘具 5 长毛和 5 短刺，后缘窄。第 7 步足基节前缘具 5 长毛和 5 短刺，后缘窄。

第 1–3 腹侧板后下角钝，后缘具 2 短毛，第 1 腹侧板腹前缘具 6 刚毛，第 2、3 腹侧板腹缘具 3 刺。第 4–6 腹节背部扁平，具 4 簇刺与刚毛。

第 1 尾肢柄节具 1 背基刺，内、外缘分别具 1-1-1 刺和 1-1-1-1-2 刺；内肢内缘具 2 刺；外肢内、外缘分别具 1 和 2 刺。第 2 尾肢柄节内、外缘各具 3 刺；内肢稍长于外肢，内、外缘分别具 2 和 1 刺；外肢内、外缘各具 1 刺。第 3 尾肢内肢长为外肢的 1/3，外肢第 2 节短，内、外肢两侧具简单长毛。尾节深裂，末端与背面具长毛。

雌性 7.8mm。第 3、4 步足后缘具长直毛。第 3 尾肢内肢长约为外肢的 1/3，内、外肢均具长毛。第 2–5 胸节具抱卵板。

观察标本：1♂（正模，IZCAS-I-A0075），10♂10♀，北京樱桃沟，1992.XII，蔡奕雄采。

生态习性：本种栖息在溪流。

地理分布：北京。

分类讨论：本种主要鉴别特征是雄性第 2 腮足腕节与掌节背部具卷曲长刚毛，第 3 尾肢内肢长约为外肢的 1/3，尾节末端与背面具长刚毛。本种与卷毛钩虾 *G. curvativus* Hou & Li 的主要区别在于本种第 1 腮足掌节掌缘具许多长而末端卷的刚毛；第 2 腮足腕节与掌节具许多卷毛；第 3 步足后缘密布卷毛；第 3 尾肢内肢长是外肢的 1/3；尾节末端与背面具长刚毛。而卷毛钩虾第 1 腮足掌缘具直刚毛；第 2 腮足腕节刚毛卷。

(33) 隆钩虾 *Gammarus elevatus* Hou, Li & Morino, 2002（图 165–169）

Gammarus elevatus Hou, Li & Morino, 2002: 953, figs. 12–16.

形态描述：雄性 16.6mm。眼中等大小，卵形。第 1 触角柄节具短刚毛；副鞭 4 节。第 2 触角第 4、5 柄节前、后缘各具 3、4 组短刚毛；鞭节具鞋状感觉器。左大颚切齿 5 齿，动颚片 4 齿；触须第 2 节具 5 毛，第 3 节具 2 簇 A-刚毛、2 组 B-刚毛、22 D-刚毛和 5 E-刚毛。右大颚切齿 4 齿，动颚片分叉。第 1 小颚内叶具 18 羽状毛，外叶具 11 锯齿状刺，左触须第 2 节具 7 刺和 4 硬毛；右触须具 5 壮刺和 2 硬毛。第 2 小颚内叶具 21 羽状毛。

第 1 腮足掌节掌缘斜，具 1 中央刺，后缘具 11 刺，内面具 5 刺。第 2 腮足腕节两缘平行，掌节掌缘平截，具 1 中央壮刺，后缘具 7 刺；指节外侧具 1 刚毛，趾钩接合处具 1 短刚毛。第 3 步足细长，长节到掌节密布长直毛。第 4 步足比第 3 步足后缘具较少长直毛。第 5–7 步足长度相等，基节前缘具长毛和 3、4 短刺；第 5 步足基节后缘近直；第 7 步足基节内面后下角具 1 刺和 2 短毛；长节和腕节前、后缘具 3、4 组刺；掌节后缘具 5 组刺；指节外缘具 1 刚毛，内缘具 1 短刚毛。

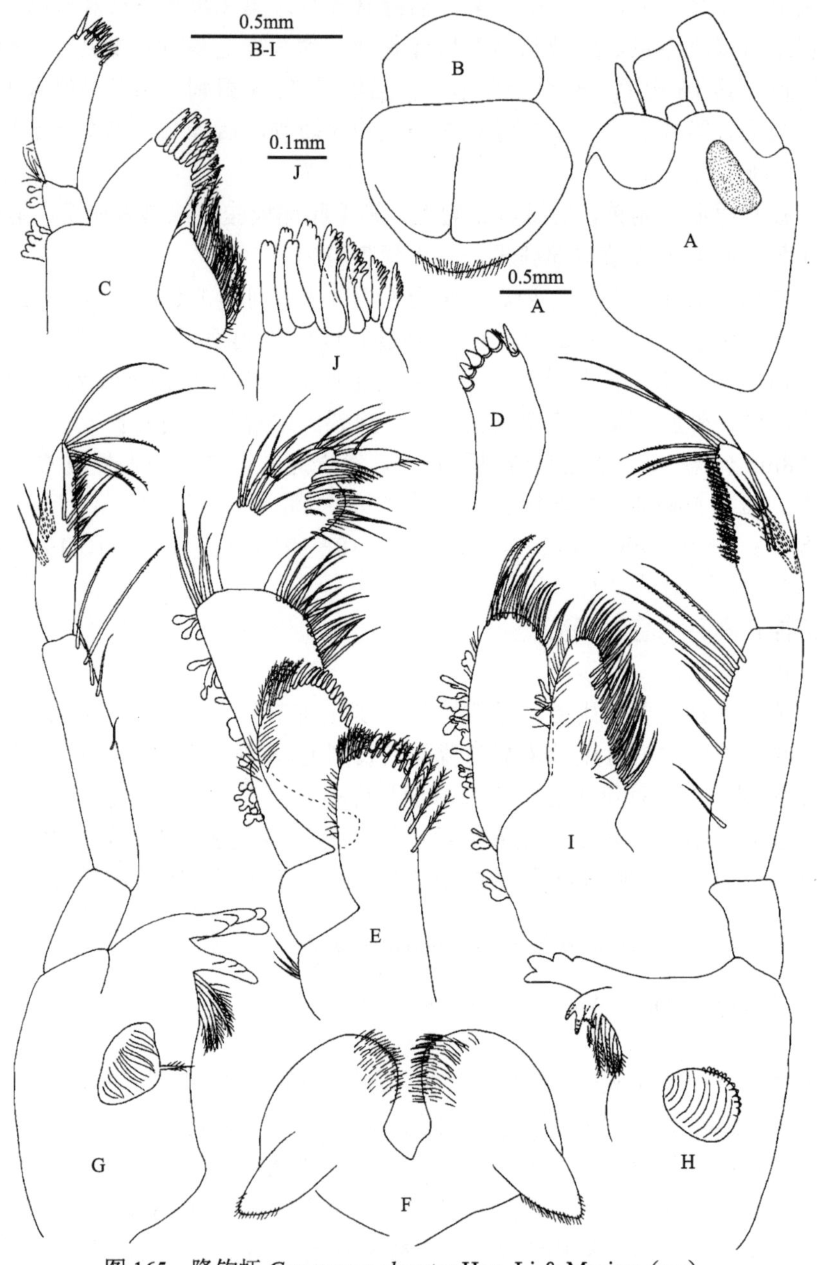

图 165 隆钩虾 *Gammarus elevatus* Hou, Li & Morino（一）

♂。A. 头; B. 上唇; C. 左第 1 小颚; D. 右第 1 小颚触须; E. 颚足; F. 下唇; G. 左大颚; H. 右大颚; I. 第 2 小颚; J. 左第 1 小颚外叶

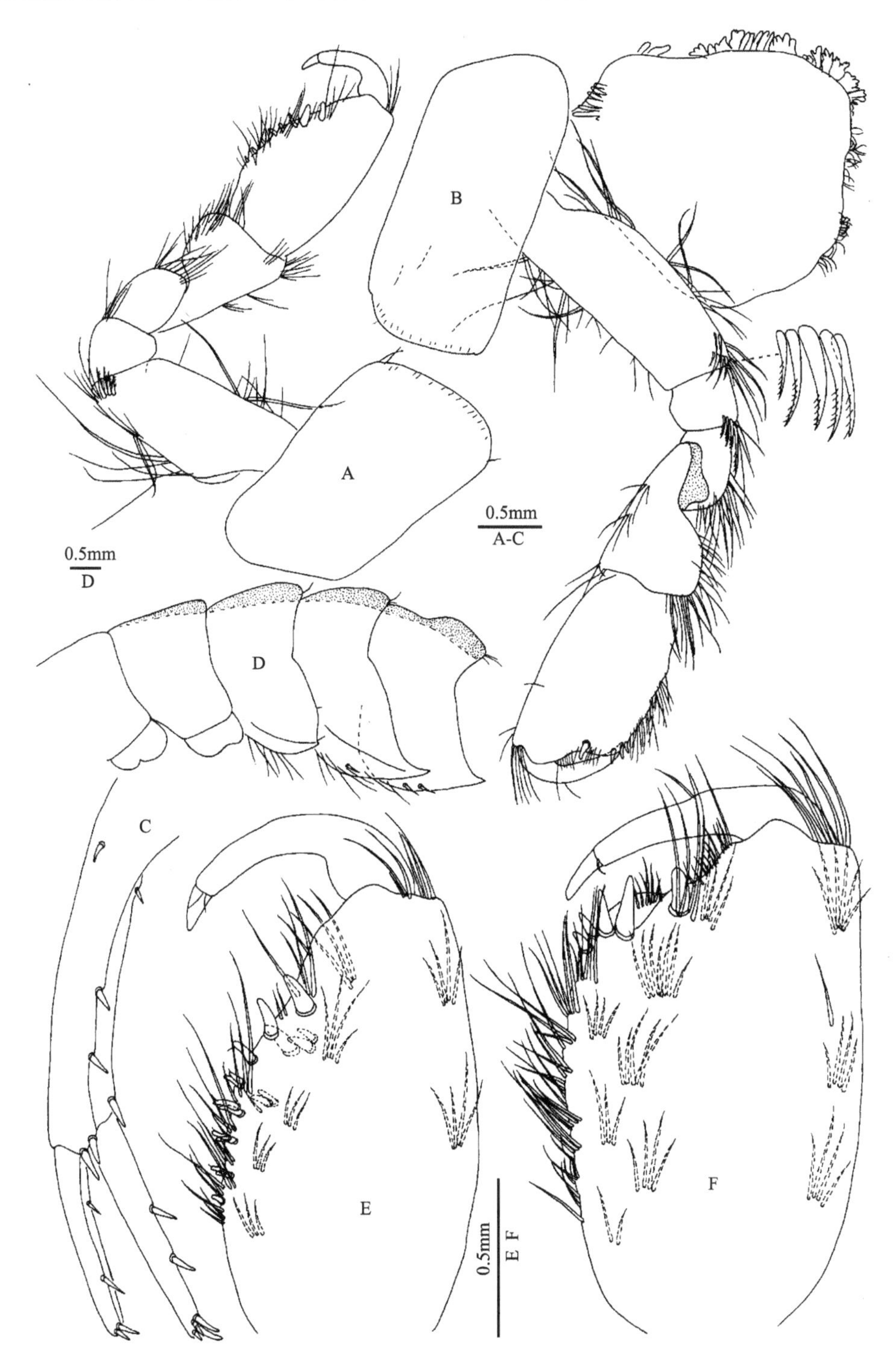

图 166　隆钩虾 *Gammarus elevatus* Hou, Li & Morino（二）

♂。A. 第 1 腮足; B. 第 2 腮足; C. 第 1 尾肢; D. 腹侧板; E. 第 1 腮足掌节; F. 第 2 腮足掌节

图 167 隆钩虾 *Gammarus elevatus* Hou, Li & Morino（三）

♂。A. 第 3 步足; B. 第 4 步足; C. 第 2 腹肢; D. 第 2 尾肢; E. 第 4-6 腹节（侧面观）; F. 第 1 触角; G. 第 2 触角; H. 第 2 触角鞭节; I. 第 4 步足指节

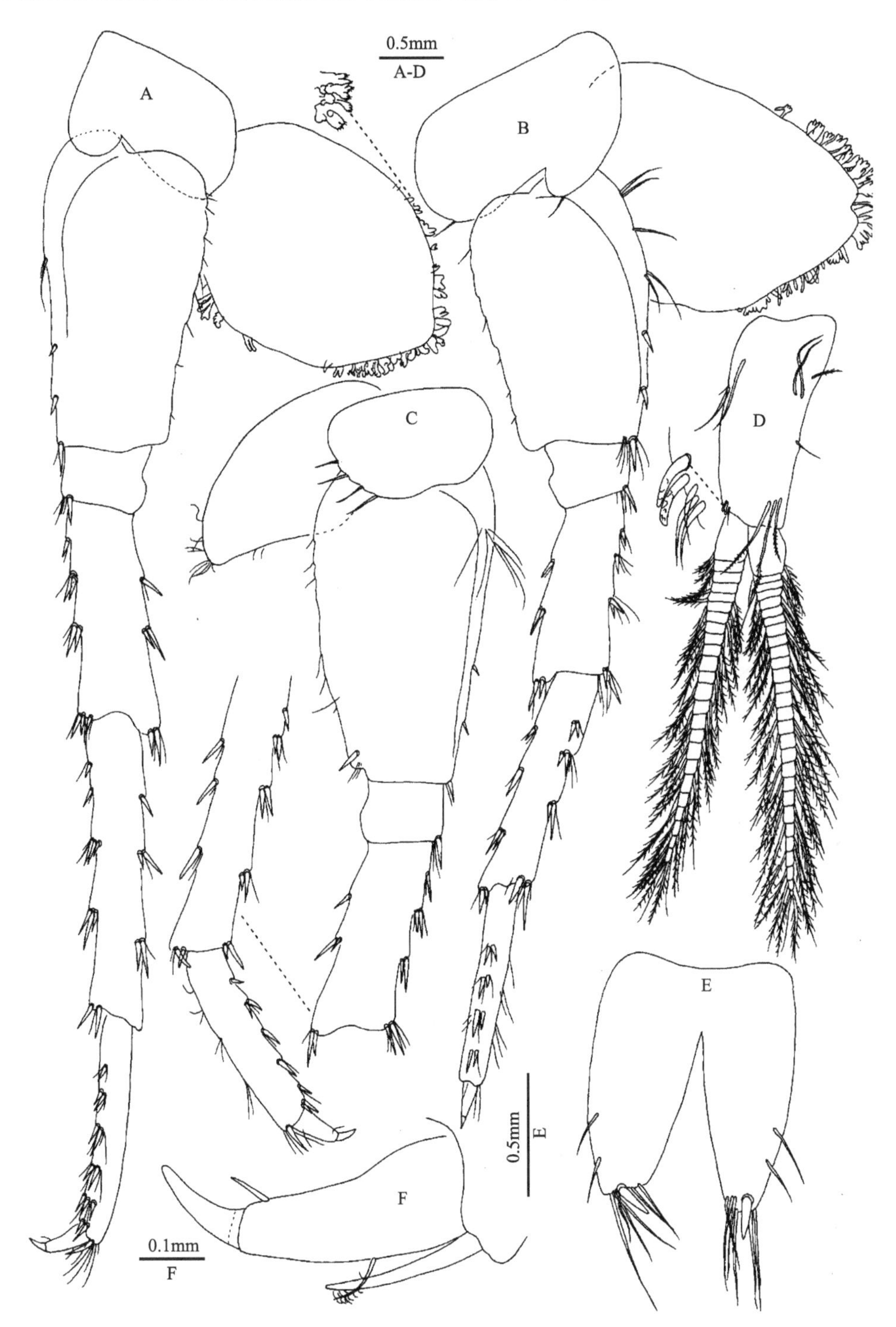

图 168　隆钩虾 *Gammarus elevatus* Hou, Li & Morino（四）

♂。A. 第 6 步足; B. 第 5 步足; C. 第 7 步足; D. 第 1 腹肢; E. 尾节; F. 第 6 步足指节

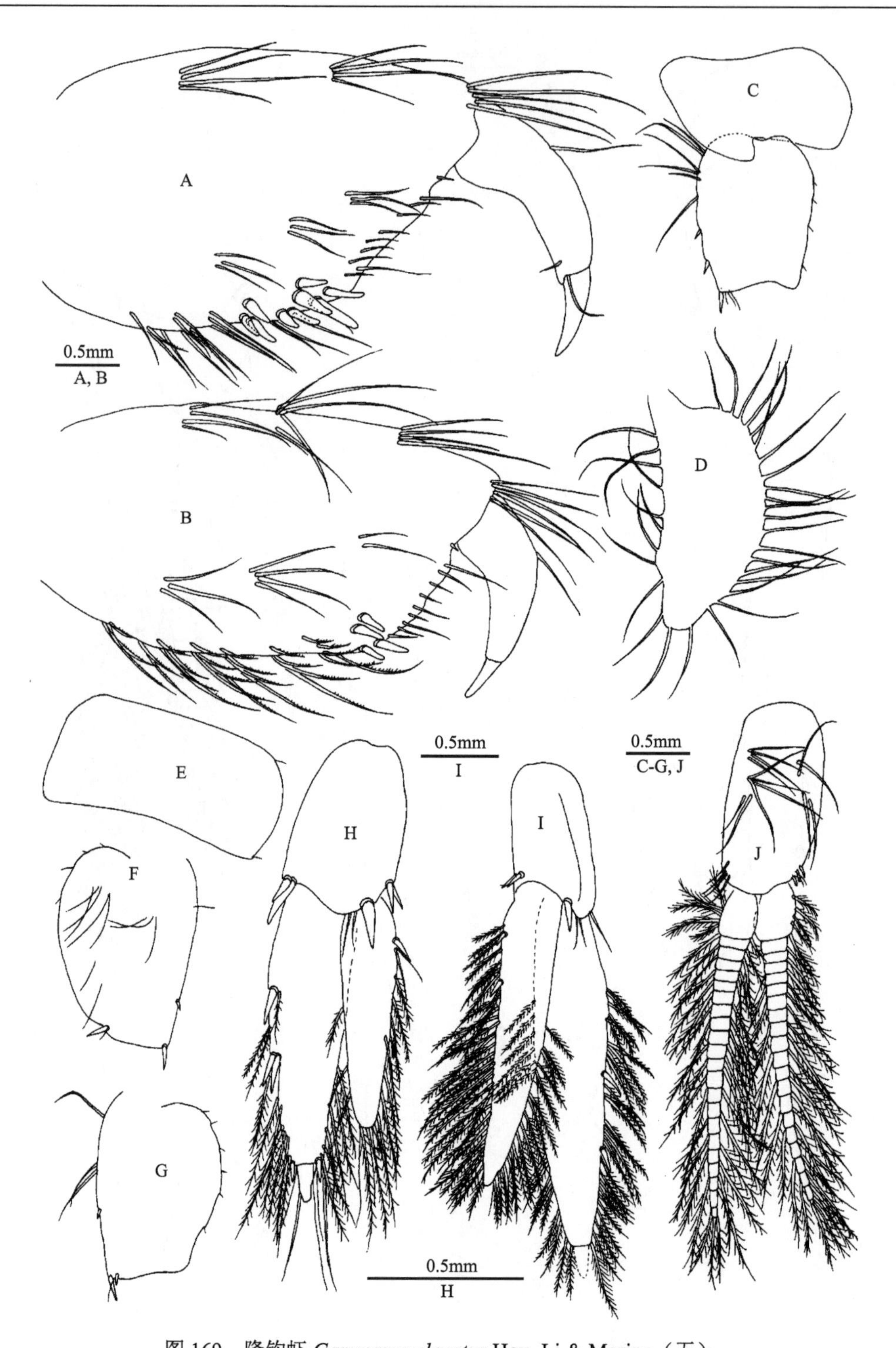

图 169 隆钩虾 *Gammarus elevatus* Hou, Li & Morino（五）

♂, I, J; ♀, A-H。A. 第 1 腮足掌节; B. 第 2 腮足掌节; C. 第 5 步足基节; D. 第 2 抱卵板; E. 第 3 底节板; F. 第 7 步足基节; G. 第 6 步足基节; H. 第 3 尾肢; I. 第 3 尾肢; J. 第 3 腹肢

第 1 腹侧板腹前缘具 6 毛，第 2、3 腹侧板后下角尖，腹缘具刺和刚毛。第 1–3 腹节背部逐渐隆起，但不形成隆脊，隆起部分具短刚毛。第 4–6 腹节背部中央隆起，中线具 1 簇刺，两侧各具 1 簇刺。

第 1 尾肢柄节具 1 背基刺，内、外缘分别具 2 和 4 刺；内肢内缘具 2 刺；外肢内、外缘各具 1 刺。第 2 尾肢柄节外缘具 3 刺，内缘具 1 刺；内肢内缘具 2 刺；外肢内、外缘分别具 3 和 2 刺。第 3 尾肢宽，内肢长为外肢的 3/4，外肢第 2 节短，内、外肢两侧密布羽状长刚毛。尾节深裂，背部刚毛少。

雌性第 1 腮足掌节后缘具 9 刺。第 2 腮足掌节后缘具 4 刺。第 3 尾肢内肢长是外肢的 3/4，均具羽状毛。第 2–5 胸节具抱卵板，具长毛。

观察标本：1♂（正模，IZCAS-I-A0009），云南丽江一小溪中，海拔 2400m，1981.VIII.25。24♂23♀，云南剑川沙溪公社，1981.IX.29。3♂3♀，云南剑川龙门村，1981.IX.27。11♂11♀，云南丽江白马龙潭旁小水溪，1981.VIII.24。117♂8♀，云南丽江龙蟠乡兴文村小湖，1981.VIII.31。

生态习性：本种栖息在溪流碎石下。

地理分布：云南（丽江、剑川）。

分类讨论：本种主要鉴别特征为第 1–3 腹节背部隆起，第 2、3 腹侧板后下角尖，第 3 尾肢内、外肢均具羽状毛。本种与 *G. anodon* Stock, Mirzajani, Vonk, Naderi & Kiabi 的区别在于本种第 2 触角具鞋状感觉器，第 3 底节板后缘突出，第 3 尾肢内肢长约为外肢的 3/4，密布羽状刚毛；而后者第 3 尾肢外肢外缘具简单毛。

(34) 清泉钩虾 *Gammarus eliquatus* Hou, Li & Li, 2013（图 170–175）

Gammarus eliquatus Hou, Li & Li, 2013: 43, figs. 3B, 30–35.

形态描述：雄性 10.2mm。眼肾形。第 1 触角第 1–3 柄节长度比 1.0∶0.6∶0.5，具刚毛；鞭 23 节，具感觉毛；副鞭 3 节。第 2 触角长是第 1 触角的 2/3，第 3–5 柄节长度比 1.0∶3.0∶4.1，柄节第 4、5 节两侧各具 4、5 簇毛；鞭 9 节，密布长毛，无鞋状感觉器。左大颚切齿 5 齿；动颚片 4 齿；触须第 2 节具 14 毛，第 3 节具 4 A-刚毛、4 B-刚毛、17 D-刚毛和 5 E-刚毛；右大颚切齿具 4 齿，动颚片分叉，具小齿。第 1 小颚左右不对称，内叶具 13 羽状毛；外叶顶端具 11 锯齿状大刺，刺具小齿；左触须第 2 节具 8 细刺和 2 硬毛；右触须第 2 节具 5 壮刺和 1 细刺。第 2 小颚内叶具 12 羽状毛。颚足内叶具 3 壮顶端刺和 1 近顶端刺；外叶具 1 排钝刺，顶端具 3 羽状毛；触须第 4 节呈钩状，趾钩接合处具 1 簇刚毛。

第 1 腮足底节板前、后缘分别具 3 和 1 毛；腕节长达掌节的 4/5，后缘具短毛；掌节卵形，掌缘具 1 中央刺，后缘和表面具 11 刺。第 2 腮足腕节长是掌节的 4/5，腹缘具 8 簇刚毛；掌节长形，具 1 中央刺，后缘具 7 刺，指节外缘具 1 刚毛。第 3 步足长节至掌节后缘具长毛；腕节和掌节后缘具刺；指节后缘具 1 羽状刚毛，趾钩接合处具 2 刚毛。第 4 步足底节板凹陷，前缘具 3 毛，后缘具 6 毛；长节和腕节后缘具长毛。第 5 步足基节膨大，前缘具 3 毛和 1 刺，前下角具 1 刺，后缘具 8 短毛；长节至掌节前缘具 2 簇刺

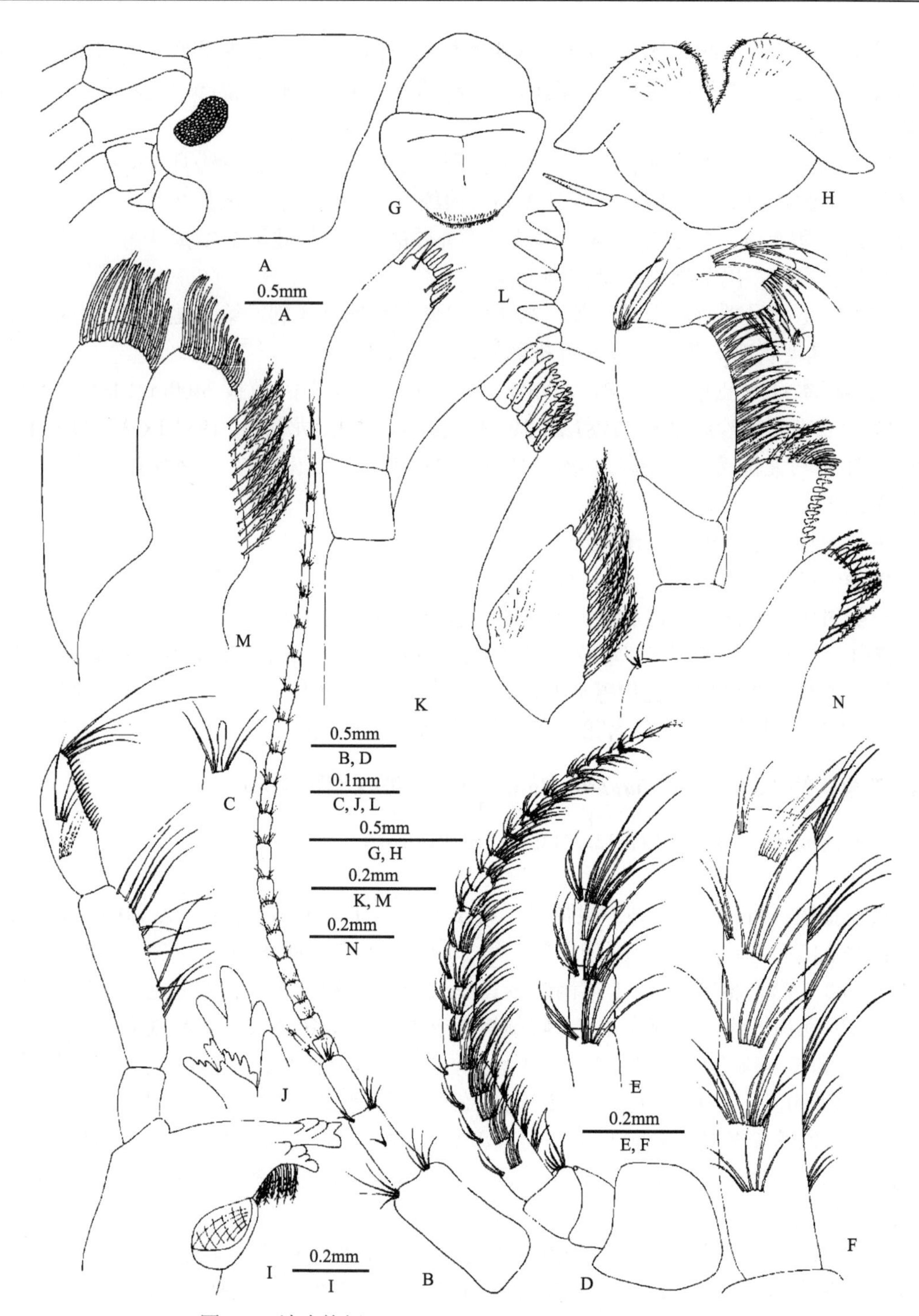

图 170 清泉钩虾 *Gammarus eliquatus* Hou, Li & Li（一）

♂。A. 头; B. 第 1 触角; C. 第 1 触角感觉毛; D. 第 2 触角; E. 第 2 触角鞭节; F. 第 2 触角第 5 柄节; G. 上唇; H. 下唇; I. 左大颚; J. 右大颚切齿; K. 第 1 小颚; L. 第 1 小颚右触须; M. 第 2 小颚; N. 颚足

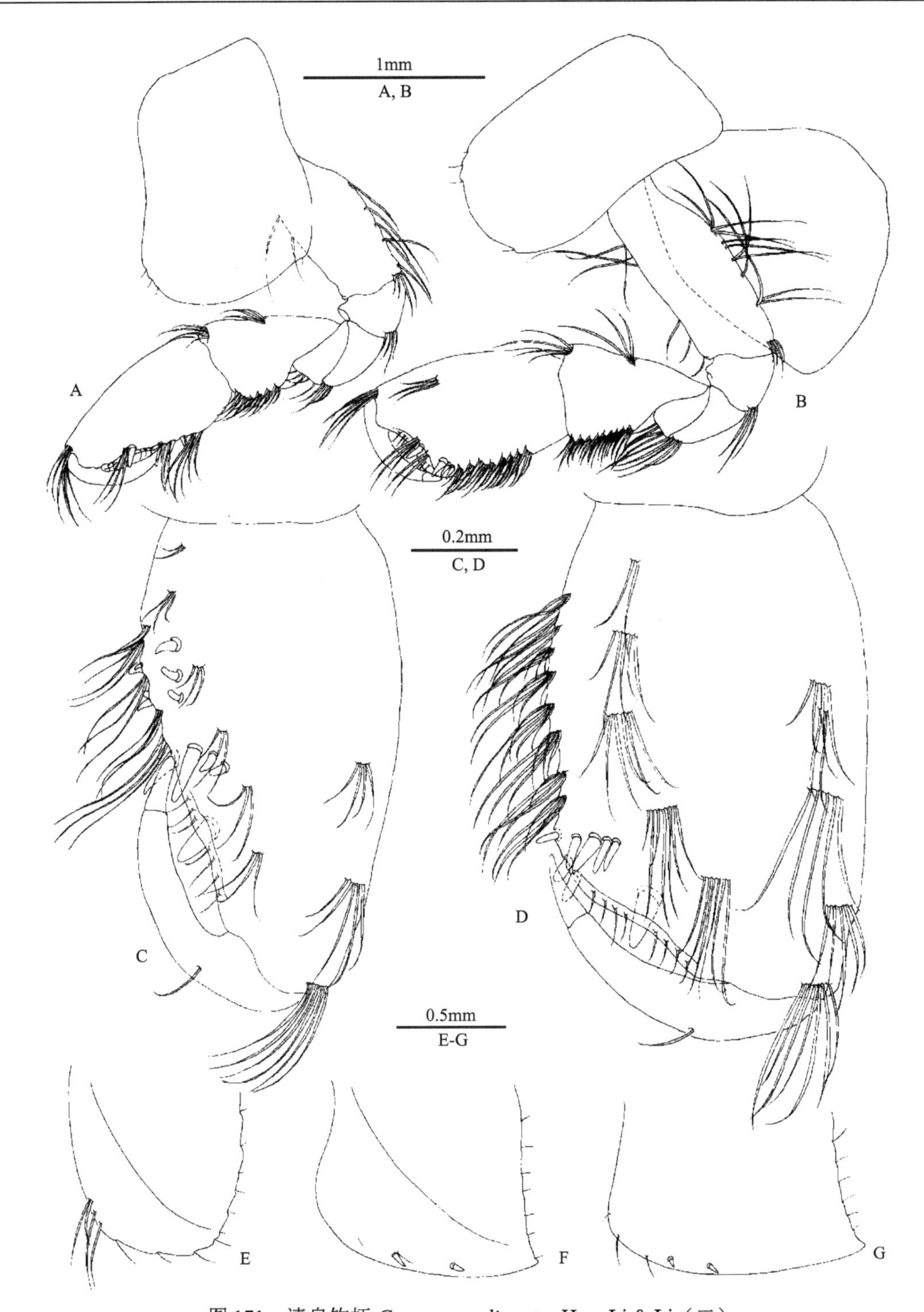

图 171　清泉钩虾 *Gammarus eliquatus* Hou, Li & Li（二）

♂。A. 第 1 腮足; B. 第 2 腮足; C. 第 1 腮足掌节; D. 第 2 腮足掌节; E. 第 1 腹侧板; F. 第 2 腹侧板; G. 第 3 腹侧板

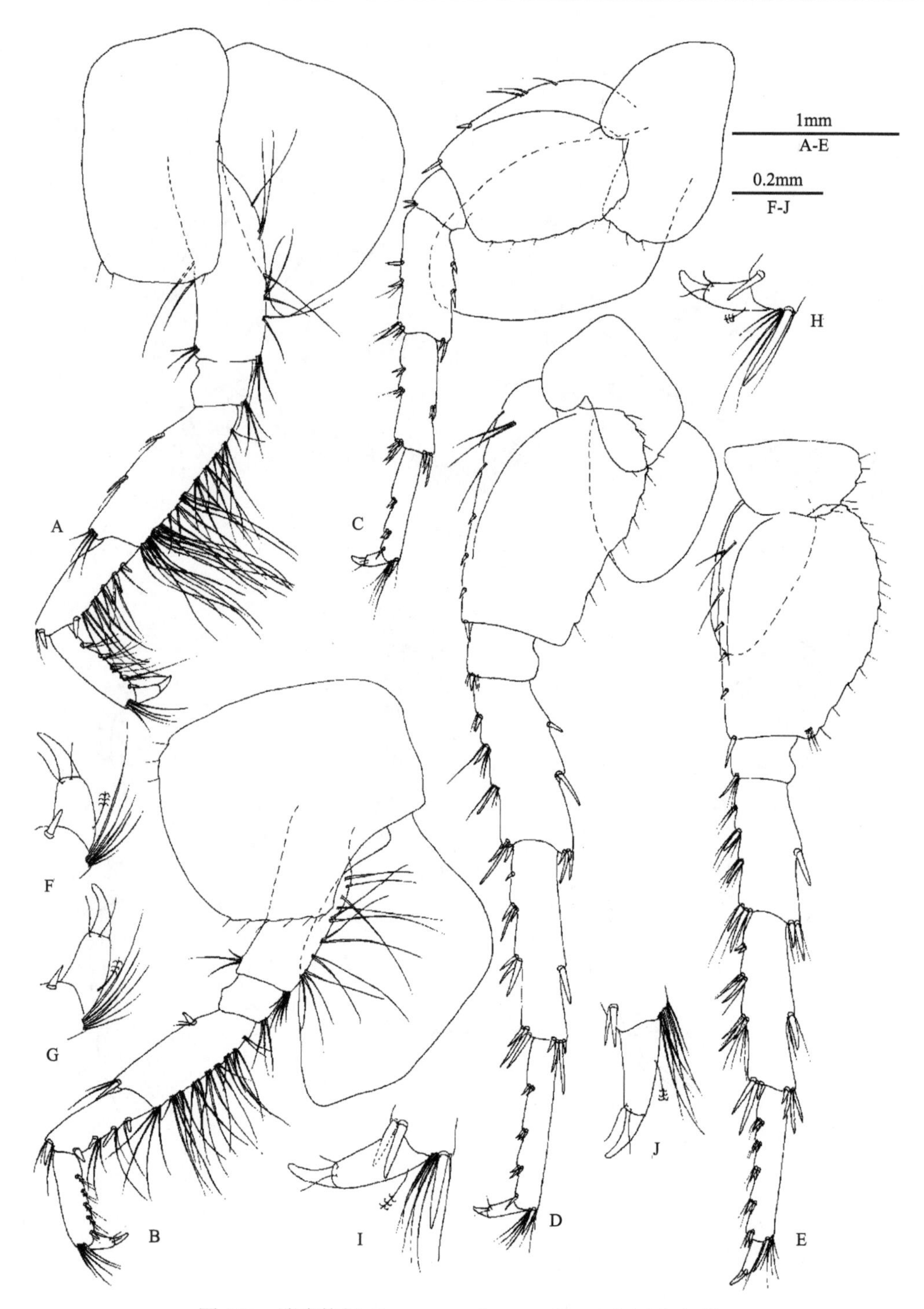

图 172 清泉钩虾 *Gammarus eliquatus* Hou, Li & Li（三）

♂。A. 第 3 步足; B. 第 4 步足; C. 第 5 步足; D. 第 6 步足; E. 第 7 步足; F. 第 3 步足指节; G. 第 4 步足指节; H. 第 5 步足指节; I. 第 6 步足指节; J. 第 7 步足指节

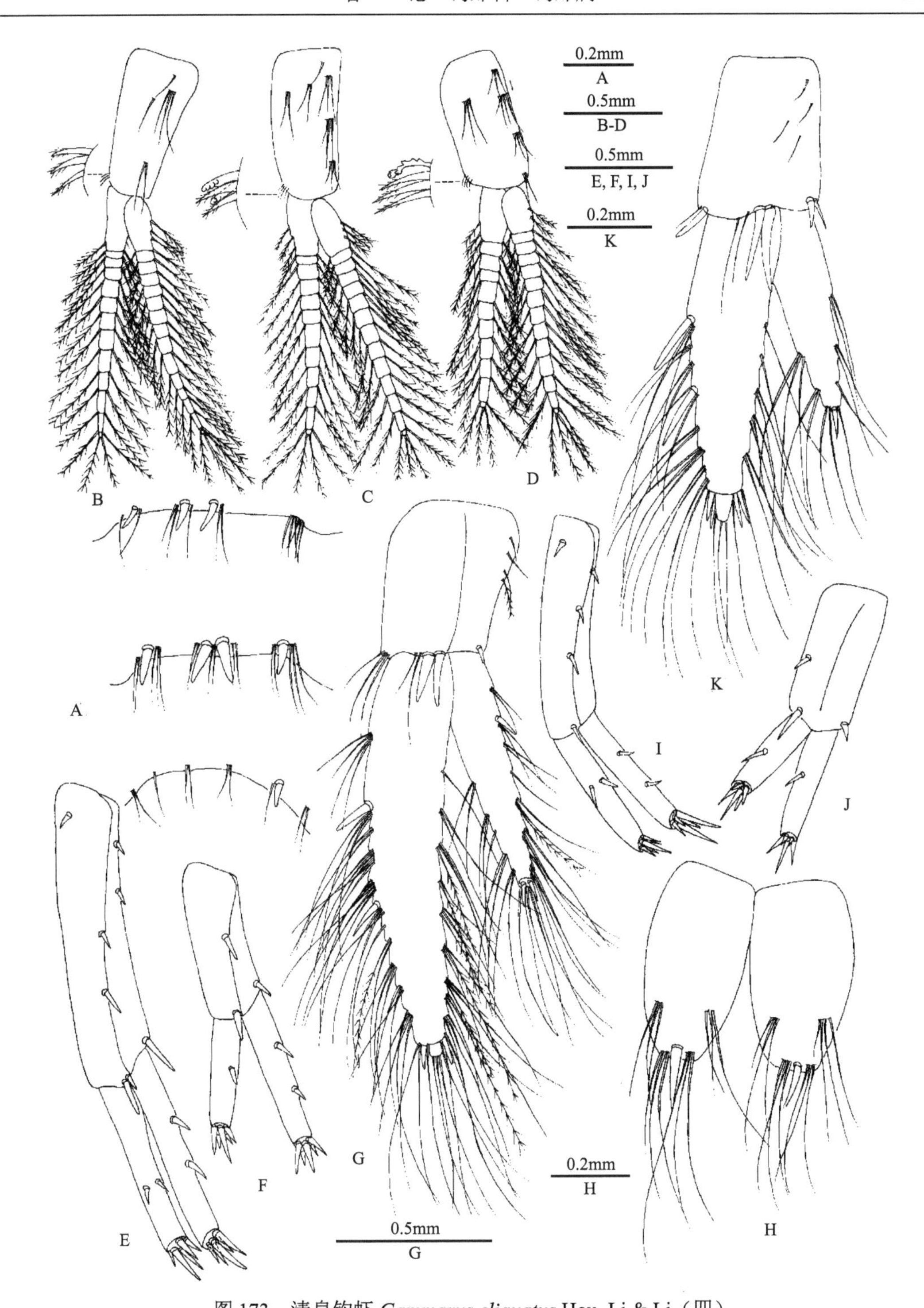

图 173　清泉钩虾 *Gammarus eliquatus* Hou, Li & Li（四）

♂, A-H; ♀, I-K。A. 第 4-6 腹节（背面观）; B. 第 1 腹肢; C. 第 2 腹肢; D. 第 3 腹肢; E. 第 1 尾肢; F. 第 2 尾肢; G. 第 3 尾肢; H. 尾节; I. 第 1 尾肢; J. 第 2 尾肢; K. 第 3 尾肢

图 174 清泉钩虾 *Gammarus eliquatus* Hou, Li & Li（五）

♀。A. 第 1 腮足; B. 第 2 腮足; C. 第 1 腮足掌节; D. 第 2 腮足掌节; E. 第 2 抱卵板; F. 第 3 抱卵板; G. 第 4 抱卵板; H. 第 5 抱卵板; I. 尾节

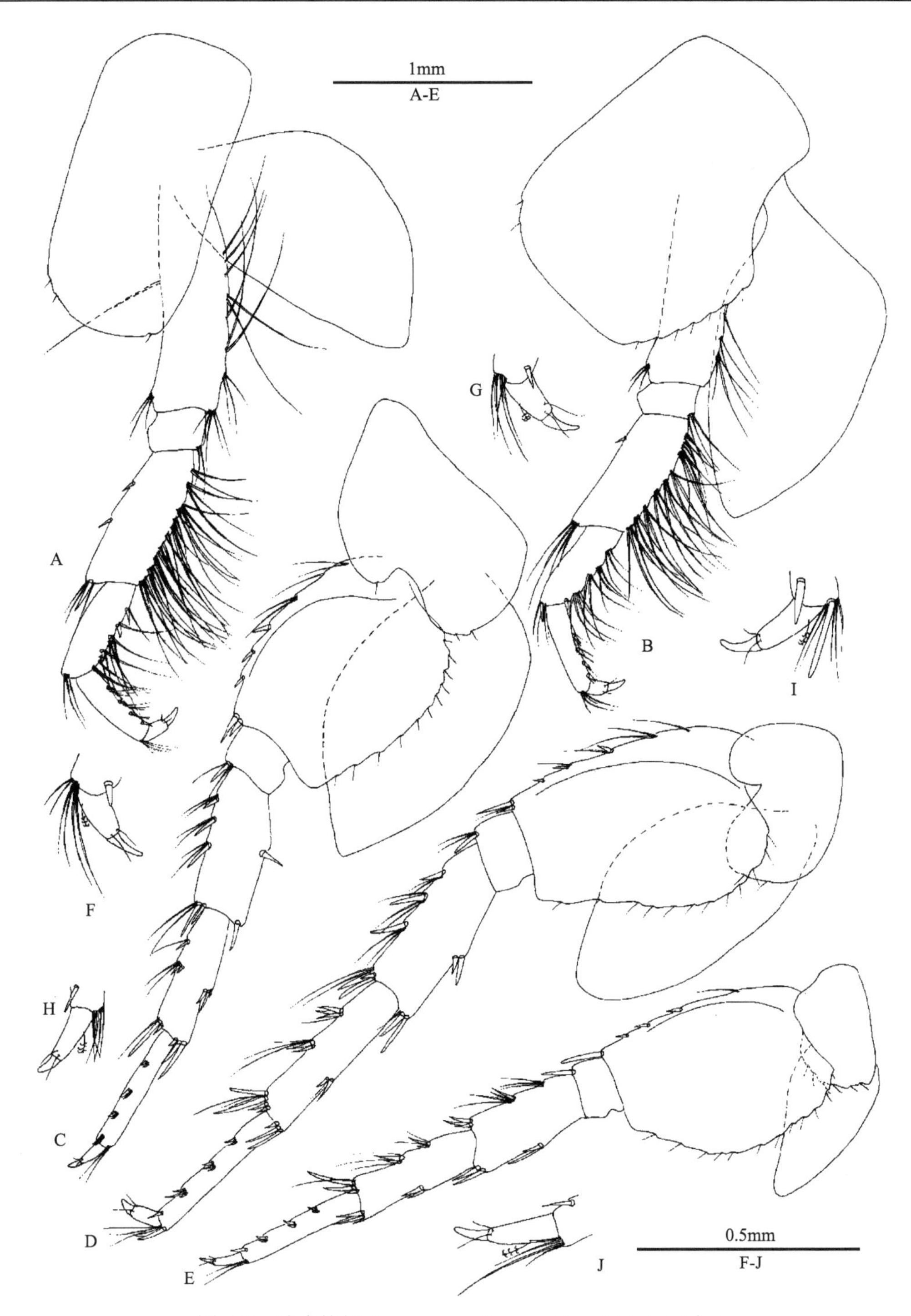

图 175　清泉钩虾 *Gammarus eliquatus* Hou, Li & Li（六）

♀。A. 第 3 步足; B. 第 4 步足; C. 第 5 步足; D. 第 6 步足; E. 第 7 步足; F. 第 3 步足指节; G. 第 4 步足指节; H. 第 5 步足指节; I. 第 6 步足指节; J. 第 7 步足指节

和毛；指节外缘具 1 羽状刚毛，趾钩接合处具 2 刚毛。第 6 步足基节延长，长节到掌节前缘具 3 簇刺和毛。第 7 步足基节膨大，内表面具 3 毛，长节到掌节前缘具 3、4 组刺和毛。

第 1 腹侧板腹缘圆形，腹前缘具 4 长毛和 3 短毛，后缘具 7 短毛；第 2 腹侧板腹缘具 2 刺，后缘具 7 短毛，后下角尖；第 3 腹侧板腹缘具 2 刺和 3 简单毛，后缘具 6 短毛，后下角尖。第 4–6 腹节背部扁平。第 4 腹节背缘具 1-1-1-1 刺；第 5 腹节背缘 1-2-1 刺；第 6 腹节背缘具 1 刺和 5 簇毛。

第 1 尾肢柄节具 1 背基刺，内、外缘具 2 刺；外肢内、外缘各具 1 刺；内肢内缘具 2 刺。第 2 尾肢柄节外缘具 1 刺；内肢内缘具 2 刺，外肢内缘具 1 刺。第 3 尾肢柄节内缘具毛；内肢长约为外肢的 2/3，内缘具长简单毛，具 2 末端刺；外肢第 1 节外缘具长简单毛，内缘具长毛和较少羽状毛，第 2 节稍短于周围邻近刺。尾节深裂，每叶背侧缘具 2 簇长毛，顶端具 1 刺和 6 长毛。

雌性 7.1mm。第 1 腮足掌节似卵形，掌后缘具 12 刺。第 2 腮足掌节近似长方形，掌后缘具 4 刺。第 3、4 步足与雄性相比，后缘具较少直刚毛。第 5–7 步足与雄性相似，长节至掌节具毛多于雄性。第 2 抱卵板宽阔，有缘毛，第 3、4 抱卵板细长，第 5 步足抱卵板最小。

观察标本：1♂（正模，IZCAS-I-A1074-1），云南大理下关镇温泉村（100.03°E, 25.65°N），2010.II.6。

生态习性：栖息于溪流中。

地理分布：云南（大理）。

分类讨论：本种主要鉴别特征是第 1 触角第 4、5 柄节和鞭节密布长毛；第 3 步足长节至掌节具长毛；第 3 尾肢内肢长约为外肢的 2/3，具简单刚毛和羽状毛；尾节具长毛。

本种与池钩虾 *G. stagnarius* Hou, Li & Morino 的区别在于本种大颚触须第 3 节具 17 D-刚毛；第 2 触角柄节和鞭节具长毛；第 3 尾肢内肢长约为外肢的 2/3，外肢外缘具长简单毛；尾节具长毛；腹侧板稍尖。而池钩虾大颚触须第 3 节具 25 D-刚毛；第 2 触角具短刚毛；第 3 尾肢具羽状刚毛；尾节具短刚毛；腹侧板尖。

(35) 峨眉钩虾 *Gammarus emeiensis* Hou, Li & Koenemann, 2002（图 176–179）

Gammarus emeiensis Hou, Li & Koenemann, 2002: 37, figs. 1–4.

形态描述：雄性 7.5mm。眼肾形。第 1 触角第 1–3 柄节长度比 1.00∶0.27∶0.31，鞭 25 节，具感觉毛，副鞭 2–4 节。第 2 触角柄节第 3 节具末端毛，第 4、5 柄节前、后缘具 3、4 组长毛；鞭 10 节，无鞋状感觉器。左大颚切齿 5 齿，动颚片 4 齿，臼齿具 1 毛；触须第 2 节长于第 3 节，侧缘和内缘具 11 毛；触须第 3 节具 2 簇 A-刚毛、4 B-刚毛、20 D-刚毛和 5 E-刚毛。右大颚切齿 4 齿，动颚片分叉具小齿。第 1 小颚内叶具 12 羽状毛，外叶具 10 锯齿状刺；左触须第 2 节具 7 细刺和 3 硬毛。第 2 小颚内叶具 13 毛。外叶具 12 钝齿和 5 梳状顶毛；触须 4 节。

第 1、2 腮足具直刚毛，基节前、后缘具长刚毛。第 1 腮足腕节短于掌节，掌缘斜，

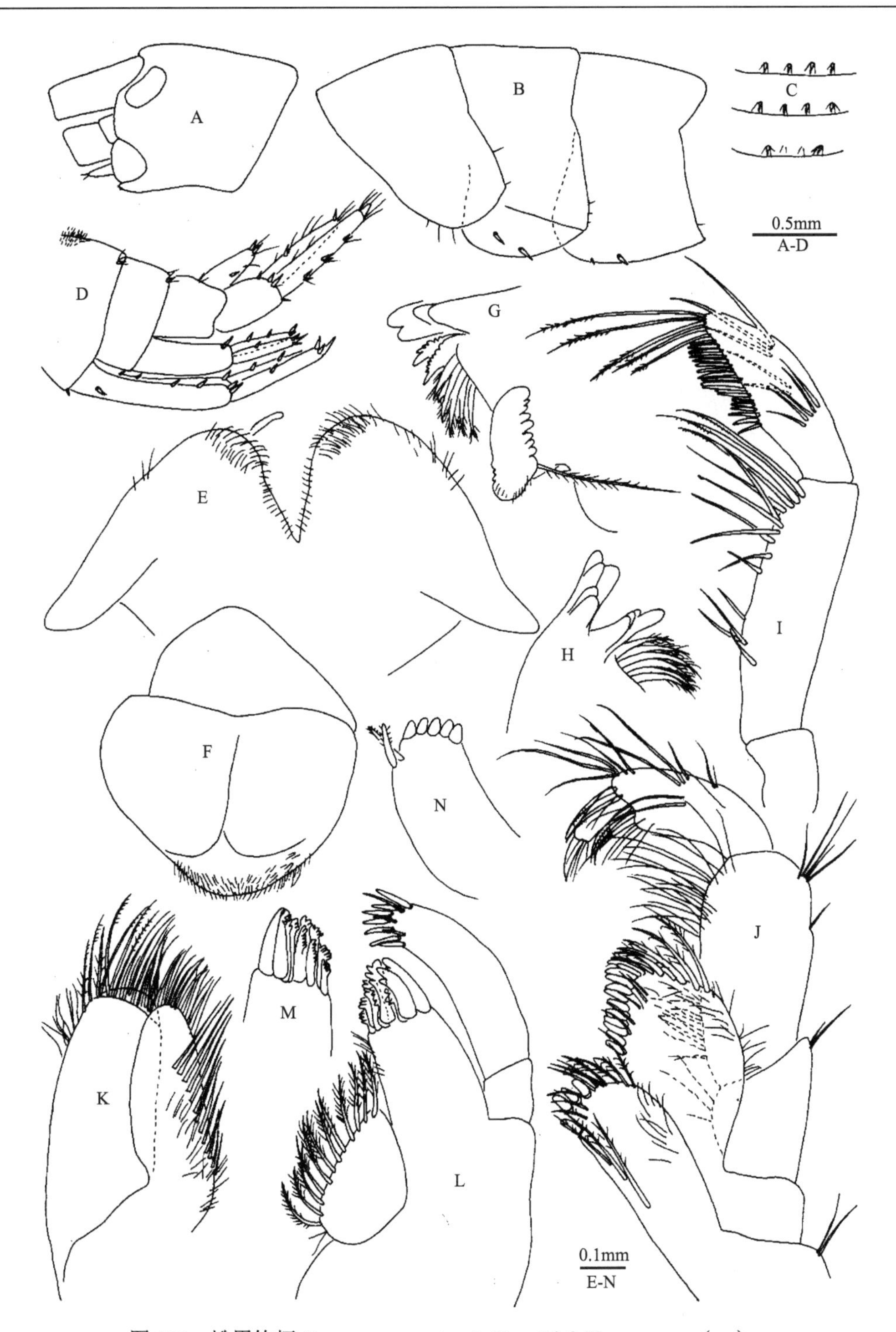

图 176　峨眉钩虾 *Gammarus emeiensis* Hou, Li & Koenemann（一）

♂。A. 头; B. 腹侧板; C. 第 4-6 腹节（背面观）; D. 第 4-6 腹节与尾肢; E. 下唇; F. 上唇; G. 右大颚切齿; H. 左大颚切齿; I. 左大颚触须; J. 颚足; K. 第 2 小颚; L. 第 1 小颚; M. 第 1 小颚外叶; N. 右第 1 小颚触须

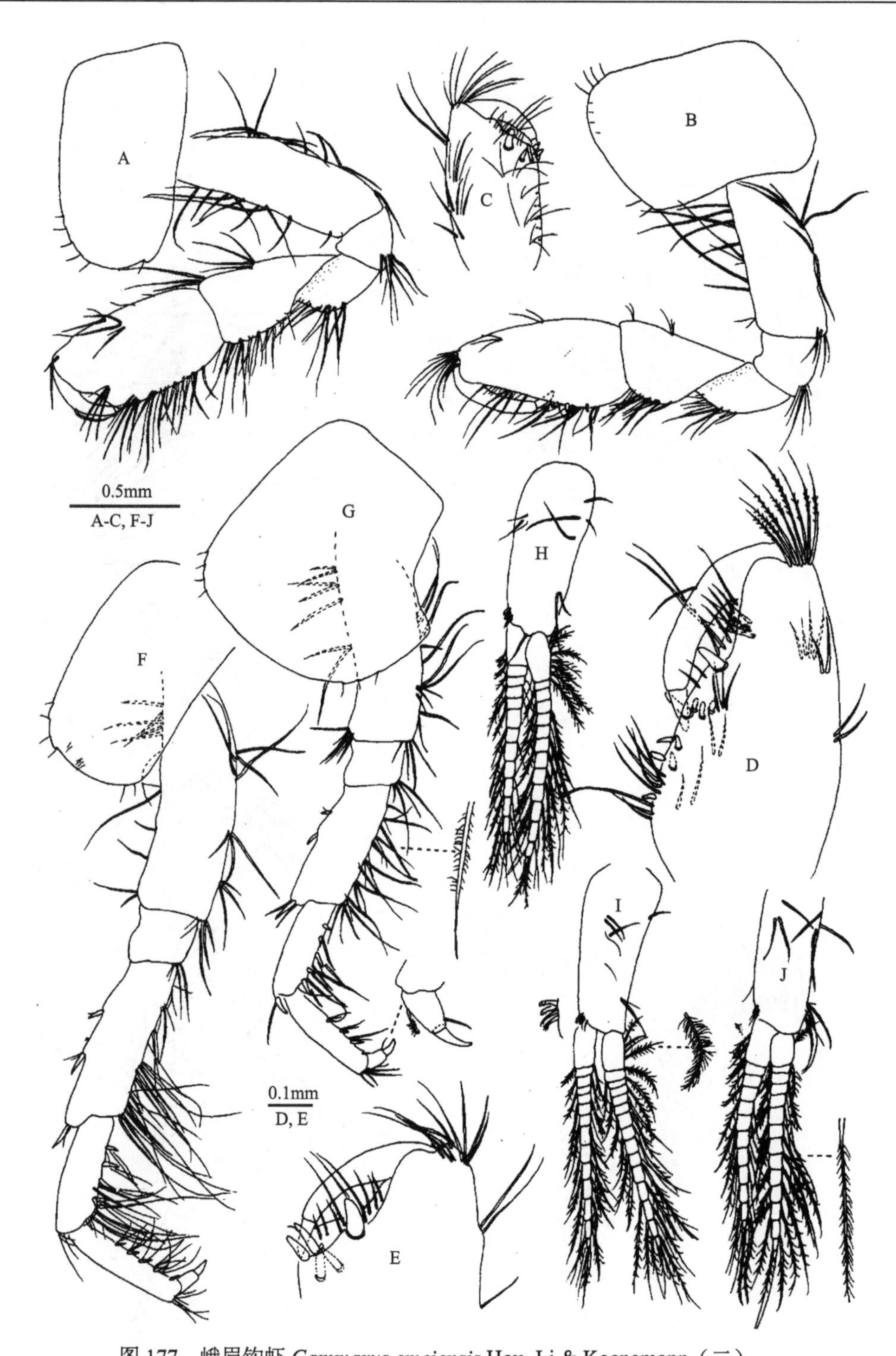

图 177 峨眉钩虾 *Gammarus emeiensis* Hou, Li & Koenemann（二）

♂。A. 第 2 腮足; B. 第 1 腮足; C. 第 2 腮足掌节; D. 第 1 腮足掌节; E. 第 2 腮足掌节和指节; F. 第 3 步足; G. 第 4 步足; H. 第 2 腹肢; I. 第 1 腹肢; J. 第 3 腹肢

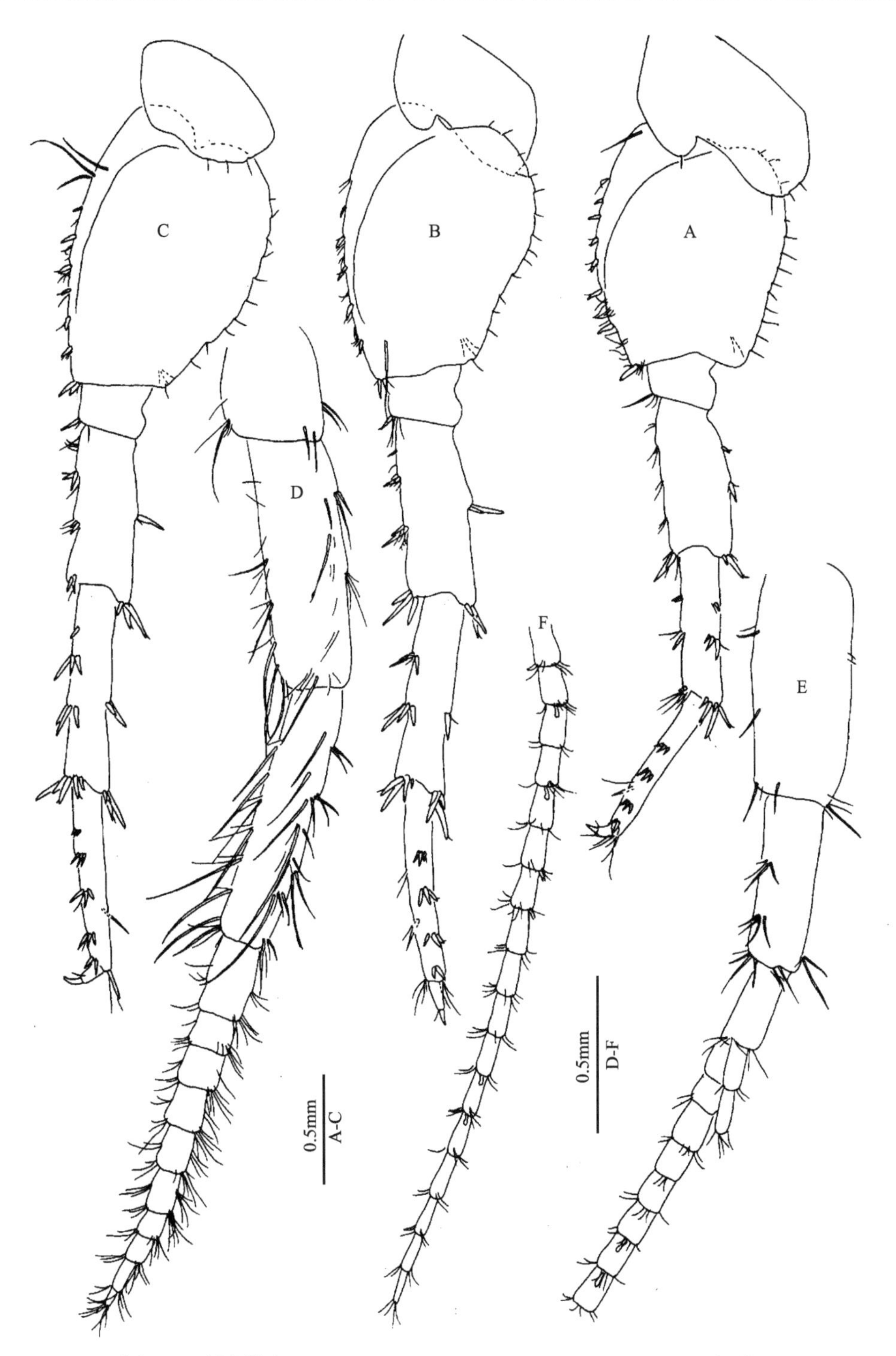

图 178　峨眉钩虾 *Gammarus emeiensis* Hou, Li & Koenemann（三）

♂。A. 第 5 步足; B. 第 6 步足; C. 第 7 步足; D. 第 2 触角; E. 第 1 触角; F. 第 1 触角鞭节

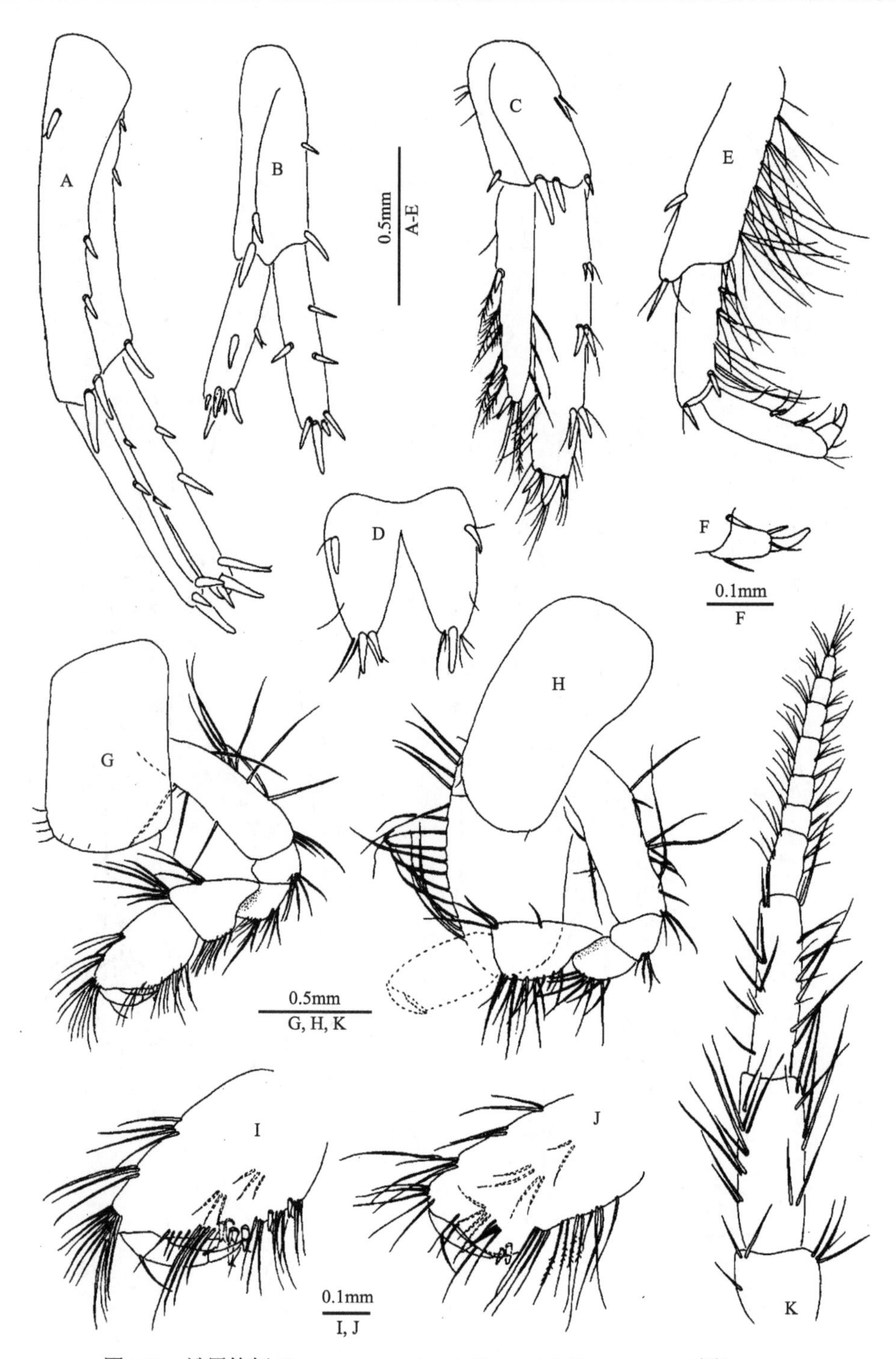

图 179 峨眉钩虾 *Gammarus emeiensis* Hou, Li & Koenemann（四）

♂, A-D; ♀, E-K。A-C. 第 1-3 尾肢; D. 尾节; E. 第 3 步足长节至指节; F. 第 3 步足指节; G. 第 1 腮足; H. 第 2 腮足; I. 第 1 腮足掌节; J. 第 2 腮足掌节; K. 第 2 触角

中央具 1 壮刺，后缘具 9 刺。第 2 腮足掌节近长方形，掌缘稍斜，具 1 中央刺。第 3、4 步足基节窄，第 3 步足长节至掌节后缘具长毛，腕节和掌节后缘具 5 刺。第 4 步足后缘刚毛短且少于第 3 步足。第 5–7 步足长节至掌节两缘具刺，无长毛。

第 1–3 腹侧板后下角钝圆，后缘具 2、3 短毛，第 1 腹侧板腹前缘具刚毛，第 2、3 腹侧板腹缘具 2、3 刺。第 4–6 腹节背部后缘具 4 簇刺和毛，第 4 腹节背部具柔毛。

第 1 尾肢柄节具背基刺，内、外缘各具 2 刺；内外肢几乎等长，外肢内、外缘分别具 2 和 1 刺。第 2 尾肢柄节具 4 刺，外肢稍短于内肢，内、外肢内缘和外缘各具 1、2 刺。第 3 尾肢柄节具 4 刺和毛；内肢长约为外肢的 3/4；外肢第 2 节明显，外肢外侧刚毛少。尾节短，具末端刺和背面侧刺。

雌性 8.1mm。第 1 腮足掌节短于雄性，后角具 4 刺，后缘具 2 刺。第 2 腮足掌节后角具 2 刺。第 2–5 抱卵板卵形，具长毛。

观察标本：1♂（正模，IZCAS-I-A0011），1♂1♀，四川峨眉山（29.5°N, 103.3°E），1999.III.29。

生态习性：本种栖息在峨眉山上的一条小溪中。

地理分布：四川（峨眉山）。

分类讨论：本种区别于其他种的特征是第 2 触角柄节具长毛，无鞋状感觉器；第 3 步足后缘具长直毛；第 3 尾肢外肢外缘少毛。

(36) 寒冷钩虾 *Gammarus frigidus* Hou & Li, 2004（图 180–184）

Gammarus frigidus Hou & Li, 2004c: 148, figs. 1–5.

形态描述：雄性 13.1mm。眼卵形，中等大小。第 1 触角第 1–3 柄节长度比 1.00∶0.55∶0.30，具末端毛；鞭 21 节，具感觉毛，副鞭 3 节。第 2 触角柄节后缘具 3 簇刚毛，刚毛稍长于或等于柄节直径，鞭 12 节，具鞋状感觉器。左大颚切齿 5 齿，动颚片 4 齿，触须第 2 节具 15 毛，第 3 节长达第 2 节的 3/4，具 3 A-刚毛、3 B-刚毛、15 D-刚毛和 5 E-刚毛；右大颚切齿 4 齿，动颚片分叉。第 1 小颚内叶具 19 羽状毛，左触须第 2 节具 7 细刺和 2 硬毛；右触须第 2 节具 5 壮刺和 1 硬毛。第 2 小颚内叶具 32 羽状毛；外叶宽大，具顶毛。颚足内叶具 3 顶刺，外叶内缘具 11 刺和 5 梳状毛，触须 4 节。

第 1–3 底节板长方形，前角具 1–3 刚毛，后角具刚毛；第 4 底节板凹陷，前、后缘分别具 2 和 5 刚毛；第 5、6 底节板前叶小，后缘具 1、2 短刚毛；第 7 底节板后缘具 6 刚毛。第 1 腮足基节短，前、后缘具长毛；腕节长为掌节的 3/4，掌节卵形，掌缘稍斜，具 1 中央刺，后缘具 9 刺；指节长是掌节后缘的 1/2，外缘具 1 毛。第 2 腮足腕节与掌节等长，掌节近长方形，掌缘平截，具 1 中央壮刺，后缘具 4 刺；指节外缘具 1 刚毛。第 3、4 步足后缘具长直毛，腕节与掌节后缘具刺，指节外侧具 1 刚毛，趾钩与指节基部连接处具 2 毛。第 5–7 步足基节后缘膨大；长节和腕节前、后缘具 2、3 组刺；掌节前缘具 4、5 簇刺，后缘具短刚毛；指节细长，外缘具 1 刚毛，趾钩具 2 刚毛。

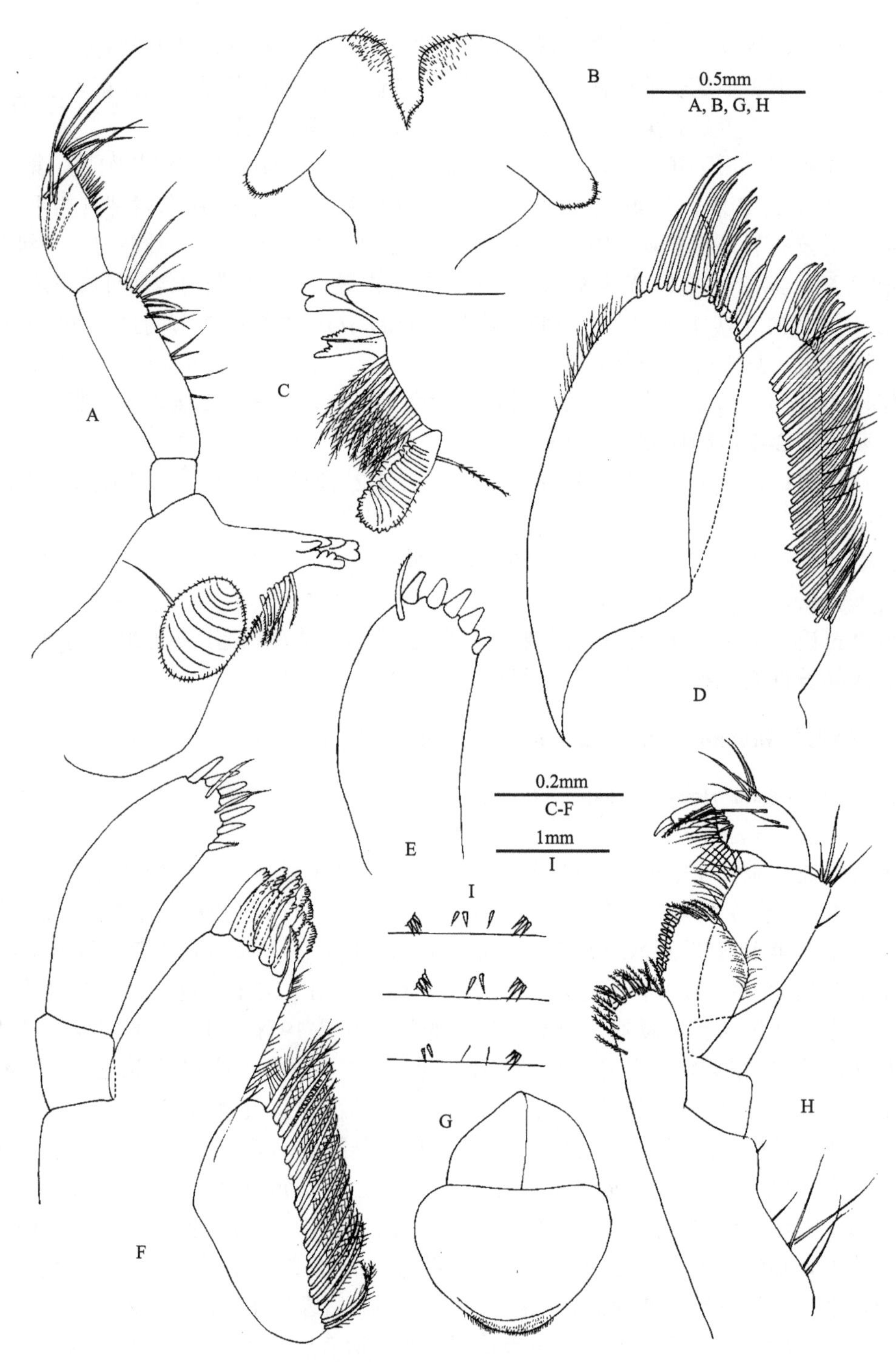

图 180 寒冷钩虾 *Gammarus frigidus* Hou & Li（一）

♂。A. 左大颚; B. 下唇; C. 右大颚切齿; D. 第 2 小颚; E. 右第 1 小颚触须; F. 左第 1 小颚; G. 上唇; H. 颚足; I. 第 4-6 腹节（背面观）

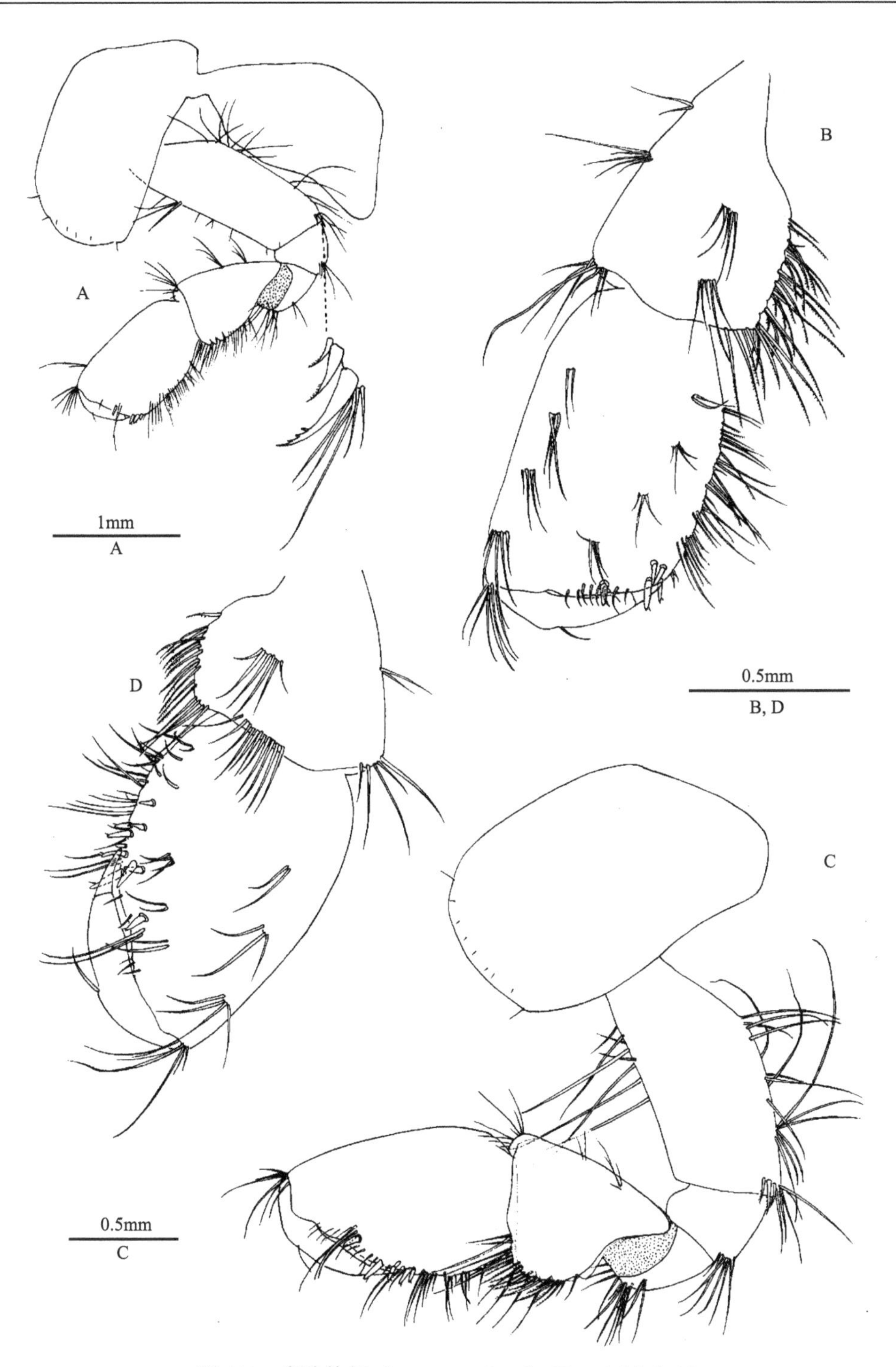

图 181　寒冷钩虾 *Gammarus frigidus* Hou & Li（二）

♂。A. 第 2 腮足; B. 第 2 腮足掌节; C. 第 1 腮足; D. 第 1 腮足掌节

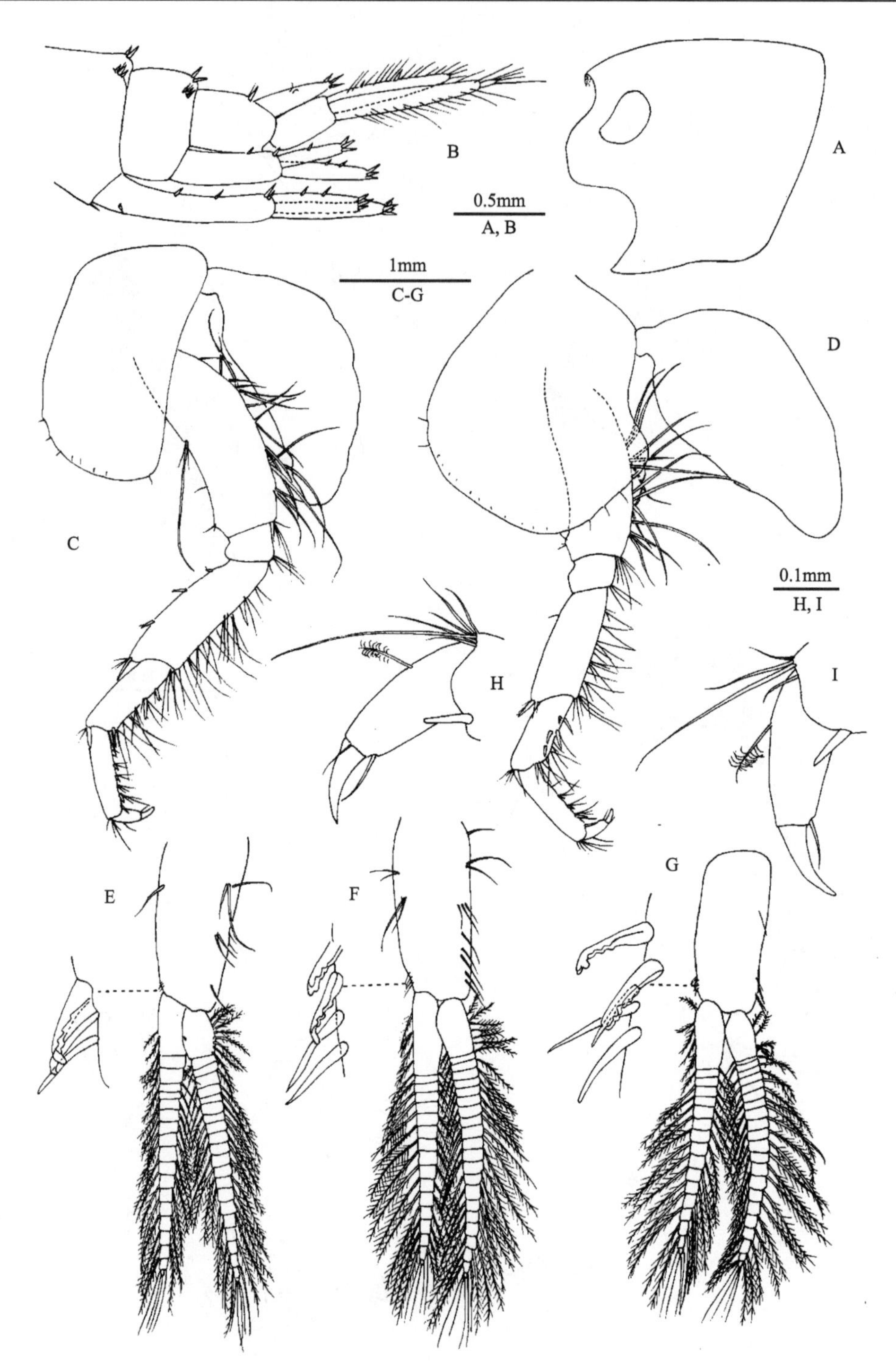

图 182 寒冷钩虾 *Gammarus frigidus* Hou & Li（三）

♂。A. 头; B. 第 4-6 腹节（侧面观）; C. 第 3 步足; D. 第 4 步足; E-G. 第 1-3 腹肢; H. 第 3 步足指节; I. 第 4 步足指节

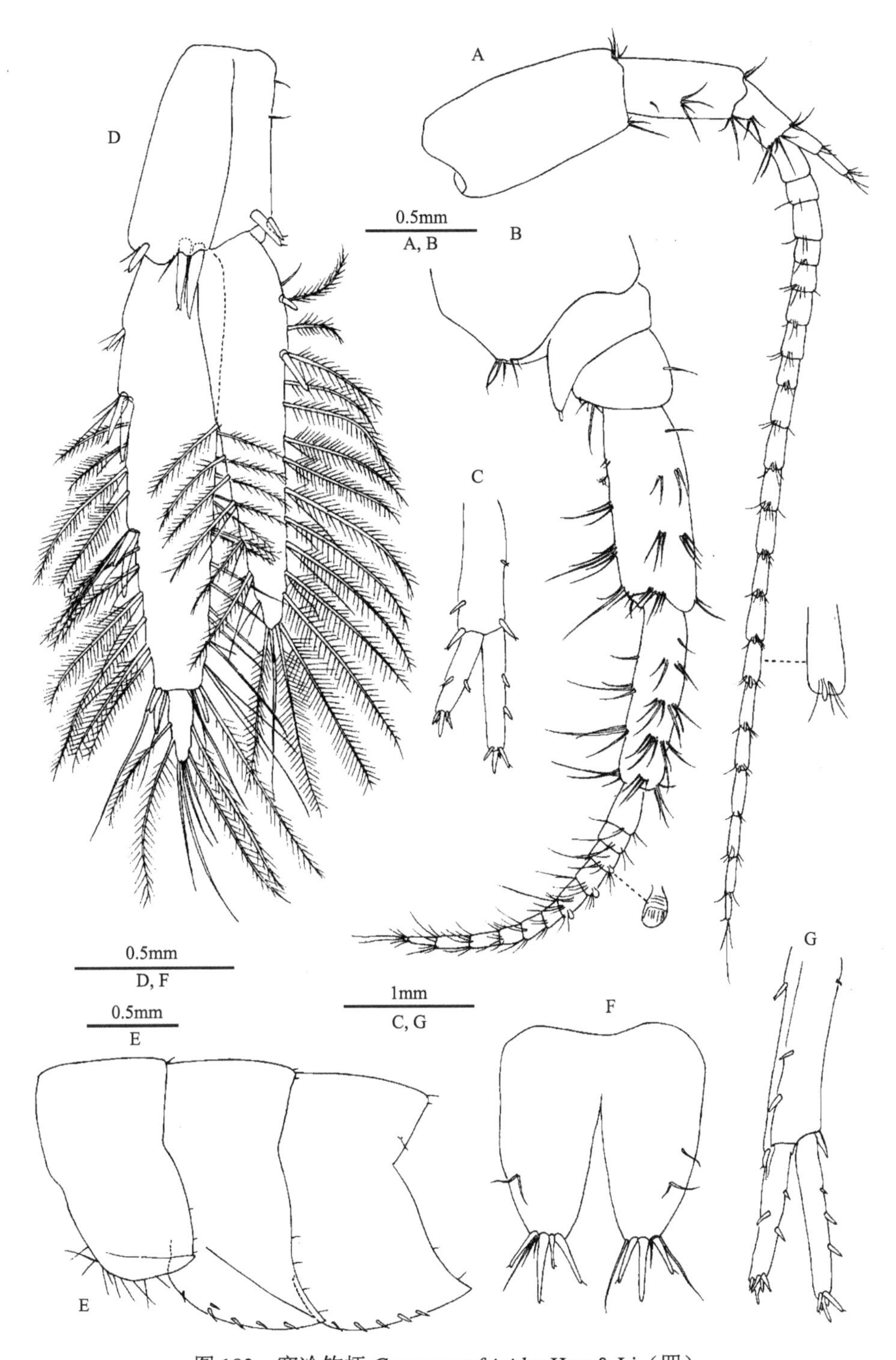

图 183　寒冷钩虾 *Gammarus frigidus* Hou & Li（四）

♂。A. 第 1 触角; B. 第 2 触角; C. 第 2 尾肢; D. 第 3 尾肢; E. 第 1-3 腹侧板; F. 尾节; G. 第 1 尾肢

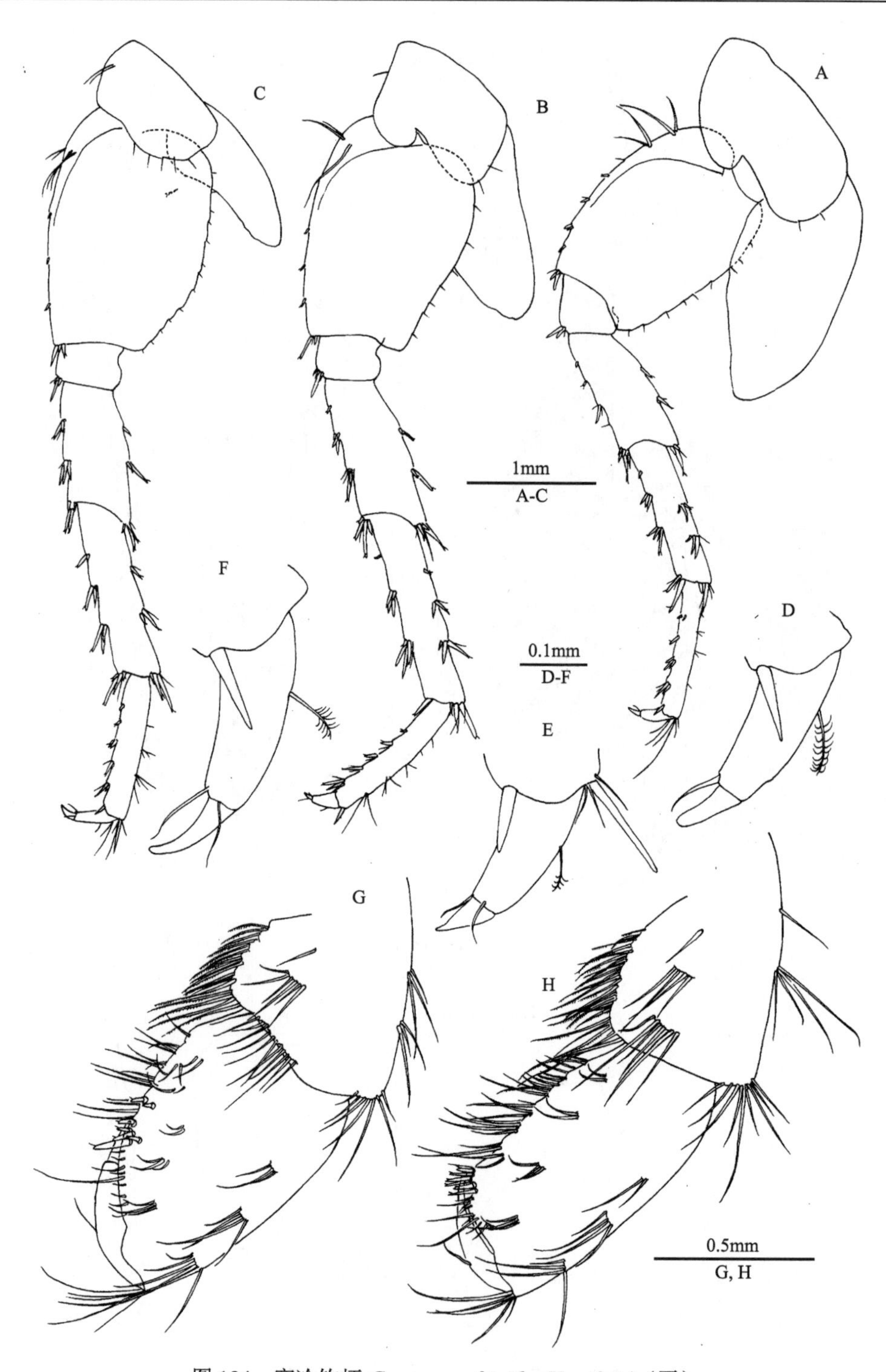

图 184 寒冷钩虾 *Gammarus frigidus* Hou & Li（五）

♂, A-F; ♀, G, H。A. 第 5 步足; B. 第 6 步足; C. 第 7 步足; D. 第 5 步足指节; E. 第 6 步足指节; F. 第 7 步足指节; G. 第 1 腮足掌节; H. 第 2 腮足掌节

第 1–3 腹侧板后下角钝，后缘具 2–4 短毛。第 1 腹侧板腹前缘具 10 毛，第 2、3 腹侧板腹缘具 5、6 刺。第 1–3 腹肢等长，柄节具毛，具 2 钩刺；内、外肢具 22 节，具羽状毛。第 4、5 腹节平，具背刺。

第 1 尾肢柄节长于内、外肢，外缘和内缘分别具 1-1-2 和 1-1 刺；外肢内、外缘分别具 2 和 1 刺；内肢外缘具 3 刺。第 2 尾肢柄节内、外缘各具 2 刺；外肢短于内肢，内、外肢各具 1 刺；内肢内缘具 2 刺。第 3 尾肢内肢长约为外肢的 4/5，外肢第 2 节长于周围刺，内、外肢两缘都具羽状长刚毛。尾节深裂，末端具刺，背面具短刚毛。

雌性 10.0mm。第 2 腮足腕节和掌节延长，掌节长方形，后角具 6 细长刺。第 2–5 胸节具抱卵板。

观察标本：1♂（正模，IZCAS-I-A0069），24♂10♀，西藏那曲（31.4°N, 92.0°E），海拔 4500m，2001.IX.9。

生态习性：本种栖息在草原上的沼泽、河流中。

地理分布：西藏（那曲）。

分类讨论：本种第 2 小颚内叶具 32 羽状毛和尾节具较少刚毛与拉萨钩虾 *G. lasaensis* Barnard & Dai 相似，主要区别是本种第 1 腮足掌节卵形，第 3 尾肢内肢延长，达外肢第 1 节的末端。

本种第 3、4 步足后缘具长直毛和 1–3 腹侧板形状与池钩虾 *G. stagnarius* Hou, Li & Morino 相似，主要区别是本种第 2 触角具鞋状感觉器；第 1 腮足掌节卵形，第 3 尾肢内肢略短于外肢第 1 节。

(37) 疏毛钩虾 *Gammarus glaber* Hou, 2017（图 185–190）

Gammarus glaber Hou, in: Zhao, Meng & Hou, 2017: 205, figs. 8–13.

形态描述：雄性 12.4mm。眼肾形。第 1 触角第 1–3 柄节长度比 1.0∶0.8∶0.4，具刚毛；鞭 27 节，具有感觉毛；副鞭 4 节。第 2 触角第 3–5 柄节长度比 1.0∶2.6∶2.5，第 4、5 柄节具短毛；鞭 12 节，第 2–4 节具鞋状感觉器。左大颚切齿 5 齿，动颚片 4 齿；刺排具 5 对羽状毛；触须第 1–3 节长度比 1.0∶3.1∶2.9，第 2 节具 12 毛，第 3 节具 6 A-刚毛、3 B-刚毛、20 D-刚毛和 5 E-刚毛；右大颚切齿 4 齿，动颚片分叉，由许多小齿组成。第 1 小颚左右不对称，内叶具 14 羽状毛；外叶顶端具 11 锯齿状大刺；左触须第 2 节顶端具 6 长刺，右触须第 2 节顶端具 4 壮刺和 2 长刺。第 2 小颚内叶具 11 羽状毛。颚足内叶具 3 顶端壮刺、1 近顶端刺和 15 羽状毛；外叶有 1 排钝齿，顶端具 3 羽状毛；触须第 4 节呈钩状，趾钩接合处具 1 簇刚毛。

第 1 腮足腕节长约为掌节的 3/5；掌节卵形，掌缘具 1 中央刺，后缘和掌面共具 13 刺；指节外缘具 1 刚毛。第 2 腮足腕节长约为掌节的 3/4，腹缘具 6 簇毛，背缘具 2 簇毛；掌节似长方形，掌缘具 1 中央刺，后缘具 2 刺；指节外缘具 1 刚毛。第 3 步足长节和腕节后缘具 3–5 短毛；掌节后缘具 3 对刺；指节外缘具 1 羽状刚毛，趾钩接合处具 2 刚毛。第 4 步足底节板后上缘凹陷；长节至掌节后缘具刺，无长毛。第 5 步足基节扩大，前缘具 4 刺，后缘具 10 短毛；长节至掌节前缘具 2–4 组刺；指节外缘具 1 羽状刚毛，趾

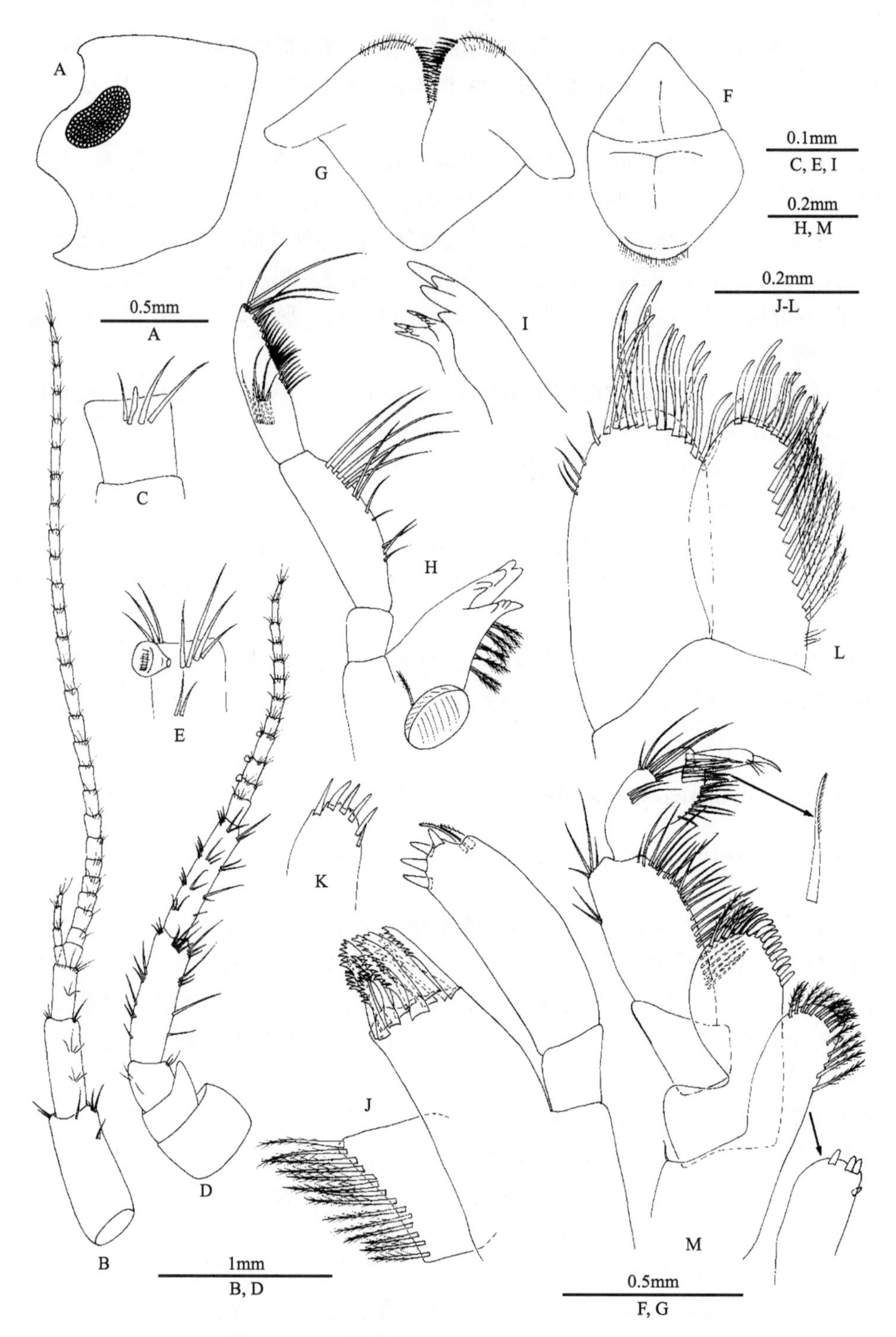

图 185　疏毛钩虾 *Gammarus glaber* Hou（一）

♂。A. 头; B. 第 1 触角; C. 第 1 触角感觉毛; D. 第 2 触角; E. 第 2 触角鞋状感觉器; F. 上唇; G. 下唇; H. 左大颚; I. 右大颚切齿; J. 右第 1 小颚; K. 左第 1 小颚触须; L. 第 2 小颚; M. 颚足

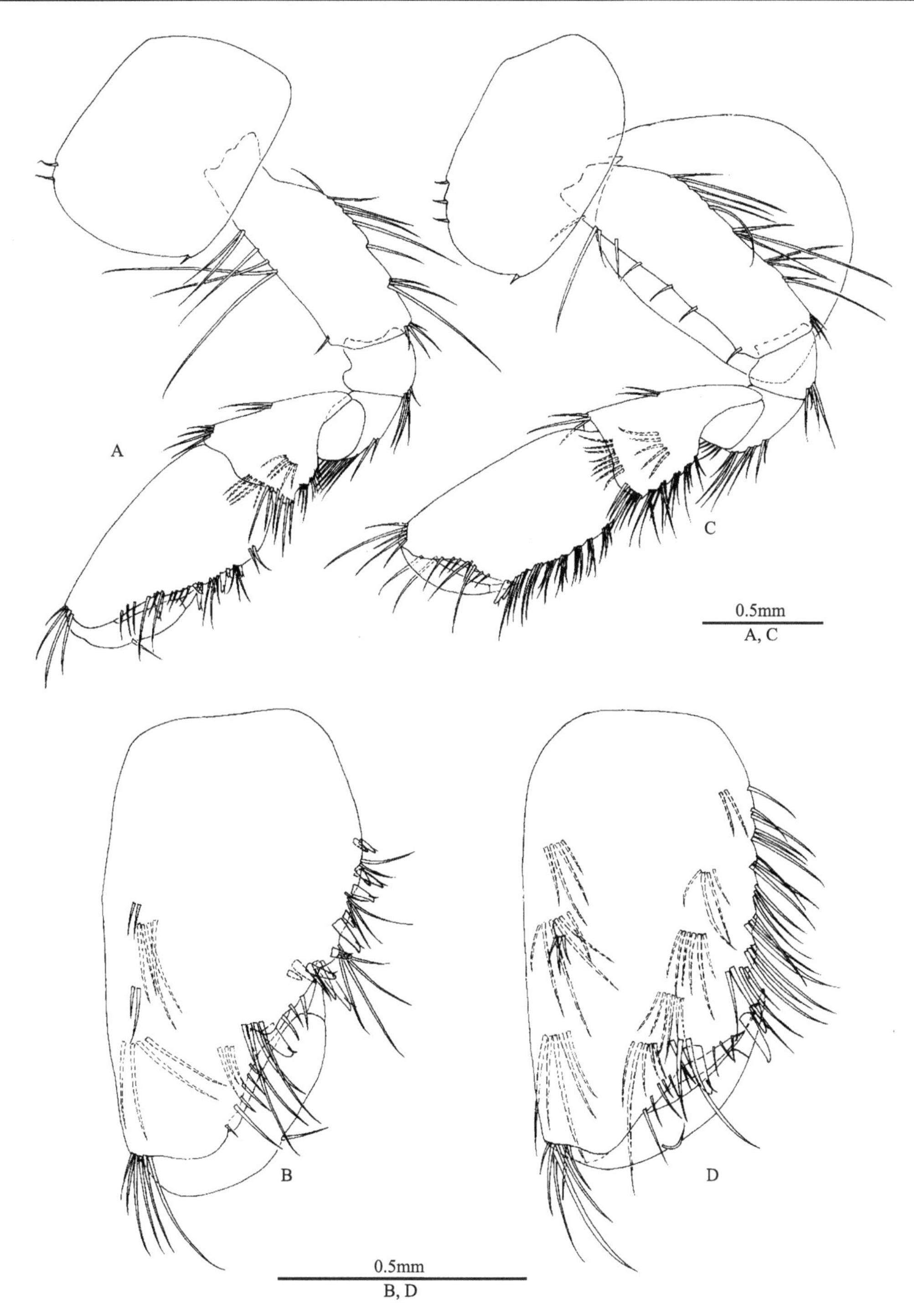

图 186 疏毛钩虾 *Gammarus glaber* Hou（二）

♂。A. 第 1 腮足; B. 第 1 腮足掌节; C. 第 2 腮足; D. 第 2 腮足掌节

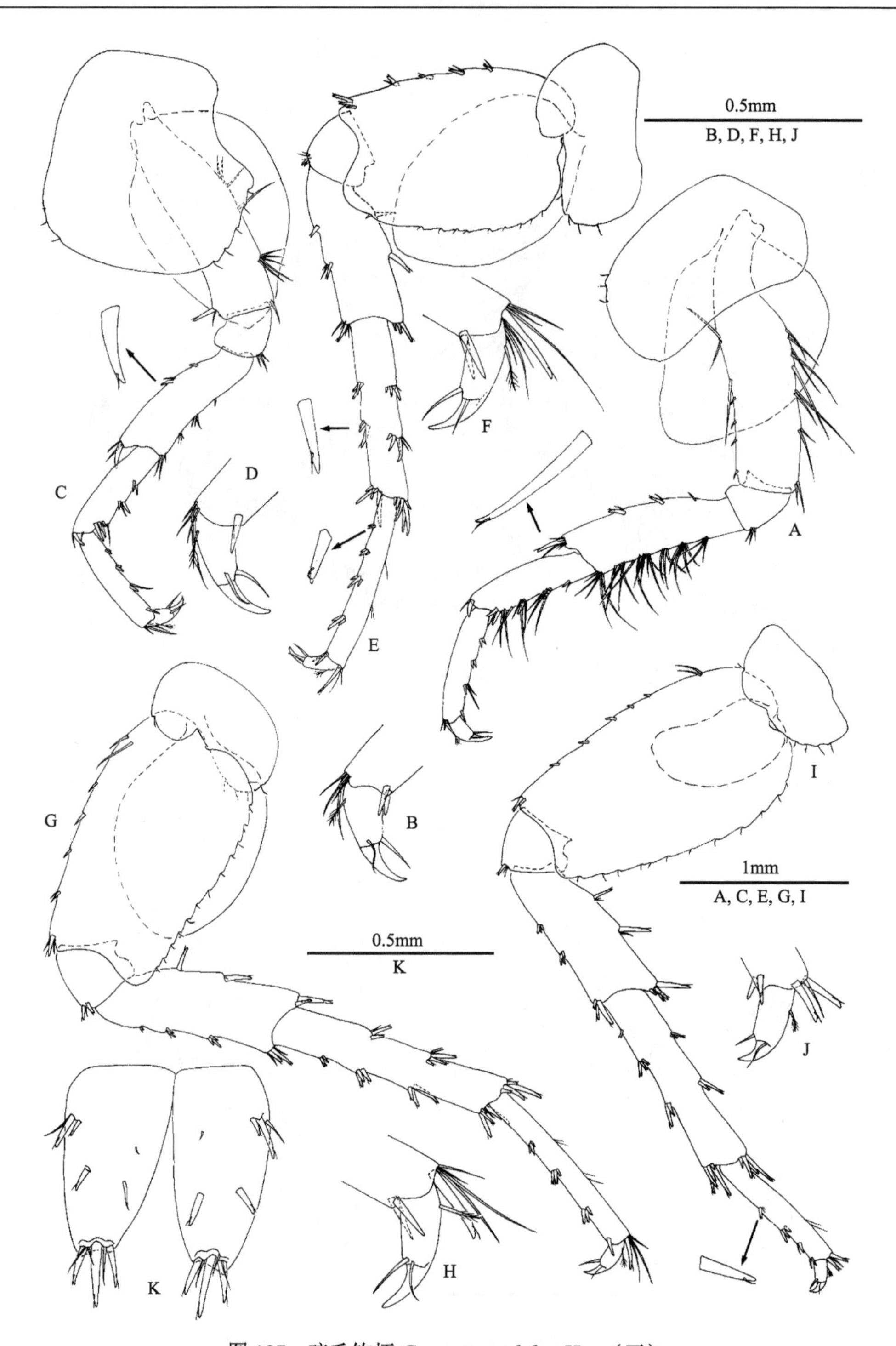

图 187 疏毛钩虾 *Gammarus glaber* Hou（三）

♂。A. 第 3 步足; B. 第 3 步足指节; C. 第 4 步足; D. 第 4 步足指节; E. 第 5 步足; F. 第 5 步足指节; G. 第 6 步足; H. 第 6 步足指节; I. 第 7 步足; J. 第 7 步足指节; K. 尾节

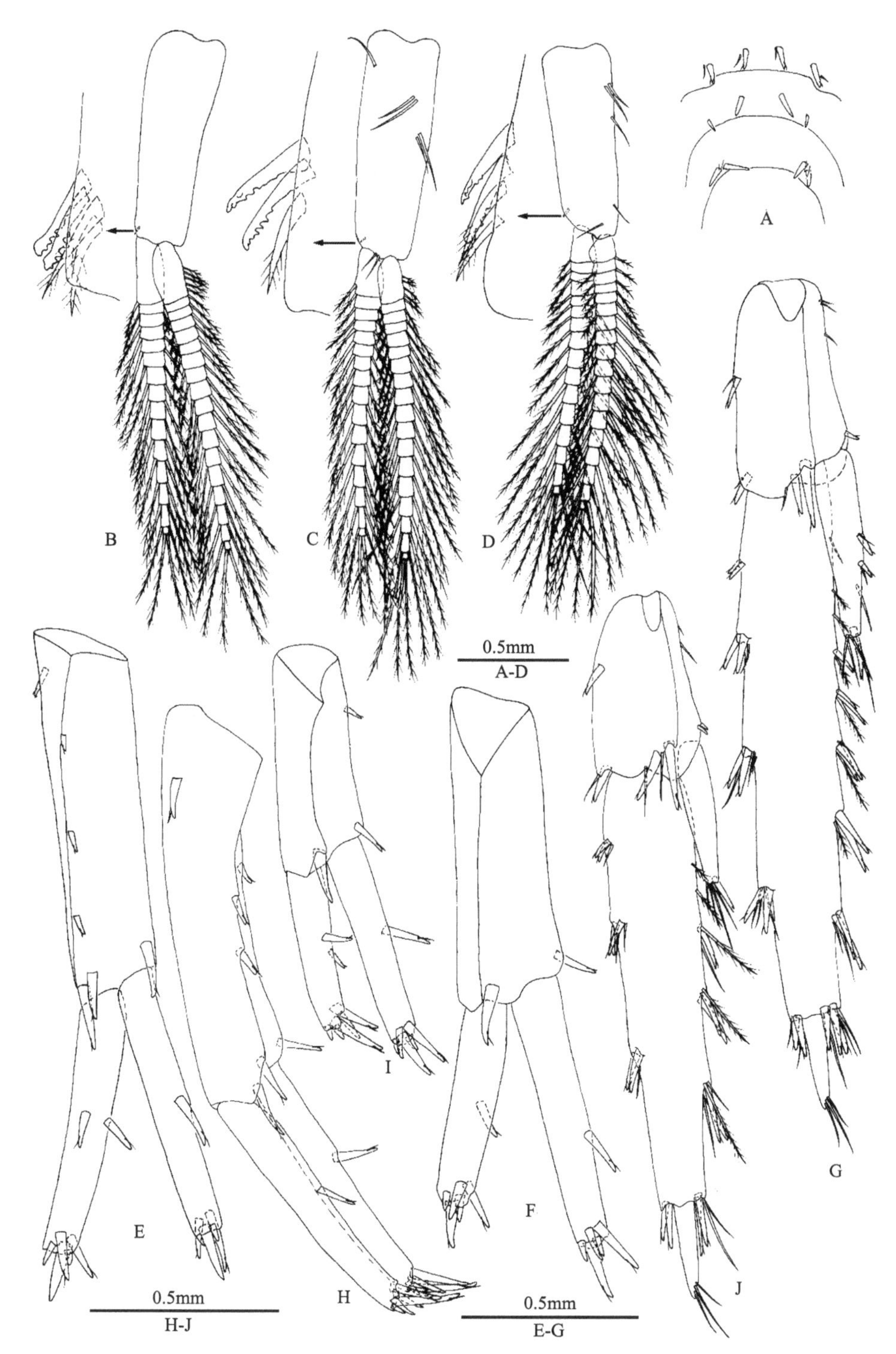

图 188　疏毛钩虾 *Gammarus glaber* Hou（四）

♂, A-G; ♀, H-J。A. 第 4-6 腹节（背面观）; B. 第 1 腹肢; C. 第 2 腹肢; D. 第 3 腹肢; E. 第 1 尾肢; F. 第 2 尾肢; G. 第 3 尾肢; H. 第 1 尾肢; I. 第 2 尾肢; J. 第 3 尾肢

图 189 疏毛钩虾 *Gammarus glaber* Hou（五）

♀。A. 第 1 腮足; B. 第 1 腮足掌节; C. 第 2 腮足; D. 第 2 腮足掌节; E. 第 2 抱卵板; F. 第 3 抱卵板; G. 第 4 抱卵板; H. 第 5 抱卵板

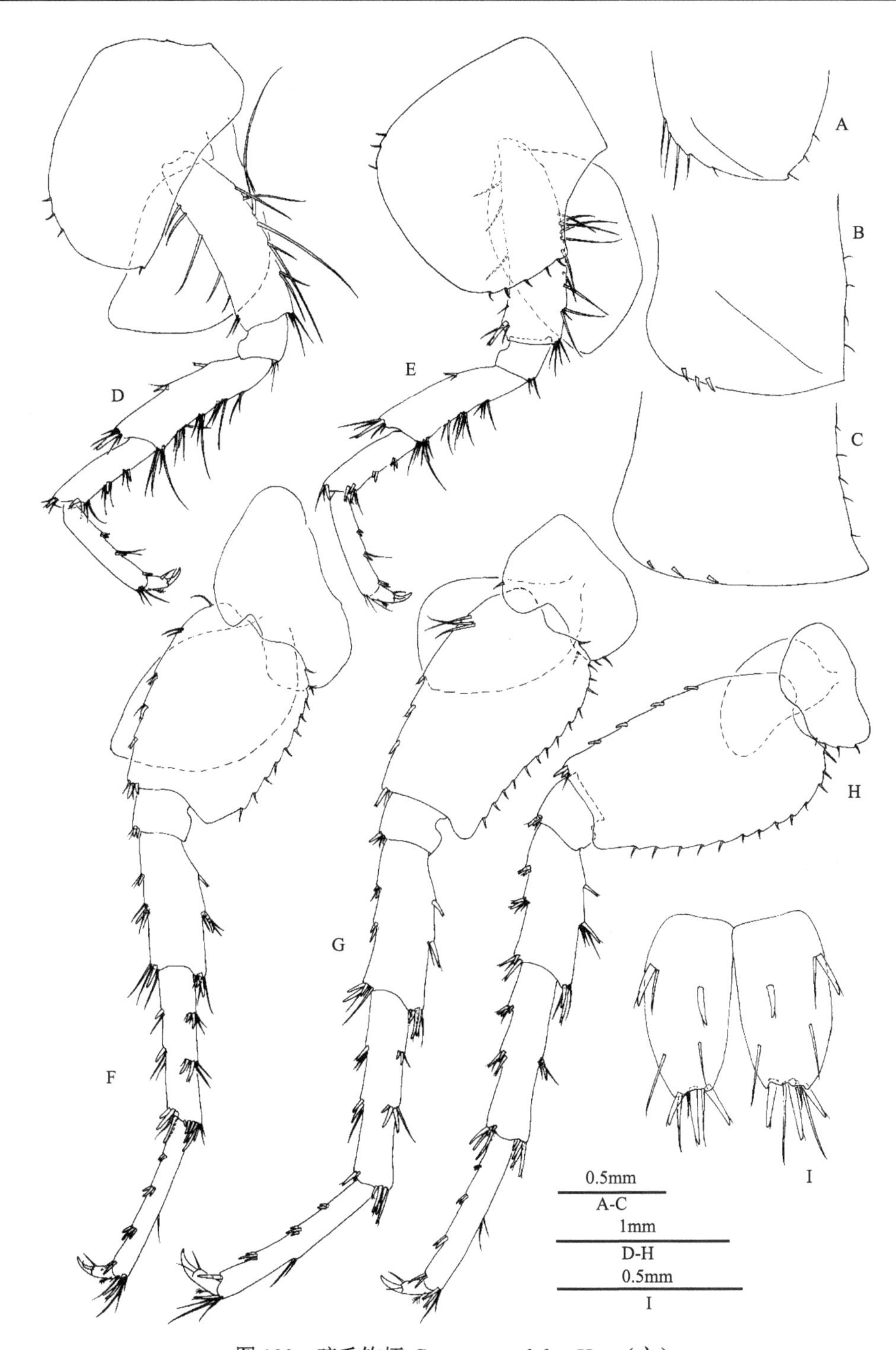

图 190　疏毛钩虾 *Gammarus glaber* Hou（六）

♂, A-C; ♀, D-I。A. 第 1 腹侧板; B. 第 2 腹侧板; C. 第 3 腹侧板; D. 第 3 步足; E. 第 4 步足; F. 第 5 步足; G. 第 6 步足; H. 第 7 步足; I. 尾节

钩接合处具 2 刚毛。第 6 步足基节延长；长节至掌节前缘具 2 或 3 组刺，无毛。第 7 步足基节膨大。

第 1 腹侧板腹缘圆，具 4 长毛 1 短毛，后缘具 3 短毛；第 2 腹侧板腹缘具 3 刺，后缘具 4 短毛，后下角钝；第 3 腹侧板腹缘具 3 刺，后缘具 5 短毛，后下角稍尖。第 4 腹节背部具 1-1-1-1 刺；第 5 腹节背部具 1-1-1-1 刺；第 6 腹节背部两侧各具 2 刺。

第 1 尾肢柄节具 1 背基刺，外缘具 3 刺；内肢内缘具 1 刺；外肢内、外缘各具 1 刺。第 2 尾肢柄节两侧各具 1 刺；内、外肢内缘各具 1 刺。第 3 尾肢柄节表面具 1 刺，柄节末端具 4 刺；内肢长约为外肢的 1/3，内肢内缘具 2 刺和 3 毛，末端具 1 刺和长毛；外肢第 1 节外缘具 4 对刺和简单毛，内缘具 5 组羽状毛和简单毛，末端具简单毛；第 2 节长于周围邻近的刺。尾节深裂。

雌性 8.1mm。第 1 腮足掌节卵形，掌后缘具 3 刺；指节外缘具 1 刚毛，趾钩接合处具 2 刚毛。第 2 腮足掌节近似长方形，掌缘具 2 壮刺和 3 细刺。第 2 抱卵板宽；第 3、4 步足抱卵板长；第 5 步足的抱卵板最小；边缘具毛。

观察标本：1♂（正模，IZCAS-I-A1394-1），1♀，青海海东循化撒拉族自治县（102.68°E, 35.79°N），海拔 2491m，2013.X.26。

生态习性：栖息在小溪边。

地理分布：青海。

分类讨论：本种主要鉴别特征是眼肾形；第 2 腹侧板后下角钝；第 3 腹侧板后下角稍尖；第 3 尾肢内肢长约为外肢的 1/3，内、外肢少毛。

本种第 3、4 步足后缘具短刚毛和第 3 尾肢内肢长约为外肢的 1/3，与短肢钩虾 *G. brevipodus* Hou, Li & Platvoet 相似。主要区别是本种第 2 触角鞭节具鞋状感觉器；第 4、5 腹节背部具 1-1-1-1 刺；第 3 尾肢外肢第 2 节长于邻近刺，第 1 节内缘具简单毛和羽状毛；尾节两叶表面具刺和刚毛。

本种与特克斯钩虾 *G. takesensis* Hou, Li & Platvoet 的主要区别在于本种第 2 腹侧板后下角钝；第 3 尾肢内肢长约为外肢的 1/3，外肢第 1 节内侧具简单毛和羽状毛。而特克斯钩虾第 2 腹侧板后下角钝但稍有突出；第 3 尾肢内肢达外肢的 3/4；具羽状毛。

本种与简毛钩虾 *G. simplex* Hou 的主要区别在于第 3、4 步足刚毛短；第 3 腹侧板后下角稍尖；第 3 尾肢内肢长约为外肢的 1/3，内、外肢刚毛稀疏。

(38) 光秃钩虾 *Gammarus glabratus* Hou & Li, 2003（图 191–195）

Gammarus glabratus Hou & Li, 2003d: 434, figs. 1–5.

形态描述：雄性 11.5mm。眼卵形，中等大小。第 1 触角长为体长的 2/3，第 1–3 柄节长度比 1.00∶0.70∶0.43，具末端短毛；鞭 34 节，具感觉毛。第 2 触角第 4、5 柄节前、后缘具短毛；鞭 14 节，无鞋状感觉器。左大颚切齿 5 齿；动颚片 4 齿；臼齿具 1 刚毛；触须第 2 节具 19 毛，第 3 节具 2 组 A-刚毛、2 组 B-刚毛、1 排 D-刚毛和 6 E-刚毛。右大颚切齿 4 齿，动颚片分叉。第 1 小颚内叶具 15 羽状毛；外叶具 11 锯齿状刺，左触须第 2 节具 8 尖刺和 4 硬毛；右触须第 2 节壮，具 6 钝刺和 1 硬毛。第 2 小颚内叶具 12

羽状毛。颚足内叶具 3 顶端刺和 1 近顶端刺。

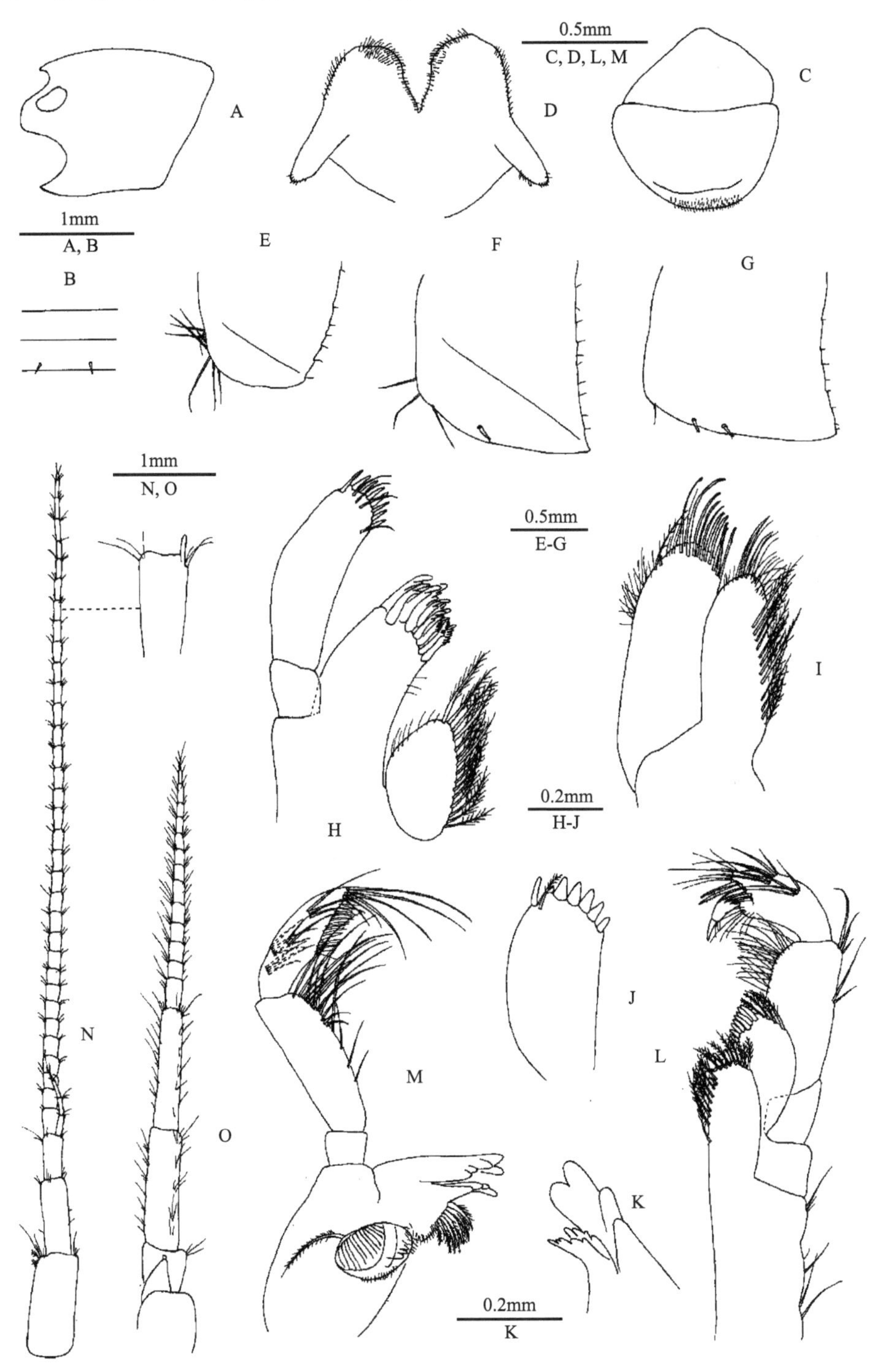

图 191　光秃钩虾 *Gammarus glabratus* Hou & Li（一）

♂。A. 头; B. 第 4-6 腹节（背面观）; C. 上唇; D. 下唇; E. 第 1 腹侧板; F. 第 2 腹侧板; G. 第 3 腹侧板; H. 左第 1 小颚; I. 第 2 小颚; J. 右第 1 小颚触须; K. 右大颚; L. 颚足; M. 左大颚; N. 第 1 触角; O. 第 2 触角

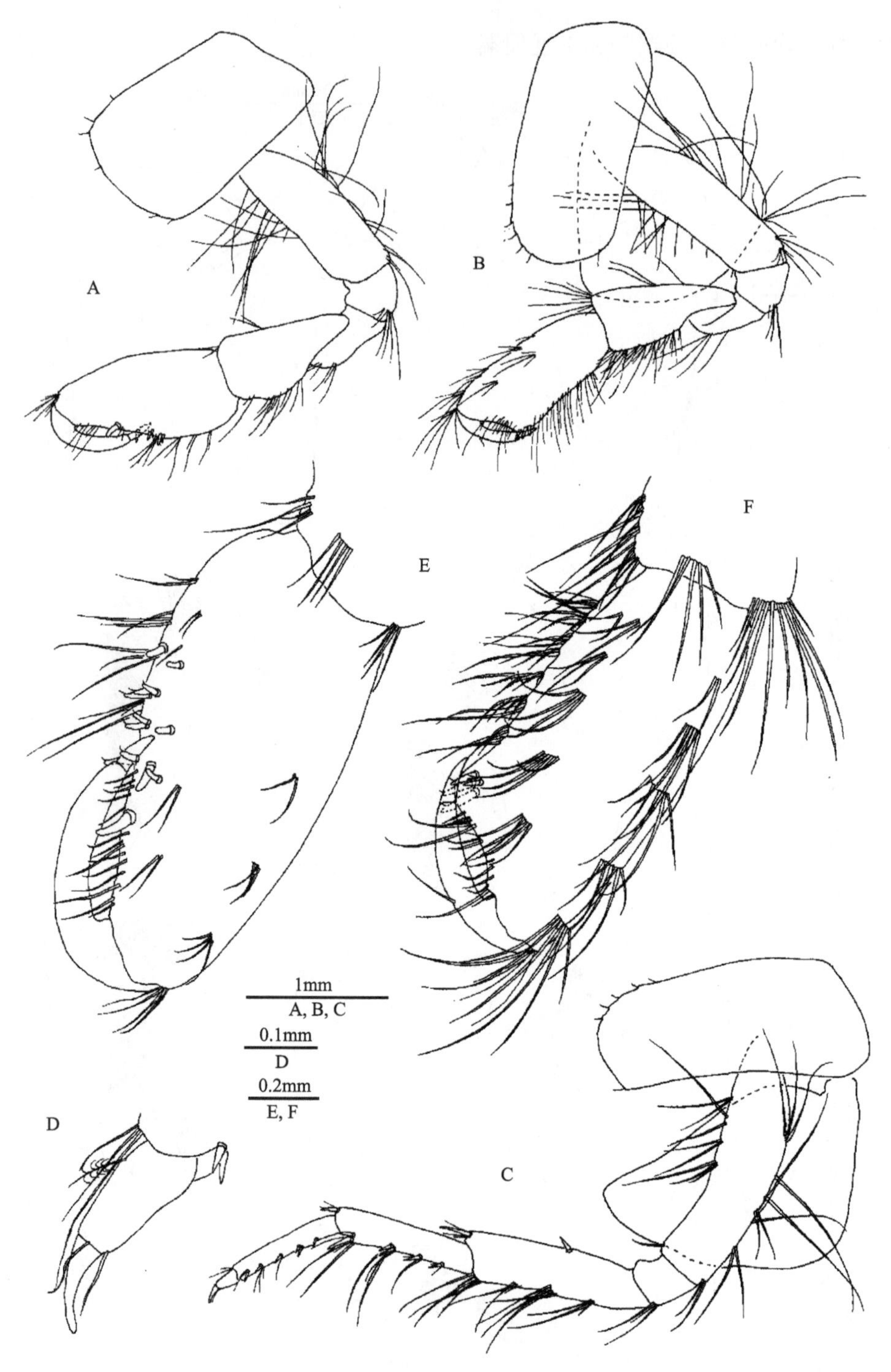

图 192 光秃钩虾 *Gammarus glabratus* Hou & Li（二）

♂。A. 第 1 腮足; B. 第 2 腮足; C. 第 3 步足; D. 第 3 步足指节; E. 第 1 腮足掌节; F. 第 2 腮足掌节

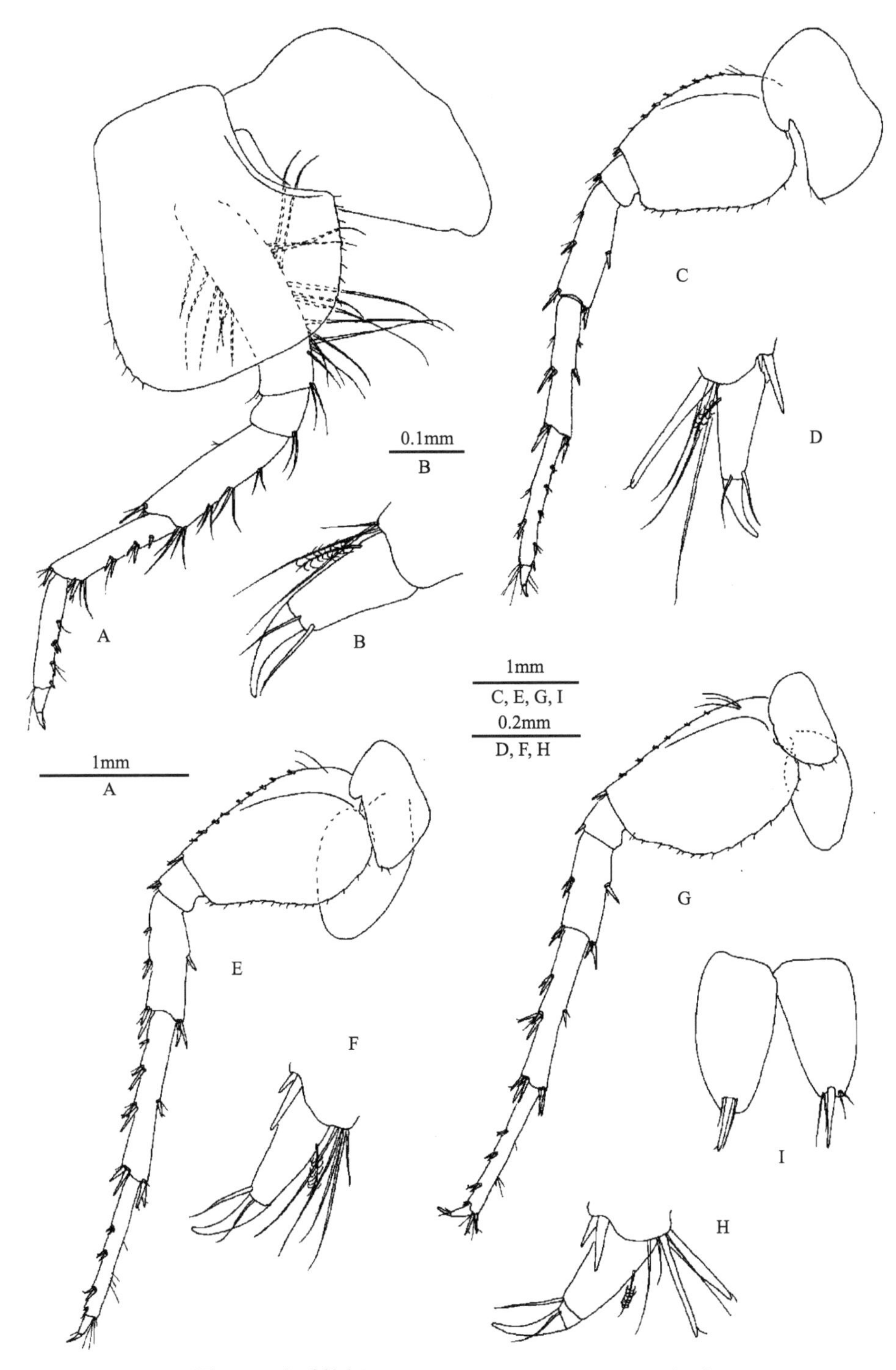

图 193 光秃钩虾 *Gammarus glabratus* Hou & Li（三）

♂。A. 第 4 步足; B. 第 4 步足指节; C. 第 5 步足; D. 第 5 步足指节; E. 第 6 步足; F. 第 6 步足指节; G. 第 7 步足; H. 第 7 步足指节; I. 尾节

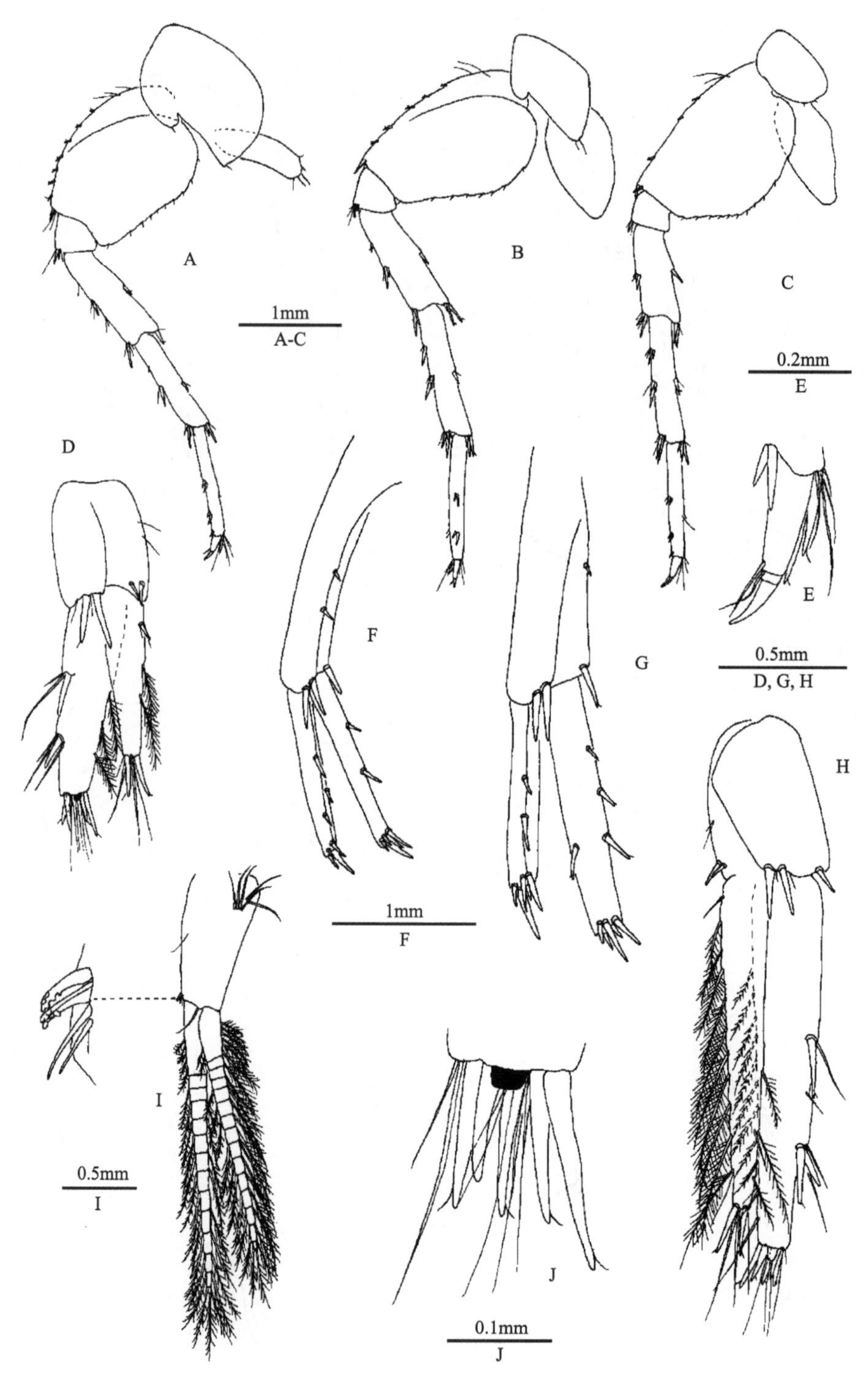

图 194 光秃钩虾 *Gammarus glabratus* Hou & Li（四）

♂, F-J; ♀, A-E。A. 第 5 步足; B. 第 6 步足; C. 第 7 步足; D. 第 3 尾肢; E. 第 7 步足指节; F. 第 1 尾肢; G. 第 2 尾肢; H. 第 3 尾肢; I. 第 1 腹肢; J. 第 3 尾肢外肢末节

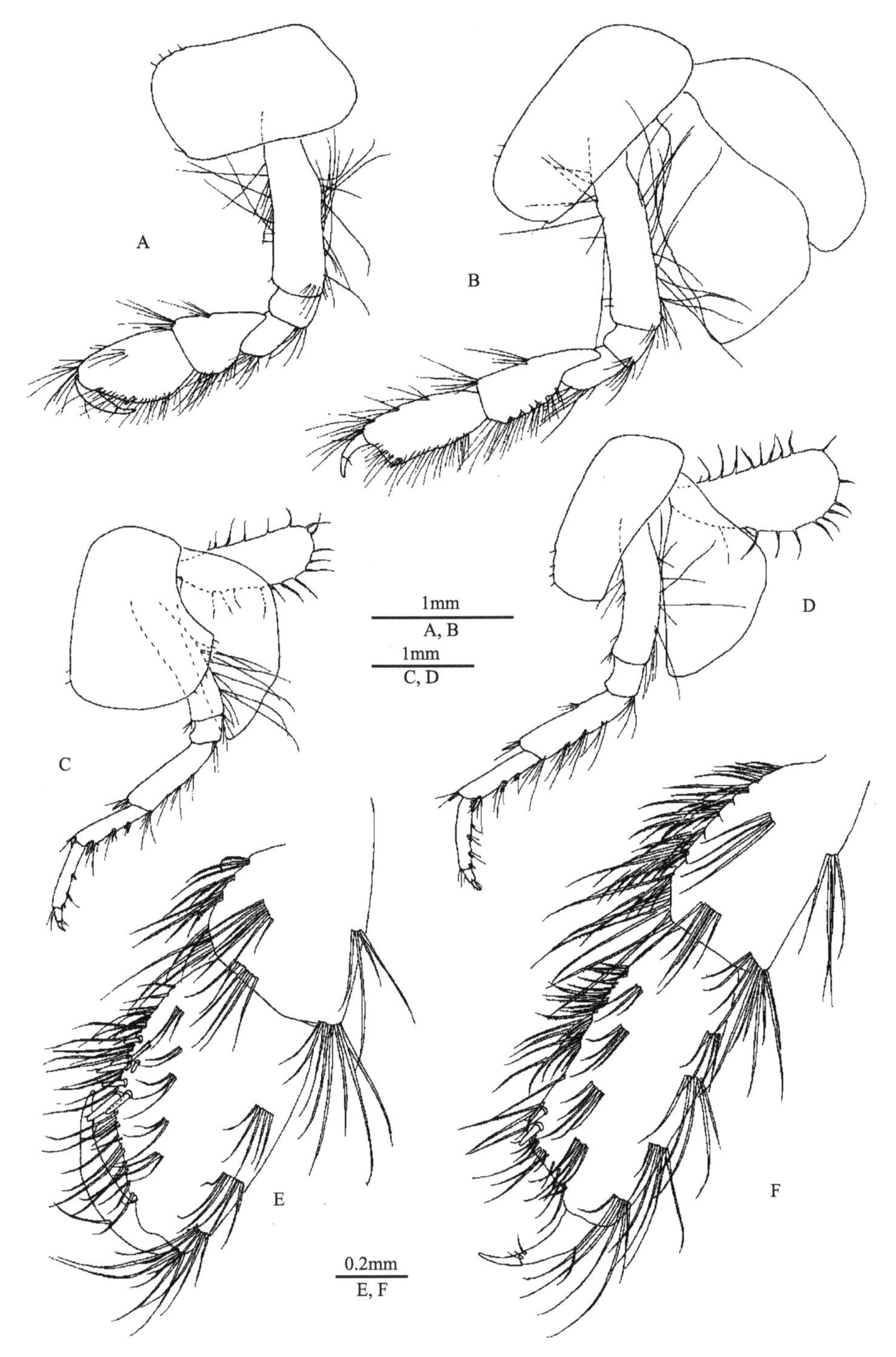

图 195　光秃钩虾 *Gammarus glabratus* Hou & Li（五）

♀。A. 第 1 腮足; B. 第 2 腮足; C. 第 4 步足; D. 第 3 步足; E. 第 1 腮足掌节; F. 第 2 腮足掌节

第 1 腮足基节前、后缘具长刚毛；掌节背缘具较少毛，掌面倾斜，具 1 中央刺，后缘具 12 刺。第 2 腮足腕节具平行边缘；掌节长方形，掌缘平截，无中央刺，后缘具 4 刺；指节外缘具 1 刚毛。第 3、4 步足细长，长节至掌节具较少长直毛，指节短，外缘具 1 刚毛，趾钩接合处具 2 刚毛。第 5–7 步足相似，基节前缘具 6–9 刺，后缘扩大，具 16 短毛；长节至掌节细长，前后缘具 2 组或 3 组刺；指节外缘具 1 刚毛，趾钩接合处具 2 刚毛。

第 1–3 腹侧板后缘具 7–10 短毛。第 1 腹侧板腹前缘具 9 毛；第 2 腹侧板后下角钝，腹前缘具 3 毛和 1 刺；第 3 腹侧板后下角钝，腹缘具 1 毛和 2 刺。第 4、5 腹节背部平坦，背面刺退化，无毛，第 6 腹节背缘具 2 刺。

第 1 尾肢柄节无背基刺，外缘具 1-1-2 刺；外肢内、外缘分别具 1 和 2 刺；内肢内缘具 2 刺。第 2 尾肢外肢比内肢稍短，外缘具 2 刺；内肢内、外缘分别具 3 和 1 刺。第 3 尾肢柄节具 5 末端刺；内肢比外肢稍短，两缘具羽状毛和 2 末端刺；外肢第 1 节外缘具 3 刺，内缘具羽状毛和 5 末端刺，第 2 节短于周围刺。尾节每叶具 1 末端刺，背毛无。

雌性 10.5mm。第 1 腮足掌节卵形，掌面不如雄性倾斜，后角具 7 刺，指节外缘具 1 刚毛。第 2 腮足掌节长方形，掌面短，后角具 2 刺。第 3 尾肢内肢略短于外肢，具较少羽状毛；外肢第 1 节外缘具 2 刺，第 2 节退化。具 2–5 抱卵板。

观察标本：1♂（正模，IZCAS-I-A0077），2♂1♀，贵州大方清虚洞（105.6°E, 27.1°N），1996.II.14。1♂，贵州大方羊场镇，2001.I.30。

生态习性：本种主要栖息在洞穴中。

地理分布：贵州。

分类讨论：本种主要鉴别特征是第 2 触角无鞋状感觉器；第 1、2 腮足腕节和掌节相对伸长；第 2 腮足掌节无中央刺；第 3、4 步足细长，长节至掌节后缘具较少毛；第 4、5 腹节无背毛和刺；第 1 尾肢无背基刺；第 3 尾肢内肢比外肢稍短，外肢第 2 节很小。本种与 *G. albimanus* Karaman 的主要区别在于第 2 触角无鞋状感觉器，第 3 尾肢内外肢近似等长，第 4、5 腹节背缘无毛和刺。

本种第 4、5 腹节背刺退化，与格氏钩虾 *G. gregoryi* Tattersall 相似，区别在于本种第 3 尾肢内、外肢几乎等长，而格氏钩虾内肢长是外肢的 1/3。

(39) 贡嘎钩虾 *Gammarus gonggaensis* Hou & Li, 2018（图 196–200）

Gammarus gonggaensis Hou & Li, 2018b: 20, figs. 12–16.

形态描述：雄性 10.0mm。眼中等大小，卵形。第 1 触角第 1–3 柄节长度比 1.0∶0.7∶0.5，具末端毛；鞭 17 节，具感觉毛；副鞭 5 节。第 2 触角第 4、5 柄节前、后缘各具 5、6 组长毛；鞭 12 节，具刚毛，无鞋状感觉器。左大颚切齿 5 齿；动颚片 4 齿；触须第 2 节具 16 毛，第 3 节具 4 A-刚毛、4 B-刚毛、19 D-刚毛和 4 E-刚毛；右大颚切齿 4 齿，动颚片分叉，具小齿。第 1 小颚左右不对称，内叶具 13 羽状毛；外叶具 11 锯齿状大刺；左触须第 2 节顶端具 10 细长刺；右触须第 2 节顶端具 5 壮刺和 2 硬毛。第 2 小颚内叶具 12 羽状毛。颚足内叶具 3 顶刺；外叶具 9 钝齿，顶端具 5 长毛；触须 4 节。

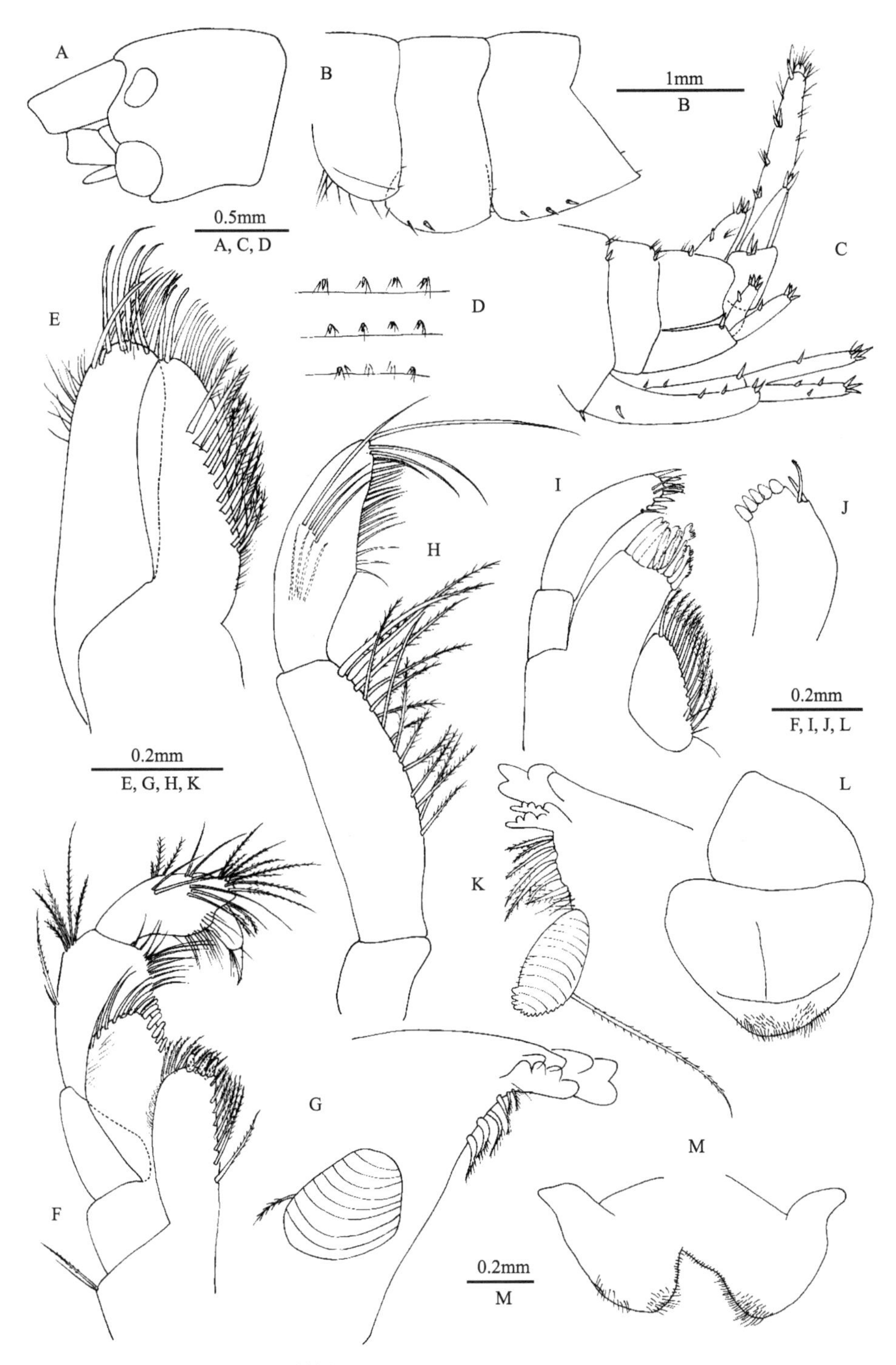

图 196　贡嘎钩虾 *Gammarus gonggaensis* Hou & Li（一）

♂。A. 头; B. 腹侧板（侧面观）; C. 第 4-6 腹节（侧面观）; D. 第 4-6 腹节（背面观）; E. 第 2 小颚; F. 颚足; G. 左大颚切齿; H. 左大颚触须; I. 左第 1 小颚; J. 右第 1 小颚触须; K. 右大颚切齿; L. 上唇; M. 下唇

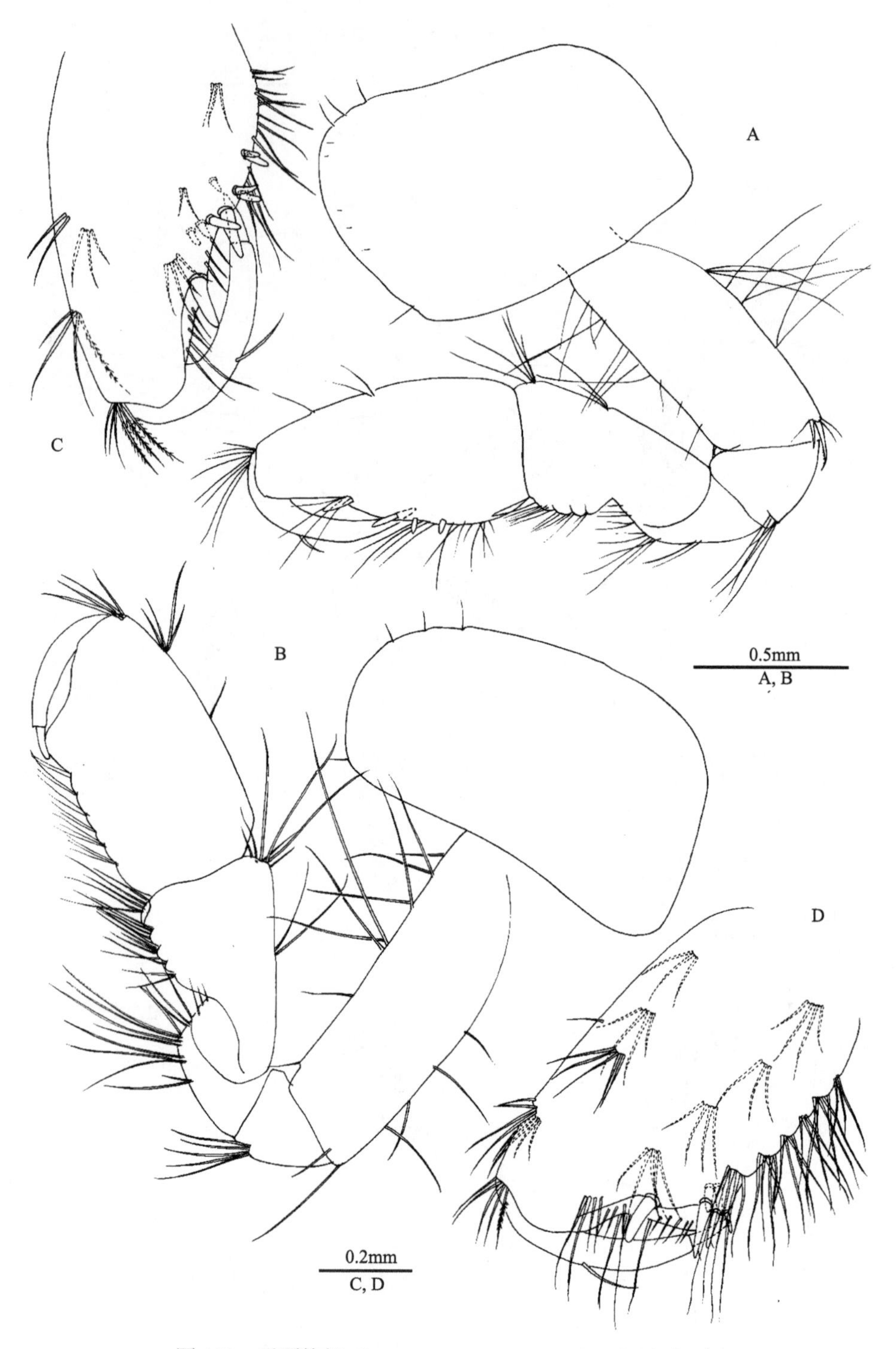

图 197 贡嘎钩虾 *Gammarus gonggaensis* Hou & Li（二）

♂。A. 第 1 腮足; B. 第 2 腮足; C. 第 1 腮足掌节; D. 第 2 腮足掌节

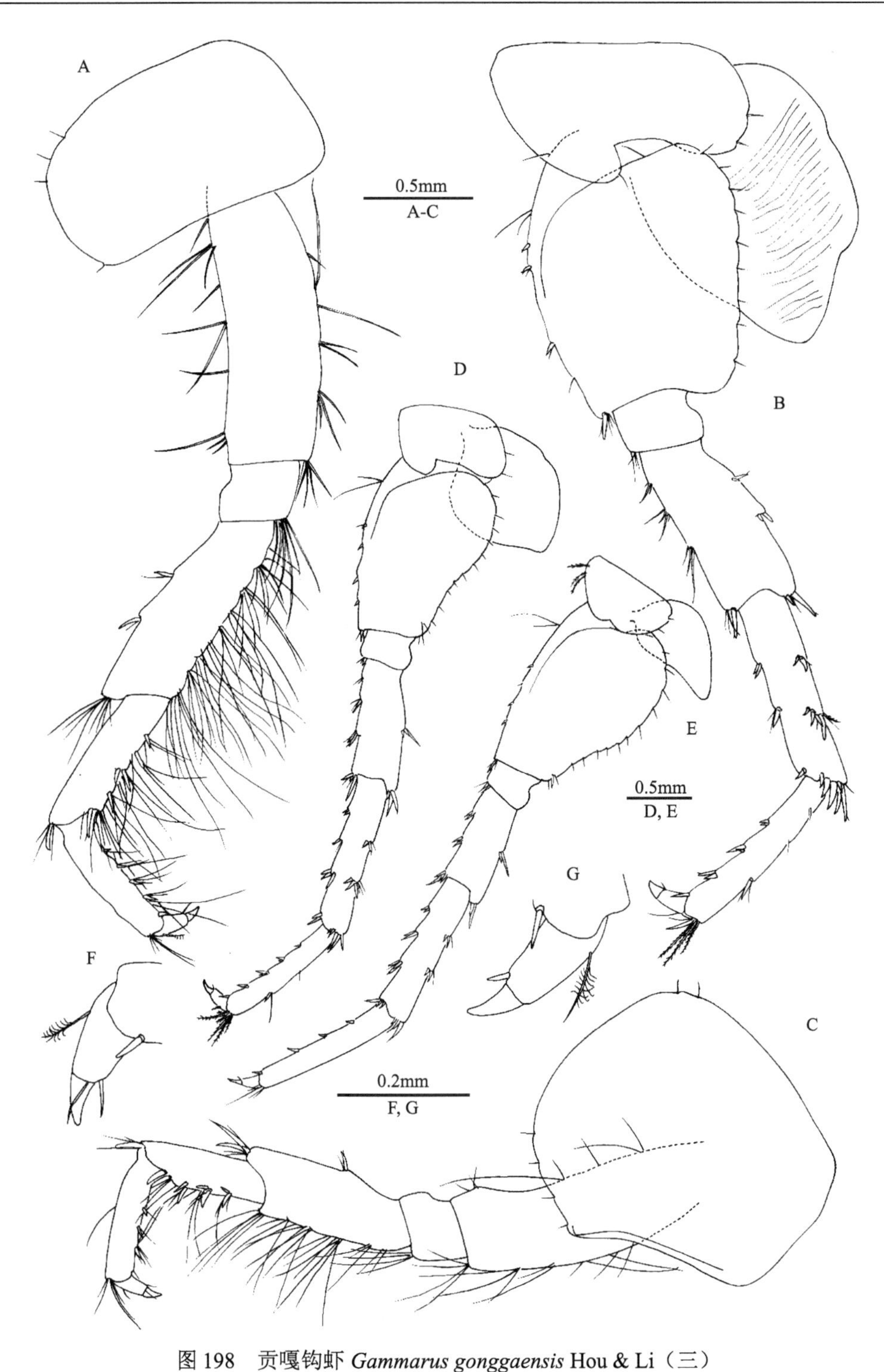

图 198　贡嘎钩虾 *Gammarus gonggaensis* Hou & Li（三）

♂。A. 第 3 步足; B. 第 4 步足; C. 第 5 步足; D. 第 6 步足; E. 第 7 步足; F. 第 4 步足指节; G. 第 5 步足指节

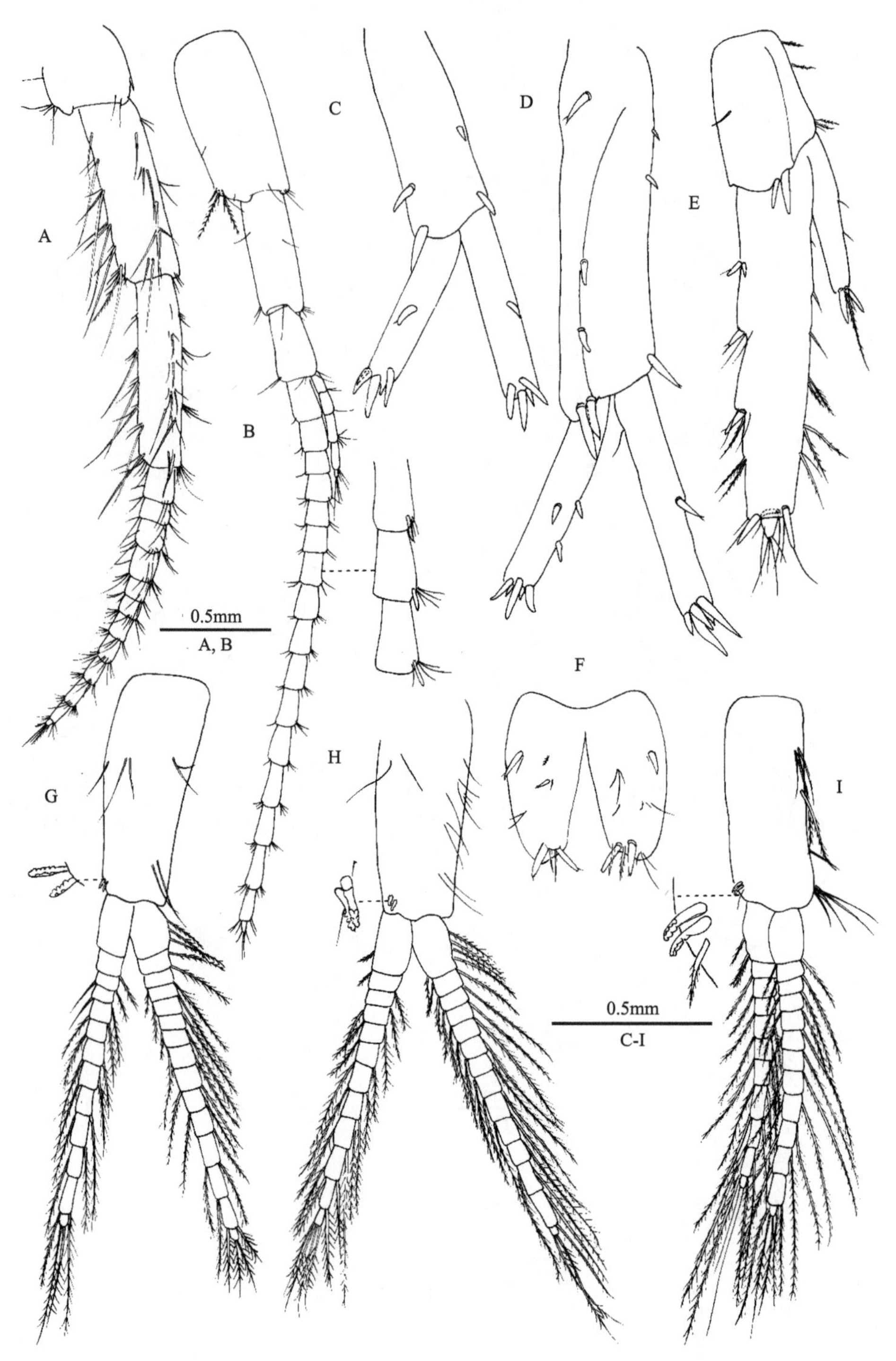

图 199 贡嘎钩虾 *Gammarus gonggaensis* Hou & Li（四）

♂。A. 第 2 触角; B. 第 1 触角; C. 第 2 尾肢; D. 第 1 尾肢; E. 第 3 尾肢; F. 尾节; G. 第 1 腹肢; H. 第 2 腹肢; I. 第 3 腹肢

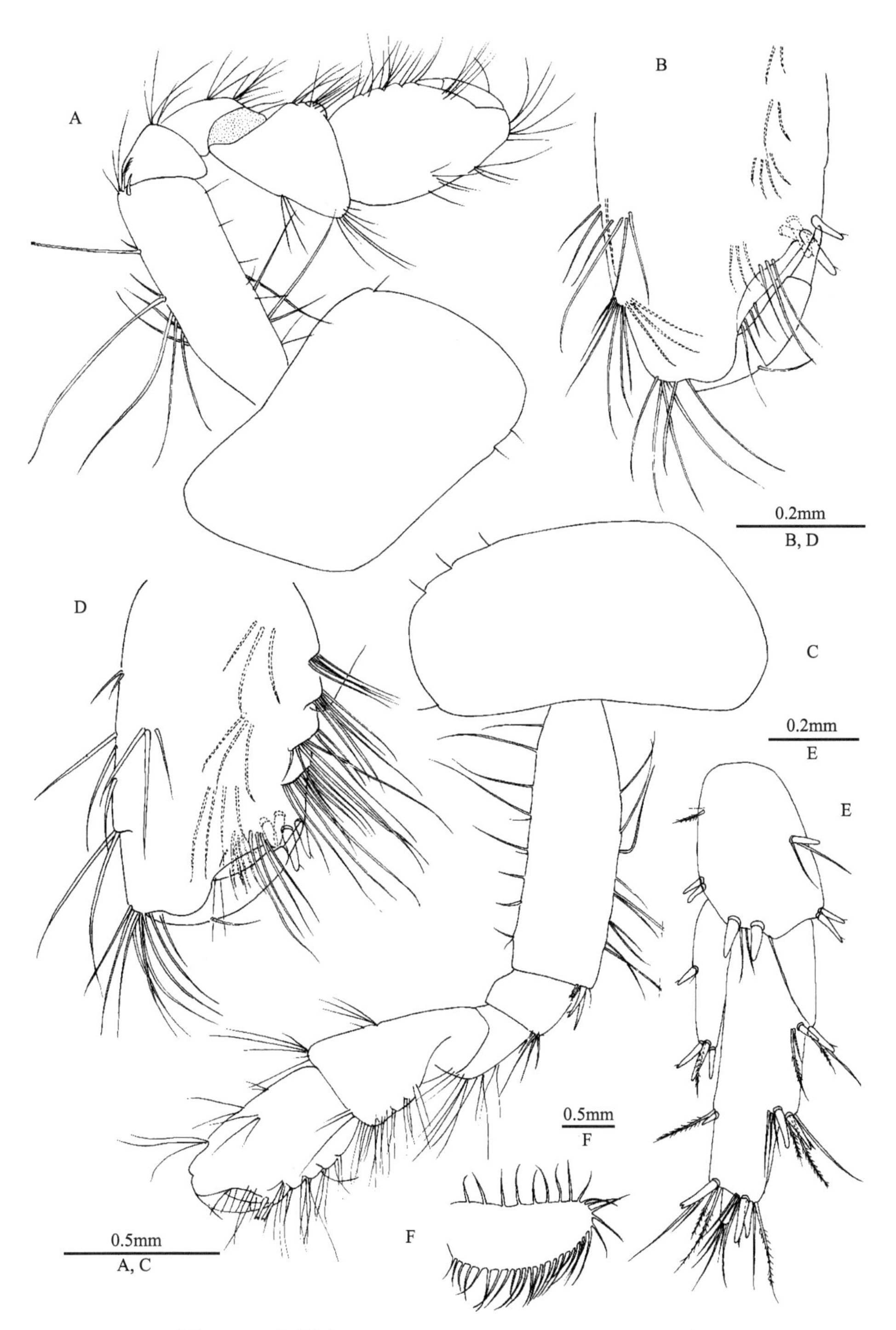

图 200　贡嘎钩虾 *Gammarus gonggaensis* Hou & Li（五）

♀。A. 第 1 腮足; B. 第 1 腮足掌节; C. 第 2 腮足; D. 第 2 腮足掌节; E. 第 3 尾肢; F. 第 2 抱卵板

第 1 腮足底节板前、后角具 3 和 1 刚毛；基节前、后缘具刚毛；腕节长为掌节的 3/5；掌缘倾斜，具 1 中央刺，后缘具 3 对刺，内面具 3 刺；指节外缘具 1 刚毛。第 2 腮足底节板长方形；腕节两缘平行；掌节掌面平截，具 1 中央刺，后角具 5 刺。第 3 步足长节至掌节后缘具长直毛，腕节和掌节后缘具 5 刺。第 4 步足底节板凹陷，长节和腕节后缘具长毛，腕节和掌节后缘具 4 组刺。第 5 步足长节前缘具 3 组毛；腕节前、后缘各具 2 组刺；掌节前缘具 3 对刺，后缘具 3 簇毛和刺；指节外缘具 1 羽状刚毛，趾钩接合处具 1 刚毛。第 6 步足长节至掌节前缘具 3 或 4 组刺，无长毛。第 7 步足与第 6 步足相似，底节板前缘具 3 羽状毛。

第 1 腹侧板腹缘圆，具 7 毛，后缘具 2 短毛；第 2 腹侧板腹前缘具 1 毛和 2 刺，后缘具 2 短毛，后下角钝；第 3 腹侧板腹缘具 3 刺，后缘具 2 短毛，后下角钝。第 4–6 腹节具 4 簇刺和毛。

第 1 尾肢柄节具 1 背基刺，内、外缘各具 2 刺；外肢内、外缘具 2 和 1 刺；内肢内缘具 1 刺。第 2 尾肢柄节内、外缘各具 1 刺，内肢内缘具 1 刺，外肢外缘具 1 刺。第 3 尾肢柄节表面具 1 毛、2 羽状毛、2 末端羽状毛和 2 末端刺；内肢长达外肢的 2/5，具 2 末端刺和 1 长毛；外肢第 1 节外缘具 2-1-2 刺和 2 末端刺，内缘具 5 羽状毛，第 2 节短于邻近刺。尾节深裂，具 2 末端刺和 1 表面刺。

雌性 8.6mm。第 1 腮足掌节梨形，掌面倾斜，后缘具 4 刺。第 2 腮足掌节掌面平截，后角具 4 刺。第 3 尾肢内肢长达外肢的 1/2。

观察标本：1♂（正模，IZCAS-I-A0065-1），1♀2♂，四川宝兴和平沟（102.7°E, 30.3°N），2001.VI.15。

生态习性：栖息在流经大石头下的一条小溪中。

地理分布：四川。

分类讨论：本种主要鉴别特征是第 2 触角第 4、5 柄节后缘具长毛，无鞋状感觉器；第 3、4 步足后缘具长直毛；第 3 尾肢内肢短于外肢的 1/2，内、外肢均具较少缘毛。

本种与康定钩虾 *G. kangdingensis* Hou & Li 区别在于第 2 触角柄节具长毛，无鞋状感觉器；第 3 尾肢外肢内缘具羽状毛；第 3 尾肢第 2 节短于邻近刺。

本种第 2 触角柄节具长毛和无鞋状感觉器等特征与峨眉钩虾 *G. emeiensis* Hou, Li & Koenemann 相似。区别在于本种第 3 尾肢内肢短于外肢的 1/2；而峨眉钩虾第 3 尾肢内肢长是外肢的 3/4。

(40) 格氏钩虾 *Gammarus gregoryi* Tattersall, 1924（图 201–202）

Gammarus gregoryi Tattersall, 1924: 430, figs. 1–10; Karaman, 1984: 147.

形态描述：头侧叶平截，上下角圆，下触角窝深。眼小，肾形。第 1–4 底节板深，腹缘具柔毛，第 4 底节板宽等于长，后缘凹陷。第 1 腹侧板后下角钝圆，后缘具 5、6 短毛。第 4 腹节背部具 4 毛但无刺，第 5、6 腹节背部具刺和毛。

第 1 触角不达躯体长的 1/2，但长于第 2 触角，鞭 19–21 节，副鞭 3、4 节，具短刚毛。第 2 触角第 4 与第 5 柄节等长，鞭 9–11 节，长为第 4、5 柄节之和，雄性具鞋状感觉器。第 1 腮足掌节掌缘倾斜，中央具 1 壮刺，后缘具 9 刺。第 2 腮足掌节比第 1 腮足掌节大，掌缘倾斜度小，掌中央具 1 壮刺。第 3、4 步足后缘具长毛，第 5–7 步足简单。第 3 尾肢内肢长为外肢的 1/3，外肢 2 节，第 2 节小，内、外肢边缘具长刚毛。尾节深裂。

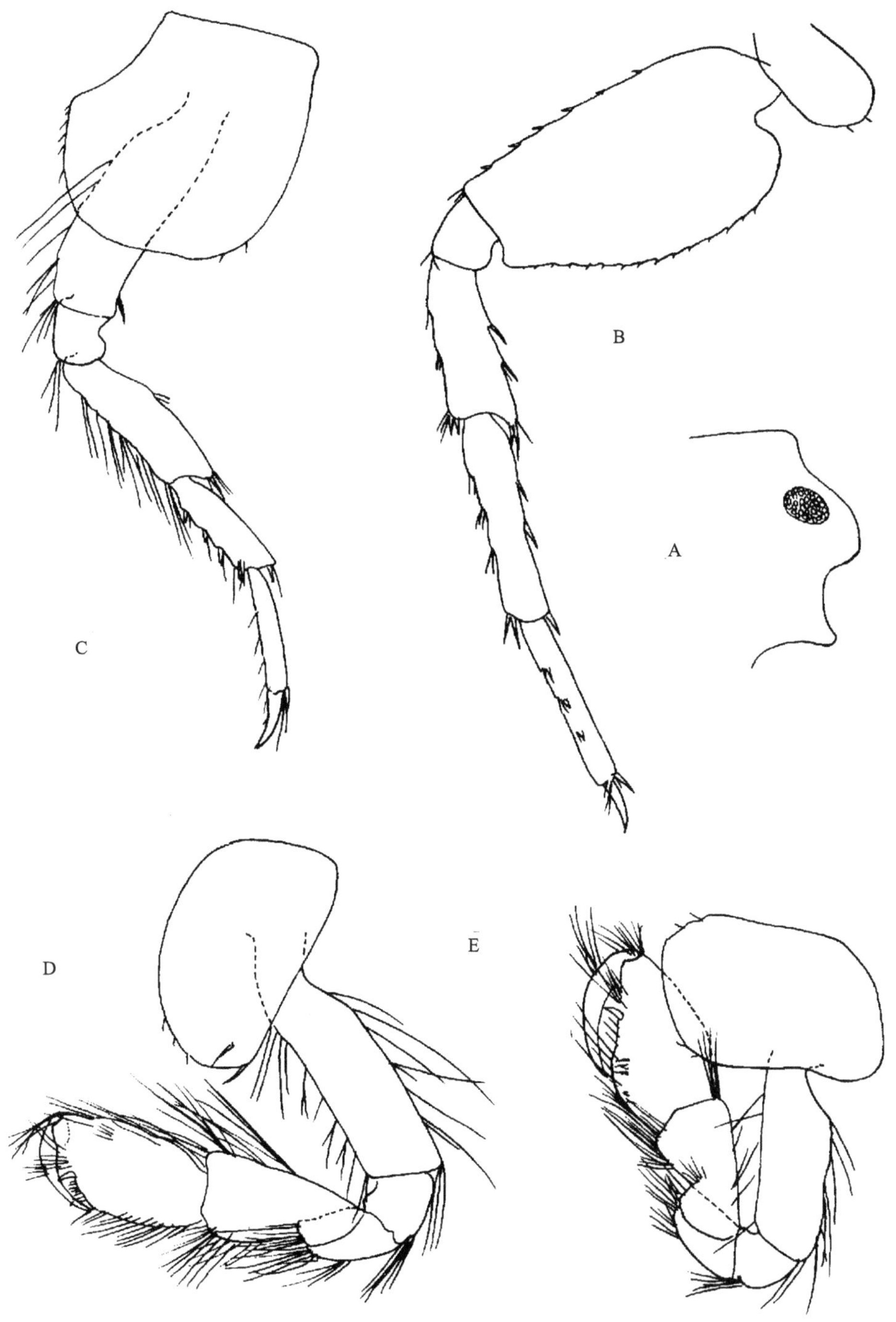

图 201 格氏钩虾 *Gammarus gregoryi* Tattersall（一）（仿 Tattersall, 1924）

♂。A. 头; B. 第 7 步足; C. 第 4 步足; D. 第 2 腮足; E. 第 1 腮足

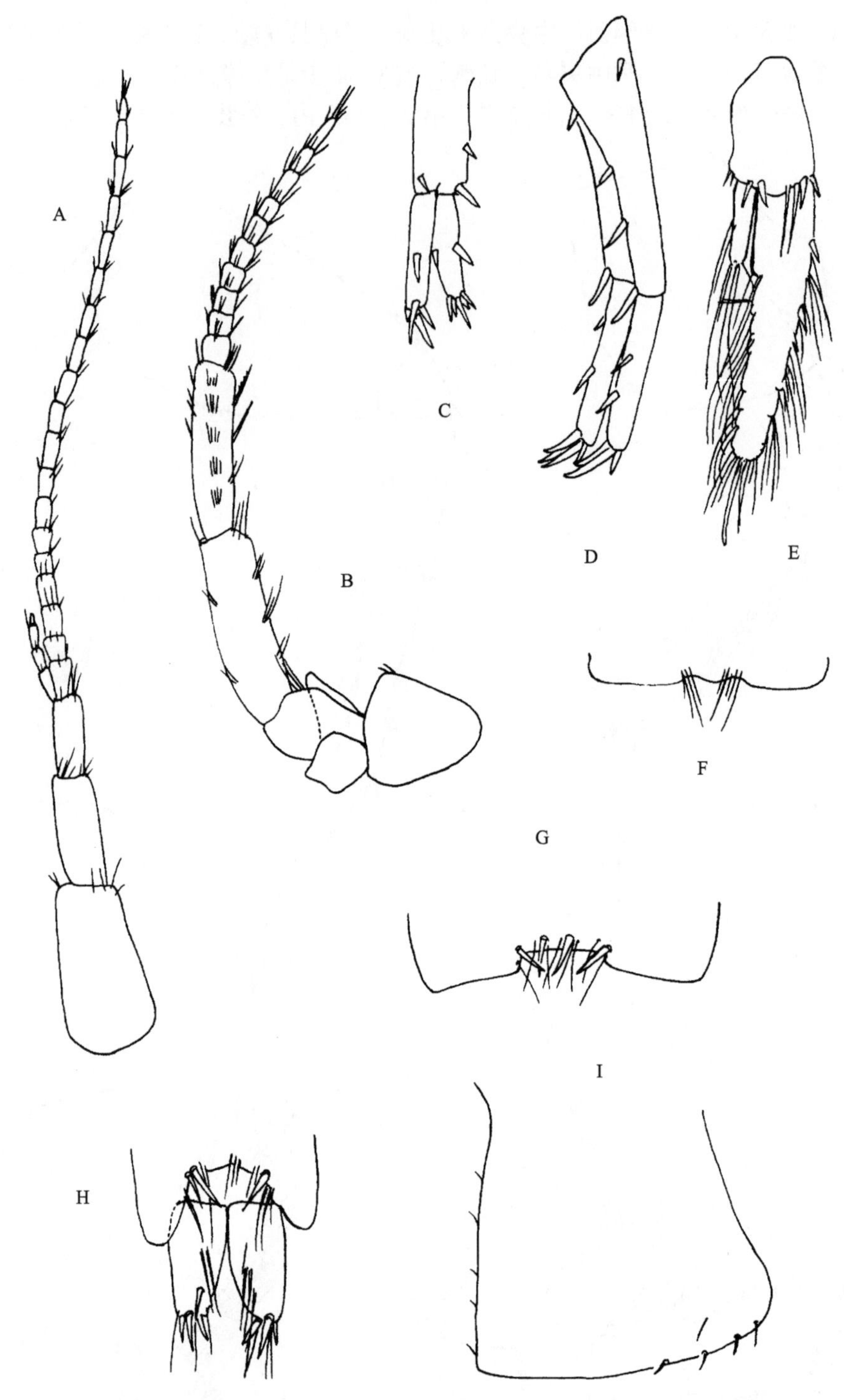

图 202 格氏钩虾 *Gammarus gregoryi* Tattersall（二）（仿 Tattersall, 1924）

♂。A. 第 1 触角; B. 第 2 触角; C. 第 2 尾肢; D. 第 1 尾肢; E. 第 3 尾肢; F. 第 4 腹节; G. 第 5 腹节; H. 第 6 腹节与尾节; I. 第 3 腹侧板

观察标本：无，形态描述和特征图引自 Tattersall（1924）。

生态习性：栖息在冷水性的高山溪流或湖泊中。

地理分布：云南（丽江）。

分类讨论：本种主要鉴别特征为第 4 腹节背部附属物简单，只有几根刚毛，无刺；第 3 尾肢内肢长约为外肢的 1/3；第 3、4 步足后缘具长毛。

(41) 多毛钩虾 *Gammarus hirtellus* Hou, Li & Li, 2013（图 203–208）

Gammarus hirtellus Hou, Li & Li, 2013: 51, figs. 3C, 36–41.

形态描述：雄性 11.2mm。无眼。第 1 触角第 1–3 柄节长度比 1.0∶0.8∶0.4，末端具刚毛；鞭 30 节，具感觉毛；副鞭 5 节。第 2 触角长是第 1 触角的 2/3，第 3–5 柄节长度比 1.0∶3.0∶2.6，第 4、5 柄节各具 10、11 簇刚毛；鞭 14 节，腹缘具毛；具鞋状感觉器。左大颚切齿 5 齿；动颚片 4 齿，刺排具 8 对羽状毛；触须第 2 节具 13 毛，第 3 节具 3 A-刚毛、2 簇 B-刚毛、20 D-刚毛，顶端具 6 E-刚毛；右大颚切齿 4 齿，动颚片分叉，具小齿。第 1 小颚不对称，内叶具 20 羽状毛；外叶顶端具 11 锯齿状大刺，刺具小齿；左触须第 2 节具 6 长刺和 1 硬毛；右触须第 2 节具 4 壮刺和 1 长刺。第 2 小颚内叶具 17 羽状毛。颚足内叶顶端具 3 壮刺和 1 近顶端刺；外叶具 1 排钝齿；触须第 4 节呈钩状，趾钩接合处具有 1 簇刚毛。

第 1 腮足底节板前、后缘分别具 3 和 4 毛；腕节长达掌节的 3/5，后缘具短毛；掌节卵形，掌缘具 1 中央刺，后缘和表面具 15 刺。第 2 腮足腕节长是掌节的 7/10，腹缘具 10 簇毛，背缘具 2 簇毛；掌节卵形，具 1 中央刺，后缘具 4 刺。第 3 步足底节板前缘具 6 短毛；长节至掌节后缘具长卷毛；腕节和掌节后缘具 2 或 4 组刺；指节外缘具 1 羽状刚毛，趾钩接合处具 2 刚毛。第 4 步足底节板前缘具 5 短毛，长节和腕节后缘具短毛；腕节和掌节后缘具 3 或 4 对刺。第 5–7 步足长节到腕节前、后缘具刺和长毛；掌节前缘具刺，后缘具短毛；指节后缘具 1 羽状刚毛，趾钩接合处具 2 刚毛。

第 1 腹侧板腹缘圆，腹前缘具 5 毛，后缘具 4 短毛；第 2 腹侧板腹前缘具 1 毛和 3 刺，后缘具 6 短毛，后下角钝；第 3 腹侧板腹前缘具 3 刺，后缘具 4 毛，后下角钝。第 4 腹节背缘具 1-1-1-1 刺伴 2、3 刚毛；第 5 腹节背缘具 1-1-1-1 刺；第 6 腹节两侧各具 1 刺和毛。

第 1 尾肢柄节具 1 背基刺，外缘具 2 刺；内肢内缘具 1 刺。第 2 尾肢短，柄节外缘具 1 刺，内、外肢内缘各具 1 刺。第 3 尾肢柄节表面具 1 刺和刚毛，具 5 末端刺；内肢长达外肢的 4/5，内、外缘密布羽状毛，具 1 末端刺；外肢第 1 节外缘具 1 刺和 2 对刺，内、外缘密布羽状毛，第 2 节短于周围刺。尾节深裂，表面具毛，末端分别具 1 刺和 6、7 刚毛。

雌性 9.2mm。第 1 腮足掌节似卵形，掌后缘具 10 刺，指节外缘具 1 刚毛。第 2 腮足掌节近似长方形，后缘具 5 刺，背腹缘具简单刚毛。第 3、4 步足与雄性相比，后缘具较短刚毛。第 2 抱卵板宽阔，有缘毛，第 3、4 抱卵板细长，第 5 抱卵板最小。

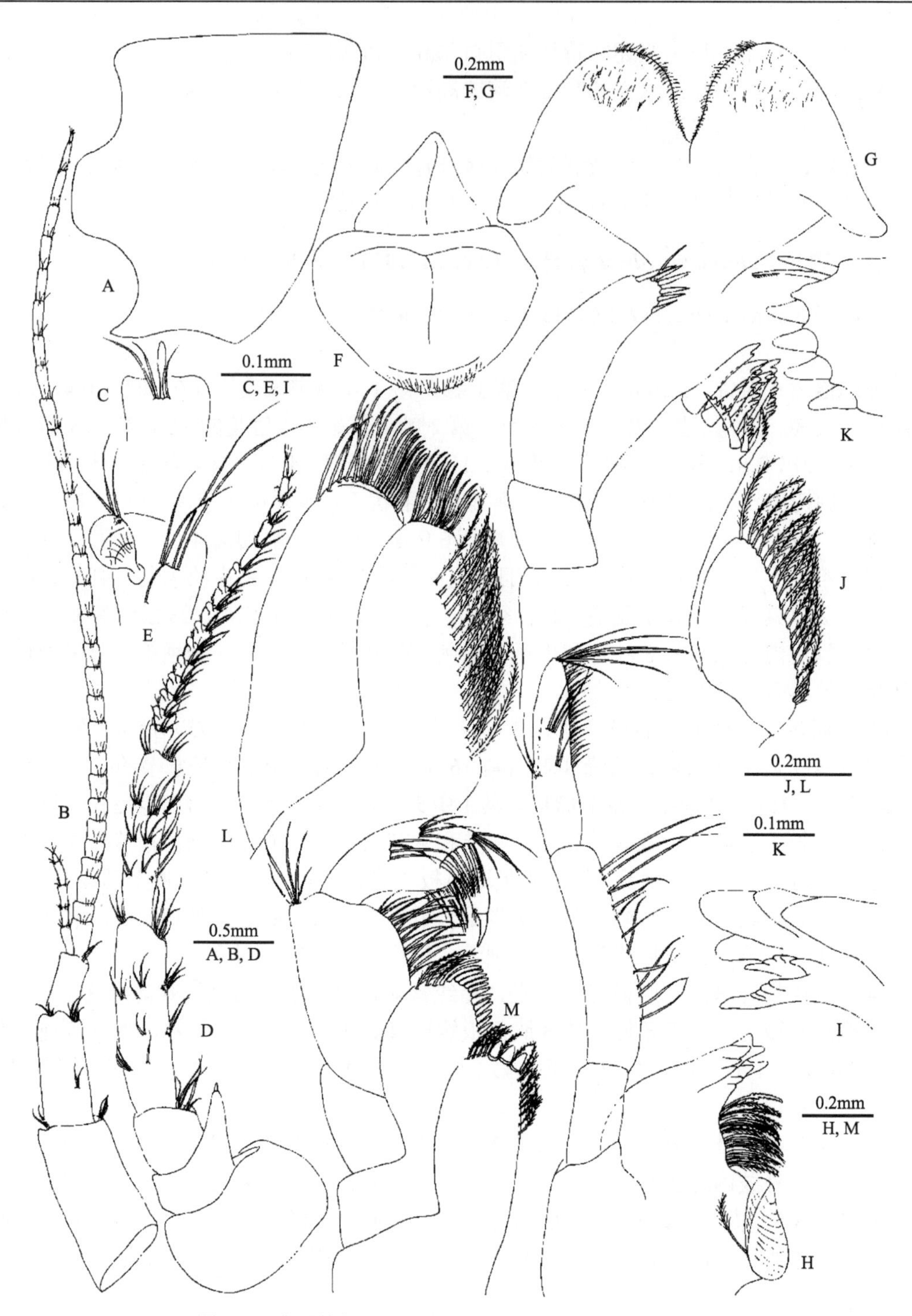

图 203 多毛钩虾 *Gammarus hirtellus* Hou, Li & Li（一）

♂。A. 头; B. 第 1 触角; C. 第 1 触角感觉毛; D. 第 2 触角; E. 第 2 触角鞋状感觉器; F. 上唇; G. 下唇; H. 左大颚; I. 右大颚切齿; J. 第 1 小颚; K. 第 1 小颚右触须; L. 第 2 小颚; M. 颚足

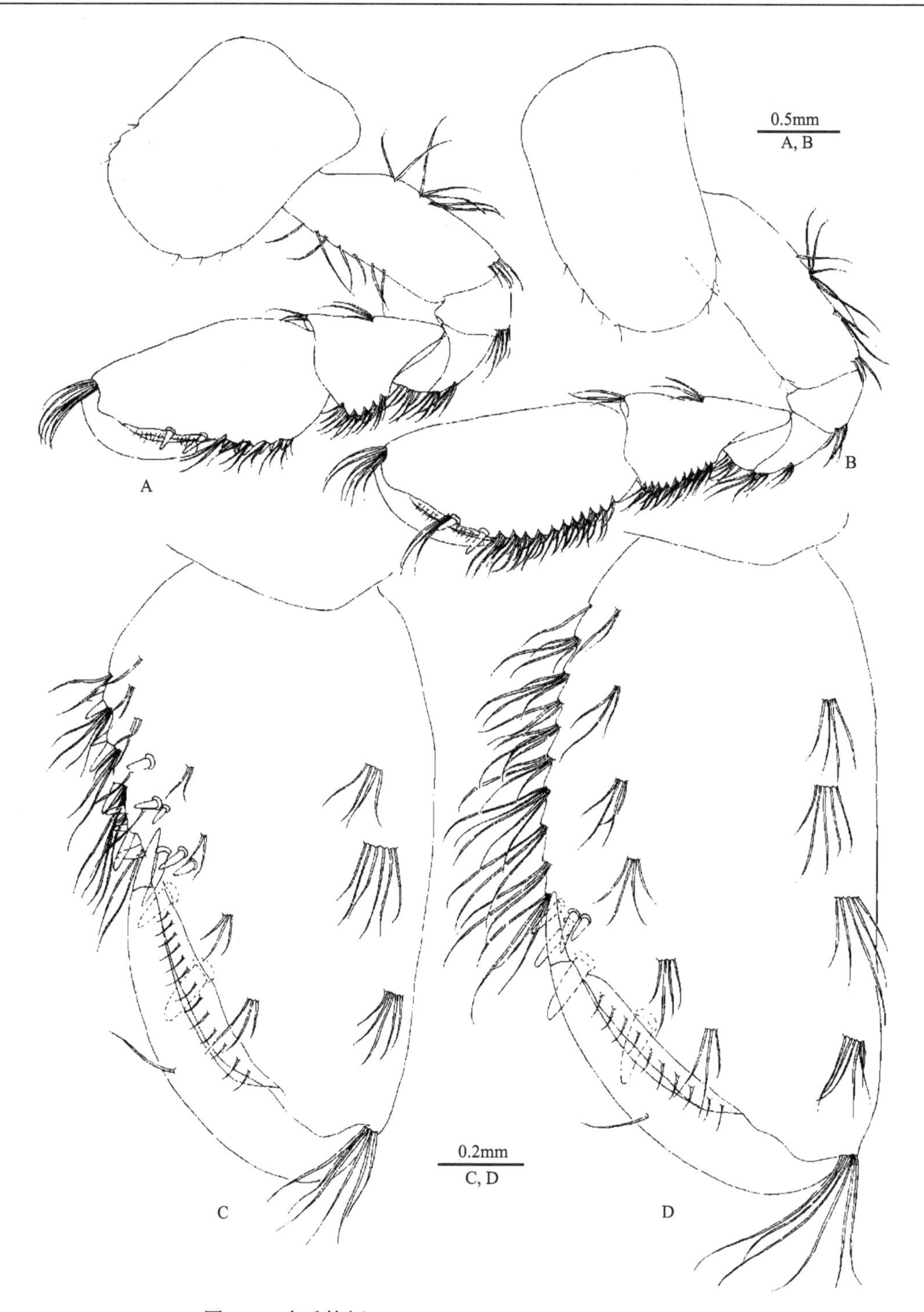

图 204　多毛钩虾 *Gammarus hirtellus* Hou, Li & Li（二）

♂。A. 第 1 腮足; B. 第 2 腮足; C. 第 1 腮足掌节; D. 第 2 腮足掌节

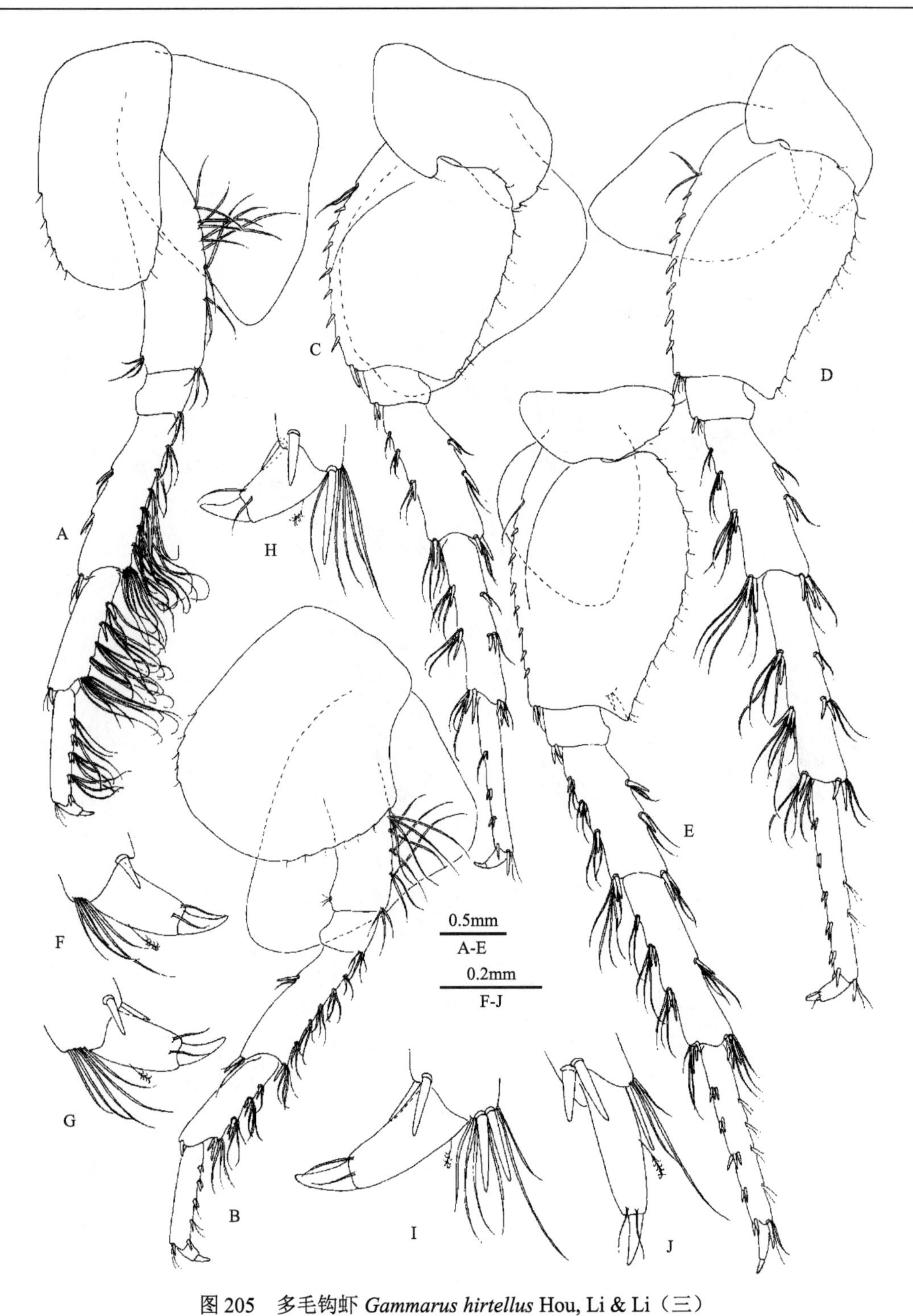

图 205 多毛钩虾 *Gammarus hirtellus* Hou, Li & Li（三）

♂。A. 第 3 步足; B. 第 4 步足; C. 第 5 步足; D. 第 6 步足; E. 第 7 步足; F. 第 3 步足指节; G. 第 4 步足指节; H. 第 5 步足指节; I. 第 6 步足指节; J. 第 7 步足指节

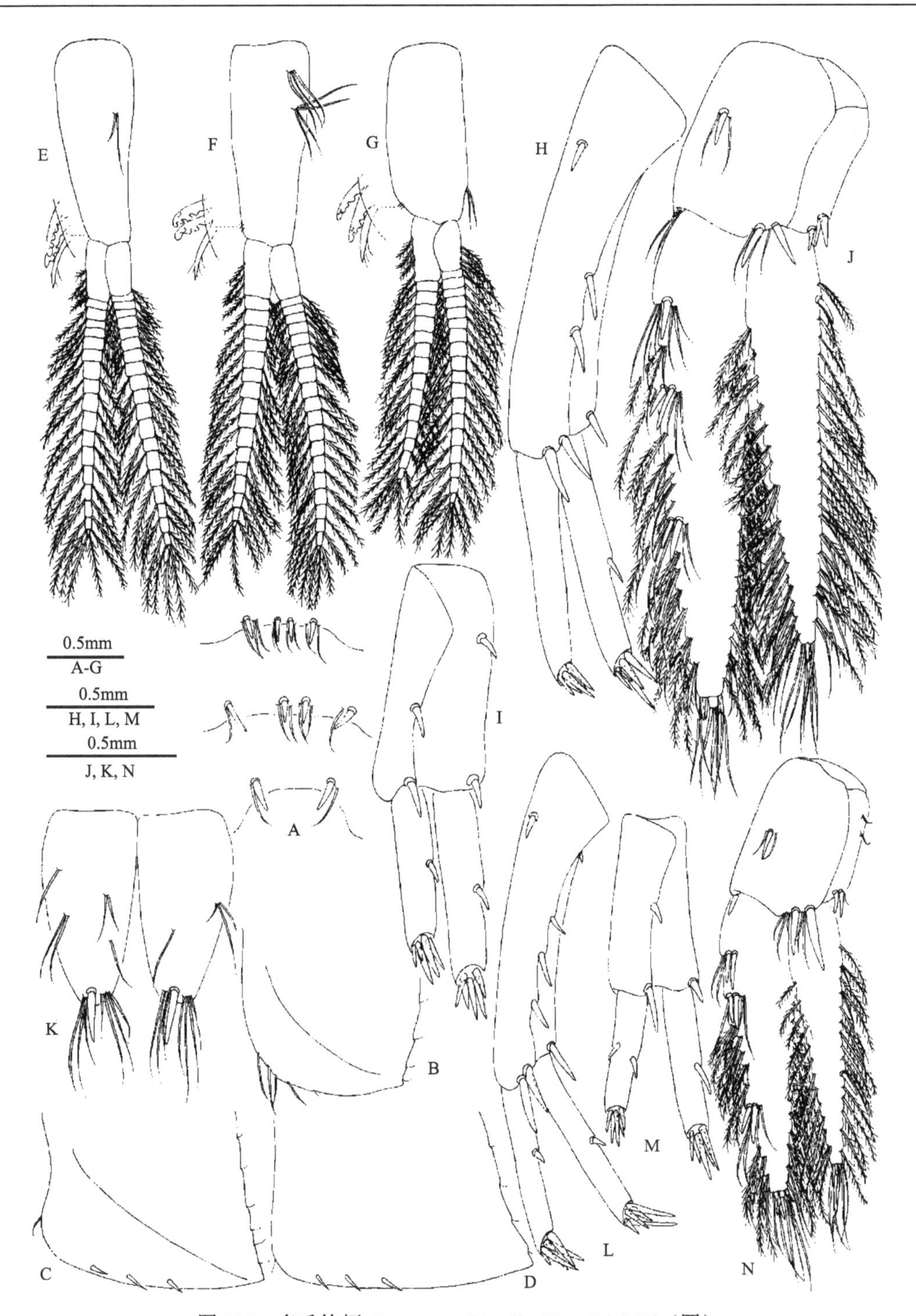

图 206　多毛钩虾 *Gammarus hirtellus* Hou, Li & Li（四）

♂, A-K; ♀, L-N。A. 第 4-6 腹节（背面观）; B. 第 1 腹侧板; C. 第 2 腹侧板; D. 第 3 腹侧板; E. 第 1 腹肢; F. 第 2 腹肢; G. 第 3 腹肢; H. 第 1 尾肢; I. 第 2 尾肢; J. 第 3 尾肢; K. 尾节; L. 第 1 尾肢; M. 第 2 尾肢; N. 第 3 尾肢

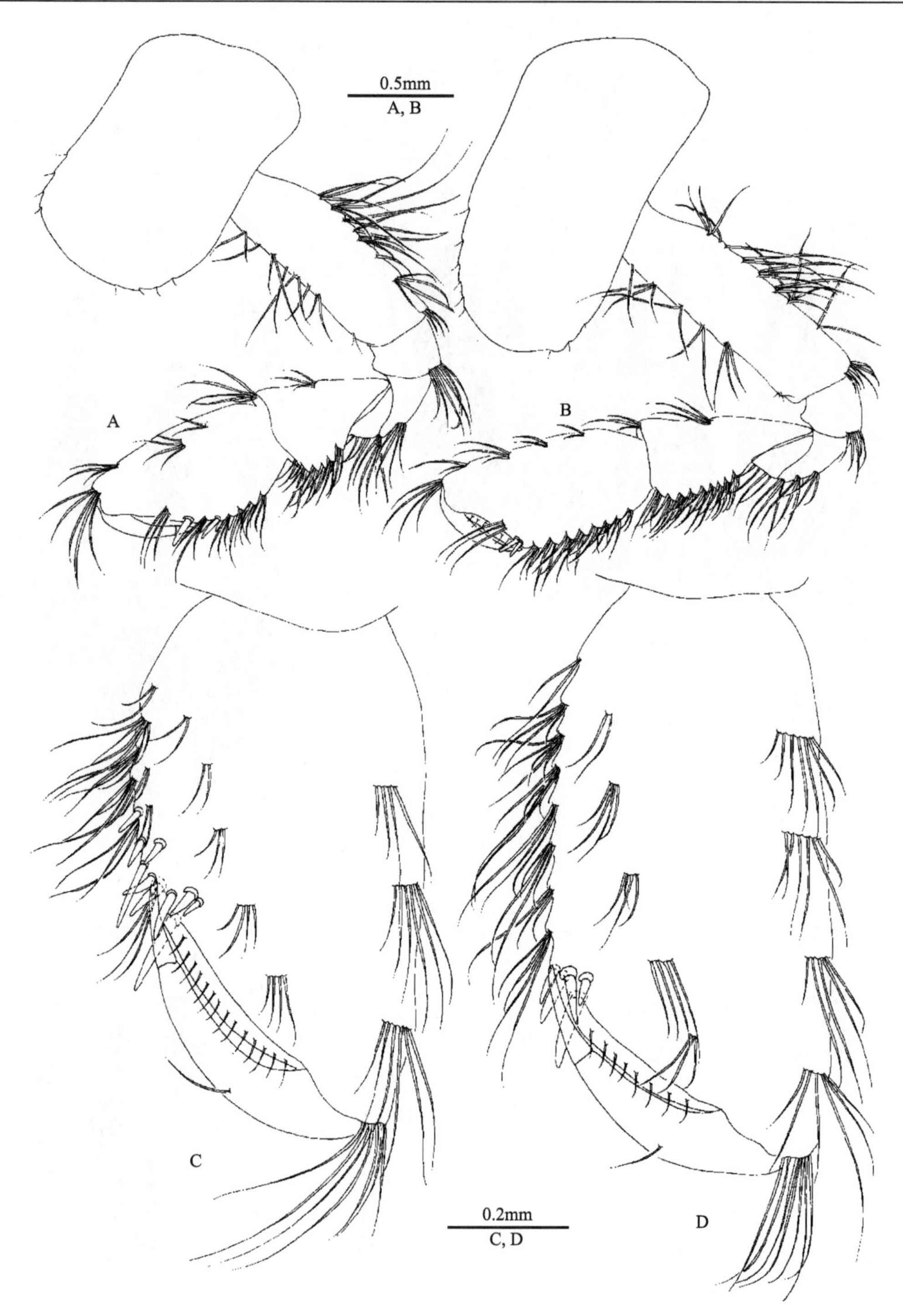

图 207 多毛钩虾 *Gammarus hirtellus* Hou, Li & Li（五）
♀。A. 第 1 腮足; B. 第 2 腮足; C. 第 1 腮足掌节; D. 第 2 腮足掌节

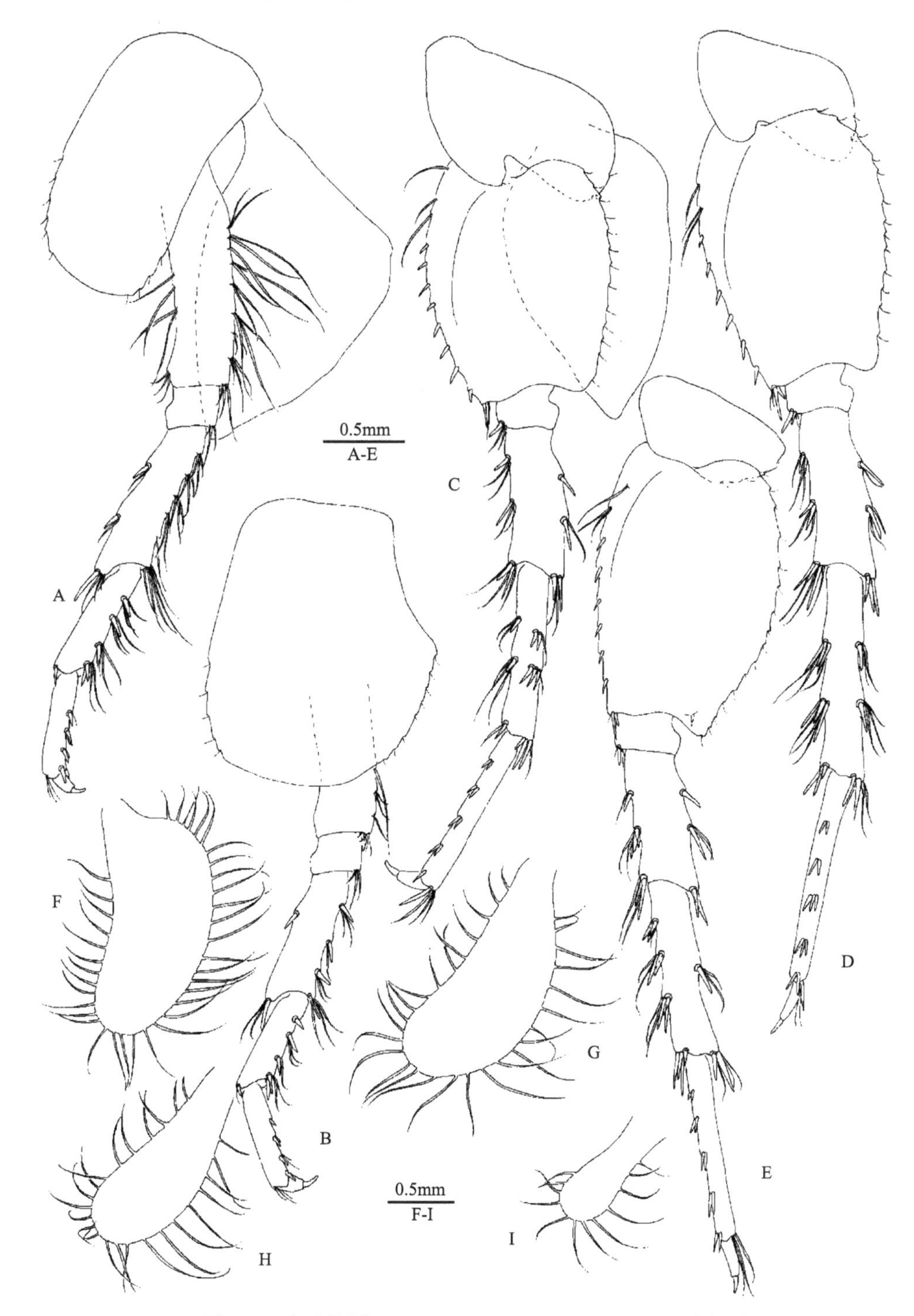

图 208　多毛钩虾 *Gammarus hirtellus* Hou, Li & Li（六）

♀。A. 第 3 步足; B. 第 4 步足; C. 第 5 步足; D. 第 6 步足; E. 第 7 步足; F. 第 2 抱卵板; G. 第 3 抱卵板; H. 第 4 抱卵板; I. 第 5 抱卵板

观察标本：1♂（正模，IZCAS-I-A666-1），1♀，贵州湄潭西河镇（107.49°E, 27.77°N），2006.V.16。

生态习性：栖息于洞穴地下河中，洞穴约 3km。

地理分布：贵州。

分类讨论：本种主要鉴别特征是第 3、4 步足底节板前后缘刚毛多；第 3 步足长节和腕节具长卷毛；第 5–7 步足长节和腕节前、后缘具刺和长毛；第 3 尾肢内肢长达外肢的 4/5。

本种无眼和第 3 尾肢内肢长达外肢的 4/5 等特征与咸丰钩虾 *G. xianfengensis* Hou & Li 相似。主要区别在于本种第 3 步足长节和腕节具长卷毛；第 5–7 步足长节和腕节前后缘具刺和毛。

本种与利川钩虾 *G. lichuanensis* Hou & Li 的区别在于本种第 3 步足长节和腕节具长卷毛；第 3 尾肢外肢具 2 节；第 2、3 腹侧板后下缘具 3 刺，后下角钝。

(42) 红原钩虾 *Gammarus hongyuanensis* Barnard & Dai, 1988（图 209–210）

Gammarus hongyuanensis Barnard & Dai, 1988: 87, figs. 8–10; Karaman, 1989: 19–36; Karaman, 1991: 37–73.

形态描述：雄性头部侧叶钝，眼大。第 1 触角短于体长的 1/2，鞭 29 节，副鞭 4 节。第 2 触角长为第 1 触角的 2/3。第 2 触角腺锥体长、直，达第 3 柄节末端，第 4、5 柄节各具 3 和 5 簇毛。

雄性第 1–4 底节板光滑，具刚毛少于 6 根。第 1 腮足掌节梨形，掌斜，后缘刺式 1-2-2-1-2-1，表面刺式 4-1-2，并有 8 簇毛。第 2 腮足近方形，掌稍斜，具 1 中央壮刺，内侧面具 2 列刺，并有刚毛 10 簇。第 3、4 步足具长直刚毛，掌节具稀疏短毛，后缘刺式 2-1-2-2-2。第 4 步足刚毛较第 3 步足短，掌节刺式 2-1-2-2-2。第 5 步足基节后缘膨大；第 6 步足基节膨大不明显，后缘稍凹；在第 7 步足基节末端趋窄。

雄性第 1 腹侧板齿小，后缘具 4 短毛，腹前缘具 8、9 毛，表面无刚毛。第 2 腹侧板后缘具 7 短毛，腹缘具 3 刺。第 3 腹侧板后缘具 5 短毛，腹缘具 4 刺。第 4–6 腹节无隆脊，背刺式为 2-2-2，2-2-2，2-0-2，每簇刺有 1、2 短毛。第 1 尾肢柄节具 1 背基刺，侧缘具 2 刺，末端具成对刺。第 2 尾肢柄节具刺。第 3 尾肢内肢长约为外肢的 1/2，外肢侧缘刺为 2-2-2。尾节深裂。

雌性异型，触角上刚毛稍少，腮足无掌中刺，第 3 尾肢刚毛少。

观察标本：无，形态描述和特征图引自巴纳德和戴爱云（1988）。

生态习性：栖息于横断山山脉的山溪中。

地理分布：四川（红原）。

分类讨论：本种与 *G. wautieri* Roux 的区别为第 5–7 步足基节较窄，第 7 步足基节后缘无刺，第 3 尾肢内肢较短。与山西钩虾 *G. shanxiensis* Barnard & Dai 的区别在于第 5–7 步足基节窄，第 3 尾肢内肢稍短，尾节上的刺稀疏。

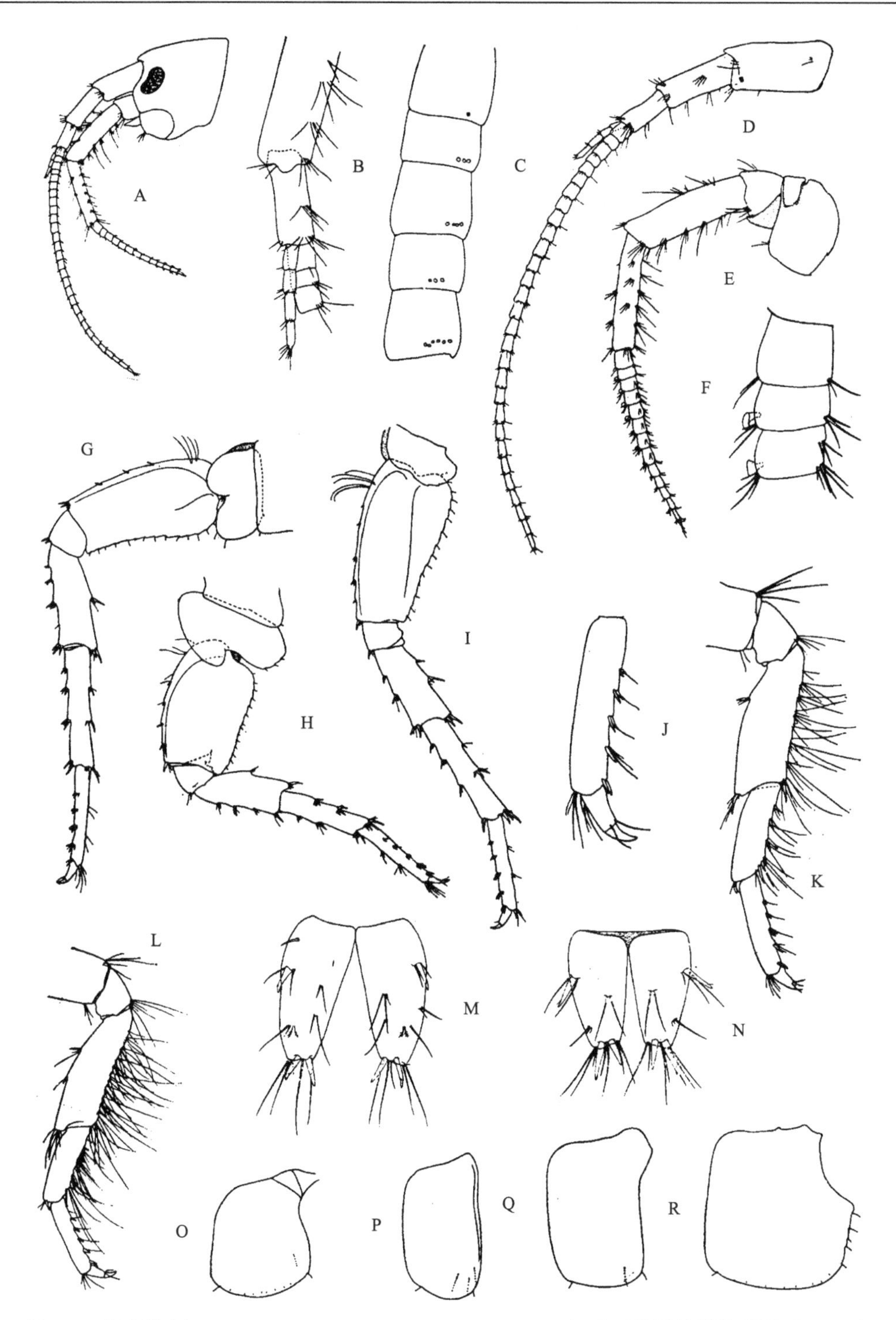

图 209　红原钩虾 *Gammarus hongyuanensis* Barnard & Dai（一）（仿巴纳德和戴爱云, 1988）

♂, A-D, G-L, N-R; ♀, E, F, M。A. 头; B. 第 1 触角柄节; C. 第 1 触角鞭节; D. 第 1 触角; E. 第 2 触角; F. 第 2 触角鞭节; G. 第 6 步足; H. 第 5 步足; I. 第 7 步足; J. 左第 4 步足; K. 右第 4 步足; L. 第 3 步足; M. 尾节; N. 尾节; O-R. 第 1-4 底节板

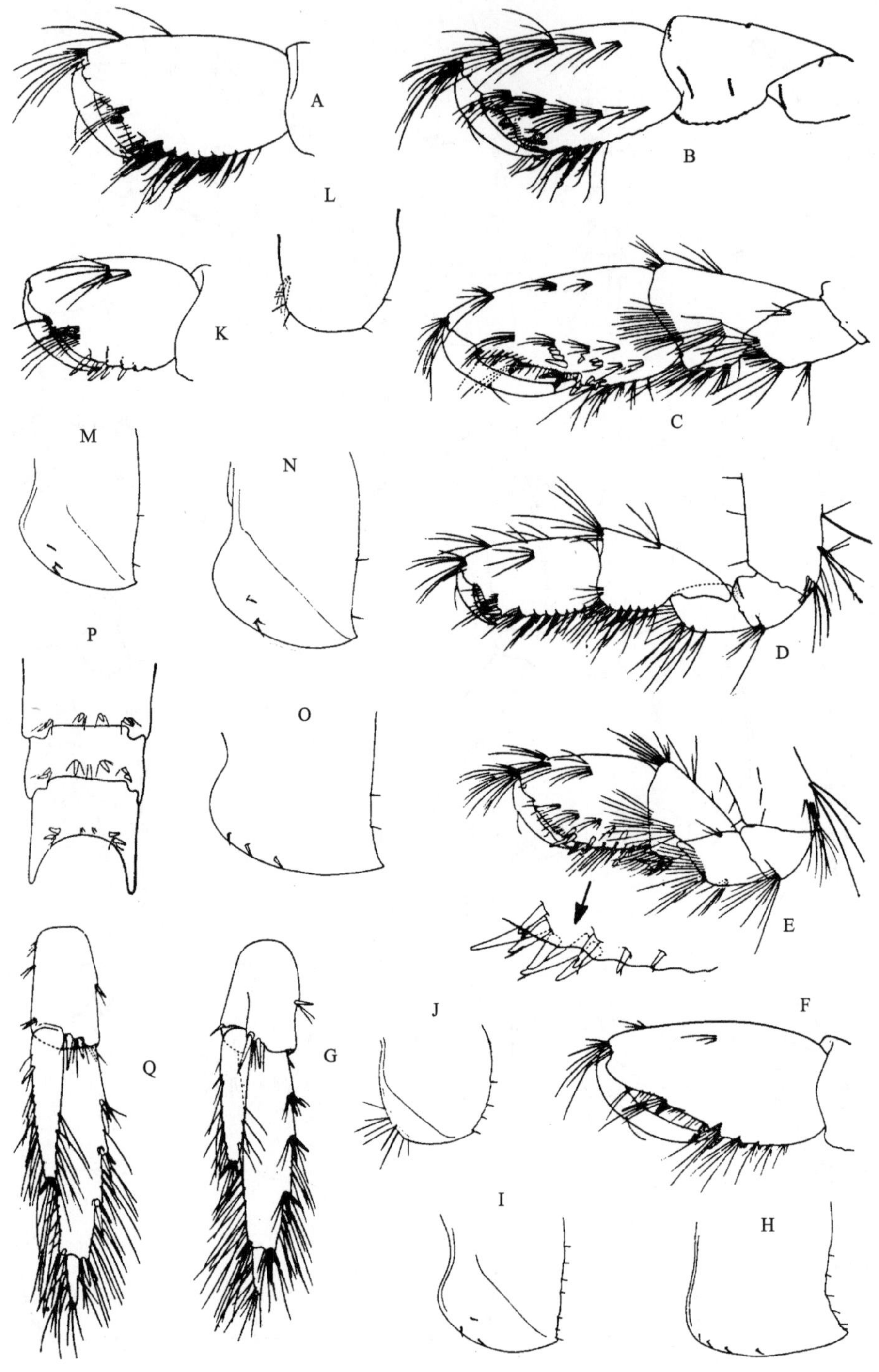

图 210 红原钩虾 *Gammarus hongyuanensis* Barnard & Dai（二）（仿巴纳德和戴爱云, 1988）

♂, A-C, H-J, P, Q; ♀, D-G, K-O。A. 第 1 腮足掌节; B. 第 2 腮足掌节; C. 第 1 腮足掌节和腕节; D. 第 2 腮足; E. 第 1 腮足; F. 第 1 腮足掌节; G. 第 3 尾肢; H. 第 3 腹侧板; I. 第 2 腹侧板; J. 第 1 腹侧板; K. 第 2 腮足掌节; L. 第 1 腹侧板; M, N. 第 2 腹侧板; O. 第 3 腹侧板; P. 第 4-6 腹节（背面观）; Q. 第 3 尾肢

(43) 石生钩虾 *Gammarus hypolithicus* Hou & Li, 2010（图 211–215）

Gammarus hypolithicus Hou & Li, 2010: 238, figs. 14–18.

形态描述：雄性 12.3mm。眼肾形。第 1 触角第 1–3 柄节长度比 1.0∶0.7∶0.4，具短毛和末端毛；鞭 30 节，具感觉毛；副鞭 5 节。第 2 触角第 4、5 柄节等长，前、后缘各具 3 或 4 组毛，刚毛短于柄节宽度；鞭 14 节，第 1–7 节具鞋状感觉器。左大颚切齿 5 齿；动颚片 4 齿，刺排具 7 对毛；臼齿具 1 羽状毛；触须第 2 节具 14 毛，第 3 节具 5 A-刚毛、5 B-刚毛、17 D-刚毛和 5 E-刚毛。右大颚切齿 4 齿，动颚片分叉，具小齿。第 1 小颚左右不对称，内叶具 14 羽状毛；外叶顶端具 11 锯齿状大刺，刺具小齿；左触须第 2 节具 8 细长刺和 4 硬毛；右触须宽，第 2 节具 5 壮刺、1 栉状刺和 1 毛。第 2 小颚内叶具 15 羽状毛。颚足内叶具 3 顶端壮刺和 1 近顶端刺；外叶具 14 钝齿和 8 栉状刺；触须第 4 节呈钩状，趾钩接合处具 1 簇刚毛。

第 1 腮足底节板近长方形；腕节长达掌节的 3/5；掌节卵形，掌面倾斜，掌缘具 1 中央刺和 17 后缘刺；指节外缘具 1 刚毛，趾钩接合处具 2 短刚毛。第 2 腮足腕节长达掌节的 7/10；掌节长方形，掌缘稍尖，具 1 中央刺，后缘具 4 刺。第 3 步足底节板前、后角分别具 3 和 1 刚毛；基节后缘具长刚毛；长节和腕节后缘密布长毛；腕节和掌节后缘具刺和长毛；指节外缘具 1 羽状刚毛，趾钩接合处具 2 刚毛。第 4 步足底节板后缘凹陷，长节到掌节后缘具直刚毛，腕节和掌节后缘具刺。第 5 步足底节板前、后角分别具 1 和 2 刚毛；基节后缘直，后角近正方形，前缘具 1 长毛和 5 刺，后缘排列有 9 短毛；长节到掌节前后缘具刺并伴有短刚毛；指节后缘具 1 刚毛，趾钩接合处具 2 刚毛。第 6 步足基节后缘下方宽；长节至掌节前、后缘具多组刺和短毛。第 7 步足基节后缘膨大，内面具 1 刺和 2 刚毛；长节到掌节前缘具 2–4 组刺和短毛。

第 1 腹侧板腹缘圆形，前角具 8 长毛和 2 硬毛，后缘具 3 短毛；第 2 腹侧板前角具 1 长毛，腹缘具 3 刺，后下角钝，后缘具 5 短毛；第 3 腹侧板前角具 4 长毛，腹侧具 3 刺，后下角稍尖，后缘具 3 短毛。第 4–6 腹节背部扁平。第 4 腹节背缘具 1-1-1-1 刺；第 5 腹节背缘具 2-1-2-2 刺；第 6 腹节背缘具 2 刺和毛。

第 1 尾肢柄节具 1 背基刺，外缘具 3 刺，内缘具 1 刺；外肢外缘具 1 刺，内缘具 1 刺；内肢内缘具 1 刺。第 2 尾肢柄节内、外缘分别具 1 和 2 刺，内、外肢内、外缘各具 1 刺。第 3 尾肢柄节侧缘具 1 刺和 6 末端刺；内肢长达外肢的 3/5，侧缘具 2 刺和 2 末端刺；外肢第 1 节外缘具 1 刺和 3 对刺，末缘具 2 对刺，密布羽状毛，第 2 节与周围刺等长。

雌性 10.3mm。第 1 腮足掌节卵形，掌缘不如雄性倾斜，后下角具 8 刺。第 2 腮足掌节近似长方形，掌缘平截，后下角具 5 刺。第 2 抱卵板宽阔，具缘毛，第 3、4 抱卵板细长，第 5 步足抱卵板最小。

观察标本：1♂（正模，IZCAS-I-A317），15♂8♀，河北涞源白石山（114.36°E, 39.12°N），2004.IX.5。

生态习性：本种栖息在白石山近山顶的小水池中（$1m^2$），水从 10m 的高度落下。

图 211 石生钩虾 *Gammarus hypolithicus* Hou & Li（一）

♂。A. 头; B. 第 1 触角; C. 第 2 触角; D. 上唇; E. 左大颚; F. 右大颚切齿; G. 下唇; H. 左第 1 小颚; I. 第 1 小颚右触须; J. 第 2 小颚; K. 颚足; L. 颚足触须指钩

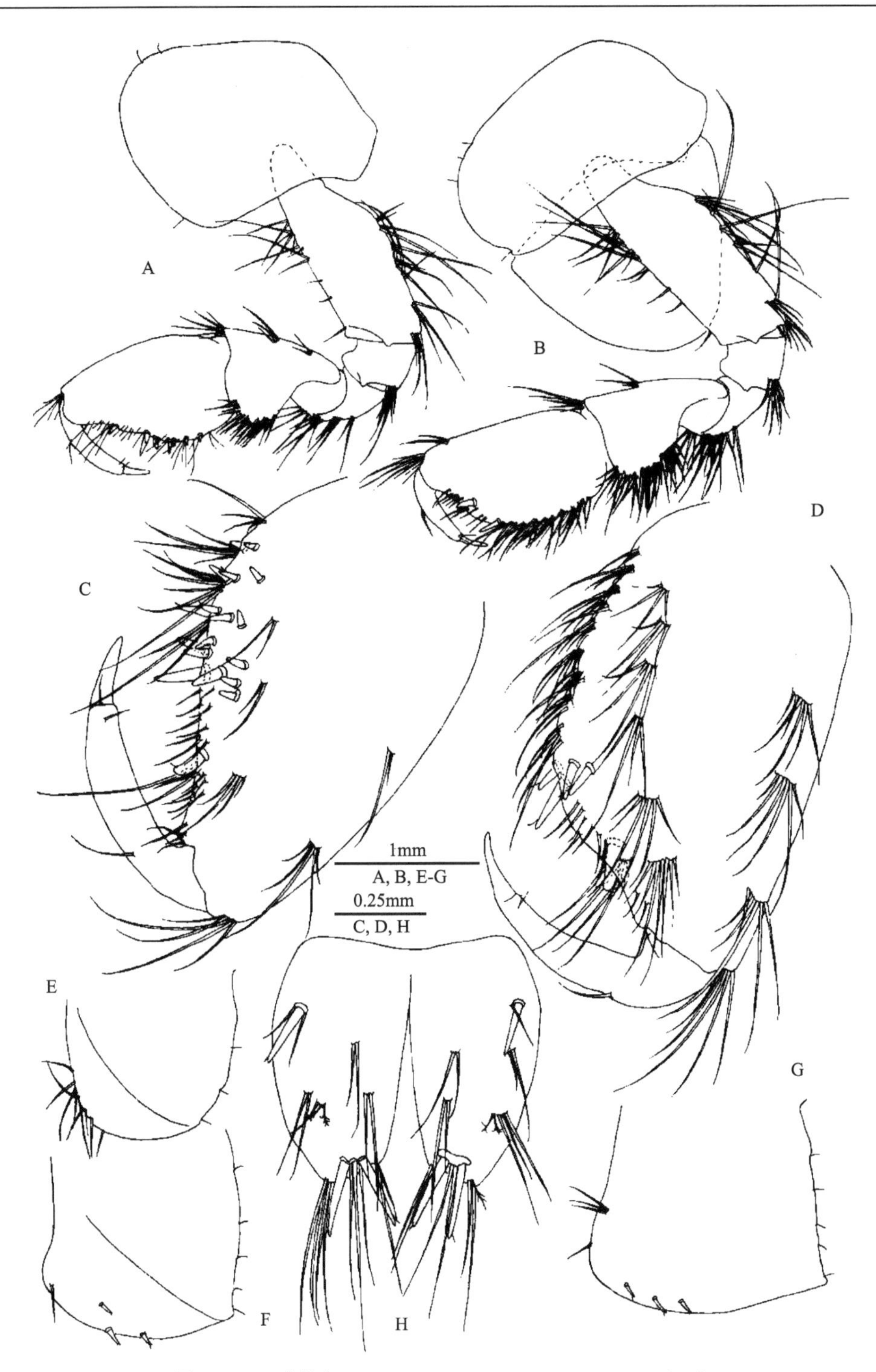

图 212　石生钩虾 *Gammarus hypolithicus* Hou & Li（二）

♂。A. 第 1 腮足; B. 第 2 腮足; C. 第 1 腮足掌节; D. 第 2 腮足掌节; E. 第 1 腹侧板; F. 第 2 腹侧板; G. 第 3 腹侧板; H. 尾节

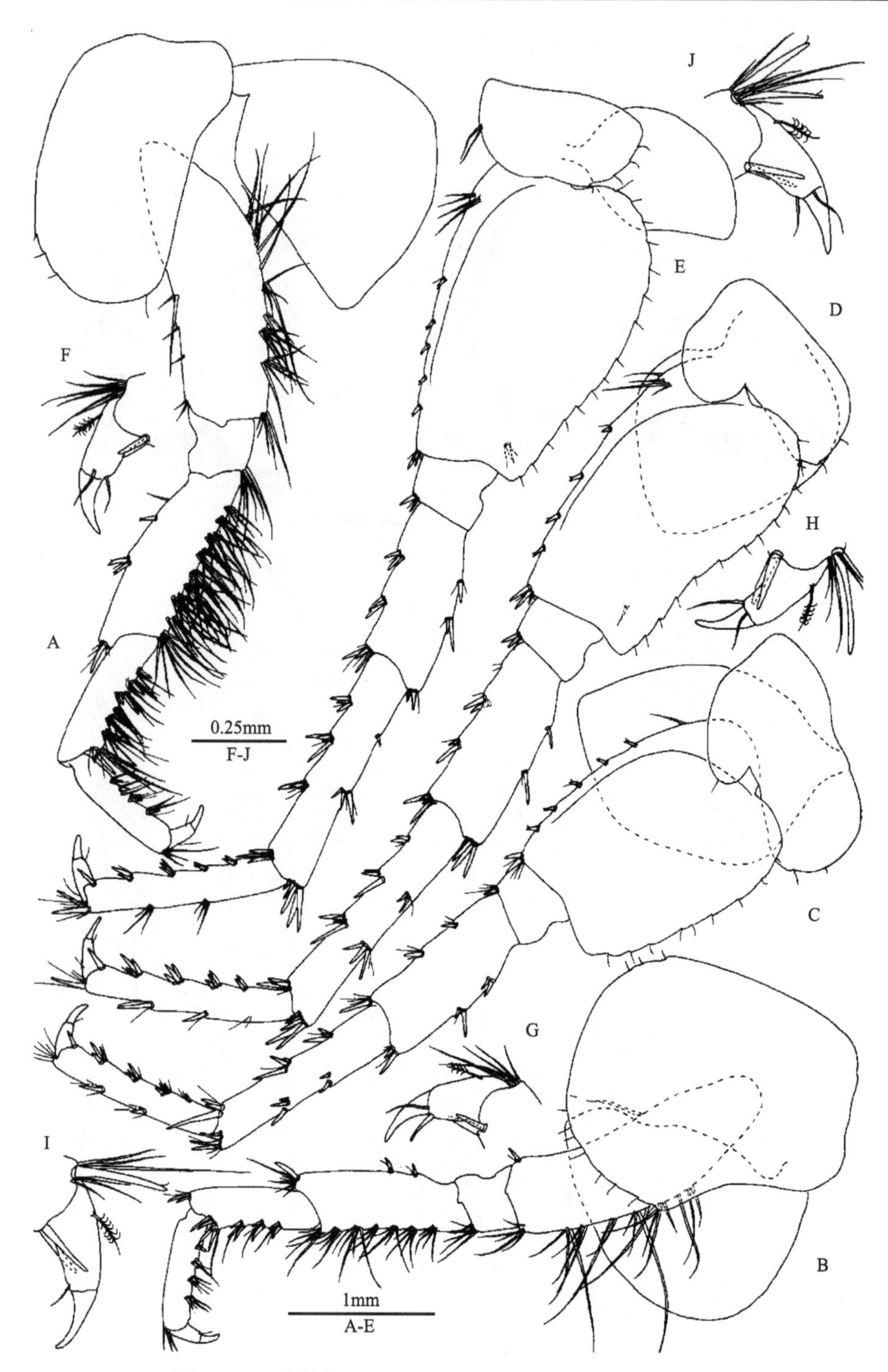

图 213 石生钩虾 *Gammarus hypolithicus* Hou & Li（三）

♂。A. 第 3 步足; B. 第 4 步足; C. 第 5 步足; D. 第 6 步足; E. 第 7 步足; F. 第 3 步足指节; G. 第 4 步足指节; H. 第 5 步足指节; I. 第 6 步足指节; J. 第 7 步足指节

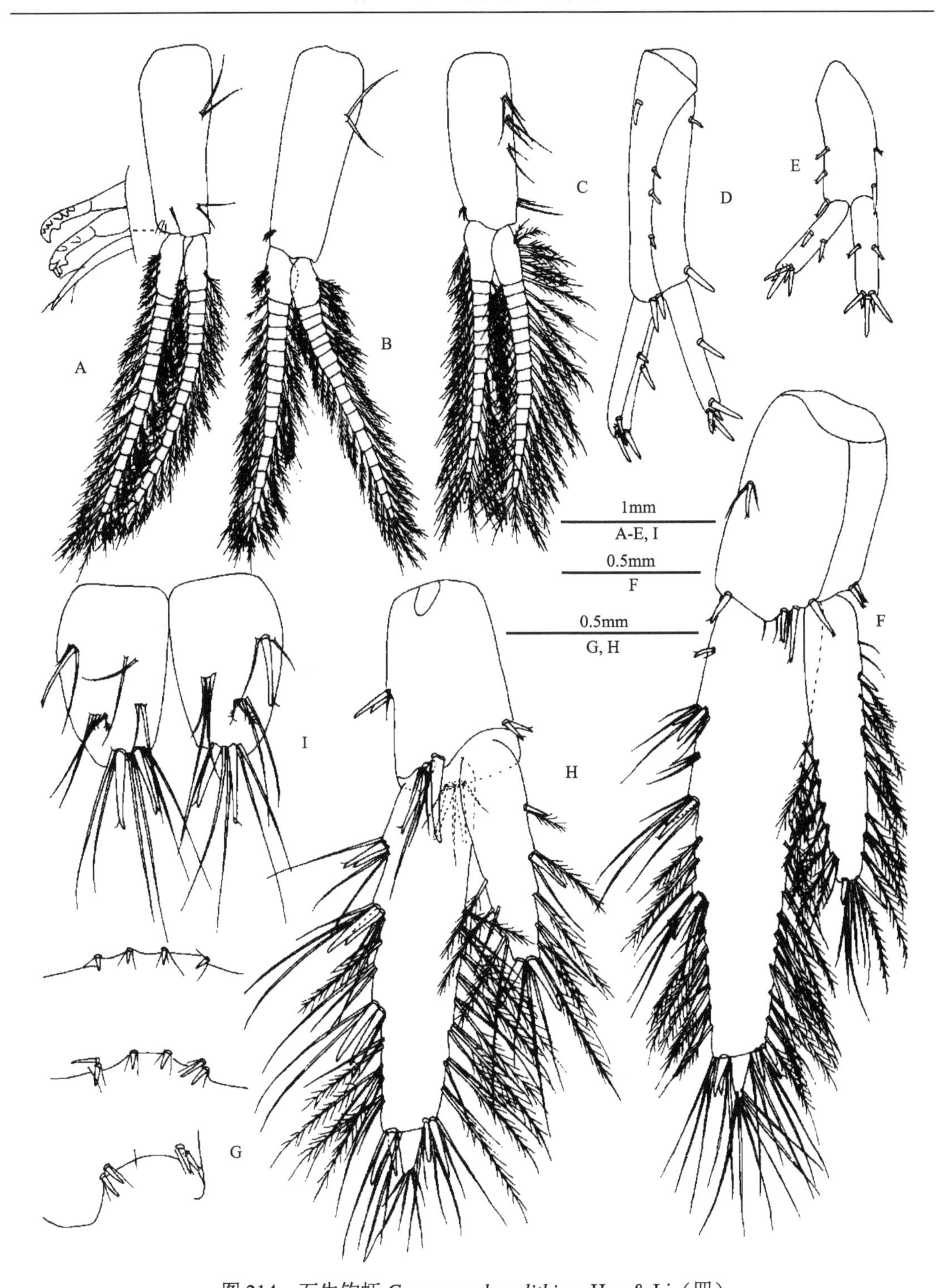

图 214　石生钩虾 *Gammarus hypolithicus* Hou & Li（四）

♂, A-G; ♀, H, I。A. 第 1 腹肢; B. 第 2 腹肢; C. 第 3 腹肢; D. 第 1 尾肢; E. 第 2 尾肢; F. 第 3 尾肢; G. 第 4-6 腹节; H. 第 3 尾肢; I. 尾节

图 215 石生钩虾 *Gammarus hypolithicus* Hou & Li（五）

♀。A. 第 1 腮足; B. 第 2 腮足; C. 第 1 腮足掌节; D. 第 2 腮足掌节; E. 第 2 抱卵板; F. 第 3 抱卵板; G. 第 4 抱卵板; H. 第 5 抱卵板

地理分布：河北（白石山）。

分类讨论：本种主要鉴别特征是第 3、4 步足后缘具长刚毛；第 5–7 步足细长；第 3 腹侧板后下角稍尖；第 3 尾肢内肢长是外肢的 3/5，具羽状毛；尾节具基刺和长毛。

本种与雾灵钩虾 *G. nekkensis* Uchida 的区别在于本种第 3、4 步足后缘具长直毛；第 3 尾肢内、外肢具羽状毛。而雾灵钩虾第 3、4 步足后缘具卷刚毛；第 3 尾肢外肢外缘具简单毛。

本种与清亮钩虾 *G. clarus* Hou & Li 的区别在于本种第 3 腹侧板具小尖齿，尾节具长毛。而清亮钩虾第 3 腹侧板具尖齿，尾节具短刚毛。

(44) 灿烂钩虾 *Gammarus illustris* Hou & Li, 2010（图 216–220）

Gammarus illustris Hou & Li, 2010: 223, figs. 4–8.

形态描述：雄性 8.5mm。眼卵形。第 1 触角 1–3 柄节长度比 1.0∶0.8∶0.5，具毛；鞭 22 节，具感觉毛；副鞭 3 节。第 2 触角 4、5 柄节前后缘均具 3 或 4 组长毛；鞭 11 节，无鞋状感觉器。左大颚切齿 4 齿；动颚片 4 齿，刺排具 5 对毛；臼齿具 1 根羽状毛；触须第 2 节具 12 毛，第 3 节具 3 A-刚毛、3 B-刚毛、16 D-刚毛和 4 E-刚毛。右大颚切齿 4 齿，动颚片分叉，具小齿。第 1 小颚不对称，内叶具 11 羽状毛；外叶顶端具 11 锯齿状大刺，刺具小齿；左触须第 2 节具 5 细长刺和 3 硬毛；右触须宽，第 2 节具 4 壮刺、1 栉状刺和 1 刚毛。第 2 小颚内叶具 10 羽状毛。

第 1 腮足底节板长方形，前角具 3 毛；基节前后缘具长毛；腕节长达掌节的 4/5；掌节卵形，掌面倾斜，掌具 1 中央刺和 9 后缘刺；指节外缘具 1 刚毛，趾钩接合处具 2 短刚毛。第 2 腮足腕节长达掌节的 7/10；掌节长方形，掌缘稍尖，具 1 中央刺，后下角具 4 刺。第 3 步足长节和腕节后缘密布长毛，长节前缘具 2 刺；腕节和掌节后缘具刺；指节后缘具 1 羽状刚毛，趾钩接合处具 2 刚毛。第 4 步足长节后缘具 3 组直毛；腕节和掌节后缘具刺。第 5 步足基节后缘直，后角近正方形，前缘具 2 长毛和 6 刺，后缘具 11 短毛；长节至掌节前缘具 2 或 3 对刺。第 6 步足基节后缘近“S”形；长节至掌节前缘具刺和毛。第 7 步足基节后缘膨大，内面具 2 短毛；长节至掌节前缘具 2–4 组刺，刚毛少。

第 1 腹侧板腹缘圆形，前角具 3 长毛和 2 硬毛，后缘具 2 短毛，后下角钝；第 2 腹侧板前缘具 1 长毛，腹缘具 1 刺和 1 刚毛，后下角钝，后缘具 4 短毛；第 3 腹侧板腹前缘具 1 长毛和 2 刺，后下角钝，后缘具 3 毛。第 4 腹节背缘具 4 组长刚毛，无刺；第 5 腹节背缘具 4 组刺和长毛；第 6 腹节背缘具 2 刚毛，每边具 1 刺和刚毛。

第 1 尾肢柄节具 1 背基刺，外缘具 1 刺，内缘具 2 刺；外肢外缘具 1 刺，内缘具 1 刺；内肢内缘具 1 刺。第 2 尾肢外肢外缘具 1 刺；内肢内缘具 1 刺。第 3 尾肢柄节侧缘具 4 短毛；内肢长约为外肢的 1/5，侧缘具 1 刺和 1 末端刺；外肢第 1 节外缘具 1 刺和 2 对刺，末缘具 2 对刺，密布简单毛，第 2 节长于邻近刺。尾节深裂，具长刚毛和 1 末端刺伴长刚毛。

雌性 8.1mm。第 1 腮足掌节卵形，掌缘不如雄性倾斜，后下角具 6 刺。第 2 腮足掌节近似长方形，掌缘稍尖，后下角具 3 刺。第 3 尾肢内肢短于外肢的 1/3，具简单毛。

第 2 抱卵板宽阔，有缘毛，第 3、4 抱卵板细长，第 5 抱卵板最小。

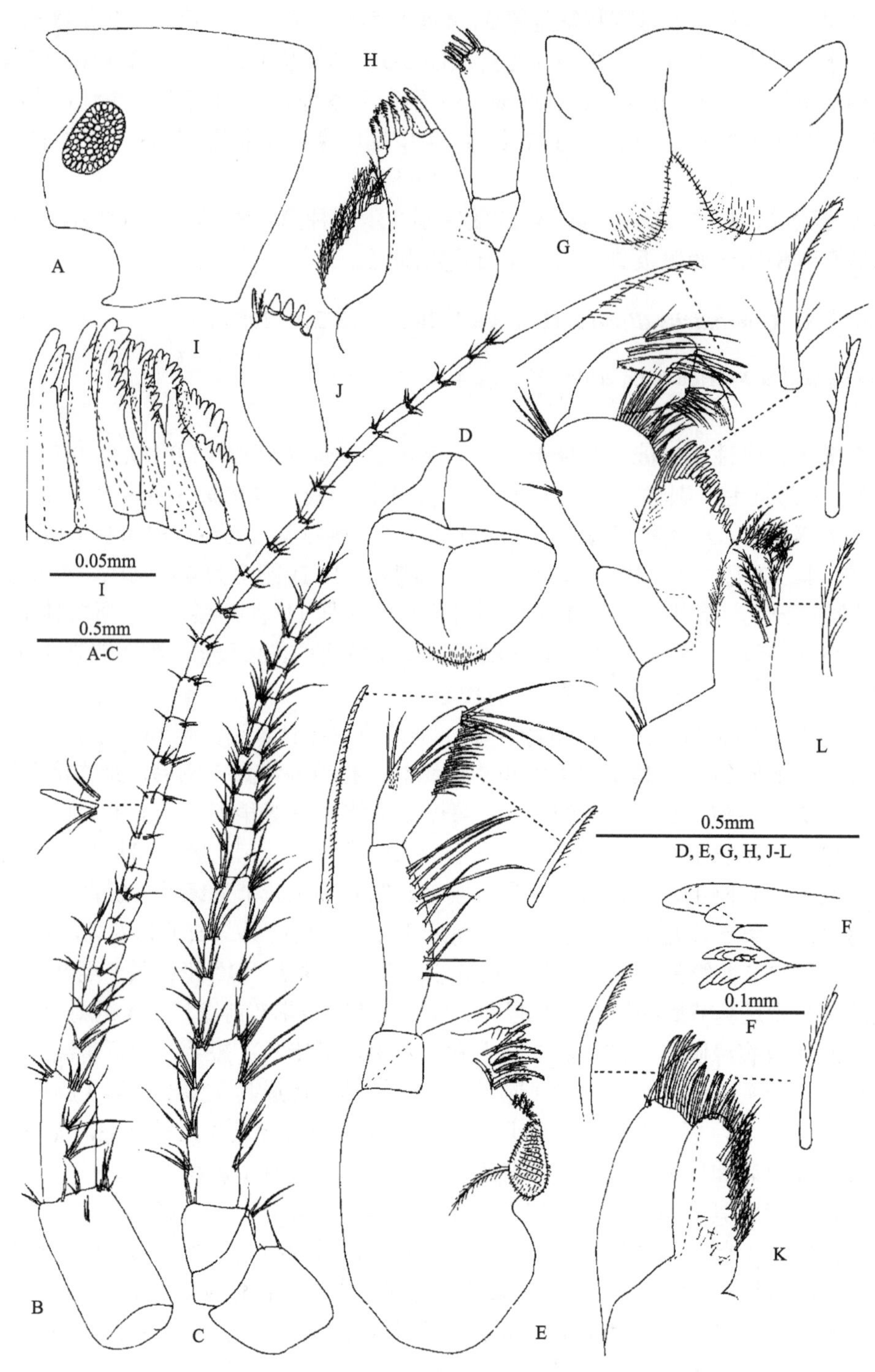

图 216　灿烂钩虾 *Gammarus illustris* Hou & Li（一）

♂。A. 头; B. 第 1 触角; C. 第 2 触角; D. 上唇; E. 左大颚; F. 右大颚切齿; G. 下唇; H. 左第 1 小颚; I. 左小颚外叶; J. 右第 1 小颚触须; K. 第 2 小颚; L. 颚足

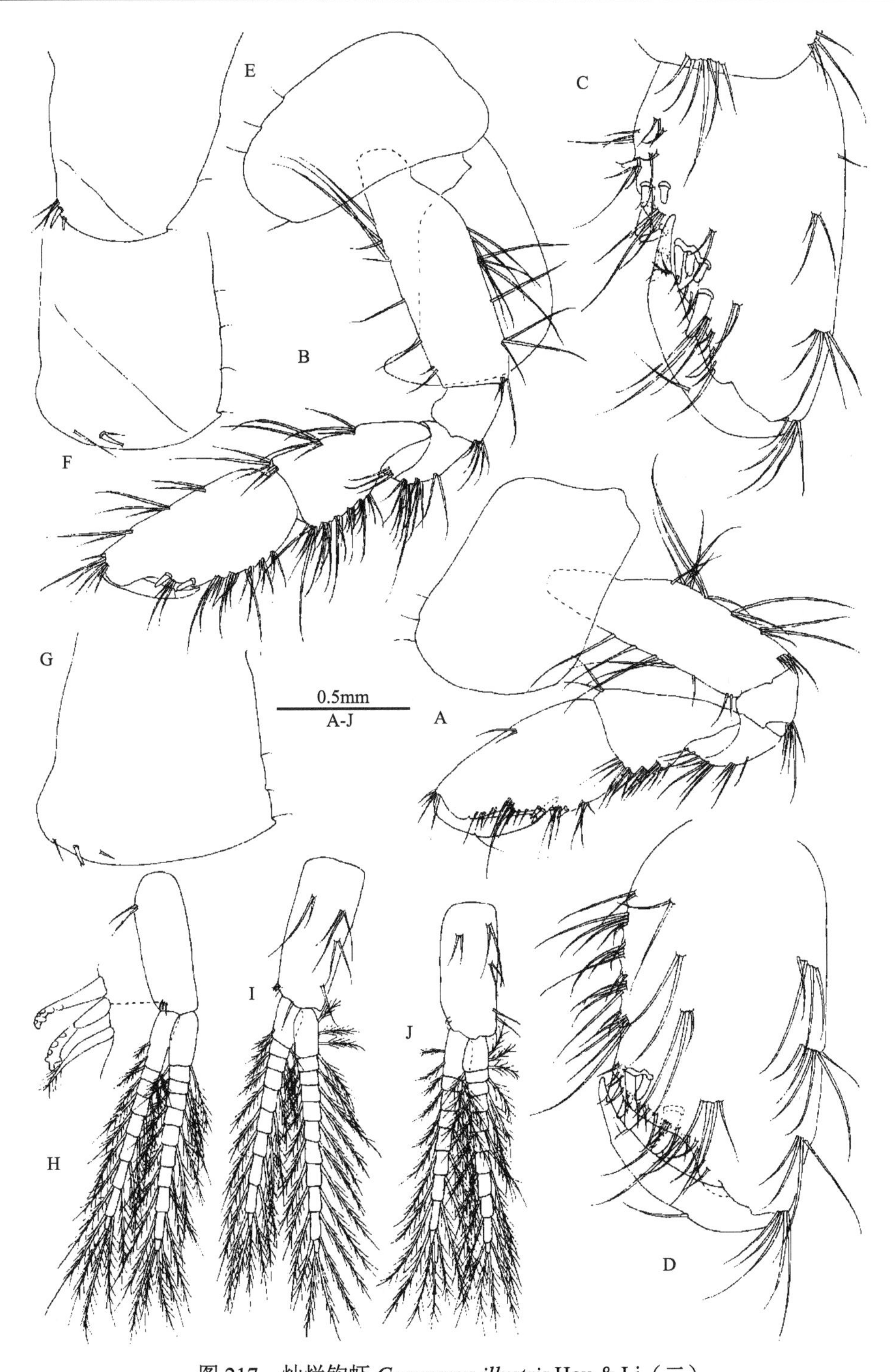

图 217　灿烂钩虾 *Gammarus illustris* Hou & Li（二）

♂。A. 第 1 腮足; B. 第 2 腮足; C. 第 1 腮足掌节; D. 第 2 腮足掌节; E. 第 1 腹侧板; F. 第 2 腹侧板; G. 第 3 腹侧板; H. 第 1 腹肢; I. 第 2 腹肢; J. 第 3 腹肢

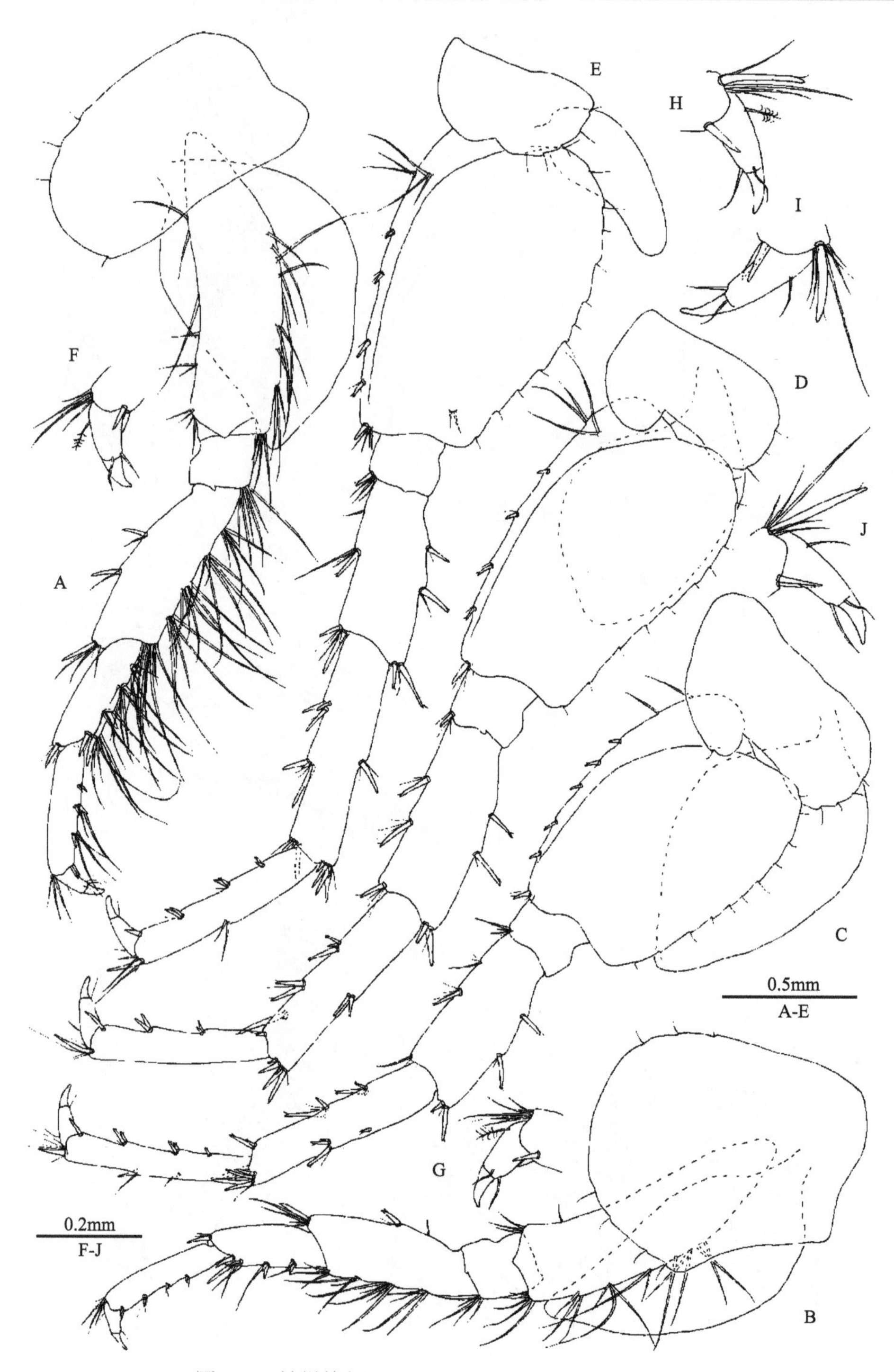

图 218 灿烂钩虾 *Gammarus illustris* Hou & Li（三）

♂。A. 第 3 步足; B. 第 4 步足; C. 第 5 步足; D. 第 6 步足; E. 第 7 步足; F. 第 3 步足指节; G. 第 4 步足指节; H. 第 5 步足指节; I. 第 6 步足指节; J. 第 7 步足指节

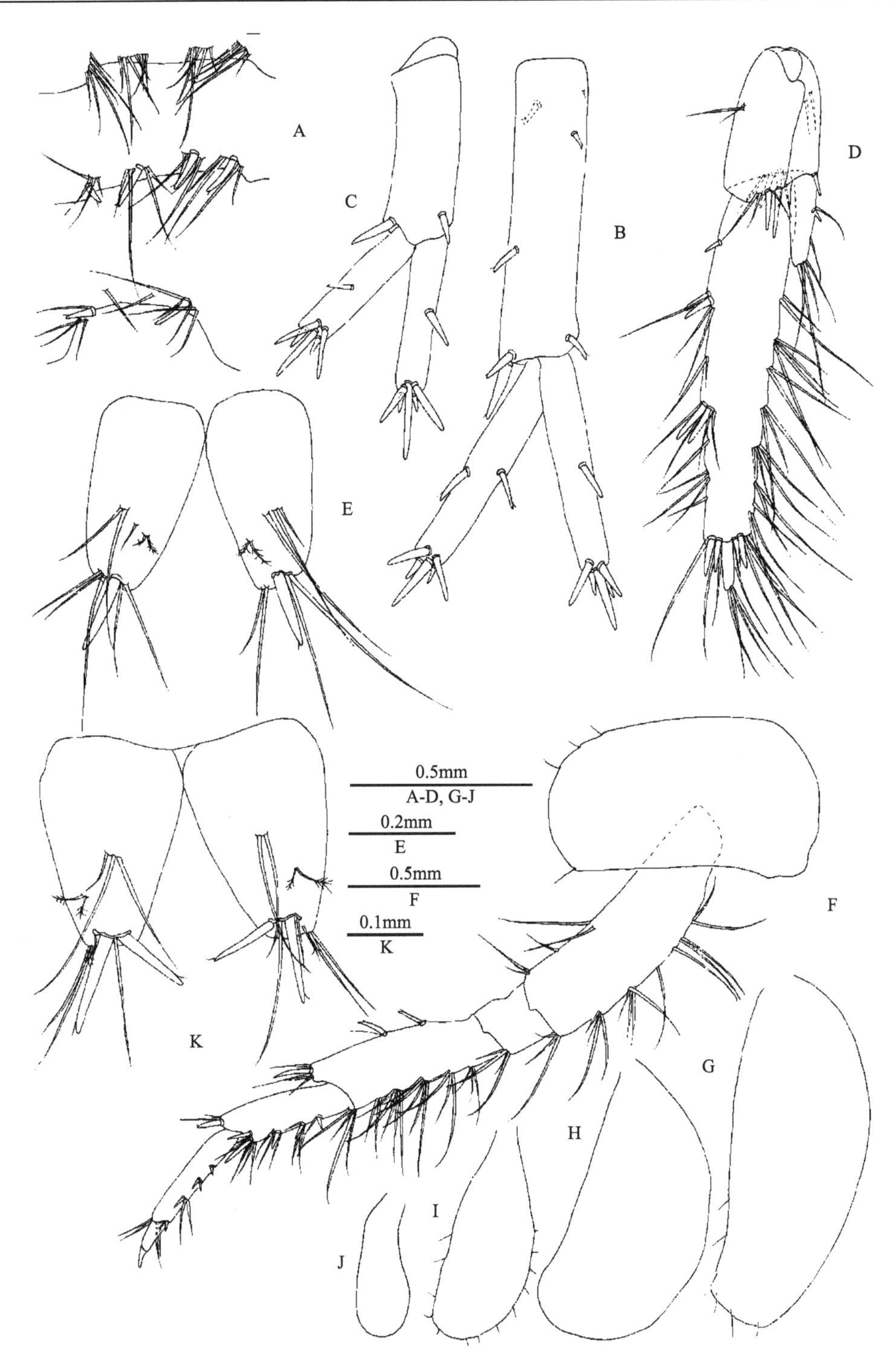

图 219　灿烂钩虾 *Gammarus illustris* Hou & Li（四）

♂, A-E; ♀, F-K。A. 第 4-6 腹节背部; B. 第 1 尾肢; C. 第 2 尾肢; D. 第 3 尾肢; E. 尾节; F. 第 3 步足; G. 第 2 步足抱卵板; H. 第 3 步足抱卵板; I. 第 4 步足抱卵板; J. 第 5 步足抱卵板; K. 尾节

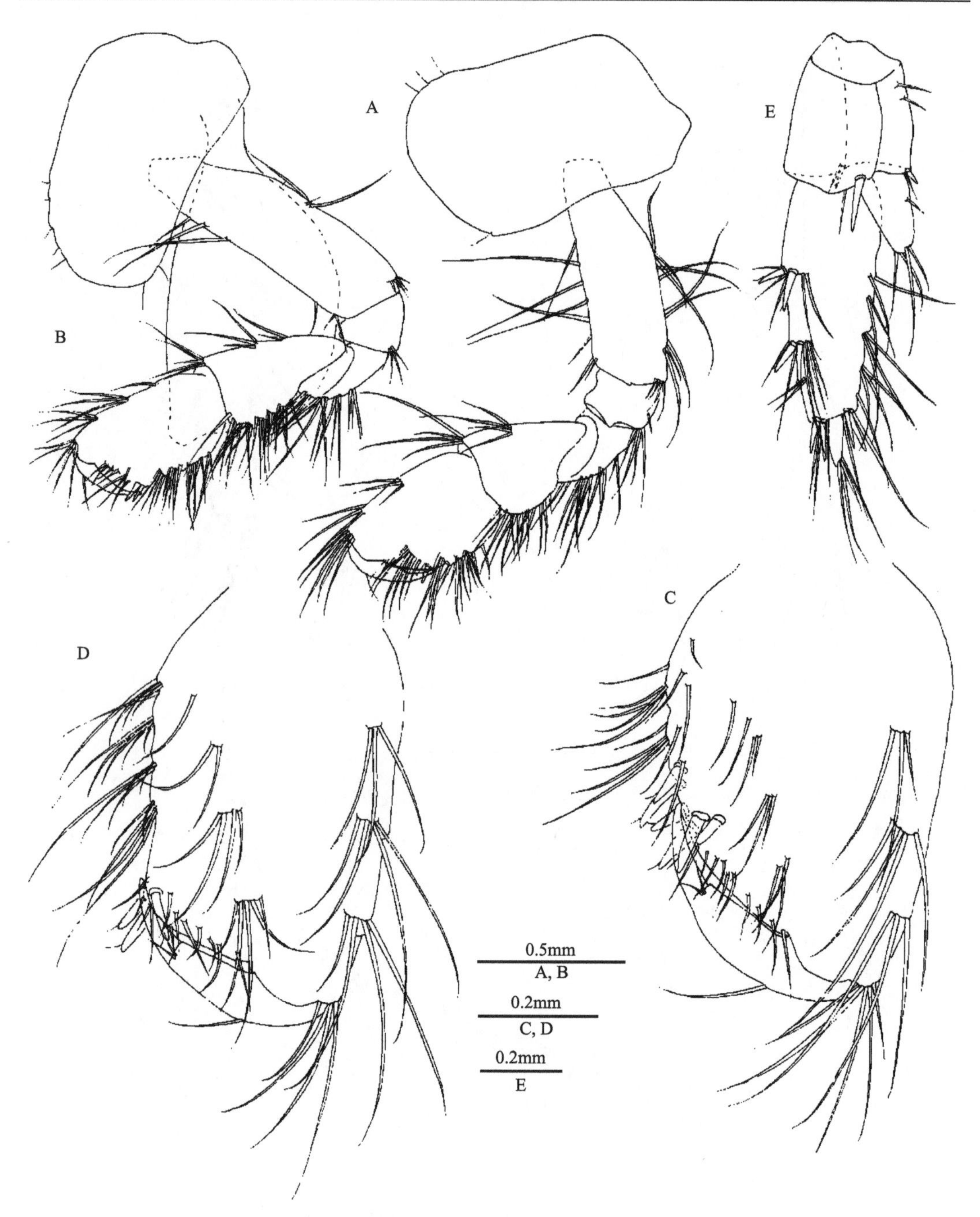

图 220 灿烂钩虾 *Gammarus illustris* Hou & Li（五）

♀。A. 第 1 腮足; B. 第 2 腮足; C. 第 1 腮足掌节; D. 第 2 腮足掌节; E. 第 3 尾肢

观察标本：1♂（正模，IZCAS-I-A171），12♂9♀，四川九龙伍须海（101.24°E, 29.6°N），2004.VII.26。

生态习性：本种栖息在从山顶流下的水流碎石中。

地理分布：四川（九龙）。

分类讨论：本种主要鉴别特征为第 2 触角无鞋状感觉器；第 1–3 腹侧板后下角钝；第 4 腹节背缘具刚毛，无刺；第 3 尾肢内肢长短于外肢的 1/3，密布简单毛。

本种与卷毛钩虾 *G. curvativus* Hou & Li 的区别在于本种第 2 触角无鞋状感觉器；第 2 腮足掌节背缘具长直毛；第 4 腹节背缘具刚毛，无刺。而卷毛钩虾第 2 触角具鞋状感觉器，第 2 腮足掌节背缘具卷刚毛，第 4 腹节背缘具刺。

本种与格氏钩虾 *G. gregoryi* Tattersall 的区别为本种无鞋状感觉器；第 3 步足后缘具长毛；第 4 腹节具 4 组刚毛。而格氏钩虾具鞋状感觉器；第 3 步足具较少刚毛；第 4 腹节具 2 组刚毛。

(45) 自由钩虾 *Gammarus incoercitus* Hou, Li & Li, 2014（图 221–226）

Gammarus incoercitus Hou, Li & Li, 2014: 599, figs. 4–9.

形态描述：雄性 11.3mm。眼中等大小，近似肾形。第 1 触角 1–3 柄节长度比 1.0∶0.7∶0.4，具短毛；鞭 26 节，具感觉器；副鞭 4 节。第 2 触角 4、5 柄节具短毛；鞭 11 节，1–7 节具鞋状感觉器。左大颚切齿 5 齿，动颚片 4 齿；刺排具 7 对羽状毛；触须第 2 节具 11 毛，第 3 节具 3 A-刚毛、2 对 B-刚毛、21 D-刚毛和 5 E-刚毛。右大颚切齿 4 齿，动颚片由许多小齿组成。第 1 小颚左右不对称，内叶具 14 羽状毛；外叶顶端具 11 锯齿状刺；左触须顶端具 7 细刺和 2 毛；右触须具 6 壮刺、1 长毛和 1 长刺。第 2 小颚内叶具 15 羽状毛。颚足内叶具 4 顶端刺。

第 1 腮足底节板前下缘具 2 毛，后下缘具 1 毛；腕节后缘具 5 簇短刚毛；掌节椭圆形，掌缘具 1 中央刺，后缘具 14 刺；指节边缘有 1 刚毛。第 2 腮足腕节后缘具 8 簇短毛；掌节近方形，掌缘具 1 中央刺，后缘具 5 刺；指节边缘有 1 刚毛。第 3 步足底节板前下缘具 2 毛，后下缘具 1 毛；长节和腕节后缘具长卷刚毛；掌节后缘具 6 对刺；指节前缘具 1 羽状毛。第 4 步足底节板有缺口，前下缘具 2 毛，后缘具 6 毛；长节后缘具长直毛；腕节和掌节后缘具 4 对刺；指节前缘具 1 羽状毛。第 5 步足基节前缘具 5 刺，前下缘角具 2 刺，后缘具 10 短毛；长节至掌节前缘具刺，刚毛少；指节后缘具 1 羽状毛。第 6 步足基节前缘具 1 簇刚毛并排列 5 刺，后缘具 12 短毛；长节至掌节前缘具刺。第 7 步足基节前缘具 4 刚毛和 5 刺，后缘具 15 短毛；长节至掌节前缘具刺，刚毛少。

第 1 腹侧板腹缘圆，腹前缘具 4 毛，后缘具 3 短毛；第 2 腹侧板腹缘具 3 刺，后缘具 3 短毛，后缘角尖；第 3 腹侧板腹缘具 4 刺，后缘具 3 短毛，后下角尖。第 4–6 腹节背部扁平，具背刺和毛。

第 1 尾肢柄节具 1 背基刺，内、外缘各具 2 刺；内、外肢均具 2 内缘刺。第 2 尾肢短，柄节内、外缘各具 1 刺；内肢具 2 内缘刺；外肢具 1 内缘刺。第 3 尾肢柄节表面具 1 刺，柄节下缘具 5 刺；内肢长为外肢的 3/5，内、外边缘具羽状毛和少量简单毛，末端具 2 刺；外肢第 1 节具 3 对刺，内、外侧均具羽状毛和少量简单毛；第 2 节长于周围刺。尾节深裂，长宽近似相等，两叶表面分别具几簇刚毛和 1 刺，末端具 2 刺。

雌性 9.8mm。第 1、2 腮足掌节后缘各具 6 刺。第 3 步足后缘毛短于雄性；第 4 步

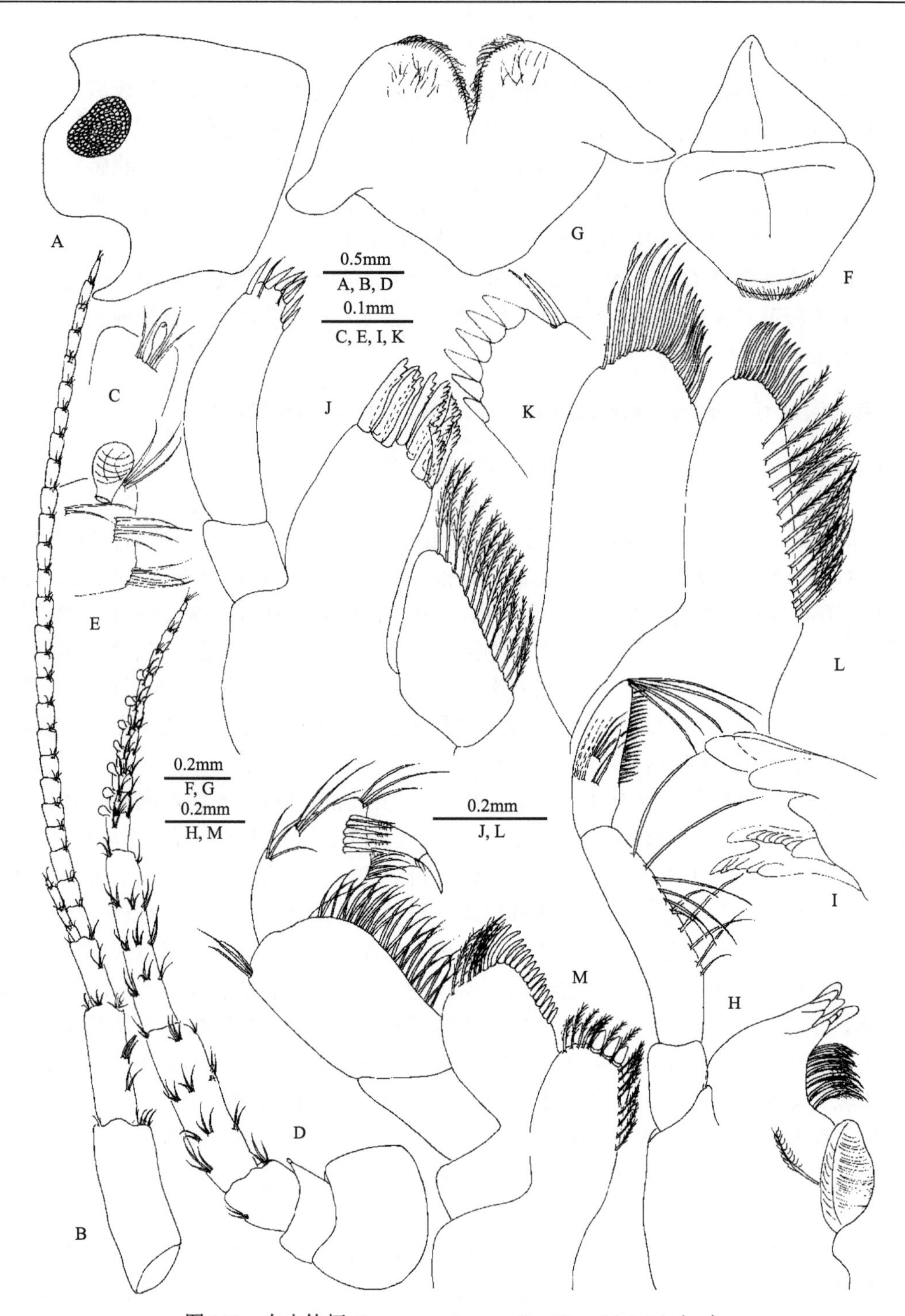

图 221　自由钩虾 *Gammarus incoercitus* Hou, Li & Li（一）

♂。A. 头; B. 第 1 触角; C. 第 1 触角感觉毛; D. 第 2 触角; E. 第 2 触角感觉器; F. 上唇; G. 下唇; H. 左大颚; I. 右大颚切齿; J. 左第 1 小颚; K. 右第 1 小颚触须; L. 第 2 小颚; M. 颚足

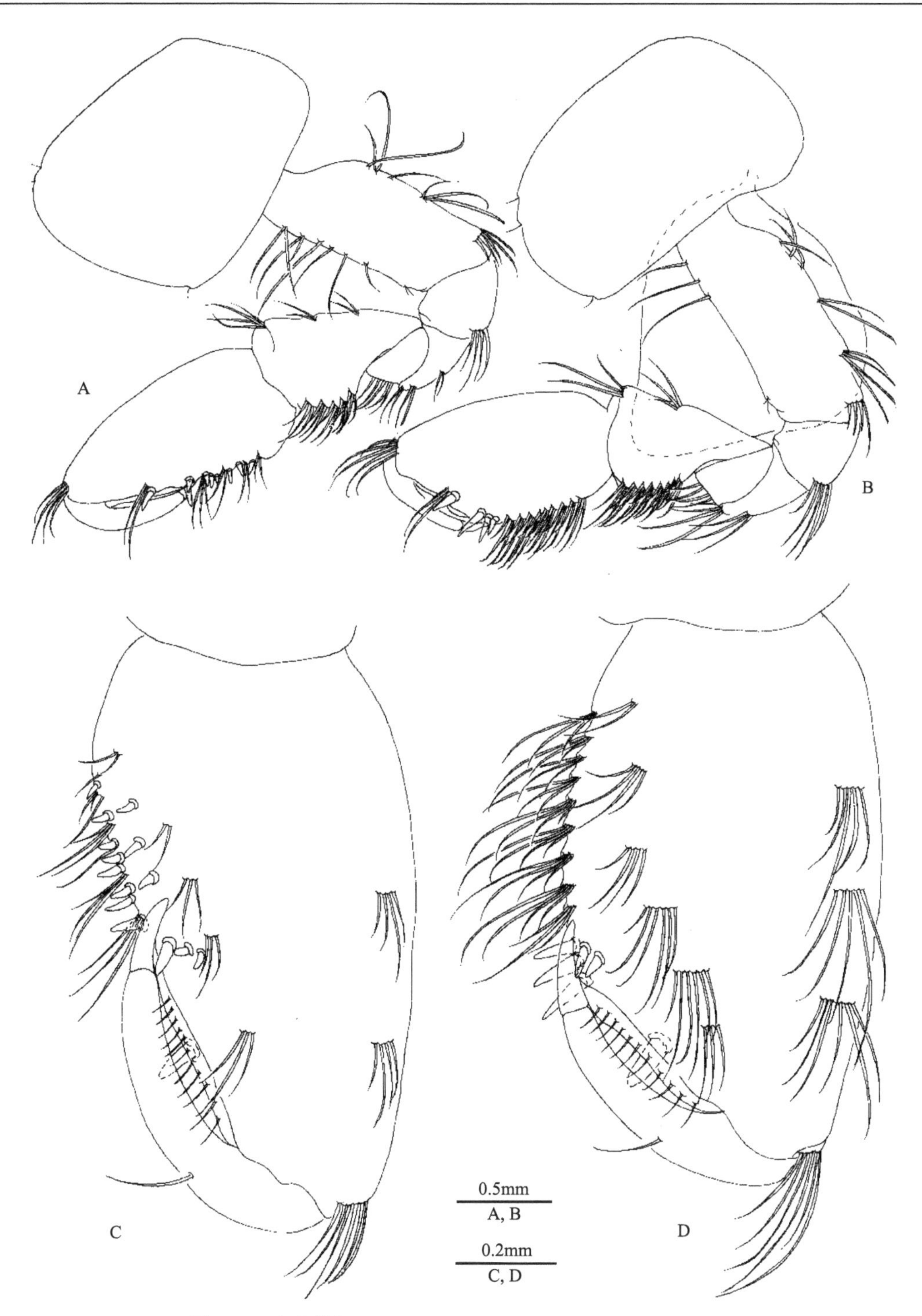

图 222　自由钩虾 *Gammarus incoercitus* Hou, Li & Li（二）

♂。A. 第 1 腮足; B. 第 2 腮足; C. 第 1 腮足掌节; D. 第 2 腮足掌节

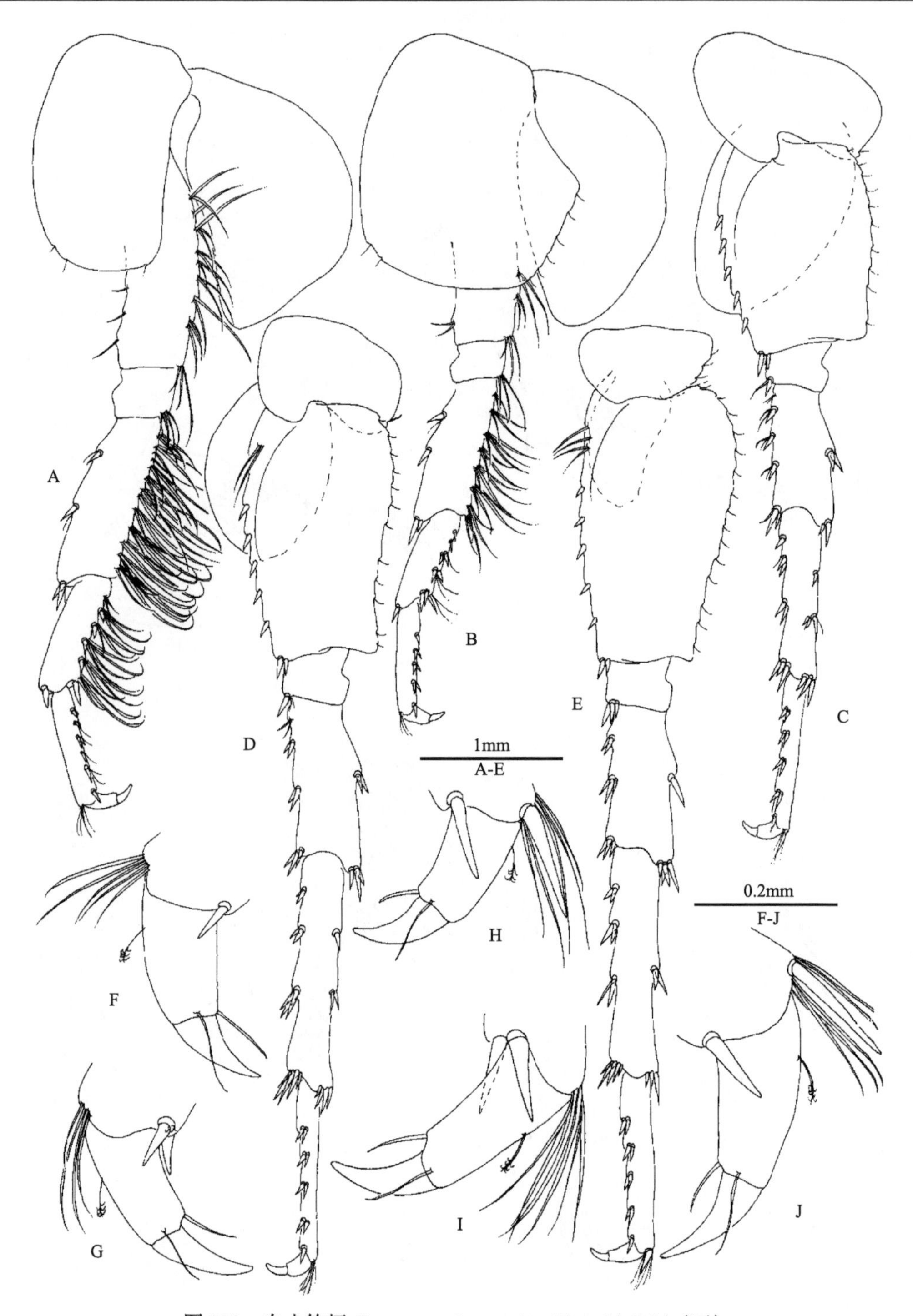

图 223 自由钩虾 *Gammarus incoercitus* Hou, Li & Li（三）

♂。A. 第 3 步足; B. 第 4 步足; C. 第 5 步足; D. 第 6 步足; E. 第 7 步足; F. 第 3 步足指节; G. 第 4 步足指节; H. 第 5 步足指节; I. 第 6 步足指节; J. 第 7 步足指节

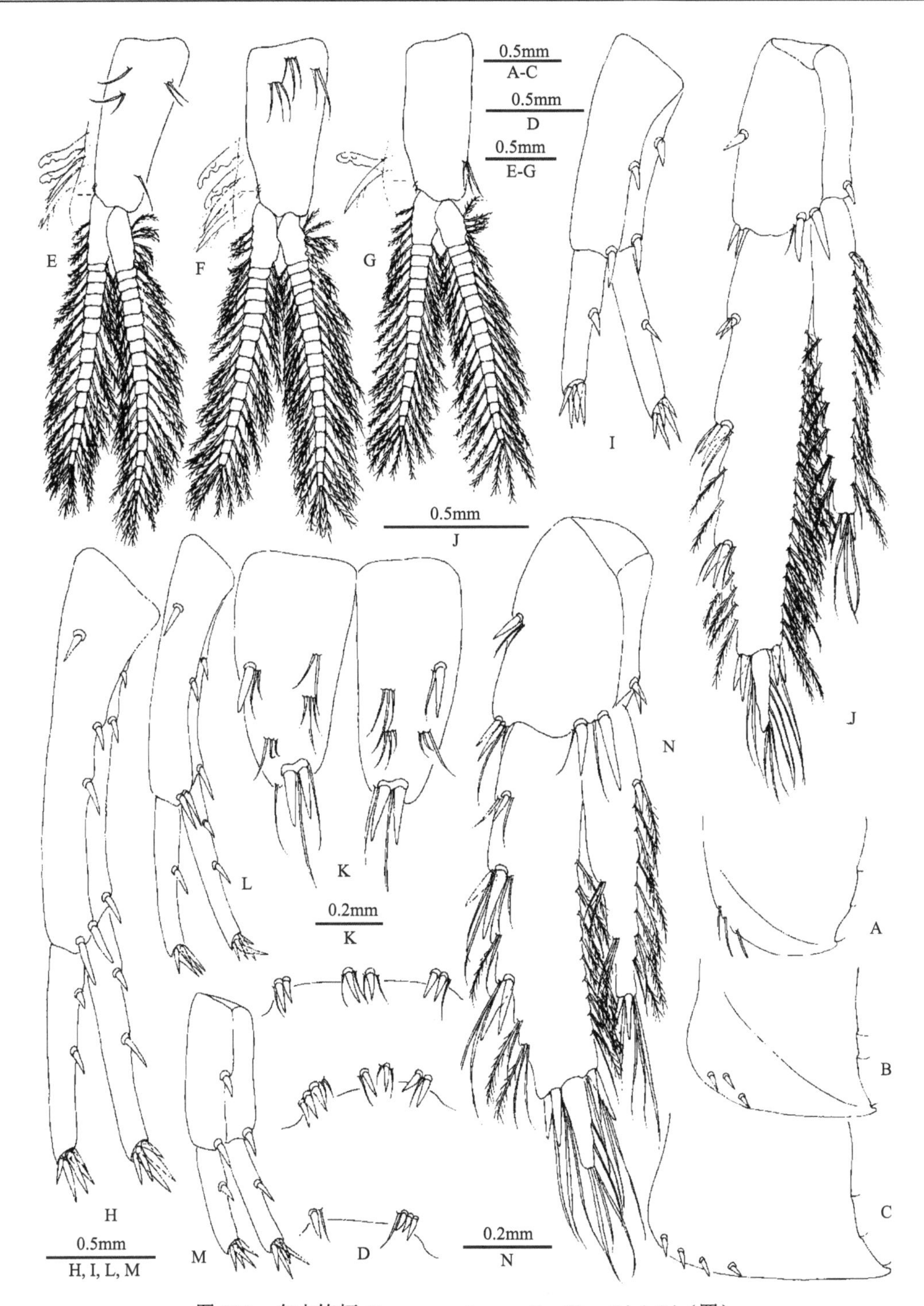

图 224　自由钩虾 *Gammarus incoercitus* Hou, Li & Li（四）

♂, A-K; ♀, L-N。A. 第 1 腹侧板; B. 第 2 腹侧板; C. 第 3 腹侧板; D. 第 4-6 腹节（背面观）; E. 第 1 腹肢; F. 第 2 腹肢; G. 第 3 腹肢; H. 第 1 尾肢; I. 第 2 尾肢; J. 第 3 尾肢; K. 尾节; L. 第 1 尾肢; M. 第 2 尾肢; N. 第 3 尾肢

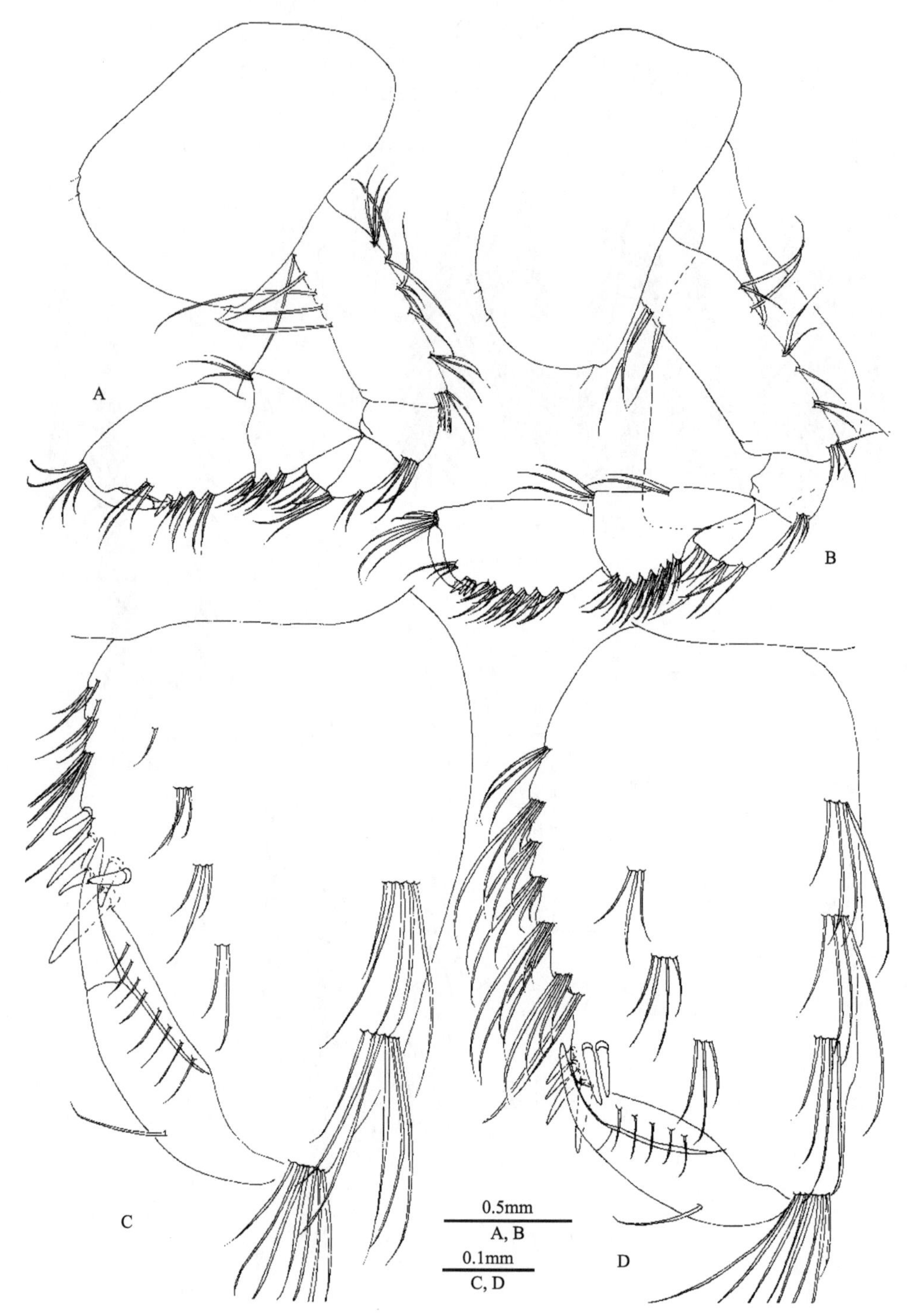

图 225　自由钩虾 *Gammarus incoercitus* Hou, Li & Li（五）

♀。A. 第 1 腮足; B. 第 2 腮足; C. 第 1 腮足掌节; D. 第 2 腮足掌节

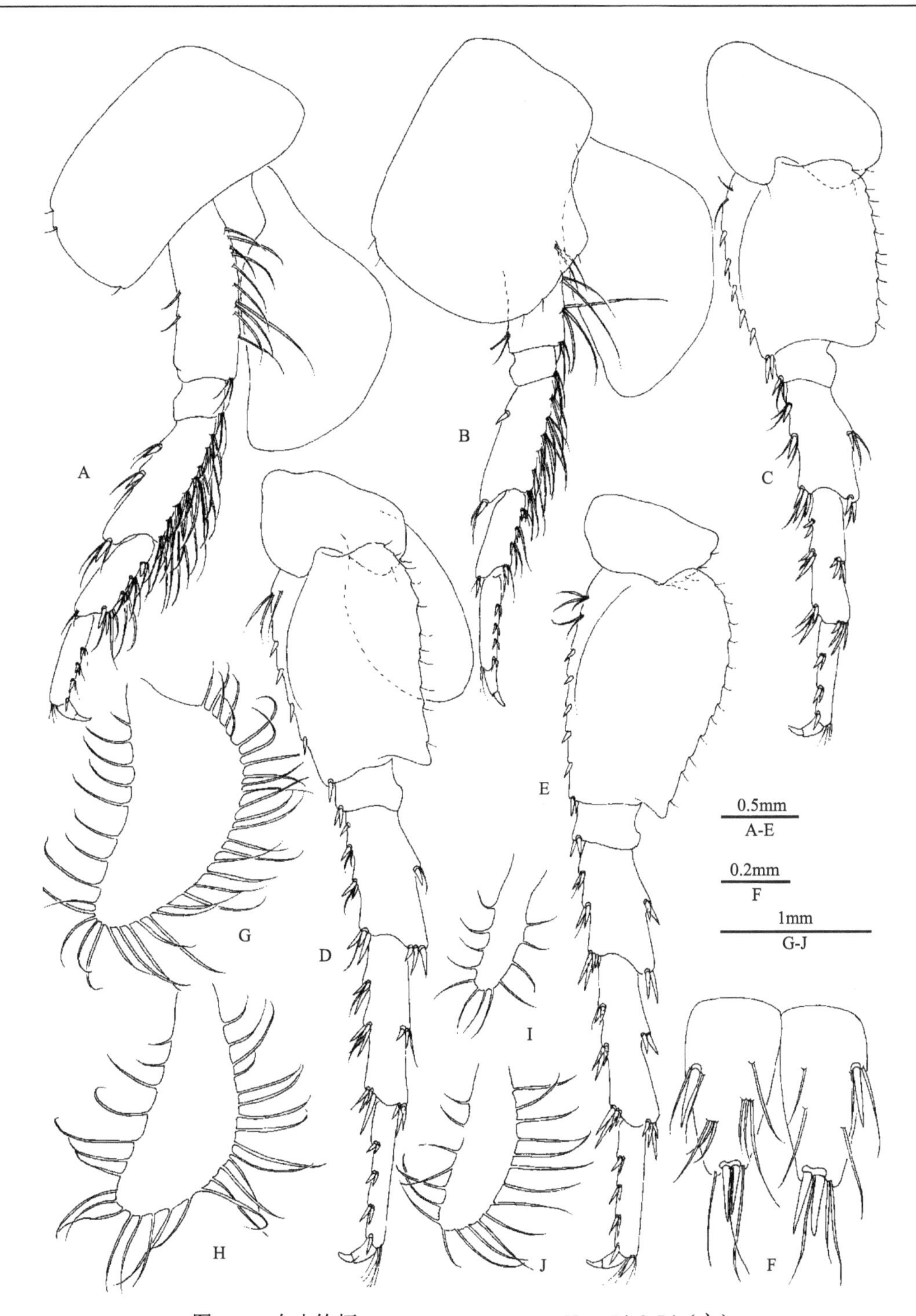

图 226　自由钩虾 *Gammarus incoercitus* Hou, Li & Li（六）

♀。A. 第 3 步足; B. 第 4 步足; C. 第 5 步足; D. 第 6 步足; E. 第 7 步足; F. 尾节; G. 第 2 抱卵板; H. 第 3 抱卵板; I. 第 4 抱卵板; J. 第 5 抱卵板

足与雄性相似。第 5–7 步足前缘毛多于雄性。第 2 抱卵板稍宽；第 3、4 抱卵板稍长；第 5 抱卵板最小。

观察标本：1♂（正模，IZCAS-I-A1236），1♂1♀，山西忻州偏关樊家后沟泉（39.5°N, 111.4°E），2012.V.20。

生态习性：栖息在泉眼附近。

地理分布：山西（忻州）。

分类讨论：本种主要鉴别特征是眼肾形；第 3 步足长节和腕节后缘具长卷毛；第 2、3 腹侧板后下角尖；第 4–6 腹节背部具刺和毛；第 3 尾肢内肢长达外肢的 3/5，第 2 节长，内、外肢密布羽状毛。

本种与山西钩虾 *G. shanxiensis* Barnard & Dai 的主要区别是第 3 步足后缘具长卷毛，而山西钩虾第 3 步足后缘具短直毛。

(46) 碧玉钩虾 *Gammarus jaspidus* Hou & Li, 2004（图 227–232）

Gammarus jaspidus Hou & Li, 2004c: 154, figs. 6–11.

形态描述：雄性 11.5mm。第 1 触角 1–3 柄节长度比 1.00∶0.59∶0.34；鞭 24 节，具感觉毛，副鞭 3 节。第 2 触角柄节 4、5 节等长，每缘具 3 簇短毛；鞭 12 节，具鞋状感觉器。左大颚切齿 5 齿，动颚片 4 齿；触须第 2 节具 12 毛，第 3 节具 4 A-刚毛、4 B-刚毛、1 排 D-刚毛和 5 E-刚毛。右大颚切齿 4 齿，动颚片分叉，臼齿具 1 刚毛。第 1 小颚内叶具 17 羽状毛；左触须第 2 节具 8 细长刺和 2 硬毛；右触须宽大，具 5 壮齿和 2 长刺。第 2 小颚内叶具 27 羽状毛；外叶宽大，具顶毛。颚足内叶具 3 顶刺和 1 近顶刺，外叶具 10 钝齿，顶端具 4 梳状刚毛，触须第 4 节细长。

第 1 腮足基节前、后缘具长毛，末缘具 5 栉状毛；腕节长约为掌节的 3/4；掌节梨形，掌缘斜，具 1 中央壮刺，后缘具 10 刺和 6 表面刺；指节外缘具 1 刚毛。第 2 腮足腕节长为掌节的 2/3，掌节掌缘具 1 中央壮刺，后缘具 6 刺。第 3 步足长节至掌节后缘具长直毛；腕节和掌节后缘具刺；指节细长，外缘具 1 刚毛，趾钩接合处具 2 刚毛。第 4 步足短于第 3 步足，后缘具长直毛。第 6、7 步足长于第 5 步足，第 5–7 步足基节前缘稍凸，具 5 短刺和刚毛；第 5 步足基节后缘近直，第 6、7 步足基节内面具短刚毛；长节至掌节前缘具 3 组刺，无长毛；指节细长，外缘具 1 刚毛，趾钩接合处具 2 刚毛。

第 1–3 腹侧板后下角钝，第 1 腹侧板腹缘前角具 6 毛，第 2、3 腹侧板腹缘具 3、4 刺。第 1–3 腹节背部稍隆起，背部具短刚毛。第 4、5 腹节背部隆起，具 3 簇刺和刚毛。

第 1 尾肢柄节具 1 背基刺，内、外肢等长。第 2 尾肢柄节外缘和内缘分别具 1-1 和 1-1-1 刺；外肢稍短于内肢。第 3 尾肢内肢长为外肢的 3/4，外肢第 2 节短，内、外肢两侧具羽状刚毛。尾节深裂，末端具刺和长刚毛，背面具 1 侧刺和刚毛。

雌性 8.5mm，抱 20 个卵。第 1 腮足掌节不如雄性倾斜，后缘具 8 刺。第 2 腮足掌节后角具 3 刺。第 3 尾肢内肢长是外肢的 9/10，内、外肢具羽状毛。第 2–5 胸节具抱卵板，边缘具刚毛。

观察标本：1♂（正模，IZCAS-I-A0067），7♂4♀，西藏浪卡子县羊卓雍错（28.8°N,

91.0°E)，海拔 4500m，2001.VIII.28。

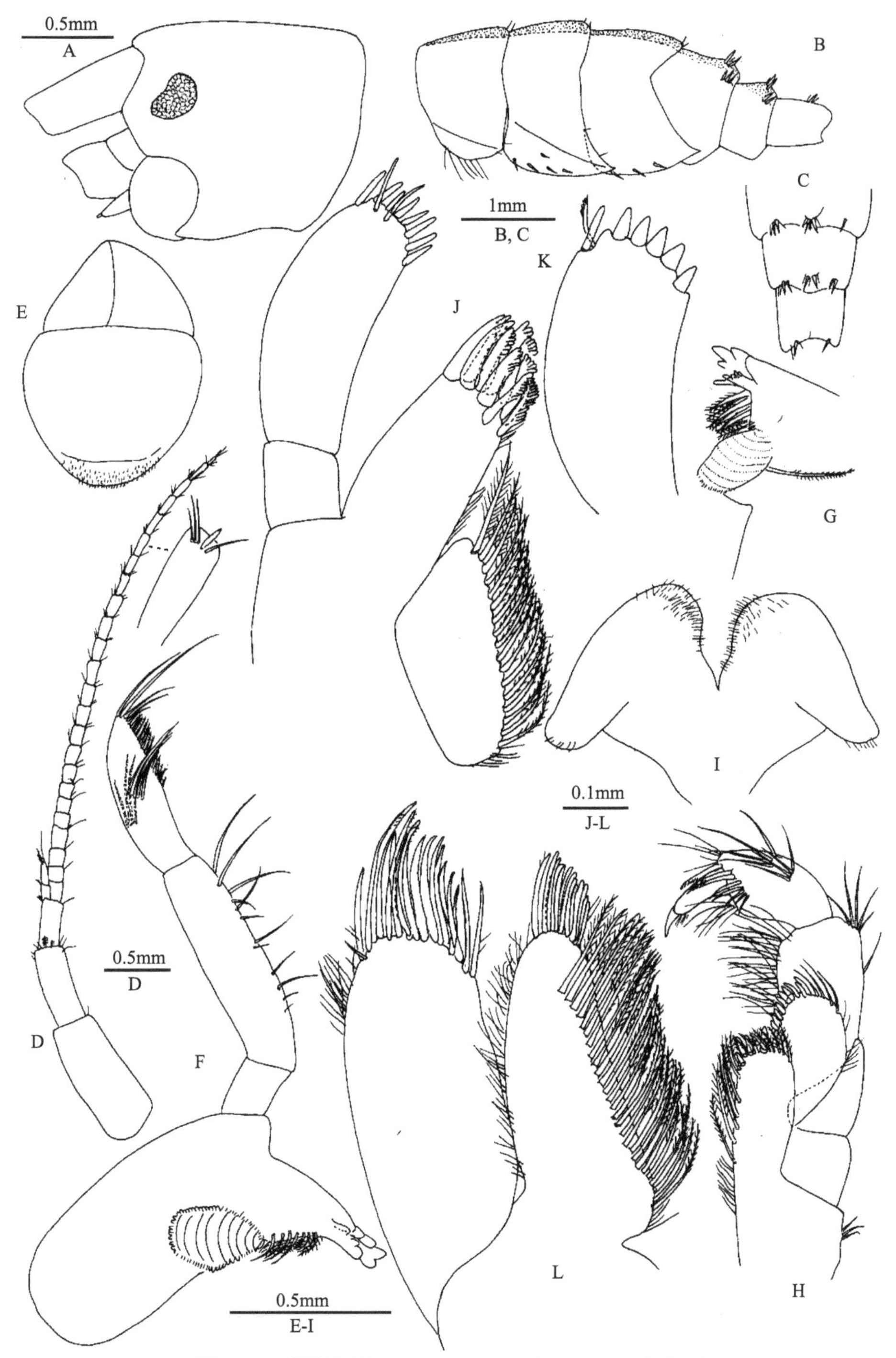

图 227　碧玉钩虾 *Gammarus jaspidus* Hou & Li（一）

♂。A. 头; B. 第 1-6 腹节（侧面观）; C. 第 4-6 腹节（背面观）; D. 第 1 触角; E. 上唇; F. 左大颚; G. 右大颚切齿; H. 颚足; I. 下唇; J. 左第 1 小颚; K. 右第 1 小颚触须; L. 第 2 小颚

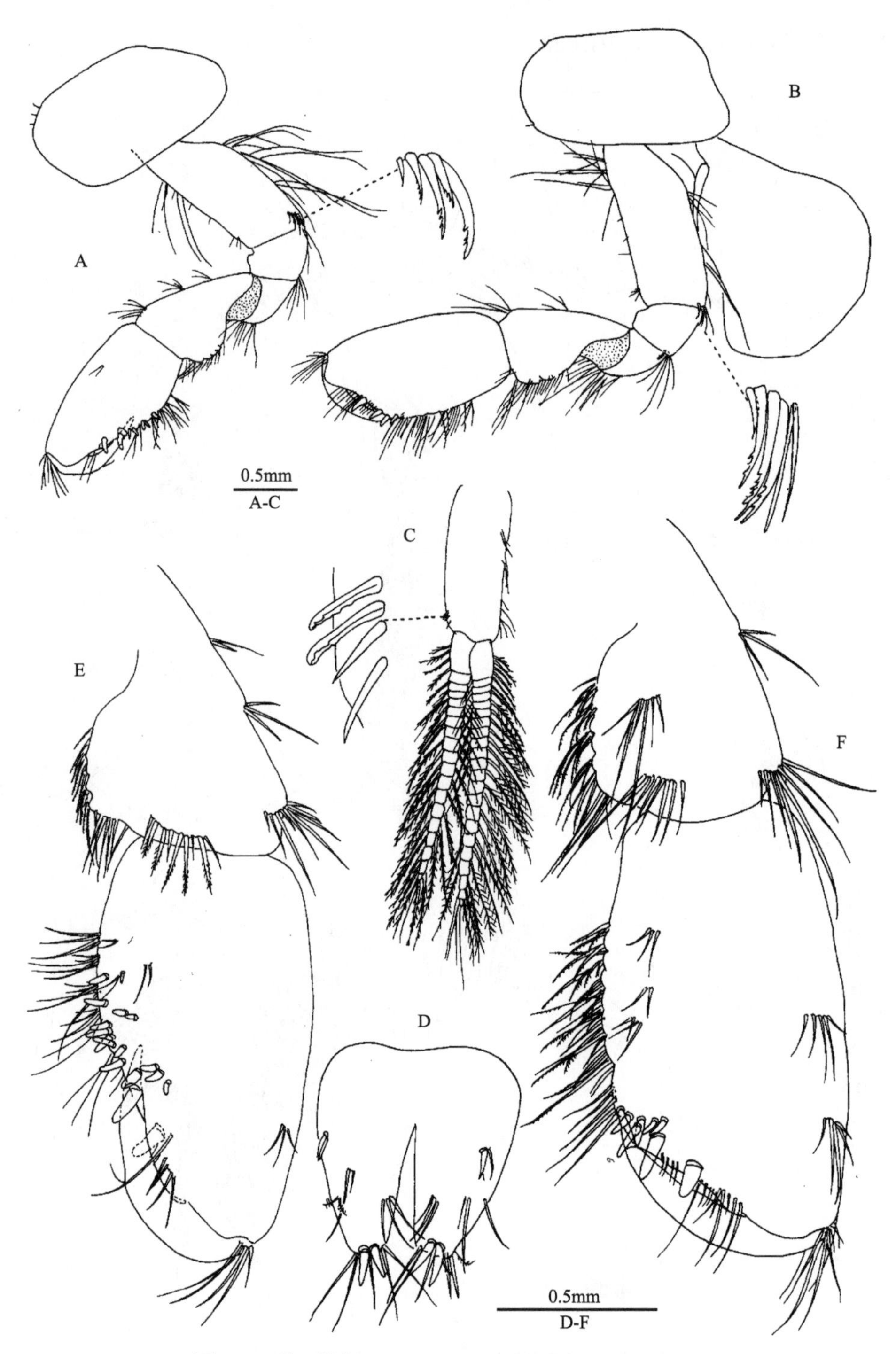

图 228 碧玉钩虾 *Gammarus jaspidus* Hou & Li（二）

♂。A. 第 1 腮足; B. 第 2 腮足; C. 第 1 腹肢; D. 尾节; E. 第 1 腮足掌节; F. 第 2 腮足掌节

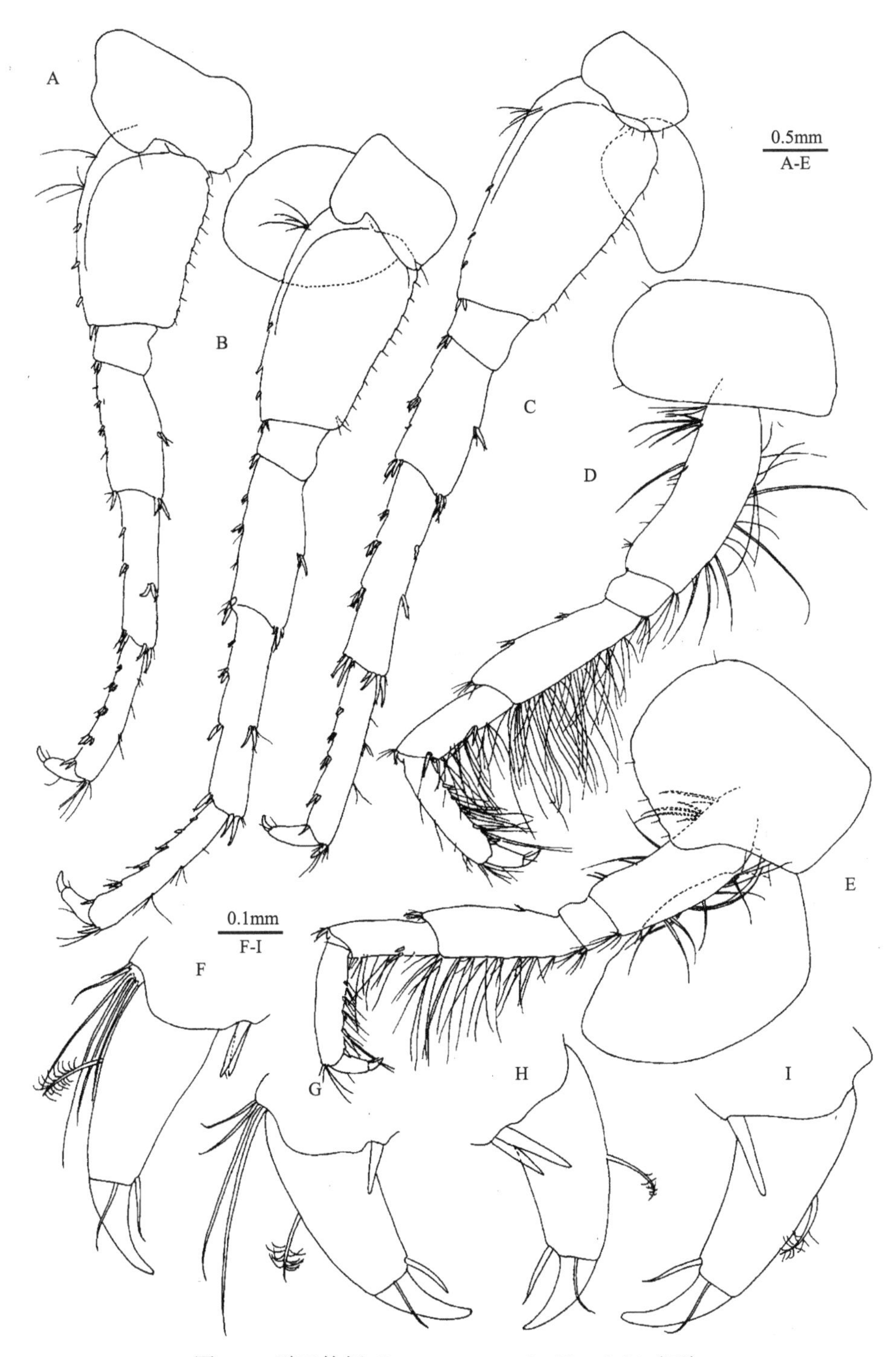

图 229　碧玉钩虾 *Gammarus jaspidus* Hou & Li（三）

♂。A. 第 5 步足; B. 第 6 步足; C. 第 7 步足; D. 第 3 步足; E. 第 4 步足; F-I. 第 3-6 步足指节

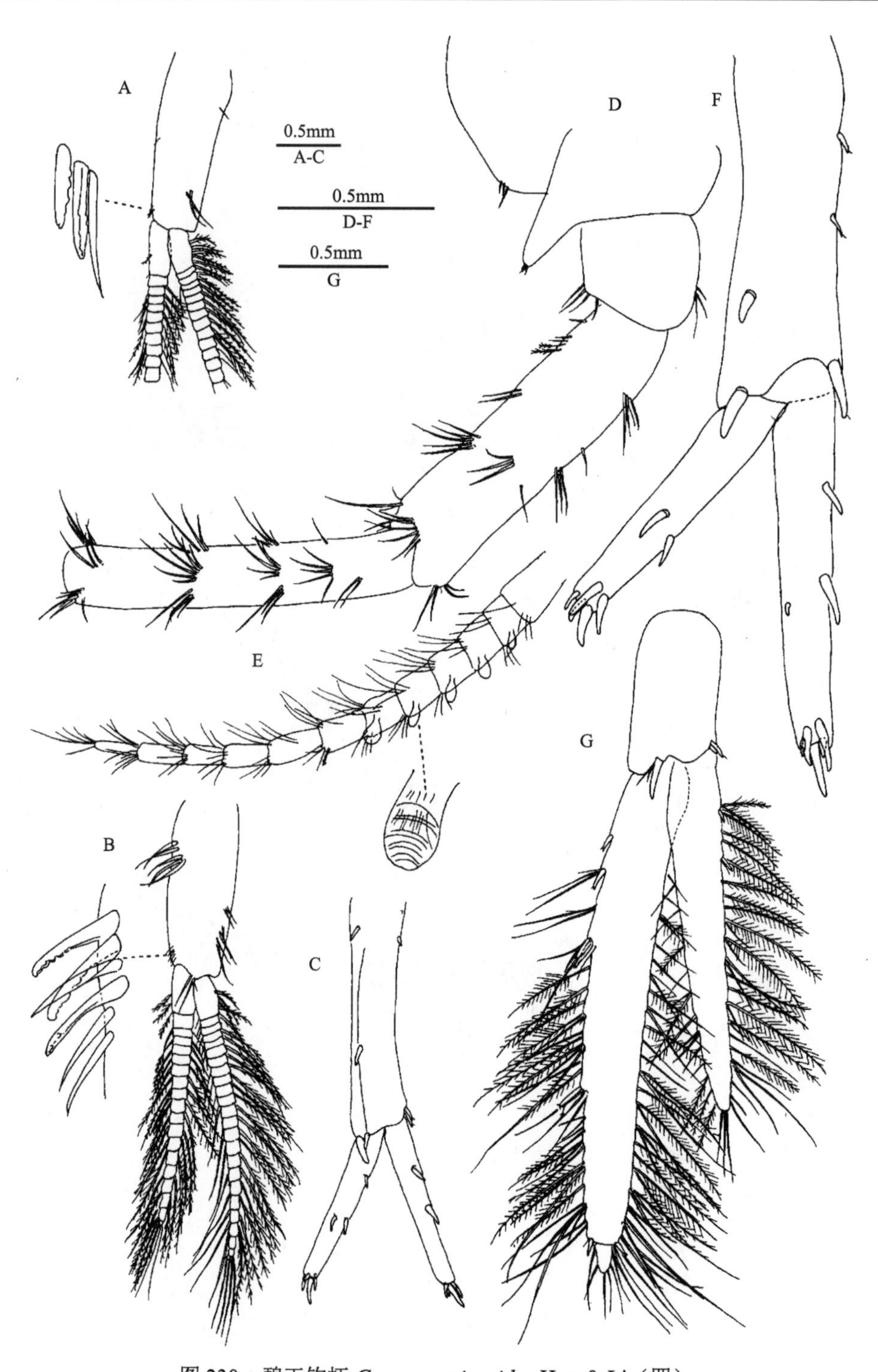

图 230 碧玉钩虾 *Gammarus jaspidus* Hou & Li（四）

♂。A. 第 3 腹肢; B. 第 2 腹肢; C. 第 1 尾肢; D. 第 2 触角柄节; E. 第 2 触角鞭节; F. 第 2 尾肢; G. 第 3 尾肢

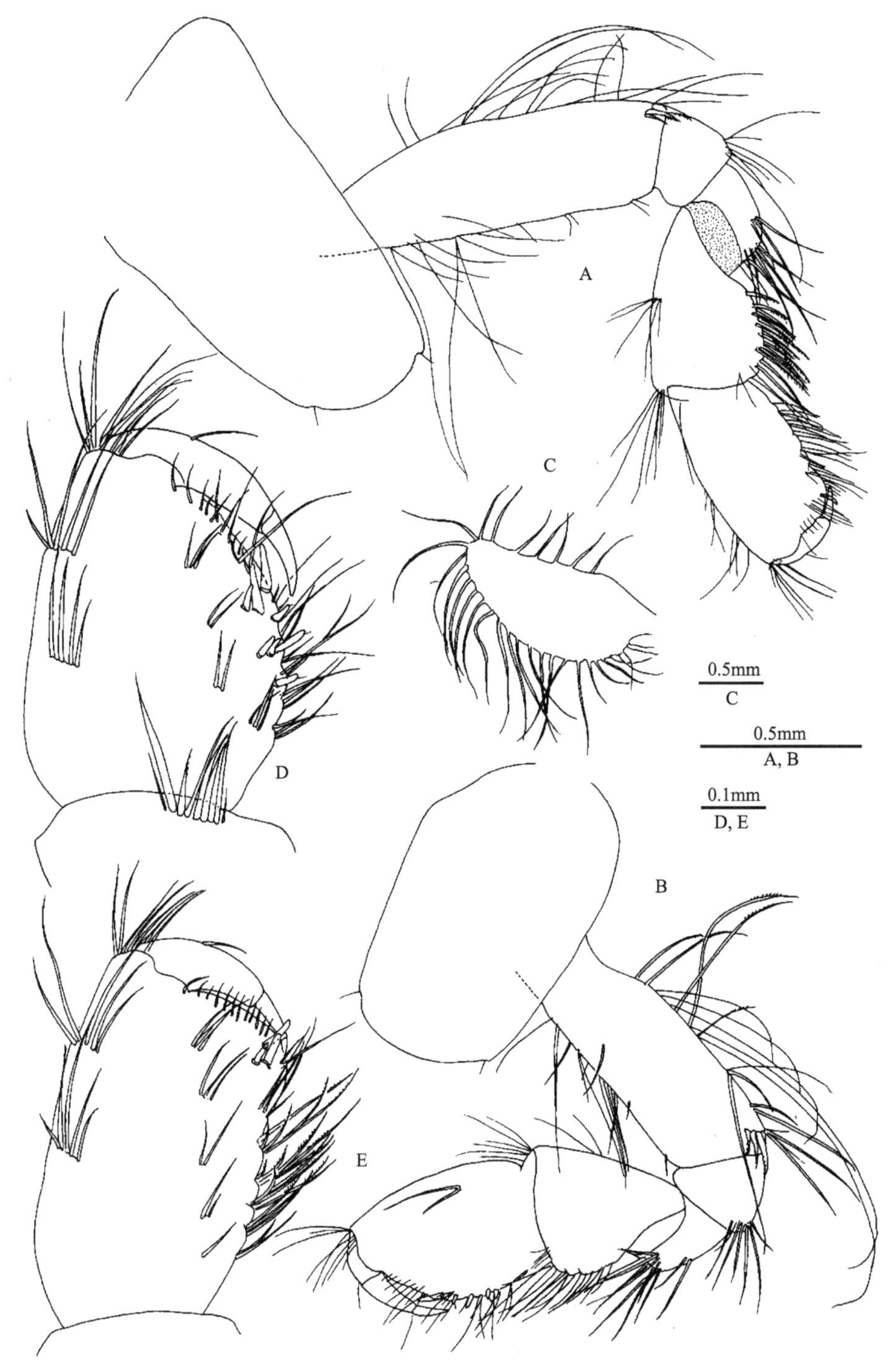

图 231　碧玉钩虾 *Gammarus jaspidus* Hou & Li（五）

♀。A. 第 2 腮足; B. 第 1 腮足; C. 第 2 抱卵板; D. 第 1 腮足掌节; E. 第 2 腮足掌节

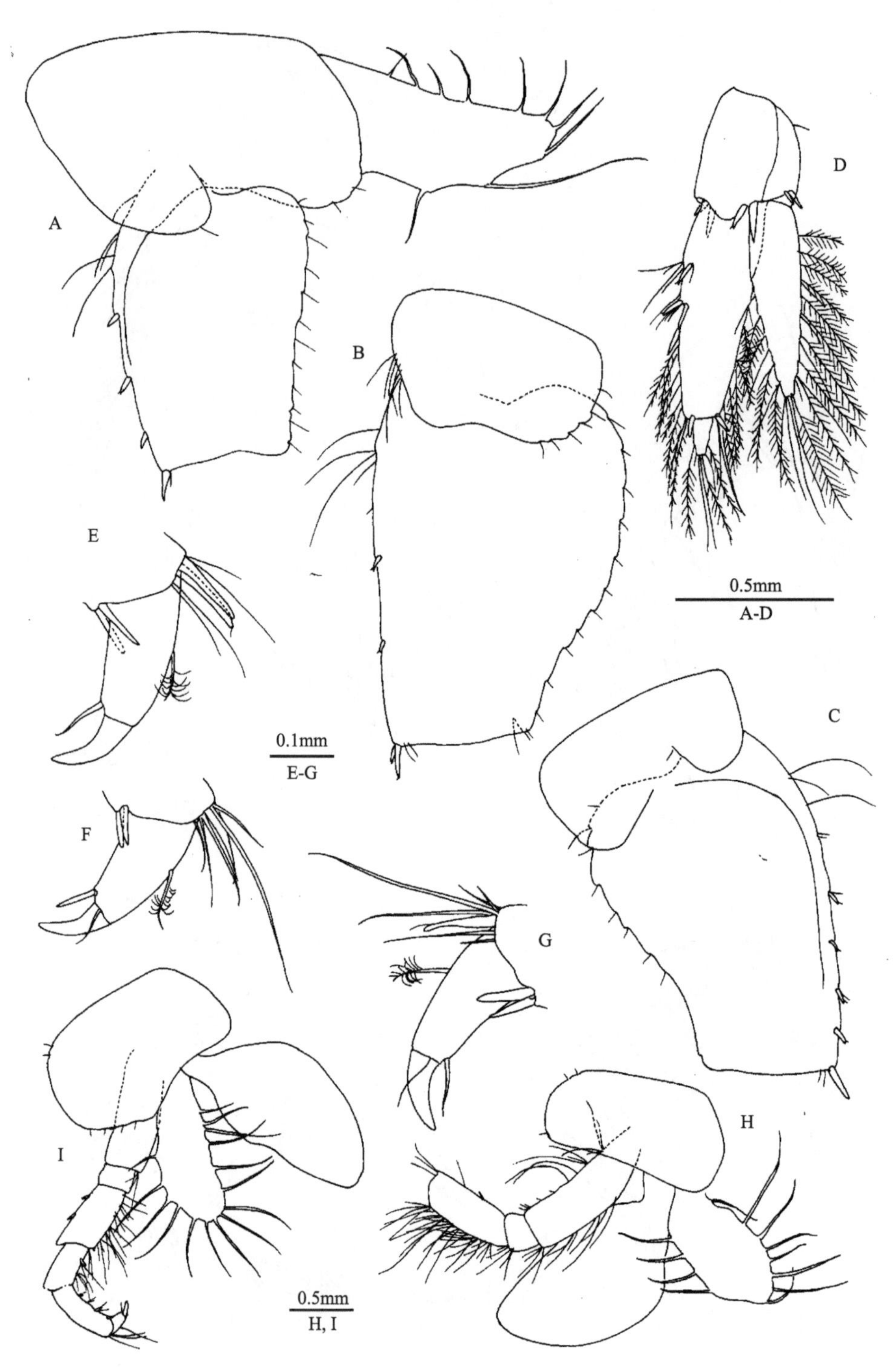

图 232　碧玉钩虾 *Gammarus jaspidus* Hou & Li（六）

♀。A. 第 5 步足基节; B. 第 7 步足基节; C. 第 6 步足基节; D. 第 3 尾肢; E. 第 7 步足指节; F. 第 5 步足指节; G. 第 6 步足指节; H. 第 3 步足; I. 第 4 步足

生态习性：栖息在大河边缘的石头、水草下。

地理分布：西藏（浪卡子）。

分类讨论：本种主要鉴别特征是第1–3腹节背部微微隆起，第4、5腹节背部隆起，具3簇刺。本种与湖泊钩虾 *G. lacustris* Sars 的区别在于第1–5腹节背部微微隆起，尾节具背刺，第2、3腹侧板后缘不尖。本种与拉萨钩虾 *G. lasaensis* Barnard & Dai 的主要区别是本种第1、2腮足掌节掌缘仅具1中央刺，而拉萨钩虾第1、2腮足掌节掌缘分别具2和3中央刺。

(47) 极度探险钩虾 *Gammarus jidutanxian* Hou & Li, 2018（图 233–238）

Gammarus jidutanxian Hou & Li, in: Hou, Zhao & Li, 2018: 36, figs. 21–26.

形态描述：雄性8.2mm。眼卵形。第1触角1–3柄节长度比1.0∶0.7∶0.4，具末端毛；鞭30节，具感觉毛；副鞭4节。第2触角4、5柄节前、后缘具长刚毛；鞭11节，具长刚毛；无鞋状感觉器。左大颚切齿5齿；动颚片4齿；刺排具5对羽状毛；触须第2节具9毛，第3节具4 A-刚毛、8 B-刚毛、1排D-刚毛和5 E-刚毛；右大颚切齿4齿，动颚片分叉，具小齿。第1小颚左右不对称，内叶具13羽状毛；外叶具11锯齿状刺，每刺具小齿；左触须第2节顶端具7细长刺；右触须第2节具4壮刺、1细长刺和1硬刚毛。第2小颚内叶具12羽状毛。颚足内叶具3顶端壮刺、1近顶端刺和15羽状毛；外叶具14钝齿，顶端具4羽状毛；触须第4节呈钩状，趾钩接合处具3刚毛。

第1腮足底节板前、后缘分别具4和2毛；腕节长约为掌节的4/5，后缘具4簇短毛；掌节卵形，掌缘具1中央刺，后缘和掌面共具11刺；指节外缘具1刚毛。第2腮足腕节与掌节等长，腹缘具7簇长毛，背缘具3簇毛；掌节长方形，掌缘具1中央刺，后缘具4刺；指节外缘具1刚毛。第3步足底节板前、后缘具3和1毛；长节至掌节后缘具长直毛；腕节和掌节后缘具3对刺；指节外缘具1羽状刚毛，趾钩接合处具2刚毛。第4步足底节板后缘凹陷；长节和腕节后缘具长直毛。第5步足基节前缘具5毛和7刺，后缘具14短毛；长节至掌节前、后缘具几组刺和短毛，无长毛；指节后缘具1羽状刚毛，趾钩接合处具2刚毛。第6、7步足相似，长节到掌节前缘具2–4簇短毛。

第1腹侧板腹缘圆，腹前角具3毛和1刺，后缘具4短毛；第2腹侧板腹缘具2刺和1毛，后缘具6短毛，后下角钝；第3腹侧板腹缘具2刺，后缘具5短毛，后下角稍尖。第4、5腹节背缘具1-1-1-1刺和毛；第6腹节每边具1刺和2毛。

第1尾肢柄节具1背基刺，内、外缘分别具3和2刺；内肢内缘具2刺；外肢内、外缘各具2刺。第2尾肢柄节内、外缘分别具2和1刺；内肢内缘具2刺；外肢外缘具2刺。第3尾肢柄节表面具3刺，末端具6刺；内肢长达外肢的3/5，内缘具2刺和7羽状毛，外缘具5羽状毛，具2末端刺；外肢第1节外缘具3对刺和简单刚毛，内缘具10羽状毛，第2节比邻近刺短，具简单毛。尾节深裂，长宽相等，每叶表面具3简单毛和2羽状毛，具2末端刺。

雌性9.8mm。第1腮足掌节似卵形，掌后缘具7刺，背、腹缘均具长刚毛；指节外缘具1刚毛。第2腮足掌节近似长方形，掌后缘具4刺，背、腹缘均具长刚毛。第3、4

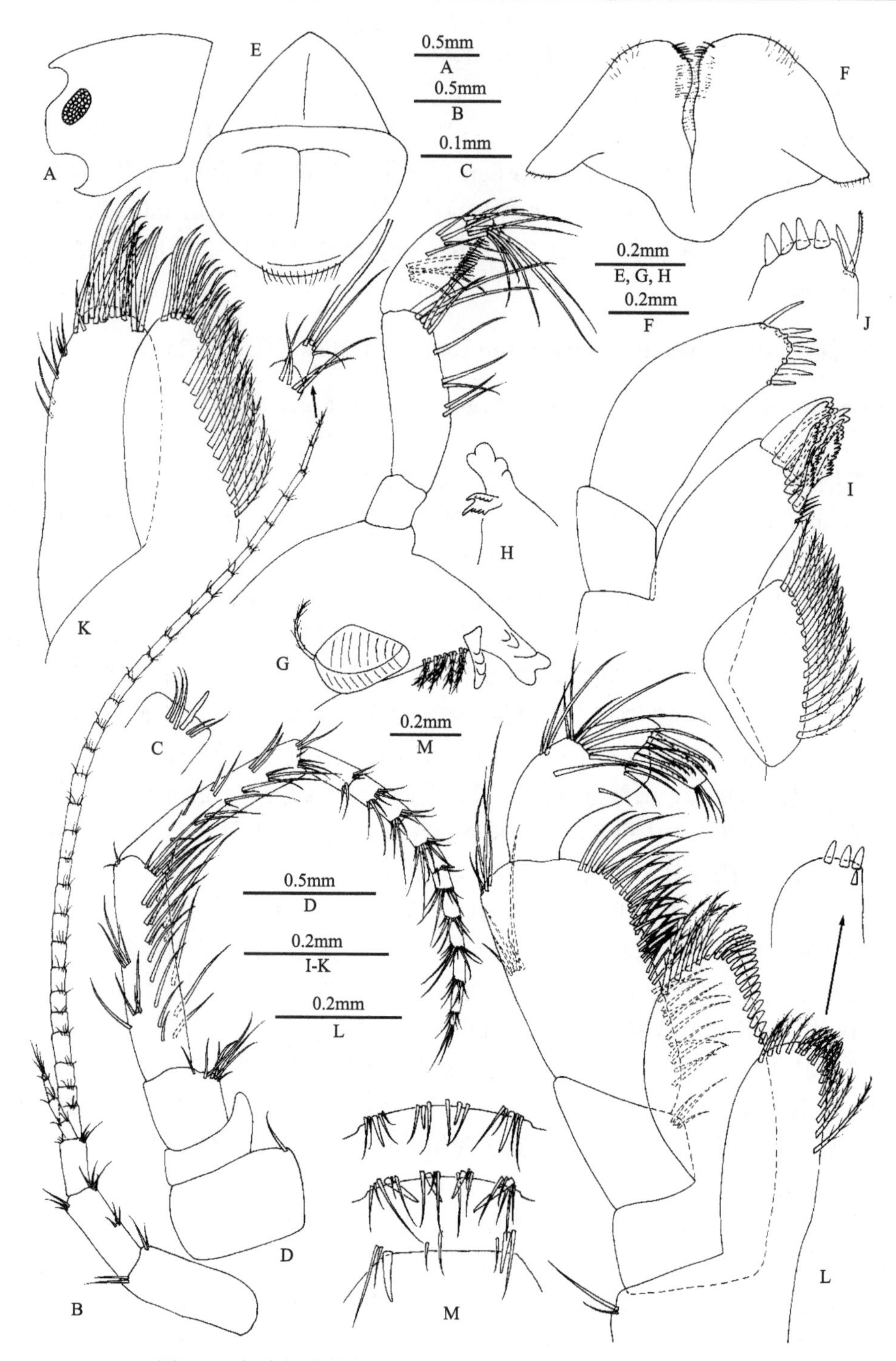

图 233 极度探险钩虾 *Gammarus jidutanxian* Hou & Li（一）

♂。A. 头; B. 第 1 触角; C. 第 1 触角感觉毛; D. 第 2 触角; E. 上唇; F. 下唇; G. 左大颚; H. 右大颚切齿; I. 左第 1 小颚; J. 右第 1 小颚触须; K. 第 2 小颚; L. 颚足; M. 第 4-6 腹节（背面观）

图 234　极度探险钩虾 *Gammarus jidutanxian* Hou & Li（二）

♂。A. 第 1 腮足; B. 第 1 腮足掌节; C. 第 2 腮足; D. 第 2 腮足掌节; E. 第 1 腹侧板; F. 第 2 腹侧板; G. 第 3 腹侧板

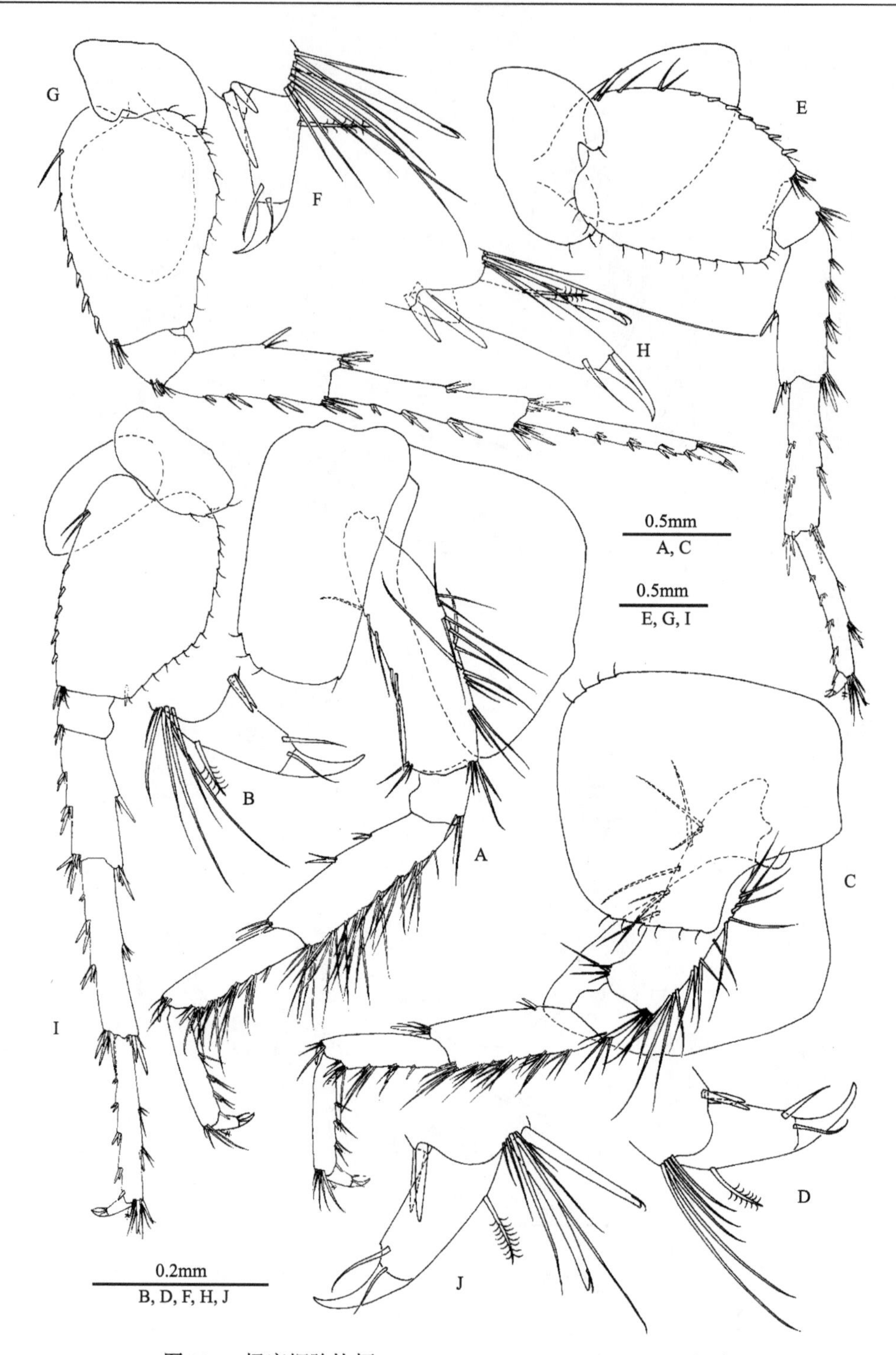

图 235 极度探险钩虾 *Gammarus jidutanxian* Hou & Li（三）

♂。A. 第 3 步足; B. 第 3 步足指节; C. 第 4 步足; D. 第 4 步足指节; E. 第 5 步足; F. 第 5 步足指节; G. 第 6 步足; H. 第 6 步足指节; I. 第 7 步足; J. 第 7 步足指节

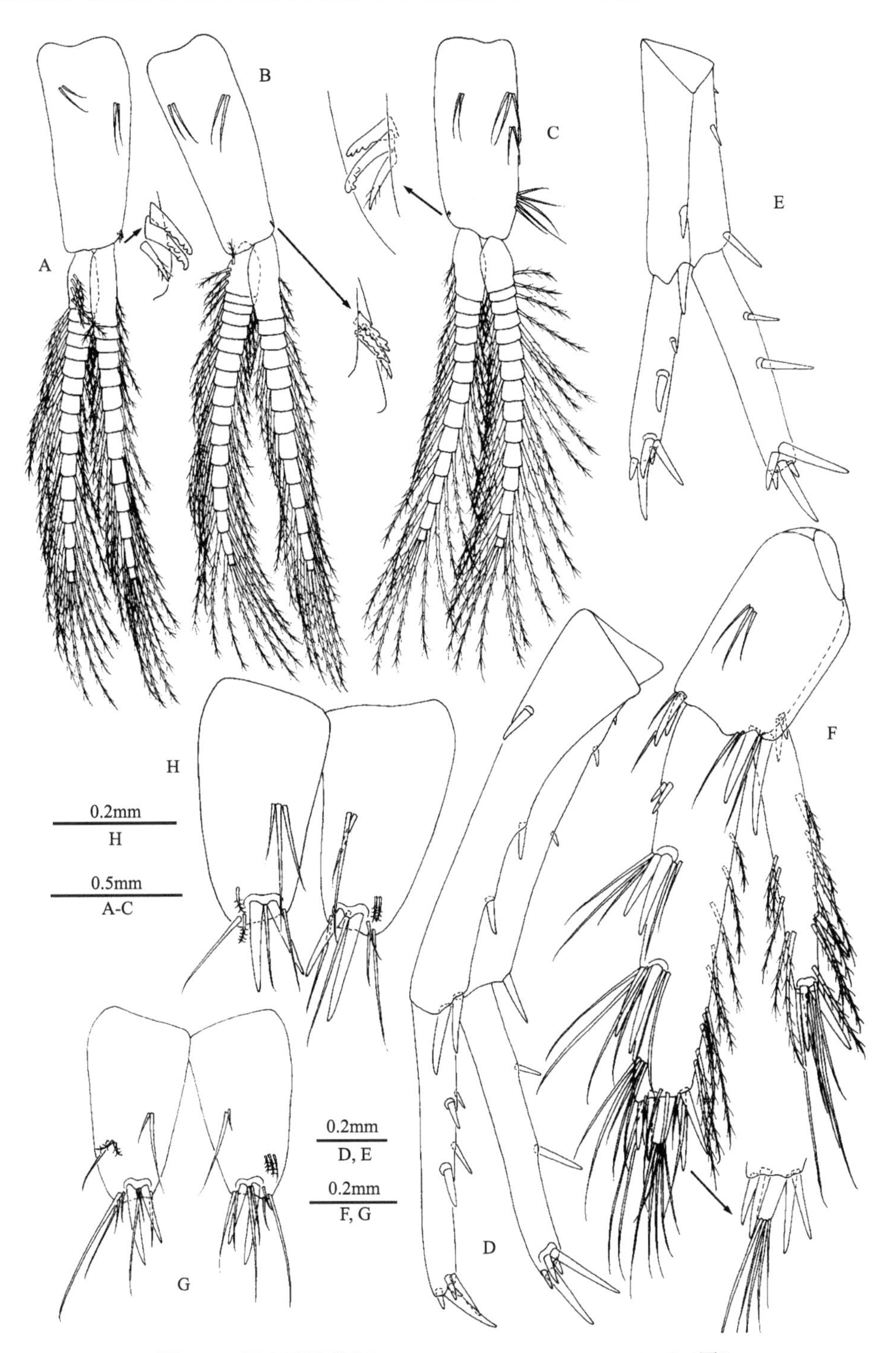

图 236　极度探险钩虾 *Gammarus jidutanxian* Hou & Li（四）

♂, A-G; ♀, H。A. 第 1 腹肢; B. 第 2 腹肢; C. 第 3 腹肢; D. 第 1 尾肢; E. 第 2 尾肢; F. 第 3 尾肢; G. 尾节; H. 尾节

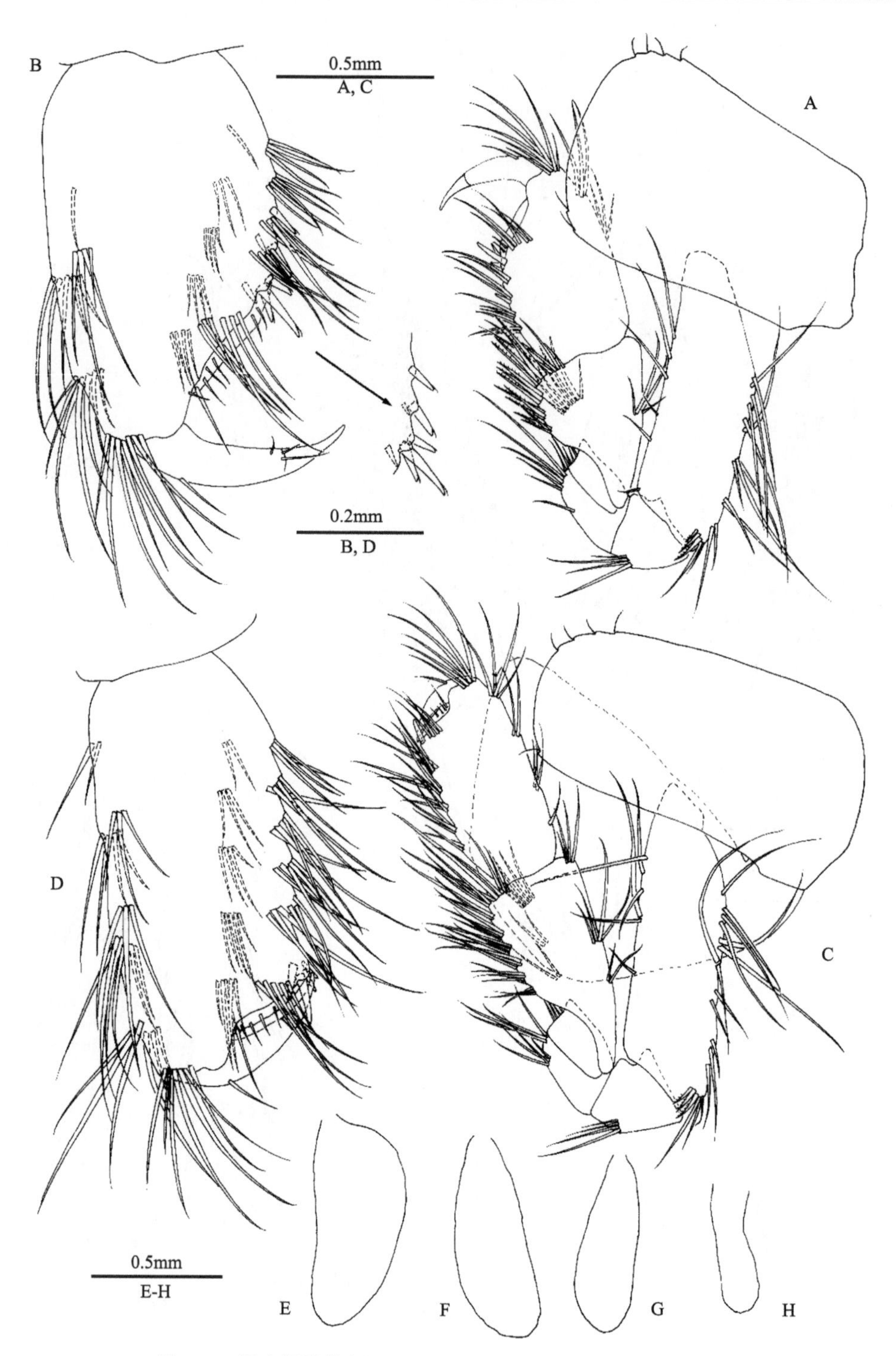

图 237 极度探险钩虾 *Gammarus jidutanxian* Hou & Li（五）

♀。A. 第 1 腮足; B. 第 1 腮足掌节; C. 第 2 腮足; D. 第 2 腮足掌节; E. 第 2 腮足抱卵板; F. 第 3 步足抱卵板; G. 第 4 步足抱卵板; H. 第 5 步足抱卵板

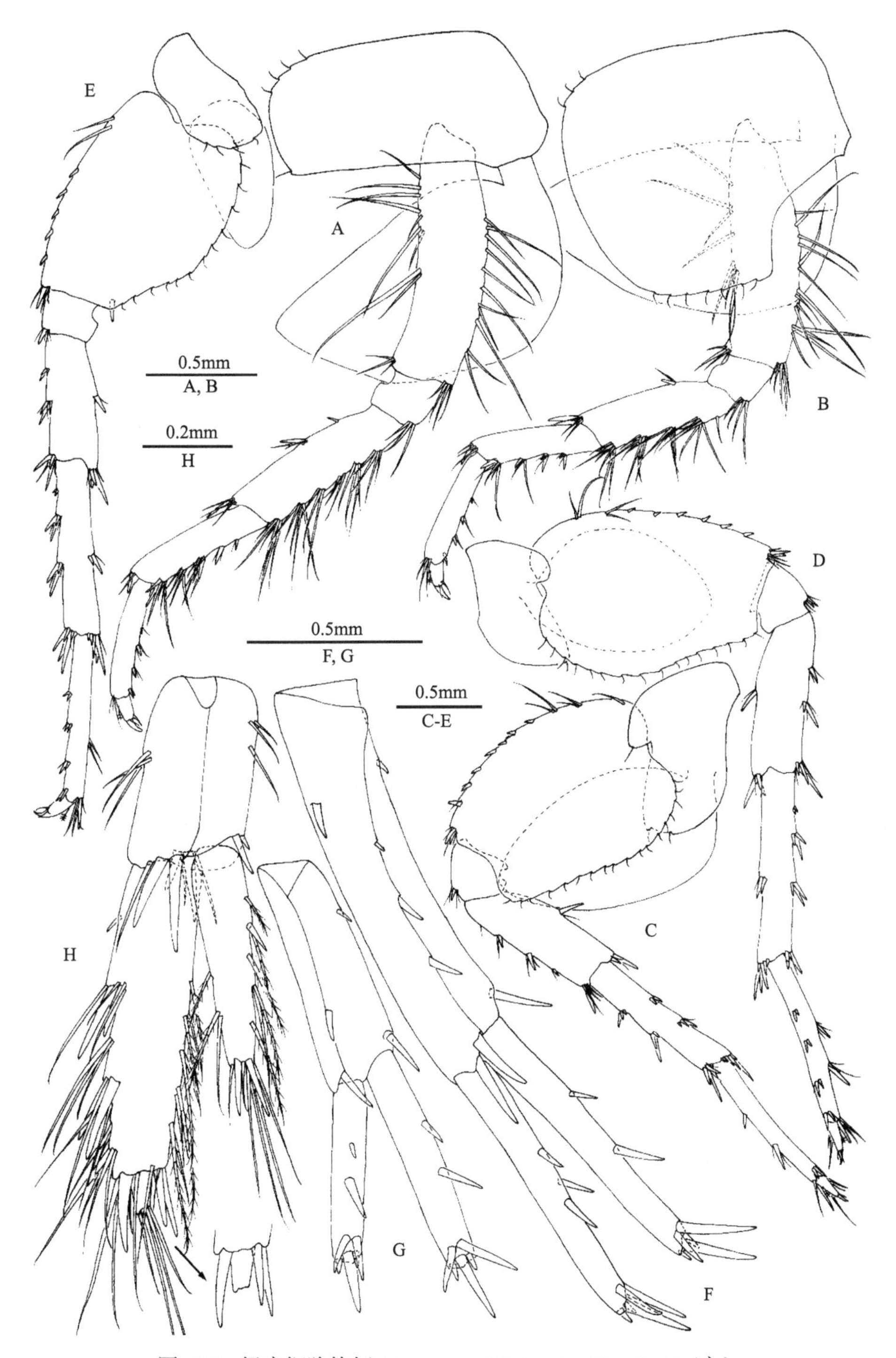

图 238　极度探险钩虾 *Gammarus jidutanxian* Hou & Li（六）

♀。A. 第 3 步足; B. 第 4 步足; C. 第 5 步足; D. 第 6 步足; E. 第 7 步足; F. 第 1 尾肢; G. 第 2 尾肢; H. 第 3 尾肢

步足后缘比雄性具较少刚毛。第 2 抱卵板宽大，具缘毛；第 3、4 抱卵板细长，第 5 抱卵板最小。第 3 尾肢柄节表面具刚毛和 5 末端刺；内肢长达外肢的 4/5，外肢第 1 节外缘具简单刚毛，内缘具 5 羽状毛和 4 简单刚毛。

观察标本：1♂（正模，IZCAS-I-A1439-1），1♀，陕西安康岚皋（108.91°E, 32.29°N），海拔 529m，2013.X.28。1♂，8.5mm，湖北十堰竹溪汇湾镇（109.84°E, 32.15°N），2015.VIII.28。

生态习性：栖息于大巴山北坡的溪流岸边。

地理分布：陕西、湖北。

分类讨论：本种主要鉴别特征是第 2 触角柄节具长刚毛，无鞋状感觉器；第 3 腹侧板后下角稍尖；第 3 尾肢内肢长达外肢的 3/5，外肢外缘无羽状毛，外肢第 2 节比邻近刺短。

本种第 2 触角柄节具长毛、无鞋状感觉器及第 3 尾肢外肢外缘具简单毛等特征，与缘毛钩虾 *G. craspedotrichus* Hou & Li 相似，主要区别在于本种第 1 尾肢柄节具 1 背基刺，第 3 尾肢内肢长达外肢的 3/5，第 4–6 腹节具 4 组刺和刚毛。而缘毛钩虾第 1 尾肢柄节无背基刺，第 3 尾肢内肢与外肢等长，第 4–6 腹节具 2 簇刺和刚毛。

本种第 3、4 步足后缘具直刚毛及第 4–6 腹节背面具 4 组刺和刚毛等特征，与河谷钩虾 *G. vallecula* Hou & Li 相似。主要区别是本种第 3 尾肢内肢长达外肢的 3/5，第 2 节短于邻近刺；尾节长与宽相等，具 2 末端刺。而河谷钩虾第 3 尾肢内肢长约为外肢的 2/3，第 2 节与邻近刺等长或长于邻近刺；尾节长度达宽的 4/5，每叶表面具 1 刺和刚毛。

本种与聚毛钩虾 *G. accretus* Hou & Li 的主要区别在于本种第 4、5 腹节背缘具 1-1-1-1 刺，第 1 尾肢柄节具 1 背基刺，第 3 尾肢内肢长达外肢的 3/5；而聚毛钩虾第 4、5 腹节背缘仅具 1 组刚毛，第 1 尾肢柄节无背基刺，第 3 尾肢内肢与外肢长度相等。

(48) 康定钩虾 *Gammarus kangdingensis* Hou & Li, 2018（图 239–243）

Gammarus kangdingensis Hou & Li, 2018b: 12, figs. 7–11.

形态描述：雄性 11.8mm。眼卵形。第 1 触角第 1–3 柄节长度比 1.00∶0.67∶0.42；鞭 22 节，具感觉毛，副鞭 5 节。第 2 触角第 4、5 柄节长度比 1.00∶0.69，两缘具短毛；鞭 9 节，第 2–5 节具鞋状感觉器。左大颚切齿 5 齿；动颚片 4 齿；触须第 2 节具 14 毛，第 3 节长为第 2 节的 3/4，具 3 簇 A-刚毛、7 B-刚毛、25 D-刚毛和 5 E-刚毛。右大颚切齿 4 齿；动颚片分叉，具小齿。第 1 小颚左右不对称，内叶具 18 羽状毛，外叶具 11 锯齿状刺，左触须第 2 节具 8 细长刺和 3 硬毛；右触须第 2 节具 5 钝刺和 2 硬毛。第 2 小颚内叶具 15 羽状毛，外叶宽大，具顶毛。颚足内叶具 3 壮刺和 1 近顶刺；外叶宽大，内缘具 13 钝齿，顶端具 4 羽状毛；触须 4 节。

第 1 腮足底节板前、后缘分别具 2 和 1 毛；基节前、后缘具长刚毛；腕节稍短于掌节，后缘具 4 组刚毛；掌缘斜，具 1 中央壮刺，后缘具 10 刺，内面具 7 刺；指节外缘具 1 刚毛。第 2 腮足基节比第 1 腮足细长，末端具 4 锯齿状刚毛，腕节与掌节几乎等长，掌节近长方形，掌缘具 1 中央壮刺，后缘具 6 刺；指节外缘具 1 刚毛。第 3 步足长节前

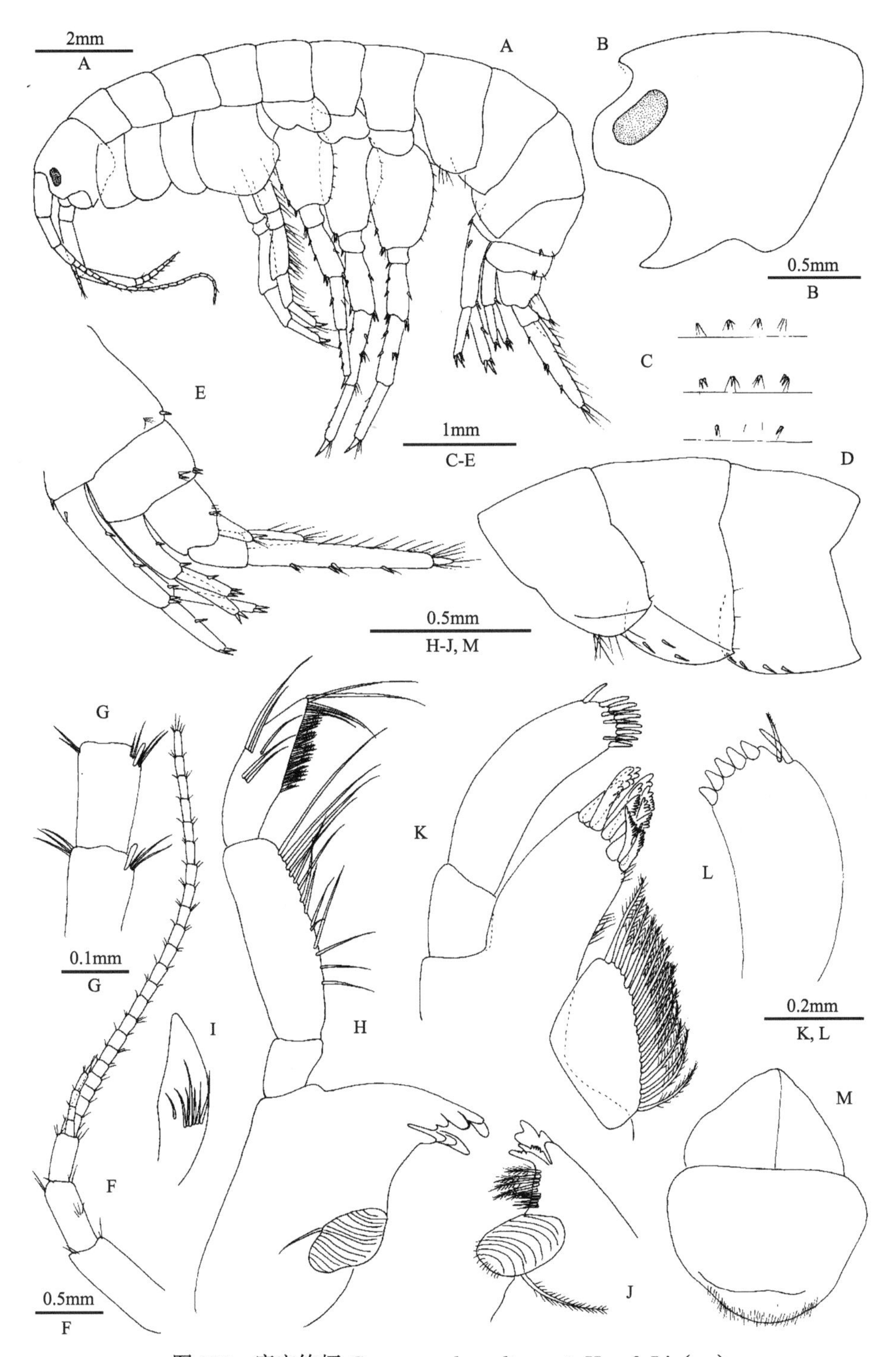

图 239　康定钩虾 *Gammarus kangdingensis* Hou & Li（一）

♂。A. 整体（侧面观）; B. 头; C. 第 4-6 腹节（背面观）; D. 第 1-3 腹侧板; E. 第 4-6 腹节（侧面观）; F. 第 1 触角; G. 第 1 触角鞭节; H. 左大颚; I. 右触须第 3 节; J. 右大颚; K. 左第 1 小颚; L. 右第 1 小颚触须; M. 上唇

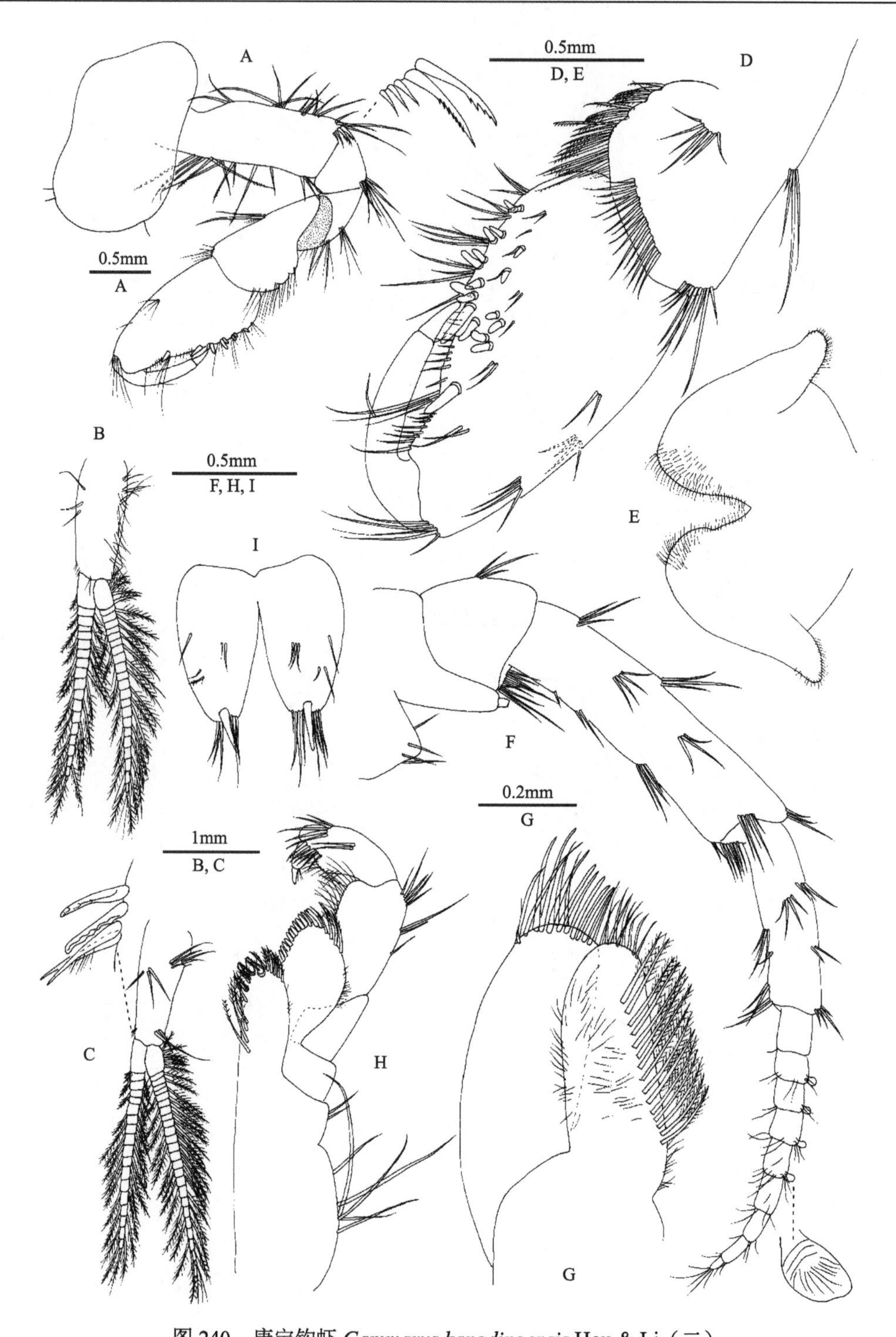

图 240 康定钩虾 *Gammarus kangdingensis* Hou & Li（二）

♂。A. 第 1 腮足; B. 第 2 腹肢; C. 第 1 腹肢; D. 第 1 腮足掌节; E. 下唇; F. 第 2 触角; G. 第 2 小颚; H. 颚足; I. 尾节

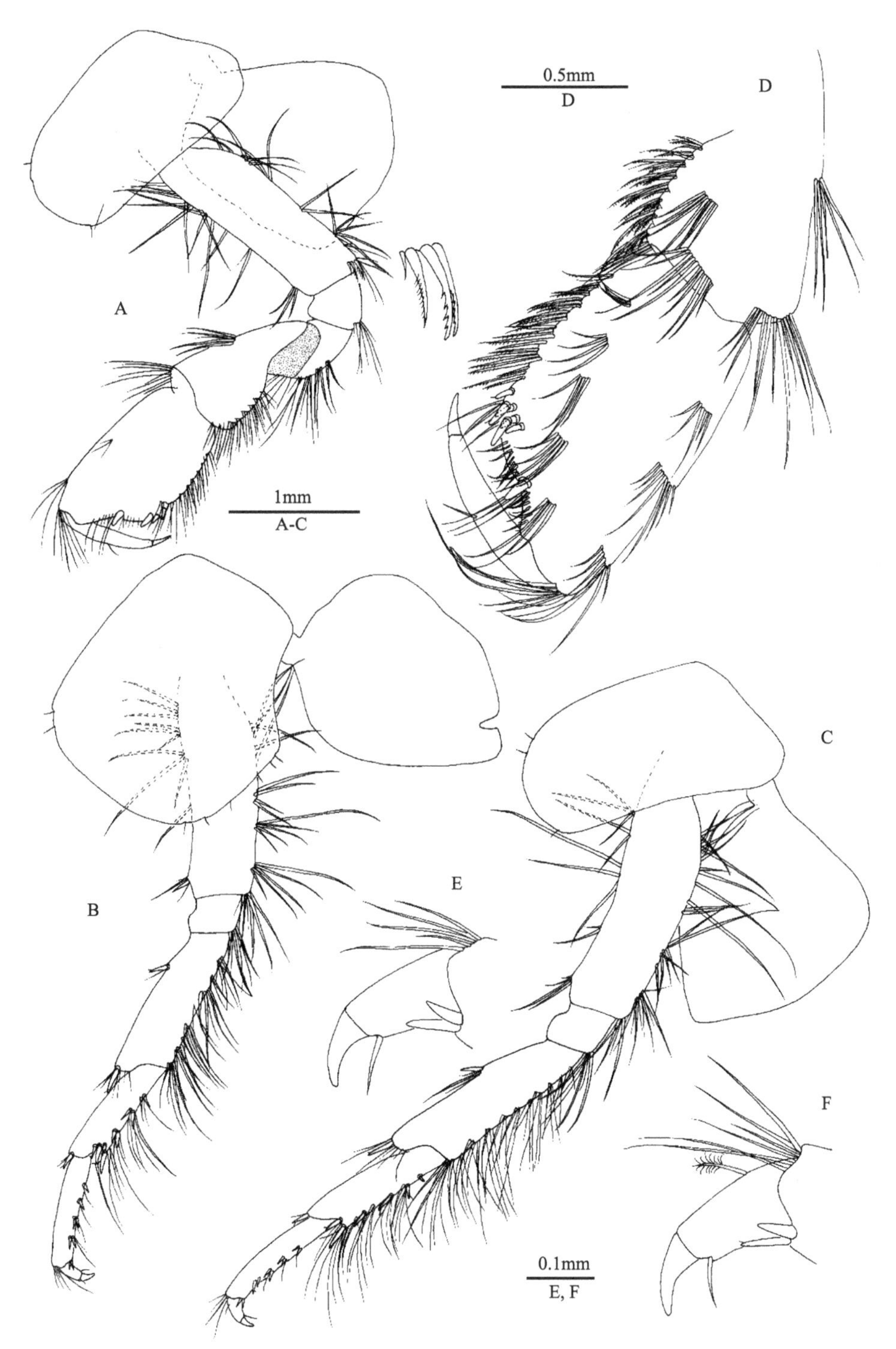

图 241　康定钩虾 *Gammarus kangdingensis* Hou & Li（三）

♂。A. 第 2 腮足; B. 第 4 步足; C. 第 3 步足; D. 第 2 腮足掌节; E. 第 4 步足指节; F. 第 3 步足指节

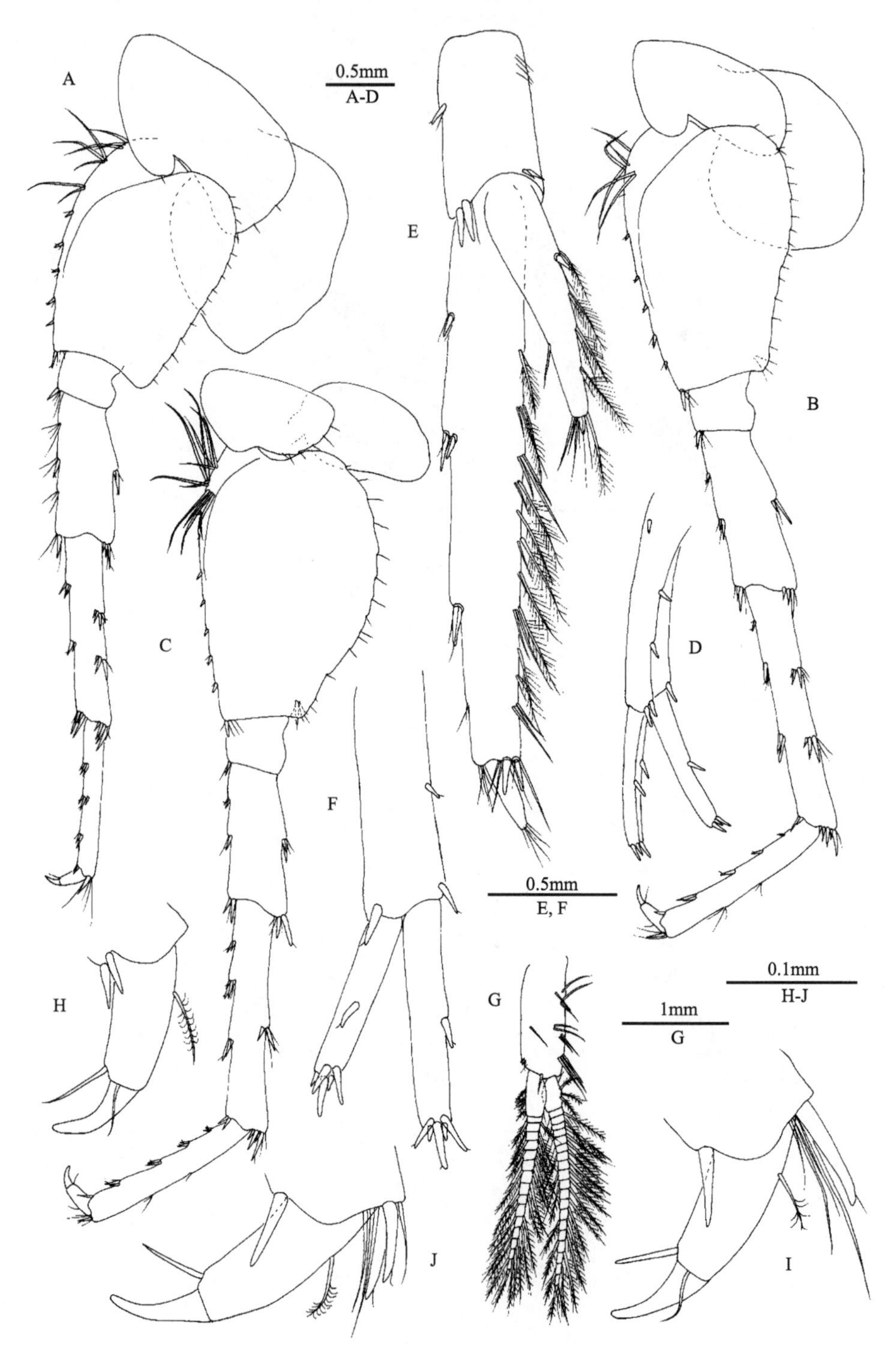

图 242 康定钩虾 *Gammarus kangdingensis* Hou & Li（四）

♂。A. 第 5 步足；B. 第 6 步足；C. 第 7 步足；D. 第 1 尾肢；E. 第 3 尾肢；F. 第 2 尾肢；G. 第 3 腹肢；H. 第 5 步足指节；I. 第 6 步足指节；J. 第 7 步足指节

图 243　康定钩虾 *Gammarus kangdingensis* Hou & Li（五）

♀。A. 第 1 腮足; B. 第 2 腮足; C. 第 1 腮足掌节; D. 第 3 尾肢; E. 第 2 腮足掌节; F. 第 2 腮足抱卵板; G. 第 7 步足基节; H. 第 6 步足基节; I. 第 5 步足基节

缘具 1 刺，后缘具长刚毛；腕节后缘具 4 组刺和长刚毛；掌节后缘具 4 对刺和短毛；指节短，前缘具 1 羽状毛，趾钩接合处具 1 硬刚毛。第 4 步足短于第 3 步足，底节板凹陷；长节前缘具 1 刺和 1 刚毛，后缘具 6 簇长毛；腕节后缘具 3 对刺和长刚毛；掌节后缘具 4 组刺和短毛。第 5 步足底节板前、后叶分别具 1 和 3 毛；基节前缘具 3 组长毛和 5 刺，后缘具 15 短毛；长节前缘具 3 组短毛和刺，后缘具 1 刺；腕节前、后缘具 2 组刺；掌节前缘具 3 组刺；指节外缘具 1 羽状毛，趾钩接合处具 2 刚毛。第 6 步足基节膨大；长节至掌节前缘具刺，少刚毛。第 7 步足基节膨大，内面具 1 刺和毛；长节至掌节前缘具刺，无刚毛。

第 1–3 腹侧板后下角钝，后缘具 2、3 短毛。第 1 腹侧板腹前缘具 9 毛，第 2、3 腹侧板腹缘具 3、4 刺。第 4–6 腹节背部扁平，具短刺和刚毛。

第 1 尾肢柄节具 1 背基刺，外缘具 2 刺；外肢内、外缘各具 1 刺；内肢内缘具 1 刺。第 2 尾肢柄节内缘具 1 刺；外肢稍短于内肢，外缘具 1 刺；内肢内缘具 1 刺。第 3 尾肢内肢长约为外肢的 2/5，外缘具羽状刚毛；外肢第 1 节外缘具 3 对刺，内缘具短羽状刚毛，第 2 节长于周围刺。尾节深裂，末端具 1 刺和刚毛，背面具短刚毛。

雌性 8.5mm。第 1 腮足腕节和掌节短于雄性，掌面不如雄性倾斜，掌面后缘具 7 刺。第 2 腮足腕节和掌节延长，掌节长方形，后缘具 3 刺。第 3 尾肢内肢长是外肢的 1/2，内、外肢内缘具羽状毛。

观察标本：1♂（正模，IZCAS-I-A0059），40♂30♀，四川康定二道河（30.0°N, 101.9°E），海拔 2470m，2001.VIII.19。

生态习性：栖息在小溪中。

地理分布：四川（康定）。

分类讨论：本种主要鉴别特征是第 3、4 步足后缘具长刚毛；腹侧板钝；第 3 尾肢内肢小于外肢的 1/2，外肢外缘无羽状毛。

本种与峨眉钩虾 *G. emeiensis* Hou, Li & Koenemann 的主要区别在于本种第 2 触角柄节前、后缘具短毛，具鞋状感觉器；第 3 尾肢内肢短于外肢的 1/2；第 3 尾肢外肢第 2 节长于邻近刺。而峨眉钩虾第 2 触角柄节前、后缘具长刚毛，无鞋状感觉器；第 3 尾肢内肢长是外肢的 3/4，第 2 节与邻近刺等长。

(49) 朝鲜钩虾 *Gammarus koreanus* Uéno, 1940（图 244–246）

Gammarus pulex koreanus Uéno, 1940: 78, figs. 74–90; Lee & Kim, 1980: 44; Barnard & Barnard, 1983b: 468.

Gammarus koreanus: Karaman, 1984: 142; Karaman, 1991: 48, figs. VI6, 7, VII–XI; Tomikawa, Tashiro & Kobayashi, 2012: 42.

形态描述：雄性第 1 触角长于体长的 1/2；鞭具感觉毛。第 2 触角短于第 1 触角；柄节第 4、5 节后缘分别具 2 和 3 簇毛；鞭节长于柄节的 1/2，无鞋状感觉器。左大颚切齿 5 齿；动颚片 4 齿；触须 3 节，第 3 节具 A、B、D 和 E-刚毛；右大颚切齿 4 齿，动颚片分叉，具小齿。第 1 小颚内叶内缘具羽状毛；外叶近长方形，具 11 锯齿状顶齿；触须 2 节，超过外叶尖端，第 1 节短，无缘毛，第 2 节具 8 刺和 3 细长顶毛。第 2 小颚内叶具 1 排羽状刚毛。颚足外叶具钝刺和羽状毛；触须 4 节，第 2 节具缘毛，第 3 节内面具毛，第 4 节钩状。

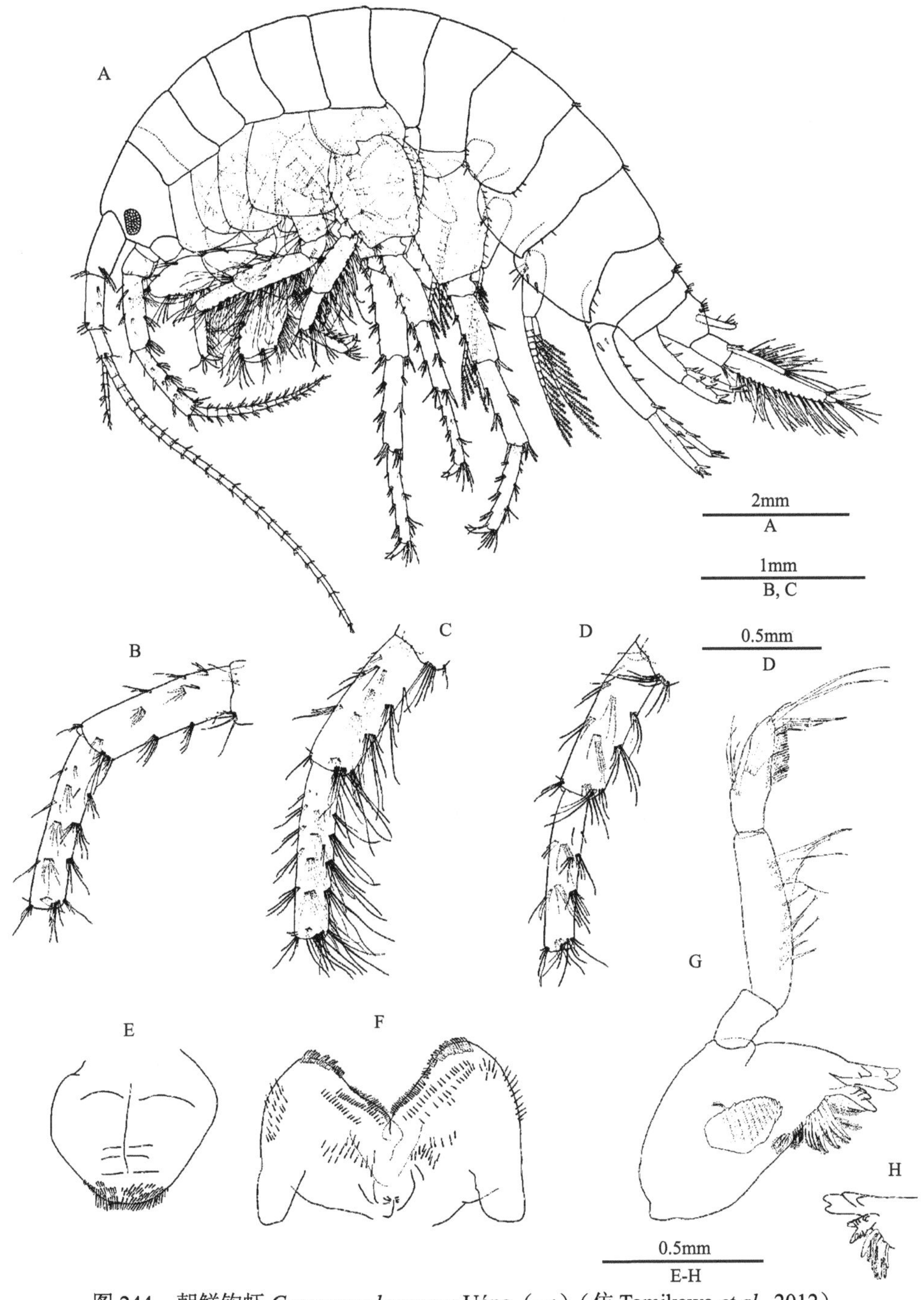

图 244　朝鲜钩虾 *Gammarus koreanus* Uéno（一）（仿 Tomikawa *et al*., 2012）

♂。A. 整体（侧面观）; B-D. 第 2 触角 4、5 柄节; E. 上唇; F. 下唇; G. 左大颚; H. 右大颚切齿与动颚片

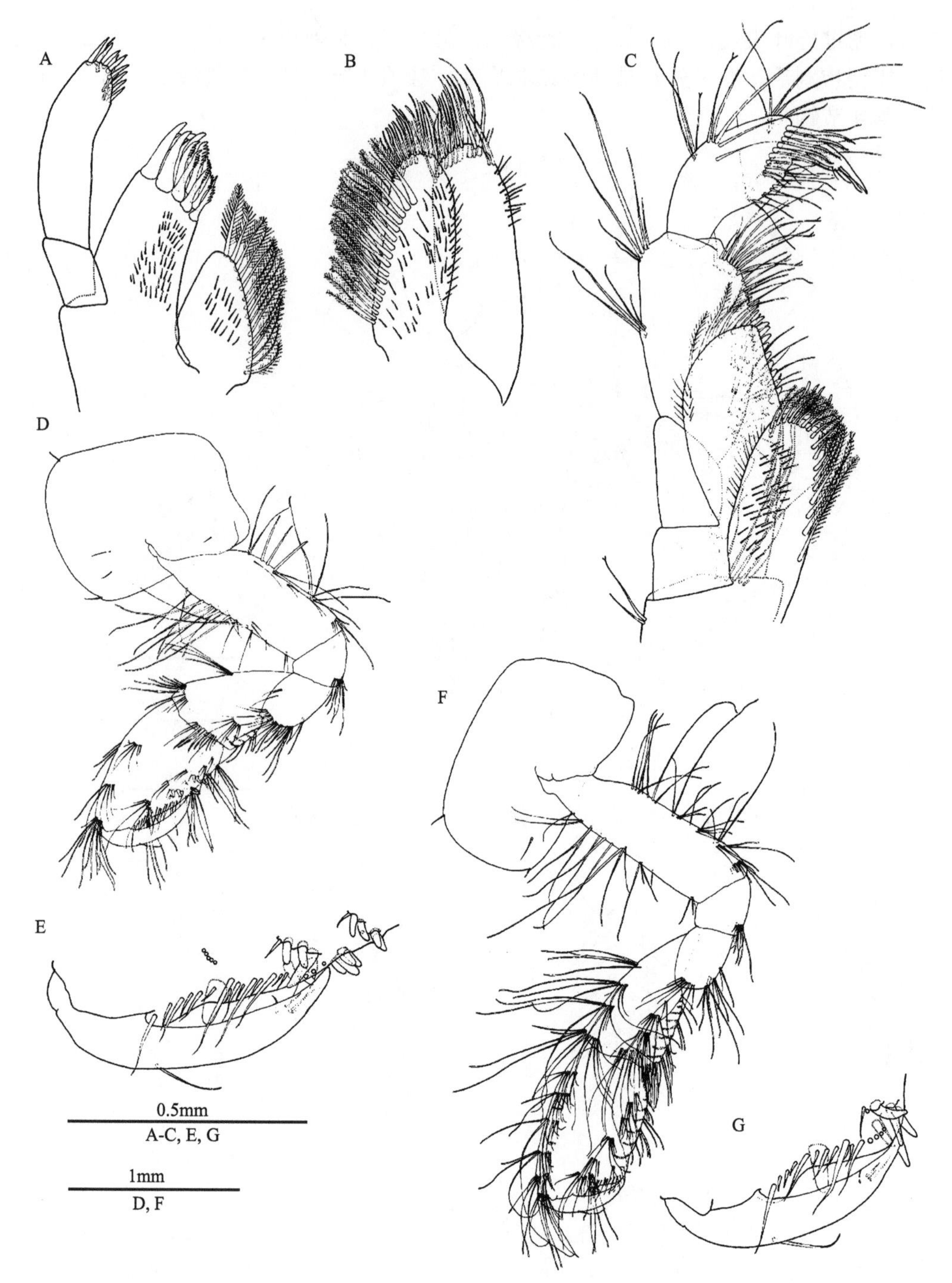

图 245 朝鲜钩虾 *Gammarus koreanus* Uéno（二）（仿 Tomikawa *et al*., 2012）

♂。A. 第 1 小颚; B. 第 2 小颚; C. 颚足; D. 第 1 腮足; E. 第 1 腮足掌节和指节; F. 第 2 腮足; G. 第 2 腮足掌节和指节

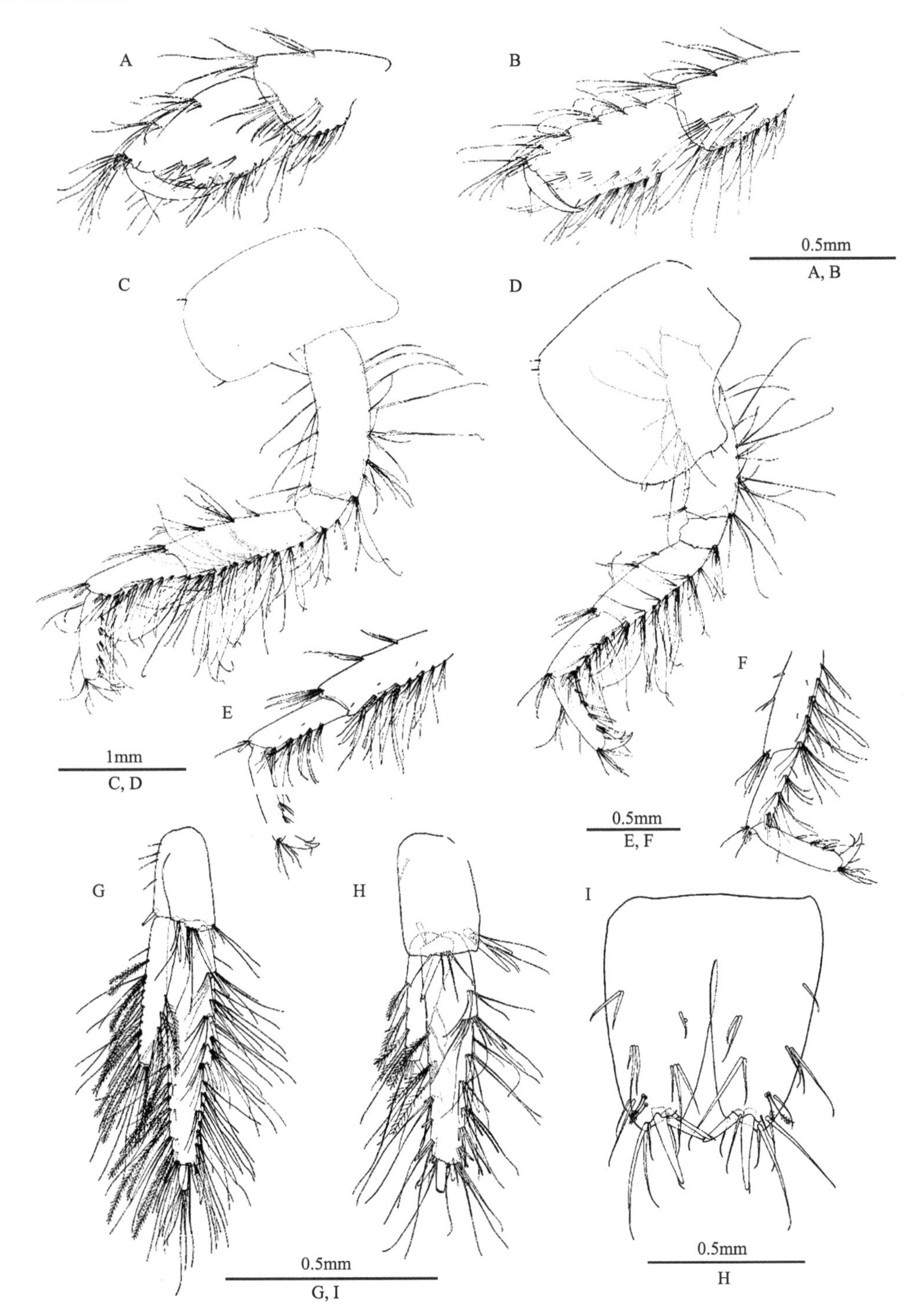

图 246　朝鲜钩虾 *Gammarus koreanus* Uéno（三）（仿 Tomikawa *et al*., 2012）

♂, C, D, G, I; ♀, A, B, E, F, H。A. 第 1 腮足掌节; B. 第 2 腮足掌节; C. 第 3 步足; D. 第 4 步足; E. 第 3 步足长节; F. 第 4 步足长节; G, H. 第 3 尾肢（背面观和腹面观）; I. 尾节

第 1 腮足基节前、后缘具刚毛；掌节掌面微凹，具 1 中央壮刺和 15 后缘刺。第 2 腮足基节前、后缘具刚毛；腕节和掌节前缘具长卷毛，掌缘微凹，具 1 中央壮刺和 6 后缘刺。第 3、4 步足长节至掌节后缘具长卷毛；第 5–7 步足长节和腕节前缘具壮刺和短毛。第 4 底节板下缘直，后缘凹；第 5、6 底节板双叶。

第 1–3 腹侧板腹缘分别具 1、1 和 2 刺；第 2、3 腹侧板后下角尖。第 1–3 腹节背缘具 4 刚毛。第 4–6 腹节背缘分别具 4、4 和 2 刺。第 1–3 腹肢具钩刺和羽状毛。

第 1 尾肢柄节具背基刺；外肢短于柄节，内、外缘分别具 0–2 和 2、3 刺；内肢与外肢等长，内、外缘分别具 0、1 和 2、3 刺。第 2 尾肢外肢短于柄节，内、外缘分别具 0、1 和 2、3 刺；内肢长于外肢，内、外缘分别具 2、3 和 1、2 刺。第 3 尾肢外肢 2 节，内缘具羽状毛，外缘具简单毛；内肢长约为外肢的 1/2，内、外缘具羽状毛。尾节深裂。

雌性第 2 触角柄节第 4、5 节后缘具 2 簇毛。第 1、2 腮足掌节比雄性更细长。第 3、4 步足长节后缘具长直毛。第 3 尾肢内肢长是外肢的 1/2。

观察标本：1♂1♀，吉林省吉林市，2005.VII.16。

生态习性：栖息在山间小溪中。

地理分布：吉林；日本，朝鲜。

分类讨论：本种主要鉴别特征是第 2 触角无鞋状感觉器；第 3 尾肢内肢和外肢内缘均具羽状毛，外肢外缘无羽状毛。

(50) 湖泊钩虾 *Gammarus lacustris* Sars, 1863（图 247–250）

Gammarus lacustris Sars, 1863: 207; 1864: 231; Schellenberg, 1934: 210, figs. 1a, d, 2a, 3a, 4; Uéno, 1940: 63, figs. 1–16; Stephensen, 1940: 119–121, fig. 2; 1941: 125–133; 1944: 71–74; Reid, 1944: 18, fig. 13; Fryer, 1953: 155–156; Segerstrale, 1955: 630; Micherdzinski, 1959: 571–573, figs. 78 (4–9), 79, 80; Bagge, 1964: 292–294; Menon, 1969: 14–32; Okland, 1969: 11–152; Roux, 1972: 287–296; Pinkster, 1972: 166–169, figs. 1–2; Karaman, 1974: 11; 1975: 332–334; Karaman & Pinkster, 1977: 32–34, fig. 12; Barnard & Dai, 1988: 92, figs. 1–5.

Gammarus lacustris lacustris: Bousfield, 1958: 80.

Rivulogammarus lacustris: Dussart, 1948: 101–102; Straskraba, 1967: 208.

Gammarus (*Rivulogammarus*) *lacustris*: Schellenberg, 1937a: 490, figs. 2–6; 1937b: 276; 1942: 32–33, figs. 15–16; Birstein, 1945: 154, fig. 2; Ruffo, 1951: 1, figs. 1–3; Pljakic, 1963: 15–22, fig. 1; Vornatscher, 1965: 1.

Gammarus pulex: (part.) Sars, 1895: 503, pl. 177, fig. 2; Stebbing, 1906: 474.

Gammarus scandinavicus Karaman, 1931b: 101, fig. 6a.

Gammarus bolkayi Karaman, 1934: 325, fig. 1.

Gammarus wigrensis Micherdzinski, 1959: 598–599, fig. 81.

形态描述：雄性个体大而壮。第 1 触角相对短，稍长于体长的 1/3，鞭 18–26 节，副鞭 3、4 节，柄节与鞭节具短毛。第 2 触角柄节具几簇短刚毛，鞭 10–14 节，无膨大，具鞋状感觉器，极少数无鞋状感觉器。大颚触须第 2 节具缘毛，第 3 节具 1 排 D-刚毛和 5–7 E-刚毛。

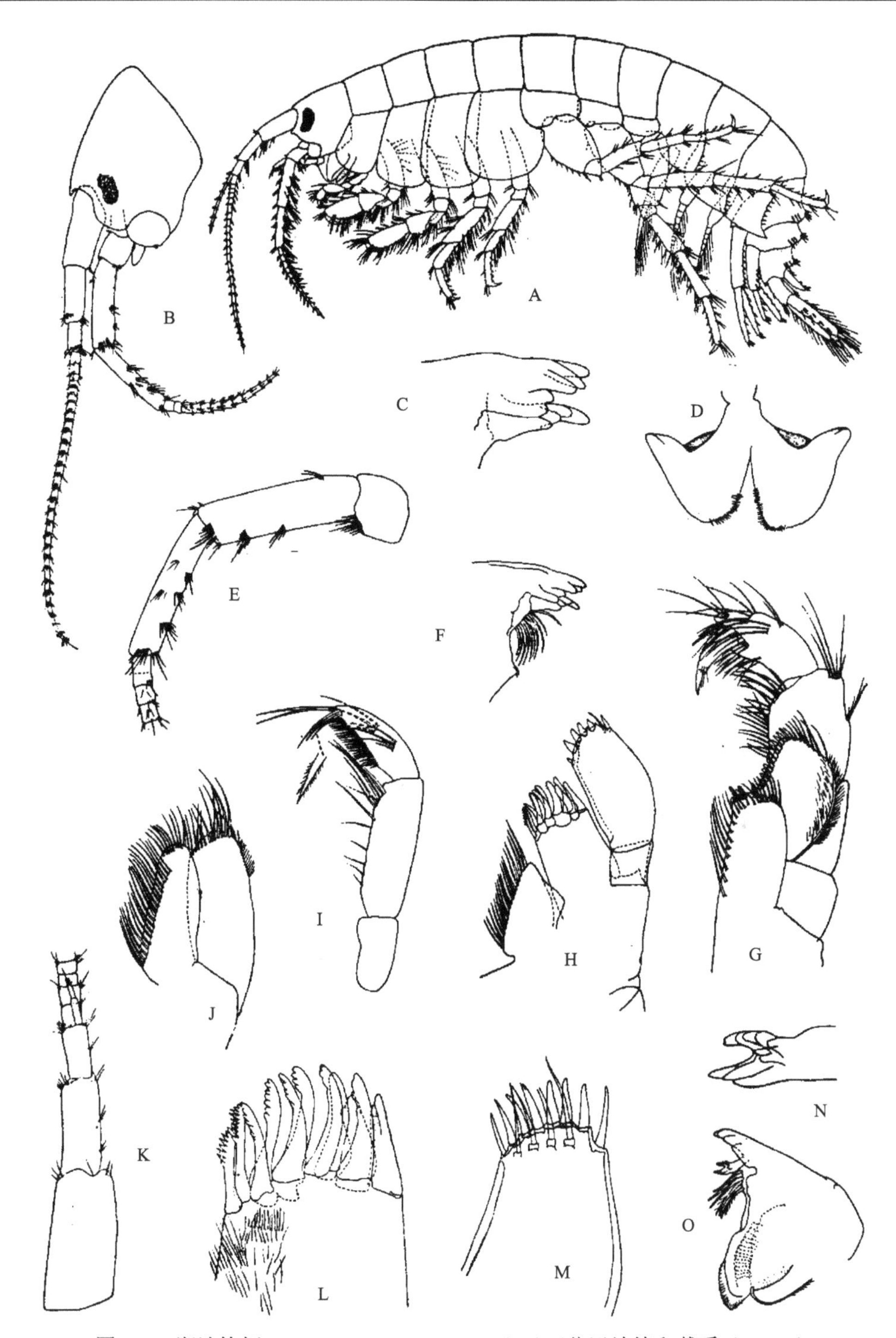

图 247　湖泊钩虾 *Gammarus lacustris* Sars（一）（仿巴纳德和戴爱云, 1988）

♂, A-C, E-O; ♀, D。A. 整体（侧面观）; B. 头; C. 左大颚切齿; D. 下唇; E. 第 2 触角; F. 左大颚切齿与动颚片; G. 颚足; H. 右第 1 小颚; I. 大颚触须; J. 第 2 小颚; K. 第 1 触角; L. 第 1 小颚外叶; M. 左第 1 小颚触须; N. 右大颚动颚片; O. 右大颚切齿

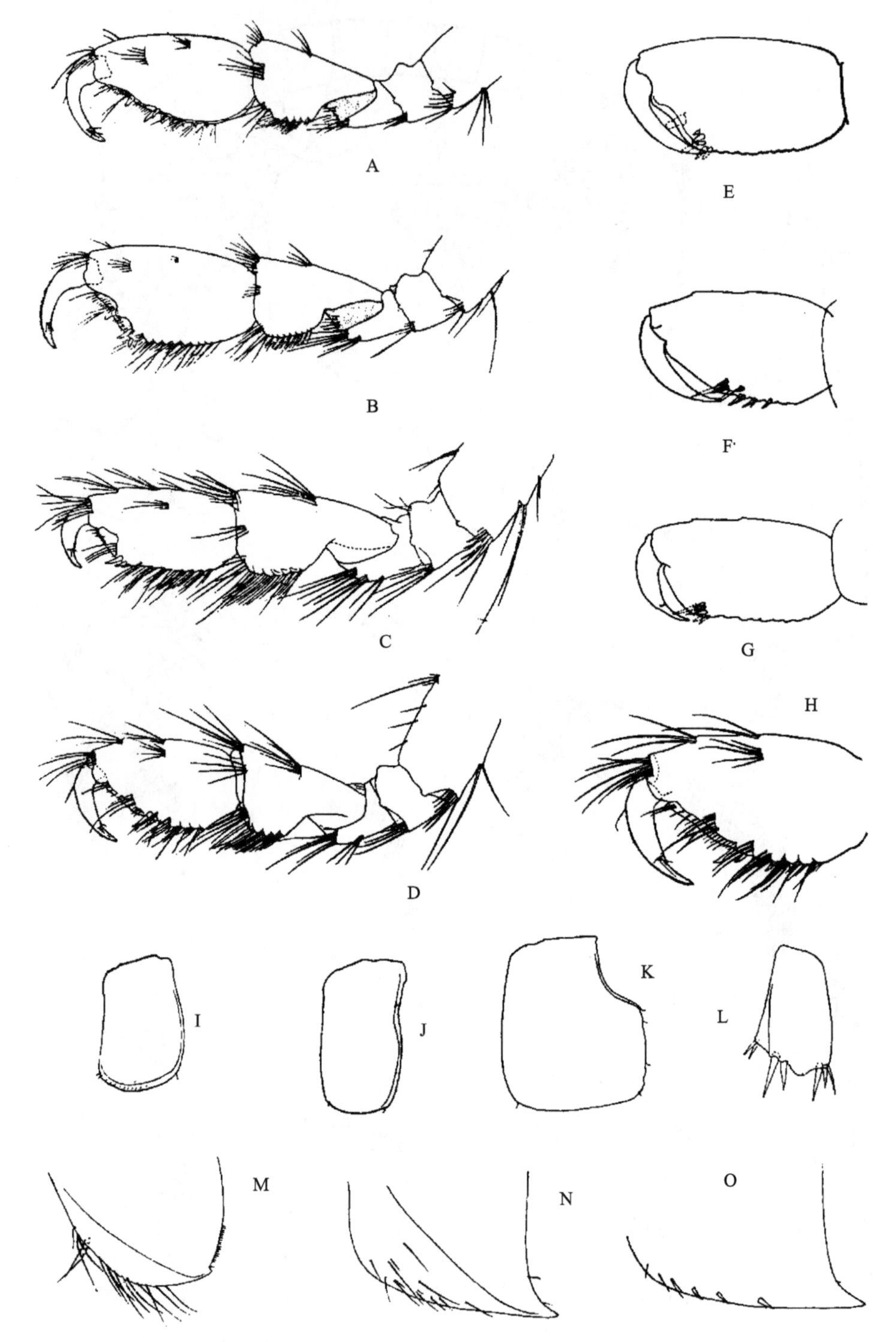

图 248 湖泊钩虾 *Gammarus lacustris* Sars（二）（仿巴纳德和戴爱云, 1988）

♂, A, B, E, I-K, M-O; ♀, C, D, F-H, L。A. 第 1 腮足; B. 第 2 腮足; C. 第 2 腮足; D. 第 1 腮足; E. 第 2 腮足掌节; F. 第 1 腮足掌节; G. 第 2 腮足掌节; H. 第 1 腮足掌节; I. 第 1 底节板; J. 第 2 底节板; K. 第 4 底节板; L. 第 3 尾肢柄节; M-O. 第 1-3 腹侧板

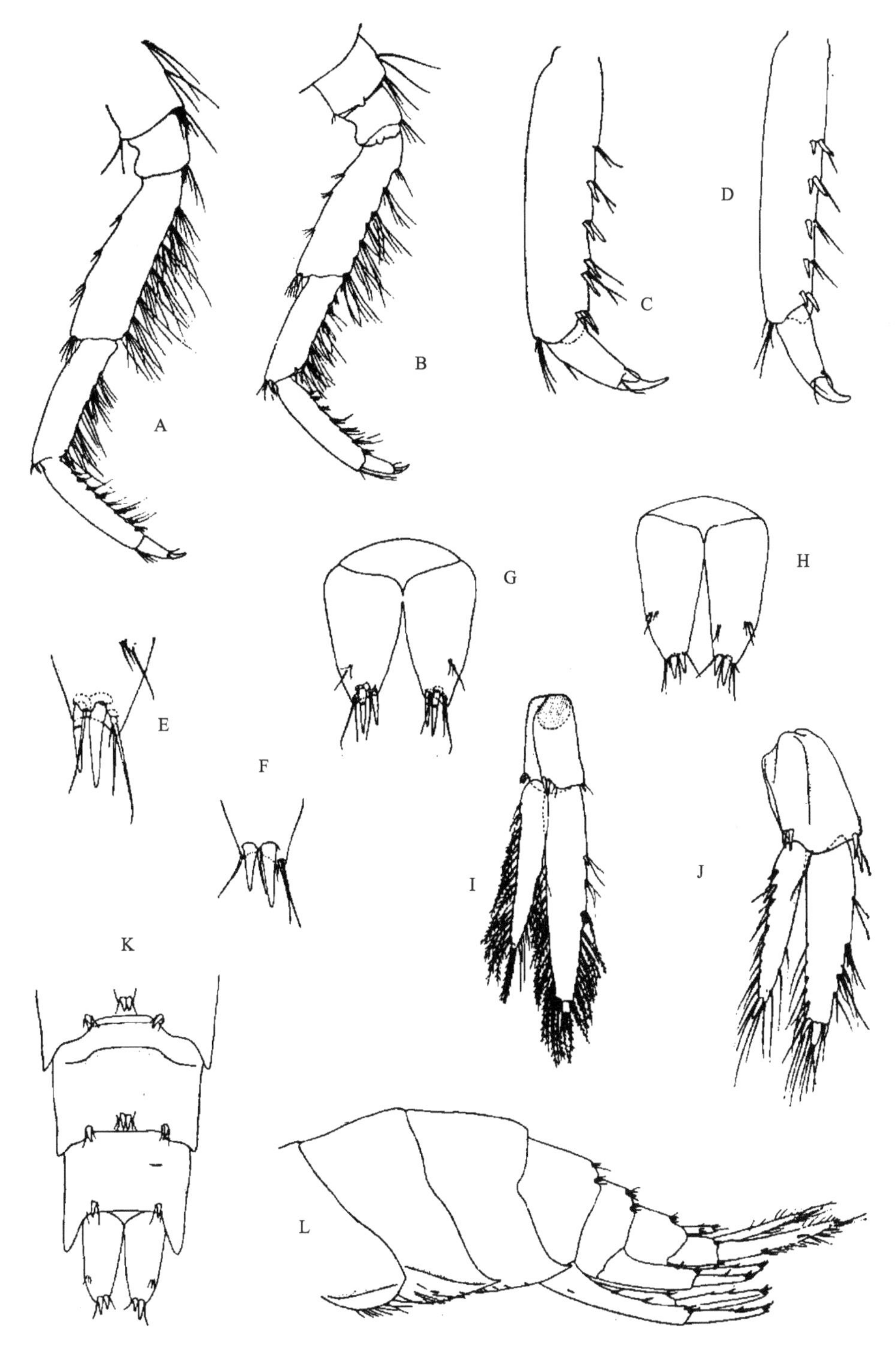

图 249　湖泊钩虾 *Gammarus lacustris* Sars（三）（仿巴纳德和戴爱云, 1988）

♂, A, B, F, H, I, K, L; ♀, C, D, E, G, J。A. 第 3 步足; B. 第 4 步足; C. 第 3 步足掌节; D. 第 4 步足掌节; E. 尾节末端; F. 尾节末端; G. 尾节; H. 尾节; I. 第 3 尾肢; J. 第 3 尾肢; K. 第 4-6 腹节（背面观）; L. 第 1-6 腹节（侧面观）

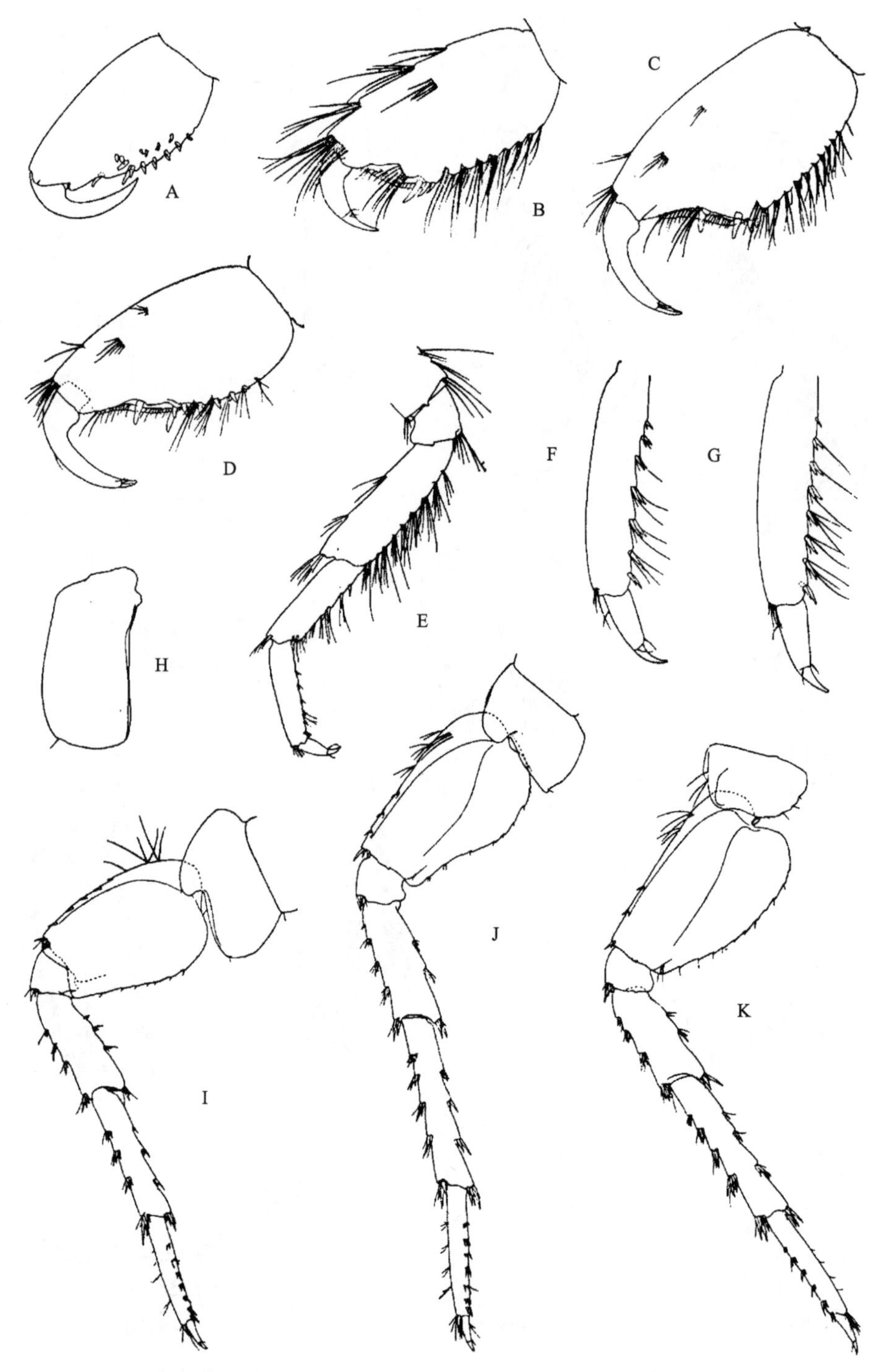

图 250 湖泊钩虾 *Gammarus lacustris* Sars（四）（仿巴纳德和戴爱云, 1988）

♂, A, C, D, F-K; ♀, B, E。A. 第 1 腮足掌节（腹面观）; B. 第 2 腮足掌节; C. 第 2 腮足掌节; D. 第 1 腮足掌节（背面观）; E. 第 3 步足; F. 第 4 步足掌节; G. 第 3 步足掌节; H. 第 3 底节板; I. 第 5 步足; J. 第 6 步足; K. 第 7 步足

第 1 腮足掌缘斜，具 1 中央壮刺。第 2 腮足掌节近方形，掌缘具 1 中央刺。第 3、4 步足后缘具长直毛。第 5–7 步足前缘无长毛，指节细长。第 1–3 腹侧板后下角尖，后缘具短毛，第 2、3 腹侧板腹缘具刺。第 4–6 腹节背部无隆起，分别具 1-2-1, 1-2-1, 1-0-1 刺。第 1 尾肢柄节具背基刺。第 3 尾肢内肢长达外肢的 3/4，外肢第 2 节发达，内、外肢两侧都具羽状毛。尾节深裂，末端具刺和毛，无基侧刺。

雌性个体较雄性为小。第 2 触角比雄性刚毛少。第 1、2 腮足掌节无中央刺。第 2–5 胸节具抱卵板。

观察标本：7♀6♂，新疆喀什（39.4°N, 79.5°E），1978.VIII.27。23♀36♂，云南洱源三营（26.0°N, 99.9°E），1965.IV.6。4♀13♂，新疆七角井（43.5°N, 91.6°E）到木垒哈萨克自治县（43.8°N, 90.3°E）途中的小井泉，1964.VII.5。2♀1♂，新疆乌鲁木齐新疆大学附近坑塘，1964.VII.11。8♀18♂，尼泊尔 Nepal Parbat Disks Dh orpatan，海拔 3000m，1973.V.24。

生态习性：本种为广布种，多栖息在全北区的高山和冰湖中，有些也生活在下游湖或流水中。

地理分布：河北、云南、新疆；俄罗斯，阿富汗，印度，尼泊尔，芬兰，挪威，瑞典，苏格兰，爱尔兰，丹麦，德国，波兰，捷克，斯洛伐克，法国，瑞士，意大利，奥地利，西班牙，斯洛文尼亚，土耳其，加拿大，美国。

分类讨论：本种与蚤状钩虾 *G. pulex* (Linnaeus)外形都较壮，主要区别在于本种触角较短，第 2 触角无膨大，不具刷状毛。后者第 2 触角密布刷状毛；第 1–3 腹侧板后下角尖；第 3–7 步足指节细长。

(51) 拉萨钩虾 *Gammarus lasaensis* Barnard & Dai, 1988（图 251–253）

Gammarus lasaensis Barnard & Dai, 1988: 88, figs. 10–13.

形态描述：雄性，头部侧叶钝，眼大。触角短，第 1 触角与体长之比 0.36∶1.00，第 1–3 柄节之比为 1.00∶0.70∶0.43，副鞭 3、4 节，主鞭 25 节。第 2 触角长达第 1 触角的 2/3，腺锥体长，略向上翘，长约为第 3 节的 4/5，第 5 柄节约与第 4 柄节等长，分别具 2 和 5 簇刚毛，鞭节略扁平。

第 1–4 底节板光滑，每节小刚毛少于 3 根。第 1 腮足掌节梨形，掌斜，中部具壮刺，后刺式 1-1-2-1-2-2-2，外缘刺式 3-1-1。第 2 腮足掌节近方形，掌稍斜，中部具 3 刺，内缘具 2 壮刺及 1 小刺。第 3 步足长节长，腕节具长刚毛，掌节后缘刺式 1-1-1-1-1。第 4 步足掌节刺式 1-1-1-1-1。第 5 步足基节膨大，第 6 步足基节较窄，基节后缘稍凹，第 7 步足基节末端趋窄。各对步足上的刚毛很少，较刺为长。

第 1 腹侧板小，后缘具 3 小刺，前缘具 10 毛；第 2 腹侧板后下角尖，表面和腹缘无毛，仅具 2 小刺；第 3 腹侧板后下角尖，腹缘具 3 小刺。第 4–6 腹节无隆脊，具背刺。

第 1 尾肢柄节具 1 背基刺。第 2 尾肢柄节内、外缘各具 1 刺。第 3 尾肢内肢长达外肢的 7/10，外肢内、外缘分别具刺式 2-2-0 和 1-2-2，内、外肢两缘密布羽状毛。尾节不超过第 3 尾肢柄节，末端具 3、4 刺。

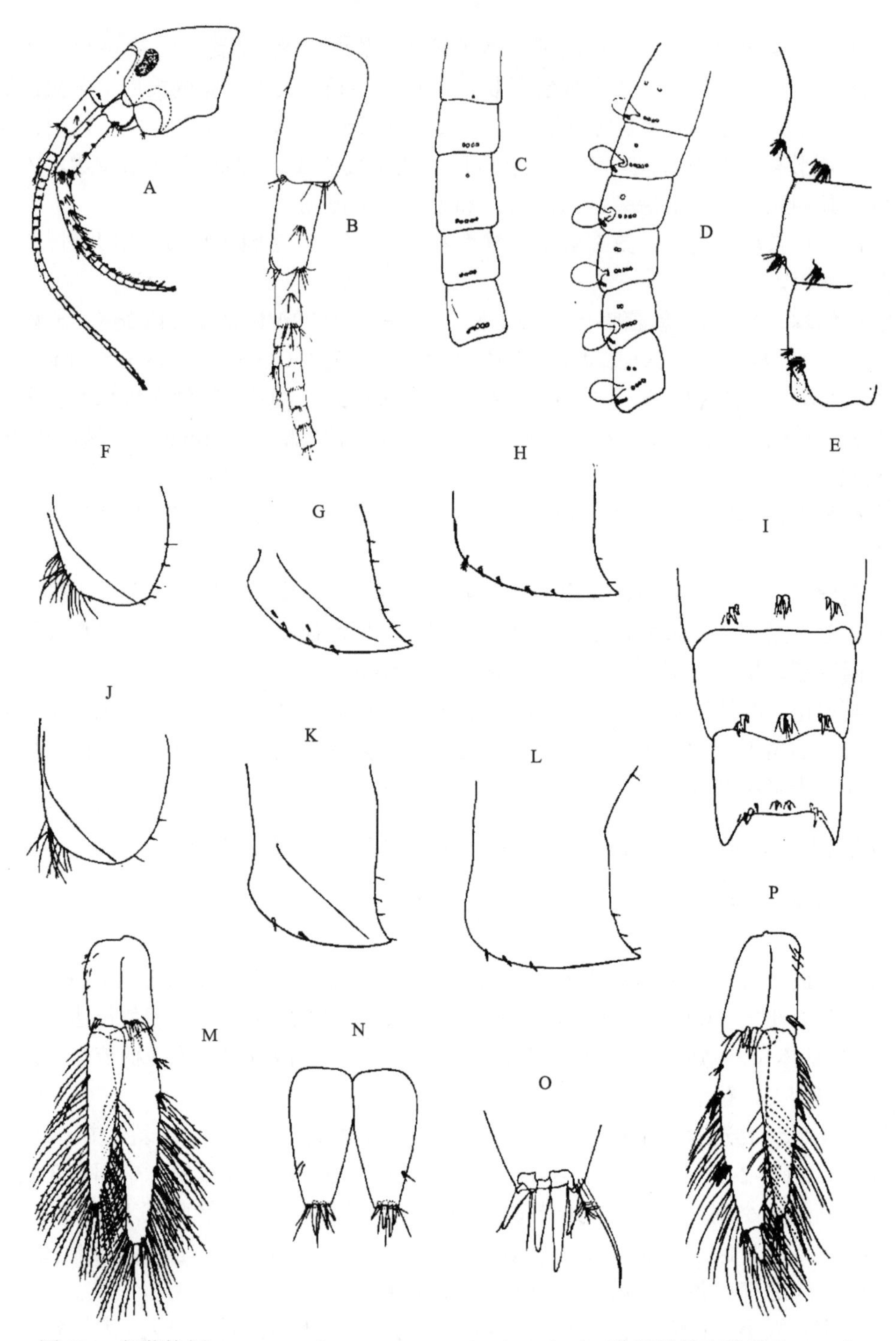

图 251 拉萨钩虾 *Gammarus lasaensis* Barnard & Dai（一）（仿巴纳德和戴爱云, 1988）

♂, A-E, I-Q; ♀, F-H, P。A. 头; B. 第 1 触角; C. 第 1 触角鞭节; D. 第 2 触角鞭节; E. 第 4-6 腹节（侧面观）; F-H. 第 1-3 腹侧板; I. 第 4-6 腹节（背面观）; J-L. 第 1-3 腹侧板; M. 第 3 尾肢（腹面观）; N. 尾节; O. 尾节末端; P. 第 3 尾肢（背面观）

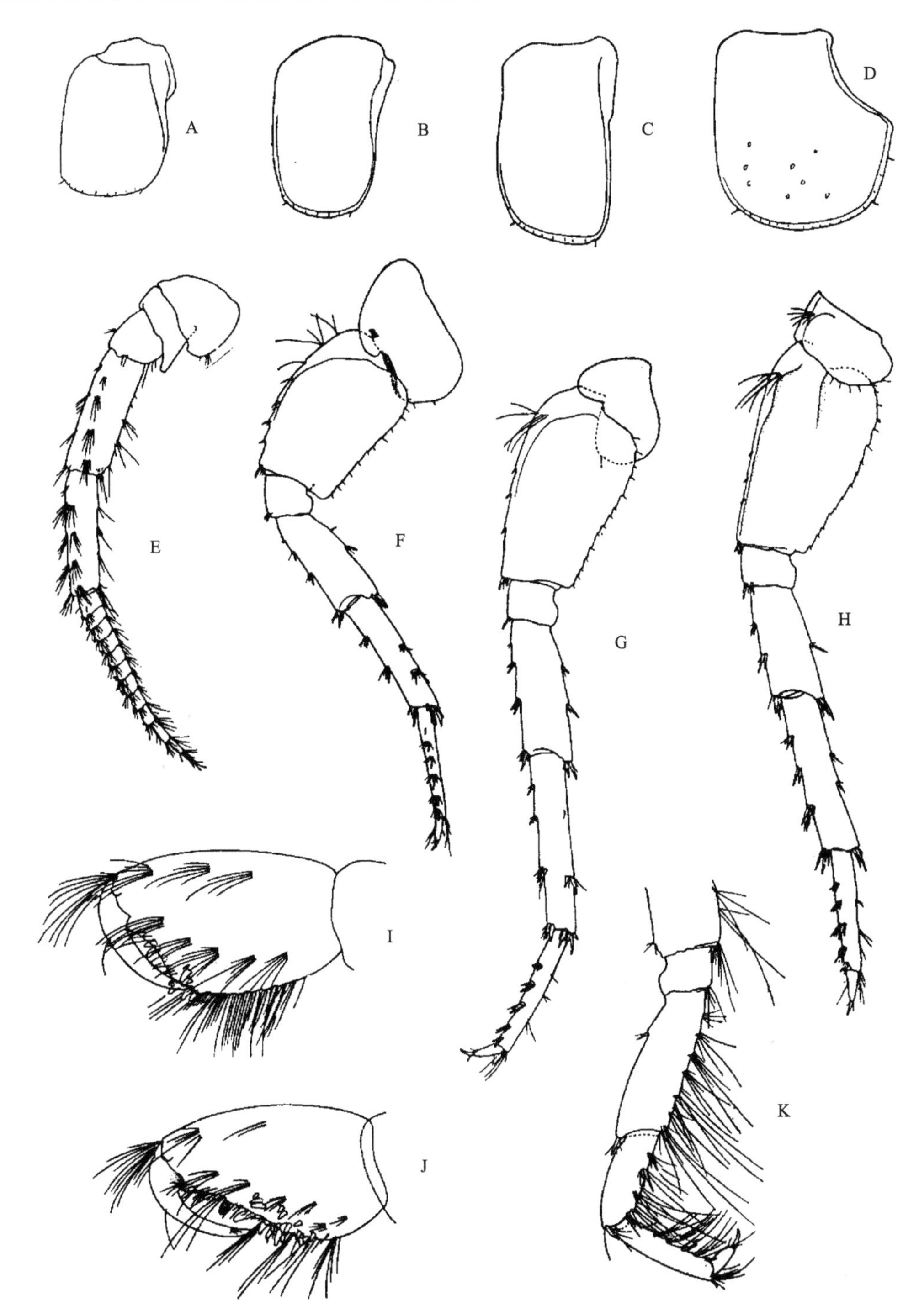

图 252　拉萨钩虾 *Gammarus lasaensis* Barnard & Dai（二）（仿巴纳德和戴爱云, 1988）

♂。A. 第 1 底节板; B. 第 2 底节板; C. 第 3 底节板; D. 第 4 底节板; E. 第 2 触角; F. 第 5 步足; G. 第 6 步足; H. 第 7 步足; I. 第 1 腮足掌节; J. 第 2 腮足掌节; K. 第 4 步足

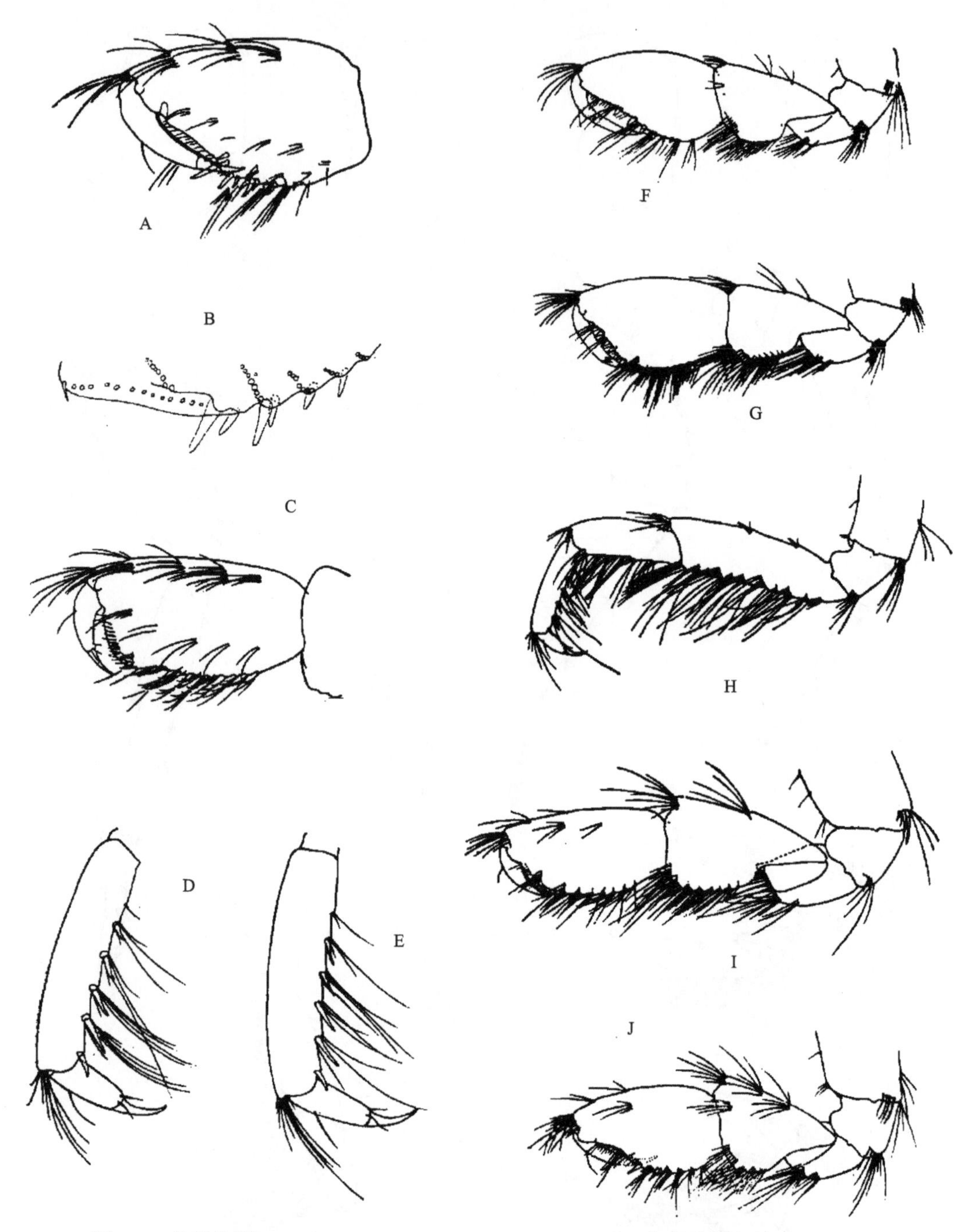

图 253　拉萨钩虾 *Gammarus lasaensis* Barnard & Dai（三）（仿巴纳德和戴爱云, 1988）

♂, D-H; ♀, A-C, I, J。A. 第 1 腮足掌节; B. 第 1 腮足掌节刺; C. 第 2 腮足掌节; D. 第 4 步足掌节; E. 第 3 步足掌节; F. 第 1 腮足; G. 第 2 腮足; H. 第 3 步足; I. 第 2 腮足; J. 第 1 腮足

雌性异型，腮足较小，第 1、2 腮足无掌中刺。第 3 尾肢较小。尾节末端具 3 刺。第 2、3 腹侧板的刺多于雄性。

观察标本：21♀21♂，西藏拉萨（29.6°N, 91.1°E），1980.V.21。

生态习性：本种栖息在高海拔地区的湖泊中。

地理分布：西藏（拉萨）。

分类讨论：本种与山西钩虾 *G. shanxiensis* Barnard & Dai 和红原钩虾 *G. hongyuanensis* Barnard & Dai 的主要区别在于尾节无基侧刺，第 7 胸节基节后腹角无浓密的小刺。本种与 *G. inberbus* Karaman & Pinkster 的主要区别是第 2 腮足掌部中部具 3 刺，第 2、3 腹侧板后下角尖。本种与朝鲜钩虾 *G. koreanus* Uéno 的主要区别是第 6–7 步足基节较窄，尾节末端及第 6 腹节的背面具较多刺。

(52) 利川钩虾 *Gammarus lichuanensis* Hou & Li, 2002（图 254–256）

Gammarus lichuanensis Hou & Li, 2002d: 32, figs. 5–7.

形态描述：雌性 15.8mm。附肢相对较长。无眼。第 1 触角长约为体长的 7/10，第 1–3 柄节长度之比 1.00∶0.69∶0.54，具末端毛；鞭 43 节，副鞭 5 节。第 2 触角长不达第 1 触角的 1/2，柄节腹缘具 4 组刚毛，鞭 9 节。大颚切齿 4 齿，动颚片 4 齿；触须第 2 节具大量缘毛，第 3 节具 2 组 A-刚毛、6 B-刚毛、32 D-刚毛和 6 E-刚毛。第 1 小颚内叶具 12 羽状毛，外叶具 11 锯齿状刺，触须第 2 节具 7 细长刺。第 2 小颚内叶具 23 羽状毛，外叶具顶毛。颚足内叶具 3 顶毛，触须第 2 节粗。

第 1 腮足基节具 3 末端刺，座节具 2 末端刺，腕节短于掌节，掌节后缘倾斜排列 1-1-1-3-1-2-2-2-2 刺。第 2 腮足腕节与掌节几乎等长，掌节两缘平行，掌缘稍斜，后缘具 2 刺。第 3 步足基节细长；长节前缘具 1-1-1 刺，后缘具 1-1 刺；腕节前下缘具 1 刺，后缘具 1-1-1-1 刺；掌节后缘具 4 对刺。第 4 步足长节前缘具 1 末端刺，后缘具 1-1-1 刺，腕节前缘具 1 末端刺，后缘具 1-1-1-2 刺，掌节后缘具 4 对刺。第 5–7 步足细长，基节前缘具 10 短刺，后缘具 13 短毛；长节和腕节前、后缘具 3 组刺和毛，毛长于刺；掌节具 5 簇缘毛；指节长约为掌节的 1/6。

第 1–3 腹侧板后下角渐尖。第 1 腹侧板腹缘圆，具毛；第 2 腹侧板腹缘具 1 短刺；第 3 腹侧板腹缘中央具 1 毛。第 1–3 腹肢相似，柄节逐渐短，具 2 末端钩刺和 2 长刚毛；内、外肢均具羽状毛。第 4–6 腹节具 1–3 背刺和刚毛。

第 1 尾肢柄节长于肢节，具 1 背基刺，外缘具 1-1 刺，内缘具 1-1-1-1-2 刺；外肢外缘具 1-1 刺，末端具 5 刺。第 2 尾肢柄节具背毛和 1 末端刺，内缘具 1-1-1 刺，内肢内缘具 1 刺，外肢外缘具 1 刺。第 3 尾肢柄节具 9 末端刺；内肢稍短于外肢，具 1-1 侧刺和 2 末端刺；外肢 1 节，外缘具 1-2-2 刺和 2 末端刺；内、外肢均具长羽状毛。尾节深裂，每叶具 3 末端刺和 1 表面毛。

观察标本：1♀（正模，IZCAS-I-A0002），湖北利川腾龙洞（30.18°N, 108.56°E），1987.XII.24。

生态习性：本种栖息在腾龙洞距离洞口 16.8km 处的溪流中。腾龙洞长 52.8km，面积 2 000 000m^2，洞内温度保持在 14–18℃。洞入口高 74m，宽 64m。

地理分布：湖北（利川）。

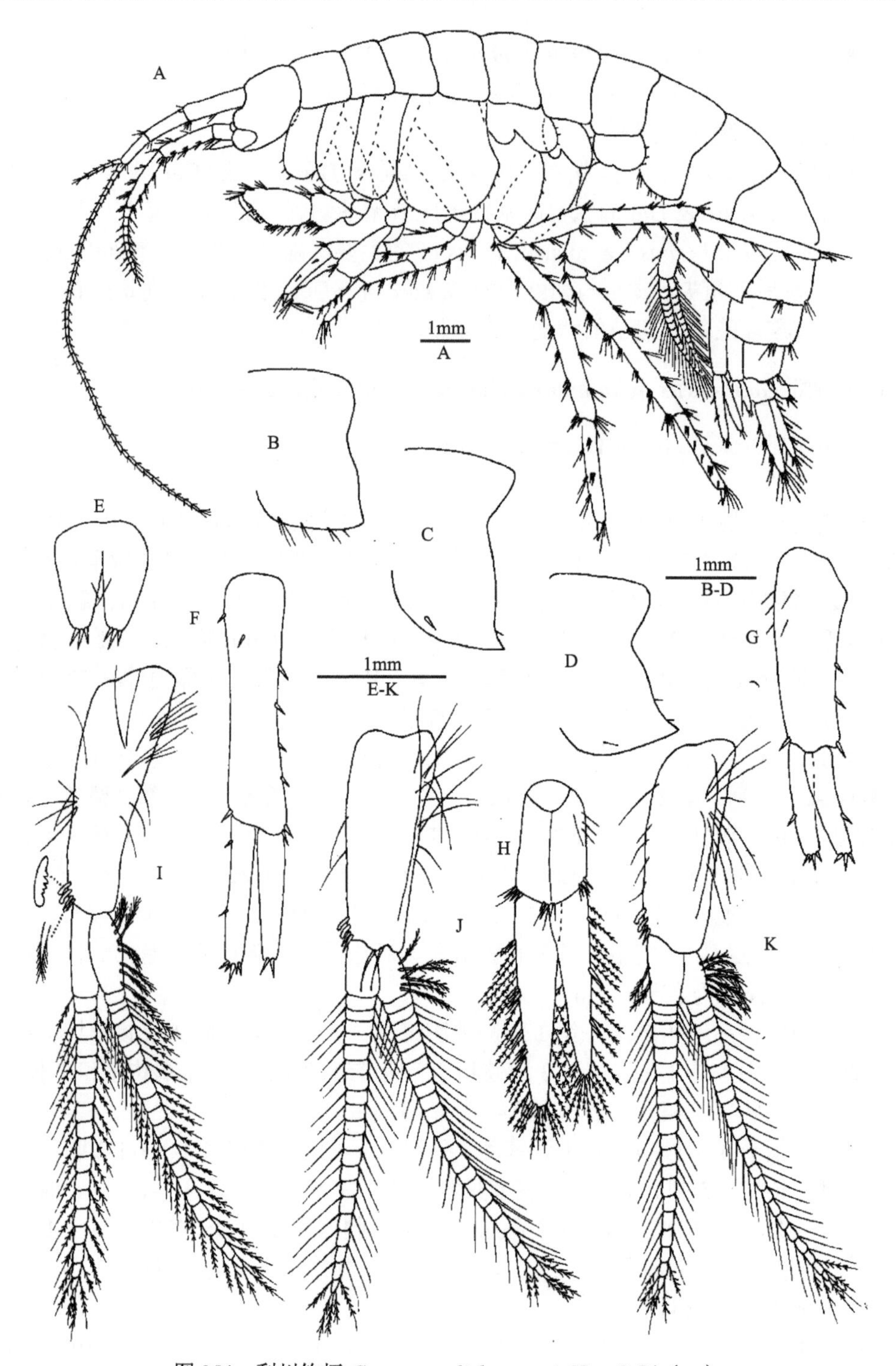

图 254 利川钩虾 *Gammarus lichuanensis* Hou & Li（一）

♀。A. 整体（侧面观）; B-D. 第 1-3 腹侧板; E. 尾节; F. 第 1 尾肢; G. 第 2 尾肢; H. 第 3 尾肢; I-K. 第 1-3 腹肢

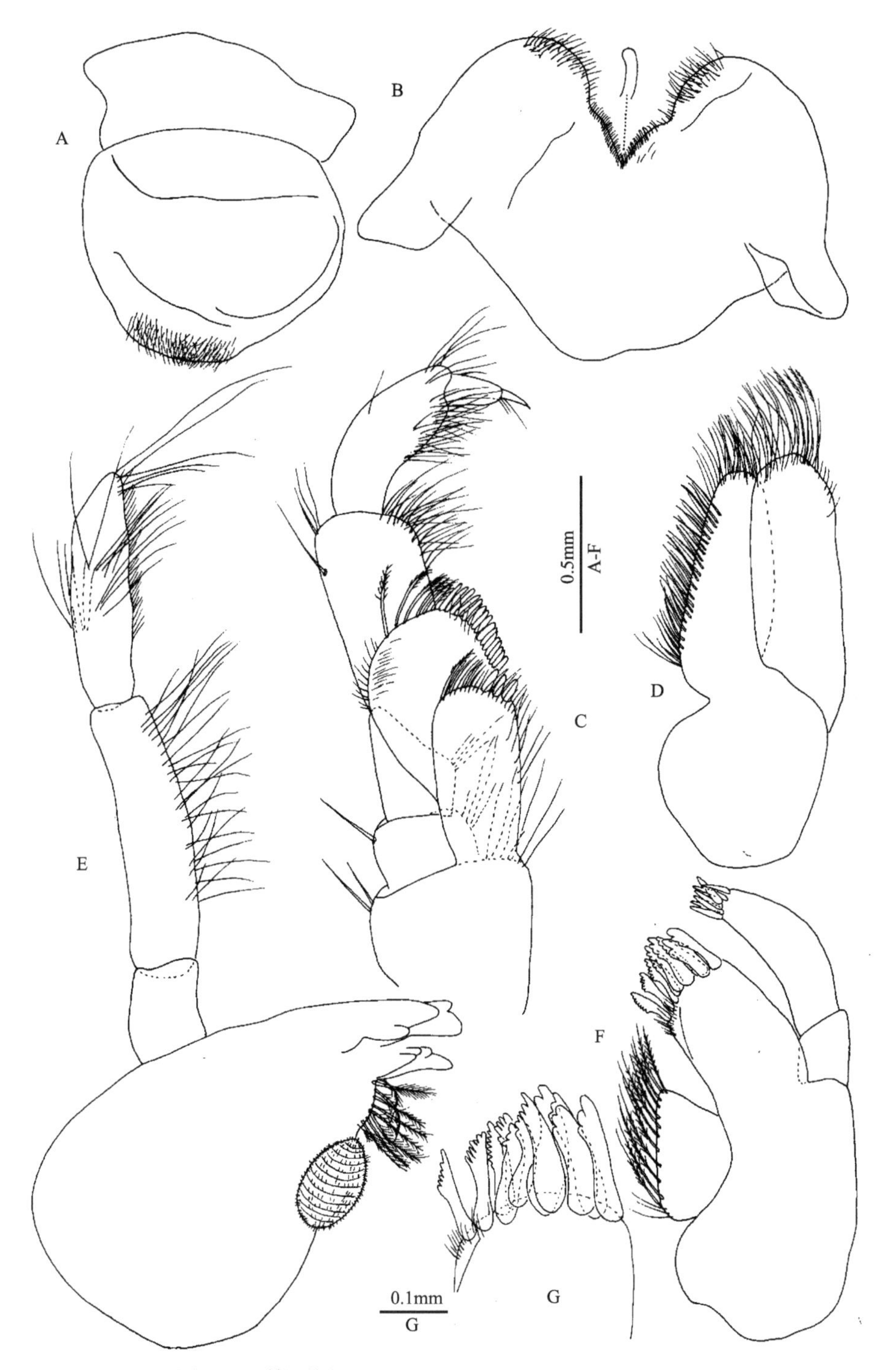

图 255　利川钩虾 *Gammarus lichuanensis* Hou & Li（二）

♀。A. 上唇; B. 下唇; C. 颚足; D. 第 2 小颚; E. 大颚; F. 第 1 小颚; G. 第 1 小颚外叶

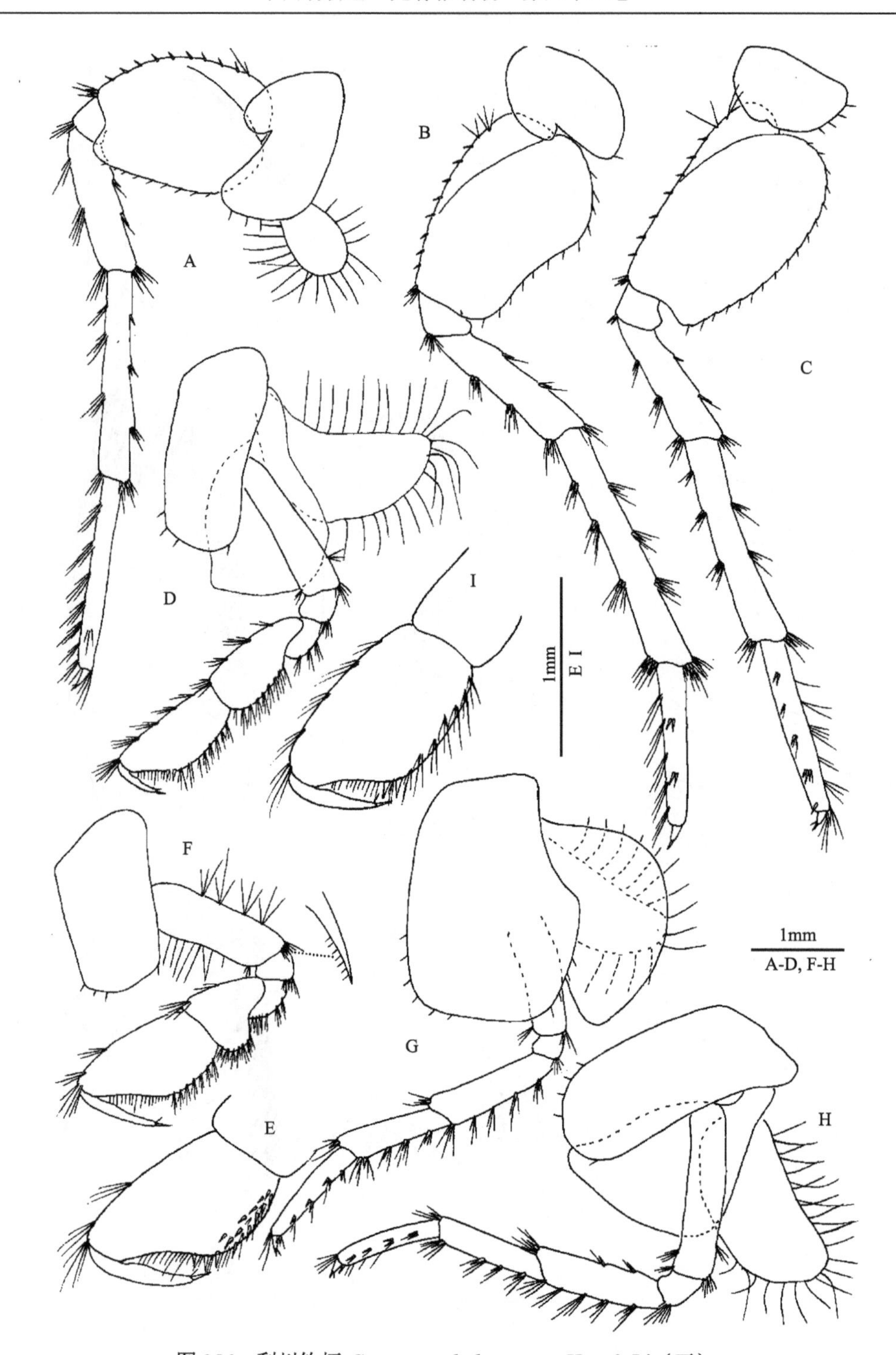

图 256　利川钩虾 *Gammarus lichuanensis* Hou & Li（三）

♀。A. 第 5 步足; B. 第 6 步足; C. 第 7 步足; D. 第 2 腮足; E. 第 1 腮足掌节; F. 第 1 腮足; G. 第 4 步足; H. 第 3 步足; I. 第 2 腮足掌节

分类讨论：本种具有典型的洞穴特征：体白色，无眼，附肢长。本种与同样栖息在洞穴的咸丰钩虾 *G. xianfengensis* Hou & Li 的主要区别是第 2 腮足和第 3–7 步足细长；第 3 尾肢外肢 1 节；第 2、3 腹侧板腹缘刺和毛少；第 6 步足基节后缘基部微微膨大。

(53) 淤泥钩虾 *Gammarus limosus* Hou & Li, 2018（图 257–262）

Gammarus limosus Hou & Li, 2018b: 28, figs. 17–22.

形态描述：雄性 8.6mm。眼卵形。第 1 触角第 1–3 柄节长度比 1.0∶0.7∶0.4，具末端毛；鞭 21 节，具感觉毛，副鞭 3 节。第 2 触角第 4、5 柄节等长，两缘具 2、3 组短刚毛；鞭 12 节，具鞋状感觉器。大颚左右不对称，左大颚切齿 5 齿；动颚片 4 齿；刺排具 9 羽状毛；触须第 2 节具 10 毛，第 3 节长为第 2 节的 2/3，具 4 A-刚毛、5 B-刚毛、22 D-刚毛和 4 E-刚毛。右大颚切齿 4 齿；动颚片分叉，具小齿；臼齿具 1 长刚毛。第 1 小颚内叶具 15 羽状毛，外叶具 11 锯齿状刺，触须第 2 节具 7 细长刺；右触须第 2 节具 5 钝刺和 1 硬刚毛。第 2 小颚内叶内缘具 14 羽状刚毛，内叶和外叶具顶毛。颚足内叶具 3 顶刺和 1 近顶刺，17 羽状毛；外叶具 13 钝齿，顶端具 5 羽状毛；触须 4 节。

第 1 腮足底节板下缘具短毛；基节前、后缘具长刚毛；腕节后缘具毛；掌缘斜，具 1 中央壮刺，后缘具 7 刺，内面具 7 刺；指节外缘具 1 刚毛。第 2 腮足底节板下缘具短毛，基节前、后缘具长毛；腕节稍短于掌节，掌节长方形，掌缘具 1 中央壮刺，后缘具 4 刺。第 3 步足底节板前、后缘各具 1 毛；基节前、后缘具长直毛；长节前缘具 2 刺，后缘具 3 簇短毛；腕节和掌节后缘具 3 组刺；指节外缘具 1 羽状毛，趾钩接合处具 1 硬刚毛。第 4 步足底节板凹陷，前缘具 1 毛，后缘具 3 毛；长节和腕节前缘具 2 组刺，少毛。第 5 步足底节板前、后叶分别具 1 和 3 毛；基节后缘近直；长节和腕节前缘具 2 组刺和少数毛，后缘具 1 组刺；掌节前缘具 3 组刺，后缘具 1 对刚毛；指节外缘具 1 羽状毛，趾钩接合处具 2 刚毛。第 6 步足基节前缘具 4 毛和 4 刺；长节和腕节前缘具 2 组刺，后缘具 1 组刺；掌节前缘具 3 组刺，后缘具 1 刚毛。第 7 步足基节膨大；长节和腕节前缘具 1 或 2 组刺，后缘具 2 或 1 刺；掌节前缘具 3 组刺，后缘具 1 刚毛。

第 1–3 腹侧板后下角渐尖，后缘具 2 短毛。第 1 腹侧板腹前缘具 6 毛，第 2、3 腹侧板腹缘具 2 刺。第 4–6 腹节背部扁平，具刺和刚毛。

第 1 尾肢柄节具 1 背基刺，内、外缘各具 1 刺；外肢内、外缘各具 1 刺；内肢具 1 内缘刺。第 2 尾肢柄节外缘具 1 刺；外肢外缘具 1 刺；内肢内缘具 1 刺。第 3 尾肢柄节具 1 缘刺和 3 末端刺；内肢长为外肢的 3/5，外肢第 2 节相对较长，内、外肢刚毛少。尾节深裂，末端具 3、4 刺，刚毛极少。

雌性 5.5mm。第 1 腮足掌节不如雄性倾斜，后角具 8 刺。第 2 腮足腕节和掌节等长，掌节后缘具 4 刺。第 3、4 步足后缘具更多刚毛；第 5–7 步足基节比雄性宽。第 2–5 胸节具抱卵板，边缘刚毛多。第 3 尾肢内肢长为外肢的 1/2。

观察标本：1♂（正模，IZCAS-I-A0063），30♂10♀，西藏八宿邦达兵站（30.2°N, 97.2°E），海拔 4400m，2001.VIII.21。

生态习性：本种栖息在人类生活污水中。

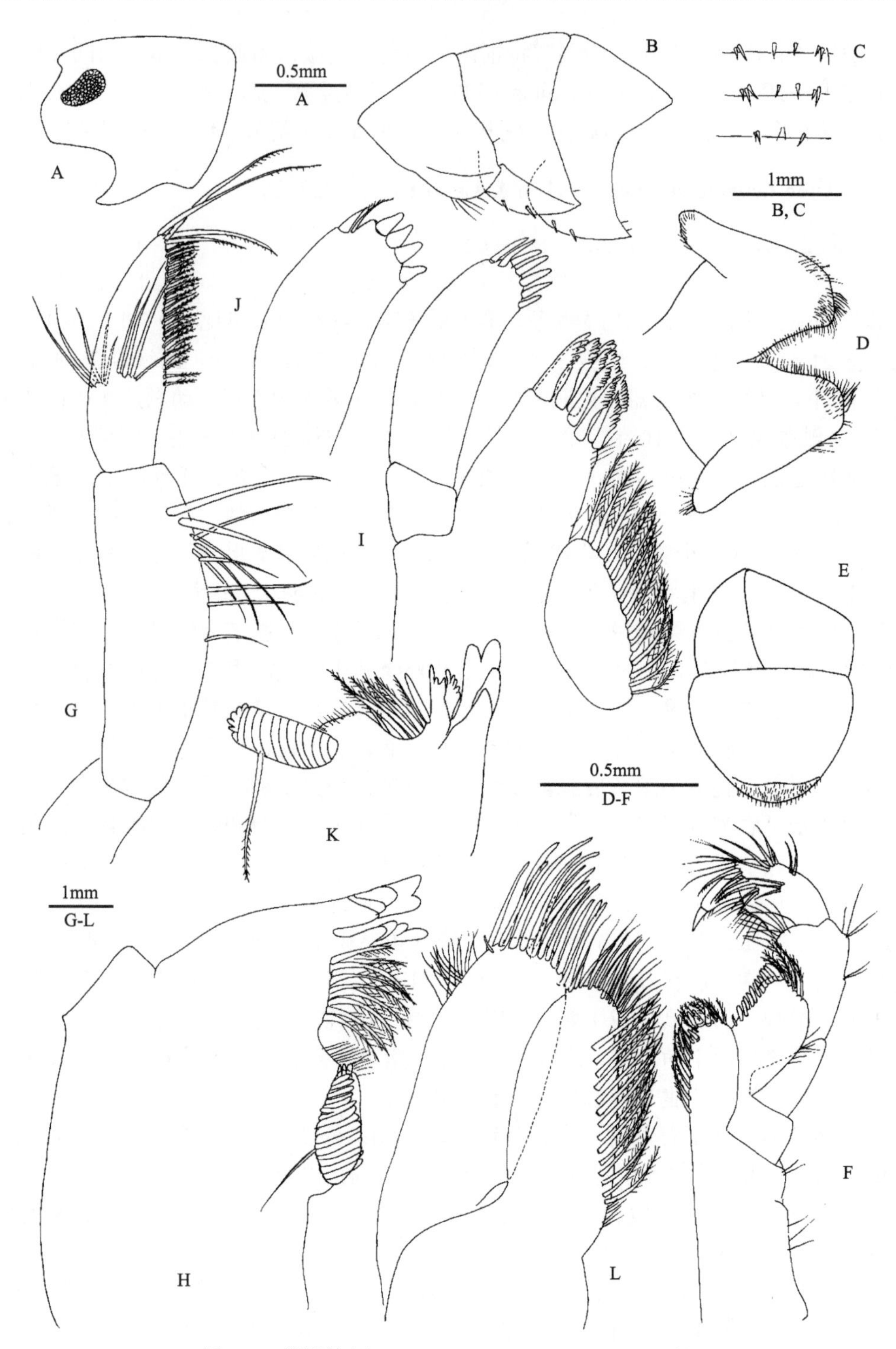

图 257 淤泥钩虾 *Gammarus limosus* Hou & Li（一）

♂。A. 头; B. 第 1-3 腹侧板; C. 第 4-6 腹节（背面观）; D. 下唇; E. 上唇; F. 颚足; G. 左大颚触须; H. 左大颚切齿; I. 左第 1 小颚; J. 右第 1 小颚触须; K. 右大颚切齿; L. 第 2 小颚

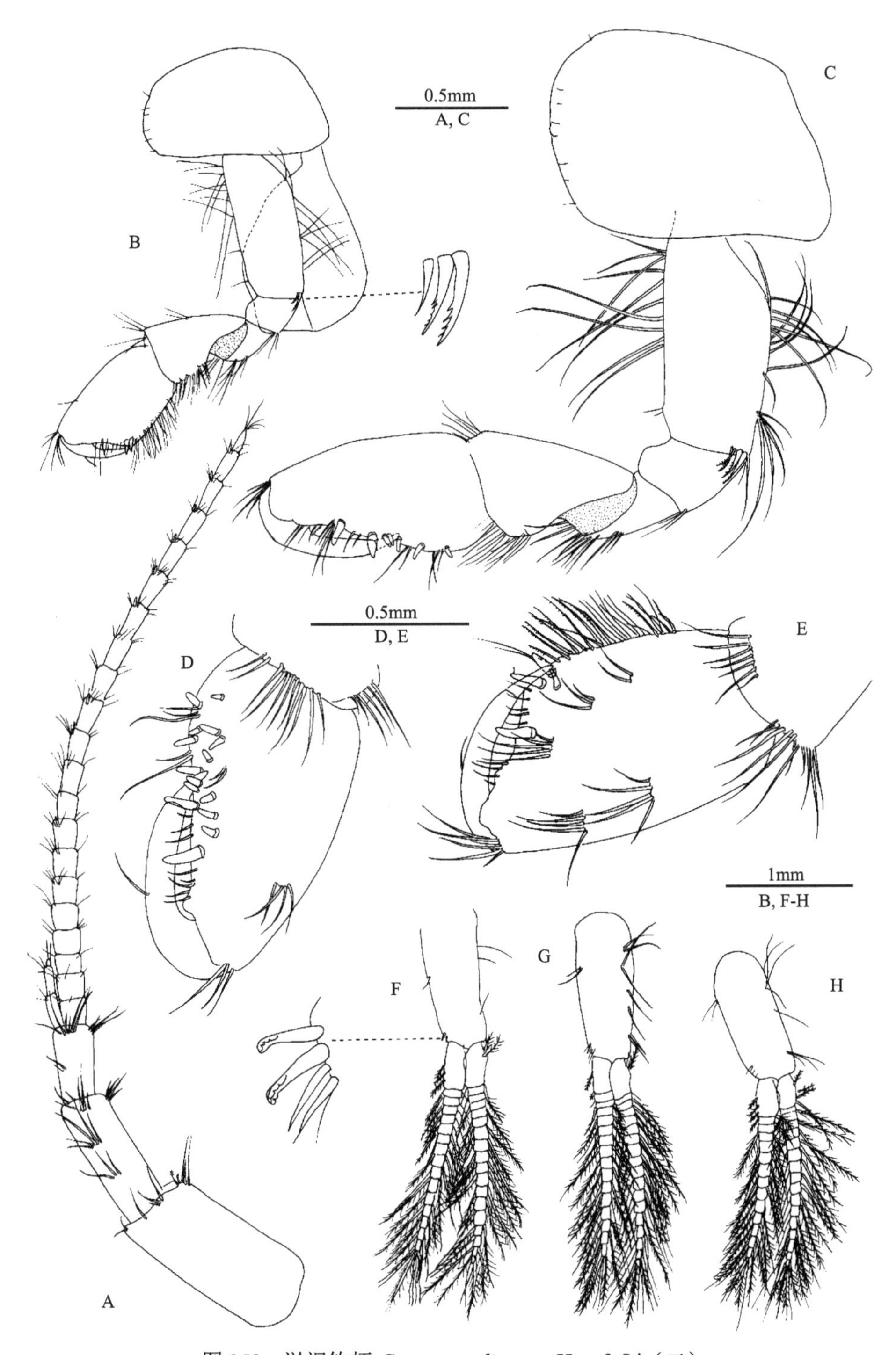

图 258　淤泥钩虾 *Gammarus limosus* Hou & Li（二）

♂。A. 第 1 触角; B. 第 2 腮足; C. 第 1 腮足; D. 第 1 腮足掌节; E. 第 2 腮足掌节; F-H. 第 1-3 腹肢

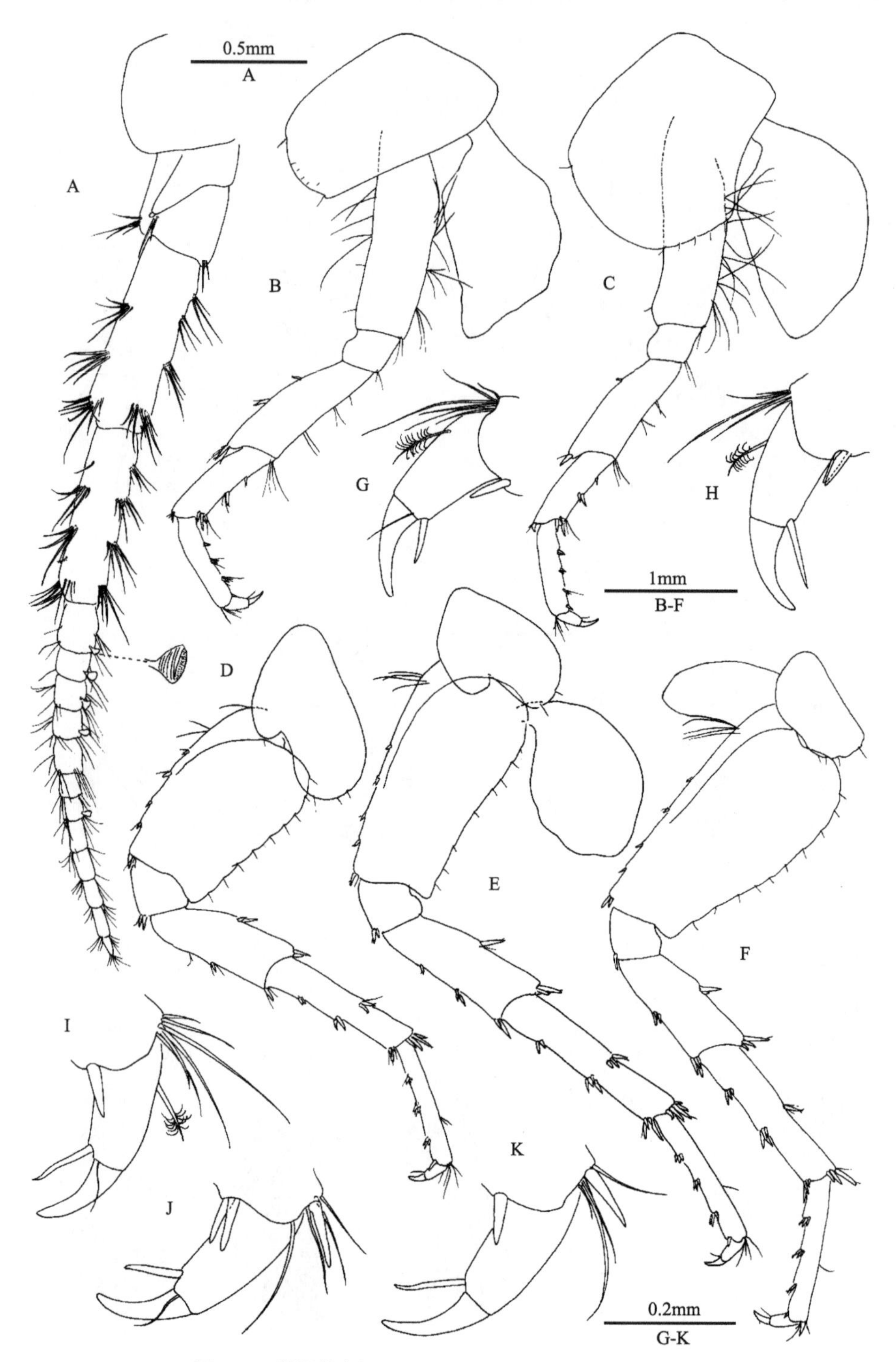

图 259 淤泥钩虾 *Gammarus limosus* Hou & Li（三）

♂。A. 第 2 触角; B. 第 3 步足; C. 第 4 步足; D. 第 5 步足; E. 第 6 步足; F. 第 7 步足; G-K. 第 3-7 步足指节

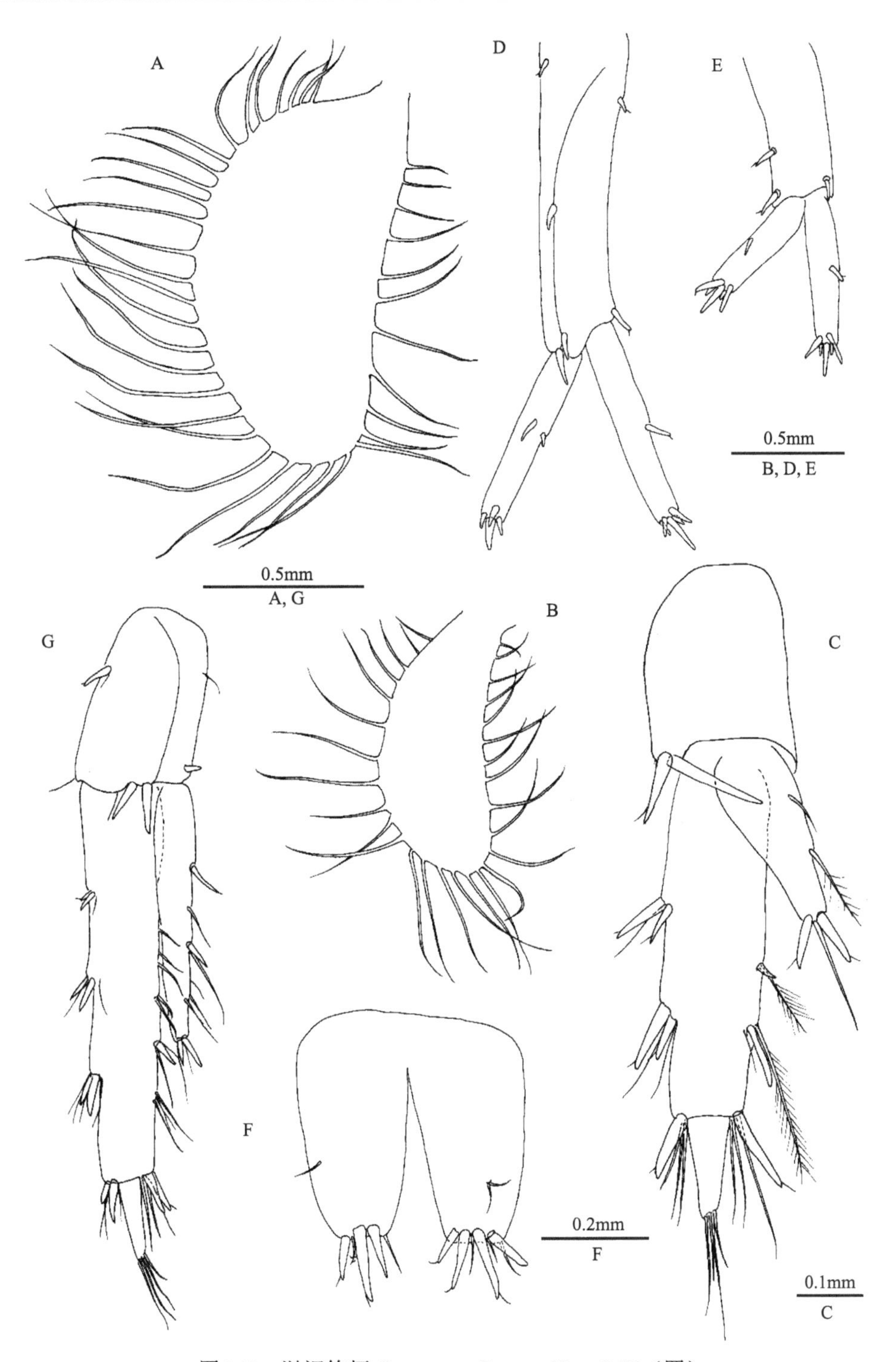

图 260　淤泥钩虾 *Gammarus limosus* Hou & Li（四）

♂, D-G; ♀, A-C。A. 第 2 抱卵板; B. 第 3 抱卵板; C. 第 3 尾肢; D. 第 1 尾肢; E. 第 2 尾肢; F. 尾节; G. 第 3 尾肢

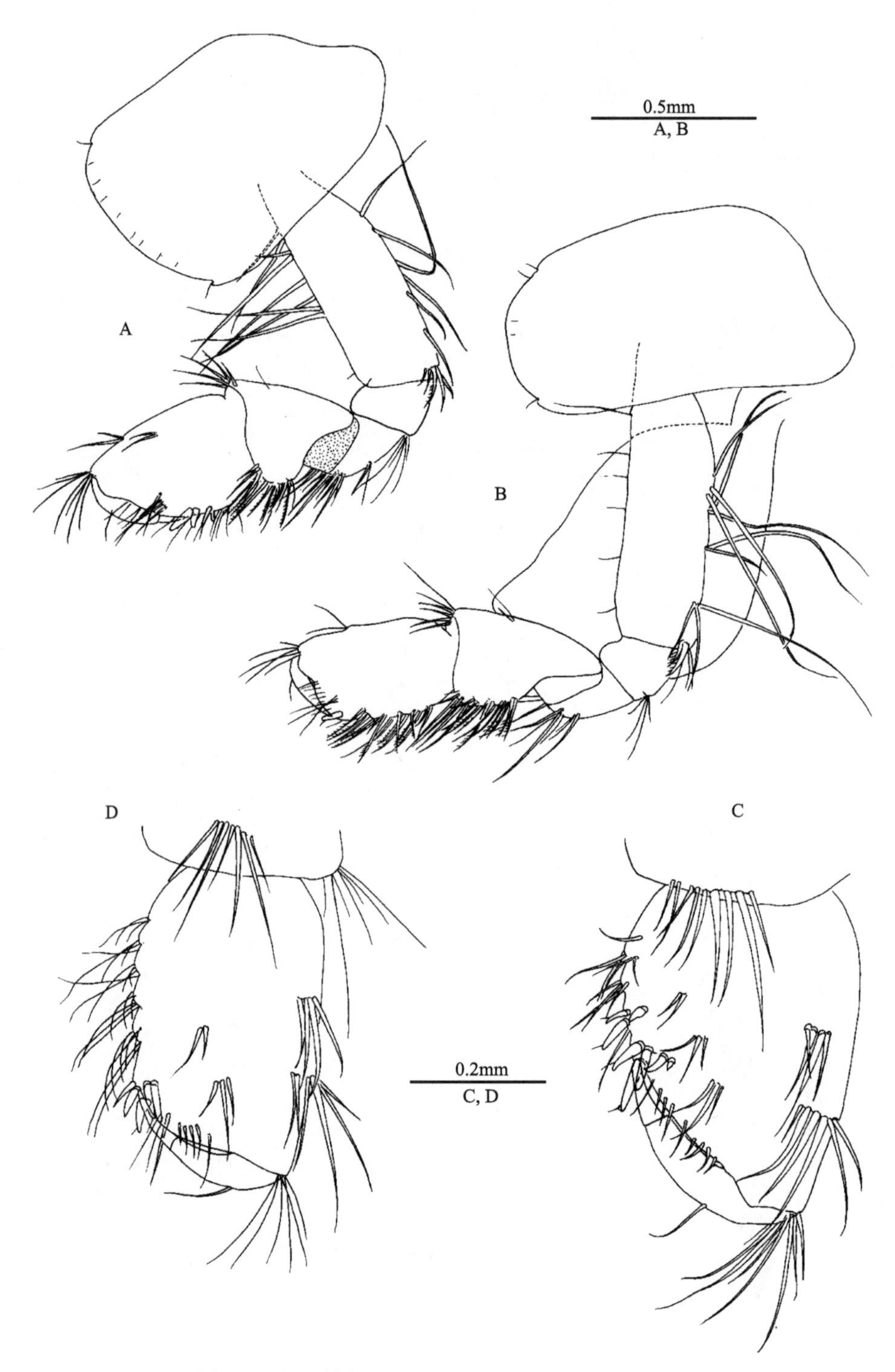

图 261　淤泥钩虾 *Gammarus limosus* Hou & Li（五）

♀。A. 第 1 腮足; B. 第 2 腮足; C. 第 1 腮足掌节; D. 第 2 腮足掌节

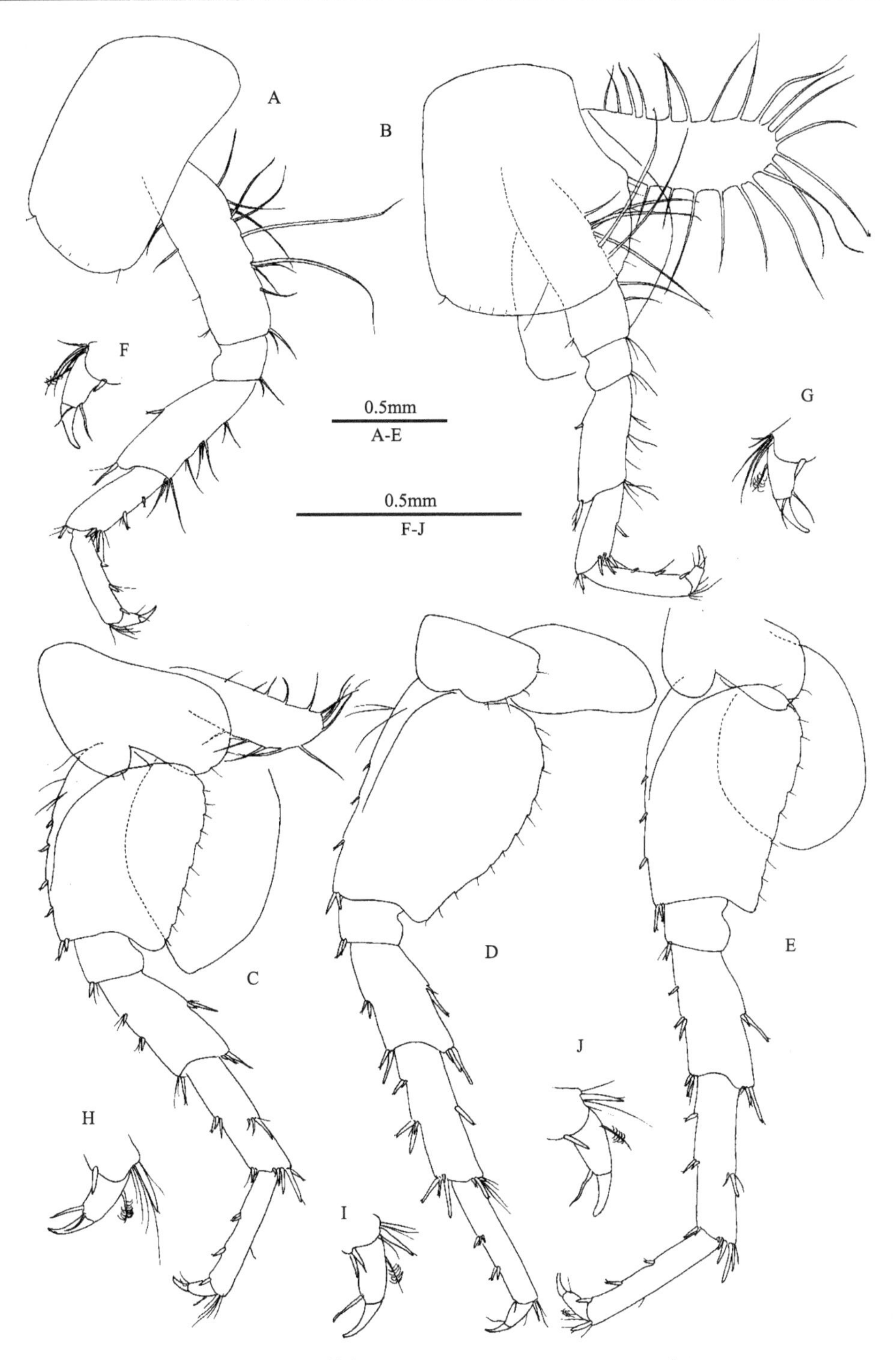

图 262　淤泥钩虾 *Gammarus limosus* Hou & Li（六）

♀。A. 第 3 步足; B. 第 4 步足; C. 第 5 步足; D. 第 7 步足; E. 第 6 步足; F. 第 3 步足指节; G. 第 4 步足指节; H. 第 5 步足指节; I. 第 7 步足指节; J. 第 6 步足指节

地理分布：西藏（八宿）。

分类讨论：本种主要鉴别特征是第 1 触角副鞭 3 节；第 2 触角具鞋状感觉器；第 3、4 步足后缘具较少刚毛；第 3 尾肢内肢长是外肢的 3/5，外肢第 2 节长于邻近刺，内、外肢均具较少缘毛。

本种第 2 触角具鞋状感觉器及第 5–7 步足基节延长等特征，与高原钩虾 *G. altus* Hou & Li 相似。主要区别在于本种第 3 步足后缘具较少刚毛，第 2 腹侧板后下角尖，第 3 尾肢内肢长于外肢的 1/2；而后者第 3 步足长节后缘具 4 组刚毛；第 2 腹侧板后下角钝；第 3 尾肢内肢长是外肢的 1/3。

(54) 龙洞钩虾 *Gammarus longdong* Hou & Li, 2018（图 263–268）

Gammarus longdong Hou & Li, in: Hou, Zhao & Li, 2018: 46, figs. 27–32.

形态描述：雄性 10.1mm。眼肾形。第 1 触角第 1–3 柄节长度比 1.0∶0.8∶0.4，具末端毛；鞭 31 节，具感觉毛；副鞭 4 节。第 2 触角第 3–5 柄节长度比 1.0∶2.9∶2.7；第 4、5 柄节具侧毛；鞭 11 节，具长刚毛；无鞋状感觉器。左大颚切齿 5 齿；动颚片 4 齿；刺排具 6 对羽状毛；触须第 1–3 节长度比 1.0∶2.7∶2.0，第 2 节具 15 毛，第 3 节具 4 A-刚毛、4 B-刚毛、1 排 D-刚毛和 5 E-刚毛；右大颚切齿 4 齿，动颚片分叉，具小齿。第 1 小颚左右不对称，内叶具 15 羽状毛；外叶具 11 壮刺；左触须第 2 节顶端具 9 细长刺；右触须第 2 节具 4 壮刺、1 细长刺和 1 硬毛。第 2 小颚内叶具 12 羽状毛。颚足内叶具 3 顶端壮刺、1 近顶端刺和 20 羽状毛；外叶具 17 钝齿；触须第 4 节呈钩状，趾钩接合处具有 1 组刚毛。

第 1 腮足底节板前、后缘分别具 2 和 4 毛；腕节长约为掌节的 3/4，腹缘具 4 簇毛，背缘具 2 簇毛；掌节卵形，掌缘具 1 中央刺，后缘和掌面共具 12 刺；指节外缘具 1 毛。第 2 腮足腕节长约为掌节的 4/5，腹缘具 6 簇毛，背缘具 2 簇毛；掌节长方形，掌缘具 1 中央刺，后缘具 4 刺；指节外缘具 1 刚毛。第 3 步足基节长，前、后缘具毛；长节前缘具 1 刺，后缘具长刚毛；腕节后缘具 3 组长刚毛；掌节后缘具 3 刺和毛；指节外缘具 1 羽状刚毛，趾钩接合处具 2 刚毛。第 4 步足底节板凹陷；长节前缘具 1 刺和 1 刚毛，后缘具 4 簇毛；腕节和掌节后缘具 3 或 4 组刺和毛。第 5 步足基节膨大，前缘具 2 毛和 6 刺，后缘排列有 13 短毛；长节前缘具 2 簇短刚毛，后缘具 1 刺；腕节和掌节前缘具几组刺和细刚毛；指节外缘具 1 羽状刚毛，趾钩接合处具 2 毛。第 6 步足长节至掌节前缘具 3 或 4 对刺，刚毛少。第 7 步足基节膨大；长节至掌节前、后缘具刺，少刚毛。

第 1 腹侧板腹缘圆，腹前缘具 8 长刚毛，后缘具 5 短毛；第 2 腹侧板腹缘具 1 刺和 1 毛，后缘具 7 短毛，后下角稍尖；第 3 腹侧板腹缘具 2 刺和 1 毛，后缘具 6 短毛，后下角稍尖。第 4 腹节背缘具 1-1-1-1 刺和刚毛；第 5 腹节背缘具 1-1-1 刺并伴有刚毛；第 6 腹节两侧各具 1 刺和 2 刚毛。

第 1 尾肢柄节无背基刺，外缘具 1 刺；内肢内缘具 2 刺；外肢内、外缘各具 2 刺。第 2 尾肢短，柄节每角具 1 末端刺；内肢内缘具 2 刺；外肢内、外缘分别具 1 和 2 刺。第 3 尾肢柄节表面具 3 刚毛和 6 末端刺；内肢长达外肢的 9/10，内缘具 1 刺、10 羽状毛

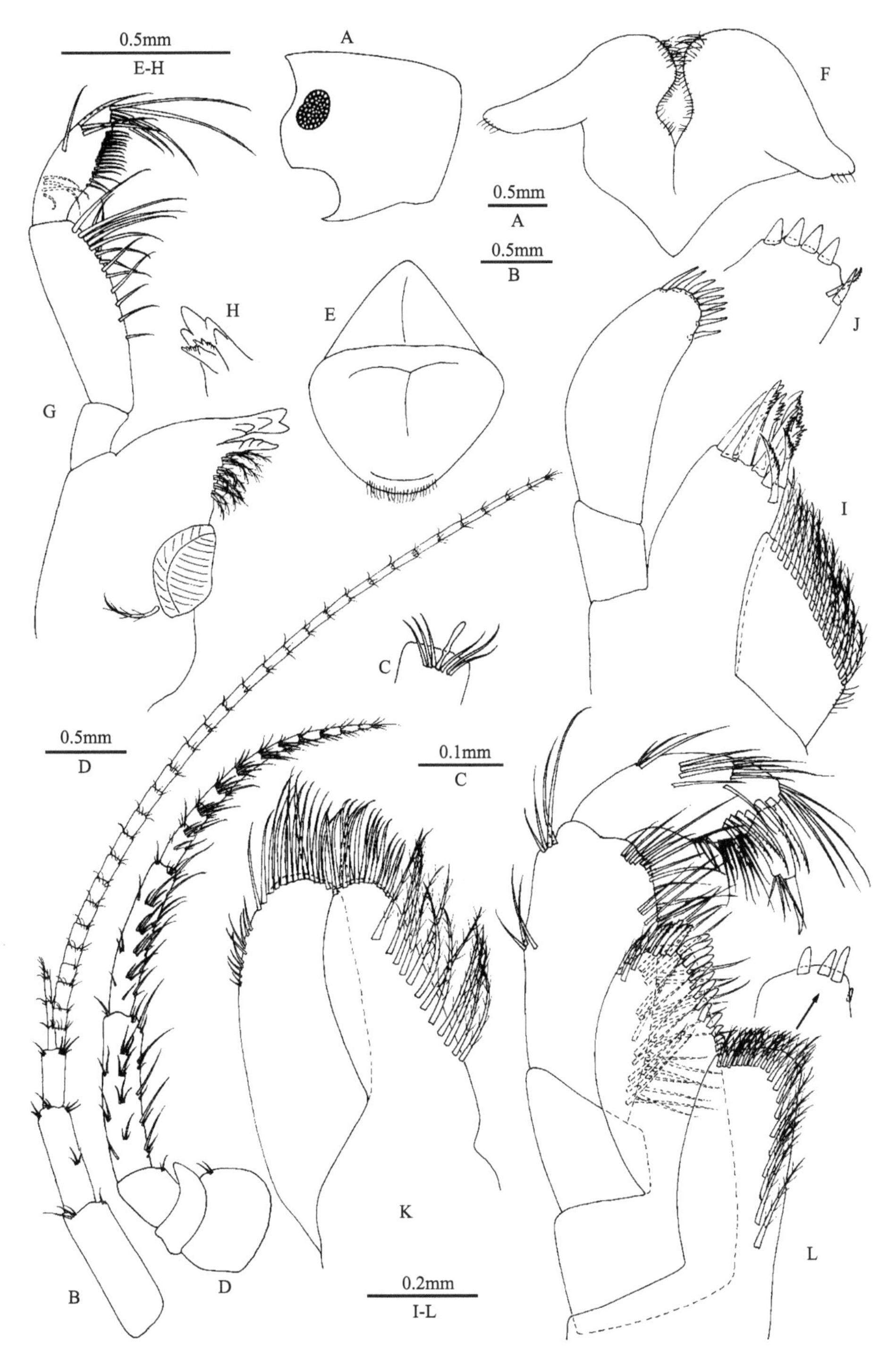

图 263　龙洞钩虾 *Gammarus longdong* Hou & Li（一）

♂。A. 头; B. 第 1 触角; C. 第 1 触角感觉毛; D. 第 2 触角; E. 上唇; F. 下唇; G. 左大颚; H. 右大颚切齿; I. 左第 1 小颚; J. 右第 1 小颚触须; K. 第 2 小颚; L. 颚足

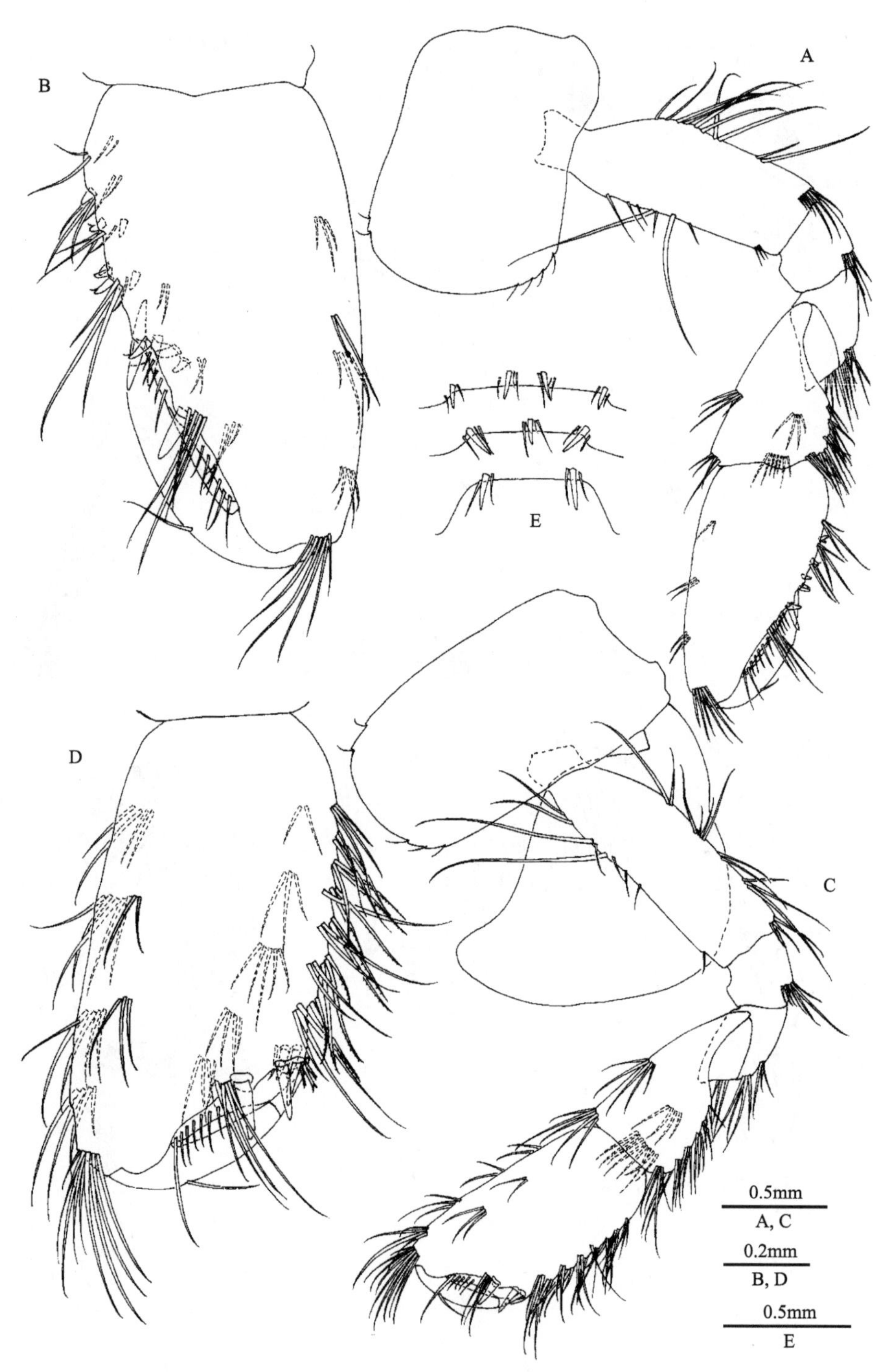

图 264 龙洞钩虾 *Gammarus longdong* Hou & Li（二）

♂。A. 第 1 腮足; B. 第 1 腮足掌节; C. 第 2 腮足; D. 第 2 腮足掌节; E. 第 4-6 腹节（背面观）

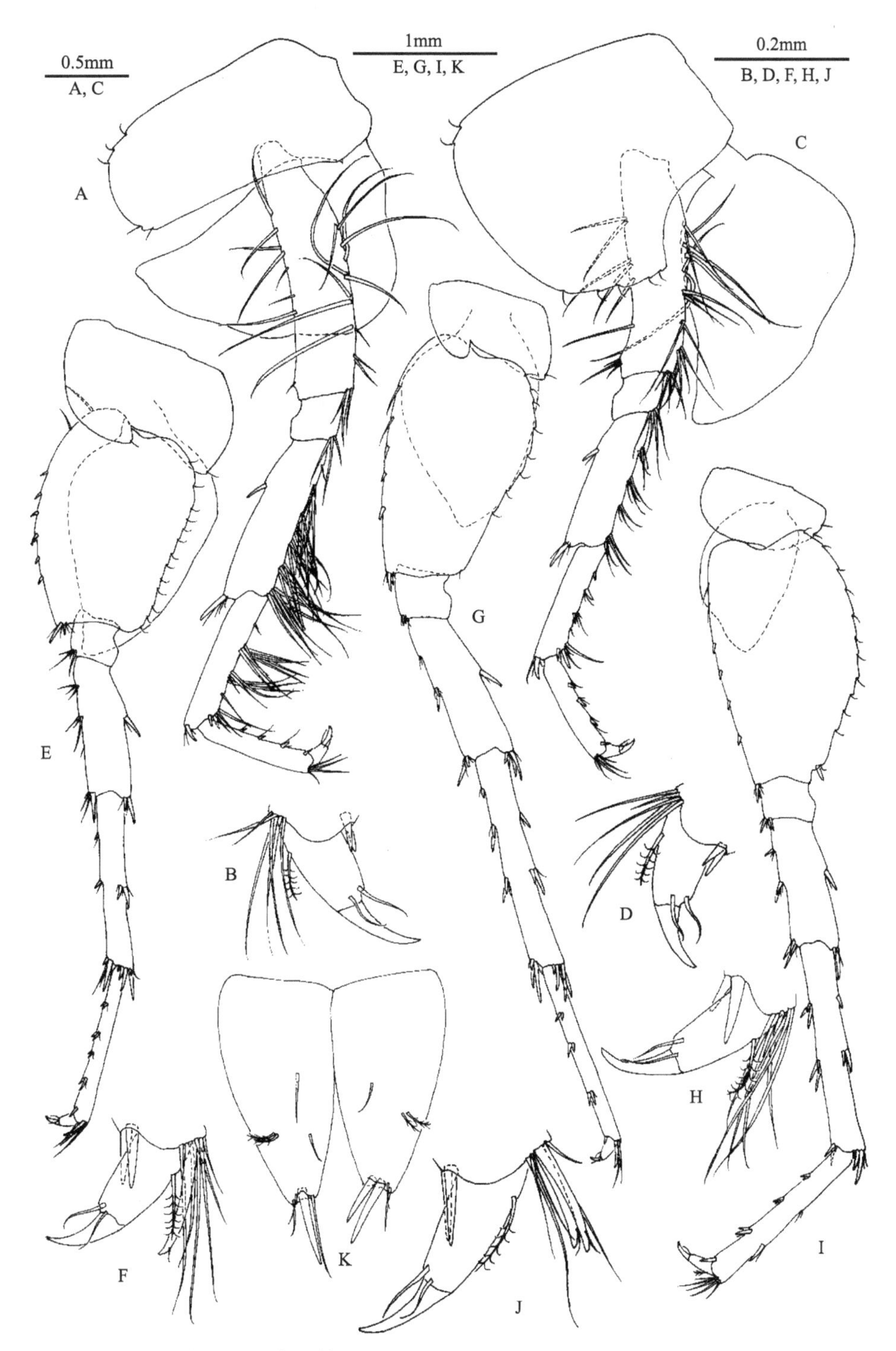

图 265　龙洞钩虾 *Gammarus longdong* Hou & Li（三）

♂。A. 第 3 步足; B. 第 3 步足指节; C. 第 4 步足; D. 第 4 步足指节; E. 第 5 步足; F. 第 5 步足指节; G. 第 6 步足; H. 第 6 步足指节; I. 第 7 步足; J. 第 7 步足指节; K. 尾节

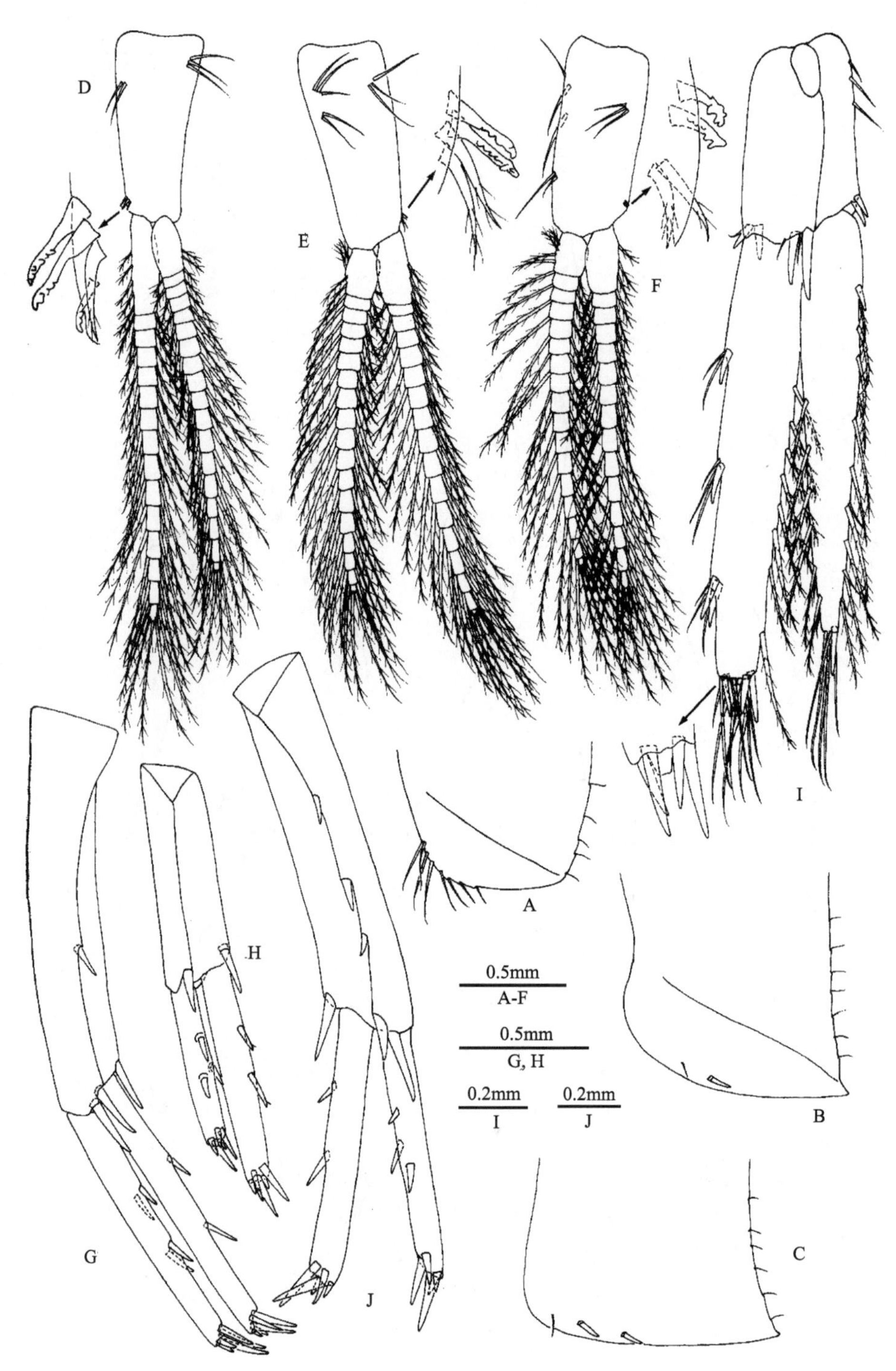

图 266 龙洞钩虾 *Gammarus longdong* Hou & Li（四）

♂, A-I; ♀, J。A. 第 1 腹侧板; B. 第 2 腹侧板; C. 第 3 腹侧板; D. 第 1 腹肢; E. 第 2 腹肢; F. 第 3 腹肢; G. 第 1 尾肢; H. 第 2 尾肢; I. 第 3 尾肢; J. 第 1 尾肢

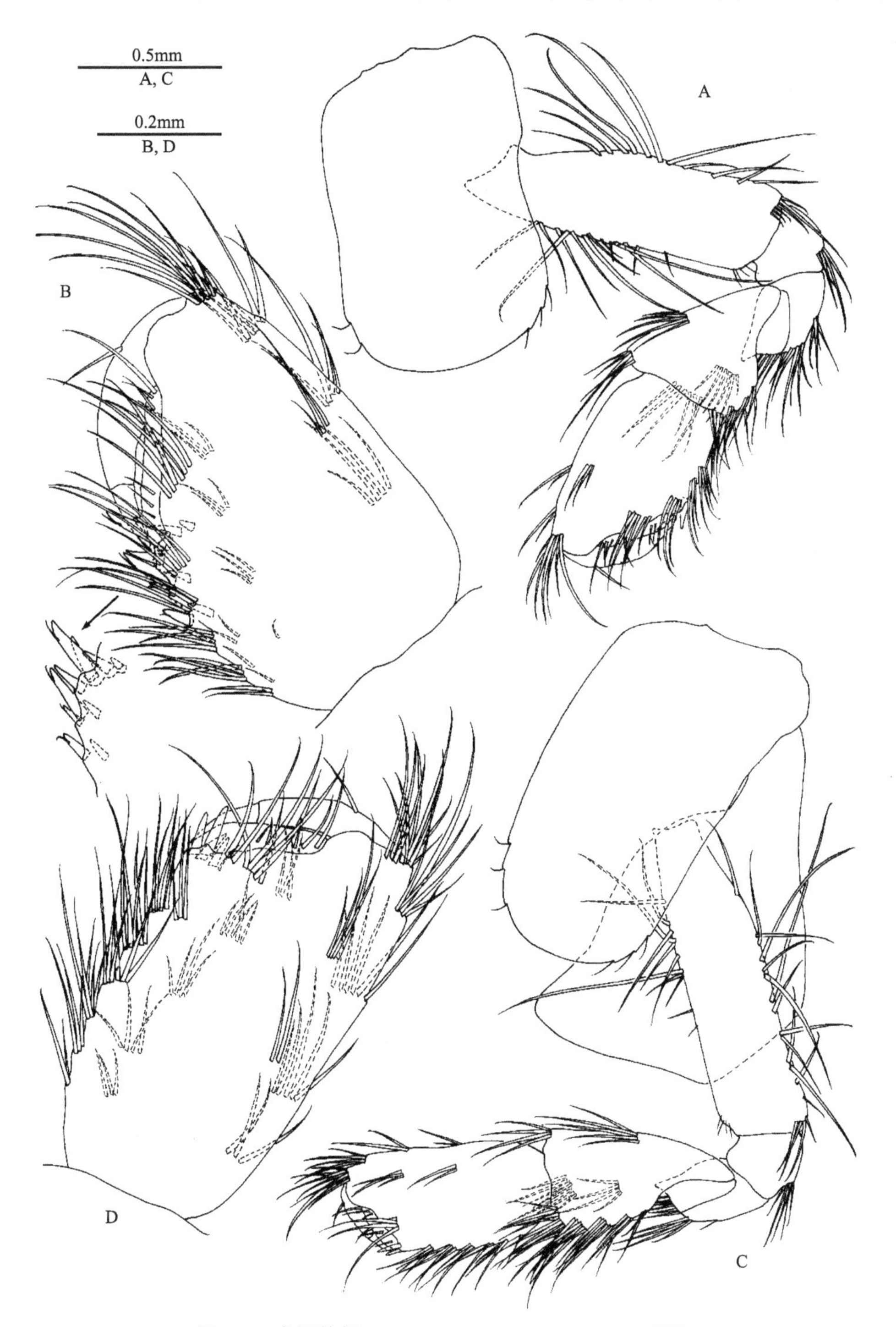

图 267　龙洞钩虾 *Gammarus longdong* Hou & Li（五）

♀。A. 第 1 腮足; B. 第 1 腮足掌节; C. 第 2 腮足; D. 第 2 腮足掌节

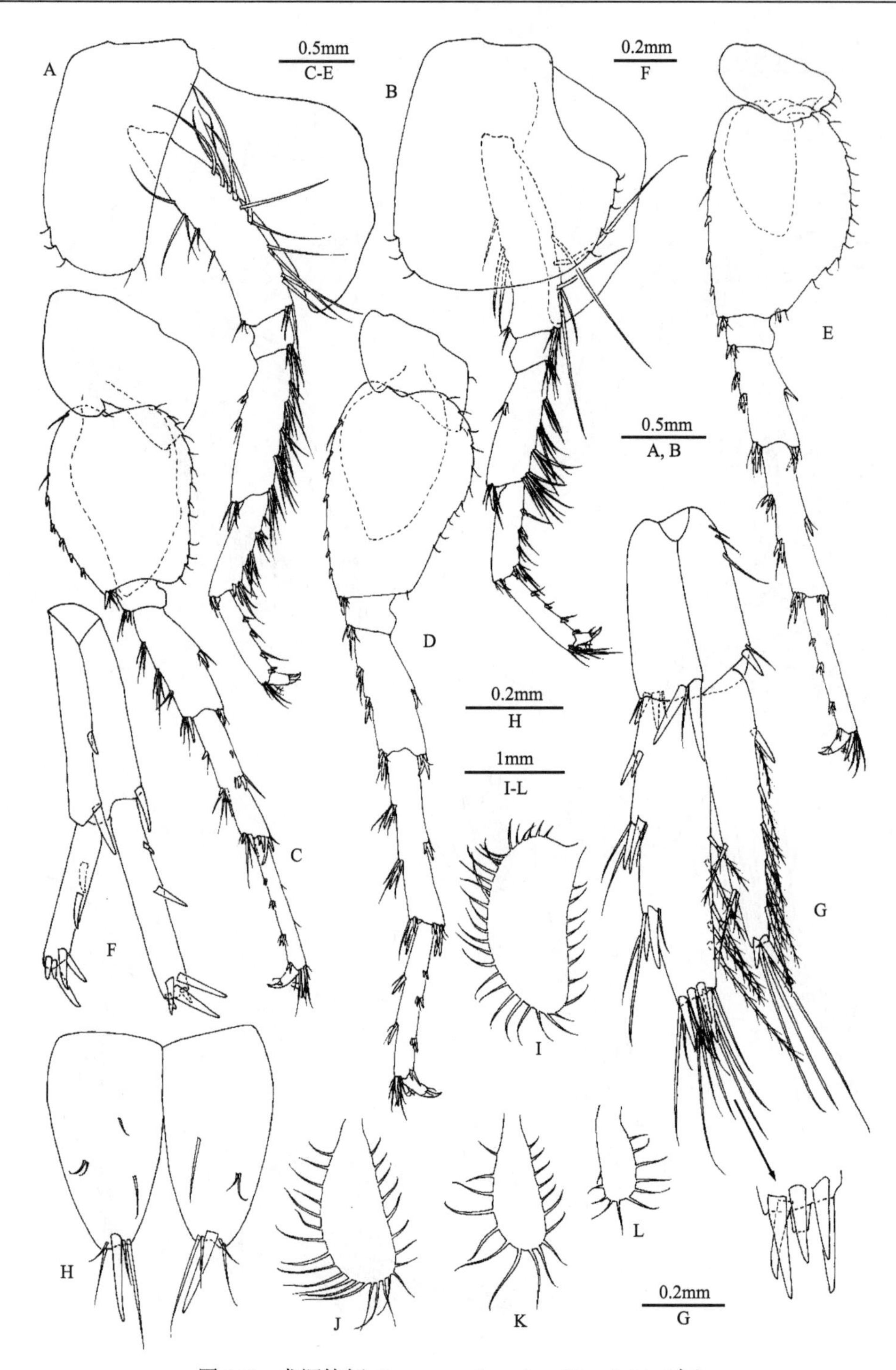

图 268　龙洞钩虾 *Gammarus longdong* Hou & Li（六）

♀。A. 第 3 步足; B. 第 4 步足; C. 第 5 步足; D. 第 6 步足; E. 第 7 步足; F. 第 2 尾肢; G. 第 3 尾肢; H. 尾节; I. 第 2 抱卵板; J. 第 3 抱卵板; K. 第 4 抱卵板; L. 第 5 抱卵板

和 3 简单刚毛，外缘具 6 羽状毛，末端具 1 刺和长刚毛；外肢第 1 节外缘具 3 组刺和简单刚毛，内缘具 8 羽状毛和 4 末端刺，第 2 节退化，具简单刚毛。尾节深裂，左叶表面具 2 简单毛和 2 羽状毛，具 1 末端刺和 3 毛；右叶表面具 1 简单毛和 2 羽状毛，具 2 末端刺和 2 刚毛。

雌性 7.3mm。第 1 腮足掌节卵形，掌后缘具 10 刺。第 2 腮足掌节近长方形，掌后缘具 4 刺。第 3 步足长节和腕节后缘比雄性具较短刚毛。第 2 抱卵板宽大，具缘毛，第 3、4 抱卵板细长，第 5 抱卵板最小。第 1 尾肢柄节无背基刺。第 3 尾肢内肢长达外肢的 9/10；外肢外缘具简单毛，第 2 节比周围刺短。

观察标本：1♂（正模，IZCAS-I-A1566-1），云南昭通大关青龙洞（103.75°E, 27.69°N），2014.III.18。

生态习性：栖息在洞口水流中。

地理分布：云南（昭通）。

分类讨论：本种主要鉴别特征为第 2 触角柄节具长刚毛，无鞋状感觉器；第 3 步足长节和腕节后缘具几簇长刚毛；第 2、3 腹侧板后下角稍尖；第 1 尾肢柄节无背基刺；第 3 尾肢内肢长达外肢的 9/10，第 2 节退化。

本种第 2 触角柄节具长刚毛，无鞋状感觉器，第 3 步足后缘具长刚毛，第 1 尾肢无背基刺等特征，与缘毛钩虾 *G. craspedotrichus* Hou & Li 相似。主要区别是本种第 4、5 腹节具 4 组刺和刚毛，第 3 尾肢第 2 节退化；而缘毛钩虾第 4、5 腹节具 2 簇刺和刚毛，第 3 尾肢第 2 节短但明显。

本种第 3 尾肢外肢外缘无羽状毛，与极度探险钩虾 *G. jidutanxian* Hou & Li 相似。主要区别在于本种第 1 尾肢无背基刺，第 3 尾肢内肢长达外肢的 9/10；而后者第 1 尾肢具 1 背基刺，第 3 尾肢内肢长达外肢的 3/5。

本种第 1 尾肢柄节无背基刺，与美丽钩虾 *G. egregius* Hou, Li & Li 相似。主要区别是本种第 4 腹节背缘具 1-1-1-1 刺和毛，第 5 腹节背缘具 1-1-1 刺和毛，第 3 尾肢内肢长达外肢的 9/10，第 3 尾肢内、外肢内缘具羽状毛。而美丽钩虾第 4 腹节背缘无刺和毛，第 5 腹节背缘具 2 刺，第 3 尾肢内肢长达外肢的 3/5，第 3 尾肢内、外肢内缘具简单刚毛。

本种第 2、3 腹侧板后下角稍尖，与普氏钩虾 *G. platvoeti* Hou & Li 相似。主要区别是本种第 3 步足长节和腕节后缘具长刚毛；第 4、5 腹节背缘具刺和毛；第 3 尾肢内肢长达外肢的 9/10。而普氏钩虾第 3 步足长节和腕节后缘具短毛；第 4、5 腹节背缘仅具刚毛；第 3 尾肢内肢长是外肢的 4/5。

(55) 簇刺钩虾 *Gammarus lophacanthus* Hou & Li, 2002（图 269–273）

Gammarus lophacanthus Hou & Li, 2002c: 45, figs. 7–11.

形态描述：雄性 7.4mm。眼中等大小，肾形。第 1 触角第 1–3 柄节长度比 1.00∶0.72∶0.43，具几根端毛；鞭 18–20 节，具感觉毛，副鞭 3 节。第 2 触角第 4、5 柄节几乎等长，第 4 节边缘具 2 簇毛，第 5 节前缘和后缘具 3 组毛，表面具 3 簇毛，刚毛短于柄节；鞭 9 节，无鞋状感觉器。左大颚切齿 5 齿，动颚片 4 齿，刺排具 6 羽状毛，臼齿具 1 长羽

图 269 簇刺钩虾 *Gammarus lophacanthus* Hou & Li（一）

♂。A. 第 1 触角; B. 第 2 触角; C. 上唇; D. 下唇; E. 左大颚切齿; F. 左大颚触须; G. 第 1 触角鞭节; H. 第 2 小颚; I. 右大颚切齿; J. 右第 1 小颚触须; K. 颚足; L. 左第 1 小颚

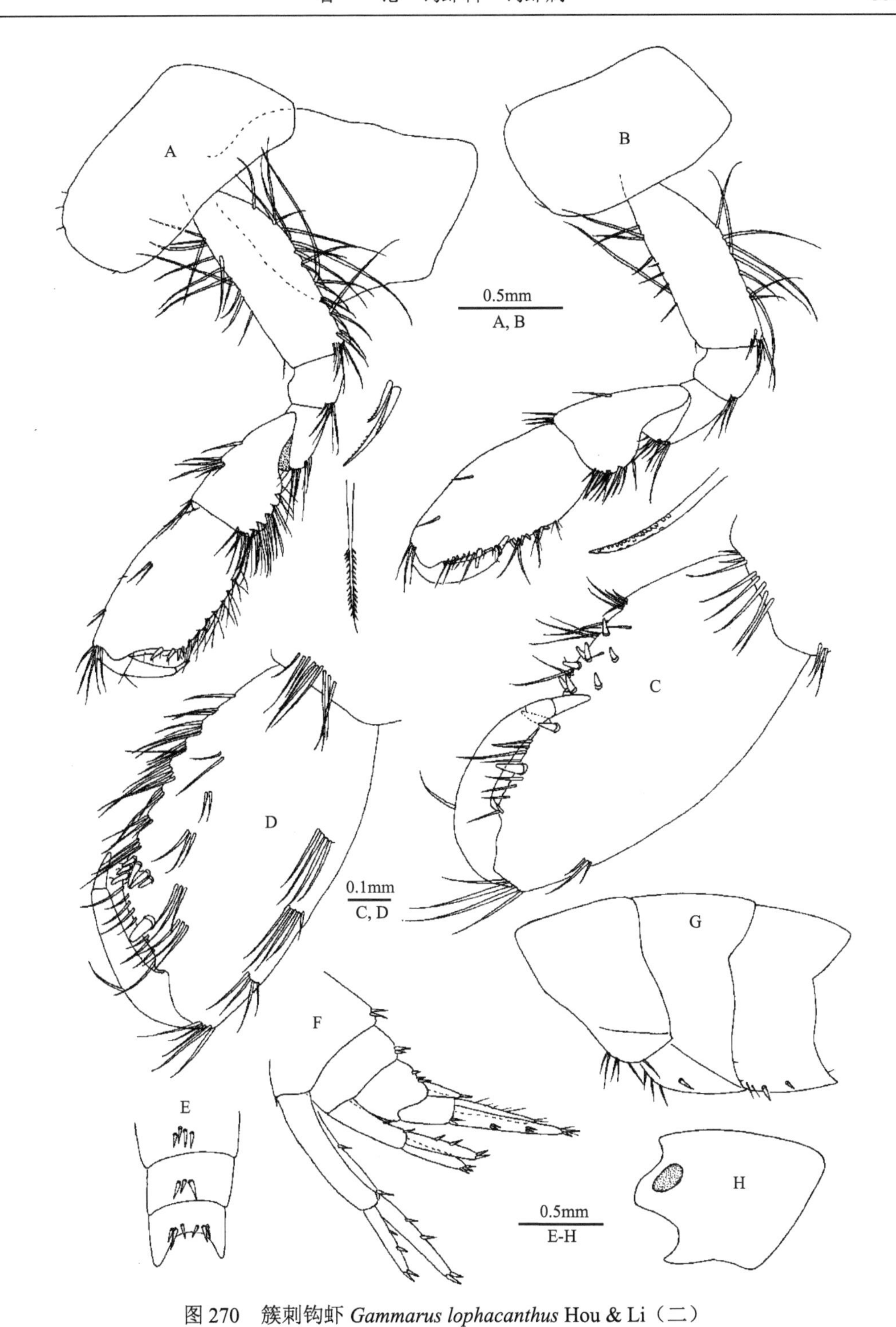

图 270　簇刺钩虾 *Gammarus lophacanthus* Hou & Li（二）

♂。A. 第 2 腮足; B. 第 1 腮足; C. 第 1 腮足掌节; D. 第 2 腮足掌节; E. 第 4-6 腹节（背面观）; F. 第 4-6 腹节（侧面观）; G. 第 1-3 腹侧板; H. 头

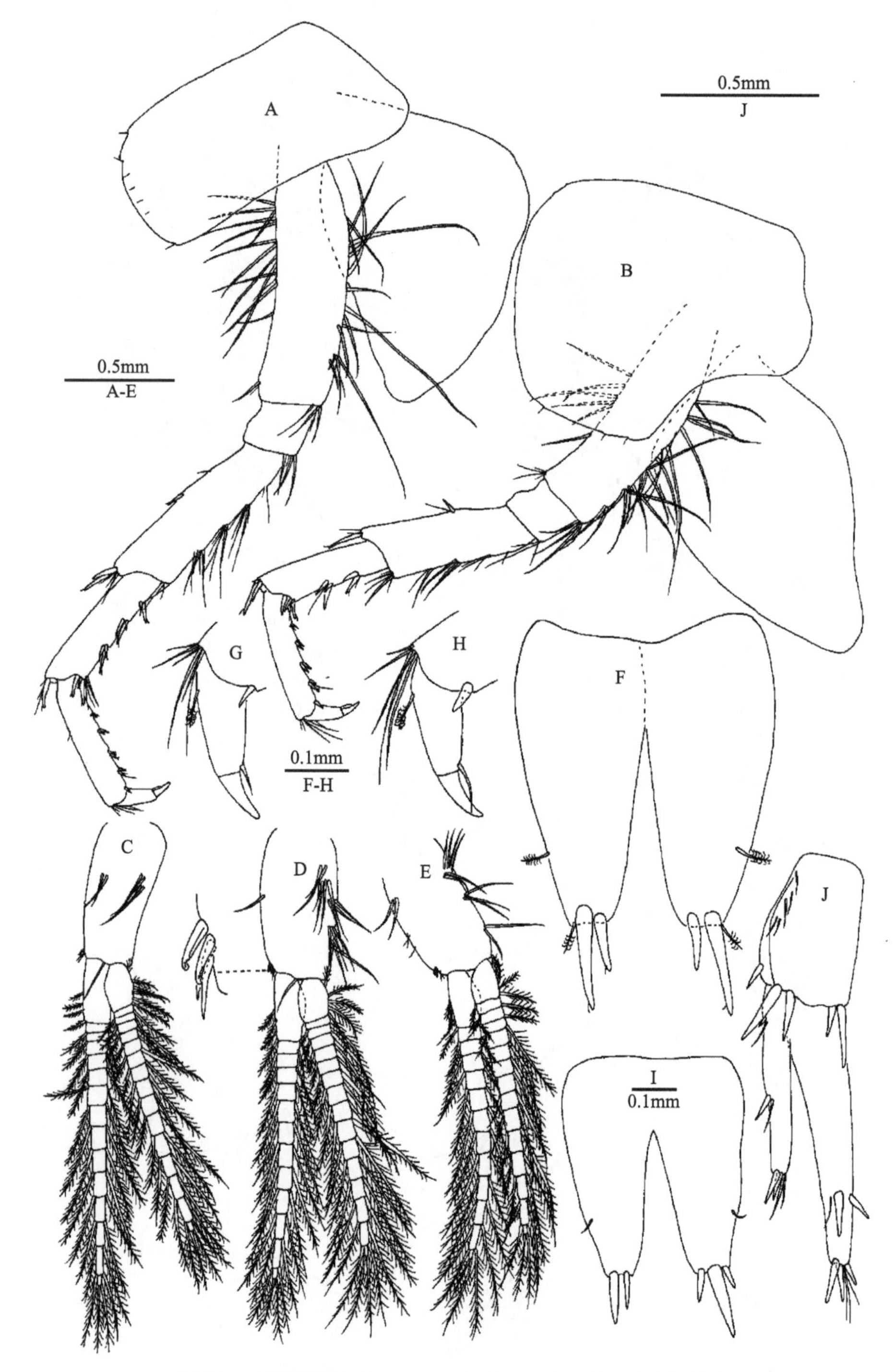

图 271 簇刺钩虾 *Gammarus lophacanthus* Hou & Li（三）

♂, A-H; ♀, I, J。A. 第 3 步足; B. 第 4 步足; C. 第 1 腹肢; D. 第 2 腹肢; E. 第 3 腹肢; F. 尾节; G. 第 3 步足指节; H. 第 4 步足指节; I. 尾节; J. 第 3 尾肢

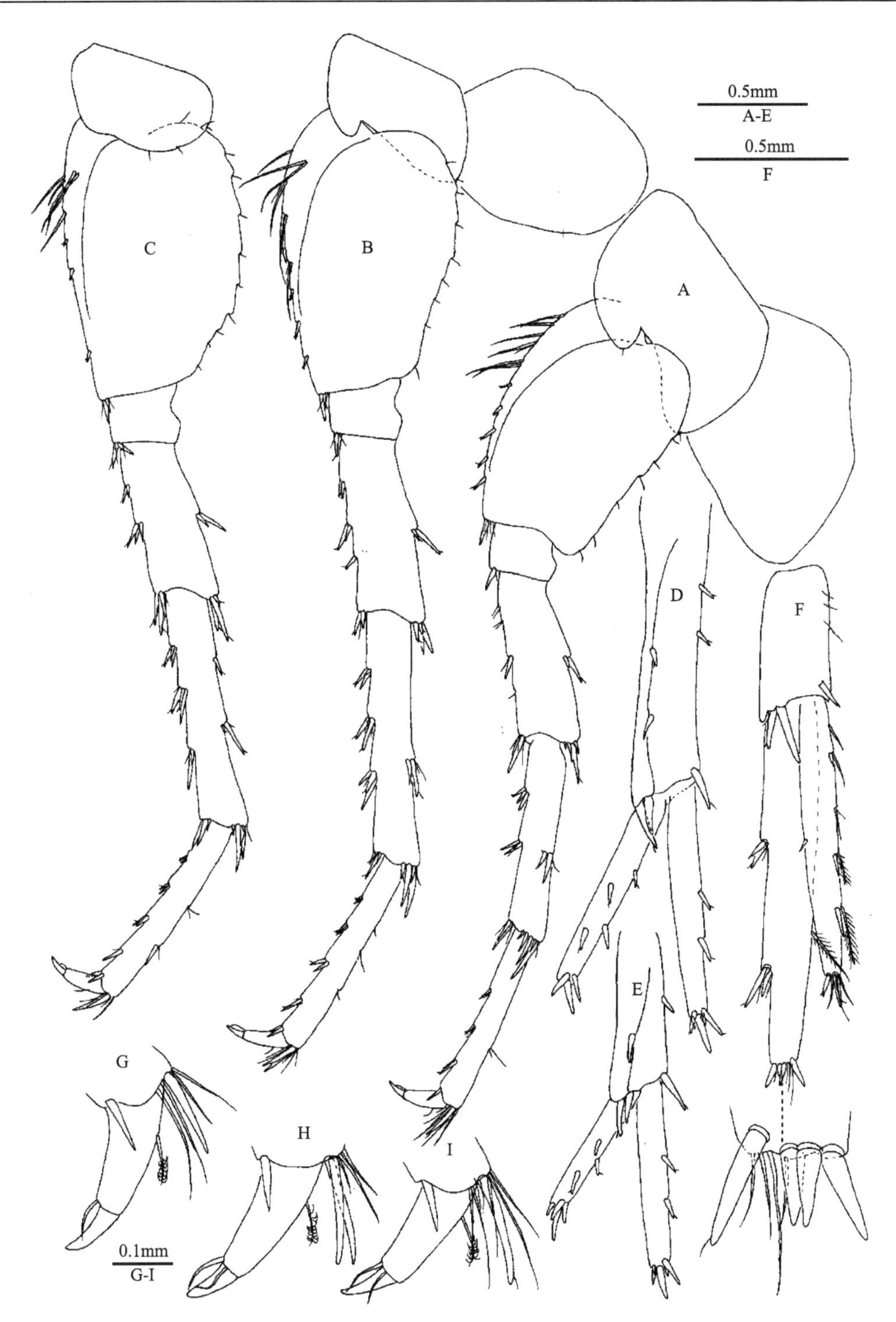

图 272　簇刺钩虾 *Gammarus lophacanthus* Hou & Li（四）

♂。A. 第 5 步足; B. 第 6 步足; C. 第 7 步足; D. 第 1 尾肢; E. 第 2 尾肢; F. 第 3 尾肢; G. 第 7 步足指节; H. 第 6 步足指节; I. 第 5 步足指节

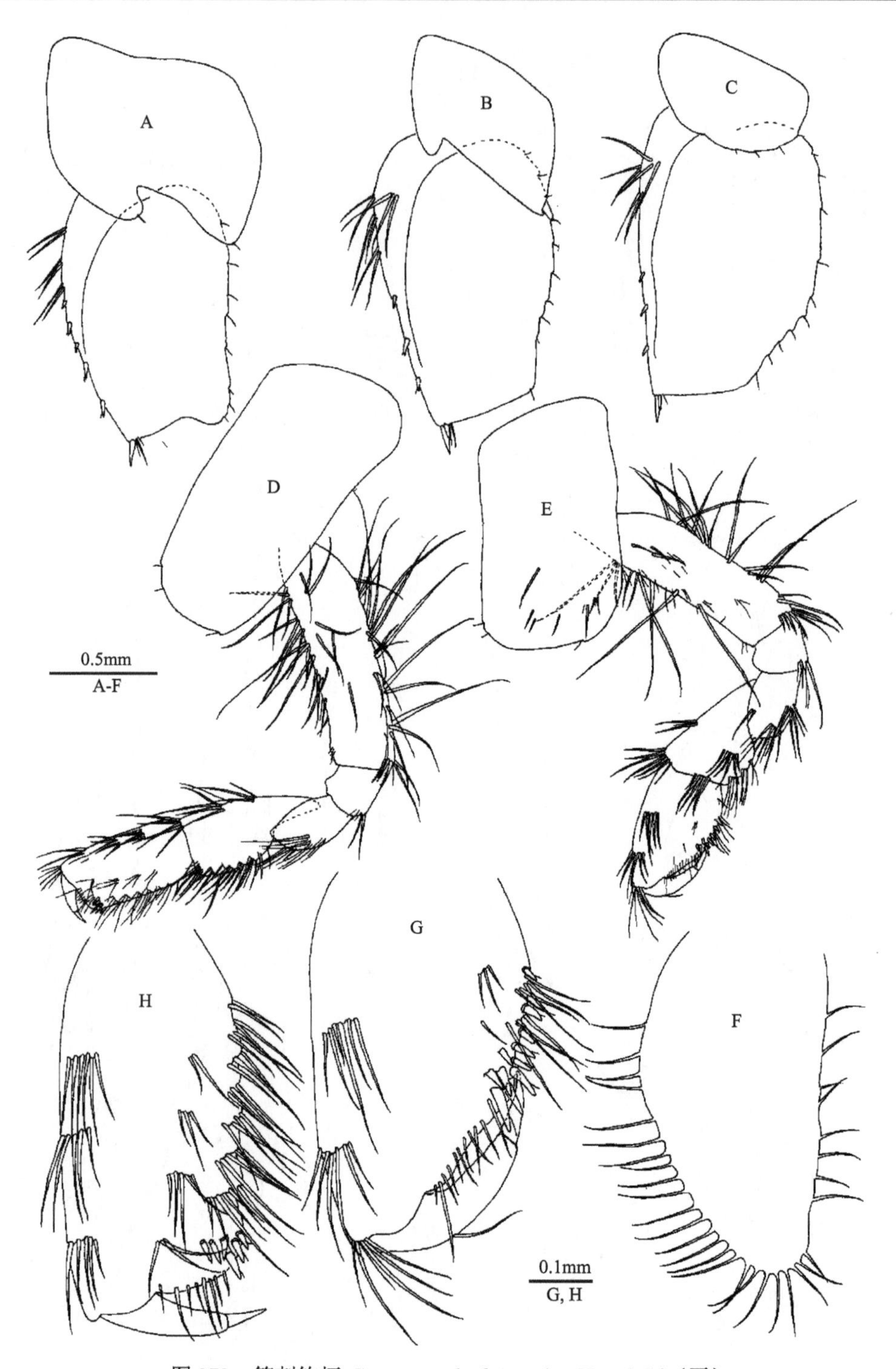

图 273 簇刺钩虾 *Gammarus lophacanthus* Hou & Li（五）

♀。A. 第 5 步足; B. 第 6 步足; C. 第 7 步足; D. 第 2 腮足; E. 第 1 腮足; F. 第 2 抱卵板; G. 第 1 腮足掌节; H. 第 2 腮足掌节

状毛；触须第 2 节具 12 毛，第 3 节长为第 2 节的 4/5，具 4 A-刚毛、3 B-刚毛、20 D-刚毛和 4 E-刚毛。右大颚切齿 4 齿，动颚片分叉。第 1 小颚内叶具 11 羽状刚毛，外叶具 11 锯齿状刺，左触须第 2 节顶端具 6 细长刺和 2 刚毛；右触须第 2 节具 6 粗刺和 1 硬毛。第 2 小颚内叶具 10 羽状毛。颚足内叶具 3 顶端壮刺和 1 近顶刺，外叶具 9 钝齿，顶缘具 5 梳状刚毛。

第 1 腮足腕节三角形；掌节长为腕节的 1.5 倍，掌缘斜，具 1 中央壮刺，后缘具 8 刺，内面具 2 刺，指节短。第 2 腮足比第 1 腮足大，腕节后缘具 5 组毛；掌节长为指节的 1.37 倍，掌缘平截，中央具 1 壮刺，后缘具 6 刺。第 3 步足细长，具较少刚毛；长节后缘具 4 组短毛；腕节后缘具 3 组 2、3 刺；掌节后缘具 4 对刺；指节钩状，外缘具 1 刚毛，趾钩接合处具 1 硬毛。第 4 步足与第 3 步足相似。第 5–7 步足相似，第 5 底节板和第 6 底节板前叶小，后缘具 1 短毛，第 7 底节板后缘具 3 刚毛；第 5 步足基节后缘近直；长节至掌节具几组刺和较少刚毛；指节细长，外缘具 1 刚毛，趾钩结合处具 1 硬毛。

第 1–3 腹侧板后下角渐尖，后缘具 1、2 短毛。第 1 腹侧板腹缘圆，腹前缘具 6 毛；第 2、3 腹侧板腹前缘具 3 刚毛，腹缘具 1 刺。第 4、5 腹节背部扁平，背中央具 1 簇刺；第 6 腹节背面具 2-1-1-2 刺。

第 1 尾肢柄节无背基刺，外缘和内缘分别具 1-1-2 和 1-1-1 刺；外肢稍短于内肢，内、外缘各具 2 刺；内肢外缘具 2 刺。第 2 尾肢柄节内、外缘分别具 2 和 3 刺；外肢短于内肢。第 3 尾肢细长，内肢长为外肢的 3/4，外肢 1 节，内、外肢两侧几乎无刚毛。尾节深裂，长大于宽，具末端刺，背面几乎无刚毛。

雌性 6.9mm，抱 6 卵，卵较大。第 1 腮足掌节掌面不如雄性倾斜，后缘具 8 刺，内面具 3 刺。第 2 腮足掌节掌面平截，后缘具 6 刺。抱卵板宽大，具大量缘毛。第 3 尾肢内肢长为外肢的 7/10。

观察标本：1♂（正模，IZCAS-I-A0020），12♂5♀，云南嵩明白邑黑龙潭（25.3°N, 103.0°E），1994.I.11。

生态习性：本种栖息在冷水性的湖泊中。

地理分布：云南（嵩明）。

分类讨论：本种主要鉴别特征是第 2 触角鞭节无鞋状感觉器，第 4、5 腹节仅在背部中央具 1 簇刺，第 1 尾肢柄节无背基刺，第 3 尾肢刚毛极少，外肢 1 节，内肢长为外肢的 3/4。

(56) 潮湿钩虾 *Gammarus madidus* Hou & Li, 2005（图 274–279）

Gammarus madidus Hou & Li, 2005b: 316, figs. 1–6.

形态描述：雄性 14.0mm。眼中等大小。第 1 触角第 1–3 柄节长度比 1.0∶0.7∶0.5，具末端毛；鞭 30 节，具感觉毛；副鞭 5 节。第 2 触角第 4、5 柄节具长刚毛；鞭 15 节，具鞋状感觉器。左大颚切齿 5 齿；动颚片 4 齿；刺排具 9 羽状毛；臼齿具 1 羽状毛；触须第 2 节具 21 毛，第 3 节长达第 2 节的 3/4，具 5 A-刚毛、4 B-刚毛、1 排羽状 D-刚毛和 5 E-刚毛。右大颚切齿 4 齿，动颚片分叉，具小齿。第 1 小颚左右不对称，内叶具 17

羽状毛；外叶具 11 锯齿状刺；左触须第 2 节顶端具 8 细长刺和 4 毛；右触须第 2 节具 5 钝刺和 2 硬毛。第 2 小颚内叶具 15 羽状毛。颚足内叶具 3 顶端刺、1 近顶端刺；外叶具 16 钝齿和 4 梳状刚毛；触须 4 节。

第 1 腮足基节前、后缘具长刚毛；腕节长是掌节的 3/4，后缘具长刚毛；掌节卵形，掌面倾斜，具 1 中央刺，后缘具 4 对刺和 1 刺，内面具 6 刺，后缘伴有几组长刚毛；指节外缘具 1 刚毛，趾钩接合处具 1 刚毛。第 2 腮足掌节长方形，掌面倾斜，具 1 中央刺，后缘具 6 刺。第 3 步足基节后缘具几组刚毛；长节到掌节后缘具长卷毛；腕节和掌节后缘具 4、5 刺；指节外缘具 1 羽状刚毛，趾钩接合处具 2 刚毛。第 4 步足比第 3 步足短；长节后缘具 5 组长刚毛；腕节后缘具 2-3-2-1 刺和长刚毛；掌节后缘具 2-1-1-1 刺和长刚毛；指节外缘具 1 羽状刚毛，趾钩接合处具 2 刚毛。第 5 步足基节后缘近直；长节至掌节前缘具 2–4 对刺，刚毛少；指节外缘具 1 羽状毛，趾钩接合处具 2 硬毛。第 6 步足比第 5 步足长，基节延长；长节和腕节前缘具 3、4 组刺和短刚毛，后缘具 2、3 组刺；掌节前缘具 4 组刺，后缘具 1 刺。第 7 步足与第 6 步足相似，基节后缘圆，内面后下角具 1 刺和 3 毛。

第 1–3 腹侧板后下角逐渐变尖，后缘具 3–5 短毛；第 1 腹侧板腹前缘具 11 长刚毛和 1 刺；第 2 腹侧板后缘近直，腹缘具 1 小刚毛和 1 对刺；第 3 腹侧板腹前缘具 2 刚毛，腹缘具 3 刺。第 4–6 腹节背部扁平，第 4 腹节具 2-1-1-1 刺；第 5 腹节具 2-1-1-2 刺；第 6 腹节每边具 2 对刺，中央具 2 对刚毛。

第 1 尾肢柄节具 1 背基刺，内、外缘分别具 2 和 1 刺；外肢内、外缘各具 1 刺；内肢比外肢稍短，内缘具 1 刺。第 2 尾肢柄节内、外缘分别具 3 和 2 刺；外肢外缘具 1 刺；内肢比外肢稍长，内、外缘各具 1 刺。第 3 尾肢柄节外缘具 2 刺，内缘具刚毛；内肢长达外肢的 2/5，具 1 长末端刺；外肢第 1 节外缘具 1-2-2-2 刺和 2 对末端刺；第 2 节比邻近刺短；内、外肢均具长的简单刚毛。尾节深裂，每叶具 1 侧刺和长毛，具 3、4 末端刺和长刚毛。

雌性 13.5mm。第 1 腮足掌节卵形，掌面不如雄性倾斜，后缘具 8 刺。第 2 腮足掌节长方形，掌面平截，后缘具 5 刺。第 3 尾肢内肢短于外肢的 1/2，内、外肢均具简单毛。第 2 腮足和 3–5 步足具抱卵板。

观察标本：1♂（正模，IZCAS-I-A0111），95♂72♀，河北涞水野三坡，2000.V.13。

生态习性：栖息在山溪水草下。

地理分布：河北（涞水）。

分类讨论：本种主要鉴别特征是第 2 触角柄节第 4、5 节前后缘具长刚毛，雄性具鞋状感觉器；第 3 步足后缘具长卷毛；第 3 尾肢内肢长是外肢的 2/5，内、外肢均具长简单毛。

本种第 3 尾肢内肢长达外肢的 2/5，内、外肢均具长简单毛与琥珀钩虾 *G. electrus* Hou & Li 和卷毛钩虾 *G. curvativus* Hou & Li 相似。本种与琥珀钩虾的区别在于第 2 触角柄节第 4、5 节前后缘具长刚毛，第 1、2 腮足具长直毛，第 3 步足后缘具长毛；而琥珀钩虾第 2 触角柄节第 4、5 节具短毛，第 1 腮足掌节后缘具长卷毛，第 2 腮足腕节和掌节背缘具长卷毛，第 3 步足后缘具长卷毛。

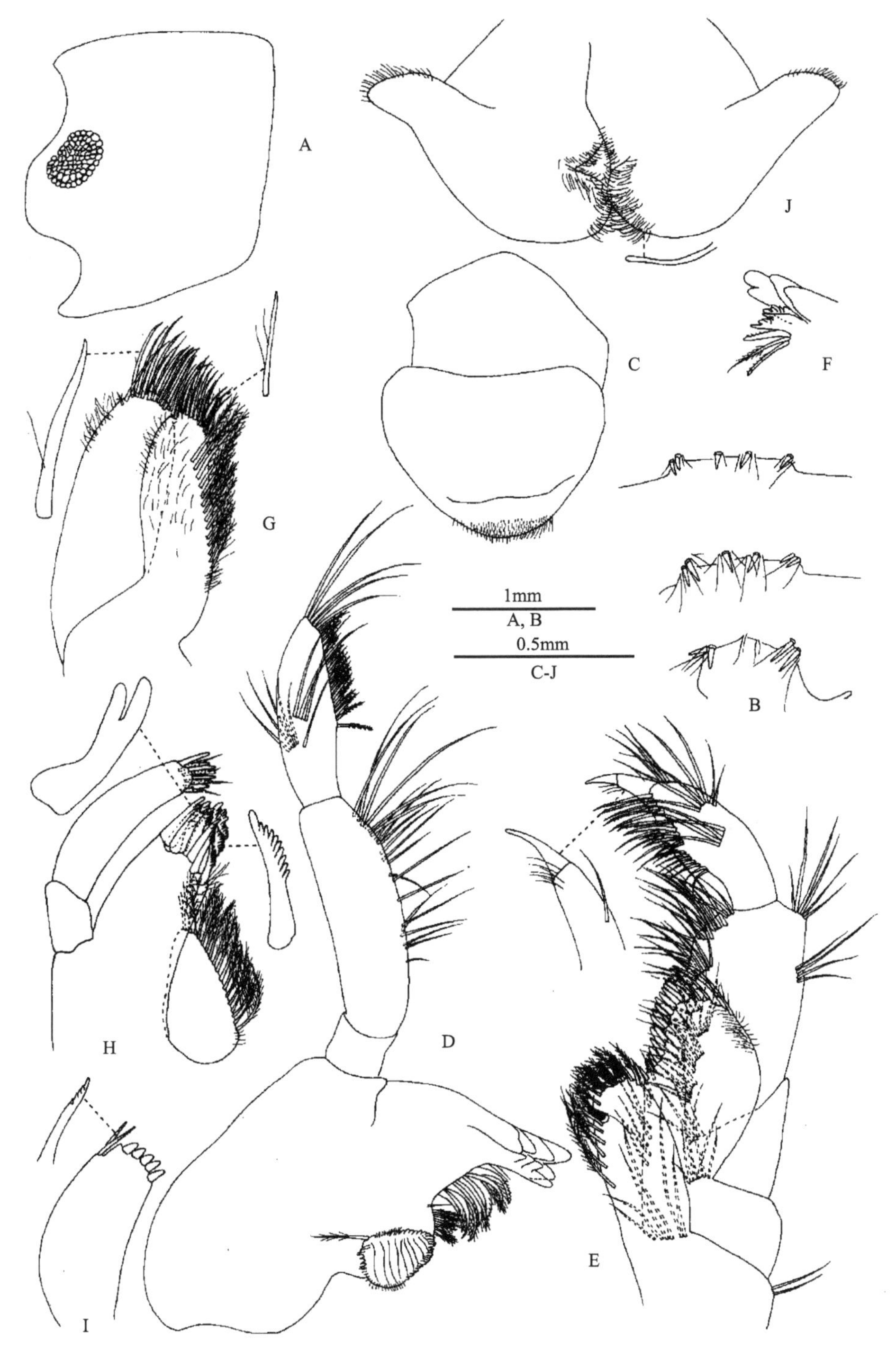

图 274　潮湿钩虾 *Gammarus madidus* Hou & Li（一）

♂。A. 头; B. 第 4-6 腹节（背面观）; C. 上唇; D. 左大颚; E. 颚足; F. 右大颚切齿和动颚片; G. 第 2 小颚; H. 左第 1 小颚; I. 右第 1 小颚触须; J. 下唇

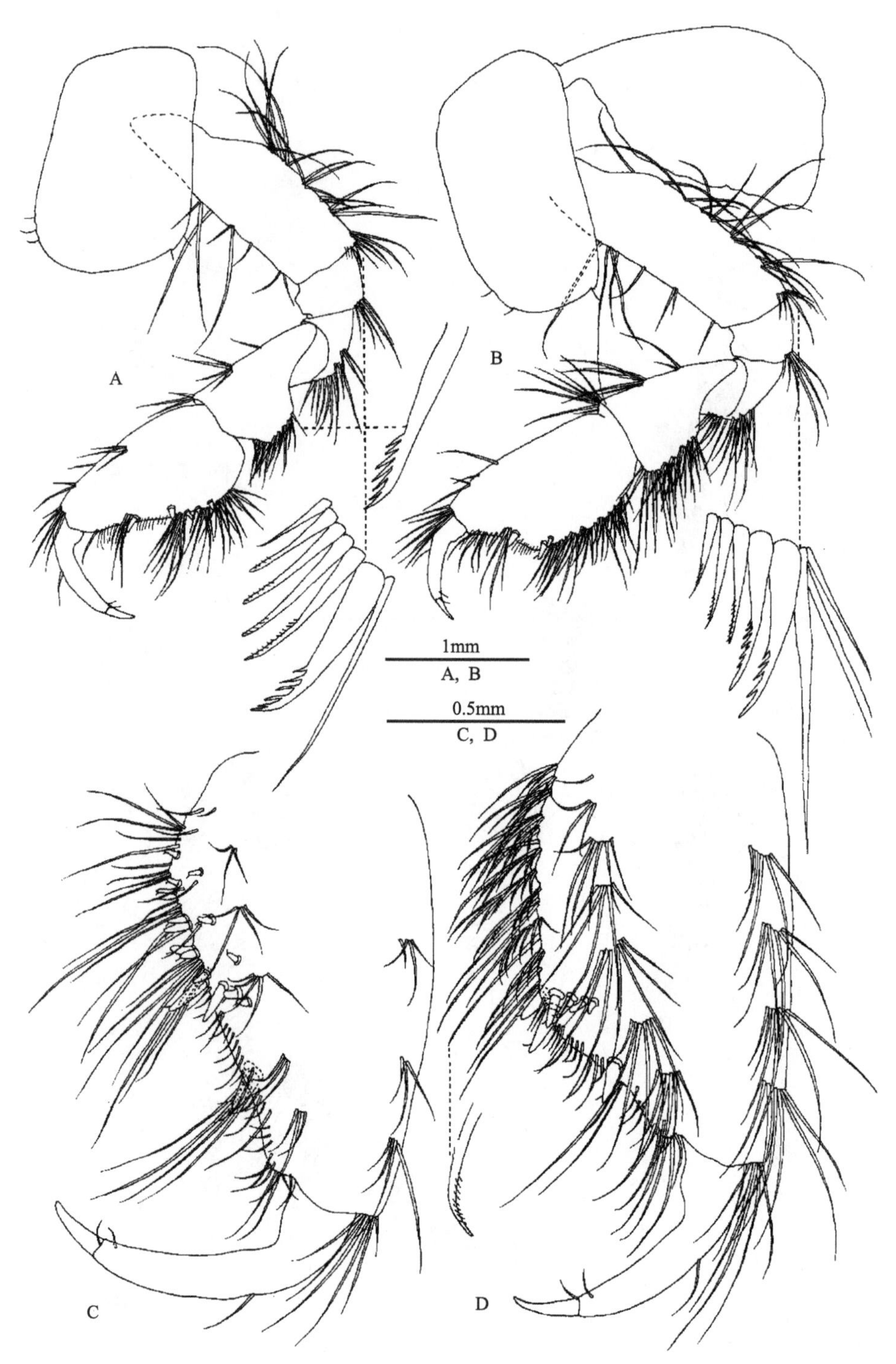

图 275　潮湿钩虾 *Gammarus madidus* Hou & Li（二）

♂。A. 第 1 腮足; B. 第 2 腮足; C. 第 1 腮足掌节; D. 第 2 腮足掌节

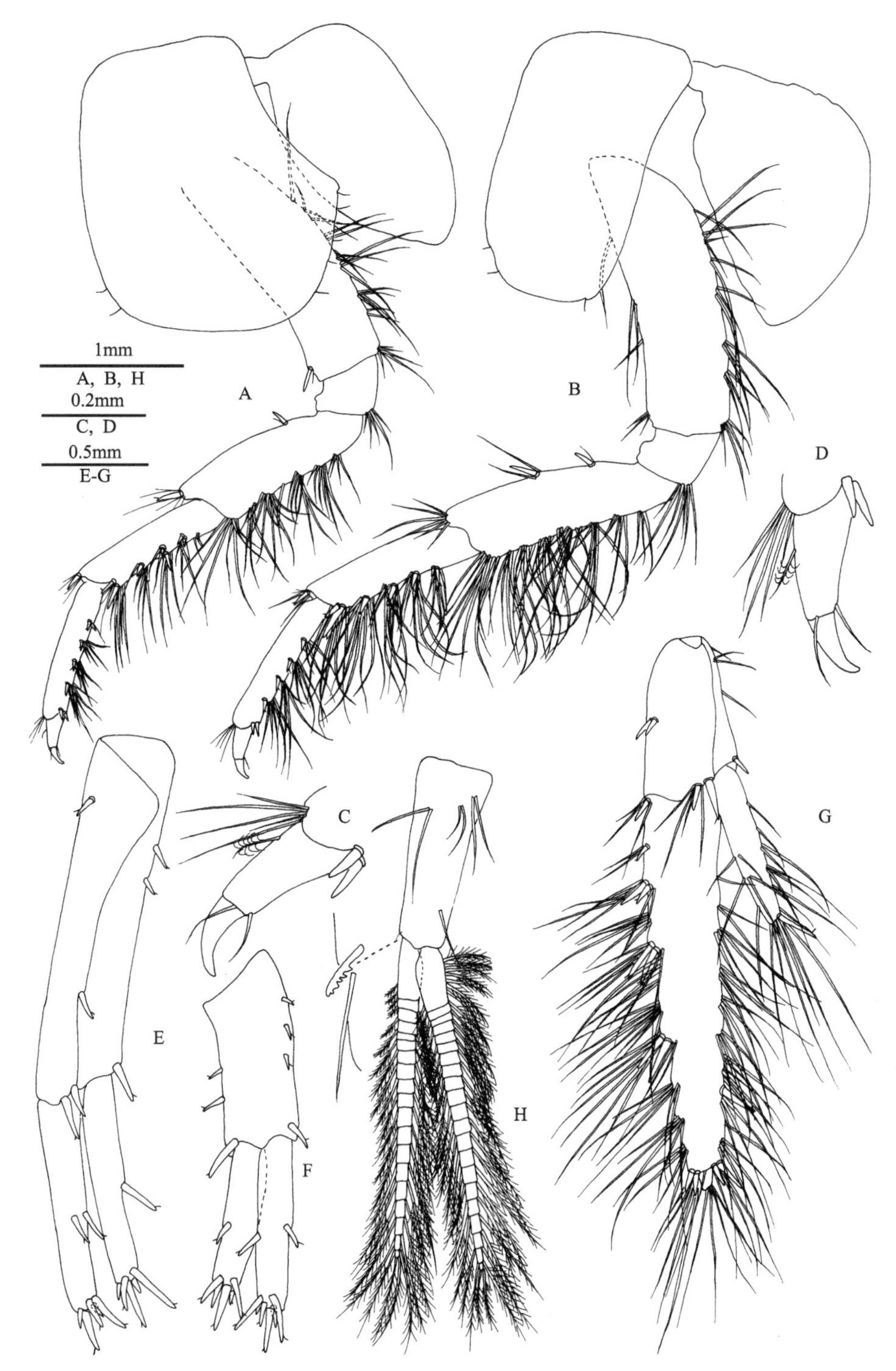

图 276　潮湿钩虾 *Gammarus madidus* Hou & Li（三）

♂。A. 第 4 步足; B. 第 3 步足; C. 第 3 步足指节; D. 第 4 步足指节; E. 第 1 尾肢; F. 第 2 尾肢; G. 第 3 尾肢; H. 第 1 腹肢

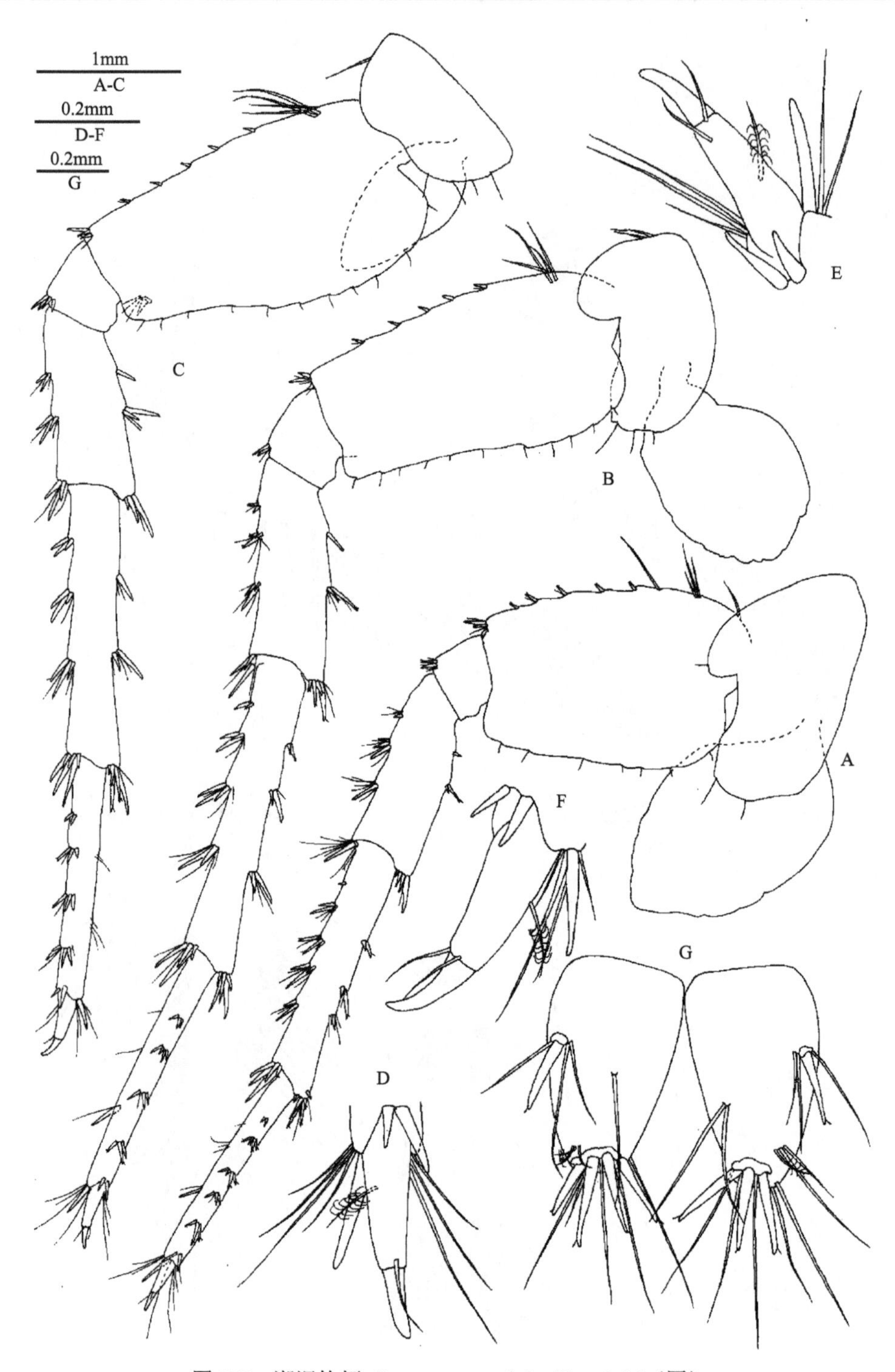

图 277 潮湿钩虾 *Gammarus madidus* Hou & Li（四）

♂。A. 第 5 步足; B. 第 6 步足; C. 第 7 步足; D. 第 5 步足指节; E. 第 6 步足指节; F. 第 7 步足指节; G. 尾节

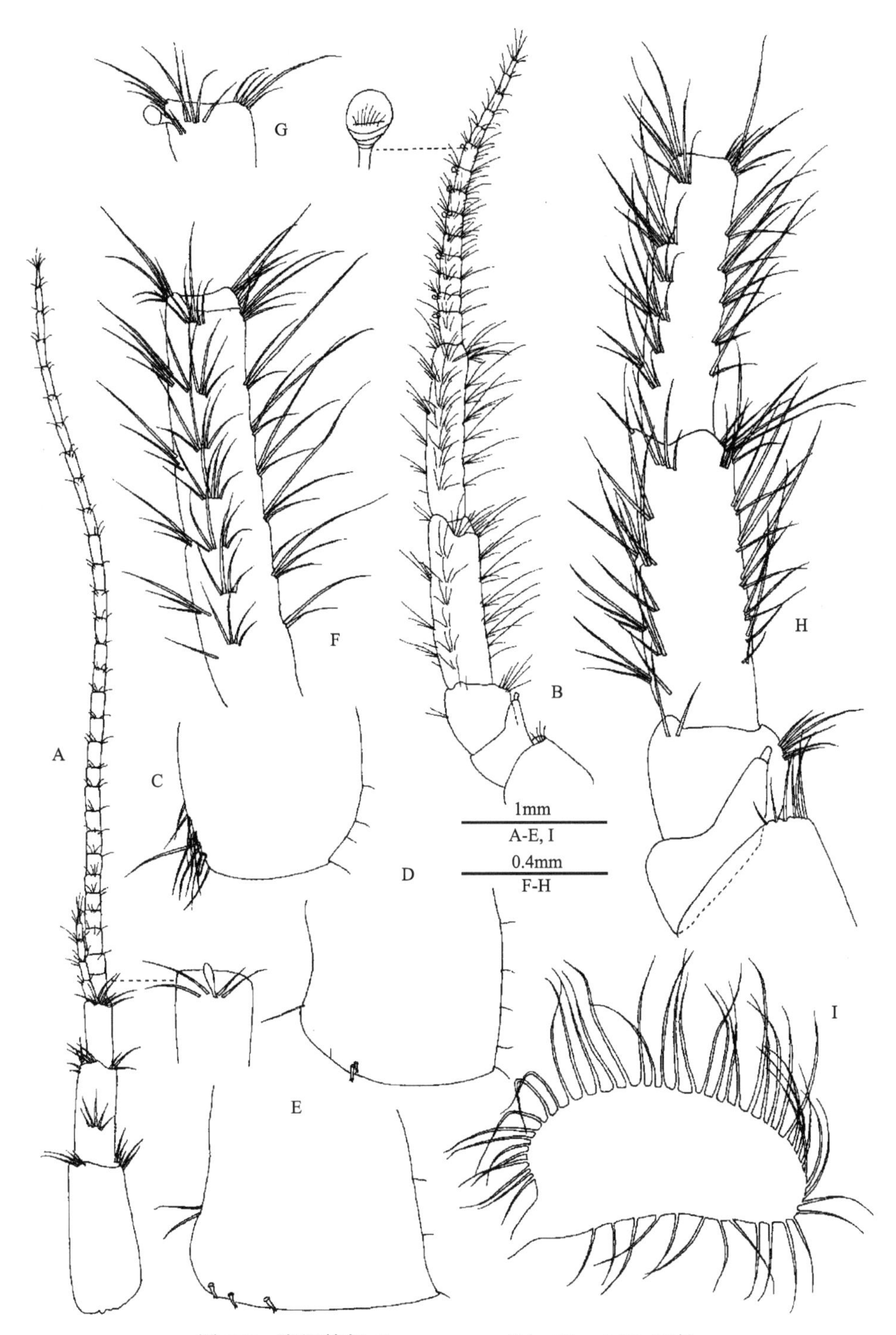

图 278 潮湿钩虾 *Gammarus madidus* Hou & Li（五）

♂, A-G; ♀, H, I。A. 第 1 触角; B. 第 2 触角; C. 第 1 腹侧板; D. 第 2 腹侧板; E. 第 3 腹侧板; F. 第 2 触角柄节第 5 节; G. 第 2 触角鞭节; H. 第 2 触角第 3-5 柄节; I. 第 2 抱卵板

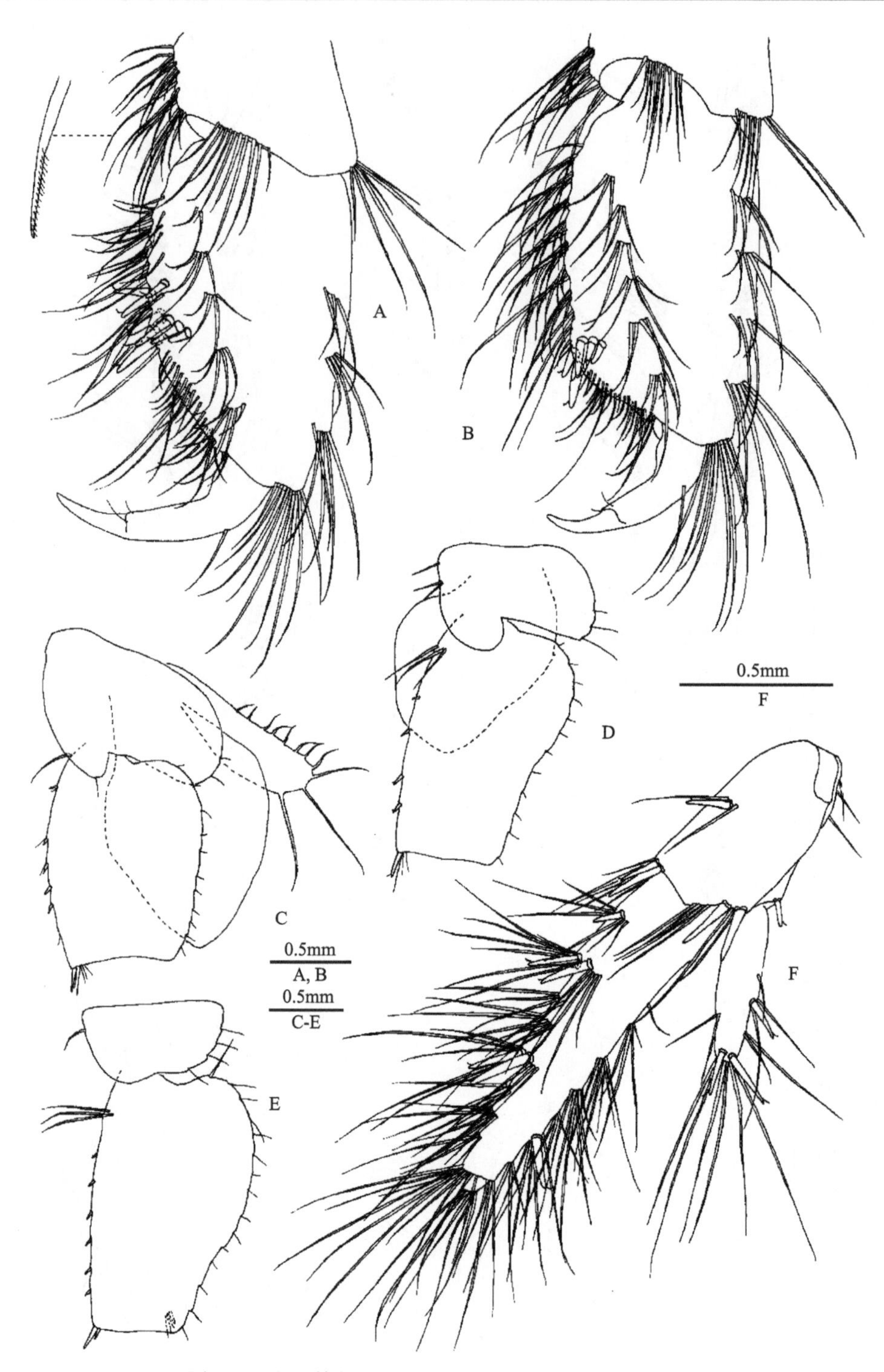

图 279 潮湿钩虾 *Gammarus madidus* Hou & Li（六）

♀。A. 第 1 腮足掌节; B. 第 2 腮足掌节; C. 第 5 步足基节; D. 第 6 步足基节; E. 第 7 步足基节; F. 第 3 尾肢

本种与卷毛钩虾的区别是本种第 1 触角副鞭 5 节，第 2 腮足具直刚毛，尾节具 1 侧刺；而卷毛钩虾第 1 触角副鞭 2 节，第 2 腮足腕节背缘具长卷毛，掌节背缘具卷刚毛，尾节无刺。

本种第 2 触角具鞋状感觉器，第 1–3 腹侧板逐渐变尖，内肢长不超过外肢的 1/2 等特征，与雾灵钩虾 *G. nekkensis* Uchida 相似。主要区别是本种第 2 触角柄节第 4、5 节具长毛，第 3 步足具长毛，第 3 尾肢内、外肢具长简单毛；而雾灵钩虾第 2 触角柄节第 4、5 节具短刚毛，第 3 步足具卷刚毛，第 3 尾肢外肢外缘具长简单刚毛，外肢内缘和内肢具羽状刚毛。

(57) 边毛钩虾 *Gammarus margcomosus* Hou, Li & Li, 2013（图 280–285）

Gammarus margcomosus Hou, Li & Li, 2013: 60, figs. 4A, 42–47.

形态描述：雄性 10.5mm。眼肾形。第 1 触角第 1–3 柄节长度比 1.0∶0.9∶0.5，具刚毛；鞭 25 节，具感觉毛；副鞭 4 节。第 2 触角长为第 1 触角的 9/10，第 4、5 柄节具 6–8 簇刚毛；鞭 10 节，具刚毛；无鞋状感觉器。左大颚切齿 5 齿；动颚片 4 齿，刺排具 5 对羽状毛；触须第 2 节具 18 毛，第 3 节具 5 A-刚毛、2 簇 B-刚毛、23 D-刚毛和 5 E-刚毛；右大颚切齿 4 齿，动颚片分叉，具小齿。第 1 小颚左右不对称，内叶具 16 羽状毛；外叶具 11 锯齿状刺，刺具小齿；左触须第 2 节具 10 细长刺和 3 硬毛；右触须第 2 节具 6 壮刺和 1 细长刺。第 2 小颚内叶具 15 羽状刚毛。颚足内叶具 3 顶端壮刺和 1 近顶末刺，外叶具 1 排钝齿，顶端具 3 羽状毛；触须第 4 节呈钩状。

第 1 腮足底节板前缘具 8 刚毛；基节前、后缘具刚毛；腕节长达掌节的 3/5，后缘具短刚毛；掌节卵形，掌缘具 1 中央刺，后缘和表面具 15 刺，指节外缘具 1 刚毛。第 2 腮足底节板前、后缘分别具 7 和 2 毛；腕节长是掌节的 2/3，腹缘具 6 簇刚毛，背缘具 2 簇毛；掌节长方形，具 1 中央刺，后缘具 6 刺，指节外缘具 1 刚毛。第 3 步足底节板腹前缘具 6 毛，后缘具 1 刚毛；长节后缘具 6 簇毛，前缘具 1 刺；腕节到掌节后缘具几组刺伴有刚毛；指节外缘具 1 羽状刚毛，趾钩接合处具 2 刚毛。第 4 步足底节板凹陷，前、后缘分别具 5 和 10 毛；长节后缘具 4 簇毛，前缘具 1 刺；腕节和掌节后缘具几对刺和短毛。第 5 步足底节板前、后缘分别具 3 和 11 短毛；基节前缘具 7 刺，后缘排列 19 短毛；长节前缘具 4 簇短毛；腕节和掌节前缘具数簇刺和短毛。第 6 步足底节板后缘具 7 毛；基节后缘具 19 短毛；长节至掌节具刺，刚毛少。第 7 步足底节板后缘具 6 毛；基节膨大，后缘具 23 短毛；长节到掌节前缘具刺，少刚毛。

第 1 腹侧板腹缘圆，腹前缘具 10 长毛和 3 短毛，后缘具 8 毛；第 2 腹侧板腹缘具 2 刺，后缘具 14 短毛，后下角钝；第 3 腹侧板腹缘具 3 刺，后缘具 14 短毛，后下角钝。第 4–6 腹节背部扁平，背部刺和毛无或少。第 4 腹节背部无刺和毛；第 5 腹节背缘具较少细小刚毛；第 6 腹节背缘具 1 刺和 5 簇刚毛。

第 1 尾肢柄节无背基刺，外缘具 2 刺；外肢内、外缘分别具 1 和 2 刺；内肢内缘具 2 刺。第 2 尾肢短，柄节内、外缘各具 1 刺；内肢内、外缘分别具 2 和 1 刺；外肢比内肢稍短，内缘具 1 刺。第 3 尾肢柄节具 3 末端刺；内肢长达外肢的 2/3，内、外缘具羽

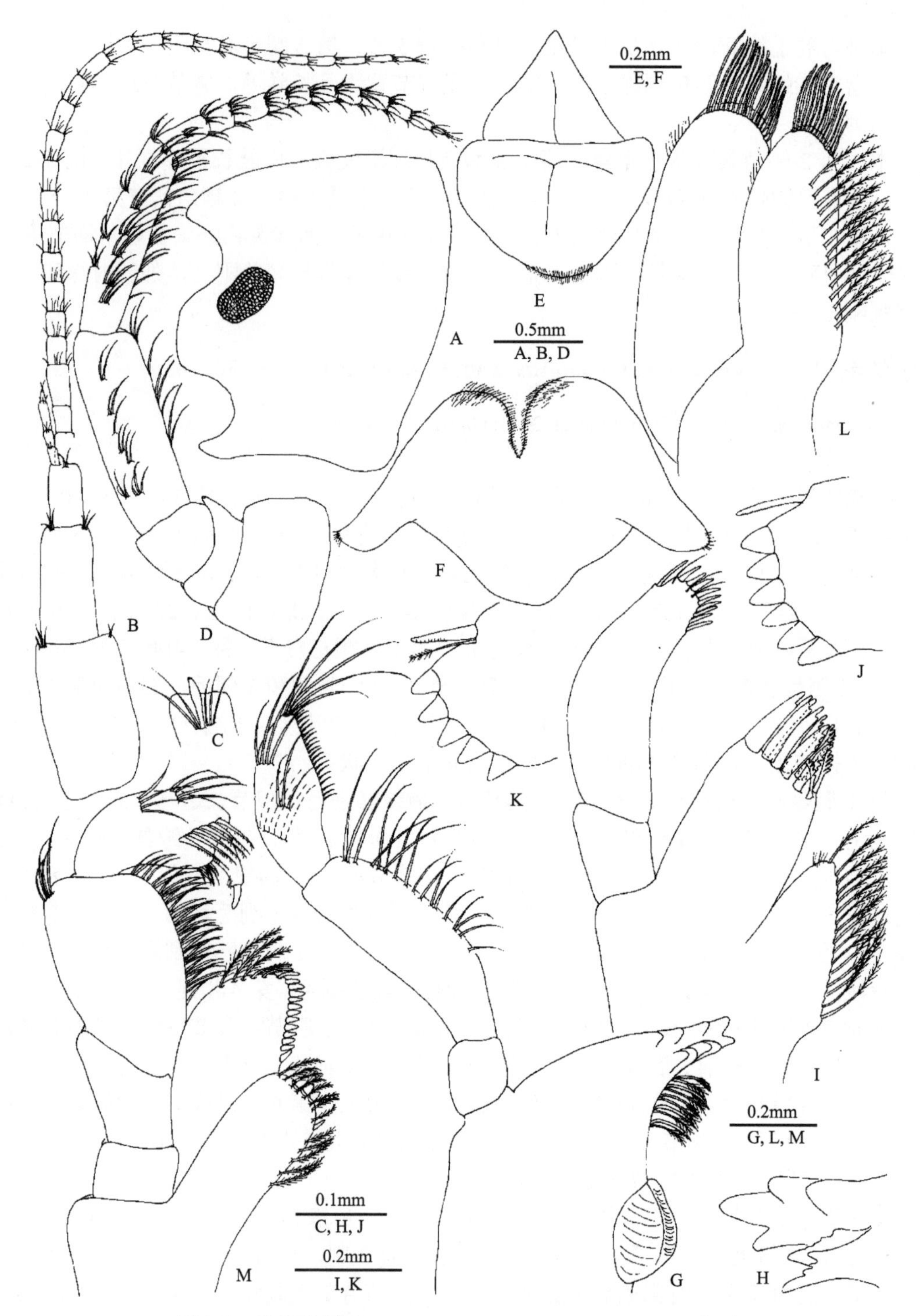

图 280 边毛钩虾 *Gammarus margcomosus* Hou, Li & Li（一）

♂, A-J, L, M; ♀, K。A. 头; B. 第 1 触角; C. 第 1 触角感觉毛; D. 第 2 触角; E. 上唇; F. 下唇; G. 左大颚; H. 右大颚切齿; I. 第 1 小颚; J. 第 1 小颚右触须; K. 第 1 小颚右触须; L. 第 2 小颚; M. 颚足

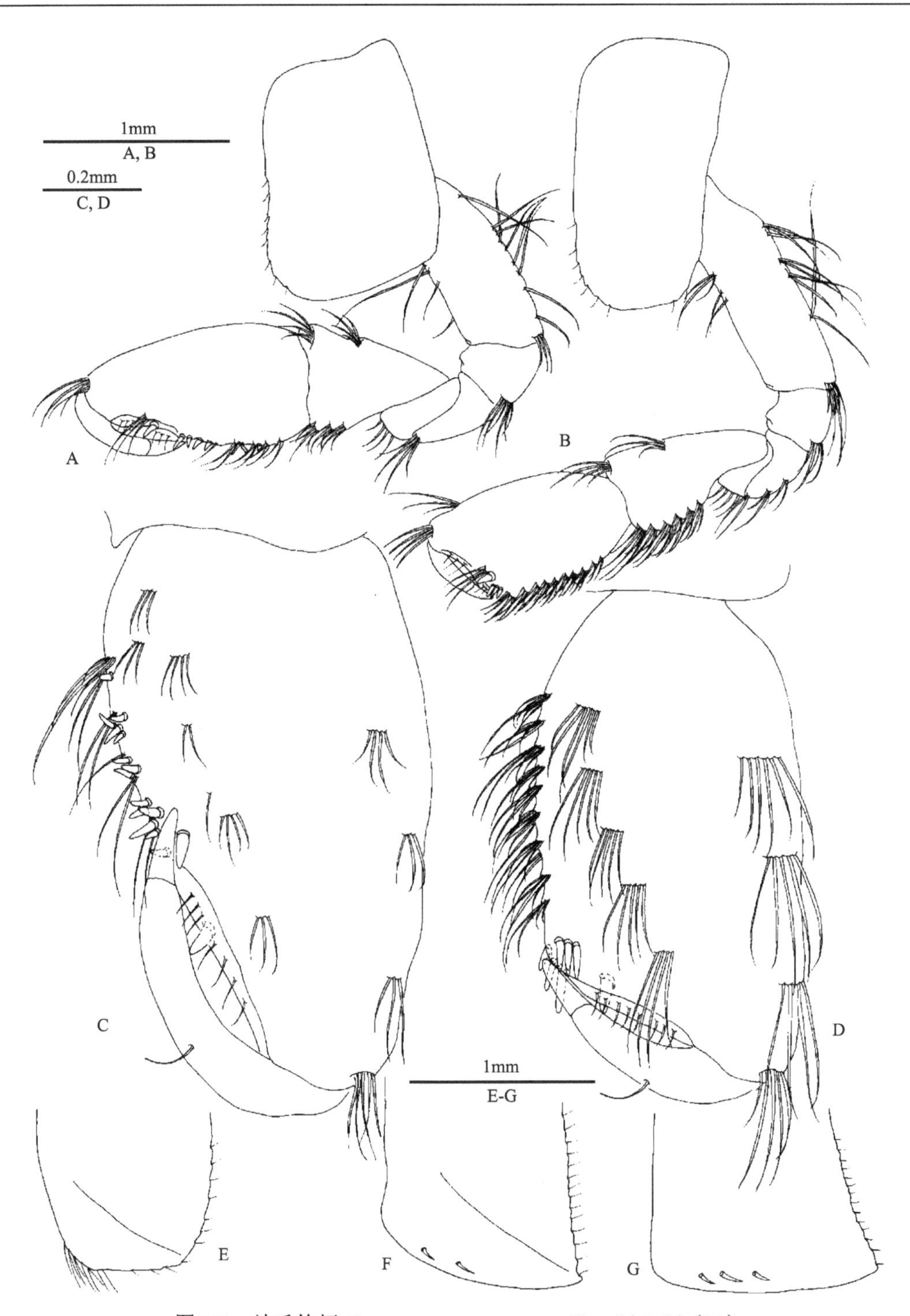

图 281　边毛钩虾 *Gammarus margcomosus* Hou, Li & Li（二）

♂。A. 第 1 腮足; B. 第 2 腮足; C. 第 1 腮足掌节; D. 第 2 腮足掌节; E. 第 1 腹侧板; F. 第 2 腹侧板; G. 第 3 腹侧板

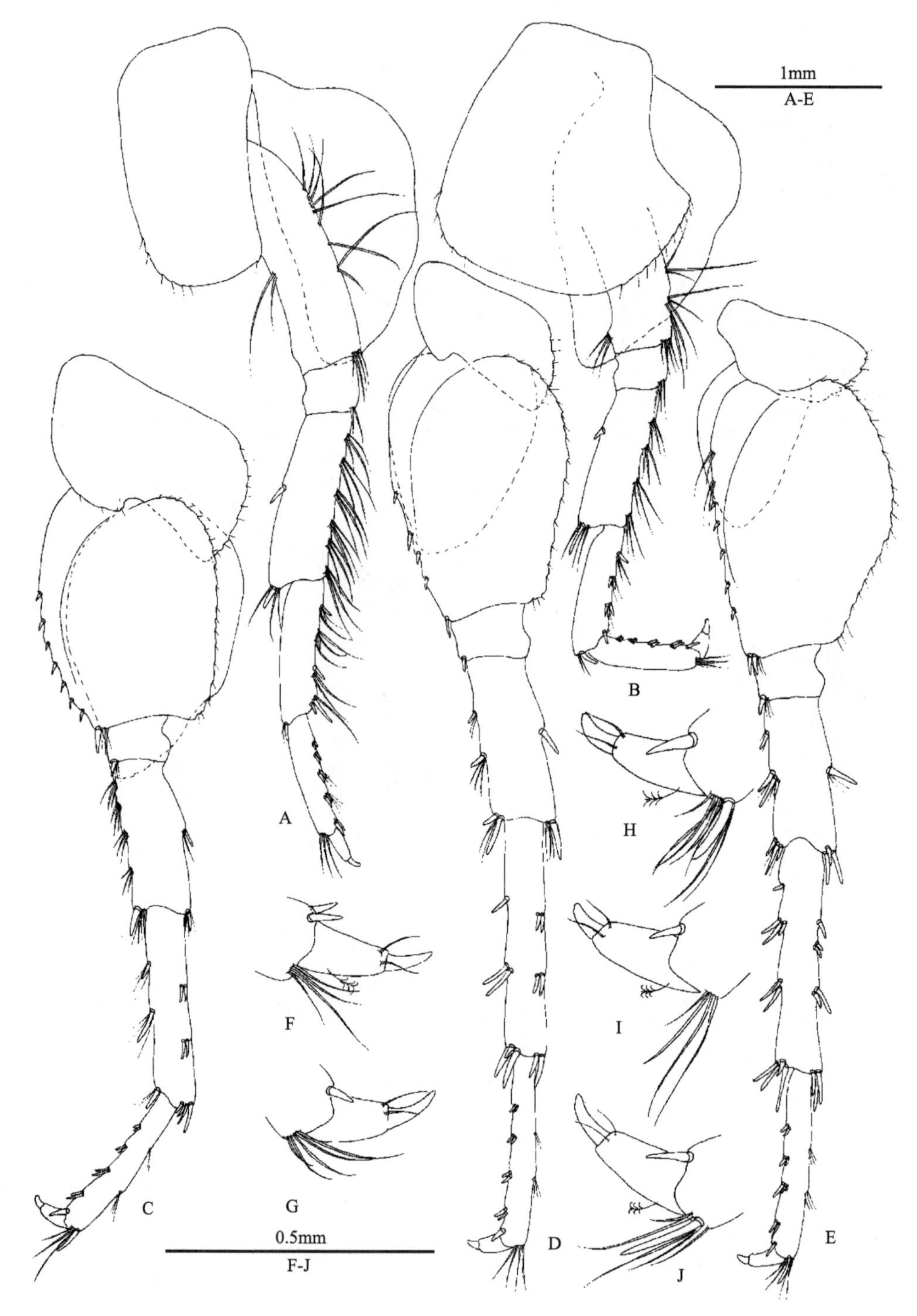

图 282　边毛钩虾 *Gammarus margcomosus* Hou, Li & Li（三）

♂。A. 第 3 步足; B. 第 4 步足; C. 第 5 步足; D. 第 6 步足; E. 第 7 步足; F. 第 3 步足指节; G. 第 4 步足指节; H. 第 5 步足指节; I. 第 6 步足指节; J. 第 7 步足指节

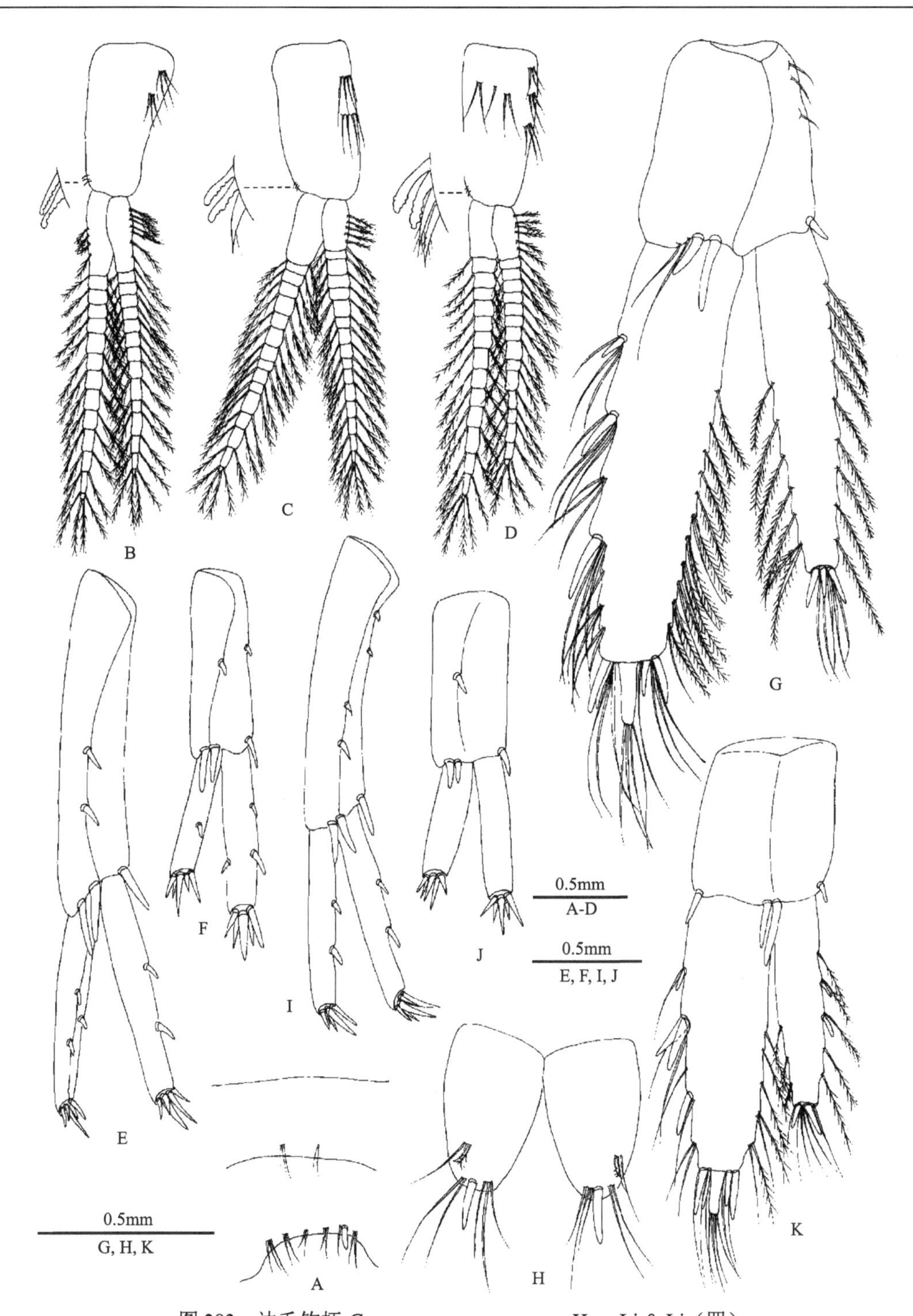

图 283　边毛钩虾 *Gammarus margcomosus* Hou, Li & Li（四）

♂, A-H; ♀, I-K。A. 第 4-6 腹节背部; B. 第 1 腹肢; C. 第 2 腹肢; D. 第 3 腹肢; E. 第 1 尾肢; F. 第 2 尾肢; G. 第 3 尾肢; H. 尾节; I. 第 1 尾肢; J. 第 2 尾肢; K. 第 3 尾肢

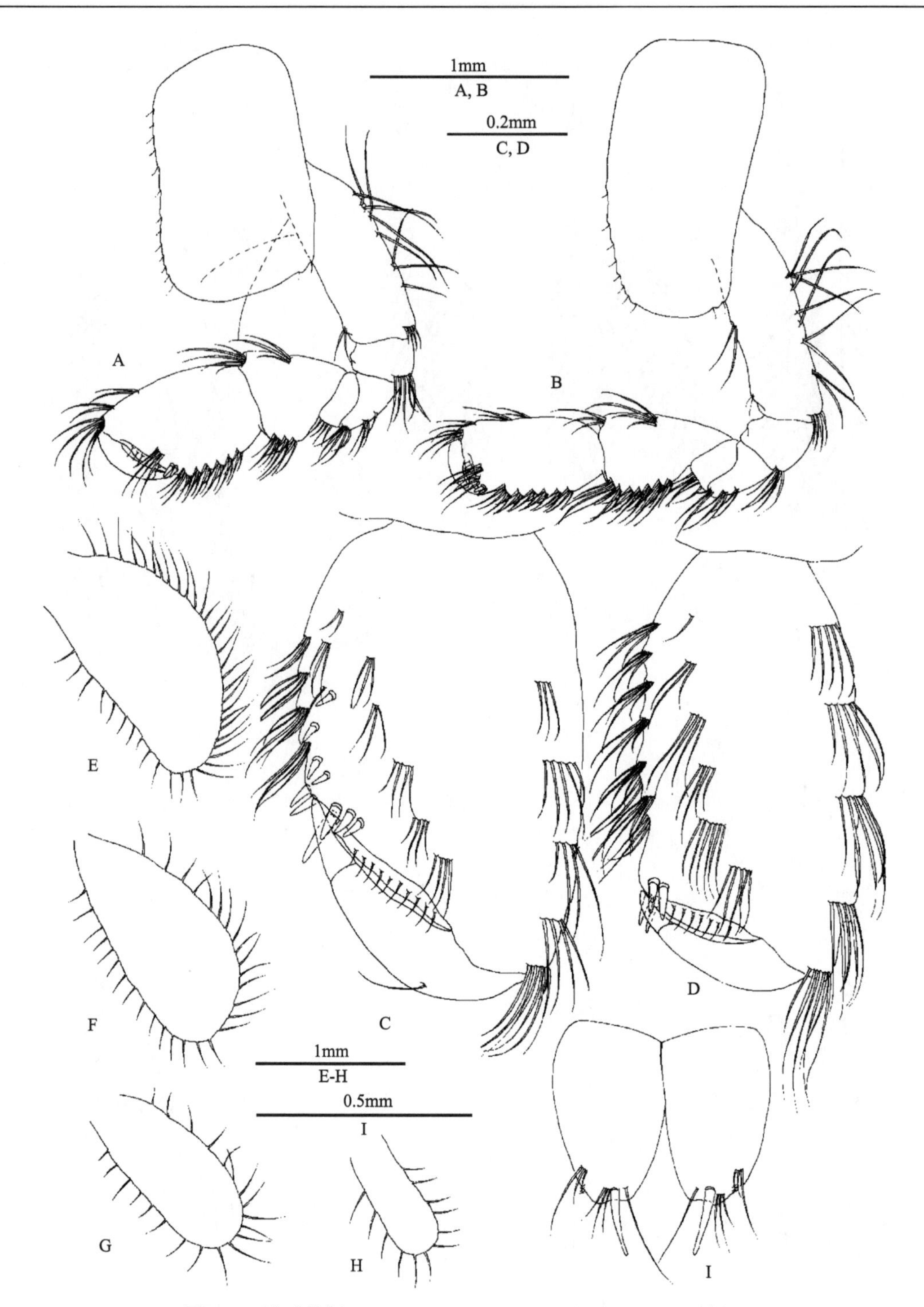

图 284 边毛钩虾 *Gammarus margcomosus* Hou, Li & Li（五）

♀。A. 第 1 腮足; B. 第 2 腮足; C. 第 1 腮足掌节; D. 第 2 腮足掌节; E. 第 2 抱卵板; F. 第 3 抱卵板; G. 第 4 抱卵板; H. 第 5 抱卵板; I. 尾节

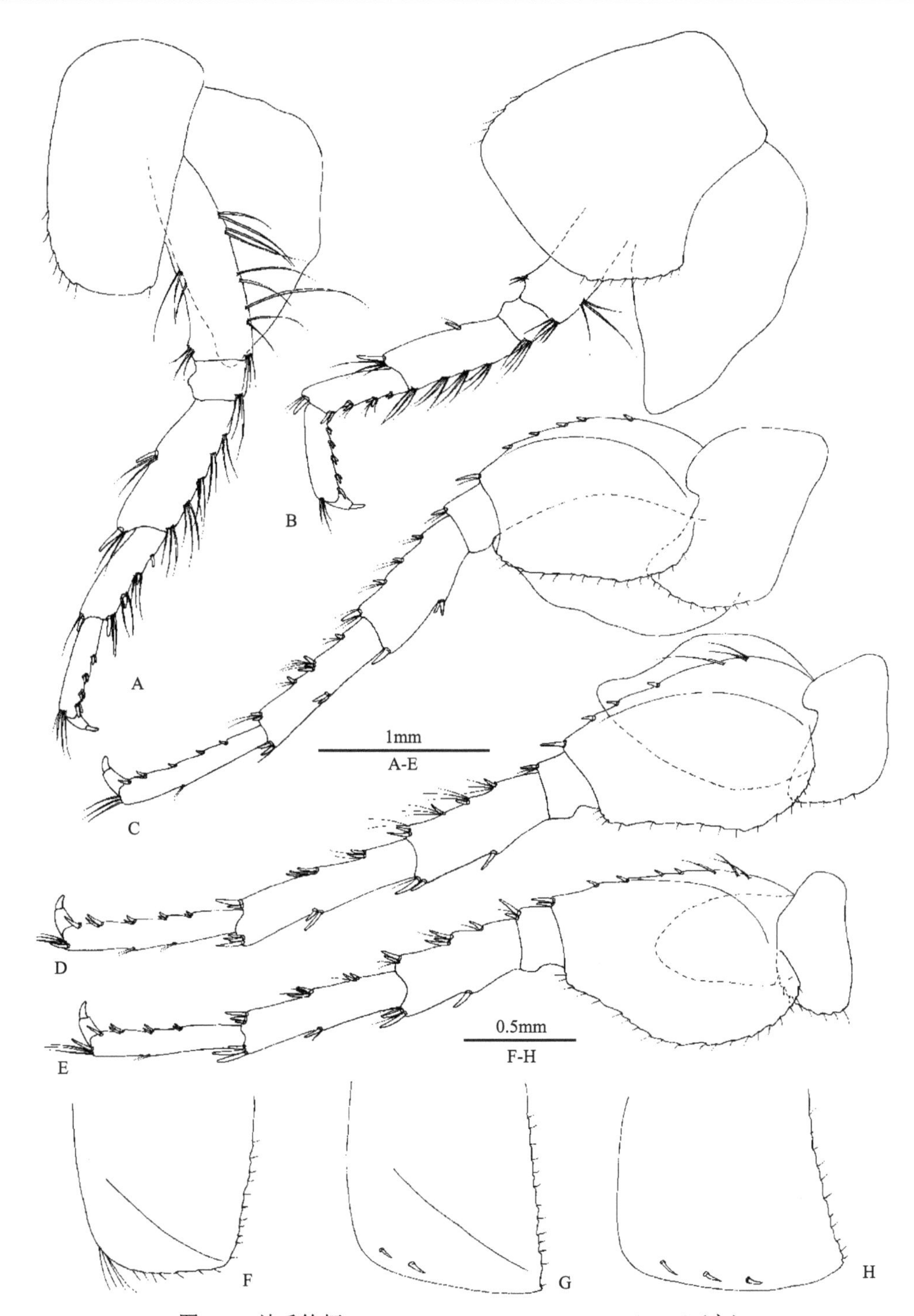

图 285　边毛钩虾 *Gammarus margcomosus* Hou, Li & Li（六）

♀。A. 第 3 步足; B. 第 4 步足; C. 第 5 步足; D. 第 6 步足; E. 第 7 步足; F. 第 1 腹侧板; G. 第 2 腹侧板; H. 第 3 腹侧板

状毛，具 3 末端刺；外肢第 1 节外缘具 3 刺和简单刚毛，内缘具羽状毛，第 2 节长于周围刺。尾节深裂，每叶背侧边缘具 2 简单毛和 1 羽状毛，末端具 1 刺和 5 毛。

雌性 11.3mm。第 1–7 底节板后缘比雄性具更多刚毛。第 1 腮足掌节卵形，掌后缘具 10 刺。第 2 腮足掌节近长方形，掌后缘具 4 刺。第 3、4 步足与雄性相比，后缘具较短刚毛。第 2 步足抱卵板宽阔，具缘毛，第 3、4 步足抱卵板细长，第 5 步足抱卵板最小。

观察标本：1♂（正模，IZCAS-I-A1081-1），1♀，云南曲靖会泽黑颈鹤国家级自然保护区（103.34°E, 26.68°N），2010.II.21。

生态习性：栖息于会泽黑颈鹤国家级自然保护区的湖岸。

地理分布：云南。

分类讨论：本种主要鉴别特征是第 1 腮足掌节比第 2 腮足大；第 1、2 腮足底节板和第 3–7 步足底节板前后缘具很多刚毛；第 3 尾肢内肢长达外肢的 2/3，并具羽状毛和简单刚毛；第 4 腹节背部无刺，第 5 腹节具较少细小刚毛；第 1–3 腹侧板后缘具 10 以上短毛。

本种无鞋状感觉器，第 4、5 腹节背部刺和毛无或少，第 3 尾肢内肢边缘和外肢内缘具羽状毛等特征与普氏钩虾 *G. platvoeti* Hou & Li 相似。主要区别在于本种第 1、2 腮足底节板和第 3–7 步足底节板前后缘具更多刚毛；第 3–7 步足基节后缘具更多刚毛；第 3 尾肢内肢长达外肢的 2/3，第 2 节稍长于邻近刺；第 1–3 腹侧板后缘具更多刚毛，第 2、3 腹侧板后下角稍尖；第 4、5 腹节背缘无刚毛或具较少细小刚毛。

(58) 马氏钩虾 *Gammarus martensi* Hou & Li, 2004（图 286–290）

Gammarus martensi Hou & Li, 2004b: 2749, figs. 12–16.

形态描述：雄性 12.0mm。眼肾形。第 1 触角柄节具末端毛；鞭 29 节，副鞭 4 节。第 2 触角第 4、5 柄节两边各具 3、4 组短刚毛；鞭 13 节，每节内侧具刷状刚毛，具鞋状感觉器。左大颚切齿 5 齿；动颚片 4 齿；触须第 3 节稍短于第 2 节，第 2 节具 13 毛，第 3 节具 4 A-刚毛、3 B-刚毛、1 排 D-刚毛和 4 E-刚毛。右大颚切齿 4 齿；动颚片分叉，具小齿。第 1 小颚内、外叶分别具 13 羽状毛和 11 锯齿状刺；左触须第 2 节具 7 长刺和 4 硬毛；右触须第 2 节具 7 壮刺和 1 刚毛。第 2 小颚内叶具 13 羽状毛。颚足内叶具 3 顶刺和 1 近顶刺。

第 1–3 底节板近长方形，前、后角分别具 2 和 1 短刚毛；第 4 底节板凹陷，前角具 2 刚毛，后缘具 5 刚毛；第 5–7 底节板后角具 3 或 4 刚毛。第 2–7 胸节具底节鳃，囊状。

第 1 腮足腕节与掌节长度比 1.0∶1.5，掌缘斜，具 1 中央壮刺，后缘具 9 刺，内侧具 4 刺；指节外缘具 1 刚毛，趾钩接合处具 1 刚毛。第 2 腮足腕节两缘平行，掌节掌缘平截，具 1 中央壮刺，后缘具 4 刺。第 3、4 步足后缘具长直毛；指节外缘具 1 刚毛，趾钩接合处具 1 刚毛。第 5–7 步足相似，基节前缘具数根毛和 8 刺，第 5 步足基节后缘近直，第 6 步足基节后缘末端窄，第 7 步足基节后缘膨大，长节至掌节两侧各具 3 簇刺，伴短刚毛。

第 1–3 腹侧板后下角渐尖，后缘具 2、3 短毛，第 1 腹侧板腹前缘具 12 毛，第 2、3

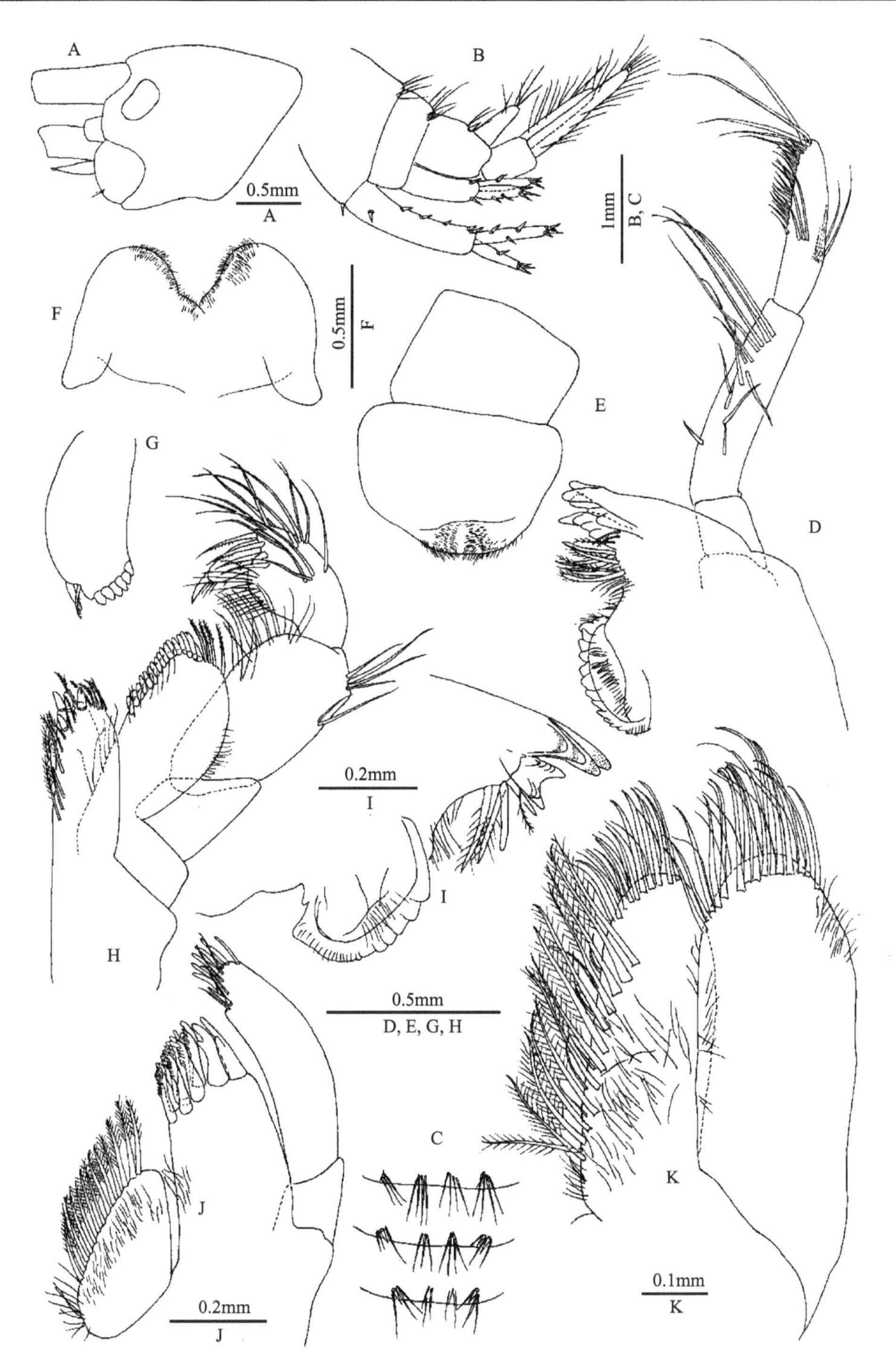

图 286　马氏钩虾 *Gammarus martensi* Hou & Li（一）

♂。A. 头; B. 第 4-6 腹节（侧面观）; C. 第 4-6 腹节（背面观）; D. 左大颚; E. 上唇; F. 下唇; G. 右第 1 小颚触须; H. 颚足; I. 右大颚; J. 左第 1 小颚; K. 第 2 小颚

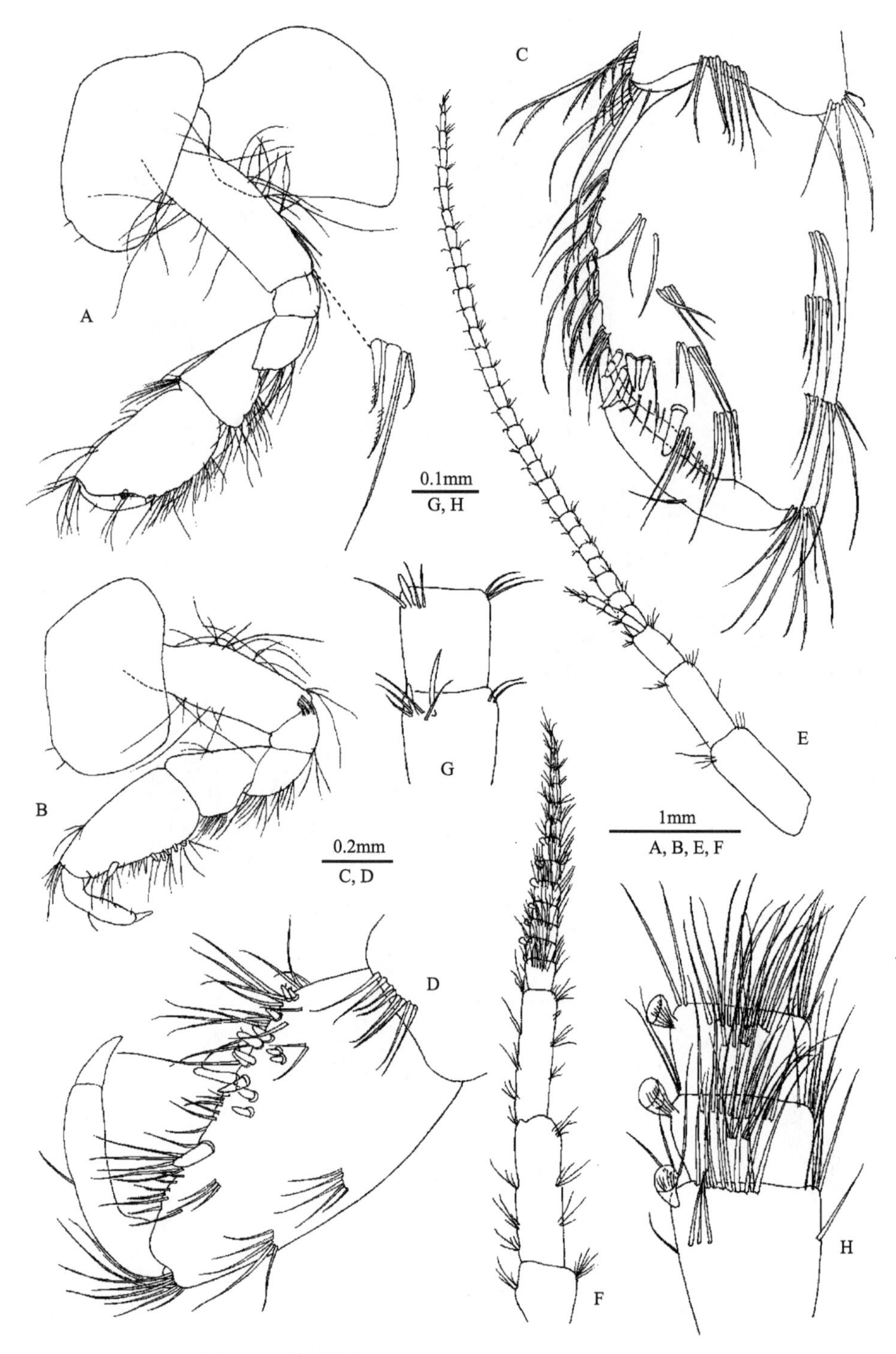

图 287　马氏钩虾 *Gammarus martensi* Hou & Li（二）

♂。A. 第 2 腮足; B. 第 1 腮足; C. 第 2 腮足掌节; D. 第 1 腮足掌节; E. 第 1 触角; F. 第 2 触角; G. 第 1 触角鞭节; H. 第 2 触角鞭节

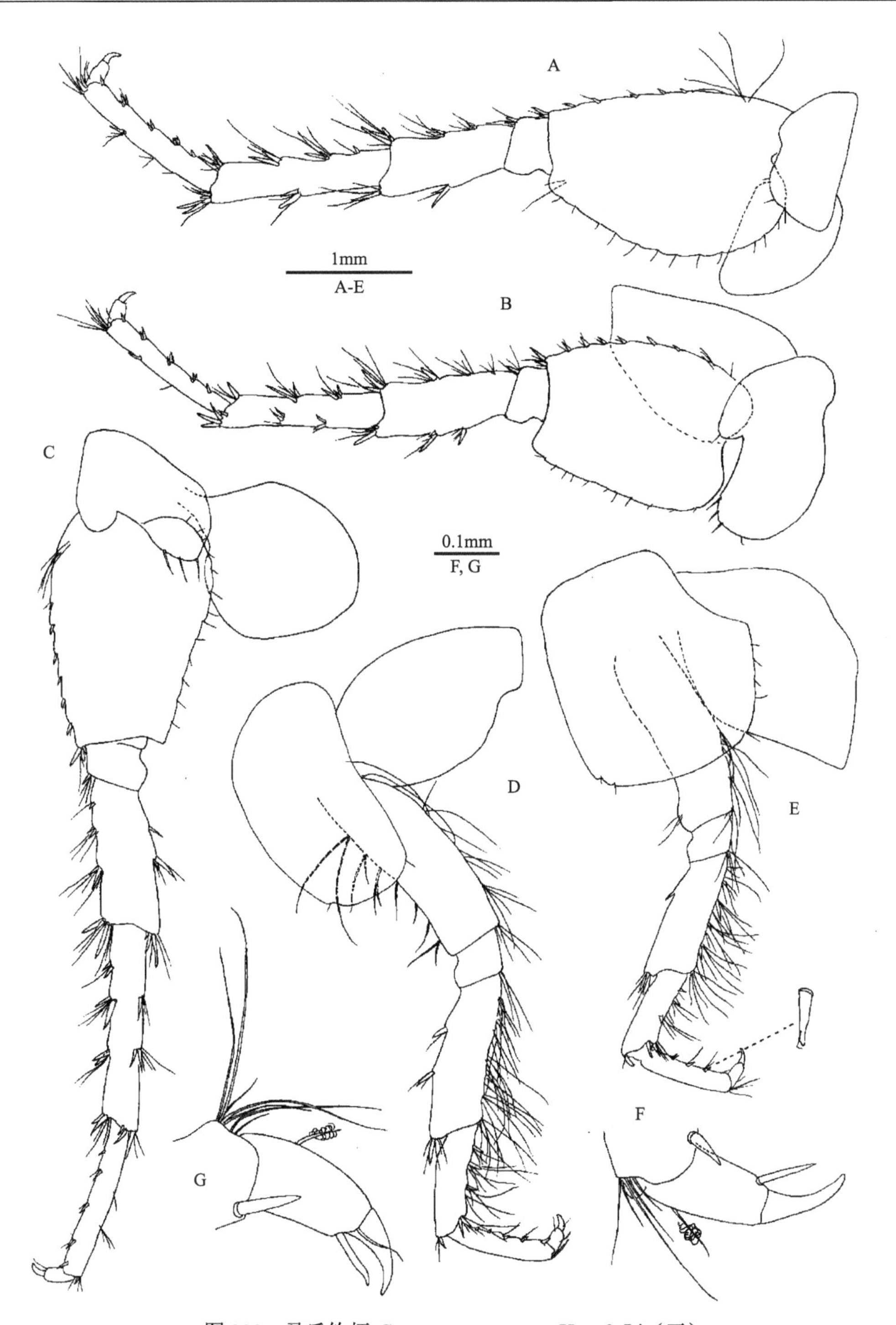

图 288　马氏钩虾 *Gammarus martensi* Hou & Li（三）

♂。A. 第 7 步足; B. 第 5 步足; C. 第 6 步足; D. 第 3 步足; E. 第 4 步足; F. 第 4 步足指节; G. 第 6 步足指节

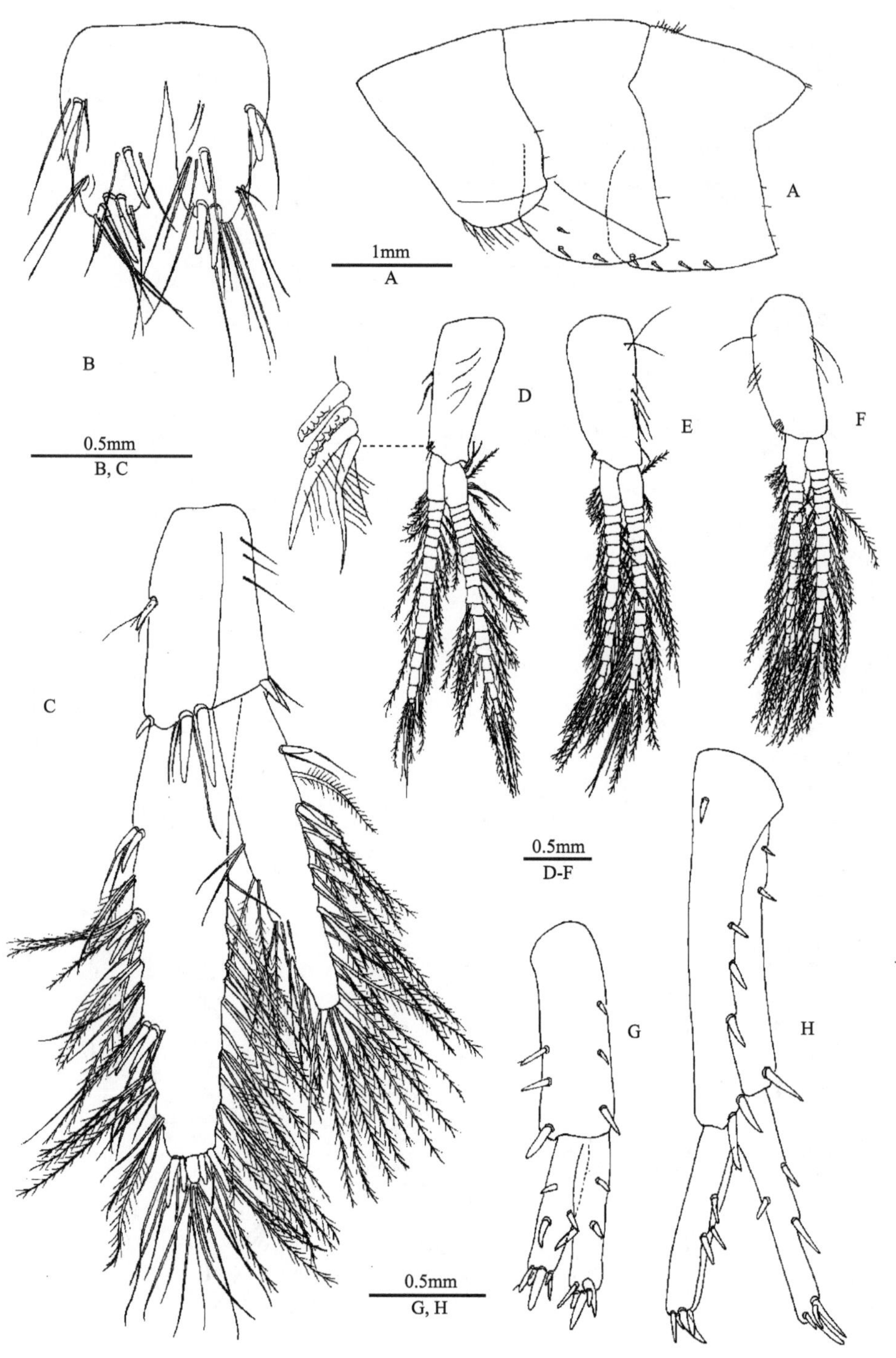

图 289 马氏钩虾 *Gammarus martensi* Hou & Li（四）

♂。A. 第 1-3 腹侧板; B. 尾节; C. 第 3 尾肢; D. 第 1 腹肢; E. 第 2 腹肢; F. 第 3 腹肢; G. 第 2 尾肢; H. 第 1 尾肢

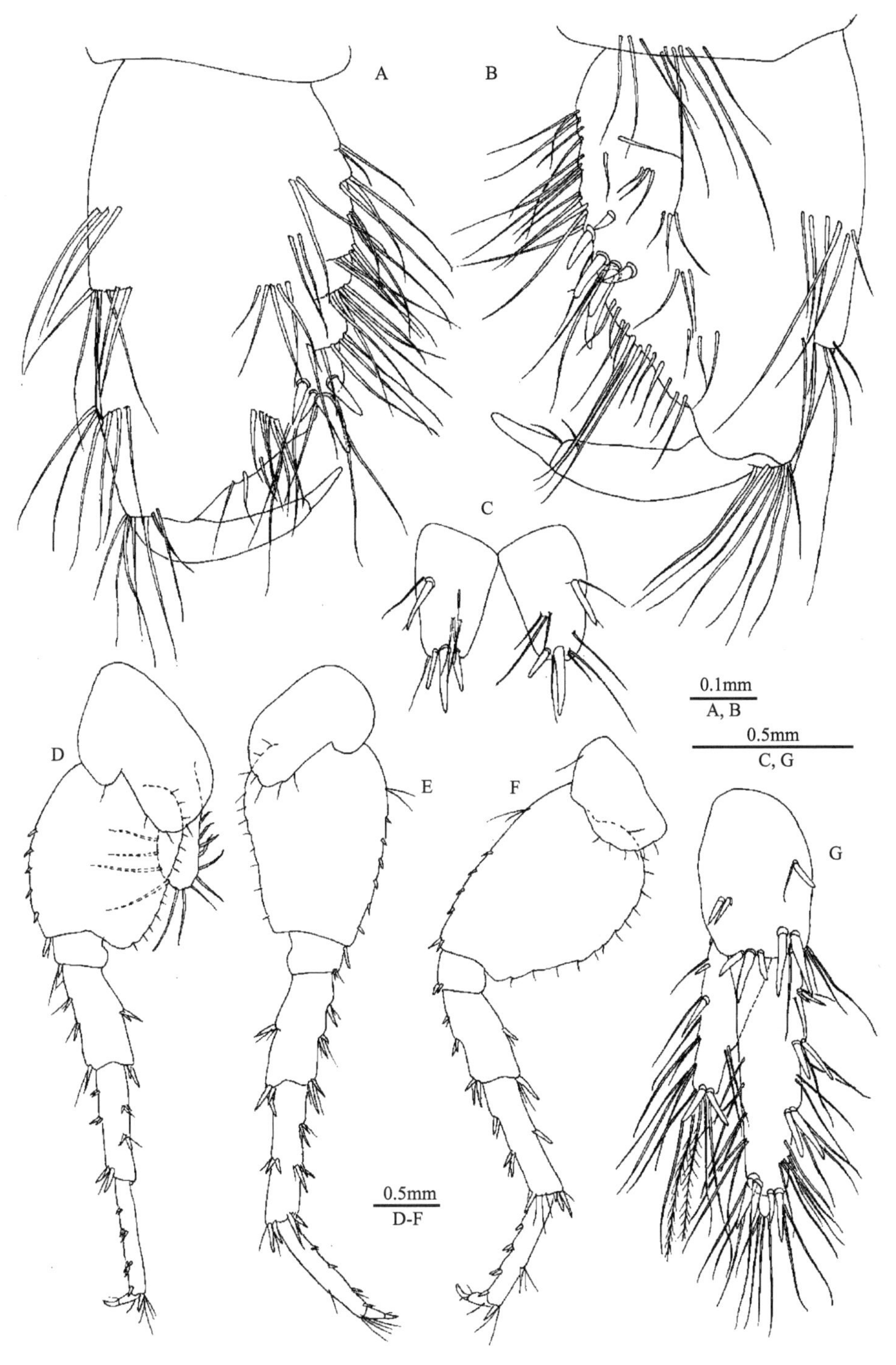

图 290　马氏钩虾 *Gammarus martensi* Hou & Li（五）

♀。A. 第 2 腮足掌节; B. 第 1 腮足掌节; C. 尾节; D. 第 5 步足; E. 第 6 步足; F. 第 7 步足; G. 第 3 尾肢

腹侧板腹缘具 3、4 刺。第 1–3 腹肢相似，柄节具刚毛，具 2 钩刺，肢节具羽状毛。第 4–6 腹节背部扁平，具长刚毛和短刺。

第 1 尾肢柄节具 1 背基刺，内、外缘具刺；外肢和内肢具缘刺。第 2 尾肢柄节内、外缘各具 3 刺；内肢稍长于外肢，内、外缘分别具 1 和 2 刺。第 3 尾肢内肢长约为外肢的 3/4，外肢第 2 节短于周围刺，内、外肢两侧具羽状刚毛。尾节深裂，每叶末端具 2 刺，内侧和外侧各具 1 刺，每个刺伴长刚毛。

雌性 10.1mm。第 1 腮足掌节具长直毛，掌面倾斜，后缘具 6 刺。第 2 腮足掌节后缘具 4 刺。第 3 尾肢内肢长约为外肢的 3/5，外肢第 2 节短于邻近刺，内、外肢均具羽状毛。第 2–5 胸节具抱卵板。

观察标本：1♂（正模，IZCAS-I-A0043），19♂8♀，陕西太白山，阔叶林，海拔 2500m，1997.VI.25。

生态习性：本种栖息在海拔 2500m 的阔叶林底层的腐殖质中。

地理分布：陕西（太白山）。

分类讨论：本种主要鉴别特征是第 2 触角鞭节密布刷状毛，第 3、4 步足后缘具长刚毛，第 3 尾肢内肢长大于外肢的 1/2，第 4–6 腹节背部具长刚毛和短刺。本种第 2 触角鞭节具刷状毛，与蚤状钩虾 *G. pulex* (Linnaeus, 1758) 相似。主要区别在于本种第 3、4 步足后缘刚毛长而直，第 5–7 步足长节至掌节边缘具刺和刚毛，第 4–6 腹节背部具长刚毛和短刺。

(59) 高山钩虾 *Gammarus monticellus* Hou, Li & Li, 2014（图 291–296）

Gammarus monticellus Hou, Li & Li, 2014: 615; figs. 16–21.

形态描述：雄性 12.1mm。眼中等大小，肾形，长宽比 1.0∶0.5。第 1 触角第 1–3 柄节长度比 1.0∶0.8∶0.4，具短毛；鞭 35 节，具感觉器；副鞭 4 节。第 2 触角第 3–5 柄节长度比 1.0∶2.8∶2.6，第 4、5 柄节具短毛；鞭 13 节，第 1–8 节具鞋状感觉器。左大颚切齿 5 齿，动颚片 4 齿；刺排具 6 对羽状毛；触须第 2 节边缘具 9 毛；第 3 节具 4 A-刚毛、2 对 B-刚毛、18 D-刚毛和 5 E-刚毛；右大颚切齿 4 齿，动颚片由许多小齿组成。第 1 小颚左右不对称，内叶具 16 羽状毛；外叶顶端具 11 锯齿状刺；左触须顶端具 9 细刺；右触须具 5 壮刺、1 长毛和 1 长刺。第 2 小颚内叶具 17 羽状毛。颚足内叶具 4 顶端刺。

第 1 腮足腕节略短于掌节，后缘具 5 簇短刚毛；掌节椭圆形，掌缘具 1 中央刺，后缘具 13 刺；指节外缘具 1 刚毛。第 2 腮足腕节长达掌节的 5/6，后缘具 9 簇短毛；掌节近方形，掌内侧具刚毛，掌缘具 1 中央刺，掌后缘具 5 刺；指节具 1 刚毛。第 3 步足底节板前、后缘分别具 3 和 1 毛；基节后缘具长刚毛；长节和腕节后缘具长卷毛；掌节后缘具 5 对刺和长刚毛；指节外缘具 1 羽状毛。第 4 步足长节后缘具长直毛；腕节和掌节后缘具 3 或 4 对刺和短刚毛。第 5 步足底节板后缘具 4 毛；基节前缘具 1 毛和 5 刺；长节至掌节的前缘具刺和较少刚毛；指节后缘具 1 羽状毛。第 6、7 步足底节板后缘具 3 毛；基节前缘具 3 毛和 4 刺；长节至掌节的前缘具 3、4 簇刺，刚毛少。

第 1 腹侧板腹缘圆，腹前、后缘分别具 2 和 3 毛；第 2 腹侧板腹缘具 3 刺和 1 毛，

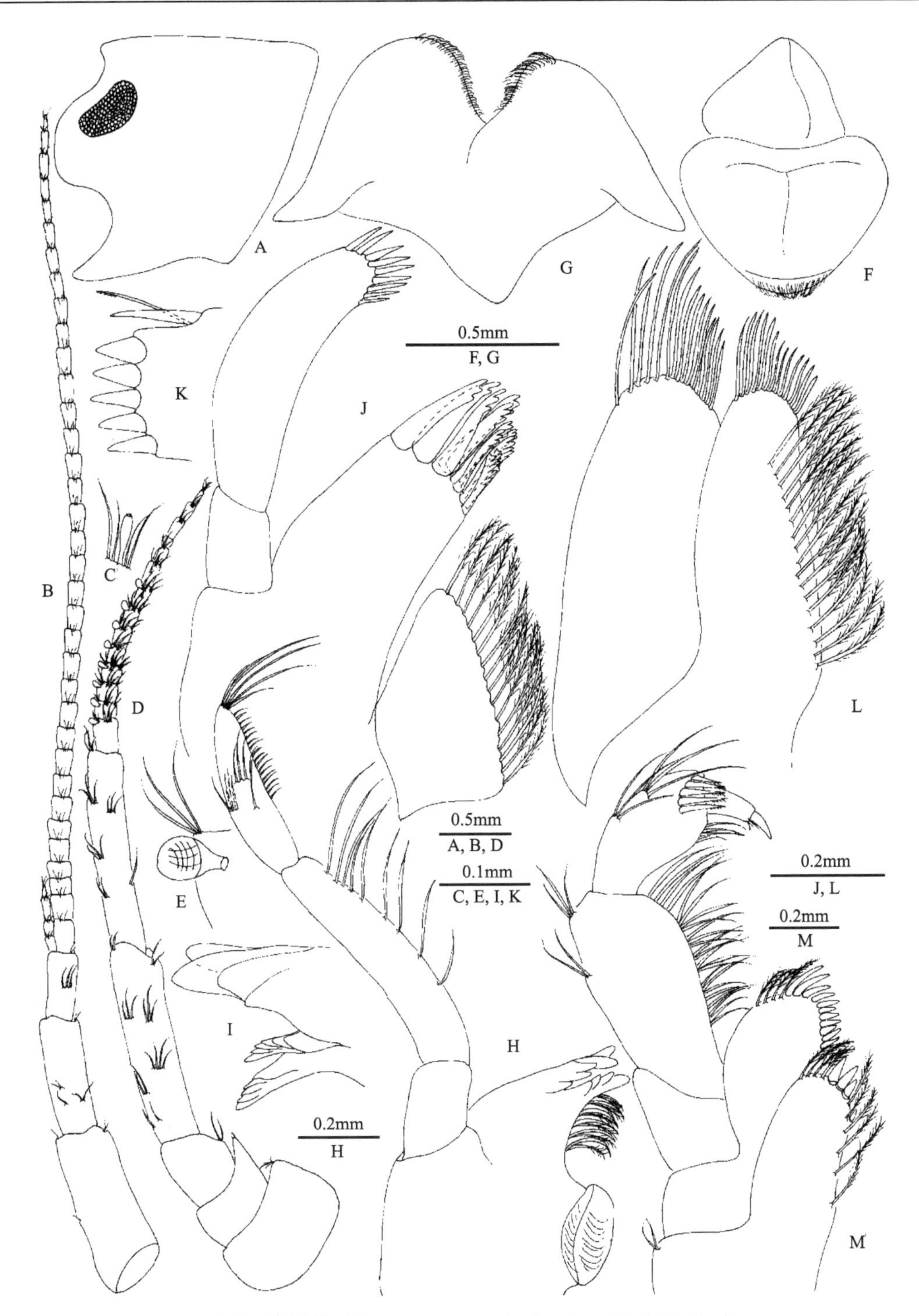

图 291　高山钩虾 *Gammarus monticellus* Hou, Li & Li（一）

♂。A. 头; B. 第 1 触角; C. 第 1 触角感觉毛; D. 第 2 触角; E. 第 2 触角感觉器; F. 上唇; G. 下唇; H. 左大颚; I. 右大颚切齿; J. 左第 1 小颚; K. 右第 1 小颚触须; L. 第 2 小颚; M. 颚足

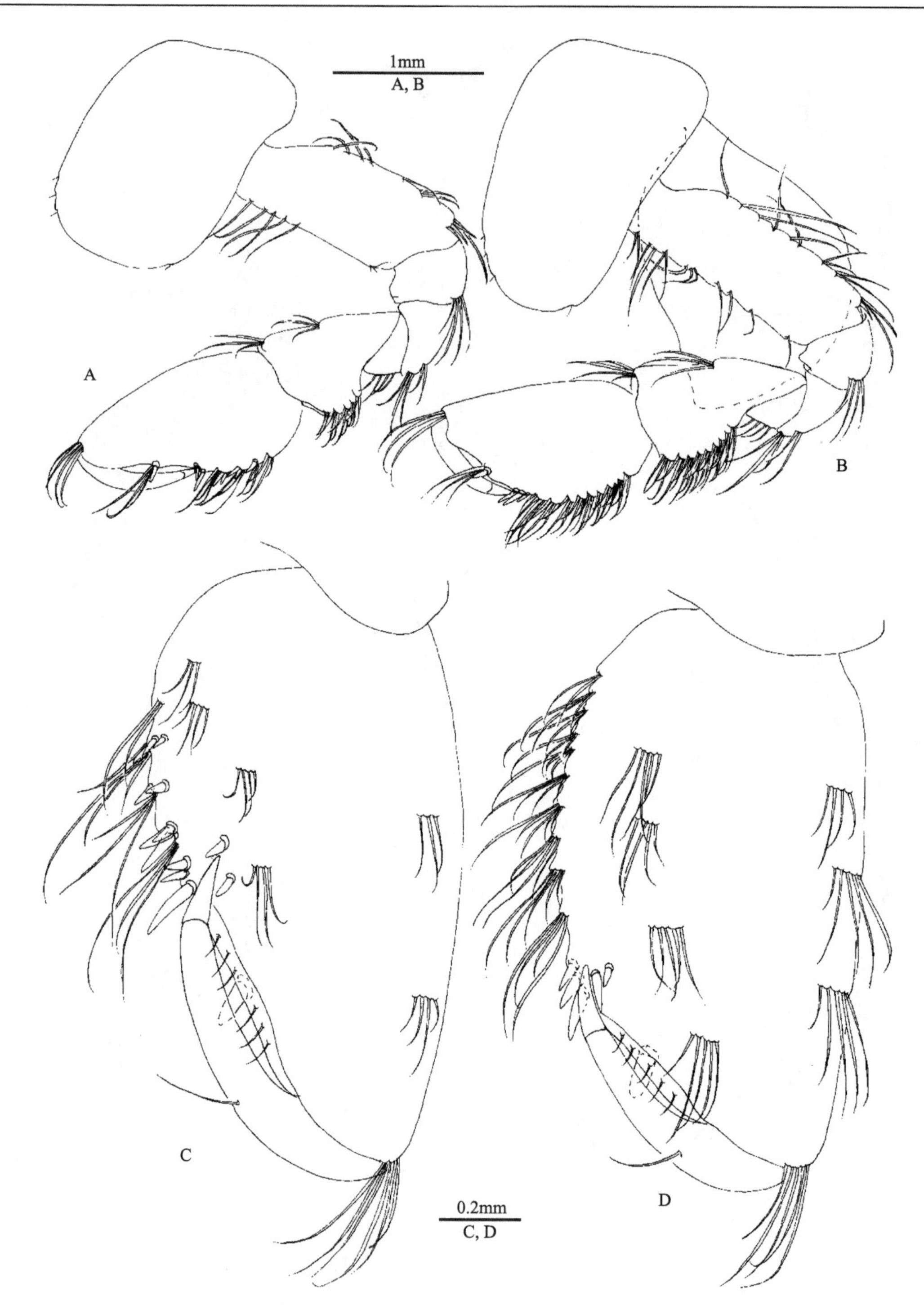

图 292 高山钩虾 *Gammarus monticellus* Hou, Li & Li（二）

♂。A. 第 1 腮足; B. 第 2 腮足; C. 第 1 腮足掌节; D. 第 2 腮足掌节

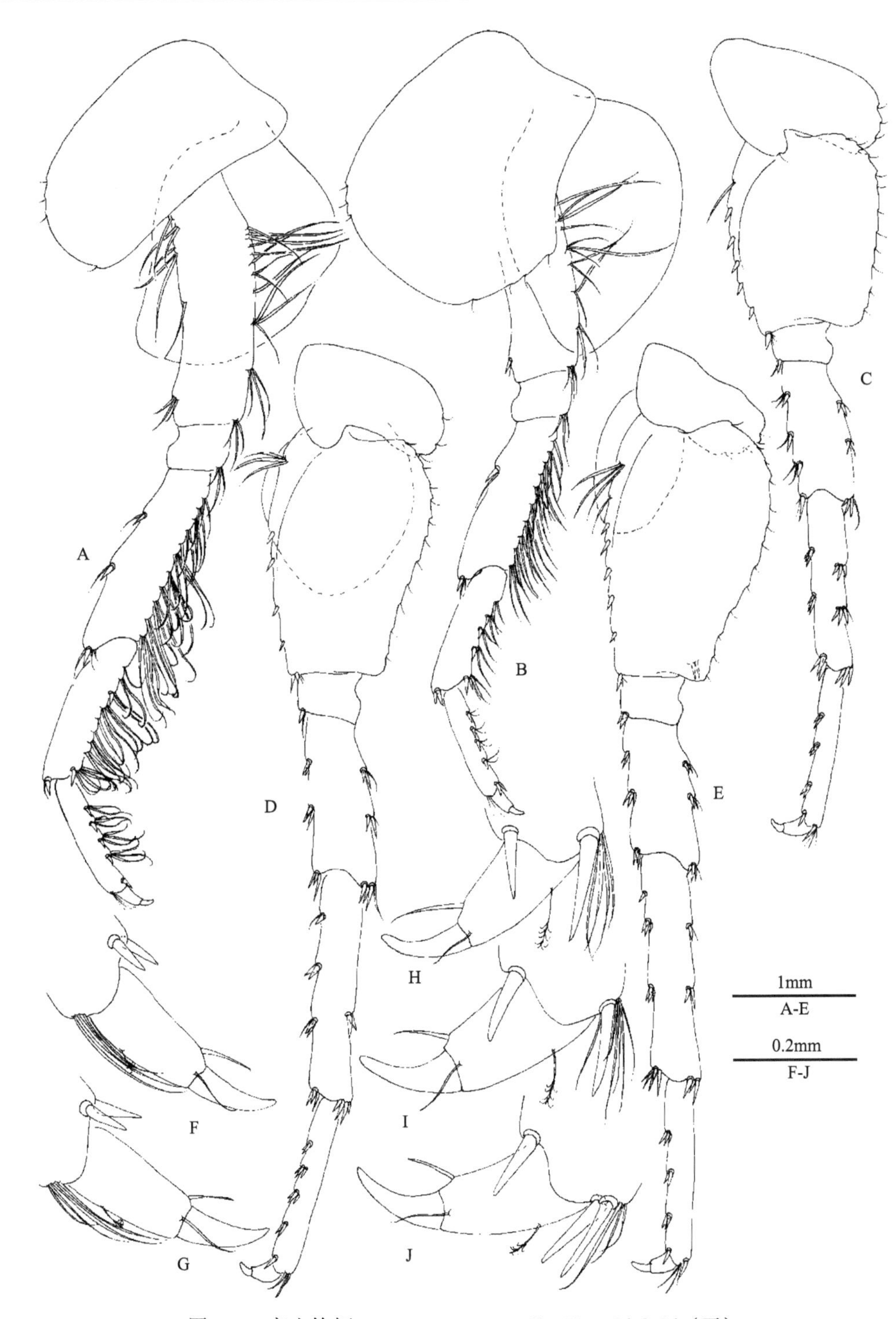

图 293　高山钩虾 *Gammarus monticellus* Hou, Li & Li（三）

♂。A. 第 3 步足; B. 第 4 步足; C. 第 5 步足; D. 第 6 步足; E. 第 7 步足; F. 第 3 步足指节; G. 第 4 步足指节; H. 第 5 步足指节; I. 第 6 步足指节; J. 第 7 步足指节

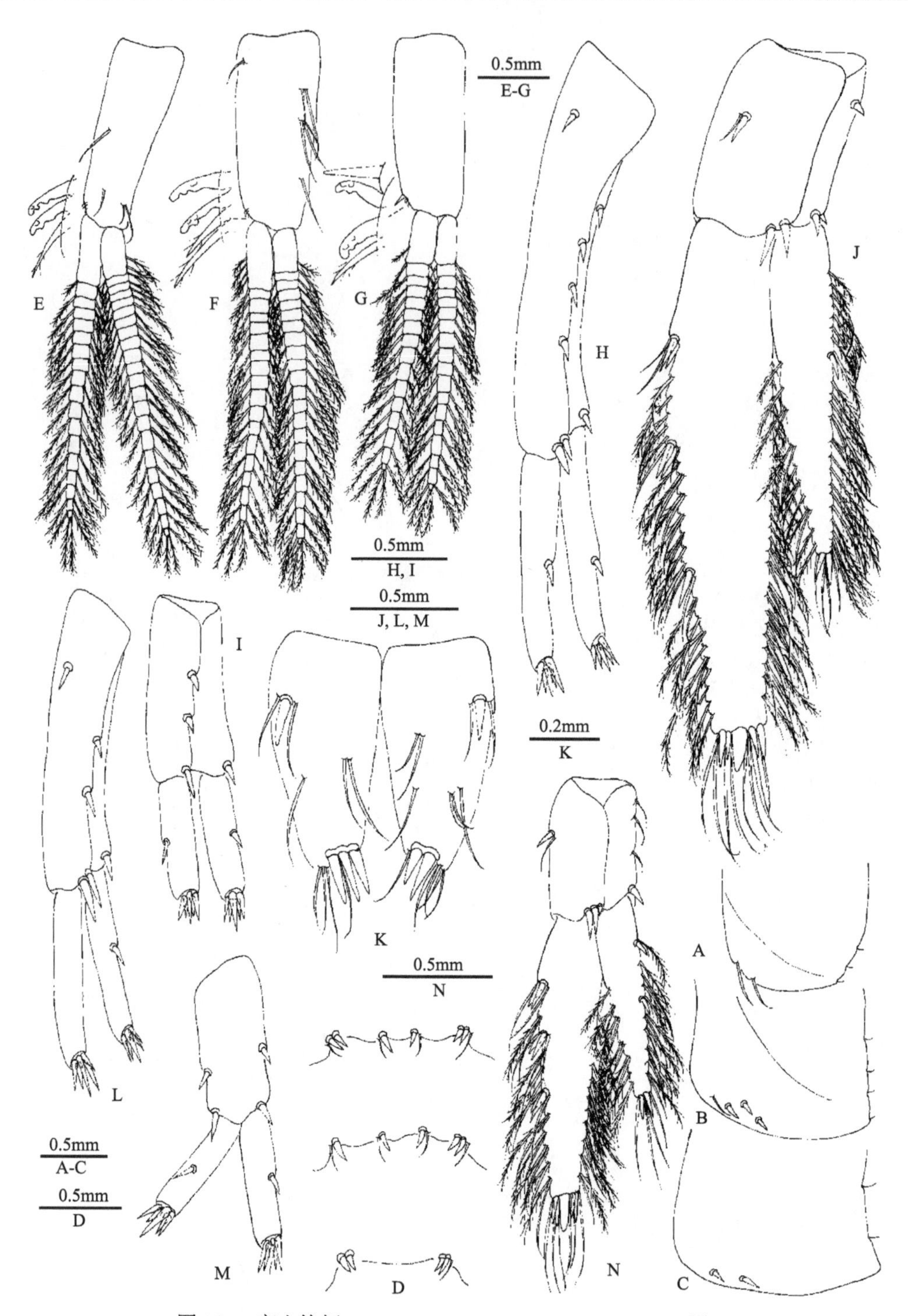

图 294 高山钩虾 *Gammarus monticellus* Hou, Li & Li（四）

♂, A-K; ♀, L-N。A. 第 1 腹侧板; B. 第 2 腹侧板; C. 第 3 腹侧板; D. 第 4-6 腹节背部; E. 第 1 腹肢; F. 第 2 腹肢; G. 第 3 腹肢; H. 第 1 尾肢; I. 第 2 尾肢; J. 第 3 尾肢; K. 尾节; L. 第 1 尾肢; M. 第 2 尾肢; N. 第 3 尾肢

图 295　高山钩虾 *Gammarus monticellus* Hou, Li & Li（五）

♀。A. 第 1 腮足; B. 第 2 腮足; C. 第 1 腮足掌节; D. 第 2 腮足掌节

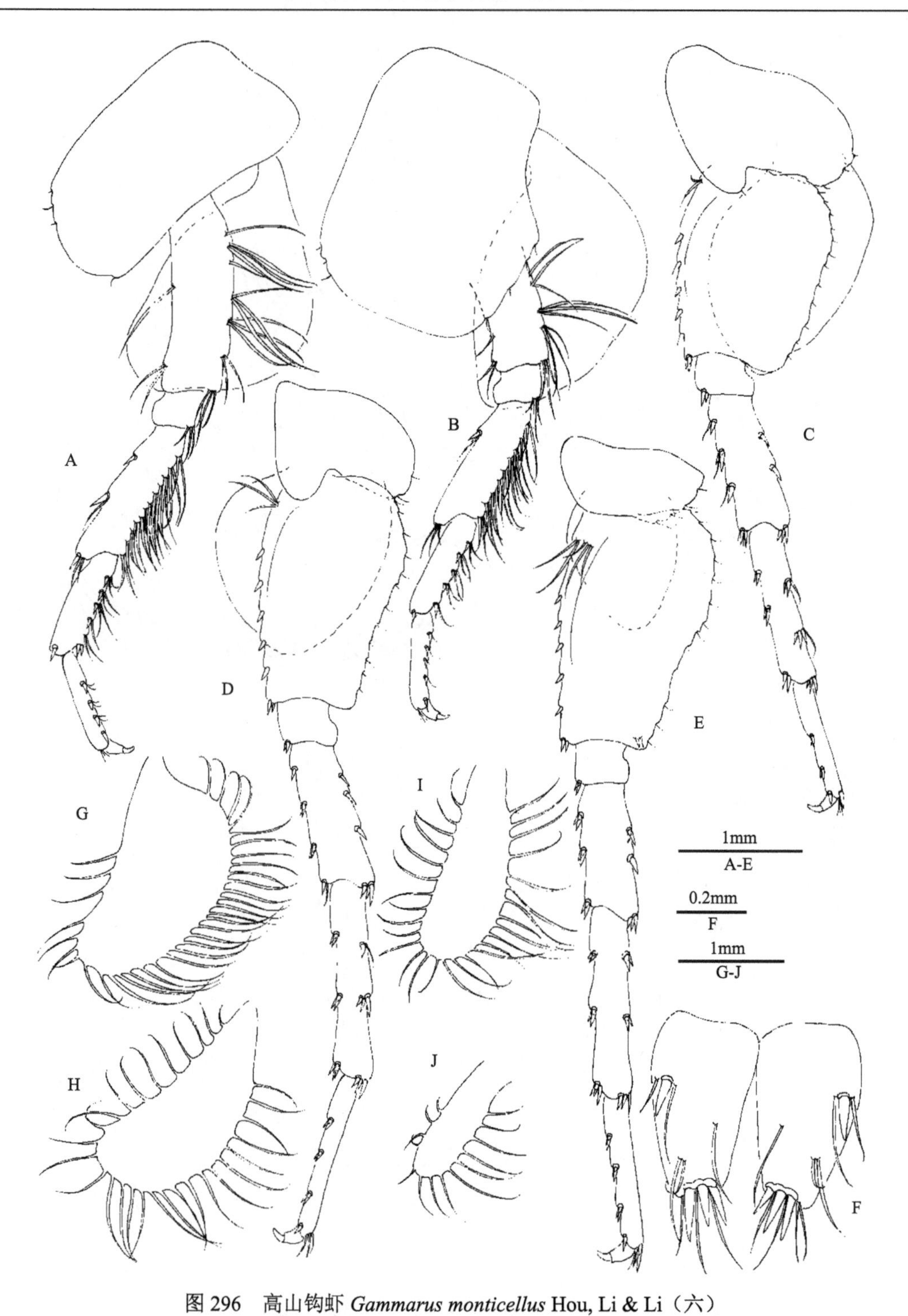

图 296 高山钩虾 *Gammarus monticellus* Hou, Li & Li（六）

♀。A. 第 3 步足; B. 第 4 步足; C. 第 5 步足; D. 第 6 步足; E. 第 7 步足; F. 尾节; G. 第 2 抱卵板; H. 第 3 抱卵板; I. 第 4 抱卵板; J. 第 5 抱卵板

后缘具4细毛，后下角钝；第3腹侧板腹缘具2刺，后缘具2细毛，后下角钝。第1、2腹肢柄节前下角具2钩刺和1、2毛；第3腹肢柄节前下角具2钩刺、1刺和1毛；内肢比外肢稍短；内、外侧均具羽状毛。第4–6腹节背部扁平，具刺和毛。

第1尾肢柄节具1背基刺，内、外缘分别具1和3刺；外肢和内肢各具1内缘刺。第2尾肢短，柄节具2外缘刺；外肢具1外缘刺，内肢具1内缘刺。第3尾肢柄节表面具1刺和1毛，具末端4刺；内肢长是外肢的3/5，内肢内缘具1刺，内、外缘具羽状毛和少量简单毛，末端具2刺和简单毛；外肢第1节外侧具2对刺和1单独刺，内、外缘均具羽状毛和少量简单毛；第2节稍长于周围刺。尾节长宽近似相等，两叶表面均具1刺和3刚毛；两叶末端具2、3刺和几根毛。

雌性10.4mm。第1、2腮足掌节后缘各具4刺。第3步足后缘的毛短于雄性。第1、2尾肢与雄性相似。第3尾肢内肢长是外肢的3/5，内缘具2刺，两侧具羽状毛和少量简单毛；外肢第1节外侧具3对刺和简单毛，内、外缘具羽状毛和简单毛；第2节长于周围刺。尾节表面具2簇毛；末端具2刺和几根毛。第2抱卵板稍宽，第3、4抱卵板稍长，第5抱卵板最小，抱卵板具边缘毛。

观察标本：1♂（正模，IZCAS-I-A1253），1♂1♀，山西临汾霍州太岳山国家森林公园七里峪风景区（36.7°N, 112.0°E），2012.V.30。

生态习性：本种栖息在山西霍州太岳山国家森林公园七里峪风景区，高海拔（>1800m）的溪流中。

地理分布：山西（临汾霍州）。

分类讨论：本种主要鉴别特征为眼肾形；第3步足长节至掌节后缘具长卷毛；第2、3腹侧板后下角钝；第4–6腹节背部有刺和毛；第3尾肢内肢长达外肢的3/5。

本种与山西钩虾 *G. shanxiensis* Barnard & Dai 的主要区别在于前者第3步足后缘具长卷毛，而山西钩虾具短直毛；本种第2、3腹侧板后下角钝，而山西钩虾腹侧板后下角尖；本种第3尾肢内肢长达外肢的3/5，而山西钩虾内肢长为外肢的3/4。

(60) 摩梭钩虾 *Gammarus mosuo* Hou & Li, 2018（图297–302）

Gammarus mosuo Hou & Li, in: Hou, Zhao & Li, 2018: 56, figs. 33–38.

形态描述：雄性8.0mm。眼卵形。第1触角第1–3柄节长度比1.0∶0.6∶0.4，具末端毛；鞭20节，第3–19节具感觉毛；副鞭3节。第2触角第3–5柄节长度比1.0∶2.9∶2.9；第4、5柄节具侧毛和内毛；鞭7节，具刚毛；无鞋状感觉器。左大颚切齿5齿；动颚片4齿；刺排具5对羽状毛；触须第2节具13缘毛，第3节具3 A-刚毛、3 B-刚毛、1排D-刚毛和6 E-刚毛；右大颚切齿4齿，动颚片分叉，具小齿。第1小颚左右不对称，内叶具11羽状毛；外叶具11锯齿状刺；左触须第2节顶端具7细刺；右触须第2节具4壮刺、1细长刺和1硬毛。第2小颚内叶具10羽状毛。颚足内叶具4顶端壮刺、1近顶端刺和15羽状毛；外叶具14钝齿，顶端具2羽状刚毛；触须第4节趾钩接合处具3刚毛。

第1腮足底节板前、后缘分别具2和1毛；基节前、后缘具长刚毛；腕节长为掌节的 4/5，腹缘具刚毛，背缘具 2 簇毛；掌节卵形，掌缘具 1 中央刺，后缘和掌面具 11 刺；指节外缘具 1 毛。第 2 腮足腕节长是掌节的 9/10，背、腹缘分别具 2 和 5 簇毛；掌节长方形，掌缘具 1 中央刺，后缘具 4 刺；指节外缘具 1 刚毛。第 3 步足底节板前、后缘分别具 2 和 1 刚毛；基节前、后缘具刚毛；长节前缘具 1 刺和 1 毛，后缘具 8 簇长毛；腕节后缘具 2 刺和长刚毛；掌节后缘具 3 对刺和刚毛；指节外缘具 1 羽状毛，趾钩接合处具 2 刚毛。第 4 步足底节板凹陷，前、后缘分别具 2 和 7 毛；长节前缘具 1 刺和 2 毛，后缘具 5 簇毛；腕节和掌节后缘具刺和刚毛；指节外缘具 1 羽状刚毛，趾钩接合处具 2 刚毛。第 5 步足基节膨大，前缘具 2 毛和 4 刺，后缘排列有 17 毛；长节前缘具 4 簇毛，后缘具 1 刺和 2 刚毛，腕节和掌节前缘具 3 组刺和细刚毛。第 6 步足基节延长；长节前缘具 4 簇毛，后缘具 1 刺和 2 毛；腕节和掌节前缘分别具 3 组刺和直刚毛。第 7 步足底节板后缘具 5 毛；基节前缘具 2 簇长毛和 4 刺，后缘具 13 毛；长节前缘具 4 簇毛，后缘具 1 刺和 2 毛；腕节前缘具 4 组刺和直刚毛；掌节前缘具 4 对刺。

第 1 腹侧板腹缘圆，腹前缘具 8 长毛，后缘具 5 短毛；第 2 腹侧板腹缘具 1 刺、2 简单毛和 5 羽状毛，后缘具 6 短毛，后下角钝；第 3 腹侧板腹缘具 1 刺和 4 毛，后缘具 6 毛，后下角稍尖。第 1–3 腹肢相似，柄节具 2 或 3 钩刺和 1 毛；外肢比内肢稍短，内、外肢均具羽状毛。第 4 腹节两侧各具 1 刺和 6 毛，背缘具 1 刚毛；第 5 腹节两侧分别具 1、2 刺和刚毛；第 6 腹节两侧各具 1 刺和 3 毛。

第 1 尾肢柄节具 1 背基刺，内、外缘分别具 1 和 3 刺；内肢内缘具 1 刺；外肢内、外缘分别具 1 和 2 刺。第 2 尾肢短，柄节内、外缘分别具 1 刚毛和 1 刺；内肢内、外缘分别具 2 和 1 刺；外肢内缘具 2 刺。第 3 尾肢柄节表面具 2 毛，末端具 6 刺；内、外肢具简单刚毛，内肢长是外肢的 1/3，内缘具 1 刺和 2 简单刚毛，末端具 2 刺和长刚毛；外肢第 1 节外缘具 3 组刺和简单毛，内缘具简单毛，具 4 末端刺，第 2 节具简单刚毛，稍长于邻近刺。尾节深裂，每叶表面具 2 羽状毛和 1 末端刺伴 3 或 4 毛。

雌性 6.4mm。第 1 腮足掌节卵形，掌后缘具 5 刺，前后缘均具长刚毛。第 2 腮足掌节近长方形，掌后缘具 3 刺。第 4 步足与雄性相比，长节到腕节后缘具较长刚毛。第 5 步足与雄性相似；基节到腕节前后缘具羽状毛。第 6、7 步足与雄性相似，但前缘具更多刚毛。第 2 抱卵板宽大，具缘毛，第 3、4 抱卵板细长，第 5 抱卵板最小。第 1 尾肢柄节具 1 背基刺，内、外缘分别具 1 和 2 刺；内肢内缘具 1 刺；外肢内、外缘各具 1 刺。第 2 尾肢短，柄节外缘具 1 刺；内、外肢内缘具 1 刺，末端具 5 刺。第 3 尾肢柄节表面具 3 刚毛，末端具 6 刺和刚毛；内、外肢具简单刚毛，内肢长达外肢的 1/2，内缘具 1 刺和 1 刚毛，末端具 1 刺和长刚毛；外肢第 1 节外缘具 3 刺和简单毛，内缘具简单毛，第 2 节比邻近刺稍短

观察标本：1♂（正模，IZCAS-I-A1570-1），1♀，四川西昌盐源（101.53°E, 27.40°N），海拔 2620m，2014.III.23。

生态习性：本种栖息在水池边。

地理分布：四川。

分类讨论：本种主要鉴别特征是第 2 触角无鞋状感觉器；第 3 步足长节到腕节后缘具长刚毛；第 5–7 步足前缘具长刚毛；第 2 腹侧板腹缘具 5 羽状毛、2 简单刚毛和 1 刺，

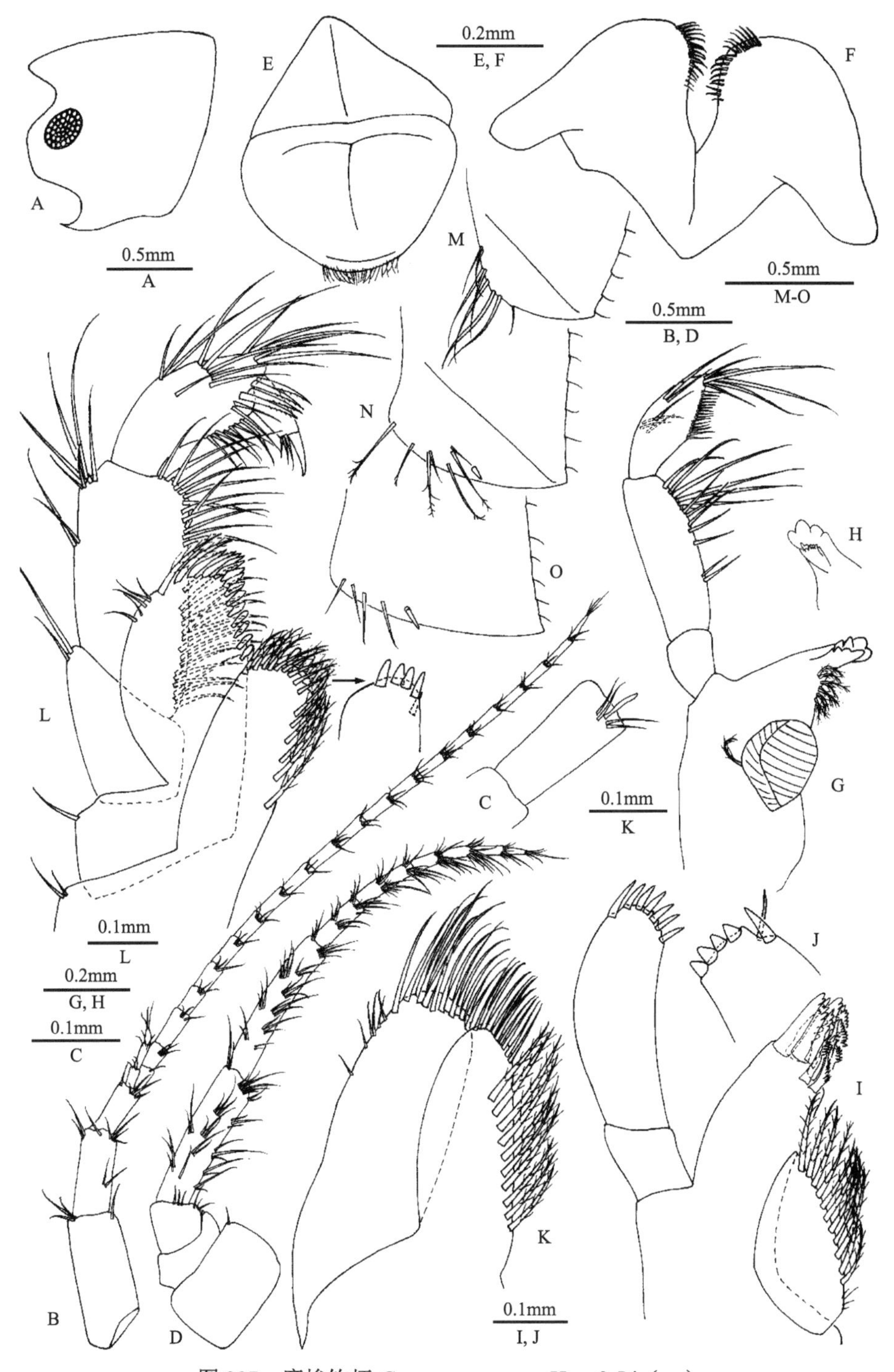

图 297　摩梭钩虾 *Gammarus mosuo* Hou & Li（一）

♂。A. 头; B. 第 1 触角; C. 第 1 触角感觉毛; D. 第 2 触角; E. 上唇; F. 下唇; G. 左大颚; H. 右大颚切齿; I. 左第 1 小颚; J. 右第 1 小颚触须; K. 第 2 小颚; L. 颚足; M. 第 1 腹侧板; N. 第 2 腹侧板; O. 第 3 腹侧板

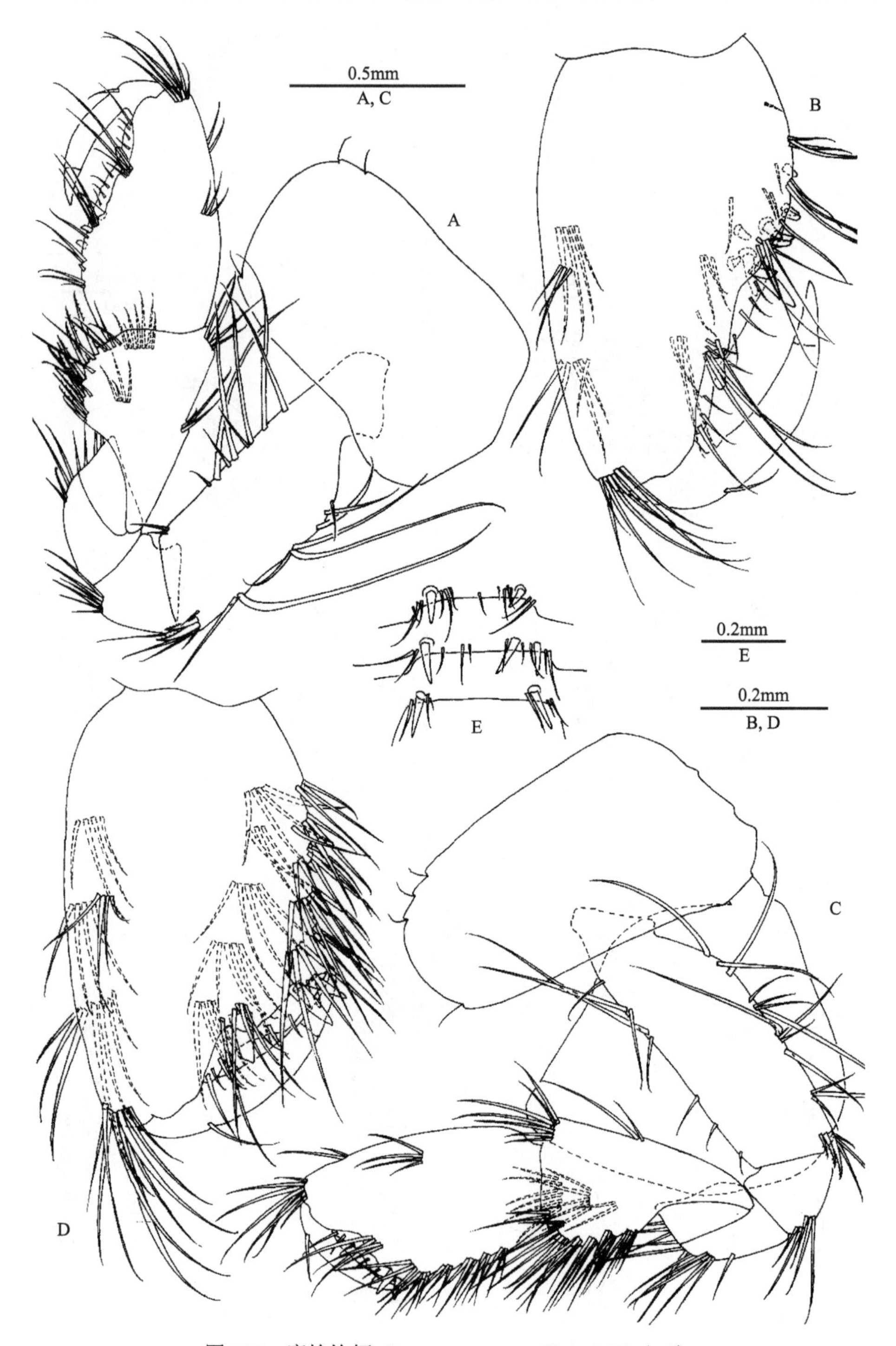

图 298 摩梭钩虾 *Gammarus mosuo* Hou & Li（二）

♂。A. 第 1 腮足; B. 第 1 腮足掌节; C. 第 2 腮足; D. 第 2 腮足掌节; E. 第 4-6 腹节（背面观）

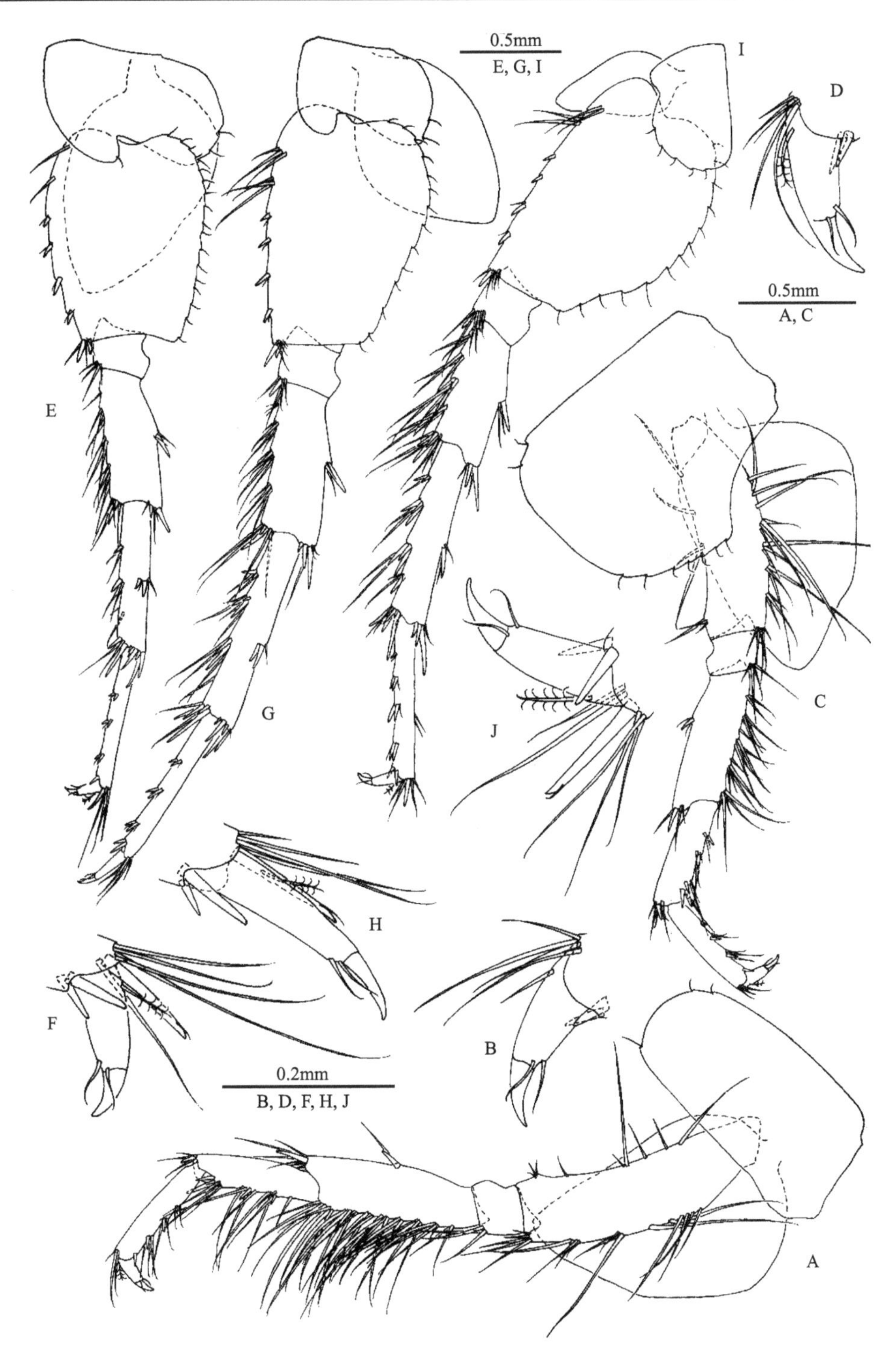

图 299　摩梭钩虾 *Gammarus mosuo* Hou & Li（三）

♂。A. 第 3 步足; B. 第 3 步足指节; C. 第 4 步足; D. 第 4 步足指节; E. 第 5 步足; F. 第 5 步足指节; G. 第 6 步足; H. 第 6 步足指节; I. 第 7 步足; J. 第 7 步足指节

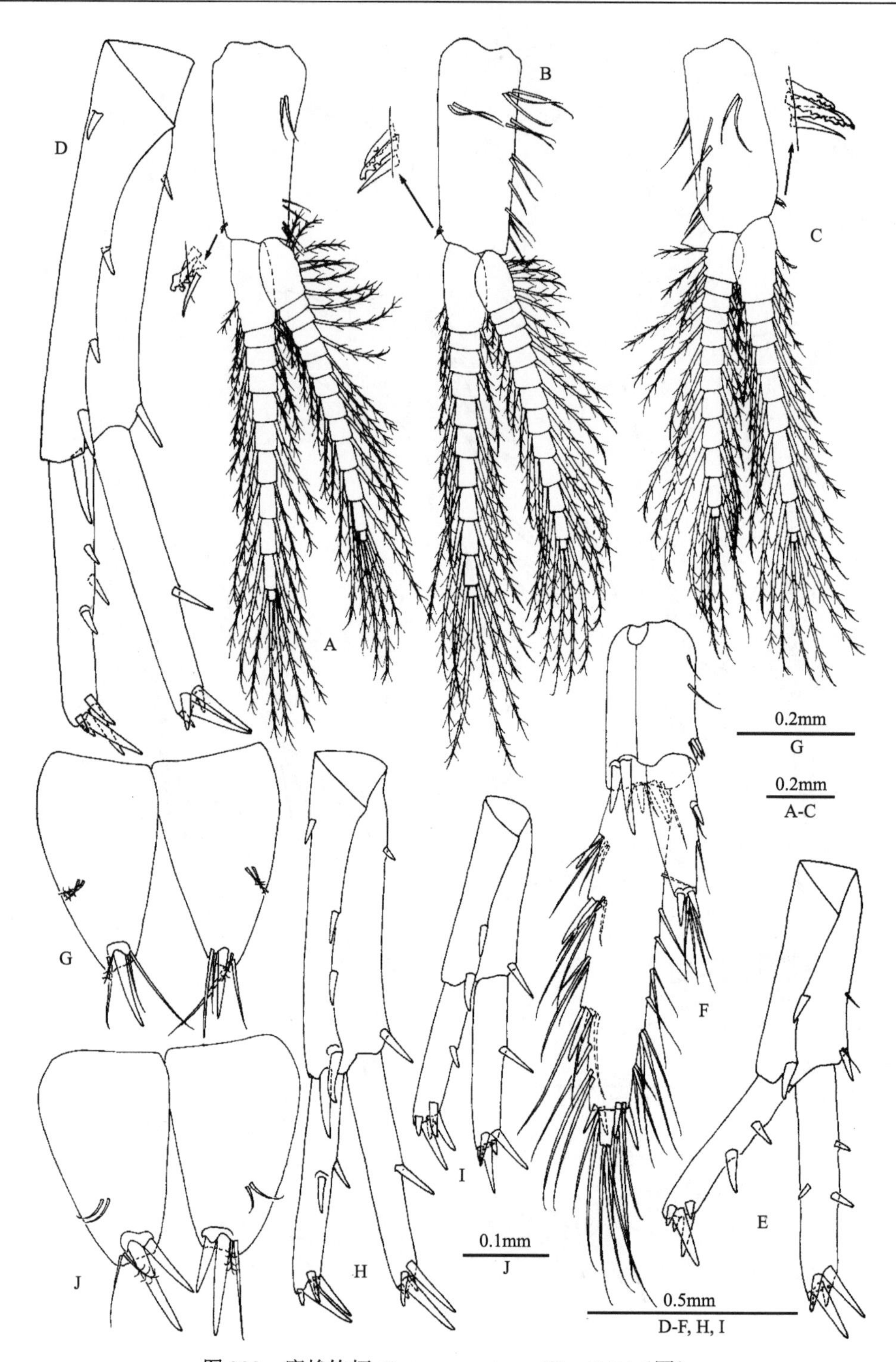

图 300　摩梭钩虾 *Gammarus mosuo* Hou & Li（四）

♂, A-G; ♀, H-J。A. 第 1 腹肢; B. 第 2 腹肢; C. 第 3 腹肢; D. 第 1 尾肢; E. 第 2 尾肢; F. 第 3 尾肢; G. 尾节; H. 第 1 尾肢; I. 第 2 尾肢; J. 尾节

图 301　摩梭钩虾 *Gammarus mosuo* Hou & Li（五）

♀。A. 第 1 腮足; B. 第 1 腮足掌节; C. 第 2 腮足; D. 第 2 腮足掌节; E. 第 2 抱卵板; F. 第 3 抱卵板; G. 第 4 抱卵板; H. 第 5 抱卵板

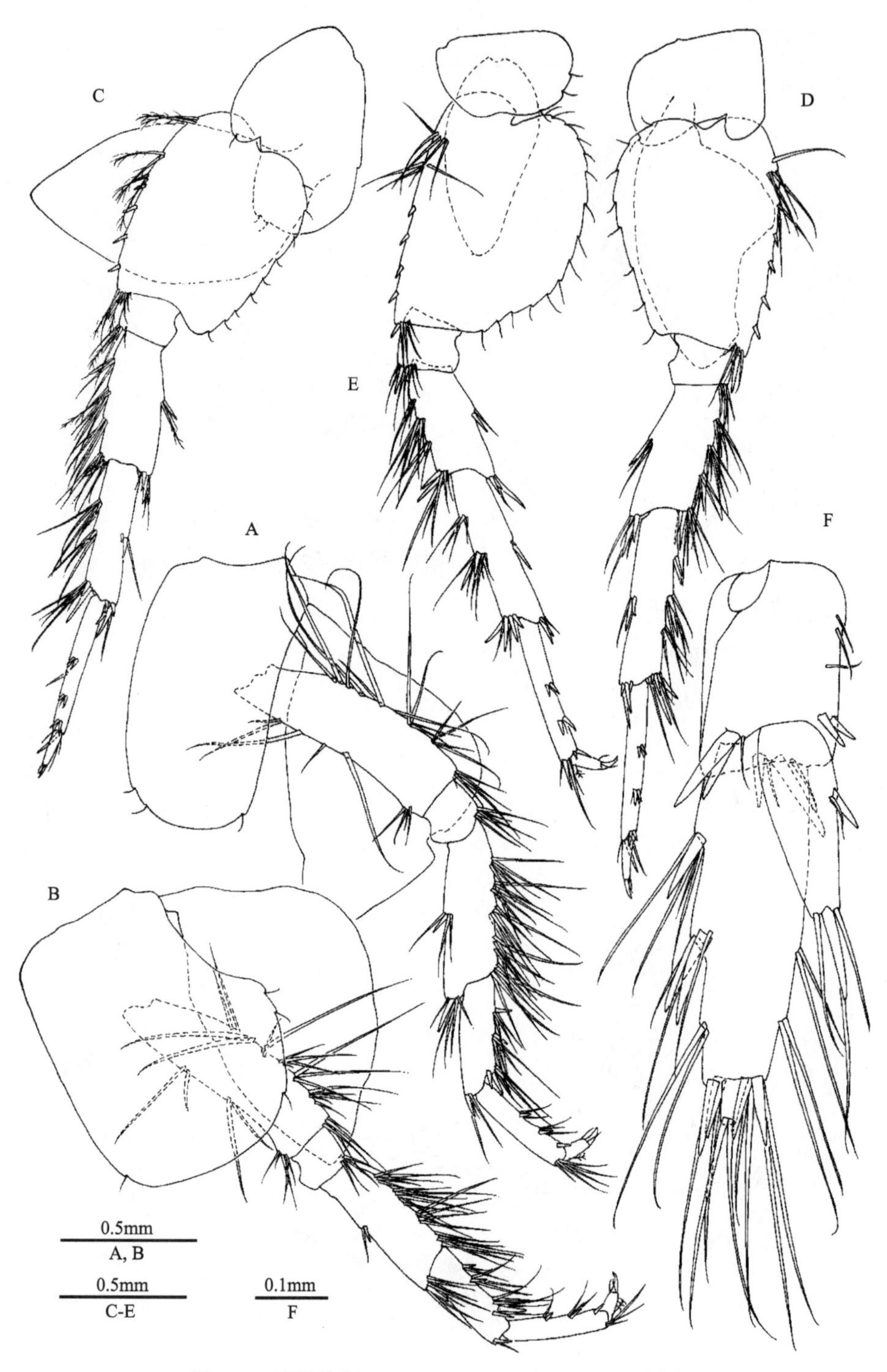

图 302　摩梭钩虾 *Gammarus mosuo* Hou & Li（六）

♀。A. 第 3 步足; B. 第 4 步足; C. 第 5 步足; D. 第 6 步足; E. 第 7 步足; F. 第 3 尾肢

后下角钝；第 4–6 腹节背缘具 2 簇刺和刚毛；第 3 尾肢内肢长达外肢的 2/5，内、外肢均具简单刚毛。

本种与细弯钩虾 *G. sinuolatus* Hou & Li 的相似之处在于第 2 腮足掌节前缘具长直毛；第 3、4 步足后缘具长刚毛；腹侧板腹缘具长刚毛；第 3 尾肢内肢长为外肢的 1/3，内、外肢具简单毛。主要区别是本种第 2 触角无鞋状感觉器，第 5、6 步足前缘具长刚毛，第 4–6 腹节具 2 簇刺伴刚毛，尾节每叶具 1 对短表面毛；而后者第 2 触角具鞋状感觉器；第 5、6 步足前缘具较少刚毛；第 4–6 腹节具 4 组刺伴长刚毛；尾节背面具长刚毛。

本种与卷毛钩虾 *G. curvativus* Hou & Li 的相似特征是第 3、4 步足后缘具长直毛；第 1 尾肢具 1 背基刺；第 3 尾肢内肢短于外肢的 1/2，内、外肢具简单刚毛。主要区别在于本种眼卵形，小；第 2 触角无鞋状感觉器；第 2 腮足掌节前缘具几组长刚毛；第 5–7 步足前缘具长刚毛；第 4–6 腹节背缘具 2 簇刺和刚毛。而后者眼肾形，相对大；第 2 触角具鞋状感觉器；第 2 腮足掌节前缘具长卷毛；第 5–7 步足前缘无长刚毛；第 4–6 腹节背缘具 4 组刺和刚毛。

本种与少刺钩虾 *G. paucispinus* Hou & Li 的相似之处在于眼卵形；第 2 触角无鞋状感觉器；第 3 步足长节到腕节后缘具长刚毛；第 3 尾肢内、外肢具简单刚毛。主要区别在于本种第 4 腹节背缘具 2 簇刺和刚毛，尾节每叶表面具 1 对刚毛；而后者第 4 腹节背缘具一些短刚毛，尾节每叶表面具 2 组长刚毛。

(61) 壁流钩虾 *Gammarus murarius* Hou & Li, 2004（图 303–308）

Gammarus murarius Hou & Li, 2004b: 2741, figs. 6–11.

形态描述：雄性 8.6mm。眼肾形，中等大小。第 1 触角第 1–3 柄节长度比 1.00∶0.68∶0.38，鞭 23 节，副鞭 4 节。第 2 触角柄节第 4、5 节等长，具刚毛；鞭 10 节，具鞋状感觉器。左大颚切齿 5 齿，动颚片 4 齿，刺排具 5 锯齿状刚毛；触须第 2 节具 11 长毛，触须第 3 节具 2 组 A-刚毛、4 B-刚毛、1 排 D-刚毛和 5 E-刚毛。第 1 小颚不对称，内叶具 17 羽状毛，外叶具 11 锯齿状刺；左触须第 2 节具 7 顶刺和 2 刚毛；右触须第 2 节具 6 壮刺和 1 毛。第 2 小颚内叶具 14 羽状毛。颚足内叶具 1 近顶端刺和 3 顶端刺；外叶具 10 细长刺和 5 梳状刚毛。

第 1 腮足基节短粗，掌节长，掌缘斜，具 1 中央壮刺，内缘具 13 刺；指节外缘具 1 刚毛，趾钩接合处具 2 短刚毛。第 2 腮足大于第 1 腮足，掌节掌缘平截，具 1 中央壮刺，后缘具 5 刺。第 3 步足基节细长，长节后缘具长卷毛。第 4 步足长节后缘具直刚毛。第 5 步足基节长方形，第 6、7 步足基节延长，第 7 步足基节内面具 1 刺；长节到掌节具几组刺伴短刚毛。

第 1–3 腹侧板后下角钝，第 2、3 腹侧板腹缘具 2 刺。第 1–3 腹肢柄节具 2 钩刺和 2、3 刚毛；内、外肢均具羽状毛。第 4–6 腹节背部具刺和毛。

第 1 尾肢柄节长于内、外肢，具 1 背基刺，内、外缘分别具 3 和 4 刺；内肢具 1 内缘刺；外肢内、外缘各具 1 刺。第 2 尾肢柄节与外肢等长；内肢具 1 内缘刺；外肢内、外缘各具 1 刺。第 3 尾肢内肢长为外肢的 2/3，外肢第 2 节长于周围刺，外肢外侧刚毛少，外肢内侧与内肢两侧具羽状长毛。尾节深裂，每叶具 2 末端刺和 1 基侧刺。

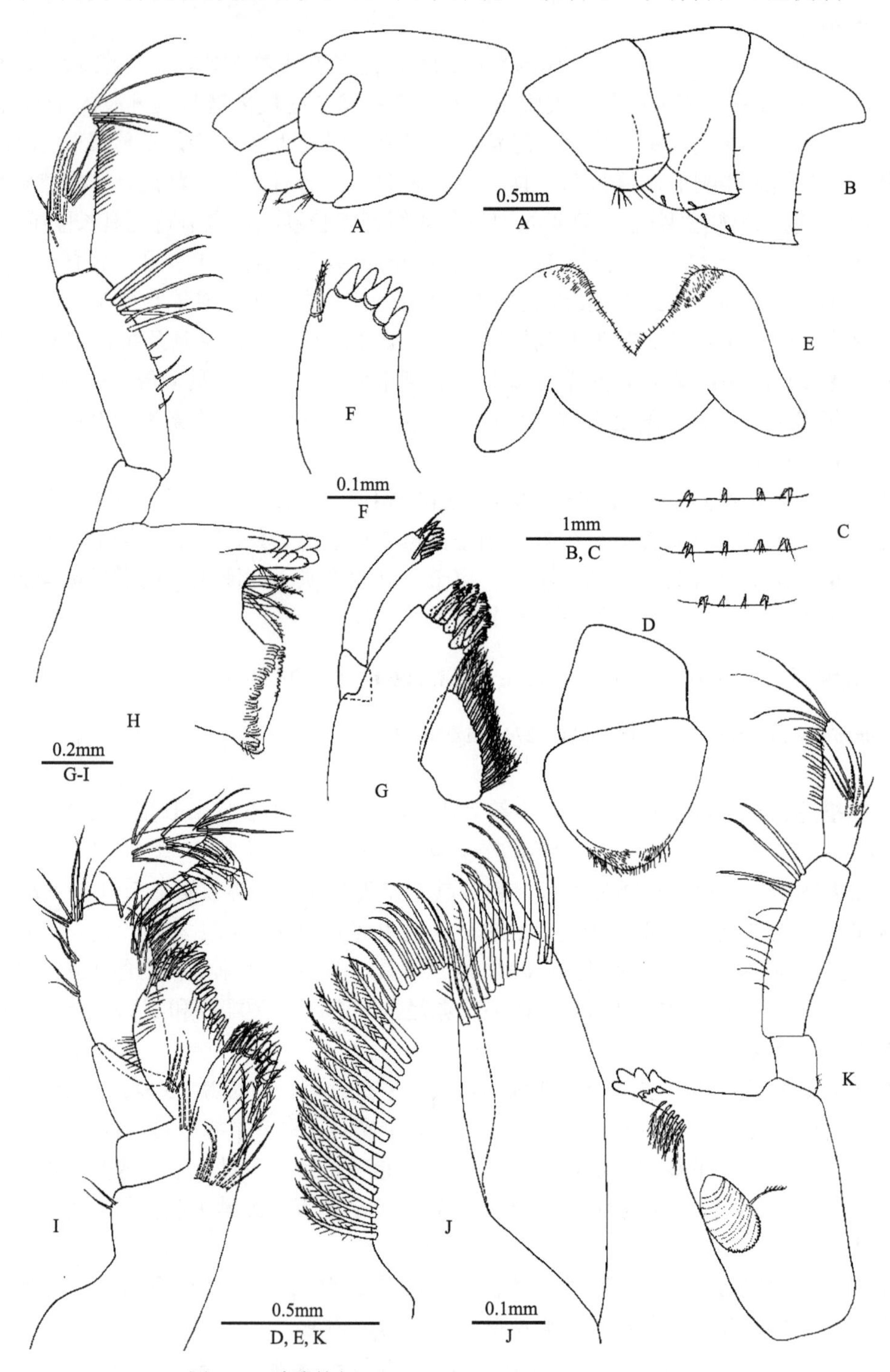

图 303　壁流钩虾 *Gammarus murarius* Hou & Li（一）

♂。A. 头; B. 第 1-3 腹侧板; C. 第 4-6 腹节（背面观）; D. 上唇; E. 下唇; F. 右第 1 小颚触须; G. 左第 1 小颚; H. 左大颚; I. 颚足; J. 第 2 小颚; K. 右大颚

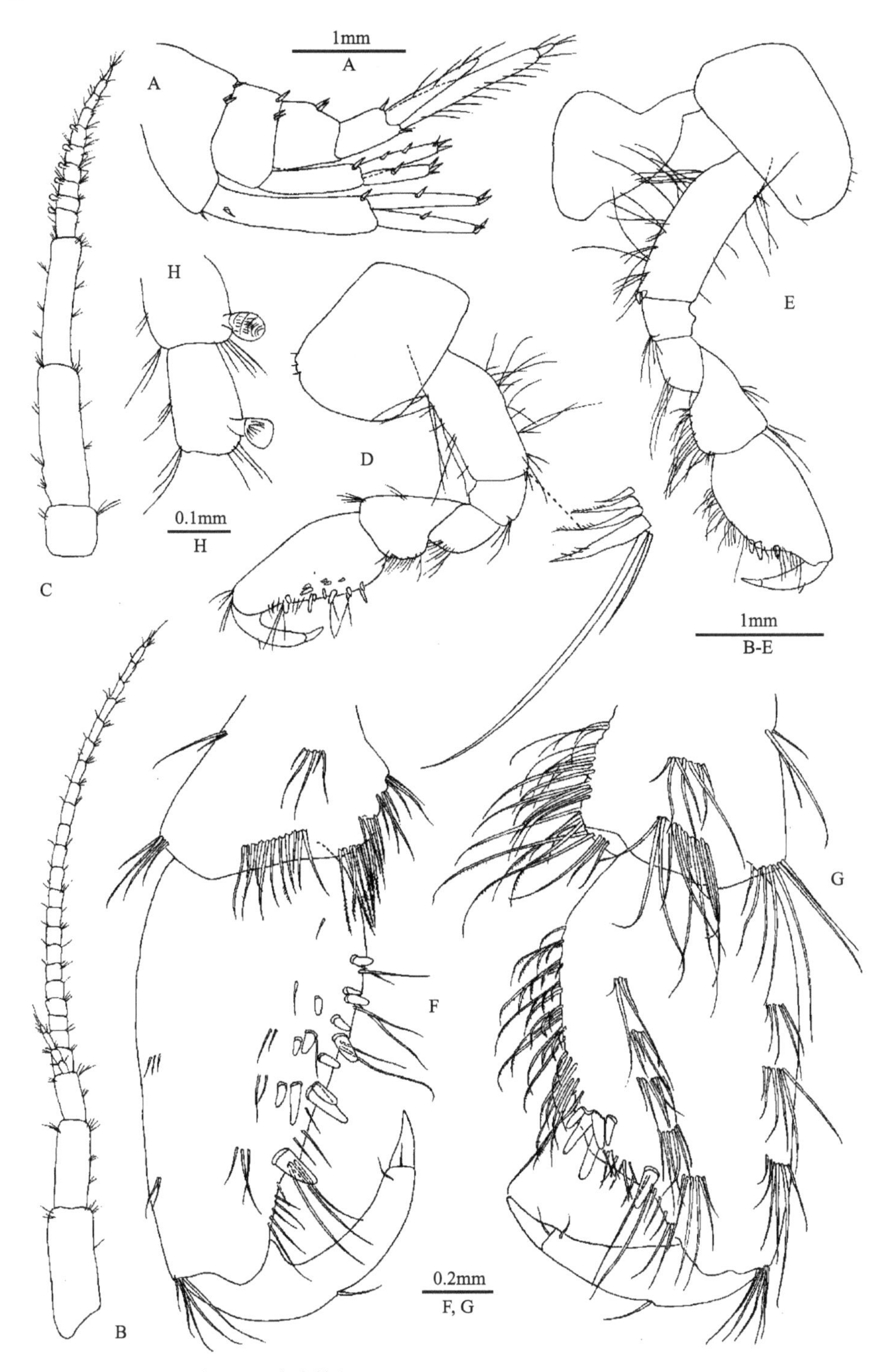

图 304　壁流钩虾 *Gammarus murarius* Hou & Li（二）

♂。A. 第 4-6 腹节（侧面观）; B. 第 1 触角; C. 第 2 触角; D. 第 1 腮足; E. 第 2 腮足; F. 第 1 腮足掌节; G. 第 2 腮足掌节; H. 第 2 触角鞭节

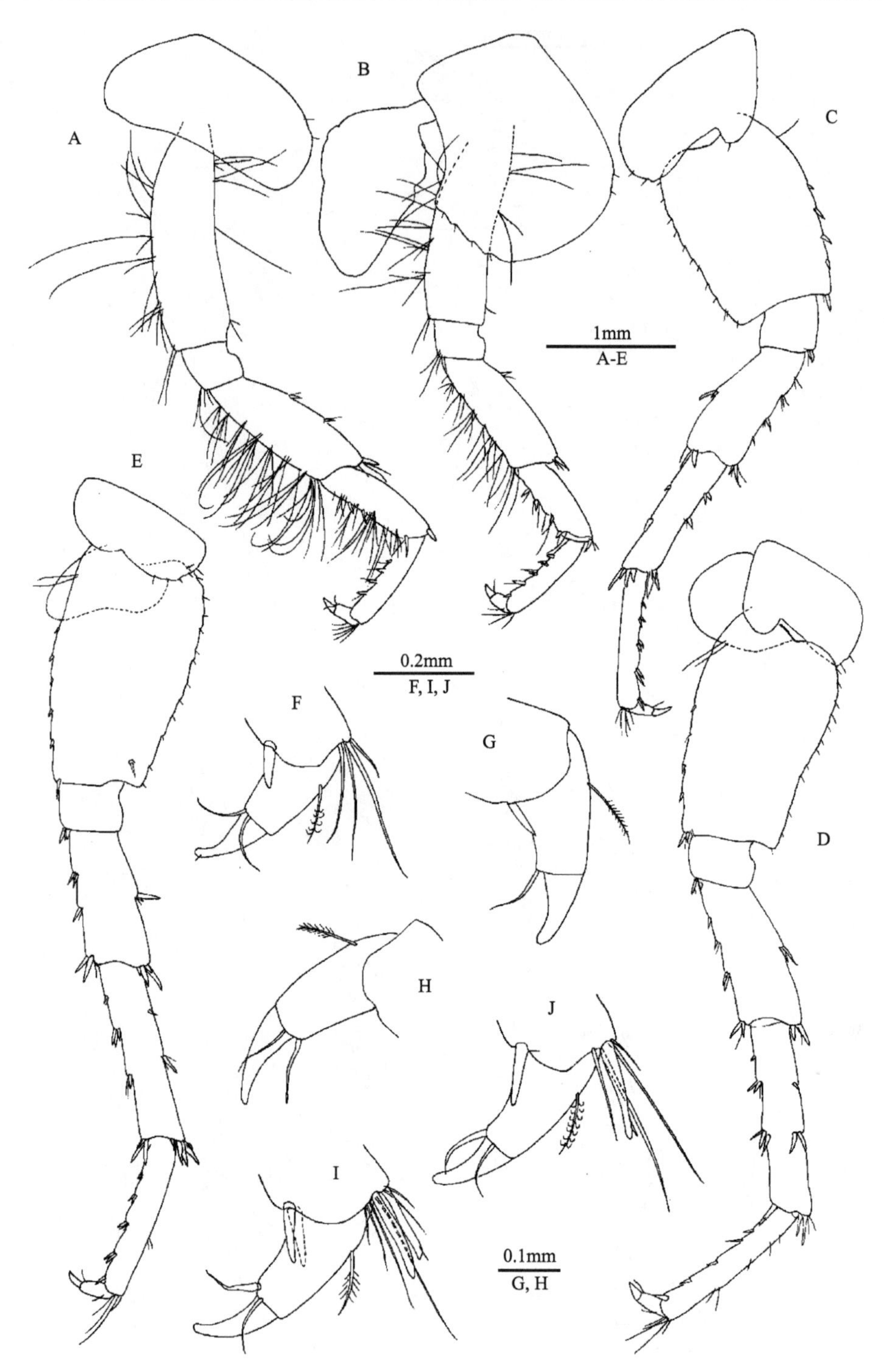

图 305 壁流钩虾 *Gammarus murarius* Hou & Li（三）

♂。A. 第 3 步足; B. 第 4 步足; C. 第 5 步足; D. 第 6 步足; E. 第 7 步足; F-J. 第 3-7 步足指节

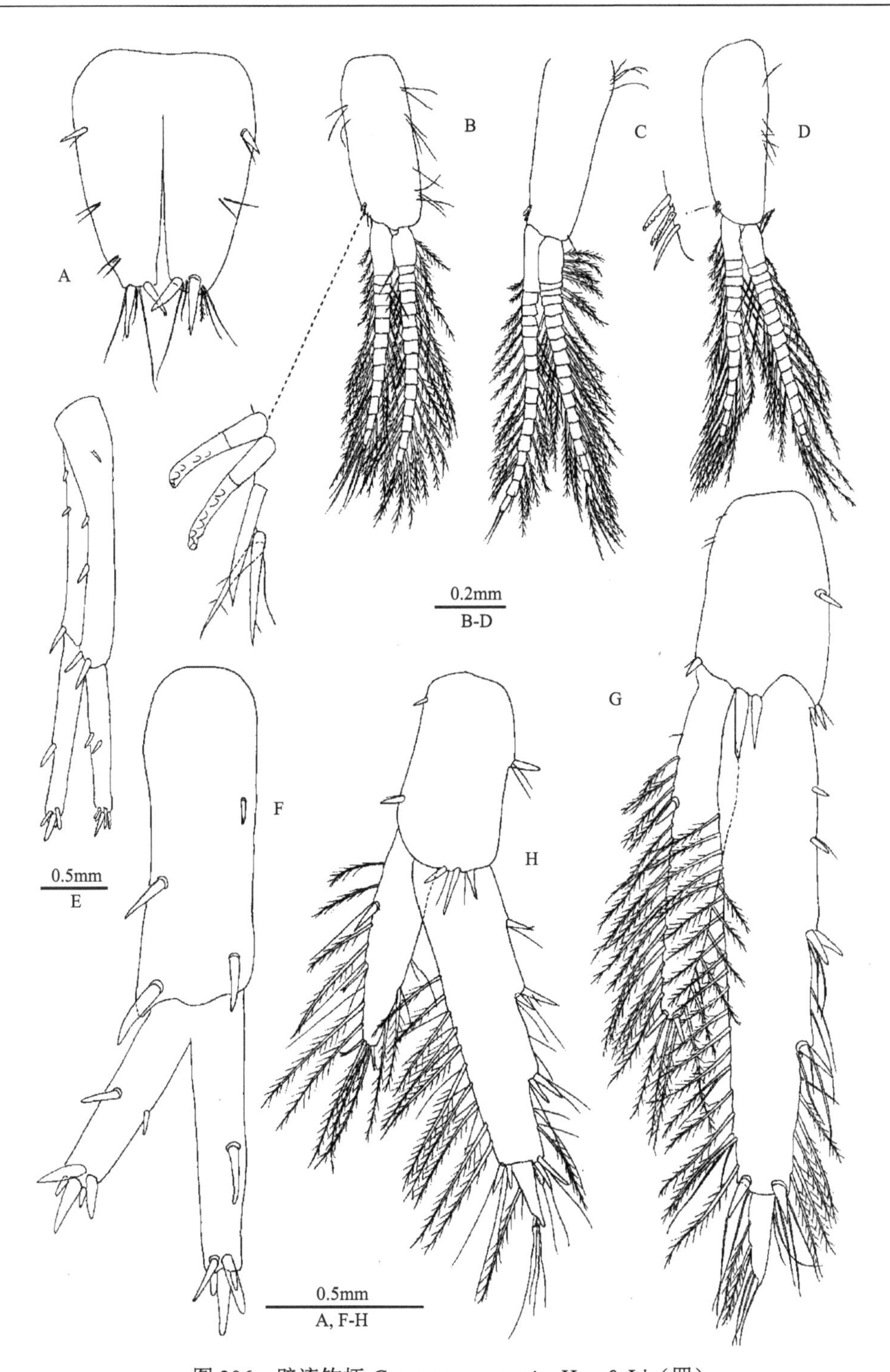

图 306　壁流钩虾 *Gammarus murarius* Hou & Li（四）

♂, A-G; ♀, H。A. 尾节; B. 第 3 腹肢; C. 第 1 腹肢; D. 第 2 腹肢; E. 第 1 尾肢; F. 第 2 尾肢; G. 第 3 尾肢; H. 第 3 尾肢

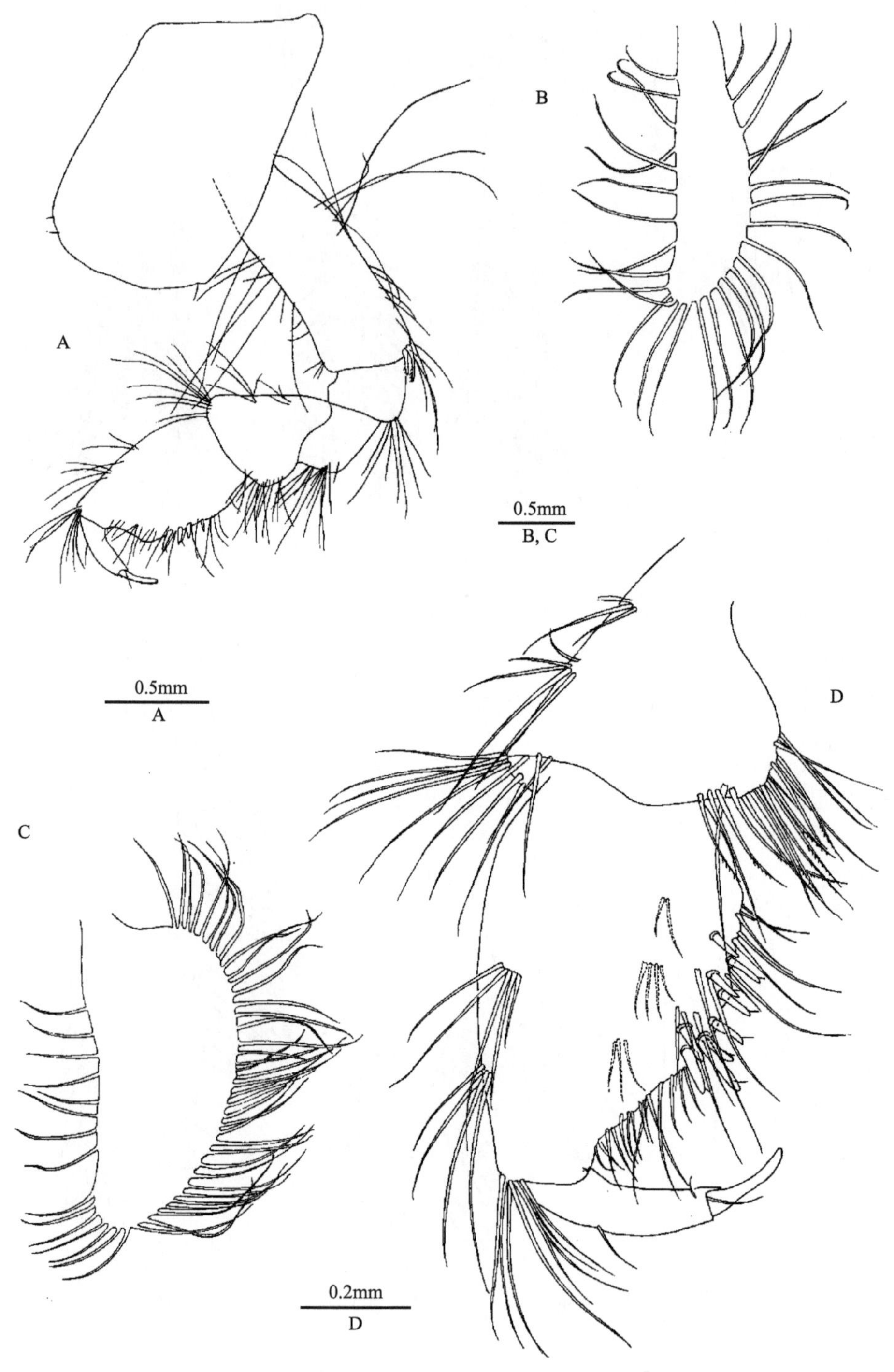

图 307 壁流钩虾 *Gammarus murarius* Hou & Li（五）

♀。A. 第 1 腮足; B. 第 4 抱卵板; C. 第 2 抱卵板; D. 第 1 腮足掌节

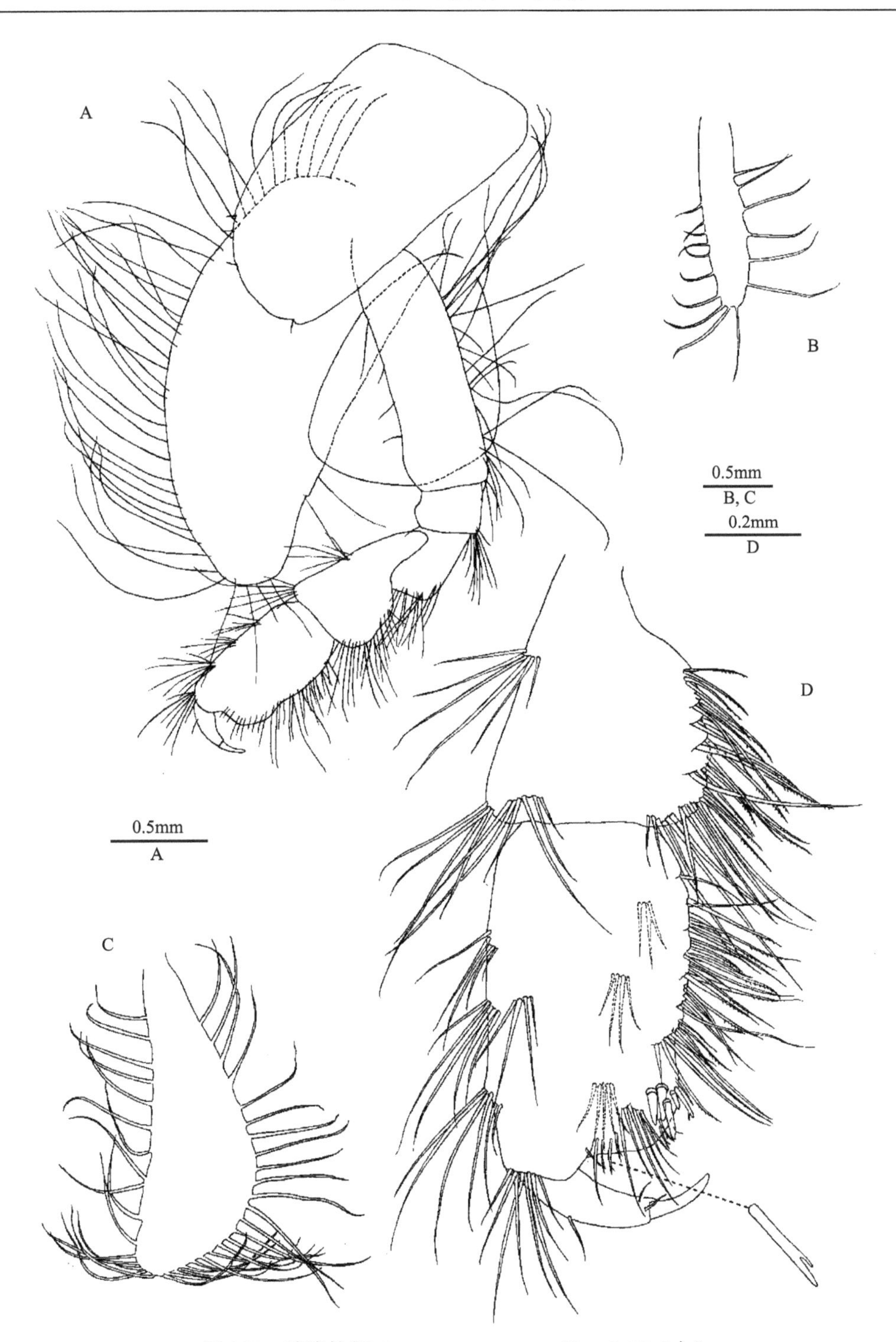

图 308　壁流钩虾 *Gammarus murarius* Hou & Li（六）

♀。A. 第 2 腮足; B. 第 5 抱卵板; C. 第 3 抱卵板; D. 第 2 腮足掌节雌性 9.0mm，抱卵 40 个左右。第 1 腮足掌节卵形，掌面不很倾斜，后缘具 9 刺。第 2 腮足掌节长方形，后缘具 4 细长刺。第 3、4 步足后缘具长直毛，少于雄性。第 2–5 胸节具抱卵板，边缘具许多刚毛。

观察标本：1♂（正模，IZCAS-I-A0047），1♀，陕西志丹顺宁镇纸坊村（36.8°N, 108.8°E），1995.V.24。4♂4♀，陕西延长郑庄镇石马科村（36.5°N, 110.0°E），水温 7℃，1995.V.23。7♂7♀，陕西延长七里村街道赵家塬，1995.V.23。10♂9♀，陕西志丹顺宁镇纸坊村，1995.V.26。

生态习性：本种栖息于泉眼或溪流中。

地理分布：陕西（志丹、延长）。

分类讨论：本种主要鉴别特征为第 3 步足后缘具长卷毛；第 3 尾肢外肢外缘羽状毛少。本种与山西钩虾 *G. shanxiensis* Barnard & Dai 的区别在于第 2 腮足掌节具 1 中央壮刺。与湖泊钩虾 *G. lacustris* Sars 的主要区别是第 2、3 腹侧板后下角钝，第 3 步足后缘具长卷毛。

(62) 雾灵钩虾 *Gammarus nekkensis* Uchida, 1935（图 309–313）

Gammarus nekkensis Uchida, 1935: 5, pls. I–IV; Barnard & Barnard, 1983b: 463; Karaman, 1984: 147; 1989: 21, figs. I–V.

Gammarus (*Rivulogammarus*) *nekkensis*: Barnard & Dai, 1988: 90.

形态描述：雄性，眼卵形，小于第 1 触角柄节直径。第 1 触角约为体长的 1/2，柄节刚毛少，鞭 20 节，副鞭 5 节。第 2 触角第 4、5 柄节具短刚毛，鞭 14 节，具鞋状感觉器。

第 1–4 底节板长大于宽，第 1 基节下缘微微膨大。第 1、2 腮足具直刚毛。第 1 腮足掌节梨形，掌缘中间具 1 壮刺，指节外缘具 1 刚毛。第 2 腮足掌节两边近平行，掌缘稍斜，具 1 中央刺。第 3、4 步足后缘具长卷毛，但第 4 步足比第 3 步足毛稍短。第 5–7 步足基节膨大，内面无刺，第 5、7 基节后缘突出，第 6 基节后缘中间微凹。

第 2、3 腹侧板后下角钝，腹缘具刺。第 1–3 腹节背部无刺或毛，第 4–6 腹节背部微微隆起，具背刺和毛。第 1 尾肢柄节具 1 背基刺，第 2 尾肢稍短于第 1 尾肢。第 3 尾肢内肢长为外肢的 1/2，外肢 2 节，第 1 节外缘仅具简单毛和刺，第 1 节内缘和内肢两缘具羽状毛。尾节宽略大于长，具表面刺。第 2–7 胸节具底节鳃。

雌性第 2–5 胸节具抱卵板，第 2 触角无鞋状感觉器，腮足无掌中刺。

观察标本：8♀10♂，北京密云石城镇四合堂村精灵谷自然风景区天泉，1992.XII.1。9♀12♂，北京平谷湖洞水自然风景区，1992.XII.2。30♀39♂，北京密云四合堂村柳棵峪公路上，pH 6.0，水温 11℃，1992.XII.1。12♀31♂，北京密云四合堂村天仙瀑风景区，pH 6.0，水温 12℃，1992.XI.30。4♀19♂，北京密云四合堂，pH 6.0，水温 4℃，1994.XII.26。5♀5♂，北京房山北甘池村，pH 6.0，水温 16℃，1992.XII.7。7♀6♂，北京昌平虎峪水泉水草中，pH 6.0，水温 8℃，1992.XII.4。

生态习性：本种栖息在溪流、冷水性泉眼处。

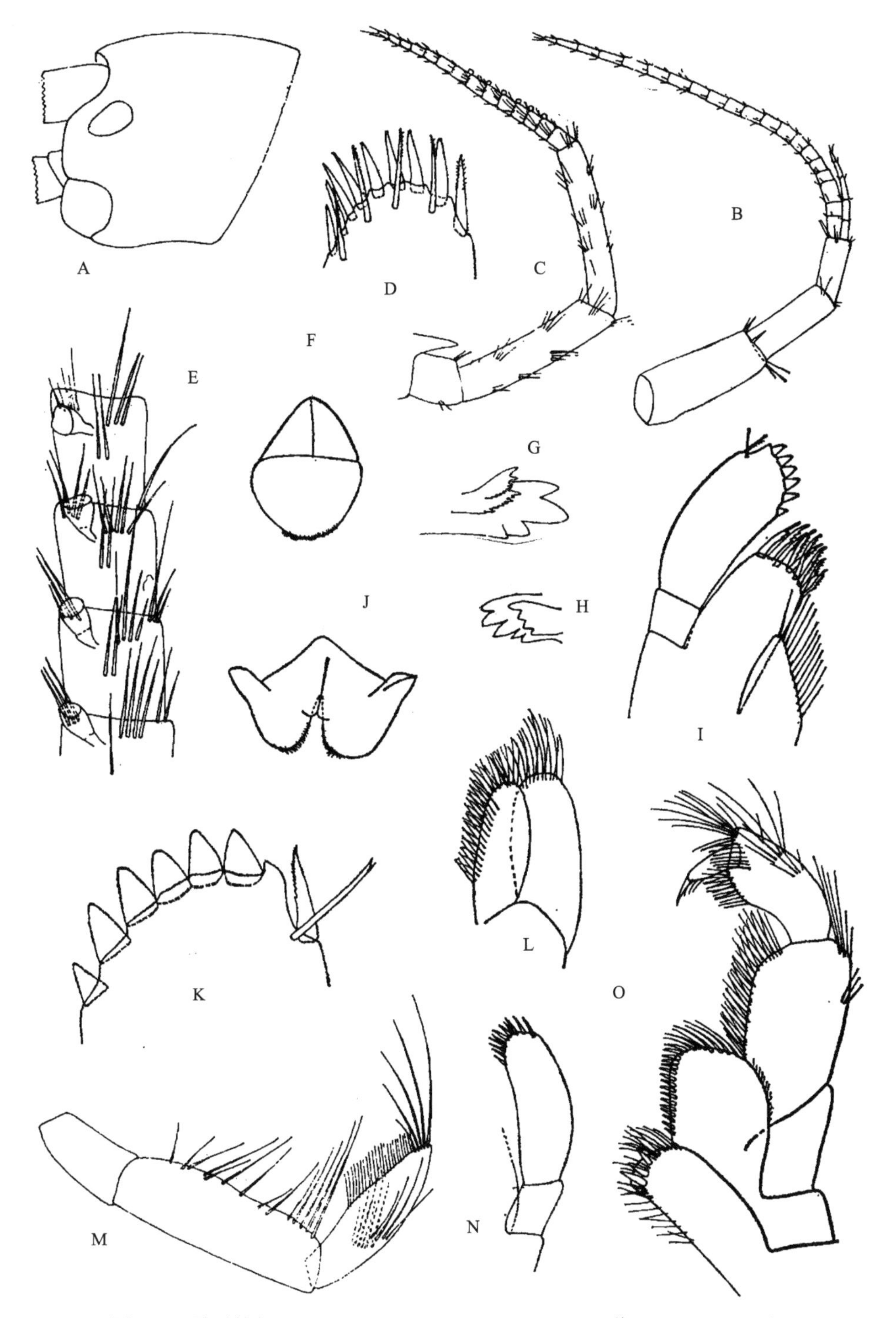

图 309　雾灵钩虾 *Gammarus nekkensis* Uchida（一）（仿 Karaman, 1989）

♂, A-H, J-M; ♀, I, N, O。A. 头; B. 第 1 触角; C. 第 2 触角; D. 左第 1 小颚触须; E. 第 2 触角鞭节; F. 上唇; G. 右大颚切齿; H. 左大颚切齿; I. 右第 1 小颚; J. 下唇; K. 右第 1 小颚触须; L. 第 2 小颚; M. 大颚触须; N. 左第 1 小颚触须; O. 颚足

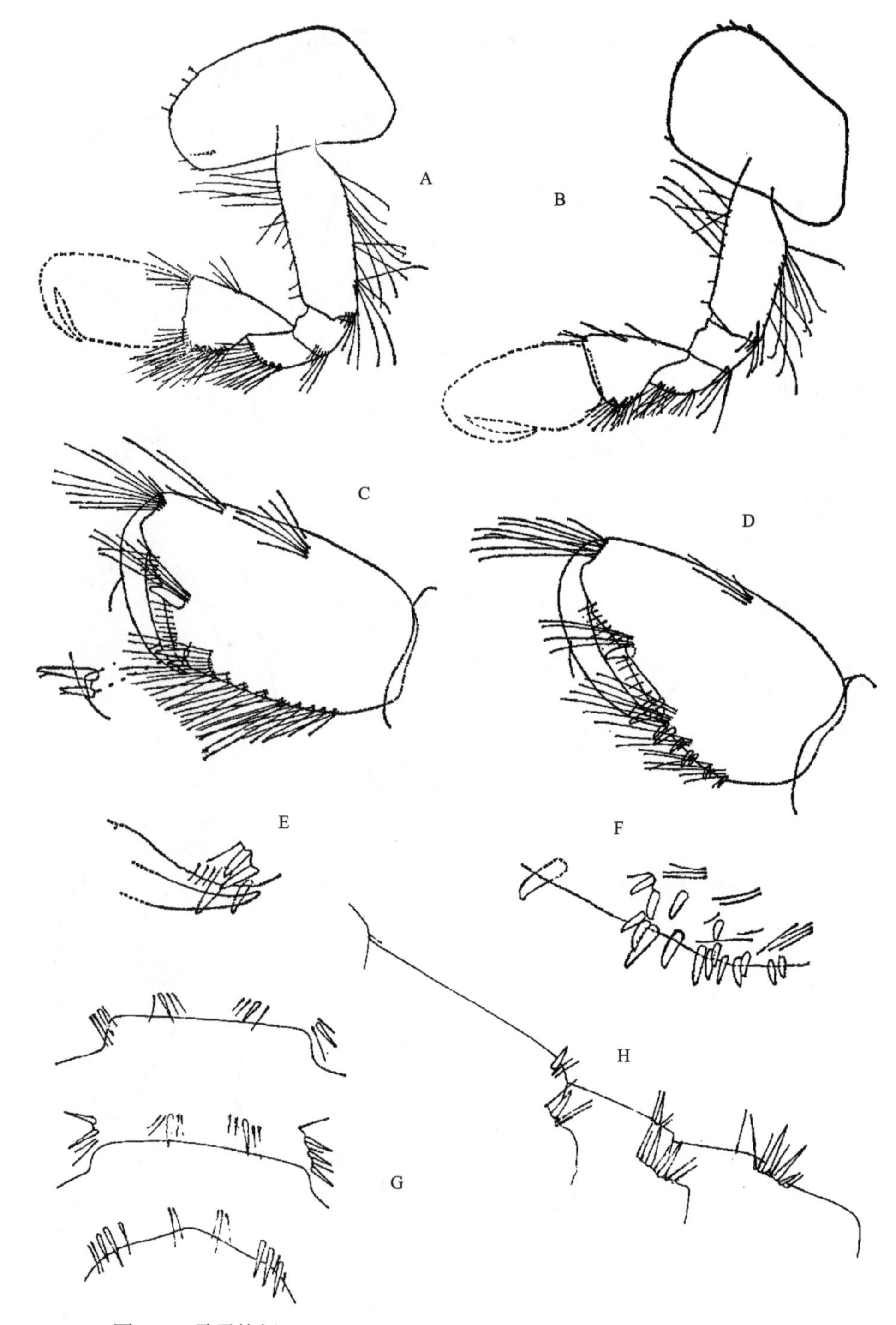

图 310　雾灵钩虾 *Gammarus nekkensis* Uchida（二）（仿 Karaman, 1989）

♂。A. 第 2 腮足; B. 第 1 腮足; C. 第 2 腮足掌节; D. 第 1 腮足掌节; E. 第 2 腮足掌节掌缘刺; F. 第 1 腮足掌节掌缘刺; G. 第 4-6 腹节（背面观）; H. 第 4-6 腹节（侧面观）

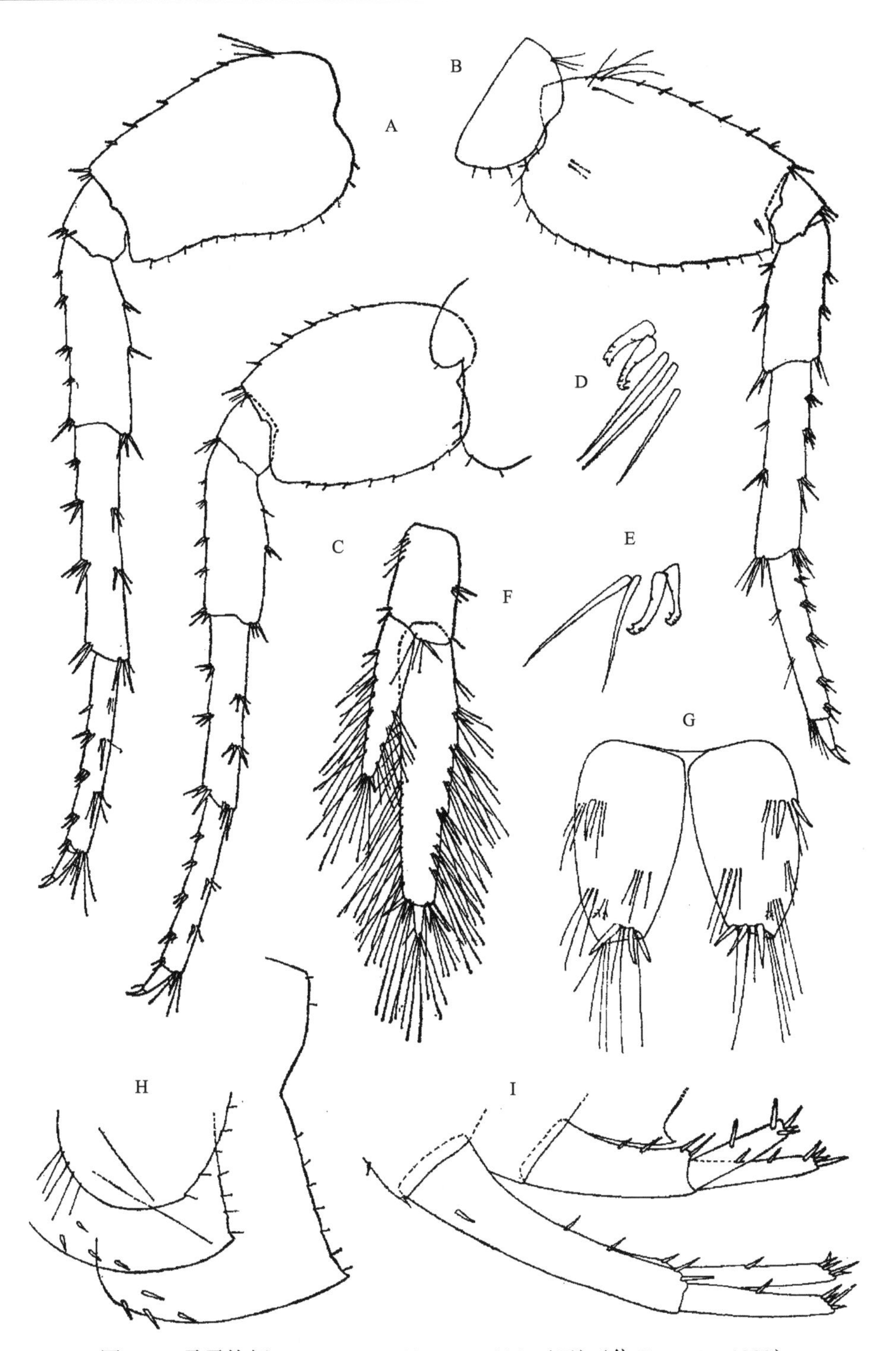

图 311　雾灵钩虾 *Gammarus nekkensis* Uchida（三）（仿 Karaman, 1989）

♂。A. 第 6 步足; B. 第 7 步足; C. 第 5 步足; D. 第 2 腹肢钩刺; E. 第 1、3 腹肢钩刺; F. 第 3 尾肢; G. 尾节; H. 第 1-3 腹侧板; I. 第 1、2 尾肢

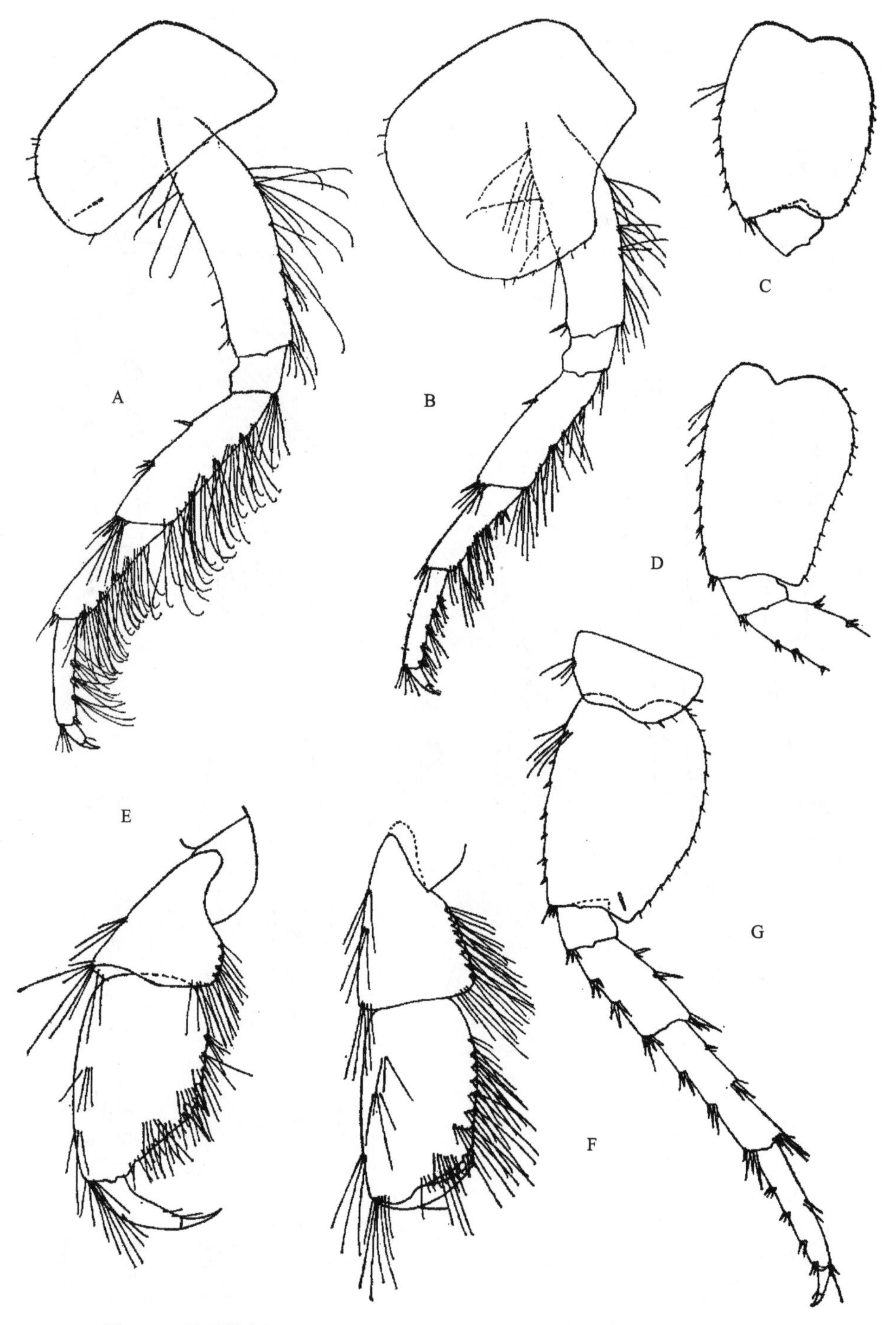

图 312　雾灵钩虾 *Gammarus nekkensis* Uchida（四）（仿 Karaman, 1989）

♂, A, B; ♀, C-G。A. 第 3 步足; B. 第 4 步足; C. 第 5 步足基节; D. 第 6 步足基节; E. 第 1 腮足掌节; F. 第 2 腮足掌节; G. 第 7 步足

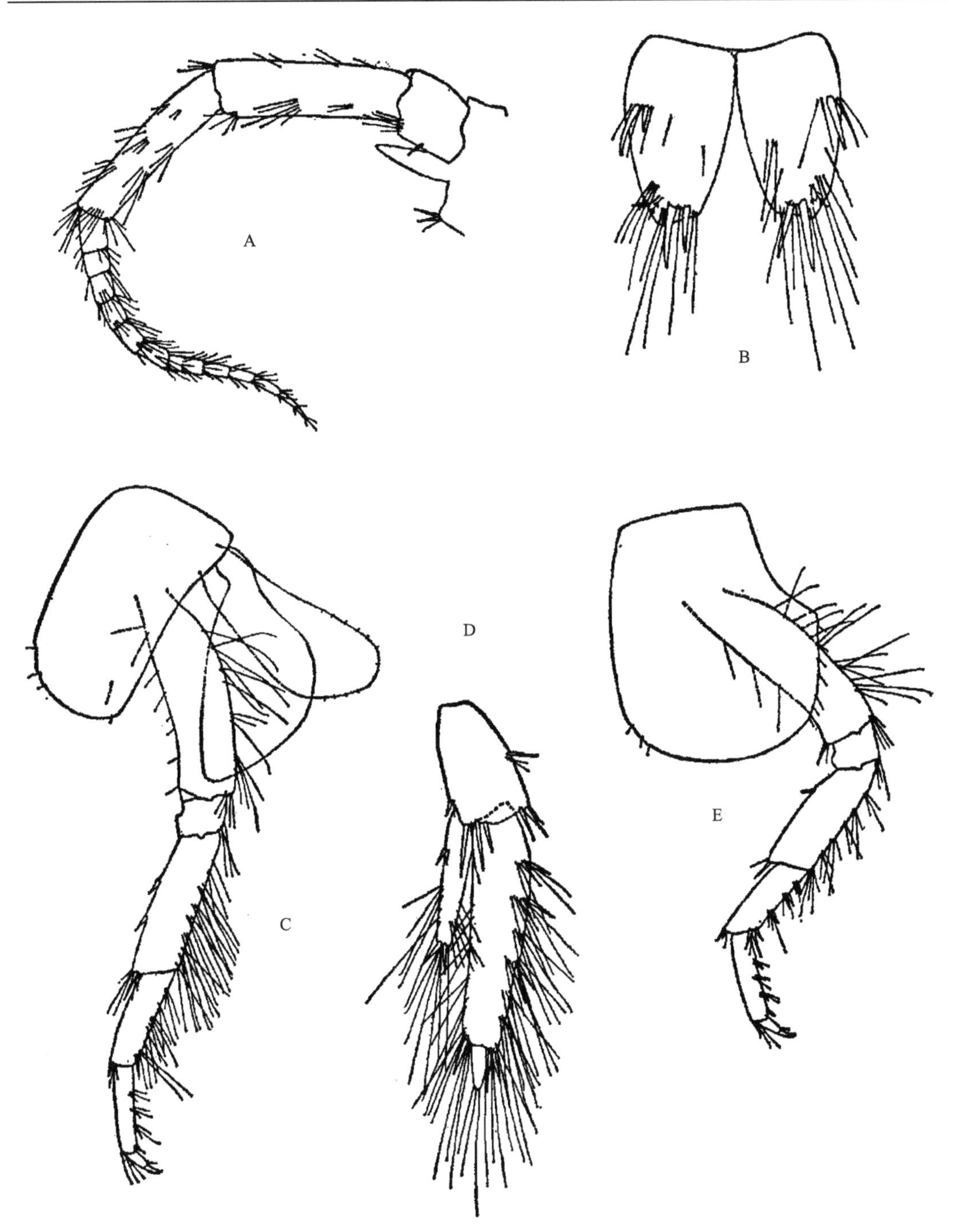

图 313　雾灵钩虾 *Gammarus nekkensis* Uchida（五）（仿 Karaman, 1989）
♀。A. 第 2 触角; B. 尾节; C. 第 3 步足; D. 第 3 尾肢; E. 第 4 步足

地理分布：北京、河北。

分类讨论：本种主要鉴别特征是第 3 步足后缘具长卷刚毛；第 2、3 腹侧板后下角钝；第 3 尾肢内肢长为外肢的 1/2，外肢外缘具简单毛，外肢内缘与内肢两缘密布羽状毛。

本种与广泛分布在北京的湖泊钩虾 *G. lacustris* Sars 主要区别在于本种第 2、3 腹侧板后下角钝，第 3 尾肢外肢外缘具简单毛，第 5–7 步足指节短；而湖泊钩虾第 2、3 腹侧板后下角尖，第 3 尾肢外肢外缘密布羽状毛，第 5–7 步足指节细长。本种与绥芬钩虾 *G. suifunensis* Martynov 区别是本种第 3 尾肢内肢长达外肢的 1/2，而绥芬钩虾第 3 尾肢内肢长达外肢的 1/3。

(63) 宁蒗钩虾 *Gammarus ninglangensis* Hou & Li, 2003（图 314–318）

Gammarus ninglangensis Hou & Li, 2003c: 556, figs. 7–11.

形态描述：雄性 11.0mm。眼肾形，中等大小。第 1 触角第 1–3 柄节长度比 1.00∶0.72∶0.50，具缘毛和末端毛；鞭 24 节，具感觉毛，副鞭 4 节。第 2 触角第 4 柄节稍短于第 5 柄节，第 4 柄节前、后缘各具 3 组刚毛，第 5 柄节两缘具 4 组毛；鞭 8 节，具鞋状感觉器。左大颚切齿 5 齿，动颚片 4 齿；刺排具 8 羽状毛，触须第 2 节具 13 毛，触须第 3 节长是第 2 节的 4/5，具 4 A-刚毛、3 组 B-刚毛、20 D-刚毛和 5 E-刚毛。右大颚切齿 4 齿，动颚片分叉。第 1 小颚内叶具 17 羽状毛，外叶具 11 锯齿状刺；触须第 2 节具 6 壮刺和 1 羽状毛。第 2 小颚内叶具 25 羽状毛。颚足内叶具顶刺；外叶宽，具钝齿。

第 1 腮足基节前、后缘具长刚毛；腕节三角形，长为掌节的 3/4；掌节梨形，掌缘斜，中央具 1 壮刺，后缘与内面具短刺；指节短，外缘具 1 刚毛。第 2 腮足基节与第 1 腮足相似，腕节长为掌节的 2/3；掌节近长方形，掌缘平截，具 1 中央壮刺，后角具 7 刺；指节外缘具 1 刚毛，趾钩短。第 3 步足稍长于第 4 步足，第 3、4 步足后缘具长直毛和短刺；指节粗，外缘具 1 刚毛，趾钩接合处具 2 硬刚毛。第 6、7 步足长于第 5 步足，第 5–7 步足基节前缘具 3、4 短刺和刚毛，后缘具短刚毛；长节和腕节前、后缘各具 2、3 组刺；掌节前缘具 4 组刺；指节外缘具 1 刚毛，趾钩接合处具 2 刺，指节短。第 2–7 胸节具底节鳃，囊状，第 7 底节鳃最小。

第 1–3 腹侧板后角渐尖，第 1 腹侧板腹前缘具 5 刚毛，第 2、3 腹侧板腹缘具刺。第 4–6 腹节背部微微隆起，中线和两侧各具 1 簇刺。

第 1 尾肢柄节具 1 背基刺，外缘具 1-1-1-2 刺；外肢内、外缘分别具 1 和 2 刺；内肢内、外缘分别具 1 和 2 刺。第 2 尾肢柄节内、外缘分别具 1 和 3 刺；内、外肢均具 1、2 缘刺。第 3 尾肢内肢长为外肢的 4/5，外肢仅 1 节，内、外肢两缘密布羽状长毛。尾节深裂，长大于宽，末端具刺和长刚毛，表面毛少。

雌性 7.5mm。第 2 触角无鞋状感觉器。第 1 腮足腕节稍短于掌节；掌节不如雄性倾斜，后缘具 6 刺。第 2 腮足掌节长方形，背缘具 3 组长刚毛，后缘具 3 刺。第 5–7 步足基节宽于雄性。第 3 尾肢内肢长为外肢的 9/10，外肢 1 节，具 1-2-2 缘刺和 4 末端刺；内、外肢均具羽状毛。第 2–5 胸节具抱卵板，边缘具长刚毛。

观察标本：1♂（正模，IZCAS-I-A0034），4♂1♀，云南宁蒗永宁镇落水村一渔场（27.7°N, 100.7°E），海拔 2650m，1981.VIII.11，陈国孝。

生态习性：本种栖息在渔场的水草下，有时与卷毛钩虾 *G. curvativus* Hou & Li 生活在同一个小生境。

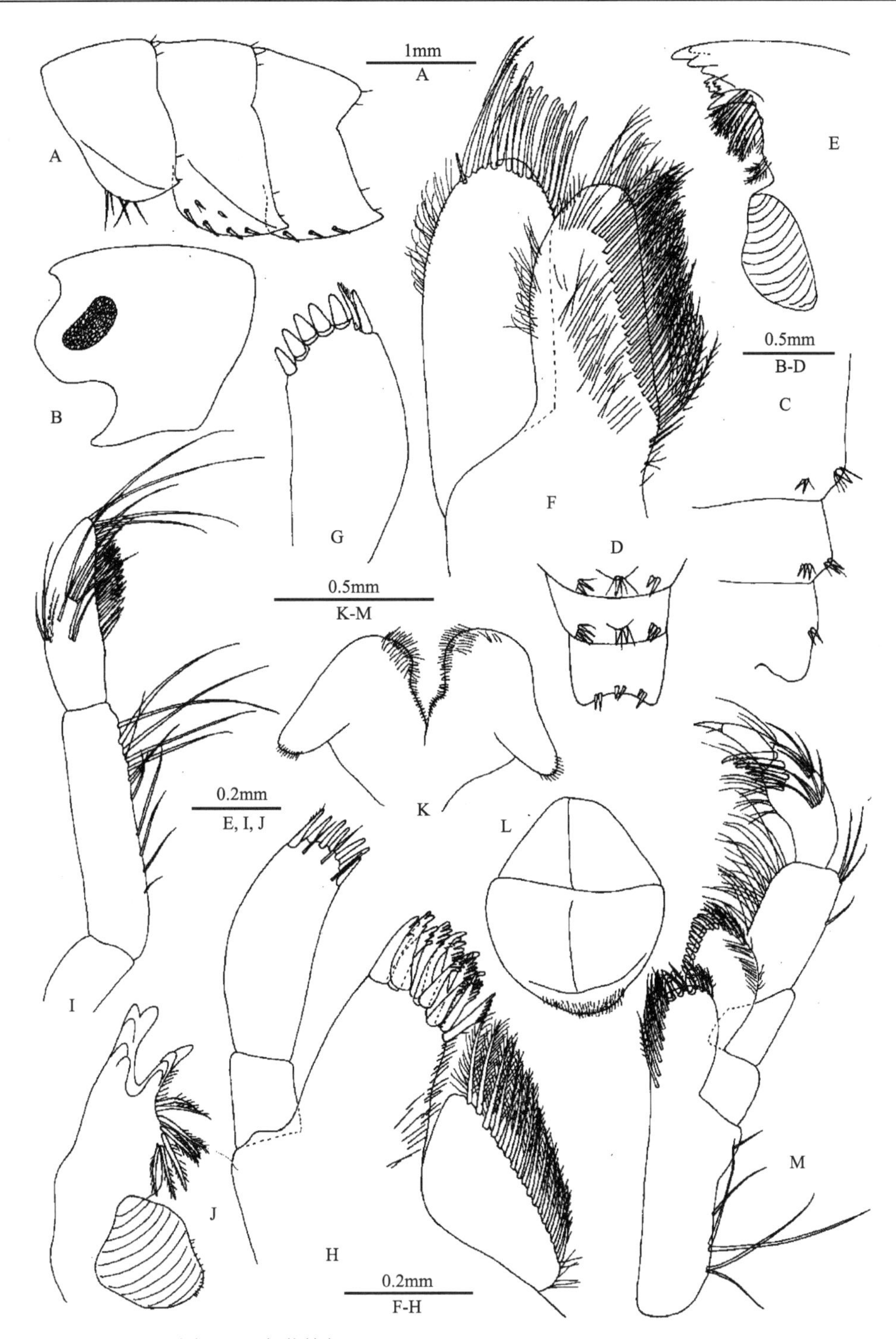

图 314　宁蒗钩虾 *Gammarus ninglangensis* Hou & Li（一）

♂。A. 第 1-3 腹侧板; B. 头; C. 第 4-6 腹节（侧面观）; D. 第 4-6 腹节（背面观）; E. 右大颚切齿; F. 第 2 小颚; G. 右第 1 小颚触须; H. 左第 1 小颚; I. 左大颚触须; J. 左大颚切齿; K. 下唇; L. 上唇; M. 颚足

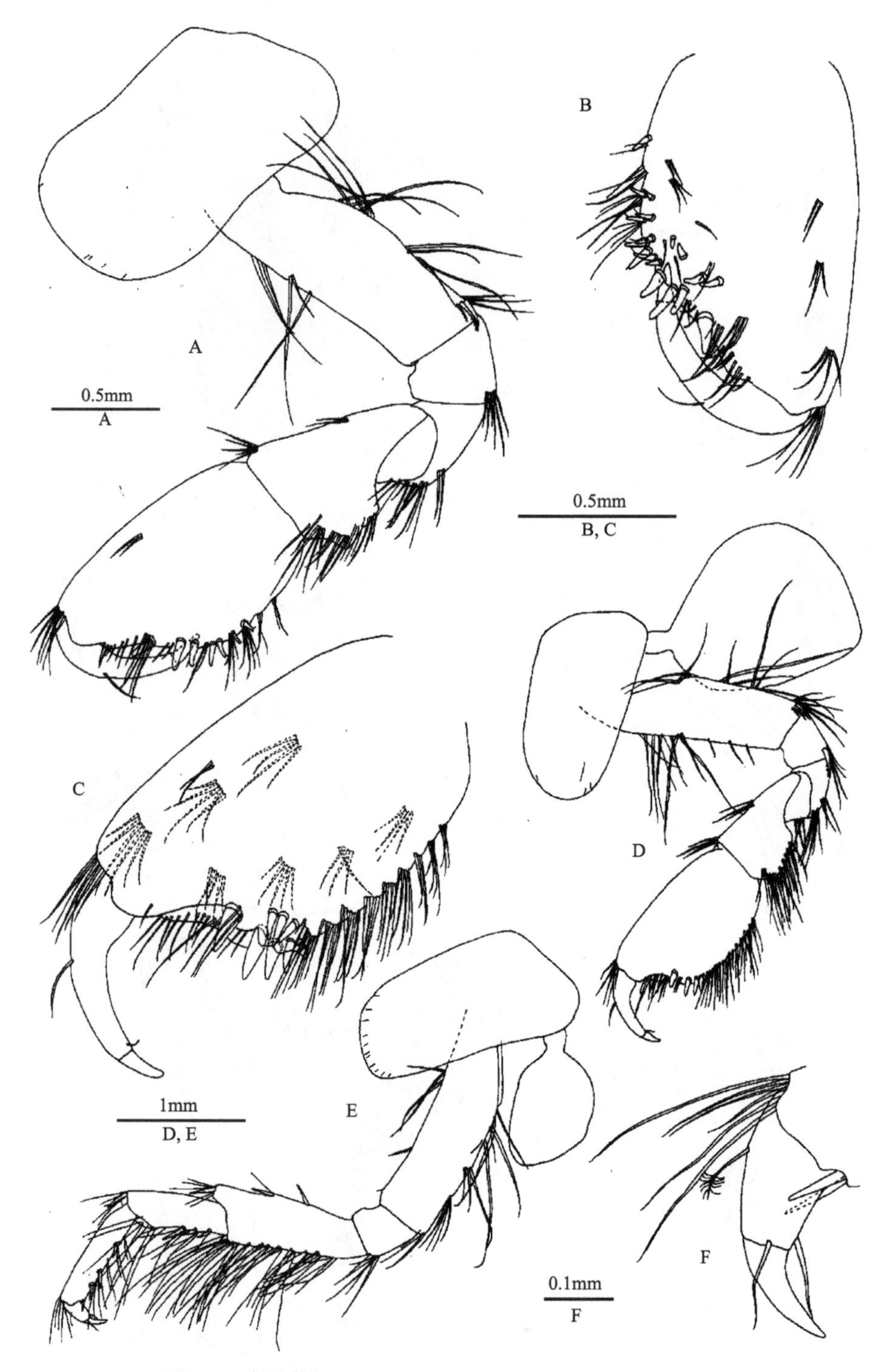

图 315 宁蒗钩虾 *Gammarus ninglangensis* Hou & Li（二）

♂。A. 第 1 腮足; B. 第 1 腮足掌节; C. 第 2 腮足掌节; D. 第 2 腮足; E. 第 3 步足; F. 第 3 步足指节

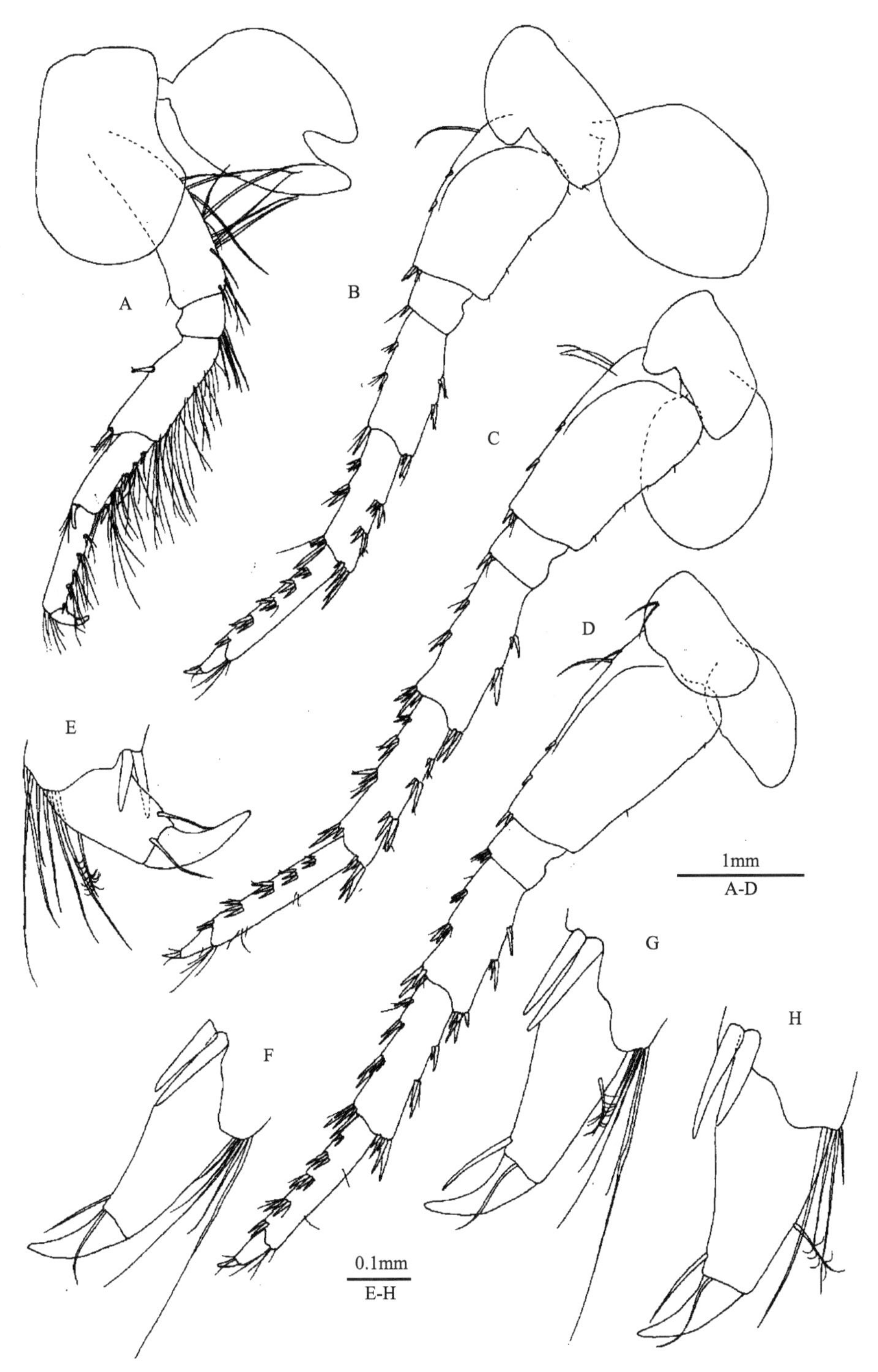

图 316　宁蒗钩虾 *Gammarus ninglangensis* Hou & Li（三）

♂。A. 第 4 步足; B. 第 5 步足; C. 第 6 步足; D. 第 7 步足; E-H. 第 4-7 步足指节

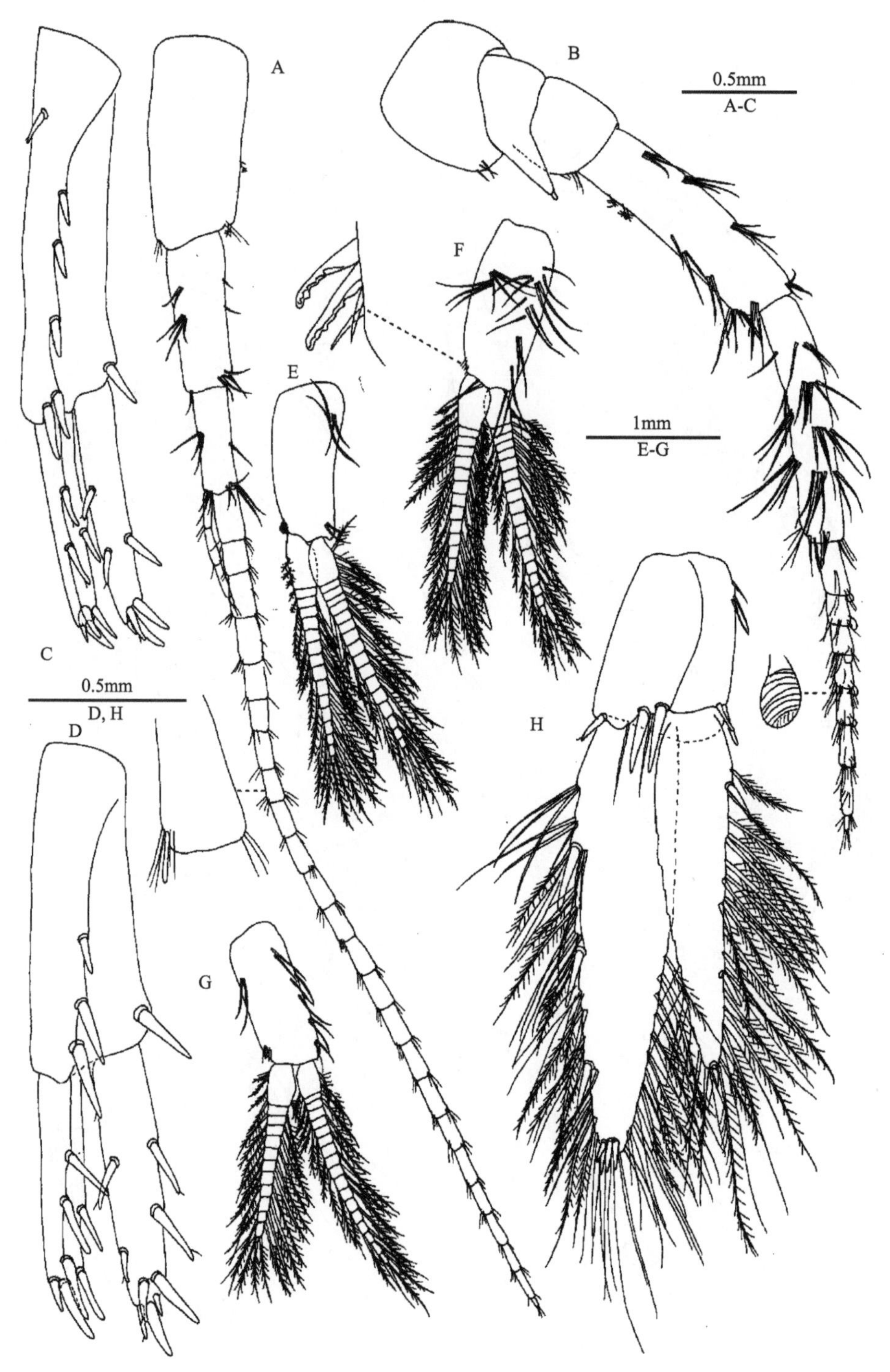

图 317 宁蒗钩虾 *Gammarus ninglangensis* Hou & Li（四）

♂。A. 第 1 触角; B. 第 2 触角; C. 第 1 尾肢; D. 第 2 尾肢; E-G. 第 1-3 腹肢; H. 第 3 尾肢

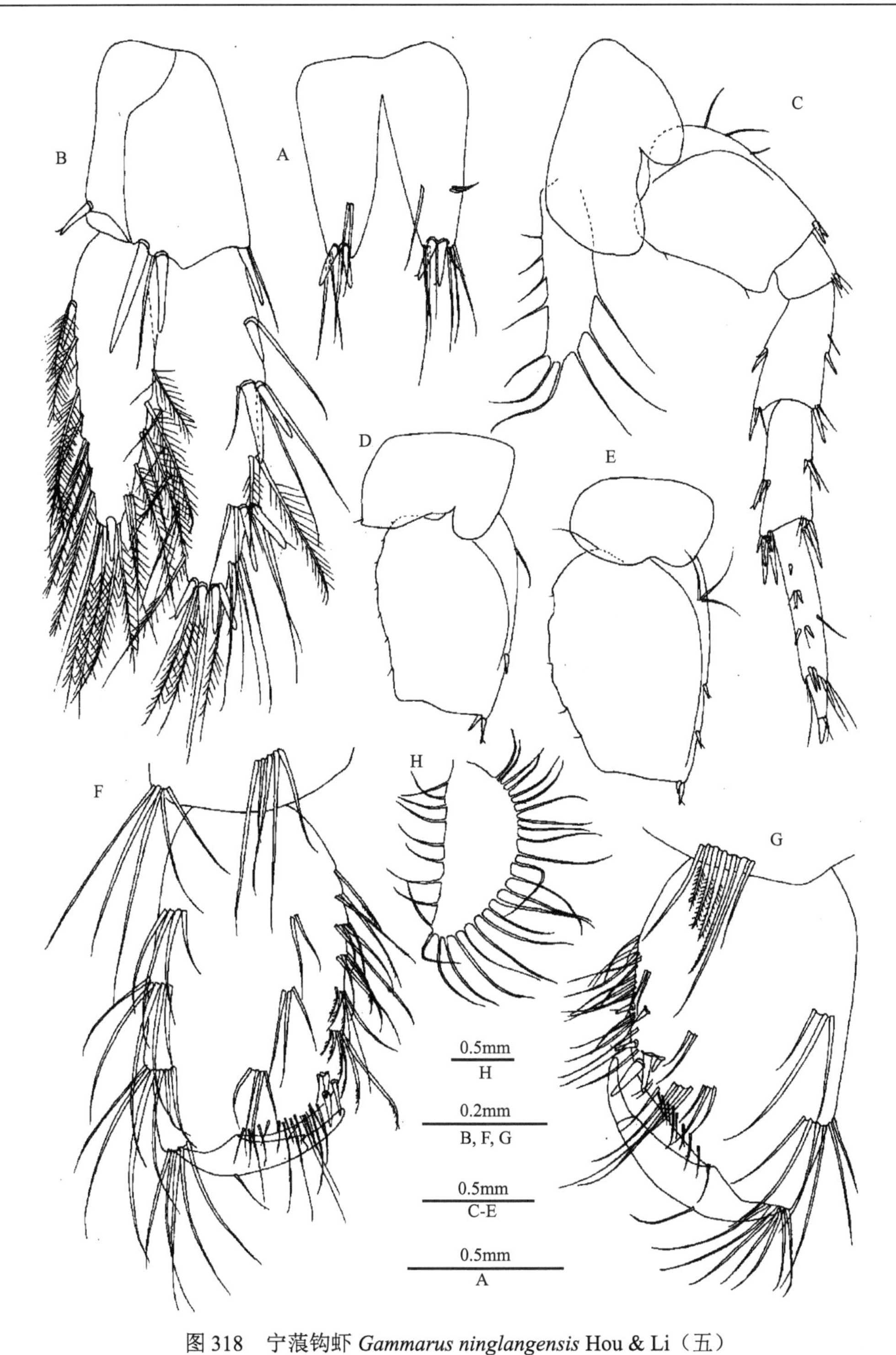

图 318　宁蒗钩虾 *Gammarus ninglangensis* Hou & Li（五）

♂, A; ♀, B-H。A. 尾节; B. 第 3 尾肢; C. 第 5 步足; D. 第 6 步足基节; E. 第 7 步足基节; F. 第 2 腮足掌节; G. 第 1 腮足掌节; H. 第 2 抱卵板

地理分布：云南（宁蒗）。

分类讨论：本种主要鉴别特征为第 2 腮足腕节和掌节背缘具长直毛；第 5–7 步足基节延长，前缘具 3、4 短刺，后缘具短毛；第 3 尾肢内肢长是外肢的 4/5，外肢 1 节，内、外肢具长羽状毛。

本种第 1、2 腮足的形状、第 3–7 步足具刺而少毛、第 3 尾肢内肢长为外肢的 4/5 等特征，与湖泊钩虾 *G. lacustris* Sars 相似；主要区别是本种第 2、3 腹侧板后下角稍尖，而后者第 2、3 腹侧板后下角很尖；本种第 3 尾肢外肢 1 节，而后者第 3 尾肢外肢 2 节，短。

(64) 小眼钩虾 *Gammarus parvioculus* Hou & Li, 2010（图 319–323）

Gammarus parvioculus Hou & Li, 2010: 245, figs. 19–23.

形态描述：雄性 12.5mm。眼小，是头长的 1/6。第 1 触角第 1–3 柄节长度比 1.0∶0.8∶0.4，具末端毛；鞭 32 节，具感觉毛；副鞭 5 节。第 2 触角第 4 柄节比第 5 柄节稍长，前、后缘均具几组短刚毛；鞭 14 节，具鞋状感觉器。左大颚切齿 5 齿；动颚片 4 齿，刺排具 8 对刚毛；触须第 2 节具 12 毛，第 3 节具 4 A-刚毛、3 B-刚毛、1 排 D-刚毛和 5 E-刚毛。右大颚切齿 4 齿，动颚片分叉，具小齿。第 1 小颚左右不对称，内、外叶分别具 14 羽状毛和 11 锯齿状刺；左触须第 2 节具 7 细长刺和 3 硬刚毛；右触须第 2 节具 5 壮刺、1 栉状刺和 1 刚毛。第 2 小颚内叶具 15 羽状毛。颚足内叶具 3 顶端壮刺和 1、2 近顶端刺；外叶具 15 钝齿和 6 顶端栉状刺；触须 4 节。

第 1 腮足底节板前、后角分别具 2 和 1 刚毛；基节前、后缘具长毛；腕节长达掌节的 3/4；掌节卵形，掌缘具 1 中央壮刺，掌后缘具 1 刺和 4 对刺，内面具 3 组刺；指节外缘具 1 刚毛。第 2 腮足腕节长达掌节的 4/5；掌缘具 1 中央刺，后缘具 2 对刺，内面具几组长刚毛。第 3 步足基节后缘具长刚毛；长节和腕节后缘密布长卷刚毛；掌节具长刚毛和刺；指节外缘具 1 羽状刚毛，趾钩接合处具 2 刚毛。第 4 步足底节板后缘凹陷；基节后缘具长刚毛；长节到掌节后缘具长直毛。第 5 步足底节板前角具 1 毛，后缘具 2 毛；基节前缘具 6 刺，后缘直，具 1 排短毛，后角近方形；长节和腕节前、后缘具 2 组刺；掌节前缘具 3 组刺；指节外缘具 1 羽状刚毛，趾钩接合处具 2 硬刚毛。第 6 步足细长，基节后缘膨大，内面具 1 毛；长节至掌节具刺和较少短刚毛，腕节长于长节和掌节。第 7 步足基节后缘膨大，内面具 1 刺伴 1 刚毛；长节到腕节与第 6 步足相似。

第 1 腹侧板腹前缘具 10 长毛，后缘具 4 短毛；第 2 腹侧板后下角近直，腹缘具 2 毛和 3 刺，后缘具 5 短毛；第 3 腹侧板腹前缘具 4 长毛，腹缘具 3 刺，后缘具 3 毛，后下角钝。第 1–3 腹肢相似，柄节前角具 2 钩刺和羽状毛；外肢比内肢稍短，内、外肢均具羽状毛。第 4–6 腹节背部扁平，具 4 组刺和刚毛。

第 1 尾肢柄节具 1 背基刺，内、外缘分别具 1 和 3 刺；内肢内缘具 1 刺；外肢内、外缘各具 1 刺。第 2 尾肢柄节内、外缘分别具 1 和 2 刺；外肢内、外缘各具 1 刺；内肢内缘具 1 刺。第 3 尾肢柄节侧面具 1 刺和 1 刚毛；内肢与柄节近等长，是外肢长的 2/5，内、外缘具羽状刚毛和简单刚毛；外肢第 1 节外缘具 2 对刺和长简单刚毛，内缘密布长简单毛和羽状毛，第 2 节短于邻近刺。尾节每叶表面具 1 背侧刺和长刚毛，末端具 2 刺和长刚毛。

雌性 9.0mm。第 1 腮足掌节卵形，掌缘不如雄性倾斜，无掌中央刺，后缘具 4 刺。第 2 腮足掌节长于雄性，后缘具 3 刺。第 3 尾肢内肢长是外肢的 2/5，外肢外缘具 2 对刺和长简单刚毛，内缘具简单刚毛和羽状刚毛，第 2 节短于邻近节；内肢具简单刚毛和羽状刚毛。第 2–5 抱卵板逐渐变小，具长缘毛。

观察标本：1♂（正模，IZCAS-I-A318），16♂6♀，北京房山四合村（115.42°E, 39.42°N），2005.IV.13。

生态习性：栖息在离洞口 15m 的地下河中。洞口在半山腰，有一条清澈的地下河。

地理分布：北京。

分类讨论：本种主要鉴别特征是眼小；第 3 步足后缘具长卷毛；第 5–7 步足细长，前、后缘具较少长刚毛；第 3 尾肢内肢短于外肢的 1/2，外肢外缘具简单刚毛。本种适应于相对较近的洞穴入口，介于地表水大眼和洞穴无眼的物种之间。

本种第 2 触角具鞋状感觉器、第 3 尾肢外肢外缘具简单长毛等特征与雾灵钩虾 *G. nekkensis* Uchida 相似，主要区别在于本种眼小，第 5–7 步足很细长，第 3 尾肢内肢长是外肢的 2/5；而雾灵钩虾眼中等大小，第 5–7 步足壮，第 3 尾肢内肢长为外肢的 1/2。

(65) 少刺钩虾 *Gammarus paucispinus* Hou & Li, 2002（图 324–329）

Gammarus paucispinus Hou & Li, 2002c: 37, figs. 1–6.

形态描述：雄性 6.5mm。眼卵形。第 1 触角柄节具较少刚毛，第 1–3 柄节长度比 1.00∶0.70∶0.42，鞭 23 节，具感觉毛，副鞭 4 节。第 2 触角第 4、5 柄节长度相等，前、后缘各具 3、4 组刚毛，内面具 3、4 簇刚毛；鞭 12 节，无鞋状感觉器。左大颚切齿 5 齿，动颚片 4 齿，刺排具 6 羽状毛，臼齿具 1 羽状毛；触须第 2 节具 11 刚毛，第 3 节具 3 A-刚毛、3 B-刚毛、18 D-刚毛和 4 E-刚毛。右大颚切齿 4 齿，动颚片分叉，具小齿。第 1 小颚内、外叶分别具 11 羽状毛和 11 锯齿状大刺；左触须第 2 节具 6 细长刺，顶端具 2 刚毛；右触须第 2 节具 5 壮刺、1 细长刺和 1 硬刚毛。第 2 小颚内叶具 8 羽状刚毛，外叶稍长于内叶。颚足内叶具 3 顶端壮刺和 1 近顶刺；外叶宽大，顶缘和近顶缘具 11 钝齿和 7 梳状刚毛。

第 1 腮足底节板前、后角分别具 2 和 1 刚毛；基节前、后缘具长刚毛；腕节和掌节长，掌节掌缘极度倾斜，中央具 1 壮刺，后缘和内侧各具 5 刺；指节外缘具 1 刚毛，趾钩接合处具 3 刚毛。第 2 腮足腕节略短于掌节，腕节毛多而长；掌节宽，掌缘稍斜，中央具 1 壮刺，后缘具 7 小刺。

第 3 步足基节至腕节后缘具长卷毛；腕节和掌节后缘具 5 对刺；指节外缘具 1 羽状毛，末端具 1 硬毛。第 4 步足底节板后缘凹陷。第 6 步足长于第 5、7 步足，基节前缘具刺，第 7 步足基节后缘膨大；长节至掌节前缘具刺，刚毛少。第 2–7 胸节具底节鳃，第 7 底节鳃小。

图 319 小眼钩虾 *Gammarus parvioculus* Hou & Li（一）

♂。A. 头; B. 第 1 触角; C. 第 2 触角; D. 上唇; E. 右大颚切齿和动颚片; F. 左大颚; G. 下唇; H. 左第 1 小颚; I. 左第 1 小颚外叶; J. 第 2 小颚; K. 颚足; L. 颚足内叶; M. 右第 1 小颚触须

图 320　小眼钩虾 *Gammarus parvioculus* Hou & Li（二）

♂。A. 第 1 腮足; B. 第 2 腮足; C. 第 1 腮足掌节; D. 第 2 腮足掌节（背面观）; E. 第 2 腮足掌节（腹面观）

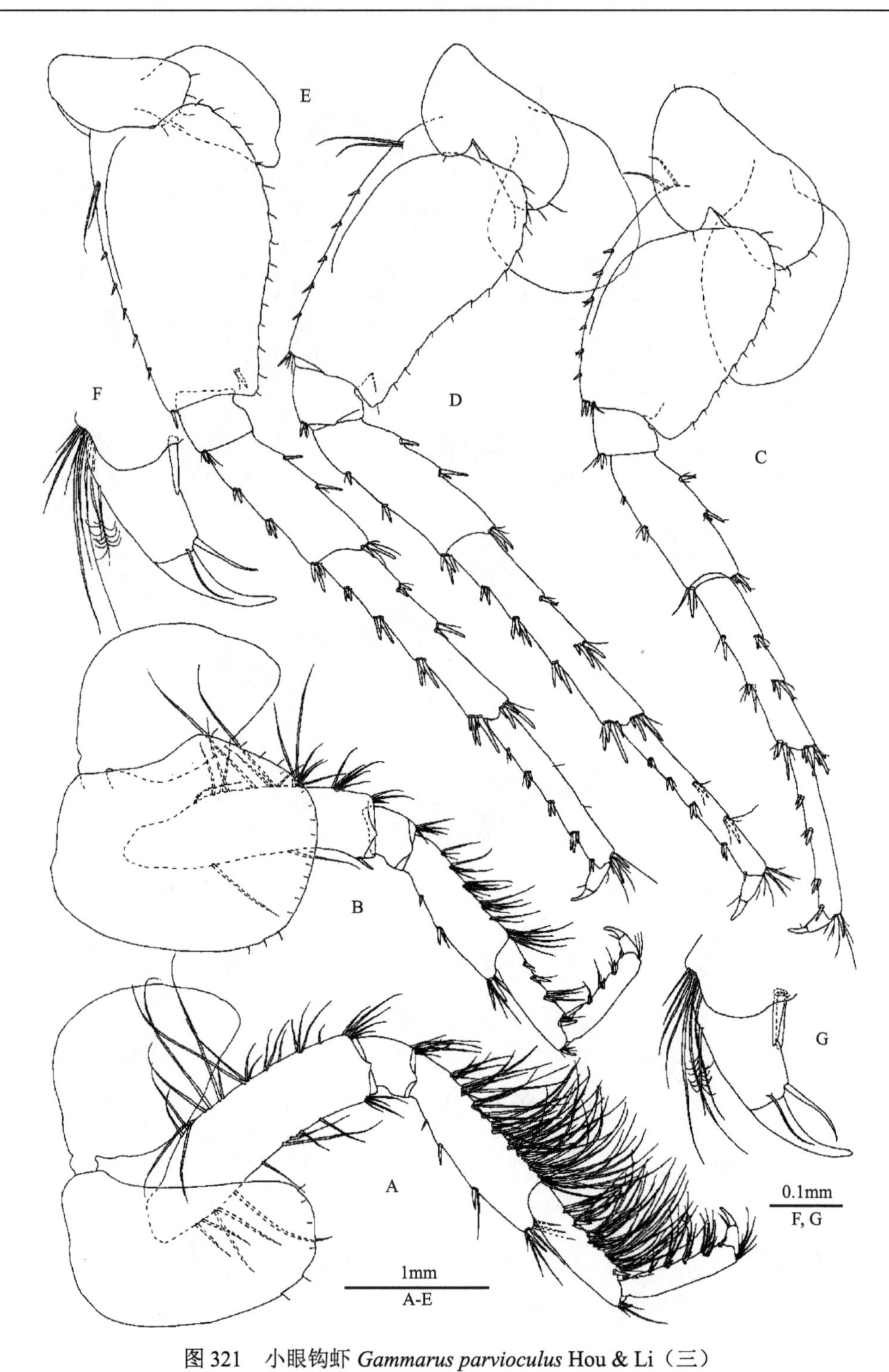

图 321 小眼钩虾 *Gammarus parvioculus* Hou & Li（三）

♂。A. 第 3 步足; B. 第 4 步足; C. 第 5 步足; D. 第 6 步足; E. 第 7 步足; F. 第 3 步足指节; G. 第 4 步足指节

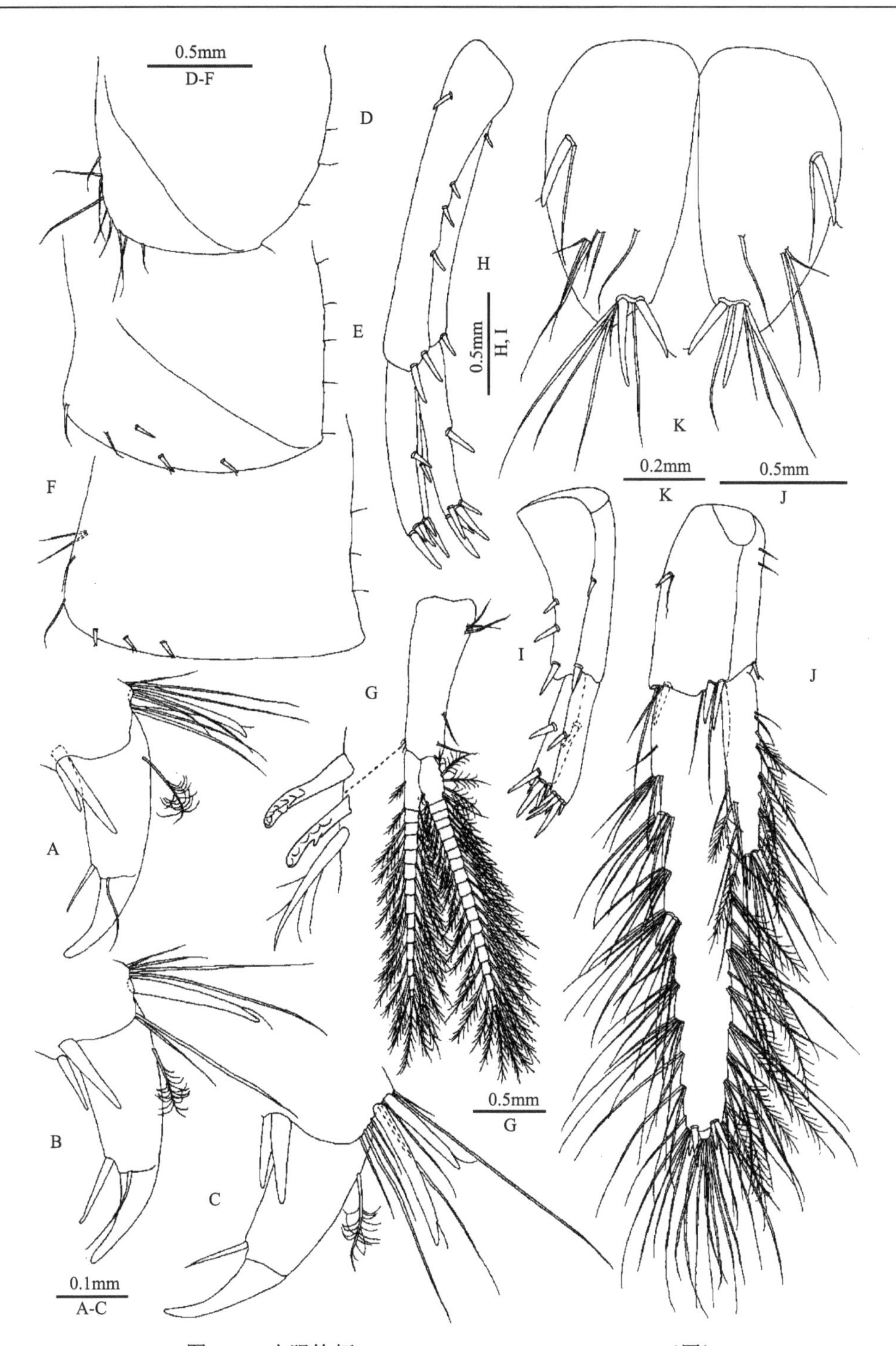

图 322　小眼钩虾 *Gammarus parvioculus* Hou & Li（四）

♂。A. 第 5 步足指节; B. 第 6 步足指节; C. 第 7 步足指节; D. 第 1 腹侧板; E. 第 2 腹侧板; F. 第 3 腹侧板; G. 第 1 腹肢; H. 第 1 尾肢; I. 第 2 尾肢; J. 第 3 尾肢; K. 尾节

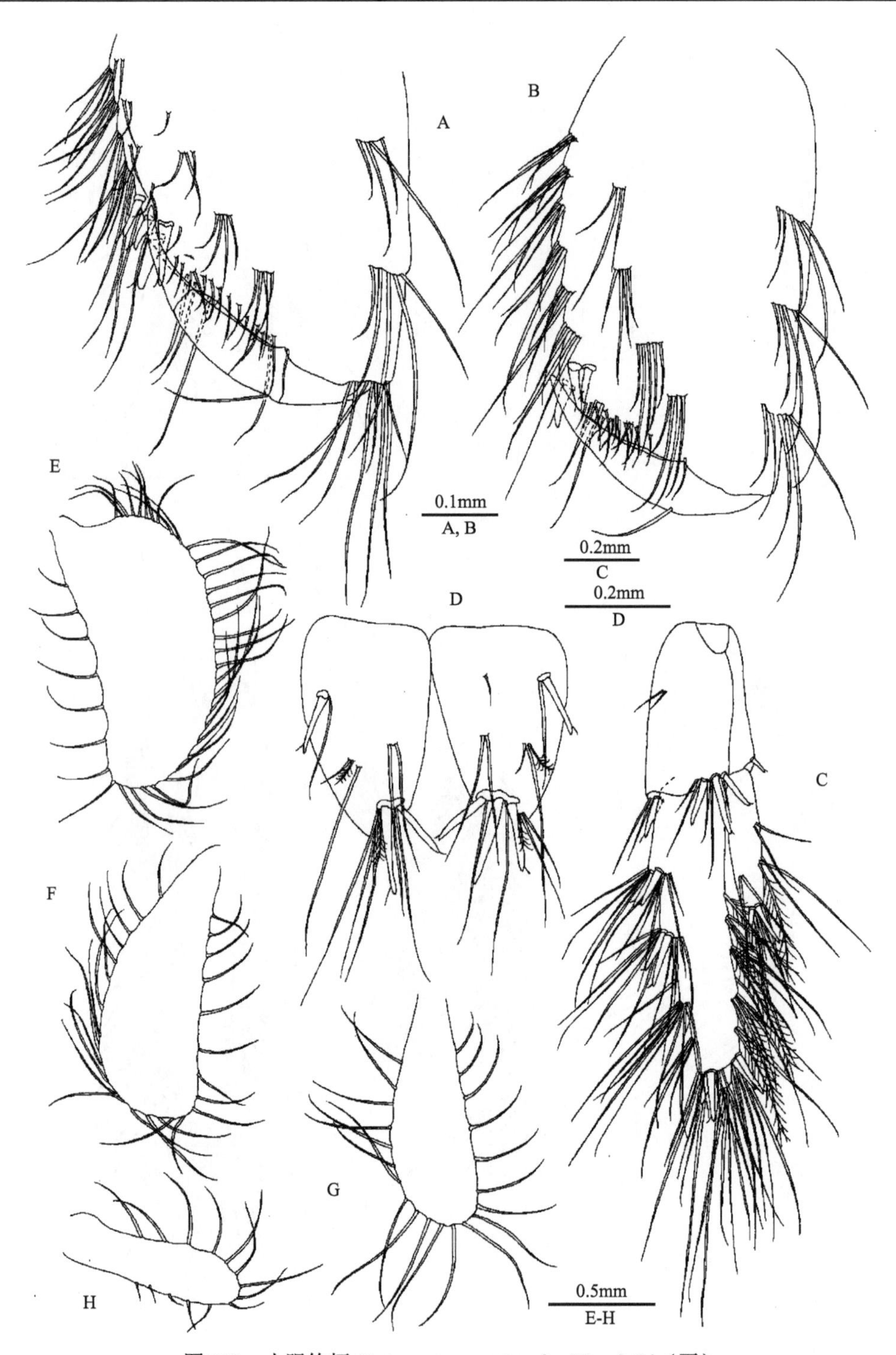

图 323 小眼钩虾 *Gammarus parvioculus* Hou & Li（五）

♀。A. 第 1 腮足掌节; B. 第 2 腮足掌节; C. 第 3 尾肢; D. 尾节; E. 第 2 抱卵板; F. 第 3 抱卵板; G. 第 4 抱卵板; H. 第 5 抱卵板

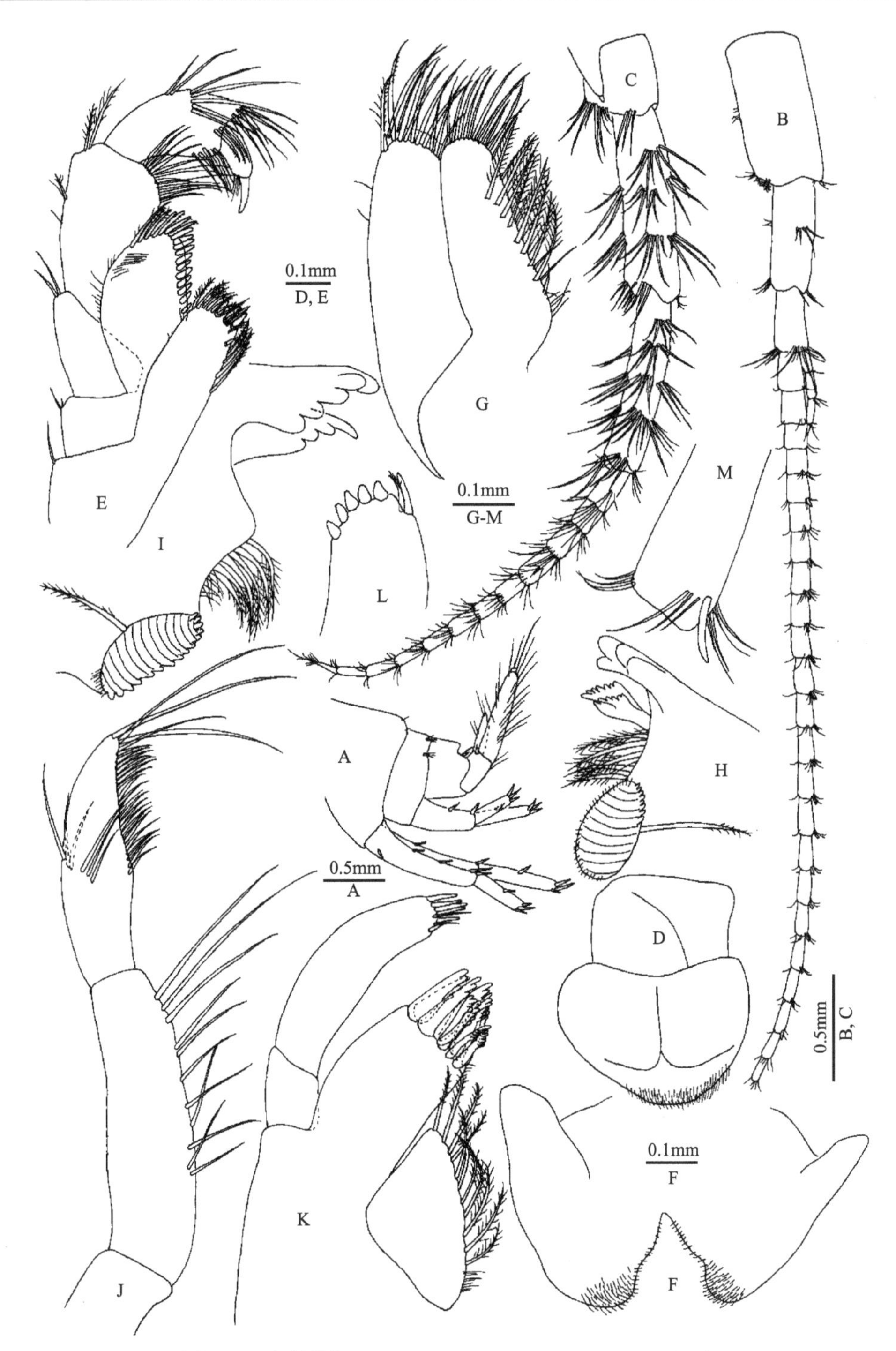

图 324　少刺钩虾 *Gammarus paucispinus* Hou & Li（一）

♂。A. 第 4-6 腹节（侧面观）; B. 第 1 触角; C. 第 2 触角; D. 上唇; E. 颚足; F. 下唇; G. 第 2 小颚; H. 右大颚切齿; I. 左大颚切齿; J. 左大颚触须; K. 左第 1 小颚; L. 右第 1 小颚触须; M. 第 1 触角鞭节

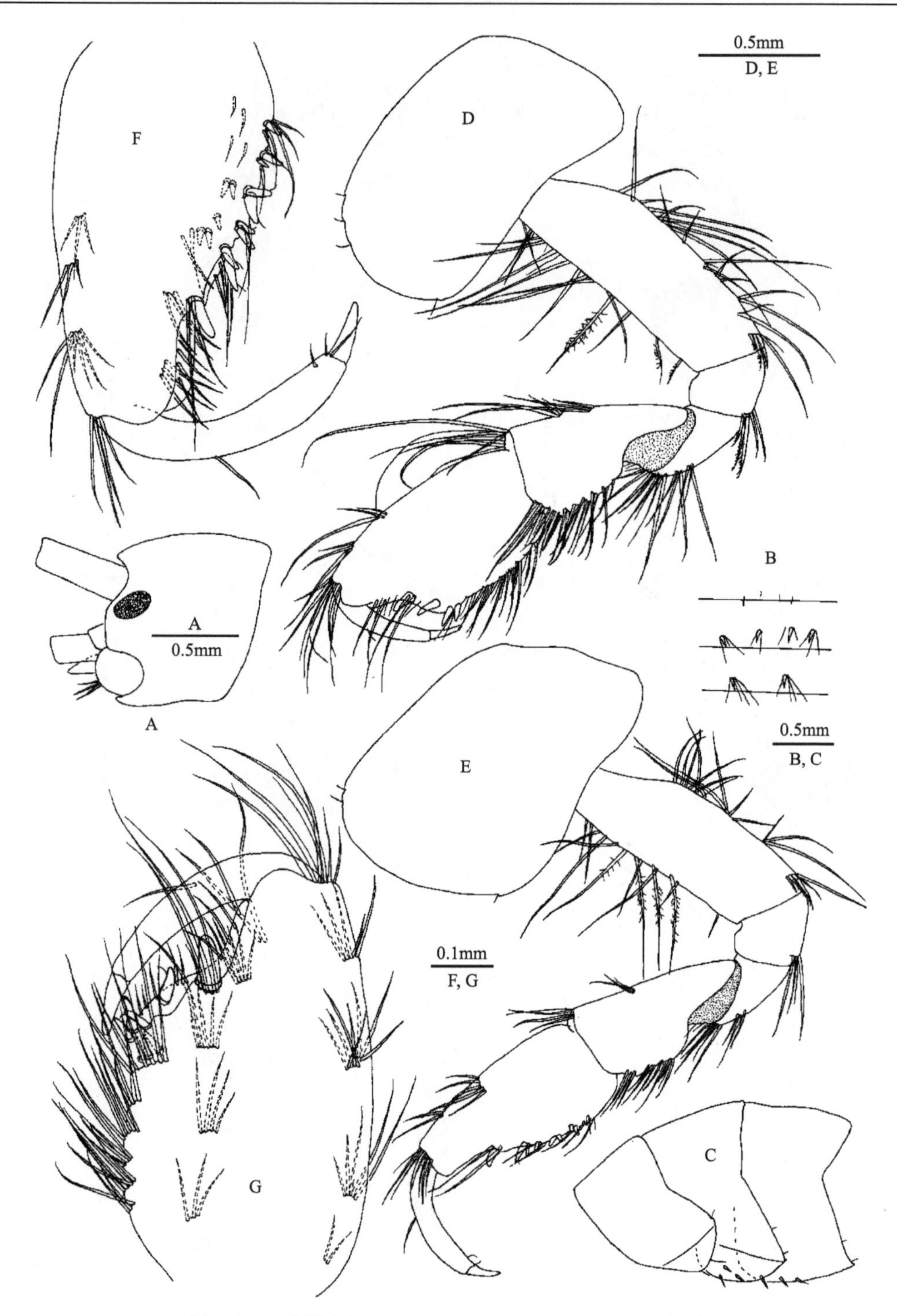

图 325 少刺钩虾 *Gammarus paucispinus* Hou & Li（二）

♂。A. 头; B. 第 4-6 腹节（背面观）; C. 第 1-3 腹侧板; D. 第 2 腮足; E. 第 1 腮足; F. 第 1 腮足掌节; G. 第 2 腮足掌节

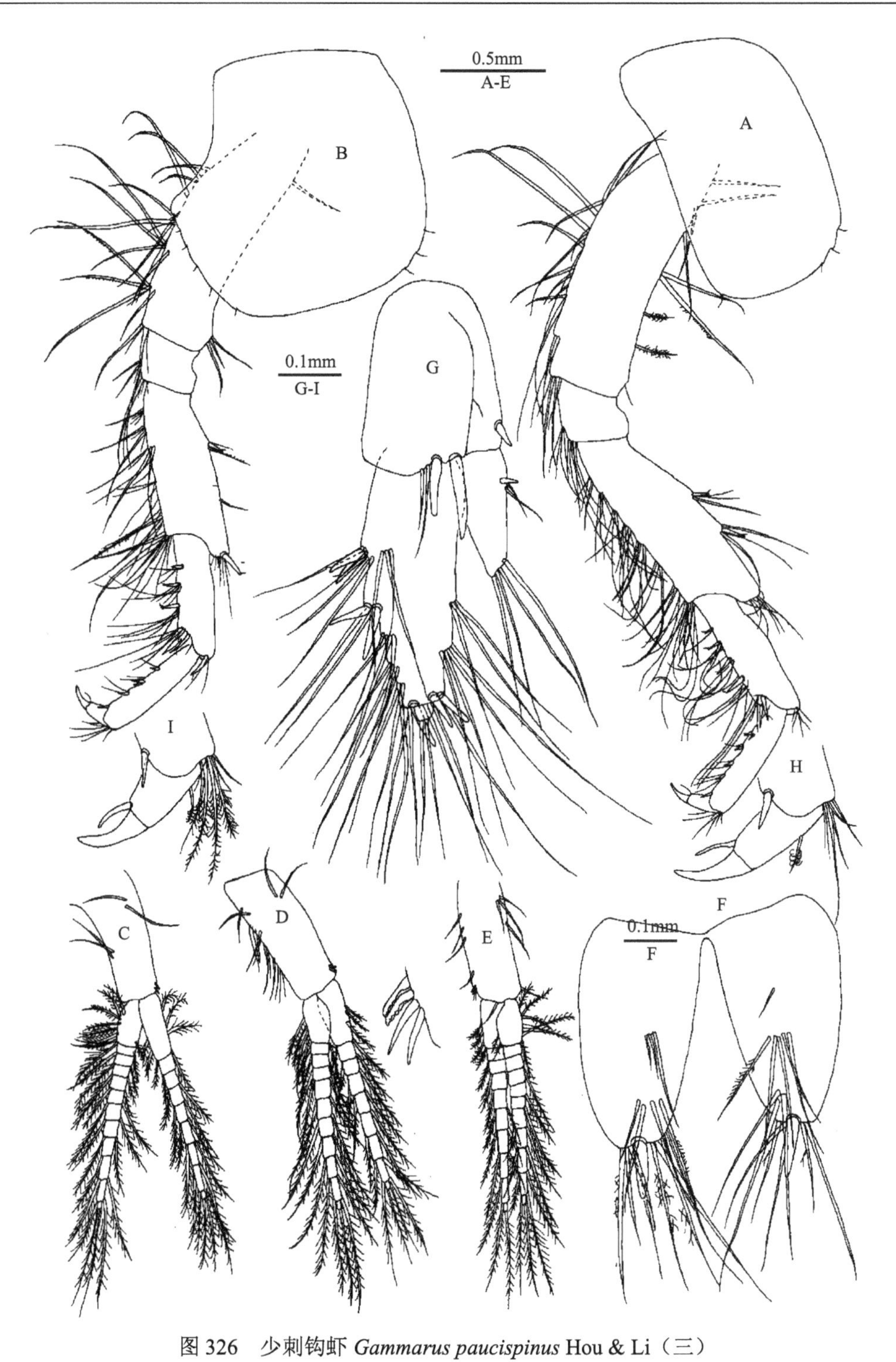

图 326　少刺钩虾 *Gammarus paucispinus* Hou & Li（三）

♂, A-F, H, I; ♀, G。A. 第 3 步足; B. 第 4 步足; C-E. 第 1-3 腹肢; F. 尾节; G. 第 3 尾肢; H. 第 3 步足指节; I. 第 4 步足指节

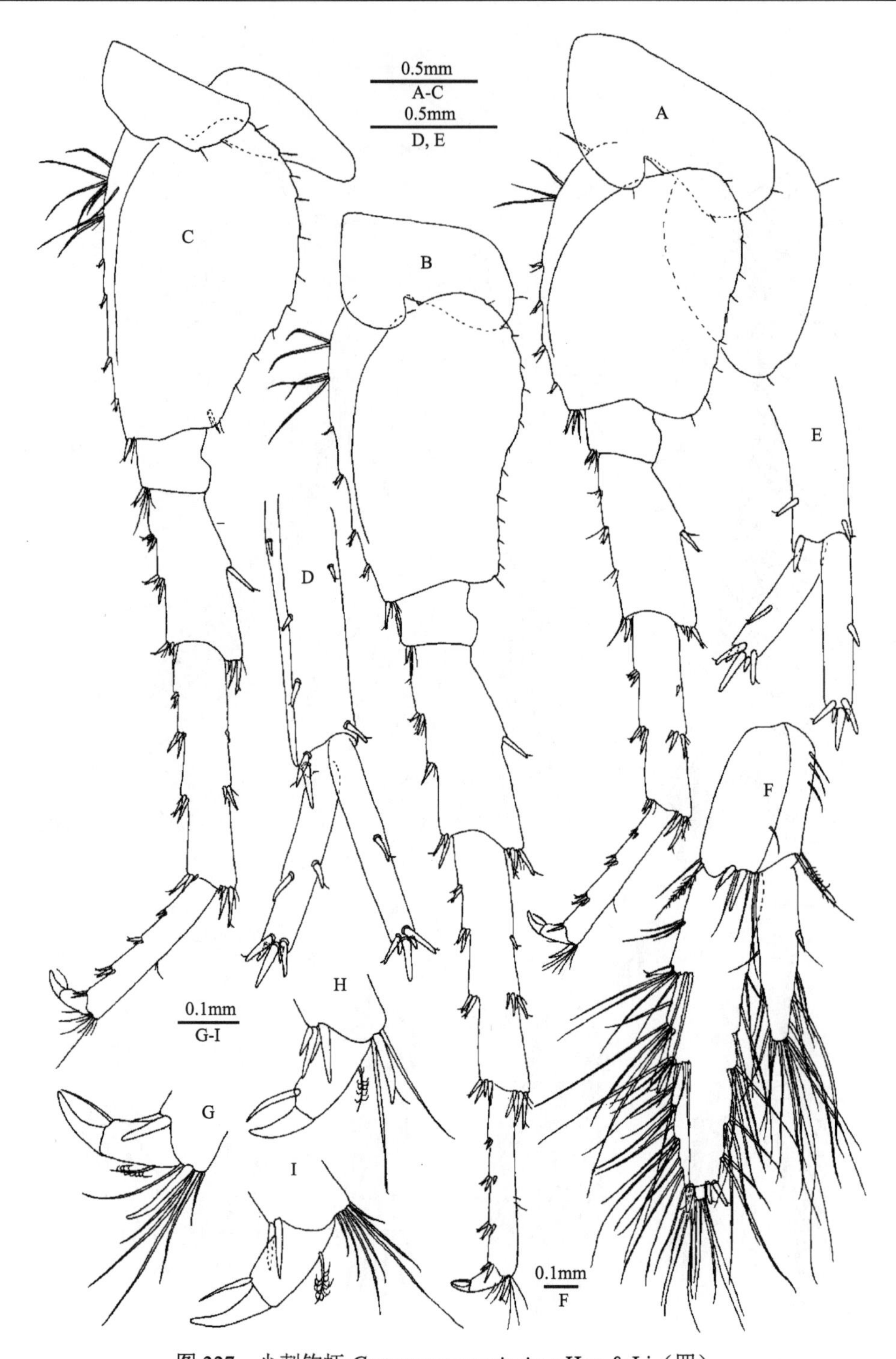

图 327 少刺钩虾 *Gammarus paucispinus* Hou & Li（四）

♂。A. 第 5 步足; B. 第 6 步足; C. 第 7 步足; D. 第 1 尾肢; E. 第 2 尾肢; F. 第 3 尾肢; G-I. 第 5-7 步足指节

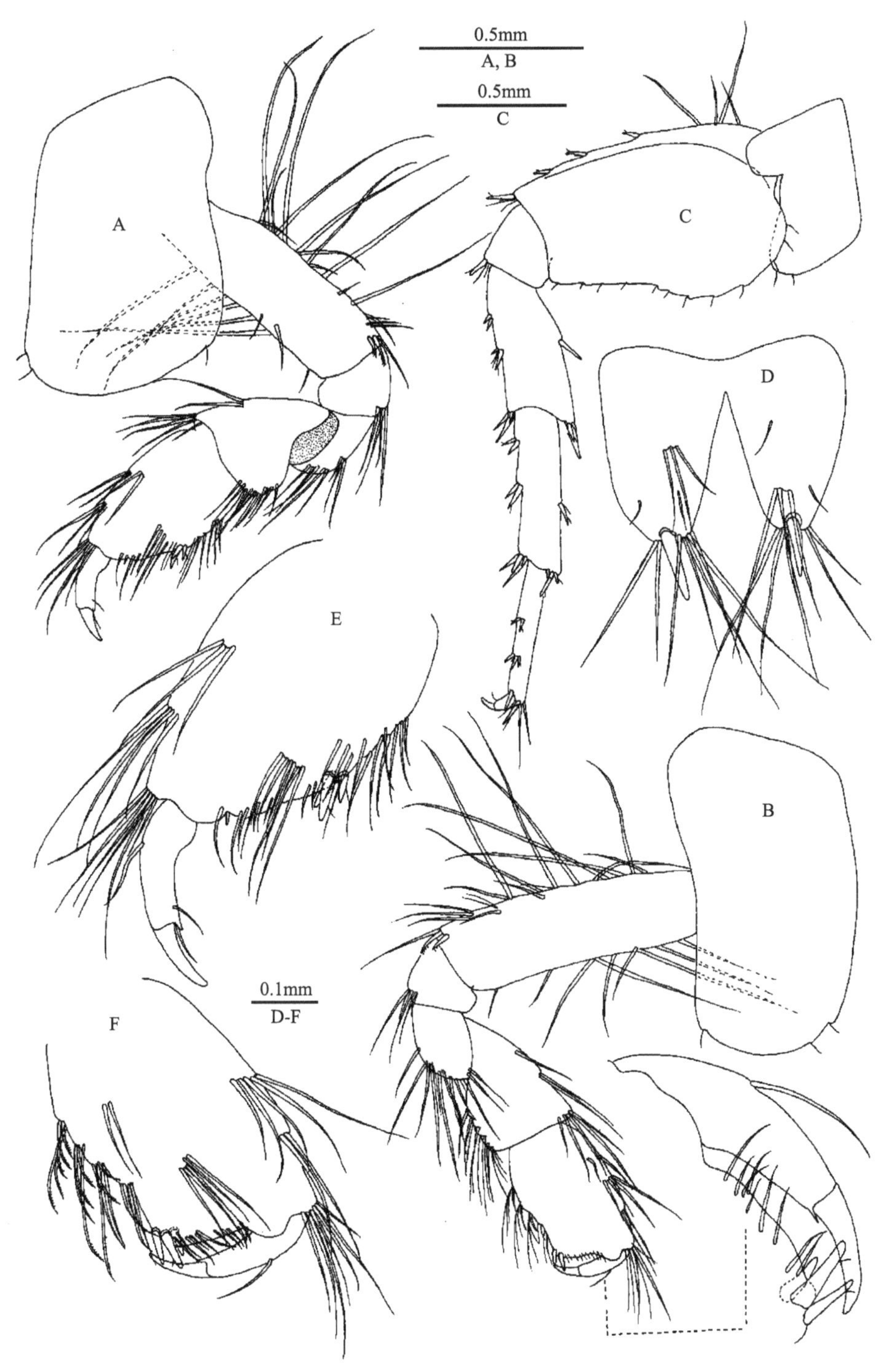

图 328 少刺钩虾 *Gammarus paucispinus* Hou & Li（五）

♀。A. 第 1 腮足; B. 第 2 腮足; C. 第 6 步足; D. 尾节; E. 第 1 腮足掌节; F. 第 2 腮足掌节

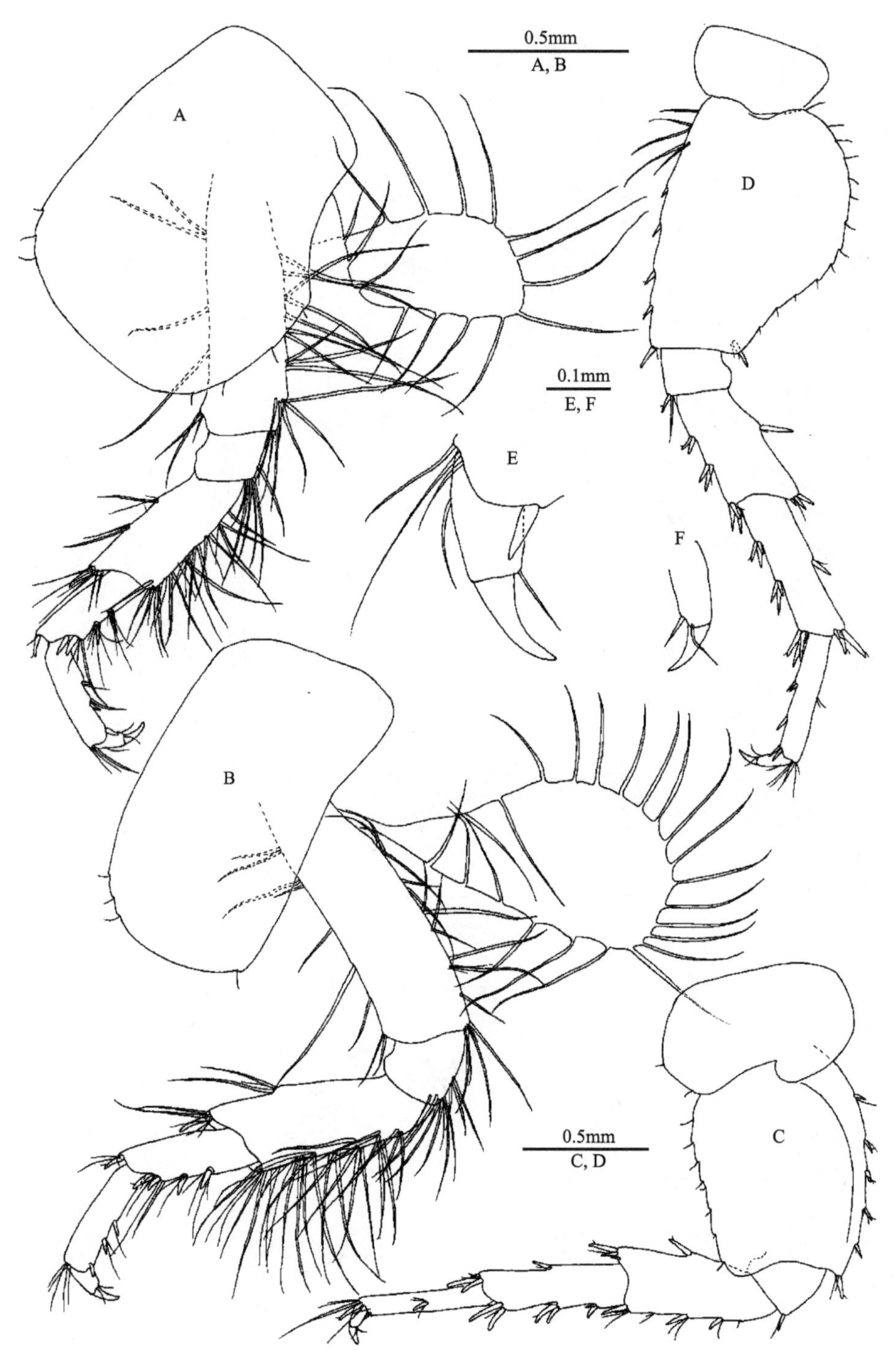

图 329 少刺钩虾 *Gammarus paucispinus* Hou & Li（六）

♀。A. 第 4 步足; B. 第 3 步足; C. 第 5 步足; D. 第 7 步足; E. 第 4 步足指节; F. 第 7 步足指节

第 1–3 腹侧板后缘具 1、2 短毛。第 1 腹侧板腹缘圆，腹前缘具 2 毛；第 2 腹侧板后下角直，腹缘具刺；第 3 腹侧板后下角稍尖，腹缘具 3 刺。第 1–3 腹肢相似，柄节表面具 4–15 刚毛，末端具 2 钩刺和 1、2 刚毛；肢节 8–12 节，均具羽状毛。第 4–6 腹节背部扁平，第 4 腹节背部具刚毛，第 5、6 腹节背部具刺和刚毛。

第 1 尾肢柄节长于内、外肢，具 1 背基刺，内、外缘分别具 2 和 4 刺。第 2 尾肢柄节外缘具 1 刺；外肢短于内肢。第 3 尾肢柄节具背刺和毛；内肢长约为外肢的 1/2，外肢 2 节，第 2 节短于周围刺，内、外肢两侧均具简单长毛。尾节深裂，末端具 1 刺和 5–7 长毛，背面具 2 簇长刚毛。

雌性 6.9mm。第 1 腮足比雄性小，掌节卵形，掌缘倾斜，后角具 3 刺。第 2 腮足掌节长方形，掌缘平截，后缘具 3 刺。第 3 尾肢比雄性短粗，且比雄性具较少刚毛。第 2–5 胸节具抱卵板，边缘具刚毛。

观察标本：1♂（正模，IZCAS-I-A0018），25♂15♀，云南中甸（27.7°N, 99.7°E），1981.VIII.13。10♂8♀，云南中甸纳帕海，1981.IX.4。19♂11♀，云南中甸小中甸团结公社热水塘，1981.IX.1。6♂9♀，云南中甸小中甸碧古林场，1981.IX.2。15♂9♀，云南中甸小中甸硕多岗河，1981.IX.1。

生态习性：栖息在香格里拉附近的水域中。

地理分布：云南（香格里拉）。

分类讨论：本种主要鉴别特征为第 2 触角柄节具 8、9 簇刚毛，刚毛长于柄节直径，无鞋状感觉器；第 3、4 步足后缘具长卷毛；第 3 尾肢内肢长为外肢的 1/2，外肢第 2 节短于周围刺，内、外肢两侧均具简单长刚毛；第 4 腹节背部仅具短刚毛，无刺。

本种第 4 腹节背部具短刚毛而无刺与格氏钩虾 *G. gregoryi* Tattersall 相似，主要区别在于本种第 3 尾肢内肢长约为外肢的 1/2，内、外肢均具简单长毛；雄性第 2 触角无鞋状感觉器。而格氏钩虾第 3 尾肢内肢长为外肢的 1/3；第 2 触角具鞋状感觉器。

本种第 4 腹节背部只有简单刚毛与 *G. laticoxalis* Karaman & Pinkster 相似。主要区别在于本种第 1 步足底节板近长方形，而后者第 1 步足底节板末端强烈膨大。

(66) 浓毛钩虾 *Gammarus pexus* Hou & Li, 2005（图 330–333）

Gammarus pexus Hou & Li, 2005c: 48, figs. 1–4.

形态描述：雄性 12.0mm。眼肾形，中等大小。第 1 触角第 1–3 柄节长度比 1.0∶0.8∶0.5，具末端毛；鞭 32 节，具感觉毛；副鞭 4 节。第 2 触角第 4、5 柄节前缘具 5–8 组长刚毛，后缘具 2–5 组长刚毛；鞭 11 节，具刷状长刚毛，无鞋状感觉器。左大颚切齿 5 齿；动颚片 4 齿；触须第 2 节具 10 长毛，第 3 节长达第 2 节的 3/4，具 5 A-刚毛、3 B-刚毛、1 排 D-刚毛和 5 E-刚毛。右大颚切齿 4 齿，动颚片分叉，具小齿。第 1 小颚左右不对称，内叶具 15 羽状毛；外叶顶端具 11 锯齿状刺；左触须第 2 节具 6 长刺和 1 细长刚毛；右触须第 2 节具 4 钝刺和 2 硬刚毛。第 2 小颚内叶具 17 羽状刚毛。颚足内叶具 3 顶端刺、1 近顶端刺和 6 羽状刚毛；外叶内缘具 14 刺和 5 梳状顶毛；触须 4 节，具长刚毛。

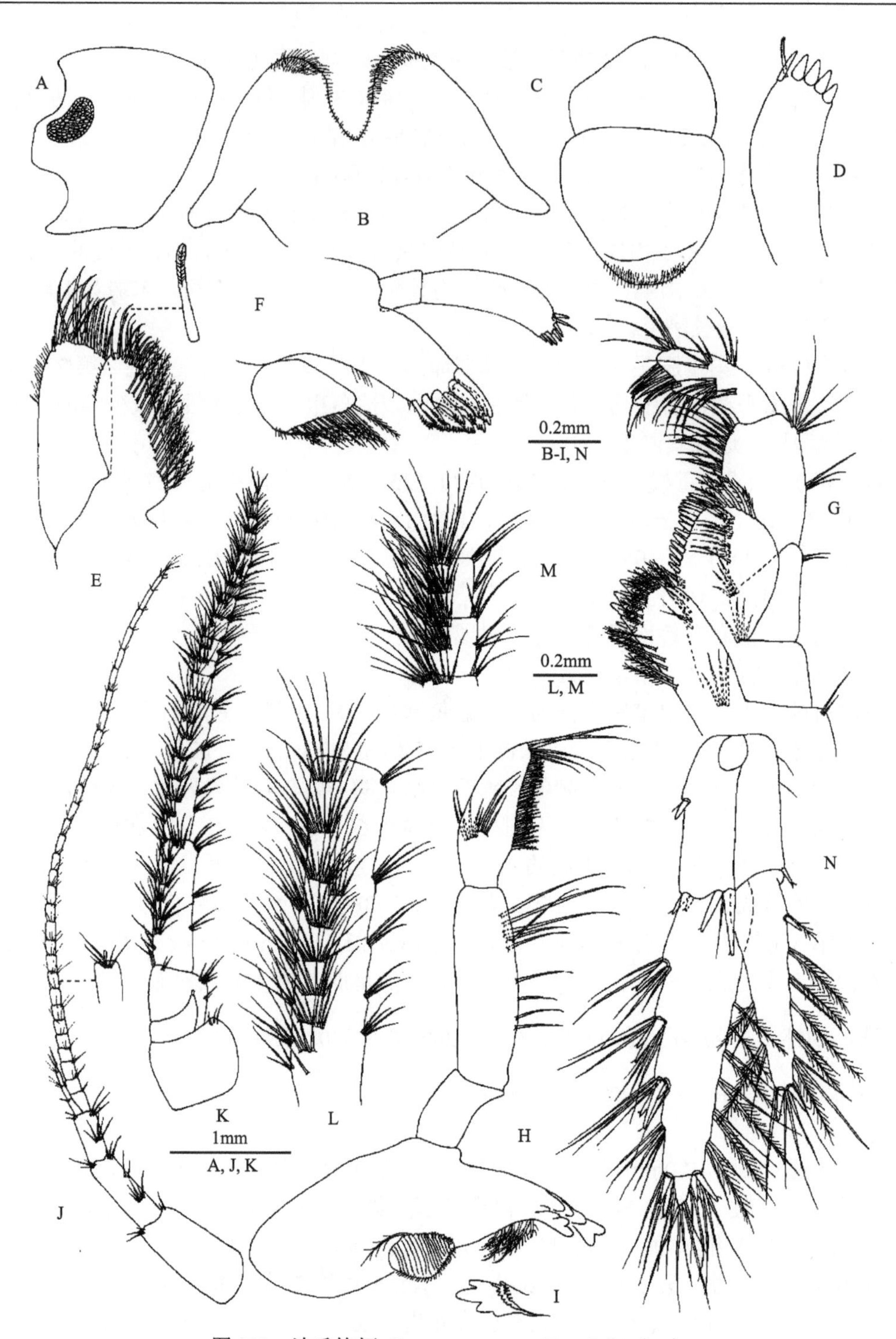

图 330 浓毛钩虾 *Gammarus pexus* Hou & Li（一）

♂, A-M; ♀, N。A. 头; B. 下唇; C. 上唇; D. 右第 1 小颚触须; E. 第 2 小颚; F. 左第 1 小颚; G. 颚足; H. 左大颚; I. 右切齿; J. 第 1 触角; K. 第 2 触角; L. 第 2 触角柄节第 5 节; M. 第 2 触角鞭节; N. 第 3 尾肢

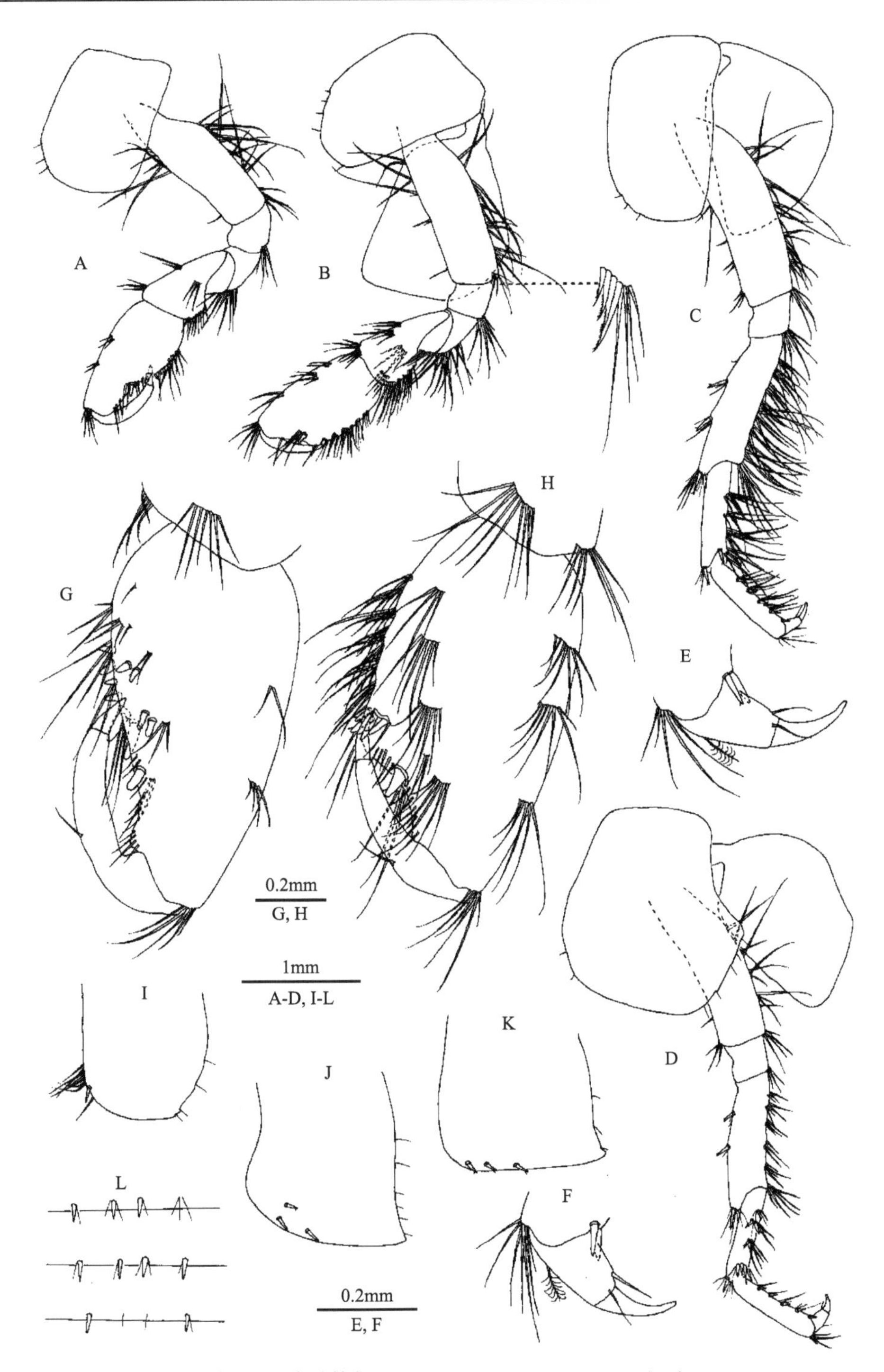

图 331　浓毛钩虾 *Gammarus pexus* Hou & Li（二）

♂。A. 第 1 腮足; B. 第 2 腮足; C. 第 3 步足; D. 第 4 步足; E. 第 3 步足指节; F. 第 4 步足指节; G. 第 1 腮足掌节; H. 第 2 腮足掌节; I-K. 第 1-3 腹侧板; L. 第 4-6 腹节（背面观）

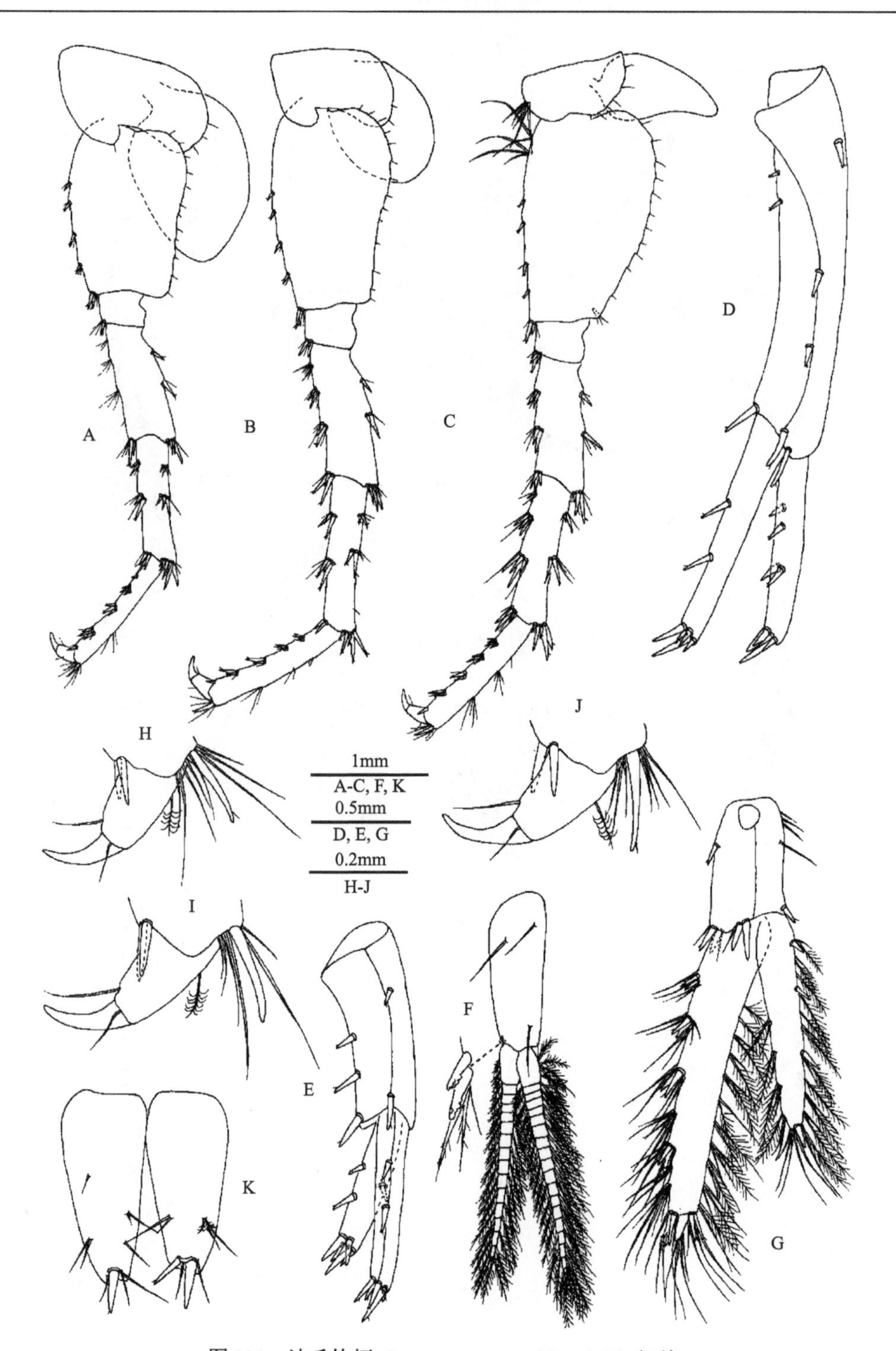

图 332　浓毛钩虾 *Gammarus pexus* Hou & Li（三）

♂。A. 第 5 步足; B. 第 6 步足; C. 第 7 步足; D. 第 1 尾肢; E. 第 2 尾肢; F. 第 1 腹肢; G. 第 3 尾肢; H-J. 第 5-7 步足指节; K. 尾节

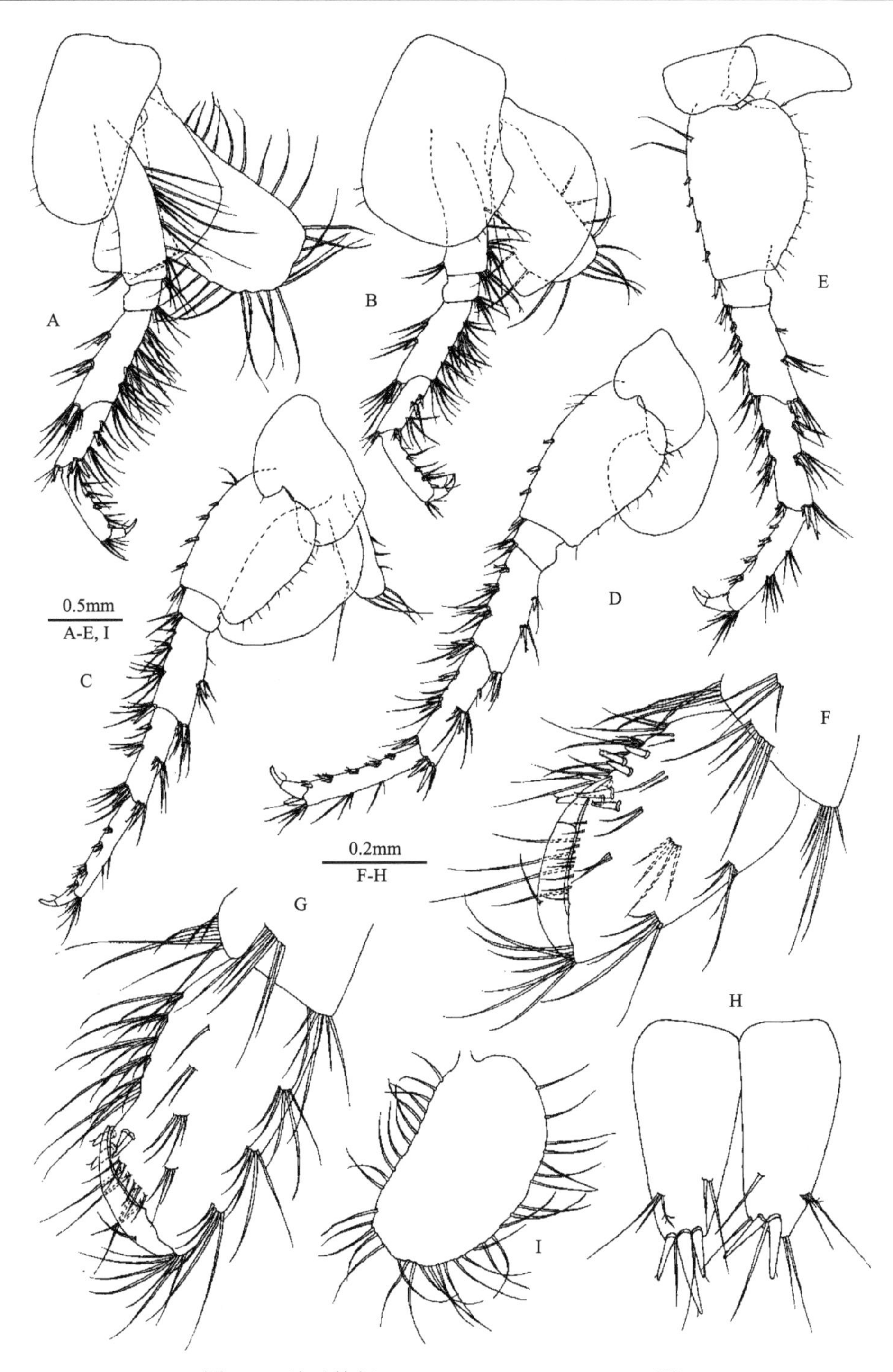

图 333　浓毛钩虾 *Gammarus pexus* Hou & Li（四）

♀。A. 第 3 步足; B. 第 4 步足; C. 第 5 步足; D. 第 6 步足; E. 第 7 步足; F. 第 1 腮足掌节; G. 第 2 腮足掌节; H. 尾节; I. 第 2 抱卵板

第 1 腮足基节前、后缘具长刚毛；腕节长是掌节的 2/3，背缘具 2 组长刚毛，腹缘具 1 排长刚毛；掌节卵形，掌面倾斜，具 1 中央刺，后缘具 6 刺，内面具 4 刺；指节外缘具 1 刚毛。第 2 腮足比第 1 腮足大，腕节长是掌节的 4/5；掌节长方形，掌面平截，后缘具 5 刺。第 3 步足基节后缘具 5 组长刚毛；长节至掌节后缘具长直毛；掌节后缘具 4 短刺；指节外缘具 1 羽状刚毛，趾钩接合处具 2 刚毛。第 4 步足长节后缘具 5 组短毛，前缘具 2 短刺；腕节具 3 组刺和短毛；掌节具 4 短刺和短毛。第 5 步足基节后缘近直，具 12 短毛；长节前缘具 3 组短毛，后缘具 2 刺；腕节前缘具 2 对刺和短刚毛，后缘具 2 组刺；掌节前缘具 1 刺和 3 组刺，后缘具 1 组刚毛；指节外缘具 1 羽状刚毛，趾钩接合处具 2 刚毛。第 6 步足基节比第 5 步足长，后缘末端窄；长节和腕节前缘具 2 组刺和短毛；掌节前缘具 4 组刺，后缘具 3 组毛。第 7 步足长节和腕节前缘具 2 组刺和短毛；掌节前缘具 4 组刺，后缘具 1 刚毛和 2 组刚毛。

第 1–3 腹侧板后缘具 3–6 短毛；第 1 腹侧板腹缘圆，腹前缘具 1 短刺和 8 刚毛；第 2、3 腹侧板后缘末端稍尖，第 2、3 腹侧板腹缘各具 3 刺。第 1–3 腹肢相似，柄节前下角具 2 钩刺和 3 刚毛；内、外肢具 15–20 节，具羽状刚毛。第 4–6 腹节背部扁平，具 4 组刺和短毛。

第 1 尾肢柄节具 1 背基刺，内、外缘各具 2 刺；内肢内缘具 2 刺；外肢内、外缘各具 2 刺。第 2 尾肢柄节内、外缘各具 2 刺；外肢外缘具 2 刺；内肢内缘具 2 刺。第 3 尾肢柄节侧缘具 1 刺，内缘具 4 长刚毛；内肢长是外肢的 3/4，内缘具 3 刺和 1 末端刺；外肢第 1 节外缘具 4 对刺，末端具 2 对刺，第 2 节和邻近刺等长；内肢两缘和外肢内缘具羽状刚毛，外肢外缘仅具简单刚毛。尾节深裂，左叶具 1 末端刺，右叶具 2 末端刺，每叶具一些表面毛。

雌性 9.2mm，具 28 颗卵。第 1 腮足掌节卵形，后缘具 7 刺伴长刚毛。第 2 腮足掌节长方形，掌面平截，后缘具 4 刺。第 3、4 步足后缘具长直刚毛。第 5–7 步足长节和腕节前后缘具 2、3 组刺和长刚毛。第 2 腮足和第 3–5 步足的抱卵板逐渐变小，具长缘毛。

观察标本：1♂（正模，IZCAS-I-A0100），35♂33♀，辽宁本溪水洞地下河河口，2003.VIII.11。

生态习性：栖息于本溪水洞地下河河口处。水温 6–10℃，pH 6.0。

地理分布：辽宁（本溪）。

分类讨论：本种主要鉴别特征是第 1 触角副鞭 4 节；第 2 触角第 4、5 柄节具长刚毛，鞭节具刷状刚毛，无鞋状感觉器；第 3 尾肢外肢外缘具简单刚毛。

本种第 2 触角鞭节具刷状毛，第 3 尾肢内肢长为外肢的 3/4，与蚤状钩虾 *G. pulex* (Linnaeus) 相似。主要区别在于本种第 2 触角第 4、5 柄节密布长刚毛，无鞋状感觉器，第 5–7 步足长节和腕节前缘具短刚毛，第 3 尾肢外肢外缘仅具简单刚毛；而后者第 2 触角第 4、5 柄节具几簇短刚毛，具鞋状感觉器，第 5–7 步足长节和腕节前缘无刚毛，第 3 尾肢外肢外缘具羽状刚毛。

本种与日本钩虾 *G. nipponensis* Uéno 相似之处在于第 2 触角第 4、5 柄节具刚毛，无鞋状感觉器；第 5–7 步足前缘具短刚毛；第 3 尾肢内肢长为外肢的 3/4，外肢外缘具简单刚毛。主要区别在于本种眼相对大，肾形；第 3 尾肢外肢第 2 节和邻近刺等长；第 3

步足后缘具长卷刚毛；第 4–6 腹节具短刚毛。而日本钩虾眼小，近圆形；第 3 尾肢外肢第 2 节比邻近刺短；第 3 步足后缘具较少直刚毛；第 4–6 腹节具长刚毛。

(67) 精巧钩虾 *Gammarus pisinnus* Hou, Li & Li, 2014（图 334–339）

Gammarus pisinnus Hou, Li & Li, 2014: 623, figs. 22–27.

形态描述：雄性 9.9mm。眼肾形。第 1 触角第 1–3 柄节长度比 1.0∶0.9∶0.4，具短毛；鞭 28 节，具感觉器；副鞭 4 节。第 2 触角第 3–5 柄节长度比 1.0∶2.8∶2.6，第 4、5 柄节两侧具短毛；鞭 12 节，第 1–7 节具鞋状感觉器。左大颚切齿 5 齿，动颚片 4 齿；刺排具 6 对羽状毛；触须第 2 节具 15 毛，第 3 节具 4 A-刚毛、2 对 B-刚毛、16 D-刚毛和 5 E-刚毛。右大颚切齿 4 齿，动颚片具小齿。第 1 小颚内叶具 18 羽状毛；外叶顶端具 11 锯齿状刺；左触须顶端具 9 细刺和 1 刚毛；右触须具 5 短壮刺、1 长刚毛和 1 长刺。第 2 小颚内叶具 15 羽状毛。颚足内叶具 4 顶端刺，边缘附羽状毛；内叶顶端具 4 羽状毛，边缘具钝齿。

第 1 腮足腕节略短于掌节，腹缘具 5 簇短刚毛；掌节椭圆形，掌后缘具 4 簇刚毛，掌缘具 1 中央刺，后缘具 11 刺；指节外缘具 1 刚毛。第 2 腮足腕节短于掌节，后缘具 6 簇短刚毛；掌节近方形，掌后缘具 6 簇刚毛，掌缘具 1 中央刺，后缘具 5 刺；指节具 1 刚毛。第 3 步足底节板前、后缘分别具 2 和 1 刚毛；基节后缘具刚毛；长节和腕节后缘具长刚毛；掌节后缘具 5 对刺和几根长刚毛；指节外缘具 1 羽状毛。第 4 步足基节前缘具 1 刺，后缘具刚毛；长节后缘具 6 簇长刚毛；腕节和掌节后缘具 3、4 对刺和刚毛；指节外缘具 1 羽状毛。第 5 步足底节板前、后缘分别具 1 和 2 刚毛；基节前、后缘分别具 4 刺和 8 短毛；长节至掌节前缘具刺和较少刚毛；指节外缘具 1 羽状毛。第 6 步足底节板后缘具 1 毛；基节前缘具 3 刚毛和 4 刺，后缘具 8 短毛；长节到掌节的前缘具 3、4 簇刺，掌节后缘具 2 簇细毛。第 7 步足基节膨大；长节到掌节前缘具簇刺，少毛；掌节后缘具 2 簇细毛。

第 1 腹侧板腹缘圆，腹缘具 3 刚毛，后缘有 2 短毛；第 2 腹侧板腹缘具 2 刺，后缘具 1 短毛，后下角稍尖；第 3 腹侧板腹缘具 3 刺，后缘具 1 短毛，后下角尖。第 1–3 腹肢柄节前下角具 2 钩刺和 1、2 毛；内肢比外肢稍短，内、外缘均具羽状毛。第 4–6 腹节背部具毛和刺。

第 1 尾肢柄节具 1 背基刺；外肢内缘具 1 刺；内肢内缘具 2 刺。第 2 尾肢柄节内、外缘各具 1 刺；外肢内、外缘各具 1 刺，内肢内缘具 2 刺。第 3 尾肢柄节表面具 1 刺和 2 刚毛，柄节末端具 4 刺和 1 毛；内肢长约为外肢的 1/2，内肢内侧具 2 刺，内、外边缘具羽状毛和少量简单毛，末端具 2 刺和简单毛；外肢第 1 节外缘具 3 对刺，内、外缘均具羽状毛和少量简单毛；第 2 节长于周围刺。尾节长宽近似相等，两叶表面均具 1 刺和 2 刚毛；两叶末端均具 3 刺和 3、4 刚毛。

雌性 8.5mm。第 1、2 腮足掌节后缘分别具 5 和 4 刺。第 3、4 步足后缘毛短于雄性。第 5–7 步足长节至腕节前缘毛多于雄性。第 3 尾肢内肢长是外肢的 1/2，内、外肢两缘具羽状毛和简单毛。第 2 抱卵板稍宽，第 3、4 抱卵板稍长，第 5 抱卵板最小，4 个抱卵板均具边缘毛。

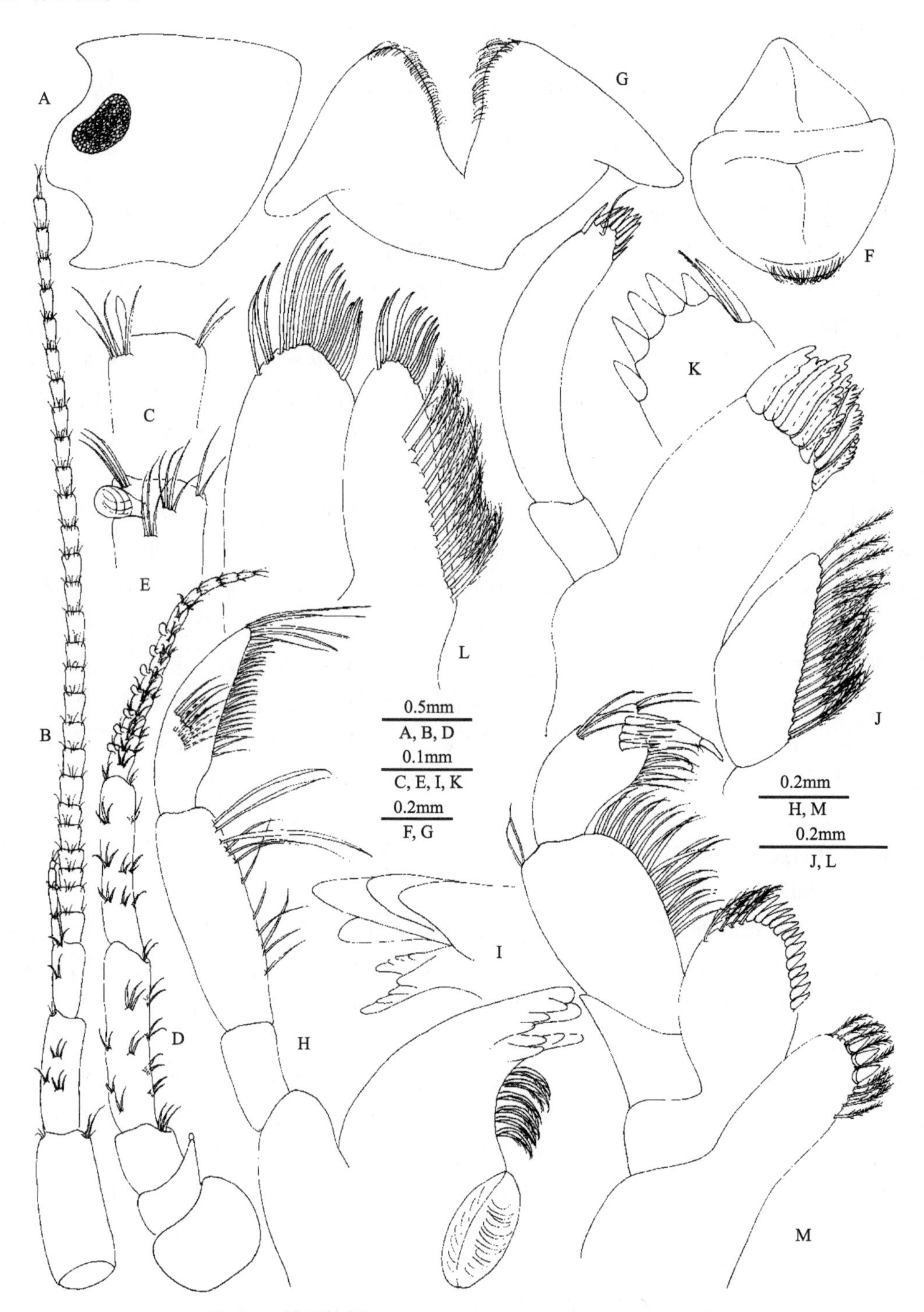

图 334 精巧钩虾 *Gammarus pisinnus* Hou, Li & Li（一）

♂。A. 头; B. 第 1 触角; C. 第 1 触角感觉毛; D. 第 2 触角; E. 第 2 触角感觉器; F. 上唇; G. 下唇; H. 左大颚; I. 右大颚切齿; J. 左第 1 小颚; K. 右第 1 小颚触须; L. 第 2 小颚; M. 颚足

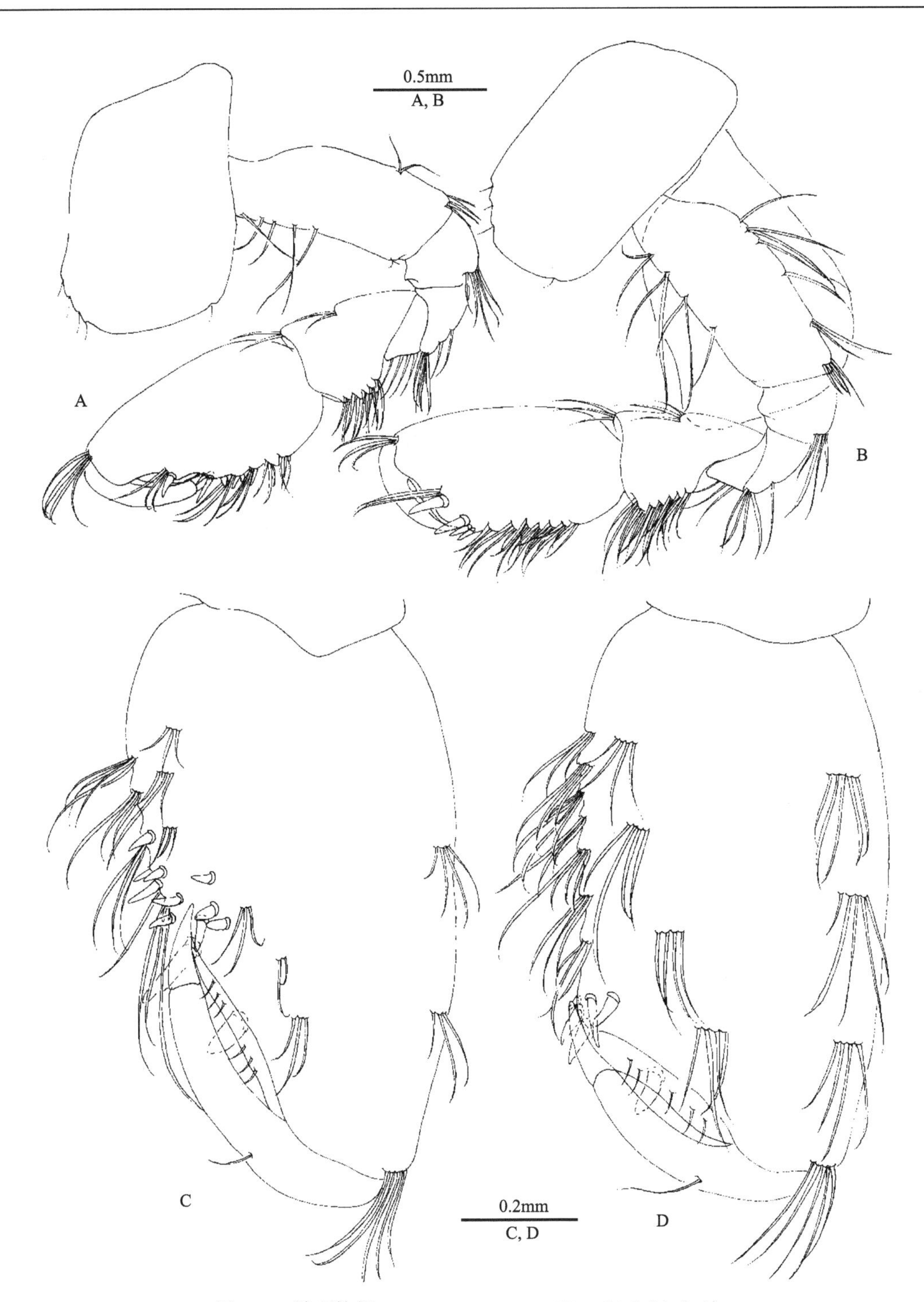

图 335　精巧钩虾 *Gammarus pisinnus* Hou, Li & Li（二）

♂。A. 第 1 腮足; B. 第 2 腮足; C. 第 1 腮足掌节; D. 第 2 腮足掌节

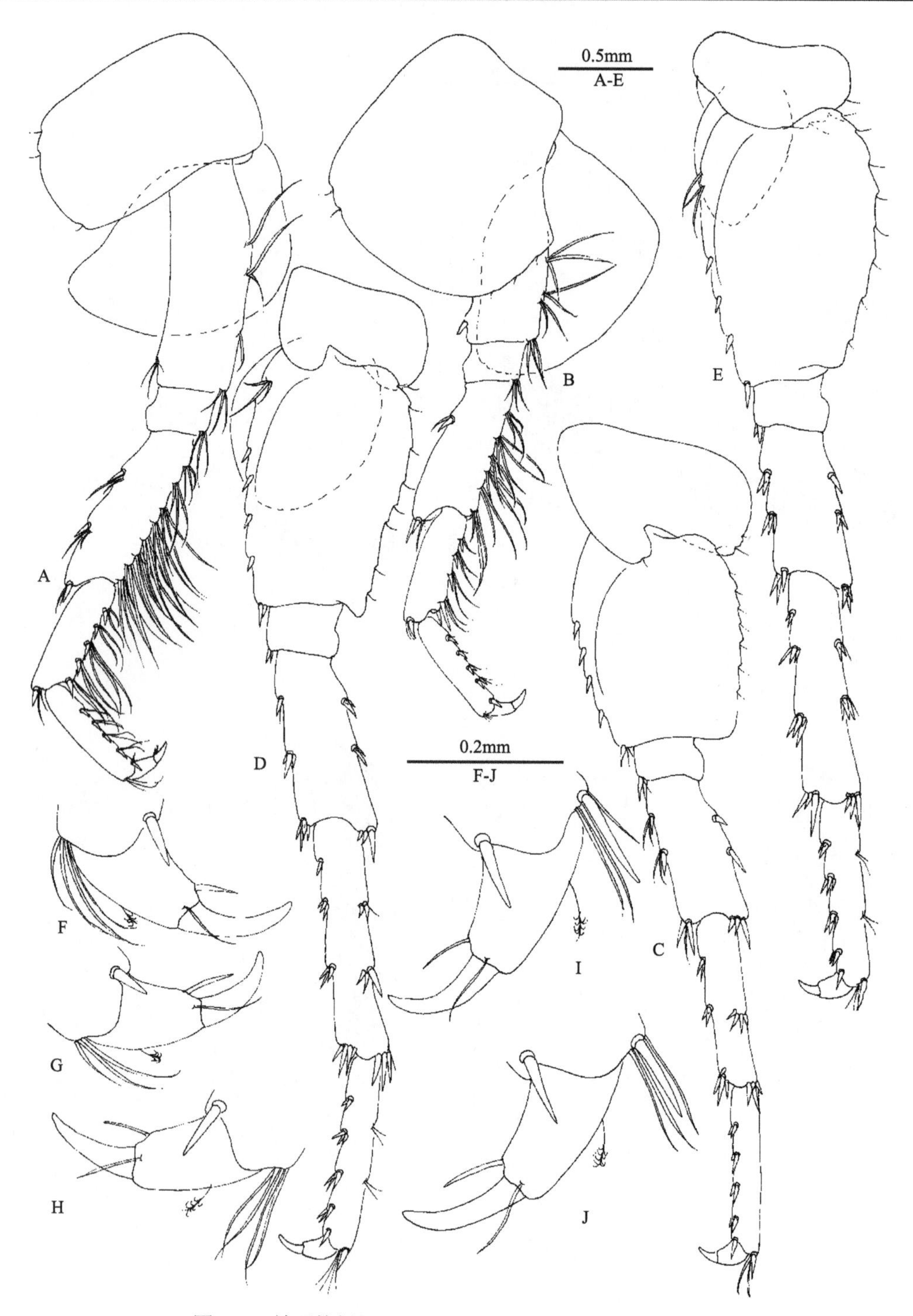

图 336 精巧钩虾 *Gammarus pisinnus* Hou, Li & Li（三）

♂。A. 第 3 步足; B. 第 4 步足; C. 第 5 步足; D. 第 6 步足; E. 第 7 步足; F. 第 3 步足指节; G. 第 4 步足指节; H. 第 5 步足指节; I. 第 6 步足指节; J. 第 7 步足指节

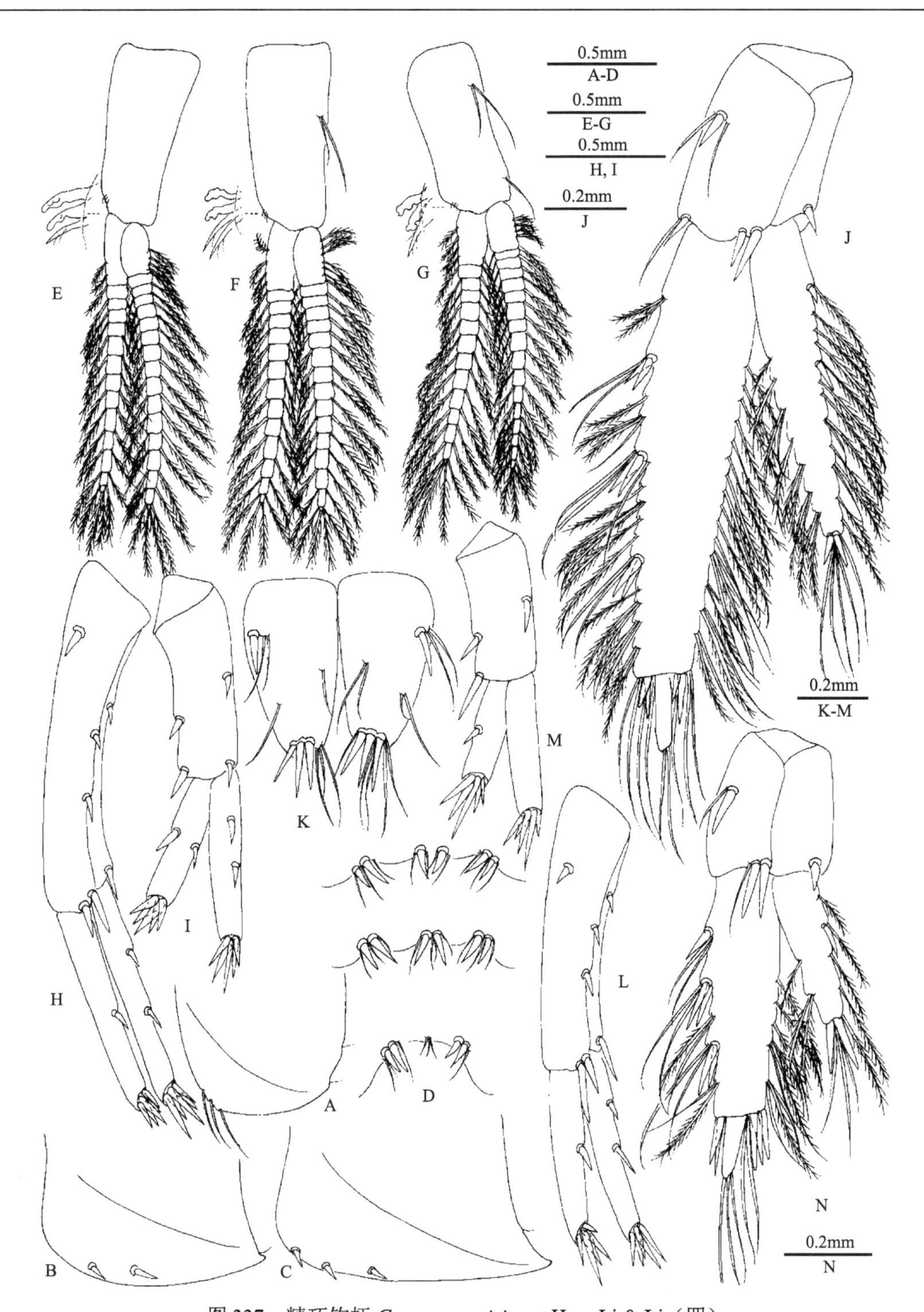

图 337　精巧钩虾 *Gammarus pisinnus* Hou, Li & Li（四）

♂, A-K; ♀, L-N。A. 第 1 腹侧板; B. 第 2 腹侧板; C. 第 3 腹侧板; D. 第 4-6 腹节背部; E. 第 1 腹肢; F. 第 2 腹肢; G. 第 3 腹肢; H. 第 1 尾肢; I. 第 2 尾肢; J. 第 3 尾肢; K. 尾节; L. 第 1 尾肢; M. 第 2 尾肢; N. 第 3 尾肢

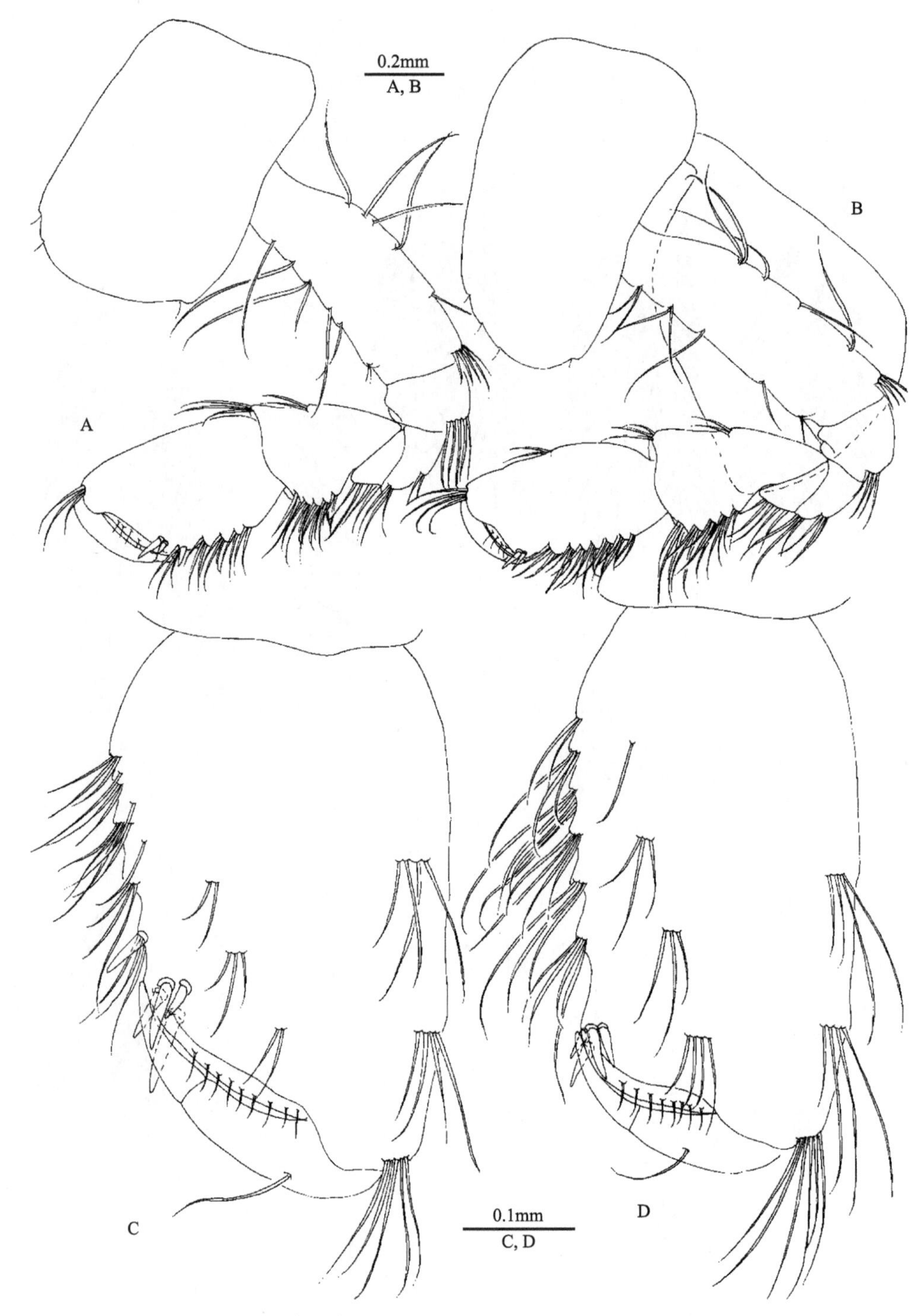

图 338 精巧钩虾 *Gammarus pisinnus* Hou, Li & Li（五）

♀。A. 第 1 腮足; B. 第 2 腮足; C. 第 1 腮足掌节; D. 第 2 腮足掌节

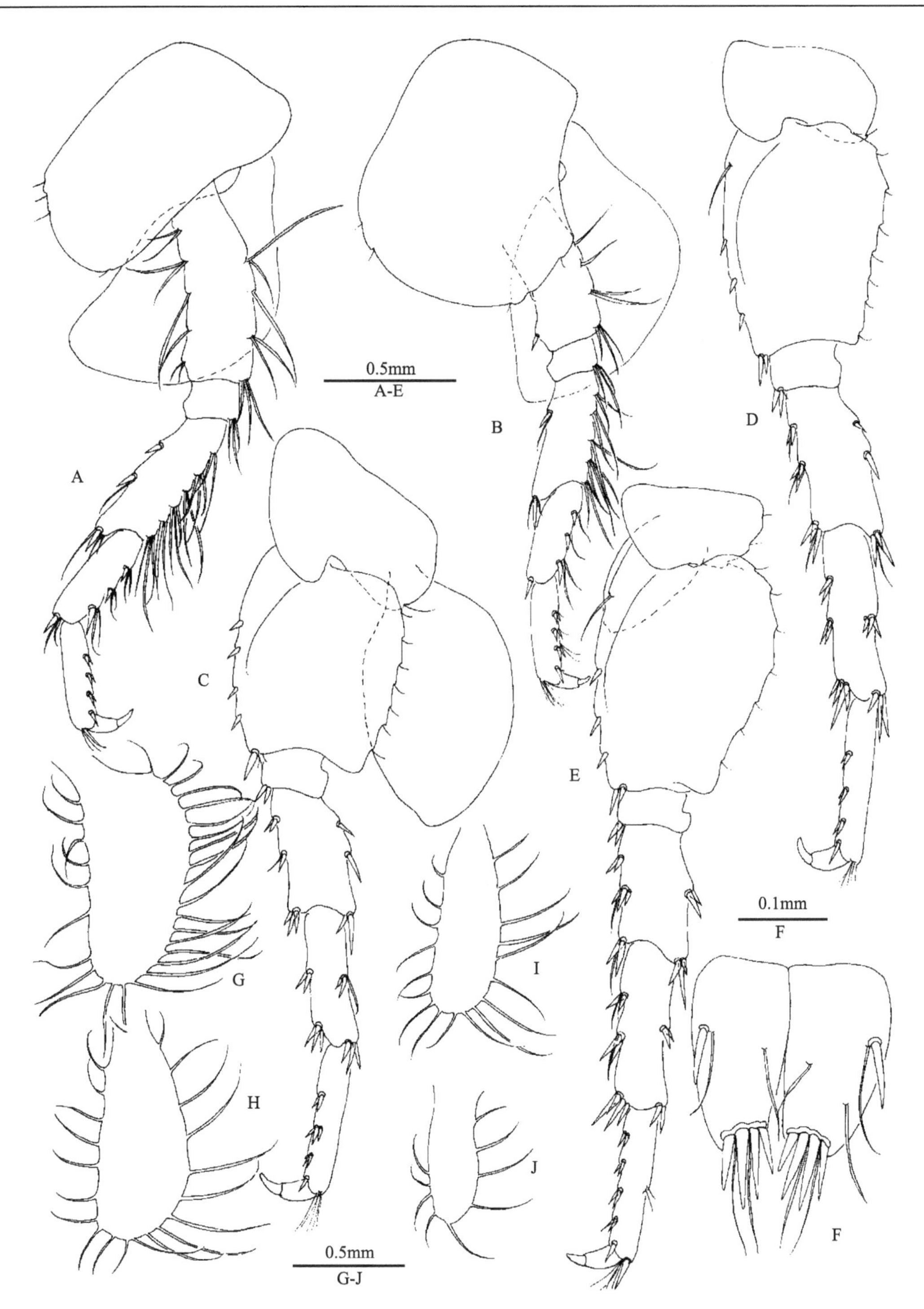

图 339　精巧钩虾 *Gammarus pisinnus* Hou, Li & Li（六）

♀。A. 第 3 步足; B. 第 4 步足; C. 第 5 步足; D. 第 6 步足; E. 第 7 步足; F. 尾节; G. 第 2 抱卵板; H. 第 3 抱卵板; I. 第 4 抱卵板; J. 第 5 抱卵板

观察标本：1♂（正模，IZCAS-I-A1254），1♂1♀，山西临汾洪洞广胜寺霍泉（36.3°N, 111.8°E），2012.V.31。

生态习性：栖息在泉眼附近。

地理分布：山西（临汾）。

分类讨论：本种主要鉴别特征是眼肾形，第 3 步足长节后缘具长毛，第 2、3 腹侧板后下角尖，第 4–6 腹节背部具刺和毛，第 3 尾肢内肢长约为外肢的 1/2。

本种第 3 腹侧板后下角尖，第 3 尾肢两缘具羽状毛等特征与清亮钩虾 *G. clarus* Hou & Li 相似。主要区别在于本种第 4、5 腹节平坦，第 6、7 步足基节宽大，尾节表面具长刚毛；而清亮钩虾第 4、5 腹节微微隆起，第 6、7 步足基节前宽末端狭窄，尾节表面具短刚毛。

本种第 3 腹侧板后下角尖，第 3 尾肢内肢长约为外肢的 1/2，与雾灵钩虾 *G. nekkensis* Uchida 相似。主要区别在于本种眼肾形，第 3 步足后缘具长直毛，第 3 尾肢内、外肢两缘密布羽状毛；而雾灵钩虾眼卵形，第 3 步足后缘具长卷毛，第 3 尾肢外肢外缘具长简单刚毛。

(68) 普氏钩虾 *Gammarus platvoeti* Hou & Li, 2003（图 340–343）

Gammarus platvoeti Hou & Li, 2003b: 918, figs. 1–4.

形态描述：雄性 9.8mm。眼中等大小。第 1 触角长为体长的 3/4，第 1–3 柄节长度比 1.0∶0.8∶0.4，具末端毛；鞭 33 节，具感觉毛；副鞭 4 节。第 2 触角长为第 1 触角的 3/5，柄节第 4 节比第 5 节稍短，内缘具长刚毛；鞭 12 节，无鞋状感觉器。左大颚切齿 5 齿；动颚片 4 齿；臼齿具 1 刚毛；触须第 2 节具 16 毛，第 3 节短于第 2 节，具 4 A-刚毛、2 组 B-刚毛、1 排 D-刚毛和 5 E-刚毛。右大颚切齿 4 齿，动颚片分叉。第 1 小颚左右不对称，内叶具 12 羽状毛；外叶具 11 锯齿状刺，左触须第 2 节具 7 长刺和 3 刚毛；右触须第 2 节具 6 壮刺和 1 刚毛。第 2 小颚内叶具 12 羽状毛。颚足内叶具 3 顶端刺和 1 近顶端刺；外叶具 13 钝齿和 4 梳状毛；触须第 2 节粗壮，具长缘毛，第 4 节呈钩状。

第 1 腮足底节板近长方形，前角具 3 毛，后角具 1、2 毛；基节前、后缘具长刚毛；腕节短于掌节；掌节梨形，掌面倾斜，具 1 中央刺，后缘具 3-2-3-2-2 刺，内缘具 3 刺；指节外缘具 1 刚毛。第 2 腮足比第 1 腮足稍大，腕节延长，两缘平行；掌节末端宽大，掌面短，具 1 中央刺，后缘具 6 刺。第 3 步足细长，基节前、后缘具长刚毛；长节至掌节后缘具较少短刚毛；指节外缘具 1 羽状刚毛，趾钩接合处具 2 刚毛。第 4 步足比第 3 步足短，底节板后缘凹陷。第 5–7 步足细长，第 5 步足底节板前叶小，后叶后缘具 1、2 刚毛；基节前缘具 8 刺，后缘近直，具 1 排短毛；长节前缘具 3 组短毛；腕节和掌节前缘分别具 2 和 3 组刺；指节外缘具 1 羽状刚毛，趾钩接合处具 1 刚毛。第 6 步足比第 5 步足长，基节末端狭窄。第 7 步足基节膨大。

第 1 腹侧板腹缘圆，腹缘具 21 刚毛，后缘具 4 短毛；第 2 腹侧板后下角尖，腹前缘具 7 长刚毛，腹缘具 1 刺，后缘具 8 短毛；第 3 腹侧板腹前缘具 3 刺，后缘具 2 短毛。第 1–3 腹肢相似，柄节具毛；外肢比内肢短，内、外肢均具羽状刚毛。第 4、5 腹节背部扁平，具2刚毛；第6腹节背两缘分别具1刺和2毛。

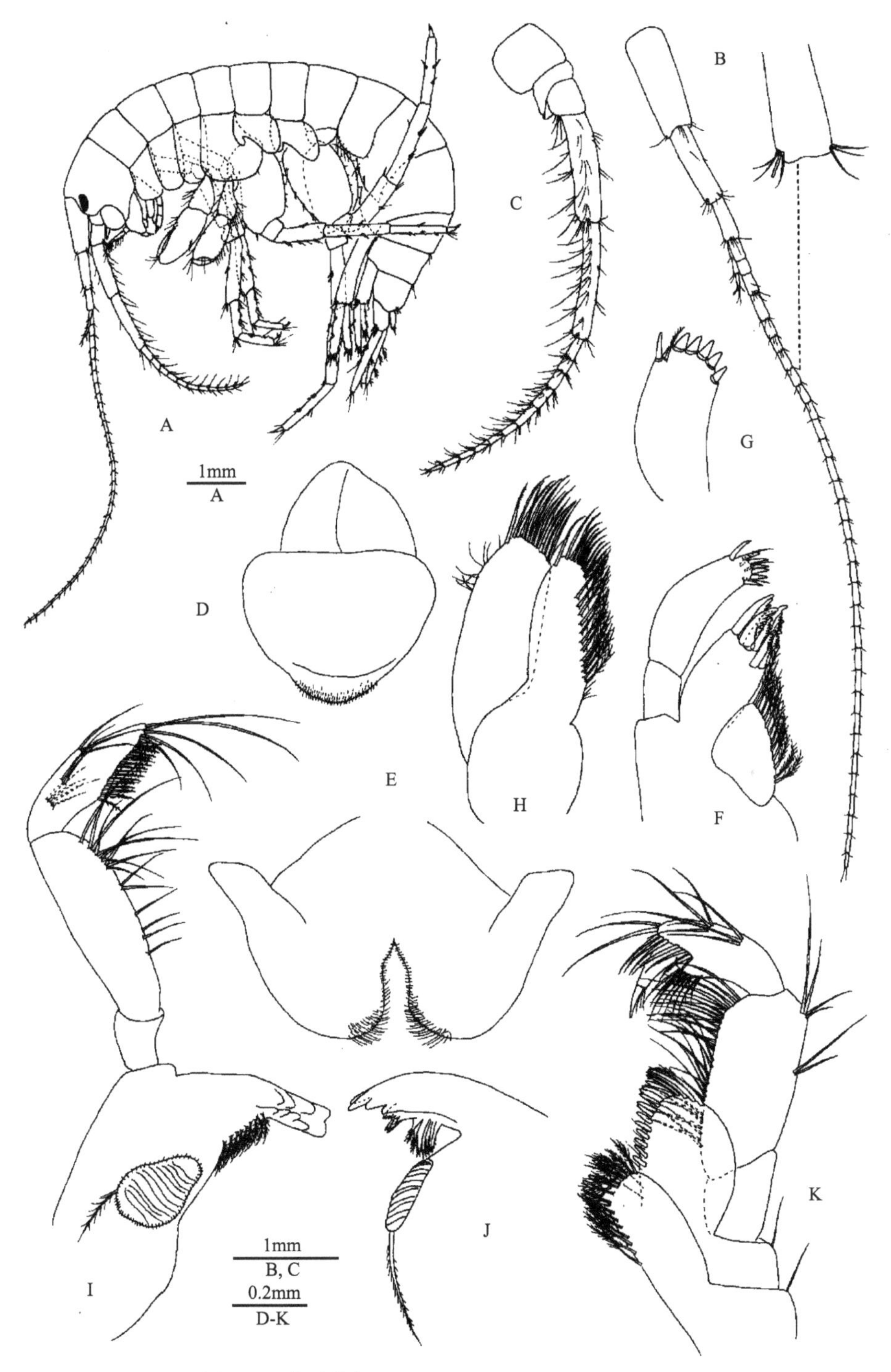

图340　普氏钩虾 *Gammarus platvoeti* Hou & Li（一）

♂。A. 身体（侧面观）; B. 第1触角; C. 第2触角; D. 上唇; E. 下唇; F. 左第1小颚; G. 右第1小颚触须; H. 第2小颚; I. 左大颚; J. 右大颚; K. 颚足

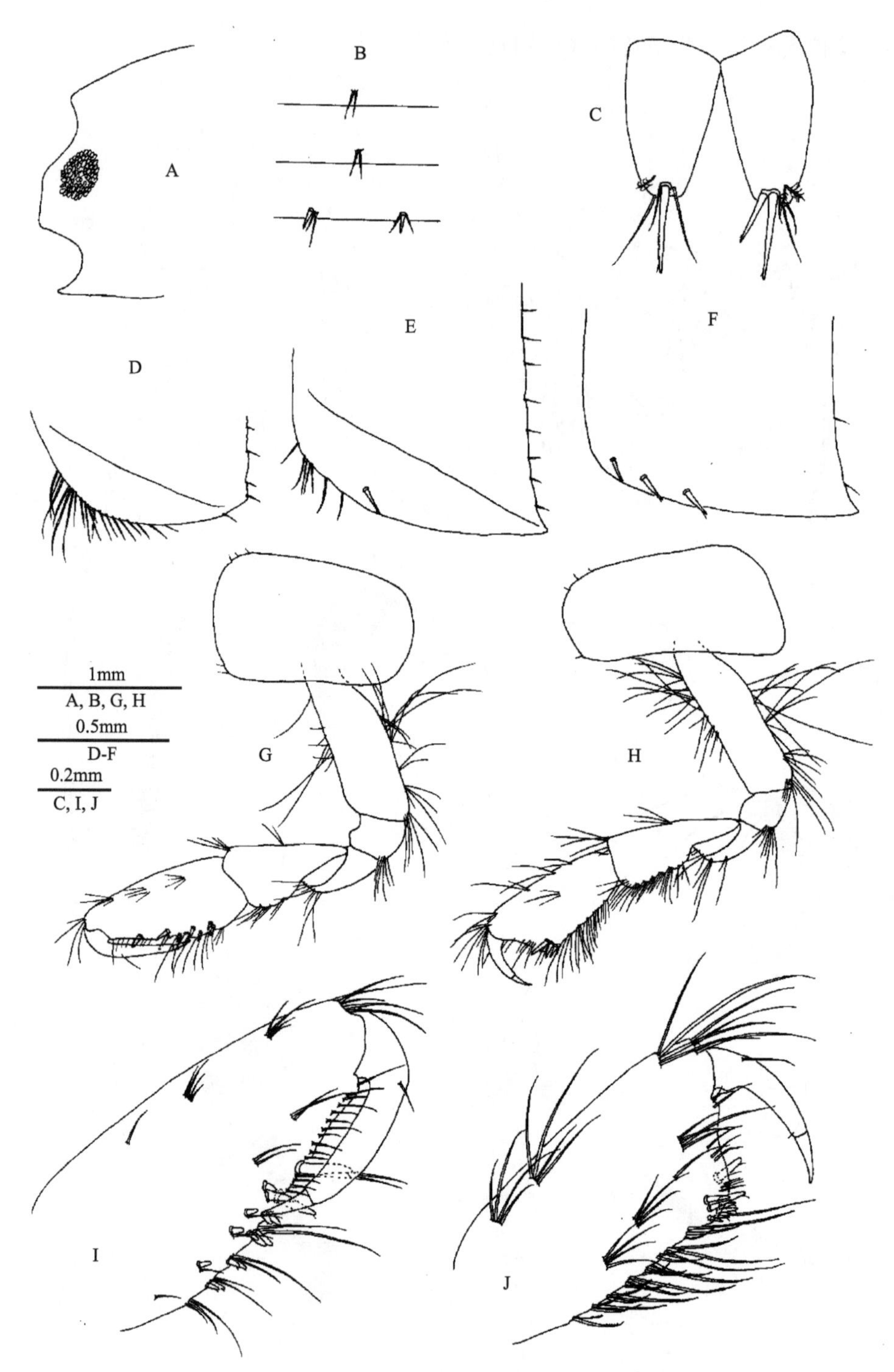

图 341 普氏钩虾 *Gammarus platvoeti* Hou & Li（二）

♂。A. 头; B. 第 4-6 腹节（背面观）; C. 尾节; D. 第 1 腹侧板; E. 第 2 腹侧板; F. 第 3 腹侧板; G. 第 1 腮足; H. 第 2 腮足; I. 第 1 腮足掌节; J. 第 2 腮足掌节

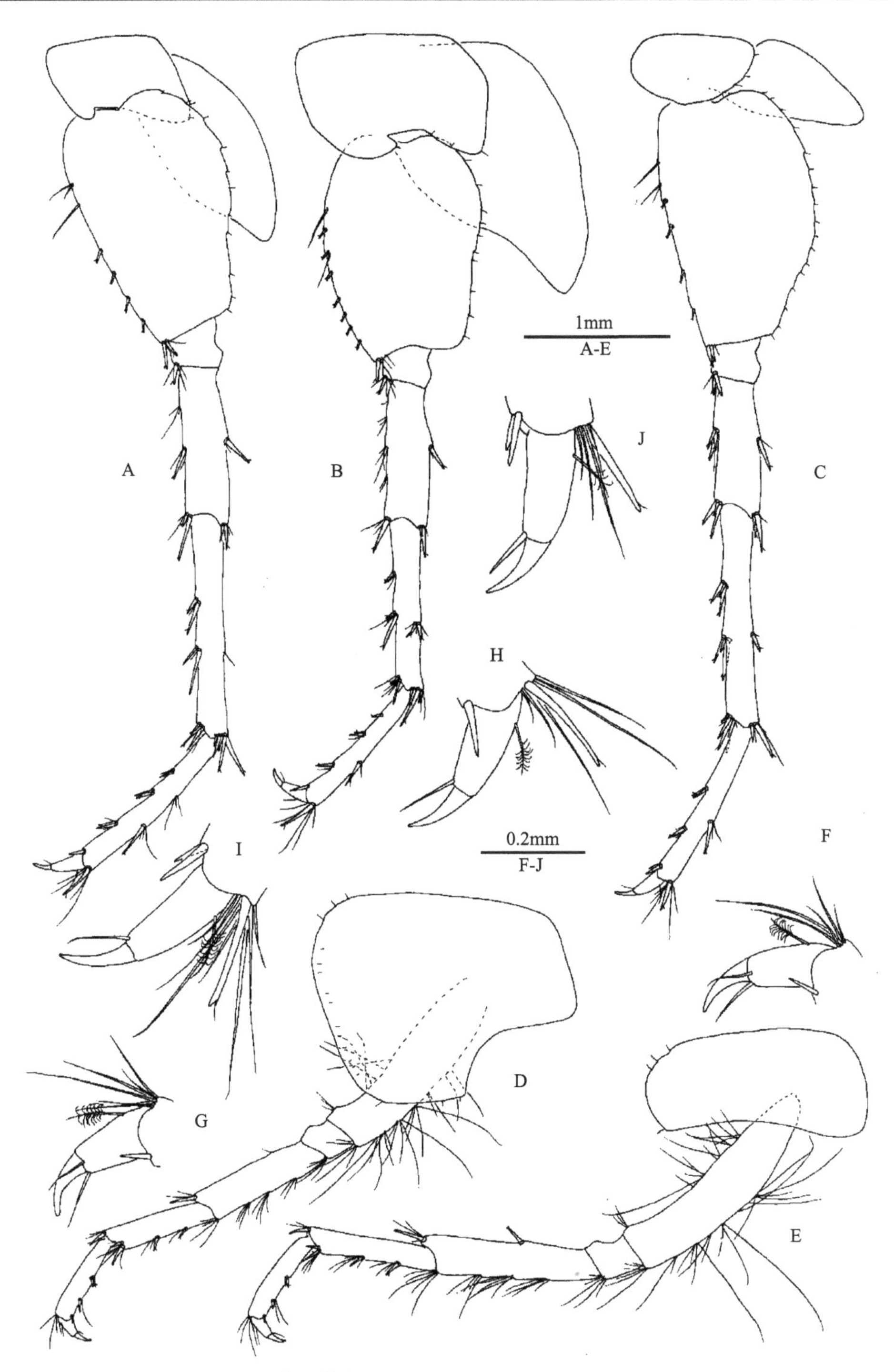

图 342　普氏钩虾 *Gammarus platvoeti* Hou & Li（三）

♂。A. 第 6 步足; B. 第 5 步足; C. 第 7 步足; D. 第 4 步足; E. 第 3 步足; F. 第 3 步足指节; G. 第 4 步足指节; H. 第 5 步足指节; I. 第 6 步足指节; J. 第 7 步足指节

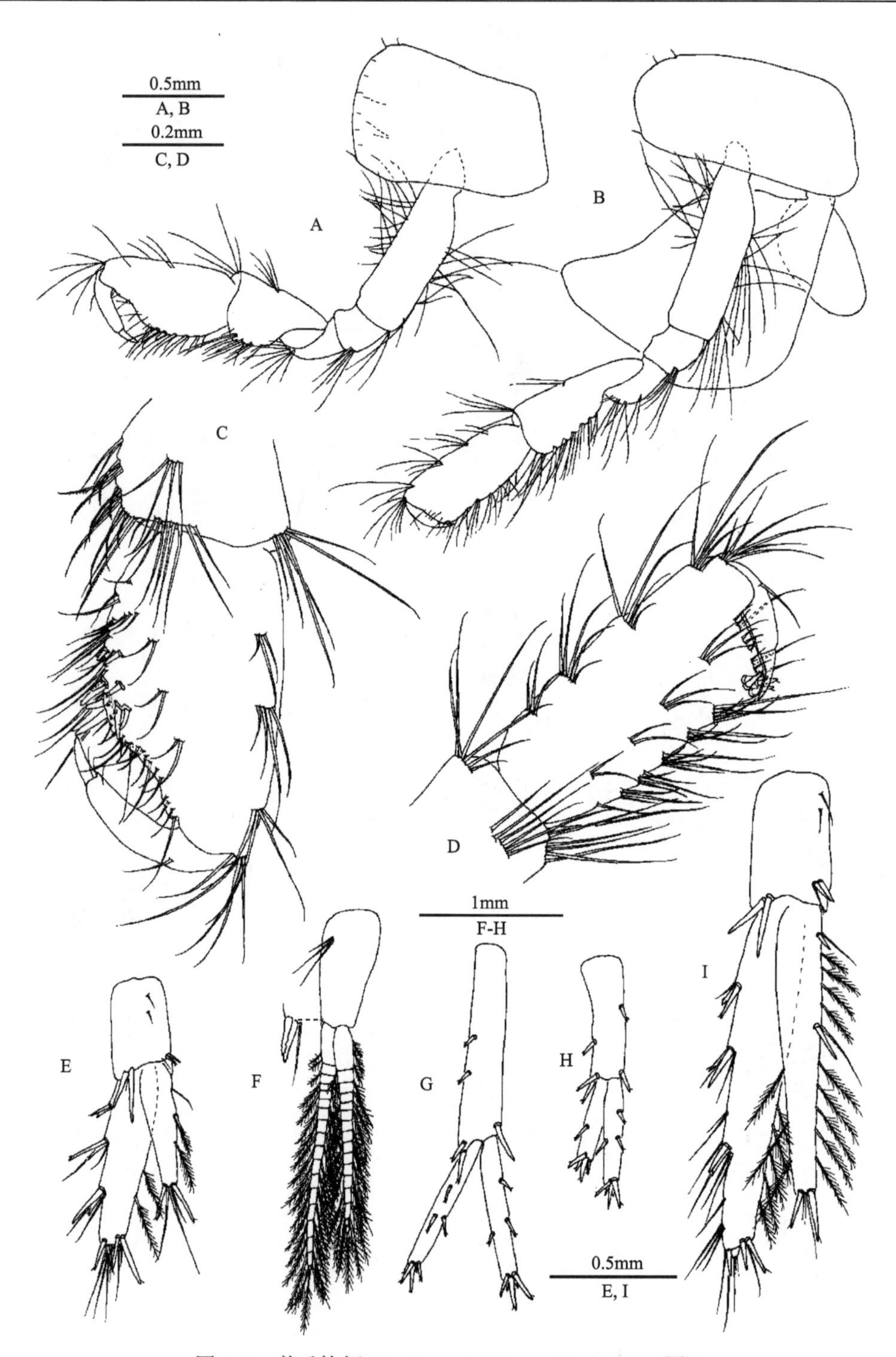

图 343 普氏钩虾 *Gammarus platvoeti* Hou & Li（四）

♂, F-I; ♀, A-E。A. 第 1 腮足; B. 第 2 腮足; C. 第 1 腮足掌节; D. 第 2 腮足掌节; E. 第 3 尾肢; F. 第 1 腹肢; G. 第 1 尾肢; H. 第 2 尾肢; I. 第 3 尾肢

第1尾肢柄节长于肢节，外缘具1-1-2刺；外肢内、外缘分别具1和2刺；内肢内、外缘分别具2和1刺。第2尾肢柄节内、外缘分别具1-1刺和1-2刺；外肢比内肢短，外缘具1刺；内肢内、外缘分别具2和1刺。第3尾肢柄节具2缘毛和4末端刺；内肢长是外肢的4/5，外缘具2刺和2末端刺，内、外缘具羽状刚毛；外肢第1节外缘具3对刺和简单刚毛，内缘具羽状刚毛，第2节短于周围刺。尾节深裂，左叶具1末端刺，右叶具2末端刺。

雌性第1腮足掌节不如雄性倾斜，后缘具9刺。第2腮足掌节长方形，后缘具4刺。第3尾肢内肢长是外肢的3/4。

观察标本：1♂（正模，IZCAS-I-A0083），1♀，云南昆明盘龙区双龙街道，海拔2257m，2002.XII.12。

生态习性：本种栖息在洞穴入口处。

地理分布：云南（昆明）。

分类讨论：本种主要鉴别特征是步足细长，触角长，第4–6腹节背部刺退化。

本种第4–6腹节背部刺退化、第2触角柄节具长刚毛、第3尾肢内肢长约为外肢的4/5等特征，与聚毛钩虾 *G. accretus* Hou & Li相似。主要区别在于本种第2、3腹侧板后下角尖，第3、4步足后缘具较少长刚毛，第5–7步足细长，尾节背面具较少刚毛。

(69) 奇异钩虾 *Gammarus praecipuus* Li, Hou & An, 2013（图344–349）

Gammarus praecipuus Li, Hou & An, 2013: 40, figs. 1–56.

形态描述：雄性11.7mm。无眼。第1触角第1–3柄节长度比1.0∶0.7∶0.5，具刚毛；鞭25节，第2–23节具感觉毛；副鞭4节。第2触角长是第1触角的2/3，第3–5柄节长度比1.0∶3.1∶2.5，第4、5柄节外侧和内侧均具短刚毛；鞭12节，具刚毛，第2–7节具鞋状感觉器。左大颚切齿5齿；动颚片4齿，刺排具8对羽状毛；触须第2节具10缘毛，第3节具3 A-刚毛、2组B-刚毛、13 D-刚毛和3 E-刚毛。右大颚切齿4齿，动颚片分叉，具小齿。第1小颚左右不对称，内叶具17羽状毛；外叶顶端具31锯齿状大刺，刺具小齿；左触须第2节顶部具6细长刺；右触须第2节宽，具6细长刺。第2小颚内叶具13羽状毛。颚足内叶具3顶端壮刺和1近顶端刺；外叶具1排钝齿，顶端具4羽状毛；触须第4节呈钩状，趾钩接合处具有1簇刚毛。

第1腮足底节板前、后缘分别具2和1刚毛；基节前、后缘具刚毛；腕节长达掌节的3/5，腹缘具短刚毛；掌节椭圆形，掌缘具2中央刺和13后缘刺。第2腮足腕节长达掌节的3/5，腹缘具5簇毛；掌节卵形，掌缘具2中央刺，后缘具6刺。第3步足底节板前、后缘分别具2和1毛；基节延长，前、后缘具刚毛；长节后缘具6簇短毛，前缘具2簇刺和刚毛；腕节和掌节后缘具3组刺和短刚毛；指节外缘具1羽状毛，趾钩接合处具2刚毛。第4步足底节板后缘凹陷；基节后缘具刚毛；长节后缘具4簇短毛，前缘具1刺；腕节和掌节后缘具3组刺和短毛；指节外缘具1羽状毛，趾钩接合处具2刚毛。第5步足底节板前、后缘分别具1和2刚毛；基节前缘具4毛和6刺，后缘具15短毛；长节至掌节前缘具2、3组刺和短毛，掌节后缘具3组短毛；指节外缘具1羽状刚毛，趾

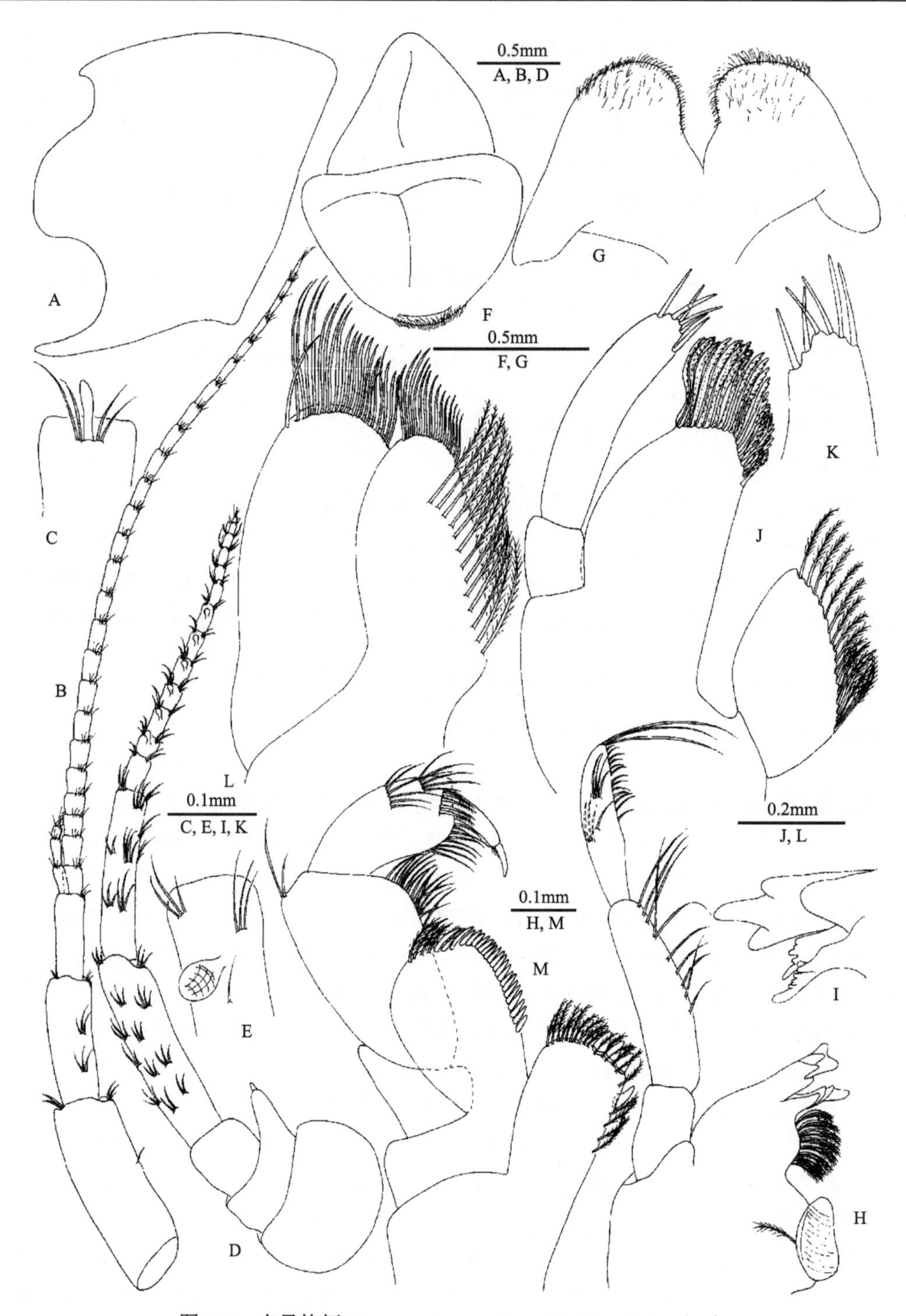

图 344　奇异钩虾 *Gammarus praecipuus* Li, Hou & An（一）

♂。A. 头; B. 第 1 触角; C. 第 1 触角感觉毛; D. 第 2 触角; E. 第 2 触角鞋状感觉器; F. 上唇; G. 下唇; H. 左大颚; I. 右大颚切齿; J. 第 1 小颚; K. 第 1 小颚右触须; L. 第 2 小颚; M. 颚足

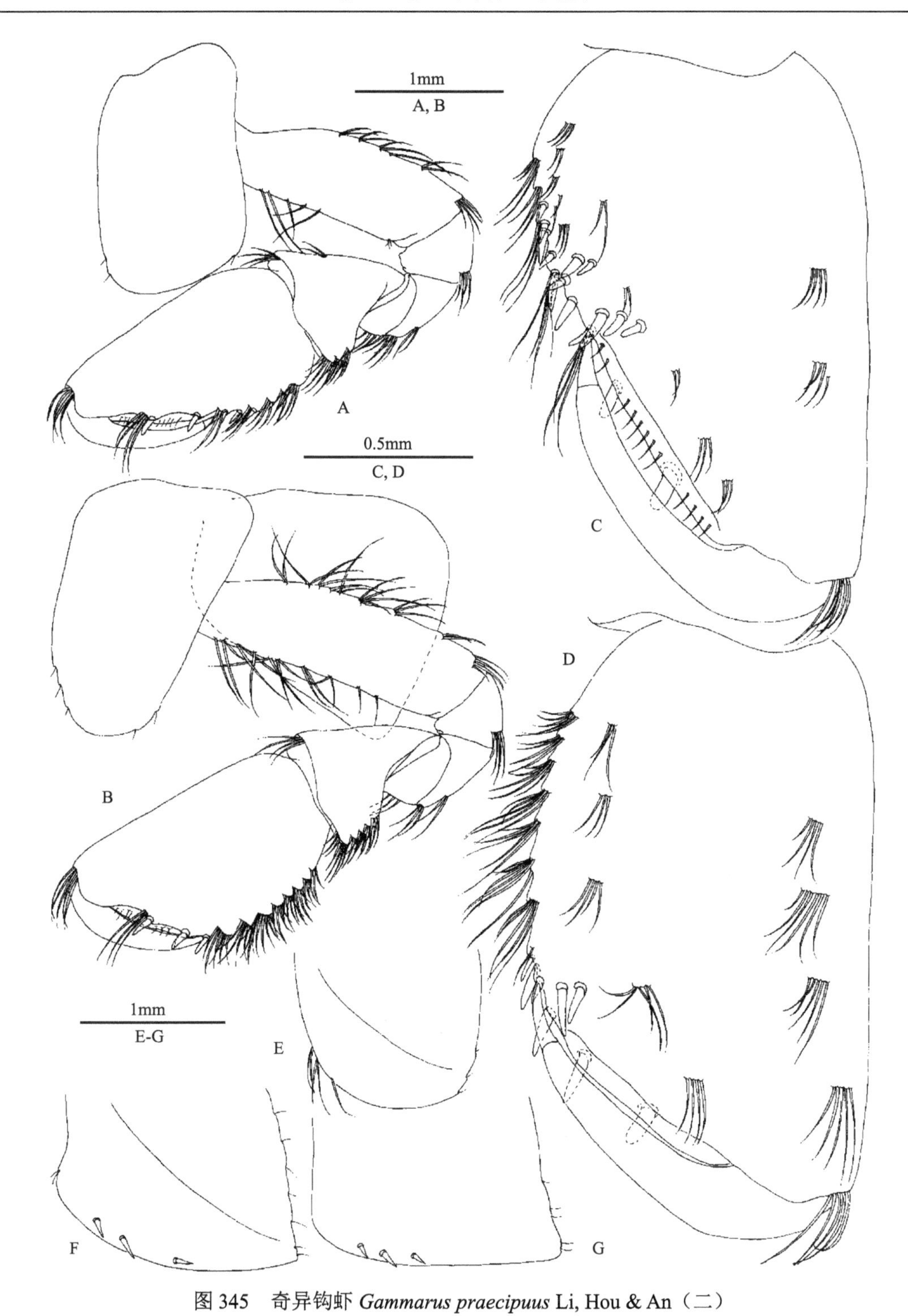

图 345　奇异钩虾 *Gammarus praecipuus* Li, Hou & An（二）

♂。A. 第 1 腮足; B. 第 2 腮足; C. 第 1 腮足掌节; D. 第 2 腮足掌节; E. 第 1 腹侧板; F. 第 2 腹侧板; G. 第 3 腹侧板

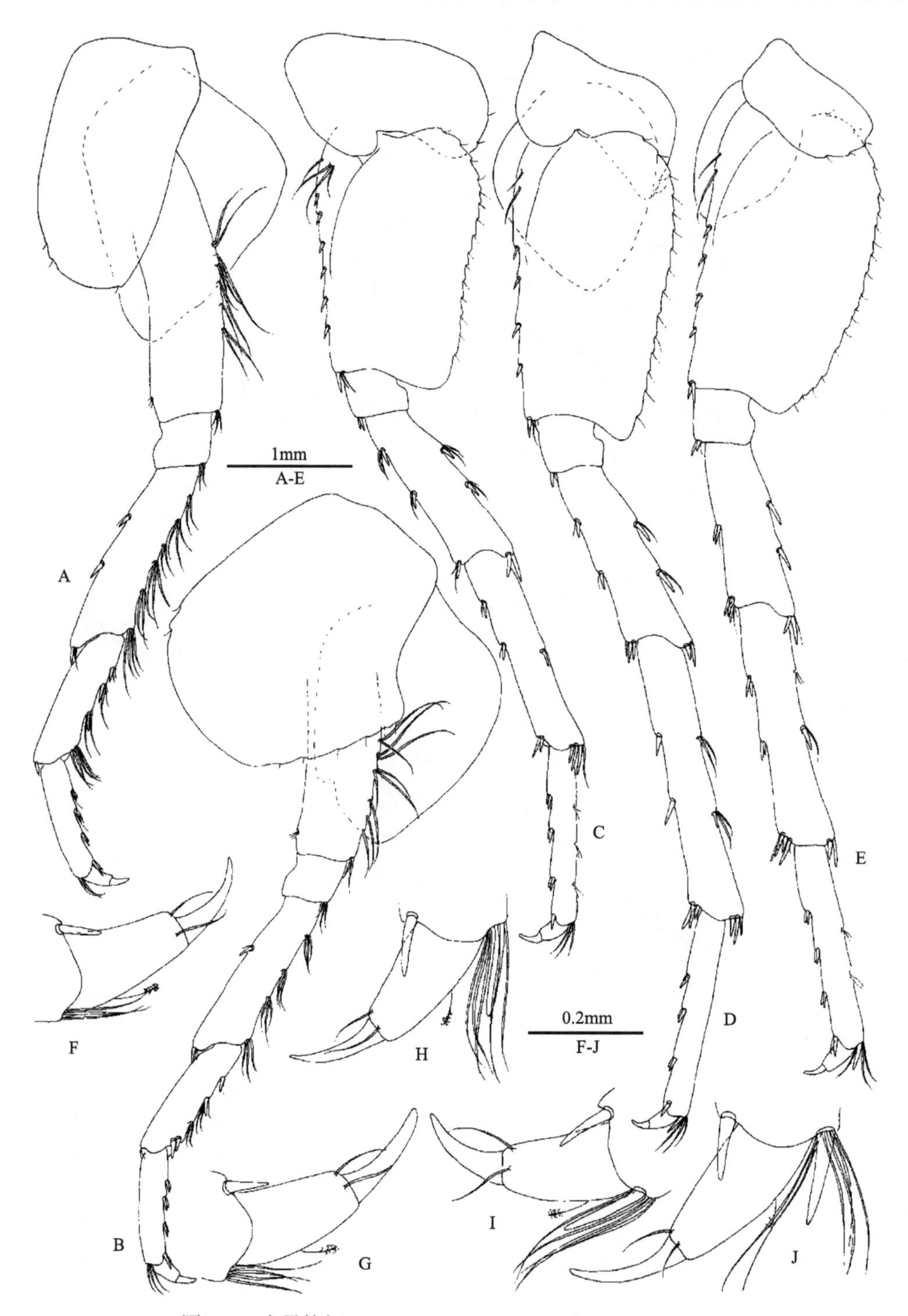

图 346 奇异钩虾 *Gammarus praecipuus* Li, Hou & An（三）

♂。A. 第 3 步足; B. 第 4 步足; C. 第 5 步足; D. 第 6 步足; E. 第 7 步足; F. 第 3 步足指节; G. 第 4 步足指节; H. 第 5 步足指节; I. 第 6 步足指节; J. 第 7 步足指节

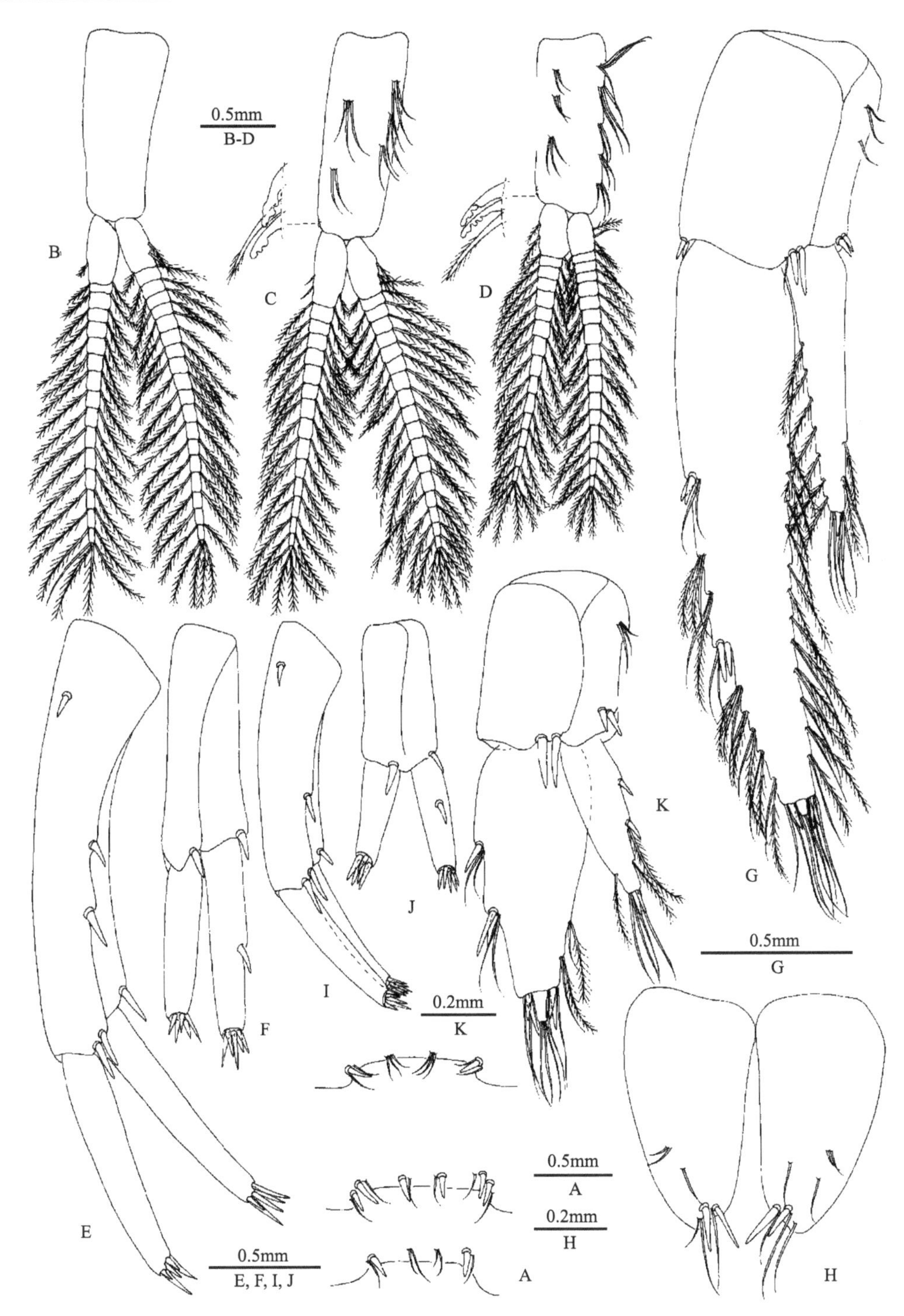

图 347　奇异钩虾 *Gammarus praecipuus* Li, Hou & An（四）

♂, A-H; ♀, I-K。A. 第 4-6 腹节（背面观）; B. 第 1 腹肢; C. 第 2 腹肢; D. 第 3 腹肢; E. 第 1 尾肢; F. 第 2 尾肢; G. 第 3 尾肢; H. 尾节; I. 第 1 尾肢; J. 第 2 尾肢; K. 第 3 尾肢

图 348 奇异钩虾 *Gammarus praecipuus* Li, Hou & An（五）

♀。A. 第 1 腮足; B. 第 2 腮足; C. 第 1 腮足掌节; D. 第 2 腮足掌节

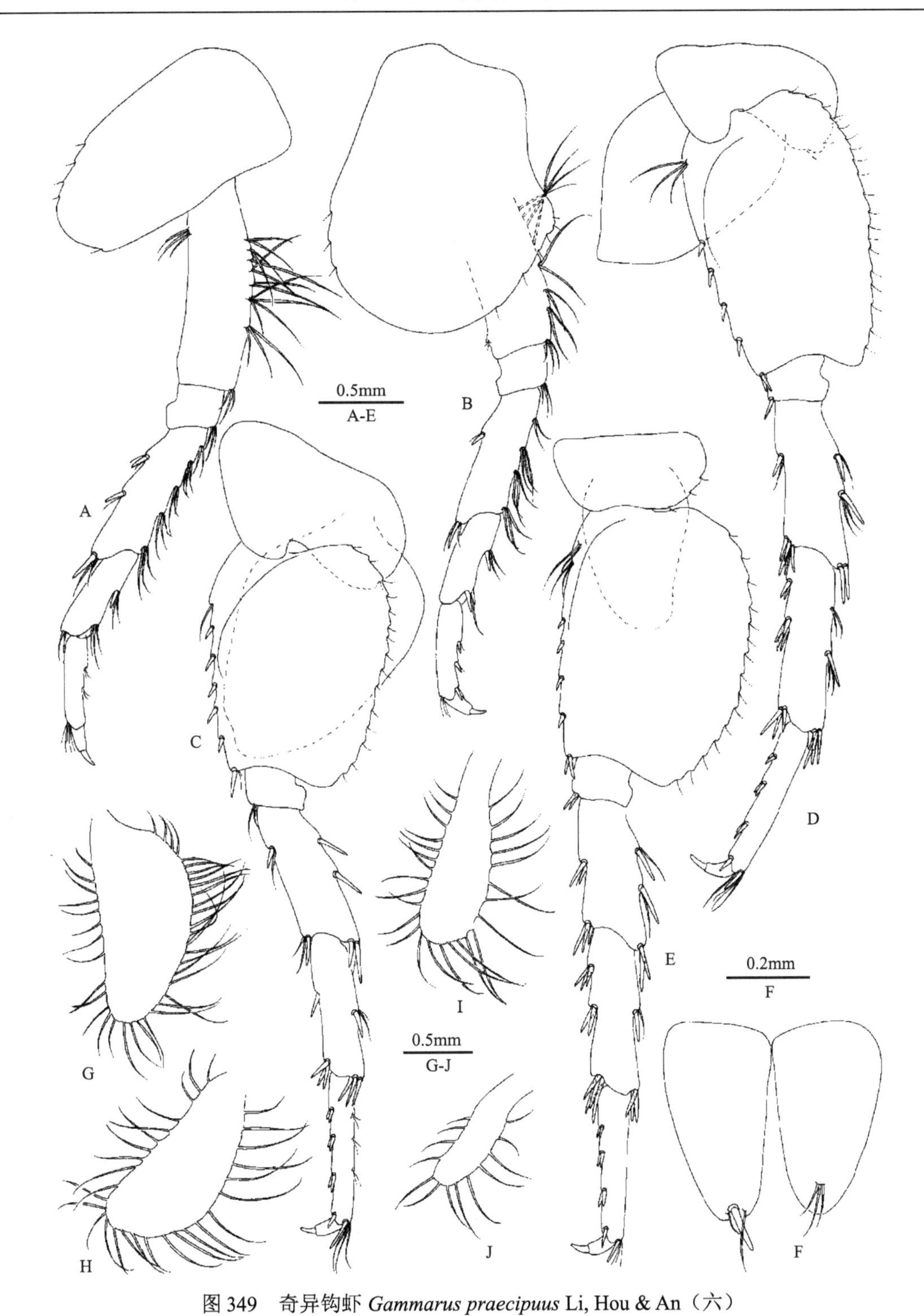

图 349　奇异钩虾 *Gammarus praecipuus* Li, Hou & An（六）

♀。A. 第 3 步足; B. 第 4 步足; C. 第 5 步足; D. 第 6 步足; E. 第 7 步足; F. 尾节; G. 第 2 抱卵板; H. 第 3 抱卵板; I. 第 4 抱卵板; J. 第 5 抱卵板

钩接合处具 2 刚毛。第 6 步足基节延长，前缘具 4 刺和 2 毛，后缘具 15 短毛；长节至掌节前缘具 2、3 组刺和短毛。第 7 步足基节膨大；长节至掌节前缘具 2、3 组刺，掌节后缘具 2 组短毛。

第 1 腹侧板腹缘圆，腹前缘具 5 长毛，后缘具 3 短毛；第 2 腹侧板腹前缘具 2 短毛，腹缘具 3 刺，后缘具 7 短毛，后下角钝；第 3 腹侧板腹缘具 3 刺，后缘具 5 短毛，后下角钝。第 1–3 腹肢相似，柄节具 2 钩刺和 1 刚毛；外肢比内肢稍短，内、外肢具羽状毛。第 4–6 腹节背部扁平，具 4 簇刺和毛。

第 1 尾肢柄节具 1 背基刺，外缘具 2 刺；内、外肢无缘刺。第 2 尾肢短，外肢无侧刺，内肢内缘具 1 刺。第 3 尾肢柄节表面具 3 刚毛，具 6 末端刺；内肢长达外肢的 1/2，具 1 末端刺和简单刚毛；外肢第 1 节外缘具 2 对刺，两缘具羽状毛；第 2 节短于邻近刺。尾节深裂，每叶背侧边缘具刚毛，具 2 末端刺和 3 刚毛。

雌性 8.3mm。第 1 腮足掌节卵形，掌后缘具 9 刺。第 2 腮足掌节近似长方形，掌后缘具 4 刺。第 3、4 步足与雄性相比，后缘具较长刚毛。第 3 尾肢内肢长达外肢的 1/2，具羽状毛。第 2 抱卵板宽阔，有缘毛，第 3、4 抱卵板细长，第 5 抱卵板最小。

观察标本：1♂（正模，IZCAS-I-A1151-1），2♀，四川江油藏王寨的一个山洞（104.88°E, 32.03°N），2010.V.12。

生态习性：本种栖息在洞穴中。

地理分布：四川（江油）。

分类讨论：本种主要鉴别特征是无眼；第 2 触角具鞋状感觉器；第 1 小颚外叶具 31 锯齿状刺，右触须第 2 节具 6 细长刺；第 1 尾肢内、外肢无缘刺；第 3 尾肢内肢长达外肢的 1/2；第 2、3 腹侧板腹前缘具 3 刺，后下角钝；第 4–6 腹节具 4 组刺和刚毛。

本种与生活在洞穴中的咸丰钩虾 *G. xianfengensis* Hou & Li 相似特征包括：无眼；具鞋状感觉器；第 3–7 步足后缘具较少刚毛；第 3 尾肢外肢第 2 节短于周围刺；第 4–6 腹节具刺和刚毛。主要区别在于本种第 1 小颚外叶具 31 锯齿状刺，第 3 尾肢内肢长达外肢的 1/2，第 2、3 腹侧板腹缘具 3 刺，后下角钝；而咸丰钩虾第 1 小颚外叶具 11 锯齿状刺，第 3 尾肢内肢长达外肢的 9/10，每个腹侧板具 5 刺，后下角稍尖。

本种与利川钩虾 *G. lichuanensis* Hou & Li 的主要区别在于本种第 1 小颚外叶具 31 锯齿状大刺；第 1 触角鞭节 25 节；第 2 触角具鞋状感觉器；第 3 尾肢内肢长达外肢的 1/2；第 2、3 腹侧板腹缘具 3 刺，后下角钝。而利川钩虾第 1 小颚外叶具 11 锯齿状刺；第 1 触角鞭节 43 节；第 2 触角无鞋状感觉器；第 3 尾肢内肢长达外肢的 9/10；第 2、3 腹侧板腹缘具较少刺和刚毛，后下角尖。

(70) 宝贵钩虾 *Gammarus preciosus* Wang, Hou & Li, 2009（图 350–353）

Gammarus preciosus Wang, Hou & Li, 2009: 100, figs. 1–5.

形态描述：雄性 12.2mm。眼肾形，中等大。第 1 触角 1–3 柄节长度比 1.00∶0.71∶0.43，具末端毛；鞭 31 节，具短末端毛；副鞭 4 节，第 4 节很短。第 2 触角第 4、5 柄节前、后缘均具 2–5 组短毛；鞭 14 节，第 2–8 节具鞋状感觉器。左大颚切齿 5 齿；动颚片 4 齿，刺排具 11 对坚硬羽状刚毛；臼齿具 1 羽状刚毛；触须第 2 节具 19 毛，第 3 节长为第 2 节的 3/4，具 5 A-刚毛、3 B-刚毛、25 D-刚毛和 5 E-刚毛。右大颚切齿 4 齿，动颚片分叉，具小齿。第 1 小颚内叶具 12 羽状毛；外叶具 11 锯齿状刺；左触须第 2 节顶端具 5 细长刺、1 硬刚毛和 2 刚毛；右触须第 2 节具 5 壮刺、1 硬刚毛和 1 刚毛。第 2 小颚内叶比外叶稍短，具 19 羽状毛。颚足内叶具 3 顶端壮刺和 1 近顶端刺；外叶宽大，内缘具 12 钝齿和 2–5 梳状顶端刚毛。

第 1 腮足底节板腹缘微扩张，前、后角分别具 4 和 2 短毛；基节前、后缘具长毛；腕节短于掌节；掌节梨形，掌面倾斜，掌缘具 1 中央刺，后缘具 2-2-2-1 刺；指节长达掌缘的 1/2，趾钩长是指节的 1/4。第 2 腮足底节板相对较窄；腕节短于掌节，两缘平行；掌节掌面倾斜，具 1 中央刺和 2 后缘刺。第 3 步足底节板近长方形，前、后角分别具 4 和 1 短毛；基节前、后缘具长刚毛；长节和腕节后缘具长直毛；掌节后缘具 4 对刺；指节外缘具 1 羽状毛，趾钩接合处具 2 刚毛。第 4 步足底节板后缘凹陷；基节至腕节后缘具较少刚毛；掌节后缘具 4 对刺。第 5–7 步足长度近似相等；底节板具较少刚毛；第 5 步足基节后缘近直，第 6、7 步足基节后缘稍凸，具 1 排短毛；长节到掌节前、后缘均具刺，少刚毛；指节外缘具 1 羽状刚毛，趾钩接合处具 1 刚毛。

第 1 腹侧板腹缘圆，腹前角具 7 刚毛，后缘具 4 短毛；第 2 腹侧板腹前缘具 2 刚毛，腹缘具 3 刺，后缘具 7 短毛；第 3 腹侧板腹缘具 3 刺，后缘具 11 短毛，后下角尖。第 1–3 腹肢相似，柄节具 2 钩刺和 2、3 刚毛；肢节 20 节，具羽状刚毛。第 4–6 腹节背部扁平，第 4 腹节背缘具 1-1-1-2 刺；第 5 腹节具 2-1-1-2 刺；第 6 腹节左、右侧分别具 2 和 1 刺，中央具 2 刚毛。

第 1 尾肢柄节具 1 背基刺；内肢内缘具 2 刺；外肢比内肢稍短，内缘具 2 刺。第 2 尾肢柄节内缘具 2 刺；内肢内缘具 2 刺和 1 刚毛，外缘具 1 刺；外肢长是内肢的 5/6，内缘具 1 刺。第 3 尾肢柄节外缘具 1 刺，内缘具 6 刚毛，具 3 末端刺；内肢长是外肢的 2/5，内缘具 4 刺和羽状刚毛，末端具 4 刺，外缘无羽状毛；外肢第 1 节外缘具 1-1-2-2-3 刺和简单刚毛，具 5 末端刺；内缘具羽状毛，第 2 节比邻近刺长。尾节深裂，每叶具 1 背侧刺和几组表面刺和短毛，具 2、3 末端刺和短毛。

雌性 9.0mm。第 1 腮足掌节卵形，掌缘不如雄性倾斜，后缘具 2 刺。第 2 腮足掌节近似长方形，掌缘平截，后缘具 1 刺。第 3–7 步足后缘具较少刚毛。第 2 腮足抱卵板宽阔，第 3–5 抱卵板逐渐变小，具很短缘毛。

观察标本：1♂（正模，IZCAS-I-A0571），8♂3♀，河南南阳宝天曼国家级自然保护区（115.55°E, 32.31°N），2005.XI.10。

生态习性：本种栖息在宝天曼国家级自然保护区核心区域的溪流沿岸。溪水清澈，无污染，接近山顶的源头。

地理分布：河南。

分类讨论：本种主要鉴别特征是第 3 步足后缘具长直毛；第 5–7 步足长节到掌节前、后缘具较少刚毛；第 3 尾肢内肢长是外肢的 2/5，外肢外缘具刺，无羽状刚毛，内缘具 1 排羽状刚毛。

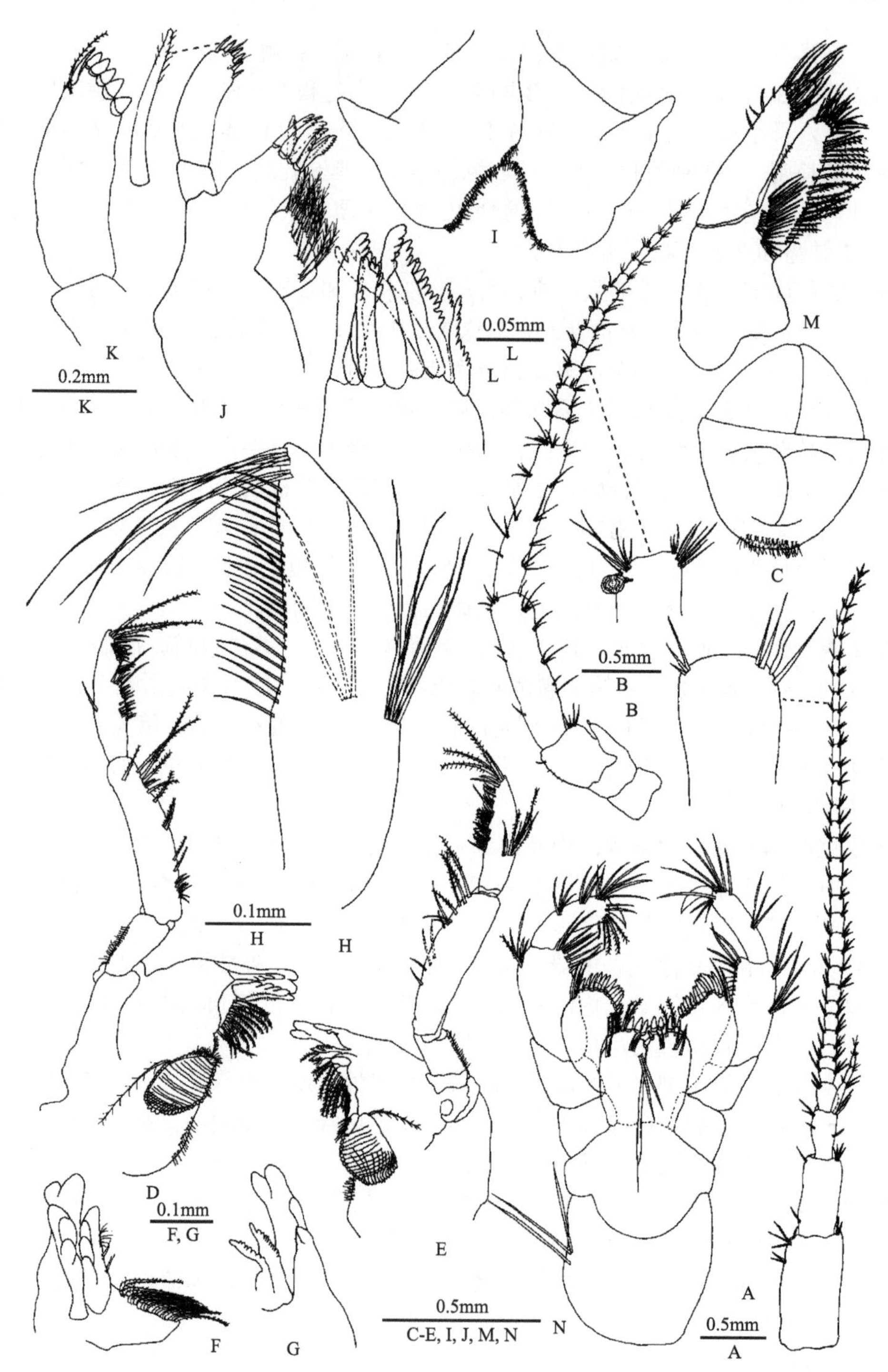

图 350　宝贵钩虾 *Gammarus preciosus* Wang, Hou & Li（一）

♂。A. 第 1 触角; B. 第 2 触角; C. 上唇; D. 左大颚; E. 右大颚; F. 左大颚切齿和动颚片; G. 右大颚切齿和动颚片; H. 左大颚触须; I. 下唇; J. 左第 1 小颚; K. 右第 1 小颚触须; L. 左第 1 小颚外叶; M. 第 2 小颚; N. 颚足

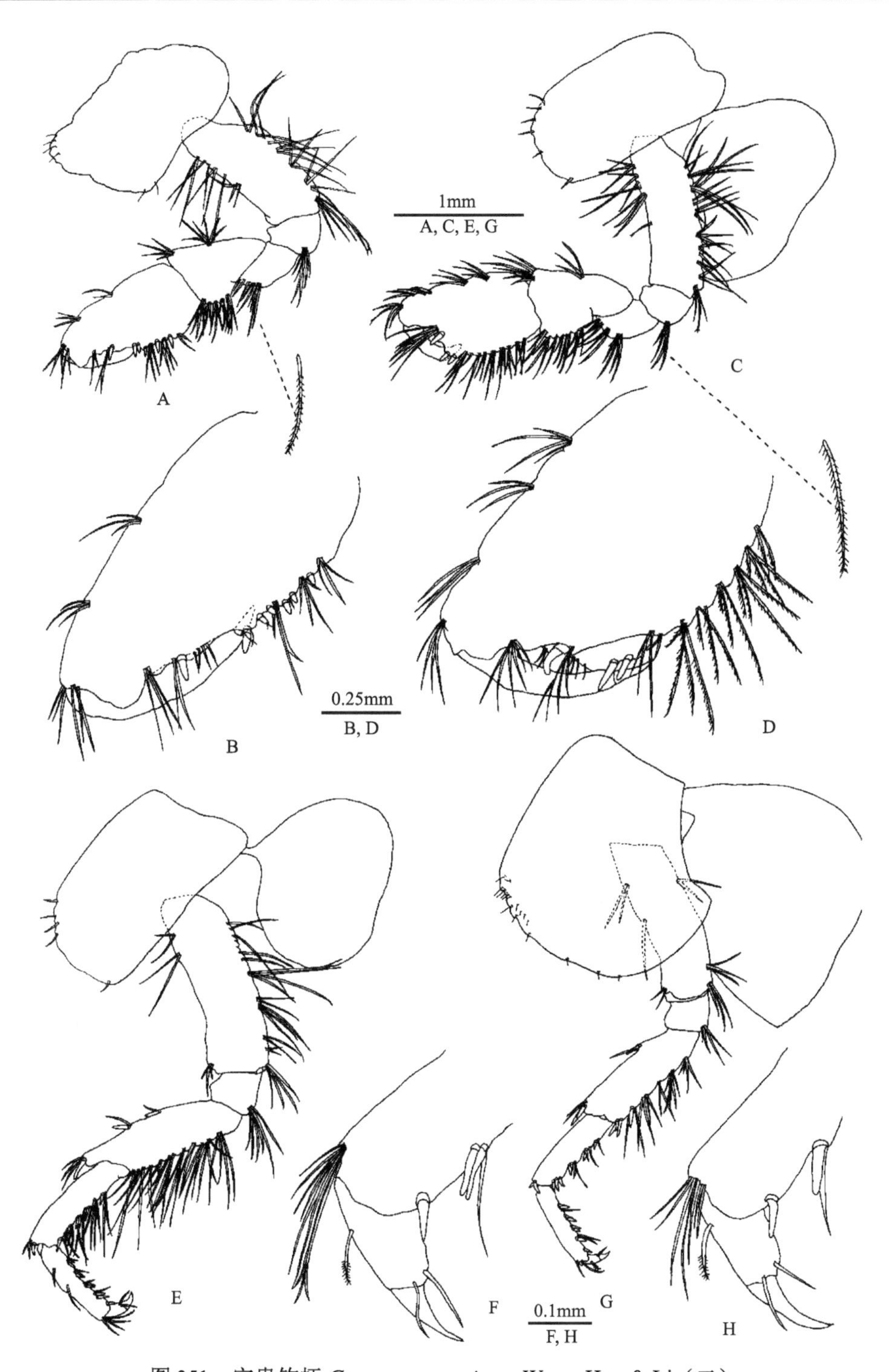

图 351　宝贵钩虾 *Gammarus preciosus* Wang, Hou & Li（二）

♂。A. 第 1 腮足; B. 第 1 腮足掌节; C. 第 2 腮足; D. 第 2 腮足掌节; E. 第 3 步足; F. 第 3 步足指节; G. 第 4 步足; H. 第 4 步足指节

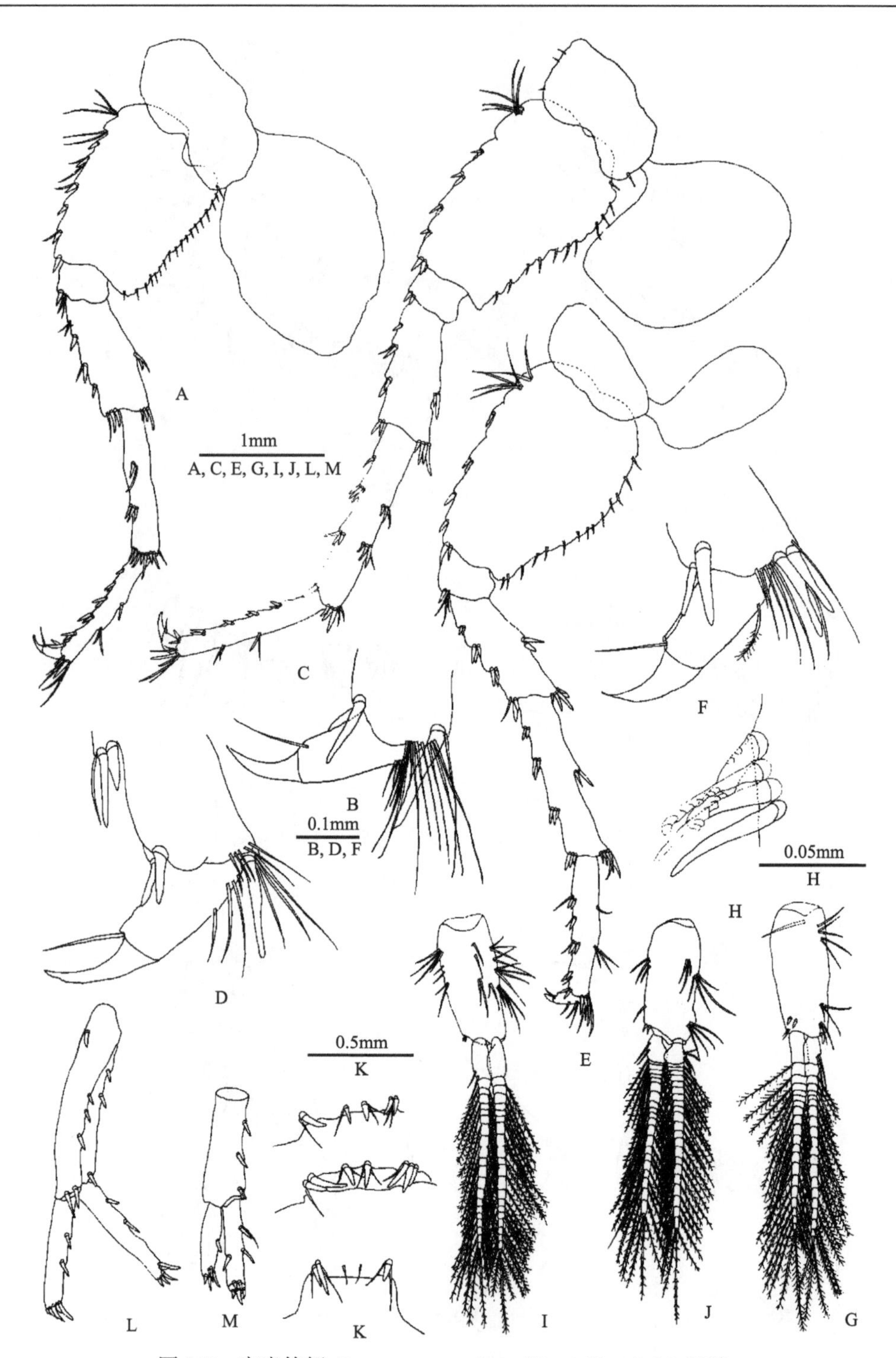

图 352 宝贵钩虾 *Gammarus preciosus* Wang, Hou & Li（三）

♂。A. 第 5 步足; B. 第 5 步足指节; C. 第 6 步足; D. 第 6 步足指节; E. 第 7 步足; F. 第 7 步足指节; G. 第 1 腹肢; H. 第 1 腹肢钩刺; I. 第 2 腹肢; J. 第 3 腹肢; K. 第 4-6 腹节; L. 第 1 尾肢; M. 第 2 尾肢

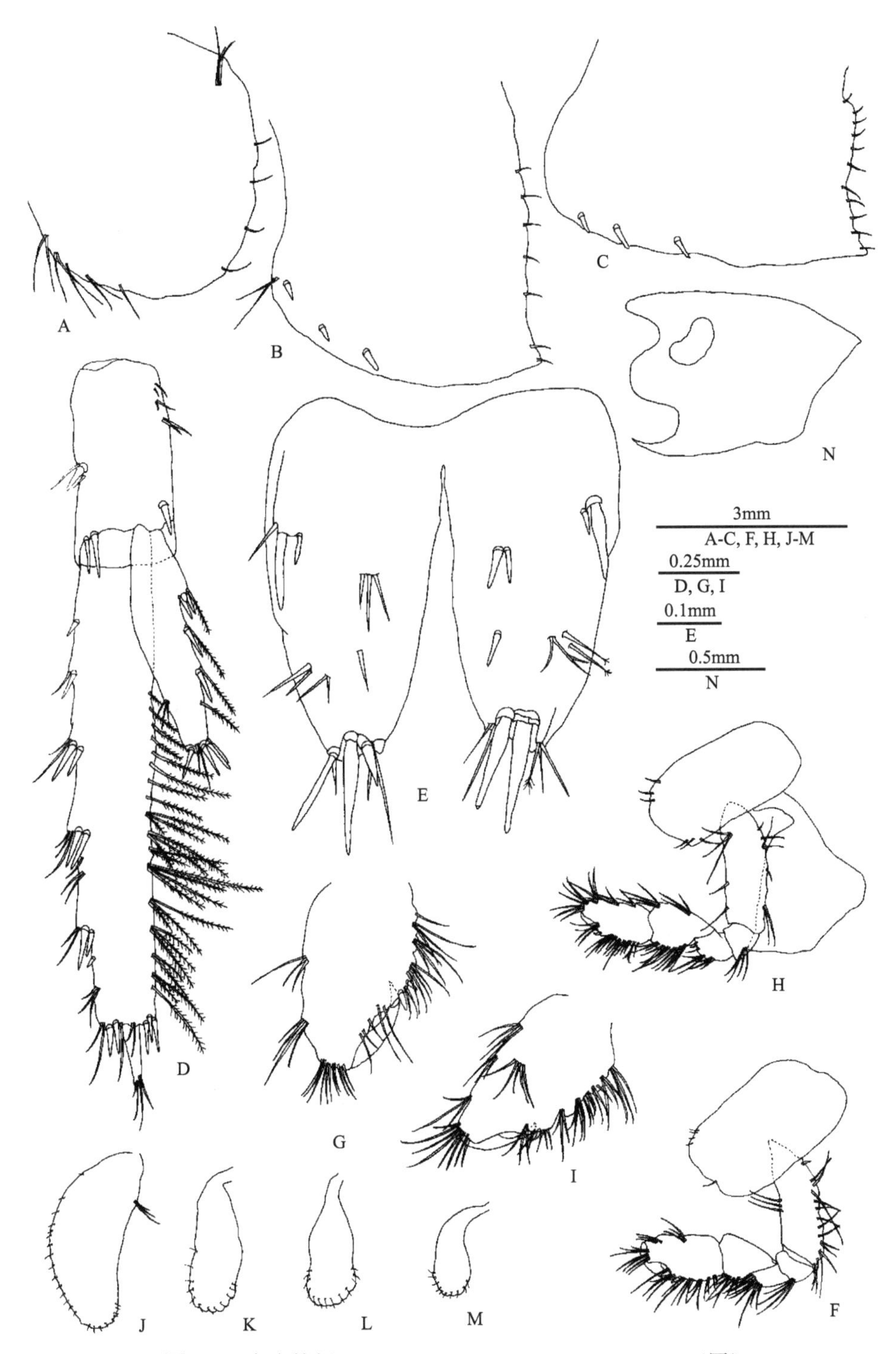

图 353　宝贵钩虾 *Gammarus preciosus* Wang, Hou & Li（四）

♂, A-E, N; ♀, F-M。A. 第 1 腹侧板; B. 第 2 腹侧板; C. 第 3 腹侧板; D. 第 3 尾肢; E. 尾节; F. 第 1 腮足; G. 第 1 腮足掌节; H. 第 2 腮足; I. 第 2 腮足掌节; J. 第 2 抱卵板; K. 第 3 抱卵板; L. 第 4 抱卵板; M. 第 5 抱卵板; N. 头

本种与特克斯钩虾 *G. takesensis* Hou, Li & Platvoet 的相似特征包括：第 2 触角柄节具较少长刚毛；第 5–7 步足前、后缘具较少刚毛；第 3 尾肢外肢内缘具 1 排羽状刚毛，外缘具刺，无羽状刚毛。主要区别在于本种第 3 步足长节后缘具长直刚毛，第 3 尾肢内肢长是外肢的 2/5，尾节具背基刺和刚毛；而特克斯钩虾第 3 步足长节后缘具较少刚毛，第 3 尾肢内肢长是外肢的 3/4，尾节表面无刺。

(71) 钱氏钩虾 *Gammarus qiani* Hou & Li, 2002（图 354–358）

Gammarus qiani Hou & Li, 2002f: 65; figs. 1–5.

形态描述：雄性 10.0mm。眼肾形，中等大小。第 1 触角第 1–3 柄节长度比 1.0∶0.6∶0.4，具末端毛；鞭 20 节，每节具末端毛；副鞭 4 节，第 4 节短。第 2 触角第 3 柄节具 7 末端毛，第 4、5 柄节后缘具 4 簇长刚毛，刚毛长度大于柄节直径，鞭 10 节，每节具刚毛，无鞋状感觉器。左大颚切齿 5 齿，动颚片 4 小齿，刺排具 8–10 羽状毛，臼齿具 1 刚毛；触须第 2 节具 26 刚毛，第 3 节长是第 2 节的 2/3，具 4 A-刚毛、4 B-刚毛、20 D-刚毛和 3 E-刚毛。右大颚切齿 4 齿，动颚片分叉。第 1 小颚内叶具 17 羽状毛，外叶具 11 锯齿状刺，左触须第 2 节具 10 细长刺，右触须第 2 节具 5 壮刺和 1 硬刚毛。第 2 小颚内叶具 1 排羽状毛。颚足内叶具 3 壮顶刺和刚毛；外叶宽大，内缘具 11 钝齿。

第 1 腮足底节板近长方形，前、后角分别具 4 和 1 短毛；基节前、后缘具长刚毛；腕节长为掌节的 2/3，掌节梨形，掌缘斜，具 1 中央壮刺，后缘具 1-2-2-2-2 刺，内面具 4 刺；趾钩长为整个指节的 1/4。第 2 腮足底节板末端趋窄：基节与第 1 腮足相似；腕节短于掌节，掌节两侧近平行，掌缘稍斜，中央具 1 壮刺。第 3 步足基节至腕节后缘具长毛。第 4 步足底节板后缘凹陷，前、后缘分别具 4 和 5 毛；基节前、后缘具长毛；长节至掌节后缘具长直毛，第 4 步足刚毛比第 3 步足少；腕节和掌节后缘具 5、6 刺；指节具 1 小刚毛。第 5–7 步足相似，第 5、6 步足底节板浅，前、后缘近直，后缘具 1、2 刚毛；第 7 步足底节板前缘具 5 长毛，后缘具 2 短毛；第 5 步足基节后缘直，第 6 步足基节后缘稍突出，第 7 步足基节后缘膨大，长节至掌节前缘具长刚毛。第 2–7 胸节具底节鳃，囊状；第 2–6 底节鳃长于基节；第 7 底节鳃小，长是基节的 1/2。

第 1–3 腹节背缘具 3–6 短刚毛。第 1 腹侧板腹前缘具 10 刚毛；第 2 腹侧板后下角近直，腹缘具 9 毛；第 3 底节板后下角钝，腹缘具 8 刚毛。第 1–3 腹肢柄节背缘具长刚毛，末端具 2 钩刺和 1、2 刚毛，肢节具羽状毛。第 4–6 腹节具 3 簇背刺和刚毛。

第 1 尾肢柄节内、外缘分别具 1-1 刺和 1-1-2 刺，无背基刺；内肢内缘具 2 刺；外肢短于内肢，外缘具 2 刺。第 2 尾肢柄节内、外缘各具 2 刺；内肢内、外缘各具 1 刺；外肢长为内肢的 5/6，具 1 外缘刺。第 3 尾肢细长，柄节具 3 末端刺和背毛；内肢稍短于外肢第 1 节，外肢第 2 节小，内、外肢两侧均具羽状毛。尾节深裂，末端具 1 刺，背面具小刚毛。

雌性 7.6mm。第 1 腮足掌节不如雄性倾斜，掌面倾斜，后缘具 9 刺。第 2 腮足腕节和掌节等长，掌节后缘具 4 刺。第 3、4 步足后缘较雄性具较少直刚毛。第 5–7 步足基节前缘具短刺和长刚毛；后缘具短毛；长节前缘具长刚毛，腕节和掌节具较少长刚毛。第

2–5 胸节抱卵板逐渐短，边缘具长刚毛。

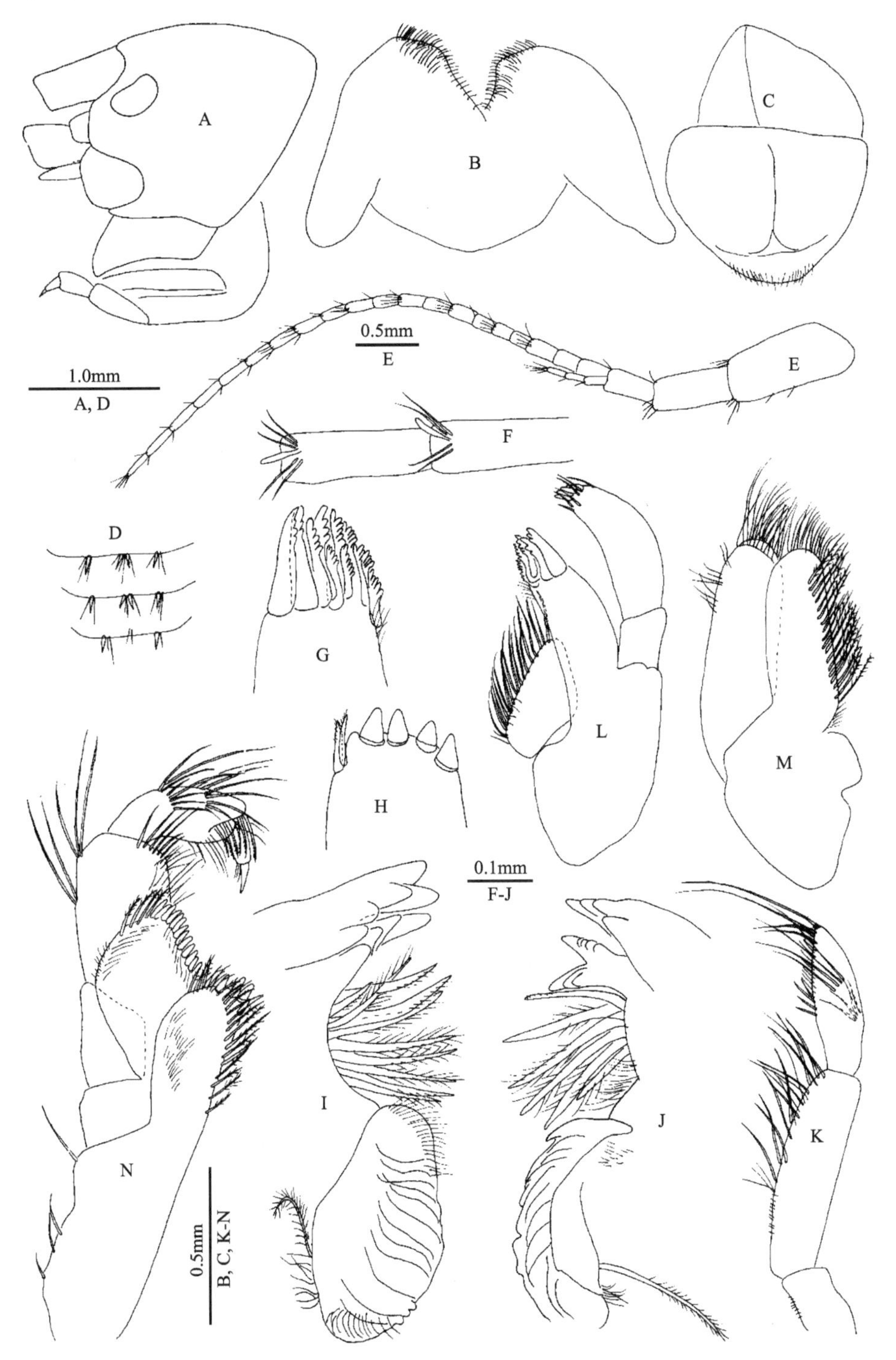

图 354　钱氏钩虾 *Gammarus qiani* Hou & Li（一）

♂。A. 头; B. 下唇; C. 上唇; D. 第 4-6 腹节（背面观）; E. 第 1 触角; F. 第 1 触角鞭节; G. 左第 1 小颚外叶; H. 右第 1 小颚触须; I. 左大颚; J. 右大颚; K. 右大颚触须; L. 左第 1 小颚; M. 第 2 小颚; N. 颚足

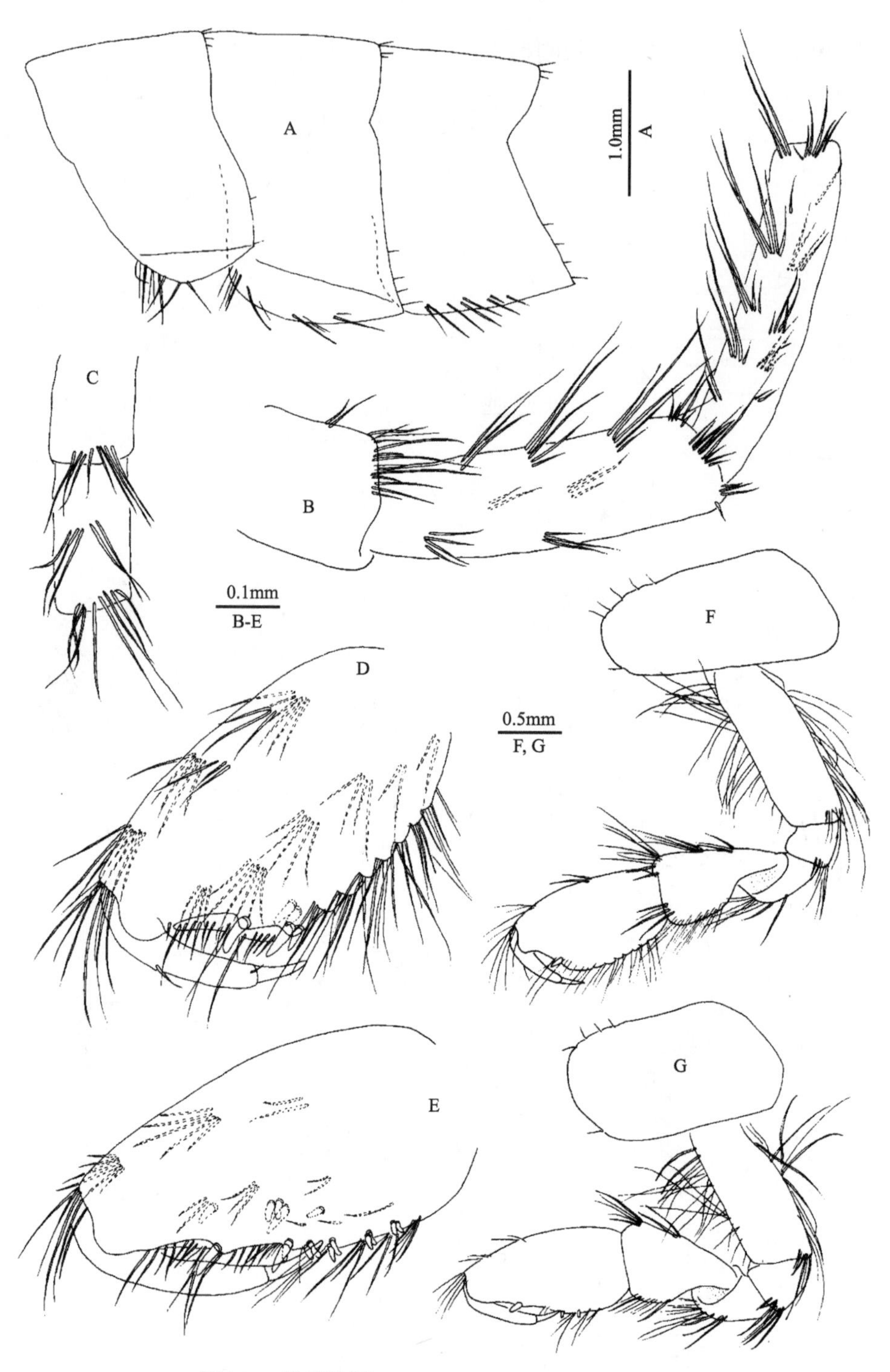

图 355 钱氏钩虾 *Gammarus qiani* Hou & Li（二）

♂。A. 第 1-3 腹侧板; B. 第 2 触角; C. 第 2 触角鞭节; D. 第 2 腮足掌节; E. 第 1 腮足掌节; F. 第 2 腮足; G. 第 1 腮足

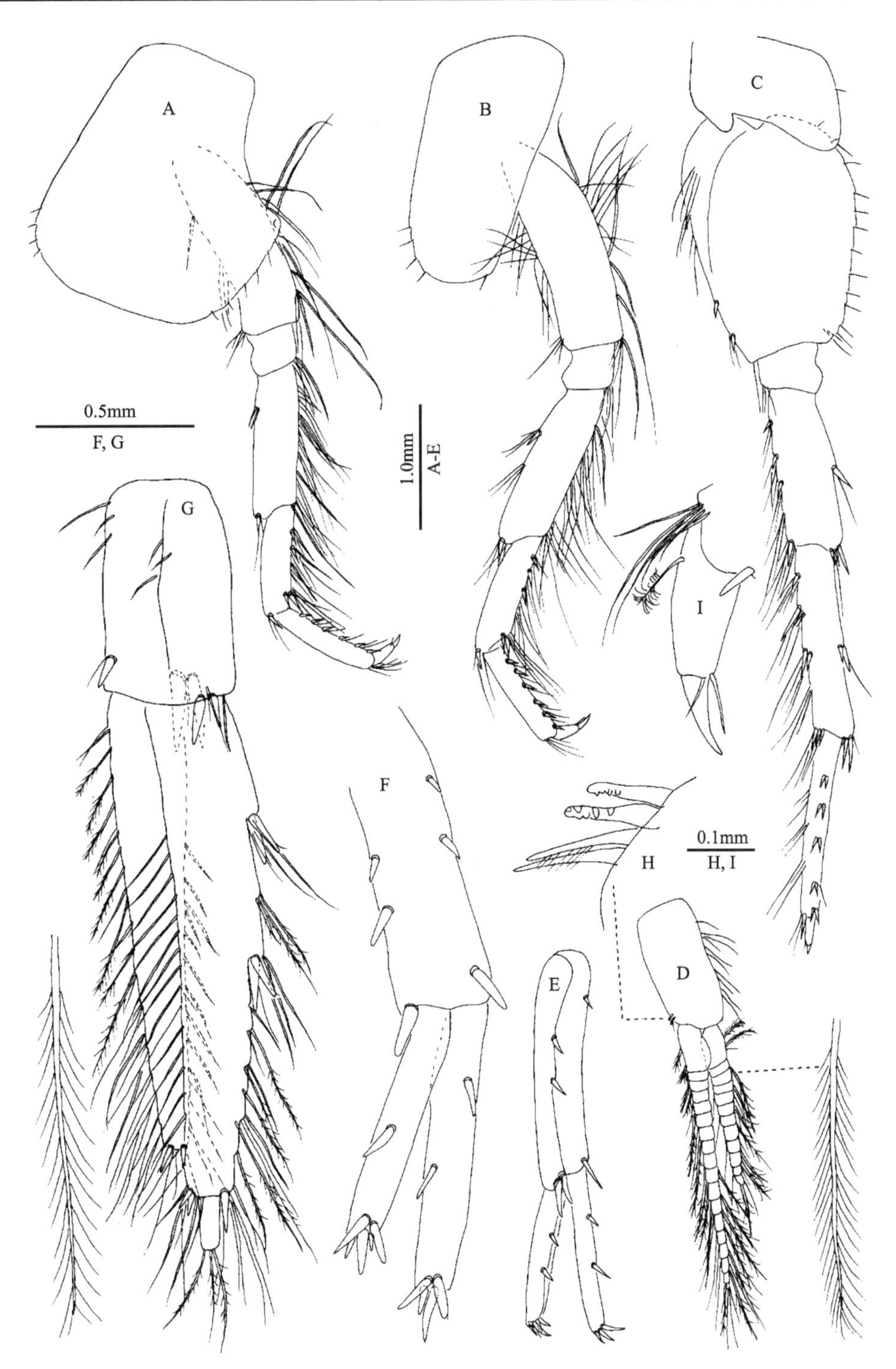

图 356 钱氏钩虾 *Gammarus qiani* Hou & Li（三）

♂。A. 第 4 步足; B. 第 3 步足; C. 第 6 步足; D. 第 3 腹肢; E. 第 1 尾肢; F. 第 2 尾肢; G. 第 3 尾肢; H. 钩刺; I. 第 3 步足指节

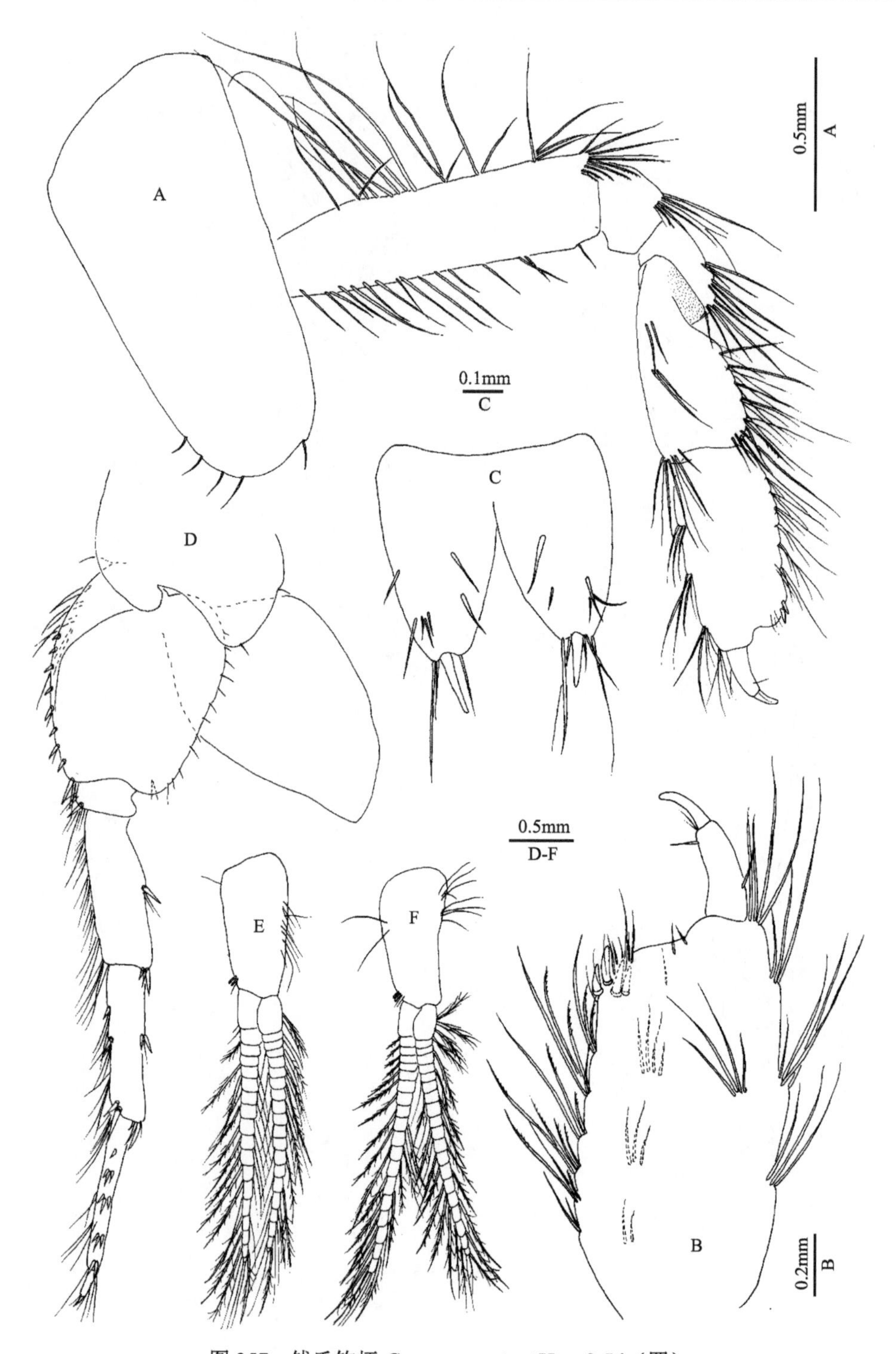

图 357 钱氏钩虾 *Gammarus qiani* Hou & Li（四）

♂, C-F; ♀, A, B。A. 第 2 腮足; B. 第 2 腮足掌节; C. 尾节; D. 第 5 步足; E. 第 2 腹肢; F. 第 1 腹肢

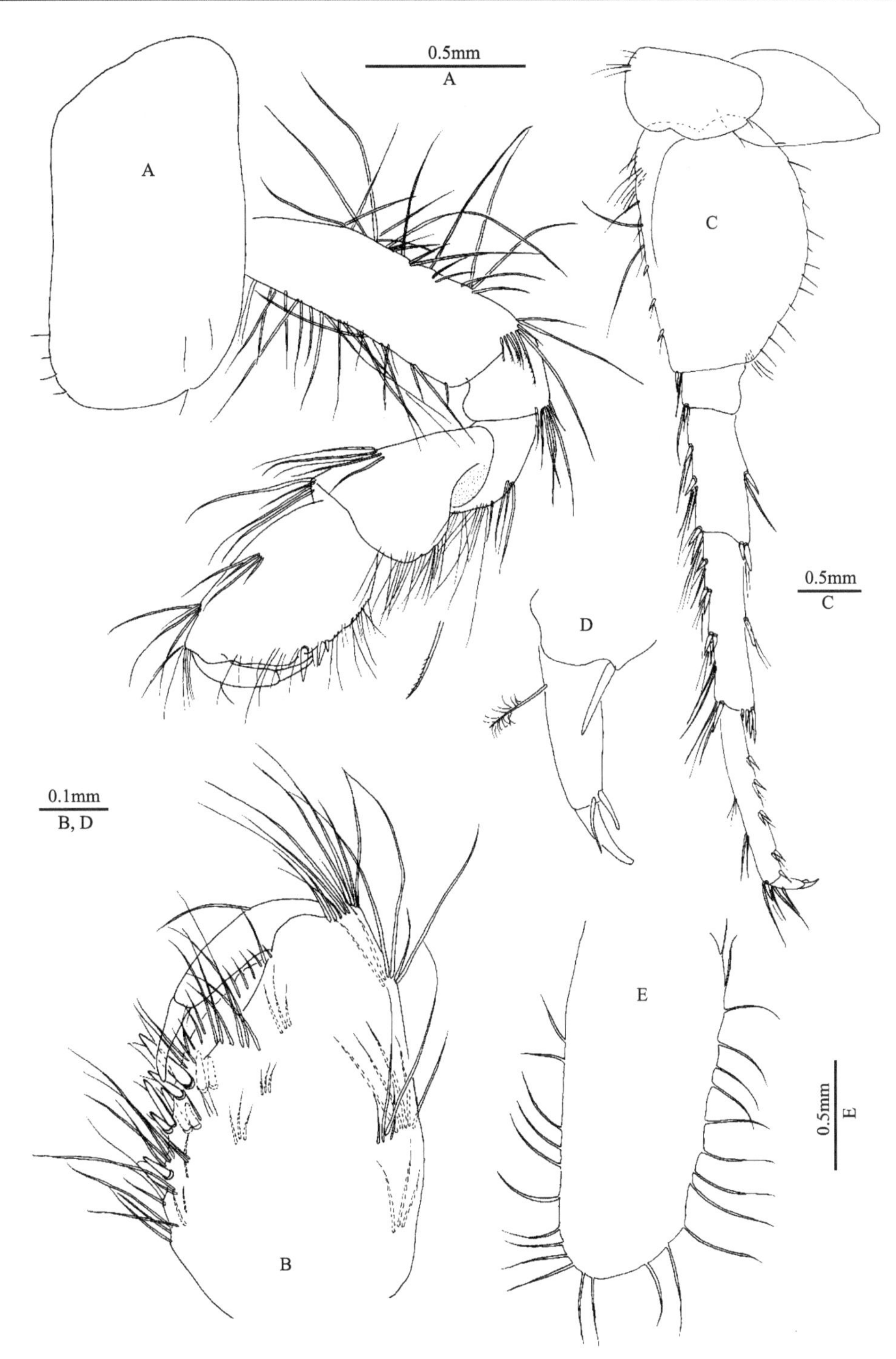

图 358　钱氏钩虾 *Gammarus qiani* Hou & Li（五）

♂, C, D; ♀, A, B, E。A. 第 1 腮足; B. 第 1 腮足掌节; C. 第 7 步足; D. 第 7 步足指节; E. 第 2 抱卵板

观察标本：1♂（正模，IZCAS-I-A0003），24♂1♀，云南昭通云南大山包黑颈鹤国家级自然保护区一个小水池（27.3°N, 103.7°E），海拔 3036m，水温 9℃，2000.XI.7。

生态习性：本种栖息在海拔 3000m 的小水坑。

地理分布：云南（昭通）。

分类讨论：本种主要鉴别特征是第 2 触角后缘具长刚毛，无鞋状感觉器；第 2、3 底节板后缘趋窄；第 5–7 步足前缘具长刚毛；第 1–3 腹侧板腹缘具长毛；第 1 尾肢柄节无背基刺；第 3 尾肢内、外肢几乎等长，两侧具羽状毛。本种第 5–7 步足前缘具长毛与 *G. rambouseki* Karaman 相似。主要区别在于本种第 3 尾肢内、外肢密布羽状毛。

(72) 秦岭钩虾 *Gammarus qinling* Hou & Li, 2018（图 359–364）

Gammarus qinling Hou & Li, in: Hou, Zhao & Li, 2018: 14, figs. 8–13.

形态描述：雄性 8.3mm。眼肾形。第 1 触角第 1–3 柄节长度比 1.0∶0.6∶0.4，具侧毛和末端毛；第 2–19 鞭节具感觉毛；副鞭 4 节。第 2 触角第 3 柄节具末端毛，第 4、5 柄节具毛；鞭 12 节，背、腹缘具毛；仅第 3、4 节具鞋状感觉器。左大颚切齿 5 齿；动颚片 4 齿；刺排具 5 对羽状毛；触须第 2 节具 9 缘毛，第 3 节具 3 A-刚毛、3 B-刚毛、12 D-刚毛和 5 E-刚毛；右大颚切齿 4 齿，动颚片分叉，具小齿。第 1 小颚左右不对称，内叶具 13 羽状毛；外叶具 11 壮刺，每刺具小齿；左触须第 2 节顶端具 7 细长刺；右触须第 2 节具 5 壮刺和 2 细长刺。第 2 小颚内叶具 12 羽状毛。颚足内叶具 3 顶端壮刺、1 近顶端刺和 17 羽状毛；外叶具 13 钝齿，顶端具 3 羽状毛；触须第 4 节呈钩状，趾钩接合处具 1 组刚毛。

第 1 腮足底节板前、后缘分别具 3 和 1 毛；基节前、后缘具刚毛；腕节长约为掌节的 3/5；掌节卵形，掌缘具 1 中央刺，后缘和掌面共具 10 刺；指节外缘具 1 刚毛。第 2 腮足腕节长约为掌节的 4/5，腹缘具 6 簇刚毛，背缘具 2 簇刚毛；掌节长方形，掌缘具 1 中央刺，后缘具 4 刺。第 3 步足底节板前、后缘分别具 2 和 1 刚毛；基节延长，前、后缘均具刚毛；长节前缘具 2 刺，后缘具直刚毛；腕节后缘具 3 刺和长刚毛；掌节后缘具 5 刺和短刚毛；指节外缘具 1 羽状刚毛，趾钩接合处具 2 刚毛。第 4 步足底节板凹陷；长节前缘具 1 刺，后缘具 4 簇短毛；腕节后缘具 3 对刺和刚毛；掌节后缘具 3 对刺和刚毛。第 5 步足基节近卵形，前缘具 3 刚毛和 5 刺，后缘具 10 短毛；长节至掌节前、后缘具 2 或 3 组刺，刚毛少；指节外缘具 1 羽状刚毛，趾钩接合处具 2 刚毛。第 6 步足长节前缘具 2 组刺，后缘具 2 刺；腕节前、后缘分别具 2 组刺；掌节前缘具 4 组刺。第 7 步足长节至掌节前缘具 2、3 组刺，刚毛少。第 2 腮足和第 4、5 步足底节鳃稍长于基节；第 3 步足底节鳃和基节等长；第 6 步足底节鳃稍短于基节；第 7 步足底节鳃最小，小于基节的 1/2。

第 1 腹侧板腹缘圆，腹前缘具 5 刚毛和 1 刺，后缘具 2 短毛；第 2 腹侧板腹缘具 2 刺，后缘具 5 短毛，后下角钝；第 3 腹侧板腹缘具 3 刺，后缘具 3 短毛，后下角钝。第 1–3 腹肢柄节具 2 钩刺伴 1 或 2 羽状毛；外肢比内肢稍短，内、外肢具羽状毛。第 4 腹节背缘具 2-1-1-2 刺和刚毛；第 5 腹节背缘具 2-1-1-2 刺和刚毛；第 6 腹节两侧各具 2 刺和 1 刚毛，背缘具 3 刚毛。

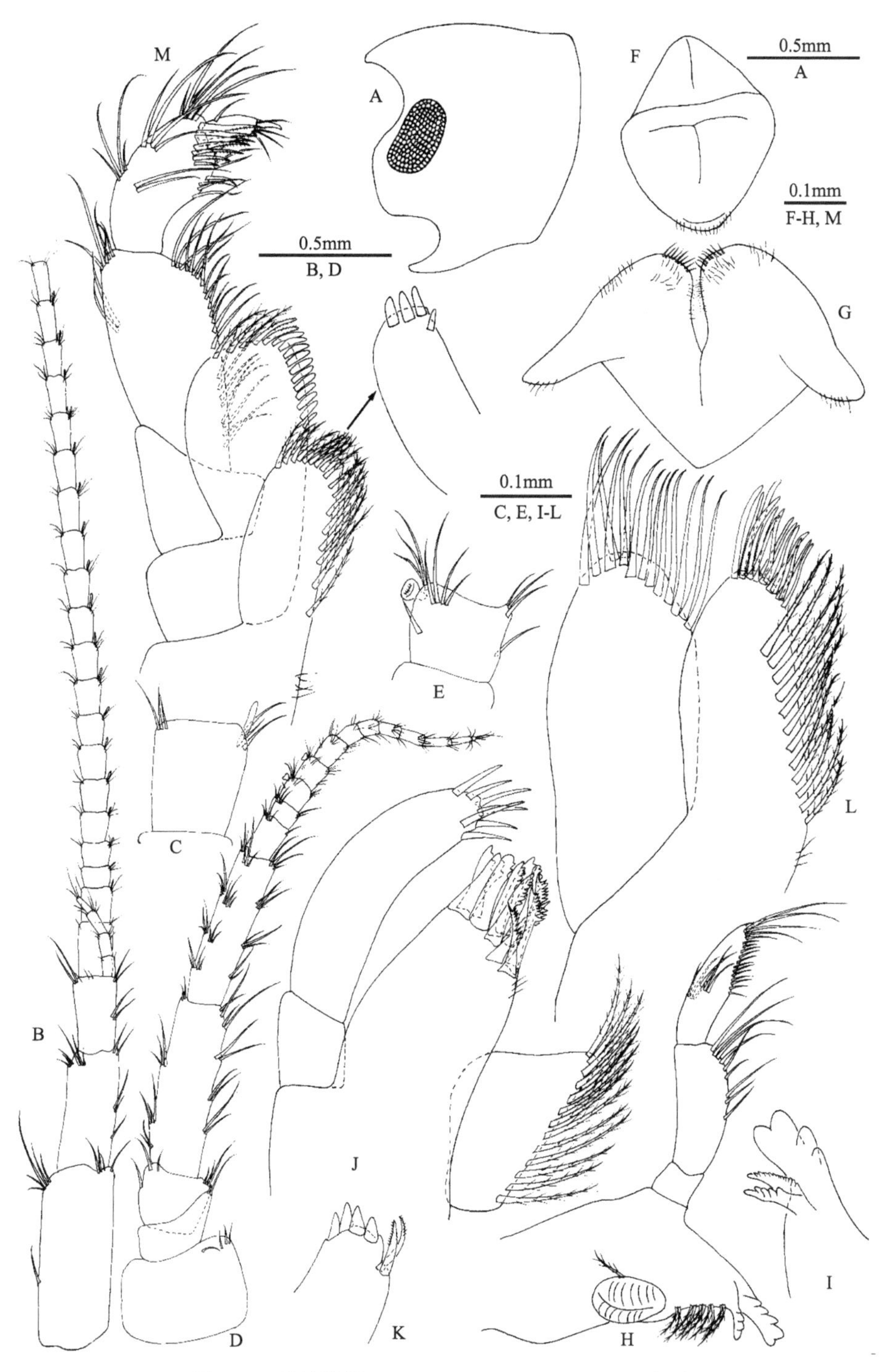

图 359　秦岭钩虾 *Gammarus qinling* Hou & Li（一）

♂。A. 头; B. 第 1 触角; C. 第 1 触角感觉毛; D. 第 2 触角; E. 第 2 触角鞋状感觉器; F. 上唇; G. 下唇; H. 左大颚; I. 右大颚切齿; J. 左第 1 小颚; K. 右第 1 小颚触须; L. 第 2 小颚; M. 颚足

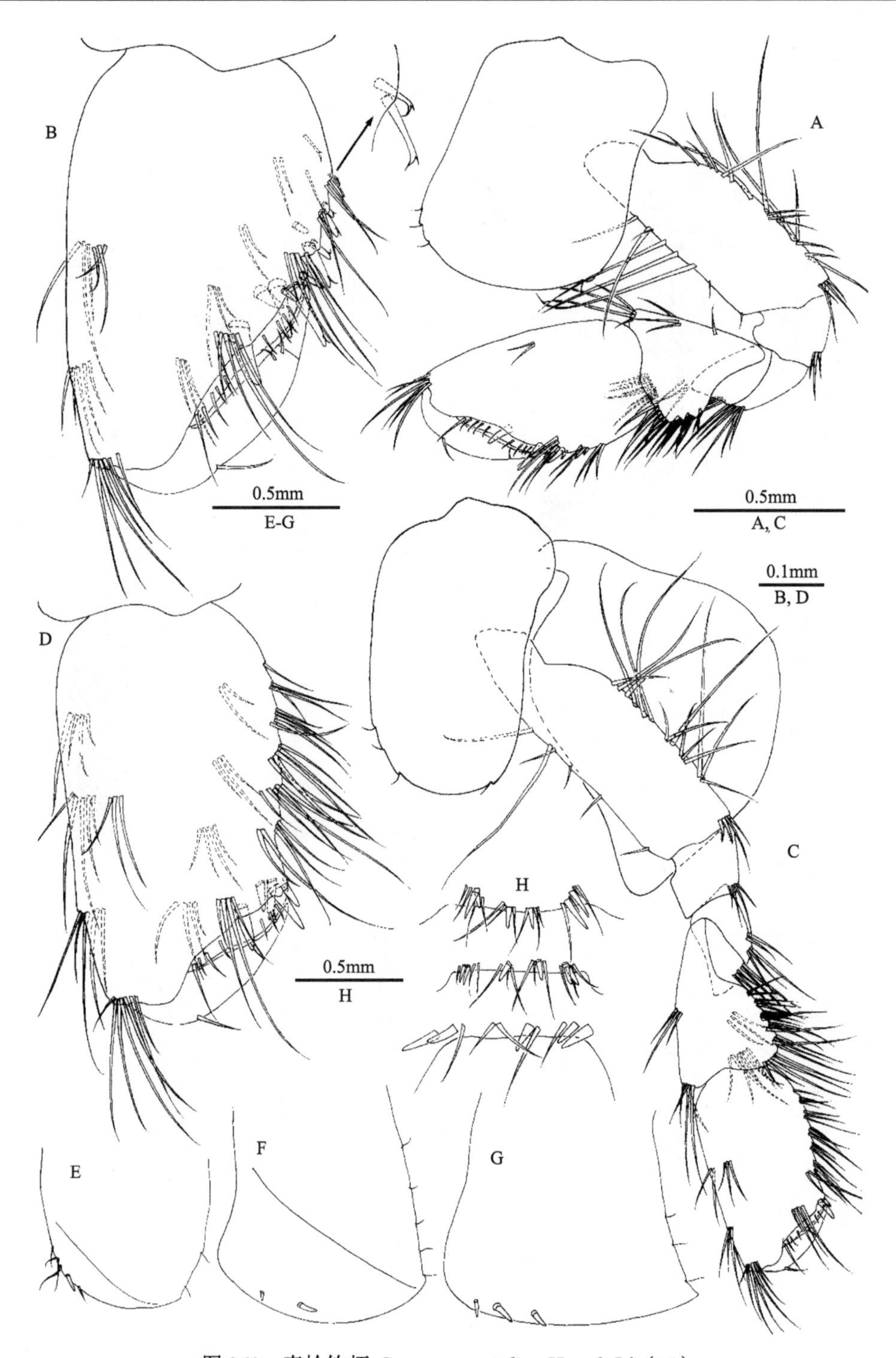

图 360 秦岭钩虾 *Gammarus qinling* Hou & Li（二）

♂。A. 第 1 腮足; B. 第 1 腮足掌节; C. 第 2 腮足; D. 第 2 腮足掌节; E. 第 1 腹侧板; F. 第 2 腹侧板; G. 第 3 腹侧板; H. 第 4-6 腹节（背面观）

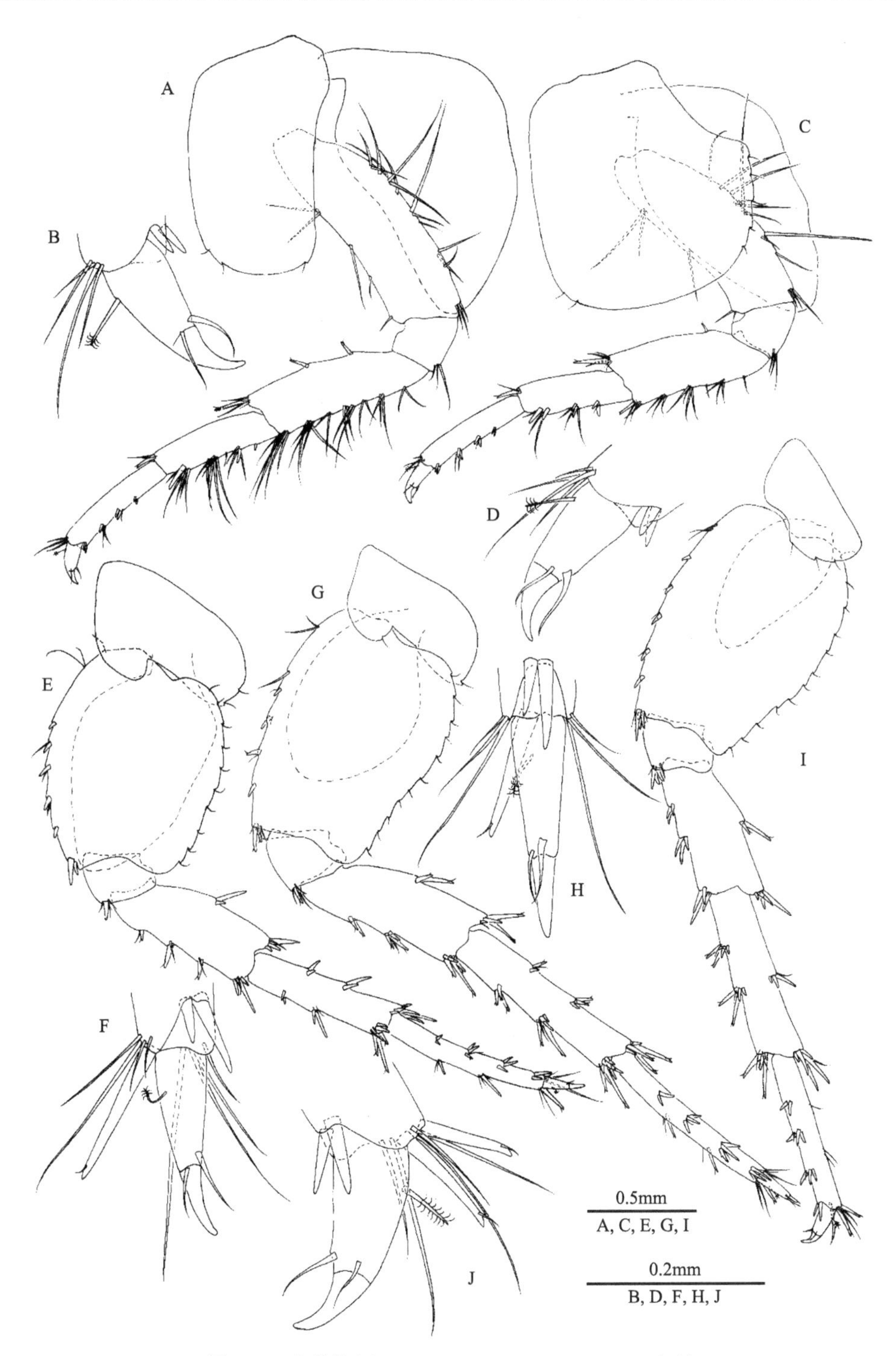

图 361　秦岭钩虾 *Gammarus qinling* Hou & Li（三）

♂。A. 第 3 步足; B. 第 3 步足指节; C. 第 4 步足; D. 第 4 步足指节; E. 第 5 步足; F. 第 5 步足指节; G. 第 6 步足; H. 第 6 步足指节; I. 第 7 步足; J. 第 7 步足指节

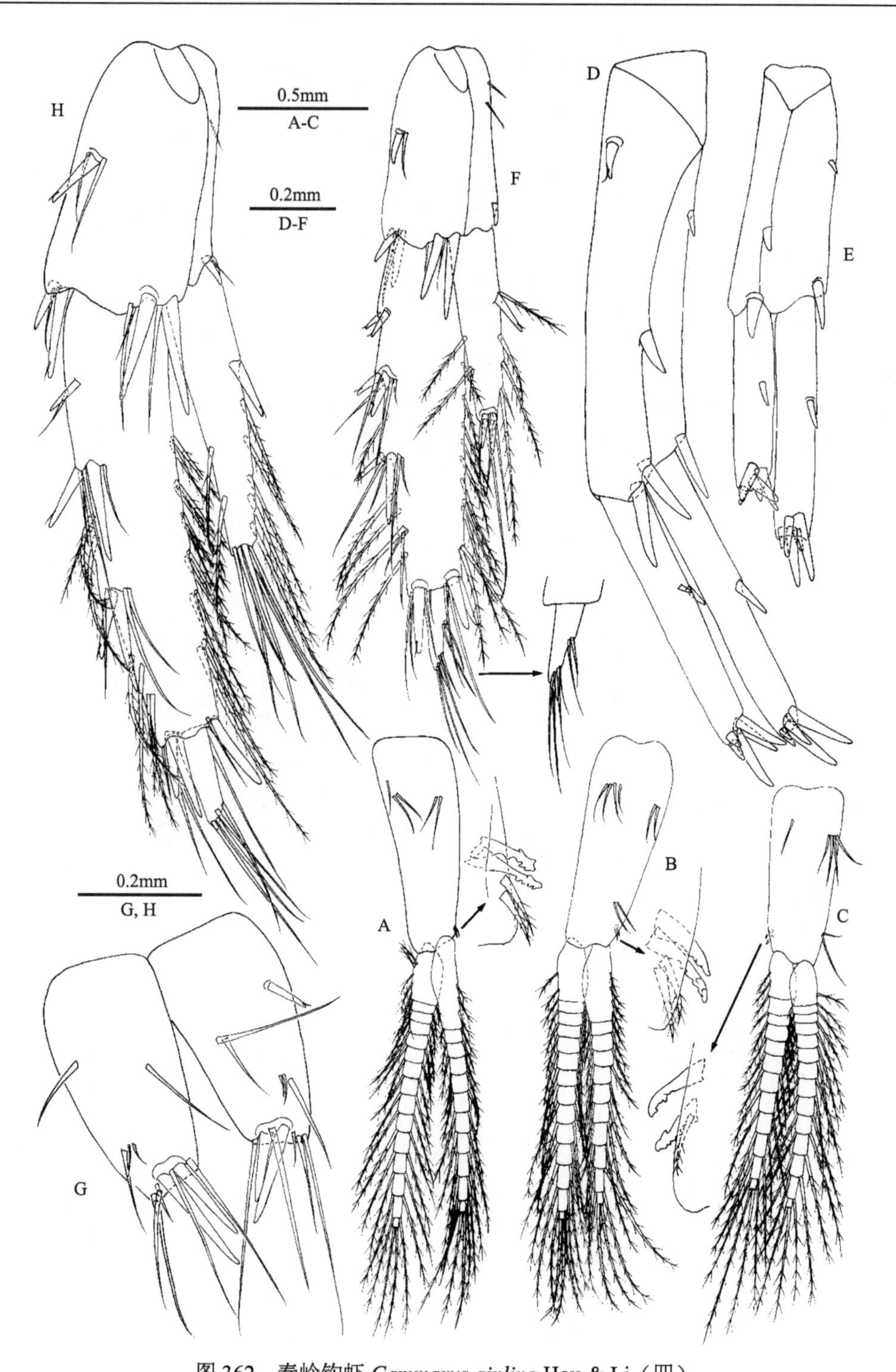

图 362 秦岭钩虾 *Gammarus qinling* Hou & Li（四）

♂, A-G; ♀, H。A. 第 1 腹肢; B. 第 2 腹肢; C. 第 3 腹肢; D. 第 1 尾肢; E. 第 2 尾肢; F. 第 3 尾肢; G. 尾节; H. 第 3 尾肢

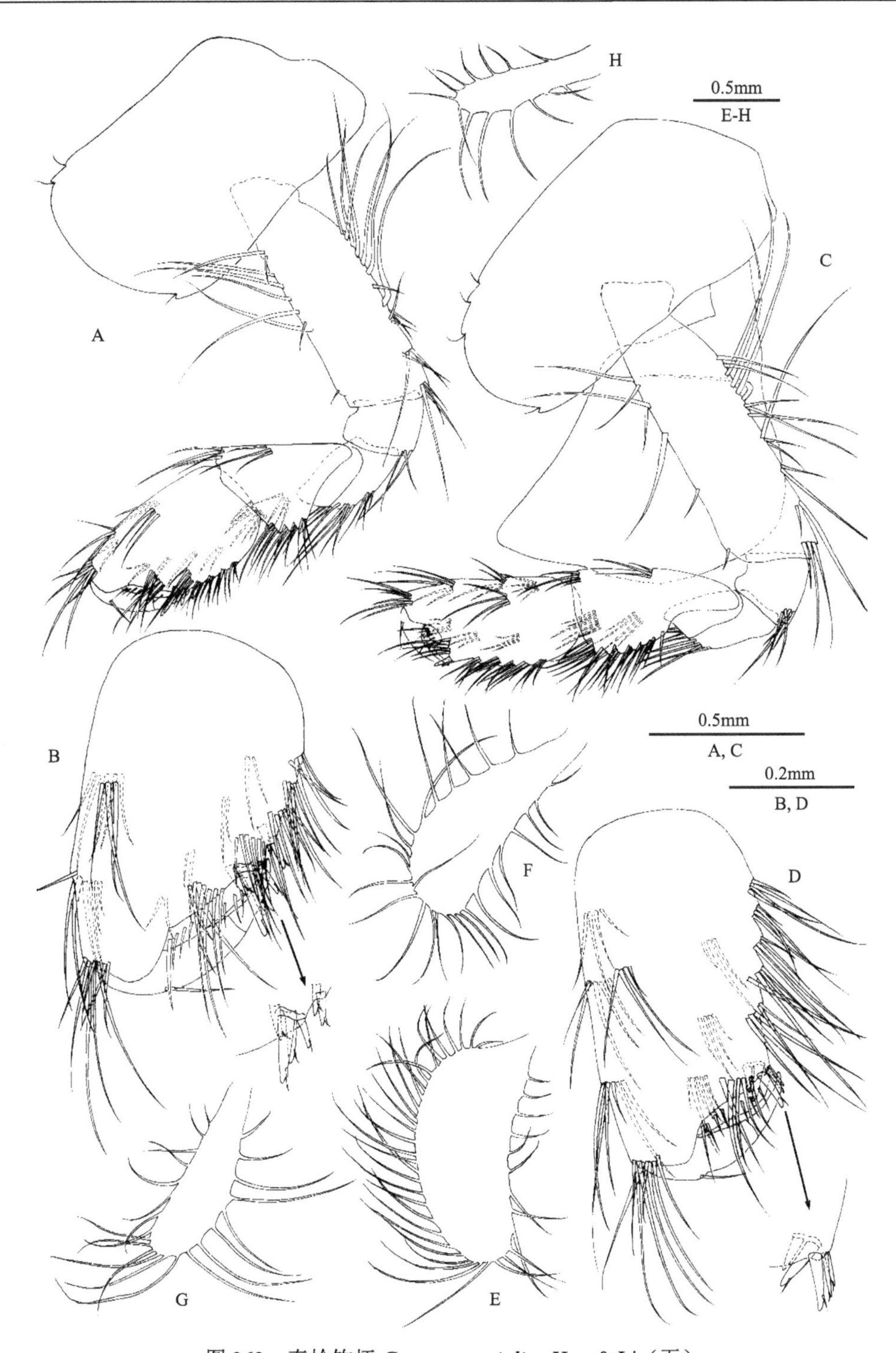

图 363 秦岭钩虾 *Gammarus qinling* Hou & Li（五）

♀。A. 第 1 腮足; B. 第 1 腮足掌节; C. 第 2 腮足; D. 第 2 腮足掌节; E. 第 2 抱卵板; F. 第 3 抱卵板; G. 第 4 抱卵板; H. 第 5 抱卵板

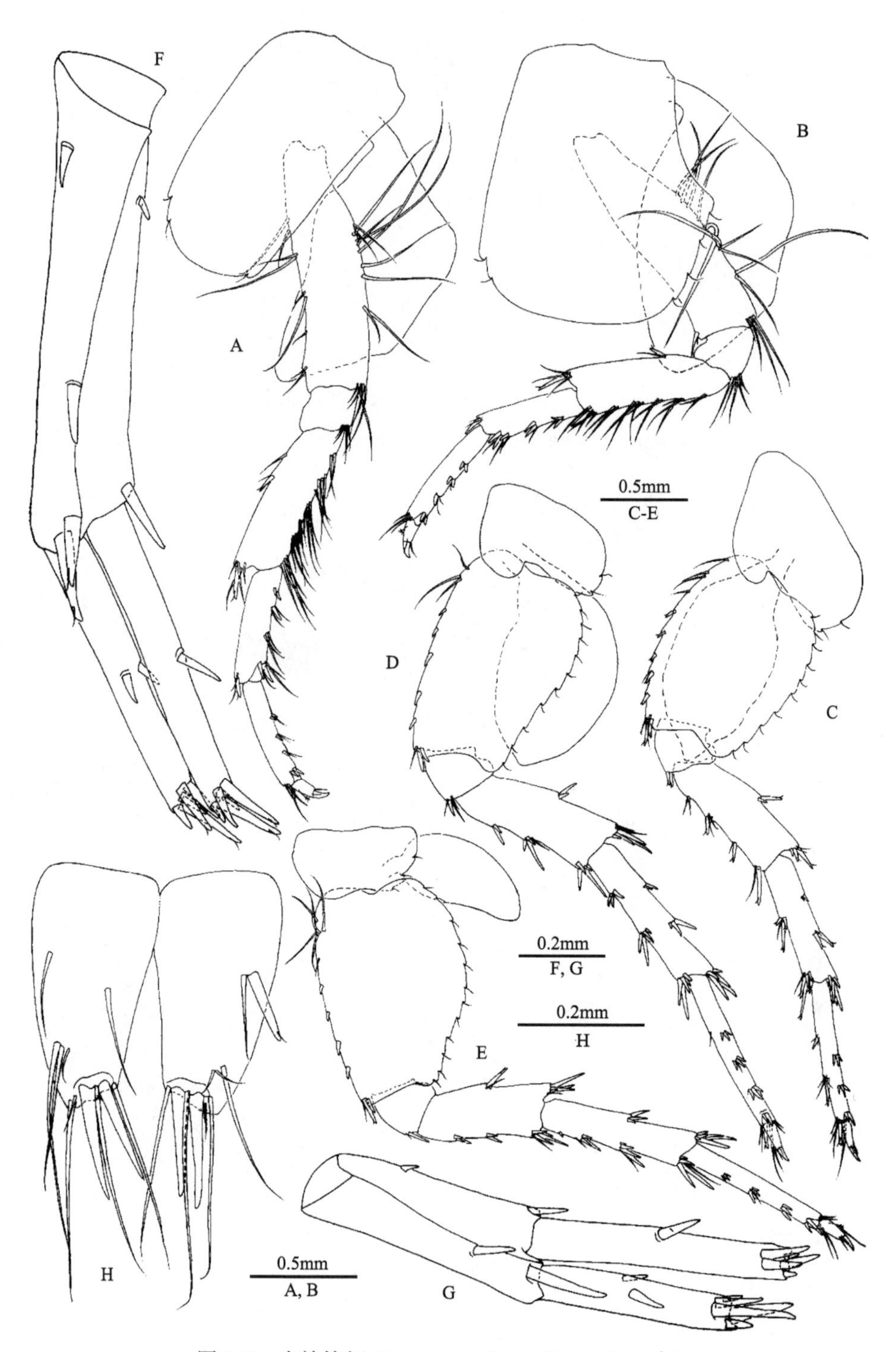

图 364　秦岭钩虾 *Gammarus qinling* Hou & Li（六）

♀。A. 第 3 步足; B. 第 4 步足; C. 第 5 步足; D. 第 6 步足; E. 第 7 步足; F. 第 1 尾肢; G. 第 2 尾肢; H. 尾节

第 1 尾肢柄节具 1 背基刺，内、外缘各具 1 刺；内肢内缘具 1 刺；外肢内、外缘各具 1 刺。第 2 尾肢柄节内、外缘各具 1 刺；内、外肢内缘具 1 刺和 5 末端刺。第 3 尾肢柄节表面具 1 刺和 1 刚毛，具 5 末端刺；内肢长大于外肢的 1/2，内缘具 1 刺和 4 羽状刚毛，外缘具 2 羽状毛和 1 简单毛，具 2 末端刺和刚毛；外肢第 1 节外缘具 3 对刺和羽状毛，内缘具 10 羽状毛，第 2 节具简单毛，比邻近刺稍长。尾节深裂，左叶表面具 5 刚毛；右叶表面具 1 刺和 4 刚毛；每叶具 2 末端刺和刚毛。

雌性 9.4mm。第 1 腮足掌节卵形，掌后缘具 6 刺。第 2 腮足掌节近似长方形，掌后缘具 3 粗刺和 2 硬刺。第 3、4 步足腕节后缘比雄性具更多刚毛。第 3 尾肢柄节表面具 1 刺和 2 刚毛；内肢长达外肢的 1/2，内缘具 1 刺和 5 羽状刚毛，外缘具 2 羽状毛；外肢第 1 节外缘具 3 簇刺和羽状刚毛，内缘具 6 对羽状刚毛，第 2 节比邻近刺稍长。第 2 抱卵板宽大，具缘毛，第 3、4 抱卵板细长，第 5 抱卵板最小。

观察标本：1♂（正模，IZCAS-I-A1416-1），1♀，陕西汉中留坝紫柏山国家森林公园（106.82°E, 33.67°N），海拔 1352m，2013.X.24。

生态习性：本种栖息在秦岭南坡紫柏山国家森林公园五龙洞出水口处。

地理分布：陕西（汉中）。

分类讨论：本种主要鉴别特征是第 2 触角仅第 3、4 鞭节具鞋状感觉器；第 3、4 步足后缘具短直毛；第 2、3 腹侧板后下角钝；第 3 尾肢内肢长大于外肢的 1/2，外肢第 2 节比邻近刺稍长，内、外肢具羽状毛。

本种与河谷钩虾 *G. vallecula* Hou & Li 相似特征是第 3、4 步足后缘具短刚毛；第 5–7 步足前、后缘具刺，但少毛；第 2、3 腹侧板后缘钝。主要区别在于本种第 2 触角仅第 3、4 鞭节具鞋状感觉器；第 3 尾肢内肢长大于外肢的 1/2，内、外肢均具羽状毛；而后者第 2 触角具鞋状感觉器；第 3 尾肢内、外肢内缘具一些羽状毛，外缘无羽状刚毛。

本种与壁流钩虾 *G. murarius* Hou & Li 的区别在于本种第 3 步足长节和腕节后缘具直刚毛，第 1 腹侧板腹前缘具 5 刚毛和 1 刺；而后者第 3 步足长节和腕节后缘具长卷毛，第 1 腹侧板腹前缘仅具 4 刚毛。

(73) 溪水钩虾 *Gammarus riparius* Hou & Li, 2002（图 365–369）

Gammarus riparius Hou & Li, 2002e: 699, figs. 1–5.

形态描述：雄性 10.2mm。眼中等大小，肾形。第 1 触角 1–3 柄节具 2、3 末端毛，鞭 25 节，具感觉毛，副鞭 4 节。第 2 触角 4、5 柄节等长，腹缘具 3、4 组毛，鞭 13 节，每节具末端毛，无鞋状感觉器。左大颚切齿 5 齿，动颚片 4 齿，刺排具 5 羽状毛；触须第 2 节具 11 缘毛，第 3 节具 4 A-刚毛、4 B-刚毛、20 D-刚毛和 5 E-刚毛。右大颚切齿 4 齿，动颚片分叉，具小齿，臼齿具 1 刚毛。第 1 小颚内叶具 13 羽状长毛，外叶具 11 锯齿状刺，触须第 2 节具 8 顶刺和 3 硬刚毛。第 2 小颚内叶稍短于外叶，内面具 12 羽状毛，外叶具顶毛。颚足内叶具 3 顶刺和 1 近顶刺，外叶内缘具 14 钝齿和 2 梳状刚毛，触须 4 节，第 2 节最长。

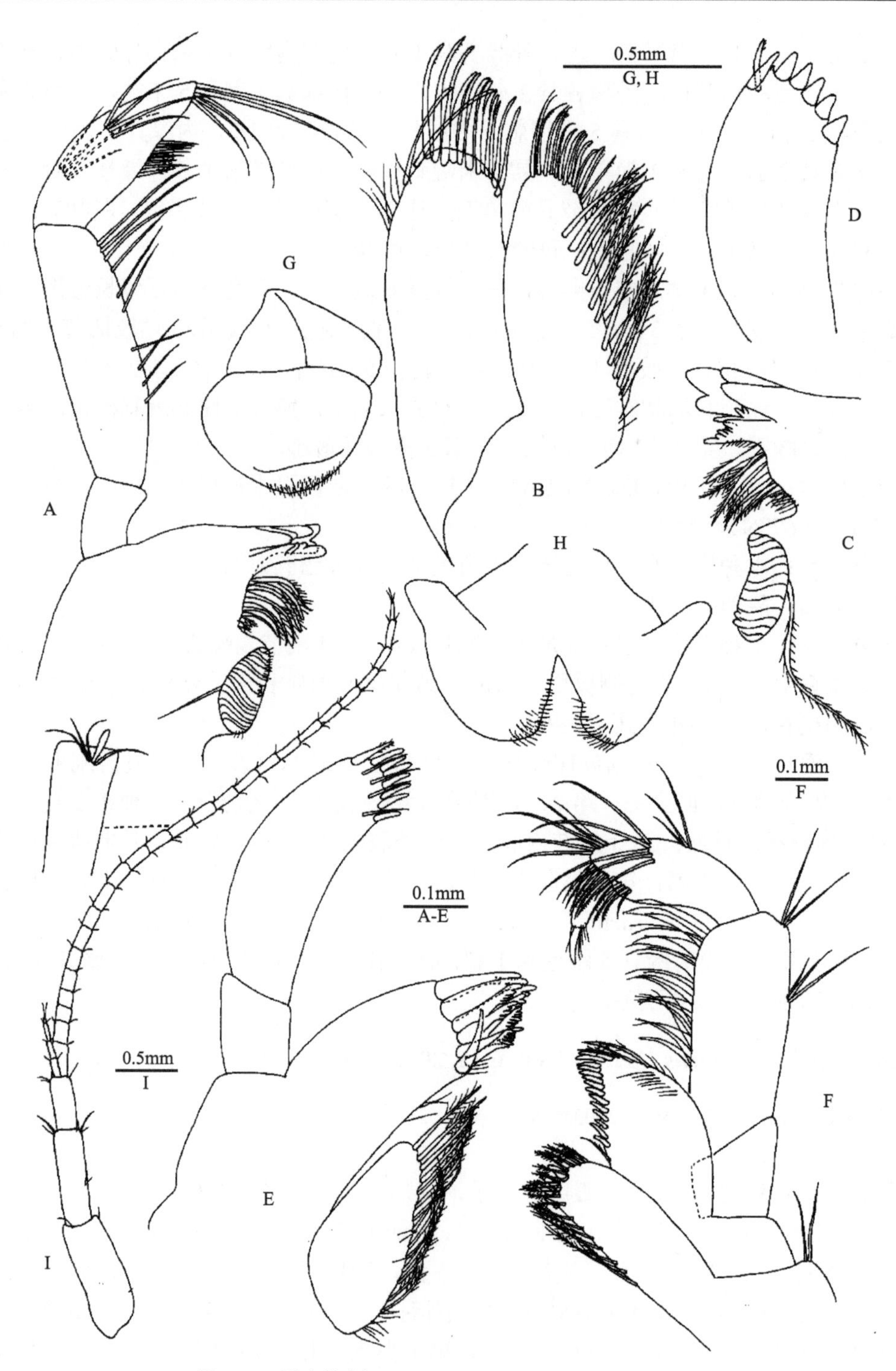

图 365 溪水钩虾 *Gammarus riparius* Hou & Li（一）

♂。A. 左大颚; B. 第 2 小颚; C. 右大颚切齿; D. 右第 1 小颚触须; E. 左第 1 小颚; F. 颚足; G. 上唇; H. 下唇; I. 第 1 触角

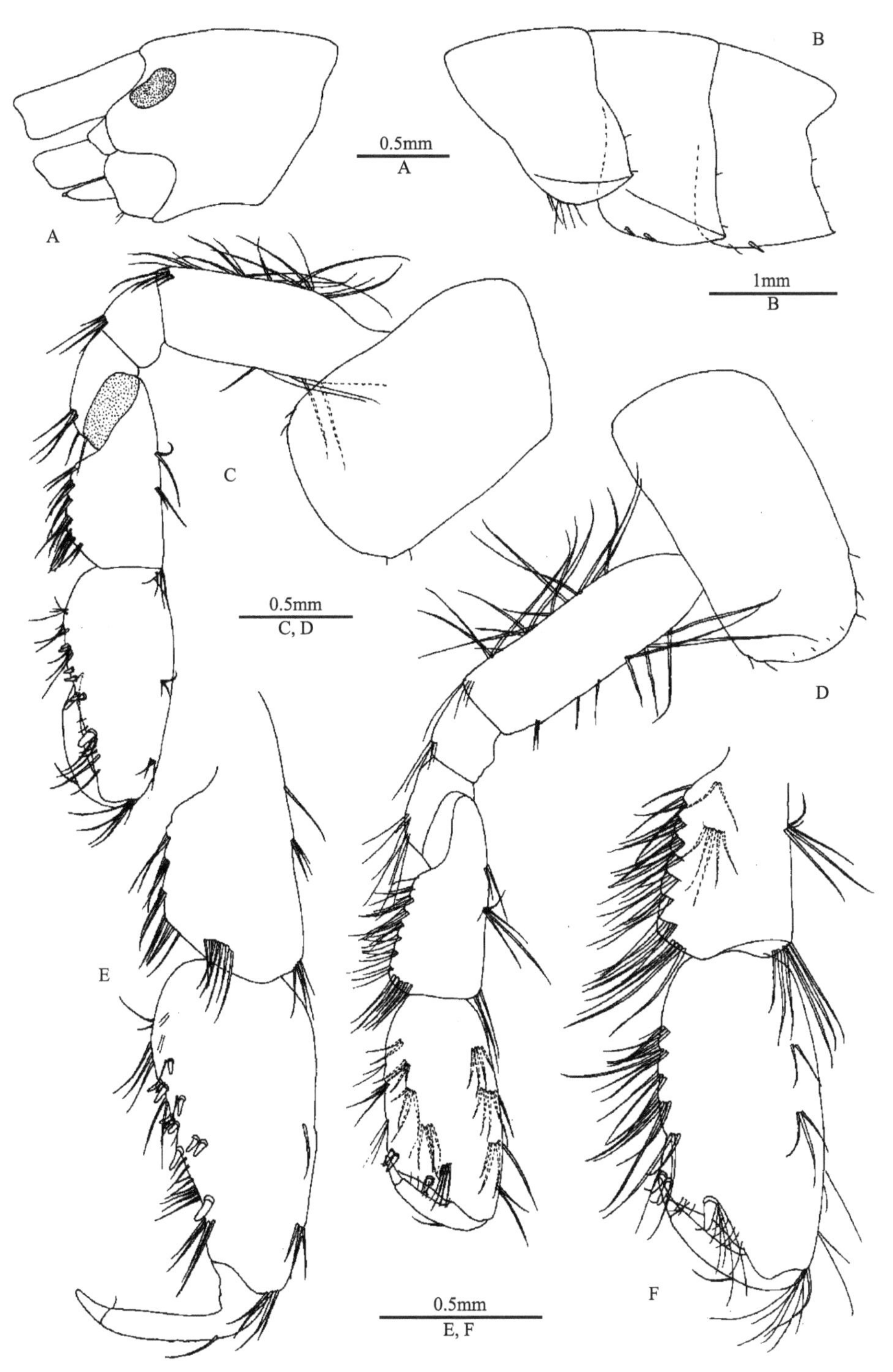

图 366　溪水钩虾 *Gammarus riparius* Hou & Li（二）

♂。A. 头; B. 第 1-3 腹侧板; C. 第 1 腮足; D. 第 2 腮足; E. 第 1 腮足掌节; F. 第 2 腮足掌节

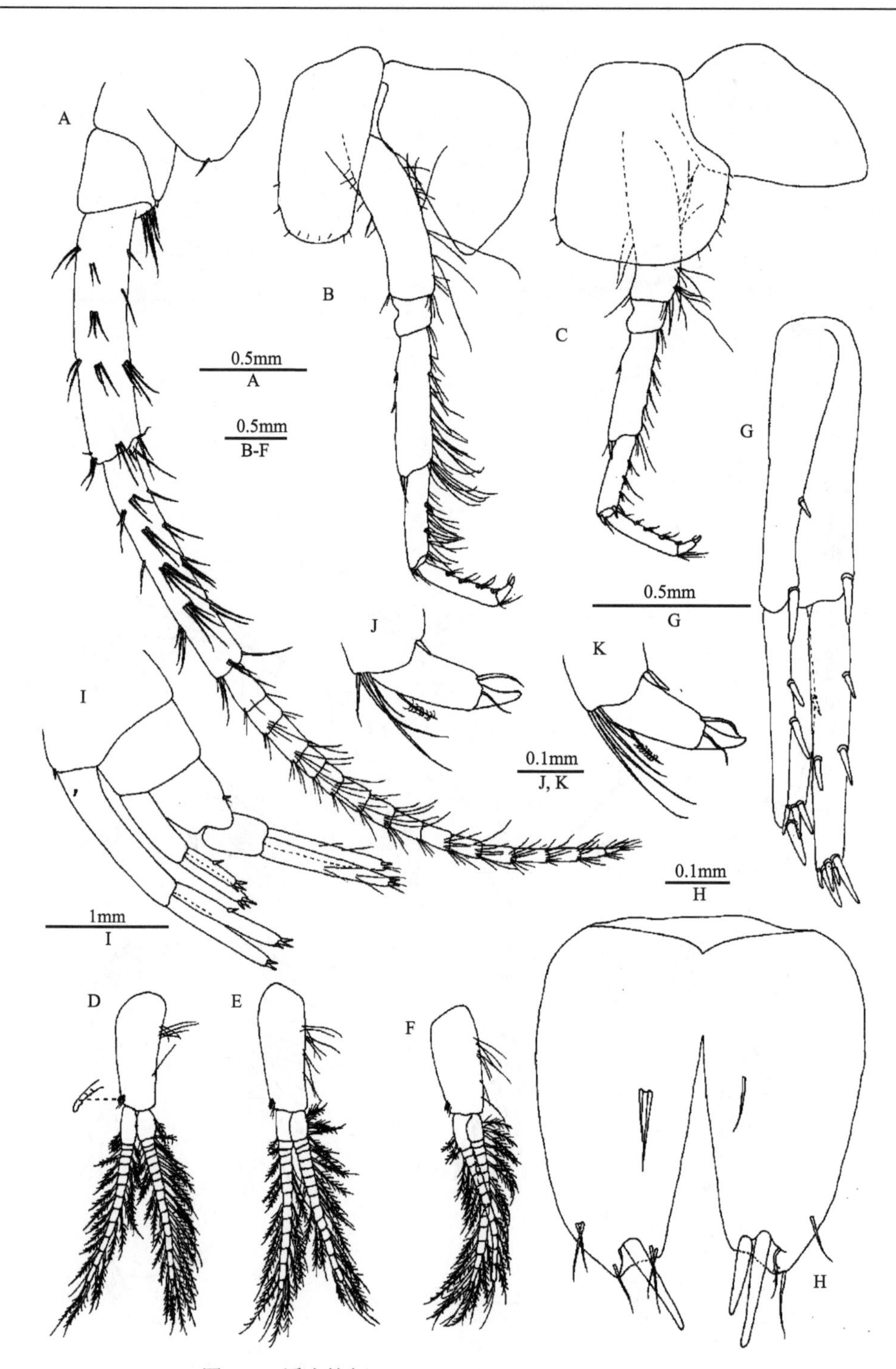

图 367 溪水钩虾 *Gammarus riparius* Hou & Li（三）

♂。A. 第 2 触角; B. 第 3 步足; C. 第 4 步足; D. 第 1 腹肢; E. 第 2 腹肢; F. 第 3 腹肢; G. 第 2 尾肢; H. 尾节; I. 第 4-6 腹节（侧面观）; J. 第 3 步足指节; K. 第 4 步足指节

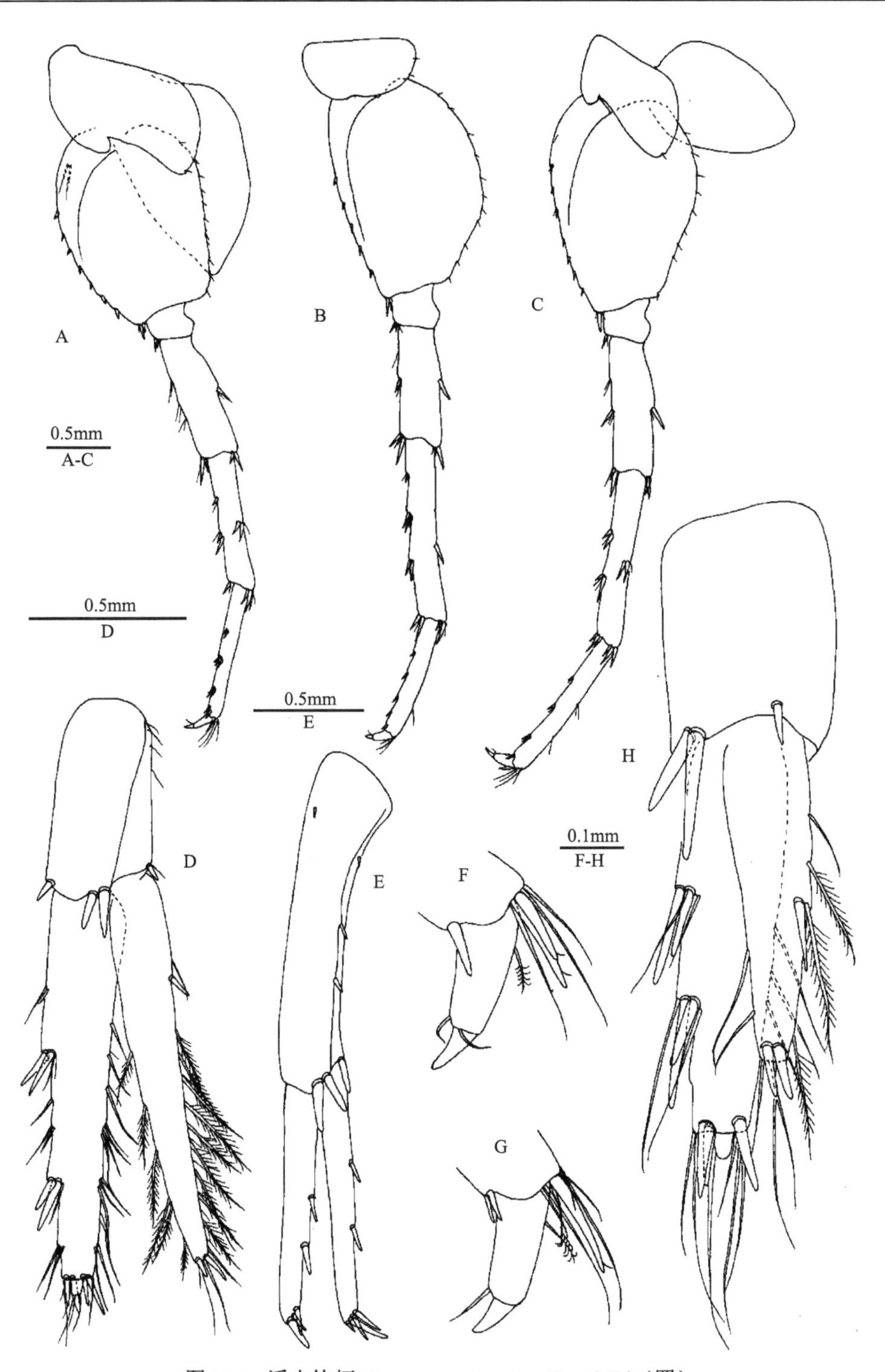

图 368　溪水钩虾 *Gammarus riparius* Hou & Li（四）

♂, A-G; ♀, H。A. 第 5 步足; B. 第 7 步足; C. 第 6 步足; D. 第 3 尾肢; E. 第 1 尾肢; F. 第 6 步足指节; G. 第 5 步足指节; H. 第 3 尾肢

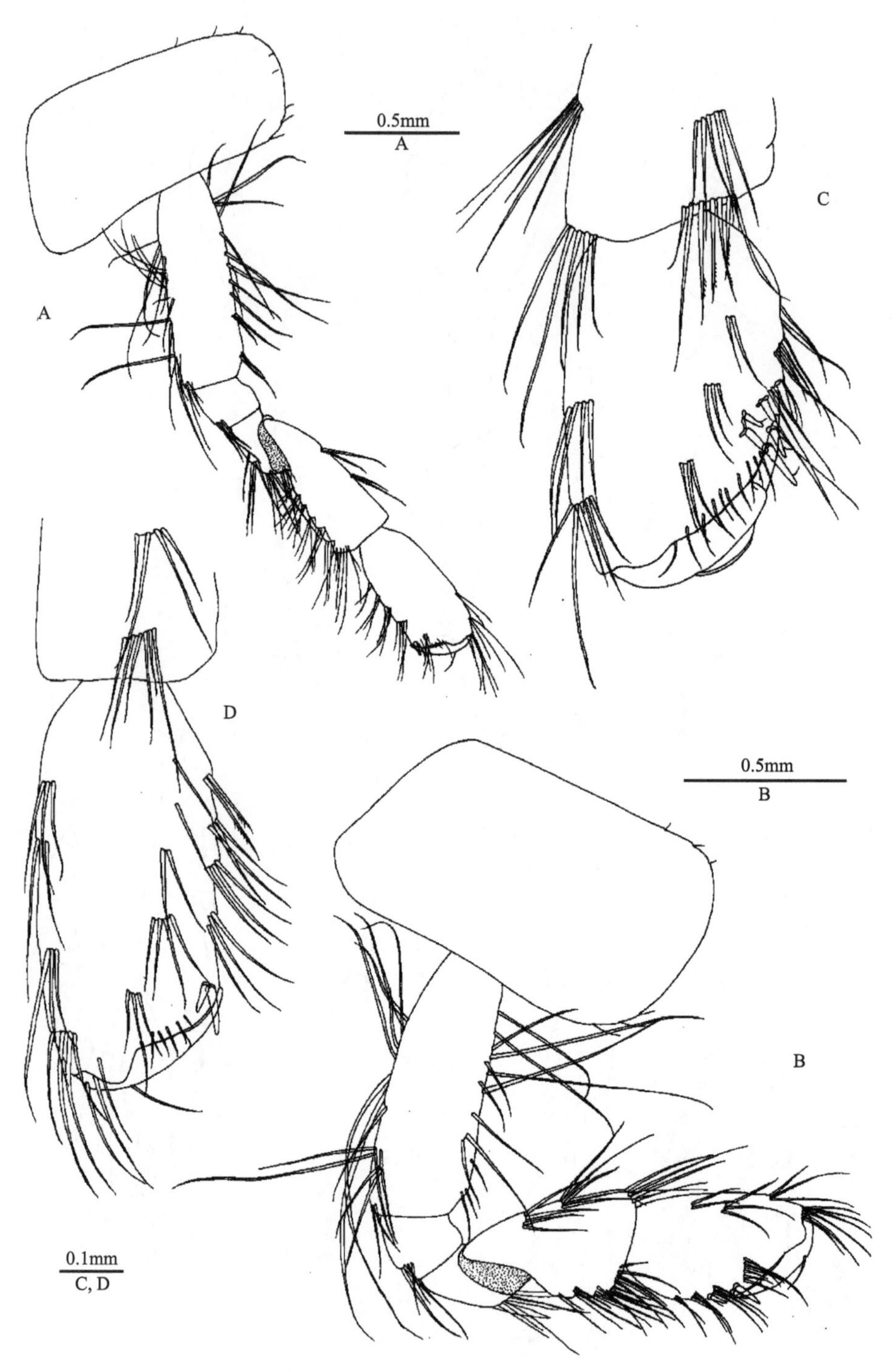

图 369 溪水钩虾 *Gammarus riparius* Hou & Li（五）
♀。A. 第 2 腮足; B. 第 1 腮足; C. 第 1 腮足掌节; D. 第 2 腮足掌节

第 1 腮足底节板近长方形，腕节长达掌节的 5/6，掌缘斜，具 1 中央壮刺，后缘具 1-3-3 刺，内面具 4 短刺，指节外缘具 1 短刚毛。第 2 腮足腕节与掌节几乎等长，掌缘稍斜，具 1 中央壮刺，后缘具 2 刺。第 3 步足细长，长节至掌节后缘具长直毛，指节短。第 4 步足底节板后缘凹陷，前缘具 2 短刚毛，后缘具 7 刚毛；长节至掌节比第 3 步足具较少直刚毛，腕节和掌节后缘具 4 刺。第 5–7 步足几乎等长，基节前缘凸，具 6–9 短刺，具较少长刚毛，第 5 步足基节后缘近直，基节内面具 2 刚毛；长节至掌节两缘具齿，少刚毛；指节长为掌节的 1/5。第 2–7 胸节具底节鳃，囊状。

第 1–3 腹侧板后下角渐尖，后缘具 2、3 短刚毛。第 1 腹侧板腹前缘具 6 刚毛，第 2、3 腹侧板腹缘具刺。第 1–3 腹肢等长，柄节前角具 2 钩刺和 1、2 长刚毛；肢节具羽状毛。第 4、5 腹节背部扁平，无刺和刚毛；第 6 腹节背部两侧各具 1 刺。

第 1 尾肢柄节长于肢节，具 1 背基刺，内、外缘分别具 1 和 2 刺；内肢内缘具 2 刺；外肢内缘具 2 刺。第 2 尾肢柄节外缘具 1 刺，内、外缘各具 1 末端刺；外肢短于内肢，内、外缘分别具 1 和 2 刺；内肢内、外缘分别具 2 和 1 刺。第 3 尾肢内肢几乎与外肢等长，外肢第 2 节短于周围刺，内肢两侧具稀疏的羽状毛，外肢两侧毛少。尾节深裂，具末端刺，背面毛少。

雌性 9.5mm。第 1 腮足腕节稍短于掌节；掌面不如雄性倾斜，后缘具 5 刺。第 2 腮足腕节和掌节长于第 1 腮足，掌节近长方形，后缘具 2 刺。第 3、4 步足后缘刚毛少。第 3 尾肢短粗，内肢长为外肢的 4/5，边缘几乎无刚毛。第 2–5 胸节具抱卵板。

观察标本：1♂（正模，IZCAS-I-A0030），51♂28♀，湖北宣恩长潭河（29.9°N, 109.4°E），1989.V.25。

生态习性：栖息于溪流中，水清澈。

地理分布：湖北（宣恩）。

分类讨论：本种主要鉴别特征是第 2 触角鞭无鞋状感觉器；第 4、5 腹节背部光滑，无刺和毛；第 3 尾肢内肢几乎与外肢等长，外肢第 2 节小。

本种与 *G. balcanicus* Schäferna 第 3 尾肢和尾节相似。主要区别在于本种触角无鞋状感觉器，第 4、5 腹节无刚毛和刺。

(74) 溪流钩虾 *Gammarus rivalis* Hou, Li & Li, 2013（图 370–375）

Gammarus rivalis Hou, Li & Li, 2013: 68, figs. 4B, 48–53.

形态描述：雄性 11.2mm。眼肾形。第 1 触角 1–3 柄节长度比 1.0∶0.9∶0.6，具末端刚毛；鞭 31 节，第 3–29 节具感觉毛；副鞭 4 节。第 2 触角长是第 1 触角的 2/3，柄节第 3–5 节长度比 1.0∶2.9∶3.1，第 4、5 柄节内外侧均具 7–9 簇刚毛；鞭 14 节，腹缘具长刚毛；无鞋状感觉器。左大颚切齿 5 齿；动颚片 4 齿；触须第 2 节具 13 缘毛，第 3 节具 3 A-刚毛、4 簇 B-刚毛和 22 D-刚毛，顶端具 7 E-刚毛。右大颚切齿 4 齿，动颚片分叉，具小齿。第 1 小颚左右不对称，内叶具 14 羽状毛；外叶顶端具 11 锯齿状刺，刺具小齿；左触须第 2 节具 7 细长刺和 2 硬刚毛；右触须第 2 节具 4 壮刺、1 硬刚毛和 1 细长刺。第 2 小颚内叶具 10 羽状毛；内外叶顶部具长刚毛。颚足内叶具 3 顶端壮刺和 1

近顶端刺，腹缘具羽状毛；外叶具 1 排钝齿，顶端具 3 羽状毛；触须第 4 节呈钩状，趾钩接合处具 1 簇刚毛。

第 1 腮足底节板前、后缘分别具 7 和 2 短毛；基节前、后缘具刚毛；腕节长达掌节的 2/3，腹缘具短刚毛；掌节卵形，掌缘具 1 中央壮刺，后缘具 13 刺；指节外缘具 1 刚毛。第 2 腮足底节板前、后缘分别具 3 和 1 短毛；基节前、后缘具长刚毛；腕节长达掌节的 9/10，腹缘具 7 簇毛，背缘具 2 簇毛；掌节长方形，掌缘具 1 中央刺，后缘具 4 刺，指节外缘具 1 刚毛。第 3 步足底节板前、后缘分别具 3 和 1 毛；长节后缘具 5 簇短毛；腕节和掌节后缘具几组刺和短毛；指节外缘具 1 羽状毛，趾钩接合处具 2 刚毛。第 4 步足底节板凹陷，前、后缘分别具 5 和 8 短毛；长节后缘具 5 簇短毛；腕节和掌节后缘具刺和短毛。第 5 步足基节近圆形，前缘具 7 刺，前下角具 2 刺，后缘具 11 短毛；长节前缘具 4 簇短毛；腕节和掌节前缘具 3、4 对刺和刚毛；掌节后缘具 1 组毛和 1 刺；指节外缘具 1 羽状刚毛，趾钩接合处具 2 刚毛。第 6 步足基节延长，后下角变窄；长节到掌节前缘具 3、4 组刺和刚毛，掌节后缘具 3 组刚毛。第 7 步足基节膨大，后缘狭窄；掌节后缘具 1 刺和 1 刚毛。第 2 腮足底节鳃和 3–5 步足底节鳃略短于基节；第 6 步足底节鳃长于基节的 1/2；第 7 步足底节鳃最小，短于基节的 1/2。

第 1 腹侧板腹缘圆，腹前缘具 7 长毛，后缘具 7 短毛；第 2 腹侧板腹缘具 2 刺，后缘具 7 短毛，后下角稍尖；第 3 腹侧板腹缘具 2 刺，后缘具 8 短毛，后下角稍尖。第 1–3 腹肢柄节具 1、2 钩刺和 1、2 刚毛；外肢比内肢稍长，内、外肢具羽状毛。第 4–6 腹节背部扁平。第 4、5 腹节背部具 2 细毛；第 6 腹节每边具 1 刺和 1 刚毛，背缘具 2 簇毛。

第 1 尾肢柄节无背基刺，内、外缘各具 1 刺；内肢内缘具 1 刺；外肢内、外缘各具 1 刺。第 2 尾肢短，柄节内、外缘分别具 2 和 1 刺；内肢内、外缘分别具 2 和 1 刺；外肢外缘具 1 刺。第 3 尾肢柄节具 4 末端刺；内肢比外肢稍长，内、外缘各具 3 刺和羽状毛，末端具 2 刺和简单刚毛；外肢外缘具 2 组刺，内缘具 4 簇毛；末端节非常小，具简单刚毛。尾节深裂，每叶末端具 2 刺。

雌性 9.7mm。第 1 腮足掌节卵形，掌后缘具 8 刺。第 2 腮足掌节近似长方形，掌后缘具 7 刺。第 3、4 步足与雄性相比，基节和长节后缘具更多刚毛。第 5–7 步足与雄性相比，长节到掌节具更多刚毛。第 1 尾肢柄节无背基刺。第 3 尾肢内肢长达外肢的 9/10，内缘具 3 羽状毛；外肢第 1 节外缘具 2 对刺和毛，内缘具 2 簇简单毛和羽状毛；末端节小，具简单刚毛。第 2 抱卵板宽阔，具缘毛，第 3、4 抱卵板细长，第 5 抱卵板最小。

观察标本：1♂（正模，IZCAS-I-A1079-1），1♀，云南寻甸塘子街道附近的农田（100.25°E, 25.42°N），海拔 1904m，2010.II.19。

生态习性：本种栖息在农场附近的小溪中。

地理分布：云南（寻甸）。

分类讨论：本种主要鉴别特征是第 2 触角第 4、5 柄节外侧和内侧具 7–9 簇刚毛；第 1 腮足掌节比第 2 腮足大；第 5 步足基节圆形；第 4、5 腹节背部仅具 2 细毛；第 3 尾肢内肢比外肢稍长，具羽状毛，末端节非常小。雌性第 5–7 步足长节到掌节比雄性具更多刚毛。

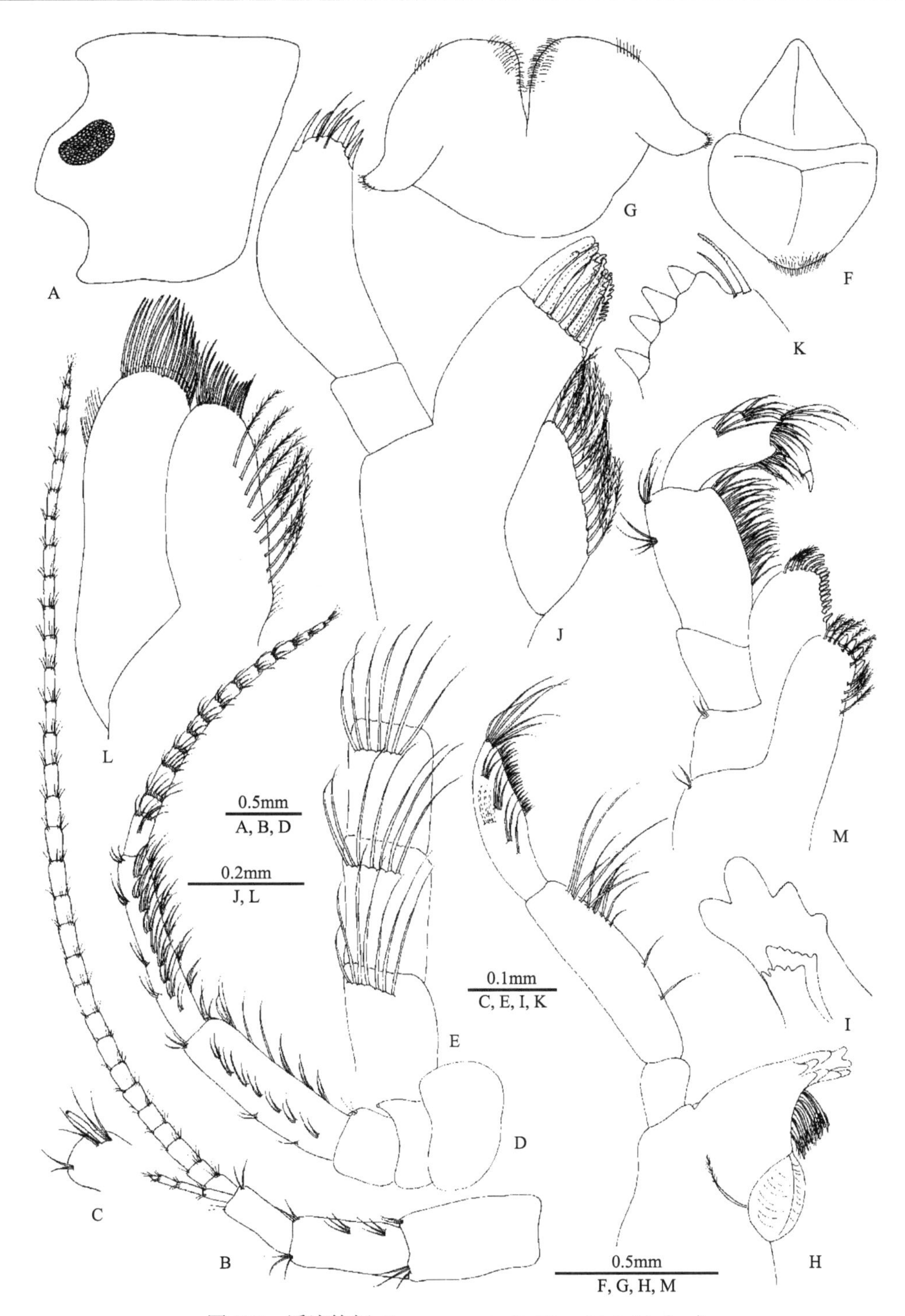

图 370　溪流钩虾 *Gammarus rivalis* Hou, Li & Li（一）

♂。A. 头; B. 第 1 触角; C. 第 1 触角感觉毛; D. 第 2 触角; E. 第 2 触角鞭节; F. 上唇; G. 下唇; H. 左大颚; I. 右大颚切齿; J. 第 1 小颚; K. 第 1 小颚右触须; L. 第 2 小颚; M. 颚足

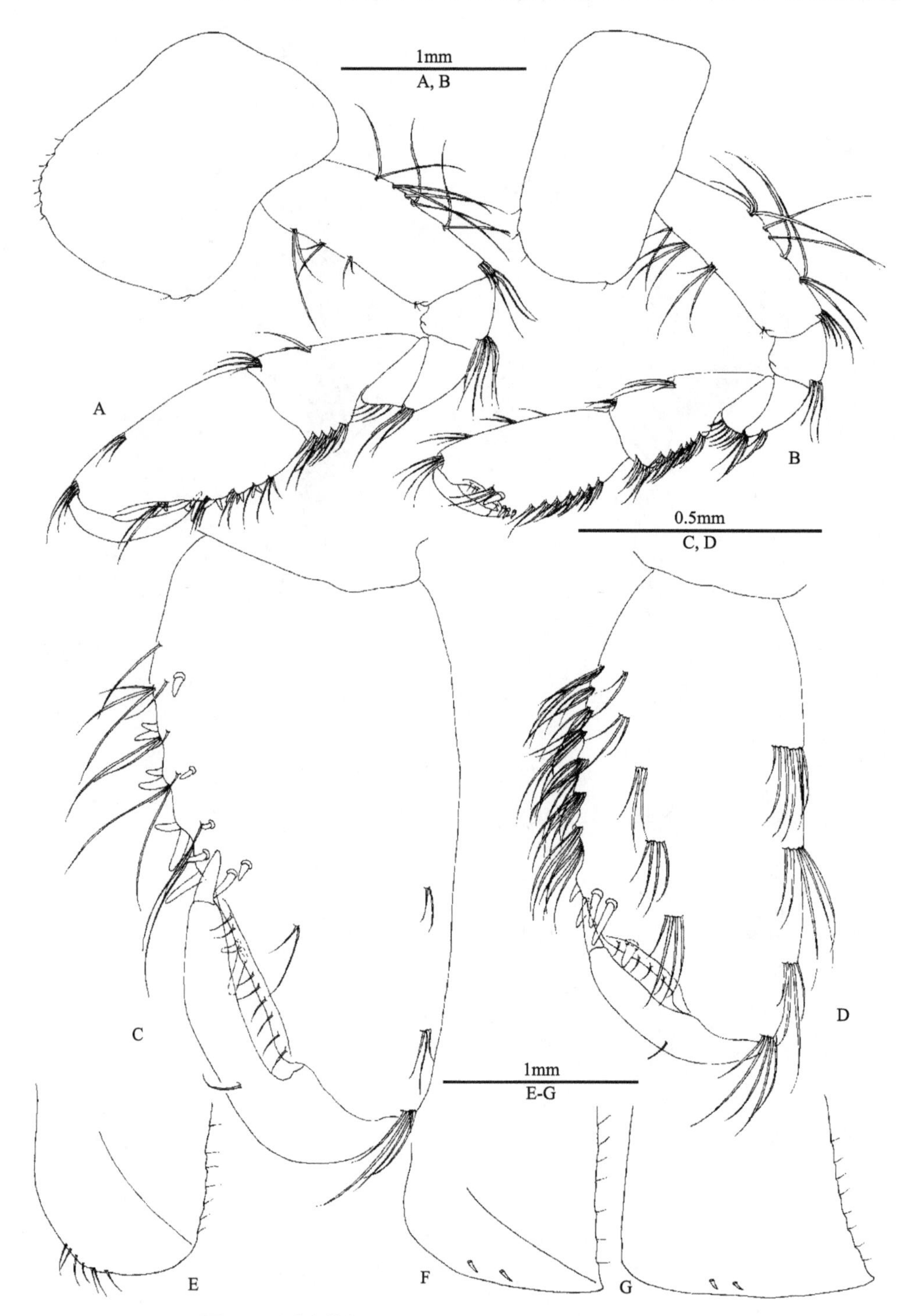

图 371 溪流钩虾 *Gammarus rivalis* Hou, Li & Li（二）

♂。A. 第 1 腮足; B. 第 2 腮足; C. 第 1 腮足掌节; D. 第 2 腮足掌节; E. 第 1 腹侧板; F. 第 2 腹侧板; G. 第 3 腹侧板

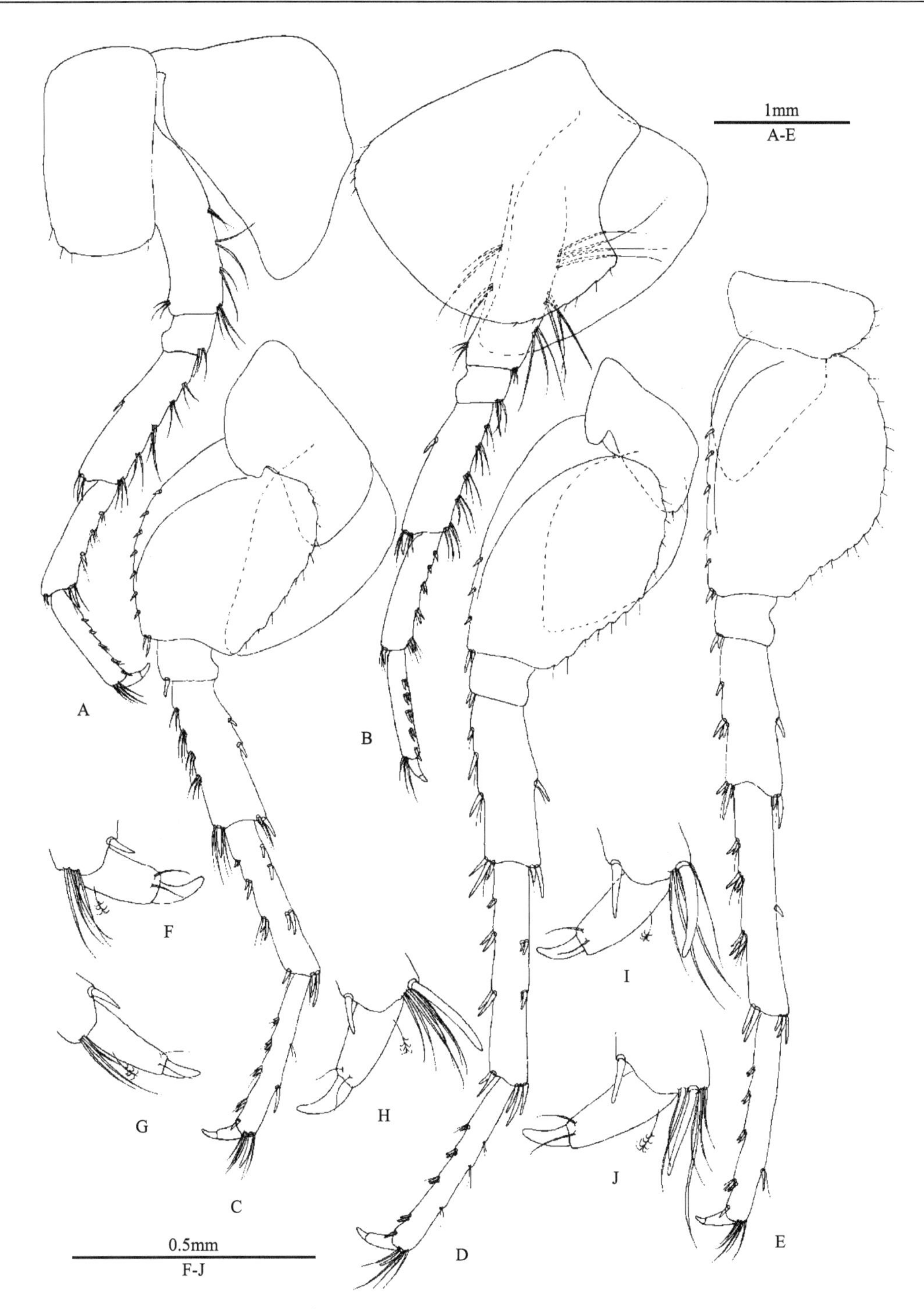

图 372　溪流钩虾 *Gammarus rivalis* Hou, Li & Li（三）

♂。A. 第 3 步足; B. 第 4 步足; C. 第 5 步足; D. 第 6 步足; E. 第 7 步足; F. 第 3 步足指节; G. 第 4 步足指节; H. 第 5 步足指节; I. 第 6 步足指节; J. 第 7 步足指节

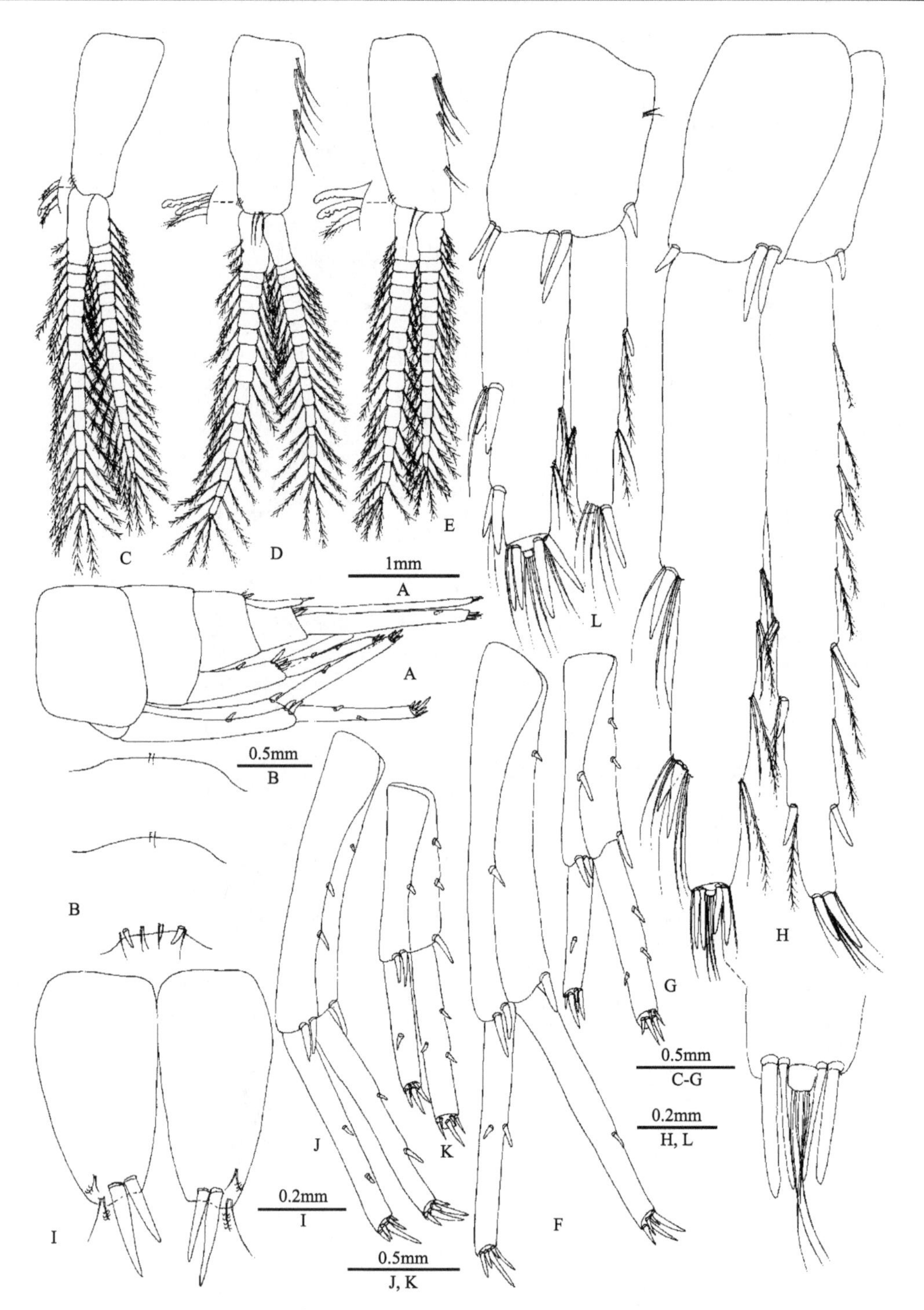

图 373 溪流钩虾 *Gammarus rivalis* Hou, Li & Li（四）

♂, A-I; ♀, J-L。A. 第 4-6 腹节（背面观）; B. 第 4-6 腹节（侧面观）; C. 第 1 腹肢; D. 第 2 腹肢; E. 第 3 腹肢; F. 第 1 尾肢; G. 第 2 尾肢; H. 第 3 尾肢; I. 尾节 J. 第 1 尾肢; K. 第 2 尾肢; L. 第 3 尾肢

图 374 溪流钩虾 *Gammarus rivalis* Hou, Li & Li（五）

♀。A. 第 1 腮足; B. 第 2 腮足; C. 第 1 腮足掌节; D. 第 2 腮足掌节; E. 第 2 抱卵板; F. 第 3 抱卵板; G. 第 4 抱卵板; H. 第 5 抱卵板; I. 尾节

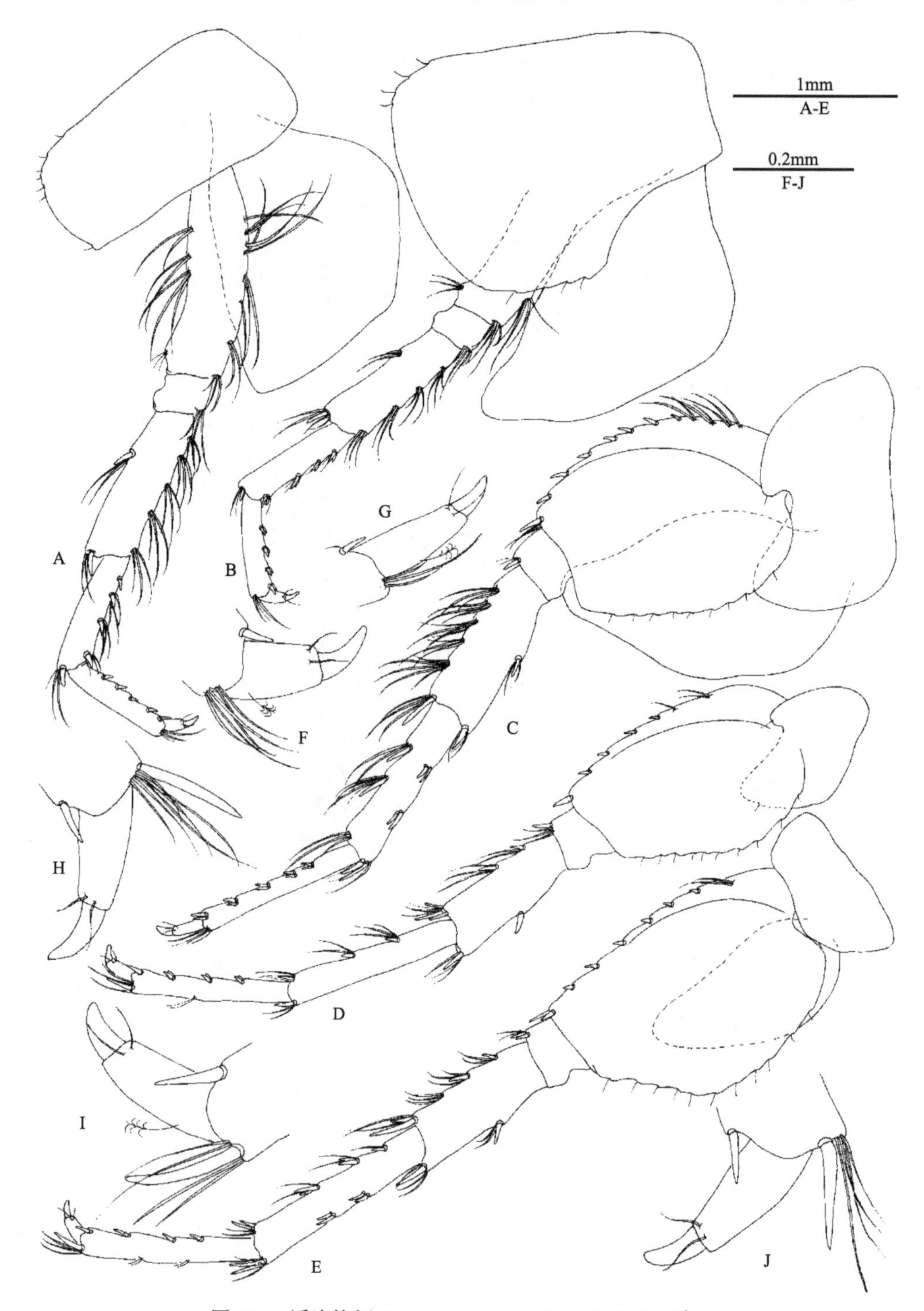

图 375 溪流钩虾 *Gammarus rivalis* Hou, Li & Li（六）

♀。A. 第 3 步足; B. 第 4 步足; C. 第 5 步足; D. 第 6 步足; E. 第 7 步足; F. 第 3 步足指节; G. 第 4 步足指节; H. 第 5 步足指节; I. 第 6 步足指节; J. 第 7 步足指节

本种与光秃钩虾 *G. glabratus* Hou & Li 的主要区别在于本种第 2 触角柄节第 4、5 节内侧和外侧具 7–9 簇长刚毛；第 3 尾肢内肢比外肢稍长，内、外肢内缘具较少羽状毛；雌性第 5–7 步足长节至腕节边缘具几簇刚毛。而后者第 2 触角柄节 4、5 节内外侧具短刚毛；第 3 尾肢内肢比外肢稍短，内、外肢内缘具更多羽状毛；雌性第 5–7 步足长节至腕节边缘具刺，少刚毛。

(75) 山西钩虾 *Gammarus shanxiensis* Barnard & Dai, 1988（图 376–378）

Gammarus shanxiensis Barnard & Dai, 1988: 86, figs. 5–7.

形态描述：雄性眼小。第 1 触角达体长（包括头部）的 2/5，第 1 触角第 1、2 柄节长度相当，第 3 柄节长为第 1 柄节的 2/5，鞭 31 节，副鞭 5 节。第 2 触角长达第 1 触角的 2/3，第 5 柄节稍短于第 4 节。大颚触须第 2 节具 16 毛，第 3 节具 3 A-刚毛、4 B-刚毛、30 D-刚毛和 6 E-刚毛。

第 1 腮足掌节卵形，后缘刺式 1-1-1-2-1-2-2，表面中部刺式 4-4-1，刚毛稀疏而短。第 2 腮足掌节近方形，掌部稍斜，中部具 2 壮刺，内面具 3 刺。第 3 步足长节和腕节后缘具短毛，掌节后缘刺式为 1-1-1-1-1。第 4 步足的刚毛较第 3 步足短，掌节刺式为 1-1-1-1-1。第 5 步足基节后腹叶有明显扩展，第 6 步足基节后缘较窄，第 7 步足基节末端趋窄；长节至掌节前、后缘具刺，刚毛少。

第 1 腹侧板后下角钝圆，腹前缘具 10 刚毛，后缘具 1 短毛；第 2、3 腹侧板后下角尖，腹缘具 3、4 刺，后缘具 5 短毛。第 4–6 腹节无隆脊，背刺式为 4-2-4，4-2-4，2-2-2。

第 1 尾肢柄节具背基刺。第 2 尾肢柄节具缘刺，外肢具 1、2 缘刺。第 3 尾肢内肢长为外肢的 3/4，外肢侧缘具刺式为 2-2-2-2。尾节未超第 3 尾肢柄节，背面具刚毛，末端具 2 刺。

雌性异型。腮足较小，掌节后缘刺式为 1-1-2-2-2-2-2-2。第 3、4 步足后缘刚毛少。第 3 尾肢外肢侧缘刺少，刺式为 1-2-2-2，刚毛少。

观察标本：3♀3♂，山西阳城（35.5°N, 112.4°E），1978.VIII.1。

生态习性：栖息在小河中。

地理分布：山西（阳城）。

分类讨论：本种与蚤状钩虾 *G. pulex* (Linnaeus) 的区别在于本种腮足掌缘中部具 2 壮刺，第 3、4 步足后缘具短刚毛，无卷曲的长毛，第 2 触角鞭无刷状长毛。

本种与中亚伊塞克湖的 *G. inberbus* Karaman & Pinkster 相似，不同处在于本种第 3、4 步足的长节和腕节上刚毛较短；第 5–7 步足基节较宽，第 5、6 步足基节具壮叶，第 7 步足基节后腹角具刺；第 5–7 步足基节的前缘具较发达刺；尾节背刺较为发达。

本种与 *G. fossarum* Koch 的区别在于本种第 3 尾肢内肢长达外肢的 3/4，而后者第 3 尾肢内肢长度仅为外肢的 1/2。

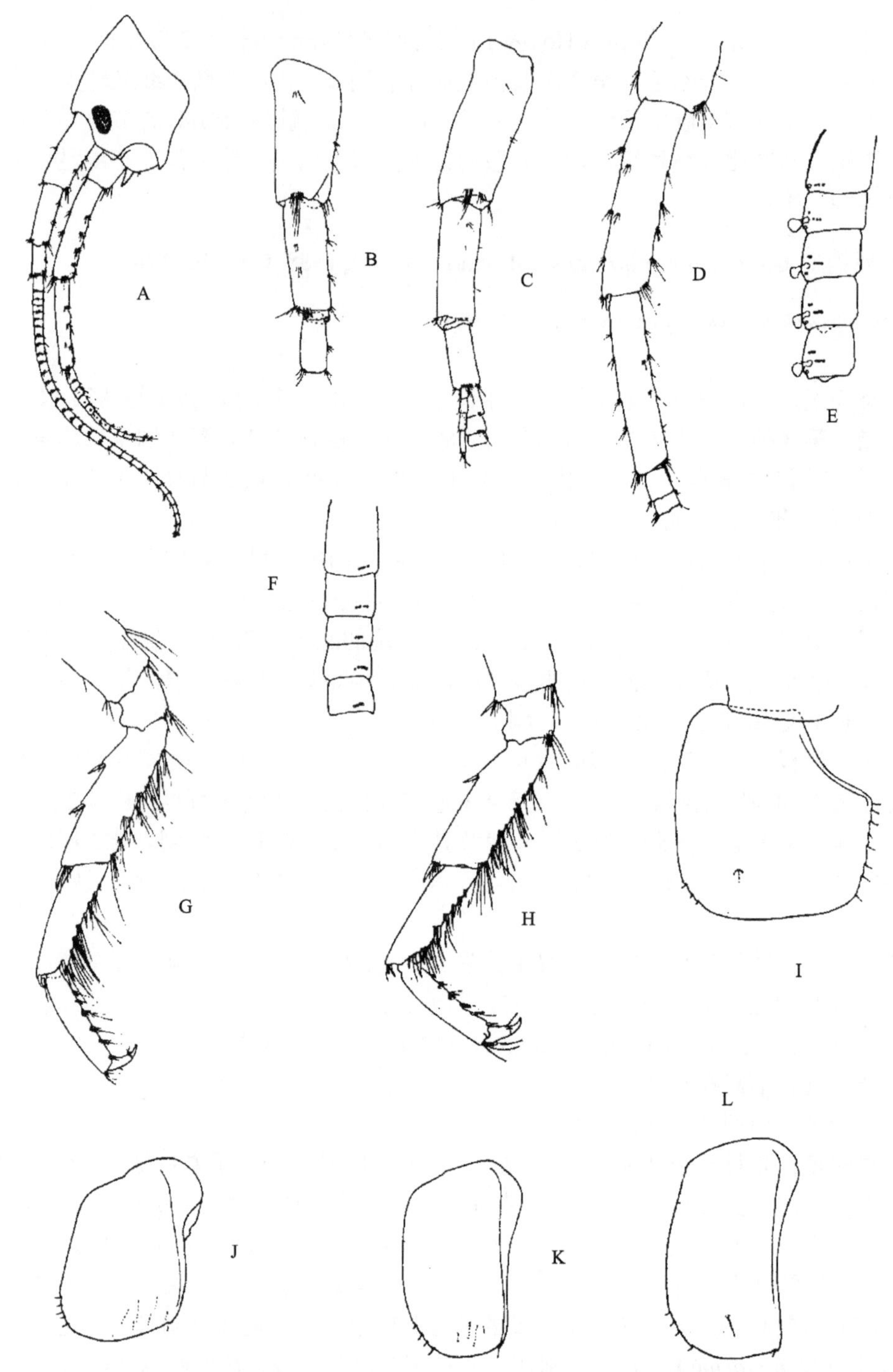

图 376　山西钩虾 *Gammarus shanxiensis* Barnard & Dai（一）（仿巴纳德和戴爱云, 1988）

♂。A. 头; B. 第 1 触角柄节; C. 第 1 触角; D. 第 2 触角; E. 第 2 触角鞭节; F. 第 1 触角鞭节; G. 第 3 步足; H. 第 4 步足; I. 第 4 底节板; J. 第 1 底节板; K. 第 2 底节板; L. 第 3 底节板

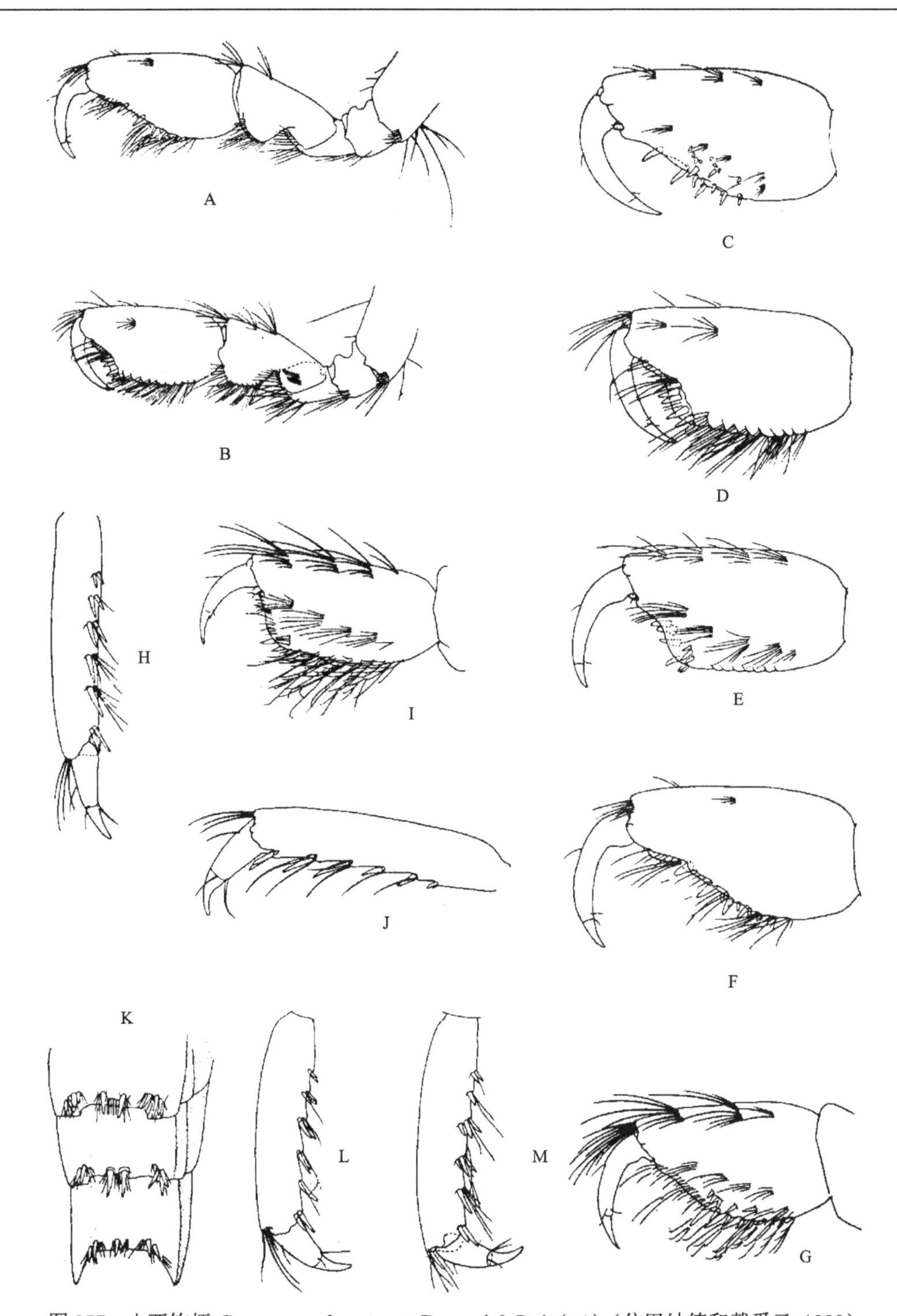

图 377　山西钩虾 *Gammarus shanxiensis* Barnard & Dai（二）（仿巴纳德和戴爱云, 1988）

♂, A-F, K-M; ♀, G-J。A. 第 1 腮足; B. 第 2 腮足; C. 第 1 腮足掌节（腹面观）; D. 第 2 腮足掌节（背面观）; E. 第 2 腮足掌节（腹面观）; F. 第 1 腮足掌节（背面观）; G. 第 1 腮足掌节; H. 第 4 步足掌节; I. 第 2 腮足掌节; J. 第 3 步足; K. 第 4-6 腹节（背面观）; L. 第 4 步足掌节和指节; M. 第 3 步足掌节和指节

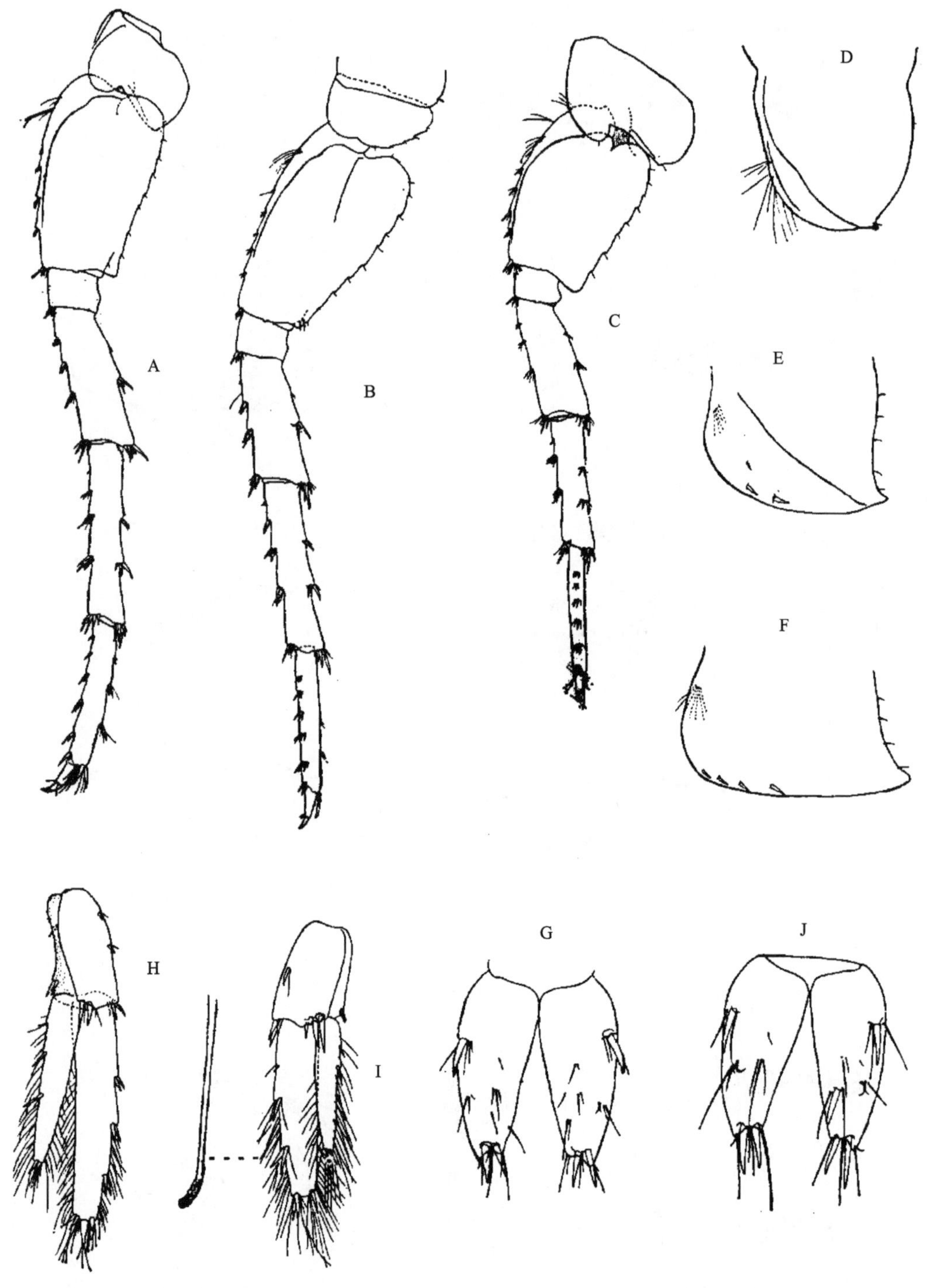

图 378 山西钩虾 *Gammarus shanxiensis* Barnard & Dai（三）（仿巴纳德和戴爱云, 1988）

♂, A-H; ♀, I, J。A. 第 6 步足; B. 第 7 步足; C. 第 5 步足; D-F. 第 1-3 腹侧板; G. 尾节; H. 第 3 尾肢; I. 第 3 尾肢; J. 尾节

(76) 神木钩虾 *Gammarus shenmuensis* Hou & Li, 2004（图 379–383）

Gammarus shenmuensis Hou & Li, 2004b: 2734, figs. 1–5.

形态描述：雄性 6.3mm。眼中等大小，卵形。第 1 触角 1–3 柄节长度比 1.00∶0.55∶0.36，第 1 节粗；鞭 13 节，具感觉毛，副鞭 2 节。第 2 触角柄节第 4、5 节等长，腹缘具 2、3 组刚毛，鞭 8 节，无鞋状感觉器。左大颚切齿 5 齿，动颚片 4 齿，触须第 2 节具 5 短毛和 4 长毛；第 3 节具 3 A-刚毛、2 B-刚毛、1 排 D-刚毛和 3 E-刚毛。右大颚切齿 4 齿，动颚片分叉，具小齿，臼齿具 1 长刚毛。第 1 小颚内叶具 11 羽状刚毛，外叶具 11 锯齿状刺；左触须第 2 节具 5 长刺和 1 刚毛；右触须第 2 节具 5 壮刺和 1 刚毛。第 2 小颚内叶具 9 刚毛。颚足内叶顶端具 3 壮刺。

第 1 腮足底节板近长方形，掌节掌缘稍斜，中央无刺，后缘具 4 刺。第 2 腮足掌节掌缘平截，无中央刺，后缘具 4 刺。第 3、4 步足后缘毛少，腕节短于长节与掌节。第 5–7 步足短粗，基节前缘稍凸，具 1 或 2 长刚毛和 3–5 刺；第 5、6 步足基节后缘近直，具 20 短毛；长节到掌节前缘具 2、3 组刺；指节外缘具 1 羽状毛，趾钩接合处具 1、2 刚毛。第 2–7 基节具囊状鳃。

第 1–3 腹侧板后下角渐尖，后缘具 1、2 短毛，第 1 腹侧板腹前缘具 6 毛，第 2、3 腹侧板腹缘具 1、2 刺。第 1–3 腹肢长度相等，柄节具刚毛，并具 2 钩刺和 1、2 刚毛；内、外肢均具羽状毛。第 4–6 腹节背部具 4 簇刺和刚毛。

第 1 尾肢柄节具 1 背基刺，并具缘刺；外肢两缘各具 1 刺，内肢内缘具 1 边缘刺。第 2 尾肢外肢无边缘刺，内肢内缘具 1 刺。第 3 尾肢内肢长约为外肢的 3/5，外肢第 2 节较长，约为第 1 节的 1/3，内、外肢两侧具几根羽状刚毛。尾节深裂，末端具 2 刺，背面具刚毛。

雌性 6.1mm。第 1 腮足腕节与掌节几乎等长，掌缘稍斜，后缘具 7 刺。第 2 腮足掌节后缘具 1 刺。第 3、4 步足后缘具直刚毛。第 3 尾肢柄节具 1 背刺和刚毛；内肢长是外肢的 1/2，具 2 缘刺和 2 对末端刺，第 2 节长，达第 1 节长的 1/3；内肢两缘和外肢内缘具羽状毛。第 2–5 胸节具抱卵板。

观察标本：1♂（正模，IZCAS-I-A0045），1♂10♀，陕西神木斗峁沟（38.8°N, 110.4°E），泉水，1995.V.29。5♂1♀，陕西靖边白于山（37.5°N, 108.8°E），泉水，1995.V.25。

生态习性：本种栖息在泉眼处。

地理分布：陕西（神木、靖边）。

分类讨论：本种主要鉴别特征为第 1、2 触角刚毛少，第 1、2 腮足掌节掌缘无中央刺，第 3、4 步足后缘毛极少，第 5–7 步足短粗，第 1、2 尾肢内、外肢刺少，第 3 尾肢外肢第 2 节长，边缘具几根羽状刚毛。

本种与 *Stenogammarus* Martynov 的物种相似特征为第 1、2 腮足等长，掌面无内刺；第 2 尾肢外肢具较少刺；第 3 尾肢外肢第 2 节细长，长度达第 1 节的 1/3。主要区别在于本种第 1 触角柄节第 2 节长是第 1 节的 1/2，第 4–6 腹节具背刺和背毛；而后者第 1 触角柄节第 2 节小于第 1 节的 1/3，第 4–6 腹节几乎无刚毛或少刺。

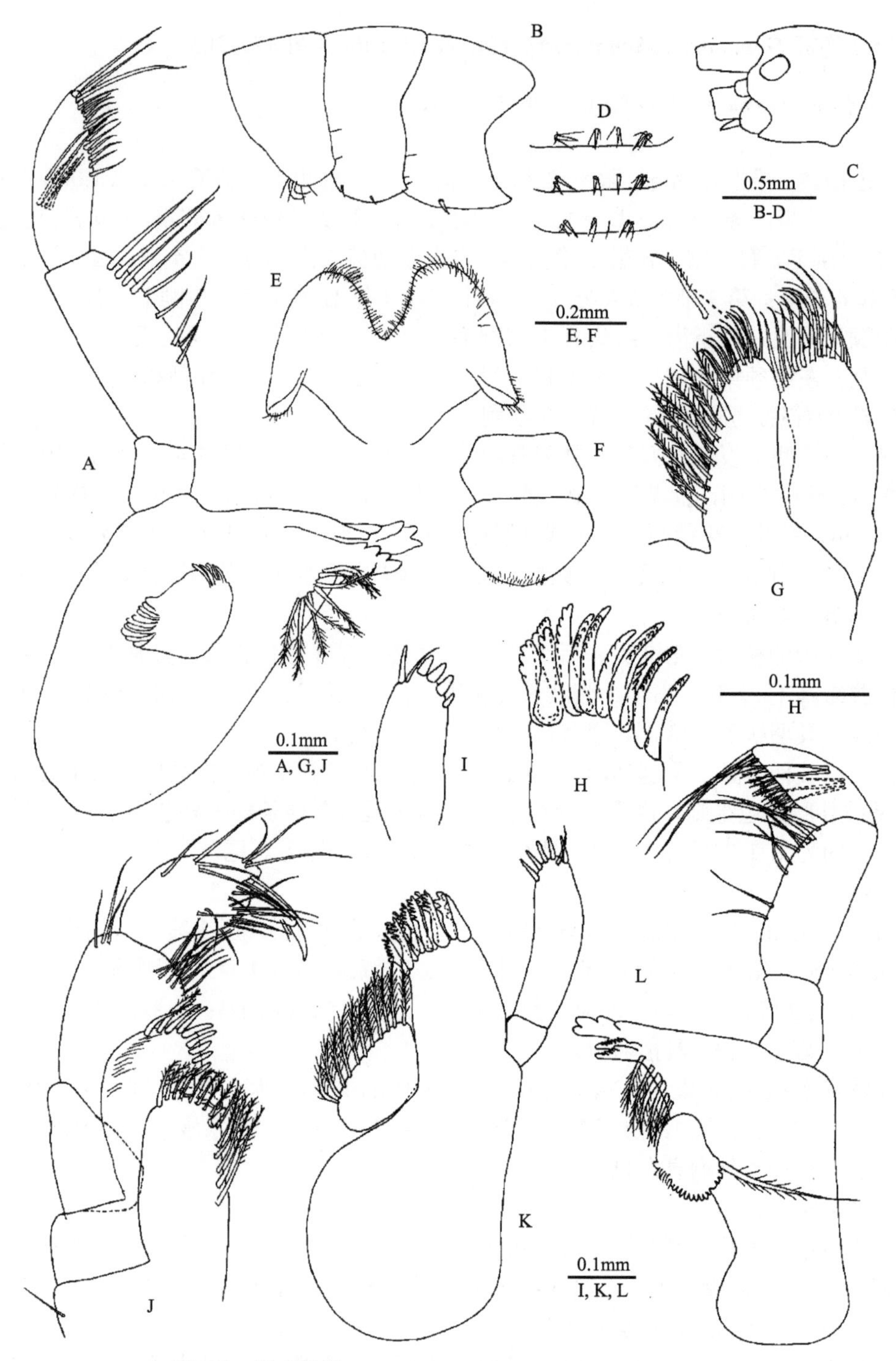

图 379　神木钩虾 *Gammarus shenmuensis* Hou & Li（一）

♂。A. 左大颚; B. 第 1-3 腹侧板; C. 头; D. 第 4-6 腹节（背面观）; E. 下唇; F. 上唇; G. 第 2 小颚; H. 右第 1 小颚外叶; I. 右第 1 小颚触须; J. 颚足; K. 左第 1 小颚; L. 右大颚

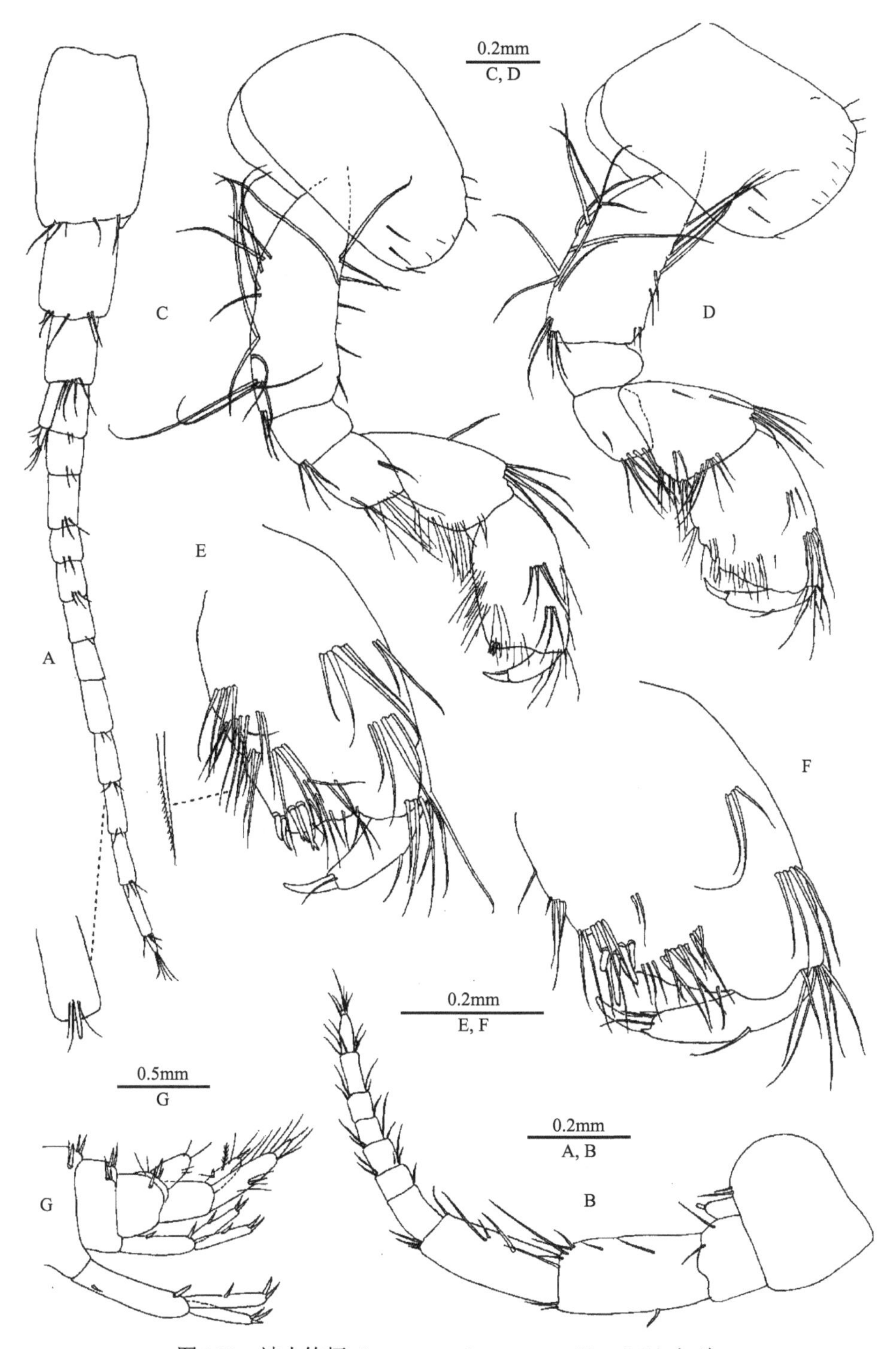

图 380　神木钩虾 *Gammarus shenmuensis* Hou & Li（二）

♂。A. 第 1 触角; B. 第 2 触角; C. 第 2 腮足; D. 第 1 腮足; E. 第 2 腮足掌节; F. 第 1 腮足掌节; G. 第 4-6 腹节（侧面观）

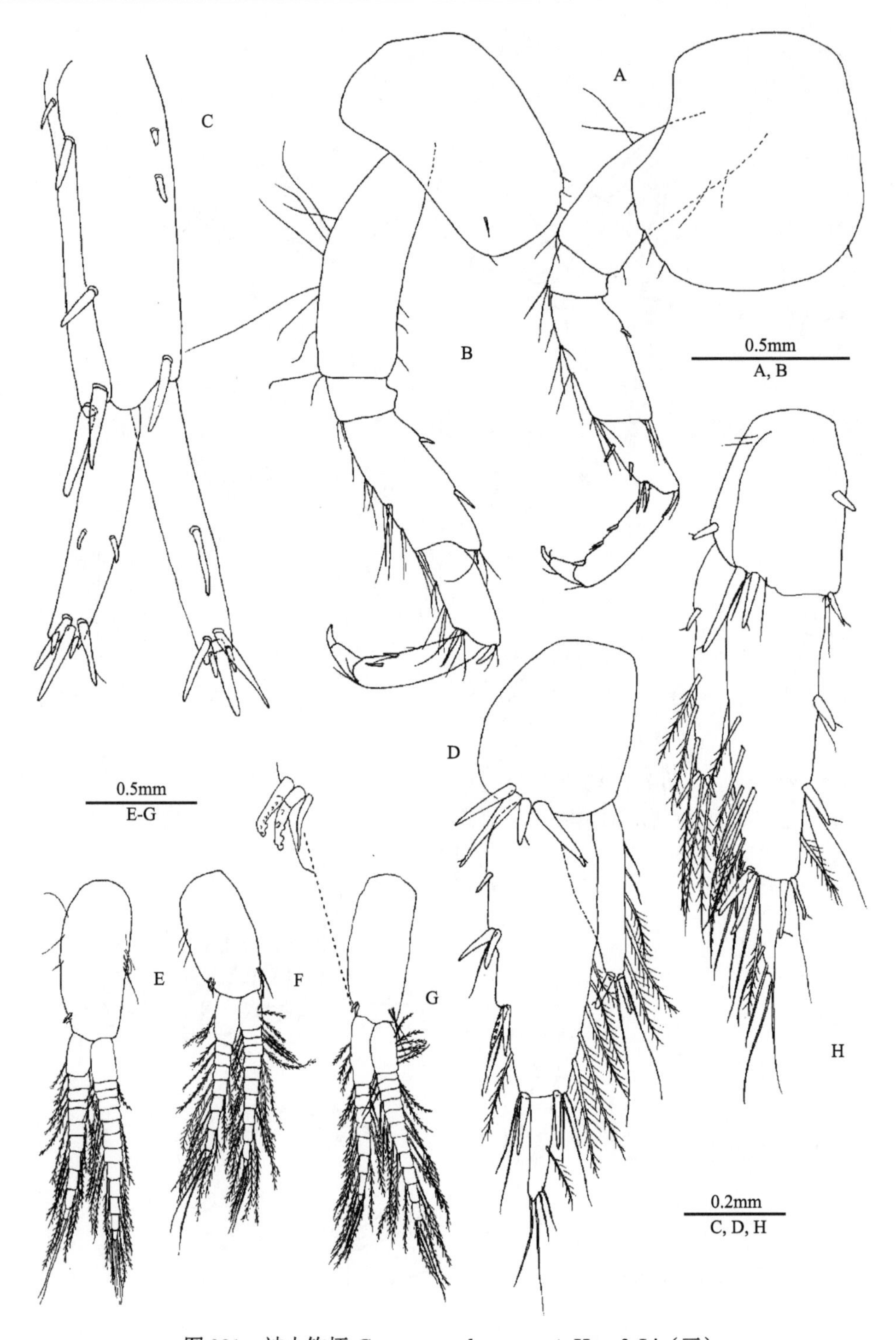

图 381 神木钩虾 *Gammarus shenmuensis* Hou & Li（三）

♂, A-D; ♀, E-H。A. 第 4 步足; B. 第 3 步足; C. 第 1 尾肢; D. 第 3 尾肢; E. 第 2 腹肢; F. 第 3 腹肢; G. 第 1 腹肢; H. 第 3 尾肢

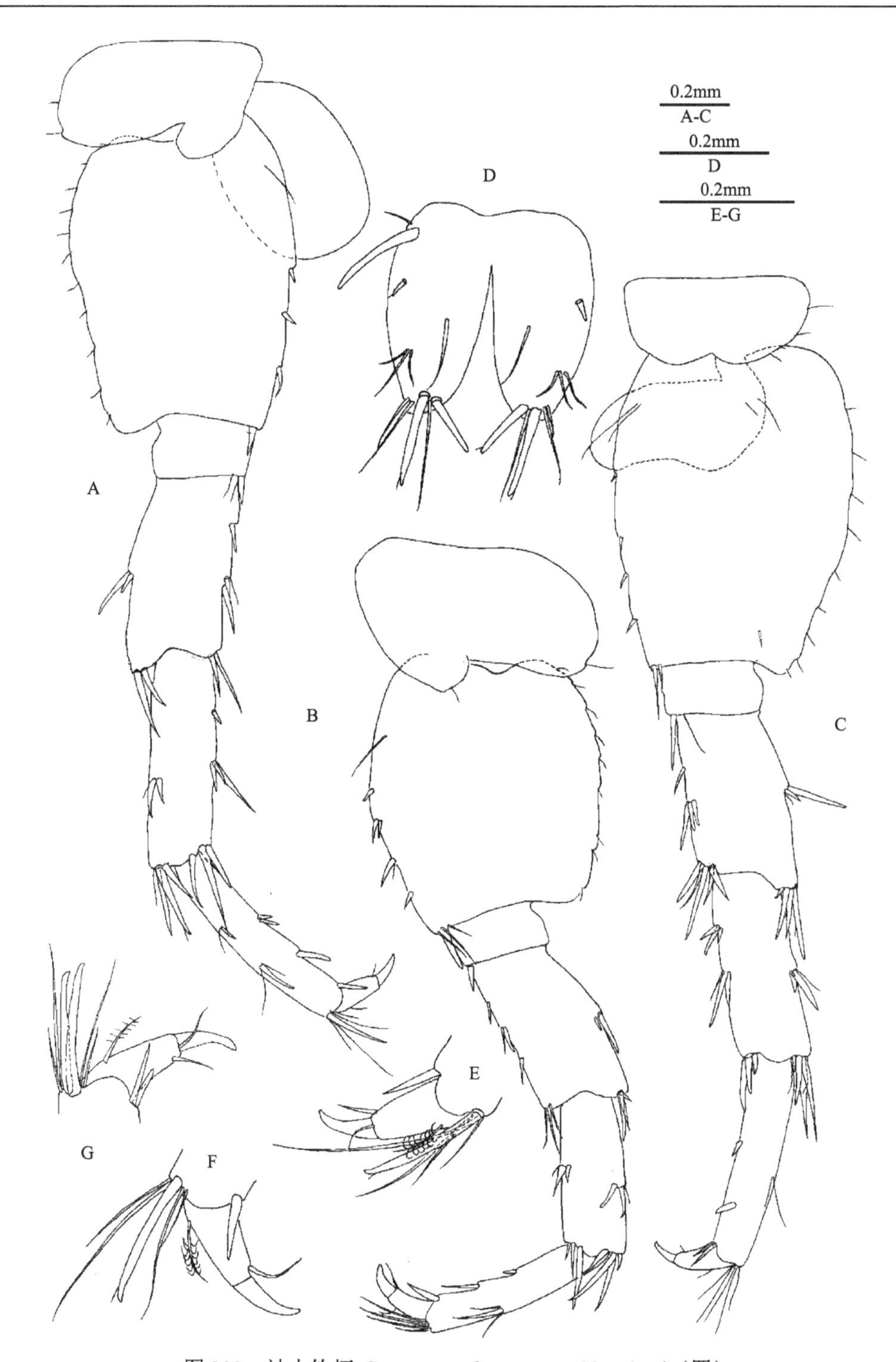

图 382　神木钩虾 *Gammarus shenmuensis* Hou & Li（四）

♂。A. 第 6 步足; B. 第 5 步足; C. 第 7 步足; D. 尾节; E. 第 5 步足指节; F. 第 6 步足指节; G. 第 7 步足指节

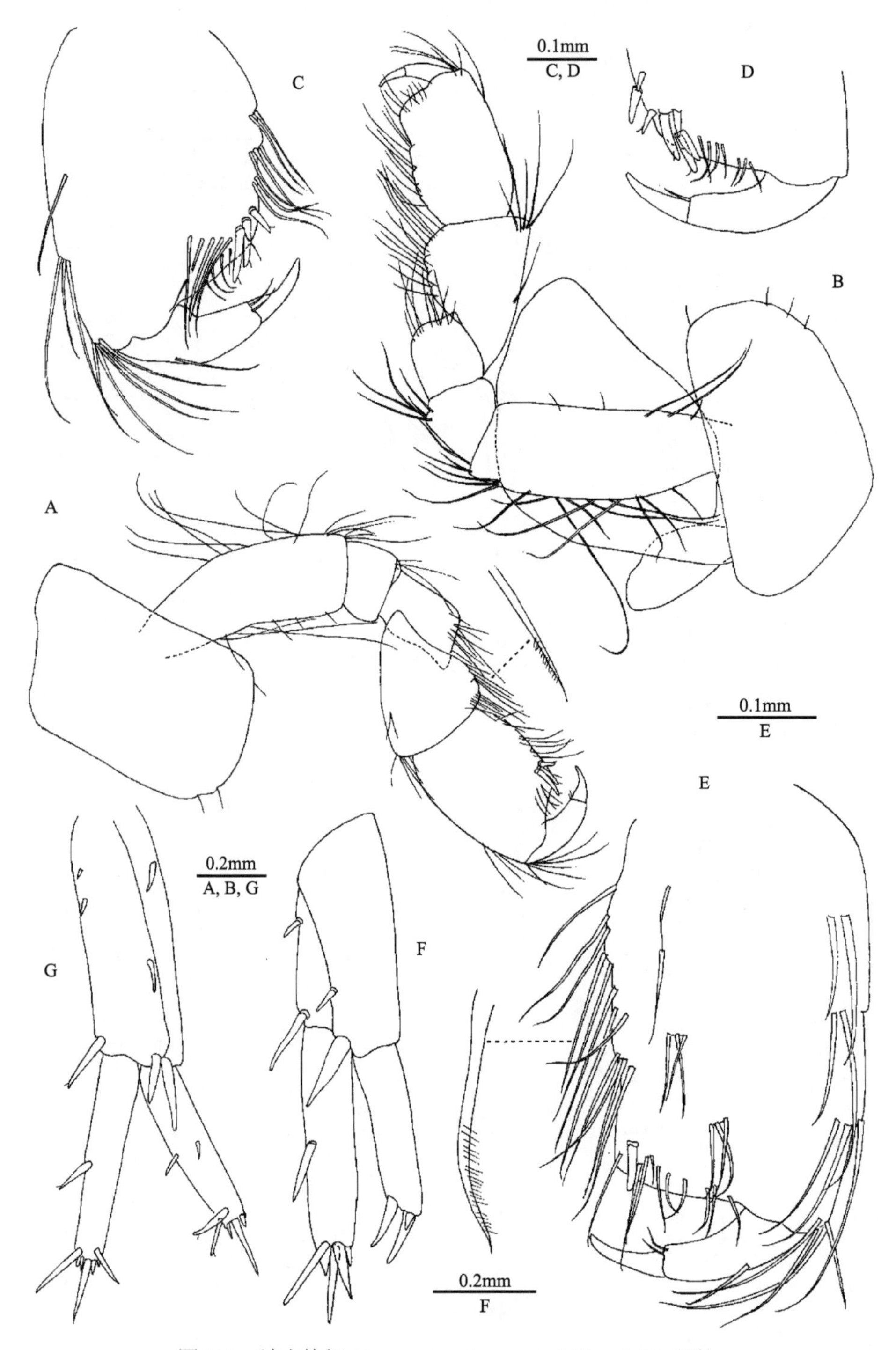

图 383 神木钩虾 *Gammarus shenmuensis* Hou & Li（五）

♂, F; ♀, A-E, G。A. 第 1 腮足; B. 第 2 腮足; C. 第 1 腮足掌节; D. 第 1 腮足掌节（内面观）; E. 第 2 腮足掌节; F. 第 2 尾肢; G. 第 1 尾肢

(77) 四川钩虾 *Gammarus sichuanensis* Hou, Li & Zheng, 2002（图 384–390）

Gammarus sichuanensis Hou, Li & Zheng, 2002: 456, figs. 1–7.

形态描述：雄体 9.1mm。眼肾形。第 1 触角第 1–3 柄节长度比 1.00∶0.64∶0.45，具末端毛和较少侧毛；鞭 28 节，具感觉毛，副鞭 4 节。第 2 触角第 3 柄节具 1 簇末端毛，第 4 柄节稍长于第 5 柄节，前后缘具 3 簇短刚毛，鞭 14 节，具鞋状感觉器。左大颚切齿 5 齿，动颚片 4 齿；触须第 2 节具 8 毛，第 3 节具 3 A-刚毛、4 B-刚毛、22 D-刚毛和 3 E-刚毛。右大颚切齿 4 齿，动颚片具小齿，臼齿具 1 长刚毛。第 1 小颚内叶具 14 羽状长毛，外叶具 10 锯齿状刺，左触须第 2 节具 6 刺和 3 硬毛；右触须第 2 节具 4 壮刺和 2 硬刚毛。第 2 小颚内叶具 11 羽状长毛。颚足内叶顶端具 3 壮刺，触须末节呈爪状。

第 1 腮足底节板长形，前、后角分别具 3 和 1 刚毛，腕节短于掌节，掌节卵形，掌缘斜，具 1 中央壮刺，后缘具 12 刺。第 2 腮足大于第 1 腮足，腕节两缘平行，掌缘短，具 1 中央壮刺，后缘具 4 刺。第 3 步足长节至掌节后缘具长直毛。第 4 步足底节板后缘凹，前、后缘分别具 4 和 5 短毛；长节后缘刚毛稀疏，腕节与掌节后缘具刺。第 6、7 步足长于第 5 步足，长节至掌节两侧各具 3、4 簇刺，无长刚毛。第 2–7 胸节具底节鳃，囊状。

第 1–3 腹侧板后缘具 2、3 短毛。第 1 腹侧板腹缘圆，腹前缘具 2 刚毛；第 2 腹侧板腹缘具 2 刺；第 3 腹侧板前缘具 3 刺。第 1–3 腹肢等长，柄节背缘具刚毛，前角具 2 钩刺和 1、2 刚毛；肢节具羽状毛。第 4–6 腹节背部具刺和短刚毛。

第 1 尾肢柄节具 1 背基刺，内、外缘分别具 1-1-1 和 1-1-2 刺；外肢稍短于内肢。第 2 尾肢柄节具 4 刺，内肢内缘和外肢外缘各具 1 刺。第 3 尾肢柄节具刚毛和末端刺，内肢长约为外肢的 3/5，外肢第 2 节显著，外肢外缘刚毛少，内肢两侧与外肢内侧具羽状长刚毛。尾节深裂，每叶末端具 2 刺，背部侧边具 1 刺。

雌性 7.5mm。第 1 腮足掌节比雄性短，后缘具 6 刺。第 2 腮足腕节和掌节等长；掌节后缘具 4 刺。第 3 尾肢短于雄性，内肢长约为外肢的 1/2。第 2–5 胸节具抱卵板，边缘具刚毛。

观察标本：1♂（正模，IZCAS-I-A0022），9♂1♀，四川九寨沟国家级自然保护区（33.2°N, 103.9°E），2000.VI。

生态习性：本种栖息于九寨沟国家级自然保护区白河中下游的小溪中。

地理分布：四川（九寨沟）。

分类讨论：本种主要鉴别特征是第 3 尾肢内肢长为外肢的 3/5，外肢外缘刚毛少；第 2 触角柄节具短刚毛，鞭节具鞋状感觉器；第 1–3 底节板相对较短。

本种第 3 尾肢内肢长达外肢的 3/5，与红原钩虾 *G. hongyuanensis* Barnard & Dai 相似。主要区别在于本种第 3 尾肢外肢外缘具较少刚毛；第 5–7 步足基节膨大。

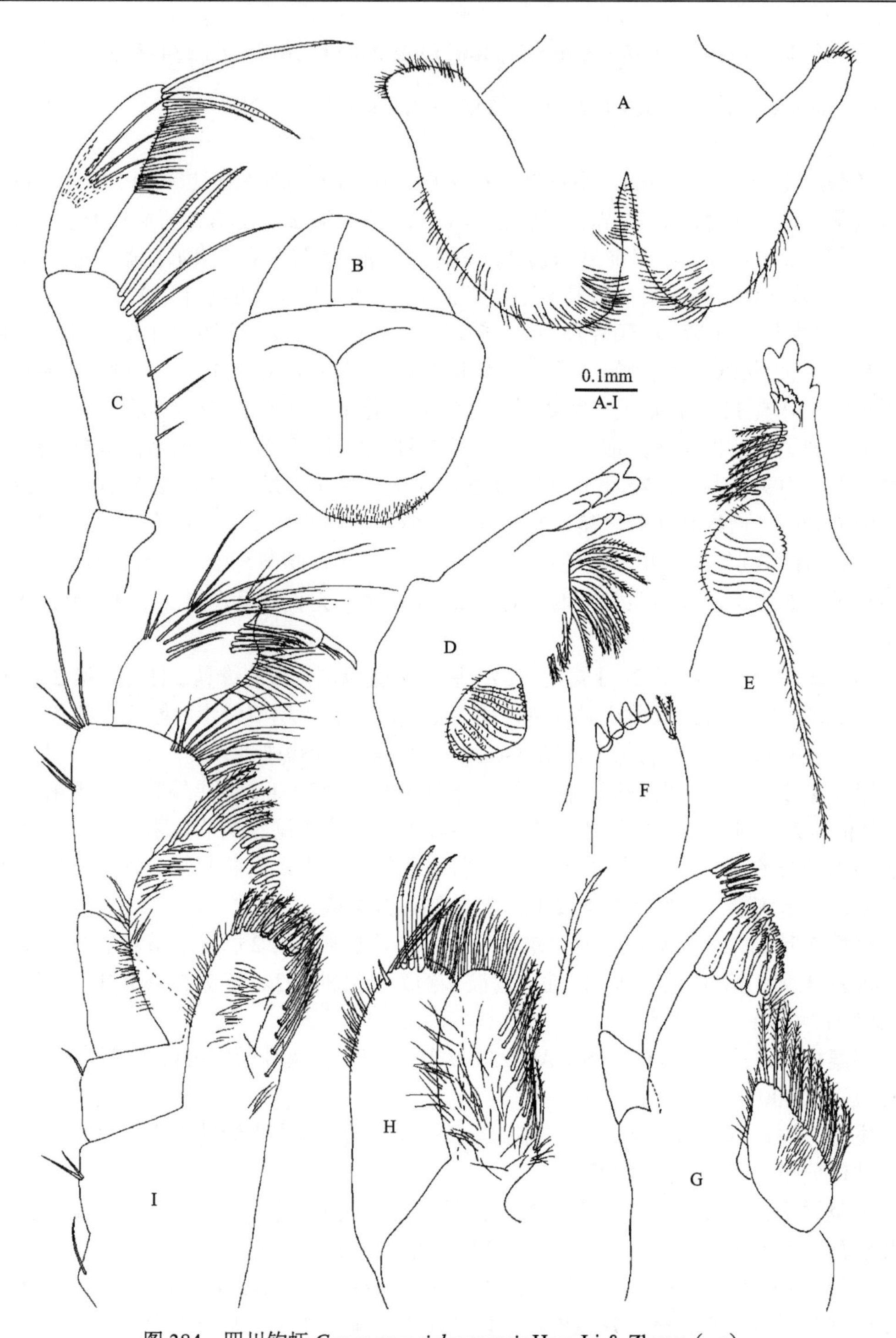

图 384 四川钩虾 *Gammarus sichuanensis* Hou, Li & Zheng（一）

♂。A. 下唇; B. 上唇; C. 左大颚触须; D. 左大颚; E. 右大颚; F. 右第 1 小颚触须; G. 第 1 小颚; H. 第 2 小颚; I. 颚足

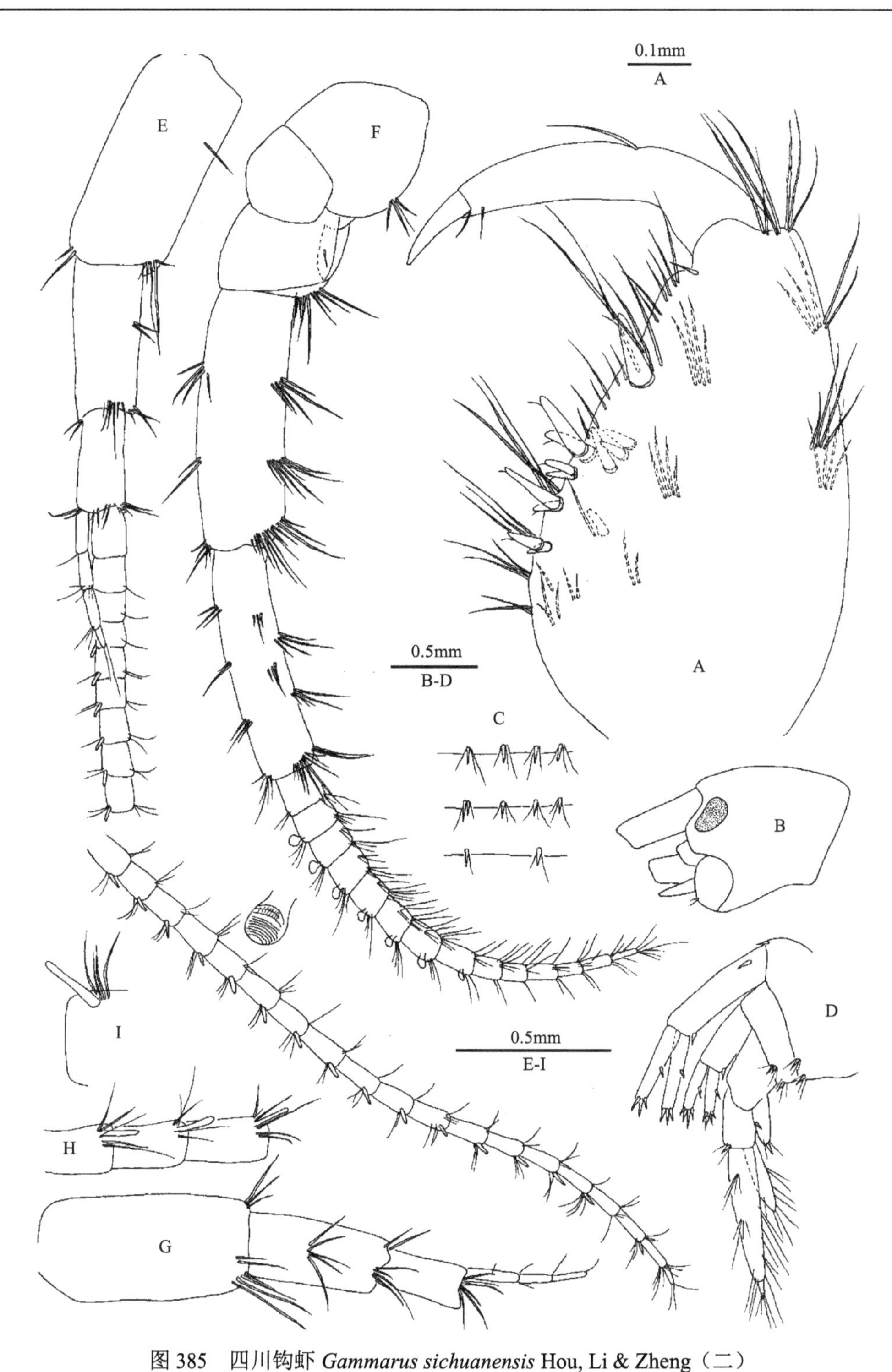

图 385　四川钩虾 *Gammarus sichuanensis* Hou, Li & Zheng（二）

♂, A-F; ♀, G-I。A. 第 1 腮足掌节; B. 头; C. 第 4-6 腹节（背面观）; D. 第 4-6 腹节（侧面观）; E. 第 1 触角; F. 第 2 触角; G. 第 1 触角柄节; H-I. 第 1 触角鞭节

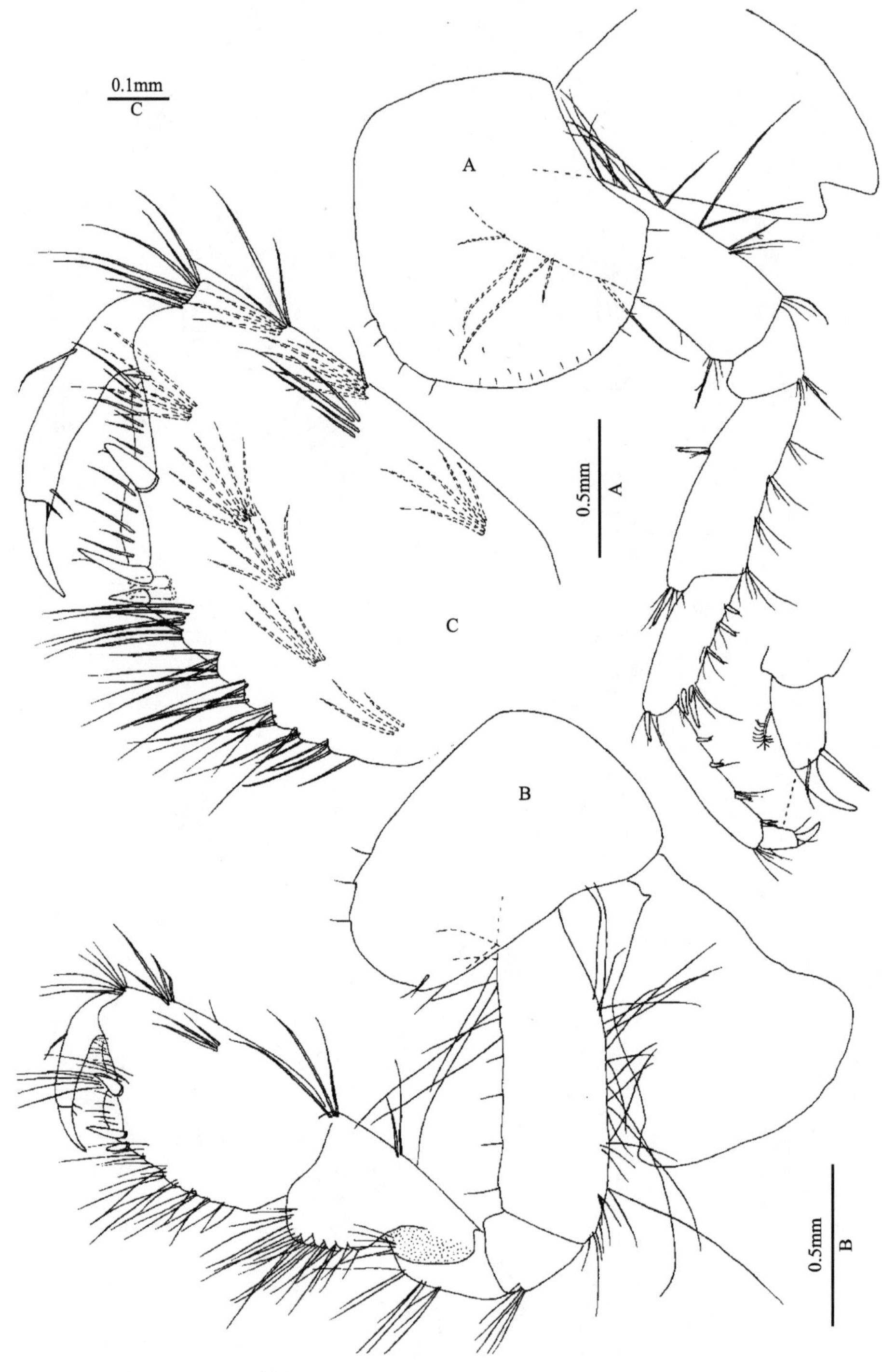

图 386 四川钩虾 *Gammarus sichuanensis* Hou, Li & Zheng（三）

♂。A. 第 4 步足; B. 第 2 腮足; C. 第 2 腮足掌节

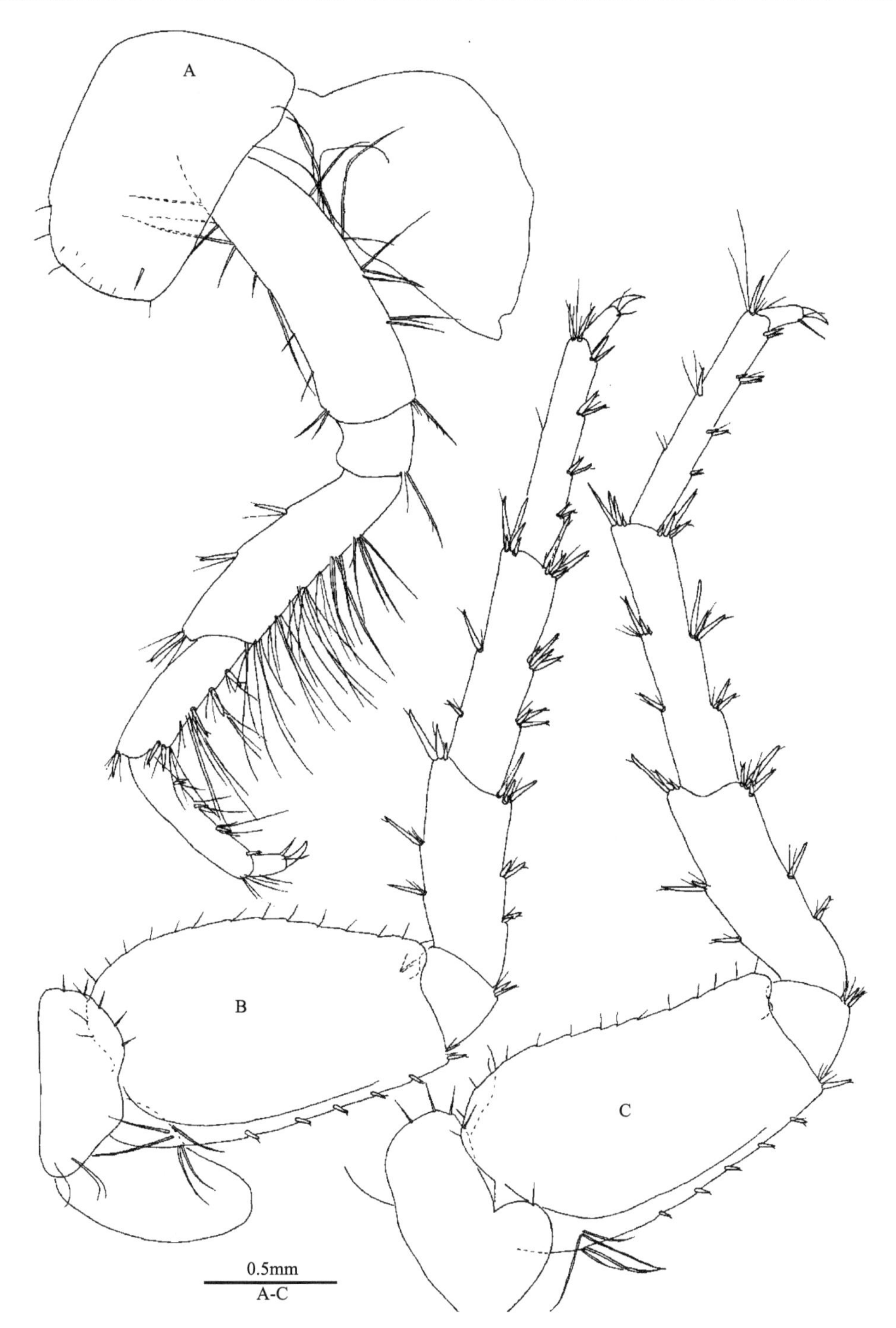

图 387　四川钩虾 *Gammarus sichuanensis* Hou, Li & Zheng（四）

♂。A. 第 3 步足; B. 第 7 步足; C. 第 6 步足

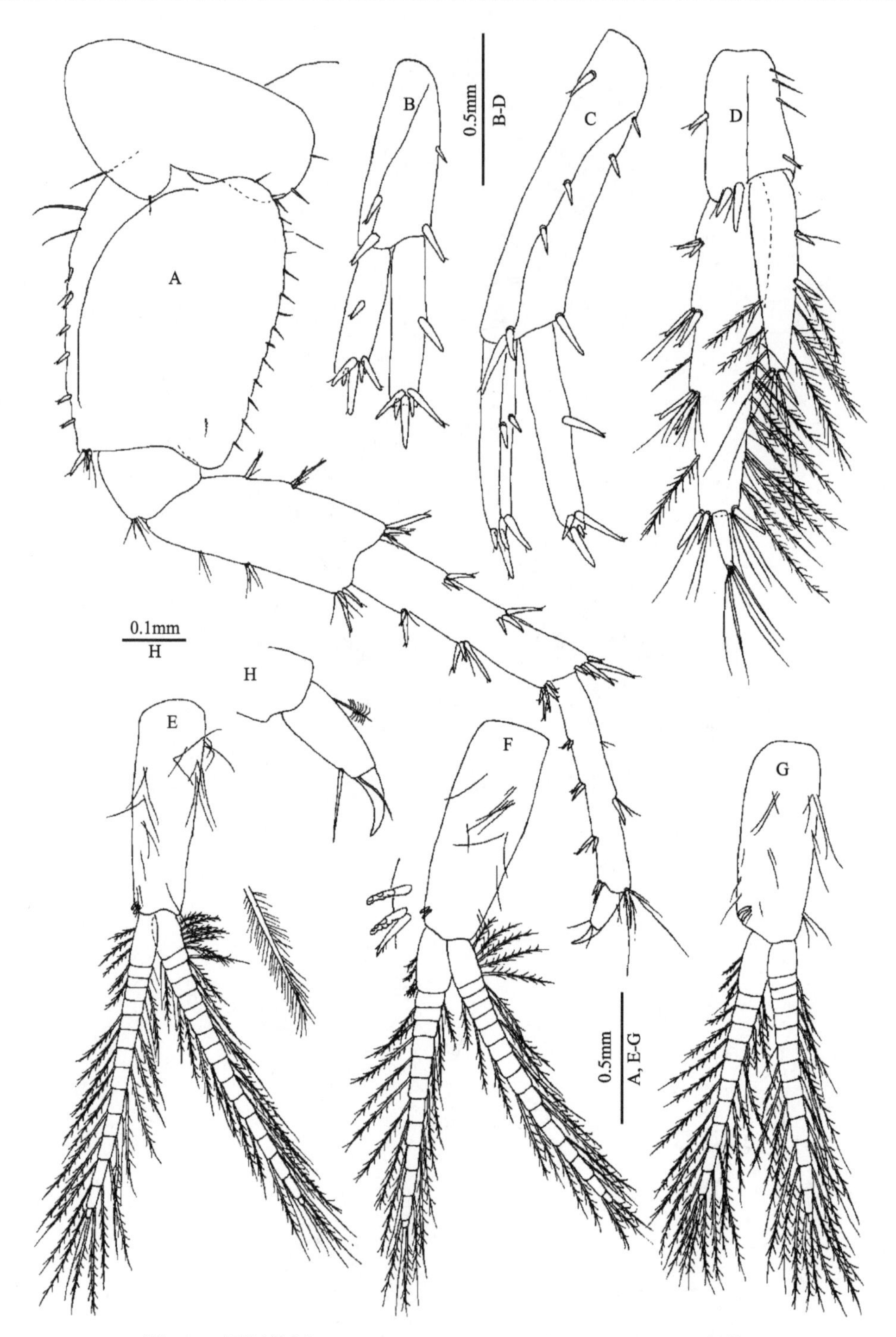

图 388 四川钩虾 *Gammarus sichuanensis* Hou, Li & Zheng（五）

♂。A. 第 5 步足; B. 第 2 尾肢; C. 第 1 尾肢; D. 第 3 尾肢; E. 第 1 腹肢; F. 第 2 腹肢; G. 第 3 腹肢; H. 第 5 步足指节

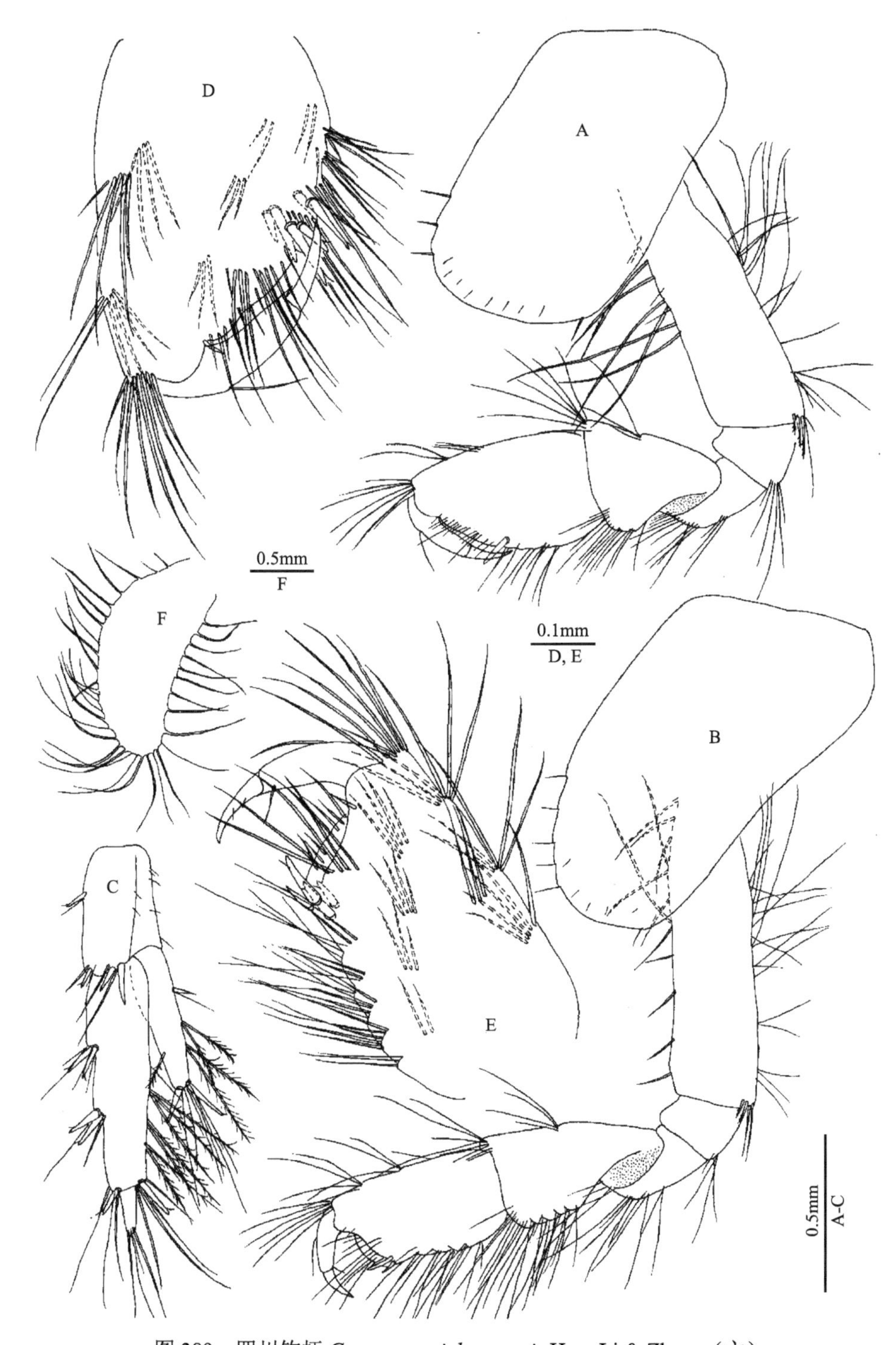

图 389　四川钩虾 *Gammarus sichuanensis* Hou, Li & Zheng（六）

♀。A. 第 1 腮足; B. 第 2 腮足; C. 第 3 尾肢; D. 第 1 腮足掌节; E. 第 2 腮足掌节; F. 第 2 腮足抱卵板

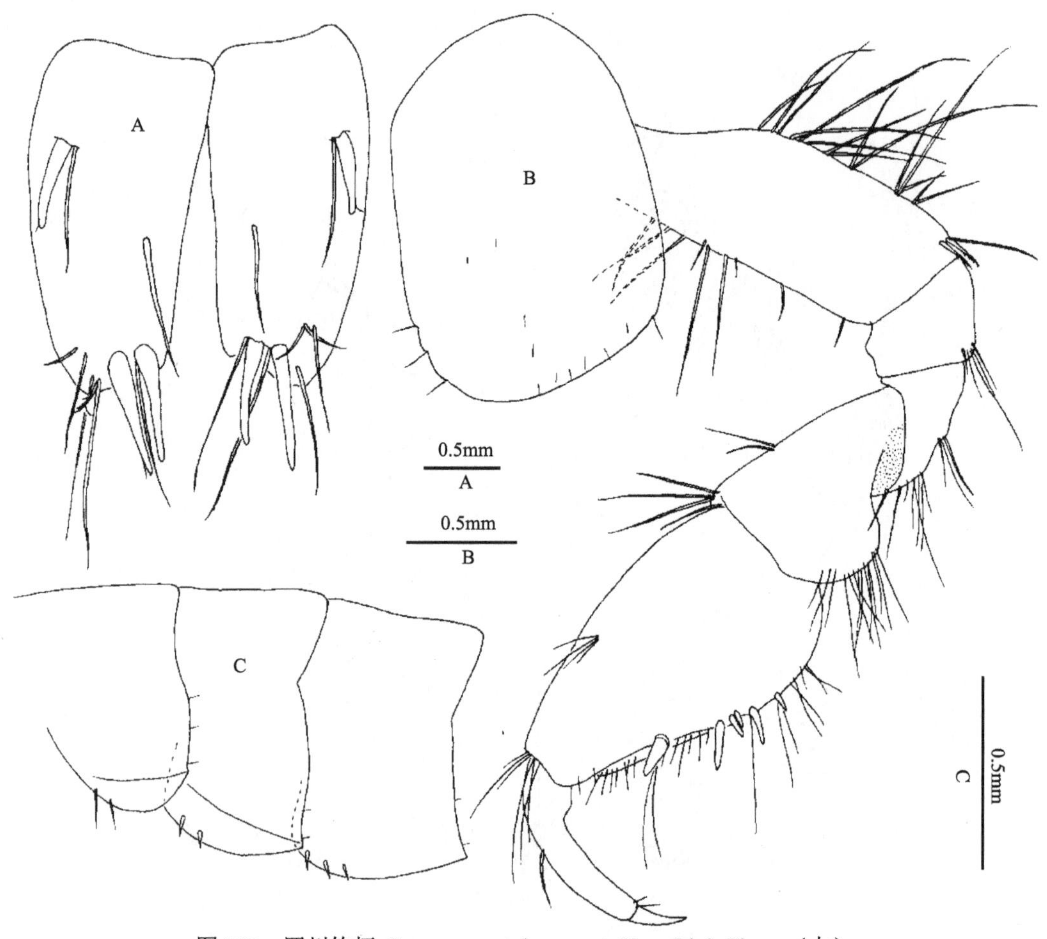

图 390 四川钩虾 *Gammarus sichuanensis* Hou, Li & Zheng（七）

♂。A. 尾节; B. 第 1 腮足; C. 第 1-3 腹侧板

(78) 隐秘钩虾 *Gammarus silendus* Hou, Li & Li, 2013（图 391–396）

Gammarus silendus Hou, Li & Li, 2013: 76, figs. 4C, 54–59.

形态描述：雄性 11.4mm。无眼。第 1 触角第 1–3 柄节长度比 1.0∶0.7∶0.4，具刚毛；鞭 30 节，第 3–29 节具感觉毛；副鞭 5 节。第 2 触角长为第 1 触角的 2/3，第 3–5 柄节长度比 1.0∶2.6∶2.4，第 4、5 柄节内、外缘均具 9、10 簇短毛；鞭 14 节，第 1–9 节具鞋状感觉器。左大颚切齿 5 齿；动颚片 4 齿，刺排侧边缘具 7 对羽状毛；触须第 2 节具 14 缘毛，第 3 节具 6 A-刚毛、6 B-刚毛、22 D-刚毛和 6 E-刚毛。右大颚切齿 4 齿，动颚片分叉，具小齿。第 1 小颚左右不对称，内叶具 20 羽状毛；外叶顶端具 11 锯齿状大刺，刺具小齿；左触须第 2 节具 7 细长刺和 2 硬毛；右触须第 2 节具 7 壮刺、1 硬毛和 1 细长刺。第 2 小颚内叶具 17 羽状毛；内外叶顶部具长刚毛。颚足内叶具 3 顶端壮刺和 1 近顶端刺；外叶具 1 排钝齿，顶端具 3 羽状毛；触须第 4 节呈钩状，趾钩接合处具 1 簇刚毛。

第 1 腮足底节板前、后缘各具 3 短毛；基节前、后缘具刚毛；腕节长达掌节的 3/5，腹缘具短刚毛；掌节卵形，掌缘具 1 中央壮刺，后缘具 17 刺；指节外缘具 1 刚毛。第 2 腮足腕节长达掌节的 2/3，腹缘具 9 簇刚毛，背缘具 2 簇刚毛；掌节卵形，掌缘具 1 中央壮刺，后缘具 4 刺；指节外缘具 1 刚毛。第 3 步足基节长，后缘具刚毛；长节后缘具 7 簇短毛，前缘具 3 刺；腕节和掌节后缘具 3、4 组刺和短毛；指节外缘具 1 羽状刚毛，趾钩接合处具 2 刚毛。第 4 步足底节板凹陷；长节后缘具 1 刺和 5 簇短毛；腕节和掌节后缘具刺和短毛。第 5 步足基节前缘具 3 毛和 7 刺，后缘具 12 短毛；长节到掌节前缘具 2–4 组刺，刚毛少，掌节后缘具 3 组短毛；指节外缘具 1 羽状刚毛，趾钩接合处具 2 刚毛。第 6 步足长节到掌节前缘具多组刺和短毛，掌节后缘具 4 组刚毛。第 7 步足基节膨大，后缘卵形，内表面具 1 刺和 1 刚毛；长节至掌节前缘具多组刺和短毛，掌节后缘具 4 组刚毛。第 2 腮足底节鳃和第 3–5 步足底节鳃长度略小于基节；第 6 步足底节鳃长于基节的 1/2；第 7 步足底节鳃最小，短于基节的 1/2。

第 1 腹侧板腹缘圆，腹前缘具 7 长毛，后缘具 3 短毛；第 2 腹侧板腹缘具 3 刺，后缘具 4 短毛，后下角钝；第 3 腹侧板腹缘具 4 刺，后缘具 4 短毛，后下角钝。第 1–3 腹肢柄节具 2 钩刺和 1、2 刚毛；外肢比内肢稍长，内、外肢均具羽状毛。第 4 腹节刺式 1-1；第 5 腹节背缘具 3-1-1-2 刺；第 6 腹节两侧各具 2 刺和 1 刚毛。

第 1 尾肢柄节具 1 背基刺，内、外缘分别具 1 和 3 刺；内、外肢内缘各具 1 刺。第 2 尾肢短，柄节内缘具 1 刺；内肢内缘具 1 刺；外肢比内肢短，无缘刺。第 3 尾肢柄节外缘具 1 刺，内侧面具 4 刚毛，具 4 末端刺；内肢长达外肢的 9/10，内、外缘具羽状毛，末端具 2 刺；外肢第 1 节外缘具 2 对刺，密布羽状毛和较少简单刚毛；末端节退化。尾节深裂，每叶背侧边缘具刚毛，末端具 2 或 3 刺。

雌性 11.9mm。第 1 腮足掌节卵形，掌后缘具 8 刺。第 2 腮足掌节近似长方形，腹缘具刚毛，掌后缘具 4 刺。第 3 尾肢内、外肢密布羽状毛，外肢末端节很短。第 2 抱卵板宽阔，具缘毛，第 3、4 抱卵板细长，第 5 抱卵板最小。

观察标本：1♂（正模，IZCAS-I-A1092-1），1♀，贵州习水东皇镇关坪村地仙洞（106.21°E, 28.29°N），2010.V.2。

生态习性：本种栖息在地仙洞一个水池中，水温 15℃。

地理分布：贵州。

分类讨论：本种主要鉴别特征是无眼；第 1 小颚右触须第 2 节具 7 壮刺；第 1、2 小颚内叶分别具 20 和 17 羽状毛；第 1、2 腮足掌节卵形；第 3 尾肢内肢长是外肢的 9/10，外肢第 2 节非常短；第 2、3 腹侧板后下角钝；第 4 腹节背缘具 2 刺，侧缘无刺。

本种无眼和第 2 触角具鞋状感觉器与咸丰钩虾 *G. xianfengensis* Hou & Li 相似，主要区别在于本种第 1 小颚右触须第 2 节具 7 壮刺，第 1、2 小颚内叶分别具 20 和 17 羽状毛，第 3 尾肢末端节非常短，第 4 腹节侧缘无刺；而后者第 1、2 小颚内叶具 12、13 羽状毛，第 3 尾肢末端节明显，第 4 腹节具 4 簇刺和毛。

本种与洞穴钩虾 *G. troglodytes* (Karaman & Ruffo) 的主要区别在于本种第 1 触角鞭 30 节；第 1 小颚右触须第 2 节具 7 壮刺；大颚触须第 3 节分别具 6 A-刚毛和 6 B-刚毛；第 6、7 步足基节后缘卵形。而后者第 1 触角鞭 43 节；第 1 小颚右触须第 2 节具 5 壮刺；

大颚触须第 3 节分别具 2 簇 A-刚毛和 2 簇 B-刚毛；第 6、7 步足基节后缘向末端狭窄。

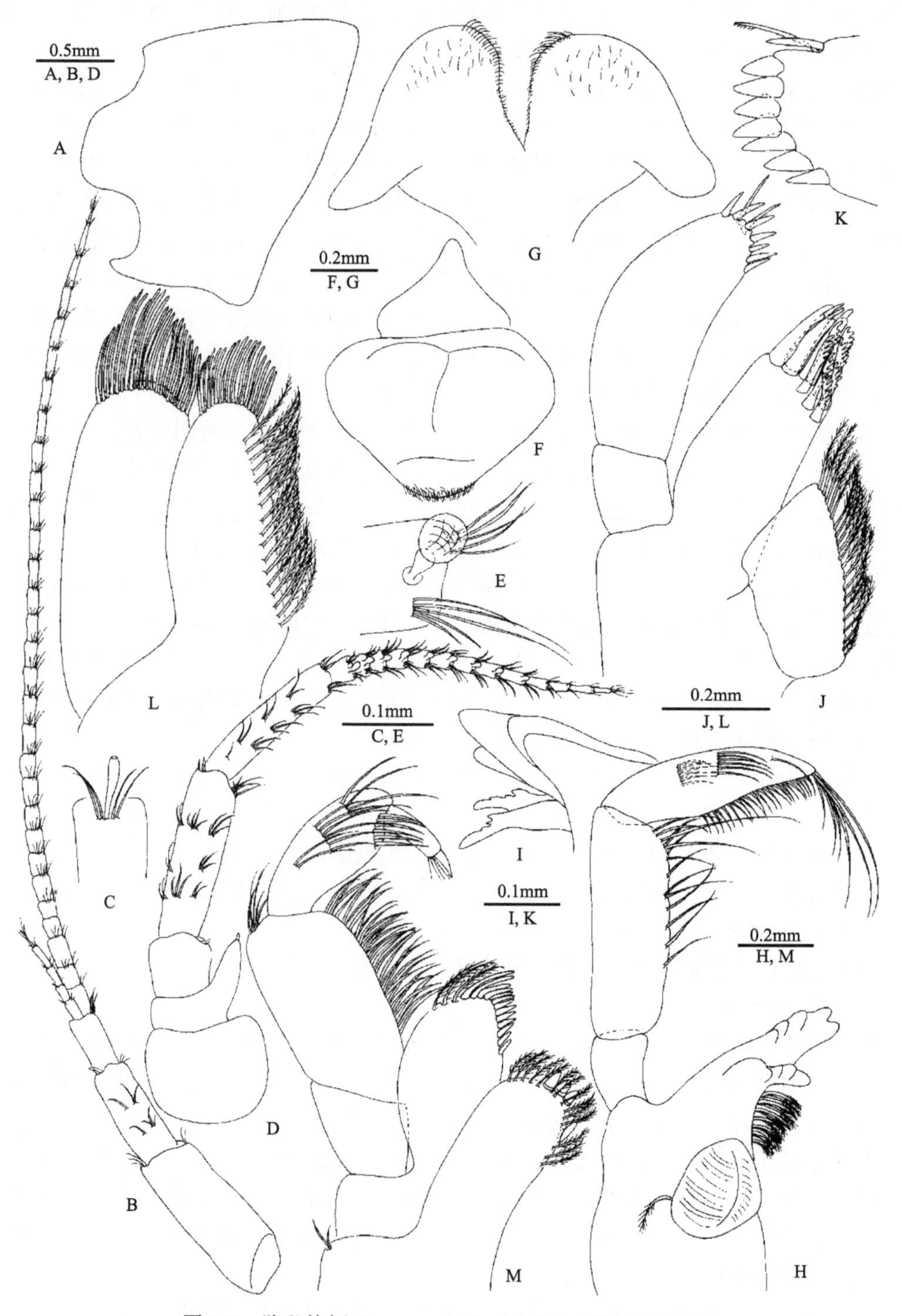

图 391 隐秘钩虾 *Gammarus silendus* Hou, Li & Li（一）

♂。A. 头; B. 第 1 触角; C. 第 1 触角感觉毛; D. 第 2 触角; E. 第 2 触角鞋状感觉器; F. 上唇; G. 下唇; H. 左大颚; I. 右大颚切齿; J. 第 1 小颚; K. 第 1 小颚右触须; L. 第 2 小颚; M. 颚足

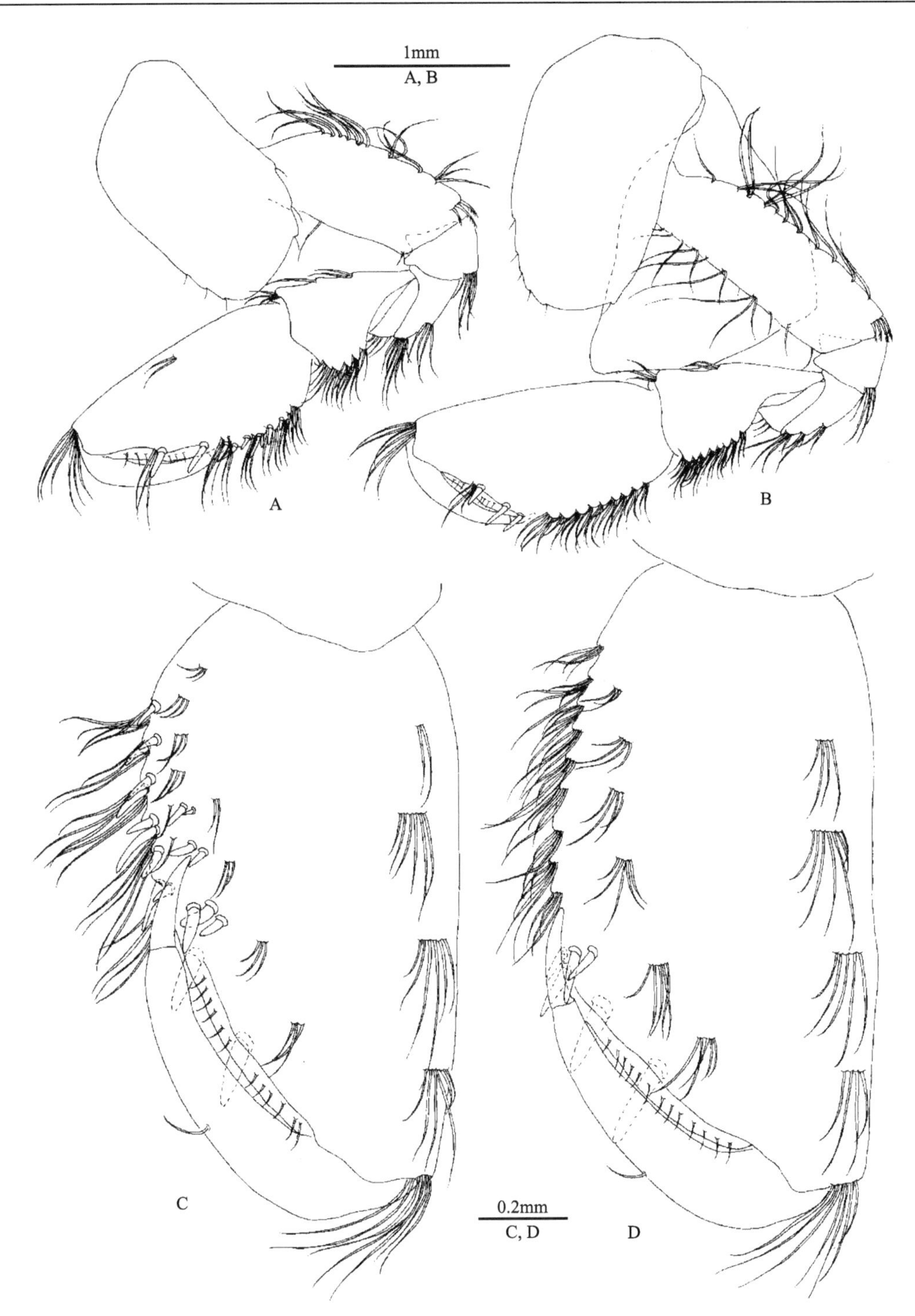

图 392 隐秘钩虾 *Gammarus silendus* Hou, Li & Li（二）

♂。A. 第 1 腮足; B. 第 2 腮足; C. 第 1 腮足掌节; D. 第 2 腮足掌节

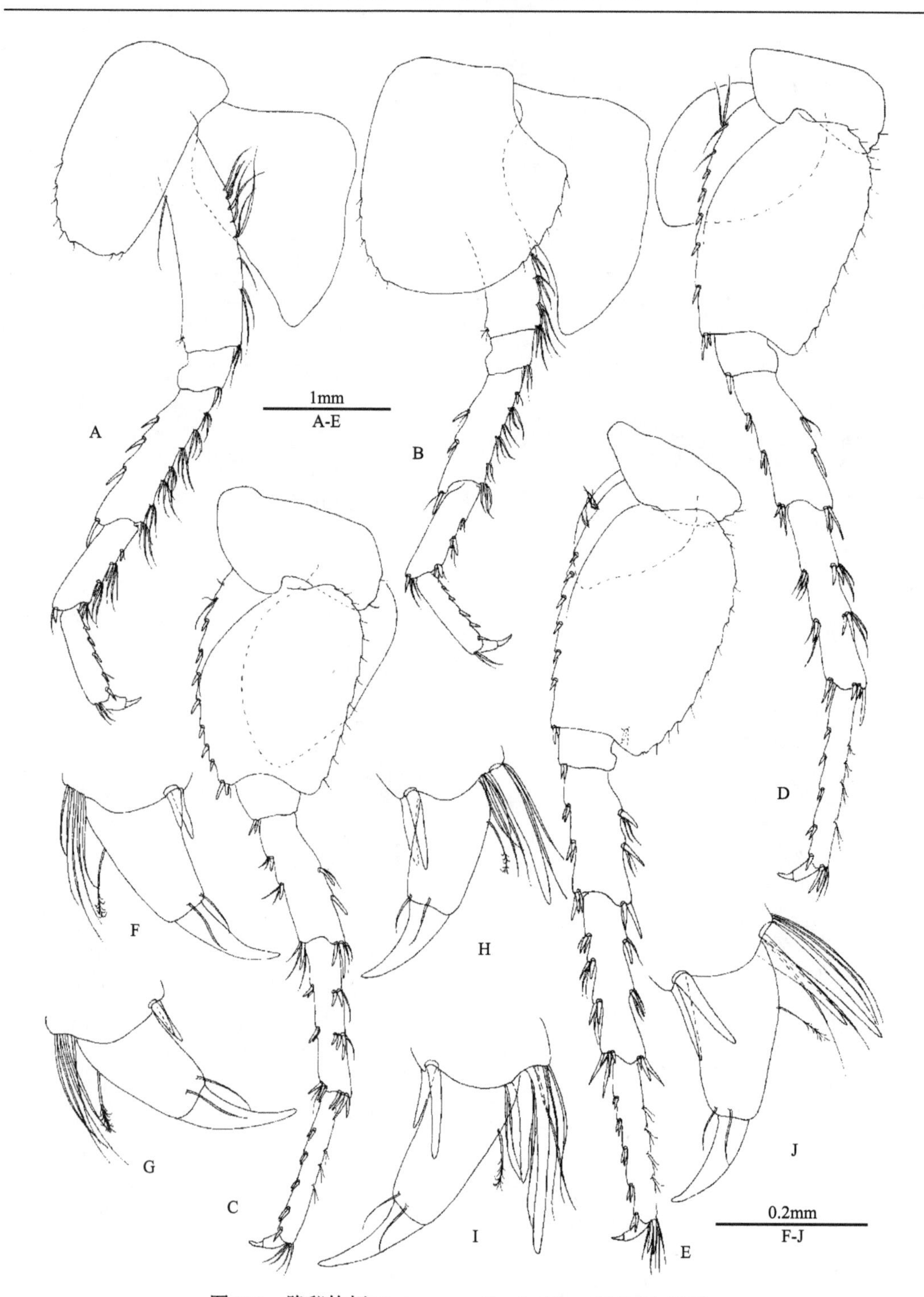

图 393 隐秘钩虾 *Gammarus silendus* Hou, Li & Li（三）

♂。A. 第 3 步足; B. 第 4 步足; C. 第 5 步足; D. 第 6 步足; E. 第 7 步足; F. 第 3 步足指节; G. 第 4 步足指节; H. 第 5 步足指节; I. 第 6 步足指节; J. 第 7 步足指节

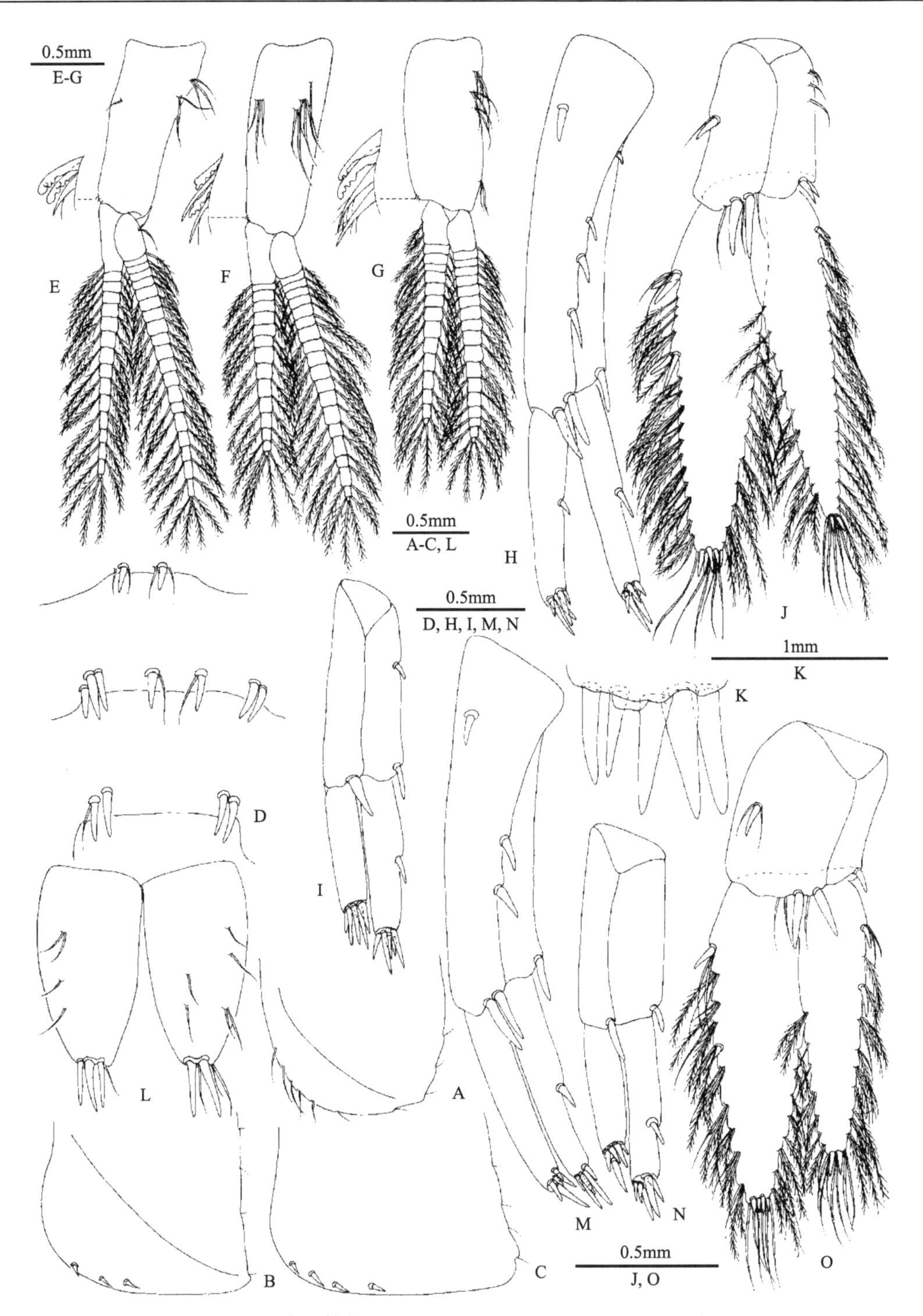

图 394　隐秘钩虾 *Gammarus silendus* Hou, Li & Li（四）

♂, A-L; ♀, M-O。A. 第 1 腹侧板; B. 第 2 腹侧板; C. 第 3 腹侧板; D. 第 4-6 腹节背部; E. 第 1 腹肢; F. 第 2 腹肢; G. 第 3 腹肢; H. 第 1 尾肢; I. 第 2 尾肢; J. 第 3 尾肢; K. 第 3 尾肢外肢末端节; L. 尾节; M. 第 1 尾肢; N. 第 2 尾肢; O. 第 3 尾肢

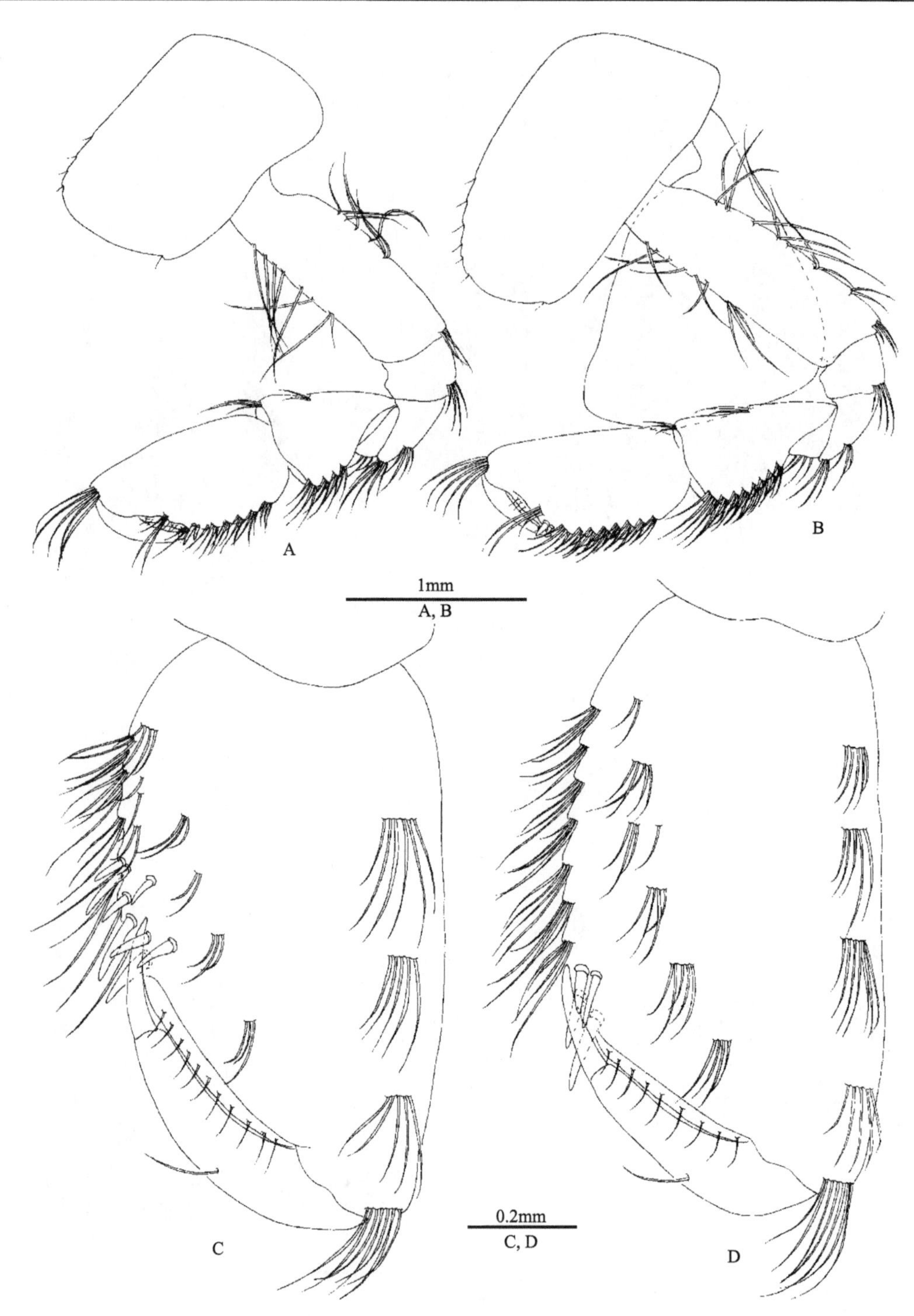

图 395 隐秘钩虾 *Gammarus silendus* Hou, Li & Li（五）
♀。A. 第 1 腮足; B. 第 2 腮足; C. 第 1 腮足掌节; D. 第 2 腮足掌节

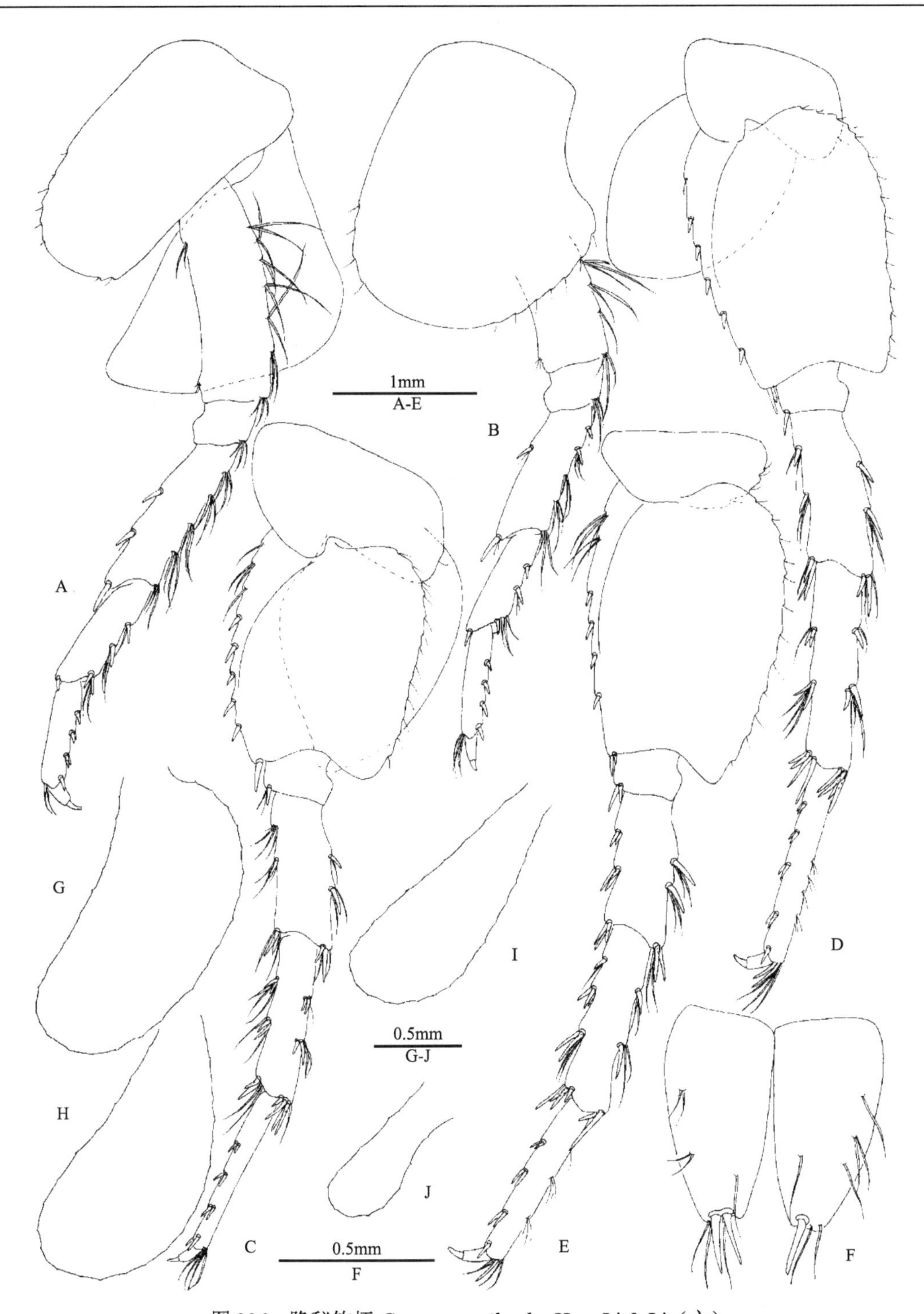

图 396　隐秘钩虾 *Gammarus silendus* Hou, Li & Li（六）

♀。A. 第 3 步足; B. 第 4 步足; C. 第 5 步足; D. 第 6 步足; E. 第 7 步足; F. 尾节; G. 第 2 抱卵板; H. 第 3 抱卵板; I. 第 4 抱卵板; J. 第 5 抱卵板

(79) 简毛钩虾 *Gammarus simplex* Hou, 2017（图 397–402）

Gammarus simplex Hou, in: Zhao, Meng & Hou, 2017: 197, figs. 2–7.

形态描述：雄性 14.0mm。眼中等大小，卵形。第 1 触角 1–3 柄节长度比 1.0∶0.7∶0.4，具刚毛；鞭节具感觉毛；副鞭 5 节。第 2 触角第 3 柄节末端具刚毛，第 4、5 柄节内、外缘具刚毛；鞭 13 节，具短毛；第 1–8 节具鞋状感觉器。左大颚切齿 5 齿；动颚片 4 齿；刺排具 5 对羽状毛和 1 对简单毛；触须第 2 节具 7 毛，第 3 节具 3 A-刚毛、4 B-刚毛、18 D-刚毛和 5 E-刚毛。右大颚切齿 4 齿，动颚片分叉，具小齿。第 1 小颚左右不对称，内叶具 15 羽状毛；外叶顶端具 11 锯齿状刺；左触须第 2 节顶端具 6 细长刺和 1 附有微毛顶刺；右触须第 2 节顶端具 4 壮刺和 2 细长刺。第 2 小颚内叶具 15 羽状刚毛；内、外叶顶部具长刚毛。颚足内叶具 3 顶端壮刺和 1 近顶端刺；外叶具 1 排钝齿，顶端具 6 羽状毛；触须第 4 节呈钩状，指钩接合处具 1 簇刚毛。

第 1 腮足底节板前、后缘分别具 2 和 1 短毛；基节前、后缘具刚毛，后缘角具 3 锯齿状刺；腕节略短于掌节，腹缘具短刚毛；掌节卵形，掌缘具 1 中央刺，后缘和掌面共具 18 刺；指节外缘具 1 刚毛。第 2 腮足腕节背、腹缘平行，长约为掌节的 3/4，腹缘具 8 簇刚毛，背缘具 2 簇毛；掌节近长方形，掌缘具 1 中央刺，后缘具 4 刺。第 3 步足长节至掌节后缘具长直毛；指节外缘具 1 羽状刚毛，趾钩接合处具 2 刚毛。第 4 步足底节板后上缘凹陷；长节和腕节后缘具长直毛；腕节和掌节后缘具 4 对刺。第 5 步足基节膨大；长节至掌节前缘具 3、4 组刺，刚毛少；指节外缘具 1 羽状刚毛，趾钩接合处具 2 刚毛。第 6 步足基节后缘末端处变窄；长节至掌节具刺，无长毛。第 7 步足基节膨大。

第 1 腹侧板腹缘圆，具 8 刚毛，后缘具 2 短毛；第 2 腹侧板腹缘具 1 刺，后缘具 4 短毛，后下角钝；第 3 腹侧板腹缘具 4 刺，后缘具 3 短毛，后下角钝。第 4 腹节背缘具几簇细毛；第 5 腹节背缘具 2 组刺和毛；第 6 腹节背部两侧各具 3 刺和短毛。

第 1 尾肢柄节具 1 背基刺，内、外缘分别具 1 和 4 刺；内肢内、外缘分别具 2 和 1 刺；外肢外缘具 1 刺。第 2 尾肢短，柄节内、外缘分别具 1 和 2 刺；内肢和外肢内、外缘各具 1 刺。第 3 尾肢柄节表面具 1 刺和 6 毛，末端具 4 刺；内肢长达外肢的 1/2，内肢内缘具 1 刺和简单毛，外缘具简单毛，末端具 1 刺和长毛；外肢第 1 节外缘具 4 刺和简单毛，内缘具长简单毛，末端具 3 刺；第 2 节短于邻近刺。尾节深裂，两叶表面均具 5 毛，末端具 2 刺和毛。

雌性 11.0mm。第 1 腮足掌节卵形，掌后缘具 4 刺。第 2 腮足掌节近似长方形，掌后缘具 6 刺。第 3、4 步足与雄性相比，后缘具较少的直刚毛。第 3 尾肢内肢长约为外肢的 1/2，具简单毛，第 2 节短于邻近刺。第 2 抱卵板宽阔，有缘毛，第 3、4 抱卵板细长，第 5 抱卵板最小。

观察标本：1♂（正模，IZCAS-I-A1346-1），1♀，新疆伊犁哈萨克自治州阿勒泰地区布尔津县喀纳斯景区（87.0°E, 48.7°N），海拔 1415m，2013.VII.25。

生态习性：本种栖息在路边小溪中。

地理分布：新疆（阿勒泰）。

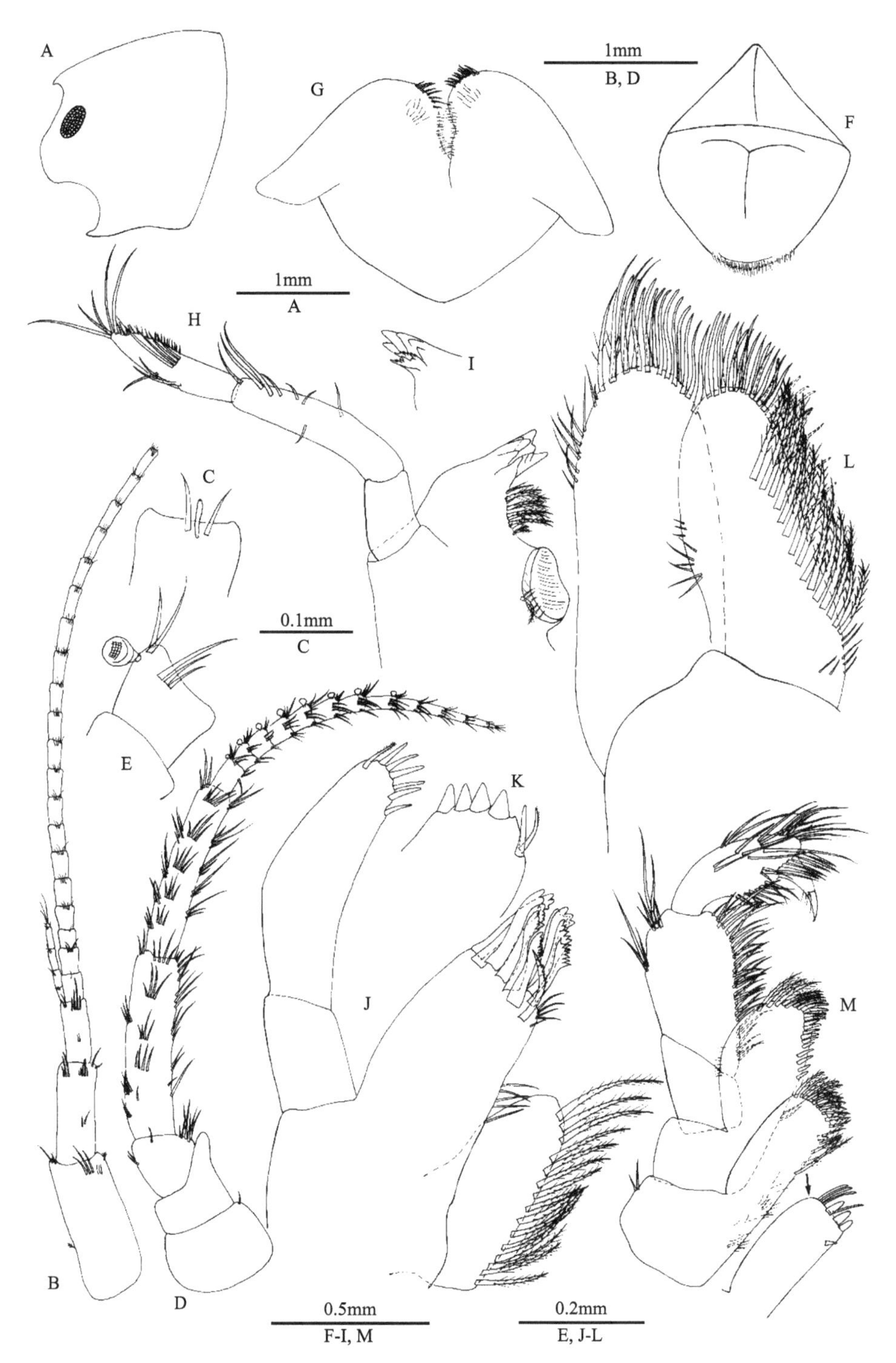

图 397　简毛钩虾 *Gammarus simplex* Hou（一）

♂。A. 头; B. 第 1 触角; C. 第 1 触角感觉毛; D. 第 2 触角; E. 第 2 触角鞋状感觉器; F. 上唇; G. 下唇; H. 左大颚; I. 右大颚切齿; J. 左第 1 小颚; K. 右第 1 小颚触须; L. 第 2 小颚; M. 颚足

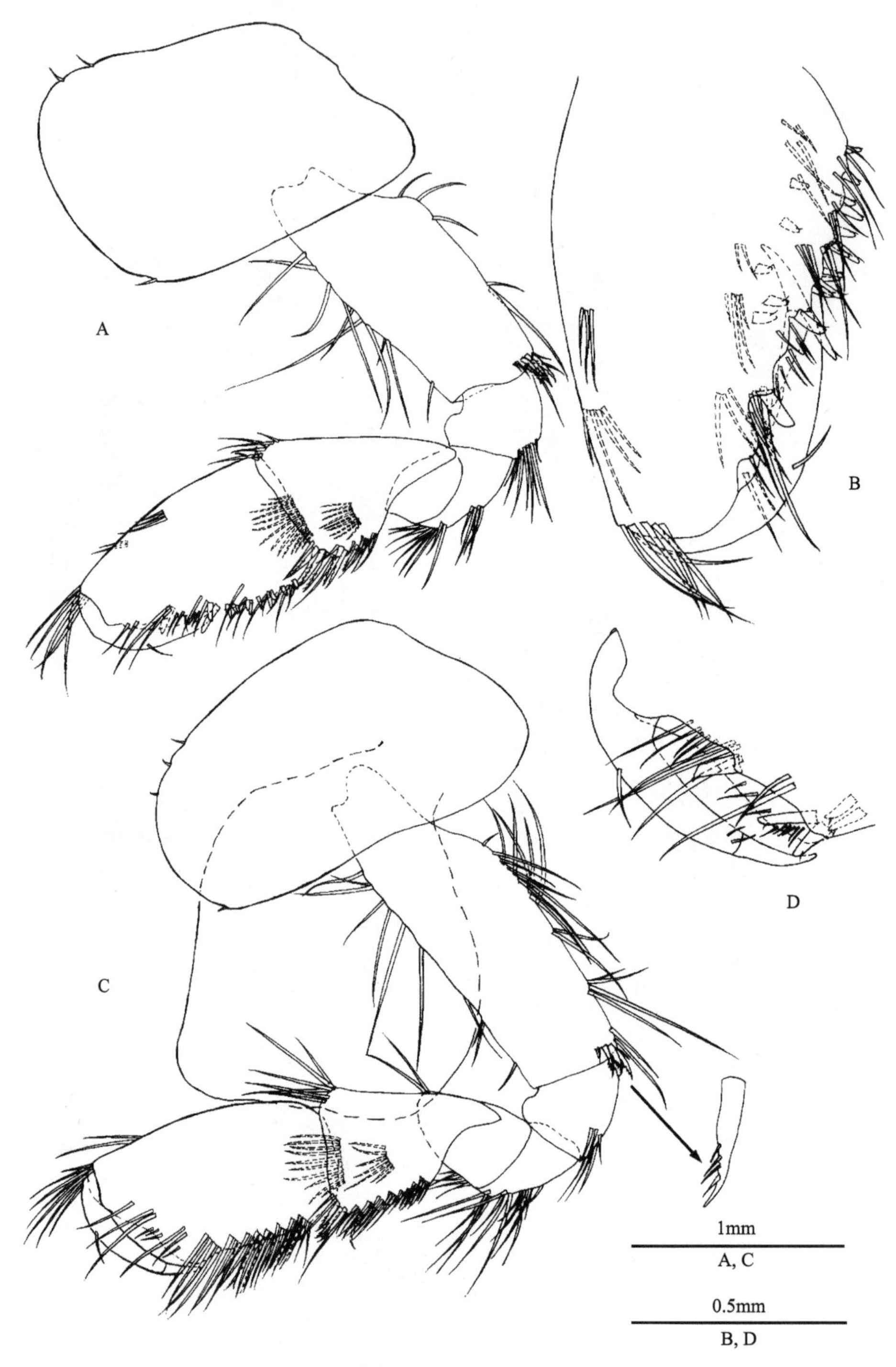

图 398 简毛钩虾 *Gammarus simplex* Hou（二）

♂。A. 第 1 腮足; B. 第 1 腮足掌节; C. 第 2 腮足; D. 第 2 腮足掌节

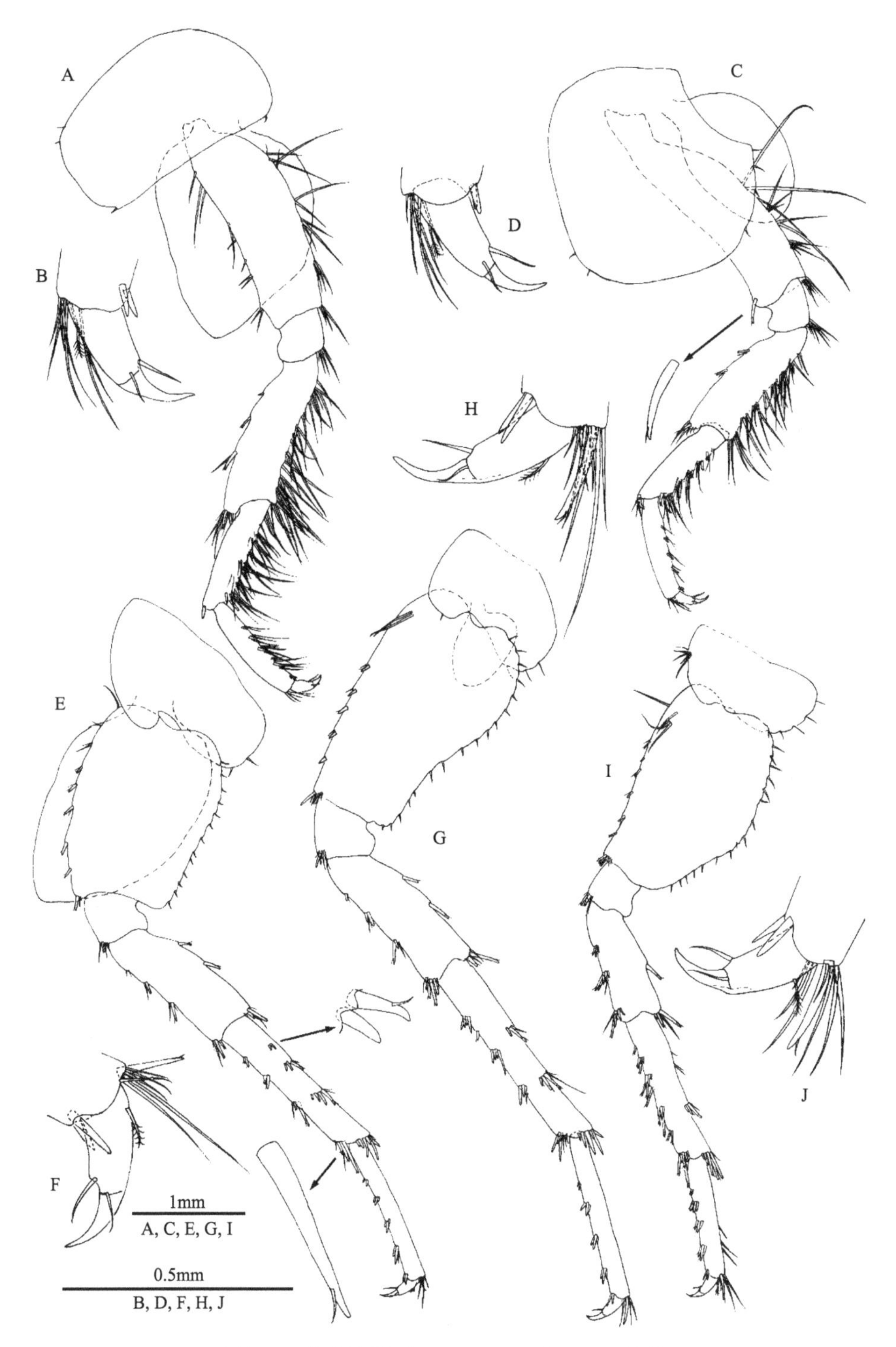

图 399　简毛钩虾 *Gammarus simplex* Hou（三）

♂。A. 第 3 步足; B. 第 3 步足指节; C. 第 4 步足; D. 第 4 步足指节; E. 第 5 步足; F. 第 5 步足指节; G. 第 6 步足; H. 第 6 步足指节; I. 第 7 步足; J. 第 7 步足指节

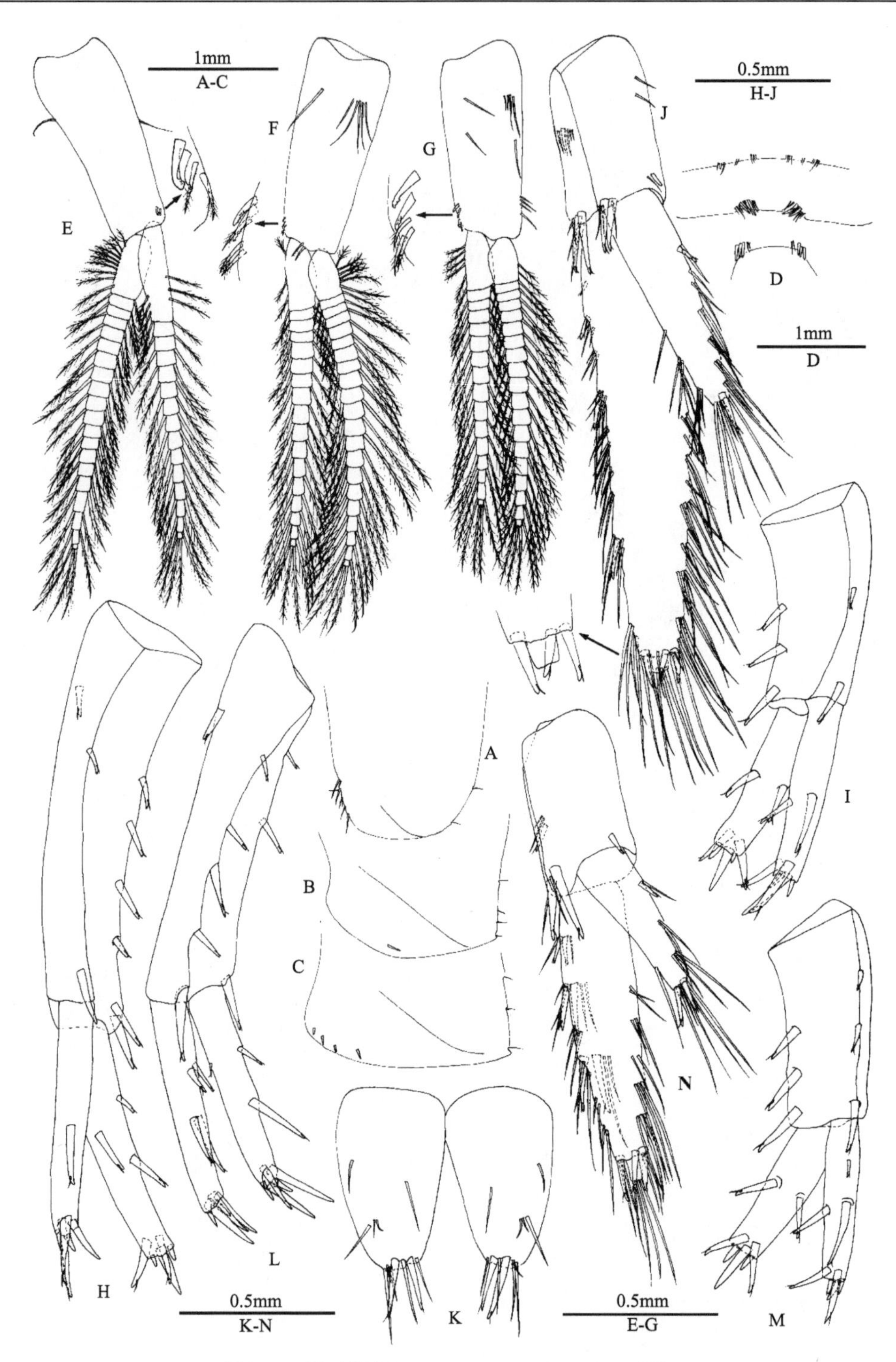

图 400 简毛钩虾 *Gammarus simplex* Hou（四）

♂, A-K; ♀, L-N。A. 第 1 腹侧板; B. 第 2 腹侧板; C. 第 3 腹侧板; D. 第 4-6 腹节（背面观）; E. 第 1 腹肢; F. 第 2 腹肢; G. 第 3 腹肢; H. 第 1 尾肢（右侧）; I. 第 2 尾肢; J. 第 3 尾肢; K. 尾节; L. 第 1 尾肢; M. 第 2 尾肢; N. 第 3 尾肢

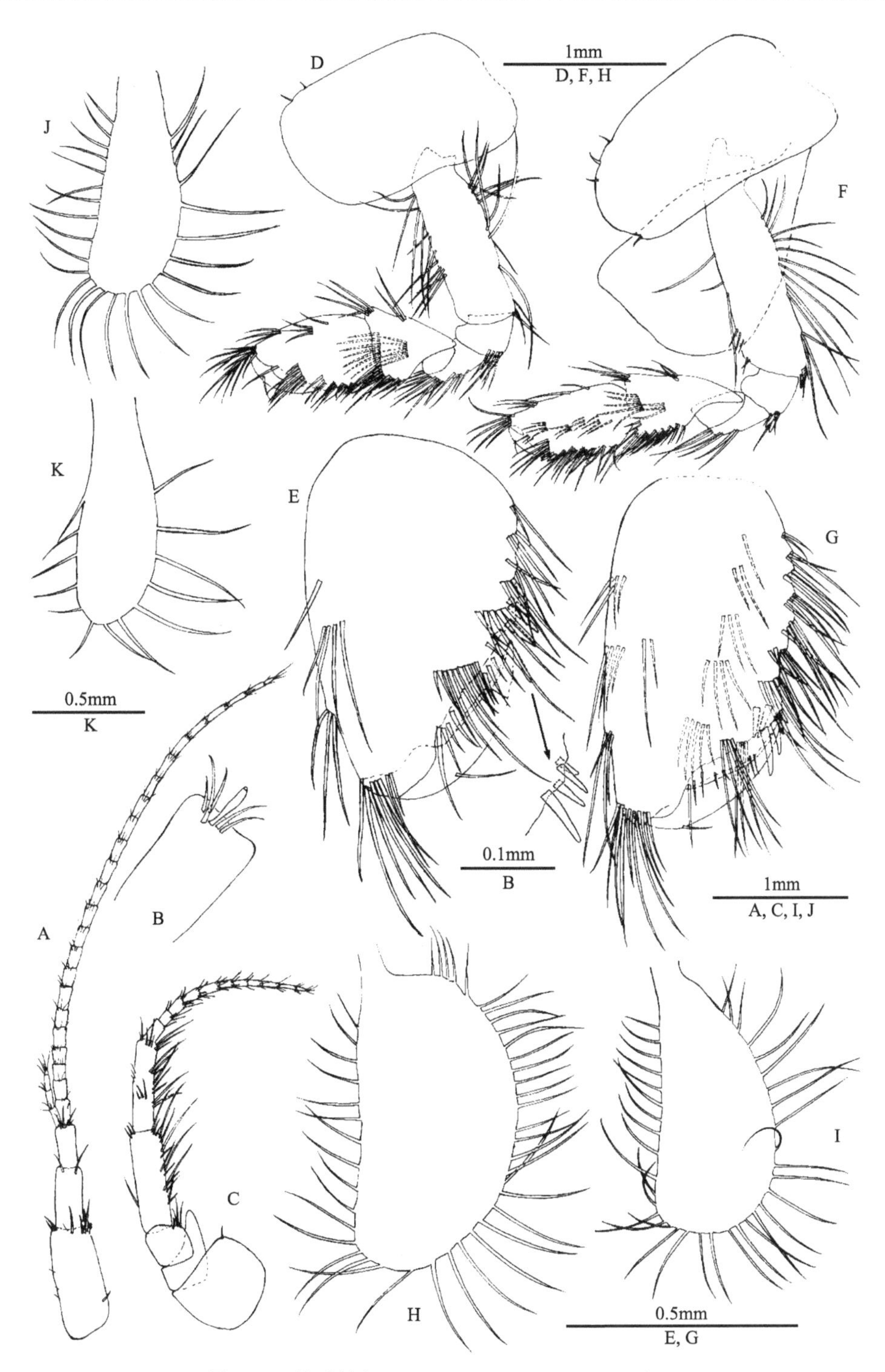

图 401　简毛钩虾 *Gammarus simplex* Hou（五）

♀。A. 第 1 触角; B. 第 1 触角感觉毛; C. 第 2 触角; D. 第 1 腮足; E. 第 1 腮足掌节; F. 第 2 腮足; G. 第 2 腮足掌节; H. 第 2 抱卵板; I. 第 3 抱卵板; J. 第 4 抱卵板; K. 第 5 抱卵板

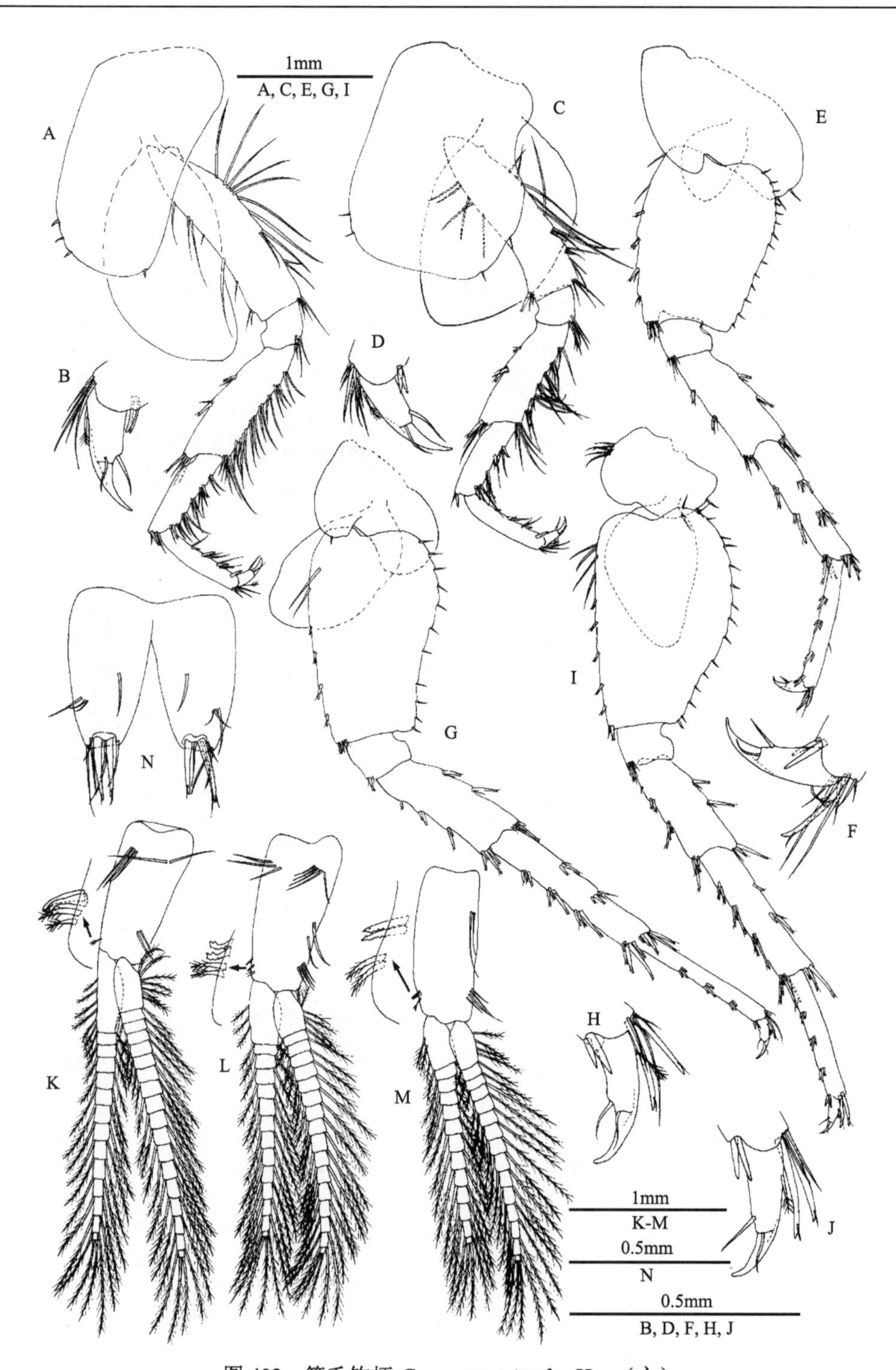

图 402 简毛钩虾 *Gammarus simplex* Hou（六）

♀。A. 第 3 步足; B. 第 3 步足指节; C. 第 4 步足; D. 第 4 步足指节; E. 第 5 步足; F. 第 5 步足指节; G. 第 6 步足; H. 第 6 步足指节; I. 第 7 步足; J. 第 7 步足指节; K. 第 1 腹肢; L. 第 2 腹肢; M. 第 3 腹肢; N. 尾节

分类讨论：本种主要鉴别特征是第 3 步足长节至腕节后缘具长毛；第 2、3 腹侧板后下角钝；第 4 腹节背部边缘具细毛；第 3 尾肢内肢长达外肢的 1/2，内、外肢具简单毛。

本种第 3 尾肢内肢长约为外肢的 1/2，内、外肢具简单毛等特征，与天山钩虾 *G. tianshan* Zhao, Meng & Hou 相似。主要区别在于本种第 2 触角第 4、5 柄节具长刚毛，具鞋状感觉器；第 4 腹节背部具几簇细小毛；第 5 腹节背部具 2 组刺和毛；第 3 尾肢外肢末节短于邻近刺。而后者第 2 触角第 4、5 柄节具短刚毛，无鞋状感觉器；第 5 腹节背部有 4 组毛；第 3 尾肢外肢末节与邻近刺等长。

(80) 细弯钩虾 *Gammarus sinuolatus* Hou & Li, 2004（图 403–408）

Gammarus sinuolatus Hou & Li, 2004c: 161, figs. 12–17.

形态描述：雄性 10.1mm。眼卵形。第 1 触角 1–3 柄节长度比 1.00∶0.75∶0.45，具末端毛；鞭 22 节，具感觉毛，副鞭 4 节。第 2 触角第 4、5 柄节具刚毛，刚毛长度不短于柄节直径，鞭 10 节，具鞋状感觉器。左大颚切齿 5 齿，动颚片 4 齿，触须第 2 节具 10 刚毛，第 3 节稍短于第 2 节，具 5 A-刚毛、3 B-刚毛、20 D-刚毛和 4 E-刚毛。右大颚切齿 4 齿，动颚片分叉。第 1 小颚内叶具 10 羽状毛，左触须第 2 节具 6 长刺和 2 硬毛；右触须第 2 节宽大，具 5 壮刺和 1 硬毛。第 2 小颚内叶具 10 毛，外叶具长顶毛。颚足内叶具 3 顶刺和 1 近顶刺，外叶具 9 钝齿，顶端具 5 梳状刚毛，触须 4 节。

第 1 腮足基节前、后缘具长刚毛；腕节长为掌节的 3/4，掌节梨形，具 1 中央壮刺，后缘具 8 刺，内面具 10 刺；指节外缘具 1 刚毛。第 2 腮足腕节稍短于掌节，背缘具长刚毛，掌节掌缘平截，具 1 中央刺，后缘具 3 刺。第 3 步足长节和腕节后缘具长直毛，腕节和掌节后缘具 3 组刺；指节外缘具 1 刚毛，趾钩接合处具 1 硬刚毛。第 4 步足后缘刚毛稀疏。第 5–7 步足细长，第 5 步足基节后缘近直，第 6、7 步足基节后缘微凹，内面具数根短刚毛；长节至掌节前缘具刺和刚毛，刚毛稍长于刺。第 2–7 底节鳃囊状。

第 1–3 腹侧板后下角钝圆，后缘具 1、2 短毛，腹缘具许多长刚毛。第 1–3 腹肢柄节具 2 钩刺和 2 刚毛，肢节 20 节，具羽状毛。第 4、5 腹节背部扁平，具 4 簇长刚毛，第 6 腹节背部具 2 簇刚毛。

第 1 尾肢柄节具 1 背基刺，内、外缘分别具 1-1 和 1-1-2 刺；内肢具 1 内缘刺；外肢内、外缘各具 1 刺。第 2 尾肢短，内肢具 1 内缘刺，外肢具 1 外缘刺。第 3 尾肢内肢长约为外肢的 1/3，外肢第 2 节与周围刺等长，内、外肢两缘具简单长刚毛。尾节深裂，末端具 2 刺，背面与末端具长刚毛。

雌性 11.5mm。第 1 腮足掌节不如雄性倾斜，后缘具 9 刺。第 2 腮足腕节和掌节比雄性具较少刚毛，掌节后缘具 3 刺。第 3–7 步足具较少刚毛。第 3 尾肢内肢长为外肢的 2/5。第 2–5 胸节具抱卵板，边缘具长刚毛。

观察标本：1♂（正模，IZCAS-I-A0071），10♂10♀，西藏昌都（31.1°N, 97.1°E），海拔 3400m，2001.VIII.15。

生态习性：本种栖息在小溪中。

地理分布：西藏（昌都）。

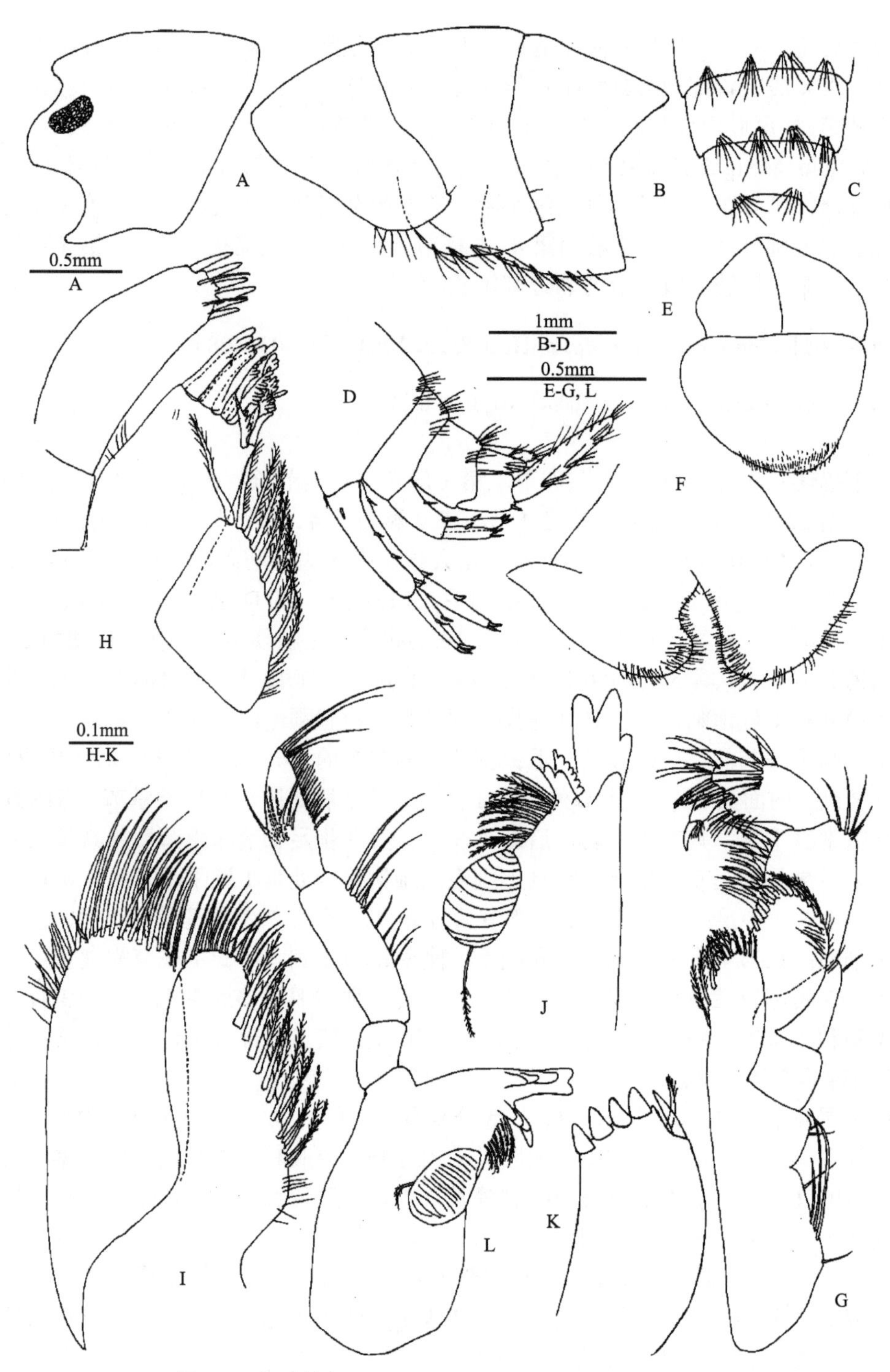

图 403 细弯钩虾 *Gammarus sinuolatus* Hou & Li（一）

♂。A. 头; B. 第 1-3 腹侧板; C. 第 4-6 腹节（背面观）; D. 第 4-6 腹节（侧面观）; E. 上唇; F. 下唇; G. 颚足; H. 左第 1 小颚; I. 第 2 小颚; J. 右大颚切齿; K. 右第 1 小颚触须; L. 左大颚

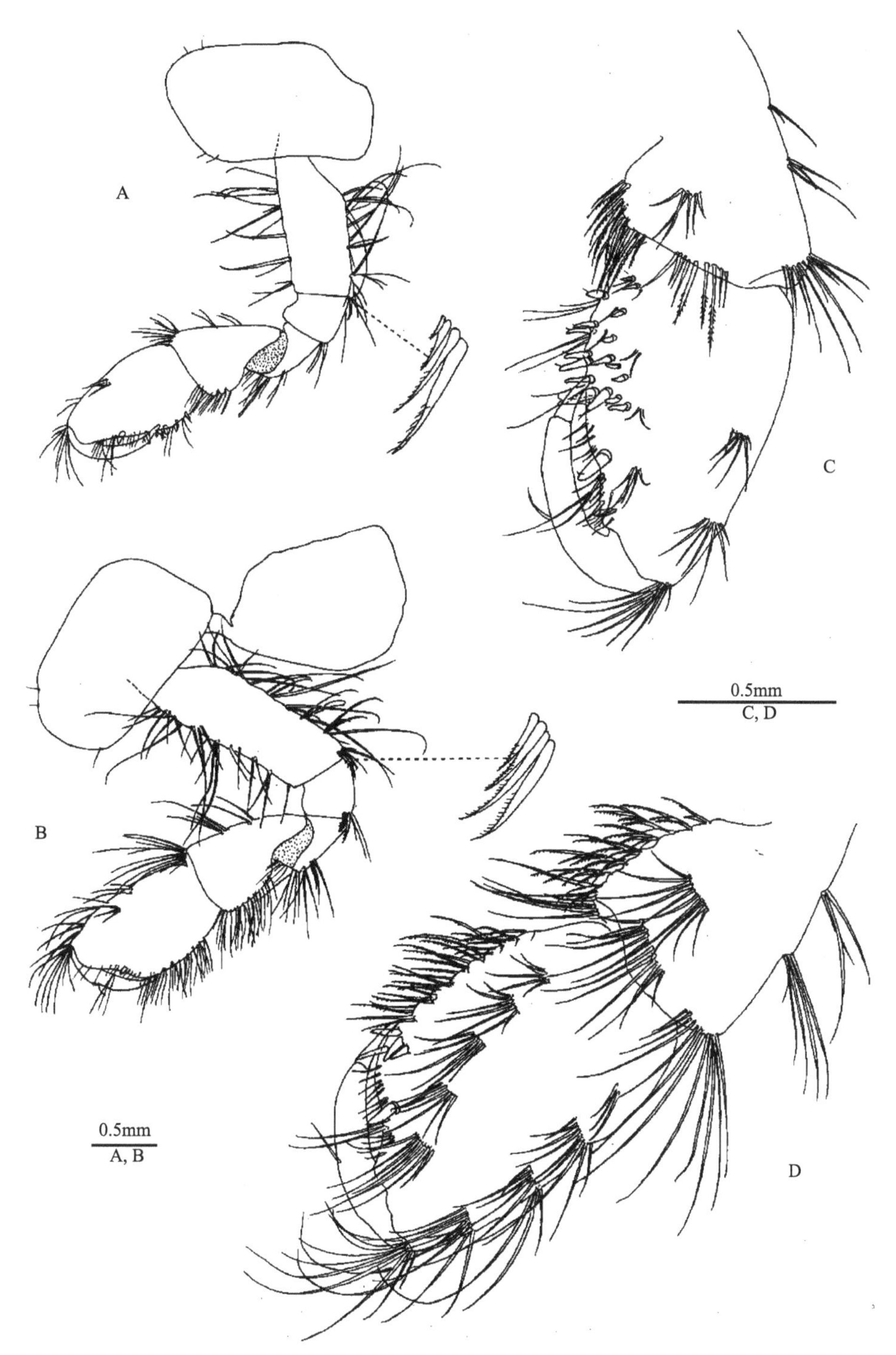

图 404 细弯钩虾 *Gammarus sinuolatus* Hou & Li（二）

♂。A. 第 1 腮足; B. 第 2 腮足; C. 第 1 腮足掌节; D. 第 2 腮足掌节

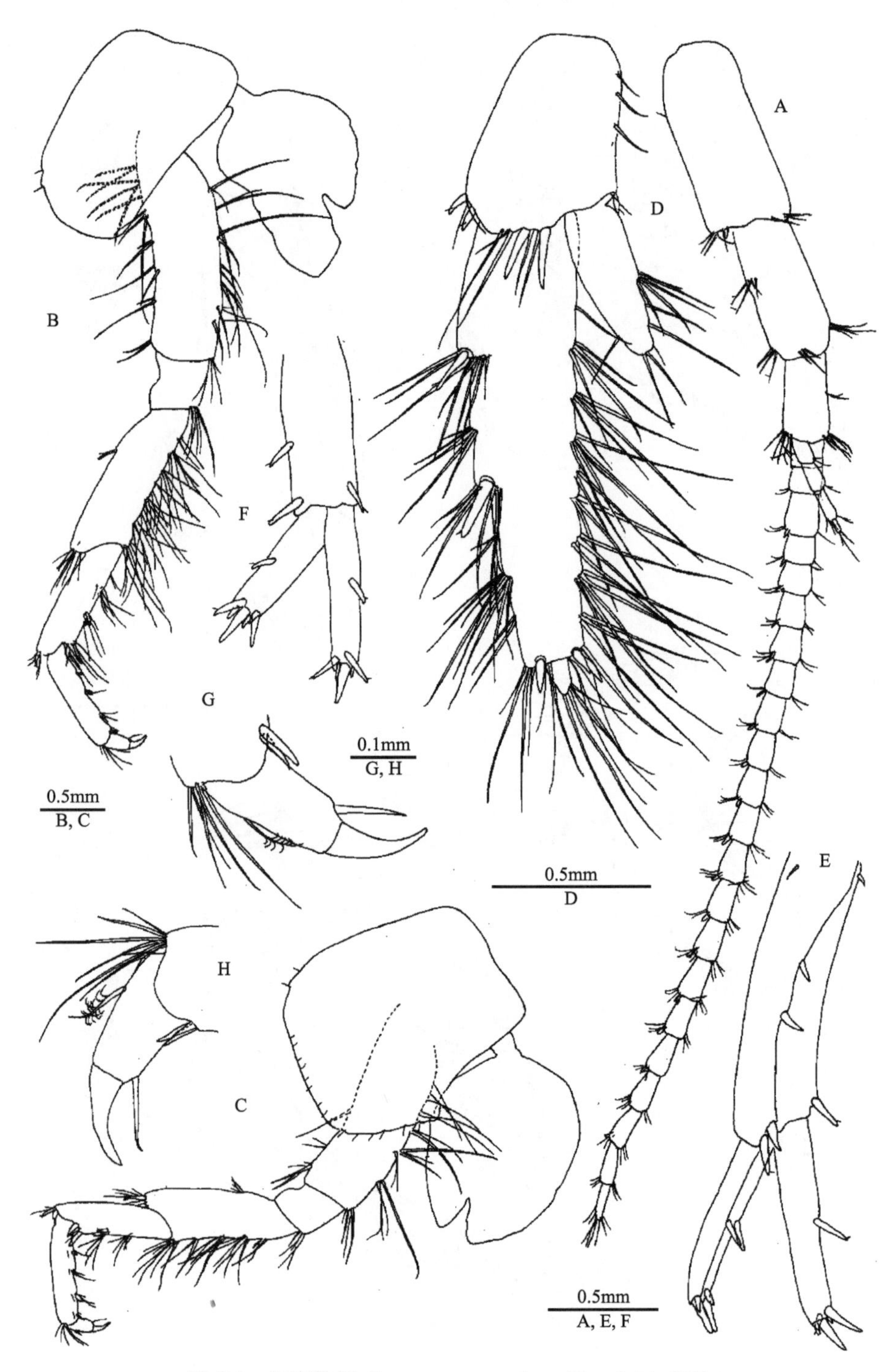

图 405 细弯钩虾 *Gammarus sinuolatus* Hou & Li（三）

♂。A. 第 1 触角; B. 第 3 步足; C. 第 4 步足; D. 第 3 尾肢; E. 第 1 尾肢; F. 第 2 尾肢; G. 第 3 步足指节; H. 第 4 步足指节

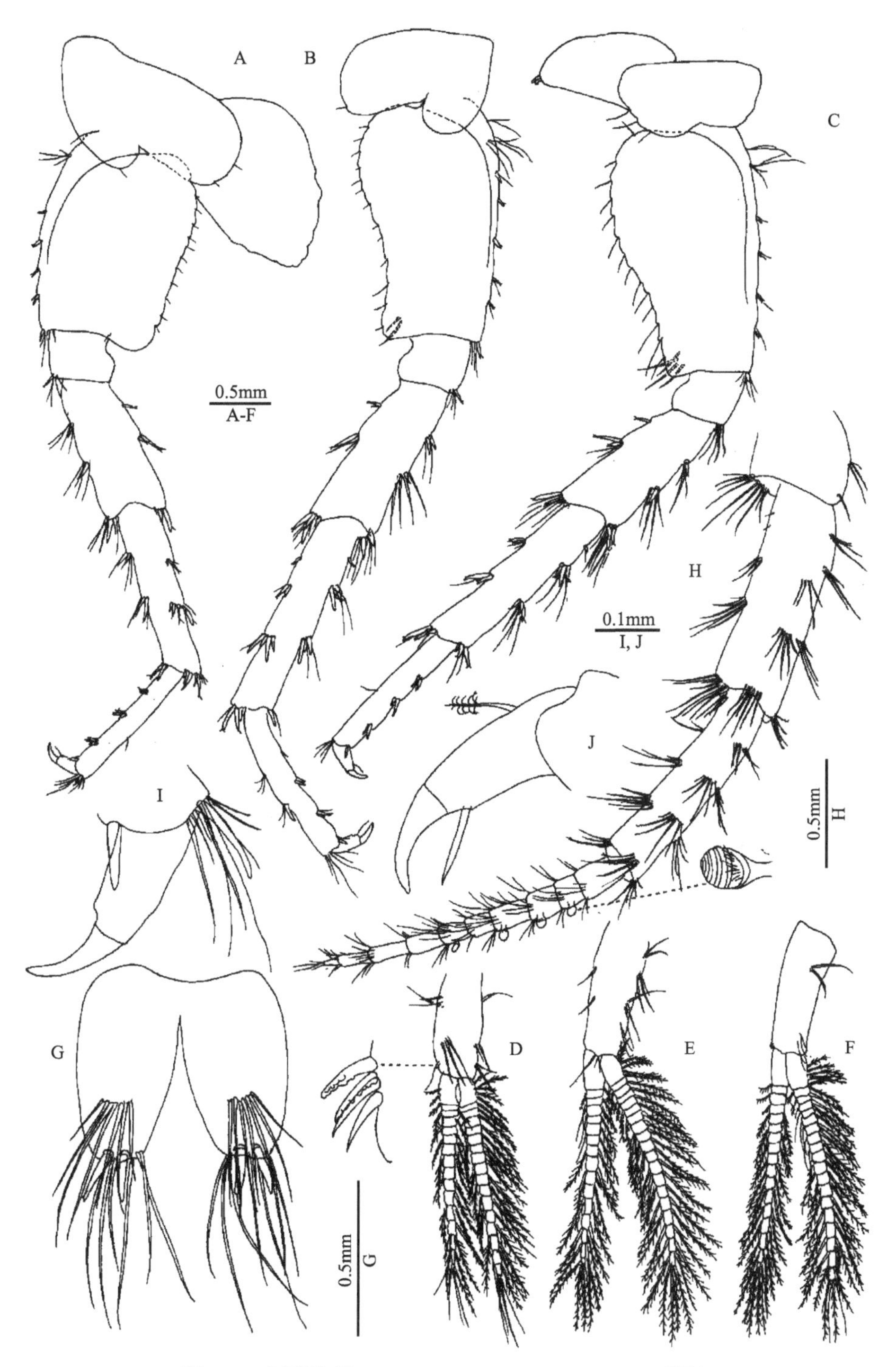

图 406　细弯钩虾 *Gammarus sinuolatus* Hou & Li（四）

♂。A. 第 5 步足; B. 第 6 步足; C. 第 7 步足; D. 第 3 腹肢; E. 第 2 腹肢; F. 第 1 腹肢; G. 尾节; H. 第 2 触角; I. 第 5 步足指节; J. 第 6 步足指节

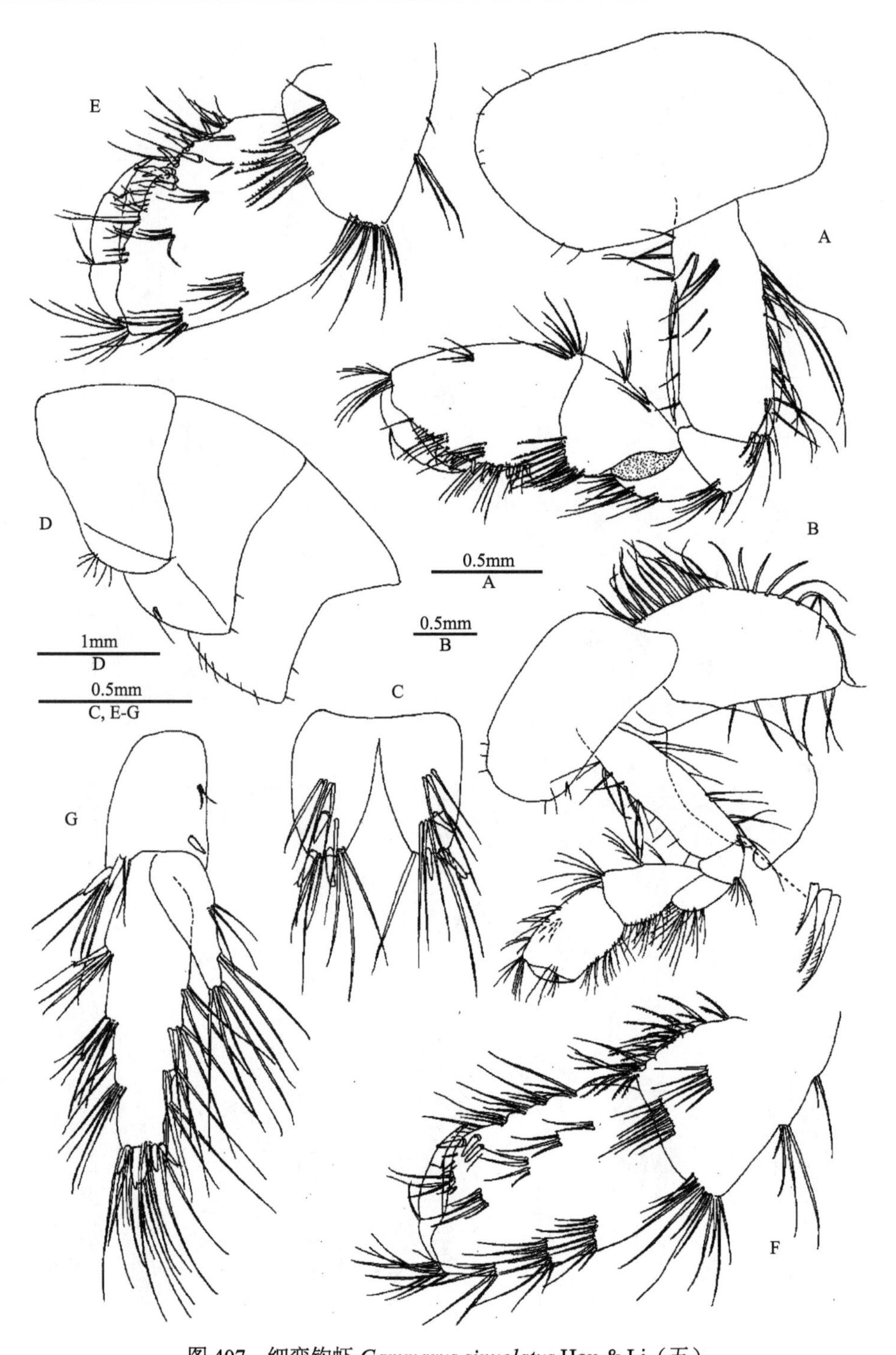

图 407 细弯钩虾 *Gammarus sinuolatus* Hou & Li（五）

♀。A. 第 1 腮足; B. 第 2 腮足; C. 尾节; D. 第 1-3 腹侧板; E. 第 1 腮足掌节; F. 第 2 腮足掌节; G. 第 3 尾肢

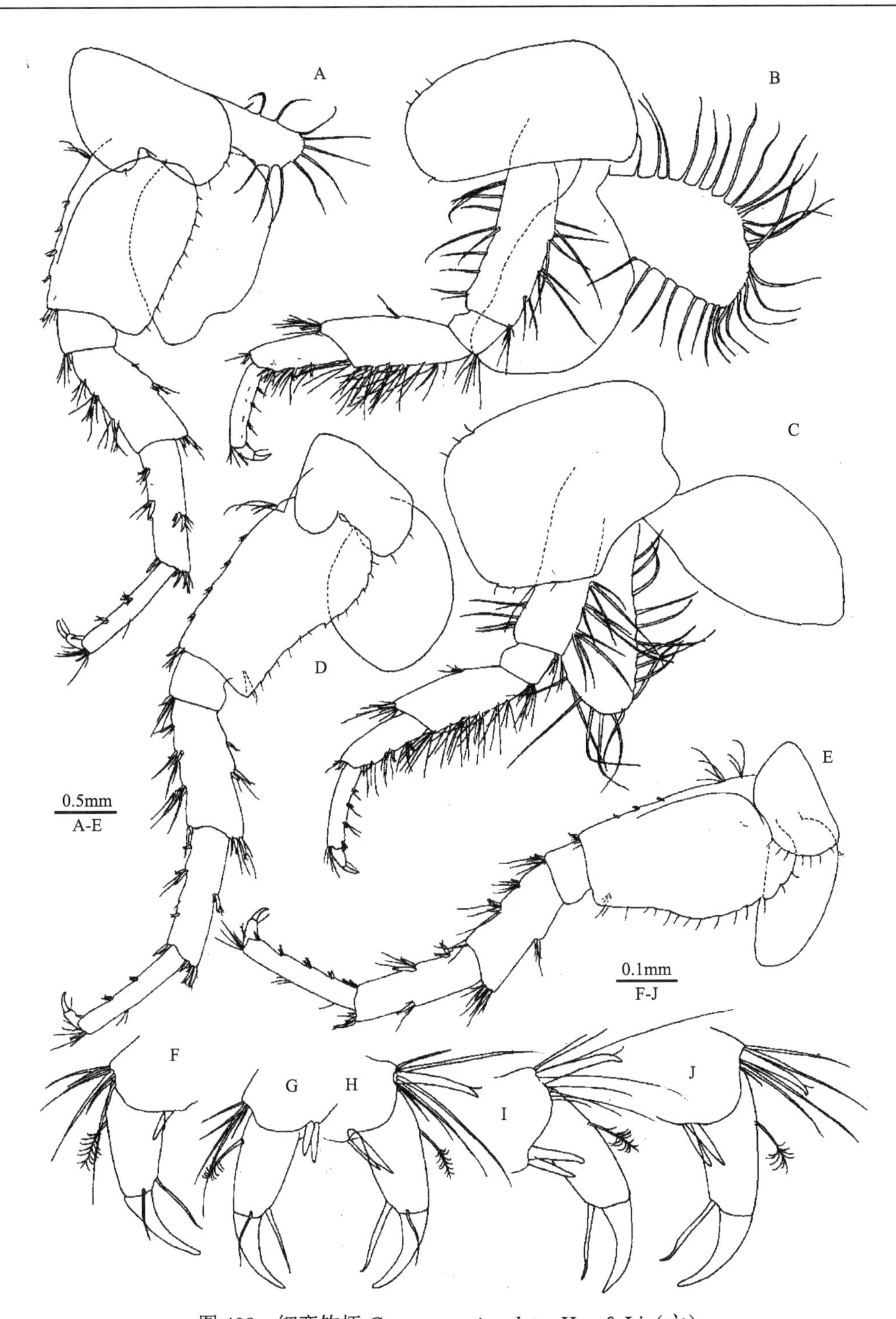

图 408　细弯钩虾 *Gammarus sinuolatus* Hou & Li（六）

♀。A. 第 5 步足; B. 第 3 步足; C. 第 4 步足; D. 第 6 步足; E. 第 7 步足; F. 第 3 步足指节; G. 第 4 步足指节; H. 第 5 步足指节; I. 第 6 步足指节; J. 第 7 步足指节

分类讨论：本种主要鉴别特征是第 2 腮足腕节与掌节背部具长刚毛；第 5–7 步足基节后缘具长刚毛，长节至掌节前缘具刺与刚毛；第 1–3 腹侧板腹缘具长刚毛；第 4–6 腹节背部具长刚毛；第 3 尾肢内肢长为外肢的 1/3，内、外肢两缘具简单长刚毛；尾节背面具长刚毛。

本种第 3 尾肢具简单长刚毛，与少刺钩虾 *G. paucispinus* Hou & Li 相似。主要区别在于本种第 2 触角具鞋状感觉器，第 3 尾肢内肢不达外肢的 1/2，第 1–3 腹侧板腹缘具长刚毛，第 4–6 腹节背部具长刚毛。

本种与卷毛钩虾 *G. curvativus* Hou & Li 的区别在于，本种第 2 腮足腕节与掌节背面具长直刚毛，而卷毛钩虾具长卷毛。

(81) 刺掌钩虾 *Gammarus spinipalmus* (Chen, 1939)（图 409–410）

Dikerogammarus spinipalmus Chen, 1939: 42–45, figs. 3–5; Barnard & Dai, 1988: 89–90.
Gammarus spinipalmus: Barnard & Barnard, 1983b: 469; Karaman, 1984: 140; 1989: 29.

形态描述：第 1–3 腹节背面光滑，腹侧板后下角逐渐变尖，腹缘具刺。第 4、5 腹节背部平，具 3 簇刺。第 1 触角长于体长的 1/2，柄节具稀疏短刚毛，鞭 23–26 节，副鞭 5、6 节。第 2 触角短于第 1 触角，鞭 13 节，具鞋状感觉器。

雄性第 1 腮足掌节掌缘倾斜，中间具 1 壮刺，后缘具 9 刺。第 2 腮足小于第 1 腮足，腕节近三角形，掌节两缘近平行，掌缘稍斜，具 1 中央壮刺，后缘具 3 刺。第 3、4 步足后缘具长毛。第 5–7 步足具刺和少量刚毛。

第 2 腹侧板后下角稍尖，第 3 腹侧板后下角尖。第 3 尾肢内肢长约为外肢的 2/3，内、外肢两缘具羽状长毛。尾节长大于宽，深裂，基部具侧刺。

观察标本：无，形态描述和特征图引自 Chen（1939）。

生态习性：本种栖息在玉泉山的一条小溪中。

地理分布：北京。

分类讨论：本种与 *G. fasciatus* Say 区别在于本种第 2 触角鞭节 13 节，具鞋状感觉器；雄性第 1 腮足掌节后缘具 7 个以上刺；雄性第 2 腮足掌节掌缘斜；尾节具 1 基侧刺。而后者第 2 触角鞭节 15 节；雄性第 1 腮足掌节后缘具 3、4 刺；雄性第 2 腮足掌节掌缘宽；尾节无基侧刺。

本种与北京广布的雾灵钩虾 *G. nekkensis* Uchida 区别在于，本种第 3 尾肢外肢外缘具羽状毛，而雾灵钩虾仅具简单毛。

本种与北京湖泊中分布的湖泊钩虾 *G. lacustris* Sars 区别在于，本种第 2 腹侧板后下角稍尖，而湖泊钩虾第 2 腹侧板形成明显的尖角。

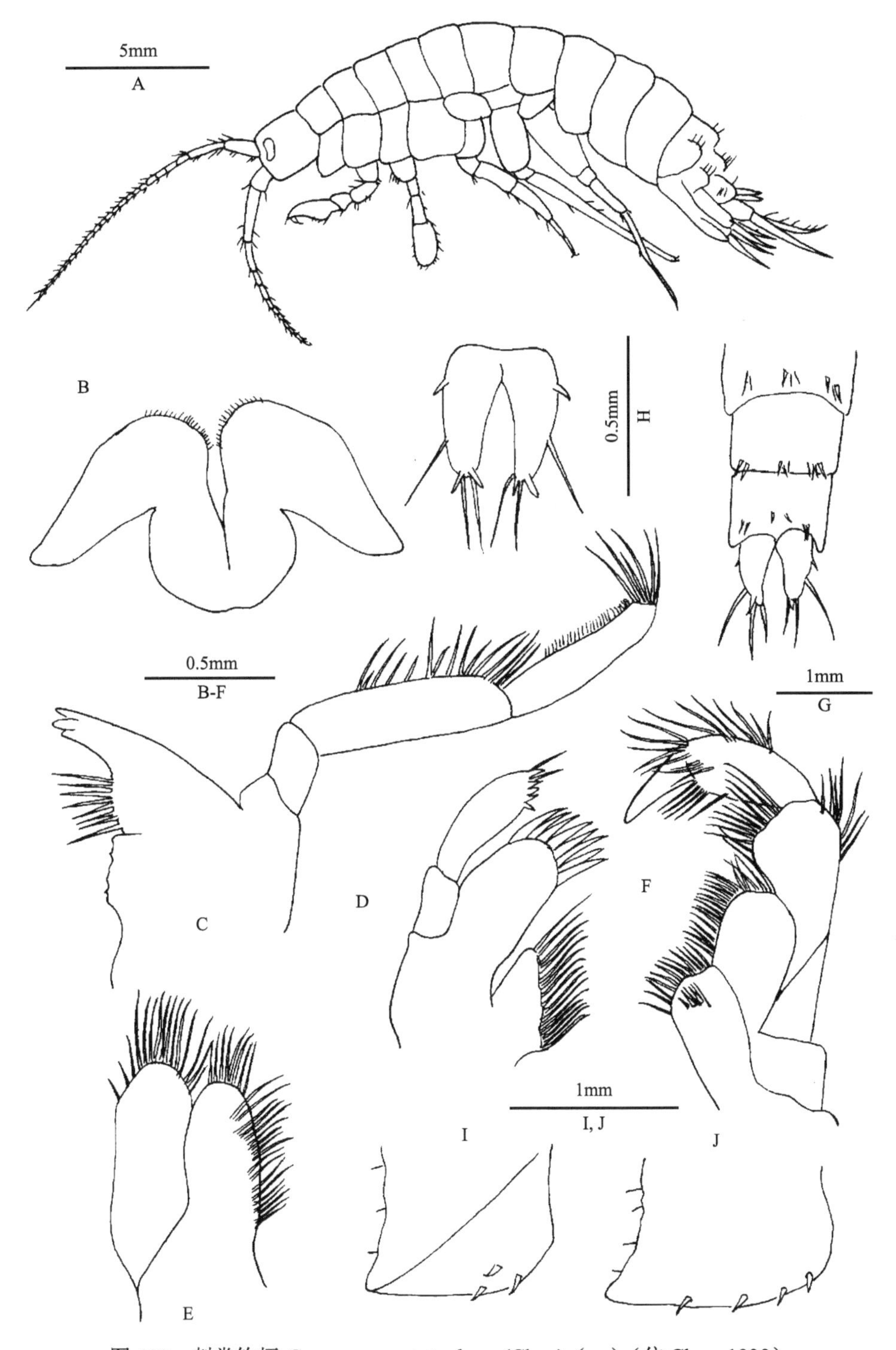

图 409　刺掌钩虾 *Gammarus spinipalmus* (Chen)（一）（仿 Chen, 1939）

♂。A. 整体（侧面观）; B. 下唇; C. 大颚; D. 第 1 小颚; E. 第 2 小颚; F. 颚足; G. 第 4-6 腹节（背面观）; H. 尾节; I. 第 2 腹侧板; J. 第 3 腹侧板

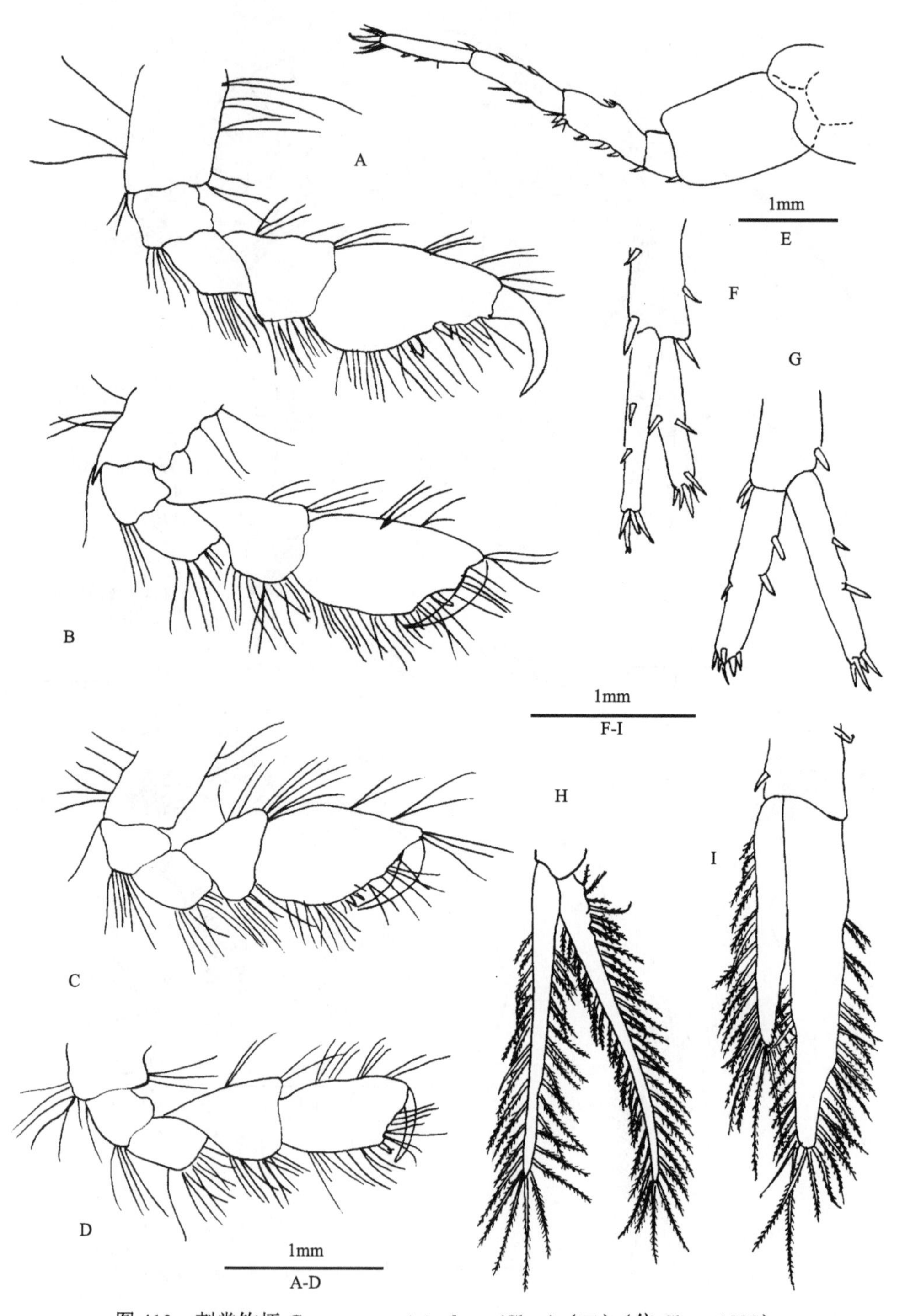

图 410 刺掌钩虾 *Gammarus spinipalmus* (Chen)（二）（仿 Chen, 1939）

♂, A, B, E-I; ♀, C, D。A. 第 1 腮足; B. 第 2 腮足; C. 第 1 腮足; D. 第 2 腮足; E. 第 5 步足; F. 第 2 尾肢; G. 第 1 尾肢; H. 第 1 腹肢; I. 第 3 尾肢

(82) 池钩虾 *Gammarus stagnarius* Hou, Li & Morino, 2002（图 411–415）

Gammarus stagnarius Hou, Li & Morino, 2002: 947, figs. 7–11.

形态描述：雄性 11.6mm。眼肾形。第 1 触角 1–3 柄节长度比 1.00∶0.76∶0.46，第 2、3 节后缘分别具 2 组和 1 组毛；鞭 23 节，副鞭 3 节。第 2 触角柄节第 4、5 节等长，前、后缘均具短刚毛，鞭 11 节，无鞋状感觉器。左大颚切齿 5 齿，动颚片 4 齿，刺排具 8 梳状刚毛，臼齿具 1 刚毛；触须第 2 节具 14 硬刚毛，第 3 节长为第 2 节的 3/4，具 2 簇 A-刚毛、4 B-刚毛、25 D-刚毛和 4 E-刚毛。右大颚切齿 4 齿，动颚片分叉。第 1 小颚内叶具 16 羽状毛，外叶具 11 锯齿状刺，左触须第 2 节具 6 长刺和 2 硬毛；右触须第 2 节具 5 壮刺和 1 刚毛。第 2 小颚内叶短于外叶，内叶具 17 羽状毛。颚足内叶具 3 顶刺；外叶宽大，内缘具 15 钝齿和 5 顶毛；趾钩短。

第 1 腮足基节具长刚毛，末端具 4 毛；腕节短于掌节，掌缘斜，中央具 1 壮刺，后缘具 11 刺，内面具 6 刺；趾钩短。第 2 腮足刚毛直，腕节短于掌节，掌节掌缘稍斜，具 1 中央壮刺，后缘具 7 刺。第 3 步足细长，长节和腕节后缘具长直毛，腕节和掌节后缘具刺，指节外缘具 1 羽状毛，趾钩接合处具 2 刚毛，趾钩短于指节基节。第 4 步足短于第 3 步足，长节到掌节刚毛短且少。第 5 步足短于第 6、7 步足，第 5–7 步足基节前缘具 1–4 长刚毛和 5 短刺；第 5 步足基节后缘近直，第 6 步足基节后缘凹，第 7 步足基节膨大，后缘具 12 短毛；长节和腕节具 4、5 组短刺和短毛；掌节前缘具 5 组 2、3 刺，后缘具刚毛；指节细长，外缘具 1 刚毛，趾钩接合处具 1、2 刚毛。第 2–7 胸节具底节鳃，囊状。

第 1–3 腹侧板后下角渐尖，后缘具 1、2 短毛。第 1 腹侧板腹前缘具 10 刚毛，第 2、3 腹侧板腹缘具刺。第 4–6 腹节背部扁平，具 4 簇刺和刚毛。

第 1 尾肢柄节具 1 背基刺，内、外缘分别具 1 和 2 刺。第 2 尾肢柄节内、外缘分别具 1 刺；外肢短于内肢。第 3 尾肢内肢长为外肢的 2/3，外肢第 2 节短，内、外肢两侧密布羽状刚毛。尾节深裂，末端具刺和刚毛，背部具 3 簇刚毛。

雌性第 1 腮足掌节倾斜，后缘具 7 刺。第 2 腮足腕节和掌节细长，掌面平截，后缘具 4 刺。

观察标本：1♂（正模，IZCAS-I-A0007），12♂8♀，云南丽江的小溪，1981.VIII.26，海拔 2400m。3♀，云南丽江玉龙雪山玉湖，1981.VIII.28，海拔 2800m。1♀1♂，云南丽江白马龙潭旁小水溪， 1981.VIII.24，海拔 2400m。

生态习性：栖息在水温较低的湖泊或小溪中。

地理分布：云南（丽江）。

分类讨论：本种与湖泊钩虾 *G. lacustris* Sars 的区别在于，本种第 2 触角无鞋状感觉器，第 1 触角柄节具数簇刚毛，第 1–3 腹侧板不是特别尖，第 3 尾肢内肢长为外肢的 2/3；而湖泊钩虾第 3 尾肢内肢长为外肢的 3/4。

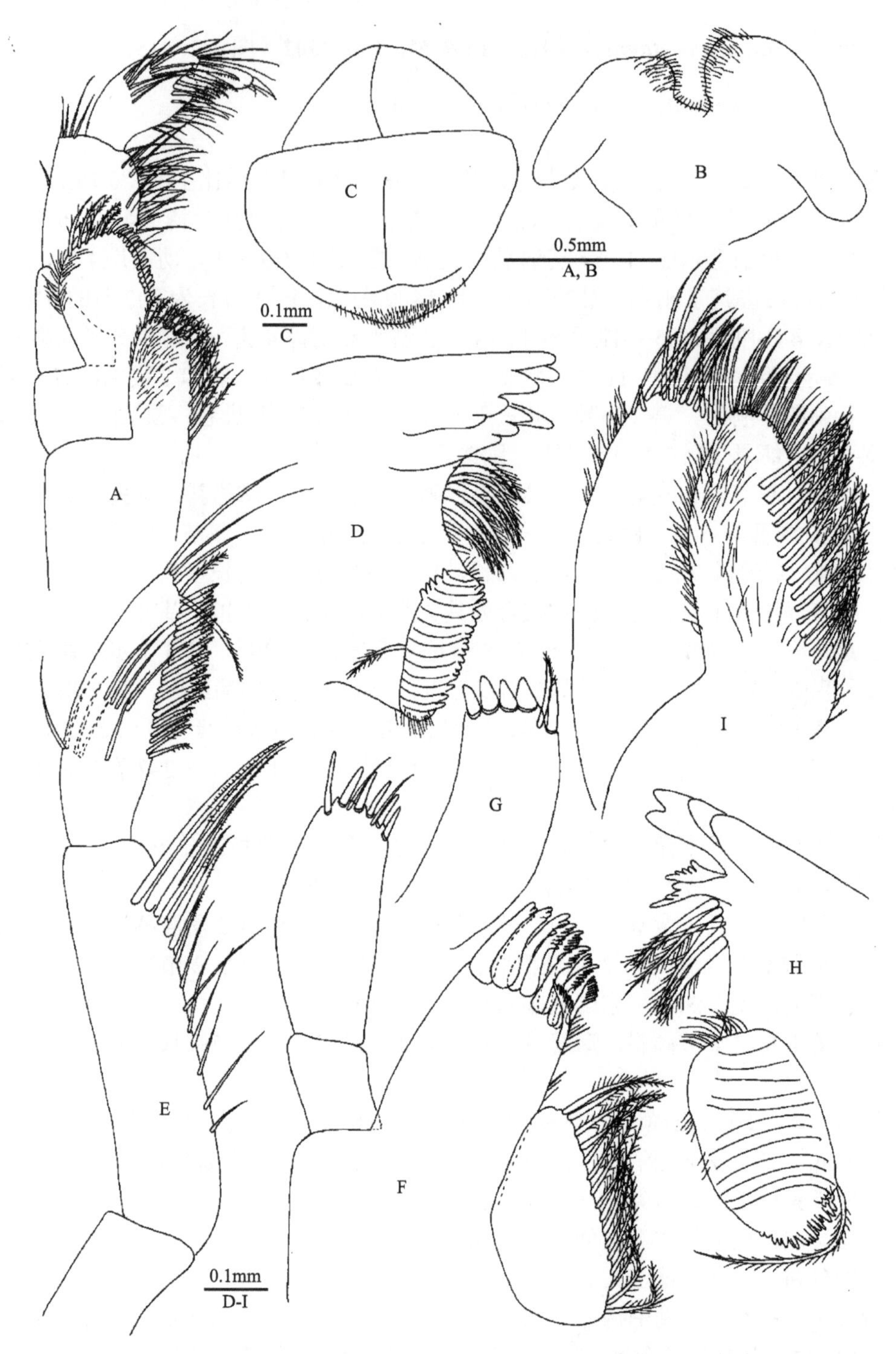

图 411 池钩虾 *Gammarus stagnarius* Hou, Li & Morino（一）

♂。A. 颚足; B. 下唇; C. 上唇; D. 左大颚; E. 左大颚触须; F. 左第 1 小颚; G. 右第 1 小颚触须; H. 右大颚; I. 第 2 小颚

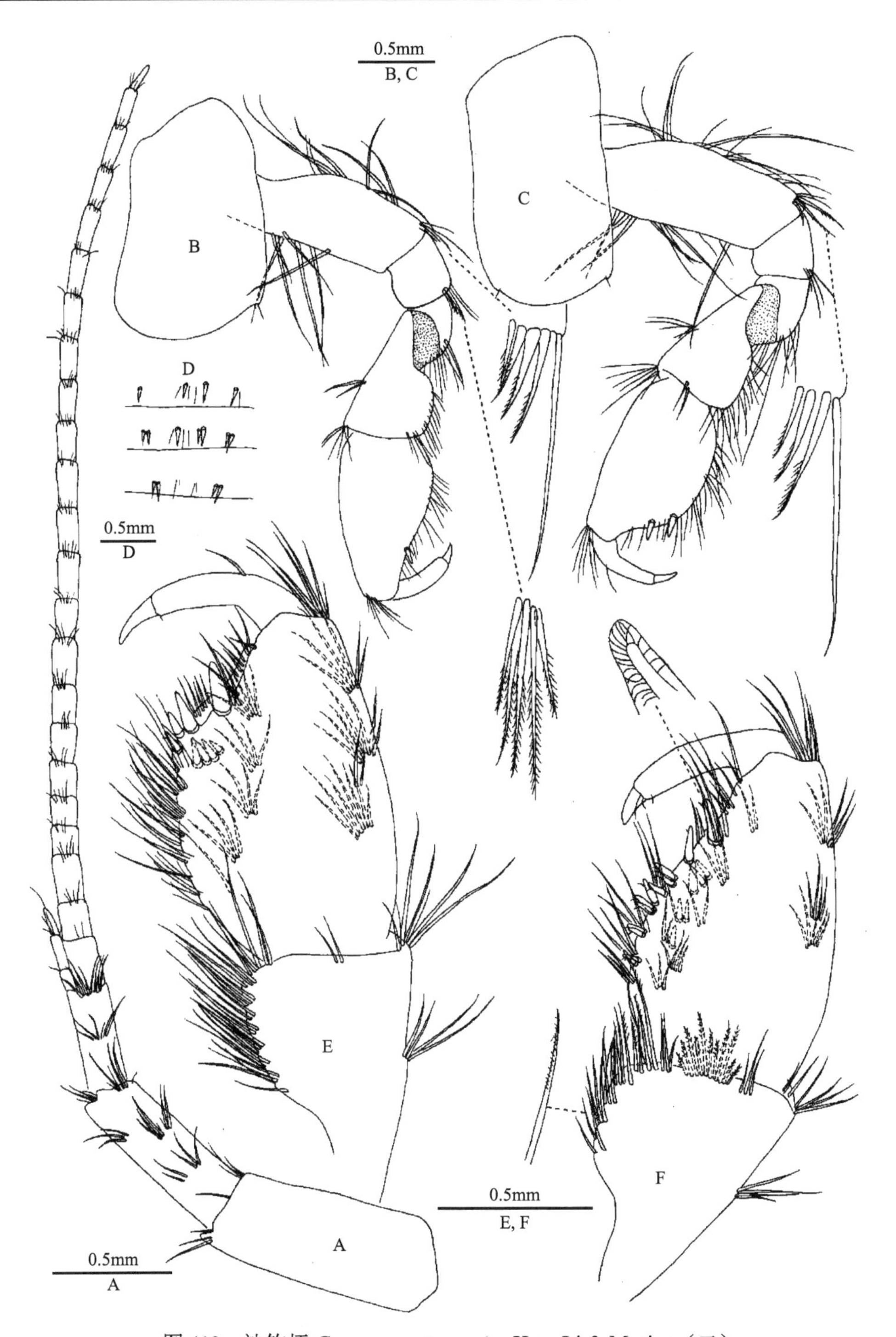

图 412　池钩虾 *Gammarus stagnarius* Hou, Li & Morino（二）

♂。A. 第 1 触角; B. 第 1 腮足; C. 第 2 腮足; D. 第 4-6 腹节（背面观）; E. 第 2 腮足掌节; F. 第 1 腮足掌节

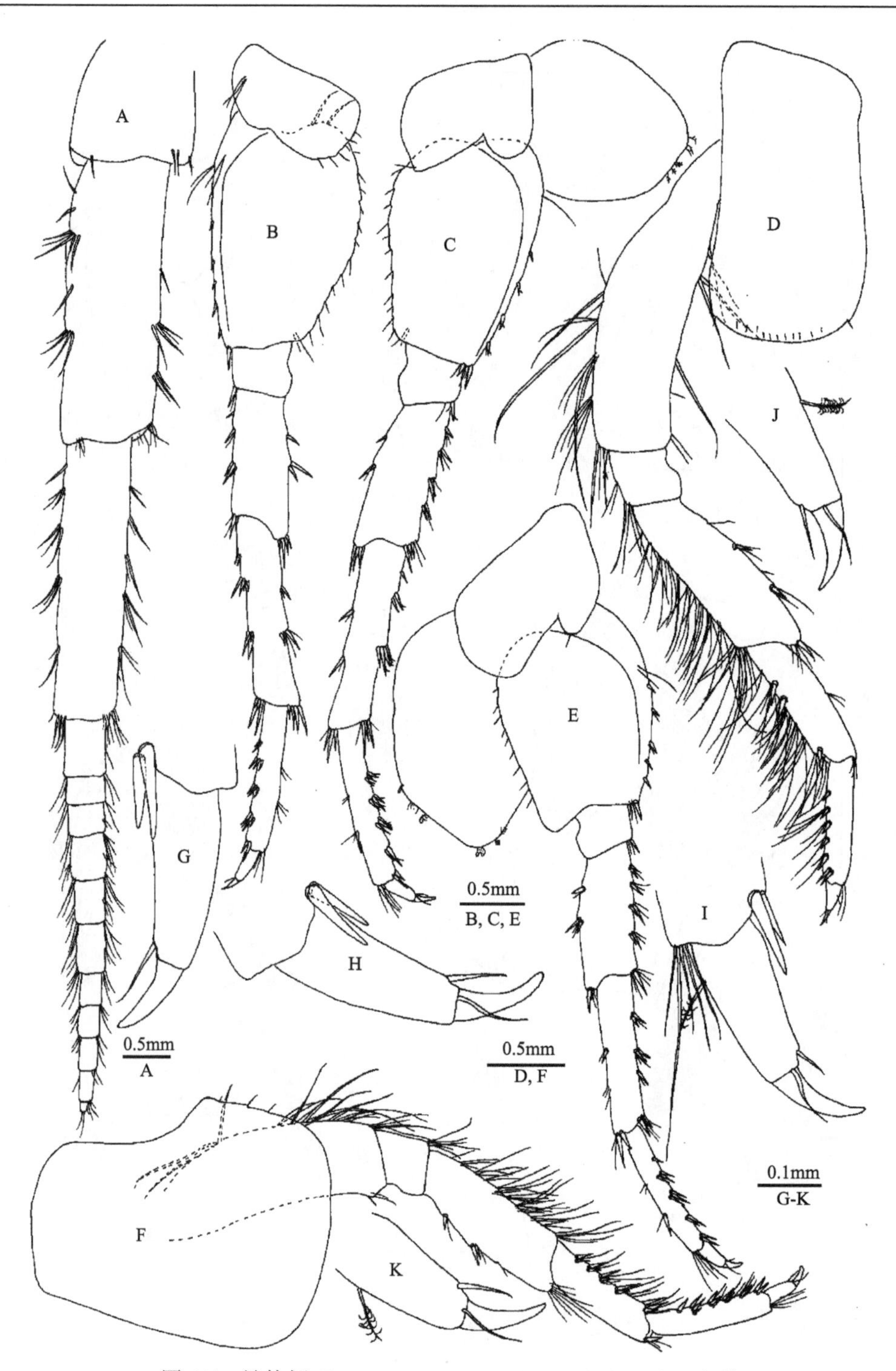

图 413 池钩虾 *Gammarus stagnarius* Hou, Li & Morino（三）

♂。A. 第 2 触角; B. 第 7 步足; C. 第 6 步足; D. 第 3 步足; E. 第 5 步足; F. 第 4 步足; G. 第 7 步足指节; H. 第 6 步足指节; I. 第 5 步足指节; J. 第 3 步足指节; K. 第 4 步足指节

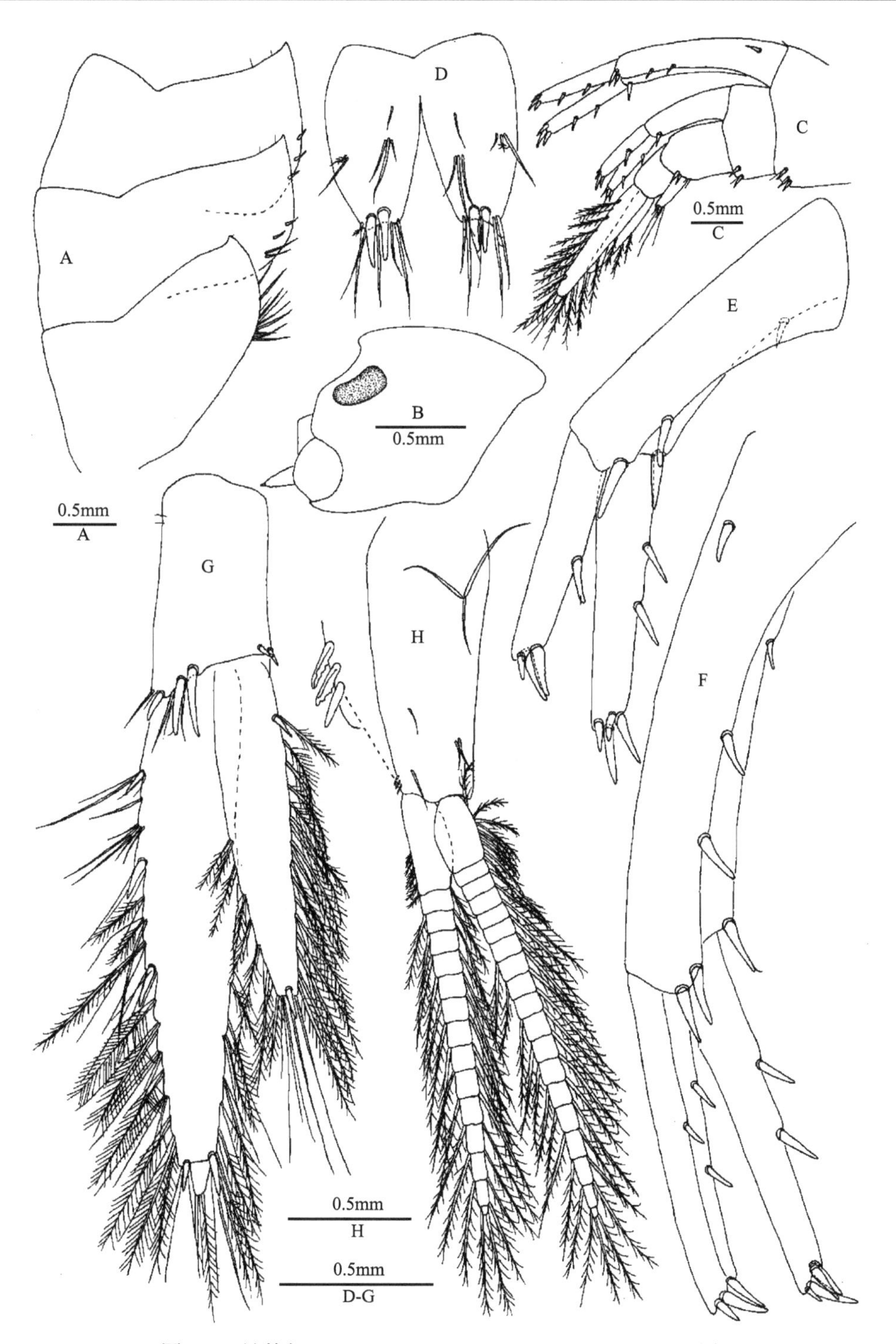

图 414　池钩虾 *Gammarus stagnarius* Hou, Li & Morino（四）

♂。A. 第 1-3 腹侧板; B. 头; C. 第 4-6 腹节（侧面观）; D. 尾节; E. 第 2 尾肢; F. 第 1 尾肢; G. 第 3 尾肢; H. 第 1 腹肢

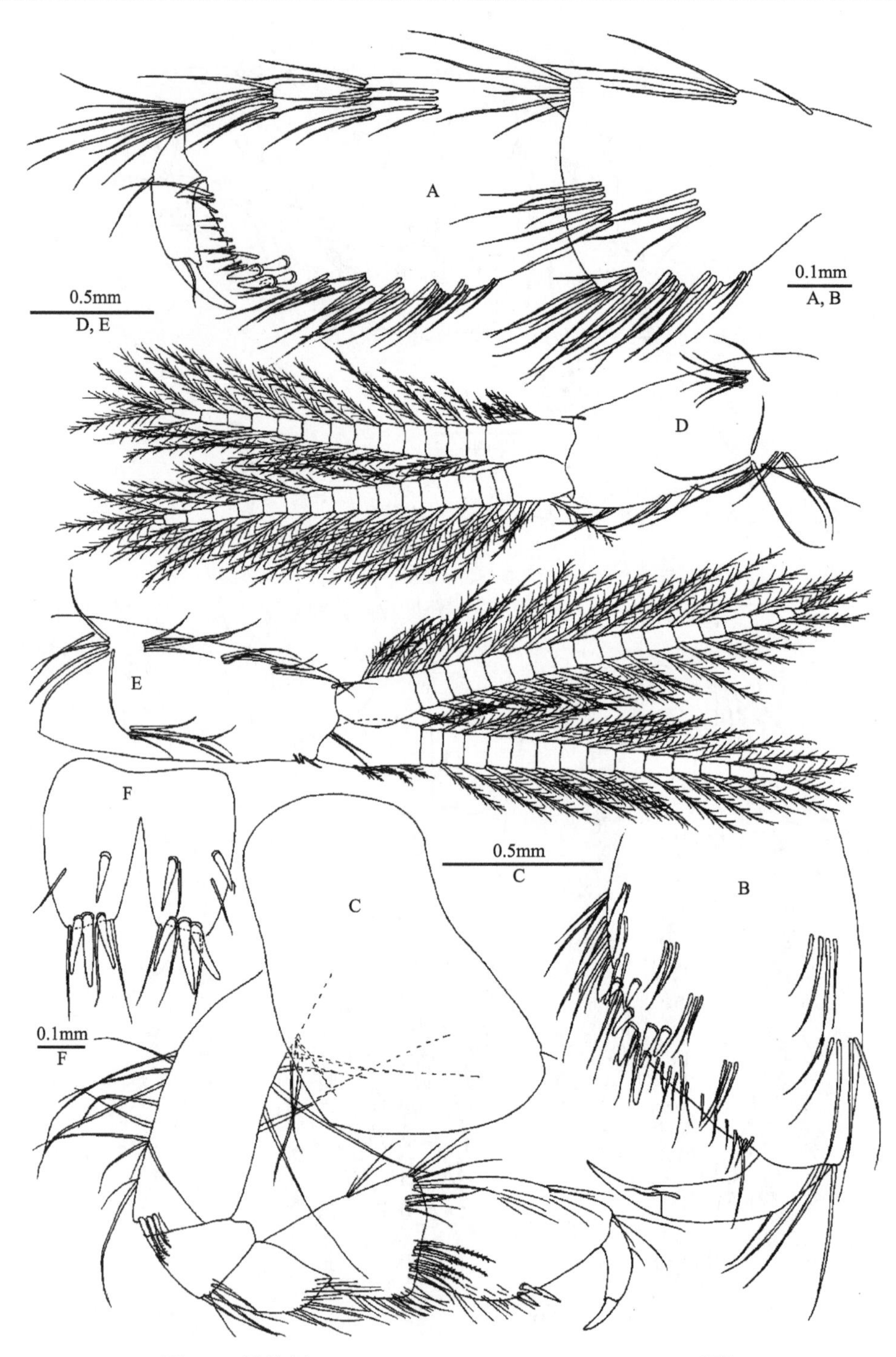

图 415 池钩虾 *Gammarus stagnarius* Hou, Li & Morino（五）

♂, D, E; ♀, A-C, F。A. 第 2 腮足掌节; B. 第 1 腮足掌节; C. 第 1 腮足; D. 第 3 腹肢; E. 第 2 腹肢; F. 尾节

(83) 石笋钩虾 *Gammarus stalagmiticus* Hou & Li, 2005（图 416–419）

Gammarus stalagmiticus Hou & Li, 2005c: 56, figs. 5–8.

形态描述：雄性 16.2mm。眼肾形，中等大小。第 1 触角 1–3 柄节后缘具刚毛；鞭 41 节，具感觉毛；副鞭 5–7 节。第 2 触角柄节第 4、5 节等长，具短刚毛；鞭 16 节，具鞋状感觉器。左大颚切齿 5 齿；动颚片 4 齿；触须第 2 节内缘具 14 长毛，第 3 节长达第 2 节的 2/3，具 7 A-刚毛、6 B-刚毛、1 排 D-刚毛和 6 E-刚毛。右大颚切齿 4 齿，动颚片分叉，具小齿；触须第 3 节具 2 组 A-刚毛和 2 组 B-刚毛。第 1 小颚左右不对称，内叶具 15 羽状毛；外叶顶端具 11 锯齿状刺；左触须第 2 节具 8 长刺和 4 刚毛；右触须第 2 节具 6 壮刺和 1 刚毛。第 2 小颚内叶具 14 羽状毛，外叶外缘具长顶毛。颚足内叶具 3 顶端刺、1 近顶端刺和 1 排羽状刚毛；外叶具 12–15 钝齿和 5 梳状顶毛；触须 4 节，第 4 节呈钩状，内、外缘分别具 5 和 1 刚毛。

第 1 腮足基节前、后缘具长毛；腕节长是掌节的 2/3，前缘具 2 组刚毛，后缘具 1 排长毛；掌节梨形，掌面倾斜，具 1 中央刺，后缘具 11 刺，内面具 8 刺；指节外缘具 1 刚毛。第 2 腮足比第 1 腮足大，腕节长是掌节的 4/5，具平行边缘；掌节长方形，掌面平截，具 1 中央刺，后缘具 3 刺。第 3 步足基节后缘具 25 长刚毛；长节到掌节后缘具长卷刚毛；掌节后缘具 5 短刺；指节外缘具 1 羽状刚毛，趾钩接合处具 2 刚毛。第 4 步足基节后缘具许多长刚毛；长节到掌节后缘具长直刚毛；掌节后缘具 5 短刺。第 5 步足基节后缘近直，具 10 短毛，前缘具 1 长刚毛和 5 短刺；长节到掌节具 2–4 组刺和短刚毛；指节外缘具 1 羽状刚毛，趾钩接合处具 2 硬刚毛。第 6 步足比第 5 步足长，基节延长；长节到掌节具 3–5 组刺，几乎无刚毛。第 7 步足基节内面后下角具 1 短刺和 2 短毛；长节至掌节具刺，刚毛少。第 2 腮足和第 3–7 步足底节鳃逐渐变小。

第 1–3 腹侧板后缘具 3–5 短毛；第 1 腹侧板腹缘圆，腹前缘具 10 刚毛；第 2 腹侧板和第 3 腹侧板后下角钝，腹缘分别具 2 和 3 刺。第 4、5 腹节背部具 4 组刺和刚毛；第 6 腹节背部中央具 2 对刚毛，左边具 2 刺和 4 刚毛，右边具 1 刺和 2 刚毛。

第 1 尾肢柄节具 1 背基刺，内、外缘分别具 2 和 3 刺；内肢内缘具 3 刺；外肢内、外缘分别具 3 和 2 刺。第 2 尾肢柄节内、外肢各具 2 刺；内肢内、外缘分别具 3 和 1 刺；外肢内、外缘各具 2 刺。第 3 尾肢柄节外缘具 1 刺，内缘具 3 长刚毛；内肢长是外肢的 4/5，内缘具 3 刺，末端具 1 对刺；外肢第 1 节外缘具 1-2-2 刺，末端具 2 对刺，第 2 节略长于邻近刺；内、外肢的两缘密布羽状毛。尾节深裂，每叶具 1 背侧刺、2、3 末端刺和一些表面毛。

雌性 14.0mm，具 25 颗卵。第 1 腮足掌节卵形，掌面不如雄性倾斜，掌缘具短刚毛，后缘具 12 刺伴长刚毛。第 2 腮足掌节长方形，掌面平截，后缘具 5 刺。第 2 腮足和第 3–5 步足具抱卵板，第 2 抱卵板宽大，具长缘毛。

观察标本：1♂（正模，IZCAS-I-A0089），40♂8♀，辽宁本溪水洞地下河河口，2003.VIII.11。271♂95♀，与本溪水洞地下河河口相连的太子河的一个小分流，2003.VIII.11。

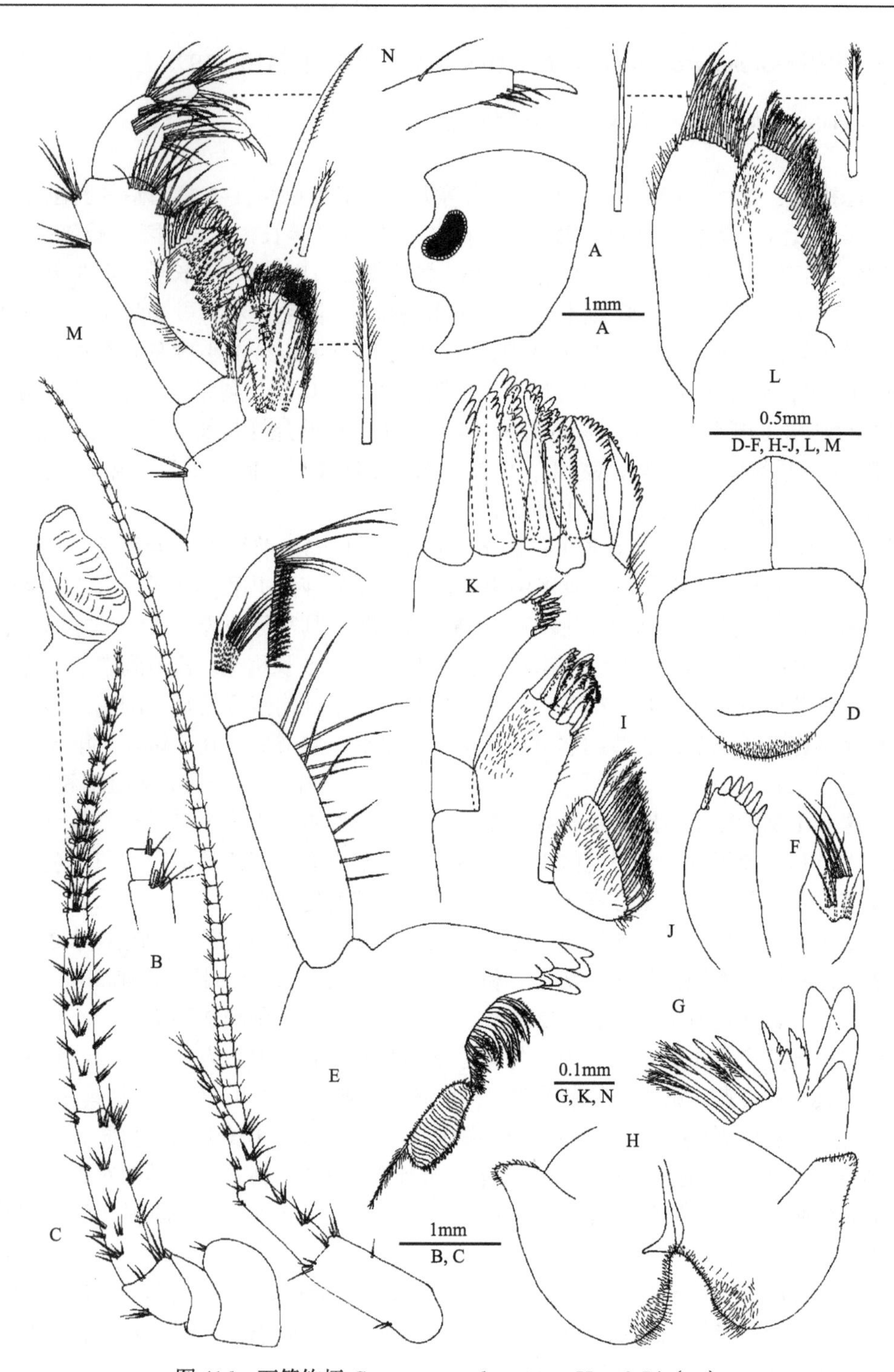

图 416 石笋钩虾 *Gammarus stalagmiticus* Hou & Li（一）

♂。A. 头; B. 第 1 触角; C. 第 2 触角; D. 上唇; E. 左大颚; F. 右大颚触须; G. 右大颚切齿; H. 下唇; I. 左第 1 小颚; J. 右第 1 小颚触须; K. 左第 1 小颚外叶; L. 第 2 小颚; M. 颚足; N. 颚足触须第 4 节

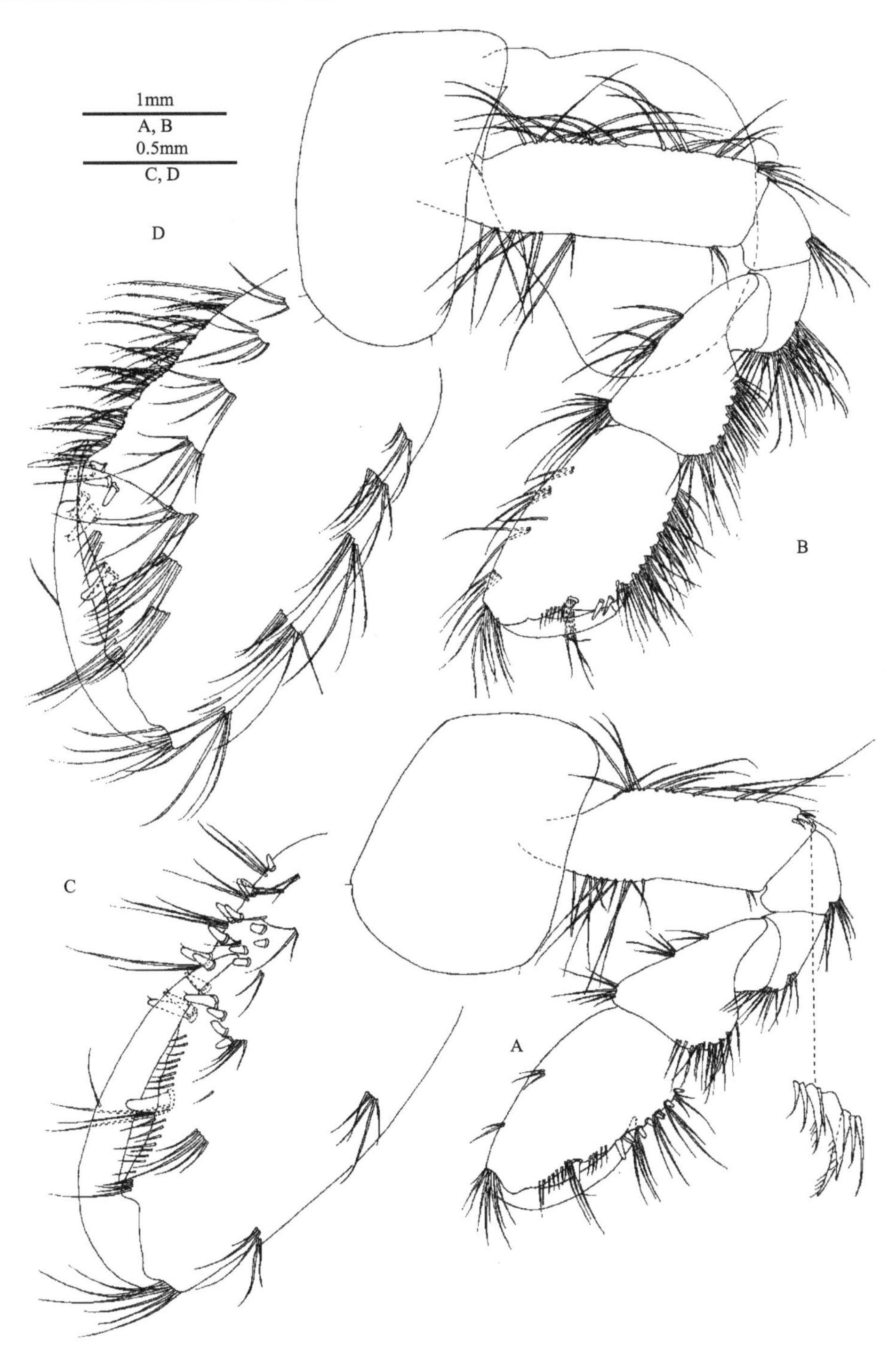

图 417　石笋钩虾 *Gammarus stalagmiticus* Hou & Li（二）

♂。A. 第 1 腮足; B. 第 2 腮足; C. 第 1 腮足掌节; D. 第 2 腮足掌节

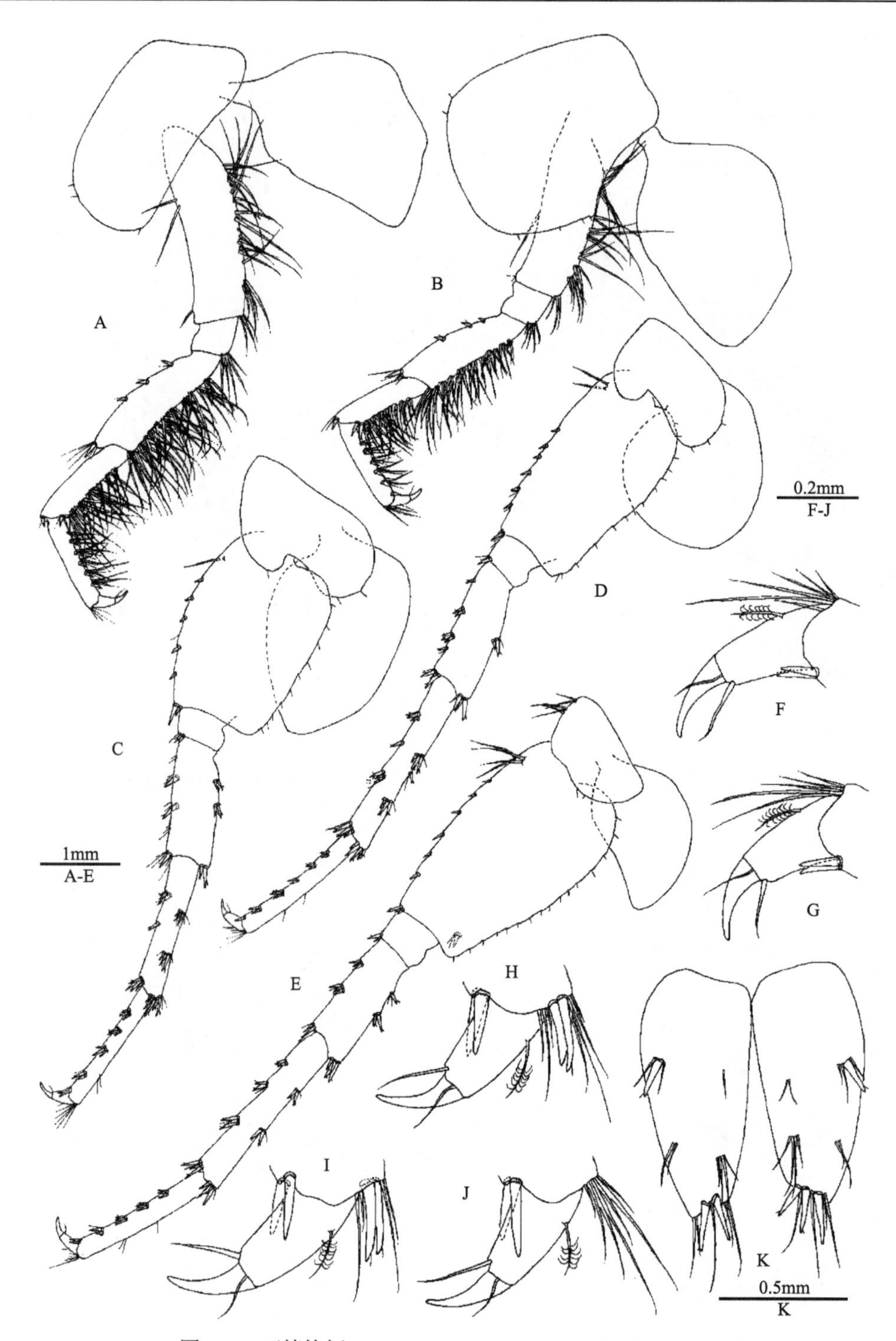

图 418 石笋钩虾 *Gammarus stalagmiticus* Hou & Li（三）

♂。A. 第 3 步足; B. 第 4 步足; C. 第 5 步足; D. 第 6 步足; E. 第 7 步足; F. 第 3 步足指节; G. 第 4 步足指节; H. 第 5 步足指节; I. 第 6 步足指节; J. 第 7 步足指节; K. 尾节

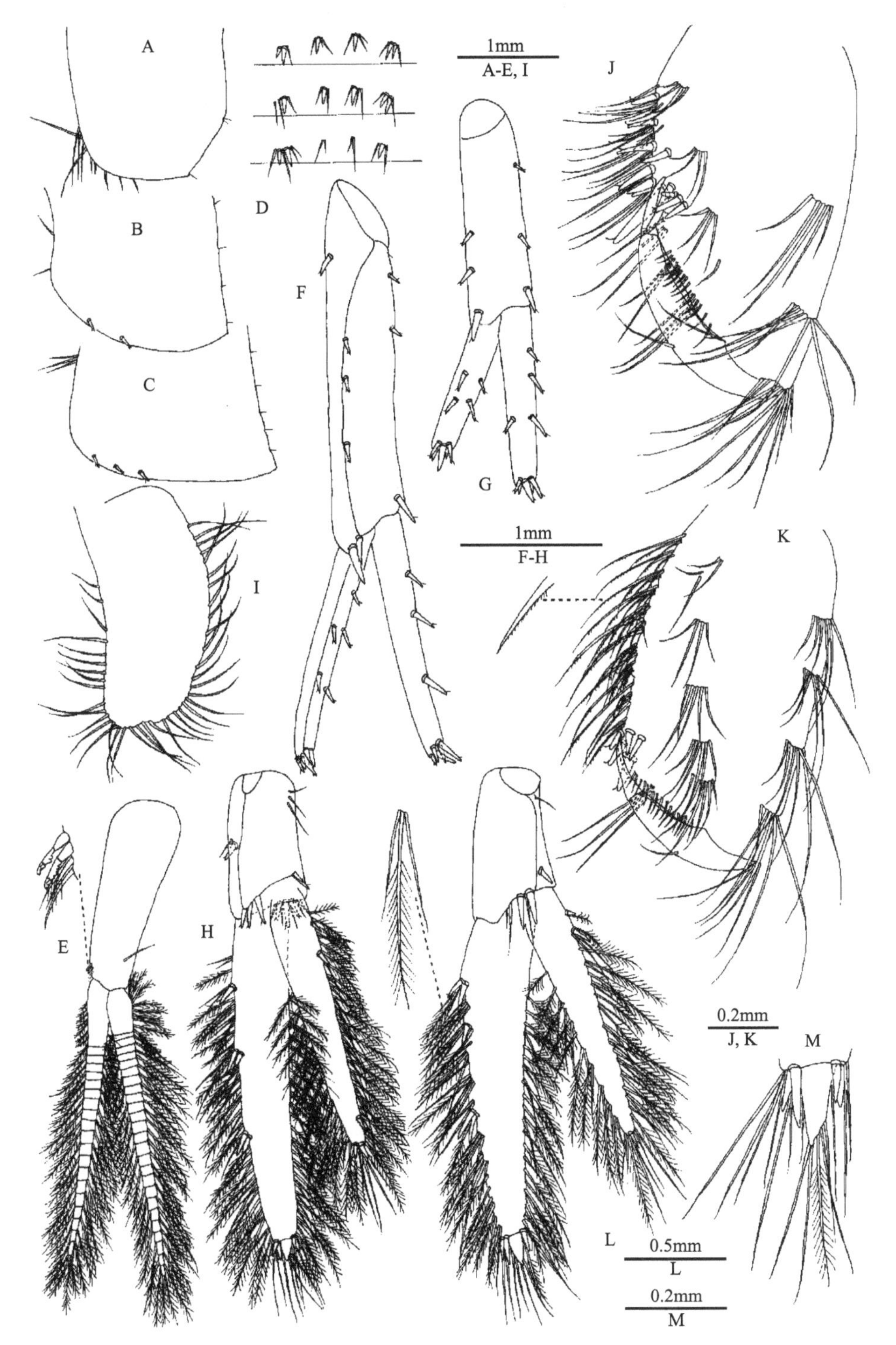

图 419　石笋钩虾 *Gammarus stalagmiticus* Hou & Li（四）

♂, A-H; ♀, I-M。A. 第 1 腹侧板; B. 第 2 腹侧板; C. 第 3 腹侧板; D. 第 4-6 腹节（背面观）; E. 第 1 腹肢; F. 第 1 尾肢; G. 第 2 尾肢; H. 第 3 尾肢; I. 第 2 抱卵板; J. 第 1 腮足掌节; K. 第 2 腮足掌节; L. 第 3 尾肢; M. 第 3 尾肢末节

生态习性：本种栖息于本溪水洞地下河河口和太子河小分流中。

地理分布：辽宁（本溪）。

分类讨论：本种主要鉴别特征是第 1 触角副鞭 5–7 节；第 2 触角第 4、5 柄节具较少长刚毛，鞭节具短刚毛，具鞋状感觉器；第 5–7 步足前缘几乎无毛；第 3 尾肢密布羽状刚毛。本种第 3 步足后缘具长卷毛与雾灵钩虾 *G. nekkensis* Uchida 相似，主要区别在于本种眼肾形，相对大；第 3 尾肢内肢长是外肢的 4/5；外肢外缘密布羽状刚毛；第 1、2 尾肢长达第 3 尾肢的 1/2。而后者眼小，第 3 尾肢内肢长是外肢的 1/2；外肢外缘具长简单刚毛；第 1、2 尾肢长达第 3 尾肢柄节末端。

本种与华美钩虾 *G. decorosus* Meng, Hou & Li 相似在于第 3、4 步足后缘具长刚毛；第 2、3 腹侧板后下角钝；第 3 尾肢内肢长为外肢的 4/5，内、外肢均具羽状刚毛。主要区别在于本种第 1 触角副鞭 5–7 节，第 2 触角具鞋状感觉器，尾节具短毛；而后者第 1 触角副鞭 4 节，第 2 触角无鞋状感觉器，尾节具长毛。

(84) 绥芬钩虾 *Gammarus suifunensis* Martynov, 1925（图 420–423）

Gammarus suifunensis Martynov, 1925b: 189, figs. 1–4; Derzhavin, 1927b: 176; Karaman, 1984: 148; Barnard & Dai, 1988: 89; Karaman, 1991: 44, figs. I–V, VI1–5.

Gammarus (*Rivulogammarus*) *suifunensis*: Uéno, 1940: 67, figs. 17–30.

形态描述：雄性躯体背部光滑，第 1–3 腹节具 2–4 小刚毛，第 4–6 腹节背部平，具刺和刚毛。眼卵形。第 1 触角长于体长的 1/2，柄节毛少，鞭 41 节，副鞭 6 节。第 2 触角柄节具短刚毛，鞭 16 节，具鞋状感觉器。

第 1–4 底节板长大于宽，腹缘具 2 短毛，第 4 底节板后缘凹陷。第 1 腮足附属毛较少，且毛都直，腕节短于掌节，掌节掌缘斜，中央具 1 壮刺，后缘具 4 刺，内侧具 9 刺，指节外缘具 1 刚毛。第 2 腮足腕节稍短于掌节，掌节长为宽的 2 倍，两侧近平行，掌缘稍斜，中央具 1 壮刺。第 3、4 步足修长。第 3 步足长节后缘具 5、6 簇直刚毛，腕节与掌节后缘具短刺和短刚毛，指节短。第 4 步足与第 3 步足相似，长节至掌节后缘刚毛短而稀疏。第 5–7 步足基节具后叶，长节至掌节两侧具刺，有时具短刚毛。

第 2 腹侧板后下角钝，第 3 腹侧板后下角尖，第 2、3 腹侧板腹缘各具 2、3 刺。第 4 腹节在第 1 尾肢基部具 1 短刺。第 1 尾肢柄节具 1 背基刺，第 2 尾肢内肢明显长于外肢。第 3 尾肢长，但着生毛少，柄节短，内肢长约为外肢的 1/3，内、外缘具简单刚毛和羽状刚毛，外肢第 2 节小。尾节长几乎等于宽，每叶末端具 2 刺，背面具短刚毛。第 2–7 胸节具底节鳃。

雌性第 2–5 胸节具抱卵板。

观察标本：无，形态描述和特征图引自 Martynov（1925b）。

生态习性：本种栖息在小溪或泉眼处，有时与 *G. koreanus* Uéno 共存。

地理分布：中国东北；俄罗斯东部。

分类讨论：本种与格氏钩虾 *G. gregoryi* Tattersall 相似之处在于本种第 3 尾肢内肢长约为外肢的 1/3；第 1、2 触角刚毛少，具鞋状感觉器；第 5–7 步足前缘无刚毛。但格氏钩虾第 3、4 步足后缘具长刚毛，第 4 腹节背部刺和毛减少。

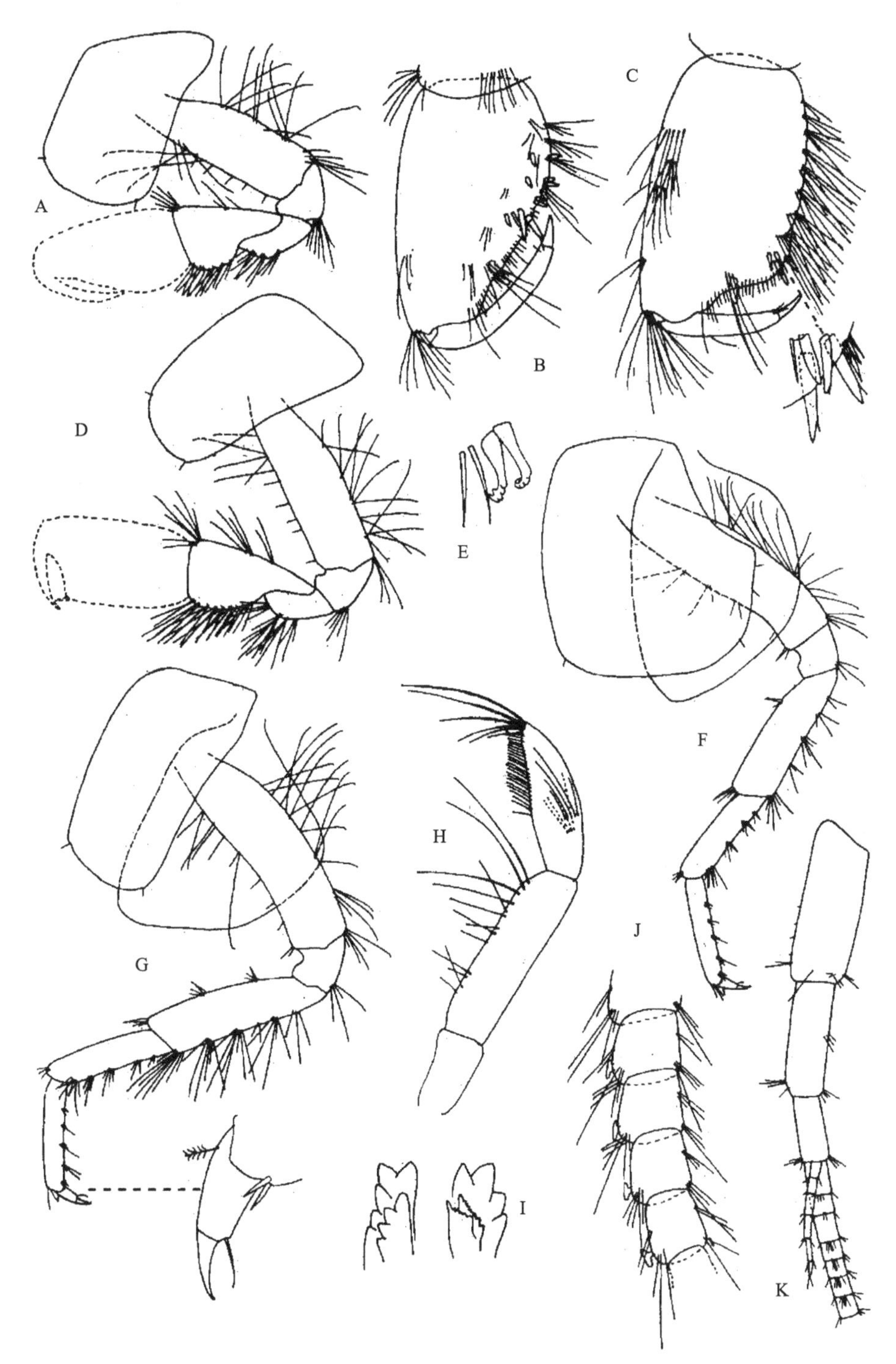

图 420　绥芬钩虾 *Gammarus suifunensis* Martynov（一）（仿 Karaman, 1991）

♂。A. 第 1 腮足; B. 第 1 腮足掌节; C. 第 2 腮足掌节; D. 第 2 腮足; E. 第 2 腹肢钩刺; F. 第 4 步足; G. 第 3 步足; H. 大颚触须; I. 左右大颚切齿; J. 第 2 触角鞭节; K. 第 1 触角

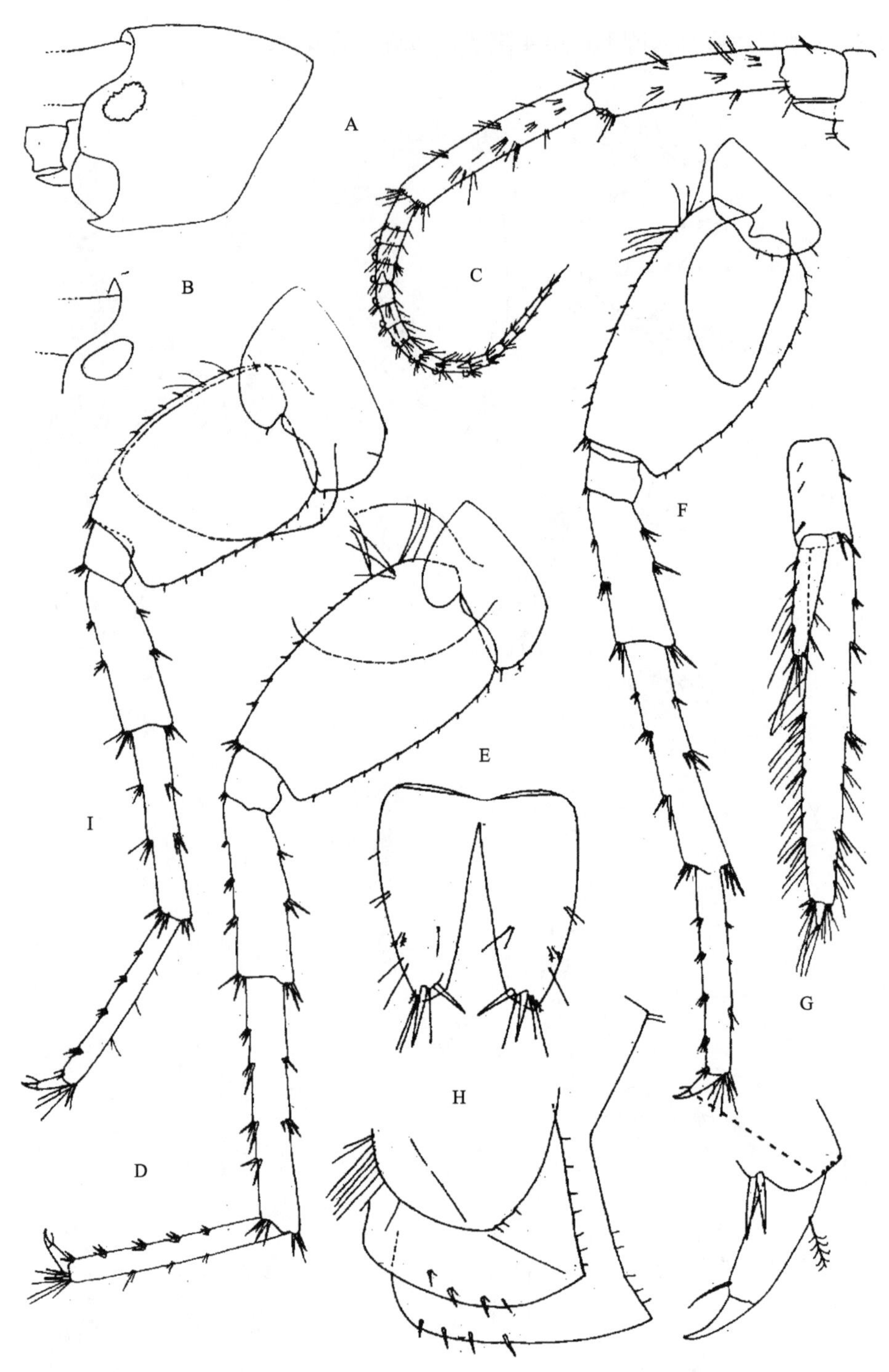

图 421 绥芬钩虾 *Gammarus suifunensis* Martynov（二）（仿 Karaman, 1991）

♂。A. 头; B. 头前缘; C. 第 2 触角; D. 第 6 步足; E. 尾节; F. 第 7 步足; G. 第 3 尾肢; H. 第 1-3 腹侧板; I. 第 5 步足

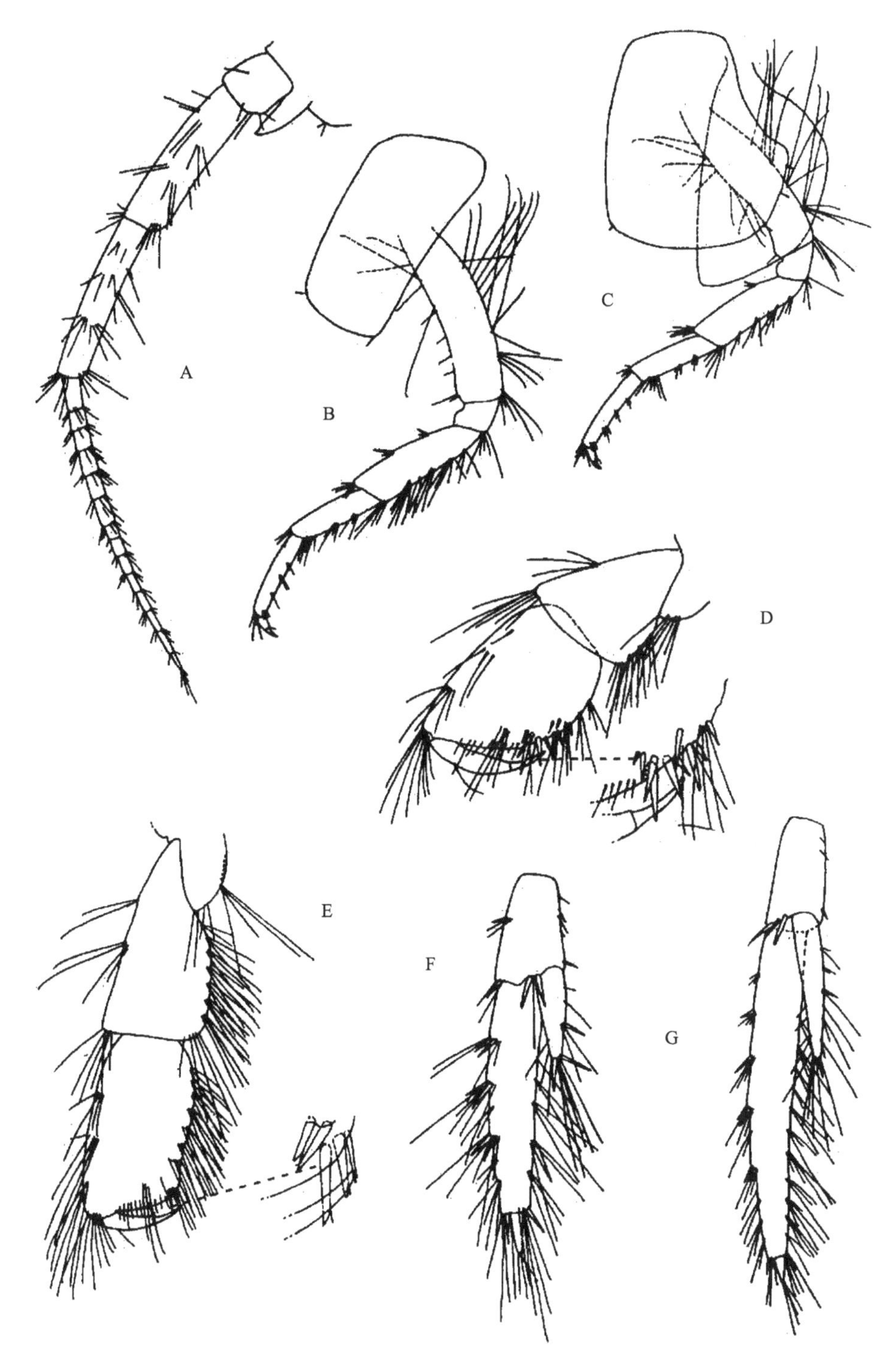

图 422　绥芬钩虾 *Gammarus suifunensis* Martynov（三）（仿 Karaman, 1991）
♂, G; ♀, A-F。A. 第 2 触角; B. 第 3 步足; C. 第 4 步足; D. 第 1 腮足掌节; E. 第 2 腮足掌节; F. 第 3 尾肢; G. 第 3 尾肢

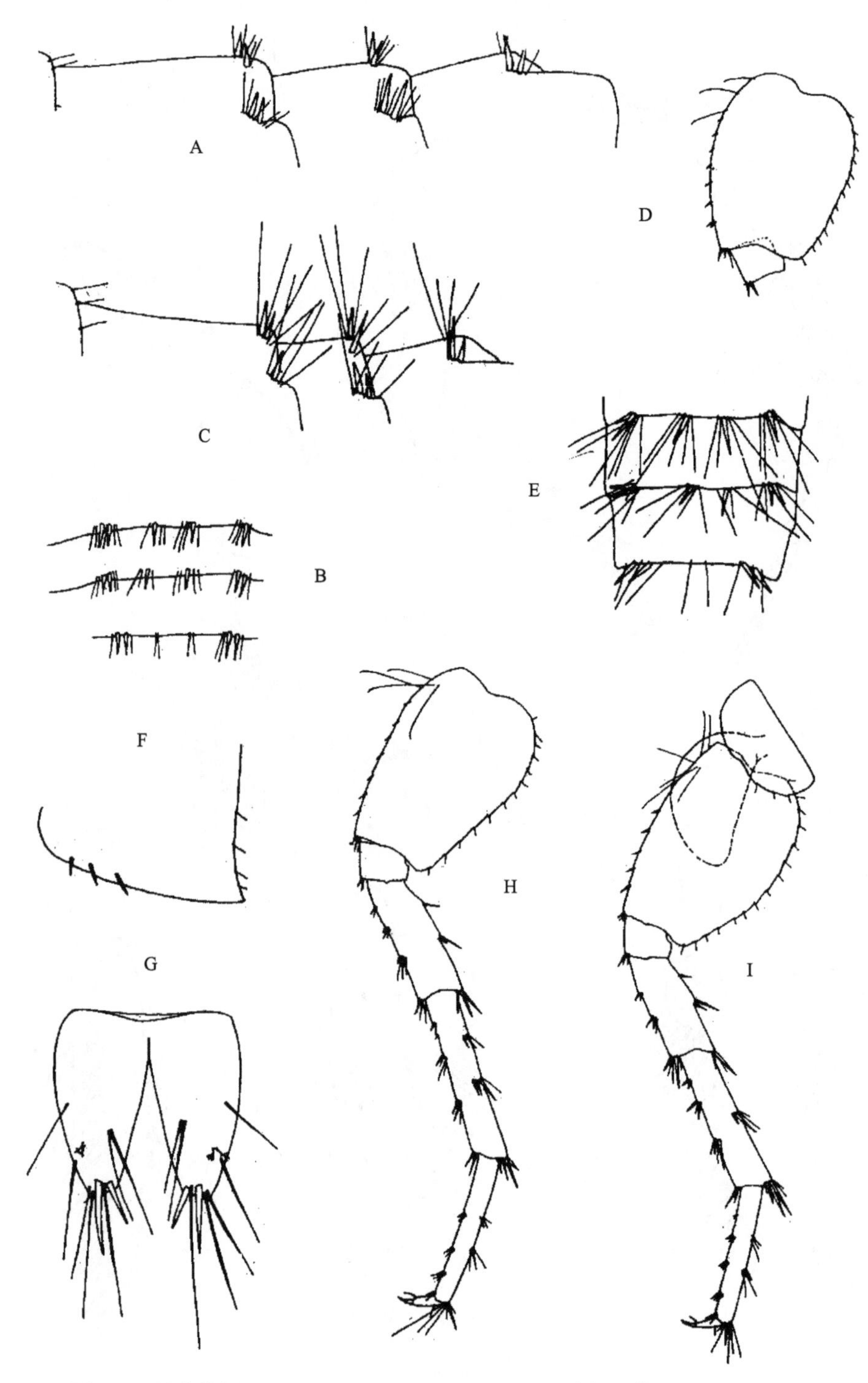

图 423 绥芬钩虾 *Gammarus suifunensis* Martynov（四）（仿 Karaman, 1991）

♂, A, B; ♀, C-I。A. 第 4-6 腹节（侧面观）; B. 第 4-6 腹节（背面观）; C. 第 4-6 腹节（侧面观）; D. 第 5 步足基节; E. 第 4-6 腹节（背面观）; F. 第 3 腹侧板; G. 尾节; H. 第 6 步足; I. 第 7 步足

(85) 特克斯钩虾 *Gammarus takesensis* Hou, Li & Platvoet, 2004（图 424–428）

Gammarus takesensis Hou, Li & Platvoet, 2004: 275, figs. 11–15.

形态描述：雄性 12.5mm。眼中等大小。第 1 触角 1–3 柄节长度比 1.00∶0.65∶0.37，具末端细刚毛；鞭 28 节，具鞋状感觉器，副鞭 4 节。第 2 触角第 4 和 5 柄节等长，前、后缘具短刚毛，鞭 12 节，具鞋状感觉器。左大颚切齿 5 齿，动颚片 4 齿；触须第 2 节内缘具 13 长刚毛，第 3 节长是第 2 节的 3/4，具 6 A-刚毛、5 B-刚毛、20 D-刚毛和 5 E-刚毛。右大颚切齿 4 齿；动颚片分叉，具小齿；臼齿具 1 长刚毛。第 1 小颚内叶具 14 羽状毛，外叶具 11 锯齿状刺；触须 2 节。第 2 小颚内叶内侧具 13 羽状毛，外叶顶端具长刚毛。颚足内叶具 3 顶端壮刺和 1 近顶刺，内缘具羽状毛；外叶具 7 钝齿，顶端具 6 刚毛；触须 4 节。

第 1–3 底节板长方形，前缘具 2–4 刚毛，后缘具 1 刚毛；第 4 底节板凹陷，前缘具 2 刚毛，内缘具 6 刚毛；第 5、6 底节板前叶小，具 1 刚毛，后叶具 1、2 刚毛；第 7 底节板内缘具 3 刚毛。

第 1 腮足基节前、后缘具长毛，腕节长约为掌节的 3/4，掌缘斜，具 1 中央壮刺，侧缘具 5 组刚毛，内面具 3 组刺；指节趾钩短，外缘具 1 刚毛。第 2 腮足腕节稍短于掌节，掌节近长方形，掌缘具 1 中央壮刺，后缘具 4 刺，指节外缘具 1 刚毛。第 3 步足基节后缘具长毛；长节后缘具 3 组刚毛；腕节后缘具 2 对刺和毛；掌节后缘具 4 组刺和毛；指节具 1 羽状毛，趾钩接合处具 2 硬刚毛。第 4 步足与第 3 步足相似，长节和腕节内缘具较少刚毛。第 5 步足基节后缘近直；长节至掌节前缘具 3 刺，少刚毛。第 6 步足与第 5 步足相似，基节后缘凹陷。第 7 步足与第 5 步足相似，基节后缘膨大，内面后下角具 2 刚毛。

第 1–3 腹侧板后下角钝，后缘具 2、3 短毛。第 1 腹侧板腹前缘具 10 毛，第 2、3 腹侧板腹缘具 2–4 刺。第 1–3 腹肢柄节前下角具 2 钩刺和 2 刚毛；内、外肢 18–20 节，具羽状毛。第 4–6 腹节背部扁平，具 4 簇刚毛和刺。

第 1 尾肢柄节长于肢节，具 1 背基刺，内、外缘分别具 1 和 2 刺；外肢内、外缘各具 1 刺；内肢内缘具 1 刺。第 2 尾肢柄节长于内、外肢，内、外缘分别具 1 和 2 刺；外肢短于内肢，外缘具 1 刺；内肢内缘具 2 刺。第 3 尾肢柄节短，内缘具 1 刺；内肢长约为外肢的 3/4，内缘具 4 刺；外肢第 2 节长于周围刺，外缘具 2 对刺而无羽状刚毛，外肢内缘与内肢两缘具短羽状刚毛。尾节深裂，每叶具 3 末端刺和 1–3 长刚毛。

雌性 11.2mm。第 1 腮足掌节与雄性相似，内缘具 12 刺。第 2 腮足掌节掌缘稍倾斜，内缘具 2 刺。第 2–5 胸节具抱卵板。

观察标本：1♂（正模，IZCAS-I-A0057），50♂20♀，新疆特克斯岔路口（43.2°N, 81.0°E），2001.VIII.11。

生态习性：栖息在路边沟渠中。

地理分布：新疆（特克斯）。

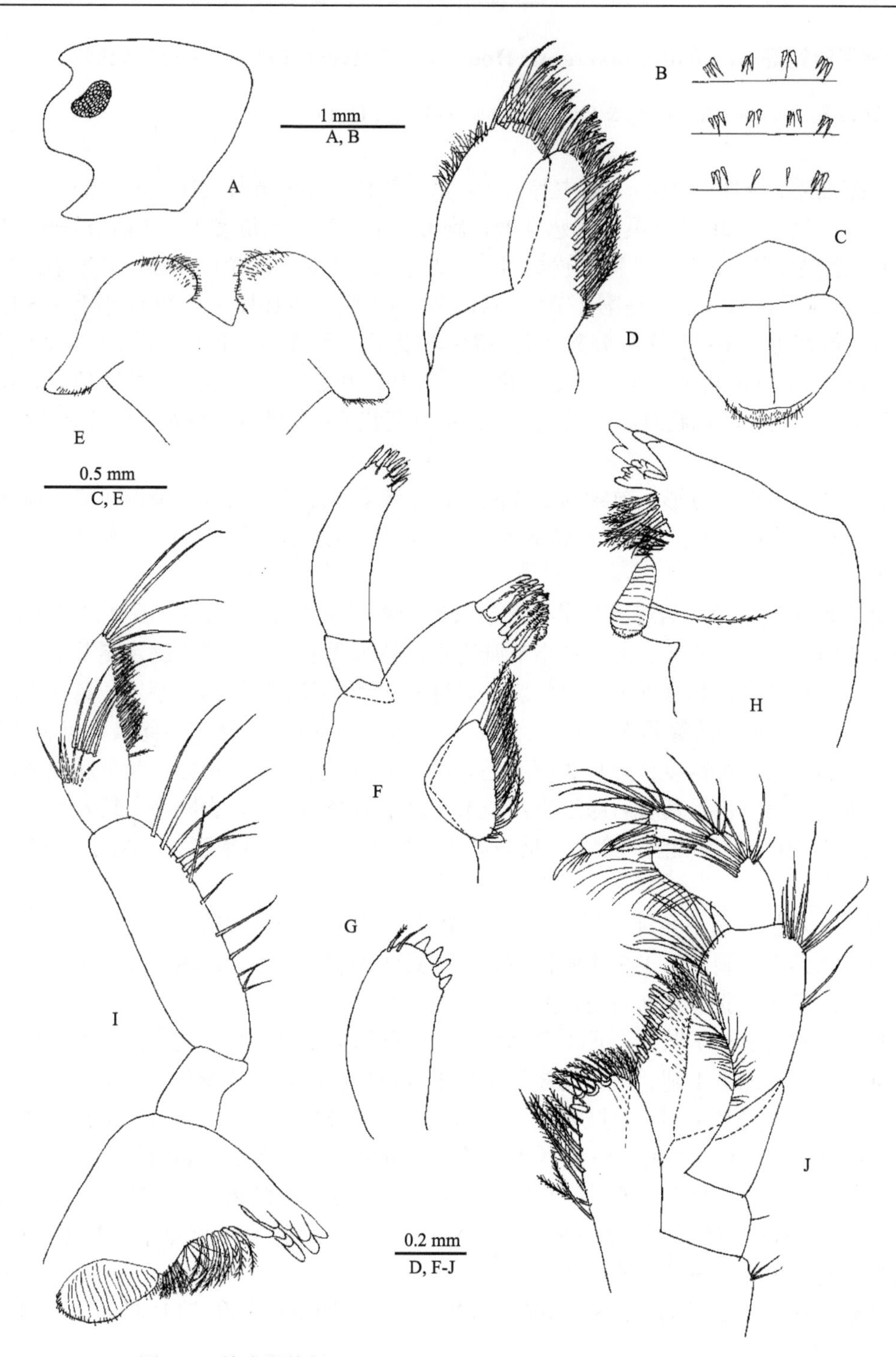

图 424　特克斯钩虾 *Gammarus takesensis* Hou, Li & Platvoet（一）

♂。A. 头; B. 第 4-6 腹节（背面观）; C. 上唇; D. 第 2 小颚; E. 下唇; F. 左第 1 小颚; G. 右第 2 小颚触须; H. 右大颚; I. 左大颚; J. 颚足

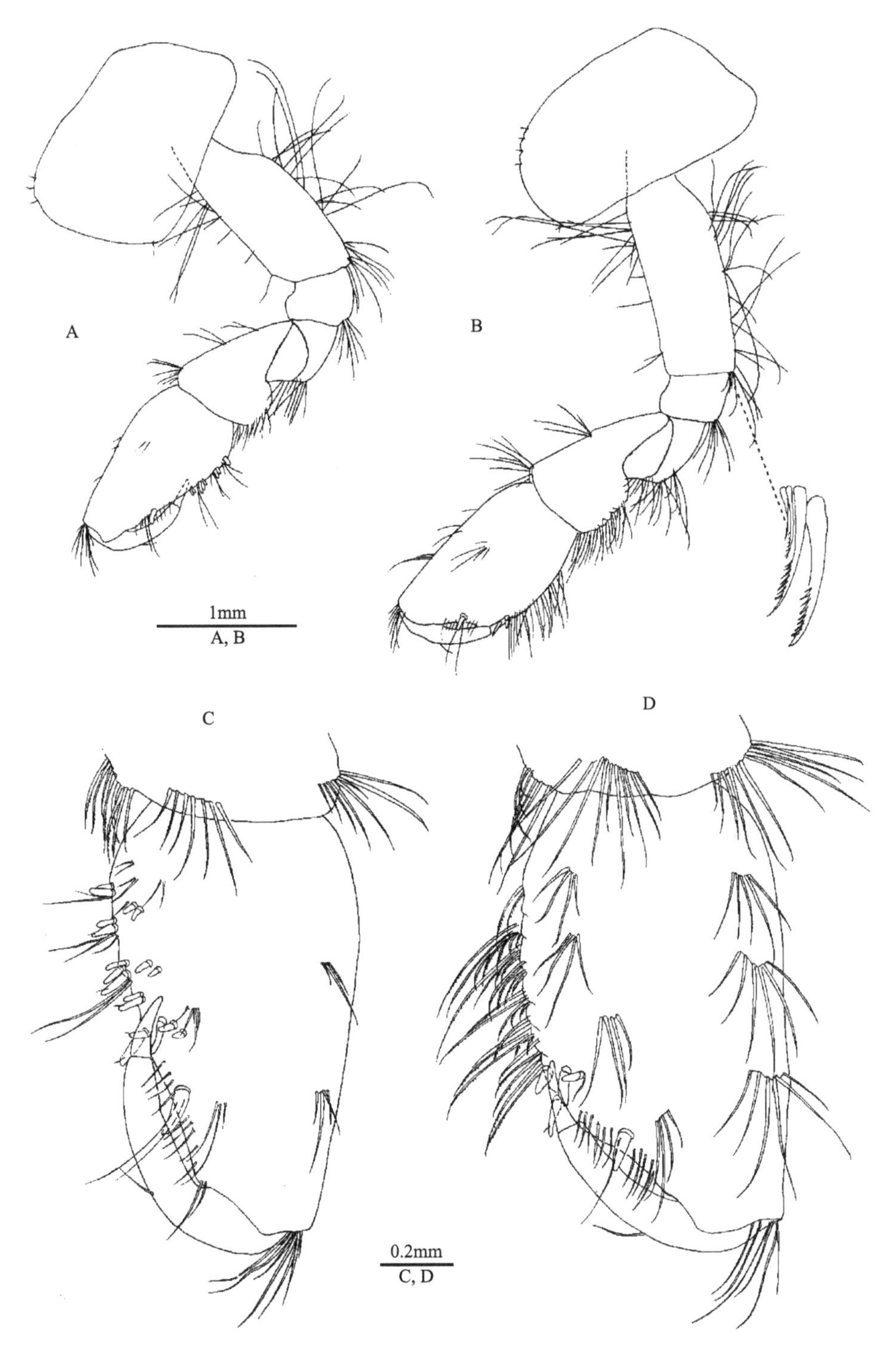

图 425　特克斯钩虾 *Gammarus takesensis* Hou, Li & Platvoet（二）

♂。A. 第 1 腮足; B. 第 2 腮足; C. 第 1 腮足掌节; D. 第 2 腮足掌节

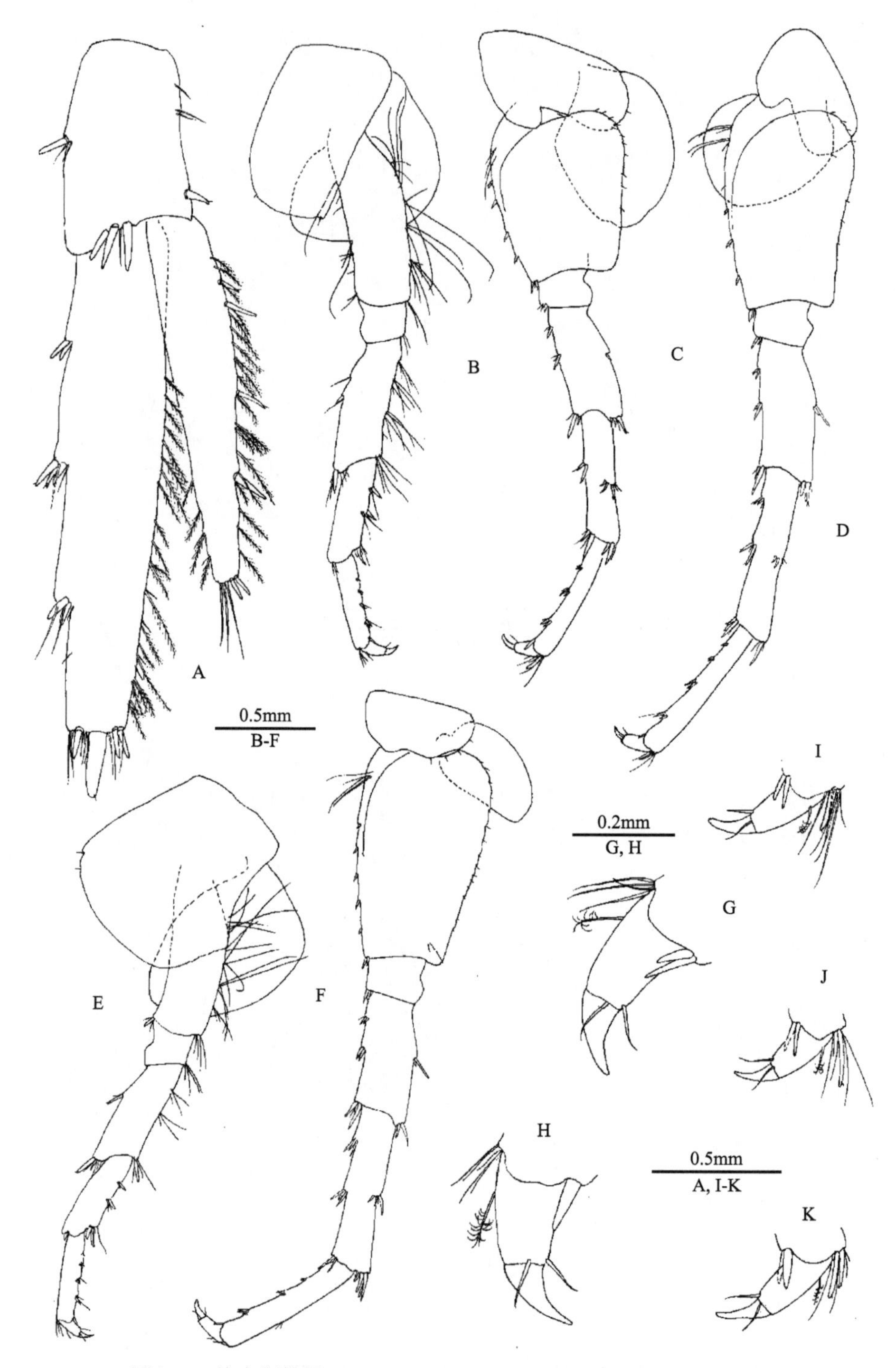

图 426 特克斯钩虾 *Gammarus takesensis* Hou, Li & Platvoet（三）

♂。A. 第 3 尾肢; B. 第 3 步足; C. 第 5 步足; D. 第 6 步足; E. 第 4 步足; F. 第 7 步足; G-K. 第 3-7 步足指节

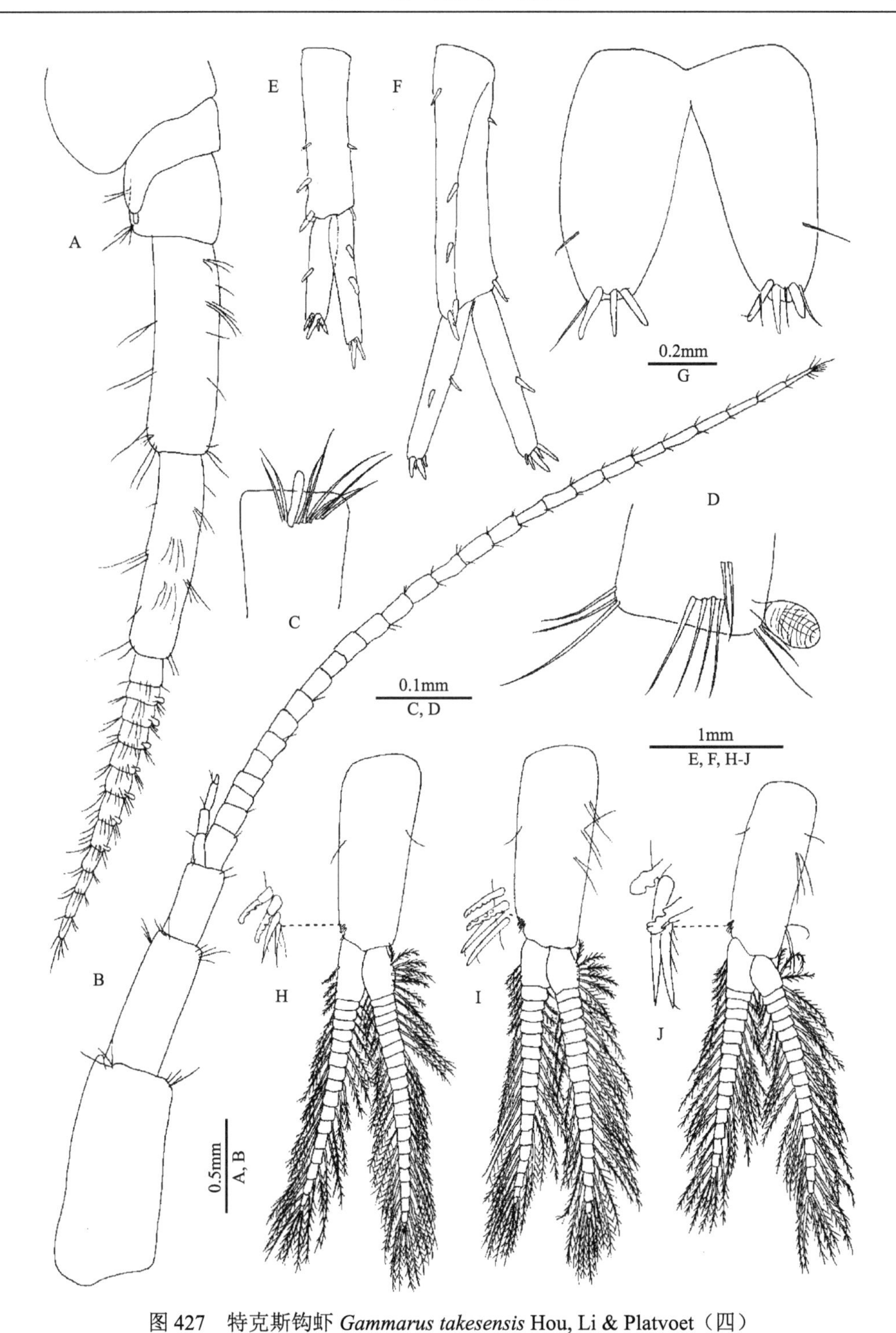

图 427 特克斯钩虾 *Gammarus takesensis* Hou, Li & Platvoet（四）

♂。A. 第 2 触角; B. 第 1 触角; C. 第 1 触角鞭节; D. 第 2 触角鞭节; E. 第 2 尾肢; F. 第 1 尾肢; G. 尾节; H. 第 1 腹肢; I. 第 2 腹肢; J. 第 3 腹肢

图 428 特克斯钩虾 *Gammarus takesensis* Hou, Li & Platvoet（五）
♂, D-F; ♀, A-C。A. 第 2 腮足掌节; B. 第 1 腮足掌节; C. 第 2 抱卵板; D-F. 第 1-3 腹侧板

分类讨论：本种主要鉴别特征是第 2 触角柄节短毛，第 3 尾肢外肢第 2 节长，外肢内缘和内肢两缘具短羽状毛。本种与采自新疆的短肢钩虾 *G. brevipodus* Hou, Li & Platvoet 主要区别在于，本种第 3 尾肢内肢长是外肢的 3/4，外肢第 2 节长于周围邻近刚毛，外肢内缘和内肢两缘具短羽状毛。

本种第 3、4 步足具较少刚毛，第 3 尾肢外肢内缘具短羽状毛等特征，与 *G. bosniacus* Schäferna 相似。主要区别在于本种第 1 触角副鞭 4 节，第 2 触角具鞋状感觉器，第 2、3 腹侧板腹缘无长刚毛。

(86) 大理钩虾 *Gammarus taliensis* Shen, 1954（图 429–430）

Gammarus taliensis Shen, 1954: 15–17, pls. I–II; Barnard & Dai, 1988: 90.

形态描述：雄性头部两侧向前呈角状突出。腹部第 1–3 腹侧板后缘各具 3 短毛，第 1 腹侧板前缘具刚毛，第 2、3 腹侧板腹缘具 3、4 刺。腹部第 4–6 节背部各具 3 簇刺，中线具 1 簇，中线的两侧各具 1 簇，每簇具 2 细刺，刚毛数根。尾节长宽相等，深裂，形成左右 2 叶，每叶的末端具 2 刺和 4 刚毛，每叶外侧缘具 2 不等长刚毛。第 1 触角鞭 17–23 节，副鞭 3 节。第 2 触角柄节具长毛，鞭 8–10 节。

第 1 腮足较第 2 腮足小，掌节后部膨大，前部狭小，掌缘倾斜，具 1 中央刺。第 2 腮足掌节较第 1 腮足宽，掌缘具 3 刺。步足多刺，特别是第 5–7 步足。第 7 步足基节较第 5、6 步足基节大，后缘倾斜，具短刚毛。第 1 尾肢长于第 2 尾肢，柄节长于内、外肢。第 3 尾肢柄节较内、外肢短，内、外肢扁平，内肢长约为外肢的 2/3，外肢 2 节，内、外肢的内、外缘均具羽状刚毛。

观察标本：2♂2♀，大理洱海，2017.III.25。

生态习性：本种栖息在湖底水草间或湖边砖石下。雄性个体较雌性多，雌性的抱卵囊内常藏卵约 10 个。一般雌性的体躯较雄性小，雌体平均长约 8.0mm，雄体平均长约 12.0mm。

地理分布：云南（滇池、蝴蝶泉、洱海）。

分类讨论：本种与格氏钩虾 *G. gregoryi* Tattersall 的区别在于第 4–6 腹节的背部后缘各具 3 簇刺和毛；尾节每叶末端具 2 刺，外缘具 2 刚毛；第 1 触角鞭 17–23 节；雄性第 1 腮足的掌缘倾斜面较短；第 7 步足基节后缘末端窄，长节、腕节和掌节比较粗而短；第 3 尾肢内肢长约为外肢的 2/3。而格氏钩虾第 4 腹节背部后缘无刺；尾节每叶末端具 3 刺，每叶的外缘无刚毛；第 1 触角鞭 19–21 节；雄性第 1 腮足掌缘倾斜面较长；第 7 步足基节后缘呈弧形，长节、腕节和掌节比较细而长；第 3 尾肢内肢长约为外肢的 1/3。

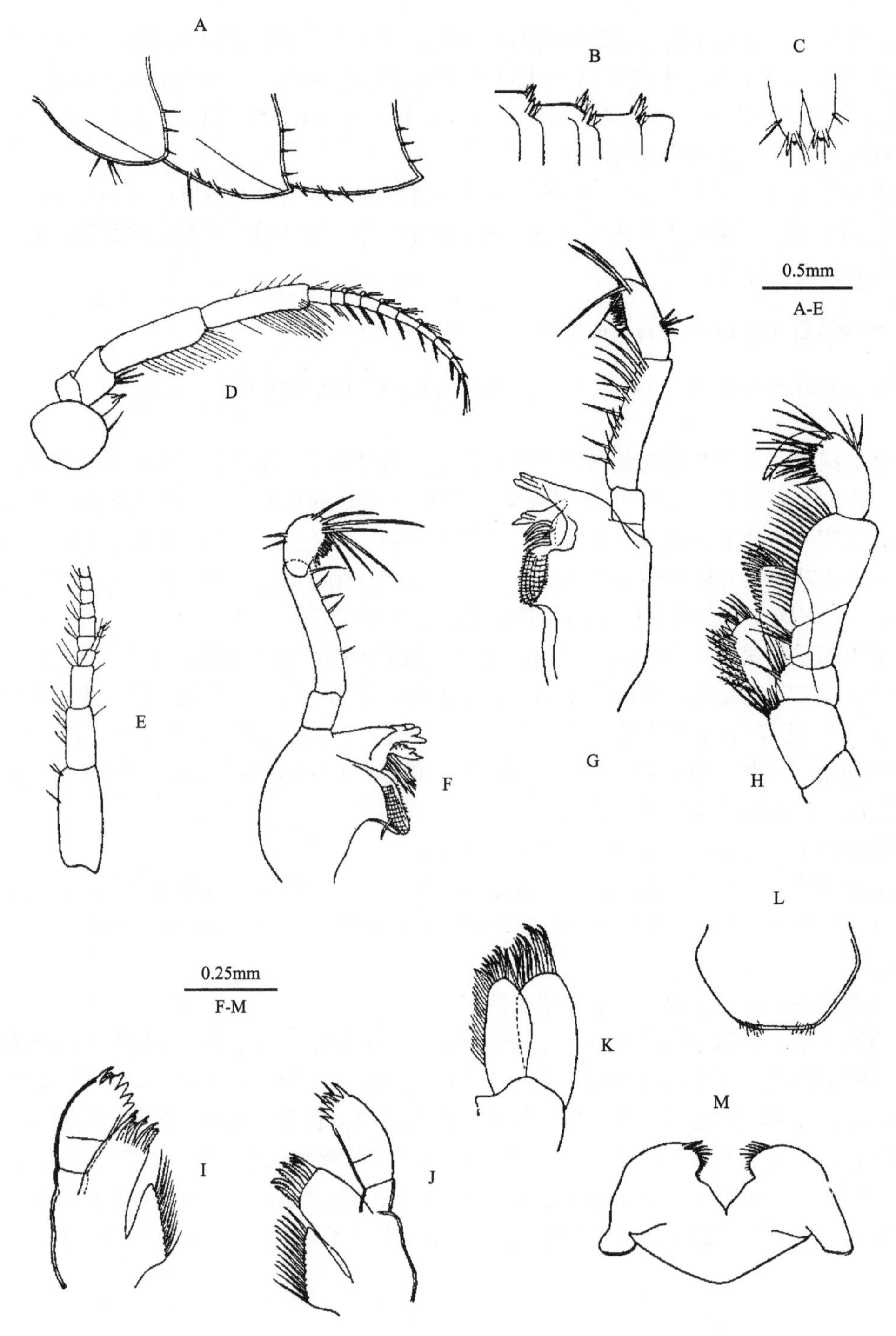

图 429 大理钩虾 *Gammarus taliensis* Shen（一）（仿沈嘉瑞, 1954）

♂。A. 第 1-3 腹侧板; B. 第 4-6 腹节; C. 尾节; D. 第 2 触角; E. 第 1 触角; F. 右大颚; G. 左大颚; H. 颚足; I. 右第 1 小颚; J. 左第 1 小颚; K. 第 2 小颚; L. 上唇; M. 下唇

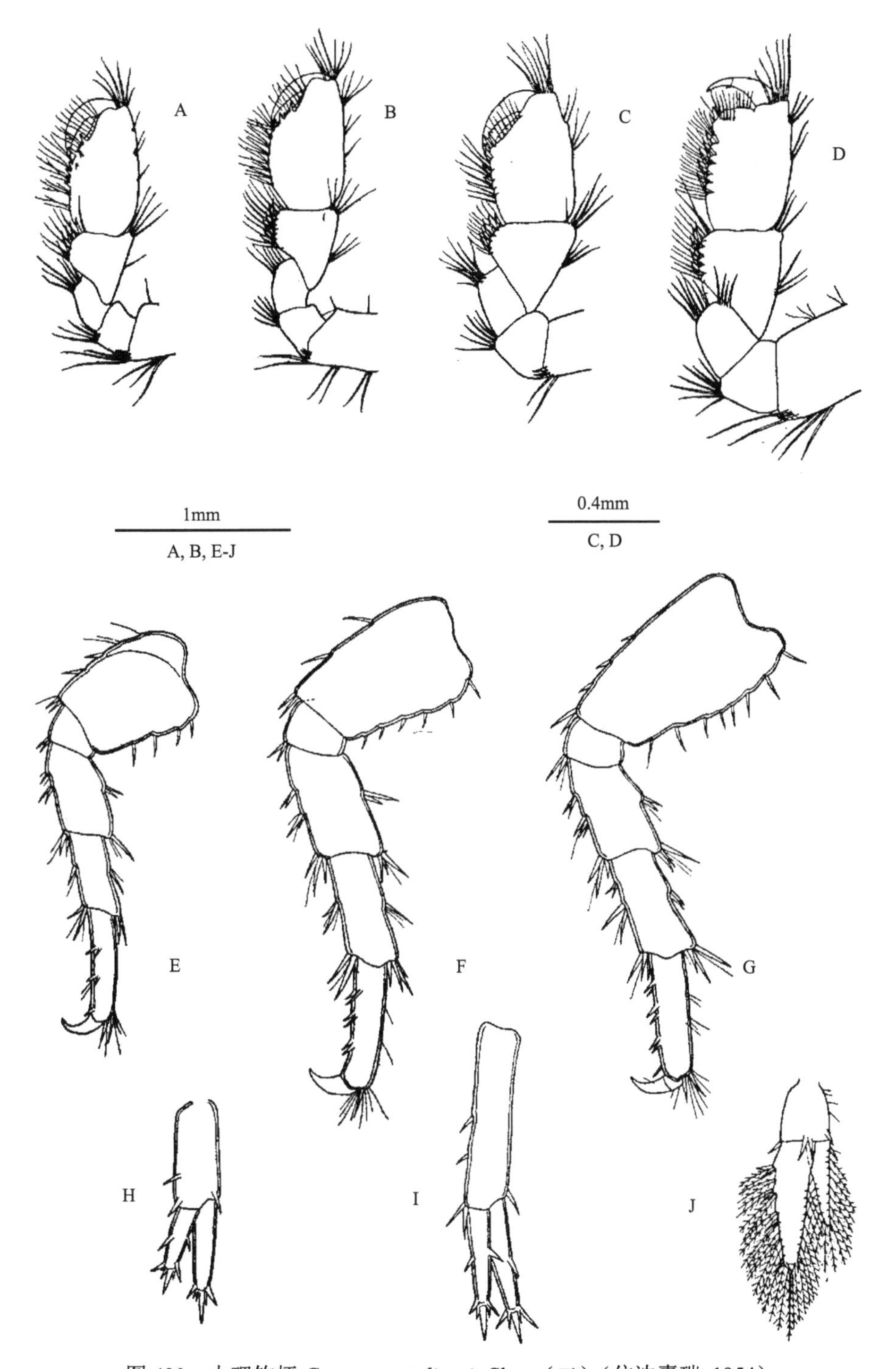

图 430　大理钩虾 *Gammarus taliensis* Shen（二）（仿沈嘉瑞, 1954）

♂, A, B, E-J; ♀, C, D。A. 第 1 腮足; B. 第 2 腮足; C. 第 1 腮足; D. 第 2 腮足; E. 第 5 步足; F. 第 6 步足; G. 第 7 步足; H. 第 2 尾肢; I. 第 1 尾肢; J. 第 3 尾肢

(87) 天山钩虾 *Gammarus tianshan* Zhao, Meng & Hou, 2017（图 431–435）

Gammarus montanus Hou, Li & Platvoet, 2004: 259, figs. 1–5.

Gammarus tianshan Zhao, Meng & Hou, 2017: 196.

形态描述：雄性 10.2mm。眼卵形，下触角窝深。第 1 触角 1–3 柄节长度比 1.00∶0.59∶0.41，末端具细长刚毛；鞭 28 节，具感觉毛，副鞭 4 节。第 2 触角第 4 柄节与第 5 柄节等长，两缘具 3、4 簇短刚毛，鞭 10 节，无鞋状感觉器。左大颚切齿 5 齿，动颚片 4 齿，臼齿具 1 长羽状毛；触须第 2 节具 13 长毛；触须第 3 节长为第 2 节的 4/5，具 3 A-刚毛、2 组 B-刚毛、18 D-刚毛和 4 E-刚毛。右大颚切齿 4 齿，动颚片分叉，臼齿具 1 长羽状毛。第 1 小颚内叶具 15 羽状刚毛，外叶具 11 锯齿状刺，触须 2 节。第 2 小颚内叶内缘具 13 羽状毛，外叶顶端具硬刚毛。颚足内叶具 1 近顶刺和 3 顶端壮刺，内缘和顶缘具羽状毛；外叶具 16 钝齿和 8 梳状顶端刚毛，触须 4 节。

第 1 腮足底节板近长方形，前缘具 2、3 刚毛，后缘具 1 刚毛；基节后下角具 4 羽状毛；腕节长为掌节的 3/4，前、后缘具刚毛；掌节掌缘斜，具 1 中央壮刺，后缘具 10 刺，内面具 6 刺；指节外缘具 1 长刚毛。第 2 腮足大于第 1 腮足，腕节长是掌节的 3/4；掌节近长方形，具 1 中央壮刺，后缘具 4 刺。第 3 步足长于第 4 步足，基节前缘具 3 组长毛和 3 组短毛，后缘具 14 长刚毛；长节到掌节后缘具长直毛；腕节和掌节后缘具 3–5 对刺；指节外缘具 1 羽状毛，趾钩结合处具 2 硬刚毛。第 4 步足底节板凹陷，前缘具 2 刚毛，后缘具 6 刚毛；长节和腕节内缘比第 3 步足具较少长直毛。第 5 步足基节后缘近直，前缘具 4 刺，后缘具 8 短毛；长节前缘具 3 组短毛；腕节前、后缘各具 2、3 组刺；指节外缘具 1 羽状毛。第 6 步足基节后缘微凹，内面具 1 组刚毛；长节到掌节前缘各具 2、3 组刺，无长毛。第 7 步足与第 6 步足相似，基节后缘末端窄，内面具 1 组毛；长节至掌节前、后缘具刺，刚毛少。

第 1–3 腹侧板后下角钝圆，后缘具 3、4 短毛，第 1 腹侧板腹前缘具 11 刚毛，腹缘中央具 1 小刺；第 2、3 腹侧板腹缘具 3、4 刺。第 1–3 腹肢等长，柄节前下角具 2 钩刺和 2 刚毛；内外肢 13–18 节，具长羽状毛。第 4–6 腹节背部扁平，具刺。

第 1 尾肢柄节具 1 背基刺，内、外缘分别具 1 和 3 刺；外肢内、外缘各具 2 刺；内肢内、外缘分别具 2 和 1 刺；内、外肢均具 5 末端刺。第 2 尾肢柄节长于肢节，内、外缘分别具 1 和 3 刺；外肢稍短于内肢，内、外缘各具 1 刺；内肢内、外缘分别具 2 和 1 刺。第 3 尾肢柄节短，具缘刺和末端刺；内肢长为外肢的 2/5，内缘具 10 简单长毛；外肢 2 节，第 2 节短。尾节深裂，末端具刺，背面具短刚毛。

雌性 7.5mm。第 1 腮足掌节卵形，掌面不如雄性倾斜，后缘具 8 刺。第 2 腮足掌节后缘具 4 刺。第 3 尾肢内肢短于外肢的 1/2，内、外肢具长简单毛。第 2–5 胸节具抱卵板。

观察标本：1♂（正模，IZCAS-I-A0053），28♂38♀，新疆昭苏天山乡（43.1°N, 81.1°E），2001.VIII.12。

生态习性：本种栖息在山溪中。

地理分布：新疆（昭苏）。

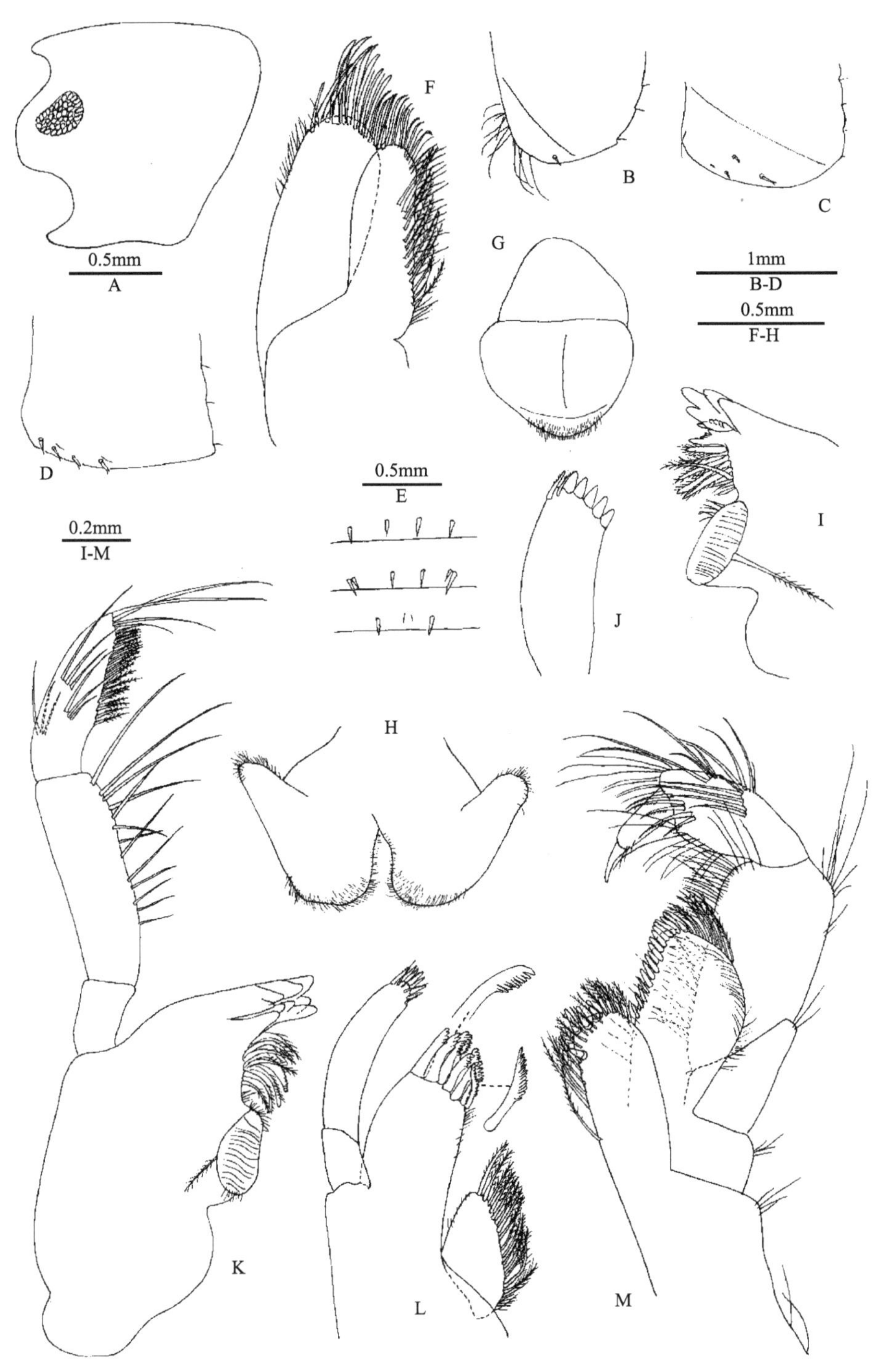

图 431　天山钩虾 *Gammarus tianshan* Zhao, Meng & Hou（一）

♂。A. 头; B-D. 第 1-3 腹侧板; E. 第 4-6 腹节（背面观）; F. 第 2 小颚; G. 上唇; H. 下唇; I. 右大颚; J. 右第 1 小颚触须; K. 左大颚; L. 左第 1 小颚; M. 颚足

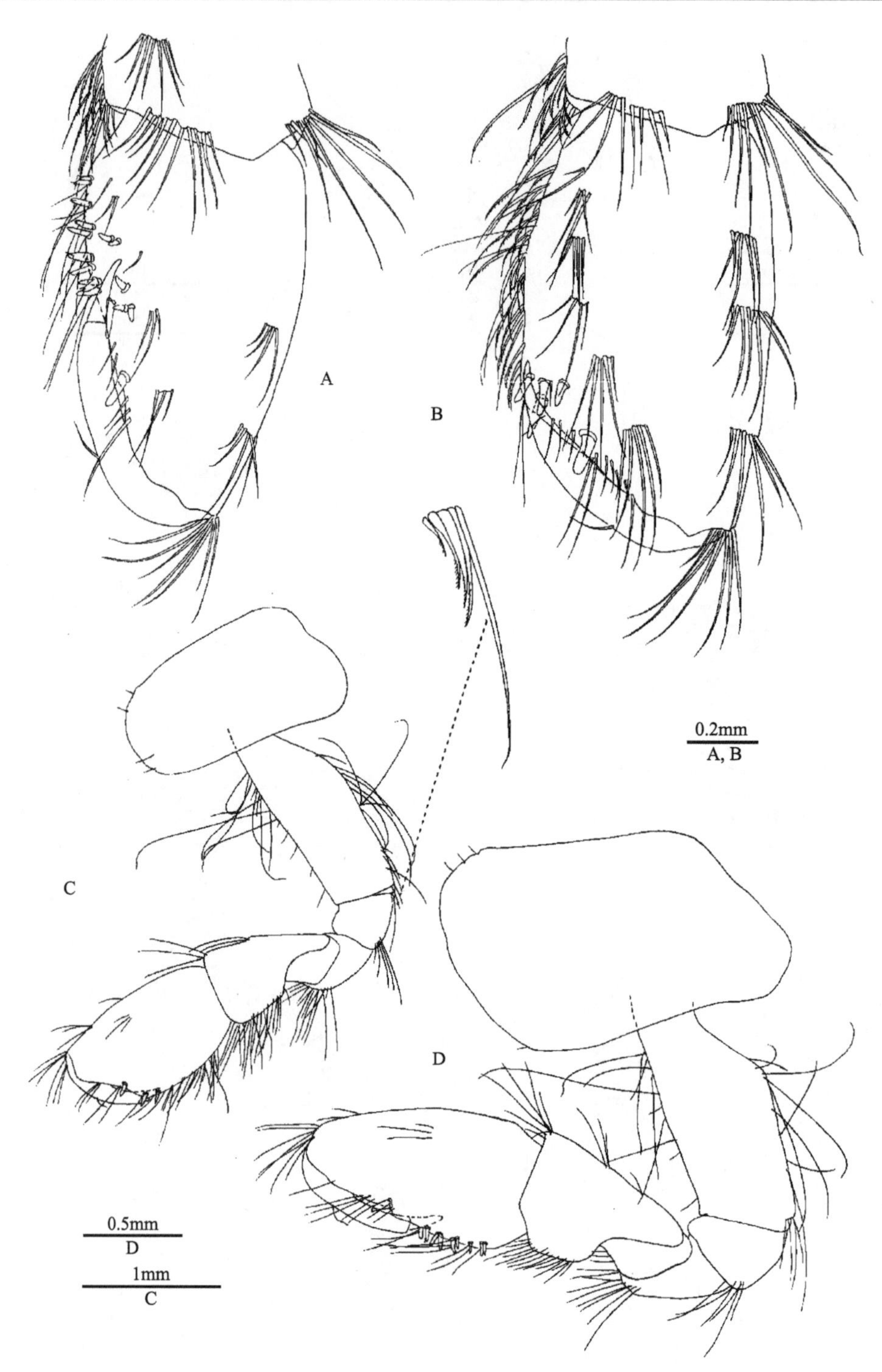

图 432　天山钩虾 *Gammarus tianshan* Zhao, Meng & Hou（二）
♂。A. 第 1 腮足掌节; B. 第 2 腮足掌节; C. 第 2 腮足; D. 第 1 腮足

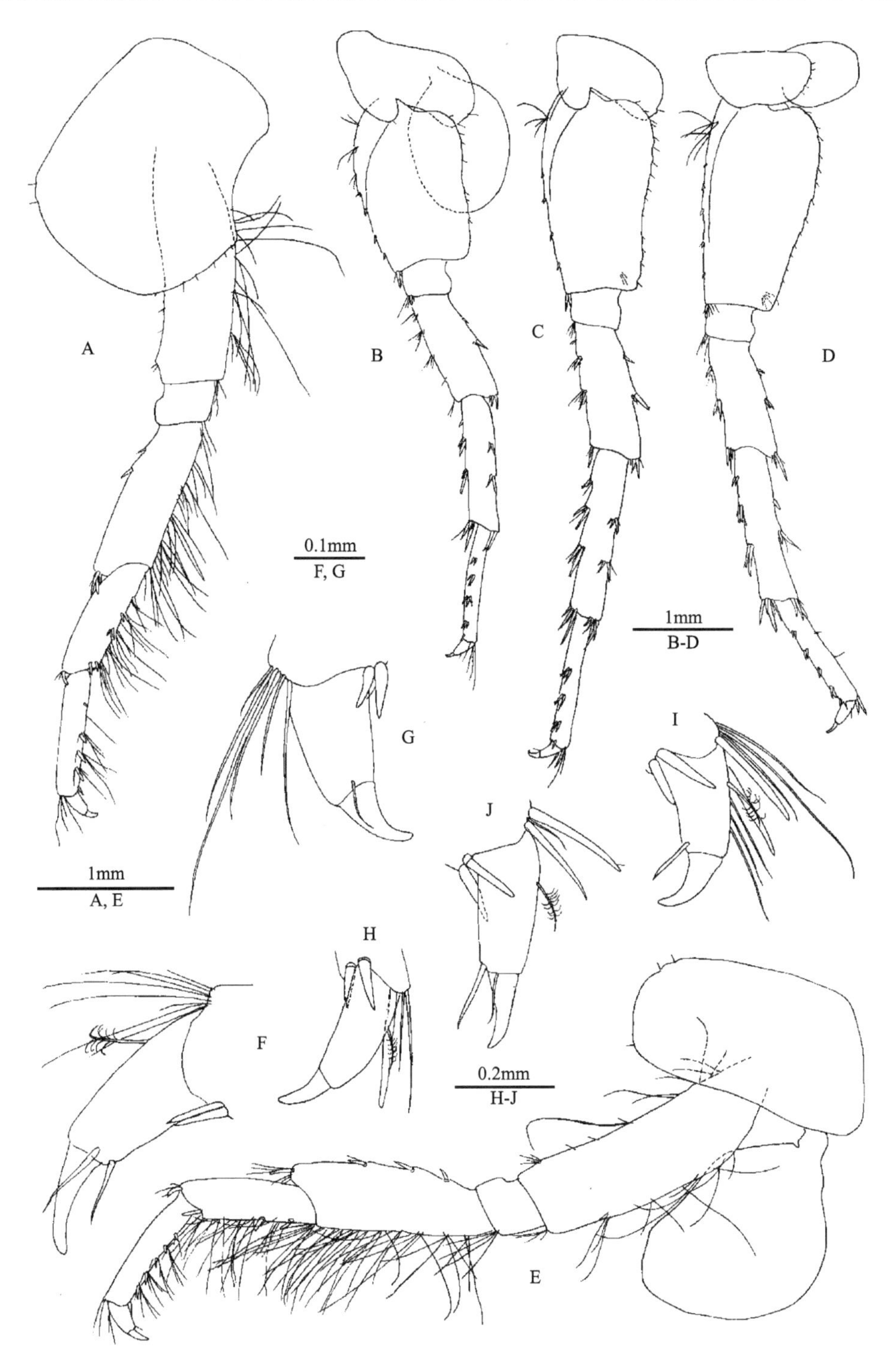

图 433　天山钩虾 *Gammarus tianshan* Zhao, Meng & Hou（三）

♂。A. 第 4 步足; B. 第 5 步足; C. 第 6 步足; D. 第 7 步足; E. 第 3 步足; F-J. 第 3-7 步足指节

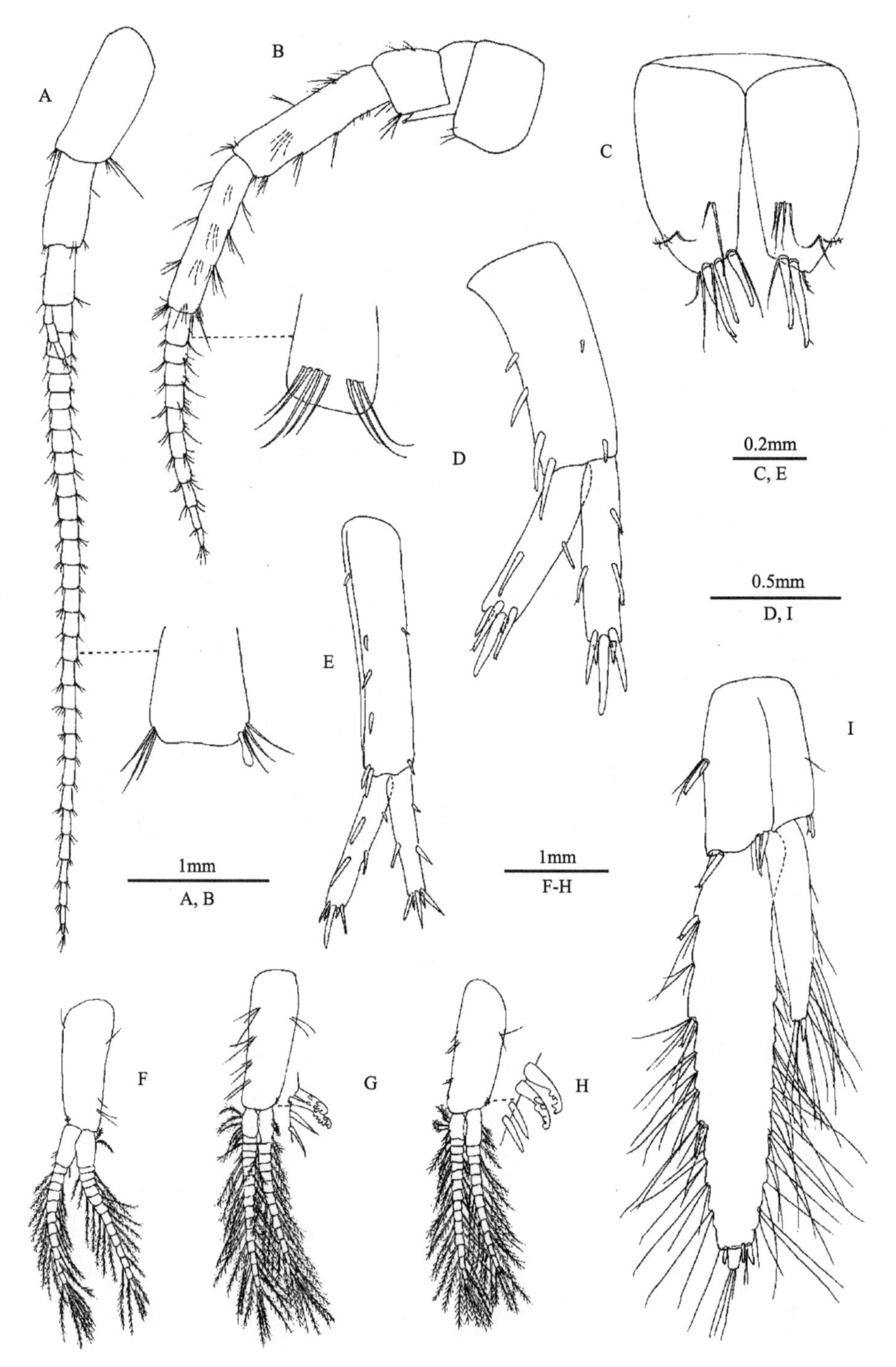

图 434 天山钩虾 *Gammarus tianshan* Zhao, Meng & Hou（四）

♂。A. 第 1 触角; B. 第 2 触角; C. 尾节; D. 第 2 尾肢; E. 第 1 尾肢; F-H. 第 1-3 腹肢; I. 第 3 尾肢

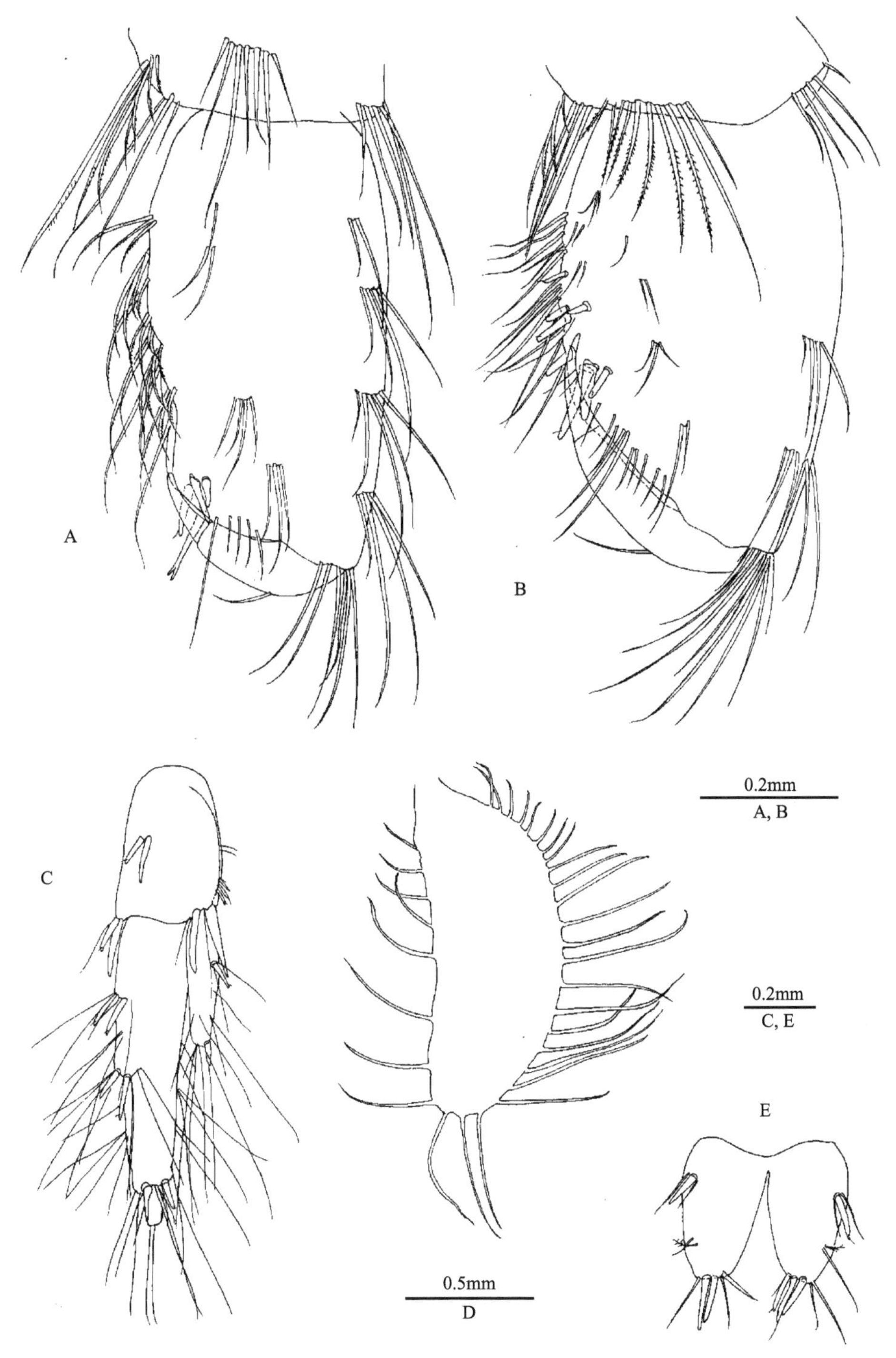

图 435　天山钩虾 *Gammarus tianshan* Zhao, Meng & Hou（五）

♀。A. 第 2 腮足掌节; B. 第 1 腮足掌节; C. 第 3 尾肢; D. 第 2 抱卵板; E. 尾节

分类讨论：本种主要鉴别特征是第 2 触角无鞋状感觉器，第 3 尾肢具简单长毛。

本种与格氏钩虾 *G. gregoryi* Tattersall 和少刺钩虾 *G. paucispinus* Hou & Li 的相似之处在于第 3 尾肢两缘具简单刚毛，第 1–3 腹侧板后下角钝。与格氏钩虾的区别在于本种无鞋状感觉器，第 3 尾肢内肢长是外肢的 2/5；而格氏钩虾第 3 尾肢内肢长是外肢的 1/3。与少刺钩虾的区别在于本种第 4 腹节背缘具 4 刺和毛，尾节背缘具较少长刚毛；而少刺钩虾第 4 腹节背缘仅具较少刚毛，尾节背缘具几组长刚毛。

本种在 2004 年以 *Gammarus montanus* 为名发表为新种，但 *Gammarus montanus* 已被占用，根据同名优先原则，本种在 2017 年重新命名为天山钩虾 *Gammarus tianshan*。

(88) 静水钩虾 *Gammarus tranquillus* Hou, Li & Li, 2013（图 436–441）

Gammarus tranquillus Hou, Li & Li, 2013: 85, figs. 5A, 60–65.

形态描述：雄性 10.7mm。无眼。第 1 触角 1–3 柄节长度比 1.0∶0.9∶0.6，具刚毛；鞭 28 节，第 5–26 节具感觉毛；副鞭 4 节。第 2 触角长是第 1 触角的 1/2，第 3–5 柄节长度比 1.0∶3.4∶3.1，第 4、5 柄节内、外缘均具 7–10 簇刚毛；鞭 11 节，具刚毛，第 1–8 节具鞋状感觉器。左大颚切齿 5 齿；动颚片 4 齿，刺排具 8 对羽状毛；触须第 2 节具 13 缘毛，第 3 节具 3 A-刚毛、2 B-刚毛、12 D-刚毛和 5 E-刚毛。右大颚切齿 4 齿，动颚片分叉，具小齿。第 1 小颚左右不对称，内叶具 15 羽状毛；外叶顶端具 11 锯齿状刺；左触须第 2 节具 7 细长刺和 1 硬毛；右触须第 2 节具 4 壮刺和 1 细长刺。第 2 小颚内叶具 13 羽状毛；内、外叶顶部具长毛。颚足内叶具 3 顶端壮刺和 1 近顶端刺，侧边缘具羽状毛；外叶具 1 排钝齿，顶端具 2 羽状毛；触须第 4 节呈钩状，趾钩接合处具 1 簇刚毛。

第 1 腮足底节板前、后缘分别具 3 和 1 刚毛；基节前、后缘具刚毛；腕节长达掌节的 4/5，后缘具短毛；掌节卵形，掌缘具 1 中央壮刺，后缘和表面具 15 刺。第 2 腮足底节板前、后缘具 3 和 1 短毛；基节前、后缘具长毛；腕节长达掌节的 4/5，后缘具 7 簇刚毛；掌节卵形，掌缘具 1 中央刺，后缘具 4 刺。第 3 步足底节板前、后缘分别具 3 和 1 刚毛；基节长，前、后缘具刚毛；长节到腕节后缘具长卷毛；掌节后缘具 3 组刺和长卷毛；指节具 1 羽状毛，趾钩接合处具 2 毛。第 4 步足底节板凹陷；基节后缘具长毛；长节后缘具 5 簇长直毛，前缘具 2 刺；腕节和掌节后缘具 2、3 组刺和短毛。第 5 步足底节板前、后缘分别具 1 和 2 短毛；基节前、后缘具 6 刺和 10 短毛；长节至腕节前缘具 3 组刺，刚毛少；掌节后缘具 3 组刚毛；指节外缘具 1 羽状刚毛，趾钩接合处具 2 刚毛。第 6 步足底节板后缘具 2 短毛；基节延长；长节和腕节前缘具 3 组刺，无长毛；掌节后缘具 2 组短毛。第 7 步足基节膨大，后缘窄，前缘具 4 刺，后缘具 13 短毛；长节至掌节前缘具多组刺。第 2 腮足和第 3–7 步足具底节鳃，长度逐渐缩小。

第 1 腹侧板腹缘圆，腹前缘具 4 刚毛，后缘具 3 短毛；第 2 腹侧板腹前缘具 2 刺，后缘具 2 短毛，后下角钝；第 3 腹侧板腹前缘具 4 刺，后缘具 4 短毛，后下角钝。第 1–3 腹肢相似，第 1 腹肢柄节具 1 刚毛，第 2、3 腹肢柄节具 2 钩刺和 1 刚毛；外肢比内肢稍短，内、外肢均具羽状毛。第 4–6 腹节背部扁平，第 4 腹节背部中央具 2 簇刚毛，两缘各具 1 刺和 1 刚毛；第 5 腹节背缘具 1-1-1-1 刺和毛；第 6 腹节两缘具 2 刺和 1 刚毛。

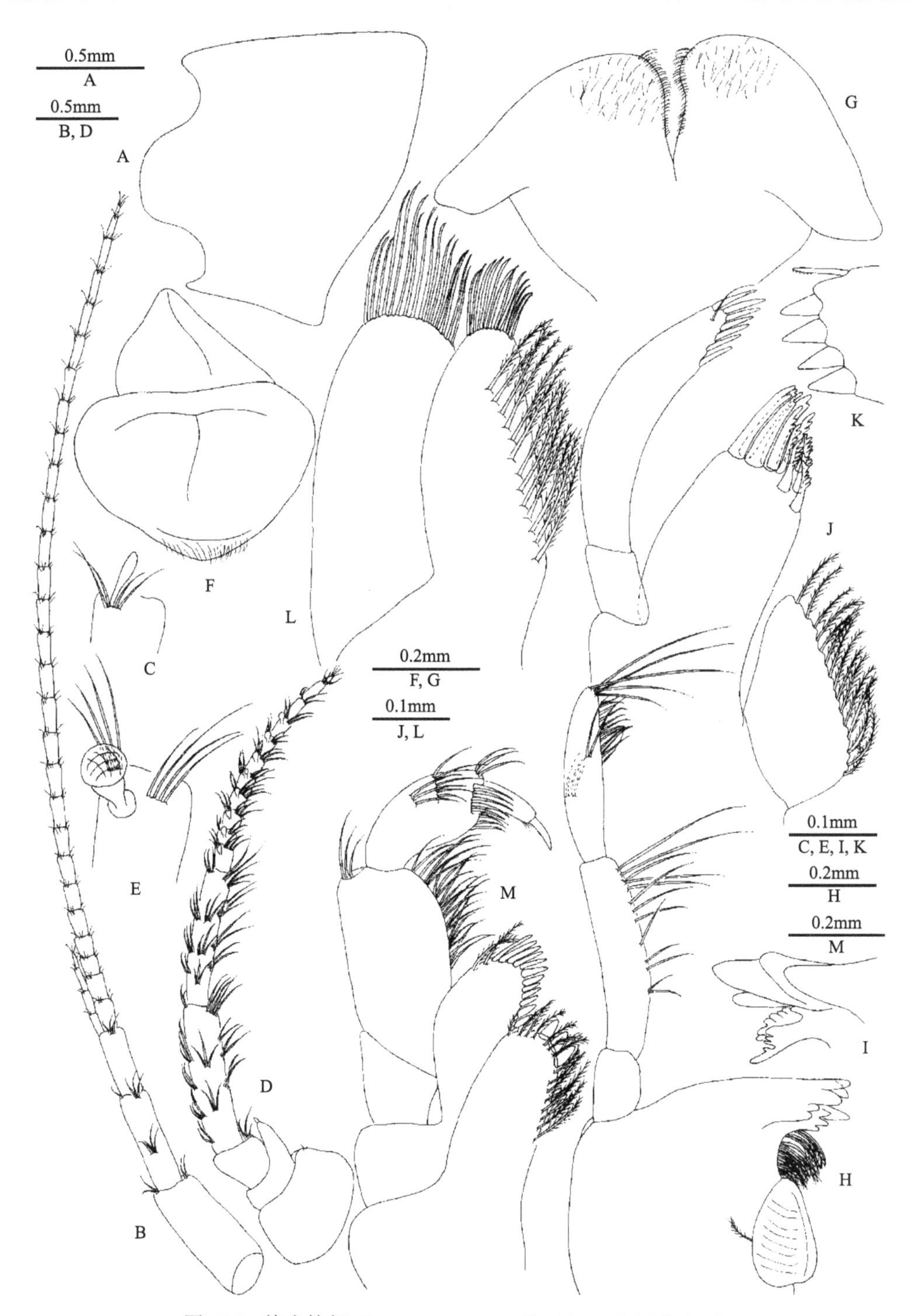

图 436 静水钩虾 *Gammarus tranquillus* Hou, Li & Li（一）

♂。A. 头; B. 第 1 触角; C. 第 1 触角感觉毛; D. 第 2 触角; E. 第 2 触角鞋状感觉器; F. 上唇; G. 下唇; H. 左大颚; I. 右大颚切齿; J. 第 1 小颚; K. 第 1 小颚右触须; L. 第 2 小颚; M. 颚足

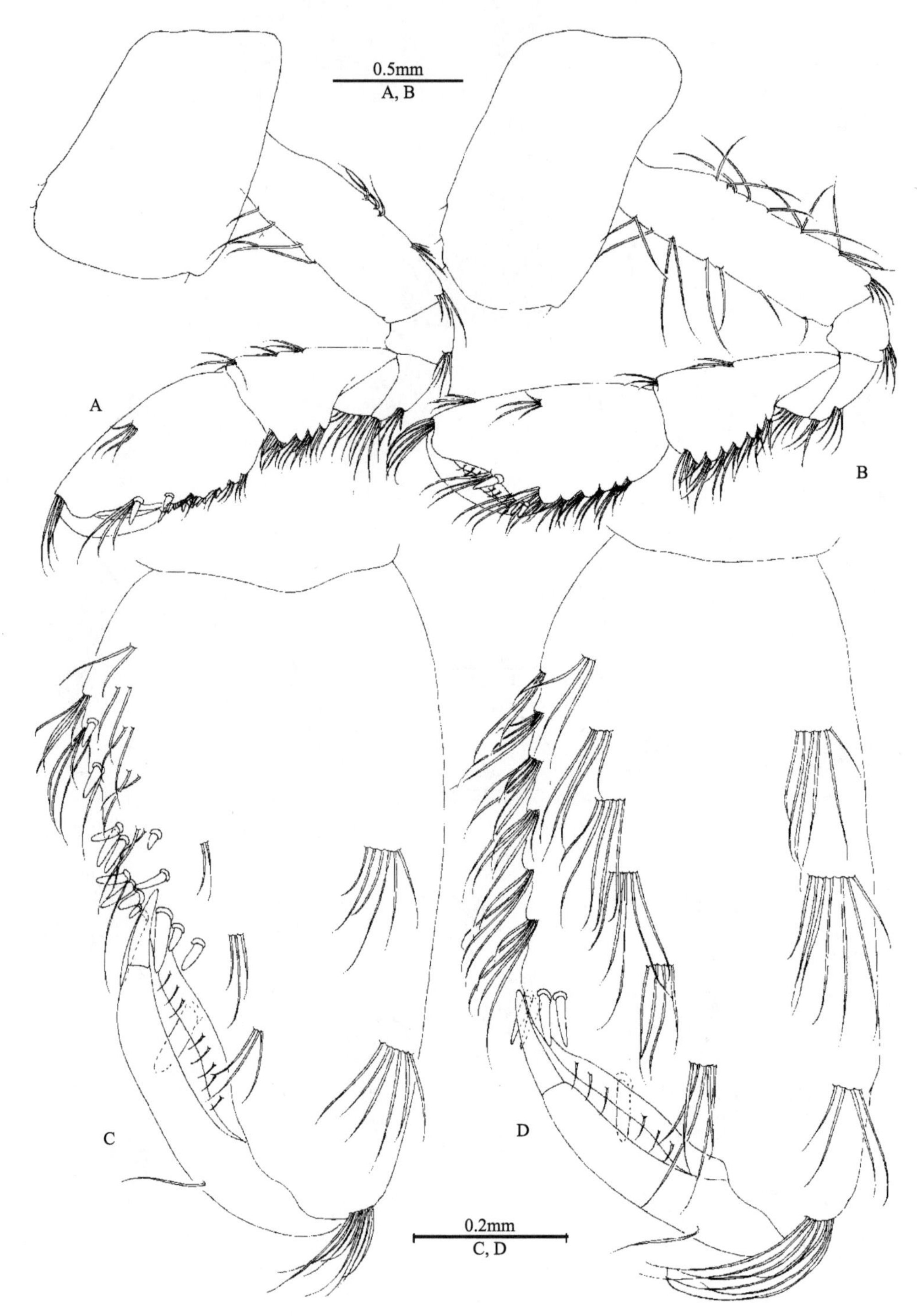

图 437 静水钩虾 *Gammarus tranquillus* Hou, Li & Li（二）

♂。A. 第 1 腮足; B. 第 2 腮足; C. 第 1 腮足掌节; D. 第 2 腮足掌节

图 438　静水钩虾 *Gammarus tranquillus* Hou, Li & Li（三）

♂。A. 第 3 步足; B. 第 4 步足; C. 第 5 步足; D. 第 6 步足; E. 第 7 步足; F. 第 3 步足指节; G. 第 4 步足指节; H. 第 5 步足指节; I. 第 6 步足指节; J. 第 7 步足指节

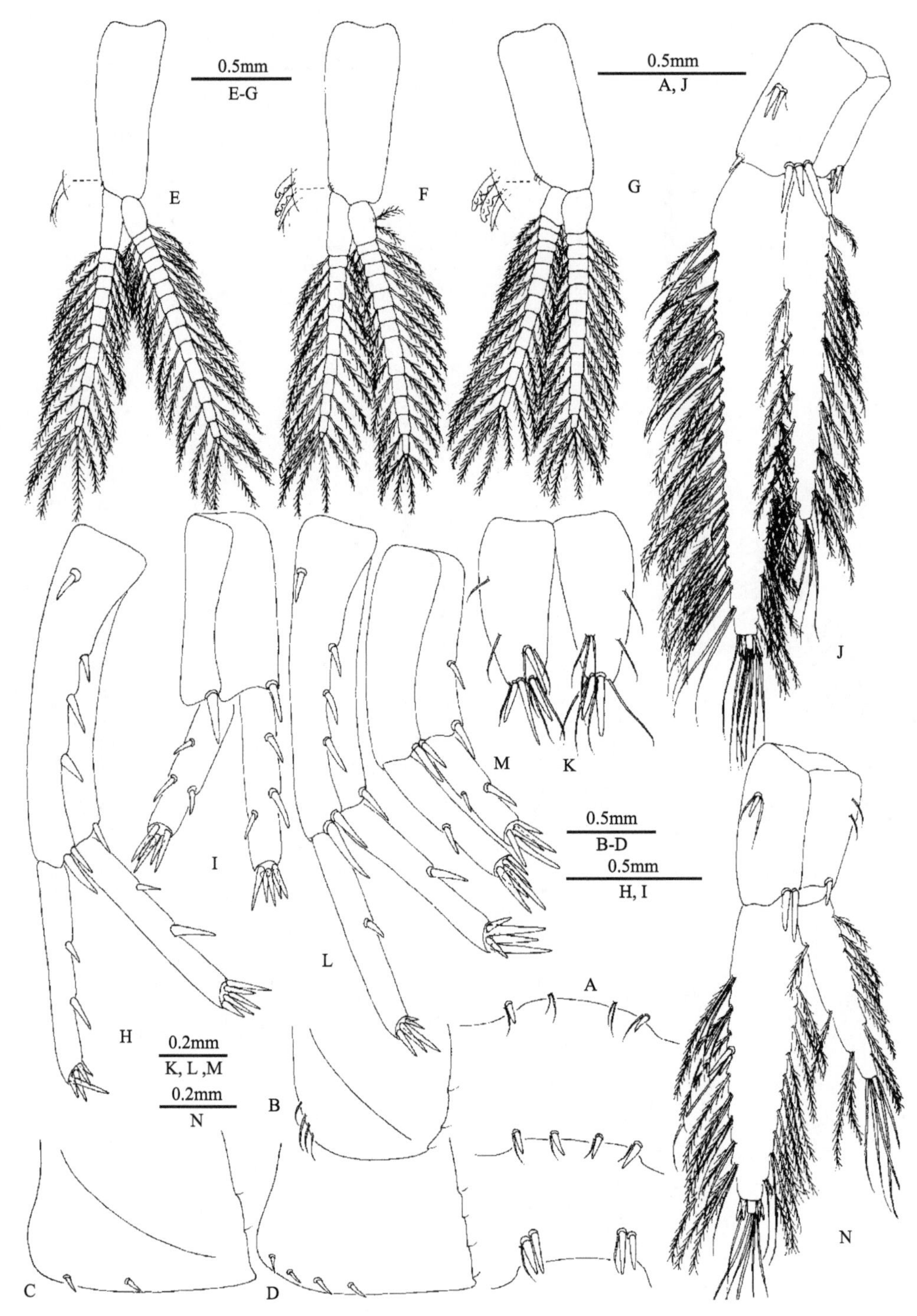

图 439 静水钩虾 *Gammarus tranquillus* Hou, Li & Li（四）

♂, A-K; ♀, L-N。A. 第 4-6 腹节（背面观）; B. 第 1 腹侧板; C. 第 2 腹侧板; D. 第 3 腹侧板; E. 第 1 腹肢; F. 第 2 腹肢; G. 第 3 腹肢; H. 第 1 尾肢; I. 第 2 尾肢; J. 第 3 尾肢; K. 尾节; L. 第 1 尾肢; M. 第 2 尾肢; N. 第 3 尾肢

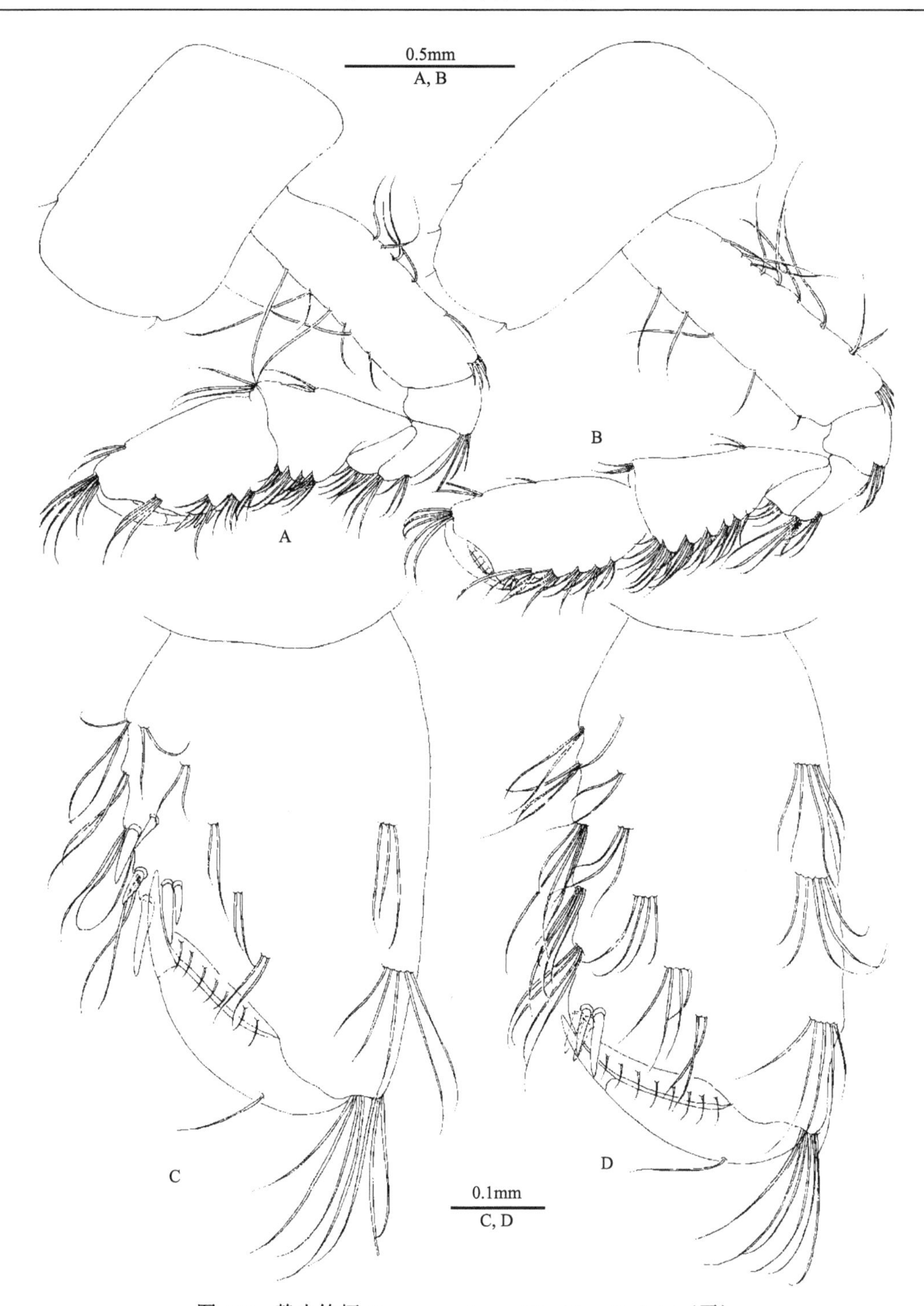

图 440　静水钩虾 *Gammarus tranquillus* Hou, Li & Li（五）

♀。A. 第 1 腮足; B. 第 2 腮足; C. 第 1 腮足掌节; D. 第 2 腮足掌节

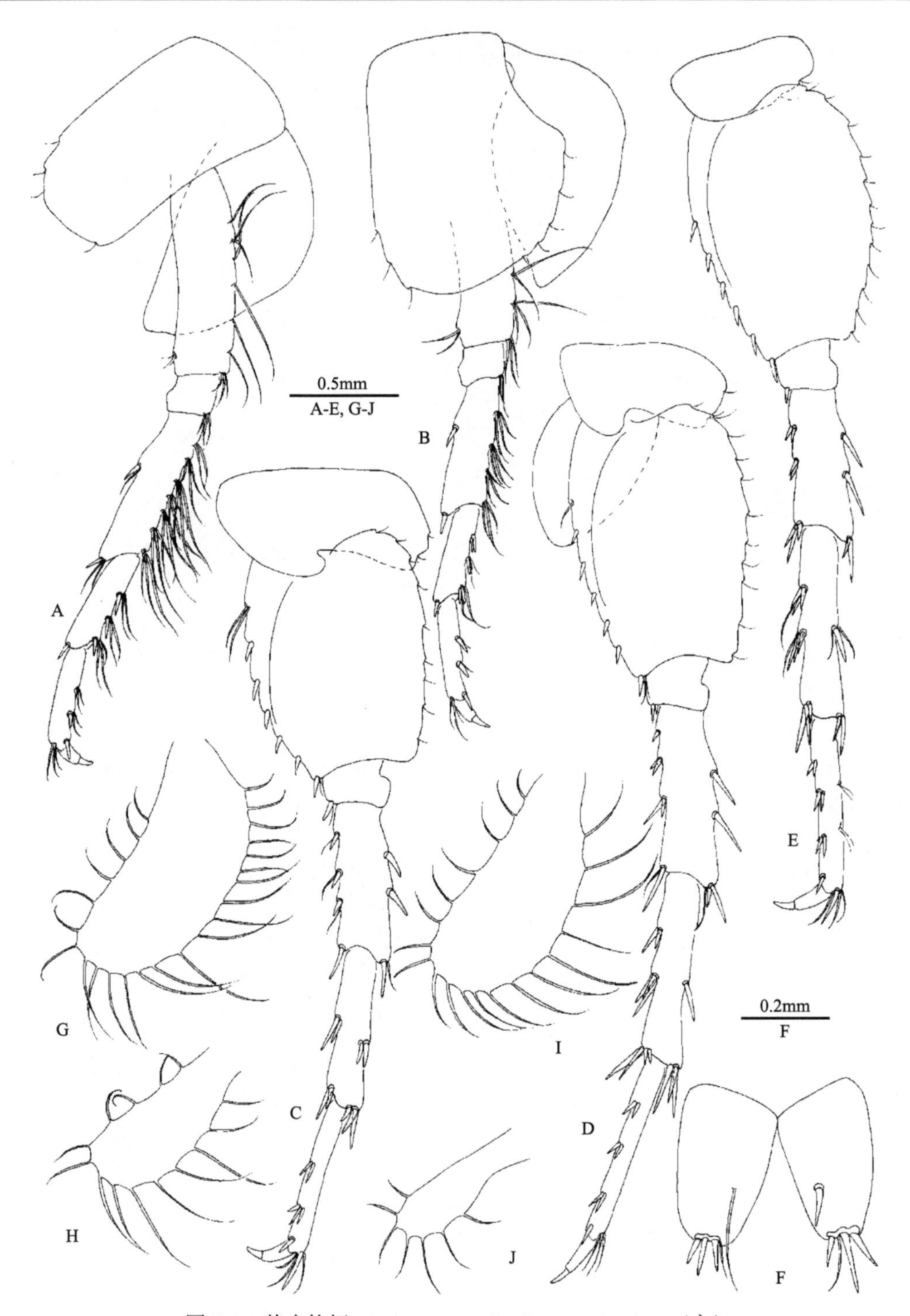

图 441　静水钩虾 *Gammarus tranquillus* Hou, Li & Li（六）

♀。A. 第 3 步足; B. 第 4 步足; C. 第 5 步足; D. 第 6 步足; E. 第 7 步足; F. 尾节; G. 第 2 抱卵板; H. 第 3 抱卵板; I. 第 4 抱卵板; J. 第 5 抱卵板

第 1 尾肢柄节具 1 背基刺，外缘具 3 刺；内、外肢内缘各具 2 刺。第 2 尾肢短，柄节无缘刺；内肢内、外缘分别具 2 和 1 刺；外肢比内肢短，内、外缘分别具 1 和 2 刺。第 3 尾肢柄节表面具 2 刺，末端具 7 刺；内肢长达外肢的 4/5，内、外缘具羽状毛，具 1 末端刺和刚毛；外肢第 1 节外缘具 2 对刺，两缘密布羽状毛，第 2 节短于周围邻近刺。尾节深裂，左叶背侧缘具刚毛和 1 刺，具 3 末端刺和 4 刚毛；右叶背侧缘具刚毛，具 2 末端刺和 4 刚毛。

雌性 8.5mm。第 1 腮足掌节似卵形，掌后缘具 6 刺。第 2 腮足掌节近长方形，前、后缘具简单刚毛，掌后缘具 4 刺。第 3、4 步足与雄性相比，后缘具较少刚毛。第 1 尾肢柄节具 1 背基刺，外缘具 3 刺；内、外肢内缘各具 1 刺。第 2 尾肢短。第 3 尾肢柄节表面具 1 刺和一些刚毛，具 3 末端刺；内肢长达外肢的 2/3，两缘具羽状毛；外肢第 1 节外缘具 1 对刺和刚毛，两缘具羽状毛，第 2 节短于邻近刺。第 2 抱卵板宽阔，有缘毛，第 3、4 抱卵板细长，第 5 抱卵板最小。

观察标本：1♂（正模，IZCAS-I-A1161-1），1♀，贵州绥阳麻湾洞（107.07°E, 28.20°N），海拔 937m，2010.V.17。

生态习性：该种在麻湾洞的地下河采集，洞穴黑暗，无光。

地理分布：贵州（绥阳）。

分类讨论：本种主要鉴别特征是第 3 步足长节和腕节后缘具长卷毛；第 1 小颚右触须第 2 节具 4 壮刺；第 3 尾肢内肢长是外肢的 4/5，两侧密布羽状毛；第 4 腹节背部中央具 2 组刚毛，两侧具 1 刺和 1 毛。

本种与咸丰钩虾 *G. xianfengensis* Hou & Li 相似之处为无眼，触角鞭节具鞋状感觉器，第 4–6 腹节具刺和刚毛。主要区别在于本种第 3 步足长节至腕节具长卷毛；第 2、3 腹侧板腹缘具 2–4 刺，后下角钝；第 3 尾肢外肢第 2 节较长，内肢长达外肢的 4/5。而咸丰钩虾第 3 步足长节到腕节具较少刚毛；第 2、3 腹侧板腹缘具 5、6 刺，后下角稍尖；第 3 尾肢外肢第 2 节较短，内肢长达外肢的 9/10。

本种与透明钩虾 *G. translucidus* Hou, Li & Li 的主要区别在于第 5 腹节背缘具 1-1-1-1 刺和毛，第 2 尾肢柄节背部无刚毛；而后者第 5 腹节背缘具 2 刺，第 2 尾肢柄节具 1 组长刚毛。

(89) 透明钩虾 *Gammarus translucidus* Hou, Li & Li, 2004（图 442–445）

Gammarus translucidus Hou, Li & Li, 2004: 826, figs. 1–4.

形态描述：雄性 11.8mm。无眼。第 1 触角 1–3 柄节长度比 1.00∶0.68∶0.40，具末端毛；鞭 26 节，具感觉毛；副鞭 5 节。第 2 触角第 4 与第 5 柄节等长，前、后缘具 2–4 组长刚毛；鞭节具鞋状感觉器。左大颚切齿 5 齿；动颚片 4 齿；臼齿具 1 刚毛；触须第 2 节具 14 硬毛，第 3 节具 2 组 A-刚毛、2 组 B-刚毛、1 排 D-刚毛和 8 E-刚毛。右大颚切齿 4 齿，动颚片分叉。第 1 小颚左右不对称，内叶具 14 羽状毛，外叶具 11 锯齿状刺，左触须第 2 节具 10 长刺和 3 硬毛，右触须第 2 节具 6 壮刺和 1 硬毛。第 2 小颚内叶具 15 羽状毛，外叶具顶毛。颚足内叶具 3 顶端刺和 1 近顶端刺；外叶具 1 钝齿和梳状顶端毛；触须 4 节。

第 1 腮足基节前、后缘具长刚毛；掌节卵形，掌面倾斜，具 1 中央刺，后缘具 12 刺；指节外缘具 1 刚毛。第 2 腮足腕节具平行边缘；掌节近长方形，掌面平截，掌缘具 1 中央刺，后缘具 5 刺。第 3 步足细长，基节前、后缘具长刚毛；长节至腕节后缘密布长刚毛；指节外缘具 1 羽状毛，趾钩接合处具 1 刚毛。第 4 步足比第 3 步足短，长节和腕节后缘具长直毛。第 5–7 步足逐渐变长，基节前缘具短刺，第 5 步足基节后缘近直，第 6 步足基节后缘凹，第 7 步足基节膨大，内面后下角具 1 刺；长节和腕节前缘各具 2、3 组刺和长刚毛；掌节后缘具长刚毛；指节外缘具 1 羽状毛，趾钩接合处具 1 刚毛。

第 1–3 腹侧板后下角钝，后缘具 3、4 短刚毛。第 1 腹侧板腹前缘具 5 刚毛；第 2 腹侧板腹缘具 1 刺；第 3 腹侧板腹缘具 2 刺。第 1–3 腹肢相似，柄节具 2 钩刺和 2、3 刚毛；背缘具一些刚毛；外肢比内肢稍短，内、外肢均具羽状刚毛。第 4–6 腹节背部扁平，背缘具 2 刺。

第 1 尾肢柄节具 1 背基刺，内、外缘分别具 1-1 和 1-1-2 刺；外肢内、外缘各具 1 刺；内肢内缘具 1 刺。第 2 尾肢柄节背缘具 1 组长刚毛，外缘具 2 刺；外肢比内肢稍短，外缘具 2 刺；内肢内缘具 2 刺。第 3 尾肢柄节背缘具长刚毛和 9 末端刺；内肢长是外肢的 5/6，具 1 侧刺和 2 末端刺；外肢第 1 节外缘具 2 组刺和 5 末端刺，第 2 节比周围刺短；内外肢密布简单毛和羽状毛。尾节深裂，每叶具 3 末端刺和长背毛，左叶具 1 侧刺。

雌性未知。

观察标本：1♂（正模，IZCAS-I-A0113），6♂，贵州绥阳温泉镇观音洞（107.1°E, 27.9°N），2003.II.18。

生态习性：本种栖息在洞穴中。山洞入口距离赤壁溪西岸 60m，洞中有一条清澈的地下河，全年不断流淌。

地理分布：贵州。

分类讨论：本种的主要鉴别特征为无眼；第 5–7 步足细长，前缘具长刚毛；第 4–6 腹节背刺退化；第 3 尾肢第 2 节短于邻近刺。

本种与采自贵州、距本种采集地约 175km 的光秃钩虾 *G. glabratus* Hou & Li 的相似特征包括：第 3–7 步足细长，第 2、3 腹侧板后下角钝，第 4、5 腹节背刺退化。主要区别在于本种无眼，第 2 触角鞭节具鞋状感觉器，第 5–7 步足前缘具长刚毛，第 2 尾肢柄节背缘具 1 组长刚毛，第 3 尾肢内、外肢均具长简单毛和羽状毛，第 4、5 腹节背缘具 2 刺；而光秃钩虾具眼，第 2 触角鞭节无鞋状感觉器，第 5–7 步足前缘无刚毛，第 2 尾肢柄节背缘无长刚毛，第 3 尾肢外肢外缘具简单刚毛，第 4、5 腹节背缘无刚毛和刺。

本种与普氏钩虾 *G. platvoeti* Hou & Li 的相似之处在于第 2 触角第 4、5 柄节前、后缘具长刚毛，第 3–7 步足细长，第 4、5 腹节背刺较退化。主要区别在于本种无眼，第 5–7 步足前缘具刺和长毛，第 2 尾肢柄节背缘具 1 组长刚毛，第 4、5 腹节背缘具 2 刺；而普氏钩虾具眼，第 5–7 步足前缘无刚毛，第 2 尾肢柄节背缘无长刚毛，第 4、5 腹节背缘具 2 刚毛。

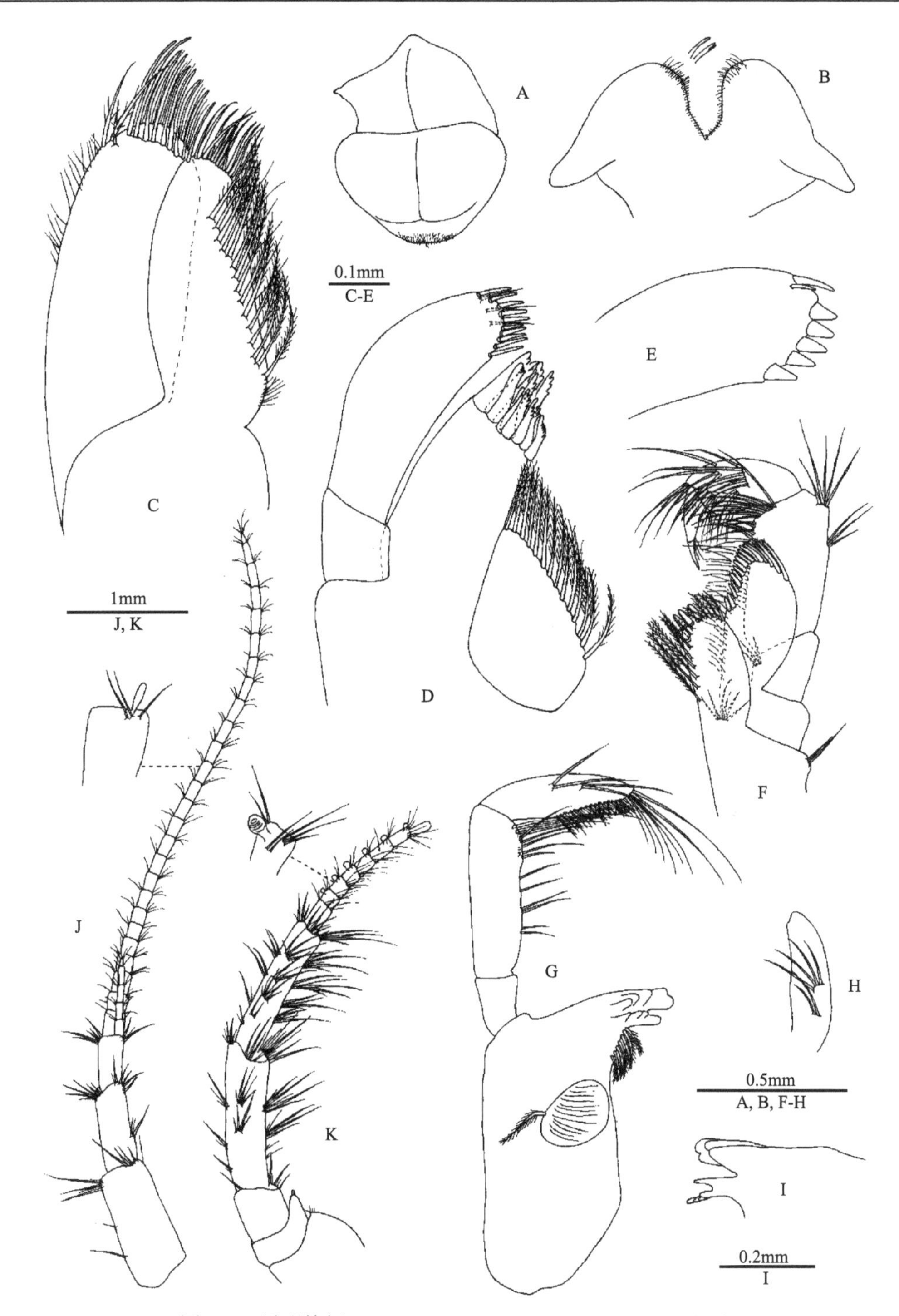

图 442　透明钩虾 *Gammarus translucidus* Hou, Li & Li（一）

♂。A. 上唇; B. 下唇; C. 第 2 小颚; D. 左第 1 小颚; E. 右第 1 小颚触须; F. 颚足; G. 左大颚; H. 左大颚触须第 3 节; I. 右触须切齿; J. 第 1 触角; K. 第 2 触角

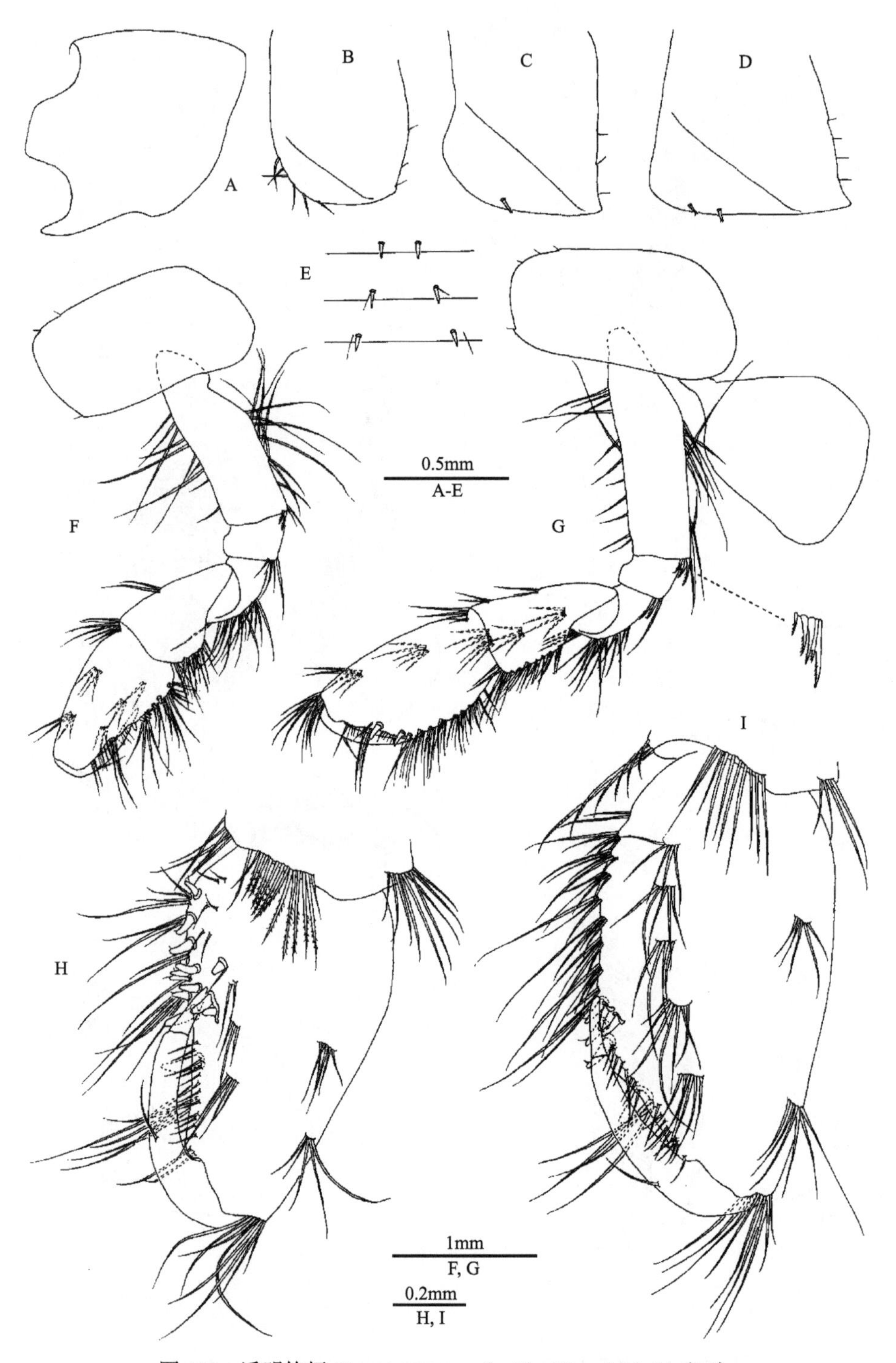

图 443 透明钩虾 *Gammarus translucidus* Hou, Li & Li（二）

♂。A. 头; B. 第 1 腹侧板; C. 第 2 腹侧板; D. 第 3 腹侧板; E. 第 4-6 腹节（背面观）; F. 第 1 腮足; G. 第 2 腮足; H. 第 1 腮足掌节; I. 第 2 腮足掌节

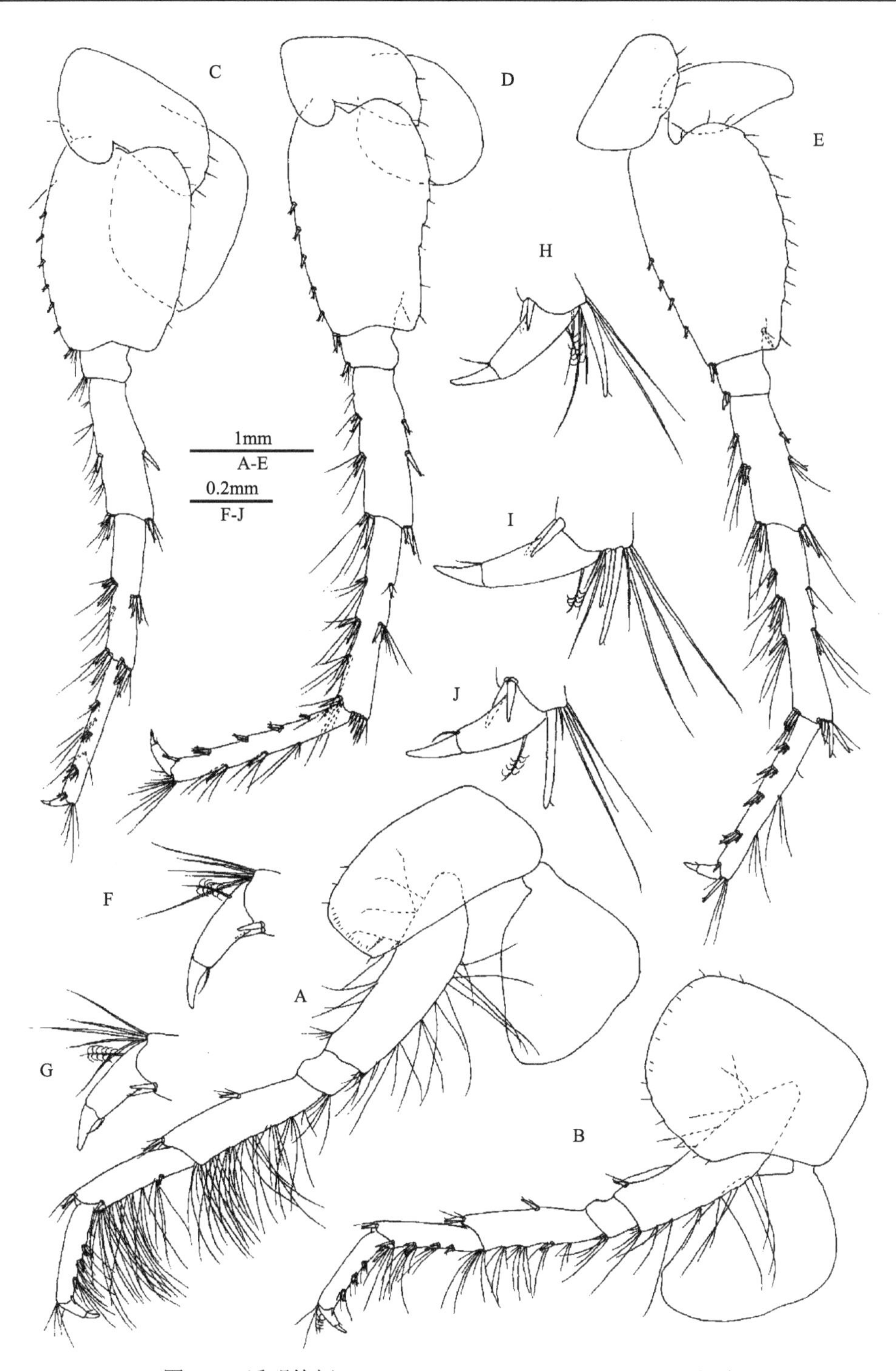

图 444　透明钩虾 *Gammarus translucidus* Hou, Li & Li（三）

♂。A. 第 3 步足; B. 第 4 步足; C. 第 5 步足; D. 第 6 步足; E. 第 7 步足; F. 第 3 步足指节; G. 第 4 步足指节; H. 第 5 步足指节; I. 第 6 步足指节; J. 第 7 步足指节

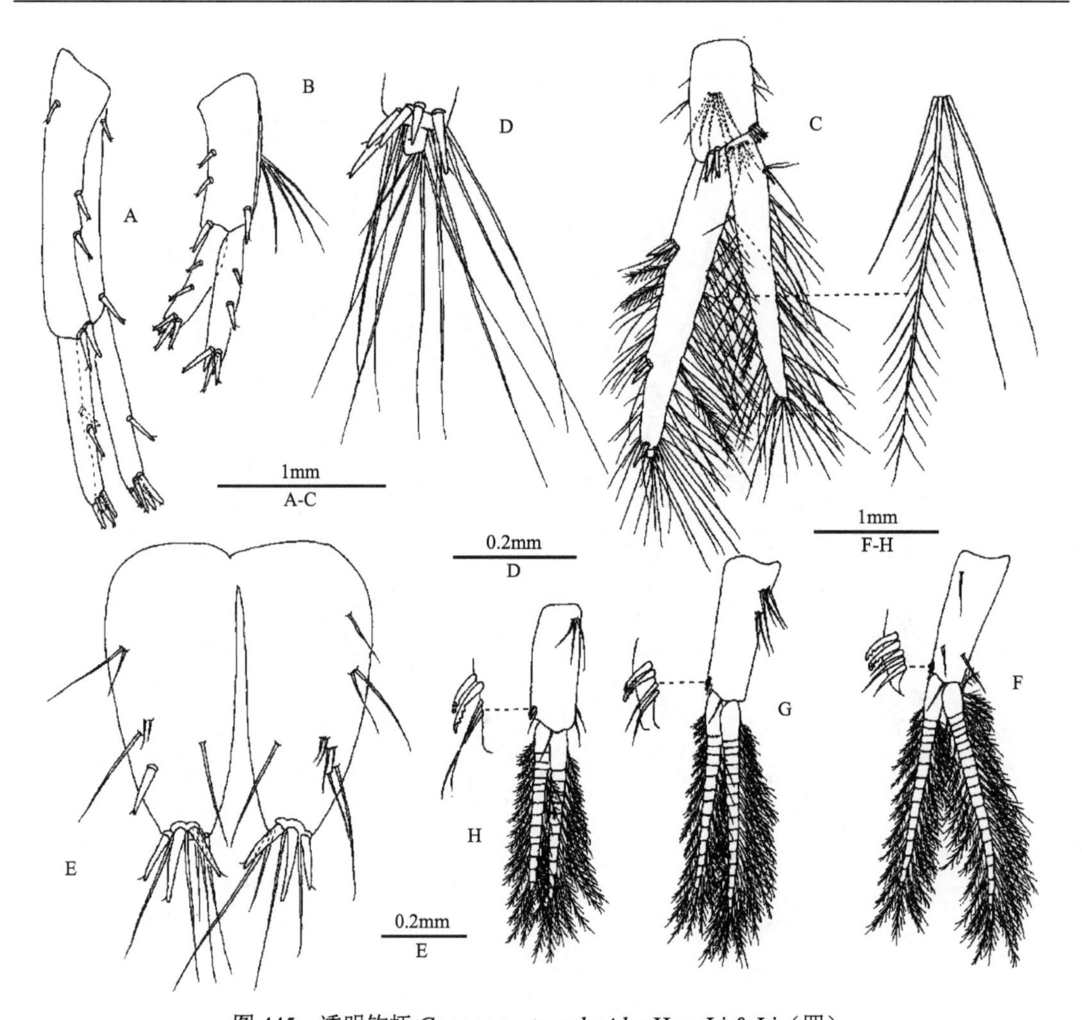

图 445 透明钩虾 *Gammarus translucidus* Hou, Li & Li（四）

♂。A. 第 1 尾肢; B. 第 2 尾肢; C. 第 3 尾肢; D. 第 3 尾肢末节; E. 尾节; F. 第 1 腹肢; G. 第 2 腹肢; H. 第 3 腹肢

(90) 河谷钩虾 *Gammarus vallecula* Hou & Li, 2018（图 446–451）

Gammarus vallecula Hou & Li, in: Hou, Zhao & Li, 2018: 4, figs. 2–7.

形态描述：雄性 18.5mm。眼肾形。第 1 触角 1–3 柄节长度比 1.0∶0.7∶0.4，具末端毛；鞭 26 节，第 4–22 节具感觉毛；副鞭 4 节。第 2 触角第 3 柄节侧缘具刚毛，第 4、5 柄节具 4、5 簇长毛；鞭 10 节，具长刚毛；无鞋状感觉器。左大颚切齿 5 齿；动颚片 4 齿；刺排具 5 对羽状毛；触须第 2 节具 12 缘毛，第 3 节具 4 A-刚毛、4 B-刚毛、16 D-刚毛和 5 E-刚毛。右大颚切齿 4 齿，动颚片分叉，具小齿。第 1 小颚左右不对称，内叶具 9 羽状毛；外叶具 11 壮刺，每刺具小齿；左触须第 2 节顶端具 7 细长刺；右第 1 小颚触须第 2 节具 5 壮刺、1 细长刺和 1 硬毛。第 2 小颚内叶具 11 羽状毛；内、外叶顶端具长刚毛。颚足内叶具 3 顶端刺、1 近顶端刺和 21 羽状毛；外叶具 14 钝齿，顶端具 3 羽状毛；触须第 4 节呈钩状，趾钩接合处具 1 簇刚毛。

第 1 腮足底节板前、后缘分别具 3 和 2 刚毛；基节前、后缘具刚毛；腕节长约为掌节的 2/3；掌节卵形，掌缘具 1 中央刺，后缘和掌面共具 12 刺；指节外缘具 1 刚毛。第 2 腮足腕节长约为掌节的 9/10，腹缘具 7 簇刚毛，背缘具 2 簇刚毛；掌节长方形，掌缘具 1 中央刺，后缘具 3 刺。第 3 步足底节板前、后缘分别具 2 和 3 短毛；基节长，前、后缘均具刚毛；长节前缘具 2 刺，后缘具短直毛；腕节后缘具 5 刺和毛；掌节后缘具 3 刺和毛；指节外缘具 1 羽状刚毛，趾钩接合处具 2 刚毛。第 4 步足底节板凹陷，前、后缘分别具 3 和 7 短毛；长节前缘具 1 刺，后缘具 4 簇短直毛；腕节和掌节后缘具 2、3 组刺和毛。第 5 步足底节板前、后缘分别具 1 和 3 刚毛；基节膨大，前缘具 4 长毛和 3 刺，后缘具 12 短毛；长节前、后缘各具 1 刺；腕节前、后缘各具 2 组刺；掌节前缘具 3 组刺；指节外缘具 1 羽状刚毛，趾钩接合处具 2 刚毛。第 6 步足基节后缘微凹；长节至掌节前缘具 3、4 组刺。第 7 步足基节膨大；长节至掌节前缘具 3 组刺，刚毛少。第 2 腮足和第 3–5 步足的底节鳃长于基节；第 6 步足底节鳃稍短于基节；第 7 步足底节鳃短于基节的 1/2。

第 1 腹侧板腹缘圆，腹前缘具 7 长毛，后缘具 3 短毛；第 2 腹侧板腹缘具 2 刺，后缘具 6 短毛，后下角钝；第 3 腹侧板腹缘具 3 刺，后缘具 6 短毛，后下角稍尖。第 1–3 腹肢相似，柄节具 2 钩刺和 2 刚毛；外肢比内肢稍长，内、外侧具羽状毛。第 4 腹节背缘具 1-1-1-1 刺；第 5 腹节背缘具 3-1-1-3 刺伴刚毛；第 6 腹节两侧具 2 刺和 2 刚毛，背缘具 2 对刚毛。

第 1 尾肢柄节具 1 背基刺，内、外缘分别具 2 和 3 刺；内、外肢内缘分别具 2 和 1 刺。第 2 尾肢柄节内、外缘分别具 1 和 2 刺；内肢内缘具 2 刺；外肢内缘具 1 刺。第 3 尾肢柄节表面具 2 刺，末端具 8 刺；内肢长约为外肢的 2/3，内缘具 1 刺和 3 羽状毛，末端具 2 刺和毛；外肢第 1 节外缘具 3 对刺，内缘具 4 羽状毛和 1 简单刚毛，第 2 节具简单毛，与邻近刺等长。尾节深裂，每叶表面具 1 刺和几簇毛，末端具 2 刺和 3 刚毛。

雌性 7.8mm。第 1 腮足掌节似卵形，掌后缘具 6 刺。第 2 腮足掌节近似长方形，掌后缘具 3 刺。第 3 尾肢内肢长达外肢的 3/5，内、外肢内缘各具 3 羽状毛，外缘无羽状毛。第 2 抱卵板宽大，第 3、4 抱卵板细长，第 5 抱卵板最小。

观察标本：1♂（正模，IZCAS-I-A1411-1），1♀，陕西汉中留坝（106.92°E, 33.61°N），海拔 1415m，2013.X.23。

生态习性：本种栖息在秦岭南坡山谷溪流中。

地理分布：陕西（汉中）。

分类讨论：本种主要鉴别特征是第 2 触角柄节和鞭节具刚毛，无鞋状感觉器；第 3、4 步足后缘具短直毛；第 2 腹侧板后下角钝，第 3 腹侧板后下角稍尖；第 3 尾肢内肢长约为外肢的 2/3，外肢第 2 节与邻近刺等长，内、外肢内缘具稀疏羽状毛。

本种与缘毛钩虾 *G. craspedotrichus* Hou & Li 相似之处在于第 2 触角无鞋状感觉器；第 3、4 步足后缘具直刚毛；第 3 尾肢内、外肢内缘具羽状刚毛。主要区别在于本种第 2 触角柄节腹缘具刚毛，刚毛与柄节直径等长；第 1 尾肢柄节具 1 背基刺；第 3 尾肢内肢长约为外肢的 2/3，外肢第 2 节与邻近刺等长；第 4–6 腹节具 4 簇背刺和刚毛。而缘毛钩

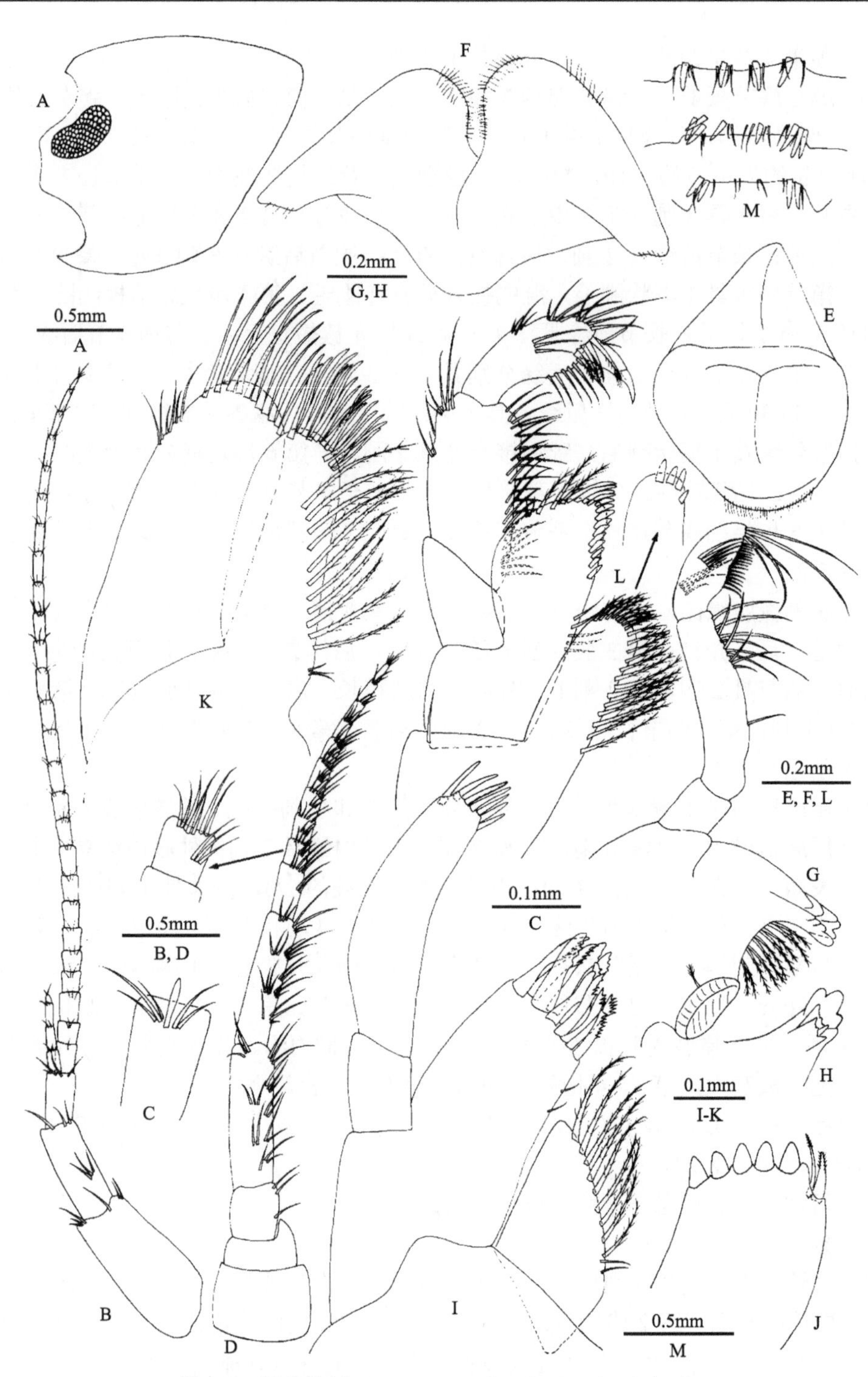

图 446 河谷钩虾 *Gammarus vallecula* Hou & Li（一）

♂。A. 头; B. 第 1 触角; C. 第 1 触角感觉毛; D. 第 2 触角; E. 上唇; F. 下唇; G. 左大颚; H. 右大颚切齿; I. 左第 1 小颚; J. 右第 1 小颚触须; K. 第 2 小颚; L. 颚足; M. 第 4-6 腹节（背面观）

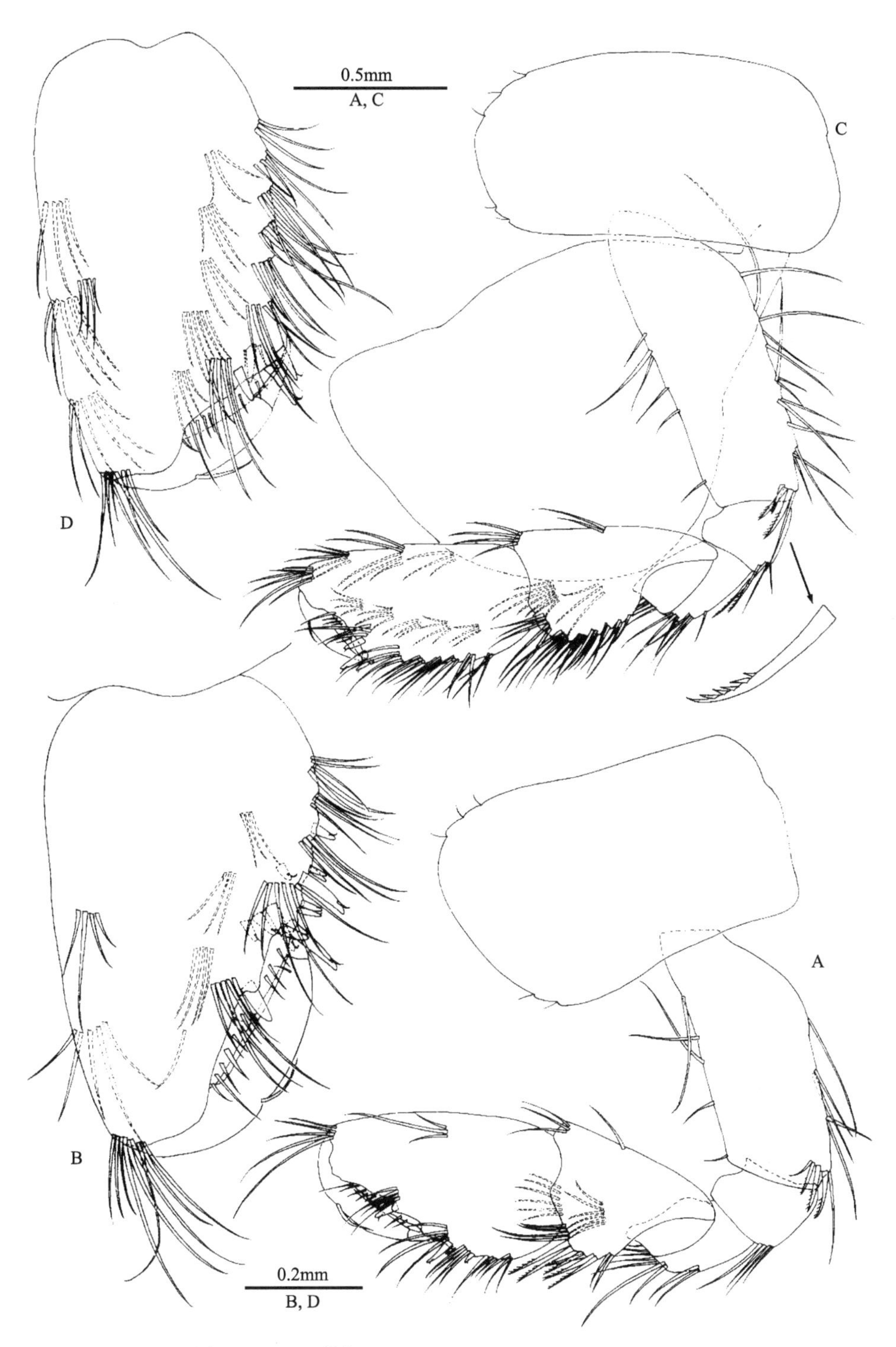

图 447　河谷钩虾 *Gammarus vallecula* Hou & Li（二）

♂。A. 第 1 腮足; B. 第 1 腮足掌节; C. 第 2 腮足; D. 第 2 腮足掌节

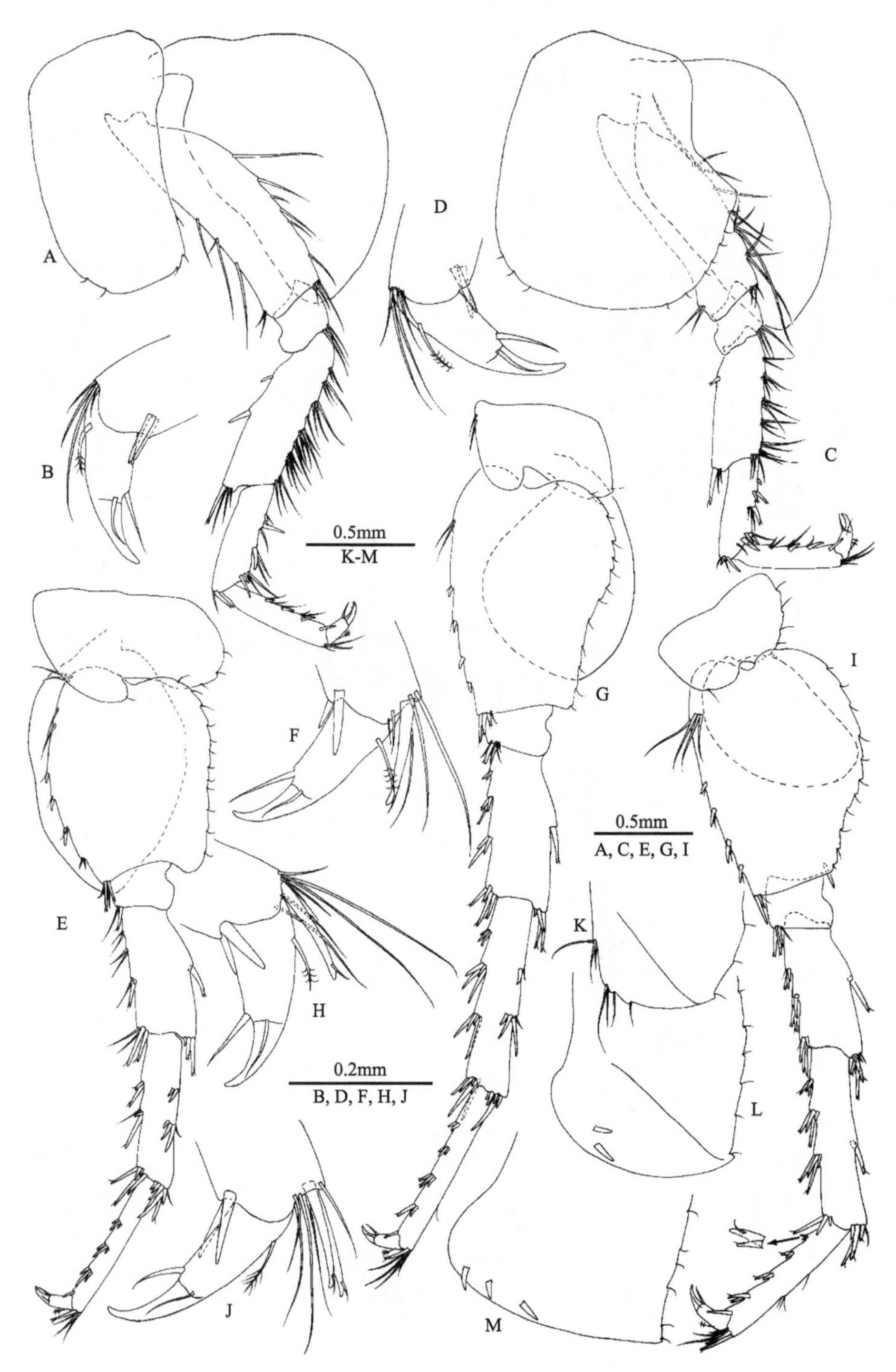

图 448 河谷钩虾 *Gammarus vallecula* Hou & Li（三）

♂。A. 第 3 步足; B. 第 3 步足指节; C. 第 4 步足; D. 第 4 步足指节; E. 第 5 步足; F. 第 5 步足指节; G. 第 6 步足; H. 第 6 步足指节; I. 第 7 步足; J. 第 7 步足指节; K. 第 1 腹侧板; L. 第 2 腹侧板; M. 第 3 腹侧板

图 449　河谷钩虾 *Gammarus vallecula* Hou & Li（四）

♂, A-G; ♀, H。A. 第 1 腹肢; B. 第 2 腹肢; C. 第 3 腹肢; D. 第 1 尾肢; E. 第 2 尾肢; F. 第 3 尾肢; G. 尾节; H. 第 1 尾肢

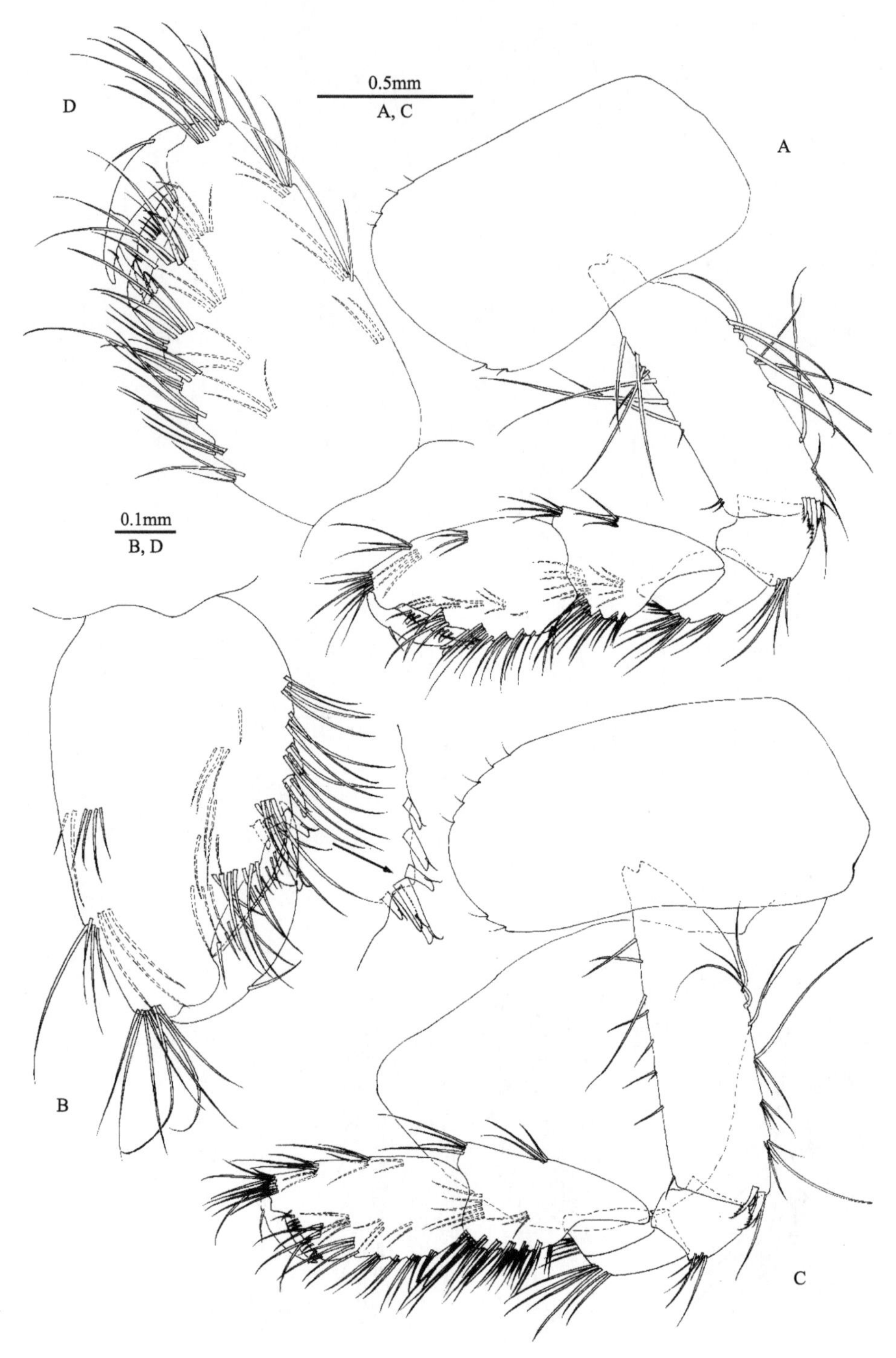

图 450　河谷钩虾 *Gammarus vallecula* Hou & Li（五）

♀。A. 第 1 腮足; B. 第 1 腮足掌节; C. 第 2 腮足; D. 第 2 腮足掌节

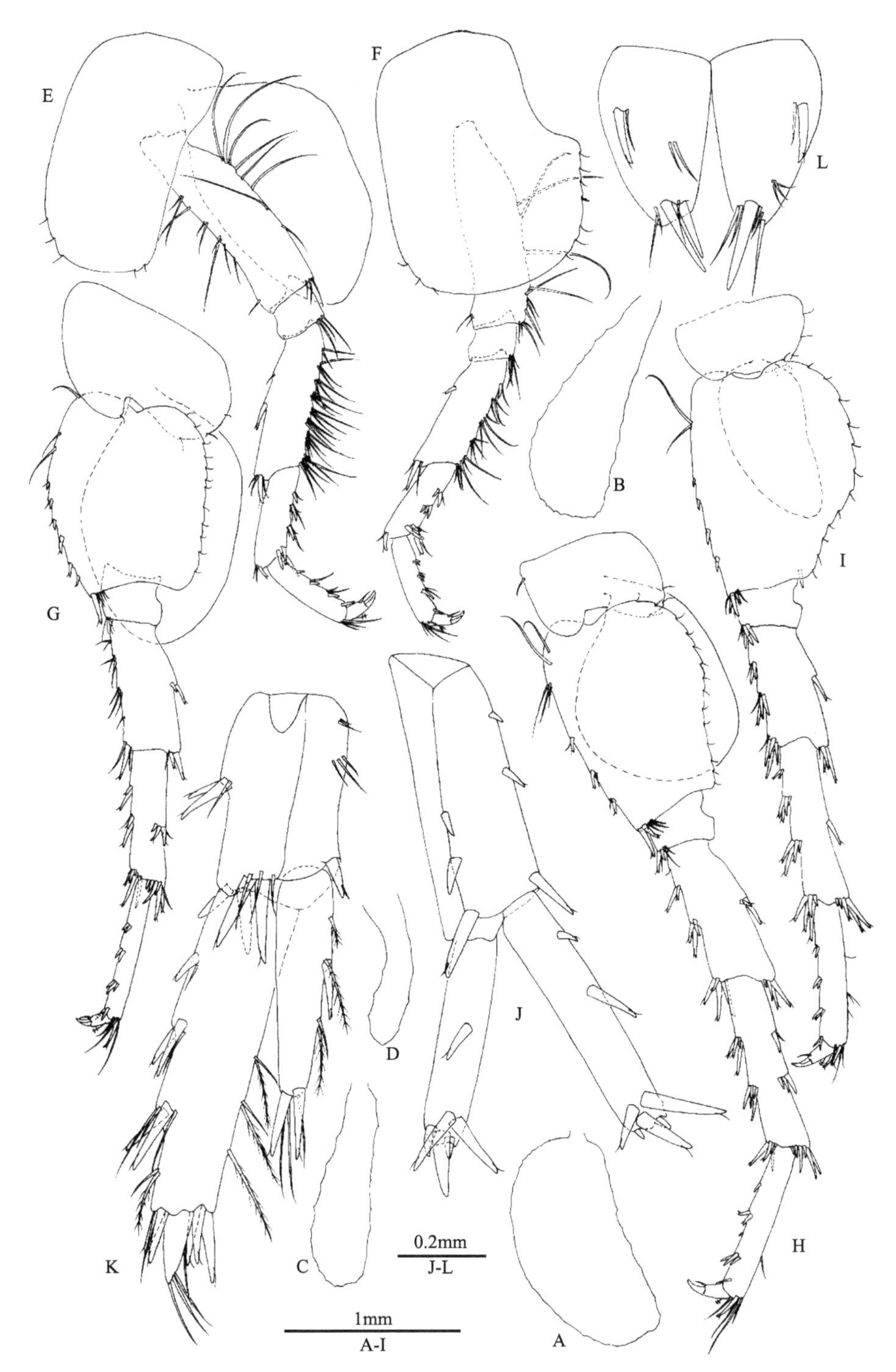

图 451　河谷钩虾 *Gammarus vallecula* Hou & Li（六）

♀。A. 第 2 抱卵板; B. 第 3 抱卵板; C. 第 4 抱卵板; D. 第 5 抱卵板; E. 第 3 步足; F. 第 4 步足; G. 第 5 步足; H. 第 6 步足; I. 第 7 步足; J. 第 2 尾肢; K. 第 3 尾肢; L. 尾节

虾第 2 触角腹缘具长刚毛；第 1 尾肢柄节无背基刺；第 3 尾肢内肢与外肢第 1 节长度等长，外肢第 2 节比邻近刺稍短；第 4–6 腹节具 2 簇背刺和刚毛。

本种与峨眉钩虾 *G. emeiensis* Hou, Li & Koenemann 相似特征包括：第 2 触角无鞋状感觉器；第 2 腹侧板后下角钝，第 3 腹侧板后下角稍尖；第 1 尾肢柄节具 1 背基刺；第 3 尾肢外肢第 2 节与邻近刺等长。主要区别在于本种第 1 小颚左触须第 2 节顶端具 7 细长刺，第 3 步足后缘具短刚毛，第 3 尾肢内肢长约为外肢的 2/3；而峨眉钩虾第 1 小颚右触须第 2 节顶端具 7 长刺和 3 硬毛，第 3 步足后缘具长刚毛，第 3 尾肢内肢长是外肢的 3/4。

本种与马氏钩虾 *G. martensi* Hou & Li 的主要区别在于第 2 触角鞭节具刚毛，无鞋状感觉器；第 5–7 步足长节和腕节具较少缘毛；第 3 尾肢内肢长约为外肢的 2/3，内缘具较少羽状刚毛。而后者第 2 触角鞭节具刷状刚毛，具鞋感觉器；第 5–7 步足长节和腕节具缘毛；第 3 尾肢内肢长是外肢的 3/4，内、外肢内外缘密布羽状毛。

(91) 咸丰钩虾 *Gammarus xianfengensis* Hou & Li, 2002（图 452–455）

Gammarus xianfengensis Hou & Li, 2002d: 27, figs. 1–4.

形态描述：雄性 12.7mm。无眼。第 1 触角长约为体长的 2/5，第 1–3 柄节长度比 1.00∶0.82∶0.55，鞭 34 节，副鞭 4 节。第 2 触角长约为第 1 触角的 1/2，柄节具短毛，鞭 16 节，具鞋状感觉器。左大颚切齿 5 齿，动颚片 4 齿；臼齿具 1 粗刚毛；触须第 2 节具 14 缘毛，第 3 节具 2 组 A-刚毛、2 组 B-刚毛、30 D-刚毛和 6 E-刚毛。右大颚切齿 4 齿，动颚片边缘 6 齿。第 1 小颚内叶具 12 羽状长毛，外叶具 11 锯齿状刺，触须第 2 节具 7 细长刺和 3 硬刚毛。第 2 小颚内叶具 13 羽状毛，外叶具顶毛。颚足内叶具 3 壮顶刺；外叶具 10–15 钝齿；触须 4 节。

第 1 腮足腕节短于掌节，掌节梨形，具 1 中央壮刺，后缘具 5 刺，内面具 7 刺；指节细长。第 2 腮足腕节长为掌节的 1/2，掌缘具 1 中央刺，后缘具 4 刺。第 3、4 步足具较少长刚毛。第 3 步足基节细长，具长毛，长节前、后缘分别具 2 和 4 刺；腕节后缘具 1-1-2 刺，掌节后缘具 2-2-1-1 刺，指节外缘具 1 刚毛。第 4 步足长节前缘具 1、2 刺，后缘具 1-1-1-1 刺，腕节后缘具 2-2-2 刺，掌节后缘具 1-1-1-1 刺。第 5–7 步足修长，基节前缘具 5 短刺和短毛，第 6 步足基节后缘近直，第 7 步足基节凸，后缘具 15 短毛；长节和腕节前、后缘具 3 组刺和毛。

第 1–3 腹侧板后下角渐尖。第 1 腹侧板腹缘圆，腹前缘具 2 簇刚毛和 1 刺，后缘具 2 短毛；第 2 腹侧板腹缘具 5 刺和 1 表面刺，后缘具 3 短毛；第 3 腹侧板腹缘具 5 刺，后缘具 2 毛。第 1–3 腹肢柄节具 2 钩刺和 2、3 长刚毛，背缘具长刚毛；内、外肢均具羽状毛。第 4 腹节具 1-2-1 刺式，第 5 腹节具 3-2-3 背刺，第 6 腹节两缘各具 2、3 刺。

第 1 尾肢柄节长于内、外肢，具 1 背基刺，外缘具 1-1-2 刺，内缘具 1 侧刺和 1 末端刺；外肢稍短于内肢，无侧刺；内肢具 1 内缘刺。第 2 尾肢柄节长于内肢，但短于外肢，内缘具刺；内肢内缘具 1 刺，外肢外缘具 1 刺。第 3 尾肢柄节具 3 对末端刺和表面毛；内肢稍短于外肢，具 1 末端刺；外肢外缘具 2 对刺，末端具 4 刺，第 2 节短，内、外肢两缘具羽状毛。尾节深裂，每叶背面具 5、6 刚毛，末端具 3 刺和 2 长毛。

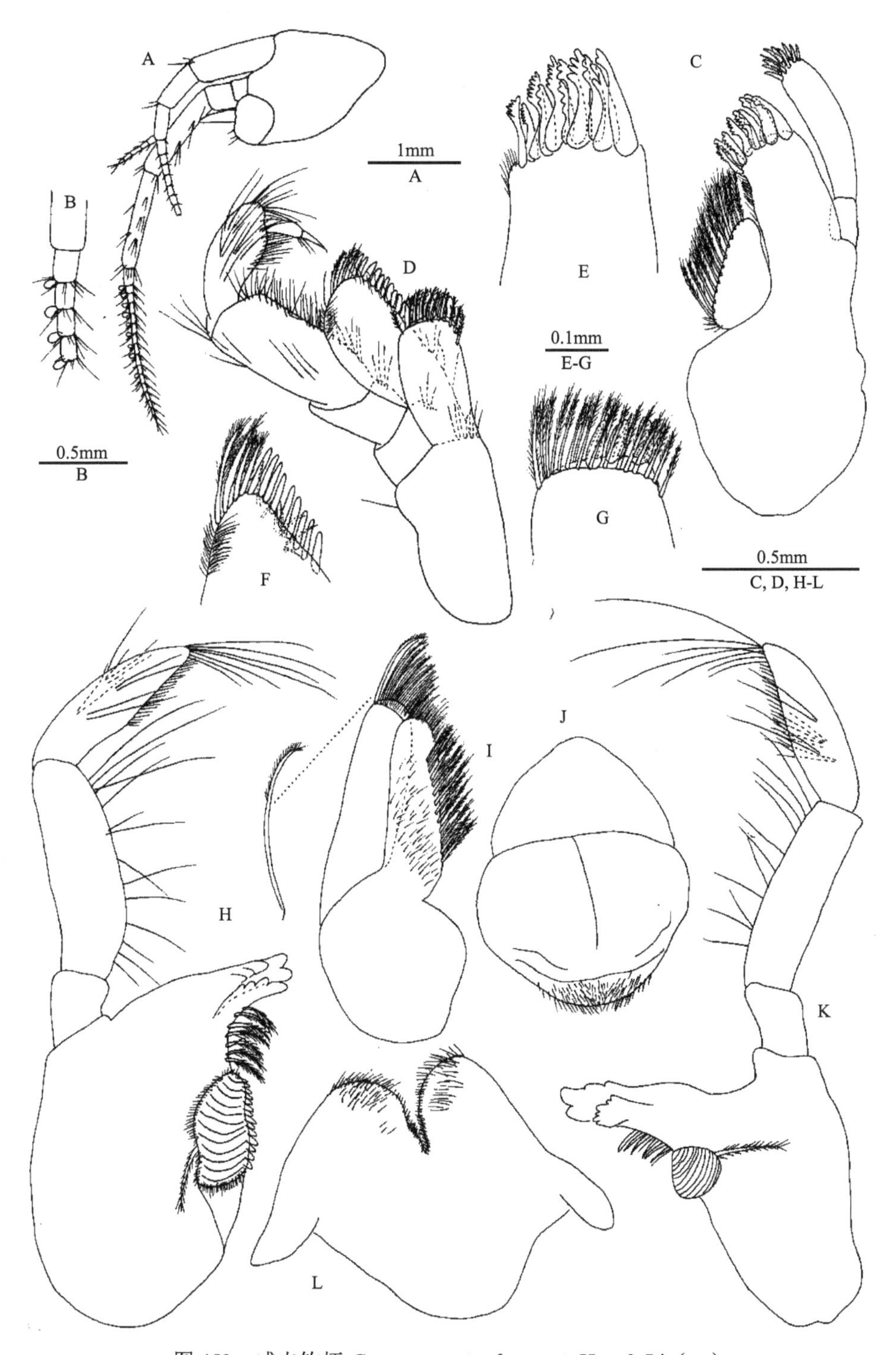

图 452　咸丰钩虾 *Gammarus xianfengensis* Hou & Li（一）

♂。A. 头; B. 第 2 触角; C. 第 1 小颚; D. 颚足; E. 第 1 小颚外叶; F. 颚足外叶; G. 颚足内叶; H. 左大颚; I. 第 2 小颚; J. 上唇; K. 右大颚; L. 下唇

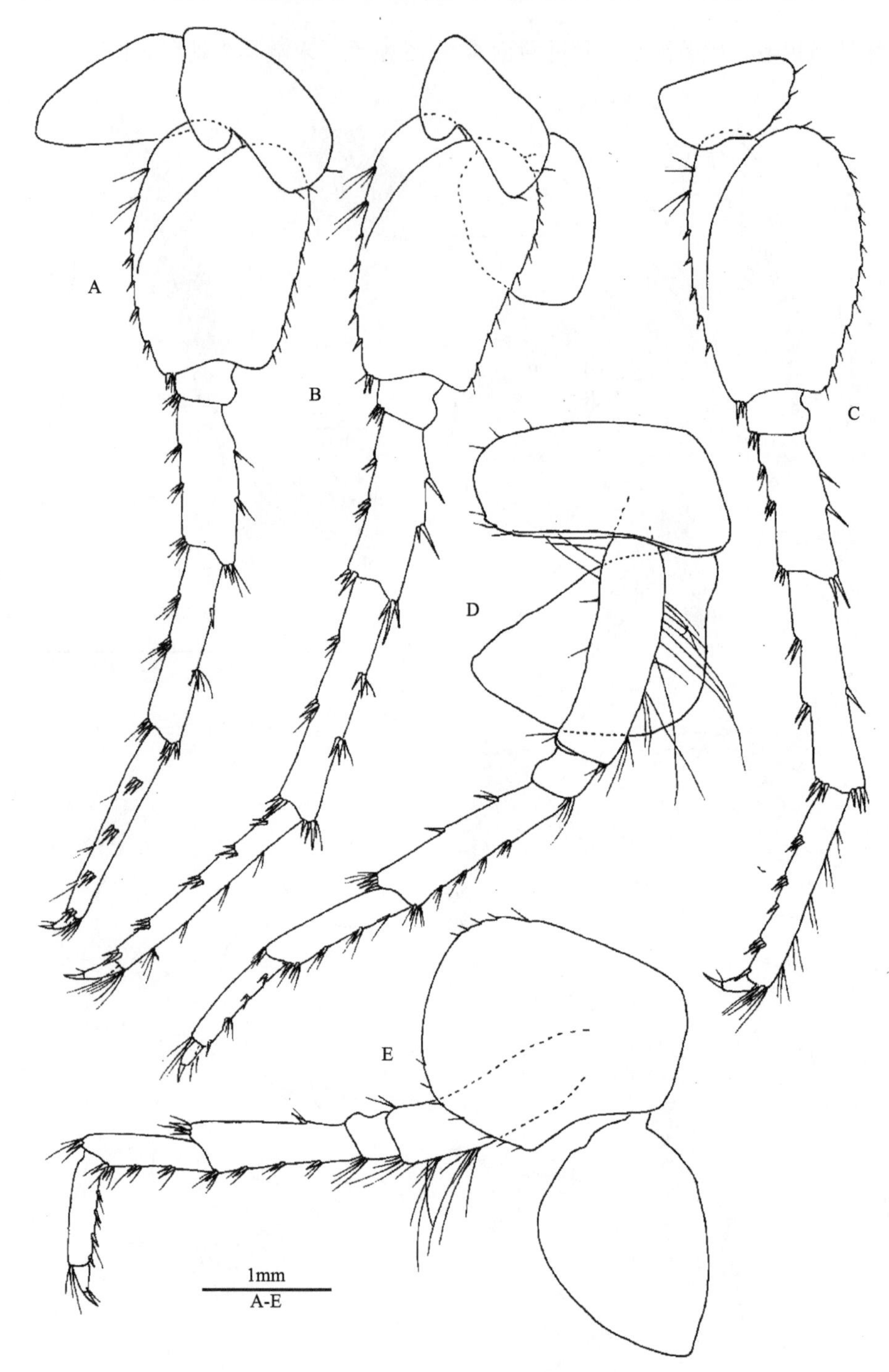

图 453 咸丰钩虾 *Gammarus xianfengensis* Hou & Li（二）

♂。A. 第 5 步足; B. 第 6 步足; C. 第 7 步足; D. 第 3 步足; E. 第 4 步足

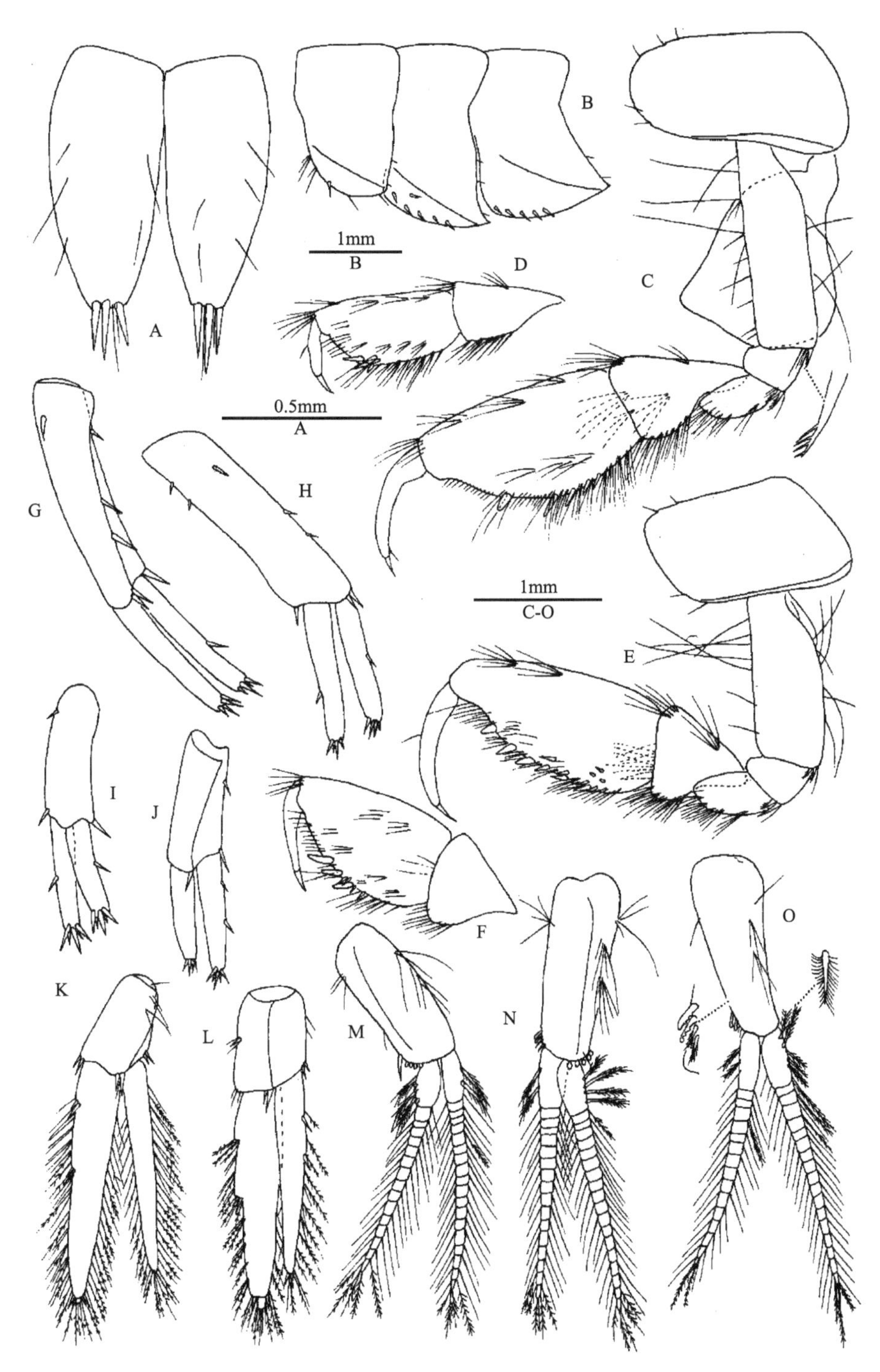

图 454　咸丰钩虾 *Gammarus xianfengensis* Hou & Li（三）

♂, A-C, E, G, I, K, M-O; ♀, D, F, H, J, L。A. 尾节; B. 第 1-3 腹侧板; C. 第 2 腮足; D. 第 2 腮足掌节; E. 第 1 腮足; F. 第 1 腮足掌节; G. 第 1 尾肢; H. 第 1 尾肢; I. 第 2 尾肢; J. 第 2 尾肢; K. 第 3 尾肢; L. 第 3 尾肢; M. 第 1 腹肢; N. 第 2 腹肢; O. 第 3 腹肢

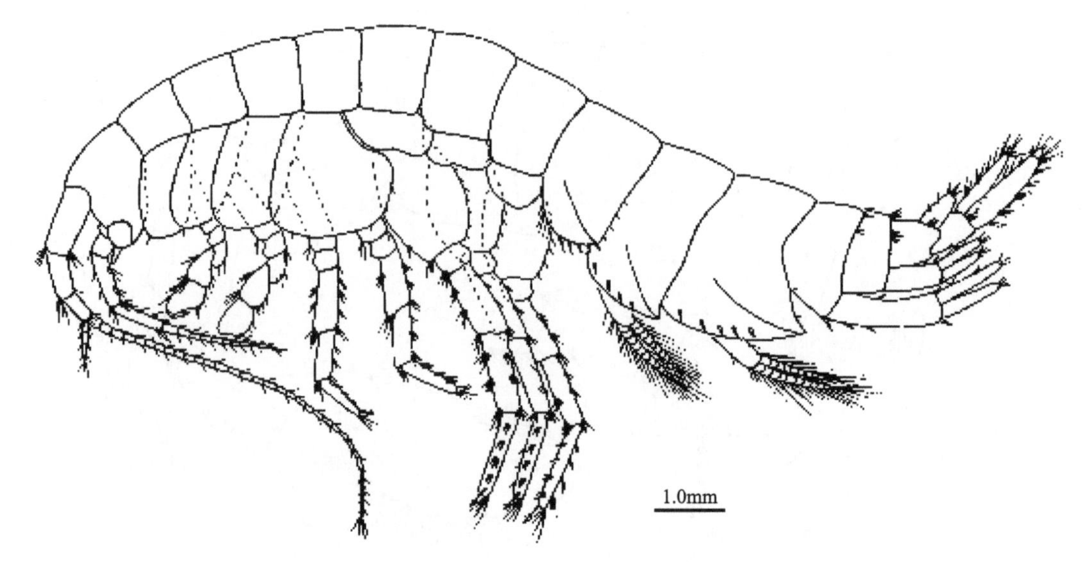

图 455　咸丰钩虾 *Gammarus xianfengensis* Hou & Li（四）

雌性 12.5mm。第 1 腮足掌节稍斜，后缘具 7 刺。第 2 腮足后缘具 5 刺。第 2 尾肢外肢边缘无刺。第 2–5 胸节具抱卵板，侧缘具长毛。

观察标本：1♂（正模，IZCAS-I-A0001），5♂3♀，湖北咸丰黄河坝（29.6°N, 109.1°E），1989.VI.4。

生态习性：本种栖息在洞中。

地理分布：湖北（咸丰）。

分类讨论：本种与洞穴钩虾 *G. troglodytes* (Karaman & Ruffo) 的区别在于第 6、7 步足基节不延长，第 6 基节后缘稍凹，第 7 基节后缘圆，第 2、3 腹侧板腹缘具 5、6 刺。

(92) 志冈钩虾 *Gammarus zhigangi* Hou & Li, 2018（图 456–462）

Gammarus zhigangi Hou & Li, in: Hou, Zhao & Li, 2018: 24, figs. 14–20.

形态描述：雄性 9.1mm。眼肾形。第 1 触角 1–3 柄节长度比 1.0∶0.6∶0.3，具末端毛；鞭 24 节，第 5–22 节具感觉毛；副鞭 3 节。第 2 触角第 4、5 柄节具短毛；鞭 10 节，具刚毛，第 3–6 节具鞋状感觉器。左大颚切齿 5 齿；动颚片 4 齿；刺排具 5 对羽状毛；触须第 2 节具 12 缘毛，第 3 节顶端具 4 A-刚毛、2 B-刚毛、1 排 D-刚毛和 5 E-刚毛。右大颚切齿 4 齿，动颚片分叉，具小齿。第 1 小颚左右不对称，内叶具 15 羽状毛；外叶具 11 壮刺，每刺具小齿；左触须第 2 节顶端具 7 细长刺和 1 刚毛；右触须第 2 节具 5 壮刺、1 细长刺和 1 硬刚毛。第 2 小颚内叶具 15 羽状毛；内、外叶顶部具长刚毛。颚足内叶具 3 壮顶端刺、1 近顶端刺和 15 羽状毛；外叶具 11 钝齿，顶端具 3 羽状刚毛；触须第 4 节呈钩状，趾钩接合处具 3 刚毛。

第 1 腮足底节板前、后缘分别具 3 和 1 刚毛；基节前、后缘具长刚毛；腕节长约为掌节的 2/3，腹缘具 3 簇刚毛；掌节卵形，掌缘具 1 中央刺，后缘和掌面具 13 刺；指节外缘具 1 刚毛。第 2 腮足腕节长约为掌节的 4/5，腹缘具 6 簇刚毛，背缘具 2 簇刚毛；掌节近长方形，掌缘具 1 中央刺，后缘具 5 刺。第 3 步足基节长，前缘具短毛，后缘具长毛；长节前缘具 2 刺，后缘具长直刚毛；腕节后缘具直刚毛；掌节后缘具 3 组刺和毛；指节外缘具 1 羽状刚毛，趾钩接合处具 2 刚毛。第 4 步足底节板凹陷；基节至腕节后缘具短直毛；掌节后缘具 3 刺和毛。第 5 步足基节前缘具 2 对毛和 6 刺，后缘排列 11 短毛；长节和腕节前缘具长刺；掌节前缘具 4 组短刺；指节外缘具 1 羽状刚毛，趾钩接合处具 2 刚毛。第 6 步足基节后缘凹；长节至掌节前缘各具 3 对刺，少刚毛。第 7 步足基节膨大。

第 1 腹侧板腹缘圆，腹前缘具 3 刚毛和 2 刺，后缘具 4 短毛；第 2 腹侧板腹缘具 2 刺，后缘具 5 短毛，后下角钝；第 3 腹侧板腹缘具 3 刺，后缘具 5 短毛，后下角钝。第 4 腹节背缘具 1-1-1-1 刺；第 5 腹节背缘具 1-2-2 刺；第 6 腹节两缘各具 1 刺和 2 刚毛，背缘具 3 刚毛。

第 1 尾肢柄节具 1 背基刺，内、外缘各具 2 刺；内肢内缘具 2 刺；外肢内、外缘各具 1 刺。第 2 尾肢柄节内、外缘各具 2 刺；内肢内、外缘分别具 2 和 1 刺；外肢内、外缘各具 1 刺。第 3 尾肢柄节表面具 1 刺，末端具 6 刺；内肢长达外肢的 3/5，内缘具 2 刺和 8 羽状毛，外缘具 5 羽状毛，末端具 2 刺；外肢第 1 节外缘具 4 组刺和简单毛，内缘具 13 羽状毛，第 2 节比邻近刺长，具简单刚毛。尾节深裂，每叶表面具刚毛，具 2 末端刺。

雌性 10.9mm。第 1 腮足掌节似卵形，掌后缘具 7 刺。第 2 腮足掌节近似长方形，掌后缘具 5 刺。第 3–6 步足后缘比雄性具更多刚毛。第 2 抱卵板宽大，具缘毛，第 3、4 抱卵板细长，第 5 抱卵板最小。第 3 尾肢内肢长达外肢的 3/5，外肢外缘无羽状毛。

观察标本：1♂（正模，IZCAS-I-A1424-1），1♀，陕西汉中天台山国家森林公园（107.05°E, 33.25°N），海拔 865m，2013.X.25。

生态习性：本种栖息在泉水中。

地理分布：陕西（汉中）。

分类讨论：本种主要鉴别特征是第 2 触角具鞋状感觉器；第 3 步足长节后缘具长直毛；第 3 尾肢内肢长达外肢的 3/5，外肢外缘无羽状毛。

本种与秦岭钩虾 *G. qinling* Hou & Li 相似，第 2 触角无鞋状感觉器；第 3 步足长节后缘具直刚毛；第 2、3 腹侧板后下角钝。区别在于本种雌性第 5 步足长节前缘具更多刚毛；雄性第 3 尾肢内肢长达外肢的 3/5，外肢外缘无羽状毛。而后者雌性第 5 步足长节前缘无刚毛；雄性第 3 尾肢内肢长大于外肢的 1/2；外肢外缘具羽状毛。

本种第 3 尾肢外肢外缘无羽状毛、第 2 节长于邻近刺等特征与宝贵钩虾 *G. preciosus* Wang, Hou & Li 相似，主要区别在于本种第 1 腹侧板腹前缘具 3 刚毛和 2 刺，第 3 腹侧板后缘具 5 短毛，第 3 尾肢内肢长达外肢的 3/5；而宝贵钩虾第 1 腹侧板腹前缘具 8 长刚毛；第 3 腹侧板后缘具 11 短毛；第 3 尾肢内肢长达外肢的 2/5。

本种与壁流钩虾 *G. murarius* Hou & Li 的主要区别在于，本种第 3 步足长节和腕节后缘具直刚毛，第 1 腹侧板腹前缘具 3 刚毛和 2 刺，第 3 尾肢外肢外缘无羽状毛；而壁流钩虾第 3 步足长节和腕节后缘具长卷毛，第 1 腹侧板腹前缘仅具 4 刚毛，第 3 尾肢外肢外缘具羽状毛。

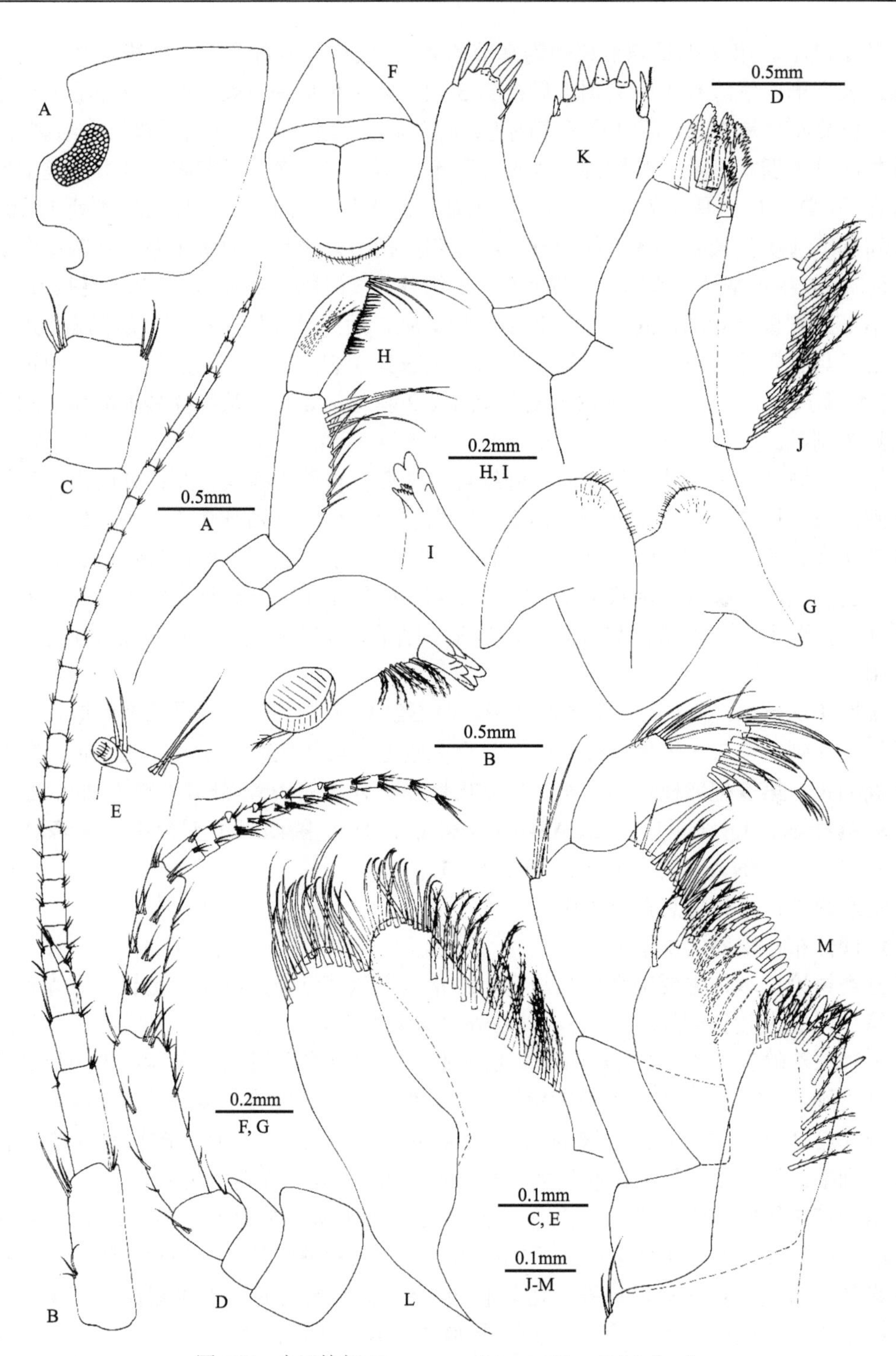

图 456 志冈钩虾 *Gammarus zhigangi* Hou & Li（一）

♂。A. 头; B. 第 1 触角; C. 第 1 触角感觉毛; D. 第 2 触角; E. 第 2 触角鞋状感觉器; F. 上唇; G. 下唇; H. 左大颚; I. 右大颚切齿; J. 左第 1 小颚; K. 右第 1 小颚触须; L. 第 2 小颚; M. 颚足

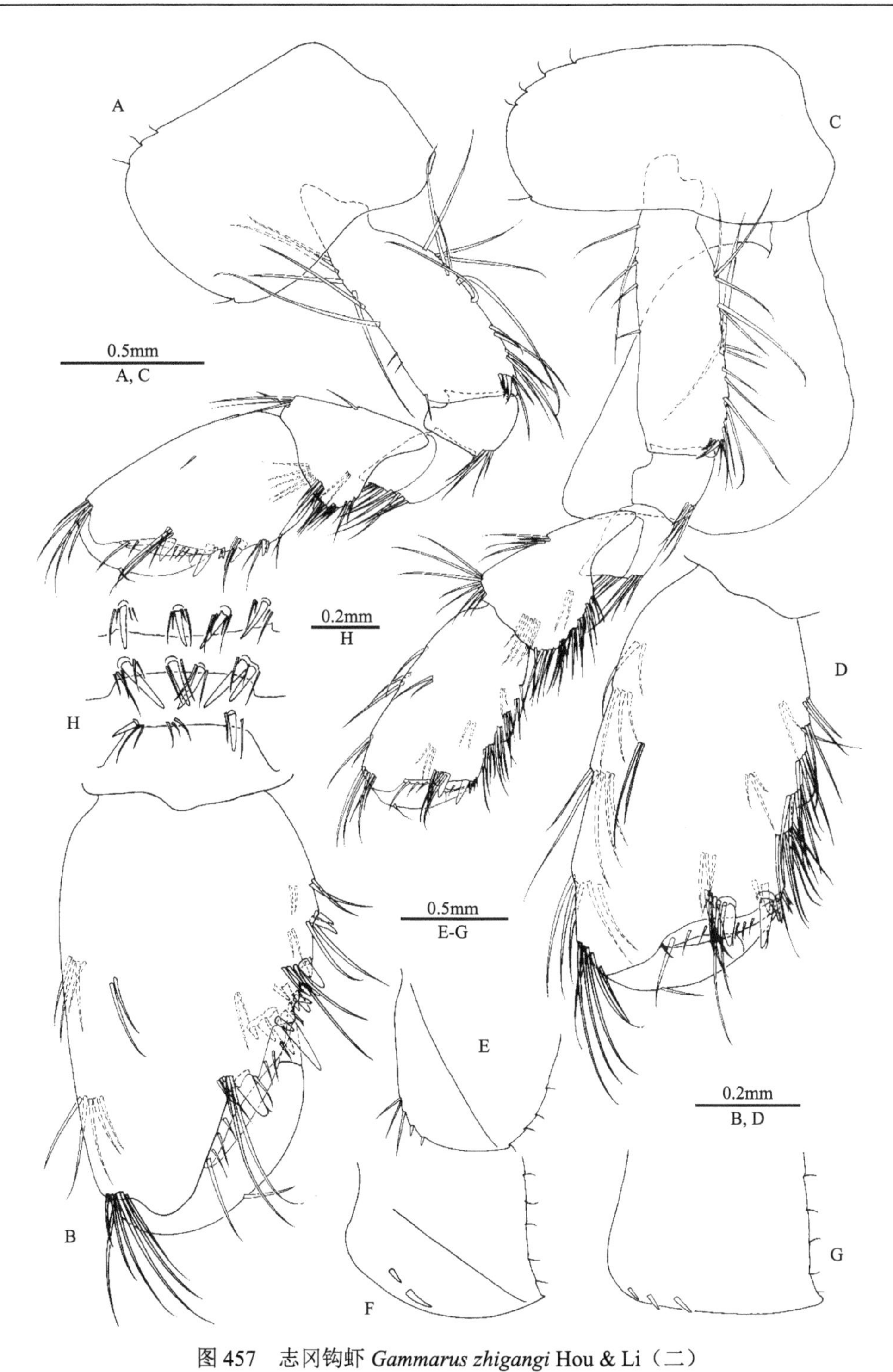

图 457　志冈钩虾 *Gammarus zhigangi* Hou & Li（二）

♂。A. 第 1 腮足; B. 第 1 腮足掌节; C. 第 2 腮足; D. 第 2 腮足掌节; E. 第 1 腹侧板; F. 第 2 腹侧板; G. 第 3 腹侧板; H. 第 4-6 腹节（背面观）

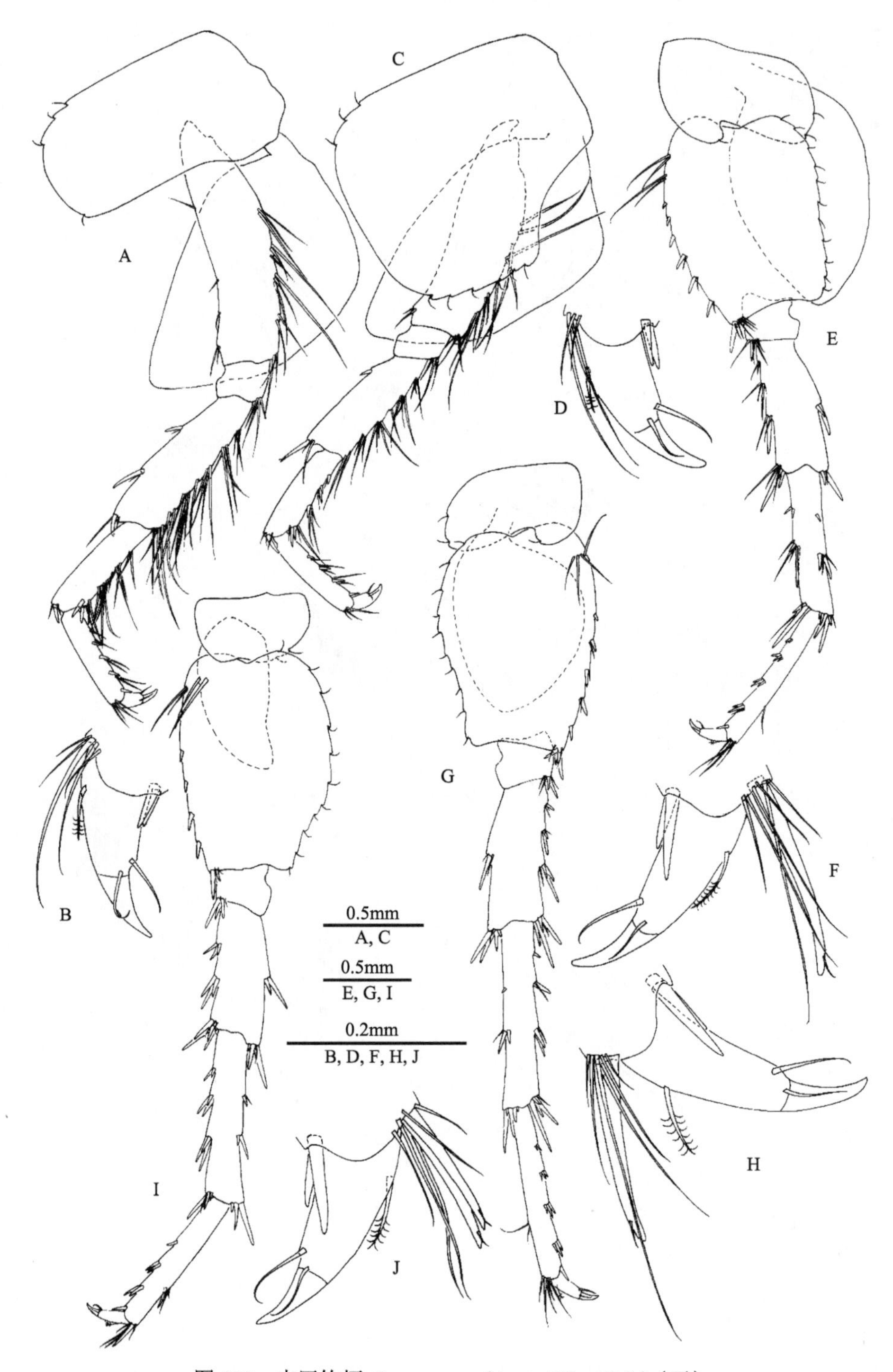

图 458 志冈钩虾 *Gammarus zhigangi* Hou & Li（三）

♂。A. 第 3 步足; B. 第 3 步足指节; C. 第 4 步足; D. 第 4 步足指节; E. 第 5 步足; F. 第 5 步足指节; G. 第 6 步足; H. 第 6 步足指节; I. 第 7 步足; J. 第 7 步足指节

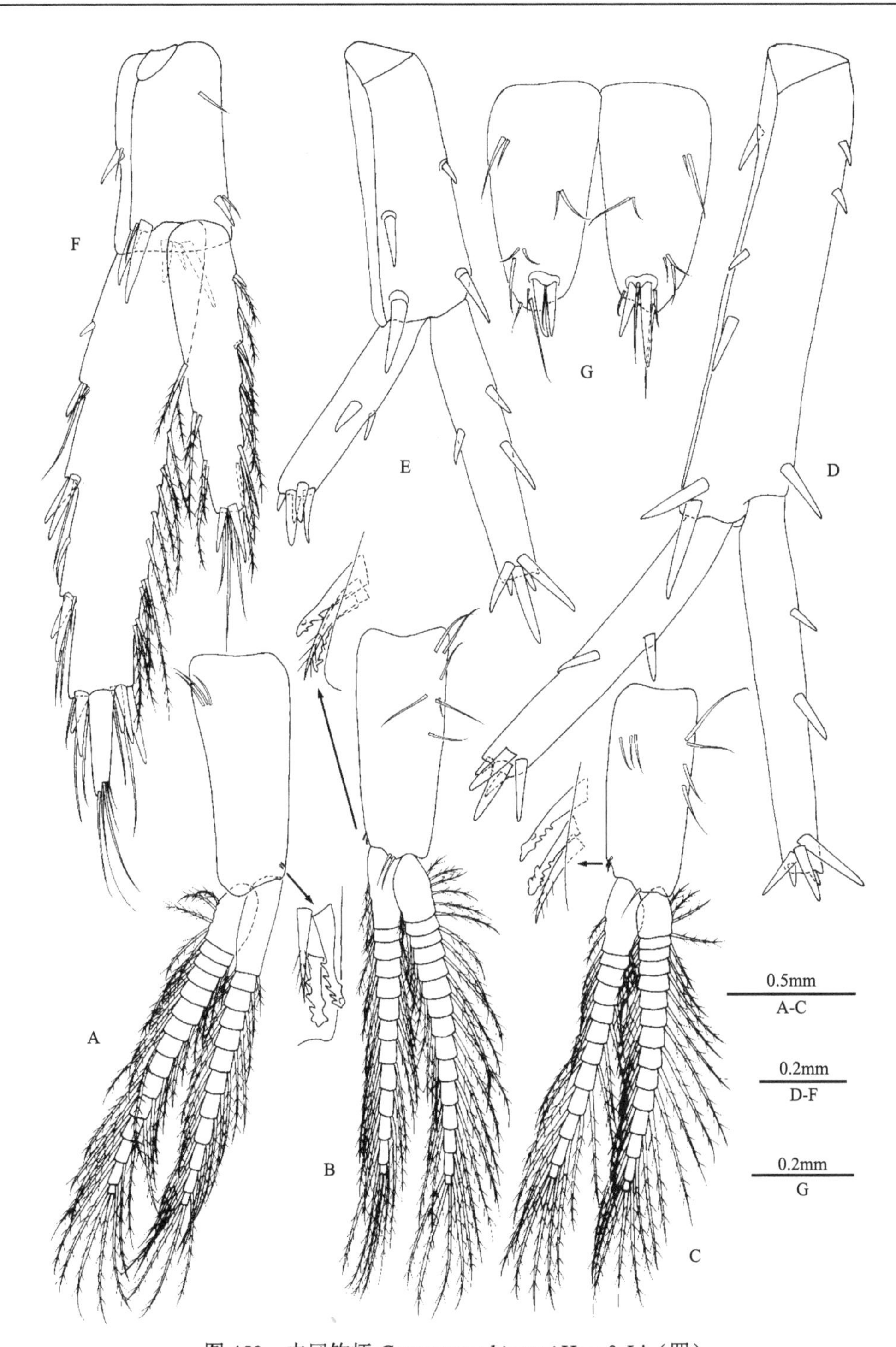

图 459　志冈钩虾 *Gammarus zhigangi* Hou & Li（四）

♂。A. 第 1 腹肢; B. 第 2 腹肢; C. 第 3 腹肢; D. 第 1 尾肢; E. 第 2 尾肢; F. 第 3 尾肢; G. 尾节

图 460 志冈钩虾 *Gammarus zhigangi* Hou & Li（五）

♀。A. 第 1 腮足; B. 第 1 腮足掌节; C. 第 2 腮足; D. 第 2 腮足掌节

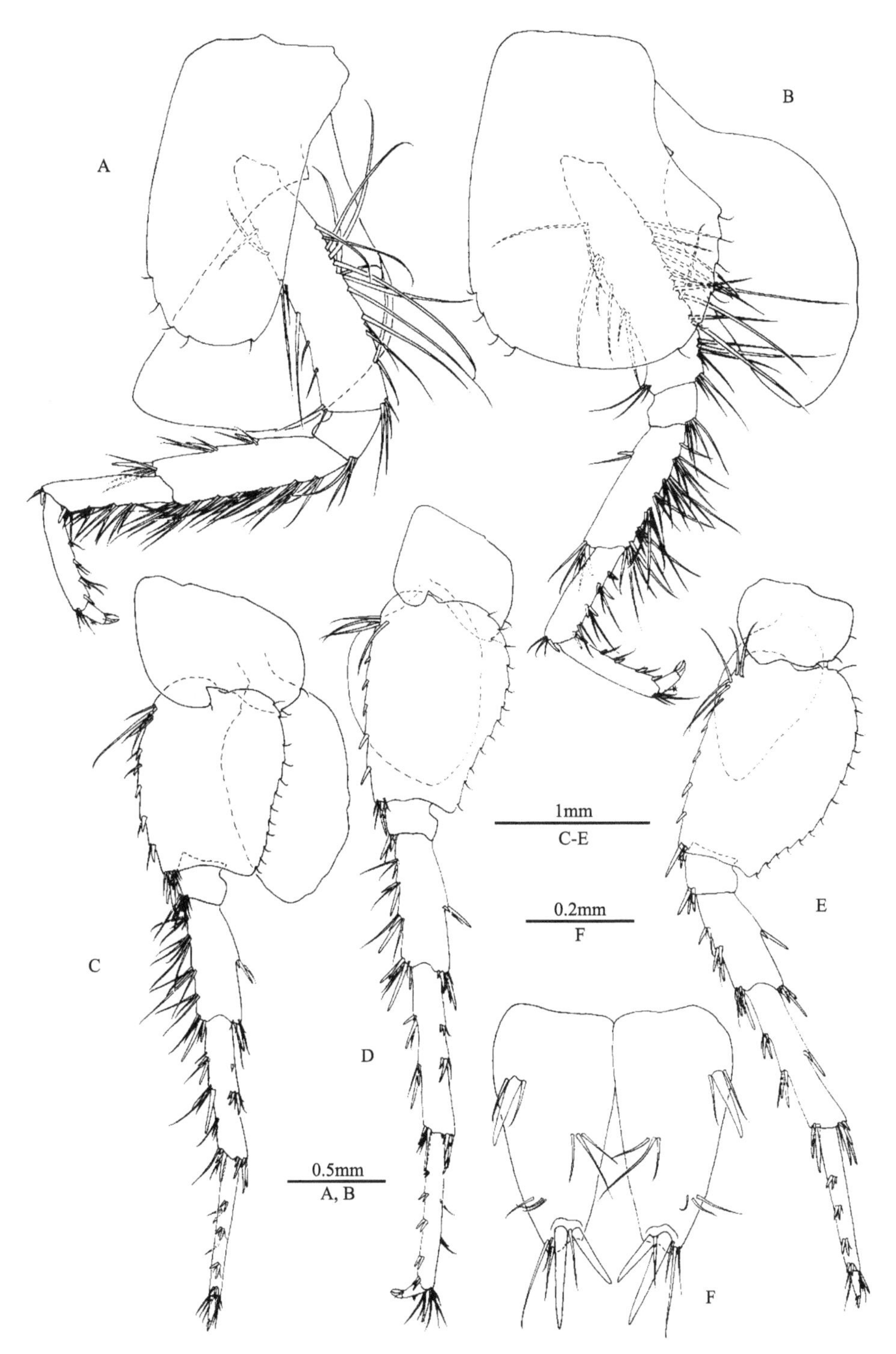

图 461　志冈钩虾 *Gammarus zhigangi* Hou & Li（六）

♀。A. 第 3 步足; B. 第 4 步足; C. 第 5 步足; D. 第 6 步足; E. 第 7 步足; F. 尾节

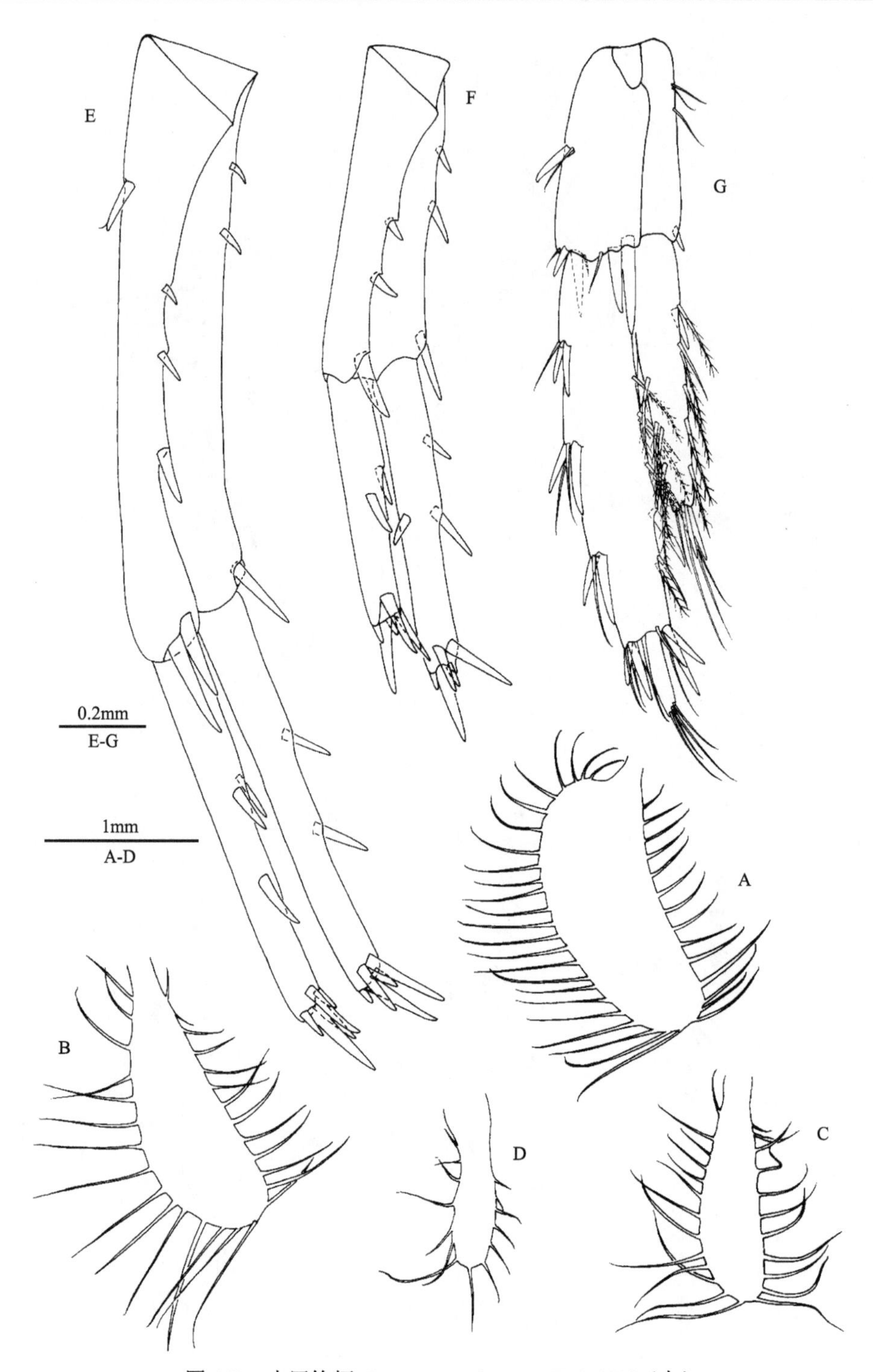

图 462 志冈钩虾 *Gammarus zhigangi* Hou & Li（七）

♀。A. 第 2 抱卵板; B. 第 3 抱卵板; C. 第 4 抱卵板; D. 第 5 抱卵板; E. 第 1 尾肢; F. 第 2 尾肢; G. 第 3 尾肢

(93) 塔斯提钩虾，新种 *Gammarus tastiensis* Hou, sp. nov.（图 463–467）

形态描述：雄性 9.4mm，体褐色。第 1 触角长为第 2 触角的 1.5 倍，鞭 22 节，副鞭 4 节。第 2 触角柄节两缘具短刚毛，鞭 11 节，具鞋状感觉器。左大颚切齿 5 齿；动颚片 4 齿；刺排具 6 对羽状毛；触须第 2 节具 12 缘毛，第 3 节顶端具 2 组 A-刚毛、3 B-刚毛、1 排 D-刚毛和 4 E-刚毛。右大颚切齿 4 齿，动颚片分叉，具小齿。第 1 小颚内叶具 13 羽状长毛，外叶具 11 锯齿状刺，左触须第 2 节具 6 长刺和 3 刚毛；右触须第 2 节具 6 壮刺和 1 羽状毛。第 2 小颚内叶具 12 羽状毛。

第 1 腮足底节板略膨大，前、后下角分别具 3 和 1 短毛；腕节长为掌节的 2/3；掌节掌缘斜，具 1 中央壮刺，后缘具 9 刺，内面具 4 刺。第 2 腮足腕节两缘平行，掌节掌缘平截，具 1 中央壮刺，后缘具 5 刺。第 3、4 步足底节板前、后缘分别具 2 和 1 短毛；长节至掌节后缘刚毛稀疏。第 5–7 步足相似，底节板前叶小，后叶大；基节膨大，长节至掌节两缘具刺，无刚毛。第 2–7 胸节具鳃。

第 1–3 腹侧板后下角钝，后缘具 2–5 短毛，第 2、3 腹侧板腹缘具 3 刺。第 4–6 腹节背部具 4 簇刺与毛。第 1 尾肢柄节具 1 背基刺，内、外肢两侧具刺。第 2 尾肢短，柄节内缘具 1 刺；内肢内、外缘分别具 2 和 1 刺；外肢短于内肢，内、外缘各具 1 刺。第 3 尾肢内肢长为外肢的 2/3，外缘具 4 刺；外肢第 1 节外缘具 4 组刺和简单毛，第 2 节长为第 1 节的 1/7，长于邻近刺；外肢外缘刚毛少，外肢内缘与内肢两缘具羽状刚毛。尾节深裂，具末端刺和背毛。

雌性 9.5mm，第 2–5 胸节具抱卵板。

词源：新种的名字源自模式产地。

观察标本：1♂（正模，IZCAS-I-A0051），20♂8♀，新疆裕民塔斯提风景区布尔干河（46.2°N, 82.9°E），河水清澈，2000.VIII.2。

生态习性：本种栖息在布尔干河岸边的小水坑中，水清澈，凉。

地理分布：新疆（裕民）。

分类讨论：本种主要鉴别特征是第 2 触角两缘具短毛，第 3、4 步足后缘刚毛稀疏，第 5–7 步足前缘仅具刺、无刚毛，第 3 尾肢内肢长为外肢的 2/3，第 1–3 腹侧板后下角钝。

本种与峨眉钩虾 *G. emeiensis* Hou, Li & Koenemann 相似之处在于第 3 尾肢内肢长约为外肢的 2/3，外肢外缘刚毛稀疏。主要区别在于本种第 2 触角柄节具短毛，鞭节具鞋状感觉器；而峨眉钩虾第 2 触角柄节具长刚毛，鞭节无鞋状感觉器。

本种与四川钩虾 *G. sichuanensis* Hou, Li & Zheng 的区别在于本种第 3 步足后缘刚毛少；第 3 尾肢内肢长为外肢的 2/3，外肢外缘无羽状毛。而四川钩虾第 3 步足后缘刚毛多；第 3 尾肢内肢长为外肢的 3/5，外肢外缘具羽状刚毛。

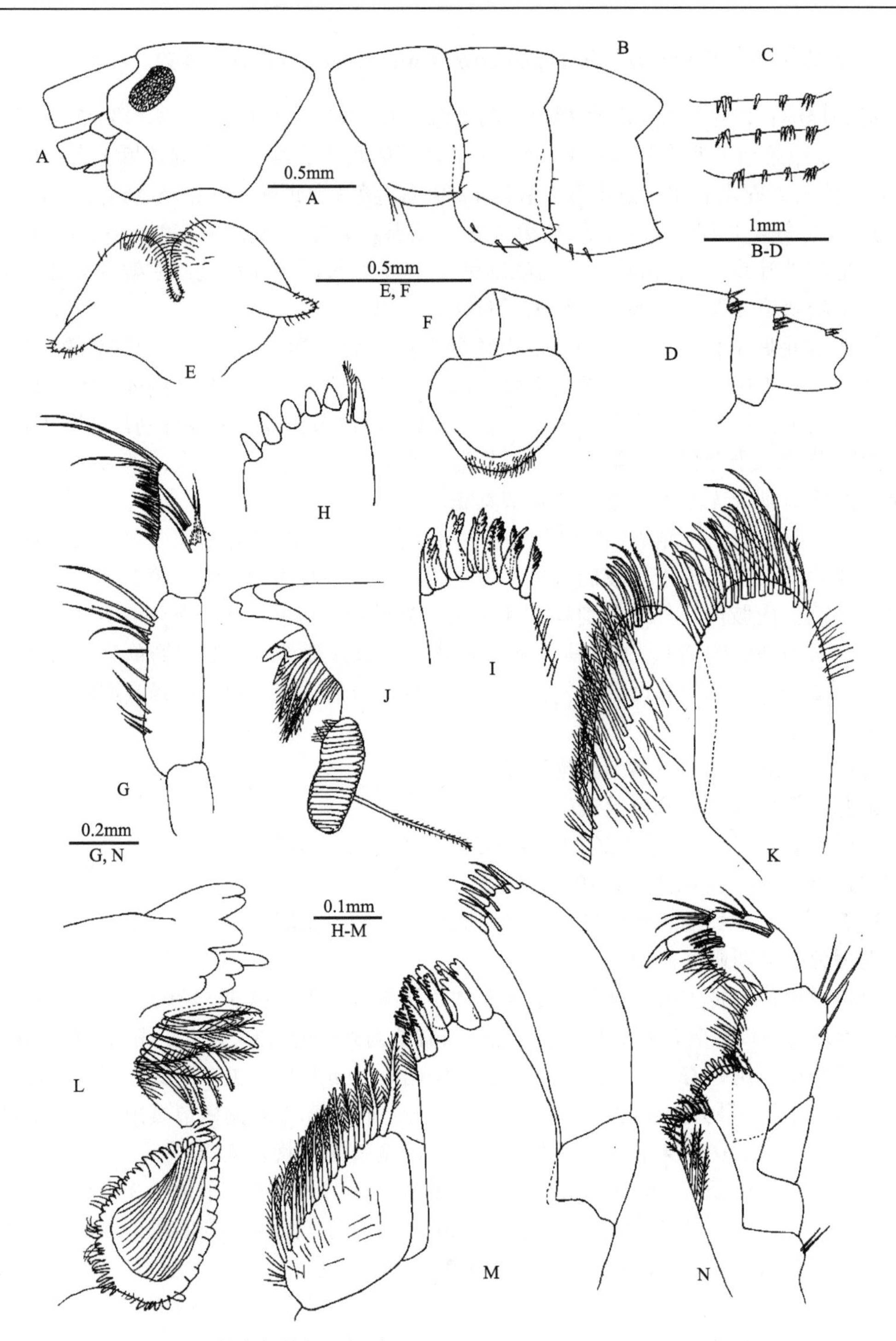

图 463 塔斯提钩虾，新种 *Gammarus tastiensis* Hou, sp. nov.（一）

♂。A. 头; B. 第 1-3 腹侧板; C. 第 4-6 腹节（背面观）; D. 第 4-6 腹节（侧面观）; E. 下唇; F. 上唇; G. 左大颚触须（内面观）; H. 右第 1 小颚触须; I. 右第 1 小颚外叶; J. 右大颚切齿; K. 第 2 小颚; L. 左大颚切齿; M. 第 1 小颚; N. 颚足

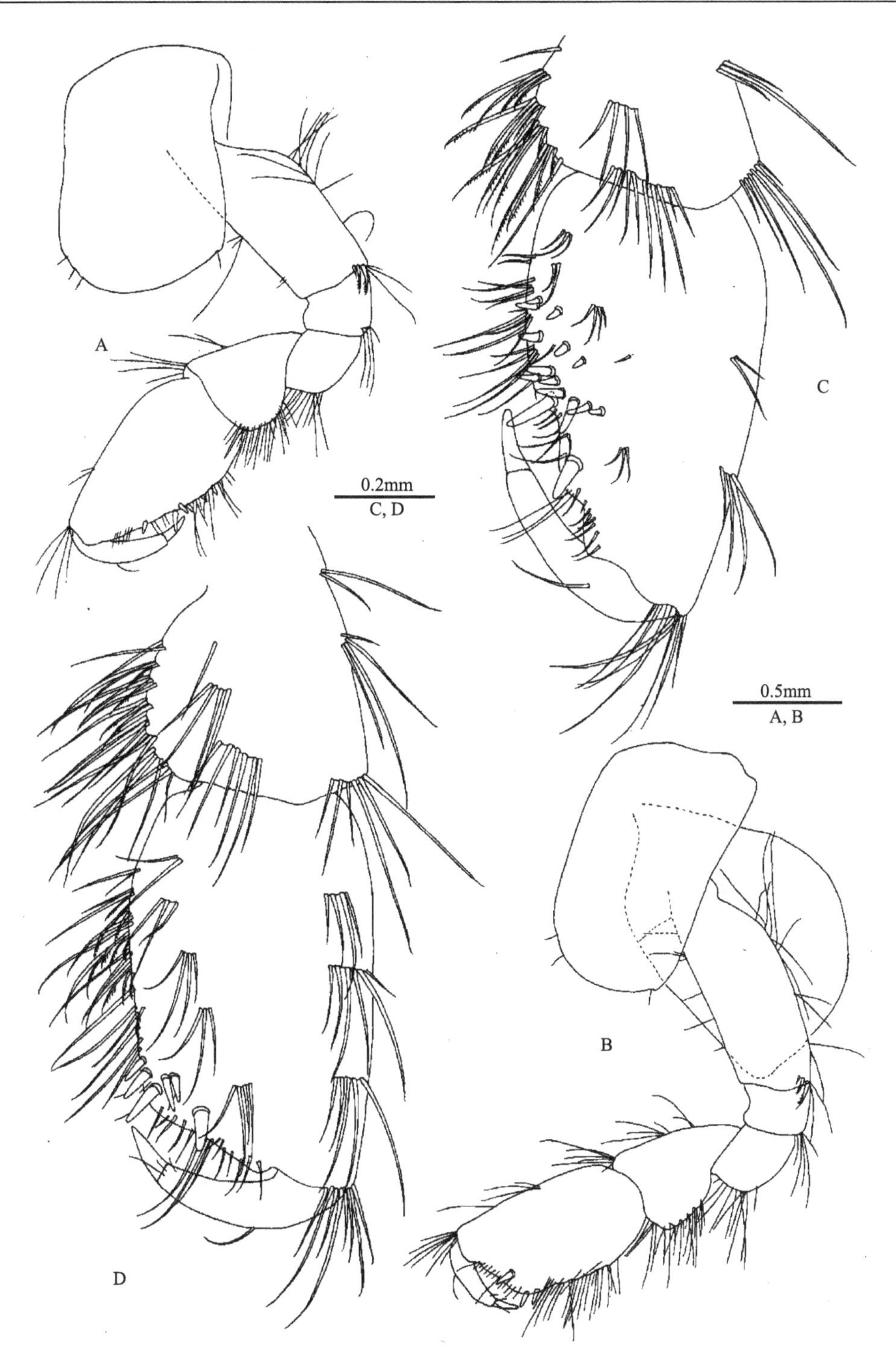

图 464　塔斯提钩虾，新种 *Gammarus tastiensis* Hou, sp. nov.（二）

♂。A. 第 1 腮足; B. 第 2 腮足; C. 第 1 腮足掌节; D. 第 2 腮足掌节

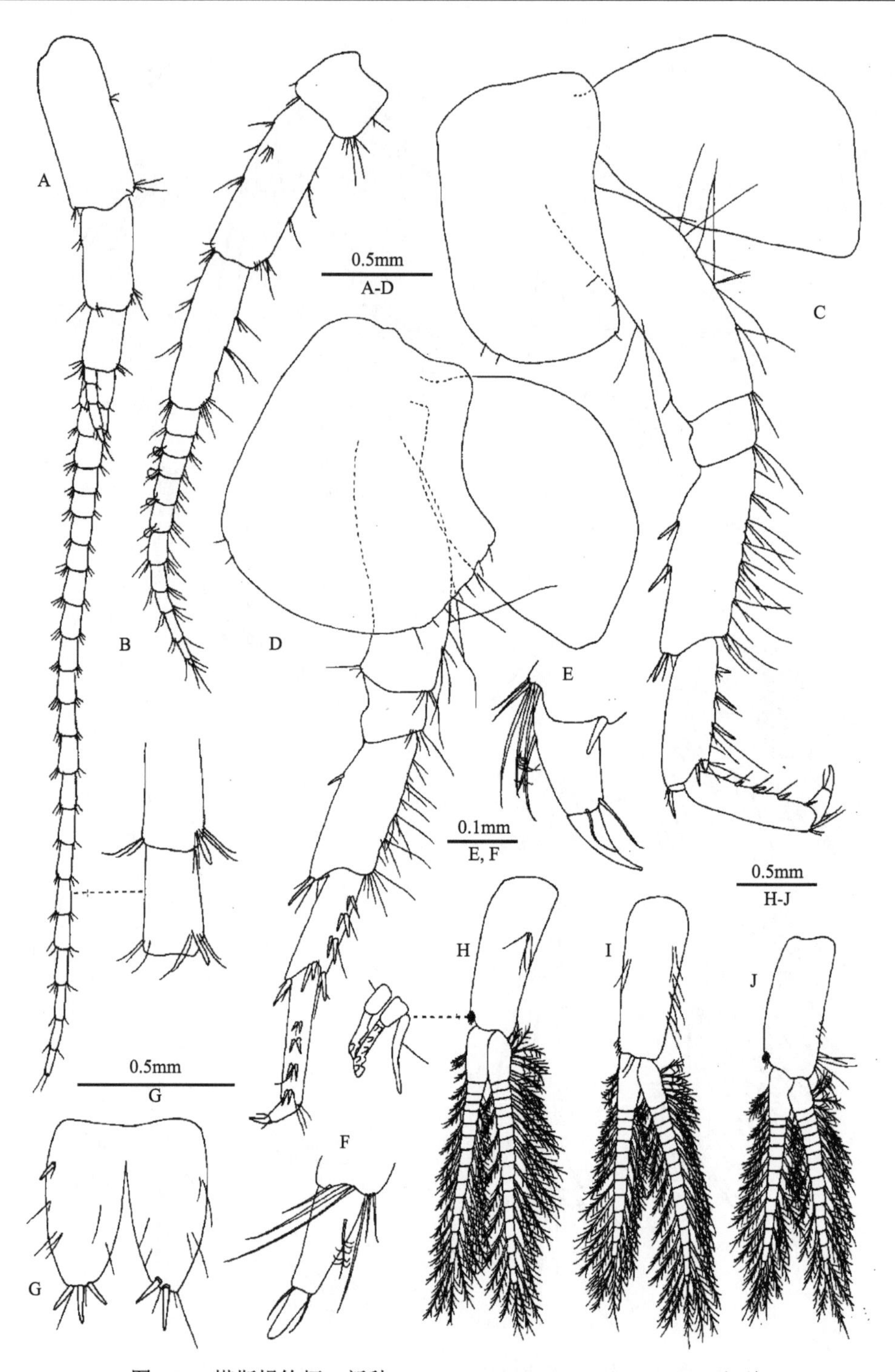

图 465 塔斯提钩虾，新种 *Gammarus tastiensis* Hou, sp. nov.（三）

♂。A. 第 1 触角; B. 第 2 触角; C. 第 3 步足; D. 第 4 步足; E. 第 3 步足指节; F. 第 4 步足指节; G. 尾节; H-J. 第 1-3 腹肢

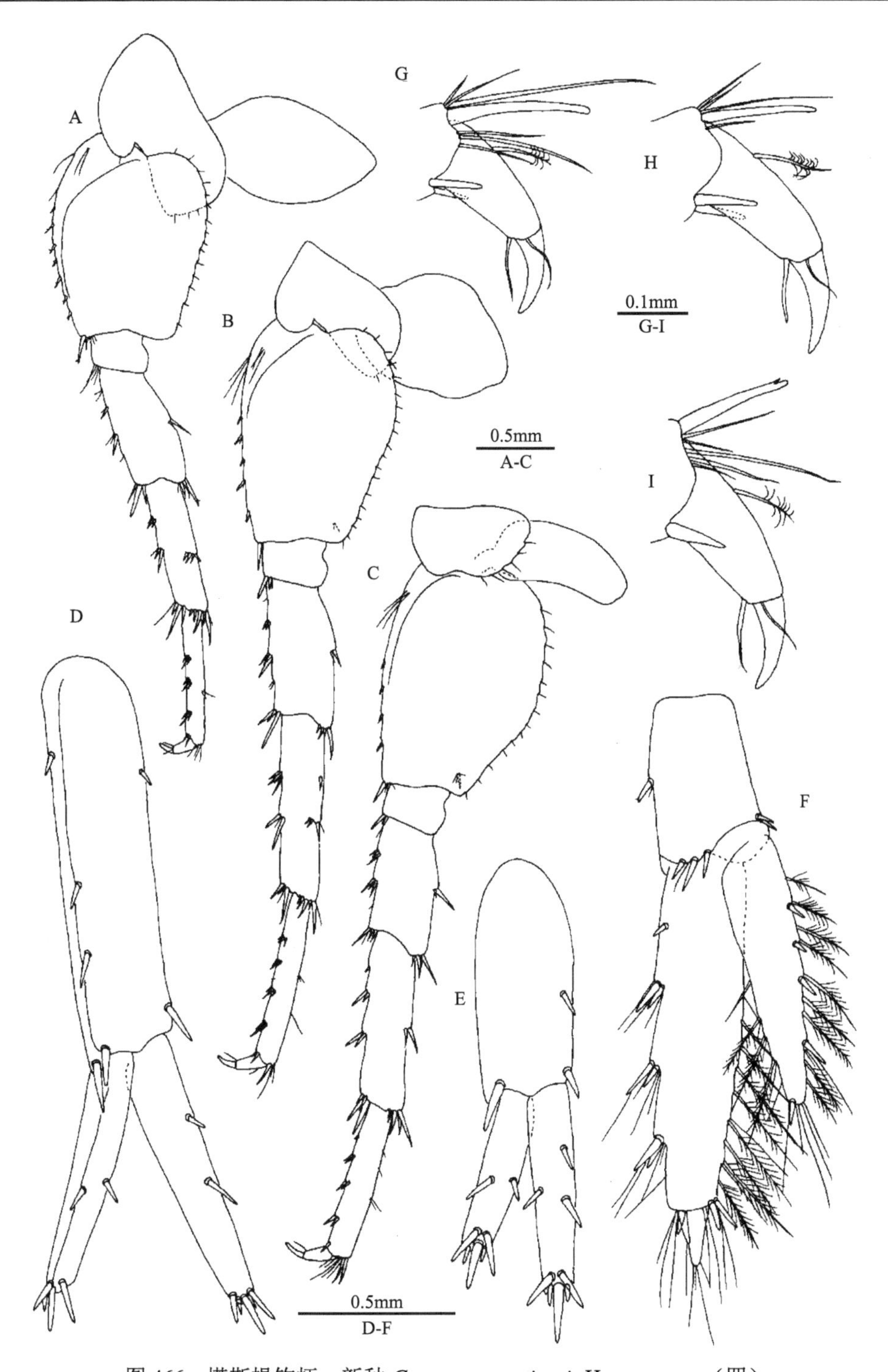

图 466　塔斯提钩虾，新种 *Gammarus tastiensis* Hou, sp. nov.（四）

♂。A. 第 5 步足; B. 第 6 步足; C. 第 7 步足; D. 第 1 尾肢; E. 第 2 尾肢; F. 第 3 尾肢; G. 第 5 步足指节; H. 第 6 步足指节; I. 第 7 步足指节

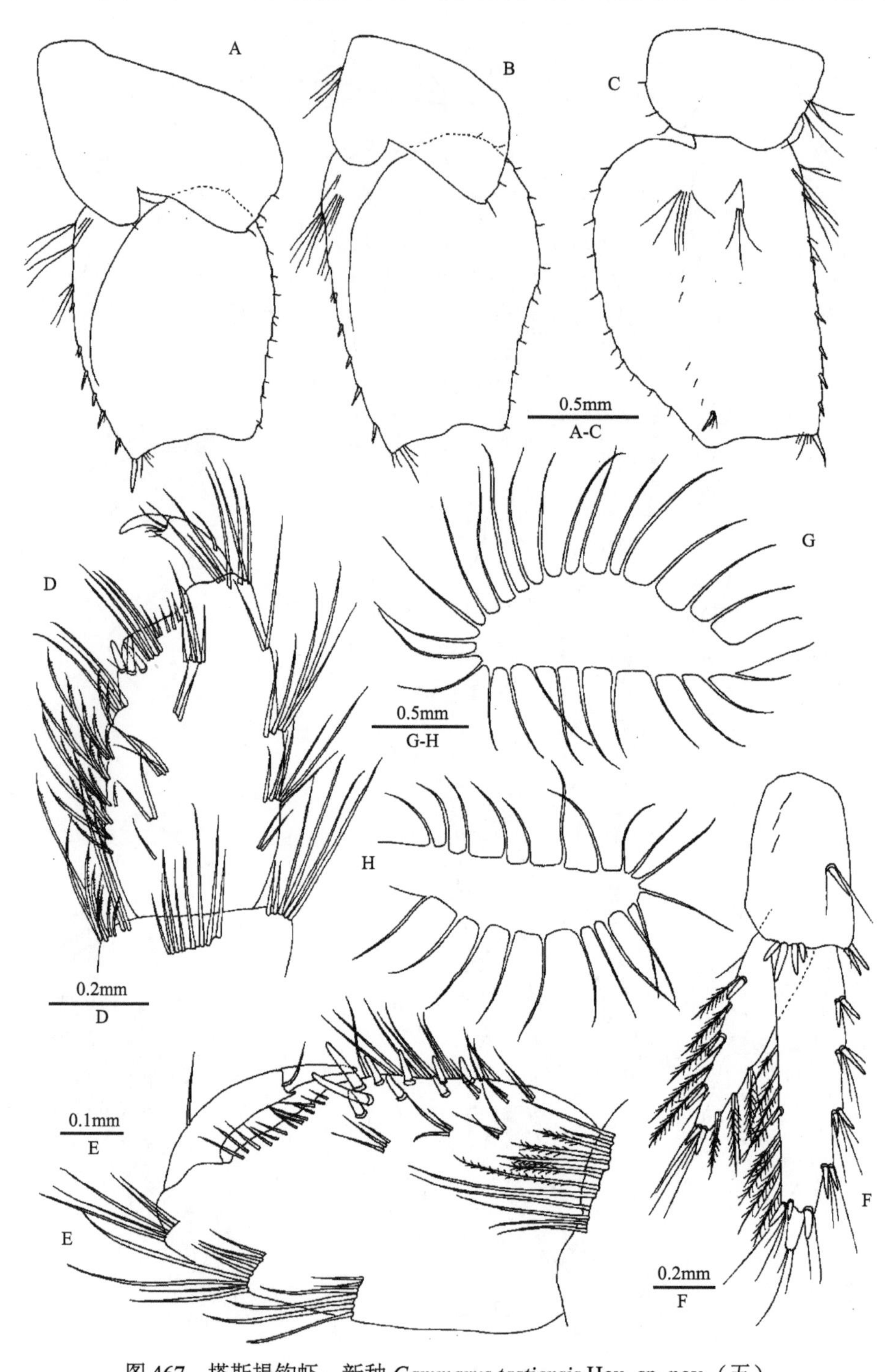

图 467 塔斯提钩虾，新种 *Gammarus tastiensis* Hou, sp. nov.（五）

♀。A. 第 5 步足基节; B. 第 6 步足基节; C. 第 7 步足基节; D. 第 2 腮足掌节; E. 第 1 腮足掌节; F. 第 3 尾肢; G. 第 3 步足抱卵板; H. 第 4 步足抱卵板

(94) 川虎钩虾，新组合 *Gammarus chuanhui* (Hou & Li, 2002) comb. nov.（图 468–472）

Sinogammarus chuanhui Hou & Li, 2002b: 816, figs. 1–5.

形态描述：雄性 20.1mm。眼非常小。第 1 触角长于第 2 触角，第 1–3 柄节长度比 1.00∶0.68∶0.34，鞭 41 节，具感觉毛，副鞭 7 节。第 2 触角第 5 柄节稍短于第 4 柄节，具短刚毛，鞭 17 节，具鞋状感觉器。左大颚切齿 5 齿，动颚片 4 齿；触须第 2 节具 20 刚毛，第 3 节具 2 组 A-刚毛、2 组 B-刚毛、28 D-刚毛和 7 E-刚毛。右大颚切齿 4 齿，动颚片分叉，具小齿。第 1 小颚左右不对称，内叶具 22 羽状毛，外叶具 11 锯齿状刺，左触须第 2 节具 10 细长刺和 4 刚毛；右触须第 2 节宽，具 6 壮刺和 1 刚毛。第 2 小颚内叶具 20 羽状毛。颚足内叶具 3 末端刺，外叶具 1 排钝齿。

第 1 腮足基节两缘具长刚毛；腕节短，三角形；掌节大，长卵形，掌缘斜，均匀分布 4 刺，后缘具 5 簇刺，内面具 4 簇刺和毛，指节外缘具 1 毛。第 2 腮足与第 1 腮足相似，腕节短于掌节，掌缘均匀分布 4 刺，后缘具 7 刺，指节内外缘无毛。第 3、4 步足基节前、后缘具长刚毛；长节至掌节后缘具 3、4 组短刺和短毛；指节外缘具 1 刚毛，趾钩接合处具 2 刚毛。第 5 步足短于第 6、7 步足，基节前缘具 3 长刚毛和 8 短刺，后缘近直，具 11 短毛；长节至掌节两缘具刺和短毛；指节趾钩接合处具 1 硬刚毛，后缘具短羽状毛。第 6、7 步足细长，基节延长，第 7 步足基节内面具 1 刺。

第 1–3 腹侧板后缘具短毛；第 1 腹侧板腹缘圆，腹前缘具 13 长毛；第 2 腹侧板后缘近直，腹缘具 4 刺；第 3 腹侧板后下角钝，腹缘具 4 刺。第 1–3 腹肢相似，柄节具长毛，前下角具 2 钩刺和 1、2 刚毛。第 4–6 腹节背部无隆起，具刺和刚毛。

第 1 尾肢柄节长于内、外肢，具 1 背基刺，内、外缘分别具 1 和 2 刺；内肢具 1 内缘刺；外肢稍短于内肢，无缘刺。第 2 尾肢柄节具 1 内缘刺；内肢内缘具 2 刺；外肢边缘无刺。第 3 尾肢柄节具 1 背侧刺和短刚毛；内肢稍短于外肢，内缘和末端各具 2 刺；外肢 1 节，外缘和末端各具 2 对刺；内、外肢具长羽状毛。尾节深裂，长大于宽，每叶末端具 3 刺和数根短毛，背面具短毛。

雌性 19.8mm，抱 50 个卵。第 1 腮足腕节短，三角形；掌节掌缘具 3 刺，后缘具 7 刺，内面具 3 刺。第 2 腮足腕节长，两缘近平行，掌节掌缘稍斜、短，后缘具 6 刺。第 3 尾肢外肢 1 节，内、外肢均具羽状毛。第 2–5 胸节具抱卵板，边缘具长毛。

观察标本：1♂（正模，IZCAS-I-A0024），5♂18♀，重庆南川石溪镇（29.1°N, 107.0°E），2001.VIII.18。

生态习性：本种栖息在洞穴内入口附近钟乳石滴水形成的小水坑中，有避光性。

地理分布：重庆（南川）。

分类讨论：本种主要鉴别特征为眼退化，雄性第 1、2 腮足大，第 1、2 尾肢内、外肢具较少刺，第 3 尾肢外肢第 2 节退化。

本种与洞穴钩虾 *G. troglodytes* (Karaman & Ruffo) 区别在于眼极小，第 3 尾肢外肢 1 节，第 7 步足基节后缘微微膨大，第 6 步足基节内下角无附属物。

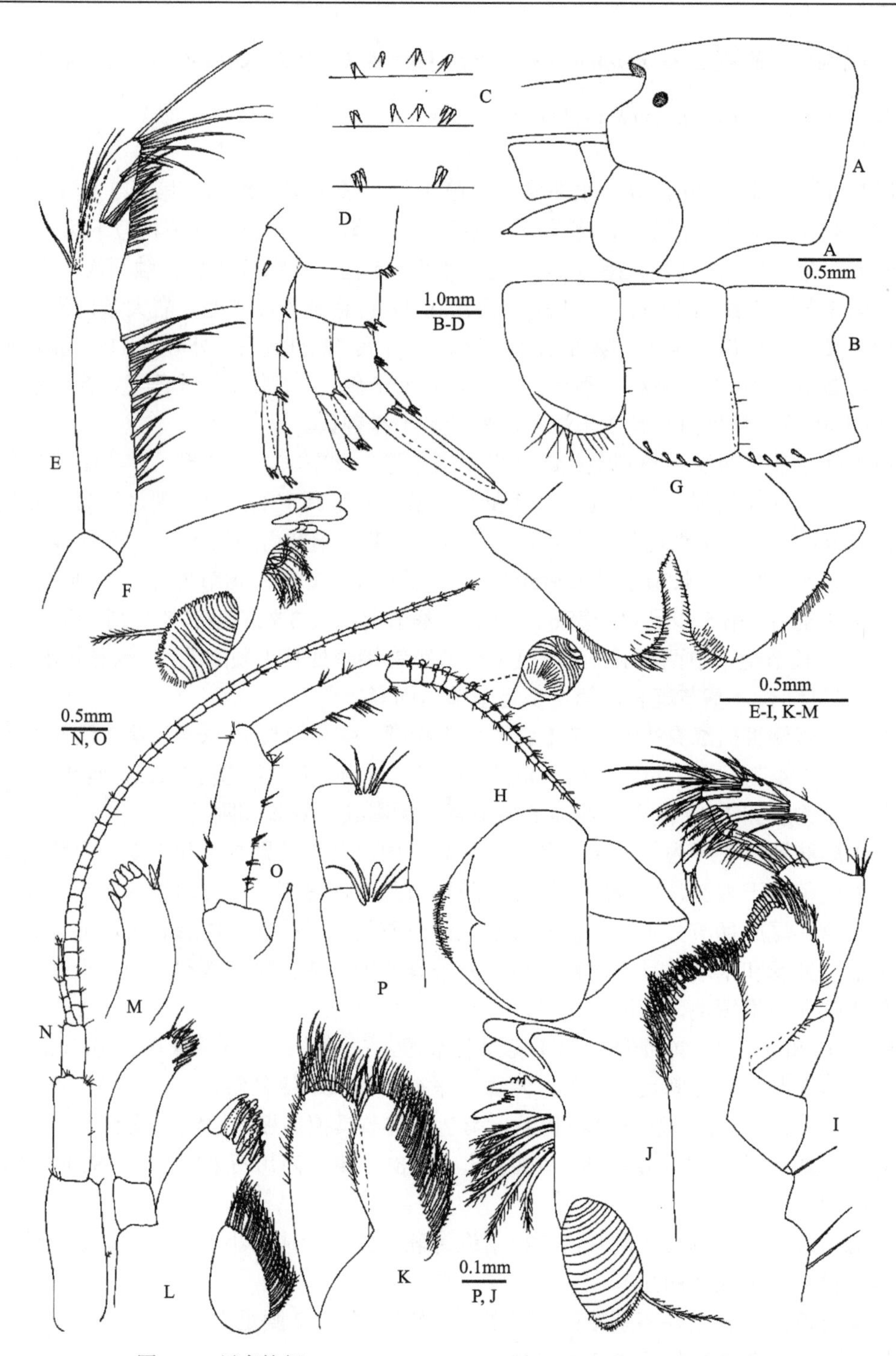

图 468　川虎钩虾 *Gammarus chuanhui* (Hou & Li) comb. nov.（一）

♂。A. 头; B. 第 1-3 腹侧板; C. 第 4-6 腹节（背面观）; D. 第 4-6 腹节（侧面观）; E. 左大颚触须; F. 左大颚切齿; G. 下唇; H. 上唇; I. 颚足; J. 右大颚切齿; K. 第 2 小颚; L. 左第 1 小颚; M. 右第 1 小颚触须; N. 第 1 触角; O. 第 2 触角; P. 第 1 触角鞭节

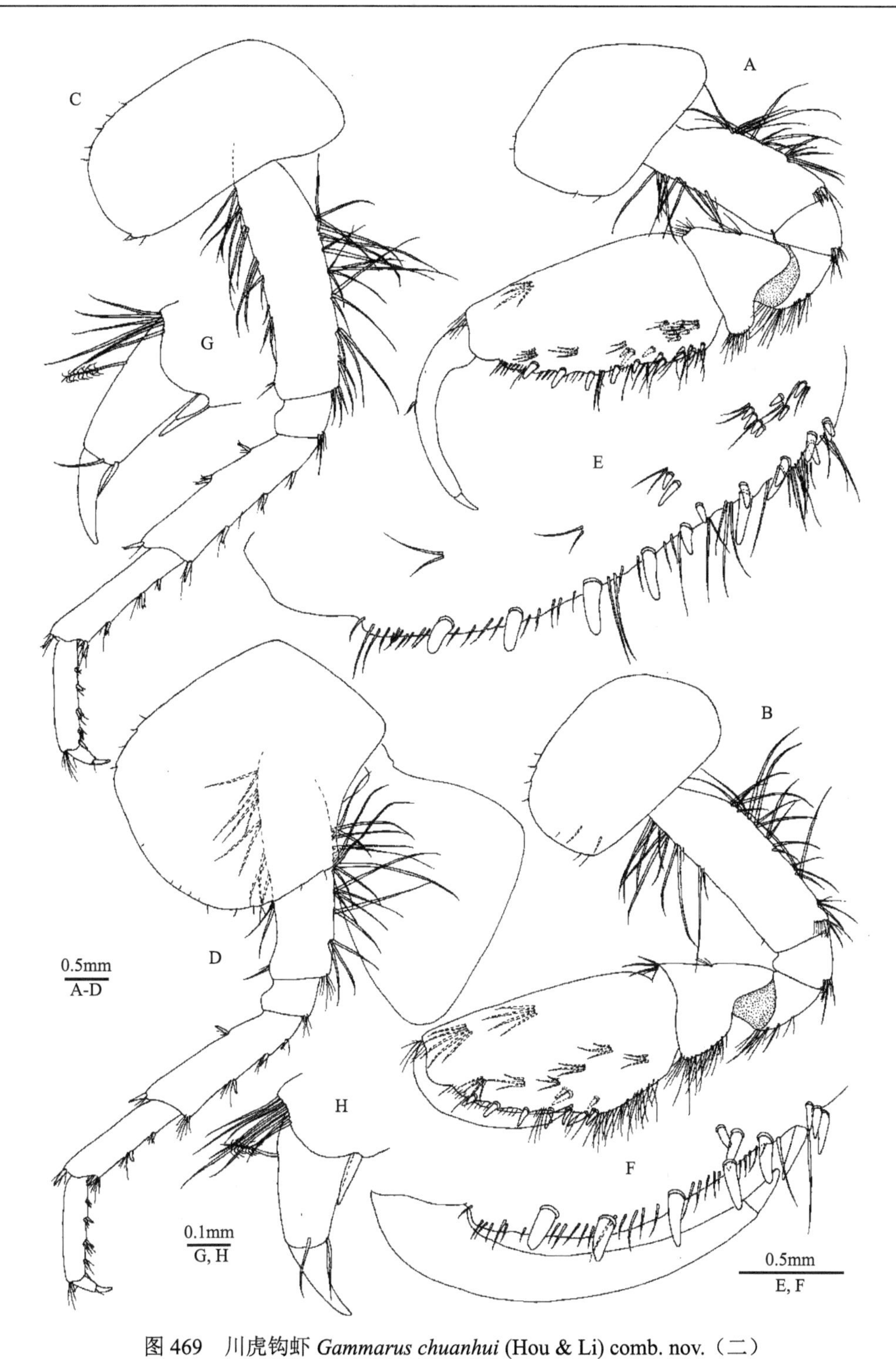

图 469　川虎钩虾 *Gammarus chuanhui* (Hou & Li) comb. nov.（二）

♂。A. 第 1 腮足; B. 第 2 腮足; C. 第 3 步足; D. 第 4 步足; E. 第 1 腮足掌节; F. 第 2 腮足掌节; G. 第 3 步足指节; H. 第 4 步足指节

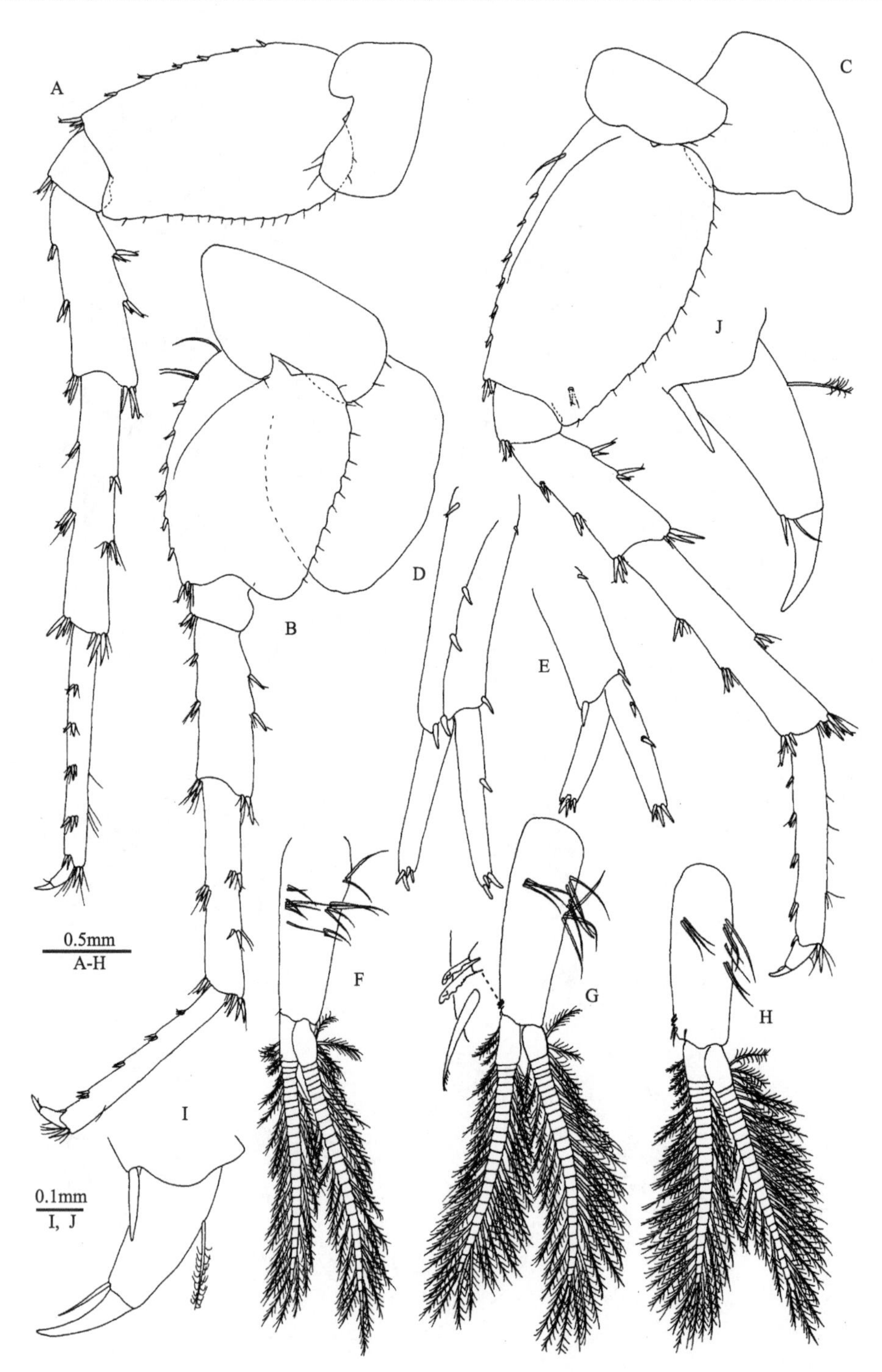

图 470 川虎钩虾 *Gammarus chuanhui* (Hou & Li) comb. nov.（三）

♂。A. 第 6 步足; B. 第 5 步足; C. 第 7 步足; D. 第 1 尾肢; E. 第 2 尾肢; F-H. 第 1-3 腹肢; I. 第 5 步足指节; J. 第 7 步足指节

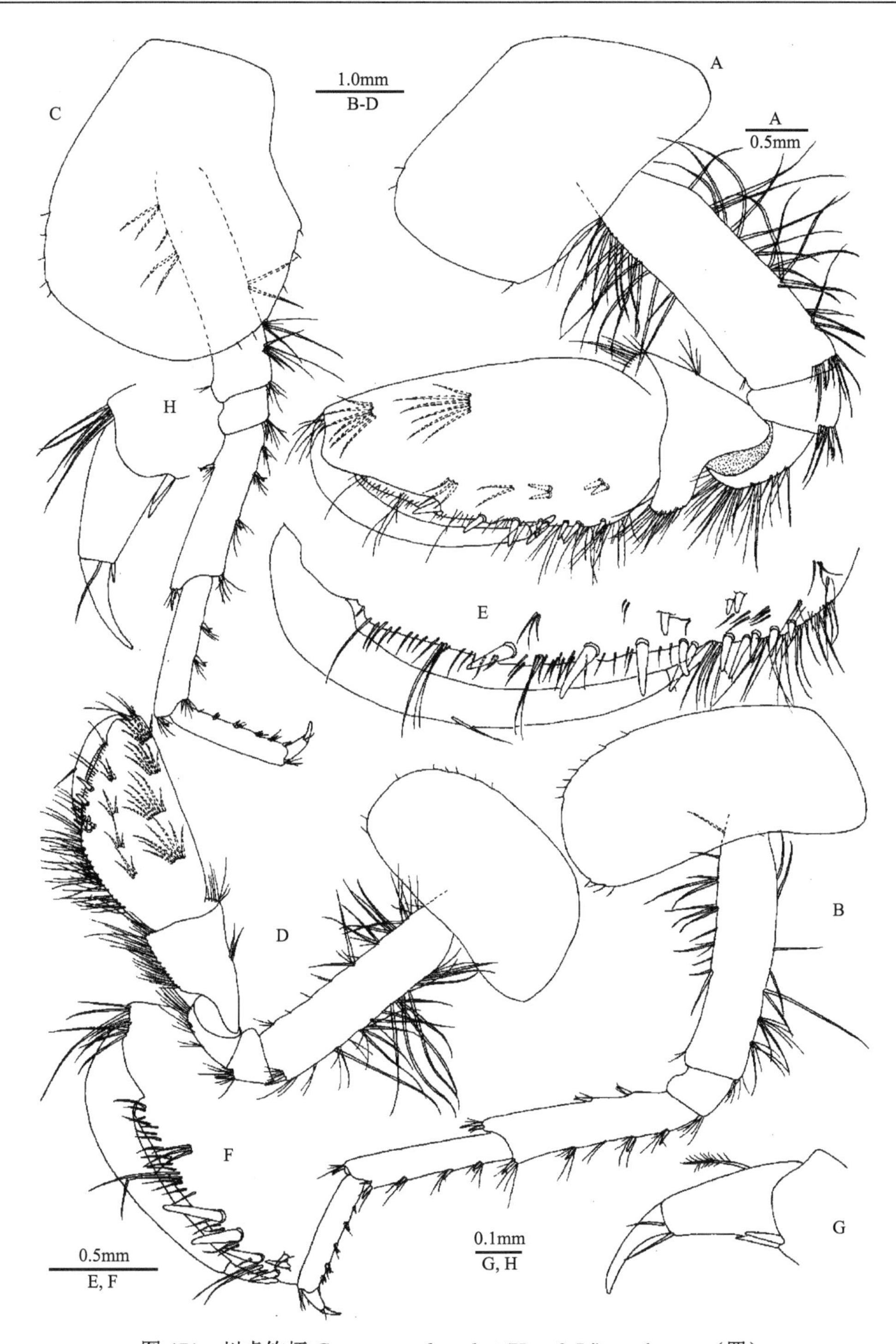

图 471　川虎钩虾 *Gammarus chuanhui* (Hou & Li) comb. nov.（四）

♀。A. 第 1 腮足; B. 第 3 步足; C. 第 4 步足; D. 第 2 腮足; E. 第 1 腮足掌节; F. 第 2 腮足掌节; G. 第 3 步足指节; H. 第 4 步足指节

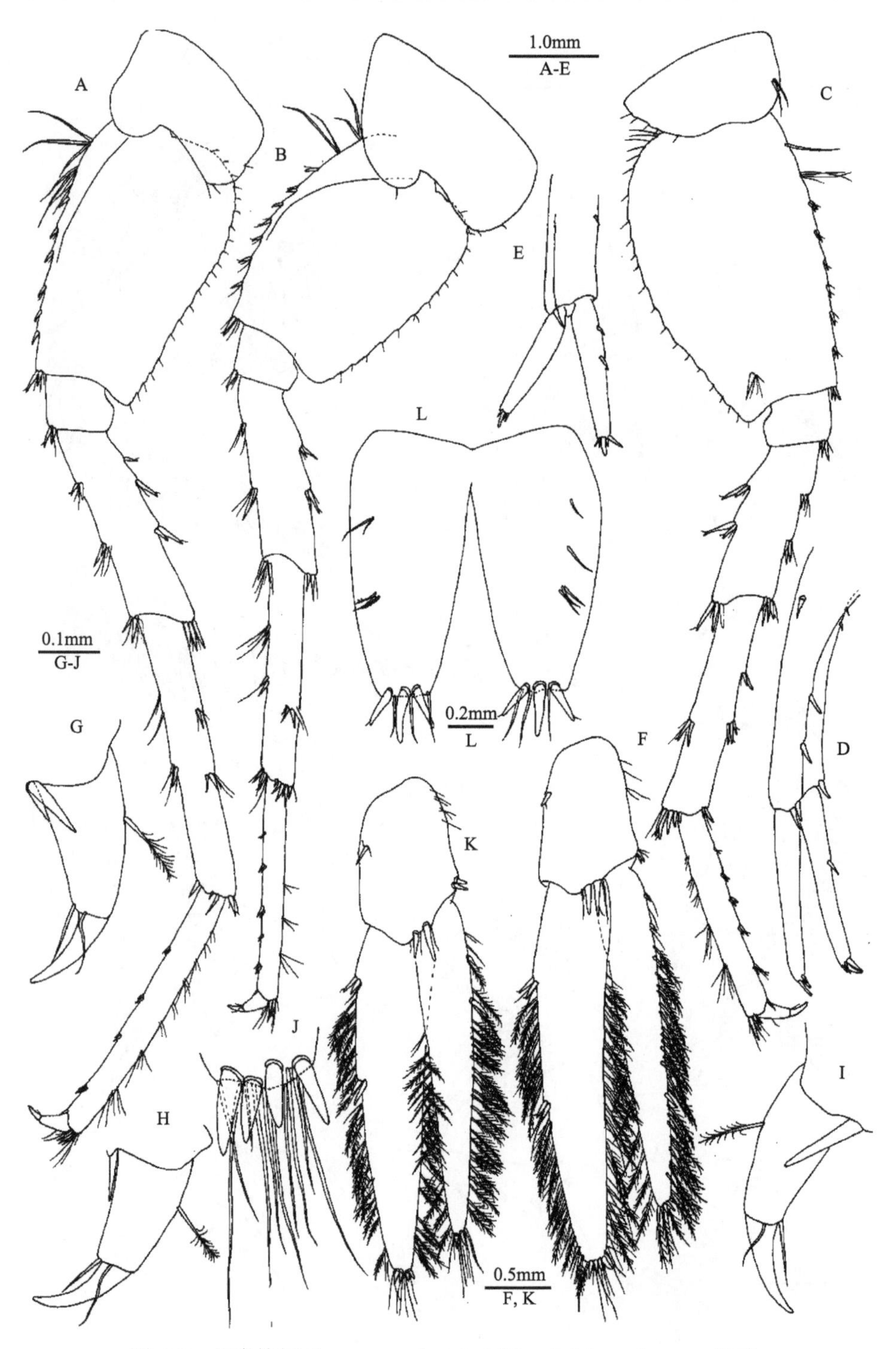

图 472 川虎钩虾 *Gammarus chuanhui* (Hou & Li) comb. nov.（五）

♂, J-L; ♀, A-I。A. 第 6 步足; B. 第 5 步足; C. 第 7 步足; D. 第 1 尾肢; E. 第 2 尾肢; F. 第 3 尾肢; G. 第 6 步足指节; H. 第 5 步足指节; I. 第 7 步足指节; J. 第 3 尾肢外肢末端; K. 第 3 尾肢; L. 尾节

(95) 洞穴钩虾，新组合 *Gammarus troglodytes* (Karaman & Ruffo, 1995) comb. nov.（图473–475）

Sinogammarus troglodytes Karaman & Ruffo, 1995: 160, figs. 1–6.

形态描述：雄性25.0mm，强壮。无眼。第1触角长达体长的1/2，第1–3柄节长度比1.0∶0.7∶0.4，鞭43节，具感觉毛，副鞭5节。第2触角短于第1触角，第4、5柄节具短毛，鞭16节，具鞋状感觉器。大颚强壮，左大颚切齿5齿，臼齿具1长刚毛，右大颚切齿4齿，动颚片二分叉，具许多小齿，触须第3节具2簇A-刚毛、2簇B-刚毛、1排D-刚毛和7 E-刚毛。第1小颚内叶具1排羽状毛，外叶顶端具11锯齿状刺，左触须第2节窄，顶端具8长刺和4刚毛；右触须宽，具6壮刺和1刚毛。第2小颚内叶具1排羽状毛。颚足内叶顶端具4刺，外叶具1排钝齿，触须4节。

第1–4底节板长大于宽，第4底节板后缘凹陷，第5、6底节板前叶小于后叶，第7底节板中央凹陷，分为2叶。

第1腮足基节两缘具长毛；腕节短，三角形；掌节大，长为宽的2倍，长卵形，掌缘极度倾斜，具1排4壮刺，后缘与内面具数个刺和刚毛；指节长，内、外缘无刚毛。第2腮足与第1腮足相似，长卵形，掌缘具3刺，后缘与内面具刚毛。第3、4步足基节两缘具长毛，长节至掌节后缘具短毛，指节粗短，内侧具1刚毛。第5步足基节后缘直，第6、7步足基节末端趋窄，内面具2刺和2毛，长节至掌节两缘具短刺，无长毛。

第1–3腹侧板后下角钝，第1腹侧板腹前缘具刚毛，第2、3腹侧板腹缘具3刺。第4–6腹节背部扁平，具刺和毛，第4腹节在第1尾肢柄节基部具1小刺。

第1尾肢柄节长于内、外肢，具1背基刺，内、外肢各具1内缘刺。第2尾肢内肢长于外肢，内缘具2刺，外肢内缘具1刺。第3尾肢超过第1、2尾肢末端，内肢长为外肢的4/5，外肢第2节短于周围刺，内、外肢两缘密布羽状长毛。尾节深裂，长大于宽，每叶具2、3末端刺，背面具几簇刚毛。

雌性18.2mm。第1、2腮足小于雄性，第1腮足腕节短，三角形；掌节长为宽的2倍，掌缘具1中央壮刺。第2腮足掌节掌缘稍斜而短，无掌中刺，后缘具3刺。第3–6步足具刚毛，且较雄性长而多。

观察标本：无，形态描述和特征图引自Karaman和Ruffo（1995）。

生态习性：本种栖息在海拔800m左右的洞穴中。

地理分布：四川（华蓥）。

分类讨论：本种主要鉴别特征为无眼，第1、2腮足掌节卵形，第3–7步足细长，第3尾肢外肢第2节退化，内、外肢两缘密布羽状毛。

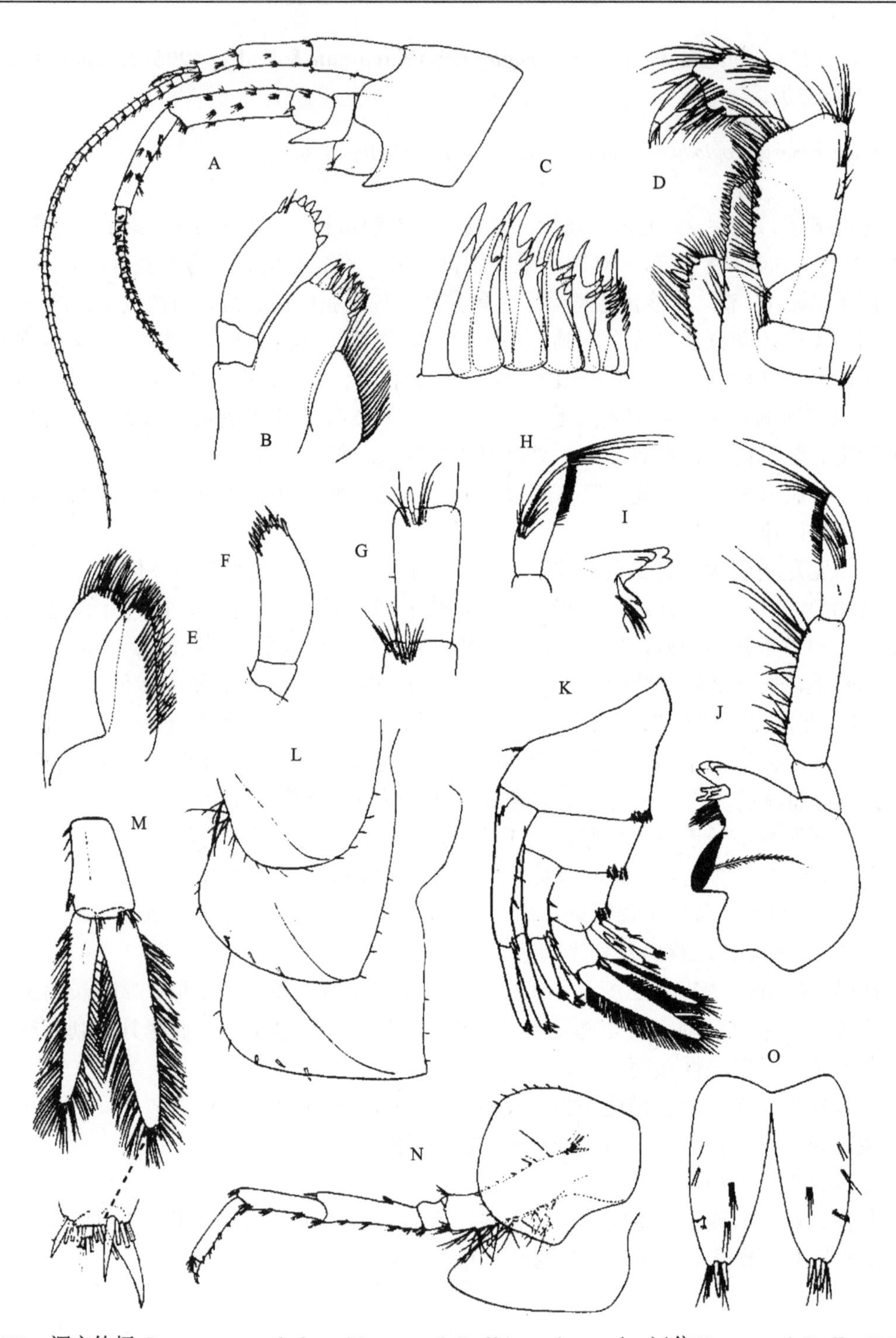

图 473 洞穴钩虾 *Gammarus troglodytes* (Karaman & Ruffo) comb. nov.（一）（仿 Karaman & Ruffo, 1995）

♂。A. 头; B. 右第 1 小颚; C. 右第 1 小颚外叶; D. 颚足; E. 第 2 小颚; F. 左第 1 小颚触须; G. 第 1 触角鞭节; H. 大颚触须第 3 节; I. 左大颚切齿; J. 右大颚; K. 第 4-6 腹节; L. 第 1-3 腹侧板; M. 第 3 尾肢; N. 第 4 步足; O. 尾节

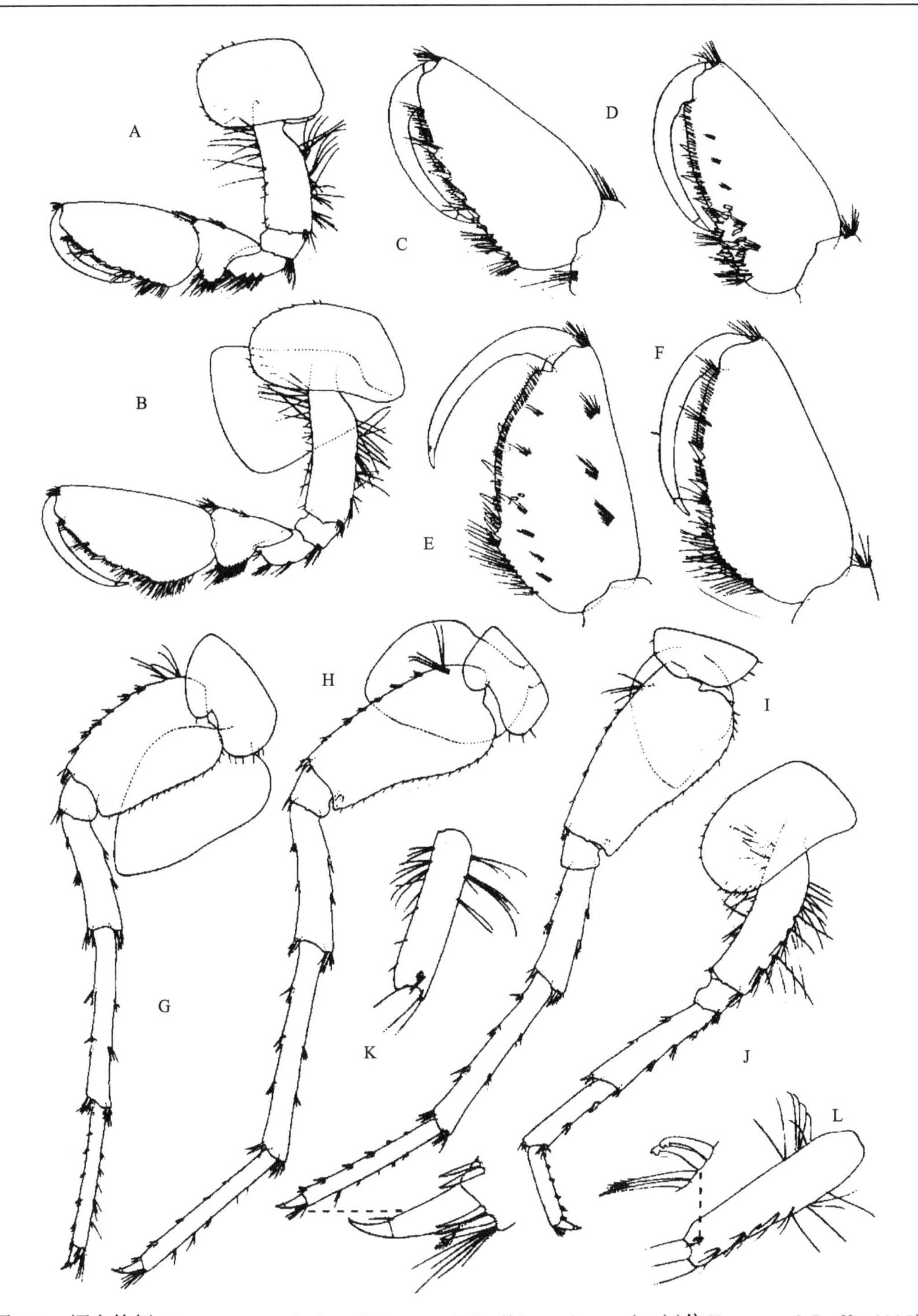

图 474　洞穴钩虾 *Gammarus troglodytes* (Karaman & Ruffo) comb. nov.（二）（仿 Karaman & Ruffo, 1995）

♂。A. 第 1 腮足; B. 第 2 腮足; C. 第 1 腮足掌节（背面观）; D. 第 1 腮足掌节（腹面观）; E. 第 2 腮足掌节（腹面观）; F. 第 2 腮足掌节（背面观）; G. 第 5 步足; H. 第 6 步足; I. 第 7 步足; J. 第 3 步足; K. 第 3 腹肢柄节; L. 第 1 腹肢柄节

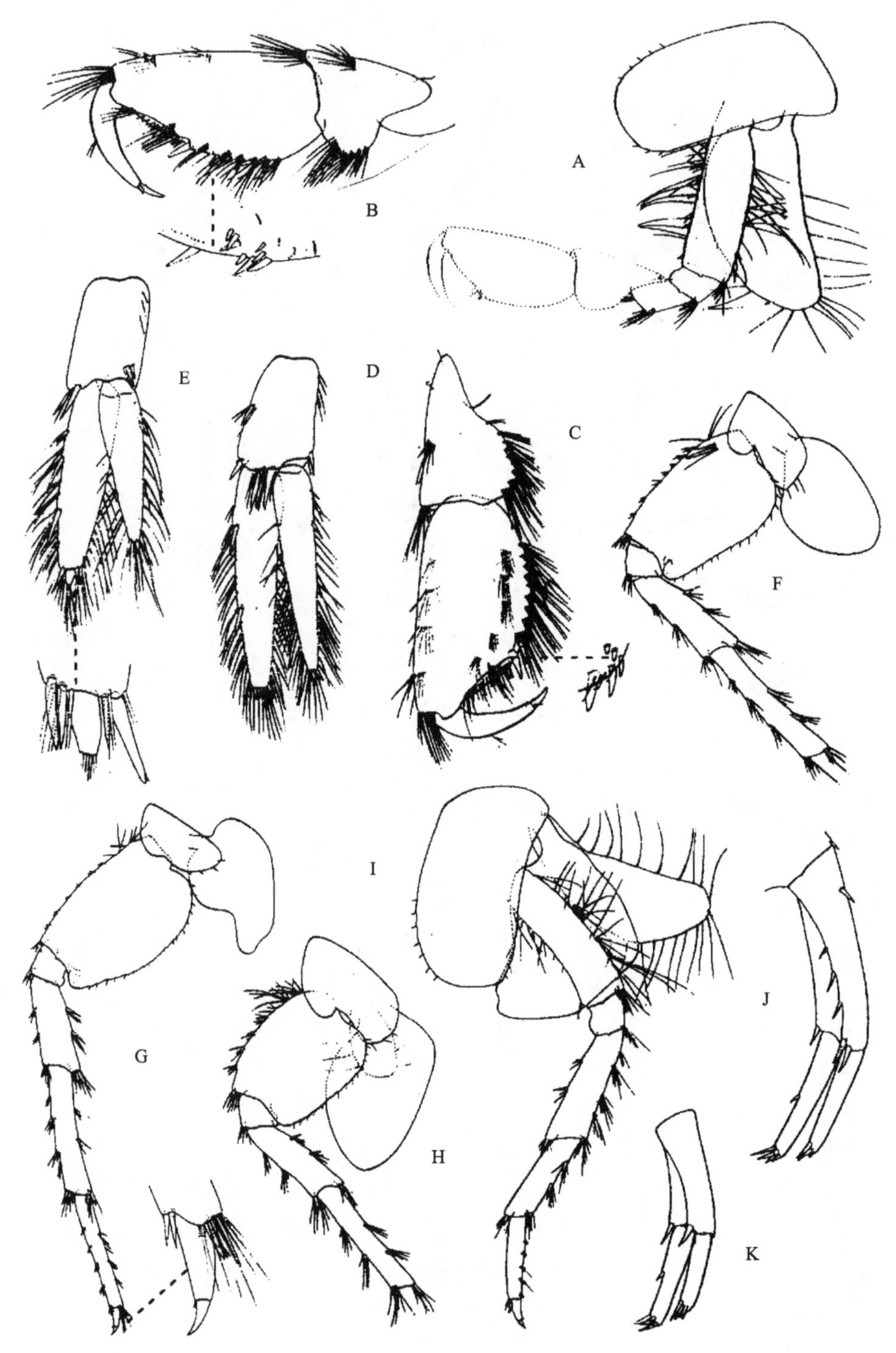

图 475 洞穴钩虾 *Gammarus troglodytes* (Karaman & Ruffo) comb. nov.(三)(仿 Karaman & Ruffo, 1995)

♀。A. 第 2 腮足; B. 第 1 腮足掌节; C. 第 2 腮足掌节; D. 第 3 尾肢（背面观）; E. 第 3 尾肢（腹面观）; F. 第 5 步足; G. 第 6 步足; H. 第 7 步足; I. 第 3 步足; J. 第 1 尾肢; K. 第 2 尾肢

四、假褐钩虾科 Pseudocrangonyctidae Holsinger, 1989

Pseudocrangonyctidae Holsinger, 1989: 953.

Type genus: *Pseudocrangonyx* Akatsuka & Komai, 1922.

无眼。第 5 腹节背部具刺。头侧叶前缘圆，下触角窝浅。第 1 触角长于第 2 触角，副鞭 2 节。第 2 触角无鞋状感觉器。大颚臼齿退化变小，具 1 毛，活动齿具 5 小齿，触须第 2 节与第 3 节等长，具 A、D、E-刚毛。下唇内叶退化。第 1 小颚外叶具 7 锯齿状刺。

底节板浅，第 4 底节板后缘无凹陷。腮足拟钳状，第 1 腮足掌节比第 2 腮足掌节大，掌缘斜，具 2 排叉刺。第 3–7 步足长，第 5–7 基节后叶小。第 2 腮足和第 3–6 步足具底节鳃，第 2–4 或 2–5 底节鳃具简单副鳃。抱卵板小，线形。腹侧板后下角钝。第 1、2 尾肢双肢型，第 1 尾肢柄节具背基刺。第 3 尾肢单肢型，肢节长，具刺和毛。尾节长大于宽，末端中央具小缺刻。

本科与分布在全北区的褐钩虾科 Crangonyctidae 的相似特征包括：①第 1 触角副鞭 2 节；②腮足腕节短于掌节，掌缘具叉刺；③具副鳃；④第 3 尾肢内肢退化；⑤尾节短、具浅缺刻。不同之处在于，本科①大颚触须第 3 节与第 2 节等长，臼齿退化；②腮足和步足上刚毛较多，尤其是腮足，第 3、4 步足基节和第 5–7 步足底节板；③底节板不相连接；④腹节与第 7 胸节背部后缘具刚毛；⑤第 4–6 腹节背部具刺；⑥第 3 尾肢单肢型，外肢长是柄节的 3–6 倍。

本科大都生活在地下水系统中，分布在亚洲东北部，包括 2 属，假褐钩虾属 *Pseudocrangonyx* 和拟褐钩虾属 *Procrangonyx*。

属检索表

第 3 尾肢外肢第 2 节退化……………………………………………………**拟褐钩虾属 *Procrangonyx***

第 3 尾肢外肢第 2 节明显…………………………………………………**假褐钩虾属 *Pseudocrangonyx***

9. 拟褐钩虾属 *Procrangonyx* Schellenberg, 1934

Procrangonyx Schellenberg, 1934: 217; Barnard & Barnard, 1983b: 444–445.

Eocrangonyx Schellenberg, 1936: 37; Holsinger, 1989: 956 (objective junior synonym).

Type species: *Eocrangonyx japonicus* Uéno, 1930.

无眼。第 1 触角长于第 2 触角，副鞭 2 节。第 2 触角柄节第 4 节粗，鞭节长于第 5 柄节。大颚臼齿退化。第 1 小颚内叶具 4 羽状毛，外叶具 7 锯齿状刺，触须 2 节。第 1 腮足掌节长卵形，掌缘具刺。第 2 腮足小于第 1 腮足。第 3–7 步足相似，基节长，长节至掌节两缘具刺。第 3 尾肢单肢型，外肢只有 1 节。尾节缺刻浅。

本属栖息于地下水中，分布于亚洲东北部，全球共记录 4 种，中国发现 1 种。

(96) 透明拟褐钩虾 *Procrangonyx limpidus* Hou & Li, 2003（图 476–480）

Procrangonyx limpidus Hou & Li, 2003a: 1180, figs. 1–5.

形态描述：雄性 13.5mm，体型细长。无眼。第 1 触角长于第 2 触角，第 1–3 柄节长度比 1.0∶0.9∶0.4，前、后缘均具短毛，鞭 28 节，副鞭 1 或 2 节。第 2 触角第 4 和第 5 柄节等长，具几组缘毛；鞭 11 节，无鞋状感觉器。上唇近圆形，具短毛。左大颚切齿 5 齿；动颚片 4 齿；臼齿很小；触须第 2 节具 10 缘毛，第 3 节长于第 2 节，具 6 A-刚毛、22 D-刚毛和 6 E-刚毛；右大颚切齿 5 齿，动颚片分叉，臼齿小，具 1 毛。下唇内叶缺失。第 1 小颚内叶具 5 羽状毛，外叶具 7 锯齿状刺，触须第 2 节具 5 细长刺和 5 硬毛。第 2 小颚内叶粗，内缘具 7 羽状毛。颚足内叶具 1 近顶刺和 4 顶刺，外叶具 11 细长刺，触须第 2 节粗，第 3 节内面密布长毛，第 4 节呈爪状。

第 1–4 底节板近长方形，具缘毛；第 5–7 底节板近三角形，哑铃状，前叶大于后叶，具刚毛。第 2 腮足和第 3–6 步足具底节鳃。

第 1 腮足基节宽，后缘具刚毛；腕节近三角形，后缘具 3 锯齿状刺；掌节卵形，掌面倾斜，具 16 末端分叉的刺；指节细长，内缘具 1 排细褶，外缘具 7 刚毛，趾钩短。第 2 腮足与第 1 腮足相似，腕节长于第 1 腮足的腕节，后缘具 5 锯齿状刺；掌节后缘具 5 组长刚毛。第 3、4 步足相似，短于第 5–7 步足；基节延长，宽大；长节至掌节前、后缘具刚毛；指节细长，外缘具 1 羽状毛，内缘具 1 硬刚毛，趾钩接合处具 1 刚毛。第 5 步足短于第 6、7 步足；第 5–7 步足比第 3、4 步足宽大；指节内缘具 1 羽状毛，外缘具 3–7 刚毛。

第 1–3 腹侧板腹缘圆，后缘具 1 排细毛。第 1 腹侧板后下角具 2 硬刚毛；第 2 腹侧板腹缘具 4 刺，后下角具 2 硬刚毛；第 3 腹侧板腹缘具 4 刺，后下角具 3 硬刚毛。第 1–3 腹肢近等长，柄节具 2 钩刺，内、外肢均具羽状毛。第 1–6 腹节背缘具细刚毛。

尾肢刺多，第 1、2 尾肢不超过第 3 尾肢。第 1 尾肢柄节具 1 背基刺，外缘具 11 刺，内缘具 13 细长刺，末端刺很长；内肢稍长于外肢，内、外肢边缘均具刺，具长末端刺。第 2 尾肢外肢长为内肢的 4/5。第 3 尾肢细长，单肢型；柄节末缘具 4 刺；外肢长是柄节的 5 倍，边缘具刺，背面具小刚毛，末缘具 4 长刺和 2 刚毛。尾节宽是长的 2/3，末端缺刻浅，每叶具 1 长刺和 1 短刺，右叶具 2 刚毛。

雌性 12.5mm，与雄性相似。第 2 触角鞭节具感觉毛。腮足和步足比雄性稍粗。第 2 尾肢柄节具 1 背基刺。尾节具背毛。第 2–5 胸节具抱卵板，长。

观察标本：1♂（正模，IZCAS-I-A0081），1♀，北京怀柔桥梓镇北宅村（116.6°E, 40.3°N），2002.XI.15。

生态习性：本种栖息在农场的一口水井底层，水深 9m。

地理分布：北京（怀柔）。

分类讨论：本种与日本拟褐钩虾 *P. japonicus* (Uéno, 1930) 的区别在于本种第 1 小颚内叶具 5 羽状毛，第 2 小颚内叶具 7 羽状毛，颚足触须第 3 节具 A-刚毛，第 3 尾肢肢节长是柄节的 5 倍。而后者第 1、2 小颚内叶各具 4 羽状毛，颚足触须第 3 节无 A-刚毛，第 3 尾肢肢节长是柄节的 3.5 倍。

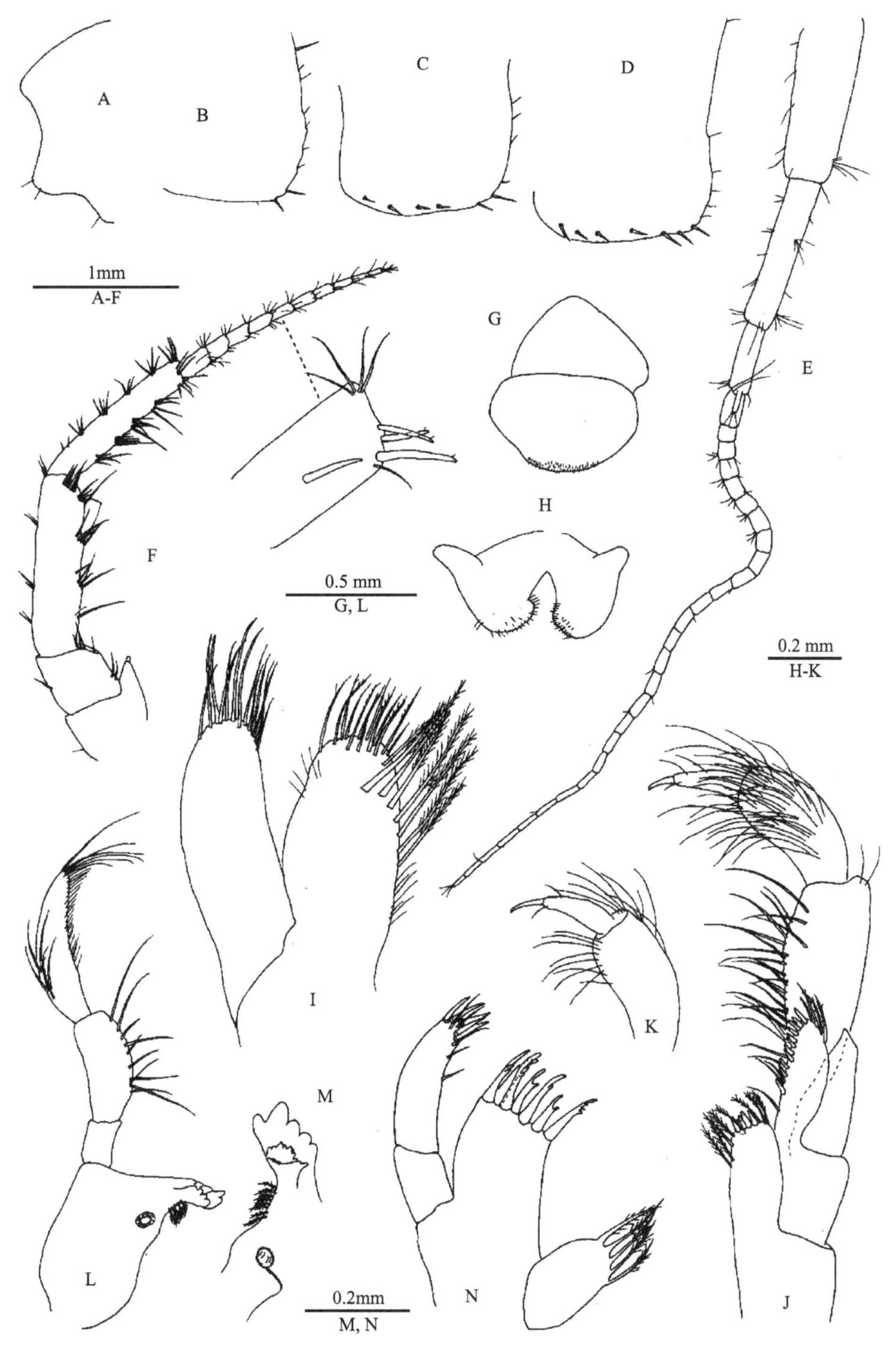

图 476　透明拟褐钩虾 *Procrangonyx limpidus* Hou & Li（一）

♂。A. 头; B. 第 1 腹侧板; C. 第 2 腹侧板; D. 第 3 腹侧板; E. 第 1 触角; F. 第 2 触角; G. 上唇; H. 下唇; I. 第 2 小颚; J. 颚足; K. 颚足触须第 3 节; L. 左大颚; M. 右大颚; N. 第 1 小颚

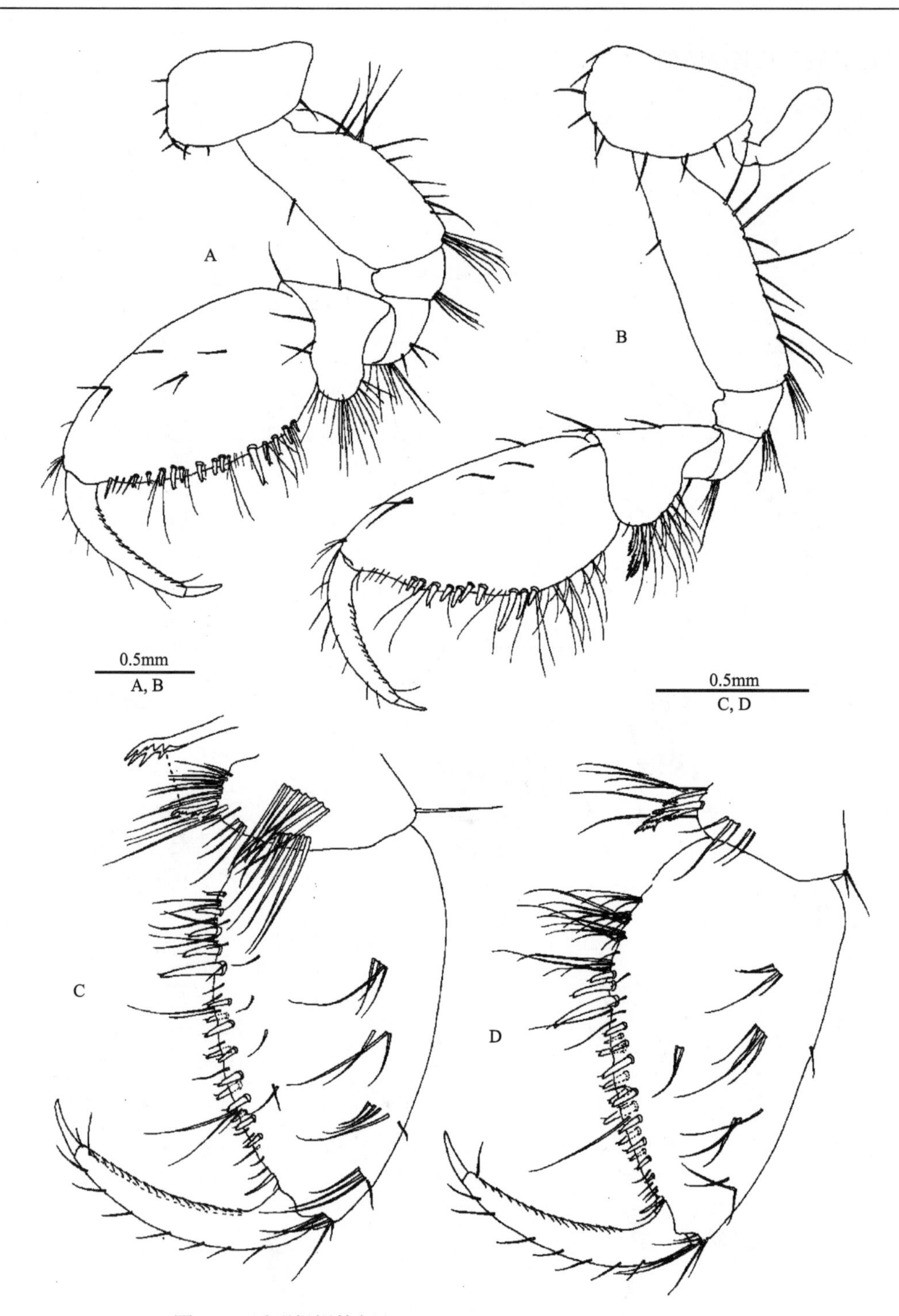

图 477 透明拟褐钩虾 *Procrangonyx limpidus* Hou & Li（二）

♂。A. 第 1 腮足; B. 第 2 腮足; C. 第 1 腮足掌节; D. 第 2 腮足掌节

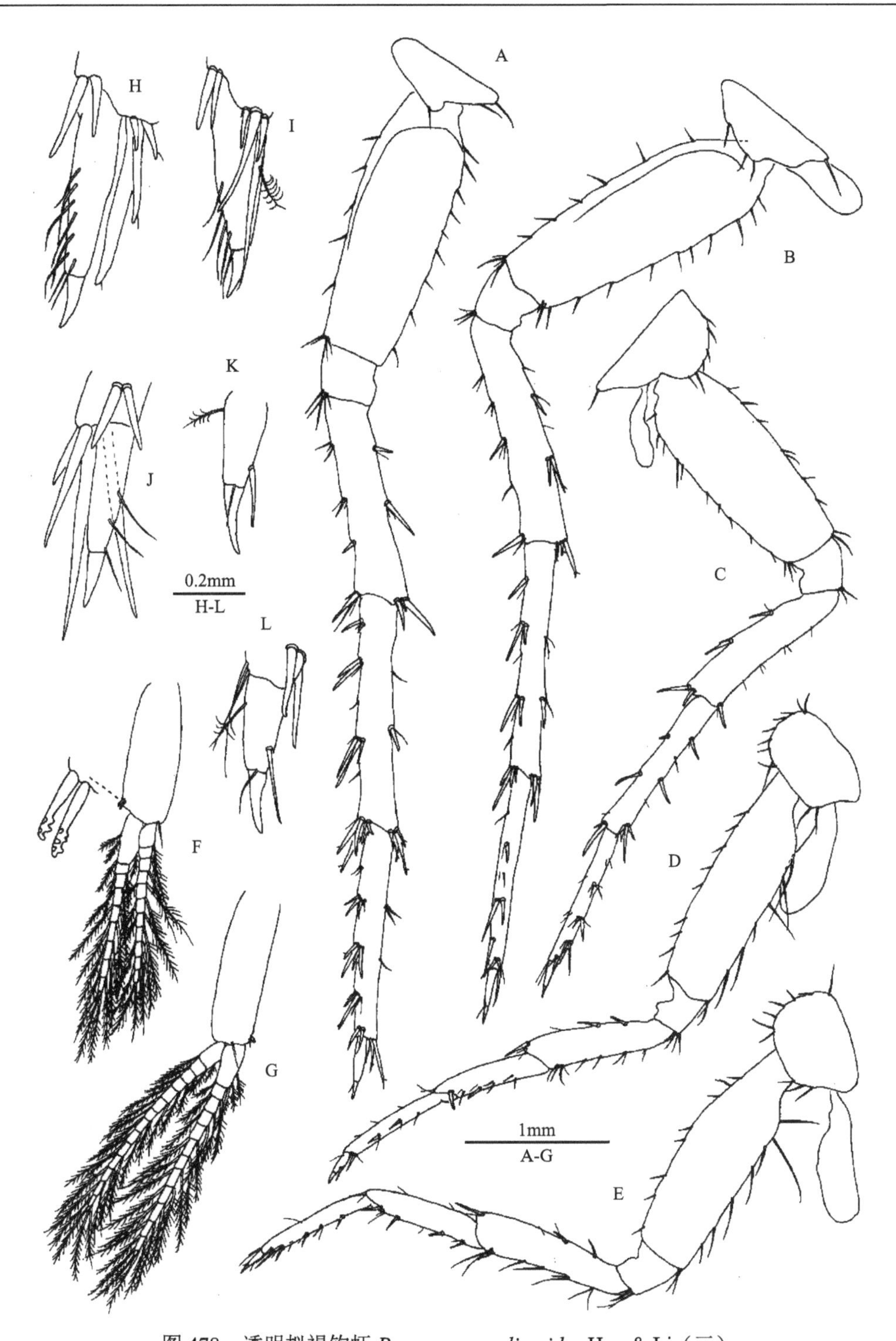

图 478　透明拟褐钩虾 *Procrangonyx limpidus* Hou & Li（三）

♂。A. 第 7 步足; B. 第 6 步足; C. 第 5 步足; D. 第 4 步足; E. 第 3 步足; F. 第 3 腹肢; G. 第 2 腹肢; H. 第 7 步足指节; I. 第 6 步足指节; J. 第 5 步足指节; K. 第 4 步足指节; L. 第 3 步足指节

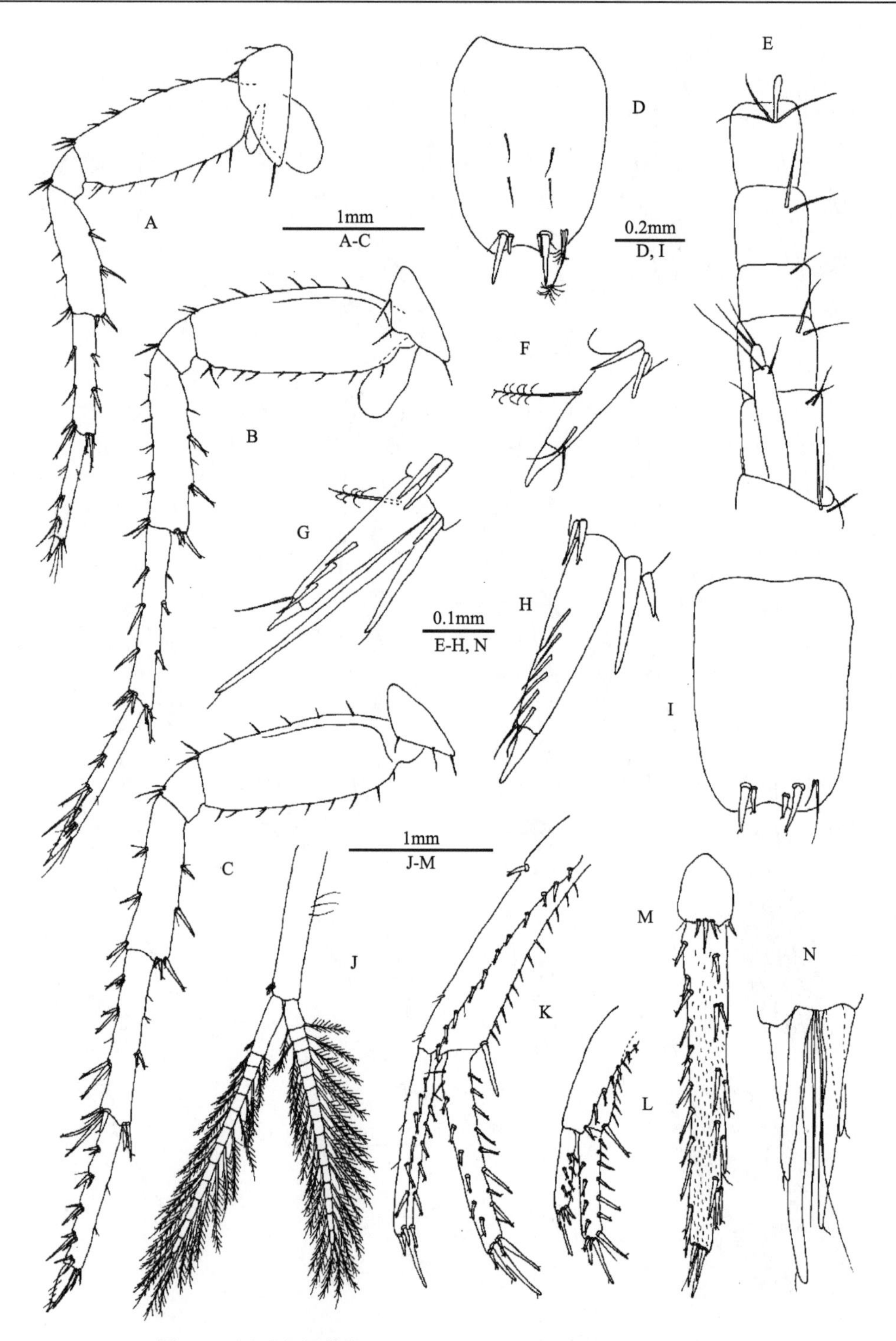

图 479　透明拟褐钩虾 *Procrangonyx limpidus* Hou & Li（四）

♂, I-N; ♀, A-H。A. 第 5 步足; B. 第 6 步足; C. 第 7 步足; D. 尾节; E. 第 1 触角; F. 第 5 步足指节; G. 第 6 步足指节; H. 第 7 步足指节; I. 尾节; J. 第 1 腹肢; K. 第 1 尾肢; L. 第 2 尾肢; M. 第 3 尾肢; N. 第 3 尾肢末端

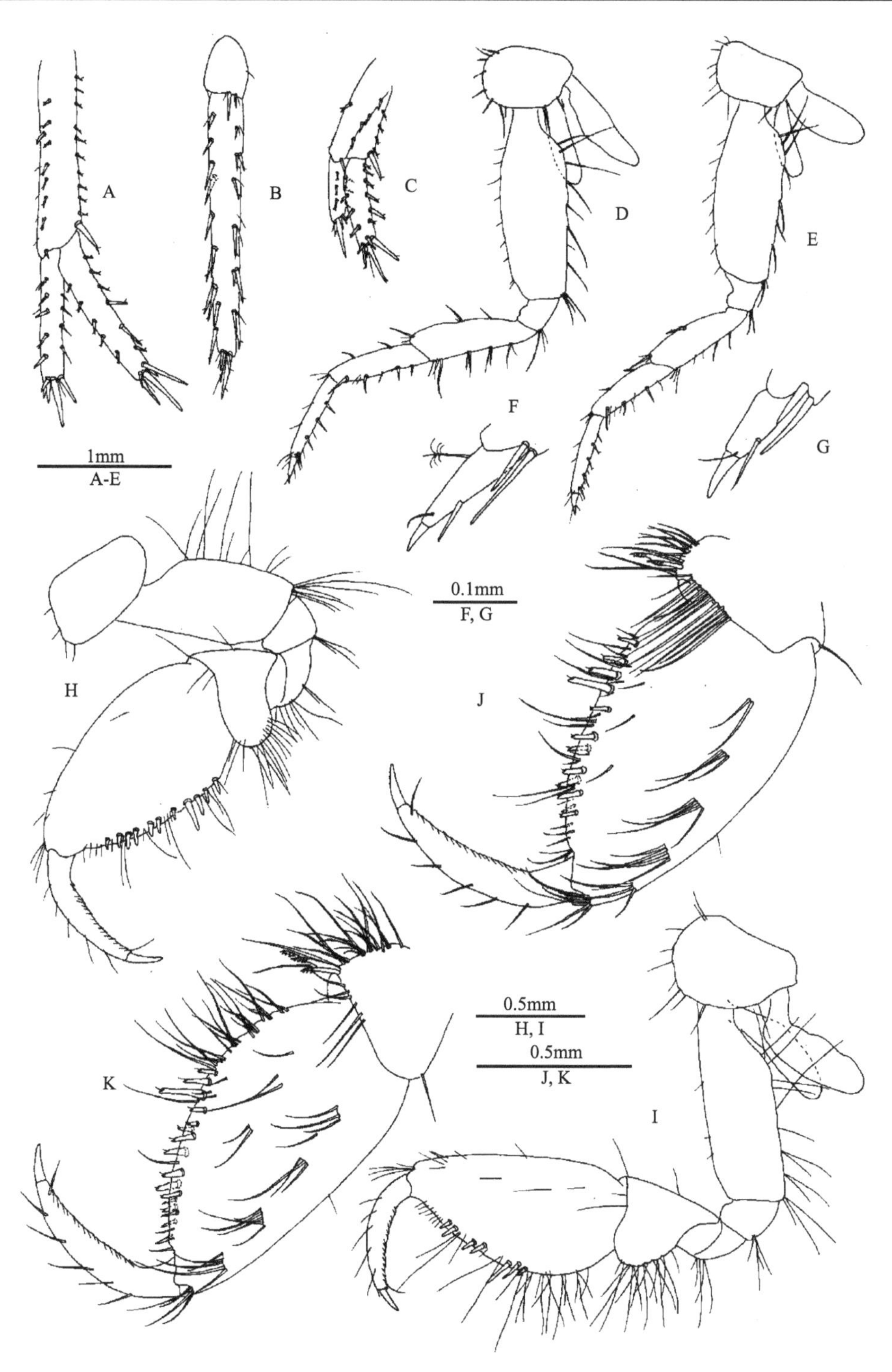

图 480　透明拟褐钩虾 *Procrangonyx limpidus* Hou & Li（五）

♀。A. 第 1 尾肢; B. 第 3 尾肢; C. 第 2 尾肢; D. 第 3 步足; E. 第 4 步足; F. 第 3 步足指节; G. 第 4 步足指节; H. 第 1 腮足; I. 第 2 腮足; J. 第 1 腮足掌节; K. 第 2 腮足掌节

10. 假褐钩虾属 *Pseudocrangonyx* Akatsuka & Komai, 1922

Pseudocrangonyx Akatsuka & Komai, 1922: 120; Uéno, 1966: 504; Barnard & Barnard, 1983b: 442–443.

Type species: *Pseudocrangonyx shikokunis* Akatsuka & Komai, 1922.

第 5–7 腹节背部具短刚毛。无额角和眼。触角较长，第 1 触角长于第 2 触角，鞭节长于柄节，副鞭 2 节。第 2 触角短粗，鞭节与第 5 柄节等长。大颚臼齿退化。下唇内叶小或缺失。小颚刚毛少。

底节板宽大于长，互不相连，第 4 底节板后缘无凹陷。腮足壮，掌节延长成卵形或梨形，掌缘倾斜，具刺与毛。第 1 腮足腕节短，具后叶，掌节大于第 2 腮足。第 3、4 步足基节膨大。第 5–7 步足长，基节长卵圆形，指节短，内侧具小刚毛。

第 1、2 尾肢外肢短，边缘具刺，第 1 尾肢柄节具背基刺。第 3 尾肢膨大，单肢型，外肢长，2 节。尾节长，末端中央具小缺刻，左右两叶末端均具刺。第 2–6 胸节具底节鳃，抱卵板狭长，副鳃有或无。

本属种类栖息在地下水，如洞穴、泉眼与井中，分布于中国、朝鲜半岛、日本和俄罗斯东部。全球已记载 23 种，我国分布 4 种。

种 检 索 表

1. 第 1 尾肢外肢长为内肢的 2/3 ……………………………………………………………………2
   第 1 尾肢外肢长为内肢的 3/4 ……………………………………………………………………3
2. 第 1–3 腹节背部后缘具 7–9 毛，第 2 尾肢内、外肢刺多 ……………… **东北假褐钩虾 *P. manchuricus***
   第 1–3 腹节背部后缘具 2、3 毛，第 2 尾肢内、外肢刺少 ……………… **洞穴假褐钩虾 *P. cavernarius***
3. 第 2 触角无鞋状感觉器 …………………………………………………………… **亚洲假褐钩虾 *P. asiaticus***
   第 2 触角具鞋状感觉器 …………………………………………………………… **优雅假褐钩虾 *P. elegantulus***

(97) 亚洲假褐钩虾 *Pseudocrangonyx asiaticus* Uéno, 1934（图 481）

Pseudocrangonyx asiaticus Uéno, 1934: 445, figs. 1–2; 1940: 78; 1966: 506–518, figs. 2–8; 1971: 198; Holsinger, 1986: 542, fig. 4; Barnard & Barnard, 1983b: 443, figs. 8B, 9G, 11B, 18C, 20A; Holsinger, 1989: 954, fig. 4.

形态描述：大颚触须第 3 节与第 2 节几乎等长，外缘具短 A-刚毛，内缘具 1 排 D-刚毛，顶端具 8 长 E-刚毛。大颚臼齿咀嚼退化，具 1 刚毛，左活动齿具 5 齿。

腮足指节内缘具 1 排刺，趾钩长。第 1 腮足掌节掌缘内侧具 2 排末端微微分叉的刺，外侧具长刚毛。第 2 腮足掌节掌缘具 2 排刺，每排 5 刺，后缘角具 2 刺。第 5、6 胸节具副鳃。第 7 胸节与腹节背部具 4–8 刚毛。第 4–6 腹节背部具刺。第 1 尾肢外肢长为内肢的 3/4。第 2 尾肢内肢末端具锯齿状齿。第 3 尾肢 2 节，肢节第 1 节长是柄节的 4 倍，第 2 节长是第 1 节的 1/4。尾节长大于宽，末端裂。

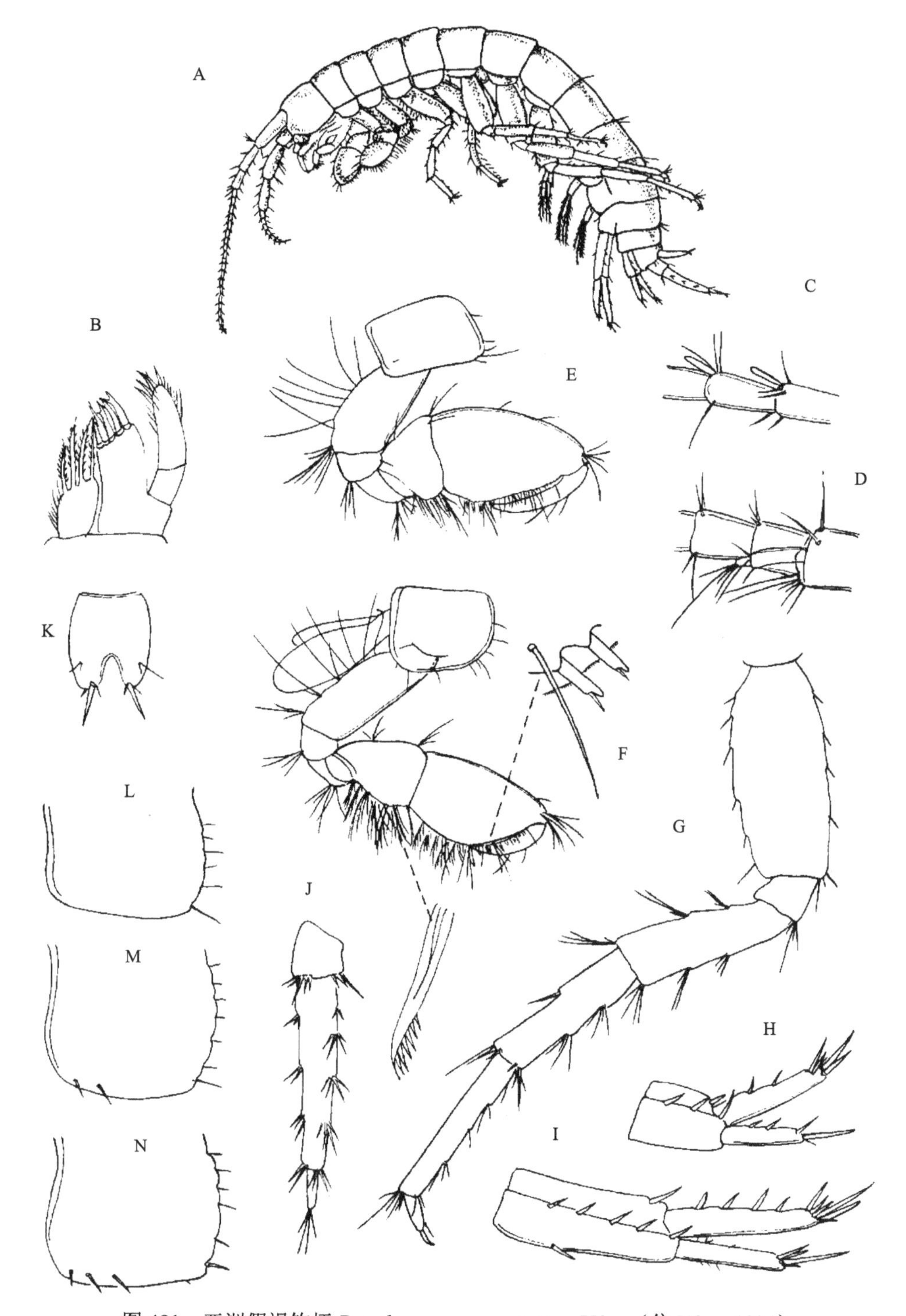

图 481　亚洲假褐钩虾 *Pseudocrangonyx asiaticus* Uéno（仿 Uéno, 1934）

♀。A. 整体（侧面观）; B. 第 1 小颚; C. 第 1 触角鞭节; D. 第 1 触角副鞭; E. 第 1 腮足; F. 第 2 腮足; G. 第 7 步足; H. 第 2 尾肢; I. 第 1 尾肢; J. 第 3 尾肢; K. 尾节; L-N. 第 1-3 腹侧板

观察标本：无，形态描述和特征图引自 Uéno（1934）。

生态习性：生活在亚洲东部的地下水中。

地理分布：中国；朝鲜，日本。

分类讨论：本种的主要鉴别特征是第 2 触角无鞋状感觉器，第 5、6 胸节具副鳃。

(98) 东北假褐钩虾 *Pseudocrangonyx manchuricus* Oguro, 1938（图 482）

Pseudocrangonyx manchuricus Oguro, 1938: 71, figs. 1–2; Uéno, 1940: 78.

形态描述：第 1 触角稍短于体长的 1/2，柄节第 1 节短于第 2、3 节之和，鞭 20 节，具感觉毛，副鞭 2 节。第 2 触角长于第 1 触角的 1/2，鞭 7 节，长于任何一个柄节。大颚活动齿 5 齿，触须第 3 节与第 2 节等长。第 1 小颚内叶具 6 长毛，外叶具 7 锯齿状刺，触须具 4 刺和 2 毛。第 2 小颚内、外叶具刚毛。

第 1、2 腮足形态相似，但第 1 腮足略大于第 2 腮足，掌节宽而长。第 2 腮足掌节小。第 3–7 步足修长。第 2–6 胸节具底节鳃，前 3 对鳃宽大，后 2 对小。腹侧板后下角钝圆，第 1 腹侧板下缘具刚毛，第 2、3 腹侧板具 3、4 刺。第 1 尾肢柄节长于内肢，内、外缘具刺；内肢内缘具 4、5 壮刺，外肢长为内肢的 2/3。第 2 尾肢柄节短于内肢，外肢长为内肢的 2/3。第 3 尾肢无内肢，外肢第 1 节长为柄节的 4 倍、为第 2 节的 7 倍。尾节末端具小缺刻。雌性第 2–5 胸节具抱卵板。

观察标本：无，形态描述和特征图引自 Oguro（1938）。

生态习性：本种栖息于锦州附近的地下水中，离地面 10–20m，离最近的小凌河 4km。本种在村镇的打水井中也有发现。水中性，pH 7.1。

地理分布：辽宁（锦州）。

分类讨论：本种与亚洲假褐钩虾 *P. asiaticus* Uéno 的区别在于本种尾节缺刻小于尾节长的 1/5。

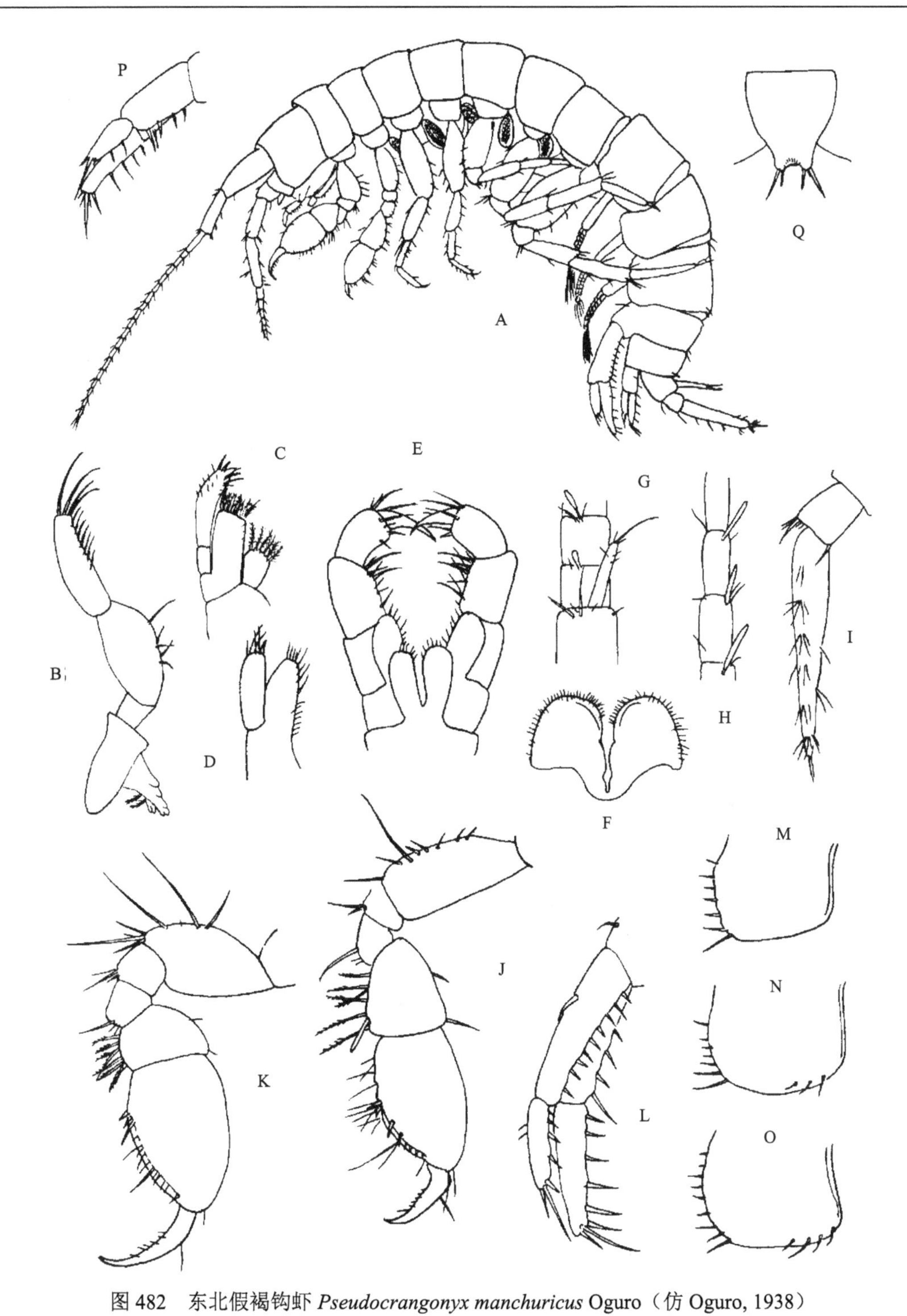

图 482　东北假褐钩虾 *Pseudocrangonyx manchuricus* Oguro（仿 Oguro, 1938）

♀。A. 整体（侧面观）; B. 大颚; C. 第 1 小颚; D. 第 2 小颚; E. 颚足; F. 下唇; G. 第 1 触角副鞭; H. 第 1 触角鞭节; I. 第 3 尾肢; J. 第 2 腮足; K. 第 1 腮足; L. 第 1 尾肢; M-O. 第 1-3 腹侧板; P. 第 2 尾肢; Q. 尾节

(99) 洞穴假褐钩虾 *Pseudocrangonyx cavernarius* Hou & Li, 2003（图 483–487）

Pseudocrangonyx cavernarius Hou & Li, 2003g: 42–49, figs. 1–5.

形态描述：雌性 8.2mm。下触角窝不明显，无眼。第 1 触角长于第 2 触角，第 1–3 柄节长度比 1.00∶0.64∶0.37，鞭 14 节，副鞭 2 节，第 2 节极短。第 2 触角柄节第 3 节外缘和末端均具 2 毛，第 4、5 柄节等长，鞭 6 节，与第 5 柄节等长。上唇具微毛。左大颚切齿和活动齿具 5 齿；臼齿略有退化；触须第 2 节比第 3 节更粗壮，第 3 节具 2 A-刚毛、8 D-刚毛和 4 E-刚毛。右大颚切齿 5 齿，动颚片分叉，具小齿，臼齿具 1 刚毛，触须与左大颚相似。下唇凹，内叶缺失。第 1 小颚内叶近方形，具 4 羽状毛，外叶具 7 锯齿状刺，触须细长，左、右触须相似，2 节，第 2 节具 4 细长刺和 2 硬毛。第 2 小颚内叶内缘具 5 羽状毛，外叶稍长于内叶，具末端毛。颚足内叶具 3 细长刺和刚毛；外叶宽，具 4 刺和一些刚毛；触须 4 节，第 2 节最长，内缘具长刚毛，第 3 节稍短于第 4 节。

第 1 腮足底节板宽大于长，腹前缘具 4 毛；基节后缘具长刚毛；掌节卵形，掌缘斜，后缘具 8 刺和长刚毛，指节内缘具 5 刺，趾钩长。第 2 腮足与第 1 腮足相似，底节板腹前缘具 5 毛；腕节比第 1 腮足长，掌节比第 1 腮足宽，具 10 刺。第 3、4 步足细长，底节板前缘和腹缘具毛；基节微微膨大，前缘具短刚毛，后缘具长刚毛；长节至掌节两缘具刺和毛；指节细长。第 5–7 步足细长，第 5 底节板不规则，后叶小于前叶，前缘具 4 刚毛，后叶具 1 刚毛；第 6 底节板后缘稍小于前叶；第 7 底节板后缘具 1 刚毛。第 5–7 步足基节前、后缘均具刚毛；长节至掌节两缘具刺或刚毛；指节长是掌节的 2/5。

第 1–3 腹节背缘具刚毛。第 1–3 腹侧板后下角钝圆，腹缘具毛和刺，后缘具柔毛。第 1–3 腹肢等长，柄节具刚毛，具 2 钩刺和 1 刚毛；外肢稍长于内肢，5 或 6 节，内、外肢具羽状毛。第 4 腹节背部具 4 簇刚毛，第 5、6 腹节背部具 2 对刺。

第 1 尾肢柄节具 1 背基刺，内、外缘分别具 2 和 5 刺；外肢长为内肢的 2/3。第 2 尾肢柄节内、外缘分别具 1 和 1-1-2 刺；外肢长约为内肢的 2/3，内缘具 1 刺，末端具 3 刺；内肢内缘具 2 刺，末端具 5 刺。第 3 尾肢单肢型，柄节具 3 末端刺；外肢长为柄节的 3.25 倍，内、外缘具刺，第 2 节为第 1 节的 1/5 倍，具末端毛。尾节末端缺刻达尾节长的 1/5，长大于宽。

第 2–6 胸节具底节鳃，第 2–5 胸节具抱卵板，抱卵板狭长。

雄性未知。

观察标本：1♀（正模，IZCAS-I-A0036），4♀，安徽含山褒禅山华阳洞（31.7°N, 118.1°E），1982.V.6。

生态习性：本种栖息在褒禅山华阳洞后洞。华阳洞洞深 1800m，整个洞群分前洞、后洞、天洞和地洞，洞洞相通，洞中有溪流，该种栖息在小溪流中。

地理分布：安徽（含山）。

分类讨论：本种鉴别特征为第 1 小颚内叶具 4 刚毛，第 2 尾肢外肢长为内肢的 2/3，第 3 尾肢外肢长为柄节的 3.25 倍，尾节末端微裂。

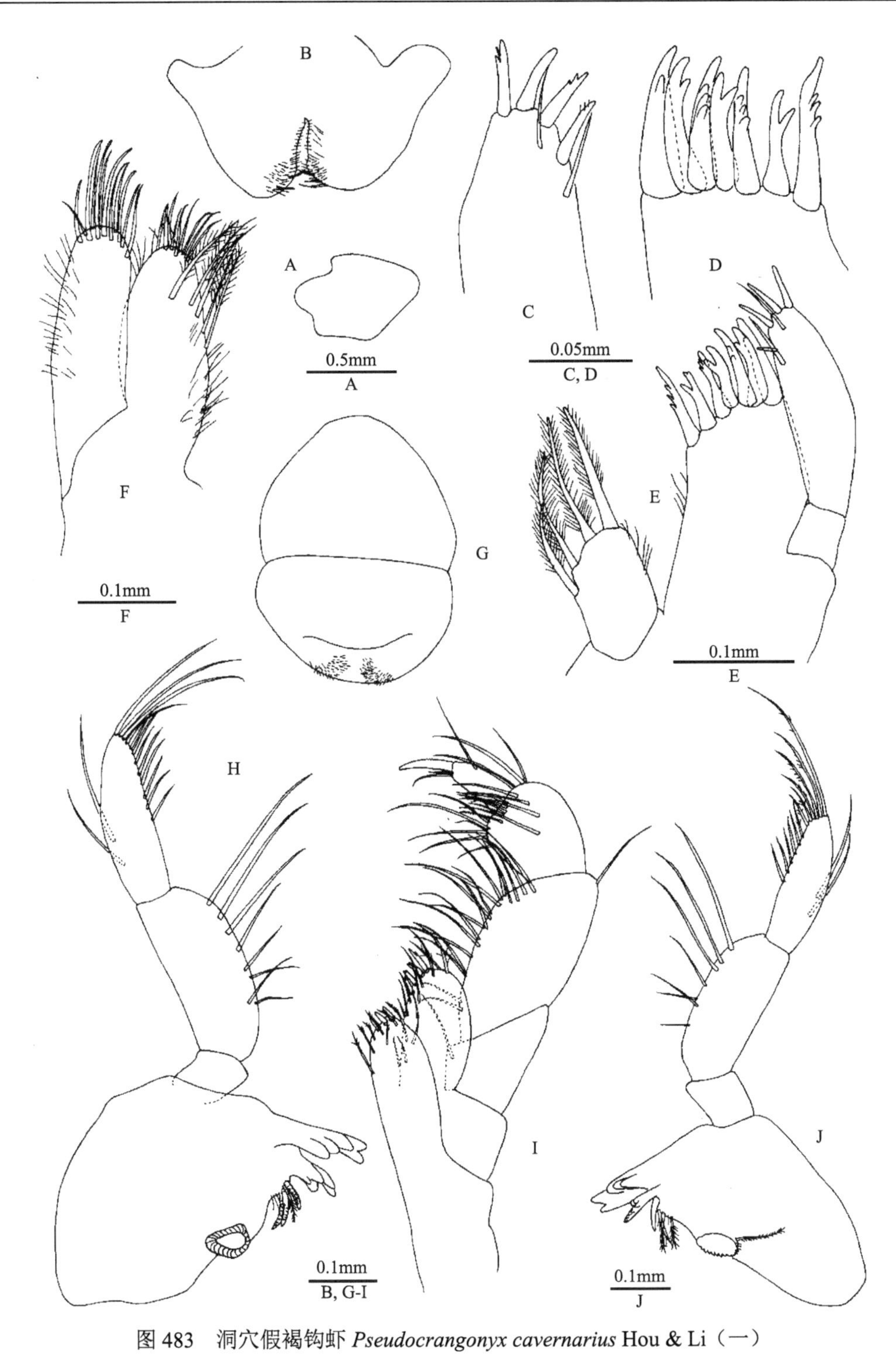

图 483　洞穴假褐钩虾 *Pseudocrangonyx cavernarius* Hou & Li（一）

♀。A. 头; B. 下唇; C. 右第 1 小颚触须; D. 右第 1 小颚外叶; E. 左第 1 小颚; F. 第 2 小颚; G. 上唇; H. 左大颚; I. 颚足; J. 右大颚

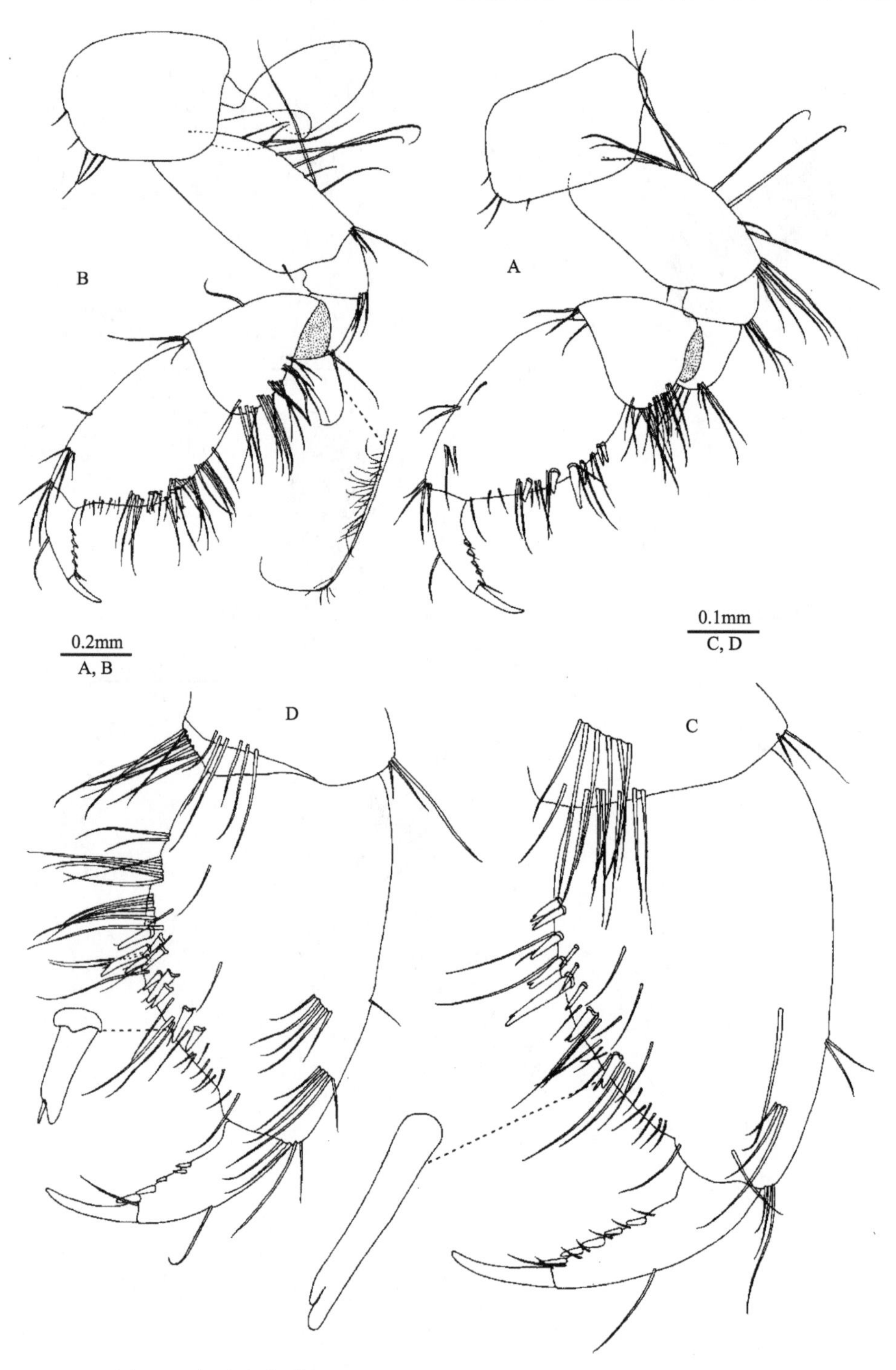

图 484 洞穴假褐钩虾 *Pseudocrangonyx cavernarius* Hou & Li（二）

♀。A. 第 1 腮足; B. 第 2 腮足; C. 第 1 腮足掌节; D. 第 2 腮足掌节

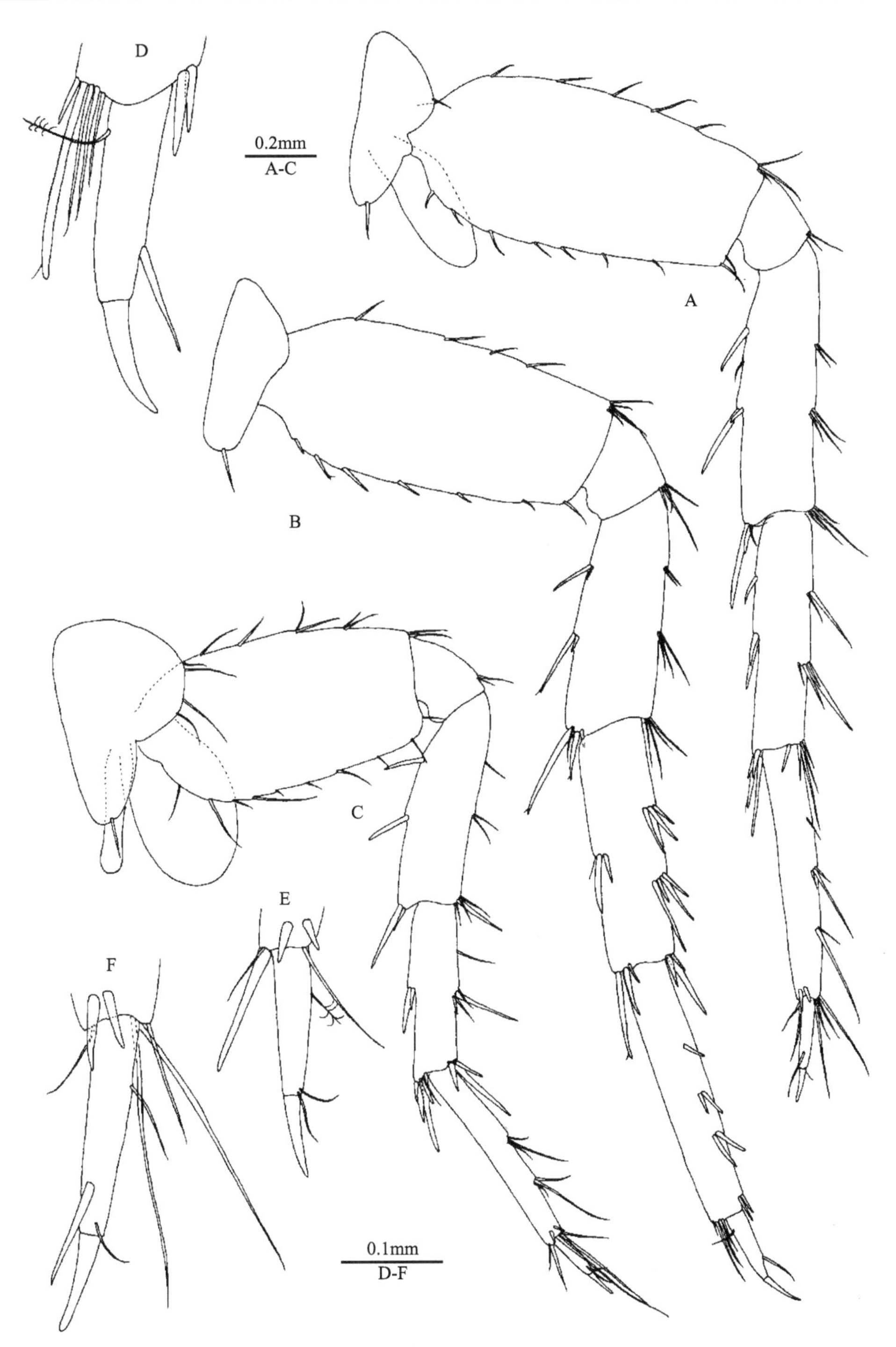

图 485　洞穴假褐钩虾 *Pseudocrangonyx cavernarius* Hou & Li（三）

♀。A. 第 6 步足; B. 第 7 步足; C. 第 5 步足; D. 第 7 步足指节; E. 第 5 步足指节; F. 第 6 步足指节

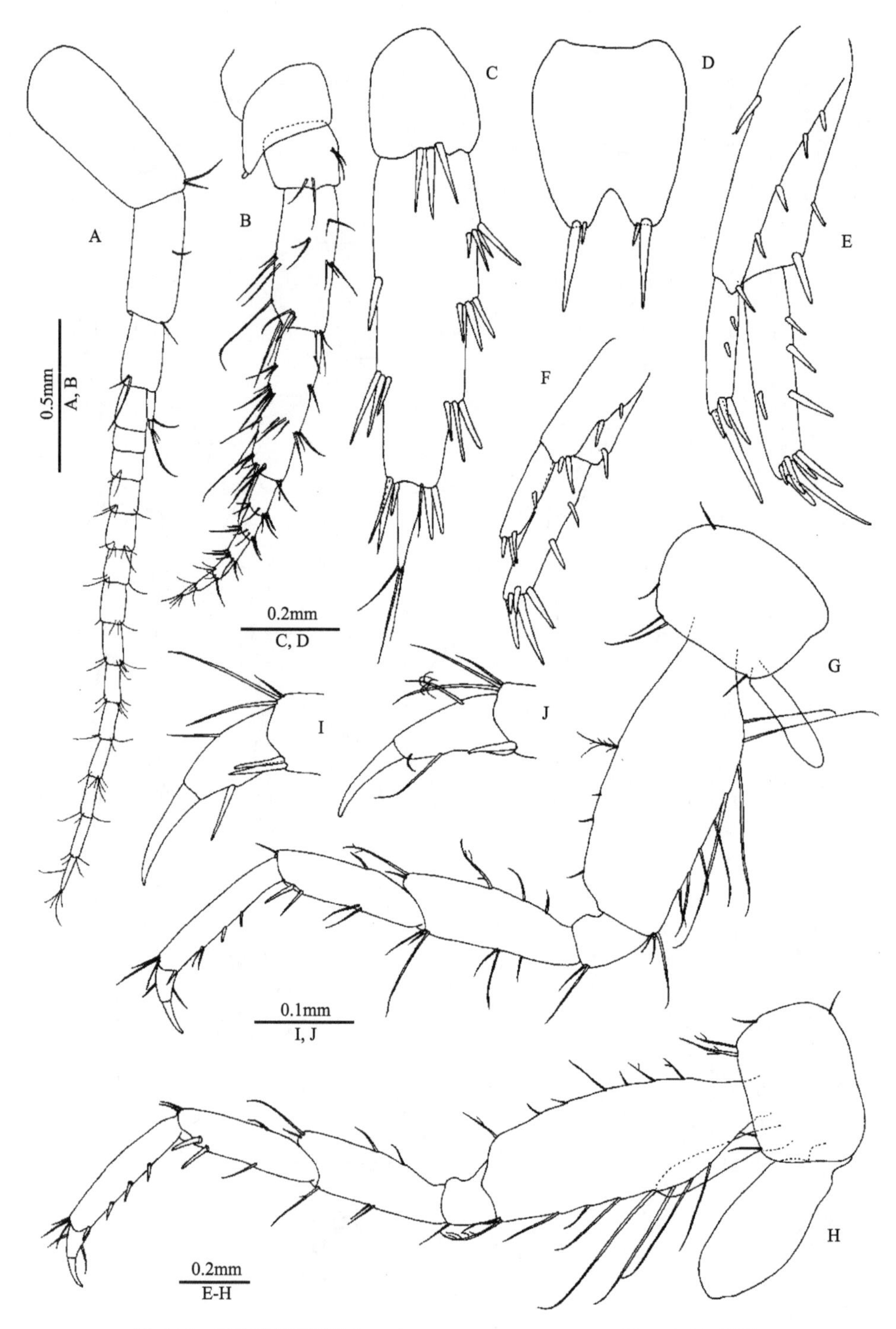

图 486 洞穴假褐钩虾 *Pseudocrangonyx cavernarius* Hou & Li（四）

♀。A. 第 1 触角; B. 第 2 触角; C. 第 3 尾肢; D. 尾节; E. 第 1 尾肢; F. 第 2 尾肢; G. 第 3 步足; H. 第 4 步足; I. 第 3 步足指节; J. 第 4 步足指节

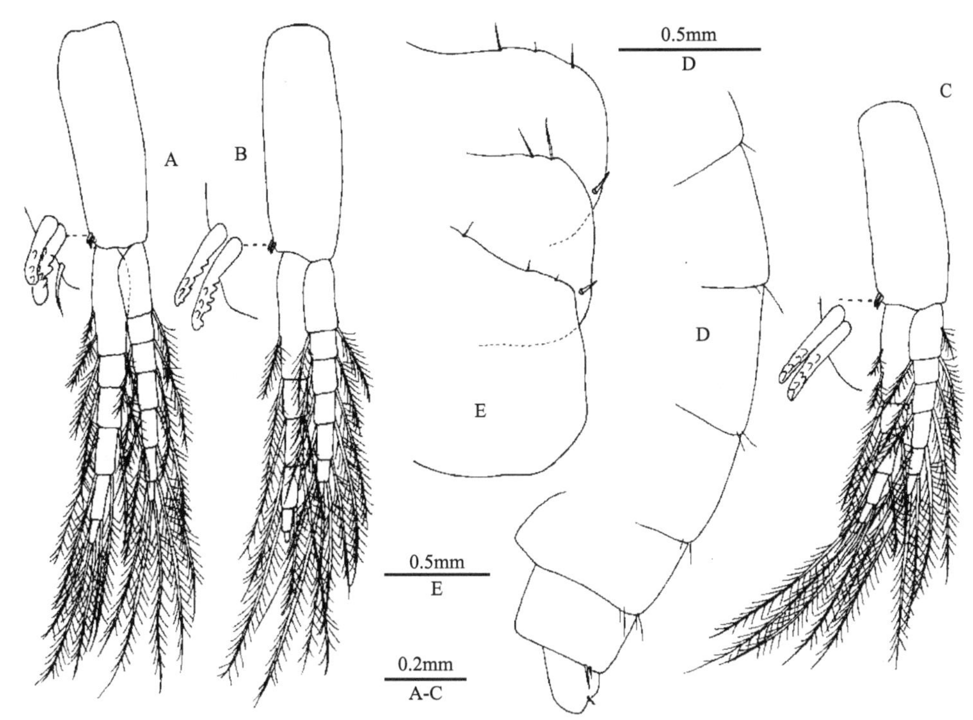

图 487　洞穴假褐钩虾 *Pseudocrangonyx cavernarius* Hou & Li（五）
♀。A-C. 第 1-3 腹肢; D. 第 1-3 腹侧板; E. 第 4-6 腹节（侧面观）

(100) 优雅假褐钩虾 *Pseudocrangonyx elegantulus* Hou, 2017（图 488–493）

Pseudocrangonyx elegantulus Hou, in: Zhao & Hou, 2017: 5, figs. 2–7.

形态描述：雌性 7.5mm。无眼；头前侧叶圆。第 1 触角 1–3 柄节长度比 1.0∶0.7∶0.4，具末端毛，鞭 16 节，第 3–15 节具感觉毛；副鞭 2 节，与主鞭第 1 节近等长。第 2 触角第 3–5 柄节长度比 1.0∶2.2∶2.9，具刺和毛；鞭 7 节，具 1 或 2 刺和刚毛；柄节第 5 节和鞭节前 3 节具鞋状感觉器；鞭节前 4 节具棒状结构。上唇具细刚毛。左大颚切齿 5 齿；动颚片 5 齿；刺排具 5 锯齿状刺；触须第 1–3 节长度比 1.0∶2.2∶2.4，第 2 节具 10 缘毛，第 3 节具 3 B-刚毛、10 D-刚毛和 5 E-刚毛；右大颚切齿 5 齿，动颚片分叉，具小齿。下唇内叶缺失，外叶具细刚毛。第 1 小颚左右不对称，左内叶具 4 羽状毛；外叶具 7 锯齿状顶刺；左触须第 2 节密布刚毛，顶端具 4 细长刺和 2 简单毛；右触须第 2 节具 5 刺和 2 细长刚毛。第 2 小颚内叶具 4 羽状毛；内、外叶顶端具长刚毛。颚足内叶具 3 壮顶刺、2 栉状毛和 5 羽状毛；外叶顶端具 4 刚毛、4 锯齿状刺和 5 羽状毛；触须 4 节，第 1、2 节长度比 0.7∶1.0，第 2 节内缘具 1 排毛；第 4 节呈钩状，趾钩接合处具 5 刚毛。

第 1 腮足底节板前缘具 1 细刚毛，腹前缘具 3 刚毛，宽是长的 1.7 倍；基节后缘具长刚毛；长节后下角具刚毛；腕节长宽相等，约是掌节的 1/2，腹缘具 3 簇毛和 3 梳状刚毛，背缘具 2 簇毛；掌节梨形，掌缘具 16 叉刺；指节外缘具 1 刚毛，趾钩接合处具 2 刚毛，内缘齿状。第 2 腮足底节板前缘具 1 细刚毛，腹前缘具 3 毛；基节后缘具刚毛；

腕节长是宽的 1.5 倍，约是掌节的 2/3，腹缘具 7 簇毛和 3 梳状毛；掌节粗壮，掌缘具 14 叉刺。第 3 步足底节板前缘具 4 刚毛，腹缘具 2 刚毛；基节前缘具 7 刚毛，后缘具长刚毛；长节、腕节和掌节长度比 1.0∶0.7∶0.8；长节前缘具 3 刺，后缘具 4 簇刚毛，前下角具 1 刺；腕节前缘具 1 细刚毛，后缘具 2 刚毛，前下角具 1 刚毛，后下角具 2 刺和 1 毛；指节外缘具 1 羽状毛，趾钩接合处具 2 刚毛。第 4 步足与第 3 步足相似，底节板前缘具 3 刚毛，长节、腕节和掌节长度比 1.0∶0.9∶1.0。第 5 步足底节板不规则，前、后叶分别具 4 和 1 毛；基节前、后缘分别具刚毛；长节、腕节和掌节长度比 1.0∶0.9∶0.9；长节和腕节两缘具刺和刚毛；指节外缘具 1 羽状毛，趾钩接合处具 1 刚毛。第 6 步足底节板与第 5 步足相似，后叶具 1 刚毛；基节前、后缘均具刚毛。第 7 步足底节板近三角形，具 2 刚毛；基节前、后缘均具刚毛；长节、腕节和掌节长度比 1.0∶1.1∶1.1；长节和腕节两缘具刺和刚毛。第 2 腮足和第 3–6 步足具底节鳃；无副鳃。第 2 腮足和第 3–5 步足具抱卵板，抱卵板狭窄，具缘毛。

第 1 腹侧板腹缘圆，后缘具 3 细毛，后下角具 1 毛；第 2 腹侧板腹缘具 2 刺，后缘具 3 细毛，后下角具 1 毛；第 3 腹侧板腹缘具 2 刺，后缘具 2 细毛，后下角具 1 毛。第 1–3 腹肢相似，柄节内缘具 2 钩刺；外肢短于内肢，内、外肢均具羽状刚毛。第 4 腹节背缘具 2 刚毛；第 5 腹节左侧具 2 刺，右侧具 2 刺和 1 刚毛；第 6 腹节背缘无刺和毛。

第 1 尾肢柄节具 1 背基刺，外缘具 3 刺；内肢长约为柄节的 3/4，内缘具 3 刺，外缘具 1 刺和 1 刚毛，末端具 5 刺和 1 刚毛；外肢长是内肢的 3/4，外缘具 2 刺。第 2 尾肢柄节外缘具 2 刺；内肢内、外缘分别具 2 和 1 刺；外肢略短于内肢的 3/4，外缘具 2 刺。第 3 尾肢柄节长是外肢的 1/3，具 1 背刺和 3 末端刺；内肢缺失；外肢 2 节，第 1 节内、外缘具硬刺，第 2 节长是第 1 节的 1/5，具 3 末端毛，稍短于邻近刺。尾节长是宽的 1.2 倍，裂缝长为尾节长的 1/4，每叶表面具 2 刚毛和 2 末端刺。

雄性 6.3mm。第 2 触角第 5 柄节和鞭节前 2 节具鞋状感觉器。第 1 腮足掌节梨形，掌缘具 14 叉刺。第 2 腮足掌节粗壮，掌缘具 12 叉刺。第 7 胸节背缘具 7 刚毛。第 1–3 腹节背缘分别具 5、2 和 9 刚毛。第 4 腹节背缘具 4 刚毛；第 5 腹节两侧各具 2 刺。第 1 尾肢柄节具 1 背基刺，外缘具 3 刺；内肢长约为柄节的 3/4，外肢长是内肢的 4/5。第 2 尾肢外肢长是内肢的 3/4。第 3 尾肢外肢 2 节，第 1 节内、外缘具 3 组硬刺，第 2 节长约为第 1 节的 1/5，具 3 末端毛，短于邻近刺。尾节缺刻长为尾节长的 1/4。

观察标本：1♀（正模，IZCAS-I-A1602-1），1♂，河南林州五龙洞国家森林公园（113.943°E, 35.716°N），海拔 770m，2014.VI.19。

生态习性：本种栖息在五龙洞国家森林公园流经洞穴的地下水中。

地理分布：河南（林州）。

分类讨论：本种主要鉴别特征为雌性比雄性大，无眼，头前侧叶圆；雌雄第 2 触角均具鞋状感觉器；第 2 腮足和第 3–6 步足具底节鳃；第 1 腹侧板腹缘无刺和毛；第 6 腹节背缘无刺和毛；第 1 尾肢柄节具 1 背基刺；第 3 尾肢柄节长是外肢的 1/3，外肢第 2 节稍短于周围邻近刺。

本种与 *P. yezonis* Akatsuka & Komai 的相似特征包括：第 2 触角具鞋状感觉器；第 1、2 腮足及第 3–7 步足具刺；腹肢内、外肢超过 5 节；第 6 腹节背缘无刺和毛。主要区别

图 488　优雅假褐钩虾 *Pseudocrangonyx elegantulus* Hou（一）

♀。A. 头; B. 第 1 触角; C. 第 1 触角感觉毛; D. 第 2 触角; E. 第 2 触角鞋状感觉器; F. 上唇; G. 下唇; H. 左大颚; I. 右大颚切齿; J. 左第 1 小颚; K. 右第 1 小颚触须; L. 第 2 小颚; M. 颚足; N. 第 4-6 腹节（背面观）

图 489 优雅假褐钩虾 *Pseudocrangonyx elegantulus* Hou（二）

♀。A. 第 1 腮足; B. 第 1 腮足掌节; C. 第 2 腮足; D. 第 2 腮足掌节

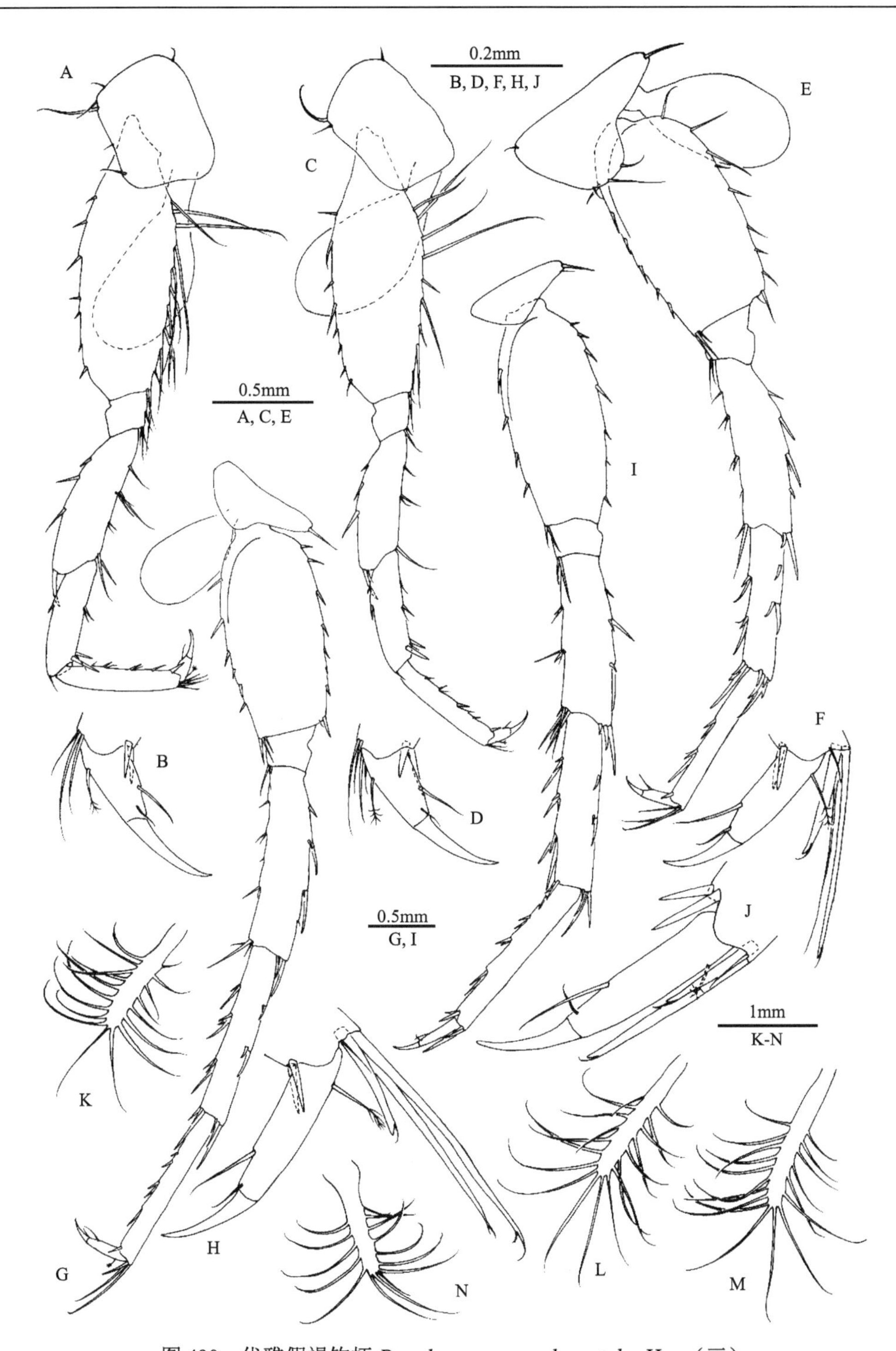

图 490　优雅假褐钩虾 *Pseudocrangonyx elegantulus* Hou（三）

♀。A. 第 3 步足; B. 第 3 步足指节; C. 第 4 步足; D. 第 4 步足指节; E. 第 5 步足; F. 第 5 步足指节; G. 第 6 步足; H. 第 6 步足指节; I. 第 7 步足; J. 第 7 步足指节; K. 第 2 抱卵板; L. 第 3 抱卵板; M. 第 4 抱卵板; N. 第 5 抱卵板

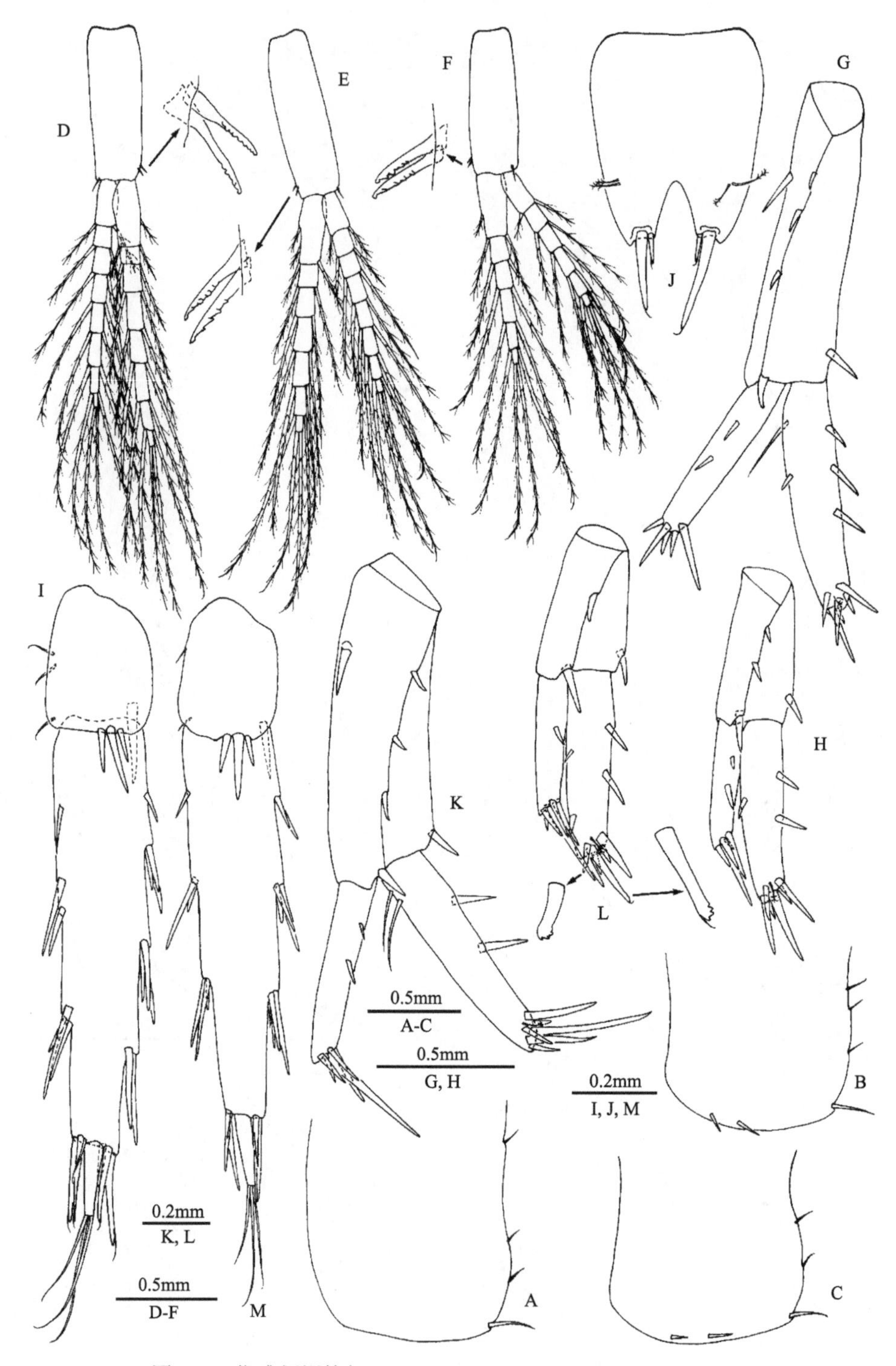

图 491　优雅假褐钩虾 *Pseudocrangonyx elegantulus* Hou（四）

♂, K-M; ♀, A-J。A. 第 1 腹侧板; B. 第 2 腹侧板; C. 第 3 腹侧板; D. 第 1 腹肢; E. 第 2 腹肢; F. 第 3 腹肢; G. 第 1 尾肢; H. 第 2 尾肢; I. 第 3 尾肢; J. 尾节; K. 第 1 尾肢; L. 第 2 尾肢; M. 第 3 尾肢

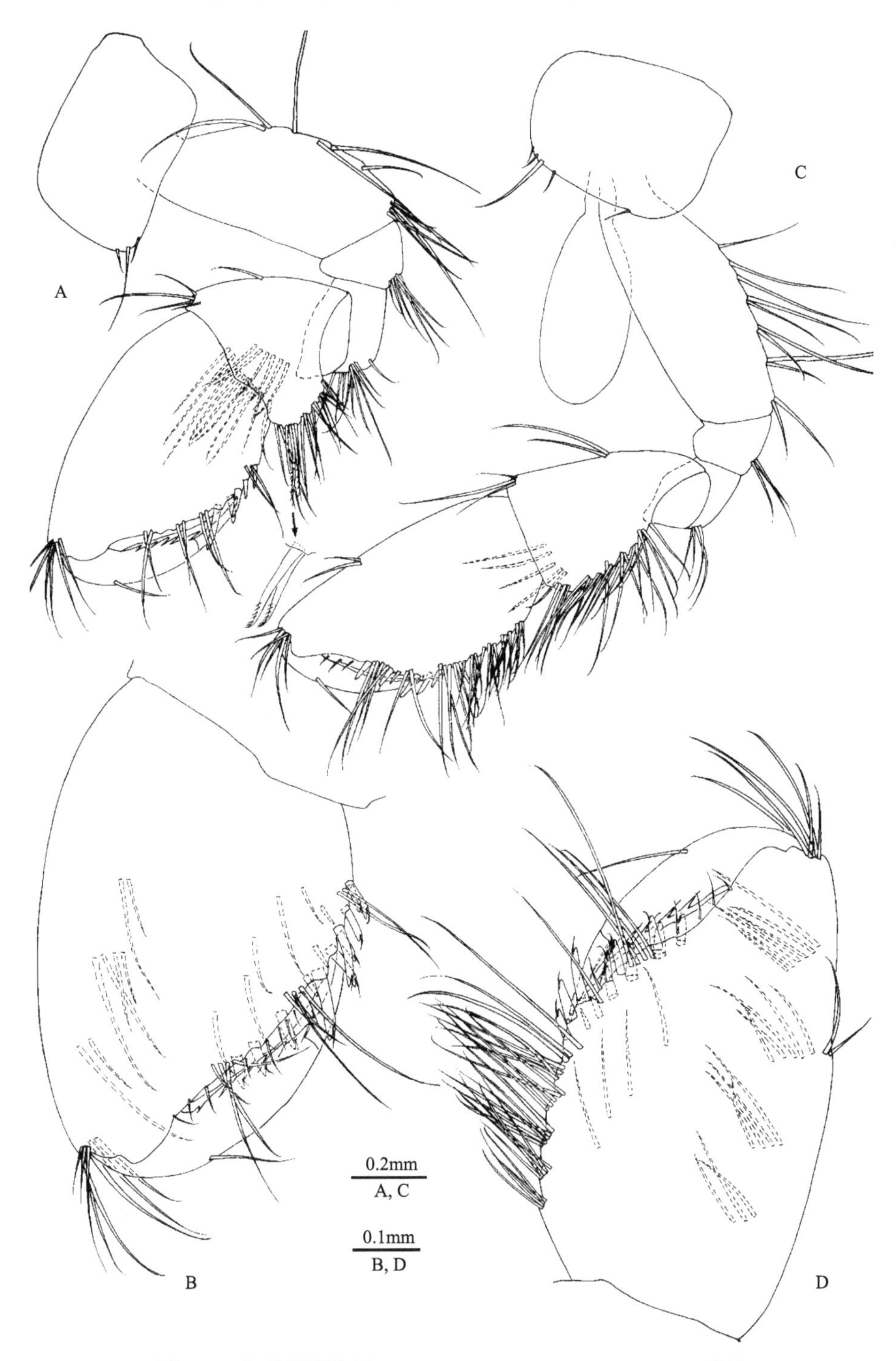

图 492　优雅假褐钩虾 *Pseudocrangonyx elegantulus* Hou（五）

♂。A. 第 1 腮足; B. 第 1 腮足掌节; C. 第 2 腮足; D. 第 2 腮足掌节

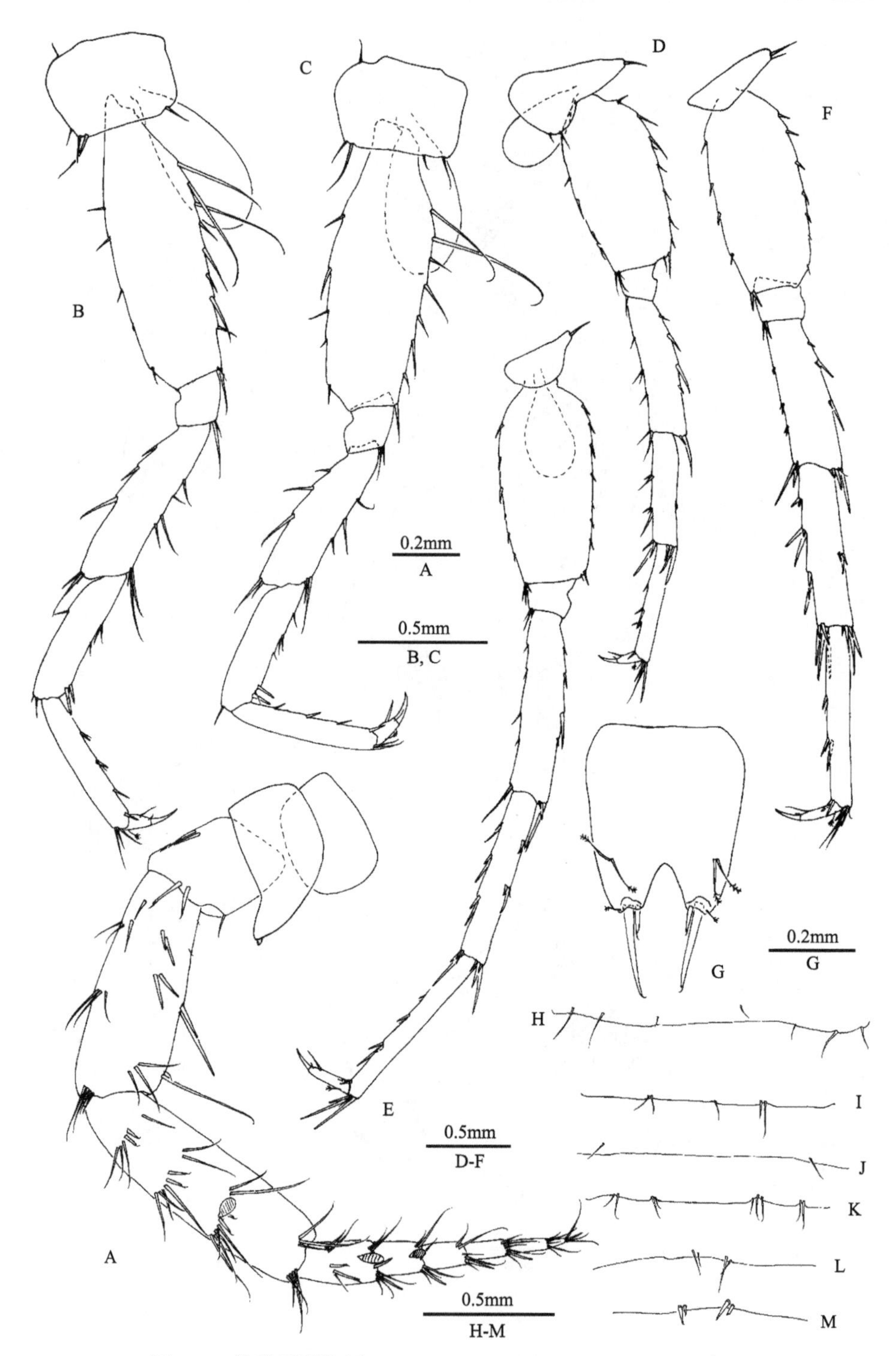

图 493 优雅假褐钩虾 *Pseudocrangonyx elegantulus* Hou（六）

♂。A. 第 2 触角; B. 第 3 步足; C. 第 4 步足; D. 第 5 步足; E. 第 6 步足; F. 第 7 步足; G. 尾节; H. 第 7 胸节（背面观）; I-M. 第 1-5 腹节（背面观）

在于本种第 1–6 胸节背缘无刺和毛，第 7 胸节具背毛，第 3 尾肢外肢第 2 节稍短于邻近刺；而后者第 1–7 胸节背缘具长刚毛；第 3 尾肢外肢第 2 节与邻近刺近等长。

本种与洞穴假褐钩虾 *P. cavernarius* Hou & Li 的相似特征包括：第 1、2 腮足及第 3–7 步足具刺和毛，第 1 腹侧板腹缘具刺或毛，腹肢肢节超过 5 节。主要区别在于本种第 2 触角具鞋状感觉器，第 2 小颚内叶具 4 羽状毛，第 1 腹节背缘具 2 刚毛，第 6 腹节背缘无刺或毛；而洞穴假褐钩虾第 2 触角无鞋状感觉器，第 2 小颚内叶具 5 羽状毛；第 1 腹节背缘具 4 簇毛；第 6 腹节背缘具 2 对细刺。

本种与亚洲假褐钩虾 *P. asiaticus* Uéno 的区别在于本种第 2 触角具鞋状感觉器，无副鳃；而亚洲假褐钩虾第 2 触角无鞋状感觉器，第 2 腮足和第 3、4 步足具副鳃。

本种与 *P. elenae* Sidorov 的区别在于本种雌性第 2 触角具鞋状感觉器，大颚刺排具 5 锯齿状刺，第 1、2 小颚内叶均具 4 羽状毛，第 2 腹侧板腹缘具 2 刺；而后者雌性第 2 触角无鞋状感觉器，大颚刺排具 5 羽状毛，第 1、2 小颚内叶均具 5 羽状毛，第 2 腹侧板腹缘具 1 刚毛。

本种与 *P. gudariensis* Tomikawa & Sato 的区别在于本种第 1 触角副鞭与主鞭第 1 节等长，雌性第 2 触角具鞋状感觉器，第 3 尾肢第 2 节外肢稍短于邻近刺，第 2、3 腹侧板腹缘具 2 刺，尾节缺刻为尾节长的 1/4；而后者第 1 触角副鞭长于主鞭第 1 节，雌性第 2 触角无鞋状感觉器，第 3 尾肢第 2 节外肢长于邻近刺，第 2、3 腹侧板腹缘具 1 刚毛，尾节缺刻长为尾节长的 1/10。

本种与 *P. holsingeri* Sidorov & Gontcharov 的区别在于本种第 2 腹侧板腹缘具 2 刺，第 1 尾肢柄节具 1 背基刺；而后者第 2 腹侧板腹缘具 3 刚毛，雌性第 1 尾肢柄节具 2 背基刺。

参 考 文 献

Akatsuka K and Komai T. 1922. *Pseudocrangonyx*, a new genus of subterranean amphipods from Japan. *Annotationes Zoologicae Japonenses*, 10: 119–126.

Ba J-W, Hou Z-E and Li S-Q. 2011. Modeling the distributional pattern of freshwater *Gammarus* (Crustacea, Amphipoda) with Maxent. *Acta Zootaxonomica Sinica*, 36 (4): 837–843. [巴家文, 侯仲娥, 李枢强. 2011. 应用 Maxent 生态位模型预测淡水钩虾 (甲壳纲，端足目) 的分布. 动物分类学报, 36 (4): 837–843.]

Bagge P. 1964. A freshwater Amphipoda, *Gammarus lacustris* Sars, in Utsjoki, Finnish Lapland. *Annales Universitatis Turkuensis*, (A) (2) 32: 292–294.

Barnard J L. 1958. Index to the families, genera and species of the gammaridean Ampipoda (Crustacea). *Foundation Publications, Occasional Paper*, 19: 1–145.

Barnard J L. 1969. The families and genera of marine gammaridean Amphipoda. *Bulletin of the United States National Museum*, 271: 1–535.

Barnard J L and Barnard C M. 1983a. *Freshwater Amphipoda of the World I Evolutionary Patterns*. Hayfield Associates, Mt. Vernon, Virginia. 1–358.

Barnard J L and Barnard C M. 1983b. *Freshwater Amphipoda of the World II Handbook and bibliography*. Hayfield Associates, Mt. Vernon, Virginia. 359–830.

Barnard J L and Dai A-Y. 1988. Four species of *Gammarus* (Amphipoda) from China. *Sinozoologia*, 6: 85–112. [巴纳德, 戴爱云. 1988. 中国的四种钩虾 (端足目). 动物学集刊, 6: 85–112.]

Barnard J L and Gray W S. 1968. Introduction of an amphipod crustacean into the Salton SEA, California. *Bulletin of the Southern California Academy of Sciences*, 67: 219–232.

Barnard J L and Karaman G S. 1975. The higher classification in amphipods. *Crustaceana*, 28: 304–310.

Barnard J L and Karaman G S. 1991. The families and genera of marine gammaridean Amphipoda (except marine gammaroids), part 1 & 2. *Records of the Australian Museum, suppl*. 13: 1–866.

Barr T C and Holsinger J R. 1985. Speciation in cave faunas. *Annual Review of Ecology, Evolution, and Systematics.*, 16: 313–337.

Bazikalova A. 1945. Les amphipods du Baikal. *Akademiia Nauk SSSR, Trudy Baikal'skoi Limnologicheskoi Stantsii*, 12: 1–440.

Birstein J A. 1933. Malacostraca der Kutais-Hohlen am Rion (Transkaukasus, Georgien). *Zoologischer Anzeiger*, 104: 143–156.

Birstein J A. 1939. On some peculiarities in the geographical distribution of freshwater Malacostraca of the Far East. *Zoologicheskii Zhurnal*, 18: 54–69.

Birstein J A. 1945. Zametka o presnovodnih Malacostraca Turkmenii I severozapadnogo Irana. *Ucheny Zapisk Vypusk Vosem'desjat Tretii.*, 83: 151–164.

Bou C and Rouch R. 1967. Un nouveau champ de recherches sur la faune aquatique souterraine. *Comptes*

Rendus de l Academie des Sciences Paris, Serie D, 265 (4): 369–370.

Bousfield E L. 1958. Freshwater amphipod crustaceans. *Canadian Field Naturalist*, 72 (2): 55–113.

Bousfield E L. 1973. *Shallow Water Gammaridean Amphipoda of New England*. Cornell University Press, Ithaca & London. 1–312.

Bousfield E L. 1977. A new look at the systematics of gammaroidean amphipods of the world. *Crustaceana, suppl.* 4: 282–316.

Bousfield E L. 1979. The amphipod superfamily Gammaroidea in the northeastern Pacific region: systematics and distributional ecology. *Bulletin of Biological Society of Washington*, 3: 297–357.

Bousfield E L. 1982. Amphipoda: Gammaridea. 254–285. In: Parker S B. *Synopsis and Classification of Living Organisms Vol. 2*. McGraw-Hill Book Company, New York. 1–1232.

Bousfield E L. 2001. An updated commentary on phyletic classification of the amphipod Crustacea and its applicability to the North American fauna. *Amphipacifica*, 3: 49–120.

Bousfield E L and Shih C T. 1994. The phyletic classification of amphipod crustaceans: problems in resolution. *Amphipacifica*, 1: 76–134.

Bowman T E and Abele L G. 1982. Classification of the recent Crustacea. 1–27. In: Abele L G and Bliss D E. *Systematics, the Fossil Record and Biogeography, vol. I of The Biology of Crustacea*. Academic Press, New York. 1–319.

Bulyčeva A. 1957. Morskie bloxi morej SSSR i sopredel'nyx vod (Amphipoda-Talitroidea). *Akademiia Nauk SSSR, Opredeliteli po Faune SSSR*, 65: 1–185.

Chen Y T. 1939. Notes on some freshwater amphipods of Peiping. *Peking National University, 40th Anniversary Papers*: 41–55.

Chevreux E. 1935. Amphipodes provenant des Campagnes du Prince Albert Ier de Monaco. *Resultats des Campagnes Scientifigues Accomplies par le Prince Albert I*, 90: 1– 214.

Chevreux E and Fage L. 1925. Amphipodes. *Faune de France*, 9: 1–488.

Cole G A. 1970. The epimera of North American fresh-water species of *Gammarus* (Crustacea: Amphipoda). *Proceedings of the Biological Society of Washington*, 83 (1): 333–348.

Cole G A. 1980. The mandibular palps of North American freshwater species of *Gammarus*. *Crustaceana, suppl.* 6: 68–83.

Conlan K E. 1991. Precopulatory mating behaviour and sexual dimorphism in the amphipod Crustacea. *Hydrobiologia*, 223: 255–282.

Dahl K. 1915. Enstudie over Grund-aatense elleer Marfloens (*Gammarus pulex*) biologi og utbrdelse I Norge. *Norsk Jaeger Fiskerforenings Tidsskrift*, 44: 1–32.

Dai Y-Z, Tang S-Y and Zhang J-B. 2000. The distribution of zoobenthos species and bio-assessment of water quality in Dongting Lake. *Acta Ecologica Sinica*, 20 (2): 227–282. [戴友芝, 唐受印, 张建波. 2000. 洞庭湖底栖动物种类分布及水质生物学评价. 生态学报, 20 (2): 277–282.]

Dana J D. 1852. On the classification of the Crustacea Choristopoda or Tetradecapoda. *American Journal of Sciences and Arts*, 14 (2): 297–316.

Dana J D. 1853. Crustacea, Part Ⅱ. *United States Exploring Expedition*, 14: 689–1618.

Derzhavin A N. 1923. Malacostraca der Susswasser-Gewasser von Kamtschatka. *Russkii Gidrobiologicheskii*

Zhurnal, 2: 180–194.

Derzhavin A N. 1925. Materials of the Ponto-Azoph Carcinofauna (Mysidacea, Cumacea, Amphipoda). *Russkii Gidrobiologicheskii Zhurnal*, 4: 10–35.

Derzhavin A N. 1927a. Notes on the Upper Sarmatian amphipods of the Ponto-Caspian Region. *Akademiia Nauk SSSR, Doklady*, Geologie, 5 (NS): 183–186.

Derzhavin A N. 1927b. A new form of freshwater gammarids of Ussury District. *Russkii Gidrobiologicheskii Zhurnal*, 6: 176–179.

Derzhavin A N. 1930. The fresh water Malacostraca of the Russian Far East. *Russkii Gidrobiologicheskii Zhurnal*, 9: 1–8.

Driscoll K S, Harkey G A and Landrum P F. 1997a. Accumulation and toxicokinetics of fluoranthene in sediment bioassays with freshwater amphipods. *Environmental Toxicology and Chemistry*, 16 (4): 742–753.

Driscoll K S, Landrum P F and Tigue E. 1997b. Accumulation and toxicokinetics of fluoranthene in water-only exposures with freshwater amphipods. *Environmental Toxicology and Chemistry* 16 (4): 754–761.

Du N-S. 1993. *The Crustaceans (II)*. Science Press, Beijing. 343–1004. [堵南山. 1993. 甲壳动物学 (下册). 北京: 科学出版社. 343–1004.]

Dussart B. 1948. Sur la presence en Haute-Savoie de *Gammarus* (*Rivulogammarus*) *lacustris* Sars. *Comptes Rendus de la Societe de Geographie*, 25: 101–103.

Dybowsky B N. 1927. Bemerkungen un Zusatze zu meinen Arbeiten uber die Gammariden des Baikalsees. 1924–1926. *Bulletin International de l'Academie Polonnaise des Sciences et des Lettres, Classse des Sciences Mathematigues et Naturelles, Serie B: Sciences Naturelles*, 8B: 673–700.

Fabricius J C. 1775. *Systema entomologiae, sistens insectorum classes, ordines, genera, species, adiectis synonymis, locis, descritionibus, observationibus*. Libraria Kortii, Flensbergi et Lipsiae. 1–832.

Folmer O, Black M, Hoeh W, Lutz R and Vrijenhoek R. 1994. DNA primers for amplification of mitochondrial cytochrome c oxidase subunit I from diverse metazoan invertebrates. *Molecular Marine Biology & Biotechnology*, 3(5): 294–299.

Fraser B G, Williams D D and Howard K W F. 1996. Monitoring biotic and abiotic processes across the hyporheic/groundwater interface. *Hydrogeology Journal*, 4 (2): 36–50.

Fryer G. 1953. The occurrence of *Gammarus lacustris* G. O. Sars and *Gammarus pulex* (L.) in Malhans Tarn, and a note on their morphological differences. *Naturalist*, 847: 155–156.

Gurjanova E F. 1951. Bokoplavy morej SSSR i sopredel'nykh vod (Amphipoda-Gammaridea). *Akademiia Nauk SSSSR, Opredeliteli po Fauna SSSR*, 41: 1–1029.

Hertzog L. 1933. *Bogidiella albertimagni* sp. nov., ein neuer Grundwasseramphipode aus der Rheinebene bei Strassburg. *Zoologischer Anzeiger*, 102: 225–227.

Hertzog L. 1936. Crustacés des biotopes hypogés de la vallée du Rhin d'Alsace. *Bulletin de Societé Zoologique de France*, 61: 356–372.

Holsinger J R. 1977. A review of the systematics of the Holarctic amphipod family Crangonyctidae. *Crustaceana, suppl.* 4: 244–281.

Holsinger J R. 1989. Allocrangonyxtidae and Pseudocrangonyctidae, two new families of Holarctic subterranean amphipod crustaceans (Gammaridea), with comments on their phylogenetic and zoogeographic relationships. *Proceedings of Biological Society of Washington*, 102 (4): 947–959.

Holsinger J R. 1993. Biodiversity of subterranean amphipod crustaceans: global patterns and zoogeographic implications. *Journal of Natural History*, 27(4): 821–835.

Hou Z-E, Chen H-F and Li S-Q. 2005. Culture of freshwater amphipods. 241–254. In: Cheng Y-X. *Culture of Living Feeds*. China Agriculture Press, Beijing. 1–324. [侯仲娥, 陈海峰, 李枢强. 2005. 第八章 淡水钩虾的培养. 241–254. 见: 成永旭. 生物饵料培养学. 北京: 中国农业出版社. 1–324.]

Hou Z-E, Fu J-Z and Li S-Q. 2007. A molecular phylogeny of the genus *Gammarus* (Crustacea: Amphipoda) based on mitochondrial and nuclear genes. *Molecular Phylogenetics and Evolution*, 45 (2): 596–611.

Hou Z-E and Li S-Q. 2002a. Freshwater amphipod crustaceanas (Gammaridae) from Chishui and its adjacent regions, China. *Raffles Bulltin of Zoology*, 50 (2): 407–418.

Hou Z-E and Li S-Q. 2002b. A new cave amphipod of the genus *Sinogammarus* from China. *Crustaceana*, 75 (6): 815–825.

Hou Z-E and Li S-Q. 2002c. Descriptions of two new species of genus *Gammarus* (Crustacea: Amphipoda: Gammaridae) from Yunnan, China. *The Raffles Bulletin of Zoology*, 50 (1): 37–52.

Hou Z-E and Li S-Q. 2002d. Two new species of troglobitic amphipod crustaceans (Gammaridae) from Hubei Province, China. *The Raffles Bulletin of Zoology*, 50 (1): 27–36.

Hou Z-E and Li S-Q. 2002e. *Gammarus riparius*, a new species of freshwater amphipod from the Wuling Mountains area, China (Crustacea: Amphipoda: Gammaridae). *Acta Zootaxonomica Sinica*, 27 (4): 699–706. [侯仲娥, 李枢强. 2002. 中国武陵山地区淡水钩虾属一新种 (甲壳纲: 端足目: 钩虾科). 动物分类学报, 27 (4): 699–706.]

Hou Z-E and Li S-Q. 2002f. A new species of the genus *Gammarus* from Yunnan, China (Crustacea: Amphipoda: Gammaridae). *Acta Zootaxonomica Sinica*, 27 (1): 65–73. [侯仲娥, 李枢强. 2002. 中国云南钩虾属一新种 (甲壳纲: 端足目: 钩虾科). 动物分类学报, 27 (1): 65–73.]

Hou Z-E and Li S-Q. 2003a. A new subterranean amphipod of the genus *Procrangonyx* from Beijing, China. *Crustaceana*, 76 (10): 1179–1188.

Hou Z-E and Li S-Q. 2003b. A new cave amphipod of the genus *Gammarus* from Yunnan, China. *Crustaceana*, 76 (8): 917–925.

Hou Z-E and Li S-Q. 2003c. Two new freshwater gammarids (Crustacea: Amphipoda: Gammaridae) from Lake Lugu, China. *Revue suisse de Zoologie*, 110 (3): 547–564.

Hou Z-E and Li S-Q. 2003d. *Gammarus glabratus*, a new cave amphipod from Guizhou, China (Amphipoda, Gammaridae). *Crustaceana*, 76 (4): 433–442.

Hou Z-E and Li S-Q. 2003e. A new species of blind Gammaridea from China (Crustaceana: Amphipoda: Gammaridae). *Acta Zootaxonomica Sinica*, 28 (3): 448–454. [侯仲娥, 李枢强. 2003. 中国无眼钩虾一新种记述 (甲壳纲, 端足目, 钩虾科). 动物分类学报, 28 (3): 448–454.]

Hou Z-E and Li S-Q. 2003f. *Gammarus electrus,* A new species of amphipod from Bejing, China (Crustacea: Amphipoda: Gammaridae). *Acta Zootaxonomica Sinica*, 28 (2): 241–248. [侯仲娥, 李枢强. 2003. 北京钩虾属一新种 (甲壳纲, 端足目, 钩虾科). 动物分类学报, 28 (2): 241–248.]

Hou Z-E and Li S-Q. 2003g. A new troglobitic species found in Huayangdong Cave, China (Crustacea: Amphipoda: Pseudocrangonyctidae). *Acta Zootaxonomica Sinica*, 28 (1): 42–49. [侯仲娥, 李枢强. 2003. 安徽华阳洞穴假褐钩虾属一新种 (甲壳纲, 端足目, 假褐钩虾科). 动物分类学报, 28 (1): 42–49.]

Hou Z-E and Li S-Q. 2004a. Two new freshwater species of the genus *Jesogammarus* (Crustacea: Amphipoda: Anisogammaridae) from China. *The Raffles Bulletin of Zoology*, 52 (2): 455–466.

Hou Z-E and Li S-Q. 2004b. Three new species of *Gammarus* from Shaanxi, China (Crustacea: Amphipoda: Gammaridae). *Journal of Natural History*, 38 (21): 2733–2757.

Hou Z-E and Li S-Q. 2004c. *Gammarus* species from Tibet Plateau, China (Crustacea: Amphipoda: Gammaridae). *The Raffles Bulletin of Zoology*, 52 (1): 147–170.

Hou Z-E and Li S-Q. 2005a. Amphipod crustaceans (Gammaridea) from Beijing, P. R. China. *Journal of Natural History*, 39 (36): 3255–3274.

Hou Z-E and Li S-Q. 2005b. *Gammarus* species from River Jumahe, China (Crustacea, Amphipoda, Gammaridae). *Revue suisse de Zoologie*, 112 (2): 313–327.

Hou Z-E and Li S-Q. 2005c. Two new *Gammarus* species from Benxi Water Cave, China (Crustacea, Amphipoda, Gammaridae). *Revue suisse de Zoologie*, 112 (1): 47–64.

Hou Z-E and Li S-Q. 2005d. Description of the female of *Jesogammarus* (*J.*) *hebeiensis* Hou & Li (Crustacea, Amphipoda, Anisogammaridae). *Acta Zootaxonomica Sinica*, 30 (3): 639–641. [侯仲娥, 李枢强. 2005. 河北汲钩虾雌性记述 (甲壳纲, 端足目, 异钩虾科). 动物分类学报, 30 (3): 639–641.]

Hou Z-E and Li S-Q. 2009. Species diversity of Chinese freshwater Amphipoda. In: Chinese Crustacean Society. *Transactions of the Chinese Crustacean Society, volume 5*. Ocean Press, Beijing. 51–59. [侯仲娥, 李枢强. 2009. 中国淡水钩虾的物种多样性. 见: 中国甲壳动物学会. 甲壳动物学论文集, 第五辑. 北京: 海洋出版社. 51–59.]

Hou Z-E and Li S-Q. 2010. Intraspecific or interspecific variation: delimitation of species boundaries within the genus *Gammarus* (Crustacea, Amphipoda, Gammaridae), with description of four new species. *Zoological Journal of the Linnean society*, 160: 215–253.

Hou Z-E and Li S-Q. 2018a. Tethyan changes shaped aquatic diversification. *Biological Reviews*, 93 (2): 874–896.

Hou Z-E and Li S-Q. 2018b. Four new *Gammarus* species from Tibetan Plateau (Crustacea: Amphipoda: Gammaridae) with a key to Tibetan freshwater gammarids. *ZooKeys*, 747: 1–40.

Hou Z-E, Li S-Q and Koenemann S. 2002a. *Gammarus emeiensis*, a new species of amphipod crustacean from Sichuan Province, China. *Beaufortia*, 52 (4): 37–43.

Hou Z-E, Li S-Q and Morino H. 2002b. Three new species of the genus *Gammarus* (Crustacea, Amphipoda, Gammaridae) from Yunnan, China. *Zoological Science*, 19 (8): 939–960.

Hou Z-E, Li S-Q and Zheng M-Q. 2002c. A new species of freshwater Amphipoda from China (Crustacea: Amphipoda: Gammaridae). *Acta Zootaxonomica Sinica*, 27 (3): 456–465. [侯仲娥, 李枢强, 郑闽泉. 2002. 中国淡水钩虾一新种 (甲壳纲: 端足目: 钩虾科). 动物分类学报, 27 (3): 456–465.]

Hou Z-E, Li P and Li S-Q. 2004a. On a new species of *Gammarus* (Amphipoda, Gammaridae) from Zuanyankong Cave, Guizhou, China. *Crustaceana*, 77 (7): 825–834.

Hou Z-E, Li S-Q and Platvoet D. 2004b. Three new species of the genus *Gammarus* from Ili River, China. *Revue suisse de Zoologie*, 111 (2): 257–284.

Hou Z-E, Li S-Q and Gao J-C. 2005a. *Gammarus comosus*, a new cave-dwelling gammarid from Guizhou, China (Amphipoda, Gammaridea). *Crustaceana*, 78 (6): 653–664.

Hou Z-E, Morino H and Li S-Q. 2005b. A new genus and species of freshwater Anisogammaridae (Crustacea, Amphipoda) from Yunnan, China. *Acta Zootaxonomica sinica*, 30 (4): 737–747. [侯仲娥, 森野浩, 李枢强. 2005. 中国异钩虾科一新属及新种记述 (甲壳纲, 端足目, 异钩虾科). 动物分类学报, 30 (4): 737–747.]

Hou Z-E, Platvoet D and Li S-Q. 2006. *Gammarus abstrusus* n. sp., a new cave-dwelling gammaridean amphipod from Sichuan, china (Amphipoda, Gammaridea). *Crustaceana*, 79 (10): 1209–1222.

Hou Z-E, Li J-B and Li S-Q. 2013. Ten new *Gammarus* species (Crustacea: Amphipoda: Gammaridae) from Yunnan-Guizhou Plateau, China. *Zootaxa*, 3687 (1): 001–095.

Hou Z-E, Li J-B and Li S-Q. 2014a. Diversification of low dispersal crustaceans through mountain uplift: a case study of *Gammarus* (Amphipoda: Gammaridae) with descriptions of four novel species. *Zoological Journal of the Linnean Society*, 170 (4): 591–633.

Hou Z-E and Sket B. 2016. A review of Gammaridae (Crustacea: Amphipoda): the family extent, its evolutionary history, and taxonomic redefinition of genera. *Zoological Journal of the Linnean Society*, 176 (2): 323–348.

Hou Z-E, Sket B, Fišer C and Li S-Q. 2011. Eocene habitat shift from saline to freshwater promoted Tethyan amphipod diversification. *Proceedings of the National Academy of Sciences of the United States of America*, 108 (35): 14533–14538.

Hou Z-E, Sket B and Li S-Q. 2014b. Phylogenetic analyses of Gammaridae crustacean reveal different diversification patterns among sister lineages in the Tethyan region. *Cladistics*, 30 (4): 352–365.

Hou Z-E, Zhao S-Y and Li S-Q. 2018. Seven new freshwater species of *Gammarus* (Crustacea, Amphipoda, Gammaridae) from South China. *ZooKeys*, 749: 1–79.

Hou Z-E, Zhu L and Li S-Q. 2009. Identifying Chinese species of *Gammarus* (Crustacea: Amphipoda) using DNA barcoding. *Current Zoology*, 55 (2): 158–164.

Karaman G S. 1974. Catalogus Faunae Jugoslaviae, Crustacea Amphipods. *Consilium Academiarum Scientiarum Rei Publicae Socialisticae Foederativae Jugoslaviae, Academia Scientiarum et Artium Slovenica, Ljubljana*, 3 (3): 3–42.

Karaman G S. 1975. Several new and very interesting *Gammarus* species from Asia Minor (fam. Gammaridae) (Contribution to the knowledge of the Amphipoda 56). *Bollettino del Museo Civico di Storia Naturale, Verona*, 1: 311–343.

Karaman G S. 1984. Remarks to the freshwater *Gammarus* species (Fam. Gammaridae) from Korea, China, Japan and some adjacent regions (Contribution to the knowledge of the Amphipoda 134). *The Montenegrin Academy of Sciences and Arts Glasnik of the Section of Natural Sciences*, 4: 139–162.

Karaman G S. 1985. Two new taxa of suborder Gammaridea from Asia, with remarks to some Sri Lanka's species. *Poljoprivreda I šumarstvo*, 31: 15–40.

Karaman G S. 1986. The genus *Gammarus* Fabr. In Japan (fam. Gammaridae). Contribution to the knowledge of the Amphipoda 162. *Poljoprivreda I šumarstvo*, 30 (4): 39–72.

Karaman G S. 1989. One freshwater *Gammarus* species (Gammaridea, Fam. Gammaridae) from China (Contribution to the knowledge of the Ampnipoda 189). *Poljoprivreda I šumarstvo*, 35 (1–2): 19–36.

Karaman G S. 1991. The survey of described and cited freshwater *Gammarus* species (Fam. Gammaridae) from Soviet Union with redescription of two taxa (Contribution to the knowledge of the Amphipoda 205). *Poljoprivreda I šumarstvo*, 37 (3–4): 37–73.

Karaman G S and Pinkster S. 1977a. Freshwater *Gammarus* species from Europe, North Africa and adjacent regions of Asia (Crustacea-Amphipoda) Part I *Gammarus pulex*-group and related species. *Bijdragen tot de Dierkunde*, 47 (1): 1–97.

Karaman G S and Pinkster S. 1977b. Freshwater *Gammarus* species from Europe, North Africa and adjacent regions of Asia (Crustacea-Amphipoda) Part II *Gammarus roeseli*-group and related species. *Bijdragen tot de Dierkunde*, 47 (2): 165–196.

Karaman G S and Pinkster S. 1987. Freshwater *Gammarus* species from Europe, North Africa and adjacent regions of Asia (Crustacea-Amphipoda) Part III *Gammarus balcanicus*-group and related species. *Bijdragen tot de Dierkunde*, 57 (2): 207–260.

Karaman G S and Ruffo S. 1995. *Sinogammarus troglodytes* n. gen. n. sp. A new troglobiont gammarid from China (Crustacea Amphipoda). *International Journal of Speleology*, 23, (3–4): 157–171.

Karaman G S and Sket B. 1990. *Bodidiella sinica* sp. n. (Crustacea: Amphipoda) from southern China. *Bioloski Vestnik,* 38 (1): 35–48.

Karaman S and Karaman G S. 1959. *Gammarus* (*Fluviogammarus*) *triacanthus* Schäferna, *argaeus* Vavra und *roeselii* Gervais am Balkan. *Institut de Pisciculture de la R. P. de Macedoine*, 2: 183–211.

Karaman S. 1931a. Beitrag zur Kenntnis der Amphipoden Jugoslaviens, sowie einiger Arten aus Griechenland. *Prirodoslovne Razprave, Ljubljana*, 1: 31–66.

Karaman S. 1931b. Beitrag zur Kenntnis der Susswasseramphipoden. *Glasnik Naucnog Drustva Skoplje*, 9: 93–107.

Karaman S. 1934. Beitrag zur Kenntniss jugoslawischer Susswasser-amphipoden. *Zoologischer Anzeiger*, 107: 325–333.

Kumar S, Stecher G and Tamura K. 2016. MEGA7: Molecular Evolutionary Genetics Analysis version 7.0 for bigger datasets. *Molecular Biology and Evolution*, 33: 1870–1874.

Leach W E. 1814. Crustaceology. *The Edinburgh Encyclopaedia*, 7: 402–403.

Ledoyer M. 1982. Crustaces amphipodes gammariens familles des Acanthonotozomatidae a Gammaridae. *Faune de Madagascar,* 59 (1): 1–598.

Lee K S and Kim H S. 1980. On the geographical distribution and variation of freshwater *Gammarus* in Korea, including descriptions of four species. *Crustaceana*, *suppl.* 6: 44–67.

Li J-B, Hou Z-E and An J-M. 2013. A new cave species of the genus *Gammarus* (Crustacea, Amphipoda, Gammaridae) from Sichuan, China. *Acta Zootaxonomica Sinica*, 38 (1): 40–49. [李俊波, 侯仲娥, 安建梅. 2013. 中国四川省洞穴钩虾属一新种 (甲壳纲，端足目，钩虾科). 动物分类学报, 38 (1): 40–49.]

Lincoln R J. 1979. *British Marine Amphipoda: Gammaridea*. British Museum (Natural History), London. 1–685.

Linnaeus C. 1758. *Systema Naturae*. Editio Decima, Tomus I. Laurentii Salvii, Holmiae [Stockholm]. 1–824.

Lowry J K and Myers J K L. 2013. A phylogeny and classification of the Senticaudata subord. nov. (Crustacea: Amphipoda). *Zootaxa*, 3610 (1): 1–80.

Lowry J K and Myers J K L. 2017. A phylogeny and classification of the Amphipoda with the establishment of the new order Ingolfiellida (Crustacea: Peracarida). *Zootaxa*, 4265 (1): 1–89.

Major K, Soucek D J, Giordano R, Wetzel M J and Soto-Adames F. 2013. The common ecotoxicology laboratory strain of *Hyalella azteca* is genetically distinct from most wild strains sampled in Eastern North America. Environmental Toxicology and Chemistry, 32 (11): 2637–2647.

Malard F, Plenet S and Gibert J. 1996. The use of invertebrates in ground water monitoring: a rising research field. *Groundwater Monitoring & Remediation*, 16 (2): 103–113.

Martin J W and Davis G E. 2001. An updated classification of the recent Crustacea. *National History Museum of Los Angeles County, Science series* 39: 1–115.

Martynov A V. 1924. Etudes sur les Crustacees de mer du basin du bas Don et leur distribution ethologique. *Akedemiia Nauk SSSR, Leningrad, Ezhegodnik Zoologicheskogo Muzeja*, 25: 1–115.

Martynov A V. 1925a. Amphipoda Gammaridea of the running waters of Turkestan. *Travaux de l'Institut Zoologique de l Academie des Science de l'USSR*, 2: 411–508.

Martynov A V. 1925b. On a new freshwater species of *Gammarus* from south Ussurjan Land. *Russki Gidrobiologicheskii Zhurnal*, 4: 189–194.

Meng K, Hou Z-E and Li S-Q. 2003. A new species from Xinjiang, China (Crustacea: Amphipoda: Gammaridae). *Acta Zootaxonomica Sinica*, 28 (4): 621–628. [孟凯巴依尔, 侯仲娥, 李枢强. 2003. 新疆钩虾属一新种 (甲壳纲, 端足目, 钩虾科). 动物分类学报, 28 (4): 621–628.]

Menon P S. 1969. Population ecology of *Gammarus lacustris* Sars in Big Island Lake, 1. Habitat preference and relative abundance. *Hydrobiologia*, 33: 14–32.

Micherdzinski W. 1959. Die Gammarusarten (Amphipoda) Polens. *Acta zoologica Cracoviensia*, 4 (10): 527–637.

Morino H. 1985. Revisional studies on *Jesogammarus-Annanogammarus* group (Amphipoda: Gammaroidea) with descriptions of four new species from Japan. *Publications of Itako Hydrobiological Station*, 2 (1): 9–55.

Morino H. 1993. A new species of the genus *Jesogammarus* (Amphipoda: Anisogammaridae) from brackish waters of Japan. *Publications of Itako Hydrobiological Station*, 6: 9–16.

Nie P. 1994. The first finding of cystacanths of an canthocephalan in *Gammarus* sp. in China. *Acta Hydrobiologica Sinica*, 18 (4): 381–382. [聂品. 1994. 钩虾体内寄生棘头虫幼虫在中国的首次报道. 水生生物学报, 18 (4): 381–382.]

Oguro Y. 1938. A new subterranean amphipod, *Pseudocrangonyx manchuricus* sp. nov. found in Manchoukuo. *Journal of Science of the Hiroshima University, Series B, Division 1, Zoology*, 6 (6): 71–78.

Okland K A. 1969. On the distribution and ecology of *Gammarus lacustris* G. O. Sars in Norway, with notes on its morphology and biology. *Nytt Magasin Zoologi*, 17 (2): 111–152.

Pinkster S. 1972. Members of the *Gammarus pulex*-group (Crustacea-Amphipoda) from North Africa and Spain, with description of a new species from Morocco. *Bulletin Zoologisch Museum, Universiteit van*

Amsterdam, 2 (7): 45–52.

Pljakic M. 1964. Distribution of *Gammarus* (*Rivulogammarus*) *lacustris* G. O. Sars in Yugoslavia's highland lakes. *Archiv Bioloskih Nauka, Beograd*, 15: 111–121.

Rafinesque C S. 1815. Analyse de la nature ou tableau de l'univers et des corps organizes. *Aux dépens de l'Auteur*, Palerme. 1–224.

Rafinesque C S. 1817. Synopsis of four new genera and ten new species of Crustacea, found in the United States. *The American Monthly Magazine and Critical Review*, 2: 40–43.

Rafinesque C S. 1820. *Annals of nature or annual synopsis of new genera and species of animals, plants & C. discovered in North America*. Printed by T. Smith, Lexington, Ky. 1–16.

Reid D M. 1944. Gammarida (Amphipoda) with key to the family to British Gammaridae. *Synopses Brit. Fauna*, 3: 1–33.

Ren X-Q. 1992. Studies on Gammaridea (Crustacea: Amphipoda) from Jiaozhou Bay (Yellow Sea). In: Chinese Crustacean Society. *Transactions of the Chinese Crustacean Society, volume 3*. Qingdao Ocean University Press, Qingdao. 215–317. [任先秋. 1992. 胶州湾底栖钩虾类 (甲壳动物、端足目) 研究. 见: 中国甲壳动物学会. 甲壳动物论文集, 第三辑. 青岛: 青岛海洋大学出版社. 215–317.]

Ren X-Q. 2006. *Fauna Sinica Invertebrate vol. 41, Crustacea: Amphipoda: Gammaridae (I)*. Science Press, Beijing. 1–588. [任先秋. 2006. 中国动物志 无脊椎动物 第四十一卷 甲壳动物亚门 端足目 钩虾亚目 (一). 北京: 科学出版社. 1–588.]

Ren X-Q. 2012. *Fauna Sinica Invertebrate vol. 43, Crustacea: Amphipoda: Gammaridae (II)*. Science Press, Beijing. 1–651. [任先秋. 2012. 中国动物志 无脊椎动物 第四十三卷 甲壳动物亚门 端足目 钩虾亚目 (二). 北京: 科学出版社: 1–651.]

Rohde K. 1994. The minor groups of parasitic Platyhelminthes. *Advances in Parasitology*, 33: 145–234.

Roux C. 1972. Les variations de la courbe metabolisme temperature de *Gammarus lacustris* G. O. Sars (Crustacea, Amphipode) sous l'influence de divers facteurs ecologiques. *Crustaceana*, suppl. 3: 287–296.

Ruffo S. 1951. Sulla presenza di *Gammarus* (*Rivulogammarus*) *lacustris* G. O. Sars nell'Appennino ligure e nuovi reperti della specie per laghi alpini. *Doriana*, 1 (19): 1–8.

Ruffo S. 1974. Nuovi anfipodi interstiziali deele coste del Sud Africa. *Atti dell'Instituto Veneto Di Scienze, Lettere ed Arti*, 132: 399–419.

Sars G O. 1863. Beretning om en i Sommeren 1862 foretagen zoologisk Reise i Christianias og Trondhjems Stifter. *Nyt Mag. Naturvidensk*, 12: 193–340.

Sars G O. 1895. *Amphipoda. An account of the Crustacea of Norway with short descriptions and figures of all the species*. Alb. Cammermeyers, Christiania and Copenhagen. 1–711.

Sato H and Ito T. 1961. *Musekitsui-dobutsu Saishu Shiiku Jikken-ho*. Hokuryukan, Tokyo. 1–446.

Schellenberg A. 1934. Der *Gammarus* des deutschen Susswassers. *Zoologischer Anzeiger*, 108: 209–217.

Schellenberg A. 1937a. Kritische Bemerkungen zur Systematik der Susswassers. *Zoologische Jahrbücher. (Syst.)*, 69: 469–516.

Schellenberg A. 1937b. Schlussel und Diagnosen der dem Susswasser *Gammarus nahestehenden* Einheiten ausschliesslich der Arten des Baikalsees und Australiens. *Zoologischer Anzeiger*, 117: 267–280.

Schellenberg A. 1937c. Die hohere Krebsfauna im Susswasser Deutschlands, ihre Zusammensetzung und ihr

Artenzuwachs. *Archiv fuer Hydrobiologie*, 31: 229–241.

Schellenberg A. 1942. Krebstiere oder Crustacea Ⅳ: Flohkrebse oder Amphipoda. *Die Tierwelt Deuschands,* Jena, 40: 1–252.

Segerstrale S G. 1954. The freswater amphipods *Gammarus pulex* (L.) and *Gammarus lacustris* G. O. Sars, in Denmark and Fennoscandia a contribution to the late and postglacial immigration history of the aquatic fauna of Northern Europe. *Societas Scientiarum Fennica. Commentationes Biologicae*, 15 (1): 3–91.

Segerstrale S G. 1955. The freswater amphipods *Gammarus pulex* and *Gammarus lacustris* in Scandinavia and Finland: A contribution to the late and postglacial immigration history of the fauna of northern Europe. *Vert Internat Verein Limnol*, 12: 629–631.

Shen C-J. 1954. On two species of amphipod Crustacea from Yunnan, China. *Acta Zoologica Sinica*, 6 (1): 15–22. [沈嘉瑞. 1954. 云南两种端足类 (甲壳动物) 的研究报告. 动物学报, 6 (1): 15–22.]

Shen C-J. 1955. On some marine crustaceans from the coastal water of Fenghsien, Kiangsu Province. *Acta Zoologica Sinica*, 7 (2): 75–100. [沈嘉瑞. 1955. 江苏奉贤近海甲壳类动物的研究. 动物学报, 7 (2): 75–100.]

Shu S-S, Yang X and Chen X-Y. 2012. *Gammarus bitaensis*, a new species of amphipod from Yunnan, China (Amphipoda, Gammaridae). *Crustaceana*, 85 (10): 1193–1204.

Sket B. 1971. Zur Systematik und Phylogenie der Gammarini (Amphipoda). *Bulletin Scientifique*, 16: 6.

Sket B. 2000. *Fuxiana yangi* g. n., sp. n. (Crustacea: Amphipoda), a “baikaloid” amphipod from the depths of Fuxian Hu, an ancient lake in the karst of Yunnan, China. *Archiv für Hydrobiology*, 147 (2): 241–255.

Sket B and Fišer C. 2009. A new case of intralacustrine radiation in Amphipoda. A new genus and three new species of Anisogamamridae (Crustacea, Amphipoda) from the ancient lake Fuxian Hu in Yunnan, China. *Journal of Zoological Systematics and Evolutionary Research*, 47 (2): 115–123.

Sowinsky V K. 1915. Amphipoda from the Baikal Sea (Fam. Gammaridae). *Wissenschaftliche Ergebnisse einer Zoologischen Expedition nach dem Baikal-See*, 9: 1–381.

Stebbing T R R. 1888. Report on the Amphipoda collected by H. M. S. Challenger during the Years 1873–1876. *Zoology*, 29: 1–1737.

Stebbing T R R. 1899. Amphipoda from the Copenhagen Museum and other sources. Part Ⅱ. *Transactions of the Linnean Society of London*, (2, Zoology) 8: 395–432.

Stebbing T R R. 1906. Amphipoda I. Gammaridea. *Das Tiereich*, 21: 1–806.

Stephensen K. 1928. Storkrebs, Ⅱ. Ringkrebs, 1. Tanglopper (Amfipoder). *Danmarks Fauna*, 32: 1–399.

Stephensen K. 1940. En ferskvandstangloppe, *Gammarus lacustris* G. O. Sars, ny for Danmark, fundet I det nordligste Jyylland. *Flora og Fauna Kjobenhavn*, 46: 119–122.

Stephensen K. 1944. Nye Bidrag til Kendskabet om Forekomsten af *Gammarus lacustris* G. O. Sars, *G. pulex* (L.) og *Asellus aquaticus* (L.) I Danmark. *Flora Fauna*, 49: 71–74.

Stocker Z and Williams D. 1972. A freezing core method for describing the vertical distribution of sediments in a streambed. *Limnology and Oceanography*, 17: 136–138.

Tattersall W M. 1922. Zoological results of a tour in the Far East. Amphipoda with notes on an additional species of Isopoda. *Memoirs of the Asiatic Society of Bengal*, 6: 435–459.

Tattersall W M. 1924. Zoological results of the Percy Sladen Trust expedition to Yunnan under the leadership of professor J. W. Gregory, F. R. S. (1922). Amphipod Crustacea. *Journal and Proceedings, Asiatic Society of Bengal (New series)*, 19 (9): 429–435.

Tomikawa K, Kobayashi N, Morino H, Hou Z-E, Mawatari S F. 2007. Phylogenetic relationships within the genus *Jesogammarus* (Crustacea, Amphipoda, Anisogammaridae) deduced from mitochondrial COI and 12S sequences. *Zoological Science*, 24 (2): 173–180.

Tomikawa K, Morino H, Toft J and Mawatari S F. 2006. A revision of *Eogammarus* Birstein, 1933 (Crustacea, Amphipoda, Anisogammaridae), with a description of a new species. *Journal of Natural History*, 40 (17–18): 1083–1148.

Tomikawa K, Tashiro S and Kobayashi N. 2012. First record of *Gammarus koreanus* (Crustacea, Amphipoda, Gammaroidea) from Japan, based on morphology and 28S rRNA gene sequences. *Species Diversity*, 17: 39–48.

Tzvetkova N L. 1975. Pribrezhnye gammaridy severnykh I dal'nevostochnykh Morei SSSR I Sopredel'nykh vod. *Akademija Nauk SSR, Zoologicheskii Institut, Izdatel'stvo "Nauka" Leningradskoe Otdelenie*: 1–256.

Uchida H. 1935. Crustacea of Jehol, Orders: Phyllopoda, Decapoda, Isopoda & Amphipoda, freshwater Amphipoda. In: *Report of the First Scientific Expedition to Manchoukuo, section V, division I, part II, article 9*. Waseda University Press, Tokyo.1–6.

Uéno M. 1927. Notes on some subterranean isopods and amphipods of Japan. *Memoirs of the College of Science, Kyoto Imperial University*, (B) 3: 355–368.

Uéno M. 1930. A new subterranean amphipod from Japan. *Annotationes Zoologicae Japonenses*, 13 (1): 21–23.

Uéno M. 1933a. Crustaceana recorded from the subterranean waters of Japan. *Shokubutsu Oyobi Dobutsu*, 1 (4): 483–489.

Uéno M. 1933b. Subterranean waters and animals of Akiyoshi-dai. *Japanese Journal of Limnology*, 2 (3): 91–95.

Uéno M. 1934. Subterranean Crustacea from Kwantung. *Annotationes Zoologicae Japonenses*, 14: 445–450.

Uéno M. 1940. Some freshwater amphipods from Manchoukuo, Corea and Japan. *Bulletin of the Biogeographical Society of Japan*, 10: 63–85.

Uéno M. 1941. Amphipoda of Oki Island. *Zoological Magazine*, Tokyo, 53 (9): 461 (in Japanese).

Uéno M. 1966. Results of the speleological survey in South Korea 1966, 2, gammarid Amphipoda found in subterranean waters of South Korea. *Bulletin of the National Science Museum, Tokyo*, 9 (4): 501–535.

Wang Y, Hou Z-E and Li S-Q. 2009. Description of *Gammarus preciosus*, a new species of freshwater amphipod from Henan, China (Amphipoda, Gammaridae). *Crustaceana*, 82 (1): 99–109.

Ward J V. 1987. Trichopera of regulated Rocky Mountian streams. *Series Entomologica*, 39: 375–380.

Watling L. 1993. Functional morphology of the amphipod mandible. *Journal of Natural History*, 27: 837–849.

Yang T-B and Liao X-H. 2000. Seasonal population dynamics of *Echinorhynchus gymnocyprii* (Acanthocephala: Echinorhynchidae) in the host *Gymnocypris przaewalskii* in the Qinghai Lake. *Acta Scientiarum Naturalium Universitatis Sunyatseni*, 39 (2): 78–82. [杨廷宝, 廖翔华. 2000. 青海湖裸鲤寄生湟鱼棘头虫的种群季节动态研究. 中山大学学报 (自然科学版), 39 (2): 78–82.]

Zhang Z. 1999. The research situation of physiology of sturgeons in China. *Freshwater Fisheries*, 29 (3): 20–23. [张征. 1999. 我国鲟类生理学研究现状. 淡水渔业, 29 (3): 20–23.]

Zhang Y-H, Xiao Y-Q, Li C-L, Zhang Q-H and Duan Y-H. 2008. Lethal response among allozyme genotypes of *Gammarus pulex* to acute exposure to Malathion. *Journal of Agro-Environment Science*, 27 (6): 2447–2451. [张艳红, 肖艳琴, 李翠兰, 张秋华, 段毅豪. 2008. 钩虾等位酶基因对马拉硫磷致死性响应研究. 农业环境科学学报, 27 (6): 2447–2451.]

Zhao S-Y and Hou Z-E. 2017. A new subterranean species of *Pseudocrangonyx* from China with an identification key to all species of the genus (Crustacea, Amphipoda, Pseudocrangonyctidae). *ZooKeys*, 647: 1–22.

Zhao S-Y, Meng K and Hou Z-E. 2017. Two new *Gammarus* species and a new name (Crustacea: Amphipoda: Gammaridae) from Northwest China. *Zootaxa*, 4273 (2): 195–215.

英 文 摘 要

Abstract

The present volume of Fauna Sinica deals with the systematics of Chinese freshwater Amphipoda. The first part deals with history of freshwater amphipod research, morphology, systematics, biology and ecology, geographical distribution, economical importance, and materials and methods. The second part is a detailed study of 100 species belonging to ten genera and four families, of which one new species and two new combinations are reported. Keys to the genera and the families of Chinese freshwater gammarids are provided. The description of each species includes its Chinese name, Latin name, literature citations, description of morphological characteristics, specimens examined, biology and geography. Closely related and easily confused species are briefly discussed. The type specimens of new species are deposited in the Institute of Zoology, Chinese Academy of Sciences.

Key to Chinese families of freshwater Gammaridea

1. Eyes absent, with 3 or 5 pairs of gills, living in subterranean environment ············ 2
   Eyes present, with 6 pairs of gills, living in surface water ············ 3
2. Lower lip with inner lobe, pereopods 4–6 with 3 pairs of gills, sternal gills absent, inner ramus of pleopods reduced, uropod 3 inner and outer ramus equal length, telson not cleft ············ **Bogidiellidae**
   Lower lip without inner lobes, gnathopod 2 and pereopods 3–6 with 5 pairs of gills, sternal gills present or absent, inner ramus of pleopods normal, uropod 3 inner ramus reduced, telson weakly cleft ············ **Pseudocrangonyctidae**
3. Lower lip inner lobe small, gnathopods with peg spines, gnathopod 2 and pereopods 3–7 with sternal gills, uropod 3 inner ramus less than 1/3 length of outer ramus ············ **Anisogammaridae**
   Lower lip inner lobe absent, gnathopods with simple spines, sternal gills absent, uropod 3 inner ramus longer than 1/3 of outer ramus ············ **Gammaridae**

Anisogammaridae Bousfield, 1977

Key to genera

1. Pereonite 4 with lateral protuberances, uropod 3 outer ramus 1-articulate and inner ramus scale-shaped ············ ***Fuxiana***
   Pereonite 4 without protuberances, uropod 3 outer ramus 2-articulate and inner ramus about 1/3 of outer ramus ············ 2

2. Gnathopod 2 and pereopods 3–7 with 1 sternal gill each ············ 3
   Gnathopod 2 and pereopods 3–7 with 1–3 sternal gills each ············ 4
3. Uropod 3 beyond uropods 1 and 2 ············ ***Fuxigammarus***
   Uropod 3 not reaching the end of uropods 1 and 2 ············ ***Eurypodogammarus***
4. Pereopod 6 with 3 sternal gills ············ ***Eogammarus***
   Pereopod 6 with 1 sternal gill ············ **5**
5. Gnathopod 2 and pereopods 3–4 with 2 sternal gills, equal in length ············ ***Jesogammarus***
   Gnathopod 2 and pereopods 3–4 with 2 sternal gills, unequal in length ············ ***Annanogammarus***

Eogammarus Birstein, 1933

Key to species

Uropod 3 with plumose setae, pereopod 7 basis expanded on posterior margin ············ ***E. ryotoensis***
Uropod 3 with simple setae, peroepod 7 basis weakly concaved ············ ***E. turgimanus***

Fuxiana Sket, 2000

Only one species was recorded from China: *Fuxiana yangi* Sket, 2000.

Jesogammarus Bousfield, 1979

Key to species

Lower lip inner lobe absent, uropod 3 foliaceous ············ ***J. fontanus***
Lower lip inner lobe present, uropod 3 long ············ ***J. hebeiensis***

Annanogammarus Bousfield, 1979

Key to species

Basis of pereopods 6 and 7 with long setae ············ ***A. annandalei***
Basis of pereopods 6 and 7 with short setae ············ ***A. debilis***

Eurypodogammarus Hou, Morino & Li, 2005

Only one species was recorded from China: *Eurypodogammarus helobius* Hou, Morino & Li, 2005.

Fuxigammarus Sket & Fišer, 2009

Key to species

1. Pleonites 1–2 without dorsal spines, urosomite 1 elevated with spines ············ *F. cornutus*
   Pleonites 1–2 with dorsal spines, urosomite 1 flat dorsally ············ 2
2. Pleonites 2–3 with spines away 1/4–1/3 dorsal margin ············ *F. antespinosus*
   Pleonites 2–3 with spines on dorsal margin ············ *F. barbatus*

Bogidiellidae Hertzog, 1936

Bogidiella Hertzog, 1933

Key to species

Telson longer than wide ············ *B. pingxiangensis*
Telson wider than long ············ *B. sinica*

Gammaridae Leach, 1814

Gammarus Fabricius, 1775

Sinogammarus Karaman & Ruffo, 1995 syn. nov.

The genus "*Sinogammarus*" consists exclusively of cave dwellers, with highly specialized morphology. The previous studies unequivocally placed *Sinogammarus* as part of *Gammarus* (Hou *et al.*, 2011, 2014b). Therefore, we suggest that *Sinogammarus* should be a synonym of *Gammarus*.

Gammarus chuanhui (Hou & Li, 2002) comb. nov. (Figs. 468–472)

Sinogammarus chuanhui Hou & Li, 2002b: 816, figs. 1–5.

Gammarus troglodytes (Karaman & Ruffo, 1995) comb. nov. (Figs. 473–475)

Sinogammarus troglodytes Karaman & Ruffo, 1995: 160, figs. 1–6.

Key to species

1. Pereopods 3–4 with few setae on posterior margin, distributed along Ili River ············ 2
   Pereopods 3–4 with more setae on posterior margin ············ 4
2. Uropod 3 inner ramus less than 1/3 of outer ramus, without plumose setae ············ *G. brevipodus*
   Uropod 3 inner ramus longer than 1/3 of outer ramus, with plumose setae ············ 3
3. Uropod 3 long, plumose setae shorter than width of outer ramus ············ *G. takesensis*
   Uropod 3 short, plumose setae longer than width of outer ramus ············ ***G. tastiensis* sp. nov.**

4. Uropod 3 with plumose setae, living in lentic water ······ 5
   Uropod 3 with simple or plumose setae, living in lotic water ······ 21
5. Terminal article of uropod 3 outer ramus longer than adjacent spines, distributed above 4000m in the Tibetan Plateau ······ 6
   Terminal article of uropod 3 outer ramus as long as adjacent spines, distributed lower than 4000m in Yunnan ······ 10
6. Epimeral plates 2–3 posterior corner acute ······ 7
   Epimeral plates 2–3 posterior corner blunt ······ 8
7. Gnathopod 2 palm with 3 medial spines ······ ***G. lasaensis***
   Gnathopod 2 palm with 1 medial spine ······ ***G. lacustris***
8. Urosomites 1–3 elevated dorsally ······ ***G. jaspidus***
   Urosomites 1–3 flat dorsally ······ 9
9. Uropod 3 inner ramus about 4/5 of outer ramus ······ ***G. frigidus***
   Uropod 3 inner ramus about 1/2 of outer ramus ······ ***G. hongyuanensis***
10. Pleonites 1–3 with dorsal spines ······ 11
    Pleonites 1–3 without dorsal spines ······ 12
11. Pleonites 1–3 with a row of spines on dorsal margin ······ ***G. denticulatus***
    Pleonites 1–3 with spines on dorsal surface and dorsal margin ······ ***G. echinatus***
12. Pereonite 7 and pleonites 1–3 elevated dorsally ······ ***G. elevatus***
    Pereonite 7 and pleonites 1–3 flat dorsally ······ 13
13. Uropod 3 outer ramus 1-articulate or terminal article reduced ······ ***G. ninglangensis***
    Uropod 3 outer ramus 2-articulate ······ 14
14. Uropod 3 densely with plumose setae ······ 15
    Uropod 3 outer ramus with simple or plumose setae on outer margin ······ 17
15. Antenna 2 with calceoli, uropod 3 inner ramus about 9/10 of outer ramus ······ ***G. bitaensis***
    Antenna 2 calceoli absent, uropod 3 inner ramus about 2/3 of outer ramus ······ 16
16. Antenna 2 peduncle with long setae ······ ***G. taliensis***
    Antenna 2 peduncle with short setae ······ ***G. stagnarius***
17. Uropod 3 terminal article of outer ramus about 1/3 of first article ······ ***G. shenmuensis***
    Uropod 3 terminal article of outer ramus shorter than 1/3 of first article ······ 18
18. Pereopod 3 with long curled setae on posterior margin, uropod 3 with plumose setae ······ 19
    Pereopod 3 with long straight setae on posterior margin, uropod 3 with simple setae ······ 20
19. Antenna 2 calceoli absent, telson with long setae ······ ***G. decorosus***
    Antenna 2 with calceoli, telson with short setae ······ ***G. stalagmiticus***
20. Urosomite 1 with short setae on dorsal margin, but no spines ······ ***G. simplex***
    Urosomite 1 with spines and setae on dorsal margin ······ ***G. tianshan***
21. Pereopod 3 with long curled setae or straight setae, distributed east of Taihang Mt. ······ 22
    Pereopod 3 with short or long setae, distributed west of Taihang Mt. ······ 33

22. Eyes reduced ············ *G. parvioculus*
    Eyes normal ············ 23
23. Uropod 3 inner ramus about 1/3 of outer ramus, with simple setae ············ 24
    Uropod 3 inner ramus equal to or longer than 1/2 of outer ramus, with plumose setae ············ 26
24. Gnathopod 2 carpus and propodus with long curled setae ············ *G. electrus*
    Gnathopod 2 carpus and propodus without long curled setae ············ 25
25. Antenna 2 peduncle with long setae ············ *G. madidus*
    Antenna 2 peduncle with short setae ············ *G. suifunensis*
26. Uropod 3 outer ramus with simple setae on outer margin ············ 27
    Uropod 3 outer ramus with plumose setae on outer margin ············ 29
27. Antenna 2 peduncle with long setae, calceoli absent ············ 28
    Antenna 2 peduncle with short setae, calceoli present ············ *G. nekkensis*
28. Uropod 3 inner ramus about half the length of outer ramus ············ *G. koreanus*
    Uropod 3 inner ramus reaching 3/4 of outer ramus ············ *G. pexus*
29. Pereopod 3 with long straight setae on posterior margin ············ 30
    Pereopod 3 with long curled setae on posterior margin ············ *G. monticellus*
30. Urosomites 1–2 weakly elevated ············ *G. clarus*
    Urosomites 1–2 flat dorsally ············ 31
31. Epimeral plates 2–3 blunt ············ *G. hypolithicus*
    Epimeral plates 2–3 acute ············ 32
32. Telson with long setae, uropod 3 terminal article of outer ramus long ············ *G. pisinnus*
    Telson with short setae, uropod 3 terminal article of outer ramus short ············ *G. spinipalmus*
33. Uropod 3 inner ramus with plumose setae, distributed north of Qinling and west of Yellow River ······ 34
    Uropod 3 inner ramus with simple or plumose setae, distributed in Yunnan-Guizhou Plateau and eastern part of Tibetan Plateau ············ 45
34. Uropod 3 outer ramus with simple setae on outer margin, inner ramus shorter than 1/2 of outer ramus ············ 35
    Uropod 3 outer ramus with plumose setae on outer margin, inner ramus longer than 1/2 of outer ramus ············ 36
35. Uropod 3 inner ramus about 1/3 of outer ramus, inner margin of outer ramus with short plumose setae ············ *G. glaber*
    Uropod 3 inner ramus about 2/5 of outer ramus, inner margin of outer ramus with long plumose setae ············ *G. preciosus*
36. Eyes absent, uropod 3 inner ramus about 1/2 of outer ramus ············ *G. praecipuus*
    Eyes present, uropod 3 inner ramus longer than 1/2 of outer ramus ············ 37
37. Antenna 2 flagellum with flag-like brush of setae ············ *G. martensi*
    Antenna 2 flagellum without flag-like brush of setae ············ 38
38. Uropod 3 outer ramus with simple setae on outer margin ············ 39

Uropod 3 outer ramus with plumose setae on outer margin ········· 40

39\. Antenna 2 calceoli present ········· ***G. zhigangi***

Antenna 2 calceoli absent ········· ***G. vallecula***

40\. Pereopod 3 with short setae on posterior margin ········· 41

Pereopod 3 with long setae on posterior margin ········· 42

41\. Gnathopod 2 propodus palm with 2 medial spines, epimeral plates 2–3 acute ········· ***G. shanxiensis***

Gnathopod 2 propodus palm with 1 medial spine, epimeral plates 2–3 blunt ········· ***G. qinling***

42\. Pereopod 3 with long straight setae on posterior margin ········· ***G. sichuanensis***

Pereopod 3 with long curled setae on posterior margin ········· 43

43\. Epimeral plates 2–3 acute ········· ***G. incoercitus***

Epimeral plates 2–3 blunt ········· 44

44\. Uropod 3 inner ramus about 1/2 of outer ramus ········· ***G. benignus***

Uropod 3 inner ramus about 2/3 of outer ramus ········· ***G. murarius***

45\. Uropod 3 terminal article of outer ramus short or reduced, distributed in the Yunnan-Guizhou Plateau ········· 46

Uropod 3 terminal article of outer ramus normal, distributed in the eastern part of Tibetan Plateau ········· 67

46\. Gnathopods 1–2 similar, propodus oval, palm with 4–5 spines evenly ········· 47

Gnathopods 1–2 dissimilar, palm of propodus with 1 medial spine ········· 50

47\. Eyes reduced as an ocellus ········· ***G. chuanhui***

Eyes absent ········· 48

48\. Pereopods 6–7 basis elongate, concaved on posterior margin ········· ***G. troglodytes***

Pereopods 6–7 basis expanded, basis of pereopod 7 rounded on posterior margin ········· 49

49\. Uropod 3 terminal article of outer ramus vestigial ········· ***G. lichuanensis***

Uropod 3 terminal article of outer ramus short ········· ***G. xianfengensis***

50\. Eyes absent, antenna 2 with or without calceoli ········· 51

Eyes present, antenna 2 calceoli absent ········· 57

51\. Pereopods 5–7 with spines and long setae on anterior margin ········· 52

Pereopods 5–7 with spines and short setae on anterior margin ········· 54

52\. Uropod 2 peduncle without long setae ········· 53

Uropod 2 peduncle with long setae ········· ***G. translucidus***

53\. Antenna 2 peduncle with long setae, uropod 3 inner ramus about 3/5 of outer ramus ········· ***G. comosus***

Antenna 2 peduncle with short setae, uropod 3 inner ramus about 4/5 of outer ramus ········· ***G. hirtellus***

54\. Pereopod 3 with long setae on posterior margin ········· 55

Pereopod 3 with short setae on posterior margin ········· 56

55\. Antenna 2 calceoli absent, uropods 1–2 with 4–5 spines evenly ········· ***G. caecigenus***

Antenna 2 calceoli present, uropods 1–2 with 0–3 spines ········· ***G. tranquillus***

56\. Uropod 3 inner ramus reaching 9/10 of outer ramus, urosomite 1 with 2 groups of dorsal spines and setae ········· ***G.silendus***

Uropod 3 inner ramus reaching 2/3 of outer ramus, urosomite 1 with 1-1-1-1 dorsal spines ························ ***G. amabilis***

57. Uropod 3 outer ramus 1-articulate ························ ***G. lophacanthus***

Uropod 3 outer ramus 2-articulate ························ 58

58. Uropod 3 inner ramus nearly the same length of outer ramus ························ 59

Uropod 3 inner ramus shorter than outer ramus ························ 64

59. Telson with long facial setae, urosomite 1 with a group of dorsal setae ························ ***G. accretus***

Telson with short facial setae or bare, urosomite 1 with 4 groups of spines or bare ························ 60

60. Urosomites 2–3 bare ························ 61

Urosomites 2–3 with spines and setae ························ 62

61. Uropod 1 with 1 basofacial spine ························ ***G. riparius***

Uropod 1 without basofacial spines ························ ***G. glabratus***

62. Urosomites 1–2 with 4 groups of dorsal spines and setae ························ ***G. longdong***

Urosomites 1–2 dorsal spines reduced ························ 63

63. Urosomites 1–2 with 2 setae on dorsal margin ························ ***G. rivalis***

Urosomites 1–2 with 2 groups of dorsal spines and setae ························ ***G. craspedotrichus***

64. Pereopod 3 with short setae on posterior margin ························ 65

Pereopod 3 with long setae on posterior margin ························ 66

65. Uropod 3 terminal article longer than adjacent spines, urosomite 1 bare ························ ***G. margcomosus***

Uropod 3 terminal article shorter than adjacent spines, urosomite 1 with 2 dorsal setae ························ ***G. platvoeti***

66. Pereopods 5–7 with long setae on anterior margin ························ ***G. qiani***

Pereopods 5–7 with short setae on anterior margin ························ ***G. jidutanxian***

67. Uropod 3 inner ramus about 1/3 of outer ramus, both rami densely with simple setae ························ 68

Uropod 3 inner ramus longer than 1/3 of outer ramus, both rami with plumose or simple setae ························ 76

68. Pereopods 5–7 with long setae on anterior margin ························ ***G. mosuo***

Pereopods 5–7 with short setae on anterior margin ························ 69

69. Eyes absent ························ ***G. aoculus***

Eyes present ························ 70

70. Urosomite 1 dorsally bare, urosomite 2 with 2 spines ························ ***G. egregius***

Urosomites 2–3 with dorsal spines and setae ························ 71

71. Urosomite 1 with 4 groups of long setae on dorsal margin ························ 72

Urosomite 1 without long setae on dorsal margin ························ 73

72. Urosomite 1 with 4 groups of long dorsal setae but no spines, antenna 2 calceoli absent ························ ***G. illustris***

Urosomite 1 with 4 groups of long dorsal spines and setae, antenna 2 with calceoli ························ ***G. sinuolatus***

73. Gnathopod 2 carpus and propodus with long curled setae ························ ***G. curvativus***

Gnathopod 2 carpus and propodus with straight setae ························ 74

74. Urosomite 1 with 4 groups of short setae on dorsal margin ························ ***G. citatus***

Urosomite 1 with dorsal spines and setae reduced ························ 75

75. Antenna 2 calceoli absent ··· *G. paucispinus*
    Antenna 2 calceoli present ··· *G. gregoryi*
76. Eyes absent, pereopod 3 with long curled setae on posterior margin ··· *G. abstrusus*
    Eyes present, pereopod 3 with straight setae on posterior margin ··· 77
77. Pereopods 3–4 merus and carpus with long setae on posterior margin ··· 78
    Pereopods 3–4 merus and carpus with few short setae on posterior margin ··· 81
78. Antenna 2 peduncle with long setae, calceoli absent ··· 79
    Antenna 2 peduncle with short setae, calceoli present ··· *G. kangdingensis*
79. Uropod 3 inner ramus about 2/5 of outer ramus ··· *G. gonggaensis*
    Uropod 3 inner ramus equal to or longer than 2/3 of outer ramus ··· 80
80. Uropod 3 outer ramus with long simple setae on outer margin ··· *G. eliquatus*
    Uropod 3 outer ramus with few setae on outer margin ··· *G. emeiensis*
81. Uropod 3 inner ramus longer than 1/2 of outer ramus ··· *G. limosus*
    Uropod 3 inner ramus about 1/3 of outer ramus ··· *G. altus*

Pseudocrangonyctidae Holsinger, 1989

Key to genera

Uropod 3 terminal article of outer ramus reduced ··· *Procrangonyx*
Uropod 3 terminal article of outer ramus normal ··· *Pseudocrangonyx*

Procrangonyx Schellenberg, 1934

Only one species was recorded from China: *Procrangonyx limpidus* Hou & Li, 2003.

Pseudocrangonyx Akatsuka & Komai, 1922

Key to species

1. Uropod 1 outer ramus about 2/3 of inner ramus ··· 2
   Uropod 1 outer ramus about 3/4 of inner ramus ··· 3
2. Epimeral plates 1–3 with 7–9 setae on posterodistal corner, uropod 2 with more marginal spines ··· *P. manchuricus*
   Epimeral plates 1–3 with 2–3 setae on posterodistal corner, uropod 2 with less marginal spines ··· *P. cavernarius*
3. Antenna 2 calceoli absent ··· *P. asiaticus*
   Antenna 2 calceoli present ··· *P. elegantulus*

Descriptions of new species

Gammarus tastiensis **Hou, sp. nov. (Figs. 463–467)**

Holotype: 1 male, 9.4mm (IZCAS-I-A0051), Tasti (46.2°N, 82.9°E), Yumin County, Xinjiang, collected by Haiou Cui, 2 August 2000.

Paratypes: 20 males and 8 females, same locality as holotype.

Description: holotype, 9.4mm. Inferior antennal sinus deep (Fig. 463A). Eyes reniform. Antenna 1 (Fig. 465A) 1.5 times as long as antenna 2; peduncular articles in length ratio 1.0∶0.56∶0.34, with distal setae; primary flagellum 22-articulate with distal setae; accessory flagellum 4-articulate. Antenna 2 (Fig. 465B) peduncular articles 4 and 5 subequal, both with a few setae; flagellum 11-articulate with some setae, calceoli present.

Upper lip convex (Fig. 463F), with minute setae. Left mandible (Fig. 463G, L) incisor 5-dentate, lacinia molibis with four weak dentitions, molar triturative, palp article 3 shorter than article 2, article 3 with setae formula=A4, B4, D20, E4, article 2 with marginal setae. Right mandible (Fig. 463J) incisor 4-dentate, lacinia mobilis bifurcate, with many teeth; molar with one seta. Lower lip with fine setae (Fig. 463E). Maxilla 1 (Fig. 463H, I, M) inner plate with 13 plumose setae, outer plate with 11 serrated spines, left palp article 2 with six sharp spines and three stiff setae, article 2 of right palp with five blunt spines and two stiff setae. Maxilla 2 (Fig. 463K) inner plate with 12 diagonal plumose setae on inner face. Maxilliped (Fig. 463N) inner plate with three apical spines and setae, outer plate with eight marginal spines and apical setae, palp article 2 stout, article 3 truncate distally, article 4 unguiform.

Coxal plates 1–3 subrectangular (Figs. 464A, B, 465C), with two and one setae on anterior and posterior corners. Coxal plate 4 excavate (Fig. 465D), bearing two setae on anterior corner and 8 setae on posterior margin. Coxal plates 5–7 shallow (Fig. 466A, B, C), with several setae on posterior margin. Coxal gills 2–7 strip-shaped and sac-like.

Gnathopod 1 (Fig. 464A, C) basis with long setae on posterior margin and three spines distally, carpus and propodus in length ratio 2∶3; palm of propodus oblique, with one medial spine and nine spines on posterior margin and four spines on inner face. Gnathopod 2 (Fig. 464B, D) carpus parallel-sided, palm of propodus truncate, with one medial and five spines on posterior corner.

Pereopods 3 and 4 (Fig. 465C–F) with some groups of straight setae on posterior margin of merus and carpus, propodus with four groups of spines accompanied by some setae, dactylus curved with two small setae. Pereopods 5–7 similar (Fig. 466A–C, G–I), bases anterior margin slightly convex, bearing about eight short spines and some long setae proximally; posterior margin nearly straight in pereopod 5, weakly concave in pereopod 6, processed in pereopod 7, with a row of about 14 short setae; merus to propodus only with spines on anterior margins; dactylus 0.32 times as long as propodus.

Epimeral plates 1–3 (Fig. 463B) progressively acuminate posterodistally, with two or five short setae on posterior margins. Epimeral plate 1 ventrally rounded with three setae, epimeral plates 2 and 3 with three spines on ventral margins, respestively. Pleopods (Fig. 465H–J): peduncle with some setae, bearing two retinaculae accompanied by one or two setae; rami armed with plumose setae.

Urosomites 1–3 with four clusters of dorsal spines or setae (Fig. 463C, D). Urosomite 1 with three-one-two-three spines from left to right, urosomite 2 with three-one-three-three spines, urosomite 3 with three-one-one-four spines. Uropod 1 (Fig. 466D) peduncle 1.5 times as long as rami, bearing one basofacial spine, with one-one-two and one-one spines on outer and inner margins, respectively; inner ramus with two spines on inner margin and five distal spines; outer ramus with one spine on each side and four distal spines. Uropod 2 (Fig. 466E) peduncle with one and one-one spines on anterior and posterior margins, respectively; inner ramus with two and one spines on inner and outer margins, respectively; outer ramus with one spine on each side. Uropod 3 (Fig. 466F) peduncle with one dorsal and four distal spines; inner ramus about 2/3 the length of outer ramus, with four marginal and one distal spines; article 1 of outer ramus with one-two-two-two spines on outer margin and four distal spines, article 2 about 1/7 the length of article 1; outer margin of outer ramus with a few long setae; both margins of inner ramus and inner margin of outer ramus with plumose setae.

Telson cleft (Fig. 465G), each lobe with two or three distal spines and one dorsal spine accompanied by some setae.

Female, 9.5mm. Gnathopod 1 (Fig. 467E) palm of propodus slant, with nine spines on posterior margin, dactylus with one seta. Gnathopod 2 (Fig. 467D) palm of propodus transverse, with three spines on posterior corner, dactylus with some small setae. Pereopods 3 and 4 with some straight setae on posterior margin. Pereopod 7 (Fig. 467C), inner face of basis with two groups of setae. Uropod 3 (Fig. 467F) peduncle with one dorsal spine accompanied by long setae and some short setae; inner ramus about 3/4 the length of outer ramus, with three spines on outer margin and two distal spines; proximal article of outer ramus with two-two-two-one spines on outer margin and three distal spines, article 2 distinct. Oostegites of pereopods 2–5 progressively smaller (Fig. 467G, H), oostegite 2 wide with many marginal setae, oostegites 3–5 paddle-shaped with marginal setae.

Etymology: The specific name comes from the type locality.

Habitat: This species was collected along the Bulgan River, water clear and cold.

Remarks: *G. tastiensis* sp. nov. is characterized by peduncular articles of antenna 2 with few long setae; pereopods 3–4 with straight setae on posterior margins; pereopods 5–7 only with spines on anterior margins; uropod 3 inner ramus about 3/4 of article 1 of outer ramus in length; epimeral plates 1–3 not very sharp on posterior corners.

The new species is similar to *G. emeiensis* Hou, Li & Koenemann in the inner ramus of uropod 3 reaching 3/4 of outer ramus and outer margin of outer ramus with few setae. It differs from the latter by peduncle of antenna 2 with short setae and calceoli present, while peduncle of antenna 2 with long setae and calceoli absent in *G. emeiensis*.

The new species also resembles *G. sichuanensis* Hou, Li & Zheng in the armature of antenna 2 and gnathopods. It differs from the latter by posterior margin of perepod 3 with few setae, inner ramus of uropod 3 attaining to 2/3 of outer ramus and outer ramus without plumose setae on posterior margin; while *G. sichuanensis* pereopod 3 with more setae on posterior margin, uropod 3 inner ramus about 3/5 of outer ramus and outer ramus with plumose setae on outer margin.

中 名 索 引

（按汉语拼音排序）

A

安氏钩虾　2, 39, 58, 69
安氏钩虾属　28, 38, 58
暗钩虾　107, 125

B

宝贵钩虾　105, 454, 585
背刺复兴钩虾　77, 86
碧塔海钩虾　104, 146
碧玉钩虾　103, 304
壁流钩虾　105, 397, 473, 585
边毛钩虾　106, 369
玻璃钩虾科　14, 15, 17, 18, 20

C

灿烂钩虾　107, 291
朝鲜钩虾　105, 324, 337
潮湿钩虾　104, 361
池钩虾　104, 242, 253, 529
稠毛钩虾　106, 132, 179
川虎钩虾　106, 599
刺掌钩虾　2, 105, 526
簇刺钩虾　106, 223, 355

D

大理钩虾　2, 104, 551
淡水绿钩虾科　14, 15, 17, 18, 20
迪氏钩虾　21, 23
东北假褐钩虾　2, 616, 618
洞穴钩虾　102, 106, 505, 584, 599, 605
洞穴假褐钩虾　616, 620, 633
端足目　1, 11, 16
多刺钩虾　104, 209
多毛钩虾　106, 165, 275

E

峨眉钩虾　107, 242, 272, 324, 580, 593

F

抚仙钩虾属　28, 38, 43
复兴钩虾属　28, 38, 77

G

高山钩虾　105, 382
高原钩虾　107, 113, 348
格氏钩虾　2, 107, 197, 266, 272, 297, 429, 540, 551, 560
贡嘎钩虾　107, 266
钩虾科　4, 10, 12, 15, 17, 18, 19, 20, 26, 28, 36, 37, 102
钩虾属　2, 4, 14, 22, 23, 28, 30, 102, 465
钩虾亚目　1, 11, 13, 14, 15, 16, 17, 23, 37
光秃钩虾　106, 260, 487, 568

H

寒冷钩虾　104, 152, 247
和善钩虾　105, 139
河北汲钩虾　47, 52
河谷钩虾　105, 318, 473, 572
红原钩虾　2, 104, 282, 337, 497
湖泊钩虾　2, 28, 103, 152, 311, 328, 404, 410, 416, 526, 529

琥珀钩虾 104, 223, 362
华钩虾属 102
华美钩虾 104, 197, 540
华少鳃钩虾 2, 90, 97

J

汲钩虾属 28, 38, 46
极度探险钩虾 107, 311,355
棘尾钩虾亚目 1
甲壳动物亚门 1
假褐钩虾科 4, 10, 18, 21, 36, 37, 609
假褐钩虾属 28, 609, 616
简毛钩虾 104, 260, 512
江湖独眼钩虾 2
节肢动物门 1
锦州原钩虾 2, 38, 39
精巧钩虾 105, 435
静水钩虾 106, 560
聚毛钩虾 106, 107, 318, 447
卷毛钩虾 107, 166, 190, 229, 297, 362, 369, 397, 410, 526

K

康定钩虾 107, 272, 318
可爱钩虾 106, 132
快捷钩虾 107, 165
宽肢钩虾属 28, 38, 69

L

拉萨钩虾 2, 103, 253, 311, 333
利川钩虾 106, 139, 282, 337, 454
龙洞钩虾 106, 348
隆钩虾 104, 229

M

马氏钩虾 105, 376, 580
麦秆虫亚目 1
盲刺钩虾 107, 119
美丽钩虾 107, 216, 355
摩梭钩虾 107, 389

N

囊虾总目 1
拟褐钩虾属 28, 609
宁蒗钩虾 104, 410
浓毛钩虾 105, 429

P

胖掌原钩虾 2, 38, 39
萍乡少鳃钩虾 90
普氏钩虾 106, 355, 376, 442, 568

Q

奇异钩虾 105, 447
前刺复兴钩虾 77, 82, 86
钱氏钩虾 107, 460
秦岭钩虾 105, 466, 585
清亮钩虾 105, 173, 291, 442
清泉钩虾 107, 235
泉汲钩虾 47, 58

R

柔弱安氏钩虾 58, 61
软甲纲 1

S

山崎褐钩虾 2
山西钩虾 2, 105, 146, 282, 304, 337, 389, 404, 487
少刺钩虾 107, 166, 397, 417, 526, 560
少鳃钩虾科 4, 10, 14, 16, 17, 20, 36, 37, 89, 90
少鳃钩虾属 28, 90
神木钩虾 104, 491
石生钩虾 105, 285
石笋钩虾 104, 535
疏毛钩虾 105, 253
四川钩虾 105, 497, 593

绥芬钩虾 2, 104, 410, 540

T

塔斯提钩虾 103, 593
太湖大鳌蜚 2
特克斯钩虾 103, 260, 460, 545
天山钩虾 104, 519, 554, 560
跳钩虾超科 14
跳钩虾科 4, 14, 15, 17, 19, 21
透明钩虾 106, 179, 567
透明拟褐钩虾 610

W

无眼钩虾 106, 158
雾灵钩虾 2, 28, 104, 173, 203, 291, 369, 404, 417, 442, 526, 540

X

溪流钩虾 106, 479
溪水钩虾 106, 473
蟋蟀钩虾 1, 21
细齿钩虾 104, 203,216
细弯钩虾 107, 397, 519
咸丰钩虾 106, 139, 282, 341, 454, 505, 567, 580
小眼钩虾 104, 416
须毛复兴钩虾 77, 82
蜮亚目 1

Y

亚洲假褐钩虾 2, 616, 618, 633
杨氏抚仙钩虾 43
异钩虾科 4, 10, 16, 17, 19, 28, 36, 37
隐秘钩虾 106, 504
英高虫亚目 1
优雅假褐钩虾 616, 625
淤泥钩虾 107, 119, 341
原钩虾属 38
缘毛钩虾 106, 108, 185, 318, 355, 573

Z

蚤状钩虾 1, 23, 26, 28, 333, 382, 434, 487
沼泽宽肢钩虾 69
志冈钩虾 105, 584
自由钩虾 105, 297

学 名 索 引

A

abstrusus, *Gammarus* 107, 125
accretus, *Gammarus* 106, 107, 318, 447
albertimagni, *Bogidiella* 90
albimanus, *Gammarus* 266
altus, *Gammarus* 107, 113, 348
amabilis, *Gammarus* 106, 132
Amphipoda 1
Anisogammaridae 4, 10, 16, 17, 28, 36, 37
Anisogammarus 37
annandalei, *Annanogammarus* 39, 58, 61, 69
annandalei, *Anisogammarus* (*Eogammarus*) 2, 58
annandalei, *Anisogammarus* (*Spinulogammarus*) 61
annandalei, *Eogammarus* 61
annandalei, *Gammarus* 2, 58
annandalei, *Jesogammarus* (*Annanogammarus*) 61
Annanogammarus 28, 38, 58
anodon, *Gammarus* 235
antespinosus, *Fuxigammarus* 77, 82, 86
aoculus, *Gammarus* 107, 119
Arthropoda 1
asiaticus, *Pseudocrangonyx* 2, 616, 618, 633

B

balcanicus, *Gammarus* 479
barbatus, *Fuxigammarus* 77, 82
benignus, *Gammarus* 105, 139
bitaensis, *Gammarus* 104, 146
Bogidiella 28, 89, 90
Bogidiellidae 4, 10, 14, 16, 17, 20, 36, 37, 89
bolkayi, *Gammarus* 328
bosniacus, *Gammarus* 551
brevipodus, *Gammarus* 103, 152, 260, 551

C

caecigenus, *Gammarus* 106, 158
Caprellidea 1
cavernarius, *Pseudocrangonyx* 616, 620, 633
chuanhui, *Gammarus* 106, 599
chuanhui, *Sinogammarus* 599
citatus, *Gammarus* 107, 165
clarus, *Gammarus* 105, 173, 291, 442
comosus, *Gammarus* 106, 132, 179
cornutus, *Fuxigammarus* 77, 86
Crangonyctidae 17, 18, 20, 609
craspedotrichus, *Gammarus* 106, 108, 185, 318, 355, 573
crenulatus, *Gammarus* 203
Crustacea 1
curvativus, *Gammarus* 107, 166, 190, 229, 297, 362, 397, 410, 526

D

debilis, *Annanogammarus* 58, 61
debilis, *Jesogammarus* (*Annanogammarus*) 61
decorosus, *Gammarus* 104, 197, 540
denticulatus, *Gammarus* 104, 203, 216
duebeni, *Gammarus* 21, 23

E

echinatus, *Gammarus* 104, 209
Echinogammarus 28
egregius, *Gammarus* 107, 216, 217, 355
electrus, *Gammarus* 104, 223, 362

elegantulus, *Pseudocrangonyx* 616, 625
elenae, *Pseudocrangonyx* 633
elevatus, *Gammarus* 104, 229
eliquatus, *Gammarus* 107, 235
emeiensis, *Gammarus* 107, 242, 272, 324, 580, 593
Eocrangonyx 609
Eogammarus 38
Eurypodogammarus 28, 38, 69

F

fasciatus, *Gammarus* 526
fluvialis, *Jesogammarus* (*Annanogammarus*) 69
Fluviogammarus 103
fontanus, *Jesogammarus* 47, 58
fontanus, *Jesogammarus* (*Jesogammarus*) 47
fossarum, *Gammarus* 487
frigidus, *Gammarus* 104, 152, 247
fujinoi, *Jesogammarus* 58
Fuxiana 28, 38, 43
Fuxigammarus 28, 38, 77

G

Gammaridae 4, 10, 15, 17, 18, 20, 36, 37, 102
Gammaridea 1, 14, 16, 17, 37
Gammarus 4, 28, 102
glaber, *Gammarus* 105, 253
glabratus, *Gammarus* 106, 260, 487, 568
gonggaensis, *Gammarus* 107, 266
gregoryi, *Gammarus* 2, 107, 197, 266, 272, 297, 429, 540, 551, 560
gudariensis, *Pseudocrangonyx* 633

H

hebeiensis, *Jesogammarus* 47, 52, 53
hebeiensis, *Jesogammarus* (*Jesogammarus*) 52
helobius, *Eurypodogammarus* 69
hinumensis, *Jesogammarus* 52
hirtellus, *Gammarus* 106, 165, 275
holsingeri, *Pseudocrangonyx* 633
hongyuanensis, *Gammarus* 2, 104, 282, 337, 497
Hyalellidae 14, 15, 17, 18, 20
Hyalidae 14, 15, 17, 18, 20
Hyperiidea 1
hypolithicus, *Gammarus* 105, 285

I

illustris, *Gammarus* 107, 291
inberbus, *Gammarus* 337, 487
incoercitus, *Gammarus* 105, 297
Ingolfiellidea 1

J

japonicus, *Eocrangonyx* 609
japonicus, *Procrangonyx* 610
jaspidus, *Gammarus* 103, 304
jesoensis, *Jesogammarus* 47
Jesogammarus 28, 38, 46, 47, 58
jidutanxian, *Gammarus* 107, 311, 355

K

kangdingensis, *Gammarus* 107, 272, 318
koreaensis, *Jesogammarus* (*Annanogammarus*) 69
koreanus, *Gammarus* 105, 324, 337, 540
kygi, *Gammarus* 38

L

lacustris, *Gammarus* 2, 28, 103, 152, 311, 328, 404, 410, 416, 526, 529
lacustris, *Gammarus* (*Rivulogammarus*) 328
lacustris, *Rivulogammarus* 328
Lagunogammarus 103
lasaensis, *Gammarus* 2, 103, 253, 311, 333
laticoxalis, *Gammarus* 429
Lepleurus 103
lichuanensis, *Gammarus* 106, 139, 282, 337, 454
limnophilus, *Monoculodes* 2
limosus, *Gammarus* 107, 119, 341,

limpidus, *Procrangonyx* 610
locusta, *Gammarus* 1, 21
longdong, *Gammarus* 106, 348
lophacanthus, *Gammarus* 106, 223, 355

M

madidus, *Gammarus* 104, 361
Malacostraca 1
manchuricus, *Pseudocrangonyx* 2, 616, 618
margcomosus, *Gammarus* 106, 369
martensi, *Gammarus* 105, 376, 580
minus, *Gammarus* 19
montanus, *Gammarus* 554, 560
monticellus, *Gammarus* 105, 382
mosuo, *Gammarus* 107, 389
Mucrogammarus 103
murarius, *Gammarus* 105, 397, 473, 585

N

naritai, *Jesogammarus* (*Annanogammarus*) 69
nekkensis, *Gammarus* 2, 28, 104, 173, 203, 291, 369, 404, 417, 442, 526, 540
nekkensis, *Gammarus* (*Rivulogammarus*) 404
ninglangensis, *Gammarus* 104, 410
nipponensis, *Gammarus* 434

P

parvioculus, *Gammarus* 104, 416
paucispinus, *Gammarus* 107, 166, 397, 417, 526, 560
Pephredo 103
Peracarida 1
pexus, *Gammarus* 105, 429
pingxiangensis, *Bogidiella* 90
pisinnus, *Gammarus* 105, 435
platvoeti, *Gammarus* 106, 355, 376, 442, 568
praecipuus, *Gammarus* 105, 447
preciosus, *Gammarus* 105, 454, 585
Procrangonyx 28, 609
Pseudocrangonyctidae 4, 10, 18, 21, 36, 37, 609
Pseudocrangonyx 28, 609, 616
pulex, *Gammarus* 1, 23, 28, 103, 324, 328, 333, 382, 434, 487

Q

qiani, *Gammarus* 107, 460
qinling, *Gammarus* 105, 466, 585

R

rambouseki, *Gammarus* 466
riparius, *Gammarus* 106, 473
rivalis, *Gammarus* 106, 479
Rivulogammarus 103
ryotoensis, *Anisogammarus* (*Eogammarus*) 2, 39
ryotoensis, *Eogammarus* 38, 39

S

scandinavicus, *Gammarus* 328
Senticaudata 1
shanxiensis, *Gammarus* 2, 105, 146, 282, 304, 337, 389, 404, 487
shenmuensis, *Gammarus* 104, 491
shikokunis, *Pseudocrangonyx* 616
sichuanensis, *Gammarus* 105, 497, 593
silendus, *Gammarus* 106, 504
simplex, *Gammarus* 104, 260, 512
sinica, *Bogidiella* 2, 90, 97
Sinogammarus 102, 103
sinuolatus, *Gammarus* 107, 397, 519
spinipalmus, *Dikerogammarus* 526
spinipalmus, *Gammarus* 2, 105, 526
spinopalpus, *Jesogammarus* 52
stagnarius, *Gammarus* 104, 242, 253, 529
stalagmiticus, *Gammarus* 104, 535
Stenogammarus 491
suifunensis, *Gammarus* 2, 104, 410, 540
suifunensis, *Gammarus* (*Rivulogammarus*) 540
suwaensis, *Jesogammarus* (*Annanogammarus*) 69

T

taihuensis, *Grandidierella* 2
takesensis, *Gammarus* 103, 260, 460, 545
taliensis, *Gammarus* 2, 104, 551
Talitridae 14, 15, 17, 19, 21
Talitroidea 14
tastiensis, *Gammarus* 103, 593
tianshan, *Gammarus* 104, 519, 554,560
tranquillus, *Gammarus* 106, 560
translucidus, *Gammarus* 106, 179, 567
troglodytes, *Gammarus* 106, 505, 599, 605
troglodytes, *Sinogammarus* 2, 605
turgimanus, *Anisogammarus* (*Eogammarus*) 2, 39
turgimanus, *Eogammarus* 38, 39

V

vallecula, *Gammarus* 105, 318, 473, 572
veneris, *Bogidiella* 97
vignai, *Gammarus* 119

W

wautieri, *Gammarus* 282
wigrensis, *Gammarus* 328

X

xianfengensis, *Gammarus* 106, 139, 282, 341, 454, 505, 567, 580

Y

yangi, *Fuxiana* 43

Z

zhigangi, *Gammarus* 105, 584

《中国动物志》已出版书目

《中国动物志》

兽纲　第六卷　啮齿目 (下)　仓鼠科　罗泽珣等　2000，514 页，140 图，4 图版。

兽纲　第八卷　食肉目　高耀亭等　1987，377 页，66 图，10 图版。

兽纲　第九卷　鲸目　食肉目 海豹总科　海牛目　周开亚　2004，326 页，117 图，8 图版。

鸟纲　第一卷　第一部　中国鸟纲绪论　第二部　潜鸟目　鹳形目　郑作新等　1997，199 页，39 图，4 图版。

鸟纲　第二卷　雁形目　郑作新等　1979，143 页，65 图，10 图版。

鸟纲　第四卷　鸡形目　郑作新等　1978，203 页，53 图，10 图版。

鸟纲　第五卷　鹤形目　鸻形目　鸥形目　王岐山、马鸣、高育仁　2006，644 页，263 图，4 图版。

鸟纲　第六卷　鸽形目　鹦形目　鹃形目　鸮形目　郑作新、冼耀华、关贯勋　1991，240 页，64 图，5 图版。

鸟纲　第七卷　夜鹰目　雨燕目　咬鹃目　佛法僧目　鴷形目　谭耀匡、关贯勋　2003，241 页，36 图，4 图版。

鸟纲　第八卷　雀形目　阔嘴鸟科　和平鸟科　郑宝赉等　1985，333 页，103 图，8 图版。

鸟纲　第九卷　雀形目　太平鸟科　岩鹨科　陈服官等　1998，284 页，143 图，4 图版。

鸟纲　第十卷　雀形目　鹟科(一)　鸫亚科　郑作新、龙泽虞、卢汰春　1995，239 页，67 图，4 图版。

鸟纲　第十一卷　雀形目　鹟科(二)　画眉亚科　郑作新、龙泽虞、郑宝赉　1987，307 页，110 图，8 图版。

鸟纲　第十二卷　雀形目　鹟科(三)　莺亚科　鹟亚科　郑作新、卢汰春、杨岚、雷富民等　2010，439 页，121 图，4 图版。

鸟纲　第十三卷　雀形目　山雀科　绣眼鸟科　李桂垣、郑宝赉、刘光佐　1982，170 页，68 图，4 图版。

鸟纲　第十四卷　雀形目　文鸟科 雀科　傅桐生、宋榆钧、高玮等　1998，322 页，115 图，8 图版。

爬行纲　第一卷　总论　龟鳖目　鳄形目　张孟闻等　1998，208 页，44 图，4 图版。

爬行纲　第二卷　有鳞目　蜥蜴亚目　赵尔宓、赵肯堂、周开亚等　1999，394 页，54 图，8 图版。

爬行纲　第三卷　有鳞目　蛇亚目　赵尔宓等　1998，522 页，100 图，12 图版。

两栖纲　上卷　总论　蚓螈目　有尾目　费梁、胡淑琴、叶昌媛、黄永昭等　2006，471 页，120 图，16 图版。

两栖纲　中卷　无尾目　费梁、胡淑琴、叶昌媛、黄永昭等　2009，957 页，549 图，16 图版。

两栖纲 下卷 无尾目 蛙科 费梁、胡淑琴、叶昌媛、黄永昭等 2009，888 页，337 图，16 图版。
硬骨鱼纲 鲽形目 李思忠、王惠民 1995，433 页，170 图。
硬骨鱼纲 鲇形目 褚新洛、郑葆珊、戴定远等 1999，230 页，124 图。
硬骨鱼纲 鲤形目(上) 曹文宣等 2024，382 页，229 图。
硬骨鱼纲 鲤形目(中) 陈宜瑜等 1998，531 页，257 图。
硬骨鱼纲 鲤形目(下) 乐佩琦等 2000，661 页，340 图。
硬骨鱼纲 鲟形目 海鲢目 鲱形目 鼠鱚目 张世义 2001，209 页，88 图。
硬骨鱼纲 灯笼鱼目 鲸口鱼目 骨舌鱼目 陈素芝 2002，349 页，135 图。
硬骨鱼纲 鲀形目 海蛾鱼目 喉盘鱼目 鮟鱇目 苏锦祥、李春生 2002，495 页，194 图。
硬骨鱼纲 鲉形目 金鑫波 2006，739 页，287 图。
硬骨鱼纲 鲈形目(四) 刘静等 2016，312 页，142 图，15 图版。
硬骨鱼纲 鲈形目(五) 虾虎鱼亚目 伍汉霖、钟俊生等 2008，951 页，575 图，32 图版。
硬骨鱼纲 鳗鲡目 背棘鱼目 张春光等 2010，453 页，225 图，3 图版。
硬骨鱼纲 银汉鱼目 鳉形目 颌针鱼目 蛇鳚目 鳕形目 李思忠、张春光等 2011，946 页，345 图。
圆口纲 软骨鱼纲 朱元鼎、孟庆闻等 2001，552 页，247 图。
昆虫纲 第一卷 蚤目 柳支英等 1986，1334 页，1948 图。
昆虫纲 第二卷 鞘翅目 铁甲科 陈世骧等 1986，653 页，327 图，15 图版。
昆虫纲 第三卷 鳞翅目 圆钩蛾科 钩蛾科 朱弘复、王林瑶 1991，269 页，204 图，10 图版。
昆虫纲 第四卷 直翅目 蝗总科 癞蝗科 瘤锥蝗科 锥头蝗科 夏凯龄等 1994，340 页，168 图。
昆虫纲 第五卷 鳞翅目 蚕蛾科 大蚕蛾科 网蛾科 朱弘复、王林瑶 1996，302 页，234 图，18 图版。
昆虫纲 第六卷 双翅目 丽蝇科 范滋德等 1997，707 页，229 图。
昆虫纲 第七卷 鳞翅目 祝蛾科 武春生 1997，306 页，74 图，38 图版。
昆虫纲 第八卷 双翅目 蚊科(上) 陆宝麟等 1997，593 页，285 图。
昆虫纲 第九卷 双翅目 蚊科(下) 陆宝麟等 1997，126 页，57 图。
昆虫纲 第十卷 直翅目 蝗总科 斑翅蝗科 网翅蝗科 郑哲民、夏凯龄 1998，610 页，323 图。
昆虫纲 第十一卷 鳞翅目 天蛾科 朱弘复、王林瑶 1997，410 页，325 图，8 图版。
昆虫纲 第十二卷 直翅目 蚱总科 梁络球、郑哲民 1998，278 页，166 图。
昆虫纲 第十三卷 半翅目 姬蝽科 任树芝 1998，251 页，508 图，12 图版。
昆虫纲 第十四卷 同翅目 纩蚜科 瘿绵蚜科 张广学、乔格侠、钟铁森、张万玉 1999，380 页，121 图，17+8 图版。
昆虫纲 第十五卷 鳞翅目 尺蛾科 花尺蛾亚科 薛大勇、朱弘复 1999，1090 页，1197 图，25 图版。
昆虫纲 第十六卷 鳞翅目 夜蛾科 陈一心 1999，1596 页，701 图，68 图版。
昆虫纲 第十七卷 等翅目 黄复生等 2000，961 页，564 图。
昆虫纲 第十八卷 膜翅目 茧蜂科(一) 何俊华、陈学新、马云 2000，757 页，1783 图。

昆虫纲　第十九卷　鳞翅目　灯蛾科　方承莱　2000，589 页，338 图，20 图版。

昆虫纲　第二十卷　膜翅目　准蜂科　蜜蜂科　吴燕如　2000，442 页，218 图，9 图版。

昆虫纲　第二十一卷　鞘翅目　天牛科　花天牛亚科　蒋书楠、陈力　2001，296 页，17 图，18 图版。

昆虫纲　第二十二卷　同翅目　蚧总科　粉蚧科　绒蚧科　蜡蚧科　链蚧科　盘蚧科　壶蚧科　仁蚧科　王子清　2001，611 页，188 图。

昆虫纲　第二十三卷　双翅目　寄蝇科(一)　赵建铭、梁恩义、史永善、周士秀　2001，305 页，183 图，11 图版。

昆虫纲　第二十四卷　半翅目　毛唇花蝽科　细角花蝽科　花蝽科　卜文俊、郑乐怡　2001，267 页，362 图。

昆虫纲　第二十五卷　鳞翅目　凤蝶科　凤蝶亚科　锯凤蝶亚科　绢蝶亚科　武春生　2001，367 页，163 图，8 图版。

昆虫纲　第二十六卷　双翅目　蝇科(二)　棘蝇亚科(一)　马忠余、薛万琦、冯炎　2002，421 页，614 图。

昆虫纲　第二十七卷　鳞翅目　卷蛾科　刘友樵、李广武　2002，601 页，16 图，136+2 图版。

昆虫纲　第二十八卷　同翅目　角蝉总科　犁胸蝉科　角蝉科　袁锋、周尧　2002，590 页，295 图，4 图版。

昆虫纲　第二十九卷　膜翅目　螯蜂科　何俊华、许再福　2002，464 页，397 图。

昆虫纲　第三十卷　鳞翅目　毒蛾科　赵仲苓　2003，484 页，270 图，10 图版。

昆虫纲　第三十一卷　鳞翅目　舟蛾科　武春生、方承莱　2003，952 页，530 图，8 图版。

昆虫纲　第三十二卷　直翅目　蝗总科　槌角蝗科　剑角蝗科　印象初、夏凯龄　2003，280 页，144 图。

昆虫纲　第三十三卷　半翅目　盲蝽科　盲蝽亚科　郑乐怡、吕楠、刘国卿、许兵红　2004，797 页，228 图，8 图版。

昆虫纲　第三十四卷　双翅目　舞虻总科　舞虻科　螳舞虻亚科　驼舞虻亚科　杨定、杨集昆　2004，334 页，474 图，1 图版。

昆虫纲　第三十五卷　革翅目　陈一心、马文珍　2004，420 页，199 图，8 图版。

昆虫纲　第三十六卷　鳞翅目　波纹蛾科　赵仲苓　2004，291 页，153 图，5 图版。

昆虫纲　第三十七卷　膜翅目　茧蜂科(二)　陈学新、何俊华、马云　2004，581 页，1183 图，103 图版。

昆虫纲　第三十八卷　鳞翅目　蝙蝠蛾科　蛱蛾科　朱弘复、王林瑶、韩红香　2004，291 页，179 图，8 图版。

昆虫纲　第三十九卷　脉翅目　草蛉科　杨星科、杨集昆、李文柱　2005，398 页，240 图，4 图版。

昆虫纲　第四十卷　鞘翅目　肖叶甲科　肖叶甲亚科　谭娟杰、王书永、周红章　2005，415 页，95 图，8 图版。

昆虫纲　第四十一卷　同翅目　斑蚜科　乔格侠、张广学、钟铁森　2005，476 页，226 图，8 图版。

昆虫纲　第四十二卷　膜翅目　金小蜂科　黄大卫、肖晖　2005，388 页，432 图，5 图版。

昆虫纲　第四十三卷　直翅目　蝗总科　斑腿蝗科　李鸿昌、夏凯龄　2006，736 页，325 图。

昆虫纲 第四十四卷 膜翅目 切叶蜂科 吴燕如 2006，474 页，180 图，4 图版。
昆虫纲 第四十五卷 同翅目 飞虱科 丁锦华 2006，776 页，351 图，20 图版。
昆虫纲 第四十六卷 膜翅目 茧蜂科 窄径茧蜂亚科 陈家骅、杨建全 2006，301 页，81 图，32 图版。
昆虫纲 第四十七卷 鳞翅目 枯叶蛾科 刘有樵、武春生 2006，385 页，248 图，8 图版。
昆虫纲 蚤目(第二版，上下卷) 吴厚永等 2007，2174 页，2475 图。
昆虫纲 第四十九卷 双翅目 蝇科(一) 范滋德、邓耀华 2008，1186 页，276 图，4 图版。
昆虫纲 第五十卷 双翅目 食蚜蝇科 黄春梅、成新月 2012，852 页，418 图，8 图版。
昆虫纲 第五十一卷 广翅目 杨定、刘星月 2010，457 页，176 图，14 图版。
昆虫纲 第五十二卷 鳞翅目 粉蝶科 武春生 2010，416 页，174 图，16 图版。
昆虫纲 第五十三卷 双翅目 长足虻科(上下卷) 杨定、张莉莉、王孟卿、朱雅君 2011，1912 页，1017 图，7 图版。
昆虫纲 第五十四卷 鳞翅目 尺蛾科 尺蛾亚科 韩红香、薛大勇 2011，787 页，929 图，20 图版。
昆虫纲 第五十五卷 鳞翅目 弄蝶科 袁锋、袁向群、薛国喜 2015，754 页，280 图，15 图版。
昆虫纲 第五十六卷 膜翅目 细蜂总科(一) 何俊华、许再福 2015，1078 页，485 图。
昆虫纲 第五十七卷 直翅目 螽斯科 露螽亚科 康乐、刘春香、刘宪伟 2013，574 页，291 图，31 图版。
昆虫纲 第五十八卷 襀翅目 叉襀总科 杨定、李卫海、祝芳 2014，518 页，294 图，12 图版。
昆虫纲 第五十九卷 双翅目 虻科 许荣满、孙毅 2013，870 页，495 图，17 图版。
昆虫纲 第六十卷 半翅目 扁蚜科 平翅绵蚜科 乔格侠、姜立云、陈静、张广学、钟铁森 2017，414 页，137 图，8 图版。
昆虫纲 第六十一卷 鞘翅目 叶甲科 叶甲亚科 杨星科、葛斯琴、王书永、李文柱、崔俊芝 2014，641 页，378 图，8 图版。
昆虫纲 第六十二卷 半翅目 盲蝽科(二) 合垫盲蝽亚科 刘国卿、郑乐怡 2014，297 页，134 图，13 图版。
昆虫纲 第六十三卷 鞘翅目 拟步甲科(一) 任国栋等 2016，534 页，248 图，49 图版。
昆虫纲 第六十四卷 膜翅目 金小蜂科(二) 金小蜂亚科 肖晖、黄大卫、矫天扬 2019，495 页，186 图，12 图版。
昆虫纲 第六十五卷 双翅目 鹬虻科、伪鹬虻科 杨定、董慧、张魁艳 2016，476 页，222 图，7 图版。
昆虫纲 第六十七卷 半翅目 叶蝉科(二) 大叶蝉亚科 杨茂发、孟泽洪、李子忠 2017，637 页，312 图，27 图版。
昆虫纲 第六十八卷 脉翅目 蚁蛉总科 王心丽、詹庆斌、王爱芹 2018，285 页，2 图，38 图版。
昆虫纲 第六十九卷 缨翅目(上下卷) 冯纪年等 2021，984 页，420 图。
昆虫纲 第七十卷 半翅目 杯瓢蜡蝉科、瓢蜡蝉科 张雅林、车艳丽、孟 瑞、王应伦 2020，655 页，224 图，43 图版。

昆虫纲 第七十一卷 半翅目 叶蝉科(三) 杆叶蝉亚科 秀头叶蝉亚科 缘脊叶蝉亚科 张雅林、魏琮 、沈林、尚素琴 2022，309 页，147 图，7 图版。

昆虫纲 第七十二卷 半翅目 叶蝉科(四) 李子忠、李玉建、邢济春 2020，547 页，303 图，14 图版。

昆虫纲 第七十三卷 半翅目 盲蝽科(三) 单室盲蝽亚科 细爪盲蝽亚科 齿爪盲蝽亚科 树盲蝽亚科 撒盲蝽亚科 刘国卿、穆怡然、许静杨、刘琳 2022，606 页，217 图，17 图版。

昆虫纲 第七十四卷 膜翅目 赤眼蜂科 林乃铨、胡红英、田洪霞、林硕 2022，602 页，195 图。

昆虫纲 第七十五卷 鞘翅目 阎甲总科 扁圆甲科 长阎甲科 阎甲科 周红章、罗天宏、张叶军 2022，702 页，252 图，3 图版。

昆虫纲 第七十六卷 鳞翅目 刺蛾科 武春生、方承莱 2023，508 页，317 图，12 图版。

无脊椎动物 第一卷 甲壳纲 淡水枝角类 蒋燮治、堵南山 1979，297 页，192 图。

无脊椎动物 第二卷 甲壳纲 淡水桡足类 沈嘉瑞等 1979，450 页，255 图。

无脊椎动物 第三卷 吸虫纲 复殖目(一) 陈心陶等 1985，697 页，469 图，10 图版。

无脊椎动物 第四卷 头足纲 董正之 1988，201 页，124 图，4 图版。

无脊椎动物 第五卷 蛭纲 杨潼 1996，259 页，141 图。

无脊椎动物 第六卷 海参纲 廖玉麟 1997，334 页，170 图，2 图版。

无脊椎动物 第七卷 腹足纲 中腹足目 宝贝总科 马绣同 1997，283 页，96 图，12 图版。

无脊椎动物 第八卷 蛛形纲 蜘蛛目 蟹蛛科 逍遥蛛科 宋大祥、朱明生 1997，259 页，154 图。

无脊椎动物 第九卷 多毛纲(一) 叶须虫目 吴宝铃、吴启泉、丘建文、陆华 1997，323 页，180 图。

无脊椎动物 第十卷 蛛形纲 蜘蛛目 园蛛科 尹长民等 1997，460 页，292 图。

无脊椎动物 第十一卷 腹足纲 后鳃亚纲 头楯目 林光宇 1997，246 页，35 图，24 图版。

无脊椎动物 第十二卷 双壳纲 贻贝目 王祯瑞 1997，268 页，126 图，4 图版。

无脊椎动物 第十三卷 蛛形纲 蜘蛛目 球蛛科 朱明生 1998，436 页，233 图，1 图版。

无脊椎动物 第十四卷 肉足虫纲 等辐骨虫目 泡沫虫目 谭智源 1998，315 页，273 图，25 图版。

无脊椎动物 第十五卷 粘孢子纲 陈启鎏、马成伦 1998，805 页，30 图，180 图版。

无脊椎动物 第十六卷 珊瑚虫纲 海葵目 角海葵目 群体海葵目 裴祖南 1998，286 页，149 图，20 图版。

无脊椎动物 第十七卷 甲壳动物亚门 十足目 束腹蟹科 溪蟹科 戴爱云 1999，501 页，238 图，31 图版。

无脊椎动物 第十八卷 原尾纲 尹文英 1999，510 页，275 图，8 图版。

无脊椎动物 第十九卷 腹足纲 柄眼目 烟管螺科 陈德牛、张国庆 1999，210 页，128 图，5 图版。

无脊椎动物 第二十卷 双壳纲 原鳃亚纲 异韧带亚纲 徐凤山 1999，244 页，156 图。

无脊椎动物 第二十一卷 甲壳动物亚门 糠虾目 刘瑞玉、王绍武 2000，326 页，110 图。

无脊椎动物 第二十二卷 单殖吸虫纲 吴宝华、郎所、王伟俊等 2000，756 页，598 图，2 图版。

无脊椎动物 第二十三卷 珊瑚虫纲 石珊瑚目 造礁石珊瑚 邹仁林 2001，289 页，9 图，55 图版。

无脊椎动物 第二十四卷 双壳纲 帘蛤科 庄启谦 2001，278 页，145 图。
无脊椎动物 第二十五卷 线虫纲 杆形目 圆线亚目(一) 吴淑卿等 2001，489 页，201 图。
无脊椎动物 第二十六卷 有孔虫纲 胶结有孔虫 郑守仪、傅钊先 2001，788 页，130 图，122 图版。
无脊椎动物 第二十七卷 水螅虫纲 钵水母纲 高尚武、洪惠馨、张士美 2002，275 页，136 图。
无脊椎动物 第二十八卷 甲壳动物亚门 端足目 蛾亚目 陈清潮、石长泰 2002，249 页，178 图。
无脊椎动物 第二十九卷 腹足纲 原始腹足目 马蹄螺总科 董正之 2002，210 页，176 图，2 图版。
无脊椎动物 第三十卷 甲壳动物亚门 短尾次目 海洋低等蟹类 陈惠莲、孙海宝 2002，597 页，237 图，4 彩色图版，12 黑白图版。
无脊椎动物 第三十一卷 双壳纲 珍珠贝亚目 王祯瑞 2002，374 页，152 图，7 图版。
无脊椎动物 第三十二卷 多孔虫纲 罩笼虫目 稀孔虫纲 稀孔虫目 谭智源、宿星慧 2003，295 页，193 图，25 图版。
无脊椎动物 第三十三卷 多毛纲(二) 沙蚕目 孙瑞平、杨德渐 2004，520 页，267 图，1 图版。
无脊椎动物 第三十四卷 腹足纲 鹑螺总科 张素萍、马绣同 2004，243 页，123 图，5 图版。
无脊椎动物 第三十五卷 蛛形纲 蜘蛛目 肖蛸科 朱明生、宋大祥、张俊霞 2003，402 页，174 图，5 彩色图版，11 黑白图版。
无脊椎动物 第三十六卷 甲壳动物亚门 十足目 匙指虾科 梁象秋 2004，375 页，156 图。
无脊椎动物 第三十七卷 软体动物门 腹足纲 巴锅牛科 陈德牛、张国庆 2004，482 页，409 图，8 图版。
无脊椎动物 第三十八卷 毛颚动物门 箭虫纲 萧贻昌 2004，201 页，89 图。
无脊椎动物 第三十九卷 蛛形纲 蜘蛛目 平腹蛛科 宋大祥、朱明生、张锋 2004，362 页，175 图。
无脊椎动物 第四十卷 棘皮动物门 蛇尾纲 廖玉麟 2004，505 页，244 图，6 图版。
无脊椎动物 第四十一卷 甲壳动物亚门 端足目 钩虾亚目(一) 任先秋 2006，588 页，194 图。
无脊椎动物 第四十二卷 甲壳动物亚门 蔓足下纲 围胸总目 刘瑞玉、任先秋 2007，632 页，239 图。
无脊椎动物 第四十三卷 甲壳动物亚门 端足目 钩虾亚目(二) 任先秋 2012，651 页，197 图。
无脊椎动物 第四十四卷 甲壳动物亚门 十足目 长臂虾总科 李新正、刘瑞玉、梁象秋等 2007，381 页，157 图。
无脊椎动物 第四十五卷 纤毛门 寡毛纲 缘毛目 沈韫芬、顾曼如 2016，502 页，164 图，2 图版。
无脊椎动物 第四十六卷 星虫动物门 螠虫动物门 周红、李凤鲁、王玮 2007，206 页，95 图。
无脊椎动物 第四十七卷 蛛形纲 蜱螨亚纲 植绥螨科 吴伟南、欧剑峰、黄静玲 2009，511 页，287 图，9 图版。
无脊椎动物 第四十八卷 软体动物门 双壳纲 满月蛤总科 心蛤总科 厚壳蛤总科 鸟蛤总科 徐凤山 2012，239 页，133 图。
无脊椎动物 第四十九卷 甲壳动物亚门 十足目 梭子蟹科 杨思谅、陈惠莲、戴爱云 2012，417

页，138 图，14 图版。
无脊椎动物 第五十卷 缓步动物门 杨潼 2015，279 页，131 图，5 图版。
无脊椎动物 第五十一卷 线虫纲 杆形目 圆线亚目(二) 张路平、孔繁瑶 2014，316 页，97 图，19 图版。
无脊椎动物 第五十二卷 扁形动物门 吸虫纲 复殖目(三) 邱兆祉等 2018，746 页，401 图。
无脊椎动物 第五十三卷 蛛形纲 蜘蛛目 跳蛛科 彭贤锦 2020，612 页，392 图。
无脊椎动物 第五十四卷 环节动物门 多毛纲(三) 缨鳃虫目 孙瑞平、杨德渐 2014，493 页，239 图，2 图版。
无脊椎动物 第五十五卷 软体动物门 腹足纲 芋螺科 李凤兰、林民玉 2016，288 页，168 图，4 图版。
无脊椎动物 第五十六卷 软体动物门 腹足纲 凤螺总科、玉螺总科 张素萍 2016，318 页，138 图，10 图版。
无脊椎动物 第五十七卷 软体动物门 双壳纲 樱蛤科 双带蛤科 徐凤山、张均龙 2017，236 页，50 图，15 图版。
无脊椎动物 第五十八卷 软体动物门 腹足纲 艾纳螺总科 吴岷 2018，300 页，63 图，6 图版。
无脊椎动物 第五十九卷 蛛形纲 蜘蛛目 漏斗蛛科 暗蛛科 朱明生、王新平、张志升 2017，727 页，384 图，5 图版。
无脊椎动物 第六十二卷 软体动物门 腹足纲 骨螺科 张素萍 2022，428 页，250 图。
无脊椎动物 第六十三卷 甲壳动物亚门 端足目 钩虾亚目(三) 侯仲娥、李枢强、郑亚咪 2024，663 页，493 图。

《中国经济动物志》

兽类 寿振黄等 1962，554 页，153 图，72 图版。
鸟类 郑作新等 1963，694 页，10 图，64 图版。
鸟类(第二版) 郑作新等 1993，619 页，64 图版。
海产鱼类 成庆泰等 1962，174 页，25 图，32 图版。
淡水鱼类 伍献文等 1963，159 页，122 图，30 图版。
淡水鱼类寄生甲壳动物 匡溥人、钱金会 1991，203 页，110 图。
环节(多毛纲) 棘皮 原索动物 吴宝铃等 1963，141 页，65 图，16 图版。
海产软体动物 张玺、齐钟彦 1962，246 页，148 图。
淡水软体动物 刘月英等 1979，134 页，110 图。
陆生软体动物 陈德牛、高家祥 1987，186 页，224 图。
寄生蠕虫 吴淑卿、尹文真、沈守训 1960，368 页，158 图。

《中国经济昆虫志》

第一册 鞘翅目 天牛科 陈世骧等 1959，120 页，21 图，40 图版。
第二册 半翅目 蝽科 杨惟义 1962，138 页，11 图，10 图版。

第三册 鳞翅目 夜蛾科(一) 朱弘复、陈一心 1963，172 页，22 图，10 图版。
第四册 鞘翅目 拟步行虫科 赵养昌 1963，63 页，27 图，7 图版。
第五册 鞘翅目 瓢虫科 刘崇乐 1963，101 页，27 图，11 图版。
第六册 鳞翅目 夜蛾科(二) 朱弘复等 1964，183 页，11 图版。
第七册 鳞翅目 夜蛾科(三) 朱弘复、方承莱、王林瑶 1963，120 页，28 图，31 图版。
第八册 等翅目 白蚁 蔡邦华、陈宁生，1964，141 页，79 图，8 图版。
第九册 膜翅目 蜜蜂总科 吴燕如 1965，83 页，40 图，7 图版。
第十册 同翅目 叶蝉科 葛钟麟 1966，170 页，150 图。
第十一册 鳞翅目 卷蛾科(一) 刘友樵、白九维 1977，93 页，23 图，24 图版。
第十二册 鳞翅目 毒蛾科 赵仲苓 1978，121 页，45 图，18 图版。
第十三册 双翅目 蠓科 李铁生 1978，124 页，104 图。
第十四册 鞘翅目 瓢虫科(二) 庞雄飞、毛金龙 1979，170 页，164 图，16 图版。
第十五册 蜱螨目 蜱总科 邓国藩 1978，174 页，707 图。
第十六册 鳞翅目 舟蛾科 蔡荣权 1979，166 页，126 图，19 图版。
第十七册 蜱螨目 革螨股 潘鋕文、邓国藩 1980，155 页，168 图。
第十八册 鞘翅目 叶甲总科(一) 谭娟杰、虞佩玉 1980，213 页，194 图，18 图版。
第十九册 鞘翅目 天牛科 蒲富基 1980，146 页，42 图，12 图版。
第二十册 鞘翅目 象虫科 赵养昌、陈元清 1980，184 页，73 图，14 图版。
第二十一册 鳞翅目 螟蛾科 王平远 1980，229 页，40 图，32 图版。
第二十二册 鳞翅目 天蛾科 朱弘复、王林瑶 1980，84 页，17 图，34 图版。
第二十三册 螨 目 叶螨总科 王慧芙 1981，150 页，121 图，4 图版。
第二十四册 同翅目 粉蚧科 王子清 1982，119 页，75 图。
第二十五册 同翅目 蚜虫类(一) 张广学、钟铁森 1983，387 页，207 图，32 图版。
第二十六册 双翅目 虻科 王遵明 1983，128 页，243 图，8 图版。
第二十七册 同翅目 飞虱科 葛钟麟等 1984，166 页，132 图，13 图版。
第二十八册 鞘翅目 金龟总科幼虫 张芝利 1984，107 页，17 图，21 图版。
第二十九册 鞘翅目 小蠹科 殷惠芬、黄复生、李兆麟 1984，205 页，132 图，19 图版。
第三十册 膜翅目 胡蜂总科 李铁生 1985，159 页，21 图，12 图版。
第三十一册 半翅目(一) 章士美等 1985，242 页，196 图，59 图版。
第三十二册 鳞翅目 夜蛾科(四) 陈一心 1985，167 页，61 图，15 图版。
第三十三册 鳞翅目 灯蛾科 方承莱 1985，100 页，69 图，10 图版。
第三十四册 膜翅目 小蜂总科(一) 廖定熹等 1987，241 页，113 图，24 图版。
第三十五册 鞘翅目 天牛科(三) 蒋书楠、蒲富基、华立中 1985，189 页，2 图，13 图版。
第三十六册 同翅目 蜡蝉总科 周尧等 1985，152 页，125 图，2 图版。
第三十七册 双翅目 花蝇科 范滋德等 1988，396 页，1215 图，10 图版。
第三十八册 双翅目 蠓科(二) 李铁生 1988，127 页，107 图。
第三十九册 蜱螨亚纲 硬蜱科 邓国藩、姜在阶 1991，359 页，354 图。

第四十册 蜱螨亚纲 皮刺螨总科 邓国藩等 1993，391 页，318 图。
第四十一册 膜翅目 金小蜂科 黄大卫 1993，196 页，252 图。
第四十二册 鳞翅目 毒蛾科(二) 赵仲苓 1994，165 页，103 图，10 图版。
第四十三册 同翅目 蚧总科 王子清 1994，302 页，107 图。
第四十四册 蜱螨亚纲 瘿螨总科(一) 匡海源 1995，198 页，163 图，7 图版。
第四十五册 双翅目 虻科(二) 王遵明 1994，196 页，182 图，8 图版。
第四十六册 鞘翅目 金花龟科 斑金龟科 弯腿金龟科 马文珍 1995，210 页，171 图，5 图版。
第四十七册 膜翅目 蚁科(一) 唐觉等 1995，134 页，135 图。
第四十八册 蜉蝣目 尤大寿等 1995，152 页，154 图。
第四十九册 毛翅目(一) 小石蛾科 角石蛾科 纹石蛾科 长角石蛾科 田立新等 1996，195 页 271 图，2 图版。
第五十册 半翅目(二) 章士美等 1995，169 页，46 图，24 图版。
第五十一册 膜翅目 姬蜂科 何俊华、陈学新、马云 1996，697 页，434 图。
第五十二册 膜翅目 泥蜂科 吴燕如、周勤 1996，197 页，167 图，14 图版。
第五十三册 蜱螨亚纲 植绥螨科 吴伟南等 1997，223 页，169 图，3 图版。
第五十四册 鞘翅目 叶甲总科(二) 虞佩玉等 1996，324 页，203 图，12 图版。
第五十五册 缨翅目 韩运发 1997，513 页，220 图，4 图版。

Serial Faunal Monographs Already Published

FAUNA SINICA

Mammalia vol. 6 Rodentia III: Cricetidae. Luo Zexun *et al.*, 2000. 514 pp., 140 figs., 4 pls.

Mammalia vol. 8 Carnivora. Gao Yaoting *et al.*, 1987. 377 pp., 44 figs., 10 pls.

Mammalia vol. 9 Cetacea, Carnivora: Phocoidea, Sirenia. Zhou Kaiya, 2004. 326 pp., 117 figs., 8 pls.

Aves vol. 1 part 1. Introductory Account of the Class Aves in China; part 2. Account of Orders listed in this Volume. Zheng Zuoxin (Cheng Tsohsin) *et al.*, 1997. 199 pp., 39 figs., 4 pls.

Aves vol. 2 Anseriformes. Zheng Zuoxin (Cheng Tsohsin) *et al.*, 1979. 143 pp., 65 figs., 10 pls.

Aves vol. 4 Galliformes. Zheng Zuoxin (Cheng Tsohsin) *et al.*, 1978. 203 pp., 53 figs., 10 pls.

Aves vol. 5 Gruiformes, Charadriiformes, Lariformes. Wang Qishan, Ma Ming and Gao Yuren, 2006. 644 pp., 263 figs., 4 pls.

Aves vol. 6 Columbiformes, Psittaciformes, Cuculiformes, Strigiformes. Zheng Zuoxin (Cheng Tsohsin), Xian Yaohua and Guan Guanxun, 1991. 240 pp., 64 figs., 5 pls.

Aves vol. 7 Caprimulgiformes, Apodiformes, Trogoniformes, Coraciiformes, Piciformes. Tan Yaokuang and Guan Guanxun, 2003. 241 pp., 36 figs., 4 pls.

Aves vol. 8 Passeriformes: Eurylaimidae-Irenidae. Zheng Baolai *et al.*, 1985. 333 pp., 103 figs., 8 pls.

Aves vol. 9 Passeriformes: Bombycillidae, Prunellidae. Chen Fuguan *et al.*, 1998. 284 pp., 143 figs., 4 pls.

Aves vol. 10 Passeriformes: Muscicapidae I: Turdinae. Zheng Zuoxin (Cheng Tsohsin), Long Zeyu and Lu Taichun, 1995. 239 pp., 67 figs., 4 pls.

Aves vol. 11 Passeriformes: Muscicapidae II: Timaliinae. Zheng Zuoxin (Cheng Tsohsin), Long Zeyu and Zheng Baolai, 1987. 307 pp., 110 figs., 8 pls.

Aves vol. 12 Passeriformes: Muscicapidae III: Sylviinae, Muscicapinae. Zheng Zuoxin, Lu Taichun, Yang Lan and Lei Fumin *et al.*, 2010. 439 pp., 121 figs., 4 pls.

Aves vol. 13 Passeriformes: Paridae, Zosteropidae. Li Guiyuan, Zheng Baolai and Liu Guangzuo, 1982. 170 pp., 68 figs., 4 pls.

Aves vol. 14 Passeriformes: Ploceidae, Fringillidae. Fu Tongsheng, Song Yujun and Gao Wei *et al.*, 1998. 322 pp., 115 figs., 8 pls.

Reptilia vol. 1 General Accounts of Reptilia. Testudoformes and Crocodiliformes. Zhang Mengwen *et al.*, 1998. 208 pp., 44 figs., 4 pls.

Reptilia vol. 2 Squamata: Lacertilia. Zhao Ermi, Zhao Kentang and Zhou Kaiya *et al.*, 1999. 394 pp., 54 figs., 8 pls.

Reptilia vol. 3 Squamata: Serpentes. Zhao Ermi *et al.*, 1998. 522 pp., 100 figs., 12 pls.

Amphibia vol. 1 General accounts of Amphibia, Gymnophiona, Urodela. Fei Liang, Hu Shuqin, Ye Changyuan and Huang Yongzhao *et al.*, 2006. 471 pp., 120 figs., 16 pls.

Amphibia vol. 2 Anura. Fei Liang, Hu Shuqin, Ye Changyuan and Huang Yongzhao *et al.*, 2009. 957 pp., 549 figs., 16 pls.

Amphibia vol. 3 Anura: Ranidae. Fei Liang, Hu Shuqin, Ye Changyuan and Huang Yongzhao *et al.*, 2009. 888 pp., 337 figs., 16 pls.

Osteichthyes: Pleuronectiformes. Li Sizhong and Wang Huimin, 1995. 433 pp., 170 figs.

Osteichthyes: Siluriformes. Chu Xinluo, Zheng Baoshan and Dai Dingyuan *et al.*, 1999. 230 pp., 124 figs.

Osteichthyes: Cypriniformes II. Chen Yiyu *et al.*, 1998. 531 pp., 257 figs.

Osteichthyes: Cypriniformes III. Yue Peiqi *et al.*, 2000. 661 pp., 340 figs.

Osteichthyes: Acipenseriformes, Elopiformes, Clupeiformes, Gonorhynchiformes. Zhang Shiyi, 2001. 209 pp., 88 figs.

Osteichthyes: Myctophiformes, Cetomimiformes, Osteoglossiformes. Chen Suzhi, 2002. 349 pp., 135 figs.

Osteichthyes: Tetraodontiformes, Pegasiformes, Gobiesociformes, Lophiiformes. Su Jinxiang and Li Chunsheng, 2002. 495 pp., 194 figs.

Ostichthyes: Scorpaeniformes. Jin Xinbo, 2006. 739 pp., 287 figs.

Ostichthyes: Perciformes IV. Liu Jing *et al.*, 2016. 312 pp., 143 figs., 15 pls.

Ostichthyes: Perciformes V: Gobioidei. Wu Hanlin and Zhong Junsheng *et al.*, 2008. 951 pp., 575 figs., 32 pls.

Ostichthyes: Anguilliformes Notacanthiformes. Zhang Chunguang *et al.*, 2010. 453 pp., 225 figs., 3 pls.

Ostichthyes: Atheriniformes, Cyprinodontiformes, Beloniformes, Ophidiiformes, Gadiformes. Li Sizhong and Zhang Chunguang *et al.*, 2011. 946 pp., 345 figs.

Cyclostomata and Chondrichthyes. Zhu Yuanding and Meng Qingwen *et al.*, 2001. 552 pp., 247 figs.

Insecta vol. 1 Siphonaptera. Liu Zhiying *et al.*, 1986. 1334 pp., 1948 figs.

Insecta vol. 2 Coleoptera: Hispidae. Chen Sicien *et al.*, 1986. 653 pp., 327 figs., 15 pls.

Insecta vol. 3 Lepidoptera: Cyclidiidae, Drepanidae. Chu Hungfu and Wang Linyao, 1991. 269 pp., 204 figs., 10 pls.

Insecta vol. 4 Orthoptera: Acrioidea: Pamphagidae, Chrotogonidae, Pyrgomorphidae. Xia Kailing *et al.*, 1994. 340 pp., 168 figs.

Insecta vol. 5 Lepidoptera: Bombycidae, Saturniidae, Thyrididae. Zhu Hongfu and Wang Linyao, 1996. 302 pp., 234 figs., 18 pls.

Insecta vol. 6 Diptera: Calliphoridae. Fan Zide *et al.*, 1997. 707 pp., 229 figs.

Insecta vol. 7 Lepidoptera: Lecithoceridae. Wu Chunsheng, 1997. 306 pp., 74 figs., 38 pls.

Insecta vol. 8 Diptera: Culicidae I. Lu Baolin *et al.*, 1997. 593 pp., 285 pls.

Insecta vol. 9 Diptera: Culicidae II. Lu Baolin *et al.*, 1997. 126 pp., 57 pls.

Insecta vol. 10 Orthoptera: Oedipodidae, Arcypteridae III. Zheng Zhemin and Xia Kailing, 1998. 610 pp.,

323 figs.

Insecta vol. 11 Lepidoptera: Sphingidae. Zhu Hongfu and Wang Linyao, 1997. 410 pp., 325 figs., 8 pls.

Insecta vol. 12 Orthoptera: Tetrigoidea. Liang Geqiu and Zheng Zhemin, 1998. 278 pp., 166 figs.

Insecta vol. 13 Hemiptera: Nabidae. Ren Shuzhi, 1998. 251 pp., 508 figs., 12 pls.

Insecta vol. 14 Homoptera: Mindaridae, Pemphigidae. Zhang Guangxue, Qiao Gexia, Zhong Tiesen and Zhang Wanfang, 1999. 380 pp., 121 figs., 17+8 pls.

Insecta vol. 15 Lepidoptera: Geometridae: Larentiinae. Xue Dayong and Zhu Hongfu (Chu Hungfu), 1999. 1090 pp., 1197 figs., 25 pls.

Insecta vol. 16 Lepidoptera: Noctuidae. Chen Yixin, 1999. 1596 pp., 701 figs., 68 pls.

Insecta vol. 17 Isoptera. Huang Fusheng *et al.*, 2000. 961 pp., 564 figs.

Insecta vol. 18 Hymenoptera: Braconidae I. He Junhua, Chen Xuexin and Ma Yun, 2000. 757 pp., 1783 figs.

Insecta vol. 19 Lepidoptera: Arctiidae. Fang Chenglai, 2000. 589 pp., 338 figs., 20 pls.

Insecta vol. 20 Hymenoptera: Melittidae, Apidae. Wu Yanru, 2000. 442 pp., 218 figs., 9 pls.

Insecta vol. 21 Coleoptera: Cerambycidae: Lepturinae. Jiang Shunan and Chen Li, 2001. 296 pp., 17 figs., 18 pls.

Insecta vol. 22 Homoptera: Coccoidea: Pseudococcidae, Eriococcidae, Asterolecaniidae, Coccidae, Lecanodiaspididae, Cerococcidae, Aclerdidae. Wang Tzeching, 2001. 611 pp., 188 figs.

Insecta vol. 23 Diptera: Tachinidae I. Chao Cheiming, Liang Enyi, Shi Yongshan and Zhou Shixiu, 2001. 305 pp., 183 figs., 11 pls.

Insecta vol. 24 Hemiptera: Lasiochilidae, Lyctocoridae, Anthocoridae. Bu Wenjun and Zheng Leyi (Cheng Loyi), 2001. 267 pp., 362 figs.

Insecta vol. 25 Lepidoptera: Papilionidae: Papilioninae, Zerynthiinae, Parnassiinae. Wu Chunsheng, 2001. 367 pp., 163 figs., 8 pls.

Insecta vol. 26 Diptera: Muscidae II: Phaoniinae I. Ma Zhongyu, Xue Wanqi and Feng Yan, 2002. 421 pp., 614 figs.

Insecta vol. 27 Lepidoptera: Tortricidae. Liu Youqiao and Li Guangwu, 2002. 601 pp., 16 figs., 2+136 pls.

Insecta vol. 28 Homoptera: Membracoidea: Aetalionidae, Membracidae. Yuan Feng and Chou Io, 2002. 590 pp., 295 figs., 4 pls.

Insecta vol. 29 Hymenoptera: Dyrinidae. He Junhua and Xu Zaifu, 2002. 464 pp., 397 figs.

Insecta vol. 30 Lepidoptera: Lymantriidae. Zhao Zhongling (Chao Chungling), 2003. 484 pp., 270 figs., 10 pls.

Insecta vol. 31 Lepidoptera: Notodontidae. Wu Chunsheng and Fang Chenglai, 2003. 952 pp., 530 figs., 8 pls.

Insecta vol. 32 Orthoptera: Acridoidea: Gomphoceridae, Acrididae. Yin Xiangchu, Xia Kailing *et al.*, 2003. 280 pp., 144 figs.

Insecta vol. 33 Hemiptera: Miridae, Mirinae. Zheng Leyi, Lü Nan, Liu Guoqing and Xu Binghong, 2004. 797 pp., 228 figs., 8 pls.

Insecta vol. 34 Diptera: Empididae: Hemerodromiinae and Hybotinae. Yang Ding and Yang Chikun, 2004.

334 pp., 474 figs., 1 pls.

Insecta vol. 35 Dermaptera. Chen Yixin and Ma Wenzhen, 2004. 420 pp., 199 figs., 8 pls.

Insecta vol. 36 Lepidoptera: Thyatiridae. Zhao Zhongling, 2004. 291 pp., 153 figs., 5 pls.

Insecta vol. 37 Hymenoptera: Braconidae II. Chen Xuexin, He Junhua and Ma Yun, 2004. 518 pp., 1183 figs., 103 pls.

Insecta vol. 38 Lepidoptera: Hepialidae, Epiplemidae. Zhu Hongfu, Wang Linyao and Han Hongxiang, 2004. 291 pp., 179 figs., 8 pls.

Insecta vol. 39 Neuroptera: Chrysopidae. Yang Xingke, Yang Jikun and Li Wenzhu, 2005. 398 pp., 240 figs., 4 pls.

Insecta vol. 40 Coleoptera: Eumolpidae: Eumolpinae. Tan Juanjie, Wang Shuyong and Zhou Hongzhang, 2005. 415 pp., 95 figs., 8 pls.

Insecta vol. 41 Diptera: Muscidae I. Fan Zide *et al.*, 2005. 476 pp., 226 figs., 8 pls.

Insecta vol. 42 Hymenoptera: Pteromalidae. Huang Dawei and Xiao Hui, 2005. 388 pp., 432 figs., 5 pls.

Insecta vol. 43 Orthoptera: Acridoidea: Catantopidae. Li Hongchang and Xia Kailing, 2006. 736pp., 325 figs.

Insecta vol. 44 Hymenoptera: Megachilidae. Wu Yanru, 2006. 474 pp., 180 figs., 4 pls.

Insecta vol. 45 Diptera: Homoptera: Delphacidae. Ding Jinhua, 2006. 776 pp., 351 figs., 20 pls.

Insecta vol. 46 Hymenoptera: Braconidae: Agathidinae. Chen Jiahua and Yang Jianquan, 2006. 301 pp., 81 figs., 32 pls.

Insecta vol. 47 Lepidoptera: Lasiocampidae. Liu Youqiao and Wu Chunsheng, 2006. 385 pp., 248 figs., 8 pls.

Insecta Saiphonaptera(2 volumes). Wu Houyong *et al.*, 2007. 2174 pp., 2475 figs.

Insecta vol. 49 Diptera: Muscidae. Fan Zide *et al.*, 2008. 1186 pp., 276 figs., 4 pls.

Insecta vol. 50 Diptera: Syrphidae. Huang Chunmei and Cheng Xinyue, 2012. 852 pp., 418 figs., 8 pls.

Insecta vol. 51 Megaloptera. Yang Ding and Liu Xingyue, 2010. 457 pp., 176 figs., 14 pls.

Insecta vol. 52 Lepidoptera: Pieridae. Wu Chunsheng, 2010. 416 pp., 174 figs., 16 pls.

Insecta vol. 53 Diptera Dolichopodidae(2 volumes). Yang Ding *et al.*, 2011. 1912 pp., 1017 figs., 7 pls.

Insecta vol. 54 Lepidoptera: Geometridae: Geometrinae. Han Hongxiang and Xue Dayong, 2011. 787 pp., 929 figs., 20 pls.

Insecta vol. 55 Lepidoptera: Hesperiidae. Yuan Feng, Yuan Xiangqun and Xue Guoxi, 2015. 754 pp., 280 figs., 15 pls.

Insecta vol. 56 Hymenoptera: Proctotrupoidea(I). He Junhua and Xu Zaifu, 2015. 1078 pp., 485 figs.

Insecta vol. 57 Orthoptera: Tettigoniidae: Phaneropterinae. Kang Le *et al.*, 2013. 574 pp., 291 figs., 31 pls.

Insecta vol. 58 Plecoptera: Nemouroides. Yang Ding, Li Weihai and Zhu Fang, 2014. 518 pp., 294 figs., 12 pls.

Insecta vol. 59 Diptera: Tabanidae. Xu Rongman and Sun Yi, 2013. 870 pp., 495 figs., 17 pls.

Insecta vol. 60 Hemiptera: Hormaphididae, Phloeomyzidae. Qiao Gexia, Jiang Liyun, Chen Jing, Zhang Guangxue and Zhong Tiesen, 2017. 414 pp., 137 figs., 8 pls.

Insecta vol. 61 Coleoptera: Chrysomelidae: Chrysomelinae. Yang Xingke, Ge Siqin, Wang Shuyong, Li Wenzhu and Cui Junzhi, 2014. 641 pp., 378 figs., 8 pls.

Insecta vol. 62 Hemiptera: Miridae(II): Orthotylinae. Liu Guoqing and Zheng Leyi, 2014. 297 pp., 134 figs., 13 pls.

Insecta vol. 63 Coleoptera: Tenebrionidae(I). Ren Guodong *et al.*, 2016. 534 pp., 248 figs., 49 pls.

Insecta vol. 64 Chalcidoidea : Pteromalidae(II): Pteromalinae. Xiao Hui *et al.*, 2019. 495 pp., 186 figs., 12 pls.

Insecta vol. 65 Diptera: Rhagionidae, Athericidae. Yang Ding, Dong Hui and Zhang Kuiyan. 2016. 476 pp., 222 figs., 7 pls.

Insecta vol. 67 Hemiptera: Cicadellidae (II): Cicadellinae. Yang Maofa, Meng Zehong and Li Zizhong. 2017. 637pp., 312 figs., 27 pls.

Insecta vol. 68 Neuroptera: Myrmeleontoidea. Wang Xinli, Zhan Qingbin and Wang Aiqin. 2018. 285 pp., 2 figs., 38 pls.

Insecta vol. 69 Thysanoptera (2 volumes). Feng Jinian *et al.,* 2021. 984 pp., 420 figs.

Insecta vol. 70 Hemiptera: Caliscelidae, Issidae. Zhang Yalin, Che Yanli, Meng Rui and Wang Yinglun. 2020. 655 pp., 224 figs., 43 pls.

Insecta vol. 71 Hemiptera: Cicadellidae (III): Hylicinae, Stegelytrinae and Selenocephalinae.Zhang Yalin, Wei Cong, Shen Lin and Shang Suqin. 2022. 309pp., 147 figs., 7 pls.

Insecta vol. 72 Hemiptera: Cicadellidae (IV): Evacanthinae. Li Zizhong, Li Yujian and Xing Jichun. 2020. 547 pp., 303 figs., 14 pls.

Insecta vol. 73 Hemiptera: Miridae (III): Bryocorinae, Cylapinae, Deraeocorinae, Isometopinae and Psallopinae. Liu Guoqing, Mu Yiran, Xu Jingyang and Liu Lin. 2022. 606pp., 217 figs., 17 pls.

Insecta vol. 74 Hymenoptera: Trichogrammatidae. Lin Naiquan, Hu Hongying, Tian Hongxia and Lin Shuo. 2022. 602 pp., 195 figs.

Insecta vol. 75 Coleoptera: Histeroidea: Sphaeritidae, Synteliidae and Histeridae. Zhou Hongzhang, Luo Tianhong and Zhang Yejun. 2022. 702pp., 252 figs., 3 pls.

Insecta vol. 76 Lepidoptera: Limacodidae. Wu Chunsheng and Fang Chenglai. 2023. 508pp., 317 figs., 12 pls.

Invertebrata vol. 1 Crustacea: Freshwater Cladocera. Chiang Siehchih and Du Nanshang, 1979. 297 pp.,192 figs.

Invertebrata vol. 2 Crustacea: Freshwater Copepoda. Shen Jiarui *et al.*, 1979. 450 pp., 255 figs.

Invertebrata vol. 3 Trematoda: Digenea I. Chen Xintao *et al.*, 1985. 697 pp., 469 figs., 12 pls.

Invertebrata vol. 4 Cephalopode. Dong Zhengzhi, 1988. 201 pp., 124 figs., 4 pls.

Invertebrata vol. 5 Hirudinea: Euhirudinea and Branchiobdellidea. Yang Tong, 1996. 259 pp., 141 figs.

Invertebrata vol. 6 Holothuroidea. Liao Yulin, 1997. 334 pp., 170 figs., 2 pls.

Invertebrata vol. 7 Gastropoda: Mesogastropoda: Cypraeacea. Ma Xiutong, 1997. 283 pp., 96 figs., 12 pls.

Invertebrata vol. 8 Arachnida: Araneae: Thomisidae and Philodromidae. Song Daxiang and Zhu Mingsheng,

1997. 259 pp., 154 figs.

Invertebrata vol. 9 Polychaeta: Phyllodocimorpha. Wu Baoling, Wu Qiquan, Qiu Jianwen and Lu Hua, 1997. 323pp., 180 figs.

Invertebrata vol. 10 Arachnida: Araneae: Araneidae. Yin Changmin *et al*., 1997. 460 pp., 292 figs.

Invertebrata vol. 11 Gastropoda: Opisthobranchia: Cephalaspidea. Lin Guangyu, 1997. 246 pp., 35 figs., 28 pls.

Invertebrata vol. 12 Bivalvia: Mytiloida. Wang Zhenrui, 1997. 268 pp., 126 figs., 4 pls.

Invertebrata vol. 13 Arachnida: Araneae: Theridiidae. Zhu Mingsheng, 1998. 436 pp., 233 figs., 1 pl.

Invertebrata vol. 14 Sacodina: Acantharia and Spumellaria. Tan Zhiyuan, 1998. 315 pp., 273 figs., 25 pls.

Invertebrata vol. 15 Myxosporea. Chen Chihleu and Ma Chenglun, 1998. 805 pp., 30 figs., 180 pls.

Invertebrata vol. 16 Anthozoa: Actiniaria, Ceriantharis and Zoanthidea. Pei Zunan, 1998. 286 pp., 149 figs., 22 pls.

Invertebrata vol. 17 Crustacea: Decapoda: Parathelphusidae and Potamidae. Dai Aiyun, 1999. 501 pp., 238 figs., 31 pls.

Invertebrata vol. 18 Protura. Yin Wenying, 1999. 510 pp., 275 figs., 8 pls.

Invertebrata vol. 19 Gastropoda: Pulmonata: Stylommatophora: Clausiliidae. Chen Deniu and Zhang Guoqing, 1999. 210 pp., 128 figs., 5 pls.

Invertebrata vol. 20 Bivalvia: Protobranchia and Anomalodesmata. Xu Fengshan, 1999. 244 pp., 156 figs.

Invertebrata vol. 21 Crustacea: Mysidacea. Liu Ruiyu (J. Y. Liu) and Wang Shaowu, 2000. 326 pp., 110 figs.

Invertebrata vol. 22 Monogenea. Wu Baohua, Lang Suo and Wang Weijun, 2000. 756 pp., 598 figs., 2 pls.

Invertebrata vol. 23 Anthozoa: Scleractinia: Hermatypic coral. Zou Renlin, 2001. 289 pp., 9 figs., 47+8 pls.

Invertebrata vol. 24 Bivalvia: Veneridae. Zhuang Qiqian, 2001. 278 pp., 145 figs.

Invertebrata vol. 25 Nematoda: Rhabditida: Strongylata I. Wu Shuqing *et al*., 2001. 489 pp., 201 figs.

Invertebrata vol. 26 Foraminiferea: Agglutinated Foraminifera. Zheng Shouyi and Fu Zhaoxian, 2001. 788 pp., 130 figs., 122 pls.

Invertebrata vol. 27 Hydrozoa and Scyphomedusae. Gao Shangwu, Hong Hueshin and Zhang Shimei, 2002. 275 pp., 136 figs.

Invertebrata vol. 28 Crustacea: Amphipoda: Hyperiidae. Chen Qingchao and Shi Changtai, 2002. 249 pp., 178 figs.

Invertebrata vol. 29 Gastropoda: Archaeogastropoda: Trochacea. Dong Zhengzhi, 2002. 210 pp., 176 figs., 2 pls.

Invertebrata vol. 30 Crustacea: Brachyura: Marine primitive crabs. Chen Huilian and Sun Haibao, 2002. 597 pp., 237 figs., 16 pls.

Invertebrata vol. 31 Bivalvia: Pteriina. Wang Zhenrui, 2002. 374 pp., 152 figs., 7 pls.

Invertebrata vol. 32 Polycystinea: Nasellaria; Phaeodarea: Phaeodaria. Tan Zhiyuan and Su Xinghui, 2003. 295 pp., 193 figs., 25 pls.

Invertebrata vol. 33 Annelida: Polychaeta II Nereidida. Sun Ruiping and Yang Derjian, 2004. 520 pp.,

267 figs., 193 pls.

Invertebrata vol. 34 Mollusca: Gastropoda Tonnacea. Zhang Suping and Ma Xiutong, 2004. 243 pp., 123 figs., 1 pl.

Invertebrata vol. 35 Arachnida: Araneae: Tetragnathidae. Zhu Mingsheng, Song Daxiang and Zhang Junxia, 2003. 402 pp., 174 figs., 5+11 pls.

Invertebrata vol. 36 Crustacea: Decapoda: Atyidae. Liang Xiangqiu, 2004. 375 pp., 156 figs.

Invertebrata vol. 37 Mollusca: Gastropoda: Stylommatophora: Bradybaenidae. Chen Deniu and Zhang Guoqing, 2004. 482 pp., 409 figs., 8 pls.

Invertebrata vol. 38 Chaetognatha: Sagittoidea. Xiao Yichang, 2004. 201 pp., 89 figs.

Invertebrata vol. 39 Arachnida: Araneae: Gnaphosidae. Song Daxiang, Zhu Mingsheng and Zhang Feng, 2004. 362 pp., 175 figs.

Invertebrata vol. 40 Echinodermata: Ophiuroidea. Liao Yulin, 2004. 505 pp., 244 figs., 6 pls.

Invertebrata vol. 41 Crustacea: Amphipoda: Gammaridea I. Ren Xianqiu, 2006. 588 pp., 194 figs.

Invertebrata vol. 42 Crustacea: Cirripedia: Thoracica. Liu Ruiyu and Ren Xianqiu, 2007. 632 pp., 239 figs.

Invertebrata vol. 43 Crustacea: Amphipoda: Gammaridea II. Ren Xianqiu, 2012. 651 pp., 197 figs.

Invertebrata vol. 44 Crustacea: Decapoda: Palaemonoidea. Li Xinzheng, Liu Ruiyu, Liang Xingqiu and Chen Guoxiao, 2007. 381 pp., 157 figs.

Invertebrata vol. 45 Ciliophora: Oligohymenophorea: Peritrichida. Shen Yunfen and Gu Manru, 2016. 502 pp., 164 figs., 2 pls.

Invertebrata vol. 46 Sipuncula, Echiura. Zhou Hong, Li Fenglu and Wang Wei, 2007. 206 pp., 95 figs.

Invertebrata vol. 47 Arachnida: Acari: Phytoseiidae. Wu weinan, Ou Jianfeng and Huang Jingling. 2009. 511 pp., 287 figs., 9 pls.

Invertebrata vol. 48 Mollusca: Bivalvia: Lucinacea, Carditacea, Crassatellacea and Cardiacea. Xu Fengshan. 2012. 239 pp., 133 figs.

Invertebrata vol. 49 Crustacea: Decapoda: Portunidae. Yang Siliang, Chen Huilian and Dai Aiyun. 2012. 417 pp., 138 figs., 14 pls.

Invertebrata vol. 50 Tardigrada. Yang Tong. 2015. 279 pp., 131 figs., 5 pls.

Invertebrata vol. 51 Nematoda: Rhabditida: Strongylata (II). Zhang Luping and Kong Fanyao. 2014. 316 pp., 97 figs., 19 pls.

Invertebrata vol. 52 Platyhelminthes: Trematoda: Dgenea (III). Qiu Zhaozhi *et al.*. 2018. 746 pp., 401 figs.

Invertebrata vol. 53 Arachnida: Araneae: Salticidae. Peng Xianjin.2020. 612pp., 392 figs.

Invertebrata vol. 54 Annelida: Polychaeta (III): Sabellida. Sun Ruiping and Yang Dejian. 2014. 493 pp., 239 figs., 2 pls.

Invertebrata vol. 55 Mollusca: Gastropoda: Conidae. Li Fenglan and Lin Minyu. 2016. 288 pp., 168 figs., 4 pls.

Invertebrata vol. 56 Mollusca: Gastropoda: Strombacea and Naticacea. Zhang Suping. 2016. 318 pp., 138 figs., 10 pls.

Invertebrata vol. 57 Mollusca: Bivalvia: Tellinidae and Semelidae. Xu Fengshan and Zhang Junlong. 2017.

236 pp., 50 figs., 15 pls.

Invertebrata vol. 58 Mollusca: Gastropoda: Enoidea. Wu Min. 2018. 300 pp., 63 figs., 6 pls.

Invertebrata vol. 59 Arachnida: Araneae: Agelenidae and Amaurobiidae. Zhu Mingsheng, Wang Xinping and Zhang Zhisheng. 2017. 727 pp., 384 figs., 5 pls.

Invertebrata vol. 62 Mollusca: Gastropoda: Muricidae. Zhang Suping. 2022. 428 pp., 250 figs.

ECONOMIC FAUNA OF CHINA

Mammals. Shou Zhenhuang *et al.*, 1962. 554 pp., 153 figs., 72 pls.

Aves. Cheng Tsohsin *et al.*, 1963. 694 pp., 10 figs., 64 pls.

Marine fishes. Chen Qingtai *et al.*, 1962. 174 pp., 25 figs., 32 pls.

Freshwater fishes. Wu Xianwen *et al.*, 1963. 159 pp., 122 figs., 30 pls.

Parasitic Crustacea of Freshwater Fishes. Kuang Puren and Qian Jinhui, 1991. 203 pp., 110 figs.

Annelida. Echinodermata. Prorochordata. Wu Baoling *et al.*, 1963. 141 pp., 65 figs., 16 pls.

Marine mollusca. Zhang Xi and Qi Zhougyan, 1962. 246 pp., 148 figs.

Freshwater molluscs. Liu Yueyin *et al.*, 1979.134 pp., 110 figs.

Terrestrial molluscs. Chen Deniu and Gao Jiaxiang, 1987. 186 pp., 224 figs.

Parasitic worms. Wu Shuqing, Yin Wenzhen and Shen Shouxun, 1960. 368 pp., 158 figs.

Economic birds of China (Second edition). Cheng Tsohsin, 1993. 619 pp., 64 pls.

ECONOMIC INSECT FAUNA OF CHINA

Fasc. 1 Coleoptera: Cerambycidae. Chen Sicien *et al.*, 1959. 120 pp., 21 figs., 40 pls.

Fasc. 2 Hemiptera: Pentatomidae. Yang Weiyi, 1962. 138 pp., 11 figs., 10 pls.

Fasc. 3 Lepidoptera: Noctuidae I. Chu Hongfu and Chen Yixin, 1963. 172 pp., 22 figs., 10 pls.

Fasc. 4 Coleoptera: Tenebrionidae. Zhao Yangchang, 1963. 63 pp., 27 figs., 7 pls.

Fasc. 5 Coleoptera: Coccinellidae. Liu Chongle, 1963. 101 pp., 27 figs., 11pls.

Fasc. 6 Lepidoptera: Noctuidae II. Chu Hongfu *et al.*, 1964. 183 pp., 11 pls.

Fasc. 7 Lepidoptera: Noctuidae III. Chu Hongfu, Fang Chenglai and Wang Lingyao, 1963. 120 pp., 28 figs., 31 pls.

Fasc. 8 Isoptera: Termitidae. Cai Bonghua and Chen Ningsheng, 1964. 141 pp., 79 figs., 8 pls.

Fasc. 9 Hymenoptera: Apoidea. Wu Yanru, 1965. 83 pp., 40 figs., 7 pls.

Fasc. 10 Homoptera: Cicadellidae. Ge Zhongling, 1966. 170 pp., 150 figs.

Fasc. 11 Lepidoptera: Tortricidae I. Liu Youqiao and Bai Jiuwei, 1977. 93 pp., 23 figs., 24 pls.

Fasc. 12 Lepidoptera: Lymantriidae I. Chao Chungling, 1978. 121 pp., 45 figs., 18 pls.

Fasc. 13 Diptera: Ceratopogonidae. Li Tiesheng, 1978. 124 pp., 104 figs.

Fasc. 14 Coleoptera: Coccinellidae II. Pang Xiongfei and Mao Jinlong, 1979. 170 pp., 164 figs., 16 pls.

Fasc. 15 Acarina: Lxodoidea. Teng Kuofan, 1978. 174 pp., 707 figs.

Fasc. 16 Lepidoptera: Notodontidae. Cai Rongquan, 1979. 166 pp., 126 figs., 19 pls.

Fasc. 17 Acarina: Camasina. Pan Zungwen and Teng Kuofan, 1980. 155 pp., 168 figs.

Fasc. 18 Coleoptera: Chrysomeloidea I. Tang Juanjie *et al.*, 1980. 213 pp., 194 figs., 18 pls.

Fasc. 19 Coleoptera: Cerambycidae II. Pu Fuji, 1980. 146 pp., 42 figs., 12 pls.

Fasc. 20 Coleoptera: Curculionidae I. Chao Yungchang and Chen Yuanqing, 1980. 184 pp., 73 figs., 14 pls.

Fasc. 21 Lepidoptera: Pyralidae. Wang Pingyuan, 1980. 229 pp., 40 figs., 32 pls.

Fasc. 22 Lepidoptera: Sphingidae. Zhu Hongfu and Wang Lingyao, 1980. 84 pp., 17 figs., 34 pls.

Fasc. 23 Acariformes: Tetranychoidea. Wang Huifu, 1981. 150 pp., 121 figs., 4 pls.

Fasc. 24 Homoptera: Pseudococcidae. Wang Tzeching, 1982. 119 pp., 75 figs.

Fasc. 25 Homoptera: Aphidinea I. Zhang Guangxue and Zhong Tiesen, 1983. 387 pp., 207 figs., 32 pls.

Fasc. 26 Diptera: Tabanidae. Wang Zunming, 1983. 128 pp., 243 figs., 8 pls.

Fasc. 27 Homoptera: Delphacidae. Kuoh Changlin *et al.*, 1983. 166 pp., 132 figs., 13 pls.

Fasc. 28 Coleoptera: Larvae of Scarabaeoidae. Zhang Zhili, 1984. 107 pp., 17. figs., 21 pls.

Fasc. 29 Coleoptera: Scolytidae. Yin Huifen, Huang Fusheng and Li Zhaoling, 1984. 205 pp., 132 figs., 19 pls.

Fasc. 30 Hymenoptera: Vespoidea. Li Tiesheng, 1985. 159pp., 21 figs., 12pls.

Fasc. 31 Hemiptera I. Zhang Shimei, 1985. 242 pp., 196 figs., 59 pls.

Fasc. 32 Lepidoptera: Noctuidae IV. Chen Yixin, 1985. 167 pp., 61 figs., 15 pls.

Fasc. 33 Lepidoptera: Arctiidae. Fang Chenglai, 1985. 100 pp., 69 figs., 10 pls.

Fasc. 34 Hymenoptera: Chalcidoidea I. Liao Dingxi *et al.*, 1987. 241 pp., 113 figs., 24 pls.

Fasc. 35 Coleoptera: Cerambycidae III. Chiang Shunan. Pu Fuji and Hua Lizhong, 1985. 189 pp., 2 figs., 13 pls.

Fasc. 36 Homoptera: Fulgoroidea. Chou Io *et al.*, 1985. 152 pp., 125 figs., 2 pls.

Fasc. 37 Diptera: Anthomyiidae. Fan Zide *et al.*, 1988. 396 pp., 1215 figs., 10 pls.

Fasc. 38 Diptera: Ceratopogonidae II. Lee Tiesheng, 1988. 127 pp., 107 figs.

Fasc. 39 Acari: Ixodidae. Teng Kuofan and Jiang Zaijie, 1991. 359 pp., 354 figs.

Fasc. 40 Acari: Dermanyssoideae. Teng Kuofan *et al.*, 1993. 391 pp., 318 figs.

Fasc. 41 Hymenoptera: Pteromalidae I. Huang Dawei, 1993. 196 pp., 252 figs.

Fasc. 42 Lepidoptera: Lymantriidae II. Chao Chungling, 1994. 165 pp., 103 figs., 10 pls.

Fasc. 43 Homoptera: Coccidea. Wang Tzeching, 1994. 302 pp., 107 figs.

Fasc. 44 Acari: Eriophyoidea I. Kuang Haiyuan, 1995. 198 pp., 163 figs., 7 pls.

Fasc. 45 Diptera: Tabanidae II. Wang Zunming, 1994. 196 pp., 182 figs., 8 pls.

Fasc. 46 Coleoptera: Cetoniidae, Trichiidae, Valgidae. Ma Wenzhen, 1995. 210 pp., 171 figs., 5 pls.

Fasc. 47 Hymenoptera: Formicidae I. Tang Jub, 1995. 134 pp., 135 figs.

Fasc. 48 Ephemeroptera. You Dashou *et al.*, 1995. 152 pp., 154 figs.

Fasc. 49 Trichoptera I: Hydroptilidae, Stenopsychidae, Hydropsychidae, Leptoceridae. Tian Lixin *et al.*, 1996. 195 pp., 271 figs., 2 pls.

Fasc. 50 Hemiptera II. Zhang Shimei *et al.*, 1995. 169 pp., 46 figs., 24 pls.

Fasc. 51 Hymenoptera: Ichneumonidae. He Junhua, Chen Xuexin and Ma Yun, 1996. 697 pp., 434 figs.

Fasc. 52 Hymenoptera: Sphecidae. Wu Yanru and Zhou Qin, 1996. 197 pp., 167 figs., 14 pls.

Fasc. 53 Acari: Phytoseiidae. Wu Weinan *et al.*, 1997. 223 pp., 169 figs., 3 pls.

Fasc. 54 Coleoptera: Chrysomeloidea II. Yu Peiyu *et al.*, 1996. 324 pp., 203 figs., 12 pls.

Fasc. 55 Thysanoptera. Han Yunfa, 1997. 513 pp., 220 figs., 4 pls.

(SCPC-BZBDAA20-0039)

ISBN 978-7-03-080343-6

定 价：**428.00** 元